L'essentiel de la génétique

Chez le même éditeur
Extrait du catalogue

Sciences de la vie

BERTHET, Dictionnaire de biologie

FORET, Dico de Bio, 3e édition

GAUDRIAULT et VINCENT, Génomique

GIBSON et MUSE, Précis de génomique

GRIFFITHS, WESSLER, LEWONTIN et CARROLL, Introduction à l'analyse génétique, 5e édition

KARP, Biologie cellulaire et moléculaire, 3e édition

LODISH et al., Biologie moléculaire de la cellule, 3e édition

PASTERNAK, Génétique moléculaire humaine.
Une introduction aux mécanismes des maladies héréditaires

PRATT et CORNELY, Biochimie

PRESCOTT et al., Microbiologie, 3e édition

PRIMROSE et TWYMAN, Principes de génie génétique

READ & DONNAI, Génétique médicale. De la biologie à la pratique

VINCENT, Génétique moléculaire

VOET & VOET, Biochimie, 2e édition

PIERCE

L'essentiel de la génétique

Présenté sous une forme
à la fois condensée et claire

Traduction de l'édition américaine par Raymond Cunin

de boeck

Ouvrage original

Benjamin A. Pierce. Genetics essentials. Concepts and Connections.
Première publication aux États-Unis par W.H. Freeman and Company, New York.

Benjamin A. Pierce. Genetics essentials. Concepts and Connections.
First published in the United States by W.H. Freeman and Company, New York.

1re édition
Rue des Minimes 39, B-1000 Bruxelles
Pour la traduction et l'adaptation française

Imprimé en Italie par La Tipografica Varese S.p.A.

Dépôt légal :
Bibliothèque nationale, Paris : octobre 2012
Bibliothèque royale de Belgique : 2012/0074/317

ISBN : 978-2-8041-7138-4

Aux étudiants qui suivent mon cours de génétique et qui,
année après année, m'inspirent par leur intelligence,
leur curiosité et leur enthousiasme.

Sommaire

Table des matières

Lettre de l'auteur

Le cours de génétique est le plus excitant et le plus important des cours de biologie que vous allez suivre. Presque quotidiennement, nous sommes bombardés d'exemples de l'importance et de la pertinence de la génétique : la découverte de gènes impliqués dans des maladies humaines, ou qui influencent les traits et le comportement humains ; l'utilisation de tests ADN pour dépister des maladies héréditaires et pour résoudre des affaires criminelles ; l'utilisation de la technologie génétique pour développer des produits nouveaux. Pour l'étudiant en biologie, la génétique a une importance particulière parce qu'elle fournit la base de nombreux concepts et processus biologiques. Nous vivons une époque passionnante pour l'apprentissage de la génétique.

Malgré son importance et sa pertinence, la génétique n'est pas toujours facile à maîtriser par les étudiants. Ce domaine aborde un nombre considérable de phénomènes et de processus complexes sur lesquels il fournit une information détaillée. Le cours de génétique est souvent le premier dans lequel les étudiants doivent développer une capacité à résoudre des problèmes et à appliquer ce qu'ils viennent d'apprendre à des situations nouvelles.

Mon rôle est de vous aider à relever ces défis et à devenir des as en génétique. Au cours du périple que nous allons faire ensemble dans cette introduction à la génétique, je partagerai avec vous ce que m'ont appris 29 années d'enseignement de la génétique, je vous conseillerai et je vous encouragerai, je vous motiverai avec l'histoire des gens, des lieux, et des expériences qui ont façonné la génétique, tout en vous aidant à vous concentrer sur les concepts essentiels.

L'essentiel de la génétique a été écrit pour répondre à une demande, de la part de nombreux enseignants et étudiants, d'un manuel de génétique allégé et davantage focalisé sur les concepts essentiels. Il se base sur mon manuel de génétique plus approfondi, *Génétique : une approche conceptuelle*, qui en est à sa troisième édition.

Ben Pierce
Professeur de Biologie et titulaire de la Chaire Lillian Nelson Pratt, Southwestern University

Avant-propos

Bienvenue dans *L'essentiel de la génétique*, un manuel de génétique condensé conçu spécialement pour accompagner un cours de génétique de base. Dans mon ouvrage plus approfondi, *Génétique : une approche conceptuelle*, qui en est à sa quatrième édition, mon objectif était d'aider les étudiants à se former une image aussi complète que possible de la génétique. En écrivant *L'essentiel de la génétique*, je me suis à nouveau basé sur des concepts clés pour aider les étudiants à maîtriser la génétique, mais j'ai suivi une approche plus centrée sur les concepts fondamentaux. Chaque chapitre de l'ouvrage va directement aux notions essentielles, tout en conservant la démarche pédagogique qui a fait le succès de *Génétique : une approche conceptuelle* : un passage facile du texte aux illustrations, l'accent mis sur la résolution de problèmes, et, ce qui est très important, sur les connexions entre concepts, qui, par-delà la compréhension première, révèlent aux étudiants la pleine signification de la génétique.

CARACTÉRISTIQUES DISTINCTIVES DE L'OUVRAGE

▪ **Les concepts clés et les connexions** Tout au long de l'ouvrage, j'ai inclus des outils pédagogiques qui aident l'étudiant à se concentrer sur les concepts essentiels de chaque sujet.

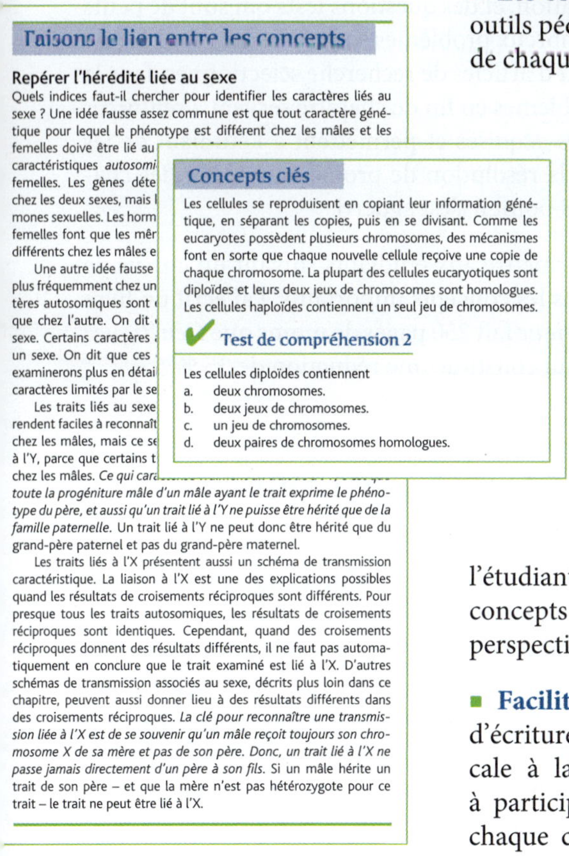
Faisons le lien entre les concepts

Repérer l'hérédité liée au sexe

Quels indices faut-il chercher pour identifier les caractères liés au sexe ? Une idée fausse assez commune est que tout caractère génétique pour lequel le phénotype est différent chez les mâles et les femelles doive être lié au
caractéristiques *autosomi*
femelles. Les gènes déte
chez les deux sexes, mais l
mones sexuelles. Les horm
femelles font que les mêr
différents chez les mâles e
Une autre idée fausse
plus fréquemment chez un
tères autosomiques sont
que chez l'autre. On dit
sexe. Certains caractères
un sexe. On dit que ces
examinerons plus en détai
caractères limités par le se
Les traits liés au sexe
rendent faciles à reconnaît
chez les mâles, mais ce se
à l'Y, parce que certains t
chez les mâles. *Ce qui car*
toute la progéniture mâle d'un mâle ayant le trait exprime le phénotype du père, et aussi qu'un trait lié à l'Y ne puisse être hérité que de la famille paternelle. Un trait lié à l'Y ne peut donc être hérité que du grand-père paternel et pas du grand-père maternel.

Les traits liés à l'X présentent aussi un schéma de transmission caractéristique. La liaison à l'X est une des explications possibles quand les résultats de croisements réciproques sont différents. Pour presque tous les traits autosomiques, les résultats de croisements réciproques sont identiques. Cependant, quand des croisements réciproques donnent des résultats différents, il ne faut pas automatiquement en conclure que le trait examiné est lié à l'X. D'autres schémas de transmission associés au sexe, décrits plus loin dans ce chapitre, peuvent aussi donner lieu à des résultats différents dans des croisements réciproques. *La clé pour reconnaître une transmission liée à l'X est de se souvenir qu'un mâle reçoit toujours son chromosome X de sa mère et pas de son père. Donc, un trait lié à l'X ne passe jamais directement d'un père à son fils.* Si un mâle hérite un trait de son père – et que la mère n'est pas hétérozygote pour ce trait – le trait ne peut être lié à l'X.

Concepts clés

Les cellules se reproduisent en copiant leur information génétique, en séparant les copies, puis en se divisant. Comme les eucaryotes possèdent plusieurs chromosomes, des mécanismes font en sorte que chaque nouvelle cellule reçoive une copie de chaque chromosome. La plupart des cellules eucaryotiques sont diploïdes et leurs deux jeux de chromosomes sont homologues. Les cellules haploïdes contiennent un seul jeu de chromosomes.

✔ Test de compréhension 2

Les cellules diploïdes contiennent
a. deux chromosomes.
b. deux jeux de chromosomes.
c. un jeu de chromosomes.
d. deux paires de chromosomes homologues.

Des encadrés ***Concepts clés*** résument les points clés et les messages à retenir de chaque section. Ils sont aussi repris en fin de chapitre dans une section ***Résumé des concepts clés***.

Des ***Tests de compréhension***, certains ouverts, d'autres à choix multiples, permettent à l'étudiant d'évaluer sa compréhension de la matière abordée dans la section qui précède. Les réponses aux tests de compréhension sont données à la fin de chaque chapitre.

Des sections ***Faisons le lien entre les concepts*** aident l'étudiant à situer les concepts clés d'un chapitre les uns par rapport aux autres. Ces sections établissent un lien entre des discussions qui ont précédé, montrant les similitudes et les différences entre processus, et ce qui les relie. Après avoir lu les sections *Faisons le lien entre les concepts*, l'étudiant comprendra mieux comment les nouveaux concepts qu'il vient d'apprendre s'intègrent dans la perspective d'ensemble de la génétique.

▪ **Facilité d'accès** J'ai choisi comme style d'écriture celui d'une conversation amicale à laquelle l'étudiant se sent invité à participer. Les **histoires** au début de chaque chapitre sont destinées à frapper la curiosité de l'étudiant pour le faire entrer dans la matière. Ces histoires mettent en lumière l'importance, parfois insoupçonnée, de la génétique dans la vie quotidienne de l'étudiant.

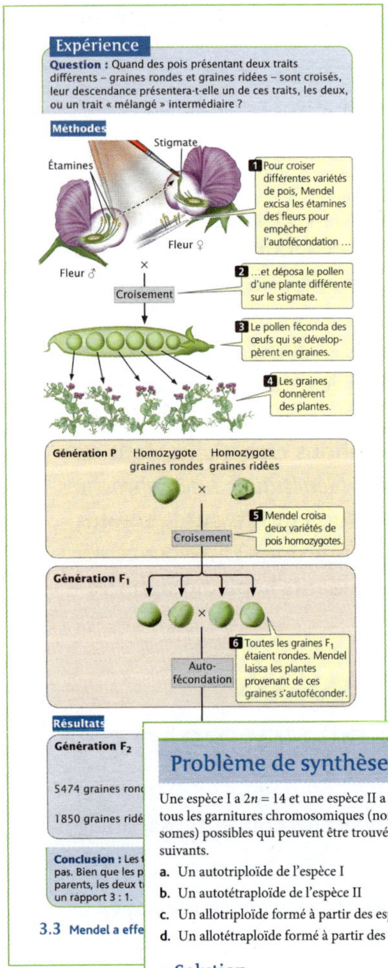

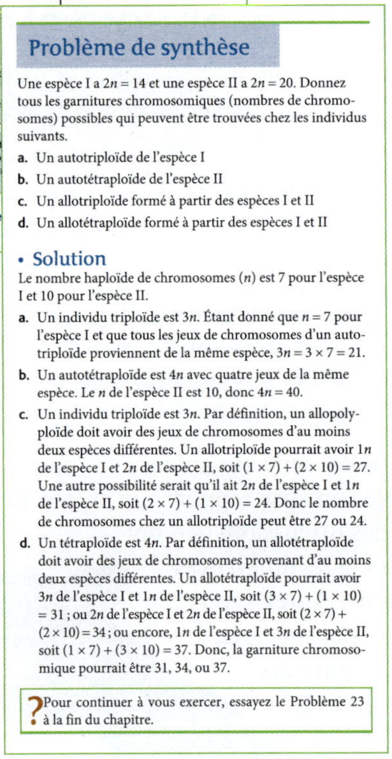

Problème de synthèse

Une espèce I a $2n = 14$ et une espèce II a $2n = 20$. Donnez tous les garnitures chromosomiques (nombres de chromosomes) possibles qui peuvent être trouvées chez les individus suivants.

a. Un autotriploïde de l'espèce I
b. Un autotétraploïde de l'espèce II
c. Un allotriploïde formé à partir des espèces I et II
d. Un allotétraploïde formé à partir des espèces I et II

• Solution

Le nombre haploïde de chromosomes (n) est 7 pour l'espèce I et 10 pour l'espèce II.

a. Un individu triploïde est $3n$. Étant donné que $n = 7$ pour l'espèce I et que tous les jeux de chromosomes d'un autotriploïde proviennent de la même espèce, $3n = 3 \times 7 = 21$.
b. Un autotétraploïde est $4n$ avec quatre jeux de la même espèce. Le n de l'espèce II est 10, donc $4n = 40$.
c. Un individu triploïde est $3n$. Par définition, un allopolyploïde doit avoir des jeux de chromosomes d'au moins deux espèces différentes. Un allotriploïde pourrait avoir $1n$ de l'espèce I et $2n$ de l'espèce II, soit $(1 \times 7) + (2 \times 10) = 27$. Une autre possibilité serait qu'il ait $2n$ de l'espèce I et $1n$ de l'espèce II, soit $(2 \times 7) + (1 \times 10) = 24$. Donc le nombre de chromosomes chez un allotriploïde peut être 27 ou 24.
d. Un tétraploïde est $4n$. Par définition, un allotétraploïde doit avoir des jeux de chromosomes provenant d'au moins deux espèces différentes. Un allotétraploïde pourrait avoir $3n$ de l'espèce I et $1n$ de l'espèce II, soit $(3 \times 7) + (1 \times 10) = 31$; ou $2n$ de l'espèce I et $2n$ de l'espèce II, soit $(2 \times 7) + (2 \times 10) = 34$; ou encore, $1n$ de l'espèce I et $3n$ de l'espèce II, soit $(1 \times 7) + (3 \times 10) = 37$. Donc, la garniture chromosomique pourrait être 31, 34, ou 37.

? Pour continuer à vous exercer, essayez le Problème 23 à la fin du chapitre.

Elles présentent des aspects novateurs de la recherche en génétique, les bases génétiques de certaines maladies humaines, et d'autres sujets étonnants et fascinants.

- **Une iconographie claire et attrayante** L'iconographie attrayante et instructive continue de jouer un rôle crucial de support de l'information conceptuelle présentée dans chaque chapitre. Chez beaucoup d'étudiants, l'apprentissage est avant tout visuel, c'est pourquoi j'ai travaillé en étroite collaboration avec les illustrateurs pour faire en sorte que l'objet principal de chaque illustration soit facilement identifié et compris. Un code de couleurs aide l'étudiant à se repérer quand il étudie des expériences ou des processus. La plupart des illustrations comportent un schéma narratif qui guide l'étudiant par étapes dans un processus ou dans une expérience, ou qui indique les caractéristiques importantes d'une structure. Fréquemment, des illustrations facilitent la compréhension par l'étudiant du déroulement des expériences, en posant une question, en décrivant la méthode expérimentale appliquée, en présentant les résultats, et finalement en tirant la ou les conclusions se rapportant au concept étudié.

- **L'accent mis sur la résolution de problèmes** Je considère l'aptitude à résoudre des problèmes comme essentielle à la maîtrise de la génétique. C'est aussi une des compétences les plus difficiles à acquérir par les étudiants. Des **problèmes résolus** intégrés dans le texte guident l'étudiant dans la résolution de problèmes types et décrivent les stratégies à appliquer pour résoudre des problèmes similaires. Le livre comporte aussi des sections importantes de problèmes, qui se répartissent en trois catégories : des questions de compréhension, des questions et des problèmes d'application, et des questions tests qui sont de petits défis posés à l'étudiant. De nombreux problèmes sont présentés sous forme d'analyse de données provenant d'articles de recherche sélectionnés dans la littérature scientifique. Ces problèmes en fin de chapitre servent à renforcer les connaissances conceptuelles acquises et permettent à l'étudiant de les appliquer tout en s'exerçant à la résolution de problèmes. Au fil des chapitres, il pourra constater à quel point il s'est aguerri.

- **Un contenu allégé** Pour permettre aux étudiants suivant un cursus de génétique court d'assimiler tous les concepts importants, j'ai écrit un livre condensé. *L'essentiel de la génétique* fait 250 pages de moins que *Génétique : une approche conceptuelle*, ce qui constitue une réduction de 35 %.

UN SITE COMPAGNON (EN ANGLAIS) DESTINÉ AUX ÉTUDIANTS

Les étudiants ont accès au site compagnon www.whfreeman.com/pierceessentials1e qui leur fournit gratuitement une série d'outils d'apprentissage. Toutes les ressources sont parfaitement intégrées au style et aux objectifs du livre, ce qui aide les étudiants à assimiler et à relier entre eux les concepts génétiques – c'est-à-dire à penser en généticiens – ainsi qu'à développer leur capacité à résoudre des problèmes. Ils y trouveront :

- des **podcasts** adaptés des présentations interactives, qui leur permettront de revoir les processus et les concepts génétiques importants à leur guise en les téléchargeant sur leurs lecteurs mp3.

- des **tutoriels animés interactifs** qui illustrent des concepts importants en génétique. Ces tutoriels guident l'étudiant à travers les étapes des processus génétiques essentiels suivants :

2.1 Cycle cellulaire et mitose
2.2 Méiose
2.3 Variation génétique à la méiose
3.1 Croisements génétiques mettant en jeu plusieurs loci
4.1 Hérédité liée à l'X
5.1 Détermination de l'ordre des gènes avec le croisement à trois facteurs
6.1 Conjugaison bactérienne
8.1 Niveaux d'organisation de la chromatine
9.1 Réplication – un aperçu
9.2 Réplication bidirectionnelle de l'ADN
9.3 Synthèse coordonnée des brins précoce et tardif
9.4 Polymérisation des nucléotides par l'ADN polymérase
9.5 Mécanisme de la recombinaison homologue
10.1 Transcription chez les bactéries
10.2 Maturation de l'ARNm – un aperçu
10.3 Expression des gènes chez les eucaryotes – un aperçu
10.4 Interférence d'ARN
11.1 Traduction chez les bactéries
12.1 L'opéron *lac*
13.1 Mutations dans l'ADN
14.1 Clonage dans des plasmides
14.2 Séquençage d'ADN par la méthode des terminateurs didésoxy
14.3 Réaction de polymérisation en chaîne
17.1 Loi de Hardy-Weinberg. Effets de la consanguinité et de la sélection naturelle

REMERCIEMENTS

La plupart des enseignants sont motivés par leurs étudiants et je ne fais pas exception à cette règle. Ma carrière professionnelle d'enseignant universitaire et de chercheur a été enrichie par les milliers d'étudiants qui ont suivi mes cours ces 29 dernières années, d'abord au Connecticut College, puis à la Baylor University, et à présent à la Southwestern University. L'intelligence, l'enthousiasme, la curiosité, et l'humour de ces étudiants ont été une source d'inspiration et de joie pendant toute ma vie professionnelle.

Je suis reconnaissant à la Southwestern University de m'offrir un environnement dans lequel s'épanouissent un enseignement et une recherche de qualité. Mes collègues du Département de biologie sont pour moi un soutien continuel grâce à leur amitié, leur convivialité et leurs conseils. Je dois beaucoup à James Hunt, Provost de Southwestern University et Doyen de Brown College, qui a été un ami cher, un collègue, un soutien et un modèle.

Un manuel de sciences moderne est le fruit d'un travail d'équipe. J'ai eu la chance immense de travailler avec une équipe exceptionnelle chez W.H. Freeman and Co. L'éditeur d'acquisitions Jerry Correa a eu l'idée originale de ce livre. Susan Winslow, éditeur d'acquisitions principal, a dirigé le projet de main de maître, en me prodiguant sans cesse encouragements, idées créatives, soutien et conseils. Beth McHenry, responsable du développement, a été ma partenaire quotidienne pour la réalisation du livre ; elle m'a maintenu dans la bonne direction et, surtout, dans les délais prévus. La bonne humeur de Beth, sa capacité de travail, son professionnalisme ont fait de notre travail sur le livre un véritable plaisir. Lisa Samols, qui a été mon éditeur pour *Genetics : a conceptual approach*, m'a accompagné comme responsable du développement dans les premiers stades de l'écriture et elle est restée impliquée jusqu'à la fin du projet. Comme toujours, Lisa a été professionnelle, optimiste, compétente, et amusante.

Je dois beaucoup à Georgia Lee Hadler chez W.H. Freeman pour sa gestion experte de la fabrication du livre. Patricia Zimmerman a été un éditeur de manuscrit remarquable, portant une attention sans faille aux détails et faisant nombre de suggestions éditoriales importantes. Je remercie le Dragonfly Media Group pour la création et la révision du programme d'illustration du livre, et en particulier Bill Page pour son travail de coordination. Des remerciements sont aussi dus à Paul Rohloff chez W.H. Freeman et à Pietro Paolo Adinolfi chez Préparé pour la coordination efficace de la composition et des étapes de fabrication du livre. Blake Logan a développé la présentation du livre et a collaboré avec Ted Szczepanski pour créer la magnifique couverture du livre. Debbie Clare a apporté beaucoup d'énergie et d'idées créatives pour le marketing de l'ouvrage.

Je remercie aussi les représentants commerciaux, les managers régionaux et les spécialistes régionaux des ventes. Ce fut un plaisir et un privilège de travailler avec eux. En bout de chaîne, c'est leur travail acharné et le service qu'ils fournissent qui font le succès des livres de chez Freeman.

Plusieurs collègues ont accepté de réviser ce manuel, m'offrant leur expertise technique et leur expérience d'enseignants. Je les remercie infiniment pour leur assistance. Les erreurs qui pourraient subsister n'engagent que ma responsabilité.

Je ne sais comment remercier ma famille – Marlene, Sarah, et Michael – de l'inspiration, de l'amour, et du soutien qu'ils m'ont apportés.

J'exprime ma gratitude à tous ceux qui ont révisé *Genetics Essentials* et les différentes éditions de *Genetics : a conceptual approach.*

Jeanne M. Andreoli
Marygrove College

Brian P. Ashburner
University of Toledo

Melissa Ashwell
North Carolina State University

Andrea Bailey
Brookhaven College

George W. Bates
Florida State University

Edward Berger
Dartmouth University

Daniel Bergey
Black Hills State University

Andrew J. Bohonak
San Diego State University

Gregory C. Booton
Ohio State University

Nicole Bournias
California State University, Channel Islands

Nancy L. Brooker
Pittsburgh State University

Robb T. Brumfield
Louisiana State University

Jill A. Buettner
Richland College

Gerald L. Buldak
Loyola University Chicago

Zenaido Tres Camacho
Western New Mexico University

Catherine Carter
South Dakota State University

J. Aaron Cassill
University of Texas, San Antonio

Henry C. Chang
Purdue University

Carol J. Chihara
University of San Francisco

Hui-Min Chung
University of West Florida

Mary C. Colavito
Santa Monica College

Deborah A. Eastman
Connecticut College

Lehman L. Ellis
Our Lady of Holy Cross College

Bert Ely
University of South Carolina

F. Les Erickson
Salisbury State University

Robert Farrell
Penn State University

Wayne C. Forrester
Indiana University

Robert G. Fowler
San Jose State University

Gail Fraizer
Kent State University

Laura L. Frost
Point Park University

Jack R. Girton
Iowa State University

Elliot S. Goldstein
Arizona State University

Jessica L. Goldstein
Barnard College

Steven W. Gorsich
Central Michigan University

Patrick Guilfoile
Bemidji State University

Ashley A. Hagler
University of North Carolina, Charlotte

Gary M. Hay
Louisiana State University

Stephen C. Hedman
University of Minnesota, Duluth

Kenneth J. Hillers
California Polytechnic State University

Robert D. Hinrichsen
Indian University of Pennsylvania

Stan Hoegerman
College of William and Mary

Margaret Hollingsworth
State University of New York, Buffalo

Li Huang
Montana State University

Cheryl L. Jorcyk
Boise State University

Elena L. Keeling
California Polytechnic State University

Anthony Kern
Northland College

Margaret J. Kovach
University of Tennessee at Chattanooga

Brian Kreiser
University of Southern Mississippi

Catherine B. Kunst
University of Denver

Mary Rose Lamb
University of Puget Sound

Melanie J. Lee-Brown
Guilford College

Patrick H. Masson, *University of Wisconsin, Madison*

Shawn Meagher
Western Illinois University

Marcie H. Moehnke
Baylor University

Jessica L. Moore
University of South Florida

Nancy Morvillo
Florida Southern College

Harry Nickla
Creighton University

Ann V. Paterson
Williams Baptist College

Trish Phelps
Austin Community College, Eastview

Greg Podgorski
Utah State University

William A. Powell
State University of New York, College of Environmental Science and Forestry

Susan K. Reimer
Saint Francis University

Catherine A. Reinke
Carleton College

Deemah N. Schirf
University of Texas, San Antonio

Katherine T. Schmeidler
Irvine Valley Community College

Jon Schnorr
Pacific University

Stephanie C. Schroeder
Webster University

Brian W. Schwartz
Columbus State University

Rodney J. Scott
Wheaton College

Barkur S. Shastry
Oakland University

Wendy A. Shuttleworth
Lewis-Clark State College

Thomas Smith
Southern Arkansas University

Walter Sotero-Esteva
University of Central Florida

Ernest C. Steele Jr.
Morgan State University

Fusheng Tang
University of Arkansas, Little Rock

Douglas Thrower
University of California, Santa Barbara

Daniel P. Toma
Minnesota State University, Mankato

Dorothy E. Tuthill
University of Wyoming

Tzvi Tzfira
University of Michigan

Nanette van Loon
Borough of Manhattan Community College

Erik Vollbrecht
Iowa State University

Daniel Wang
University of Miami

Yi-Hong Wang
Penn State University, Erie-Behrend College

William R. Wellnitz
Augusta State University

Cindy L. White, Ph.D.
University of Colorado

Steven D. Wilt
Bellarmine University

Kathleen Wood
University of Mary Hardin-Baylor

Brian C. Yowler
Geneva College

Jianzhi Zhang
University of Michigan, Ann Arbor

1 Introduction à la génétique

Bol Hopi, début du vingtième siècle. L'albinisme, une condition génétique, est présent à un taux élevé chez les Hopis et occupe une place particulière dans leur culture. *[The Newark Museum/Art Resource, N.Y.]*

L'albinisme chez les Hopis

Le plateau de la Black Mesa, qui domine de plus de trois cents mètres le désert dit « enchanté » (Enchanted Desert), est un point de repère familier pour les voyageurs qui traversent le Nord-Est de l'Arizona. La Black Mesa n'est pas seulement une formation géologique notable, elle est aussi la terre ancestrale des Hopis, une des nations indiennes du Sud-Ouest des États-Unis. La mesa étend des éperons dans le désert, et au sommet ou le long de chacun d'eux se trouve un village Hopi. La plupart des villages sont très petits, avec seulement quelques douzaines d'habitants, mais ils sont très anciens. Le village d'Oraibi, qui existe depuis au moins 1150 A.D, est le lieu habité en permanence le plus ancien d'Amérique du Nord.

En 1900, le médecin anthropologue Alès Hrdlička, qui visitait les villages Hopi de la Black Mesa pour le compte du Muséum Américain d'Histoire Naturelle, fit une découverte surprenante. Parmi les Hopis vivaient 11 personnes blanches qui n'étaient pas de race caucasienne, mais bien des amérindiens Hopi à peau blanche. Ces personnes présentaient une condition génétique appelée albinisme (**Figure 1.1**).

L'albinisme est provoqué par un déficit dans l'une des enzymes nécessaires à la production de mélanine, le pigment responsable de la couleur sombre de notre peau, de nos cheveux et de nos yeux. Les individus présentant cette condition ne produisent pas ou très peu de mélanine, ce qui se manifeste par des cheveux blancs, une peau très claire et une absence de pigmentation de l'iris. La mélanine protège l'ADN des cellules de la peau des effets nuisibles des rayons ultraviolets du soleil et sa présence pendant le développement de l'œil est indispensable à l'obtention d'une vue normale.

La base génétique de l'albinisme fut décrite pour la première fois par Archibald Garrod en 1908. La condition est héritée comme un caractère autosomique récessif, ce qui veut dire qu'un individu doit recevoir deux copies d'une mutation albinos – une de chaque parent – pour présenter la condition. On a identifié récemment la nature moléculaire des mutations provoquant l'albinisme. L'albinisme chez l'homme est provoqué par des mutations dans l'un quelconque des quatre gènes qui contrôlent la synthèse et le stockage de la mélanine ; dans chaque gène, de nombreuses mutations différentes peuvent conduire à l'albinisme. La forme d'albinisme qui prévaut chez les Hopis est plus que probablement l'albinisme oculo-cutané de type 2, dû à une mutation du gène *OCA* sur le chromosome 15.

Les Hopis ne sont pas la seule population à présenter des cas d'albinisme. L'albinisme est présent dans presque tous les types ethniques et se trouve décrit dans nombre de documents anciens ; il existe probablement depuis les origines de l'humanité. Ce qui est unique aux Hopis, c'est la fréquence élevée de cas d'albinisme. Dans la plupart des groupes humains, l'albinisme est rare, environ 1 individu sur 20 000, alors que dans les villages de la Black Mesa, il affecte 1 individu sur 200.

Comment expliquer cette fréquence cent fois plus élevée chez les Hopis? La réponse n'est que partiellement connue : les généticiens qui ont étudié l'albinisme chez les Hopis font l'hypothèse que ce taux élevé est lié à la place particulière attribuée à l'albinisme dans la culture Hopi. Pendant une longue partie de leur histoire, les Hopis ont considéré les albinos comme des membres importants de leur nation, particulièrement beaux, propres et intelligents. Avoir un nombre élevé d'individus albinos dans un

1.1 Cas d'albinisme chez les amérindiens Hopi. La petite fille Hopi au centre de cette photo prise vers 1900 est albinos. *[The Field Museum/Charles Carpenter.]*

village était considéré comme un signe favorable, une manifestation de la présence d'un sang Hopi particulièrement pur chez les membres de cette communauté villageoise. Les albinos participaient aux cérémonies Hopi et occupaient des positions importantes dans leur tribu, devenant souvent chefs, guérisseurs, et chamanes.

Les Hopis albinos bénéficiaient aussi d'un traitement spécial dans les activités quotidiennes. Depuis des siècles, les Hopis ont cultivé des petits lopins au pied de la Black Mesa. Pendant la période des cultures, les hommes descendent tous les jours de la mesa pour entretenir leurs champs de maïs et de légumes et ils passent une grande partie de la journée exposés au soleil intense du Sud–Ouest américain. Avec peu ou pas de pigment mélanique dans la peau, les albinos sont extrêmement sensibles au soleil et présentent une incidence élevée de cancers de la peau en cas d'exposition prolongée. De plus, beaucoup d'entre eux ne voient pas bien dans un éclairage solaire intense. C'est pourquoi les hommes Hopis atteints d'albinisme étaient dispensés des travaux agricoles et autorisés à rester au village avec les femmes où ils se consacraient à d'autres tâches.

Les généticiens ont suggéré que cette considération particulière accordée aux membres albinos de la tribu soit en partie responsable du taux élevé d'albinisme chez les Hopis. Durant les journées de la saison de culture, les hommes albinos étaient les seuls mâles à rester au village avec toutes les femmes, bénéficiant ainsi de davantage d'opportunités d'accouplement (« mating advantage »), ce qui favorisait la propagation des gènes de l'albinisme. De plus, ce traitement spécial permettait aux Hopis albinos d'éviter les effets négatifs liés à l'albinisme – fréquence élevée de cancers de la peau et cécité. La taille réduite de la population Hopi jouait aussi vraisemblablement un rôle dans l'augmentation de la probabilité de rencontrer le gène albinos. Quels que soient les facteurs responsables de la fréquence élevée de l'albinisme, il est clair que les Hopis tenaient en haute estime les membres de leur tribu qui présentaient ce trait particulier, ce qui n'est malheureusement pas le cas d'autres sociétés chez lesquelles les individus présentant des conditions génétiques particulières font le plus souvent l'objet de préjugés discriminatoires.

La génétique est aux avant-postes de la science moderne. Ouvrez n'importe quel grand journal ou magazine d'actualité et il y a de fortes chances que vous tombiez sur un article lié de près ou de loin à la génétique : la découverte de gènes responsables de cancers, l'utilisation de la thérapie génique ou encore un débat sur l'influence possible de facteurs héréditaires sur l'intelligence, la personnalité et l'orientation sexuelle. Ces découvertes ont souvent des implications économiques et éthiques importantes, ce qui met en évidence la pertinence, l'actualité et, naturellement, l'intérêt de l'étude de la génétique.

Ce premier chapitre vous sert d'introduction à la génétique et passe en revue certains concepts que vous avez pu déjà rencontrer brièvement dans un de vos cours de biologie. Nous commençons par examiner l'importance qu'a la génétique pour chacun de nous pris individuellement, pour la société en général, et, plus spécifiquement, pour les étudiants en biologie. Nous nous intéresserons ensuite à l'histoire de la génétique, à son développement en tant que discipline. La fin du chapitre sera consacrée à la présentation de quelques termes et principes fondamentaux de la génétique qui seront utilisés dans tout l'ouvrage.

1.1 La génétique concerne l'individu et la société et elle occupe une place fondamentale dans la biologie

L'albinisme chez les Hopis illustre le rôle important que jouent les gènes dans notre vie. Cette unique déficience génétique, parmi les 20 000 gènes que possède l'être humain, change complètement la vie d'un Hopi qui la possède. Elle change la nature de ses activités, son rôle dans la société Hopi et ses relations avec les autres membres de la tribu. Tous, nous possédons des gènes qui influencent notre vie de façon significative. Ces gènes déterminent notre taille, notre poids, la couleur de nos cheveux et de notre peau. Ils ont un effet sur notre sensibilité à de nombreuses maladies ou sont la cause d'anomalies ou de dysfonctionnements (**Figure 1.2**) et ils contribuent à déterminer notre intelligence et notre personnalité. Les gènes sont à la base de ce que nous sommes.

Bien que la génétique soit une science relativement récente comparée à d'autres, les hommes ont très tôt compris la nature héréditaire de certains traits et ils pratiquent la génétique depuis des millénaires. Le développement de l'agriculture a commencé quand les hommes se sont mis à appliquer des principes génétiques à la domestication des plantes et des animaux. Aujourd'hui, les principales plantes cultivées et les animaux d'élevage ont subi des modifications génétiques importantes qui augmentent leur productivité globale et leur confèrent des caractéristiques avantageuses, telles que la résistance aux maladies et aux parasites prédateurs, de meilleures qualités nutritives, et des propriétés qui en facilitent la récolte. La « Révolution verte » qui a considérablement accru la productivité des plantes alimentaires à l'échelle mondiale dans les années 1950 et 1960, fut le résultat d'une application systématique de la génétique (**Figure 1.3**). Aujourd'hui, le maïs, le soja et d'autres organismes génétiquement modifiés représentent une part importante des produits alimentaires produits dans le monde.

L'industrie pharmaceutique est un autre domaine de l'activité humaine dans lequel la génétique joue un rôle important. De nombreux médicaments et additifs alimentaires

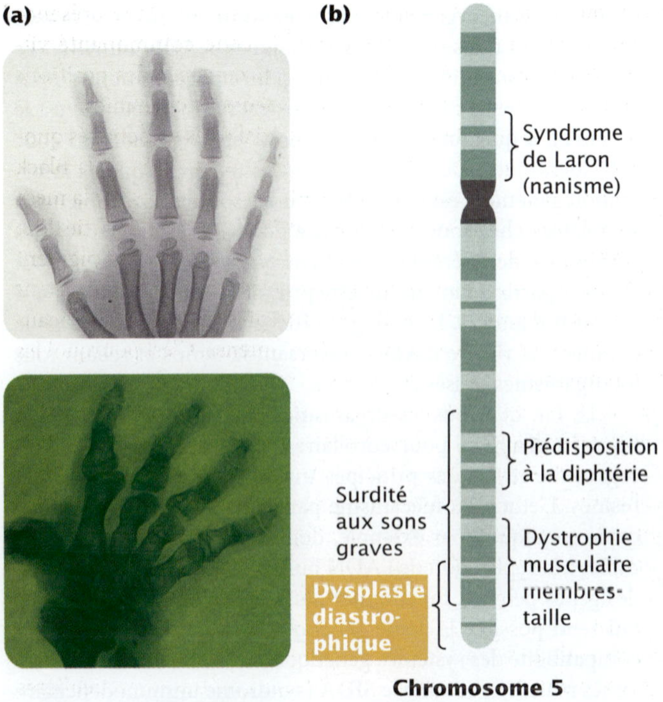

1.2 Les gènes influencent la sensibilité à de nombreux désordres et maladies. (a) Image aux rayons X de la main d'une personne souffrant de dysplasie diastrophique (en bas), un trouble de croissance héréditaire qui se manifeste par une courbure des os, un raccourcissement des membres et une déformation des mains. À comparer avec l'image d'une main normale (en haut). (b) Ce désordre est dû à une mutation dans un gène du chromosome 5. Les accolades indiquent les régions du chromosome 5 où se trouvent des gènes responsables d'autres désordres (N.d.T. : quand ils sont mutants). *[Partie a : (photo du haut) Biophoto Associates/Science Source/Photo Researchers ; (photo du bas) aimablement communiquée par Eric Lander, Whitehead Institute, MIT.]*

sont synthétisés par des champignons ou des bactéries qui ont été manipulés génétiquement pour augmenter la production de ces substances. L'industrie biotechnologique utilise des techniques de génétique moléculaire pour développer et produire en grandes quantités des substances commercialisables. L'hormone de croissance, l'insuline et le facteur de coagulation sont aujourd'hui produits commercialement par des bactéries issues du génie génétique (**Figure 1.4**). Des techniques de génétique moléculaire ont aussi été utilisées pour créer des bactéries capables d'extraire des métaux du minerai brut, de dégrader des produits chimiques toxiques et d'inhiber la formation néfaste du givre sur des plantes cultivées.

La génétique joue un rôle souvent crucial en médecine. Les médecins savent à présent que de nombreuses maladies et dysfonctionnements ont une composante héréditaire. C'est le cas de maladies génétiques telles l'anémie à cellules falciformes et la chorée de Huntington, mais aussi de maladies plus courantes telles l'asthme, le diabète et l'hypertension. Les progrès de la génétique moléculaire ont permis d'améliorer considérablement notre compréhension de l'origine des cancers, mais aussi de développer de nombreux tests de diagnostic. La thérapie génique – la modification directe de gènes pour traiter des maladies chez l'homme – est désormais appliquée à des milliers de patients.

La place de la génétique dans la biologie

Bien qu'une bonne compréhension de la génétique soit importante pour tout un chacun, elle est indispensable à l'étudiant en biologie. La génétique fournit un des principes unificateurs de la biologie : tous les organismes utilisent des systèmes génétiques qui ont plusieurs caractéristiques communes. La génétique est aussi un élément central de nombreuses autres disciplines biologiques. L'évolution, par exemple, est le déroulement du changement génétique au cours du temps ; donc, l'étude de l'évolution demande que l'on comprenne la génétique. La biologie du développement dépend très fortement de la génétique : les tissus et les organes se forment en fonction de l'expression régulée de gènes (**Figure 1.5**). Même des domaines comme la taxinomie, l'écologie et l'éthologie font un usage croissant de méthodes génétiques. L'étude de pratiquement toutes les branches de la biologie et de la médecine serait incomplète sans une connaissance approfondie des gènes et des méthodes génétiques.

1.3 Pendant la Révolution verte, des techniques génétiques ont été utilisées pour développer de nouvelles variétés de plantes vivrières à haut rendement. (a) Norman Borlaug, un pionnier du développement des nouvelles souches de blé qui ont lancé la Révolution verte. Borlaug a reçu le Prix Nobel de la Paix en 1970. (b) Nouvelle plante de riz à haut rendement (à gauche) et plante de riz traditionnelle (à droite). *[a : UPI/Corbis-Bettman. (b) IRRI.]*

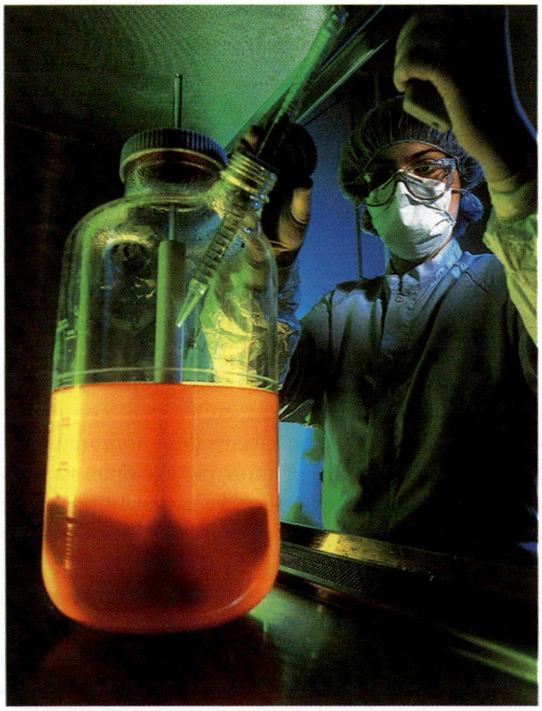

1.4 L'industrie biotechnologique utilise des méthodes de génétique moléculaire pour produire des substances d'intérêt économique. *[James Holmes/Celltech Ltd./Science Photo Library/Photo Researchers.]*

Diversité génétique et évolution

La vie sur terre présente une formidable diversité de formes qui occupent la quasi-totalité des environnements imaginables. La vie est aussi caractérisée par l'adaptation : de nombreux organismes sont très finement adaptés à leur environnement. L'histoire de la vie est une longue chronique d'émergence de nouvelles formes de vie et de disparition de formes anciennes, ainsi que du changement des formes existantes.

Nonobstant cette diversité, tous les organismes vivants ont une caractéristique commune importante : ils utilisent tous des systèmes génétiques similaires. Le jeu complet des instructions génétiques d'un organisme est son **génome**, et tous les génomes sont encodés dans des acides nucléiques – ADN ou ARN. Le code de l'information génomique est lui aussi commun à toutes les formes de vie : le format des instructions génétiques est le même et, à quelques rares exceptions près, les mots du code sont identiques. De même, les processus par lesquels l'information génétique est copiée et décodée sont remarquablement semblables chez toutes les formes de vie. Ces caractéristiques communes de l'hérédité suggèrent que toute vie sur terre ait évolué à partir du même ancêtre primordial apparu il y a 3,5 à 4 milliards d'années. Le biologiste Richard Dawkins décrit la vie comme une rivière d'ADN traversant le temps et reliant tous les organismes passés et présents.

1.5 La clé du développement réside dans la régulation de l'expression des gènes. Cet embryon de drosophile au stade précoce permet de visualiser la production localisée des protéines de deux gènes qui déterminent le développement des segments corporels dans la mouche adulte. *[Tiré de « The Making of a Fly.» par Peter Lawrence (Blackwell Scientific Publications, 1992).]*

Le fait que tous les organismes aient des systèmes génétiques similaires a pour corollaire que l'étude des gènes d'un organisme révèle des principes transposables à d'autres organismes. L'étude du mécanisme par lequel l'ADN bactérien est copié (répliqué), par exemple, donne des informations applicables à la réplication de l'ADN humain. Cela signifie aussi que des gènes peuvent fonctionner dans des cellules étrangères, ce qui rend possible le génie génétique. Malheureusement, cette compatibilité des systèmes génétiques est aussi à la base de certaines maladies, comme le SIDA (syndrome immunodéficitaire acquis) dans lequel des gènes viraux sont capables de fonctionner – avec une efficacité alarmante – dans des cellules humaines.

La biodiversité et l'adaptation sont les produits de l'évolution qui est simplement le déroulement du changement génétique dans le temps. L'évolution est un processus en deux temps : d'abord, des variants génétiques apparaissent de façon aléatoire, puis la proportion de certains variants augmente ou diminue. La variation génétique est donc le fondement de tout changement évolutif et, finalement, la base de tout le monde vivant tel que nous le connaissons. La génétique, c.-à-d. l'étude de la variation génétique, est indispensable pour comprendre la vie passée, présente et future.

Concepts clé

L'hérédité influence plusieurs de nos caractéristiques physiques ainsi que notre sensibilité à plusieurs maladies et l'apparition de dysfonctionnements. La génétique contribue aux progrès de l'agriculture, de la pharmacologie et de la médecine et joue un rôle fondamental dans la biologie moderne. Tous les organismes utilisent des systèmes génétiques similaires. La variation génétique est la base de la diversité du monde vivant.

✔ Test de compréhension 1

Qu'implique le fait que tous les organismes aient des systèmes génétiques similaires ?

a. Qu'il existe une filiation génétique entre toutes les formes de vie

b. Que les découvertes sur le fonctionnement des gènes d'un organisme puissent souvent être transposées à d'autres organismes

c. Que les gènes d'un organisme peuvent souvent fonctionner dans un autre organisme

d. Tout ce qui précède

Les principaux domaines de la génétique

Traditionnellement, l'étude de la génétique a été divisée en trois sous-disciplines majeures : la génétique de la transmission des gènes, la génétique moléculaire et la génétique des populations (**Figure 1.6**). Aussi appelée génétique classique, la **génétique de la transmission** étudie les principes de base de l'hérédité et la façon dont les caractères sont transmis d'une génération à la suivante. Cette génétique s'intéresse à la relation entre chromosomes et hérédité, à l'arrangement des gènes sur les chromosomes et à la cartographie des gènes. Le centre d'intérêt en est l'organisme individuel : comment il hérite de son bagage génétique et comment il transmet ses gènes à la génération suivante.

La **génétique moléculaire** s'adresse à la nature chimique du gène lui-même : comment l'information génétique est encodée, répliquée et exprimée. Elle étudie les processus cellulaires de réplication, de transcription et de traduction – par lesquels l'information est transférée d'un type de molécule à un autre – et la régulation des gènes – les processus qui contrôlent l'expression de l'information génétique. La génétique moléculaire se concentre sur le gène : sa structure, son organisation et sa fonction.

La **génétique des populations** étudie la composition génétique de groupes d'individus d'une même espèce (populations) et les changements de cette composition au cours du temps et selon la localisation géographique. Comme l'évolution résulte du changement génétique, la génétique des populations est fondamentale dans l'étude de l'évolution. L'objet d'étude de la génétique des populations est le pool de gènes d'une population.

1.6 La génétique peut être divisée en trois domaines qui se recouvrent en partie. *[En haut à gauche : Alan Carey/Photo Researchers. En haut à droite : Mona file M0214602tif. En bas : J. Alcock/Visuals Unlimited.]*

Cette division traditionnelle de la génétique en trois domaines est à la fois pratique et arbitraire : ces domaines se recouvrent partiellement et peuvent être eux-mêmes divisés en disciplines plus spécialisées telles que la génétique chromosomique, la génétique biochimique, la génétique quantitative, etc. On peut aussi diviser la génétique selon les organismes qu'on étudie (génétique de la drosophile, du maïs, génétique bactérienne,...) et pour chaque organisme, pratiquer la génétique de la transmission, la génétique moléculaire et la génétique des populations. La génétique moderne est une science extrêmement vaste qui englobe de nombreuses sous-disciplines et spécialisations.

Les organismes modèles

Des études génétiques ont été conduites sur des milliers d'espèces différentes : bactéries, champignons, protistes, plantes, animaux... Néanmoins, avec le temps, certaines espèces se sont imposées comme des **organismes modèles** – des organismes que leurs caractéristiques rendent particulièrement appropriés à l'analyse génétique et sur lesquels une quantité considérable d'information génétique a été accumulée. Les six organismes qui ont fait l'objet des recherches les plus intensives sont : *Drosophila melanogaster*, la mouche des fruits, *Escherichia coli*, une bactérie présente dans l'intestin des mammifères, dont celui de l'homme, *Caenorhabditis elegans*, un nématode (ou ver rond), *Arabidopsis thaliana*, la plante connue sous le nom d'arabette des dames, *Mus musculus*, la souris commune, et *Saccharomyces cerevisiae*, la levure de boulangerie (**Figure 1.7**). Le génome de ces organismes a été séquencé complètement dans le cadre de projets internationaux qui préfiguraient ou accompagnaient le « Human Genome Project », le grand projet de séquençage du génome humain.

Le non-initié peut être surpris face à cette collection disparate d'organismes, mais tous présentent des cycles vitaux et des caractéristiques qui les rendent particulièrement appropriés à l'analyse génétique : un temps de génération court, une descendance de taille manipulable, une bonne adaptation à l'environnement du laboratoire, et la capacité d'être conservé et propagé à peu de frais. Les cycles vitaux, caractéristiques génomiques et autres traits utiles à l'analyse génétique de cinq de ces six organismes modèles feront l'objet de rubriques spéciales dans des chapitres ultérieurs. D'autres espèces font aussi souvent l'objet de recherches génétiques et sont également considérées comme des organismes modèles : la moisissure du pain (*Neurospora crassa*), le maïs (*Zea mays*), le poisson zèbre (*Danio rerio*), et la grenouille xénope (*Xenopus laevis*). L'homme qui, pour des raisons évidentes, ne peut être considéré comme un organisme modèle, est naturellement l'organisme que nous voulons arriver à comprendre le mieux possible, et il fait donc l'objet d'études génétiques intensives.

L'importance des organismes modèles pour l'analyse génétique est illustrée par l'utilisation du poisson zèbre pour identifier les gènes responsables de la pigmentation de la peau chez l'homme. Depuis longtemps, les généticiens savaient que les différences de pigmentation entre groupes ethniques (**Figure 1.8a**) sont d'origine génétique, mais les gènes qui en

(a) (b) (c)

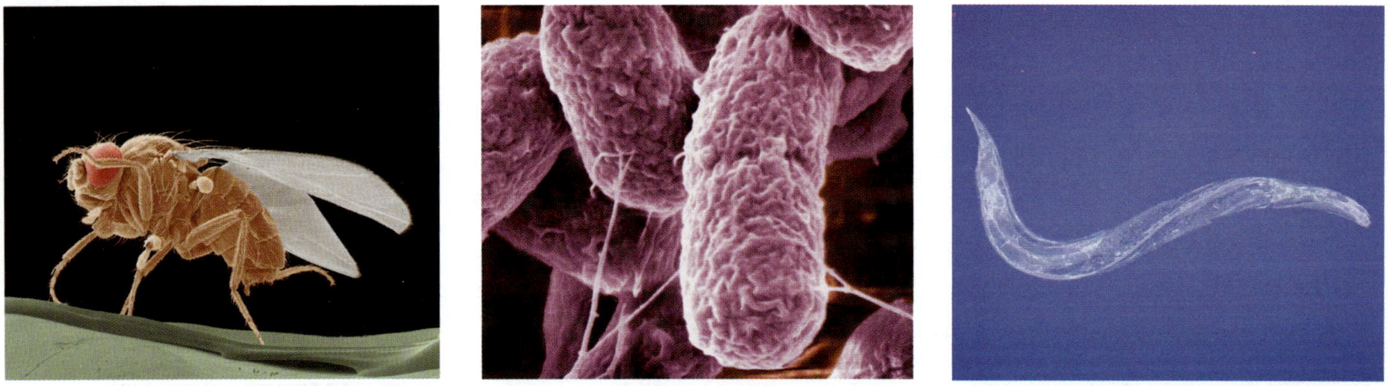

Drosophila melanogaster
Mouche des fruits (pp. 76–78)

Escherichia coli
Bactérie (pp. 152–153)

Caenorhabditis elegans
Ver nématode (pp. 263–265)

1.7 Les organismes modèles sont des espèces dotées de propriétés qui les rendent utiles à l'analyse génétique. *[(a) : SPL/Photo Researchers. (b) : Gary Gaugler/Visuals Unlimited. (c) : Natalie Pujol/Visuals Unlimited. (d) : Peggy Greb/ARS. (e) : Joel Page/AP. (f) : T.E. Adams/Visuals Unlimited.]*

sont responsables restaient largement inconnus. Les poissons zèbres sont depuis peu devenus un modèle important pour l'analyse génétique, parce qu'ils sont de petits vertébrés à la progéniture abondante, faciles à élever en laboratoire. Le mutant *golden* du poisson zèbre, qui résulte d'une mutation récessive, a une pigmentation claire due à la présence dans ses cellules d'un nombre réduit de mélanosomes – des organites contenant le pigment mélanine –, qui sont également plus petits et moins denses (**Figure 1.8b**).

Keith Cheng et ses collègues du Pennsylvania State University College of Medicine ont fait l'hypothèse que la peau claire chez l'homme pourrait résulter d'une mutation semblable à *golden* chez le poisson zèbre. Tirant avantage de la facilité avec laquelle le poisson zèbre peut être manipulé en laboratoire, ils ont isolé et séquencé le gène responsable de la mutation *golden* et découvert qu'il code une protéine qui participe à la capture de calcium par les mélanosomes. Ils ont ensuite criblé une banque de séquences de tous les gènes humains connus et découvert un gène semblable appelé *SLC24A5*, qui code la même fonction dans les cellules humaines. En analysant des populations humaines, ils ont montré que les Européens à peau claire possèdent typiquement une forme spécifique de ce gène tandis que les Africains, les Est-asiatiques et les Américains indigènes, qui ont la peau sombre, en possèdent généralement une autre. Plusieurs autres gènes affectent aussi la pigmentation chez l'homme, comme nous l'avons vu à propos des mutations du gène *OCA* responsables de l'albinisme chez les Hopis (voir l'introduction du chapitre). Néanmoins, *SLC24A5* semble être responsable de 24 à 38 % des différences de pigmentation entre les Africains et les Européens. Cet exemple illustre la puissance des organismes modèles dans la recherche en génétique.

(a)

(b)

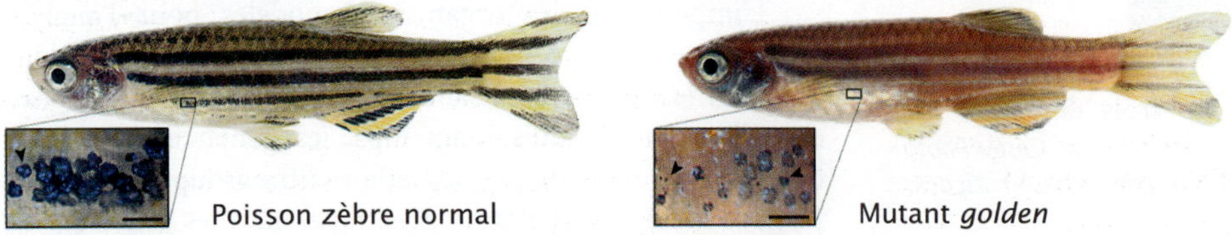

1.8 Le poisson zèbre, un organisme modèle, a joué un rôle capital dans l'identification des gènes codant les différences de pigmentation chez l'homme. (a) Les groupes ethniques humains diffèrent par leur degré de pigmentation cutanée. (b) La mutation *golden* du poisson zèbre affecte un gène qui contrôle la quantité de pigment mélanine dans les mélanosomes. *[(a) : PhotoDisc. (b) : K. Cheng/J. Gittlen, Cancer Research Foundation, Pennsylvania State College of Medicine.]*

(d)

Arabidopsis thaliana
Arabette des dames (pp. 312–314)

(e)

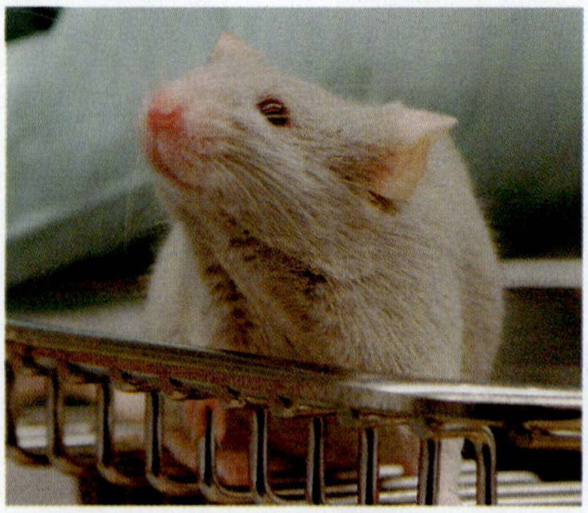

Mus musculus
Souris domestique (pp. 365–367)

(f)

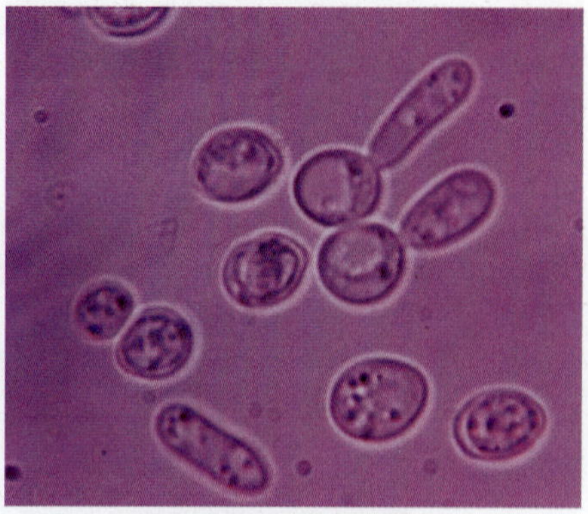

Saccharomyces cerevisiae
Levure de boulangerie

Concepts introduits

Les trois domaines principaux de la génétique sont la génétique de la transmission, la génétique moléculaire et la génétique des populations. La génétique de la transmission étudie les principes de l'hérédité. La génétique moléculaire s'intéresse au gène et aux processus cellulaires qui mènent à l'expression de l'information génétique. La génétique des populations étudie la composition génétique de groupes d'organismes et les changements de cette composition au cours du temps et en fonction de la localisation géographique. Les organismes modèles sont des espèces auxquelles la recherche en génétique a accordé un intérêt prépondérant ; leurs caractéristiques les rendent particulièrement utiles pour l'analyse génétique.

✔ Test de compréhension 2

Le cheval ferait-il un bon organisme modèle pour l'analyse génétique ? Justifiez votre réponse positive ou négative.

1.2 Il y a des milliers d'années que l'homme pratique la génétique

Bien que la génétique soit une science jeune, développée depuis à peine plus d'un siècle, il y a des milliers d'années que l'homme en applique certains principes.

Première compréhension intuitive et premières applications des principes de l'hérédité

La domestication des plantes et des animaux par l'homme commença il y a quelque 10 000 à 12 000 ans. C'est la première preuve implicite que l'homme de cette époque comprenait et appliquait déjà certains principes de l'hérédité. On pense que la première agriculture s'est développée au Proche et Moyen Orient, sur un territoire correspondant approximativement à la Turquie, l'Irak, l'Iran, la Syrie, la Jordanie et l'Israël d'aujourd'hui, où des plantes et des animaux domestiques constituaient l'alimentation de nombreuses peuplades. Les premières espèces domestiquées comprenaient le blé, les pois, les lentilles, l'orge, les chiens, les chèvres et les moutons (**Figure 1.9a**). Il y a 4 000 ans, des techniques génétiques sophistiquées étaient déjà utilisées dans le Croissant Fertile du Proche Orient par les Assyriens et les Babyloniens qui développèrent plusieurs centaines de variétés de palmiers dattiers, différant par la taille, la couleur, le goût et la venue à maturité de leurs fruits (Figure 1.9b). À la même époque, d'autres cultures vivrières et animaux domestiques étaient développés par d'autres civilisations en Asie, en Afrique et dans les Amériques.

Concept introduit

L'homme a commencé à appliquer la génétique à la domestication des plantes et des animaux il y a quelque 10 000 à 12 000 ans. Cette domestication a conduit au développement de l'agriculture et à la sédentarisation.

Les Grecs de l'Antiquité se sont beaucoup intéressés à la reproduction humaine et à l'hérédité. La dissection d'animaux par le médecin grec Alcméon (vers 520 av. J.-C) déclencha un long débat philosophique sur l'endroit du corps où était produit le sperme, débat qui allait déboucher sur le concept de **pangénèse**. Ce concept suggérait que des informations spécifiques migrent de différentes parties du corps vers les organes reproducteurs d'où elles étaient transmises à l'embryon (**Figure 1.10a**). La pangénèse a conduit les anciens Grecs à proposer la notion d'**hérédité des caractères acquis**, selon laquelle des caractères acquis au cours de l'existence d'un individu étaient incorporés dans son information génétique et transmis à sa descendance. Par exemple, une personne devenue excellente musicienne au prix d'un apprentissage approfondi produirait des enfants présentant une disposition innée pour la musique. Bien que fausses, ces idées ont persisté jusqu'au milieu du XXème siècle.

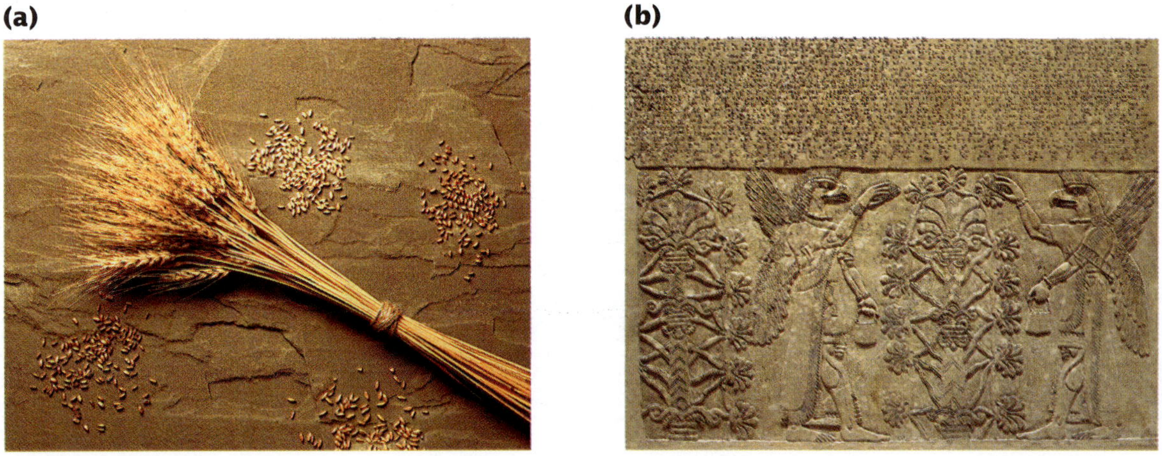

1.9 Les peuples de l'Antiquité utilisaient des techniques génétiques en agriculture. (a) Le blé moderne, dont les grains, plus gros et plus nombreux, ne s'éparpillent pas avant la récolte, a été obtenu en croisant au moins trois espèces sauvages différentes. (b) Bas-relief assyrien montrant la pollinisation artificielle de palmiers dattiers au temps du roi Assurnasirpalli II qui régna de 883 à 859 av. J.C. *[(a) : Scott Bauer/ARS/USDA. (b) : The Metropolitan Museum of Art, don de John D. Rockefeller Jr., 1932. (32.143.3).]*

Les fabricants de loupes hollandais commencèrent à construire des microscopes simples vers la fin du XVIème siècle, ce qui permit à Robert Hooke (1635-1703) de donner la première description d'une cellule (végétale) en 1665. Les microscopes permettaient aux naturalistes d'observer différentes formes de vie minuscule. C'est peut-être d'un excès d'enthousiasme pour ce nouveau monde du très petit qu'a germé l'idée de **préformation** selon laquelle il existerait, dans le sperme ou dans l'œuf, un adulte en miniature, un *homoncule*, qui augmenterait simplement de taille au cours du développement (**Figure 1.11**). La préformation avait pour corollaire que tous les traits fussent hérités d'un seul parent – du père si l'homoncule se trouvait dans le sperme ou de la mère s'il se trouvait dans l'œuf. Malgré de nombreuses observations suggérant

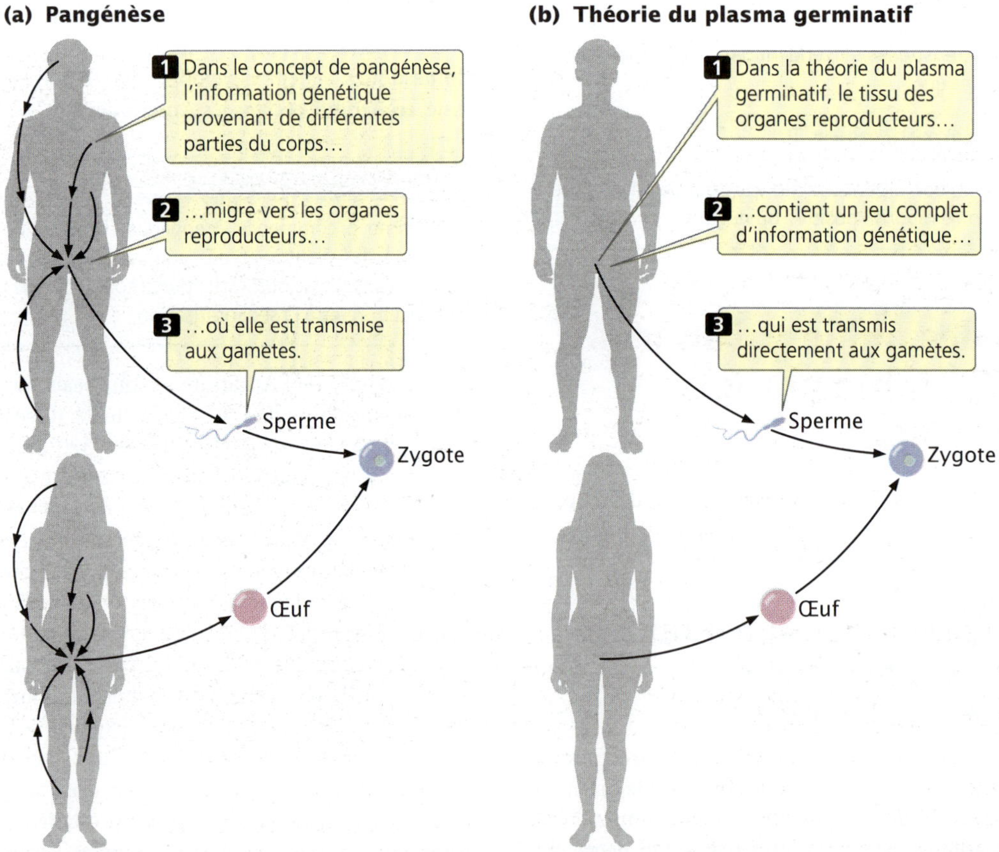

1.10 La pangénèse, une conception ancienne de l'hérédité, comparée à la théorie moderne du plasma germinatif.

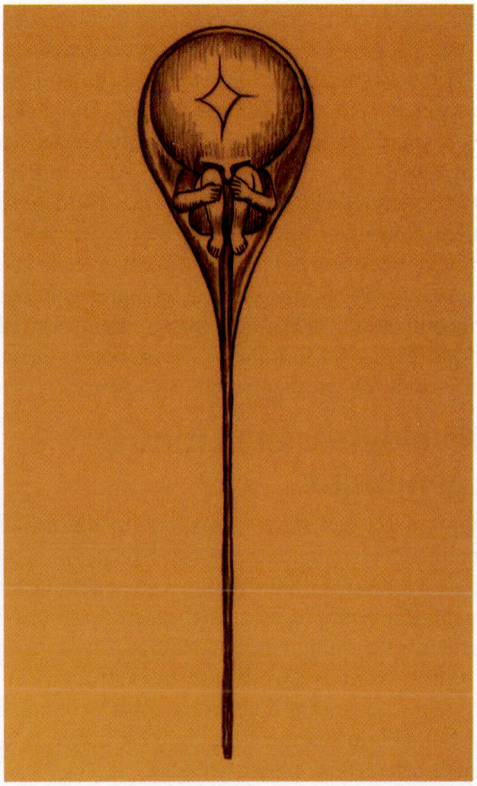

1.11 La préformation était une conception de l'hérédité répandue au XVIIème et au XVIIIème siècle. Ici, le dessin d'un homoncule dans un spermatozoïde. *[Science VU/Visuals Unlimited.]*

que les descendants possèdent des traits provenant des deux parents, la théorie de la préformation est restée à la mode durant le XVIIème siècle et la majeure partie du XVIIIème.

Une autre théorie de l'hérédité, aujourd'hui dépassée, est celle de l'**hérédité par mélange**. Cette théorie voulait que les traits de la descendance soient un mélange de traits parentaux : le matériel génétique lui-même se mélangerait comme le jaune et le bleu se mélangent pour donner la couleur verte. Une fois mêlées, les différences génétiques ne pouvaient plus être séparées dans les générations suivantes, tout comme la couleur verte ne peut plus être séparée en jaune et en bleu. Il est vrai que certains caractères *semblent* présenter une hérédité par mélange, mais, grâce aux recherches de Gregor Mendel sur les plantes de pois, nous comprenons à présent que les gènes ne subissent pas d'altération par mélange.

La génétique devient une science

En 1676, en utilisant le pollen des anthères (organe sexuel mâle), Nehemiah Grew (1641 – 1712) montra que les plantes ont une reproduction sexuée. Munis de cette information, plusieurs botanistes se livrèrent à des expériences de croisement de plantes et de création d'hybrides. Parmi eux, Gregor Mendel (1822 – 1884 ; **Figure 1.12**) continua sur sa lancée et découvrit les principes de base de l'hérédité.

Le développement de la cytologie (l'étude des cellules) dans les années 1880 a fortement influencé la génétique. En se basant sur des travaux antérieurs, Matthias Jacob Schleiden (1804 – 1881) et Theodor Schwann (1810 – 1882) proposèrent la **théorie cellulaire** en 1839. Selon cette théorie, tout être vivant est constitué de cellules, les cellules se forment uniquement à partir de cellules déjà existantes, et la cellule est l'unité fondamentale de structure et de fonction des organismes vivants. Les biologistes commencèrent à examiner les cellules pour découvrir comment les traits étaient transmis lors de la division cellulaire.

Charles Darwin (1809 -1882), l'un des biologistes les plus éminents du XIXème siècle, proposa la théorie de l'évolution basée sur la sélection naturelle et publia ses idées dans « *On the Origin of Species* » (De l'origine des espèces) en 1859. Darwin reconnaissait le rôle fondamental de l'hérédité dans l'évolution et il fit de nombreuses expériences de croisements avec des pigeons et autres espèces, mais il ne comprit pas la base de l'hérédité, et cette absence de compréhension constitue une lacune de la théorie de l'évolution telle qu'il l'a présentée.

Walther Flemming (1843 – 1905) étudia la division des chromosomes et en 1879, il publia une superbe description de la mitose. À partir de 1855, il était généralement admis que le noyau contenait l'information héréditaire.

Vers la fin du XIXème siècle, August Weismann (1834 – 1914) mit fin définitivement à la théorie de l'hérédité des caractères acquis en coupant la queue de souris de 22 générations successives et en montrant qu'invariablement, la queue des descendants gardait la même longueur. Weismann proposa la **théorie de la continuité du plasma germinatif**, selon laquelle les cellules des organes reproducteurs contiennent un jeu complet d'information génétique qui est transmis à l'œuf et au sperme (**Figure 1.10b**).

1.12 Gregor Mendel a fondé la génétique moderne. Mendel fut le premier à découvrir les principes de l'hérédité en croisant différentes variétés de pois et en analysant le schéma de transmission des caractères dans les générations successives. *[Hulton Archive/Getty Images.]*

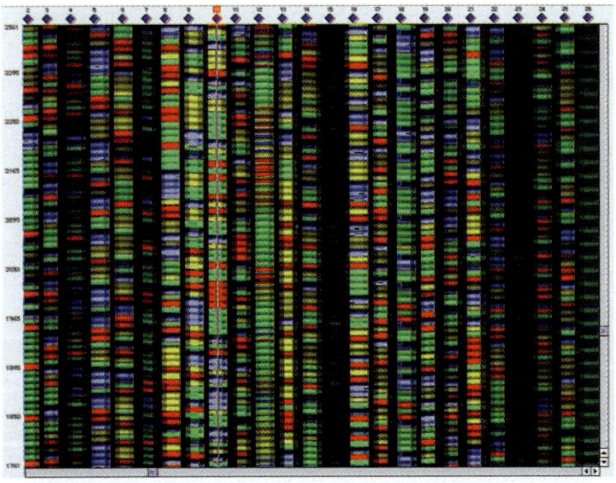

1.13 La séquence complète du génome humain a été obtenue en 2003. Chaque petite barre de couleur représente une base nucléotidique dans l'ADN.

L'année 1900 marqua une véritable transition dans l'histoire de la génétique. La publication historique des travaux de Mendel sur les plantes de pois, qui révélait les principes de l'hérédité, fut redécouverte, comme nous le verrons dans le Chapitre 3. On reconnut la signification fondamentale de ses conclusions et d'autres biologistes firent immédiatement des expériences analogues sur les souris, les poules, et encore d'autres organismes. Les résultats de ces recherches montrèrent qu'un nombre considérable de traits étaient transmis selon les règles décrites par Mendel.

En 1902, Walter Sutton (1877 - 1916) (N.d.T. : Et, indépendamment, Theodor Boveri (1862 - 1915)) proposèrent que les gènes soient localisés sur les chromosomes. Thomas Hunt Morgan (1866 - 1945) découvrit les premiers mutants de la drosophile en 1910, et il utilisa des drosophiles mutantes pour élucider de nombreux détails du mécanisme de la génétique de la transmission. Les bases de la génétique des populations furent jetées dans les années 1930, quand les généticiens commencèrent à faire une synthèse de la génétique mendélienne et de la théorie de l'évolution.

Les généticiens commencèrent à utiliser les bactéries et les virus dans les années 1940. La reproduction rapide et les systèmes génétiques simples de ces organismes permirent l'étude détaillée de l'organisation et de la structure des gènes. C'est aussi durant cette période que les preuves se sont accumulées montrant que l'information génétique est contenue dans l'ADN. James Watson (1928 -) et Francis Crick (1916 - 2004), se basant sur les travaux de Maurice Wilkins (1916 - 2004) et de Rosalind Franklin (1920 - 1958), ont décrit la structure tridimensionnelle de l'ADN en 1953, inaugurant l'ère de la génétique moléculaire.

En 1966, le système par lequel la structure chimique de l'ADN détermine la séquence des acides aminés des protéines avait été élucidé. Les progrès de la génétique moléculaire menèrent aux premières expériences d'ADN recombinant qui déclenchèrent une nouvelle révolution dans la recherche en génétique. Des méthodes de séquençage rapide de l'ADN furent mises au point. La réaction de polymérisation en chaîne, une technique permettant d'amplifier rapidement des minuscules quantités d'ADN, fut développée en 1983 par Kary Mullis (1944 -) et d'autres. Cette technique est désormais la base de nombreux types d'analyse moléculaire. Le projet d'analyse du génome humain (Human Genome Project) fut lancé en 1990. En 1995, la première séquence complète de l'ADN d'un organisme capable de vie autonome (N.d.T. : donc différent d'un virus), la bactérie *Haemophilus influenzae*, fut déterminée, et la première séquence complète du génome d'un eucaryote (la levure) fut publiée un an plus tard. Un premier jet de la séquence du génome humain fut présenté en 2000 et la séquence pratiquement complète en 2003, ce qui inaugura une nouvelle ère de la génétique (Figure 1.13). À présent, les génomes de nombreux organismes sont séquencés, analysés et comparés.

Les développements futurs de la génétique

Les progrès de la génétique s'enregistrent désormais quotidiennement et la génétique est aux avant-postes de la recherche en biologie. La somme d'informations en génétique augmente rapidement. Par exemple, les séquences génomiques de nombreux organismes s'ajoutent aux banques de données ADN chaque année. De nouveaux détails sur la structure et la fonction des gènes ne cessent d'améliorer notre connaissance de la façon dont l'information génétique est codée et dont elle détermine les caractères phénotypiques.

L'information sur les différences de séquence entre individus d'une espèce affine notre compréhension de l'évolution et aide à localiser les gènes qui affectent des traits complexes tels que l'hypertension chez l'homme et le gain de poids chez le bétail. Les dernières années ont vu se développer un progrès considérable de notre compréhension du rôle de l'ARN dans plusieurs processus cellulaires. L'ARN intervient dans plusieurs aspects du fonctionnement des gènes. Des microchips sur lesquels est fixé de l'ADN analysent simultanément des milliers de molécules d'ARN et nous renseignent sur l'activité de milliers de gènes d'une cellule, nous donnant ainsi l'image détaillée de la réponse de cette cellule à des signaux extérieurs, à des stress environnementaux, et à des états morbides comme, par exemple, un cancer. Dans le domaine émergent de l'étude du protéome, des programmes informatiques puissants permettent de modéliser la structure et la fonction des protéines à partir de la séquence d'ADN. Toute cette information nous permet de mieux comprendre de nombreux processus biologiques ainsi que les relations évolutives entre protéines. Ce flux considérable d'information génétique nécessite le développement en continu de programmes informatiques pour archiver, repêcher, comparer et analyser les données génétiques, ce qui a donné naissance à une discipline nouvelle, la bioinformatique, qui fusionne la biologie moléculaire et l'informatique.

Dans les années à venir, le séquençage d'ADN se concentrera encore davantage sur les différences individuelles au sein des espèces. Bientôt, il sera possible aux personnes qui le désirent de disposer de la séquence complète de son génome (N.d.T. : c'est déjà le cas. Il en coûte aujourd'hui quelque 20 000 dollars). Cela permet d'évaluer le risque de contracter certaines maladies et, le cas échéant, d'en personnaliser le traitement. L'utilisation de la génétique dans les domaines de l'agriculture, de la chimie et des soins de santé continuera son essor. Cette implication de la génétique dans un nombre sans cesse croissant de domaines n'ira pas sans soulever des questions importantes en termes d'éthique, de société et d'économie.

Ce bref exposé de l'histoire de la génétique ne prétend pas être exhaustif. Il a plutôt pour but de faire prendre conscience de l'accélération prodigieuse des progrès de la génétique. Dans les chapitres ultérieurs, nous en apprendrons davantage sur les expériences et sur les scientifiques qui ont contribué au développement de cette discipline.

Concepts clés

Les développements dans les domaines de l'hybridation des plantes et de la cytologie aux XVIIIème et XIXème siècles ont jeté les bases de la science de la génétique. Après la redécouverte des travaux de Mendel en 1900, la génétique s'est développée rapidement jusqu'à figurer aujourd'hui parmi les disciplines scientifiques les plus actives.

✔ Test de compréhension 3

Comment le développement de la cytologie au XIXème siècle a-t-il contribué à notre compréhension actuelle de la génétique ?

1.3 Quelques concepts fondamentaux doivent être précisés avant d'entamer notre périple dans la génétique

Vous vous êtes certainement déjà frottés à la génétique dans vos cours de biologie. Prenons cependant le temps de préciser certains concepts génétiques fondamentaux.

- **Il existe deux types de cellules : eucaryotiques et procaryotiques.** Structurellement, les cellules sont de deux types, bien que d'un point de vue évolutif, les choses soient plus complexes (voir le Chapitre 2). Les cellules procaryotiques n'ont ni membrane nucléaire ni organites bordés de membranes, tandis que les cellules eucaryotiques ont une organisation plus complexe, avec un noyau et des organites délimités par des membranes tels que les chloroplastes et les mitochondries.
- **Le gène est l'unité de base de l'hérédité.** La définition précise d'un gène peut varier en fonction du contexte biologique. Au niveau le plus simple, nous pouvons considérer le gène comme une unité d'information qui code une caractéristique génétique. Nous élargirons cette définition quand nous en aurons appris davantage sur la nature et la fonction des gènes.
- **Les gènes existent sous de multiples formes appelées allèles.** Un gène spécifiant un caractère peut exister sous plusieurs formes appelées allèles. Par exemple, un gène spécifiant la couleur du pelage des chats peut exister sous forme d'allèle spécifiant la couleur noire ou d'allèle spécifiant la couleur orange.
- **Les gènes produisent des phénotypes.** Un des concepts les plus importants en génétique est la distinction entre caractères et gènes. Les caractères ne sont pas transmis directement. Ce sont les gènes qui sont transmis et qui, en interaction avec des facteurs environnementaux, spécifient l'expression des caractères. L'information génétique d'un organisme est son **génotype**. Le caractère qu'il exprime est son **phénotype**. Par exemple, le groupe sanguin A est un phénotype ; l'information génétique qui code l'antigène sanguin de type A est le génotype.
- **L'information génétique est contenue dans l'ADN et l'ARN.** L'information génétique est encodée dans la structure moléculaire des acides nucléiques dont il existe deux types : l'acide désoxyribonucléique (ADN) et l'acide ribonucléique (ARN). Les acides nucléiques sont des polymères d'unités de base appelées nucléotides ; chaque nucléotide contient un sucre, un groupe phosphate et une base azotée. Les bases azotées de l'ADN sont de quatre types (désignés en abrégé A, C, G et T), et c'est la séquence de ces bases qui code l'information génétique. L'ADN contient deux brins dont les bases sont complémentaires. L'information génétique de la plupart des organismes est encodée dans de l'ADN, mais celle de certains virus est encodée dans de l'ARN. Les quatre bases azotées de l'ARN sont désignées A, C, G et U.
- **Les gènes sont localisés sur les chromosomes.** Les structures qui portent l'information génétique dans les cellules sont les chromosomes (Figure 1.14) ; ils sont constitués d'ADN associé à des protéines. Les cellules de chaque espèce contiennent un nombre caractéristique de chromosomes. Par exemple, les cellules bactériennes contiennent normalement un seul chromosome, les cellules humaines en contiennent 46 et celles du pigeon, 80. Chaque chromosome porte généralement un grand nombre de gènes.
- **Les chromosomes se séparent au cours des processus de mitose et de méiose.** Les processus de mitose et de méiose

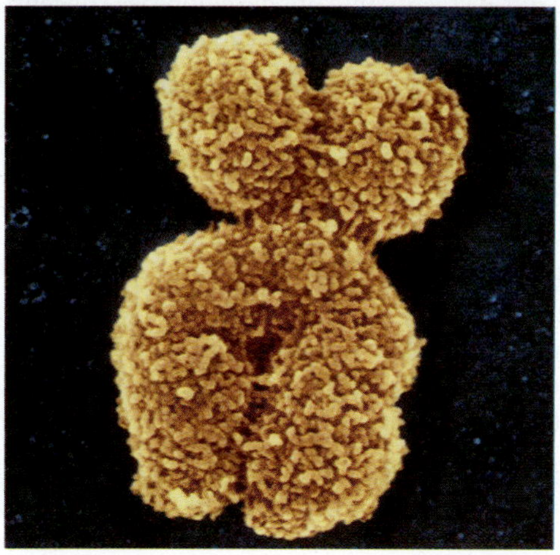

1.14 Les gènes sont portés par les chromosomes. Un chromosome tel que celui montré ici est constitué d'ADN complexé avec des protéines et peut porter l'information génétique déterminant de nombreux caractères. *[Biophoto Associates/Science Source/Photo Researchers.]*

assurent que chaque cellule fille reçoive un jeu complet des chromosomes d'un organisme. La mitose est la séparation (on dit la ségrégation) des chromosomes répliqués lors de la division des cellules somatiques (non reproductrices). La méiose est l'appariement et la ségrégation des chromosomes répliqués lors de la division des cellules germinales qui produisent les gamètes (cellules reproductrices).

- **L'information génétique passe de l'ADN à l'ARN puis aux protéines.** De nombreux gènes codent des caractères en spécifiant la structure de protéines. L'information génétique de l'ADN est d'abord transcrite en ARN, puis le message ARN est traduit en séquence d'acides aminés dans une protéine.
- **Les mutations sont des changements de l'information génétique transmissibles à la descendance.** Les mutations géniques affectent l'information génétique contenue dans un seul gène. Les mutations chromosomiques altèrent le nombre ou la structure des chromosomes et, par conséquent, elles affectent généralement de nombreux gènes.
- **Certains caractères sont influencés par une multitude de facteurs.** Certains caractères dépendent de nombreux gènes qui interagissent de façon complexe avec des facteurs environnementaux. Par exemple, la taille de l'homme dépend de centaines de gènes ainsi que de facteurs extérieurs tels que la nutrition.
- **L'évolution est un changement génétique.** L'évolution peut être considérée comme un processus en deux temps : il se produit d'abord une variation génétique, puis la proportion de certains variants génétiques augmente tandis que celle d'autres variants diminue.

Résumé des concepts clés

- La génétique joue un rôle central dans la vie d'un individu. Elle affecte son aspect physique, sa sensibilité à une série de maladies, sa personnalité et son intelligence.
- La génétique joue un rôle important en agriculture, dans l'industrie pharmaceutique et en médecine. Elle occupe une position centrale dans l'étude de la biologie.
- Tous les organismes utilisent des systèmes génétiques similaires. La variation génétique est la base de l'évolution et sa compréhension est indispensable pour l'étude du vivant.
- L'étude de la génétique peut être subdivisée en trois domaines principaux : la génétique de la transmission, la génétique moléculaire et la génétique des populations.
- Les organismes modèles sont des espèces que leurs caractéristiques rendent particulièrement accessibles à l'analyse génétique et sur lesquels existe une somme considérable de données génétiques.
- L'utilisation de la génétique par l'homme a débuté avec la domestication des plantes et des animaux.
- Les Grecs de l'Antiquité ont développé les concepts de pangénèse et de l'hérédité des caractères acquis.
- La théorie de la préformation suggérait qu'une personne héritât de tous les traits d'un de ses parents. L'hérédité par mélange proposait que la descendance possédât des traits produits par le mélange des traits parentaux.
- En étudiant la descendance de croisements entre différentes variétés de pois, Gregor Mendel découvrit les principes de l'hérédité.
- Le développement de la cytologie au XIXème siècle a permis de comprendre que le noyau de la cellule contient le matériel héréditaire.
- En 1900, les principes de l'hérédité décrits par Mendel furent redécouverts. La génétique des populations se développa au début des années 1930, bientôt suivie par la génétique biochimique et la génétique bactérienne et virale. La structure de l'ADN fut élucidée en 1953, donnant le coup d'envoi de la génétique moléculaire.
- Les cellules sont de deux types : procaryotiques et eucaryotiques.
- Les gènes qui déterminent un caractère sont appelés le génotype. Le caractère qu'ils déterminent est le phénotype.
- Les gènes sont localisés sur les chromosomes qui sont constitués d'acides nucléiques et de protéines et qui sont répartis entre les cellules filles par les processus de mitose et de méiose.
- L'information génétique s'exprime en passant de l'ADN à l'ARN, puis aux protéines.
- L'évolution nécessite que des changements génétiques surviennent dans les populations.

Termes importants

génome (p. 4)
génétique de la transmission (p. 5)
génétique moléculaire (p. 5)
génétique des populations (p. 5)
pangénèse (p. 7)
hérédité des caractères acquis (p. 7)
préformation (p. 8)
hérédité par mélange (p. 9)
théorie cellulaire (p. 9)
théorie de la continuité du plasma germinatif (p. 9)

Réponses aux tests de compréhension

1. d

2. Non, parce que loger, nourrir et élever des chevaux coûte cher, qu'ils ont une descendance trop peu nombreuse et que leur temps de génération est trop long.

3. Le développement de la cytologie dans les années 1880 a permis d'identifier des composants de la cellule, dont le noyau et les chromosomes. La théorie cellulaire a focalisé l'attention des biologistes sur la cellule, ce qui a finalement mené à la conclusion que le noyau contient le matériel héréditaire.

Questions de compréhension

Les réponses aux questions et aux problèmes précédés d'un astérisque sont données à la fin du livre.

Section 1.1

*1. De quelle façon la culture Hopi contribue-t-elle au taux élevé d'albinisme parmi les membres de la nation Hopi ?

*2. Donnez au moins trois exemples du rôle joué par la génétique dans la société contemporaine.

3. Expliquez brièvement l'importance de la génétique dans la biologie moderne.

*4. Citez les trois subdivisions traditionnelles de la génétique.

*5. Citez quelques-unes des propriétés des organismes modèles qui les rendent utiles pour l'analyse génétique.

Section 1.2

6. Où et quand l'agriculture s'est-elle développée en premier lieu ? Quel rôle la génétique a-t-elle joué dans le développement des premiers animaux et plantes domestiques ?

*7. Expliquez brièvement le concept de pangénèse et dites en quoi il diffère de la théorie du plasma germinatif.

8. Que propose le concept d'hérédité des caractères acquis et en quoi est-il associé à la notion de pangénèse ?

*9. Qu'est-ce que la préformation ? Qu'implique-t-elle en termes de transmission des caractères ?

10. Définissez l'hérédité par mélange et expliquez en quoi elle diffère de la préformation.

11. De quelle façon les progrès de la botanique aux XVIIème et XVIIIème siècles ont-ils contribué à l'avènement de la génétique moderne ?

*12. Qui a le premier découvert les principes sur lesquels se fonde notre compréhension de l'hérédité ?

13. Citez quelques-unes des avancées majeures de la génétique au cours du XIXème siècle.

Section 1.3

14. Quels sont les deux types cellulaires de base (d'un point de vue structurel) ? En quoi diffèrent-ils ?

*15. Expliquez brièvement la relation entre les gènes, l'ADN et les chromosomes.

Questions et problèmes d'application

Section 1.1

16. Quelle relation y a-t-il entre génétique et évolution ?

*17. Indiquez pour chacun des sujets suivants s'il relève de la génétique de la transmission, de la génétique moléculaire ou de la génétique des populations.
   a. L'analyse généalogique pour déterminer la probabilité que quelqu'un hérite d'un caractère.
   b. L'étude de l'histoire génétique des habitants d'une petite île pour expliquer la prévalence sur l'île d'une forme d'asthme congénitale.
   c. L'effet de croisements non aléatoires sur la distribution de génotypes dans un groupe d'animaux.
   d. L'examen des séquences nucléotidiques présentes aux extrémités des chromosomes.
   e. Les mécanismes qui assurent la fidélité de la réplication de l'ADN.
   f. L'étude de la différence entre la transmission de caractères codés par des gènes des chromosomes sexuels (caractères liés au sexe) et celle de caractères codés par des gènes de chromosomes non-sexuels (caractères autosomiques).

Section 1.2

*18. On dit que la génétique est une science à la fois très ancienne et très jeune. Expliquez ce qu'on entend par là.

19. Reliez les descriptions (de *a* à *d*) aux théories ou concepts appropriés énumérés ci-dessous.

Préformation	Théorie du plasma germinatif
Pangénèse	Hérédité des caractères acquis

   a. Chaque cellule reproductrice contient un jeu complet d'information génétique.
   b. Tous les caractères sont hérités d'un seul parent.
   c. L'information génétique peut être modifiée par l'usage fait d'une caractéristique.
   d. Les cellules de différents tissus contiennent une information génétique différente.

*20. Comparez et expliquez les différences entre les idées suivantes sur l'hérédité :
   a. La pangénèse et la théorie de la continuité du plasma germinatif.
   b. La préformation et l'hérédité par mélange.
   c. L'hérédité des caractères acquis et notre théorie actuelle de l'hérédité.

Section 1.3

*21. Expliquez la différence entre les termes suivants :
   a. Cellules eucaryotiques et procaryotiques.
   b. Gène et allèle.
   c. Génotype et phénotype.
   d. ADN et ARN.
   e. ADN et chromosome.

Questions tests

Section 1.1

22. Nous en savons aujourd'hui autant si pas plus sur la génétique humaine que sur celle de tout autre organisme, et l'homme fait l'objet de nombreuses études génétiques. Pensez-vous que l'homme devrait être considéré comme un organisme modèle ? Justifiez votre réponse.

23. Décrivez de quelle manière votre patrimoine génétique vous affecte en tant que personne. Soyez aussi spécifique que possible.

24. Décrivez au moins un caractère qui semble récurrent dans votre famille (qui apparaît chez plusieurs membres de la famille). Pensez-vous que ce caractère soit héréditaire ou qu'il résulte de facteurs environnementaux communs aux membres de la famille ? Comment pourriez-vous faire la distinction entre ces possibilités ?

Section 1.3

***25.** Supposons qu'une vie existe ailleurs dans l'univers. Toute vie doit contenir une forme d'information génétique, mais ces génomes étrangers pourraient ne pas être faits d'acides nucléiques ni avoir les mêmes caractéristiques que les génomes terrestres. Quelles doivent être selon vous les caractéristiques communes à tous les génomes, où qu'ils existent ?

26. Choisissez une des questions éthiques ou sociétales dans la liste ci-dessous et donnez votre opinion. Pour vous aider, vous pourriez lire un des articles sur l'éthique marqués d'un astérisque dans la section des lectures suggérées (« Suggested Readings ») pour le chapitre 1 sur le site : www.whfreeman.com/pierce.

a. Les caractéristiques génétiques d'une personne peuvent-elles être utilisées pour établir son éligibilité pour la prise d'une assurance sur la vie ?

b. Les firmes de biotechnologie doivent-elles être autorisées à breveter des gènes nouvellement séquencés ?

c. La thérapie génique peut-elle s'appliquer à l'homme ?

d. Faut-il rendre accessible à tous le test génétique de dépistage de maladies héréditaires pour lesquelles il n'existe ni traitement ni possibilité de guérison ?

e. Les gouvernements doivent-ils interdire le clonage humain ?

***27.** Supposez qu'à l'âge de 18 ans, vous puissiez faire un test génétique de dépistage d'une maladie héréditaire incurable dont les effets ne se manifestent qu'à l'âge mûr.

a. Quelles seraient les raisons pour faire ou ne pas faire ce test ?

b. Vous-même, voudriez-vous faire ce test ? Expliquez les raisons de votre décision.

2 Les chromosomes et la reproduction cellulaire

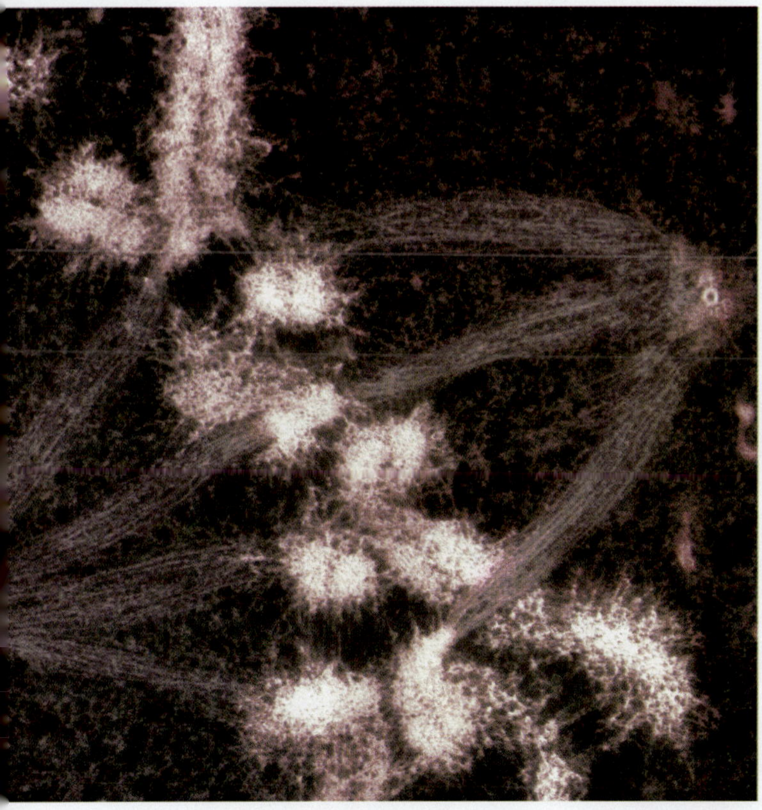

Chromosomes observés à la mitose, le processus par lequel chaque nouvelle cellule reçoit un exemplaire complet du matériel génétique. *[Conly L. Reider/Biological Photo Service]*

L'énigme des deux aveugles

Il s'agit d'une énigme bien connue : deux hommes aveugles entrent par hasard au même moment dans un grand magasin, se rendent au même rayon et achètent tous deux cinq paires de chaussettes de couleurs différentes. Le vendeur est si stupéfait de cette étrange coïncidence qu'il donne un sac contenant les dix paires (deux noires, deux bleues, deux grises, deux brunes et deux vertes) à l'un des deux aveugles et un sac vide à l'autre. Une fois sortis du magasin, les deux aveugles se rencontrent et se rendent compte de la méprise du vendeur. Comment, sans voir ni demander d'aide extérieure, vont ils pouvoir trier les chaussettes de telle sorte que chacun rentre chez lui avec exactement cinq paires de couleurs différentes ? Pouvez-vous résoudre cette énigme ?

Par une coïncidence intéressante, les cellules sont confrontées au même problème que les aveugles de l'énigme. La plupart des organismes possèdent deux jeux d'information génétique provenant chacun d'un des parents. Avant la division cellulaire, l'ADN de chaque chromosome est répliqué. Après cette réplication, il y a deux copies de chaque chromosome, appelées chromatides sœurs. À la fin de la division cellulaire, il est essentiel que chacune des nouvelles cellules reçoive une copie complète du matériel génétique, tout comme il faut que chacun des aveugles puisse rentrer chez lui avec un assortiment complet de chaussettes.

La solution de l'énigme est simple. À l'achat, les chaussettes d'une paire sont toujours attachées par un fil. En sortant une paire du sac, les aveugles tirent chacun sur une des chaussettes. Il est alors facile pour un des deux hommes de couper avec un canif le fil qui les tient ensemble. Chaque homme dépose alors une chaussette dans son sac. À la fin de l'opération, chaque sac contiendra exactement deux chaussettes noires, deux bleues, deux grises, deux brunes et deux vertes.[1]

Les cellules appliquent une méthode analogue pour répartir leurs chromosomes dans les nouvelles cellules filles. Comme nous le verrons dans ce chapitre, les chromosomes répliqués s'alignent au centre de la cellule en cours de division et, comme les chaussettes de l'énigme, les chromatides sœurs de chaque chromosome sont tirées dans des directions opposées. À l'image du fil qui attache les deux chaussettes d'une paire, une molécule appelée cohésine retient ensemble les chromatides sœurs avant d'être tranchée par un couteau moléculaire appelé séparase. Les deux chromosomes détachés se séparent quand la cellule se divise, de telle sorte qu'un jeu complet de chromosomes se retrouve dans chaque cellule.

---

[1] L'analogie entre paires de chromosomes et paires de chaussettes est adaptée de l'article de K. Nasmyth : « Disseminating the genome : joining, resolving, and separating sister chromatids during mitosis and meiosis.» *Annual Review of Genetics* 34: 673-745, 2001.

Il y a toutefois une différence essentielle entre le cas des hommes aveugles et celui des cellules : si les aveugles se trompent, l'un d'eux se retrouvera avec une chaussette surnuméraire et il manquera une chaussette à l'autre, mais ce ne sera pas dramatique. Il n'en va pas de même pour les cellules humaines. Des erreurs dans la ségrégation des chromosomes, produisant des cellules avec trop ou trop peu de chromosomes, ont des conséquences souvent catastrophiques : des cancers, la stérilité ou, parfois, des enfants sévèrement handicapés.

Ce chapitre explore le processus de reproduction des cellules et les mécanismes par lesquels un jeu complet d'information génétique est transmis aux nouvelles cellules. La reproduction des cellules procaryotiques est relativement simple, parce que ces cellules ne possèdent généralement qu'un seul chromosome. Dans le cas des cellules eucaryotiques, plusieurs chromosomes doivent être copiés puis distribués dans chacune des nouvelles cellules, ce qui rend la reproduction cellulaire plus complexe. La division cellulaire des eucaryotes se fait par mitose ou méiose, deux processus qui constituent la base essentielle de la génétique.

Pour bien comprendre la mitose et la méiose, il ne suffit pas de mémoriser la séquence des événements importants qui se produisent à chaque stade de ces phénomènes. Il faut surtout comprendre comment l'information génétique est transmise pendant la reproduction cellulaire par une interaction dynamique entre synthèse d'ADN, migration des chromosomes et division cellulaire. Ces processus assurent la transmission de l'information génétique et sont à la base des ressemblances, mais aussi des différences entre parents et descendants.

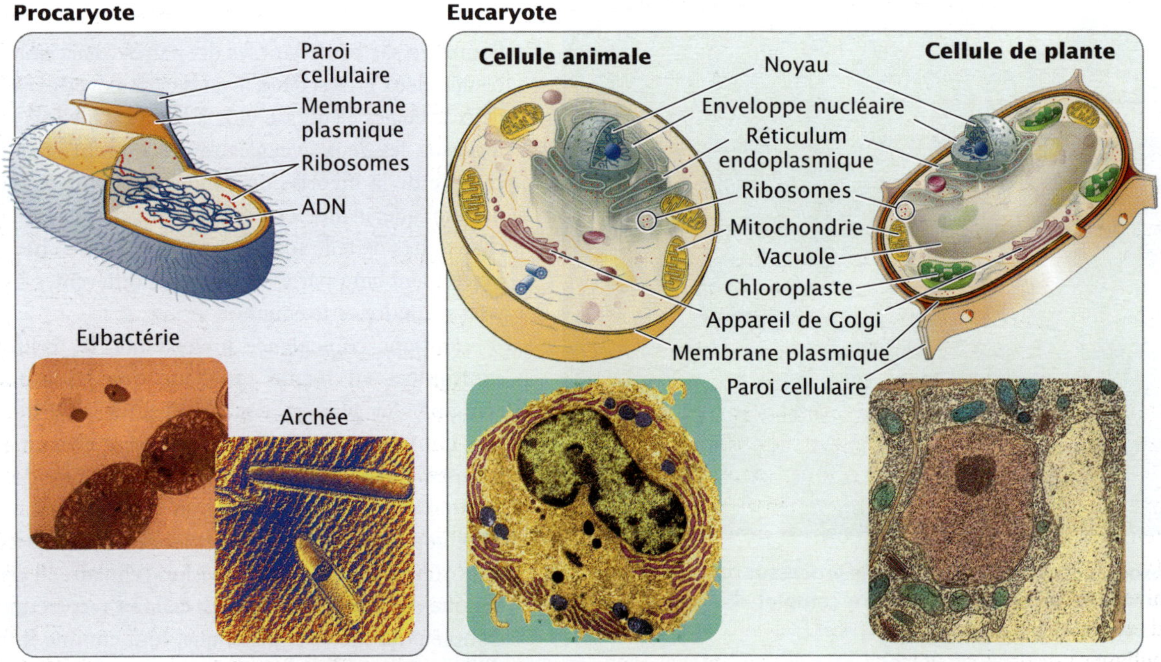

	Cellules procaryotiques	Cellules eucaryotiques
Noyau	Absent	Présent
Diamètre cellulaire	Assez petit, de 1 à 10 μm	Assez grand, de 10 à 100 μm
Génome	Généralement une molécule d'ADN circulaire	Plusieurs molécules linéaires d'ADN
ADN	Non associé avec des histones chez les eubactéries ; quelques histones chez les archées	Associé en complexe avec des histones
Quantité d'ADN	Assez faible	Assez grande
Organites liés à la membrane	Absents	Présents
Cytosquelette	Absent	Présent

2.1 Les cellules procaryotiques et eucaryotiques ont des structures différentes. *[Photos (de gauche à droite) par T.J. Beveridge/Visuals Unlimited ; W. Baumeister/Science Photo Library/Photo Researchers ; G. Muti/Phototake ; Biophoto Associates/Photoresearchers.]* *(N.d.T. : Des polymères de protéines préfigurant le cytosquelette des eucaryotes sont présents chez les procaryotes. Ils sont notamment responsables de la forme des cellules.)

(a)

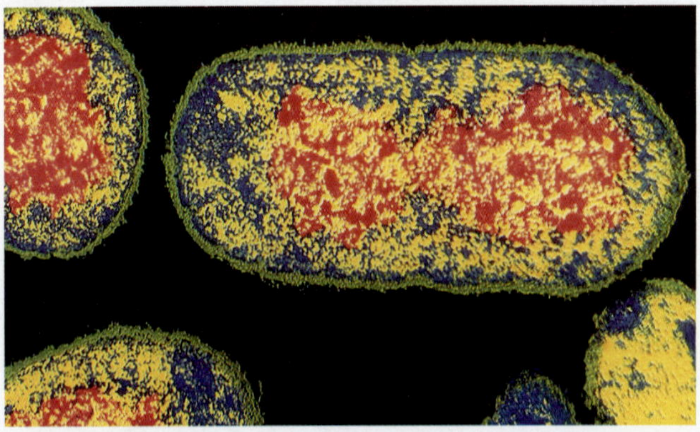

(b)

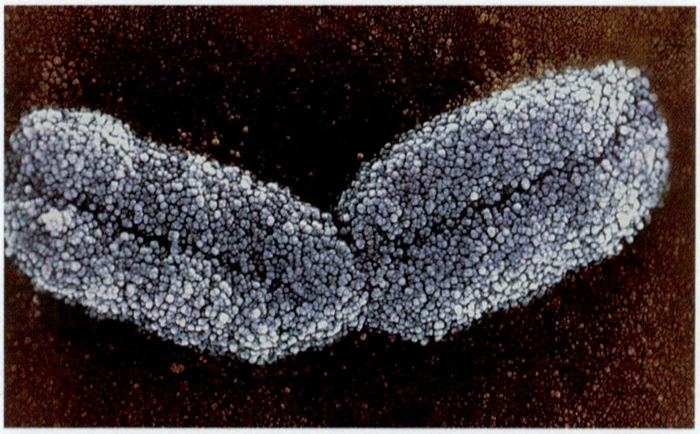

2.2 **Comparaison des ADN procaryotiques et eucaryotiques.** (a) L'ADN d'un procaryote (en rouge) n'est ni entouré d'une membrane nucléaire ni associé en complexe avec des histones. (b) L'ADN d'un eucaryote est associé avec des histones pour former des chromosomes (dont un est montré ici) qui sont localisés dans le noyau. *[Partie a : A.B. Dowsett/Science Photo Library/Photo Researchers. Partie b: Biophoto Associates/Photo Researchers.]*

2.1 Les cellules des procaryotes et des eucaryotes diffèrent par plusieurs caractéristiques génétiques et structurelles

Traditionnellement, les biologistes classent les organismes vivants en deux groupes principaux, les *procaryotes* et les *eucaryotes* (Figure 2.1). Un **procaryote** est un organisme unicellulaire de structure relativement simple. Un **eucaryote** présente une structure cellulaire compartimentée dans laquelle certains composants sont entourés de membranes intracellulaires ; les eucaryotes peuvent être uni- ou pluricellulaires.

Vers le milieu des années 1970, des études ont montré que cette division du vivant en deux groupes principaux est en fait trop simple. Les procaryotes comprennent deux types d'organismes qui, bien que de structure cellulaire similaire, présentent entre eux des différences fondamentales : les **eubactéries** (vraies bactéries) et les **archées**. (N.d.T. : Carl Woese de l'Université d'Illinois, le découvreur des archées, les avait d'abord désignées « archébactéries » (bactéries anciennes) pour souligner une origine ancienne présumée.) La comparaison de séquences d'ADN homologues dans ces trois groupes montre que, d'un point de vue évolutif, les eubactéries et les archées sont aussi distantes entre elles qu'elles le sont des eucaryotes. Bien que les eubactéries et les archées aient une structure cellulaire similaire, certains processus génétiques des archées (la transcription, par exemple) ressemblent davantage à ceux des eucaryotes et, dans l'évolution, les archées apparaissent plus proches des eucaryotes que des eubactéries. Donc, dans la perspective de l'évolution, il y a trois grands groupes ou **domaines** d'organismes : les Eubactéries, les Archées et les Eucaryotes. Dans ce livre, nous ferons fréquemment la distinction entre procaryotes et eucaryotes, mais les différences importantes entre eubactéries et archées seront aussi relevées.

Du point de vue génétique, une différence importante entre cellules procaryotiques et eucaryotiques est qu'un eucaryote a une *enveloppe nucléaire* qui entoure le matériel génétique pour former un **noyau**, séparant l'ADN des autres constituants cellulaires. Dans les cellules procaryotiques, le matériel génétique est en contact direct avec les autres constituants de la cellule – une propriété qui a des conséquences importantes sur la manière dont les gènes sont contrôlés.

Une autre différence fondamentale entre les procaryotes et les eucaryotes réside dans la façon dont leur ADN est emmagasiné. Chez les eucaryotes, l'ADN s'associe avec une classe spéciale de protéines, les **histones**. Ce complexe compact et dense d'ADN et d'histones, appelé **chromatine**, est le constituant des chromosomes eucaryotiques. Les histones limitent l'accès à l'ADN des enzymes et des autres protéines qui le copient et le lisent, mais elles permettent à l'ADN d'être emmagasiné dans le noyau. L'ADN eucaryotique doit se séparer temporairement et localement des histones pour que l'information génétique qu'il contient devienne accessible. Les archées ont aussi des protéines de type histone qui forment un complexe avec l'ADN, mais la structure de leur chromatine est différente de celle observée chez les eucaryotes. Les eubactéries ne possèdent pas d'histones, et leur ADN n'a pas la structure hautement ordonnée et emmagasinée de façon compacte caractéristique des cellules eucaryotiques (Figure 2.2). La copie et la lecture de l'ADN sont donc des processus plus simples chez les eubactéries.

Les gènes des procaryotes se trouvent généralement sur une seule molécule circulaire d'ADN qui est le chromosome de la cellule procaryotique. (N.d.T. : La structure de l'ADN procaryotique n'est toutefois pas complètement désordonnée : le chromosome circulaire est organisé en boucles dont les extrémités sont liées d'une façon encore mal connue (voir le Chapitre 8)). Dans les cellules eucaryotiques, les gènes sont localisés sur plusieurs molécules d'ADN, généralement linéaires (donc, plusieurs chromosomes). Les cellules eucaryotiques ont donc besoin de mécanismes qui assurent qu'une copie de chaque chromosome soit transmise fidèlement à chaque nouvelle cellule. La généralisation qui consisterait à dire que les procaryotes ont un seul chromosome circulaire, et les eucaryotes plusieurs chromosomes linéaires, n'est pas tout à fait exacte. Certaines bactéries ont plus d'un chromosome, et des gènes bactériens importants se trouvent souvent sur d'autres molécules d'ADN appelées plasmides (voir le Chapitre 6). De plus, chez les eucaryotes, certains gènes sont portés par des molécules d'ADN circulaires, dans des organites comme les mitochondries ou les chloroplastes.

Concepts clés

Les organismes vivants sont répartis en deux classes : les procaryotes et les eucaryotes. Les procaryotes comprennent les archées et les eubactéries. Un procaryote est un organisme unicellulaire qui n'a pas de noyau, son ADN n'est pas associé en complexe avec des histones, sauf chez les archées, et son génome est habituellement formé d'un seul chromosome. Les eucaryotes peuvent être uni- ou pluricellulaires, leurs cellules contiennent un noyau, leur ADN est associé en complexe avec des protéines histones, et leur génome comporte plusieurs chromosomes.

✔ Test de compréhension 1

Faites la liste des caractéristiques communes aux eubactéries et aux archées, qui les distinguent des eucaryotes.

Les virus sont des structures simples composées d'un acide nucléique (ADN ou ARN) entouré d'un manteau de protéine (**Figure 2.3**). Les virus ne sont ni des cellules ni des formes de vie primitives : ils ne peuvent se reproduire que dans des cellules hôtes, ce qui implique qu'ils soient apparus dans l'évolution après, plutôt qu'avant les cellules. De plus, les virus ne forment pas un groupe distinct dans l'évolution, mais ils sont très proches génétiquement de leurs hôtes respectifs. Les gènes d'un virus de plante sont plus semblables à ceux d'une cellule de plante que ceux d'un virus animal, ce qui suggère que les virus aient évolué avec leurs hôtes plutôt qu'à partir d'autres virus. Cette relation proche entre les gènes d'un virus et ceux de l'hôte fait des virus de bons outils pour l'étude génétique des organismes hôtes.

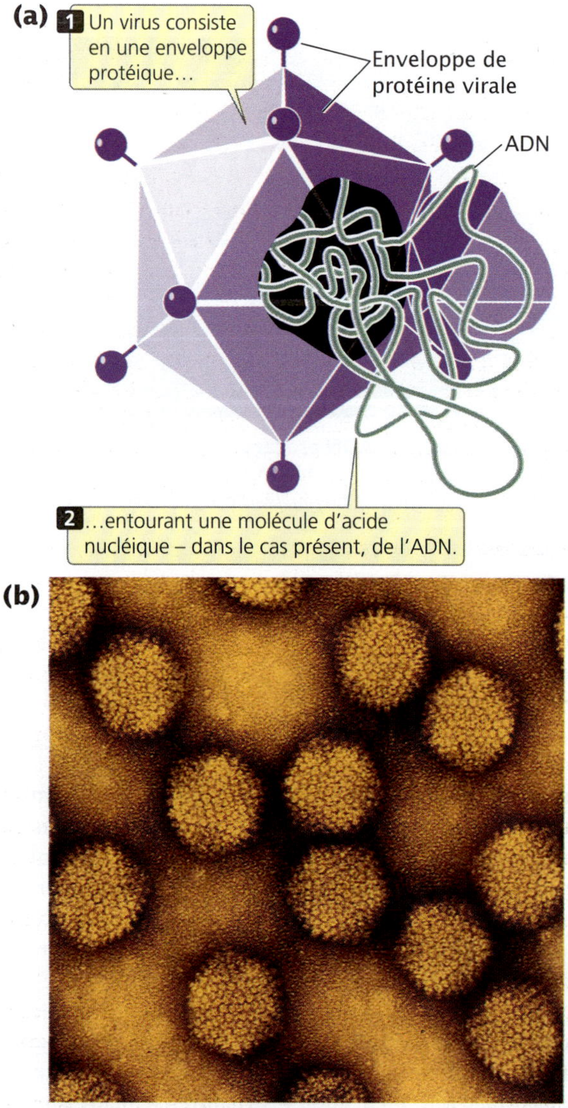

2.3 Un virus est une structure réplicative simple, formée d'une enveloppe protéique et d'un acide nucléique. La partie (b) est une microphotographie d'adénovirus. *[Hans Gelderblom/Visuals Unlimited.]*

2.2 La reproduction cellulaire nécessite la copie du matériel génétique, la séparation des copies, et la division cellulaire

Pour qu'une cellule se reproduise correctement, trois événements fondamentaux sont requis : (1) l'information génétique qu'elle contient doit être copiée, (2) les copies de l'information génétique doivent être séparées, et (3) la cellule doit se diviser. Toute reproduction cellulaire comporte ces trois événements, mais les processus par lesquels ils se réalisent sont différents chez les cellules procaryotiques et eucaryotiques, à cause de leurs différences structurelles.

La reproduction des cellules procaryotiques

Quand les cellules procaryotiques se reproduisent, leur chromosome circulaire est répliqué. La réplication commence généralement à un site spécifique appelé origine de réplication. Par un mécanisme qui n'est pas encore complètement élucidé, les deux origines nouvellement répliquées s'éloignent l'une de l'autre en direction des extrémités de la cellule. Chez certaines bactéries au moins, des protéines se lient à proximité de l'origine de réplication et attachent les nouveaux chromosomes à la membrane plasmique aux extrémités opposées (« pôles ») de la cellule. Une nouvelle paroi cellulaire se forme entre les chromosomes, produisant deux cellules contenant chacune un exemplaire identique du chromosome. Dans des conditions optimales, certaines bactéries se divisent toutes les 20 minutes. À ce rythme, une seule cellule bactérienne peut produire un milliard de descendants en 10 heures.

La reproduction des cellules eucaryotiques

Comme dans les cellules procaryotiques, la reproduction des cellules eucaryotiques nécessite la réplication de l'ADN, la séparation des copies, et la division du cytoplasme. Toutefois, la présence de plusieurs molécules d'ADN rend nécessaire la mise en œuvre de mécanismes plus complexes pour assurer qu'exactement une copie de chaque molécule se retrouve dans chacune des nouvelles cellules.

Les chromosomes des eucaryotes sont séparés du cytoplasme par une enveloppe, la membrane nucléaire. On a longtemps assimilé le noyau à un sac rempli de liquide dans lequel flottaient les chromosomes, mais on sait à présent que le noyau contient une armature hautement organisée appelée *matrice nucléaire*. Cette matrice est un réseau de fibres protéiques qui maintient une relation spatiale précise entre les composants du noyau et qui participe à la réplication de l'ADN, à l'expression des gènes, et à la modification des produits des gènes avant qu'ils quittent le noyau. Examinons à présent la structure des chromosomes eucaryotiques.

Les chromosomes eucaryotiques Chaque espèce d'eucaryote a un nombre caractéristique de chromosomes : la pomme de terre a 48 chromosomes, la drosophile en a 8 et l'homme en a 46. Il ne semble pas y avoir de relation significative entre la complexité d'un organisme et le nombre de chromosomes dans ses cellules.

La majorité des cellules eucaryotiques contiennent deux jeux de chromosomes. La présence de ces deux jeux est une conséquence de la reproduction sexuée : un jeu est hérité du parent mâle et l'autre du parent femelle. Chaque chromosome d'un jeu a un correspondant dans l'autre jeu et, ensemble, ils constituent une paire d'homologues (**Figure 2.4**). Les cellules humaines, par exemple, ont 46 chromosomes qui forment 23 paires d'homologues.

Les deux chromosomes d'une **paire d'homologues** sont généralement de structure et de taille similaire et chacun contient l'information génétique pour le même jeu de caractéristiques héréditaires. (Une exception étant les chromosomes sexuels dont il sera question au chapitre 4.) Par exemple, si un gène d'un chromosome particulier code pour un caractère héréditaire tel que la couleur des cheveux, une autre copie du gène (chaque copie étant appelée un *allèle*), à la même position sur le chromosome homologue, code *aussi* pour la couleur des cheveux. Toutefois, ces deux allèles ne sont pas nécessairement identiques : l'un deux peut coder pour des cheveux roux et l'autre pour des cheveux blonds. Donc, la majorité des cellules contiennent deux jeux d'information génétique : ces cellules sont **diploïdes**. Mais toutes les cellules eucaryotiques ne sont pas diploïdes : les cellules reproductrices (comme les œufs, les spermatozoïdes et les spores), et même des cellules non reproductrices chez certains organismes, ne contiennent qu'un seul jeu de chromosomes. Ces cellules sont **haploïdes**. Une cellule haploïde ne contient qu'une copie de chaque gène.

Concepts clés

Les cellules se reproduisent en copiant leur information génétique, en séparant les copies, puis en se divisant. Comme les eucaryotes possèdent plusieurs chromosomes, des mécanismes font en sorte que chaque nouvelle cellule reçoive une copie de chaque chromosome. La plupart des cellules eucaryotiques sont diploïdes et leurs deux jeux de chromosomes sont homologues. Les cellules haploïdes contiennent un seul jeu de chromosomes.

✔ Test de compréhension 2

Les cellules diploïdes contiennent
a. deux chromosomes.
b. deux jeux de chromosomes.
c. un jeu de chromosomes.
d. deux paires de chromosomes homologues.

La structure des chromosomes Les chromosomes des eucaryotes sont plus grands et plus complexes que ceux des procaryotes. Néanmoins, chaque chromosome à l'état non répliqué ne contient qu'une seule molécule d'ADN. Bien que linéaires, les molécules d'ADN des chromosomes eucaryotiques sont hautement repliées et condensées : sous forme étirée, l'ADN de certains chromosomes humains mesure plusieurs centimètres, soit des milliers de fois plus qu'un noyau typique. Pour emmagasiner une telle longueur d'ADN dans le volume restreint d'un noyau, il faut que chaque molécule

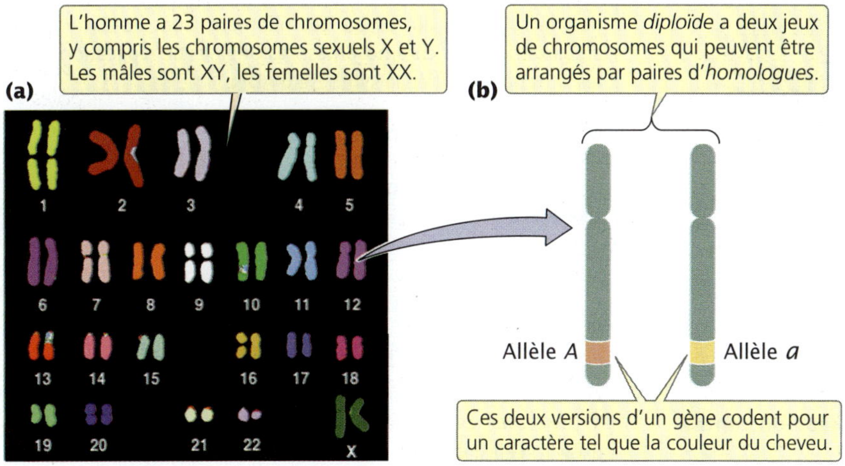

2.4 Les cellules eucaryotiques diploïdes ont deux jeux de chromosomes. (a) Chromosomes d'une cellule humaine femelle. Chaque paire de chromosomes a été hybridée avec une sonde de couleur caractéristique. (b) Les chromosomes sont arrangés en paires d'homologues, c.-à-d. des chromosomes de taille et de structure semblables et qui portent l'information concernant les mêmes caractéristiques. *[Partie a : aimablement communiquée par le Dr. Thomas Ried et le Dr. Evelin Schrock.]*

d'ADN soit enroulée de façon serrée autour de molécules d'histones, puis de nombreuses fois sur elle-même, pour former un chromosome en forme de bâtonnet. La plupart du temps, les chromosomes sont minces et difficilement visibles, mais avant la division cellulaire, ils se condensent en structures plus épaisses, faciles à observer. C'est généralement à ce stade que les chromosomes sont étudiés.

Un chromosome fonctionnel possède trois éléments essentiels : un centromère, une paire de télomères et des origines de réplication. Le *centromère* est le point d'attachement des *microtubules du fuseau* qui sont les filaments responsables du mouvement des chromosomes à la division cellulaire (**Figure 2.5**). Le centromère a l'aspect d'une zone de rétrécissement du chromosome. Avant la division cellulaire, un complexe de protéines appelé *kinétochore* s'assemble sur le centromère. Ensuite, les microtubules du fuseau s'attachent au kinétochore. Les chromosomes dépourvus de centromère ne peuvent être entraînés dans les noyaux nouvellement formés ; ces chromosomes sont perdus, avec des conséquences souvent catastrophiques pour la cellule. Selon la localisation du centromère, les chromosomes sont classés en quatre catégories : métacentriques, submétacentriques, acrocentriques, et télocentriques (**Figure 2.6**). Un des deux bras d'un chromosome (le bras court d'un chromosome submétacentrique ou acrocentrique) est désigné par la lettre p, et l'autre bras est désigné par q.

Les **télomères** sont les extrémités naturelles d'un chromosome linéaire (voir la Figure 2.5). Ils stabilisent ces extrémités. Si un chromosome se rompt, produisant de nouvelles extrémités, ces nouvelles extrémités ont tendance à s'associer, et le chromosome est dégradé à leur hauteur. Les télomères confèrent une stabilité aux chromosomes. Des études suggèrent que les télomères participent à la régulation (limitation) de la division cellulaire (voir le Chapitre 8) et qu'ils puissent jouer un rôle important dans le vieillissement et l'apparition de cancers (voir le Chapitre 9).

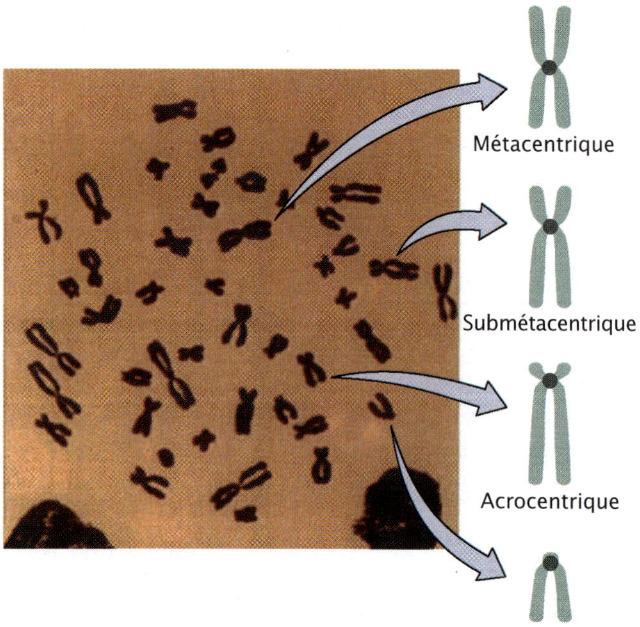

2.6 Selon la position du centromère, on distingue quatre types principaux de chromosomes eucaryotiques. *[Microphotographie par L. Lisco, D.W. Fawcett/Visuals Unlimited.]*

Les **origines de réplication** sont les sites où commence la synthèse d'ADN ; elles sont difficilement observables au microscope. En préparation à la division cellulaire, chaque chromosome se réplique, comme mentionné plus haut. Les deux copies initialement identiques, appelées **chromatides sœurs**, sont maintenues ensemble par le centromère (voir la Figure 2.5). Chaque chromatide sœur contient une seule molécule d'ADN.

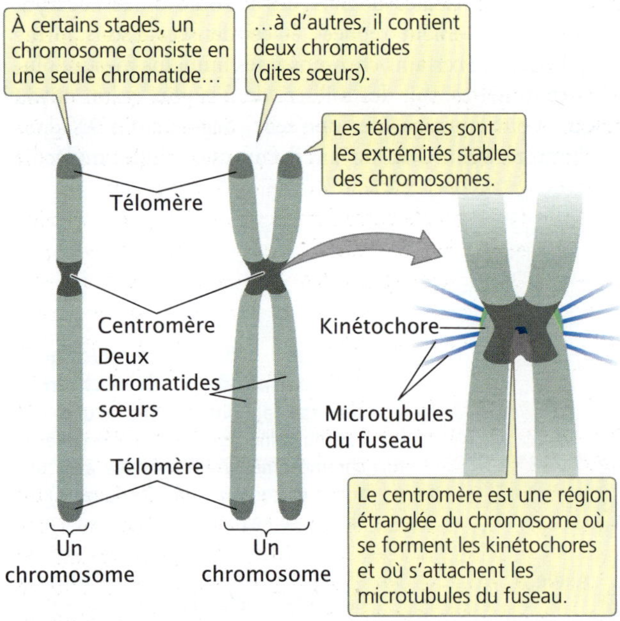

2.5 Chaque chromosome eucaryotique possède un centromère et des télomères.

Concepts clés

Les chromatides sœurs sont des copies d'un chromosome maintenues ensemble à la hauteur du centromère. Les chromosomes fonctionnels contiennent un centromère, des télomères et des origines de réplication. Le kinétochore est le point d'attachement des microtubules du fuseau. Les télomères sont les extrémités stabilisatrices des chromosomes. Les origines de réplication sont les sites où est initiée la synthèse d'ADN.

✔ Test de compréhension 3

Quels sont les trois éléments requis pour qu'un chromosome soit fonctionnel ?

Le cycle cellulaire et la mitose

Le cycle cellulaire est l'histoire de la vie d'une cellule, les stades par lesquels elle passe d'une division à la suivante (**Figure 2.7**). Ce processus est capital pour la génétique parce qu'au cours du cycle cellulaire, les instructions génétiques pour toutes les

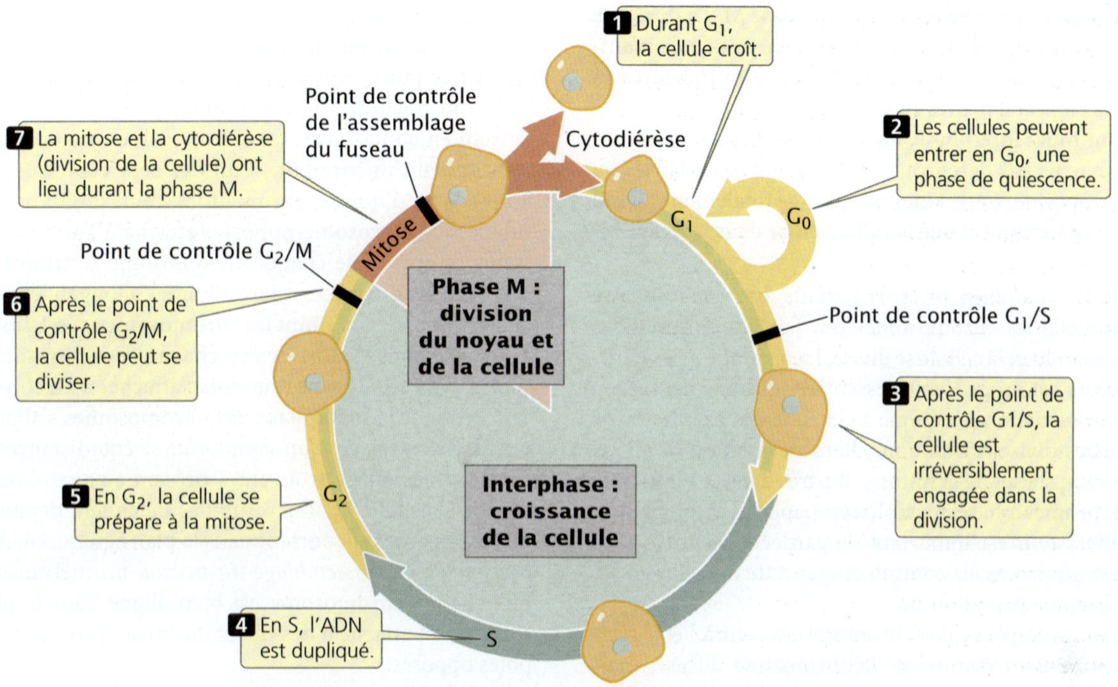

2.7 Le cycle cellulaire comprend une interphase et une phase M.

caractéristiques de la cellule sont transmises du parent aux cellules filles. Un nouveau cycle commence quand une cellule s'est divisée et a produit deux nouvelles cellules. Chaque nouvelle cellule métabolise, croît et se développe. À la fin de son cycle, elle se divise et produit deux cellules qui peuvent alors suivre des cycles cellulaires supplémentaires. La progression dans le cycle cellulaire est contrôlée à des points clés appelés **points de contrôle**.

Le cycle cellulaire comporte deux phases principales. La première est l'**interphase**, la période entre les divisions cellulaires pendant laquelle la cellule croît, se développe, et se prépare à la division. La seconde est la **phase M** (phase mitotique), la période de la division active. La phase M comprend la **mitose**, le processus de division du noyau, et la **cytodiérèse** ou division cytoplasmique. Examinons plus en détail l'interphase et la phase M.

L'interphase L'interphase est la longue période de croissance et de développement entre deux divisions cellulaires. L'interphase comporte plusieurs points de contrôle qui régulent le cycle cellulaire en autorisant ou en interdisant la division de la cellule. Ces points de contrôle, tout comme ceux de la phase M, permettent de vérifier si tous les composants cellulaires sont présents et fonctionnels avant que la cellule n'entame le stade suivant. Les points de contrôle sont nécessaires pour empêcher la prolifération de cellules contenant des chromosomes abîmés ou auxquelles manquent des chromosomes. Des déficiences des points de contrôle peuvent conduire à la prolifération aberrante des cellules, telle qu'on l'observe dans certains cancers.

Par convention, l'interphase est subdivisée en trois phases : G_1, S, et G_2 (voir la Figure 2.7). Pendant la phase G_1 (pour « gap 1 ») (N.d.T. : en anglais, « gap » signifie intervalle), la cellule croît et synthétise les protéines nécessaires à sa division ; ce stade dure généralement plusieurs heures. Il y a un point de contrôle important, le *point de contrôle G_1/S*, juste avant la fin de G_1. Ce point de contrôle maintient la cellule en G_1 jusqu'à ce qu'elle possède toutes les enzymes nécessaires à la réplication de l'ADN. Une fois franchi ce point de contrôle, la cellule est irréversiblement engagée dans la division.

Avant d'atteindre le point de contrôle G_1/S, les cellules peuvent sortir du cycle cellulaire actif en réponse à des signaux régulateurs et passer dans une phase de quiescence appelée G_0, qui correspond à un état stable, et pendant laquelle les cellules ne changent pas de taille. Elles peuvent rester en G_0 pendant des temps variables, voire indéfiniment, ou regagner G_1 et reprendre le cycle actif. De nombreuses cellules n'entrent jamais en G_0 et effectuent continuellement des cycles.

Après G_1, la cellule entre dans la phase *S* (S pour synthèse d'ADN) pendant laquelle chaque chromosome est dupliqué. Bien que la cellule soit engagée dans la division après avoir passé le point de contrôle G_1/S, la synthèse d'ADN doit avoir lieu avant que la cellule ne puisse continuer vers la mitose. Si la synthèse d'ADN est bloquée (par l'administration d'inhibiteurs ou par mutation), la cellule ne pourra pas effectuer la mitose. Avant la phase S, chaque chromosome est constitué d'une chromatide ; après la phase S, il en comporte deux (voir la Figure 2.5).

Après la phase S, la cellule entre en G_2 (gap 2). Dans cette phase se produisent plusieurs autres événements biochimiques nécessaires à la division cellulaire. L'important *point de contrôle G_2/M* est atteint un peu avant la fin de G_2. Ce point de contrôle n'est franchi que si l'ADN est intact. Un ADN endommagé peut inhiber l'activation de certaines protéines nécessaires à la mitose. Une fois franchi le point de contrôle G_2/M, la cellule est prête à se diviser et elle entre dans la phase M. La durée de l'interphase varie selon le type cellulaire. Une cellule de mammifère typique en cours de division passe environ 10 heures en G_1, 9 heures en S, et 4 heures en G_2 (voir la Figure 2.7).

Pendant tout l'interphase, les chromosomes sont dans un état relâché, mais pas désenroulé, et ils ne sont pas visibles au microscope optique. Cette situation change totalement quand l'interphase se termine et que la cellule entre dans la phase M.

La phase M La phase M est la période du cycle cellulaire pendant laquelle les chromosomes (en fait, les chromatides sœurs) se séparent et la cellule se divise. La séparation des chromatides sœurs est un processus essentiel qui transmet un jeu complet d'information génétique à chacune des cellules filles. Les biologistes divisent traditionnellement la phase M en six stades : les cinq stades de la mitose, illustrés dans la **Figure 2.8** (prophase, prométaphase, métaphase, anaphase, et télophase), et la cytodiérèse. Il est important de garder à l'esprit que la phase M est un processus continu et que cette division en six stades est quelque peu arbitraire.

Pendant l'interphase, les chromosomes sont à l'état relâché et se présentent comme de la chromatine diffuse, mais ils se condensent pendant la **prophase** et deviennent visibles au microscope optique. Chaque chromosome contient deux chromatides, suite à sa duplication pendant la phase S qui a précédé. Le *fuseau mitotique* se forme ; c'est un système organisé de microtubules qui va déplacer les chromosomes à la mitose. Dans les cellules animales, le fuseau se développe à partir d'une paire de *centrosomes* qui migrent vers les extrémités opposées de la cellule. À l'intérieur de chaque centrosome se trouve un organite spécialisé, le *centriole*, qui est aussi composé de microtubules. Certaines cellules de plantes n'ont ni centrosomes ni centrioles, mais elles possèdent des fuseaux mitotiques.

La dégradation de la membrane nucléaire marque le début de la **prométaphase**. Les microtubules du fuseau qui, jusqu'à ce point, étaient à l'extérieur du noyau, entrent dans la région nucléaire. Les extrémités de certains microtubules entrent en contact avec les chromosomes. Pour chaque chromosome, un microtubule d'un des centrosomes s'attache au kinétochore d'*une* des chromatides sœurs tandis qu'un microtubule du centrosome opposé s'attache à l'autre chromatide sœur, de sorte que chaque chromosome se trouve relié aux deux centrosomes. Les microtubules s'allongent et se raccourcissent, poussant et tirant les chromosomes. Certains microtubules peuvent s'étendre depuis chacun des centrosomes vers le centre de la cellule sans toutefois s'attacher à un chromosome.

Pendant la **métaphase**, les chromosomes s'alignent dans un plan central, le *plan équatorial*, à équidistance des deux centrosomes qui se trouvent à présent aux extrémités opposées de la cellule. Les microtubules s'étendent depuis les pôles du fuseau et se rencontrent dans le plan équatorial. À un *point de contrôle de l'assemblage du fuseau*, un mécanisme vérifie que chaque chromosome est bien aligné dans le plan équatorial et est attaché à des fibres du fuseau provenant des deux pôles opposés.

L'**anaphase** commence quand les chromatides sœurs se séparent et migrent vers les pôles opposés du fuseau. Les chromatides séparées sont considérées comme des chromosomes à part entière. À la **télophase**, les chromosomes arrivent à proximité des pôles du fuseau. Une membrane nucléaire se reforme autour de chaque jeu de chromosomes, créant deux noyaux distincts dans la cellule. Les chromosomes se décondensent et s'allongent, reprenant un aspect diffus non visible au microscope. Dans de nombreux types cellulaires, la division du cytoplasme (cytodiérèse) se produit simultanément à la télophase. Les principales caractéristiques du cycle cellulaire sont résumées dans le **Tableau 2.1**.

Tableau 2.1 Caractéristiques du cycle cellulaire

Étape	Caractéristiques principales
Phase G_0	Période de quiescence, sans croissance ni division, de durée variable.
Interphase	
Phase G_1	Croissance et développement de la cellule ; point de contrôle G_1/S.
Phase S	Synthèse d'ADN.
Phase G_2	Préparation à la division ; point de contrôle G_2/M.
Phase M	
Prophase	Les chromosomes se condensent et le fuseau mitotique se forme.
Prométaphase	L'enveloppe nucléaire se désagrège et les microtubules du fuseau s'ancrent dans les kinétochores.
Métaphase	Les chromosomes s'alignent au point de contrôle de l'assemblage du fuseau.
Anaphase	Les chromatides sœurs se séparent et deviennent des chromosomes à part entière qui migrent vers les pôles du fuseau.
Télophase	Les chromosomes arrivent aux pôles du fuseau, l'enveloppe nucléaire se reconstitue, et les chromosomes se décondensent.
Cytodiérèse	Le cytoplasme se divise ; une paroi cellulaire se forme autour des cellules de plantes.

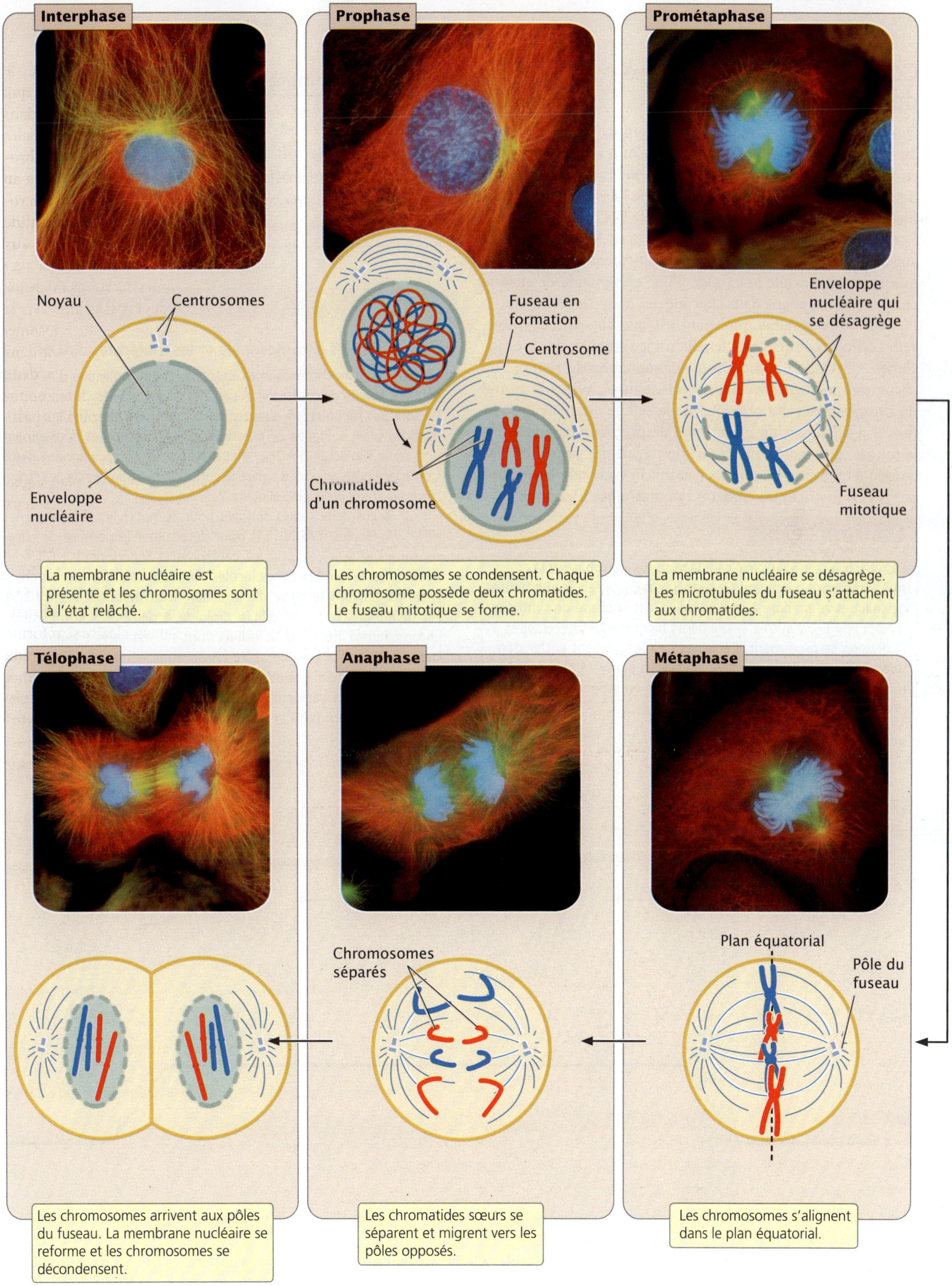

2.8 Le cycle cellulaire comporte différentes étapes. *[Photos par Conly L. Rieder/Biological Photo Service.]*

Conséquences génétiques du cycle cellulaire

Quels sont les résultats importants, du point de vue génétique, du cycle cellulaire ? Au départ d'une cellule, le cycle cellulaire en produit deux qui contiennent la même information génétique que la cellule dont elles sont issues. Elles sont génétiquement identiques parce que la synthèse d'ADN pendant la phase S crée une copie exacte de chaque molécule d'ADN, produisant ainsi deux chromatides sœurs génétiquement identiques. La mitose assure ensuite le passage d'une chromatide de chaque chromosome répliqué dans chacune des nouvelles cellules.

Un autre résultat important est que chacune des nouvelles cellules contient exactement un jeu complet de chromosomes – il n'y a ni réduction ni augmentation du nombre de chromosomes. Chaque cellule contient aussi environ la moitié du cytoplasme et des organites de la cellule originale ; toutefois, il n'existe pas de mécanisme de précision, équivalent à la mitose, qui assure une répartition égale des organites. Par conséquent, toutes les cellules sortant du cycle cellulaire n'ont pas nécessairement un contenu cytoplasmique identique.

Concepts clés

Les phases actives du cycle cellulaire sont l'interphase et la phase M. L'interphase comprend G_1, S et G_2. En G_1, la cellule augmente de taille et se prépare à la division ; S est la phase de synthèse d'ADN ; en G_2, d'autres événements biochimiques nécessaires à la division se produisent. Certaines cellules peuvent entrer dans une phase de quiescence appelée G_0. La phase M comprend la mitose et la cytodiérèse. Elle est divisée en prophase, prométaphase, métaphase, anaphase et télophase.

✔ Test de compréhension 4

Quel est l'ordre correct des étapes du cycle cellulaire ?

a. G_1, S, prophase, métaphase, anaphase
b. S, G_1, prophase, métaphase, anaphase
c. Prophase, S, G_1, métaphase, anaphase
d. S, G_1, anaphase, prophase, métaphase

Faisons le lien entre les concepts

Dénombrer les chromosomes et les molécules d'ADN

La relation entre chromosomes, chromatides et molécules d'ADN est souvent source de confusion. À certains moments, les chromosomes ne sont pas répliqués ; à d'autres, ils contiennent chacun deux chromatides (voir la Figure 2.5). Parfois, les chromosomes contiennent une seule molécule d'ADN ; d'autres fois, ils en contiennent deux. Comment pouvons-nous suivre la variation du nombre de ces structures au cours du cycle cellulaire ?

Il existe deux règles simples pour compter les chromosomes et les molécules d'ADN : (1) pour déterminer le nombre de chromosomes, il faut compter les centromères fonctionnels ; (2) pour déterminer le nombre de molécules d'ADN, il faut compter les chromatides. Suivons le cycle d'une cellule hypothétique (**Figure 2.9**). Au début de G_1, cette cellule diploïde a deux jeux complets de chromosomes, hérités de la cellule dont elle est issue. Chaque chromosome consiste en une seule chromatide – une seule molécule d'ADN – et donc, il y a quatre molécules d'ADN en G_1. Pendant la phase S, chaque molécule d'ADN est copiée. Les deux molécules d'ADN qui en résultent se combinent avec des histones et d'autres

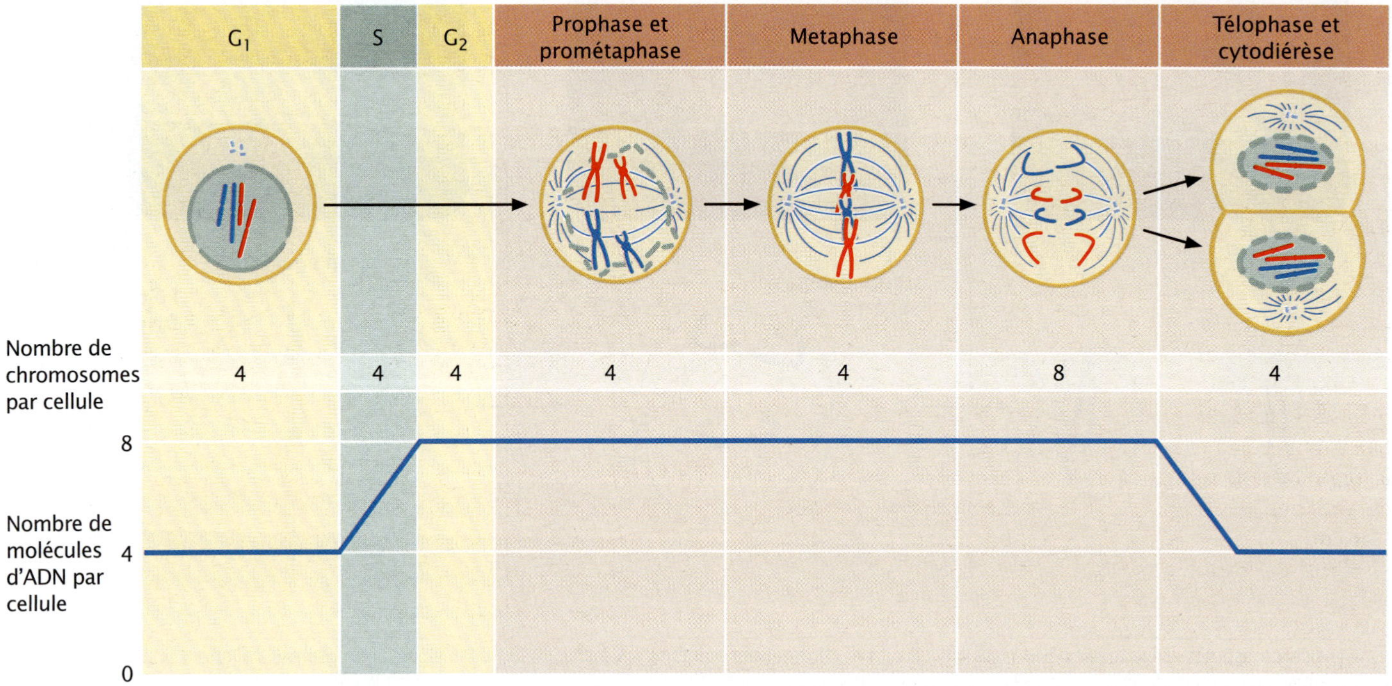

2.9 Le nombre de chromosomes et le nombre de molécules d'ADN varient au cours du cycle cellulaire. Le nombre de chromosomes par cellule est égal au nombre de centromères fonctionnels et le nombre de molécules d'ADN est égal au nombre de chromatides.

protéines pour former des chromatides sœurs. Bien que la quantité d'ADN double à la phase S, le nombre de chromosomes est inchangé parce que les chromatides sœurs sont attachées et partagent un seul centromère fonctionnel. À la fin de la phase S, notre cellule contient toujours quatre chromosomes comprenant chacun deux chromatides, et donc, elle contient huit molécules d'ADN.

Pendant la prophase, la prométaphase, et la métaphase, la cellule contient quatre chromosomes et huit molécules d'ADN. À l'anaphase, cependant, les chromatides sœurs se séparent. Chacune a désormais son propre centromère et est donc considérée comme un chromosome à part entière. Jusqu'à la cytodiérèse, la cellule contient huit chromosomes, consistant chacun en une seule chromatide, et elle contient toujours huit molécules d'ADN. Après la cytodiérèse, les huit chromosomes (les huit molécules d'ADN) sont répartis également entre deux cellules, de sorte que chaque nouvelle cellule contient quatre chromosomes et quatre molécules d'ADN, soit le même nombre qu'au début du cycle cellulaire.

En résumé, le nombre de chromosomes n'augmente que brièvement à l'anaphase, quand les deux chromatides de chaque chromosome se séparent, et il ne diminue qu'à la cytodiérèse. Le nombre de molécules d'ADN augmente à la phase S et ne diminue qu'à la cytodiérèse.

2.3 La reproduction sexuée est une source de variation génétique grâce au processus de méiose

Si toute la reproduction s'effectuait par mitose, la vie serait bien ennuyeuse parce que la mitose ne produit que des descendants génétiquement identiques. S'il n'y avait que la mitose, vous, vos enfants, vos parents, vos frères et sœurs, vos cousins, et beaucoup d'autres gens que vous ne connaissez pas seriez des clones – des copies conformes les uns des autres. Seule une mutation occasionnelle introduirait un peu de variation. Tous les organismes se sont reproduits de cette façon pendant les premiers deux milliards d'années d'existence de la Terre (et c'est encore de cette manière que certains organismes se reproduisent aujourd'hui). Puis, il y a un milliard et demi à deux milliards d'années, quelque chose de remarquable est apparu : des cellules qui produisent une descendance génétiquement variée par reproduction sexuée.

L'apparition de la reproduction sexuée est un des événements les plus importants de l'histoire du vivant. En redistribuant l'information génétique provenant des deux parents, la reproduction sexuée augmente considérablement le taux de variation génétique et permet une évolution accélérée. L'essentiel de l'extraordinaire diversité de la vie sur Terre résulte directement de la reproduction sexuée.

La reproduction sexuée comporte deux processus. Le premier est la **méiose** qui produit des *gamètes* dans lesquels le nombre de chromosomes est réduit de moitié. Le second est la **fécondation,** dans laquelle deux gamètes haploïdes fusionnent pour rétablir le nombre de chromosomes caractéristique de l'état diploïde original.

La méiose

Il arrive qu'on confonde *mitose* et *méiose*. Les deux termes sonnent de façon assez semblable à l'oreille et ils se rapportent tous deux à une division des chromosomes suivie d'une cytodiérèse. Mais ne vous y trompez pas : les résultats de la mitose et de la méiose sont radicalement différents et plusieurs événements aux conséquences génétiques importantes ne se produisent qu'à la méiose.

En quoi la méiose diffère-t-elle de la mitose ? La mitose consiste en une division nucléaire unique qui est généralement accompagnée d'une seule division cellulaire. La méiose, par contre, comporte deux divisions. Après la mitose, le nombre de chromosomes dans les cellules nouvellement formées est identique à celui de la cellule d'origine, tandis que la méiose réduit de moitié le nombre de chromosomes dans les nouvelles cellules. Enfin, la mitose produit des cellules génétiquement identiques tandis que la méiose produit des cellules génétiquement différentes. Voyons quelle est l'origine de ces différences.

Comme la mitose, la méiose est précédée d'une interphase qui comprend des stades G1, S et G2. La méiose comprend deux processus distincts, la *méiose I* et la *méiose II*, qui comprennent chacun une division cellulaire. La première division, à la fin de la méiose I, est appelée division réductionnelle parce qu'elle réduit de moitié le nombre de chromosomes (**Figure 2.10**). La seconde division, à la fin de la méiose II, est parfois appelée division équationnelle. Les stades de la méiose II sont similaires à ceux de la mitose. Toutefois, la méiose II diffère de la mitose en ce sens que le nombre de chromosomes a déjà été réduit de moitié pendant la méiose I, et que la cellule ne commence pas avec le même nombre de chromosomes qu'à la mitose (voir la Figure 2.10).

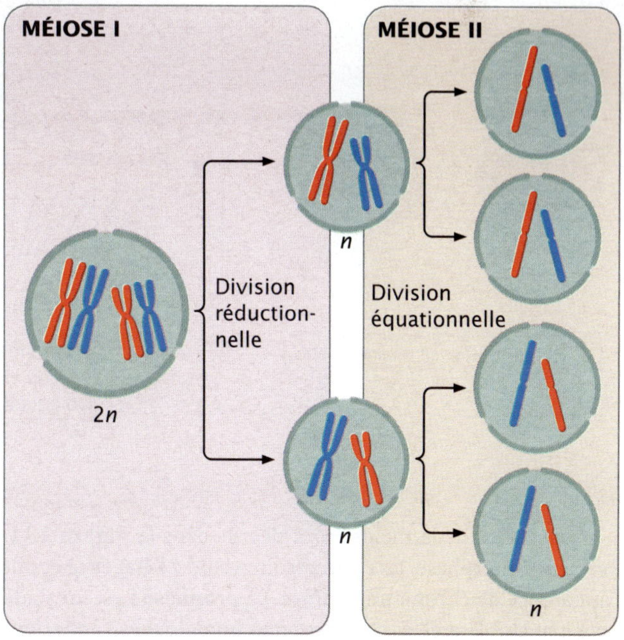

2.10 La méiose comporte deux divisions cellulaires. Dans cette illustration, la cellule de départ est $2n = 4$. À l'issue des deux divisions méiotiques, chaque cellule est $1n = 2$.

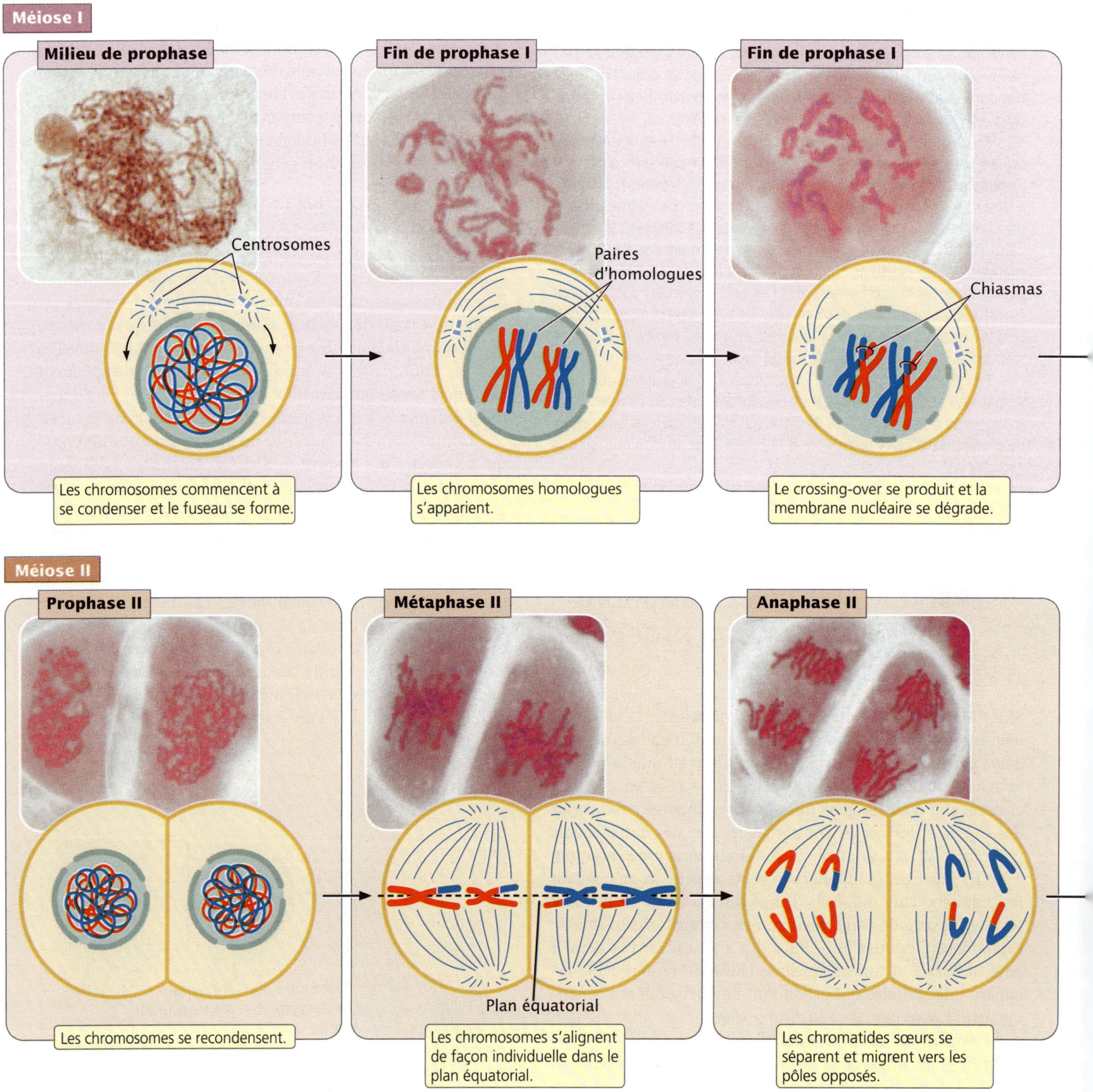

Les stades de la méiose sont décrits dans la **Figure 2.11**. Pendant l'interphase, les chromosomes sont à l'état étiré et ont l'apparence de chromatine diffuse. La **prophase I** est un stade long pendant lequel les chromosomes homologues s'apparient et des crossing-over se produisent. D'abord, les chromosomes se condensent, s'apparient et entrent en **synapsis**, une association latérale très étroite. Chaque paire de chromosomes homologues en synapsis contient quatre chromatides et est appelée un **bivalent** ou une **tétrade**. Les chromosomes se raccourcissent et s'épaississent et un *complexe synaptonémique* à trois composants se développe entre les homologues appariés. Des **crossing-over** se produisent, au cours desquels les chromosomes échangent de l'information génétique. Les centromères des chromosomes appariés s'écartent et les homologues

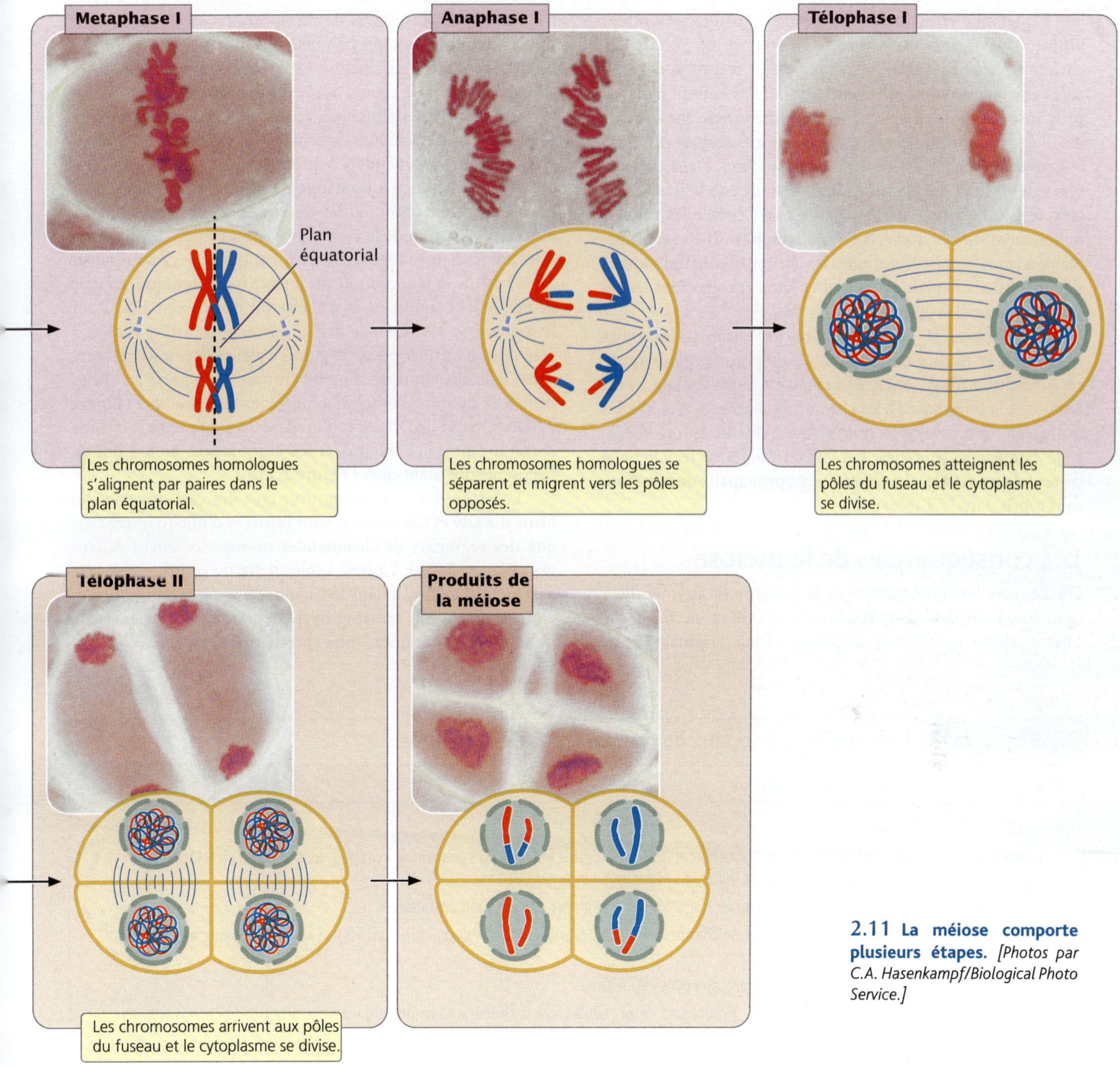

2.11 La méiose comporte plusieurs étapes. *[Photos par C.A. Hasenkampf/Biological Photo Service.]*

restent associés par des *chiasmas* qui sont la manifestation visible des crossing-over. Les chiasmas glissent vers les extrémités des chromosomes au fur et à mesure que les composants du complexe se séparent, de sorte que les homologues ne soient plus associés qu'à leurs extrémités. À la fin de la prophase I, la membrane nucléaire disparaît et le fuseau se forme.

La **métaphase I** débute lorsque les paires de chromosomes homologues s'alignent le long du plan équatorial (voir la Figure 2.11). Un microtubule d'un des pôles s'attache à un des chromosomes d'une paire, et un microtubule de l'autre pôle s'attache à l'autre membre de la paire.

L'**anaphase I** est marquée par la séparation des chromosomes homologues. Les deux chromosomes d'une paire sont attirés vers les pôles opposés. Bien que les chromosomes homologues se séparent, les chromatides sœurs restent attachées et migrent ensemble. À la **télophase I**, les chromosomes arrivent aux pôles du fuseau et le cytoplasme se divise.

L'intervalle entre la mitose I et la mitose II est l'**interkinèse**. Une membrane nucléaire se reconstitue autour des chromosomes rassemblés à chaque pôle, le fuseau se dégrade et les chromosomes se relâchent. Les cellules entrent alors en **prophase II**, où les événements de l'interkinèse sont inversés : les chromosomes se recondensent, le fuseau se reforme, et l'enveloppe nucléaire se dégrade à nouveau. Dans certains types de cellules, les chromosomes restent condensés à l'interkinèse, et le fuseau ne se dégrade pas. Ces cellules passent directement de la cytodiérèse à la **métaphase II** qui est semblable à la métaphase mitotique : les chromosomes individuels s'alignent dans le plan équatorial et leurs chromatides sœurs font face aux pôles opposés.

À l'**anaphase II**, les kinétochores des chromatides sœurs se séparent et les chromatides sont attirées vers les pôles opposés. Chaque chromatide est désormais un chromosome à part entière. À la **télophase II**, les chromosomes arrivent aux pôles du fuseau, une enveloppe nucléaire se reforme autour d'eux, et le cytoplasme se divise. Les chromosomes se relâchent et cessent d'être visibles. Les événements principaux de la méiose sont repris dans le **Tableau 2.2**.

Les conséquences de la méiose

Quelles sont les conséquences de la méiose ? En premier lieu, la méiose comporte deux divisions successives, de sorte que quatre cellules sont issues de chaque cellule originale (il y a des exceptions à cette règle générale, par exemple chez de nombreux animaux femelles ; voir à ce sujet la Figure 2.15b). Deuxièmement, le nombre de chromosomes est réduit de moitié : les cellules produites par méiose sont haploïdes. Enfin, les cellules produites par méiose diffèrent génétiquement entre elles, ainsi que de la cellule dont elles sont issues.

Ces différences génétiques entre cellules résultent de deux processus caractéristiques de la méiose. Le premier est le crossing-over qui a lieu pendant la prophase I. Le terme « crossing-over » fait référence à l'échange de gènes entre chromatides non-sœurs (des chromatides de chromosomes homologues différents). Après que le crossing-over ait eu lieu, les chromatides sœurs peuvent ne plus être identiques. Le crossing-over est la base de la **recombinaison** intrachromosomique qui crée de nouvelles combinaisons d'allèles sur une chromatide. Pour se représenter comment le crossing-over génère de la variation génétique, considérons deux paires d'allèles que nous désignerons *Aa* et *Bb*. Supposons qu'un chromosome porte les allèles *A* et *B* et que son homologue porte les allèles *a* et *b* (**Figure 2.12a**). Quand l'ADN est répliqué pendant la phase S, chaque chromosome est dupliqué, et les chromatides sœurs qui en résultent sont identiques (**Figure 2.12b**).

Le processus de crossing-over crée des cassures dans les brins d'ADN et ces cassures sont réparées d'une manière telle que des segments de chromatides non-sœurs soient échangés (**Figure 2.12c**). La base moléculaire de ce processus sera décrite plus en détail dans le Chapitre 9 ; ce qui est important ici, c'est qu'après le crossing-over, les deux chromatides sœurs ne sont plus identiques – une chromatide porte les allèles *A* et

Tableau 2.2 Événements principaux de chaque étape de la méiose

Étape	Événements principaux
Méiose I	
Prophase I	Les chromosomes se condensent, les homologues entrent en synapsis, le crossing-over a lieu, l'enveloppe nucléaire se dégrade, et le fuseau mitotique se forme.
Métaphase I	Les paires de chromosomes homologues s'alignent dans le plan équatorial.
Anaphase I	Les deux chromosomes de chaque paire (comprenant chacun deux chromatides) se séparent et migrent vers les pôles opposés.
Télophase I	Les chromosomes arrivent aux pôles du fuseau.
Cytodiérèse	Le cytoplasme se divise, produisant deux cellules ayant chacune la moitié du nombre original de chromosomes.
Interkinèse	Dans certains types de cellules, le fuseau se dégrade, les chromosomes se relâchent, et l'enveloppe nucléaire se reforme, mais il n'y a pas de synthèse d'ADN.
Méiose II	
Prophase II*	Les chromosomes se condensent, le fuseau se forme, et l'enveloppe nucléaire se désagrège.
Métaphase II	Les chromosomes individuels s'alignent dans le plan équatorial.
Anaphase II	Les chromatides sœurs se séparent et migrent comme des chromosomes à part entière vers les pôles du fuseau.
Télophase II	Les chromosomes arrivent aux pôles du fuseau, le fuseau se dégrade, et une enveloppe nucléaire se reforme.
Cytodiérèse	Le cytoplasme se divise.

* Uniquement dans les cellules chez lesquelles le fuseau s'est dégradé, les chromosomes se sont relâchés, et l'enveloppe nucléaire s'est reformée à la télophase I. D'autres types de cellules entrent directement en métaphase II après la cytodiérèse.

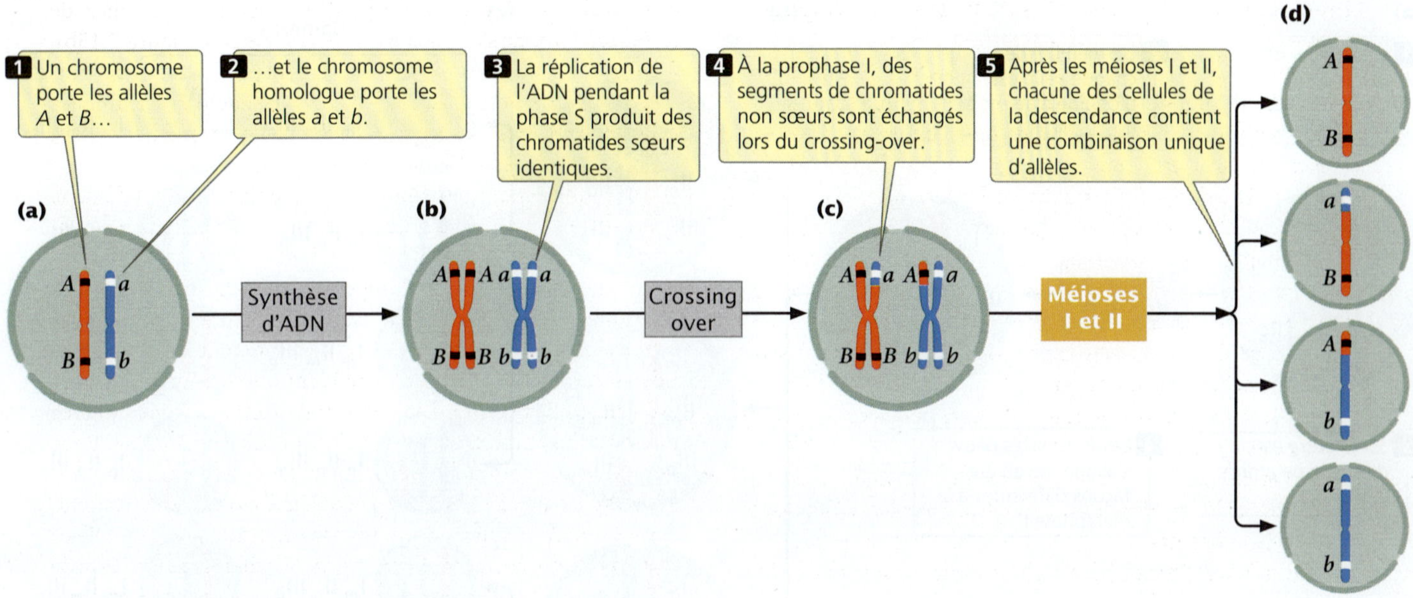

2.12 Le crossing-over est une source de variation génétique.

B, tandis que l'autre chromatide (celle qui a subi le crossing-over) porte les allèles *a* et *B*. De la même façon, une chromatide de l'autre chromosome porte les allèles *a* et *b*, et l'autre chromatide porte les allèles *A* et *b*. Chacune des quatre chromatides porte à présent une combinaison d'allèles unique : <u>*AB*</u>, <u>*aB*</u>, <u>*Ab*</u>, et <u>*ab*</u>. Par la suite, les deux chromosomes vont chacun dans une cellule différente. À la méiose II, les deux chromatides de chaque chromosome se séparent et chacune des quatre cellules issues de la méiose contient une combinaison d'allèles différente (**Figure 2.12d**).

L'autre processus de la méiose qui contribue à la variation génétique est la distribution aléatoire des chromosomes à l'anaphase I, après leur alignement aléatoire à la métaphase I. Pour illustrer ce processus, considérons une cellule avec trois paires de chromosome, I, II, et III (**Figure 2.13a**). Un chromosome de chaque paire est d'origine maternelle (I_m, II_m, et III_m), l'autre est d'origine paternelle (I_p, II_p, et III_p). Les paires de chromosomes s'alignent au centre de la cellule à la métaphase I, et, à l'anaphase I, les chromosomes de chaque paire d'homologues se séparent. L'alignement et la séparation de chaque paire d'homologues sont aléatoires et indépendants de la façon dont les autres paires de chromosomes s'alignent et se séparent (**Figure 2.13b**). Il se peut que, par hasard, tous les chromosomes maternels migrent d'un côté et tous les chromosomes paternels de l'autre. Après la division, une des cellules contiendrait les chromosomes I_m, II_m, et III_m, et l'autre, I_p, II_p, et III_p. Il se pourrait également que I_m, II_m, et III_p migrent d'un côté, et I_p, II_p, et III_m de l'autre. Ces différents schémas de migration produiront des combinaisons de chromosomes différentes dans les cellules issues de la division (**Figure 2.13c**). Quatre schémas de division sont possibles pour une cellule diploïde avec trois paires de chromosomes, produisant un total de huit combinaisons de chromosomes différentes dans les gamètes. En règle générale, le nombre de combinaisons possibles est 2^n, où *n* est le nombre de paires d'homologues. Chez l'homme, qui a 23 paires de chromosomes, la séparation aléatoire des chromosomes homologues peut générer 8 388 608 combinaisons de chromosomes différentes. La distribution aléatoire des chromosomes à l'anaphase I crée différentes combinaisons – différents assortiments - des allèles localisés sur des chromosomes différents. Les conséquences génétiques de ce processus, appelé *assortiment indépendant*, seront examinées plus en détail dans le Chapitre 3.

En résumé, le crossing-over crée de nouvelles combinaisons des allèles situés sur *le même chromosome*, tandis que la distribution aléatoire des chromosomes maternels et paternels crée de nouvelles combinaisons des allèles portés par *des chromosomes différents*. Ensemble, ces deux processus peuvent produire une variation génétique énorme dans les cellules issues de la méiose.

Concepts clés

La méiose comprend deux processus distincts : la méiose I et la méiose II. La méiose produit (normalement) quatre cellules haploïdes qui sont génétiquement différentes. Les deux mécanismes responsables de la variation génétique sont le crossing-over et la distribution aléatoire des chromosomes paternels et maternels.

✔ Test de compréhension 5

Lequel des événements ci-dessous se produit-il à la méiose II mais pas à la méiose I ?

a. Le crossing-over
b. La condensation des chromosomes
c. La séparation des chromosomes homologues
d. La séparation des chromatides

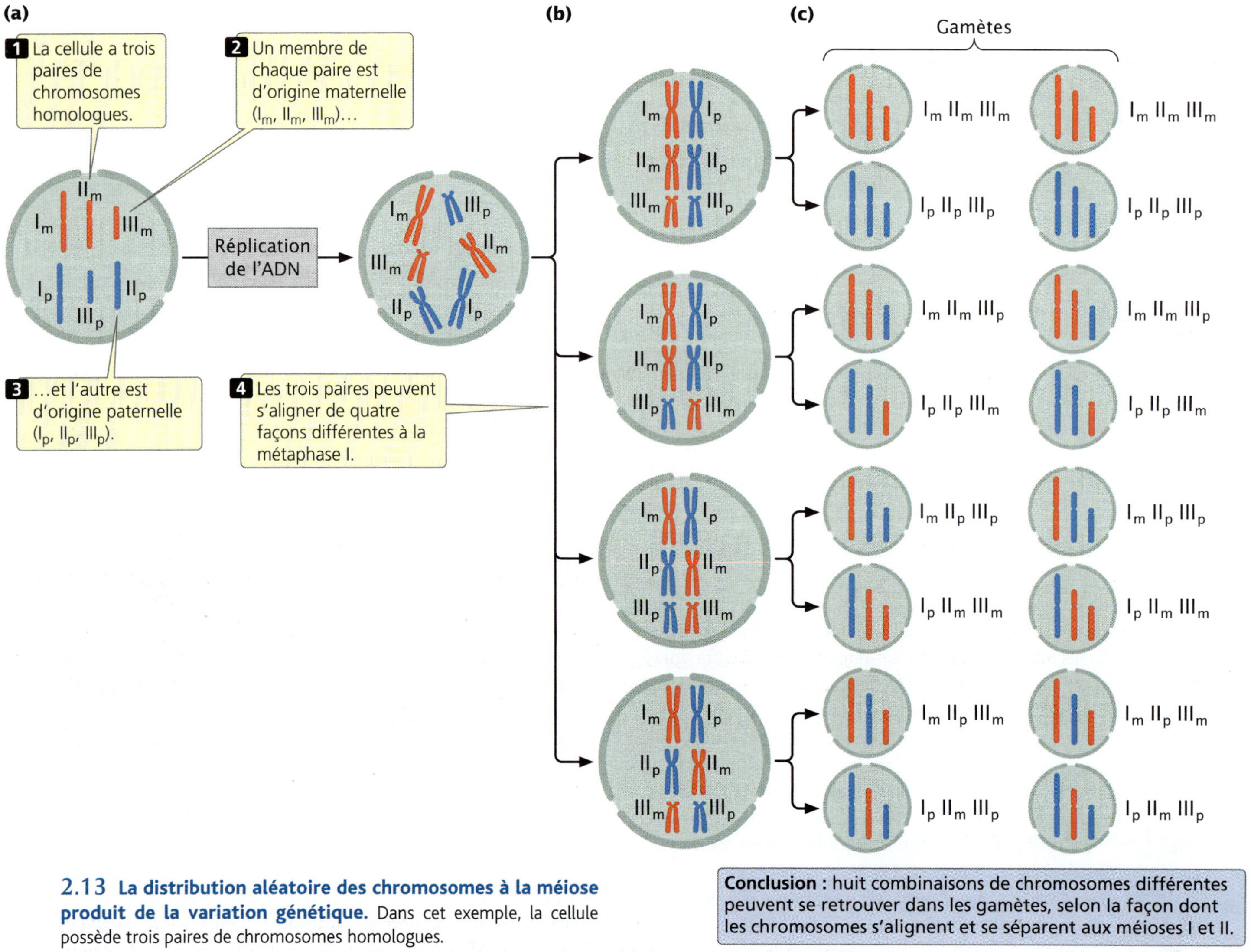

2.13 La distribution aléatoire des chromosomes à la méiose produit de la variation génétique. Dans cet exemple, la cellule possède trois paires de chromosomes homologues.

Faisons le lien entre les concepts

Comparaison entre la mitose et la méiose

Maintenant que nous avons examiné en détail la mitose et la méiose, comparons les deux processus (**Figure 2.14**). Dans la mitose comme dans la méiose, les chromosomes se condensent et deviennent visibles. Dans les deux processus, les chromosomes migrent vers les pôles du fuseau et il y a division cellulaire. Mis à part ces similitudes, les deux processus sont très différents.

La mitose a pour résultat une seule division cellulaire et produit le plus souvent deux cellules filles. La méiose, par contre, comporte deux divisions cellulaires et produit le plus souvent quatre cellules. Dans le cas de cellules diploïdes, des chromosomes homologues sont présents avant la mitose et la méiose, mais leur appariement n'a lieu qu'à la méiose.

Une autre différence est qu'à la méiose, le nombre de chromosomes est réduit de moitié suite à la séparation des homologues de chaque paire à l'anaphase I, alors qu'il n'y a pas de réduction du nombre de chromosomes à la mitose. De plus, la méiose se caractérise par deux processus qui produisent de la variation génétique : le crossing-over (à la prophase I) et la répartition aléatoire des chromosomes maternels et paternels (à l'anaphase I). Il n'y a pas de processus équivalent à la mitose.

La mitose et la méiose diffèrent également par le comportement des chromosomes à la métaphase et à l'anaphase. À la métaphase I de la méiose, les chromosomes homologues s'alignent *par paires* dans le plan équatorial, tandis que les chromosomes s'alignent *individuellement* dans le plan équatorial de la métaphase mitotique (et de la métaphase II de la méiose). À l'anaphase I de la méiose, les *chromosomes appariés* se séparent et migrent vers les pôles opposés du fuseau, chaque chromosome possédant deux chromatides attachées au centromère. Par contre, à l'anaphase de la mitose (et à l'anaphase II de la méiose), les *chromatides sœurs* se séparent et chaque chromosome qui migre vers un pôle du fuseau est formé d'une seule chromatide.

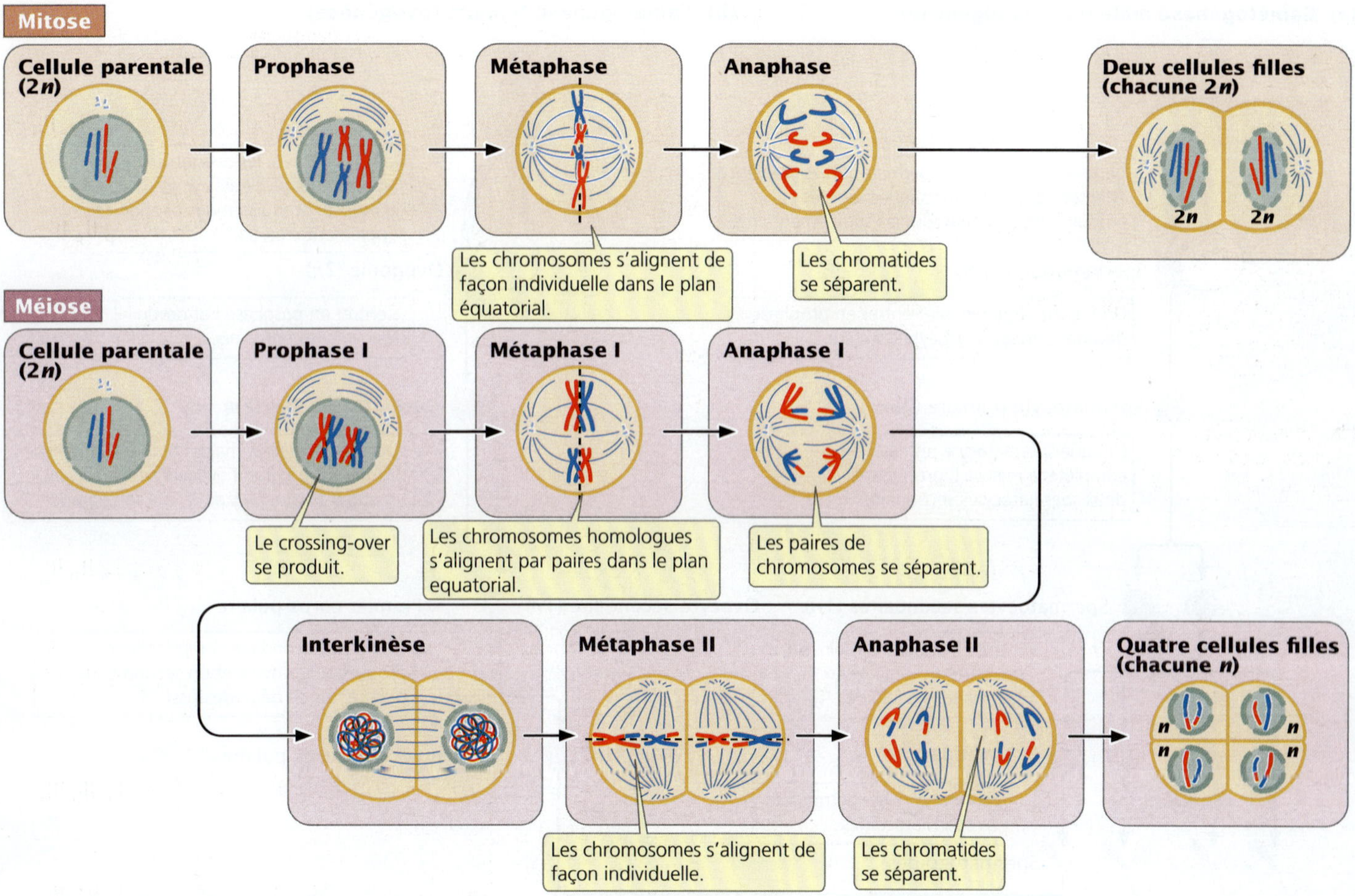

2.14 Comparaison entre la mitose et la méiose.

La méiose dans les cycles vitaux des animaux et des plantes

La méiose produit quatre cellules haploïdes qui sont génétiquement différentes. Voyons à présent où se situe la méiose dans les cycles vitaux des animaux et des plantes pluricellulaires.

La méiose chez l'animal La production de gamètes chez un animal mâle, appelée **spermatogénèse**, a lieu dans les testicules. Là, des cellules germinales primordiales diploïdes se divisent par mitose pour produire des **spermatogonies** diploïdes (**Figure 2.15a**). Chaque spermatogonie peut effectuer plusieurs mitoses successives, produisant ainsi de nombreuses autres spermatogonies. Une spermatogonie peut aussi effectuer une méiose et entrer en prophase I. Appelée alors **spermatocyte primaire**, la cellule est toujours diploïde parce que les chromosomes homologues ne se sont pas encore séparés. Chaque spermatocyte primaire complète la méiose I, produisant deux **spermatocytes secondaires** haploïdes qui vont chacun effectuer la méiose II et produire deux **spermatides** haploïdes. Donc, chaque spermatocyte primaire produit un total de quatre spermatides haploïdes qui vont se différencier en spermatozoïdes.

La production de gamètes chez l'animal femelle, appelée **ovogénèse**, débute de façon similaire à la spermatogénèse. Dans les ovaires, des cellules germinatives primordiales diploïdes se divisent par mitose pour produire des **ovogonies** (**Figure 2.15b**). Comme les spermatogonies, les ovogonies peuvent effectuer des mitoses à répétition ou entrer en méiose. Quand elles entrent en prophase I, ces cellules encore diploïdes sont appelées des **ovocytes primaires**. Chaque ovocyte primaire complète la méiose I et se divise.

À ce stade, le processus d'ovogénèse devient différent de celui de la spermatogénèse. Dans l'ovogénèse, la cytodiérèse est asymétrique : la majeure partie du cytoplasme se retrouve dans une des deux cellules haploïdes, l'**ovocyte secondaire**. La cellule plus petite, qui contient la moitié des chromosomes mais seulement une petite partie du cytoplasme, est appelée **premier corps polaire** (N.d.T. : ou premier *globule* polaire) ; ce corps polaire peut se diviser ou pas. L'ovocyte secondaire complète la méiose II et, à nouveau, la cytodiérèse est inégale : la majeure partie du cytoplasme passe dans une des cellules. La cellule la plus grande, qui a reçu la majeure partie du cytoplasme, est l'**ovule**, le gamète femelle mature. La cellule plus petite est le **second corps polaire**. Seul l'ovule peut être fécondé et les corps polaires finissent par se désintégrer. Donc, l'ovogénèse produit un seul gamète mature au départ de chaque ovocyte primaire.

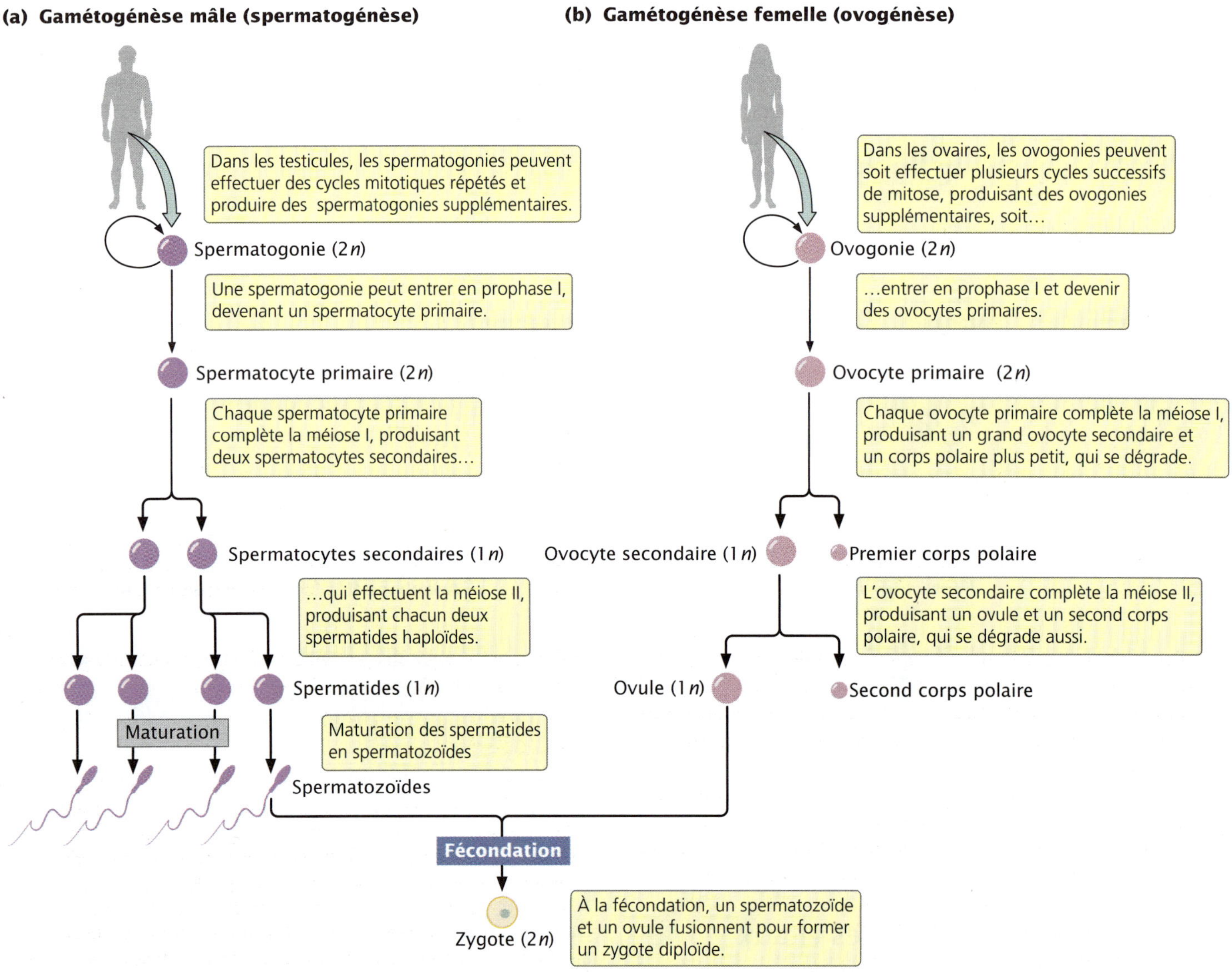

2.15 Formation des gamètes chez les animaux.

Concepts clés

Dans les testicules, une spermatogonie diploïde effectue la méiose et produit quatre spermatozoïdes haploïdes. Dans l'ovaire, une ovogonie diploïde effectue la méiose et produit un seul grand ovule haploïde et des corps polaires plus petits qui, normalement, se dégradent.

✔ Test de compréhension 6

Un spermatocyte secondaire possède 12 chromosomes. Combien de chromosomes possède le spermatocyte primaire dont il est issu ?

a. 6
b. 12
c. 18
d. 24

La méiose chez les plantes La plupart des plantes ont un cycle vital complexe qui comporte deux stades : le *sporophyte* diploïde et le *gamétophyte* haploïde. Ces deux stades alternent et l'on parle d'une *alternance de générations* : le sporophyte produit des spores sexuées haploïdes par méiose et le gamétophyte produit des gamètes haploïdes par mitose (**Figure 2.16**). Dans ce cycle, les produits directs de la méiose sont appelés *spores*, et non gamètes ; les spores effectuent une ou plusieurs divisions mitotiques pour produire des gamètes. Bien que la terminologie utilisée pour décrire ce processus soit assez différente de celle utilisée couramment dans le cas de l'animal (et de celle utilisée jusqu'ici dans ce chapitre), les processus de base sont essentiellement les mêmes chez les animaux et chez les plantes : dans les deux cas, une méiose réduit le nombre de chromosomes et produit des cellules haploïdes.

Chez les plantes à fleurs, le sporophyte est la partie végétative, très visible, de la plante ; le gamétophyte ne consiste qu'en quelques cellules haploïdes, présentes dans le sporophyte. La

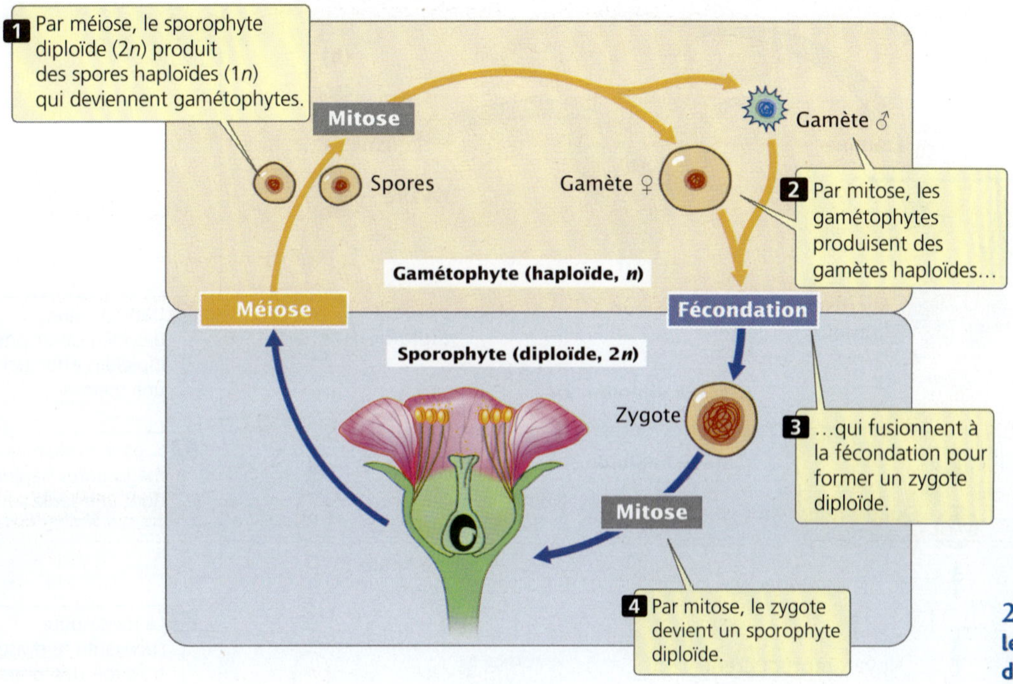

2.16 Les plantes alternent les stades de vie haploïde et diploïde (femelle, ♀ ; mâle, ♂).

fleur, qui fait partie du sporophyte, contient les structures reproductrices. L'organe mâle de la fleur, l'étamine, contient des cellules reproductrices diploïdes, appelées **microsporocytes**, qui, chacune, effectuent une méiose pour produire quatre **microspores** haploïdes (**Figure 2.17a**). Chaque microspore se divise par mitose, produisant un grain de pollen immature contenant deux noyaux haploïdes. Un de ces noyaux, appelé le noyau du tube, dirige la formation d'un tube pollinique. L'autre noyau, le noyau reproducteur, se divise par mitose pour produire deux cellules de sperme (gamètes ♂). Le grain de pollen, avec ses deux noyaux, est le gamétophyte mâle.

La partie femelle de la fleur, l'ovaire, contient des cellules diploïdes appelées **mégasporocytes**. Chaque mégasporocyte effectue une méiose et produit quatre **mégaspores** haploïdes dont une seule survit (**Figure 2.17b**). Le noyau de la mégaspore survivante effectue trois divisions mitotiques successives, produisant un total de huit noyaux haploïdes qui constituent le gamétophyte femelle, le sac embryonnaire. La division du cytoplasme produit alors des cellules séparées dont une devient l'*œuf* (N.d.T. : le gamète femelle est aussi appelé « oosphère »).

Quand la plante fleurit, les étamines s'ouvrent et libèrent des grains de pollen. Le pollen atterrit sur le stigmate d'une fleur, une plateforme collante localisée au sommet d'une longue tige appelée le style. À la base du style se trouve l'ovaire. Quand un grain de pollen germe, il développe un tube qui descend dans le style jusqu'à atteindre l'ovaire. Les deux cellules de sperme passent par ce tube pour pénétrer dans le sac embryonnaire (**Figure 2.17c**). Une des cellules de sperme féconde l'œuf, produisant ainsi un zygote diploïde qui se développe en embryon. L'autre cellule de sperme fusionne avec les deux noyaux polaires présents dans une cellule, binucléée, produisant un endosperme triploïde (*3 n*), qui emmagasine les nutriments qui seront utilisés plus tard par la plante embryonnaire. On utilise le terme de *double fécondation* pour désigner ces deux événements de fécondation.

Concepts clés

Dans l'étamine d'une plante à fleurs, la méiose produit des microspores haploïdes qui se divisent par mitose pour produire des cellules de sperme haploïdes dans le grain de pollen. Dans l'ovaire, la méiose produit quatre mégaspores haploïdes dont une seule se divise trois fois par mitose pour produire huit noyaux haploïdes. Après la pollinisation, une cellule de sperme féconde la cellule œuf, produisant un zygote diploïde ; l'autre cellule de sperme fusionne avec deux noyaux pour former l'endosperme.

✔ Test de compréhension 7

Laquelle des ces structures est-elle diploïde ?

a. Microspore
b. Œuf
c. Mégaspore
d. Microsporocyte

Nous venons d'examiner la place de la méiose dans le cycle sexuel de deux organismes pluricellulaires, un animal et une plante à fleurs. Ces deux exemples ne donnent qu'un aperçu de la diversité des cycles rencontrés chez les organismes eucaryotiques. Toutefois, bien que les événements cellulaires qui conduisent à la production des cellules reproductrices chez les plantes et les animaux diffèrent par le nombre de divisions cellulaires, et par le nombre et la taille des gamètes haploïdes qui sont produits, le schéma général est le même : la méiose génère des cellules haploïdes, génétiquement différentes, qui fusionnent durant la fécondation pour produire une descendance diploïde.

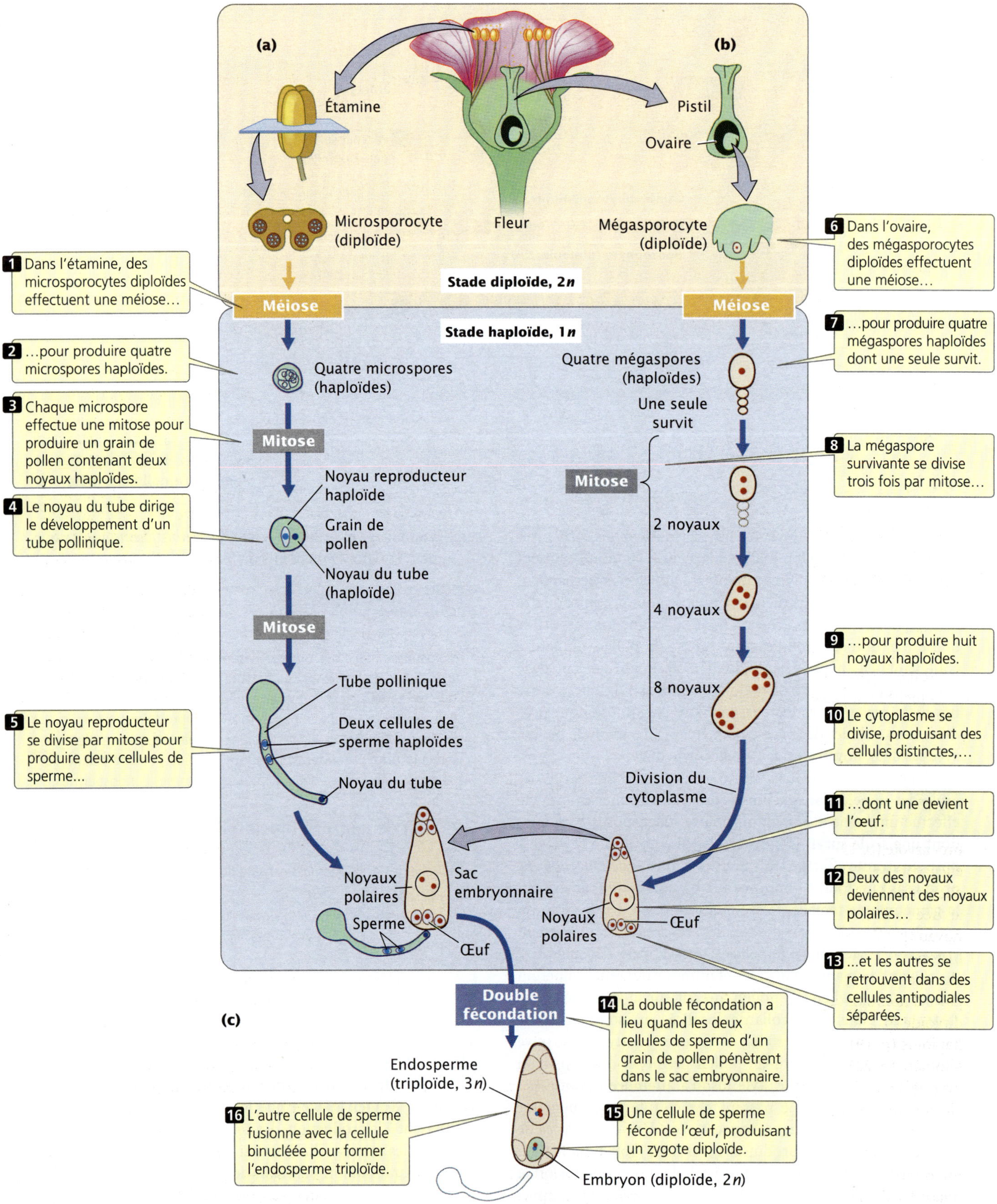

2.17 La reproduction sexuée chez les plantes à fleurs.

Résumé des concepts clés

- Une cellule de procaryote possède une structure simple, sans enveloppe nucléaire, et contient généralement un seul chromosome circulaire. Une cellule d'eucaryote est dotée d'une structure plus complexe, avec un noyau, et elle contient plusieurs chromosomes linéaires dans lesquels l'ADN est associé en complexe avec des histones.
- La reproduction cellulaire nécessite le copiage du matériel génétique, la séparation des copies, et la division cellulaire.
- Dans une cellule procaryotique, le chromosome unique se réplique, chaque copie migre vers un des pôles de la cellule, puis la cellule se divise. Dans les cellules eucaryotiques, la reproduction est plus complexe que chez les procaryotes : la mitose et la méiose sont nécessaires pour assurer le transfert d'un jeu complet d'information génétique dans chaque nouvelle cellule.
- Dans les cellules d'eucaryotes, les chromosomes sont typiquement présents par paires d'homologues. Chaque chromosome contient un centromère, des télomères et plusieurs origines de réplication. Après qu'un chromosome ait été copié, les deux copies restent attachées au centromère, sous la forme de chromatides sœurs.
- Le cycle cellulaire est la suite d'étapes par lesquelles passe une cellule eucaryotique entre les divisions cellulaires. Il comprend (1) l'interphase, pendant laquelle la cellule croît et se prépare à la division, et (2) la phase M, durant laquelle le noyau et la cellule se divisent. La phase M comprend (1) la mitose ou division nucléaire, et (2) la cytodiérèse ou division du cytoplasme.
- La mitose produit normalement deux cellules génétiquement identiques.
- La reproduction sexuée produit une descendance génétiquement variée et elle est un des moteurs de l'évolution. Elle inclut la méiose, au cours de laquelle les cellules sexuelles haploïdes sont produites, et la fécondation, la fusion des cellules sexuelles. La méiose comprend deux divisions cellulaires. À la méiose I, le crossing-over se produit, puis les chromosomes homologues se séparent. À la méiose II, les chromatides se séparent.
- Le résultat habituel de la méiose est la production de quatre cellules haploïdes qui sont génétiquement différentes. La variation génétique à la méiose résulte du crossing-over et de la distribution aléatoire des chromosomes d'origine paternelle et maternelle.
- Chez les animaux, une spermatogonie diploïde effectue la méiose pour produire quatre spermatozoïdes haploïdes. Une ovogonie diploïde effectue la méiose pour produire un grand ovule haploïde et un ou plusieurs corps polaires plus petits.
- Chez les plantes, un microsporocyte diploïde présent dans l'étamine effectue la méiose pour produire quatre grains de pollen contenant chacun deux cellules de sperme haploïdes. Dans l'ovaire, un mégasporocyte diploïde effectue la méiose pour produire huit noyaux haploïdes, dont un forme l'œuf.

Termes importants

procaryote (p. 17)
eucaryote (p. 17)
eubactérie (p. 17)
archée (p. 17)
noyau (p. 17)
histone (p. 17)
chromatine (p. 17)
paire d'homologues (p. 19)
diploïde (p. 19)
haploïde (p. 19)
télomère (p. 20)
origine de réplication (p. 20)
chromatide sœur (p. 20)
cycle cellulaire (p. 20)
point de contrôle (p. 21)
interphase (p. 21)
phase M (p. 21)
mitose (p. 21)
cytodiérèse (p. 21)
prophase (p. 22)
prométaphase (p. 22)
métaphase (p. 22)
anaphase (p. 22)
télophase (p. 22)
méiose (p. 25)
fécondation (p. 25)
prophase I (p. 26)
synapsis (p. 26)
bivalent (p. 26)
tétrade (p. 26)
crossing-over (p. 26)
métaphase I (p. 27)
anaphase I (p. 27)
télophase I (p. 27)
interkinèse (p. 27)
prophase II (p. 28)
métaphase II (p. 28)
anaphase II (p. 28)
télophase II (p. 28)
recombinaison (p. 28)
spermatogénèse (p. 31)
spermatogonie (p. 31)
spermatocyte primaire (p. 31)
spermatocyte secondaire (p. 31)
spermatide (p. 31)
ovogénèse (p. 31)
ovogonie (p. 31)
ovocyte primaire (p. 31)
ovocyte secondaire (p. 31)
premier corps polaire (p. 31)
œuf (p. 31)
second corps polaire (p. 31)
microsporocyte (p. 33)
microspore (p. 33)
mégasporocyte (p. 33)
mégaspore (p. 33)

Réponses aux tests de compréhension

1. Les eubactéries et les archées sont des procaryotes. À la différence des eucaryotes, elles n'ont pas de noyau, leur génome consiste généralement en un seul chromosome et ne contient qu'une petite quantité d'ADN.
2. b
3. Un centromère, deux télomères, et une origine de réplication.
4. a
5. d
6. d
7. d

Problème résolu

1. Une étudiante examine une coupe histologique de l'extrémité d'une racine d'oignon et compte le nombre de cellules aux différents stades du cycle cellulaire. Elle observe 94 cellules en interphase, 14 en prophase, 3 en prométaphase, 3 en métaphase, 5 en anaphase, et 1 en télophase. Si le déroulement complet du cycle cellulaire dans une racine d'oignon dure 22 heures, quelle est la durée moyenne de chaque stade du cycle ? En supposant que toutes les cellules soient engagées dans le cycle actif (pas de cellules en G_0).

- **Solution**

Ce problème se résout en deux étapes. D'abord, nous calculons la proportion de cellules se trouvant à chaque stade du cycle cellulaire, ce qui correspond au temps moyen qu'une cellule passe dans chaque stade. Par exemple, si les cellules passent 90 % de leur temps en interphase, il s'ensuit qu'à chaque instant, 90 % des cellules seront en interphase. La seconde étape consiste à convertir les proportions en durées, ce qui se fait en multipliant les proportions par le temps que dure un cycle cellulaire complet (22 heures).

1ère étape. Calculons la proportion de cellules à chaque stade
La proportion de cellules à chaque stade est égale au nombre de cellules observées à ce stade, divisé par le nombre total de cellules examinées :

Interphase	91/120 = 0,783
Prophase	14/120 = 0,117
Prométaphase	3/120 = 0,025
Métaphase	3/120 = 0,025
Anaphase	5/120 = 0,042
Télophase	1/120 = 0,008

Nous pouvons vérifier nos calculs en nous assurant que la somme des proportions donne bien 1,0, ce qui est le cas.

2ème étape. Déterminons la durée moyenne de chaque stade
Multiplions la proportion de cellules à chaque stade par le temps nécessaire au déroulement d'un cycle complet :

Interphase	0,783 × 22 heures = 17, 23 heures
Prophase	0,117 × 22 heures = 2, 57 heures
Prométaphase	0,025 × 22 heures = 0,55 heures
Métaphase	0,025 × 22 heures = 0,55 heures
Anaphase	0,042 × 22 heures = 0,92 heures
Télophase	0,008 × 22 heures = 0,18 heures

Questions de compréhension

Section 2.1

*1. Donnez quelques unes des différences génétiques entre cellules procaryotiques et eucaryotiques.

2. Pourquoi les virus qui infectent les cellules de mammifères sont-ils utiles pour l'étude de la génétique des mammifères ?

Section 2.2

*3. Citez trois événements fondamentaux qui doivent se produire pendant la reproduction cellulaire.

4. Nommez trois éléments structuraux essentiels d'un chromosome eucaryotique fonctionnel et décrivez leur fonction.

*5. Faites un croquis de quatre types différents de chromosomes et identifiez-les en fonction de la position du centromère.

6. Citez les différents stades de l'interphase et décrivez les événements principaux qui s'y produisent.

*7. Citez les différents stades de la mitose et décrivez les événements principaux qui s'y produisent.

*8. Quelles sont les résultats importants du cycle cellulaire du point de vue génétique ?

9. Pourquoi les deux cellules produites par le cycle cellulaire (mitose) sont-elles génétiquement identiques ?

Section 2.3

10. Quels sont les stades de la méiose et quels événements importants se produisent-ils à chaque stade ?

*11. Quels sont les principaux résultats de la méiose ?

12. Quels sont les deux processus spécifiques de la méiose qui sont responsables de la variation génétique ? À quels stades de la méiose se produisent-ils ?

***13.** Dressez une liste des similitudes et des différences entre la mitose et la méiose. Quelles sont à votre avis les différences les plus importantes et pourquoi ?

14. Décrivez succinctement les processus de spermatogénèse et d'ovogénèse chez l'animal.

15. Décrivez succinctement les processus de production des gamètes mâles et femelles chez les plantes.

Questions et problèmes d'application

Section 2.2

16. Une espèce possède trois paires de chromosomes : une paire acrocentrique, une paire métacentrique et une paire submétacentrique. Dessinez une cellule de cette espèce telle qu'elle se présenterait à la métaphase de la mitose.

17. Un biologiste examine un échantillon de cellules et dénombre 160 cellules en interphase, 20 cellules en prophase, 6 cellules en prométaphase, 2 cellules en métaphase, 7 cellules en anaphase, et 5 cellules en télophase. Si un cycle cellulaire complet dure 24 heures, quelle est la durée moyenne de la phase M de ces cellules ? De la métaphase ?

Section 2.3

***18.** Une cellule a 12 chromosomes en G_1 de l'interphase. Combien de chromosomes et de molécules d'ADN par cellule y aura-t-il quand la cellule d'origine passera par les stades suivants ?

a. G_2 de l'interphase
b. Métaphase I de la méiose
c. Prophase de la mitose
d. Anaphase I de la méiose
e. Anaphase II de la méiose
f. Prophase II de la méiose
g. Après la cytodiérèse qui suit la mitose
h. Après la cytodiérèse qui suit la méiose II

19. En quoi les événements qui ont lieu pendant la spermatogénèse et l'ovogénèse sont ils semblables ? En quoi diffèrent-ils ?

***20.** Les cellules ci-dessous, montrées à différents stades de la mitose et de la méiose, proviennent toutes de la même espèce rare de plante. Quel est le nombre diploïde de chromosomes chez cette plante ? Identifiez les stades de mitose ou de méiose qui sont montrés.

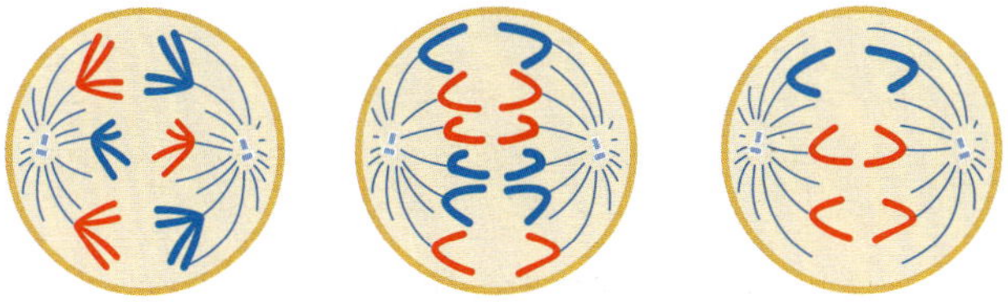

21. La quantité d'ADN par cellule d'une espèce particulière est mesurée dans des cellules à différents stades de la méiose, et les quantités suivantes sont obtenues :

Quantité d'ADN par cellule

_____ 3,7 pg _____ 7,3 pg _____ 14,6 pg

Associez les quantités d'ADN ci-dessus aux stades correspondants du cycle cellulaire (de *a* à *f* dans la liste ci-dessous). Vous pouvez associer plus d'un stade à chaque quantité d'ADN.

Stades de la méiose

a. G_1
b. Prophase I
c. G_2
d. Après la télophase II et la cytodiérèse
e. Anaphase I
f. Métaphase II

***22.** Complétez le tableau suivant, en remplissant les espaces appropriés.

Événement	Mitose	Méiose I	Méiose II
Y a-t-il crossing-over ?	_____	_____	_____
Qu'est-ce qui se sépare à l'anaphase ?	_____	_____	_____
Qu'est-ce qui s'aligne dans le plan métaphasique ?	_____	_____	_____
Y a-t-il normalement une division cellulaire ?	_____	_____	_____
Y a-t-il appariement des homologues ?	_____	_____	_____
Y a-t-il production de variation génétique ?	_____	_____	_____

23. Une cellule contient huit chromosomes à la phase G_1 de l'interphase. Faites un croquis de cette cellule et de ses chromosomes aux stades indiqués ci-dessous et donnez le nombre de molécules d'ADN présentes à chaque stade.

a. Métaphase de la mitose
b. Anaphase de la mitose
c. Anaphase II de la méiose

***24.** La mouche des fruits *Drosophila melanogaster* a quatre paires de chromosomes, alors que la mouche domestique *Musca domestica* en possède six paires.Toutes autres choses étant égales, quelle espèce vous attendriez-vous à voir présenter le plus de variation génétique dans la descendance d'un croisement ? Expliquez votre réponse.

***25.** Une cellule a deux paires de chromosomes submétacentriques, que nous désignerons chromosomes I_a, I_b, II_a, et II_b (I_a et I_b sont homologues, ainsi que II_a et II_b). L'allèle *M* est localisé sur le bras long du chromosome I_a, et l'allèle *m* est localisé à la même position sur le chromosome I_b. L'allèle *P* est localisé sur le bras court du chromosome I_a, et l'allèle *p* est localisé à la même position sur le chromosome I_b. L'allèle *R* est localisé sur le chromosome II_a, et l'allèle *r* est localisé à la même position sur le chromosome II_b.

a. Dessinez ces chromosomes tels qu'ils se présenteraient à la métaphase I de la méiose, en indiquant les gènes *M, m, P, p, R,* et *r*. Faites l'hypothèse qu'il n'y ait pas de crossing-over.

b. En tenant compte de la séparation aléatoire des chromosomes à l'anaphase I, dessinez, en indiquant les allèles, les chromosomes présents dans tous les types de gamètes qui pourraient résulter de la méiose de cette cellule, en supposant toujours qu'il n'y ait pas de crossing-over.

26. Un cheval a 64 chromosomes et un âne en a 62. Un croisement entre une jument et un âne mâle produit un mulet qui est généralement stérile. Combien de chromosomes un mulet possède-t-il ? Comment expliquez-vous le que la plupart des mulets soient stériles ?

27. Les cellules somatiques d'un cheval contiennent 64 chromosomes ($2n = 64$). Combien de chromosomes et de molécules d'ADN seront-ils présents dans les types de cellules de cheval suivants ?

Type de cellule	Nombre de chromosomes	Nombre de molécules d'ADN
a. Spermatogonie	________	________
b. Premier corps polaire	________	________
c. Ovocyte primaire	________	________
d. Spermatocyte secondaire	________	________

Questions tests

Section 2.3

28. De 80 % à 90 % des aberrations chromosomiques les plus courantes chez l'homme proviennent d'une séparation incorrecte des chromosomes pendant l'ovogénèse. Voyez-vous une raison pour laquelle une séparation incorrecte des chromosomes est plus fréquente dans la gamétogénèse femelle que dans la gamétogénèse mâle ?

***29.** Les abeilles femelles sont diploïdes et les abeilles mâles haploïdes. Les mâles haploïdes produisent du sperme et peuvent se croiser de façon productive avec les femelles diploïdes. Les œufs fécondés se développent en femelles et les œufs non fécondés se développent en mâles. En quoi pensez-vous que la spermatogénèse chez l'abeille mâle diffère de la spermatogénèse chez les autres animaux ?

3 Les principes de base de l'hérédité

Les couleur rousse des cheveux est due à des mutations récessives dans le gène du récepteur de la mélanocortine-1. *Lady Lilith,* 1868, par Dante Charles Gabriel Rossetti. Huile sur toile. *[© Delaware Art Museum, Wilmington ,USA /Samuel and Mary R. Bancroft Memorial/The Bridgeman Art Library.]*

La génétique des cheveux roux

Que ce soit à cause de sa touche d'exotisme ou de sa rareté, la couleur rousse des cheveux a longtemps exercé une fascination particulière sur les historiens, les poètes, les artistes et… les scientifiques. Des historiens de l'Antiquité mentionnent que Boadicée, la reine celte qui mena une révolte contre l'Empire Romain, possédait « une masse abondante de cheveux rouges ». Dans les tableaux religieux, Marie-Madeleine est souvent représentée comme une femme à la chevelure rousse impressionnante (bien qu'il ne soit fait aucune mention de ses cheveux roux dans la Bible), et à la Renaissance, dans son chef d'œuvre « *La naissance de Vénus* », Botticelli a peint la déesse Vénus sous les traits d'une beauté aux cheveux roux. La reine Élisabeth I d'Angleterre avait des cheveux roux bouclés, et sous son règne, les cheveux roux furent très à la mode à la cour et dans la bonne société londonienne.

La couleur de nos cheveux est due à un pigment appelé mélanine, dont il existe deux formes principales : l'eumélanine, qui est noire ou brune, et la phéomélanine, qui est rouge ou jaune. La couleur des cheveux d'un individu est déterminée par deux facteurs : (1) la quantité de mélanine qu'il produit (plus grande est la quantité, plus sombres sont les cheveux), et (2) les quantités relatives d'eumélanine et de phéomélanine (davantage d'eumélanine donne des cheveux noirs ou bruns, davantage de phéomélanine donne des cheveux rouges ou jaunes). La couleur de nos cheveux n'a pas qu'un intérêt académique : la mélanine protège des effets néfastes des radiations UV du soleil, et les individus aux cheveux roux ont généralement la peau très claire et sont particulièrement susceptibles de développer des cancers de la peau.

La transmission héréditaire des cheveux roux a longtemps fait l'objet d'un débat scientifique. En 1909, Charles et Gertrude Davenport se sont penchés sur la transmission de la couleur des cheveux chez l'homme. Charles Davenport était un des premiers « mordus » de génétique, avec un intérêt particulier pour l'hérédité humaine, et il fut le premier directeur du Laboratoire de Biologie de Cold Spring Harbor, près de New York. Il devint par la suite un chaud partisan de l'eugénisme, un mouvement – à présent discrédité – qui prônait l'amélioration de la race humaine par la génétique. L'étude des Davenport, basée sur des arbres généalogiques et des souvenirs familiaux communiqués par des amateurs non formés à la génétique, était méthodologiquement fautive, mais leurs résultats suggéraient que les cheveux roux fussent récessifs par rapport aux cheveux noirs ou bruns, ce qui signifiait qu'une personne dût hériter de deux copies d'un gène « cheveux roux » – une de chacun des parents – pour avoir les cheveux roux. Des recherches ultérieures contredirent cette première conclusion, suggérant au contraire que les cheveux roux soient un caractère dominant et qu'une personne puisse être rousse en ne possédant qu'un seul exemplaire du gène correspondant. La controverse à propos de la dominance ou la récessivité de la couleur rousse des cheveux, ou même de sa dépendance de différents gènes, s'est poursuivie pendant des années.

En 1993, des chercheurs qui étudiaient un gène qui influence la couleur du pelage chez la souris ont découvert que ce gène code pour le récepteur de la mélanocortine-1. Quand ce récepteur est activé, il augmente la production d'eumélanine noire et il diminue la production de phéomélanine rouge, produisant un pelage noir ou brun. Peu après, le gène humain de ce même récepteur de la mélanocortine-1 (*MC1R*) a été localisé sur le chromosome 16, cloné et séquencé. Une mutation de ce gène chez l'homme produit des cheveux roux. La majorité des individus aux cheveux roux portent deux exemplaires mutés du gène *MC1R*, ce qui semble indiquer que le caractère est récessif (comme proposé par les Davenport en 1909). Toutefois, de 10 à 20 % des personnes aux cheveux roux n'ont qu'un seul exemplaire mutant de *MC1R*, ce qui remet en question l'interprétation simple de la récessivité. En fait, les personnes ne portant qu'un exemplaire mutant du gène ont en général les cheveux d'un roux plus clair que celles qui portent deux copies mutantes. Le type et la fréquence des mutations du gène *MC1R* varient largement parmi les populations humaines, ce qui se traduit par des différences importantes entre groupes ethniques de la proportion d'individus à cheveux roux. Les mutations produisant des cheveux roux sont très rares chez les personnes d'ascendance africaine ou asiatique, tandis que près de 40 % de la population du nord du Royaume-Uni porte au moins un gène mutant pour les cheveux roux.

Ce chapitre est consacré aux principes de base de l'hérédité : la façon dont des gènes – tels que celui du récepteur de la mélanocortine-1 – sont transmis de génération en génération, et la façon dont des facteurs tels que la dominance influencent l'hérédité. Les principes de l'hérédité ont été découverts par Gregor Mendel et nous commencerons ce chapitre en examinant ses travaux scientifiques remarquables. Nous étudierons ensuite des croisements génétiques simples dans lesquels un seul caractère est examiné. Nous apprendrons certaines techniques permettant de prédire le résultat de croisements génétiques et, munis de ces outils, nous aborderons des croisements dans lesquels deux caractères ou plus sont examinés. Nous verrons comment les principes appliqués à des croisements génétiques simples et aux rapports des classes de descendants qu'ils produisent nous donnent la clé pour comprendre des croisements plus compliqués. Le chapitre se termine par une présentation des méthodes statistiques d'analyse des croisements.

Plusieurs notions s'entrecroisent dans ce chapitre : les principes de ségrégation égale et d'assortiment indépendant établis par Mendel, le calcul de probabilité, et le comportement des chromosomes. Ces concepts, à première vue disparates, se rapportent cependant au même phénomène : les gènes qui subissent la ségrégation et l'assortiment indépendant sont portés par les chromosomes. L'objectif premier de ce chapitre est d'examiner ces différentes notions et de montrer clairement les liens qui existent entre elles.

3.1 Gregor Mendel découvre les principes de base de l'hérédité

En 1909, au moment où les Davenport s'interrogeaient sur l'hérédité des cheveux roux, les principes de base de l'hérédité commençaient tout juste à être connus des biologistes. Situation surprenante, quand on sait que ces principes avaient été découverts quelque quarante-quatre ans auparavant par Gregor Johann Mendel (1822-1884).

Mendel naquit en Moravie, région qui fait à présent partie de la République Tchèque. Bien que ses parents fussent de modestes fermiers, il acquit une solide éducation et il fut admis au monastère augustinien de Brno en septembre 1843. À sa sortie du séminaire, il fut ordonné prêtre et nommé à un poste d'enseignant dans une école locale. Il était un excellent enseignant et l'abbé du monastère recommanda qu'il poursuive des études à l'Université de Vienne, ce qu'il fit de 1851 à 1853. Mendel s'inscrivit à l'Institut de Physique qui venait d'être créé et il suivit des cours de mathématiques, de chimie, d'entomologie, de paléontologie, de botanique et de physiologie végétale. C'est probablement là que Mendel s'initia à la méthodologie scientifique qu'il appliqua par la suite avec succès dans ses expériences de génétique. Après deux années d'études à Vienne, Mendel retourna à Brno où il enseigna et où il commença son travail expérimental sur les plantes de pois. Il réalisa des expériences de croisements de 1856 à 1863 et il présenta ses résultats à des réunions de la Société de Sciences Naturelles de Brno en 1865. Ses résultats furent publiés dans le bulletin de la Société en 1866. Bien qu'il y eut un grand intérêt général pour l'hérédité, l'impact de ses recherches sur la communauté scientifique de l'époque fut minime. Il semble que personne n'ait alors réalisé que Mendel venait de découvrir les principes de base de l'hérédité.

En 1868, Mendel fut élu abbé de son monastère et le poids croissant de ses tâches administratives l'obligea à mettre un terme, d'abord à son enseignement, puis à ses expériences de génétique. Il mourut en 1884, à l'âge de 61 ans, sans que sa contribution à la génétique ait été reconnue.

L'importance des découvertes de Mendel ne fut véritablement comprise qu'en 1900, quand trois botanistes – Hugo de Vries, Erich Tschermak et Karl Correns – réalisèrent des expériences similaires à celles de Mendel et arrivèrent, indépendamment, à des conclusions analogues. Ils avaient pu prendre connaissance de l'article de Mendel et, en publiant leurs résultats, qu'ils interprétèrent en accord avec les principes établis par Mendel, ils attirèrent l'attention sur son œuvre de pionnier.

Les expériences de Mendel : les raisons d'une réussite

L'approche suivie par Mendel pour étudier l'hérédité a été couronnée de succès pour une série de raisons. Tout d'abord, il y a son choix de matériel expérimental, la plante de pois *Pisum sativum* (**Figure 3.1**) qui se prêtait particulièrement bien à l'investigation

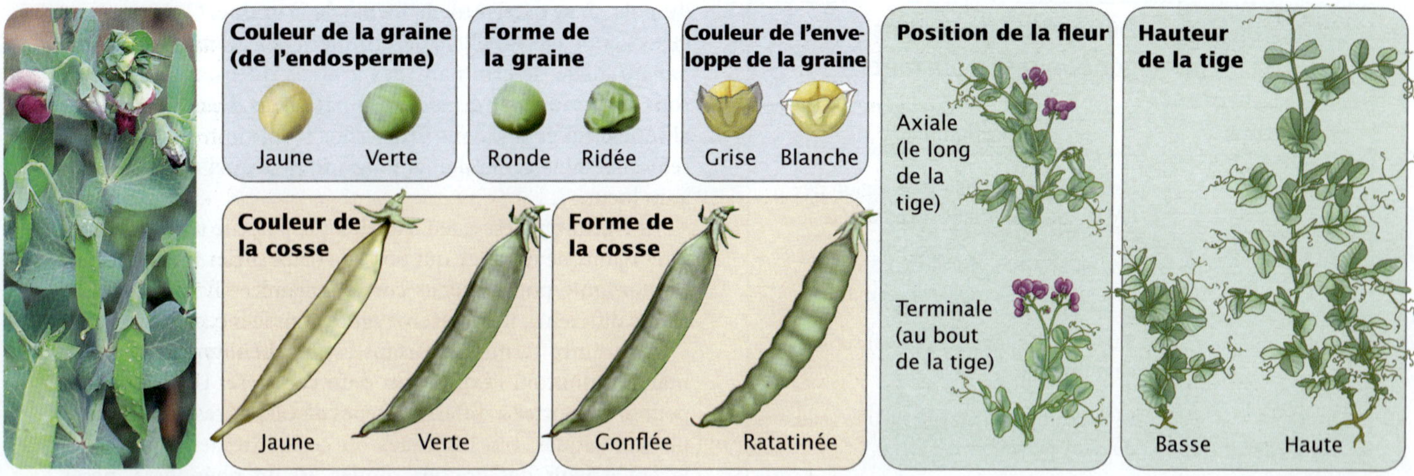

3.1 Mendel utilisa la plante de pois *Pisum sativum* pour ses études sur l'hérédité. Il examina sept caractéristiques des graines et des plantes qu'elles produisaient. *[Photo par Wally Eberhart/Visuals Unlimited.]*

génétique. La plante est facile à cultiver et Mendel avait à sa disposition le jardin et les serres du monastère. Comparés à d'autres plantes, les pois poussent assez rapidement : au moins une génération complète par saison de culture. Si on se réfère aux standards d'aujourd'hui, une génération par an nous paraît terriblement lent – les mouches des fruits complètent une génération en deux semaines et les bactéries en 20 minutes –, mais Mendel n'était soumis à aucune obligation de publier rapidement et il put donc suivre la transmission de différentes caractéristiques pendant plusieurs générations. S'il avait choisi de travailler avec un organisme au temps de génération plus long – le cheval, par exemple –, il aurait pu ne jamais découvrir les principes de base de l'hérédité. Autre avantage des plantes de pois : une descendance abondante – les graines – qui permit à Mendel de déceler dans les générations successives des rapports mathématiques significatifs pour les traits qu'il étudiait.

Le grand nombre de variétés de pois existantes était également important parce qu'il permettait de choisir pour l'analyse plusieurs traits présentant une différence entre des variétés par ailleurs génétiquement stables. Le choix des traits étudiés a aussi contribué au succès de ses expériences (voir la Figure 3.1). Il évita les caractères qui présentaient une variété de formes pour se concentrer sur ceux qui se présentent sous deux formes faciles à distinguer, telles que la forme ronde ou ridée des graines, l'enveloppe grise ou blanche de la graine et la cosse pleine ou plissée. (N.d.T. : N'oublions pas la couleur pourpre ou blanche des pétales, le caractère étudié par Mendel sans doute le mieux connu du grand public.)

Enfin, les travaux de Mendel ont été couronnés de succès parce que tant son approche expérimentale que l'interprétation de ses résultats avaient une base mathématique. Contrairement aux expérimentateurs qui l'avaient précédé, et qui se contentaient de *décrire les résultats* de croisements, Mendel formulait des *hypothèses* basées sur ses observations initiales, puis effectuait des croisements supplémentaires pour *tester ses hypothèses*. Il comptabilisait méticuleusement la descendance possédant chaque forme d'un caractère et calculait les rapports entre les différentes formes. Il accordait une grande attention aux détails tout en étant capable d'y déceler des schémas significatifs. Il était aussi patient et minutieux : il fit des expériences pendant dix ans avant d'en communiquer les résultats. (N.d.T. : Les choix de Mendel en ce qui concerne l'organisme expérimental, les caractères analysés, et l'obtention préalable de lignées pures par autofécondations successives font supposer qu'il avait au moins l'intuition de ce qu'il allait découvrir. Ses travaux constituent un exemple hors pair de bonne méthodologie scientifique.)

Concepts clés

Gregor Mendel établit les principes de base de l'hérédité, qu'il publia en 1866. L'importance de ses travaux ne fut pleinement appréciée qu'après 1900.

✔ Test de compréhension 1

Lequel des facteurs suivants ne contribua pas à la réussite de l'étude de l'hérédité par Mendel ?

a. L'utilisation de la plante de pois
b. L'étude des chromosomes de plantes
c. L'approche expérimentale qu'il suivit
d. L'utilisation des mathématiques

Terminologie génétique

Avant d'examiner en détail les croisements de Mendel et les conclusions qu'il en a tirées, enrichissons notre vocabulaire de quelques termes utilisés constamment en génétique (**Tableau 3.1**). Le terme gène n'a jamais été utilisé par Mendel. Il fut utilisé pour la première fois en 1909, par le généticien danois Wilhelm Johannsen. La définition du gène varie selon le contexte dans lequel le terme est utilisé, et donc le contenu de la définition changera en fonction des aspects de l'hérédité que nous explorerons. À ce stade, dans le contexte de croisements génétiques, nous définirons un **gène** comme un facteur transmissible qui détermine un caractère.

Tableau 3.1 Définitions de termes génétiques importants

Terme	Définition
Gène	Un facteur génétique (une région de l'ADN) qui détermine un caractère
Allèle	Une des formes possibles d'un gène (il peut y en avoir plus de deux)
Locus	Site d'un gène (de ses allèles) sur un chromosome
Génotype	Le jeu complet des allèles d'une cellule ou d'un individu
Hétérozygote	Un organisme ou un individu possédant deux allèles différents à un locus
Homozygote	Un organisme ou un individu possédant deux allèles identiques à un locus
Phénotype ou trait	Manifestation externe ou autre expression d'un génotype spécifique
Caractère	Attribut ou caractéristique d'un individu, déterminés génétiquement

Un gène peut exister sous différentes formes appelées **allèles** (**Figure 3.2**). Dans les croisements de Mendel, la forme de la graine était déterminée par un gène pour lequel il existe deux allèles : un allèle code pour des graines rondes, l'autre pour des graines ridées. Les différents allèles d'un gène se trouvent à un endroit spécifique du chromosome, qui est le **locus** de ce gène. (Le pluriel de locus est loci. Il est très mal vu en génétique de ne pas utiliser le pluriel latin.) Donc il existe un site spécifique – un locus – sur un chromosome

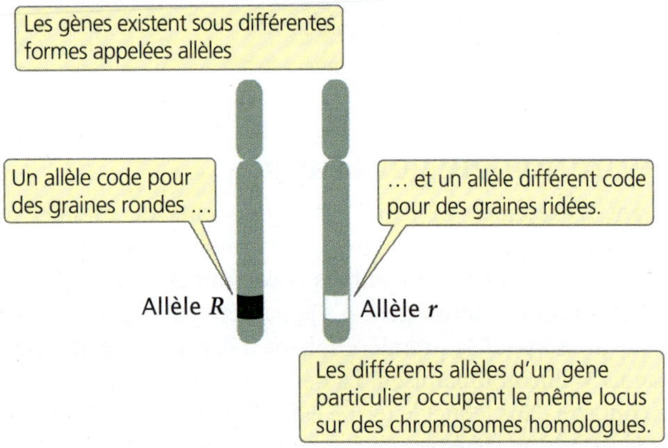

3.2 À chaque locus, un organisme diploïde possède deux allèles localisés chacun sur un chromosome d'une paire d'homologues.

du pois où se détermine la forme de la graine. Ce locus peut être occupé par un allèle déterminant des graines rondes ou par un allèle déterminant des graines ridées. Nous utiliserons le terme *allèle* quand nous parlerons d'une forme spécifique d'un gène ; nous utiliserons le terme *gène* pour faire référence plus généralement à n'importe quel allèle présent à un locus.

Le **génotype** est le jeu d'allèles que possède un organisme. Un organisme diploïde qui possède deux allèles identiques est **homozygote** pour le locus correspondant ; s'il possède deux allèles différents, il est **hétérozygote** pour le locus.

Un autre terme important est le **phénotype**, qui est la manifestation ou l'expression d'un caractère. Un phénotype peut se rapporter à différents types de caractères – physiques, physiologiques, biochimiques ou comportementaux. Donc, le fait d'avoir des graines rondes est un phénotype, peser 50 kilos est un phénotype, et souffrir d'anémie à cellules falciformes est un phénotype. Dans ce livre, le terme *caractère* fait référence à une caractéristique générale comme la couleur des yeux ; le terme *phénotype* ou *trait* fait référence à des manifestations particulières de ce caractère, comme des yeux bleus ou bruns.

Un phénotype est le résultat du développement d'un génotype dans un environnement particulier. Le génotype détermine le potentiel de développement ; il fixe des limites à ce développement. La façon dont le phénotype se développe à l'intérieur de ces limites est déterminée par les effets d'autres gènes et de facteurs environnementaux, et l'influence relative de ces effets varie d'un caractère à l'autre. Pour certains caractères, les différences phénotypiques sont déterminées essentiellement par le génotype ; autrement dit, la marge autorisée par le génotype pour le phénotype est étroite. La forme des graines de pois utilisée par Mendel est un bon exemple d'un caractère pour lequel les différences phénotypiques sont dictées presqu'exclusivement par le génotype. Pour d'autres traits, les différences environnementales jouent un rôle plus important ; la marge autorisée par le génotype est large. La hauteur d'un chêne à maturité est un phénotype fortement influencé par des facteurs environnementaux tels que l'irrigation, l'ensoleillement et l'abondance relative de nutriments. Toutefois, le génotype de l'arbre impose des limites à sa taille : un chêne n'atteindra jamais une hauteur de 100 mètres, quelques soient les quantités de lumière, d'eau et d'engrais qu'on lui fournisse. Donc, même la taille d'un chêne est déterminée en partie par des gènes. Pour de nombreux caractères, les gènes et l'environnement combinés jouent un rôle important dans la détermination des différences phénotypiques.

Un concept évident mais important est que seul le génotype est hérité. Bien que le phénotype soit en partie déterminé par le génotype, les organismes ne transmettent pas leur phénotype à leur descendance. La distinction entre génotype et phénotype est une des notions les plus importantes de la génétique. La section qui suit décrit l'observation minutieuse par Mendel des phénotypes de plusieurs générations provenant d'expériences de croisement. Ces expériences lui permirent de déduire non seulement le génotype de plantes individuelles, mais aussi les règles gouvernant leur transmission.

Concepts clés

Tout phénotype résulte du développement d'un génotype dans un environnement particulier. C'est le génotype et non le phénotype qui est transmis à la descendance.

✔ Test de compréhension 2

Expliquez la différence entre un locus, un allèle, un génotype.

3.2 Des croisements monohybrides révèlent le phénomène de ségrégation égale et la relation de dominance

Mendel consacra deux années à sélectionner parmi 34 variétés de pois celles qu'il utiliserait dans ses expériences. Il vérifia la pureté génétique de chaque variété en cultivant les plantes pendant deux générations et en confirmant que toute la descendance était identique aux parents (il s'agissait donc de lignées pures, homozygotes pour chacun des caractères qu'il avait choisi d'étudier). Il effectua ensuite une série de croisements entre les différentes variétés. Normalement, les pois s'autofécondent. Pour les croisements entre variétés, Mendel ouvrit les bourgeons avant leur maturité, en excisa les anthères, puis transféra sur le stigmate le pollen d'une autre variété (**Figure 3.3**).

Mendel commença par effectuer des croisements **monohybrides**, c.-à-d. entre parents différant par un seul caractère. Dans une de ses expériences, il croisa une plante homozygote pour la forme ronde des graines avec une autre, homozygote pour la forme ridée des graines (voir la Figure 3.3). Ces deux variétés constituent la **génération parentale (P)** du croisement. Après avoir croisé les parents, Mendel observa leur descendance. Dans le cas de caractères de la graine, comme ici la forme, le phénotype apparaît dès que la graine vient à maturité, parce qu'il est déterminé par l'embryon nouvellement formé dans la graine. Dans le cas de caractères concernant la plante, comme, par exemple, la hauteur de la tige, le phénotype n'apparaît que lorsque la plante s'est développée à partir de la graine ; pour ce type de caractères, Mendel devait attendre le printemps suivant, planter les graines, puis observer le phénotype des plantes provenant des graines qui avaient germé.

La descendance des parents de la génération P constitue la **première génération filiale (F_1)**. Quand Mendel examina la F_1 de ce croisement, il trouva que les graines n'exprimaient qu'un des phénotypes de la génération parentale : toutes les graines F_1 étaient rondes. Mendel effectua 60 croisements de ce type et obtint toujours ce résultat. Il effectua aussi des

Expérience

Question : Quand des pois présentant deux traits différents – graines rondes et graines ridées – sont croisés, leur descendance présentera-t-elle un de ces traits, les deux, ou un trait « mélangé » intermédiaire ?

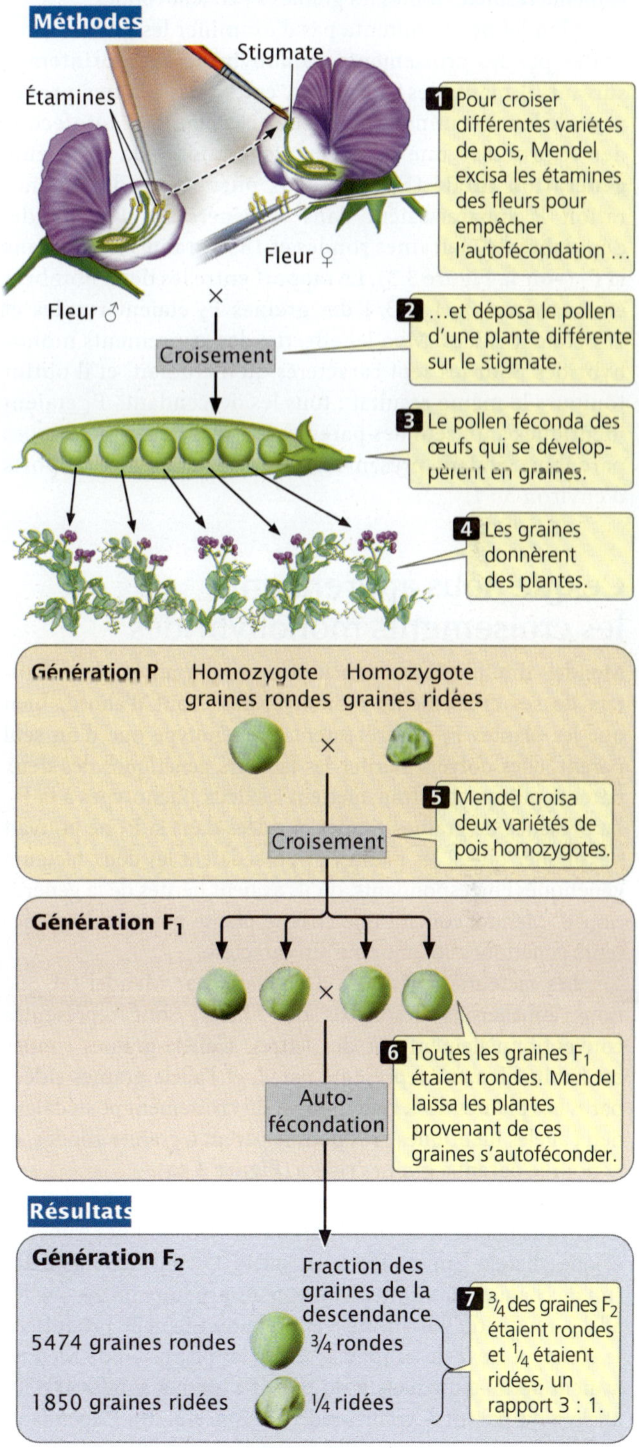

Conclusion : Les traits des plantes parentales ne se mélangent pas. Bien que les plantes F_1 aient le phénotype d'un seul des parents, les deux traits sont transmis à la descendance F_2 dans un rapport 3 : 1.

3.3 Mendel a effectué des croisements monohybrides.

croisements réciproques : dans un croisement, le pollen (le gamète mâle) était prélevé sur une plante à graines rondes, et, dans le croisement réciproque, le pollen provenait d'une plante à graines ridées. Les croisements réciproques donnaient le même résultat : toutes les graines F_1 étaient rondes.

Mendel ne se contenta pas d'examiner les graines produites par les croisements monohybrides. Au printemps suivant, il planta les graines F_1, cultiva les plantes provenant de leur germination, et laissa ces plantes s'autoféconder et produire une deuxième génération – la **deuxième génération filiale (F_2)**. Les deux phénotypes de la génération P apparaissaient dans la génération F_2. Mendel dénombra 5474 graines rondes et 1850 graines ridées dans la F_2 (voir la Figure 3.3). Le rapport entre les deux nombres était environ 3 : 1 – 3/4 des graines F_2 étaient rondes et 1/4 étaient ridées. Mendel effectua des croisements monohybrides pour les sept caractères qu'il étudiait, et il obtint toujours le même résultat : tous les descendants F_1 étaient identiques à un seul des parents, mais les deux phénotypes parentaux étaient présents dans la F_2, dans des rapports d'environ 3 : 1.

Ce que nous apprennent les croisements monohybrides

Mendel tira plusieurs conclusions importantes des résultats de ses croisements monohybrides. Tout d'abord, bien que les plantes F_1 ne présentent le phénotype que d'un seul parent, elles doivent hériter les facteurs génétiques des deux parents puisqu'elles transmettent les deux phénotypes à la F_2. La présence de graines rondes et ridées dans la F_2 ne pouvait s'expliquer que si les plantes F_1 possédaient les deux facteurs génétiques correspondants, qu'ils avaient hérités de la génération P. Mendel conclut que chaque plante possède deux facteurs génétiques codant pour un caractère.

Les facteurs génétiques découverts par Mendel (et que nous appellerons désormais des allèles) sont représentés conventionnellement par des lettres. L'allèle graines rondes est habituellement représenté par *R*, et l'allèle graines ridées par *r*. Les plantes de la génération P du croisement possédaient deux allèles identiques : *RR* pour le parent à graines rondes, et *rr* pour le parent à graines ridées (**Figure 3.4a**).

La seconde conclusion de Mendel fut que les deux allèles de chaque plante se séparent lors de la formation des gamètes, et que chaque gamète reçoit un allèle. Quand deux gamètes (un de chaque parent) fusionnent pour produire un zygote, les allèles réunis du parent mâle et du parent femelle produisent le génotype de la descendance. Ainsi, les plantes F_1 de Mendel avaient hérité d'un allèle *R* du parent à graines rondes et d'un allèle *r* du parent à graines ridées (**Figure 3.4b**). Cependant, seul le caractère codé par l'allèle graines rondes (*R*) était *observé* dans la F_1 – toute la descendance F_1 avait des graines rondes. Mendel appela **dominants** les caractères qui apparaissaient inchangés dans la F_1 hétérozygote, et **récessifs** les caractères qui disparaissaient dans la F_1 hétérozygote. Quand des allèles dominants et récessifs sont réunis, l'allèle récessif est masqué :

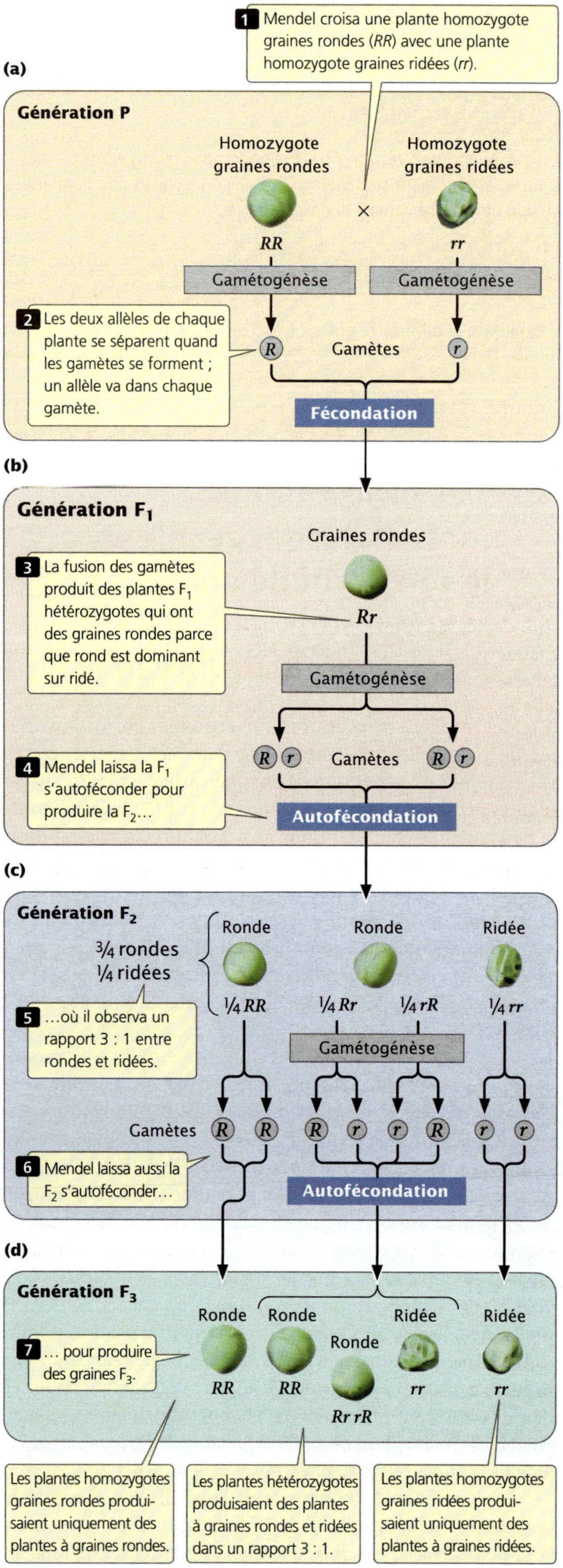

3.4 Les croisements monohybrides de Mendel lui ont permis d'énoncer le principe de ségrégation égale et de définir la dominance.

son phénotype n'est pas exprimé. Le concept de dominance/récessivité est la troisième conclusion importante tirée par Mendel de ses croisements monohybrides.

La quatrième conclusion de Mendel fut que les deux allèles d'une plante se séparent (**ségrègent**) avec la même probabilité dans les gamètes. Quand les plantes de la F_1 (dont le génotype est *Rr*) produisaient des gamètes, la moitié de ceux-ci recevaient l'allèle *R* (graines rondes), et l'autre moitié, l'allèle *r* (graines ridées). Les gamètes fusionnaient alors de manière aléatoire pour produire quatre génotypes en proportions égales dans la F_2 : *RR, Rr, rR,* et *rr* (**Figure 3.4c**). Comme *R* est dominant sur *r*, il y avait trois descendants à graines rondes (*RR, Rr, rR*) pour un à graines ridées (*rr*) dans la F_2. Ce rapport 3 :1 observé dans la F_2 ne peut se produire que si les deux allèles d'un génotype ségrègent dans les gamètes avec une égale probabilité.

Les conclusions tirées par Mendel de ses croisements monohybrides ont été formalisées dans le principe dit de ségrégation égale et dans le concept de dominance. Le **principe de ségrégation égale** (première loi de Mendel) dit que chaque organisme diploïde possède deux allèles pour chaque caractère, qui ségrègent lors de la formation des gamètes, de telle manière qu'une moitié des gamètes contiennent un des allèles et la moitié restante, l'autre. Le **concept de dominance** signifie que quand deux allèles différents constituent un génotype, seule la caractéristique codée par l'allèle « dominant » est observée au phénotype.

Mendel confirma la validité de ces principes en permettant à ses plantes F_2 de s'autoféconder et de produire une génération F_3. Il observa que les plantes F_2 obtenues à partir de graines ridées – qui exprimaient le caractère récessif (*rr*) – produisaient une F_3 homogène dans laquelle toutes les plantes produisaient des graines ridées. Comme ses plantes F_2 à graines ridées étaient homozygotes pour l'allèle graine ridée (donc *rr*), elles ne pouvaient transmettre que cet allèle *r* à leur descendance (**Figure 3.4d**).

Les plantes F_2 obtenues à partir de graines rondes – le caractère dominant – étaient de deux types (voir la Figure 3.4c). Après autofécondation, environ 2/3 d'entre elles produisaient des graines rondes et des graines ridées dans la F_3. Ces plantes F_2 étaient hétérozygotes (*Rr*) donc elles produisaient 1/4 de graines *RR* (rondes), 1/2 de graines *Rr* (rondes), et 1/4 de graines *rr* (ridées), soit un rapport de 3 rondes pour 1 ridée dans la F_3. Environ 1/3 des plantes F_2 provenant de graines rondes étaient d'un autre type : elles ne produisaient que des graines rondes à la F_3. Ces plantes F_2 étaient homozygotes pour l'allèle graines rondes (*RR*) et ne pouvaient donc produire qu'une descendance à graines rondes dans la F_3. Mendel planta les graines obtenues en F_3 et suivit les plantes pendant trois cycles supplémentaires d'autofécondation. À chaque génération, 2/3 des plantes à graines rondes produisaient une descendance avec des graines rondes et des graines ridées, tandis que 1/3 ne produisaient que des descendants à graines rondes. Ces résultats sont en parfait accord avec le principe de ségrégation égale.

Concepts clés

Le principe de ségrégation égale veut que chaque organisme diploïde possède deux allèles codant pour un caractère donné. Ces allèles ségrègent quand les gamètes sont formés, chacun allant dans un gamète. Le concept de dominance dit que quand les deux allèles codant pour un caractère donné sont différents, seul un d'entre eux – l'allèle « dominant » – est exprimé au phénotype.

✔ Test de compréhension 3

Comment Mendel pouvait-il savoir que chacune de ses plantes de pois possédait deux allèles codant pour un caractère ?

Faisons le lien entre les concepts

Les croisements génétiques et la méiose

Nous venons de voir comment les résultats de croisements monohybrides s'expliquent par le principe de ségrégation égale formulé par Mendel. Nombre d'étudiants aiment résoudre des problèmes de croisements génétiques mais sont frustrés par la nature abstraite des symboles. Peut-être est-ce aussi votre cas ? Vous vous demandez peut-être ce que ces symboles représentent vraiment, ce que le génotype *RR* signifie par rapport à la biologie de l'organisme ? Pour répondre à ces questions, il faut faire le lien entre les symboles abstraits utilisés dans les croisements et la structure et le comportement des chromosomes qui sont les porteurs de l'information génétique (voir le Chapitre 2).

En 1900, quand l'œuvre de Mendel fut redécouverte et que les biologistes commencèrent d'appliquer ses principes de génétique, la relation entre gènes et chromosomes n'était pas encore évidente. La théorie selon laquelle les gènes sont localisés sur les chromosomes (la **théorie chromosomique de l'hérédité**) fut développée au début des années 1900 par Walter Sutton, un étudiant en doctorat de l'Université de Columbia. Par une étude minutieuse de la méiose chez les insectes, il rassembla une somme d'informations convaincante indiquant que chaque paire de chromosomes homologues contient un chromosome d'origine maternelle et un chromosome d'origine paternelle. En montrant que les chromosomes d'une paire ségrègent indépendamment dans les gamètes à la méiose, il conclut que ce processus constitue la base biologique des principes génétiques de Mendel. À peu près simultanément, mais indépendamment, le cytologiste et embryologiste allemand Theodor Boveri arriva aux mêmes conclusions.

Sutton savait que les cellules diploïdes ont deux jeux de chromosomes, un de chaque parent. De même, les cellules diploïdes possèdent deux allèles pour chaque locus, qui constituent le génotype pour ce locus. Le principe de ségrégation égale indique que chaque parent fournit un allèle au génotype. Le parallélisme entre le nombre de chromosomes et le nombre d'allèles n'est pas accidentel : les deux allèles d'un génotype se trouvent sur des chromosomes homologues. Les symboles génétiques utilisés dans les croisements, comme *R* et *r*, sont une façon simple de désigner des séquences particulières d'ADN sur les chromosomes, qui codent pour des phénotypes particuliers. Pendant la phase S de l'interphase méiotique, chaque chromosome est répliqué, produisant deux

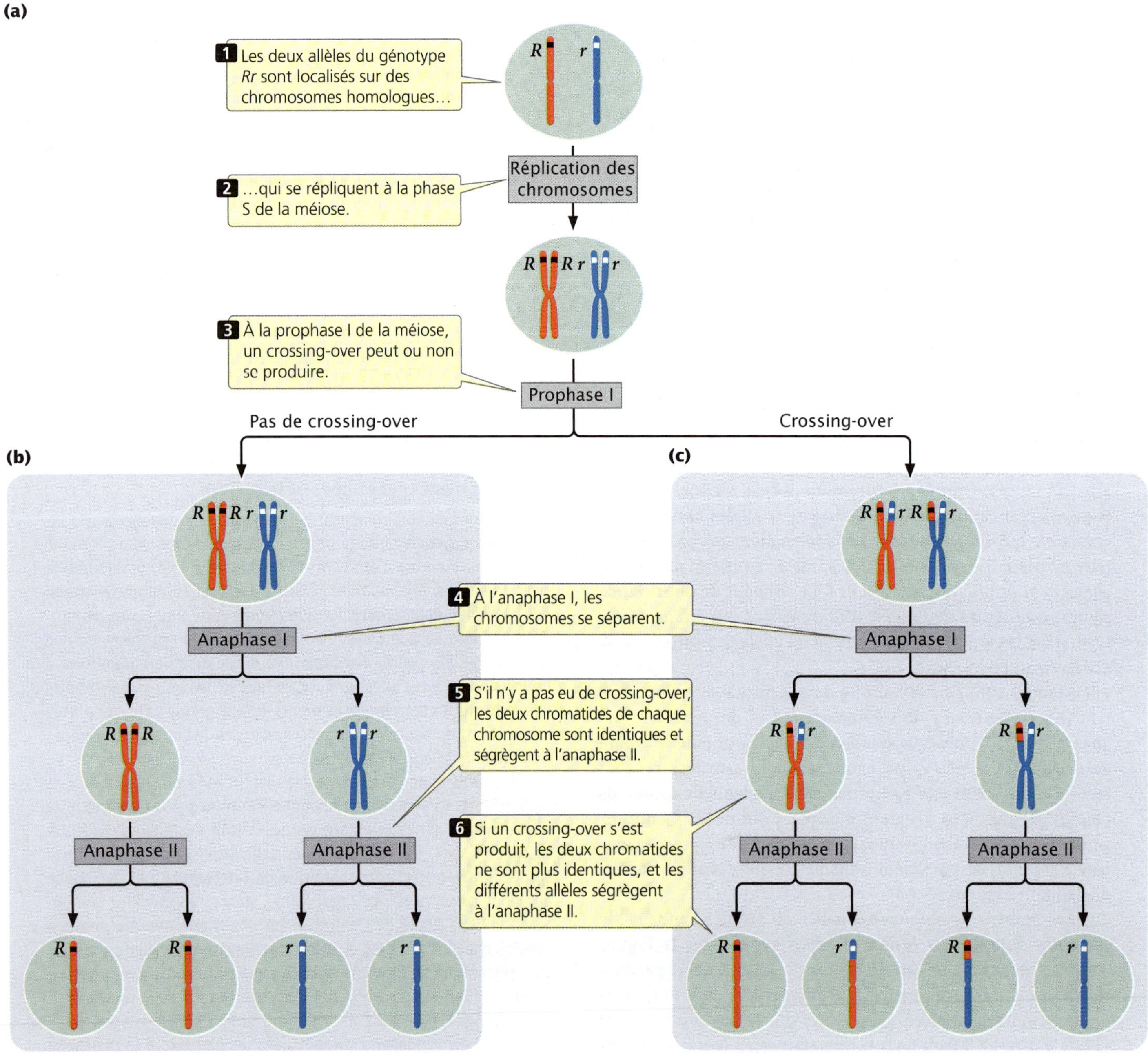

3.5 La ségrégation égale résulte de la séparation des chromosomes homologues à la méiose.

copies de chaque allèle, une sur chaque chromatide (**Figure 3.5a**). Les chromosomes ségrègent à l'anaphase I, séparant les deux allèles *R* et *r* (**Figure 3.5b**). Cette ségrégation des chromosomes est la base du principe de ségrégation égale. À l'anaphase II de la méiose, les deux chromatides de chaque chromosome répliqué se séparent de telle sorte que chaque gamète produit par la méiose ne contient qu'un seul allèle à chaque locus, comme le prédit le principe de ségrégation égale de Mendel.

Si un crossing-over s'est produit à la prophase I de la méiose, les deux chromatides de chaque chromosome répliqué ne sont plus identiques et la ségrégation des allèles différents se produit à l'anaphase II (**Figure 3.5c**). Mendel ignorait tout des chromosomes et il a formulé ses principes en se basant uniquement sur les résultats des croisements qu'il effectuait. En ce qui nous concerne, nous ne pouvons pas oublier que ces principes fonctionnent parce qu'ils reflètent le comportement de chromosomes bien réels à la méiose.

Prédire les résultats de croisements génétiques

Un des objectifs des expériences de Mendel avec les plantes de pois était de développer une méthode pour prédire le résultat de croisements entre plantes de phénotypes différents. Dans cette section, nous allons d'abord apprendre une méthode simple et rapide permettant de prédire les rapports des génotypes et des phénotypes dans la descendance d'un croisement (la grille de Punnett), puis nous apprendrons comment utiliser le calcul de probabilité pour prédire les résultats des croisements.

La grille de Punnett Cette méthode fut développée par le généticien britannique Reginald C. Punnett en 1917. Pour apprendre comment l'utiliser, examinons un autre des croisements de Mendel. En croisant deux variétés de pois différant par la hauteur de la tige, Mendel établit que la tige haute (*T*) était dominante sur la tige basse (*t*). Il testa la validité de sa théorie concernant l'hérédité de caractères dominants en croisant une plante F_1 à tige haute, hétérozygote *Tt*, avec la variété parentale à tige basse, homozygote *tt*. Ce type de croisement entre un génotype F_1 et l'un ou l'autre des génotypes parentaux est appelé un **croisement en retour**.

Pour prédire les types de descendants produits par ce croisement en retour, déterminons d'abord les types de gamètes provenant de chaque parent (**Figure 3.6a**). Le principe de ségrégation égale nous dit que les deux allèles de chaque parent se séparent et qu'un des allèles passe dans chaque gamète. Tous les gamètes de la plante homozygote à tige basse (*tt*) recevront un seul allèle tige basse *t*. La plante à tige haute utilisée dans ce croisement est hétérozygote (*Tt*) donc 50 % de ses gamètes contiendront un allèle tige haute (*T*) et 50 % un allèle tige basse (*t*).

Une **grille de Punnett** se construit en alignant au-dessus d'une grille les gamètes produits par un parent et, du côté gauche de la grille, ceux produits par l'autre parent (**Figure 3.6b**). Chaque case de la grille contient un allèle de chacun des gamètes correspondants, donnant le génotype produit par la fusion de ces gamètes. Dans la case supérieure gauche de la grille de la Figure 3.6b, un gamète contenant *T* de la plante à tige haute s'unit à un gamète contenant *t* de la plante à tige basse, et le génotype de la descendance est *Tt*. Il est utile d'écrire le phénotype exprimé par chaque génotype. Dans le cas présent, la descendance sera à tige haute parce que l'allèle tige haute est dominant sur l'allèle tige basse. On répète cette opération pour toutes les cases de la grille de Punnett.

Par simple calcul, nous pouvons déterminer les types de descendants et leurs proportions relatives. Dans la Figure 3.6b, deux cases contiennent des descendants de génotype *Tt* et les deux autres des descendants de génotype *tt*. Le rapport génotypique prédit pour les produits de ce croisement est de 2 *Tt* pour 2 *tt*, donc un rapport 1 : 1. Une autre manière d'exprimer ce résultat est de dire que nous nous attendons à ce que 1/2 de la descendance ait le génotype *Tt* (et le phénotype tige haute) et 1/2 de la descendance le génotype *tt* (et le phénotype tige basse). Dans ce croisement, le rapport génotypique et le rapport phénotypique sont identiques, mais ce n'est pas toujours le cas. Essayez de construire une grille de Punnett pour un croisement dans lequel on laisse s'autoféconder les plantes F_1 à graine ronde de la Figure 3.4 (vous devriez obtenir un rapport phénotypique de 3 « graines rondes » pour 1 « graines ridées » et un rapport génotypique de 1 *RR* : 2 *Rr* : 1 *rr*).

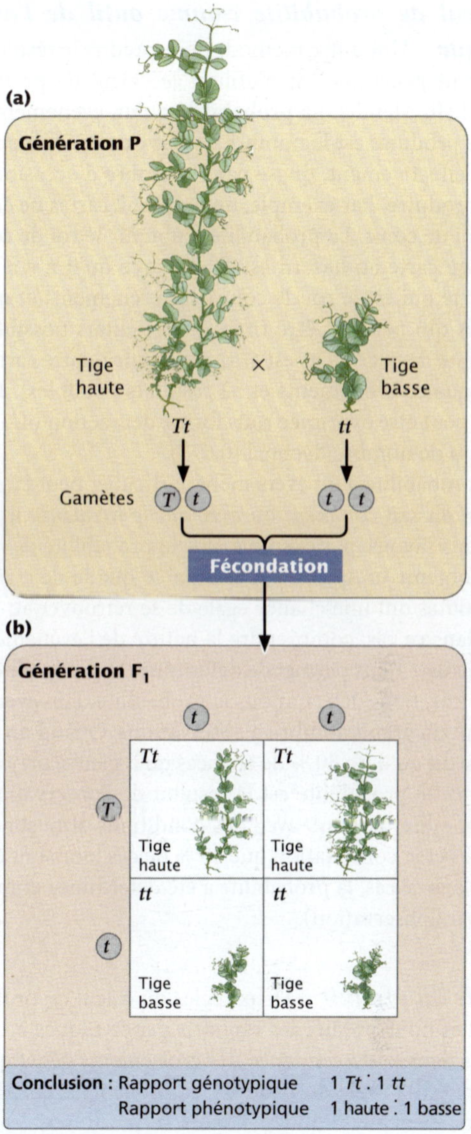

3.6 La grille de Punnett peut être utilisée pour prédire le résultat d'un croisement génétique.

Concepts clés

La grille de Punnett est une méthode rapide de prédiction des rapports génotypiques et phénotypiques dans la descendance d'un croisement.

✔ Test de compréhension 4

Si une plante F_1 de la Figure 3.4 est croisée en retour avec le parent à graines rondes, quelle proportion de la descendance aura-t-elle des graines ridées ? (Faites une grille de Punnett.)

a. 3/4
b. 1/2
c. 1/4
d. 0

Le calcul de probabilité comme outil de l'analyse génétique Une autre méthode pour prédire le résultat d'un croisement génétique est d'utiliser le calcul de probabilité, comme le fit Mendel. La **probabilité** qu'un événement particulier se produise est le nombre de fois que cet événement se produit effectivement, divisé par le nombre d'occasions qu'il a de se produire. Par exemple, un jeu de 52 cartes ne contient qu'un roi de cœur. La probabilité d'obtenir le roi de cœur en tirant une carte au hasard est 1/52, parce qu'il n'y a qu'une seule carte qui est le roi de cœur (un événement) et qu'il y a 52 cartes qui peuvent être tirées (52 résultats possibles). La probabilité de tirer un as est 4/52 parce que quatre cartes sont des as (quatre événements et 52 résultats possibles). La probabilité peut être exprimée sous forme de fraction (4/52, dans ce cas) ou de nombre décimal (0,077).

La probabilité d'un événement particulier peut être déterminée si on sait *comment* ou *avec quelle fréquence* il se produit. Nous savons, par exemple, que la probabilité de jeter un dé et d'obtenir un quatre est 1/6, parce que le dé a six faces et que toutes ont une chance égale de se retrouver au-dessus. Donc, dans ce cas, comprendre la nature de l'événement – la forme du dé – nous permet de déterminer la probabilité. Dans d'autres cas, nous déterminons la probabilité d'un événement en faisant un grand nombre d'observations. Quand un météorologiste dit qu'il y a 40 % de chances qu'il pleuve un jour particulier, cette probabilité est le résultat de l'observation d'un grand nombre de jours avec des conditions atmosphériques similaires et la constatation que 40 % de ces jours ont été pluvieux. Dans ce cas, la probabilité a été déterminée empiriquement (par l'observation).

La règle du produit Deux règles du calcul de probabilité sont utiles pour prédire les rapports génotypiques et phénotypiques dans la descendance des croisements génétiques. La première est la **règle du produit** : la probabilité que deux ou plusieurs événements indépendants se produisent ensemble est le produit de leurs probabilités respectives.

Reprenons l'exemple du dé. Pour calculer la probabilité, en jetant deux fois le dé, d'obtenir deux fois de suite un quatre, appliquons la règle du produit. La probabilité d'obtenir un quatre au premier coup est 1/6 et celle d'obtenir un quatre au second coup est aussi 1/6 ; donc, la probabilité d'obtenir un quatre deux fois de suite est 1/6 × 1/6 = 1/36 (**Figure 3.7a**). Le mot clé qui indique qu'il convient d'appliquer la règle du produit est « *et* » ; dans notre exemple, nous voulions savoir la probabilité d'obtenir un quatre au premier coup de dé *et* un quatre au second coup.

Pour que la règle du produit puisse s'appliquer validement, il faut que les événements dont on calcule la probabilité soient indépendants – le résultat d'un événement ne doit pas influencer le résultat du second. Dans notre exemple, le nombre qui « sort » d'un coup de dé n'a aucune influence sur le nombre qui sort au coup suivant ; ces événements sont indépendants. Par contre, si nous voulions savoir la probabilité de recevoir un coup de marteau sur la tête et d'aller à l'hôpital dans la même journée, nous ne pourrions pas appliquer la règle du produit et simplement multiplier les deux probabilités individuelles, parce que les deux événements ne sont pas indépendants – le fait de recevoir un coup de marteau sur la tête influence certainement la probabilité d'aller à l'hôpital.

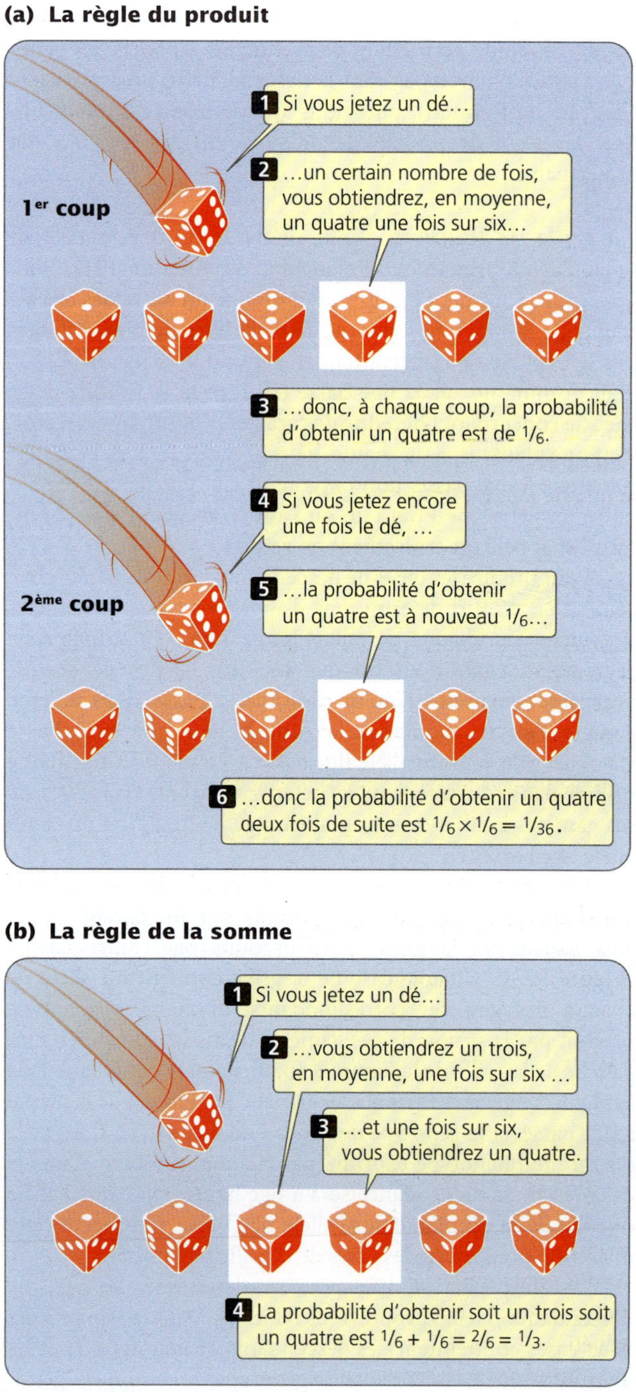

3.7 Les règles du produit et de la somme peuvent être utilisées pour calculer la probabilité de combinaisons d'événements.

La règle de la somme Une autre règle du calcul de probabilité fréquemment utilisée en génétique est la **règle de la somme** : la probabilité que se produise l'un ou l'autre de deux événements qui s'excluent mutuellement est la somme de leurs probabilités individuelles. Voyons cela concrètement. Pour calculer la probabilité de jeter un dé et d'obtenir *soit* un trois *soit* un quatre, nous appliquons la règle de la somme en additionnant la probabilité d'obtenir un trois (1/6) et celle d'obtenir un quatre (également 1/6), soit 1/6 + 1/6 = 2/6 = 1/3 (**Figure 3.7b**). Les mots clés qui indiquent qu'il convient d'appliquer la règle de la somme sont « *soit … soit* ».

Pour que la règle de la somme puisse s'appliquer, les événements dont la probabilité est calculée doivent être mutuellement exclusifs. Par exemple, vous ne pouvez jeter un dé une seule fois et obtenir à la fois un trois et un quatre parce qu'il n'y a qu'une face du dé qui peut se retrouver au-dessus.

Concepts clés

La règle du produit dit que la probabilité que deux ou plusieurs événements indépendants se produisent ensemble est le produit de leurs probabilités individuelles. La règle de la somme dit que la probabilité que se produise l'un ou l'autre de deux ou plusieurs événements mutuellement exclusifs est la somme de leurs probabilités individuelles.

✔ Test de compréhension 5

Si la probabilité d'être du groupe sanguin A est 1/8 et celle d'être du groupe O est 1/2, quelle est la probabilité d'être soit groupe A soit du groupe O ?

a. 5/8
b. 1/2
c. 1/8
d. 1/16

L'application du calcul de probabilité aux croisements génétiques Les règles du produit et de somme de probabilités peuvent être utilisées en lieu et place de la grille de Punnett pour prédire les rapports génotypiques et phénotypiques attendus dans la descendance d'un croisement génétique. Considérons un croisement entre deux plantes de pois hétérozygotes au locus de la hauteur de la tige, *Tt* × *Tt*. La moitié des gamètes produits par chaque plante ont un allèle *T*, et l'autre moitié un allèle *t* ; la probabilité de chaque type de gamète est 1/2.

Les gamètes des deux parents peuvent se combiner de quatre façons différentes pour produire des descendants. En appliquant la règle du produit, nous pouvons déterminer la probabilité de chaque type possible. Pour calculer la probabilité d'obtenir des descendants *TT*, par exemple, nous multiplions la probabilité de recevoir un allèle *T* du premier parent (1/2) par celle de recevoir un allèle *T* de l'autre parent (1/2). Nous devons appliquer la règle du produit parce que nous voulons connaître la probabilité de recevoir un allèle *T* du premier parent *et* un allèle *T* du second parent – deux événements indépendants. Les quatre types de descendants de ce croisement et leurs probabilités respectives sont :

TT	(gamète *T* et gamète *T*)	1/2 × 1/2 = 1/4	tige haute
Tt	(gamète *T* et gamète *t*)	1/2 × 1/2 = 1/4	tige haute
tT	(gamète *t* et gamète *T*)	1/2 × 1/2 = 1/4	tige haute
tt	(gamète *t* et gamète *t*)	1/2 × 1/2 = 1/4	tige basse

La descendance hétérozygote peut être produite de deux façons : en recevant un allèle *T* du premier parent et un allèle *t* du second ou vice-versa.

Après avoir déterminé les probabilités d'obtenir chaque type de descendant, nous pouvons utiliser la règle de la somme pour calculer les rapports phénotypiques. Du fait de la dominance, une plante à tige haute peut avoir les génotypes *TT*, *Tt*, ou *tT*. En utilisant la règle de la somme, nous calculons que la probabilité d'obtenir une descendance à tige haute est 1/4 + 1/4 + 1/4 = 3/4. Parce qu'un seul génotype (*tt*) détermine la tige basse, la probabilité d'obtenir une descendance à tige basse est tout simplement 1/4.

Nous venons de voir deux méthodes pour prédire les résultats des croisements génétiques : la grille de Punnett et le calcul de probabilité. À ce stade, vous pourriez vous demander « Pourquoi s'encombrer de règles de probabilité et de calculs alors que la grille de Punnett est beaucoup plus simple à comprendre et tout aussi rapide à utiliser ? ». Nous verrons que pour s'attaquer à des croisements plus complexes impliquant les gènes de deux loci ou plus, la méthode des probabilités est plus claire et plus rapide que la grille de Punnett.

Le croisement test

Le **croisement test** consiste à croiser un individu de génotype inconnu avec individu de génotype homozygote récessif pour le caractère en question. Un croisement test sert à révéler le génotype du premier individu.

Le croisement de la Figure 3.6 (croisement en retour) est aussi un exemple de croisement test. Supposez qu'on vous donne une plante de pois à tige haute sans vous donner d'information sur ses parents. Comme l'allèle tige haute est dominant chez les pois, votre plante pourrait être homozygote (*TT*) ou hétérozygote (*Tt*), sans que vous puissiez faire la différence. Pour déterminer son génotype, faites un croisement test. Si la plante est homozygote (*TT*), le croisement test produira une descendance homogène à tige haute (*TT* × *tt* → toutes *Tt*) ; si la plante est hétérozygote (*Tt*), le croisement test produira une descendance dont une moitié est à tige haute et l'autre moitié à tige basse (*Tt* × *tt* → 1/2 *Tt* et 1/2 *tt*). Dans un croisement test, tout allèle récessif présent dans le génotype inconnu est exprimé parce qu'il sera associé à un allèle récessif du parent testeur homozygote.

Concept clé

Un croisement test est un croisement entre un individu de génotype inconnu et un testeur de génotype homozygote récessif. Le résultat du croisement test révèle le génotype inconnu.

La dominance incomplète

Nous avons vu que dans un croisement entre deux individus hétérozygotes pour un allèle dominant (*Aa* × *Aa*), la probabilité que la descendance présente le phénotype dominant est 3/4, et celle qu'elle présente le phénotype récessif est 1/4. Nous avons aussi examiné le résultat d'un croisement entre un individu hétérozygote pour un allèle dominant et un individu homozygote pour un allèle récessif (*Aa* × *aa*) ; dans ce cas, 1/2 de la descendance exprime le phénotype dominant, et 1/2 exprime le phénotype récessif. Plus loin dans ce chapitre, nous verrons comment les probabilités individuelles de caractères de ce type peuvent être combinées pour déterminer la probabilité des différentes classes de descendants combinant deux caractères différents ou davantage. Mais avant d'aborder la transmission de plusieurs caractères à la descendance, il faut que nous considérions le rapport phénotypique qui est observé quand il n'y a pas de dominance.

Les sept caractères des plantes de pois que Mendel choisit d'étudier de façon approfondie présentaient la dominance et produisaient un rapport phénotypique 3 : 1 dans la descendance. Toutefois, Mendel réalisa que tous les caractères ne présentent pas le phénomène de dominance. Il effectua des croisements concernant le temps nécessaire à la floraison des plantes de pois. Lorsqu'il croisa deux variétés homozygotes dont le temps moyen de floraison différait de 20 jours, le temps moyen de floraison des plantes de la F_1 était intermédiaire entre celui des des deux parents. Quand un hétérozygote a un phénotype intermédiaire entre les phénotypes de deux homozygotes, on dit que le caractère présente une **dominance incomplète**.

La couleur des aubergines est un autre exemple de dominance incomplète. Quand une plante homozygote produisant des fruits pourpres (*PP*) est croisée avec une plante homozygote produisant des fruits blancs (*pp*), toute la F_1 hétérozygote (*Pp*) produit des fruits mauves (**Figure 3.8a**). Quand les plantes F_1 s'autofécondent, 1/4 des F_2 ont des fruits pourpres (*PP*), 1/2 des fruits mauves (*Pp*), et 1/4 des fruits blancs (*pp*) (**Figure 3.8b**). Ce rapport 1 : 2 : 1 est différent du rapport 3 : 1 qu'on observerait si la couleur du fruit présentait une dominance. Quand un caractère présente une dominance incomplète, les rapports génotypiques et phénotypiques de la descendance sont *identiques,* parce que chaque génotype a son propre phénotype. Il est impossible d'obtenir des lignées pures à fruits mauves, parce que toutes les plantes à fruits mauves sont hétérozygotes.

Un autre exemple de dominance incomplète est la couleur du plumage chez la poule. Un croisement entre une poule homozygote noire et une poule homozygote blanche produit des poules F_1 grises. Si ces poules F_1 grises sont croisées entre elles, elles produisent des poules F_2 dans un rapport 1 à plumes noires : 2 à plumes grises : 1 à plumes blanches. La robe blanche à taches léopard chez le cheval présente une dominance incomplète sur la robe sans taches : les chevaux *LL* sont blancs avec de nombreuses taches sombres, les chevaux hétérozygotes *Ll* ont moins de taches, et les chevaux *ll* ont une robe sans taches (**Figure 3.9**). Le phénomène de dominance, y compris quelques unes de ses variantes, sera examiné plus en détail dans le Chapitre 4.

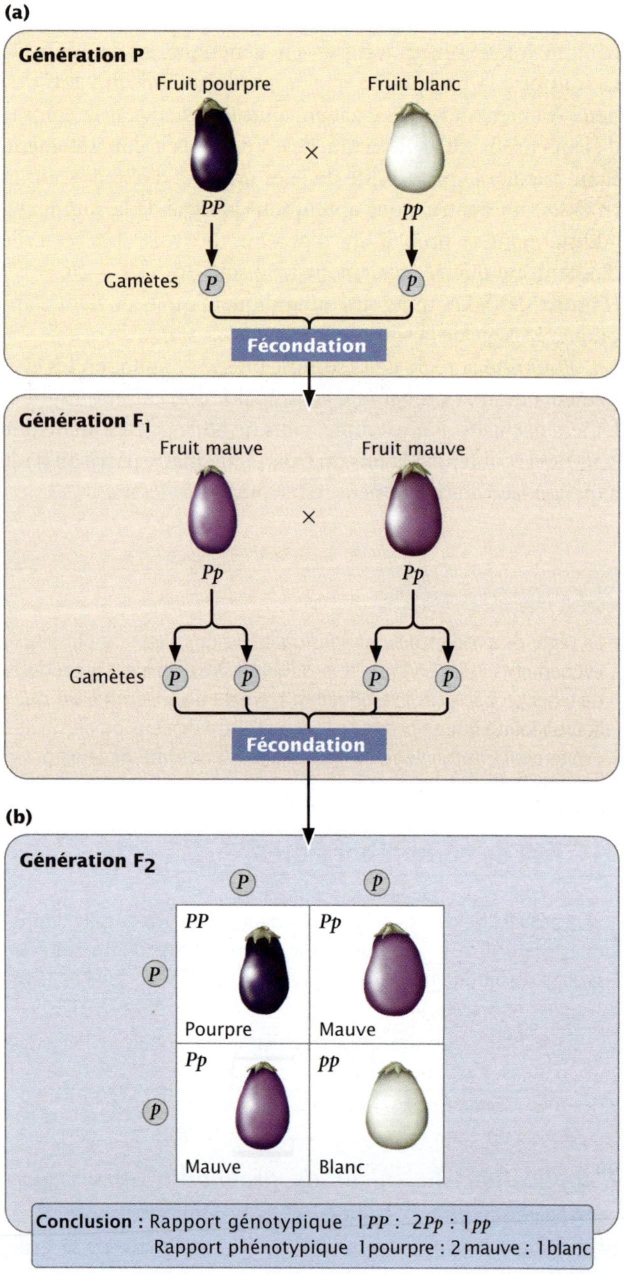

3.8 Chez l'aubergine, la couleur du fruit est transmise comme un caractère à dominance incomplète.

Concepts clés

La dominance incomplète s'observe quand l'hétérozygote a un phénotype intermédiaire entre les phénotypes des deux homozygotes. Quand un caractère présente une dominance incomplète, un croisement entre deux hétérozygotes produit un rapport phénotypique 1 : 2 : 1 dans la descendance.

3.9 Les taches léopard de la robe chez le cheval présentent une dominance incomplète. *[PhotoDisc.]*

✔ Test de compréhension 6

Si un individu F_1 de la Figure 3.8 est soumis à un croisement test, quelle sera la proportion de plantes à fruits blancs dans la descendance ?

a. Toute la descendance
b. 1/2
c. 1/4
d. 0

Les symboles génétiques

Nous avons vu que les différents allèles impliqués dans les croisements génétiques sont représentés par des symboles. Il existe plusieurs façons de désigner les allèles. Les lettres minuscules sont, par convention, utilisées pour désigner les allèles récessifs, et les majuscules désignent les allèles dominants. L'allèle le plus fréquent d'un caractère – appelé l'allèle de **type sauvage** parce qu'il est celui habituellement rencontré dans la nature – est souvent représenté par un symbole à une ou plusieurs lettres et un signe plus (+). La ou les lettres choisies font le plus souvent référence à un phénotype mutant (donc inhabituel). Par exemple, l'allèle récessif spécifiant des yeux jaunes chez la mouche des fruits orientale est représenté par *ye*, tandis que l'allèle spécifiant la couleur de type sauvage de l'œil est représenté par ye^+. Parfois, on omet les lettres désignant l'allèle de type sauvage qui est représenté simplement par un signe plus.

Faisons le lien entre les concepts

Les rapports dans la descendance de croisements monohybrides

Maintenant que nous avons une certaine expérience des croisements génétiques, passons en revue les rapports génotypiques et phénotypiques qui apparaissent dans la descendance de croisements dans lesquels la transmission d'un seul caractère est étudiée – des croisements monohybrides. Si vous comprenez comment les génotypes parentaux produisent ces rapports, vous serez capable de décrire des croisements génétiques simples rapidement, sans avoir recours à une grille de Punnett. Après, nous utiliserons ces rapports pour analyser des croisements plus compliqués impliquant plusieurs caractères.

Il suffit de comprendre quatre rapports phénotypiques (**Tableau 3.2**). Le rapport 3 : 1 est produit dans un croisement génétique monohybride dans lequel les deux parents sont hétérozygotes pour un allèle dominant (*Aa* × *Aa*). Le deuxième rapport phénotypique est le rapport 1 : 2 : 1 qui est observé dans la descendance de croisements entre parents hétérozygotes pour un allèle présentant une dominance incomplète (*Aa* × *Aa*). Le troisième rapport phénotypique est le rapport 1 : 1 qui résulte du croisement d'un parent homozygote et d'un parent hétérozygote. Si le caractère analysé présente une dominance, le parent homozygote de ce croisement doit posséder deux allèles récessifs (il s'agit donc de *Aa* × *aa*) pour que le rapport soit 1 : 1, parce qu'un croisement entre un parent homozygote dominant et un parent hétérozygote (*AA* × *Aa*) produirait une descendance n'exprimant que le phénotype dominant. Dans le cas d'un caractère présentant une dominance incomplète, un rapport 1 : 1 résulte d'un croisement entre le parent hétérozygote et l'un ou l'autre des homozygotes (*Aa* × *aa* ou *Aa* × *AA*).

Tableau 3.2 Rapports phénotypiques dans les croisements monohybrides (impliquant un seul caractère)

Rapport	Génotypes parentaux	Génotypes de la descendance	Type de dominance
3 : 1	*Aa* × *Aa*	3/4 *A_* : 1/4 *aa*	Dominance
1 : 2 : 1	*Aa* × *Aa*	1/4 *AA* : 1/2 *Aa* : 1/4 *aa*	Dominance incomplète
1 : 1	*Aa* × *aa*	1/2 *Aa* : 1/2 *aa*	Dominance ou dominance incomplète
	Aa × *AA*	1/2 *Aa* : 1/2 *AA*	Dominance incomplète
Descendance homogène	*AA* × *AA*	Tous *AA*	Dominance ou dominance incomplète
	aa × *aa*	Tous *aa*	Dominance ou dominance incomplète
	AA × *aa*	Tous *Aa*	Dominance ou dominance incomplète
	AA × *Aa*	Tous *A_*	Dominance

Note : Un trait dans un génotype, comme dans *A_*, indique que tout allèle est possible.

Tableau 3.3 Rapports génotypiques dans les croisements monohybrides (impliquant un seul caractère)

Rapport génotypique	Génotypes parentaux	Génotypes de la descendance
1 : 2 : 1	*Aa* × *Aa*	1/4 *AA* : 1/2 *Aa* : 1/4 *aa*
1 : 1	*Aa* × *aa*	1/2 *Aa* : 1/2 *aa*
	Aa × *AA*	1/2 *Aa* : 1/2 *AA*
Descendance homogène	*AA* × *AA*	Tous *AA*
	aa × *aa*	Tous *aa*
	AA × *aa*	Tous *Aa*

Le quatrième rapport phénotypique n'est pas véritablement un rapport – toute la descendance a le même phénotype. Plusieurs combinaisons de parents peuvent produire ce type de résultat (voir le Tableau 3.2). Les croisements entre n'importe quelle paire d'homozygotes – deux homozygotes identiques (*AA* × *AA* et *aa* × *aa*) ou deux homozygotes différents (*AA* × *aa*) – produisent une descendance de phénotype homogène. Une descendance ne présentant qu'un seul phénotype peut aussi provenir d'un croisement entre un parent homozygote dominant et un hétérozygote (*AA* × *Aa*).

Si nous nous intéressons aux rapports génotypiques plutôt que phénotypiques, il n'y a que trois rapports à retenir (**Tableau 3.3**) : le rapport 1 : 2 : 1, produit par un croisement entre deux hétérozygotes, le rapport 1 : 1 produit par un croisement entre un homozygote et un hétérozygote, et la descendance homogène produite par un croisement entre deux homozygotes. Ces rapports phénotypiques et génotypiques simples et la connaissance des génotypes qui les produisent nous donnent la clé pour comprendre les croisements impliquant un seul caractère ainsi que, comme nous allons le voir dans la section suivante, les croisements mettant en jeu plusieurs caractères.

3.3 Les croisements dihybrides révèlent le phénomène d'assortiment indépendant

Nous allons à présent étendre la première loi de Mendel de ségrégation égale à des croisements plus complexes faisant intervenir des allèles de loci différents. Pour prédire le résultat de ces croisements, nous aurons besoin d'un deuxième principe établi par Mendel (une deuxième loi), le principe de l'assortiment indépendant.

Les croisements dihybrides

Mendel a aussi croisé des variétés de pois qui différaient par *deux* caractères (des **croisements dihybrides**). Un de ces croisements impliquait une variété homozygote à graines rondes et jaunes et une autre variété à graines ridées et vertes. Les graines de toute la F_1 étaient rondes et jaunes. L'autofécondation de la F_1 produisit la descendance F_2 suivante : 315 graines rondes et jaunes, 101 graines ridées et jaunes, 108 graines rondes et vertes, et 32 graines ridées et vertes. Mendel identifia un rapport phénotypique qui approchait 9 : 3 : 3 : 1 (9/16 de graines rondes et jaunes, 3/16 ridées et jaunes, 3/16 rondes et vertes, et 1/16 ridées et vertes).

L'assortiment indépendant

Mendel fit plusieurs croisements dihybrides impliquant différentes paires de caractères et il obtint chaque fois un rapport 9 : 3 : 3 : 1 à la F_2. Ce rapport est en parfait accord avec la règle de ségrégation égale et la dominance si nous y ajoutons un autre principe que Mendel déduisit de ses croisements dihybrides : le **principe d'assortiment indépendant** (la seconde loi de Mendel). Ce principe dit que les allèles des différents loci se séparent indépendamment les uns des autres.

Une erreur à ne pas commettre est de penser que le principe de ségrégation égale et celui d'assortiment indépendant se rapportent à des processus distincts. Le principe d'assortiment indépendant est en fait une extension du principe de ségrégation égale. Le principe de ségrégation égale dit que les deux allèles d'un locus se séparent quand les gamètes sont formés ; le principe d'assortiment indépendant dit que quand ces deux allèles se séparent, leur séparation est indépendante de la séparation des allèles d'*autres* loci.

Voyons comment le principe d'assortiment indépendant explique les résultats des croisements dihybrides de Mendel. Chaque plante possède deux allèles codant pour chaque caractère, donc les génotypes des plantes parentales devaient être *RR YY* et *rr yy* (**Figure 3.10a**). Le principe de ségrégation égale dit qu'un allèle de chaque locus passe dans chaque gamète. Donc, les gamètes du parent à graines rondes et jaunes contiennent les allèles *RY*, tandis que les gamètes du parent à graines ridées et vertes contiennent les allèles *ry*. Ces deux types de gamètes s'unissent pour produire la F_1 dont le génotype est *Rr Yy*. Parce que graines rondes est dominant sur graines ridées, et graines jaunes est dominant sur graines vertes, le phénotype de la F_1 sera graines rondes et jaunes.

Quand Mendel laissa les plantes F_1 s'autoféconder pour produire la F_2, les allèles de chaque locus se séparèrent. C'est ici que le principe d'assortiment indépendant prend toute son importance. Chaque paire d'allèles peut ségréger de deux façons : (1) *R* ségrège avec *Y* et *r* ségrège avec *y* pour produire des gamètes *RY* et *ry* ou (2) *R* ségrège avec *y* et *r* ségrège avec *Y* pour produire des gamètes *Ry* et *rY*. Les principes de ségrégation égale et d'assortiment indépendant combinés disent que les deux schémas de séparation ont autant de chances de se produire et donc que les quatre types de gamètes (*RY*, *ry*, *Ry*, et *rY*) sont produits en proportions égales (**Figure 3.10b**). Quand ces quatre types de gamètes se combinent pour produire la génération F_2, la descendance est composée de 9/16 de plantes à graines rondes et jaunes, 3/16 à graines ridées et jaunes, 3/16

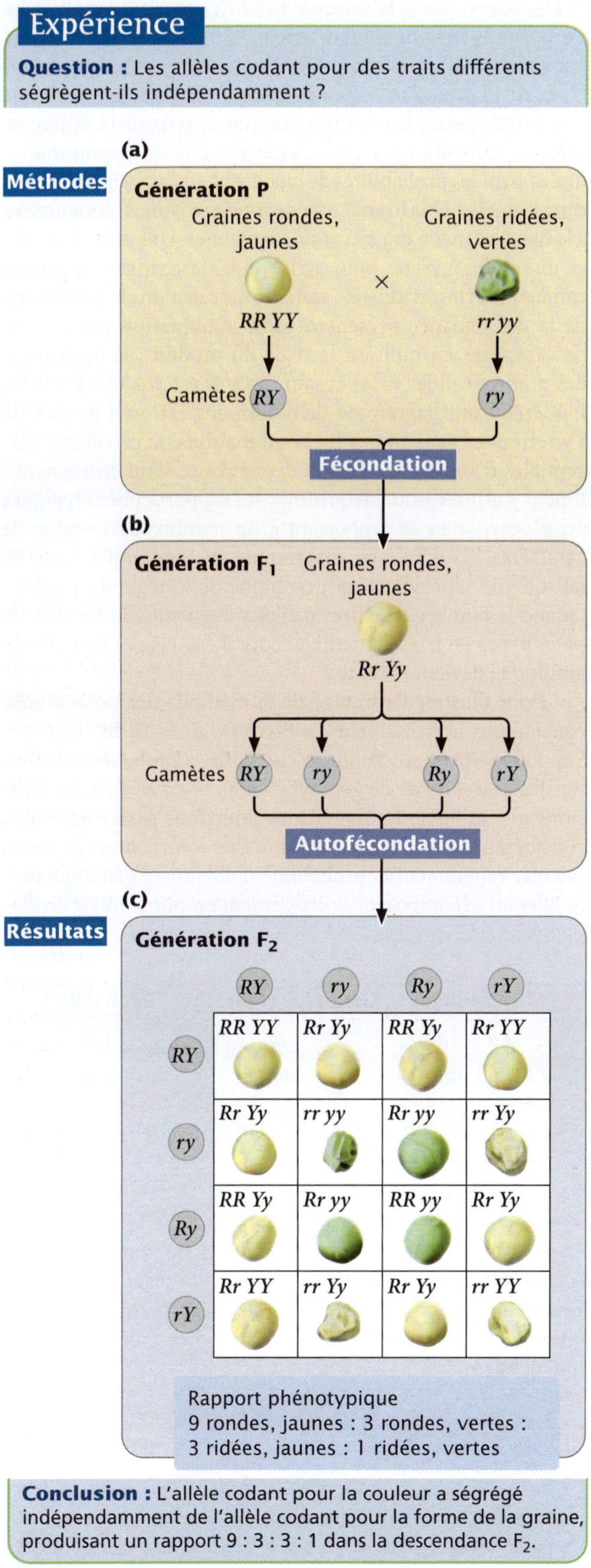

3.10 Les croisements dihybrides de Mendel ont révélé le phénomène d'assortiment indépendant.

à graines rondes et vertes, et 1/16 à graines ridées et vertes. Le rapport phénotypique est 9 : 3 : 3 : 1 (**Figure 3.10c**).

L'assortiment indépendant et la méiose

Un élément important du principe d'assortiment indépendant est qu'il s'applique à des caractères – donc à des gènes – dont les loci sont situés sur des chromosomes différents parce que, comme le principe de ségrégation égale, il est basé entièrement sur le comportement des chromosomes à la méiose. Les chromosomes de chaque paire d'homologues se séparent de façon indépendante de ceux des autres paires à l'anaphase I de la méiose (voir la Figure 2.13), de telle sorte que les gènes localisés sur différentes paires d'homologues s'assortiront de façon indépendante. Par contre, les gènes qui se trouvent sur le même chromosome vont ségréger ensemble à l'anaphase I de la méiose et aboutiront dans le même gamète (sauf s'ils sont séparés par un crossing-over). Les gènes situés sur le même chromosome ne s'assortissent donc pas indépendamment, sauf si la distance entre eux est suffisante pour qu'un crossing-over puisse s'y produire *à chaque division méiotique* (ce dernier point sera discuté en détail dans le Chapitre 5).

Concepts clés

Le principe d'assortiment indépendant dit que des gènes codant pour des caractères différents se séparent indépendamment quand les gamètes se forment, à cause de la ségrégation indépendante des chromosomes de chaque paire d'homologues à la méiose. Par contre, les gènes situés à proximité les uns des autres sur un même chromosome ne s'assortissent pas indépendamment.

✔ Test de compréhension 7

Quelle relation y a-t-il entre les principes de ségrégation égale et d'assortiment indépendant ? En quoi diffèrent-ils ?

L'application du calcul de probabilité et du diagramme dichotomique aux croisements dihybrides

Si les gènes de deux loci ségrègent indépendamment, il est possible d'analyser un croisement dihybride comme s'il s'agissait de deux croisements monohybrides. Examinons le croisement dihybride de Mendel (*Rr Yy* × *Rr Yy*) en considérant chaque caractère séparément (**Figure 3.11a**). Si nous ne considérons que la forme des graines, le croisement était *Rr* × *Rr*, donnant une descendance avec un rapport phénotypique 3 : 1 (3/4 rondes et 1/4 ridées, voir le Tableau 3.2). Considérons ensuite l'autre caractère, la couleur des graines. Le croisement était *Yy* × *Yy*, produisant aussi un rapport phénotypique 3 : 1 dans la descendance (3/4 de graines jaunes et 1/4 de vertes).

Nous pouvons à présent combiner ces rapports monohybrides en utilisant la règle du produit pour obtenir la

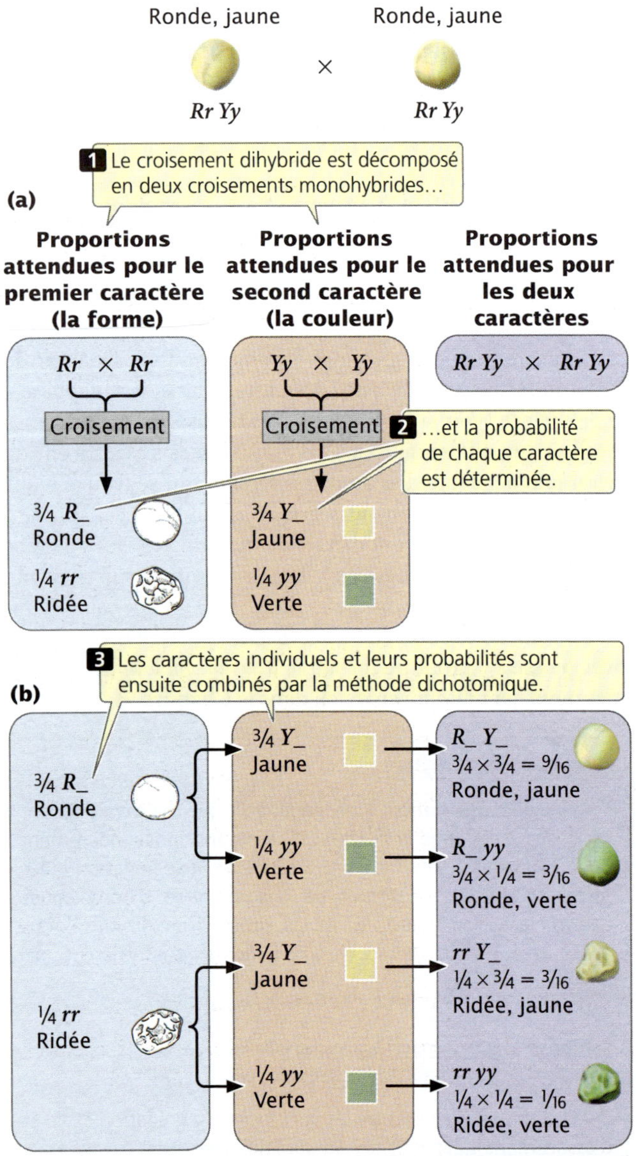

3.11 Un diagramme dichotomique permet de déterminer quels phénotypes sont attendus, et dans quelles proportions, dans la descendance d'un croisement dihybride (*Rr Yy* × *Rr Yy*).

proportion de descendants présentant différentes combinaisons de forme et de couleur de la graine. La proportion de descendants à graines rondes et jaunes est 3/4 (la probabilité d'être ronde) × 3/4 (la probabilité d'être jaune) = 9/16. La proportion de descendants à graines rondes et vertes est 3/4 × 1/4 = 3/16. La proportion de descendants à graines ridées et jaunes est 1/4 × 3/4 = 3/16, et celle de descendants à graines ridées et vertes est 1/4 × 1/4 = 1/16.

Les diagrammes dichotomiques sont une façon pratique d'organiser toutes les combinaisons de caractères (**Figure 3.11b**). Dans la première colonne, on écrit les proportions des phénotypes associés à un caractère (ici, 3/4 rondes et 1/4 ridées). Dans la seconde colonne, on écrit deux fois les proportions des phénotypes associés au second caractère (3/4 jaunes et 1/4 vertes) : une fois à côté de chacun des phénotypes de la première colonne. On relie ensuite par des traits les phénotypes de la première colonne et ceux de la deuxième colonne. Suivons à présent chaque branche du diagramme en multipliant les probabilités de chaque phénotype figurant dans cette branche. Une branche va de rondes à jaunes, pour arriver à la descendance à graines rondes et jaunes. Une autre branche va de rondes à vertes pour arriver à la descendance à graines rondes et vertes, et ainsi de suite. Nous calculons la probabilité de la descendance présentant une combinaison particulière de caractères en utilisant la règle du produit : la probabilité des graines rondes (3/4) et jaunes (3/4) est 3/4 × 3/4 = 9/16. L'intérêt d'un diagramme dichotomique est qu'il permet de s'y retrouver dans toutes les combinaisons de caractères susceptibles d'apparaître dans la descendance d'un croisement ; il peut s'utiliser pour déterminer les rapports phénotypiques ou génotypiques se rapportant à un nombre quelconque de caractères. (N.d.T. : Le diagramme dichotomique n'est en fait qu'une représentation graphique de la règle du produit. Quand le nombre de paires d'allèles augmente, le nombre de phénotypes en jeu augmente encore davantage et la méthode graphique devient pesante.)

Pour illustrer l'avantage de la méthode des probabilités, considérons le croisement *Aa Bb cc Dd Ee* × *Aa Bb Cc dd Ee*. Supposons que nous voulions connaître la probabilité d'obtenir des descendants de génotype *aa bb cc dd ee*. Si nous utilisions une grille de Punnett, nous pourrions passer un temps considérable à trouver la solution. Par contre, nous pouvons calculer rapidement la probabilité d'obtenir ce génotype particulier en décomposant le croisement en une série de croisements monohybrides :

Croisement	Génotype recherché	Probabilité
Aa × *Aa*	*aa*	1/4
Bb × *Bb*	*bb*	1/4
cc × *Cc*	*cc*	1/2
Dd × *dd*	*dd*	1/2
Ee × *Ee*	*ee*	1/4

La probabilité d'avoir des descendants de génotype *aa bb cc dd ee* est facile à calculer en utilisant la règle du produit : 1/4 × 1/4 × 1/2 × 1/2 × 1/4 = 1/256. Dans ce calcul, on suppose que les gènes des cinq loci font l'objet d'un assortiment indépendant.

Concepts clés

Un croisement impliquant plusieurs caractères peut être analysé rapidement en le décomposant en croisement monohybrides et en utilisant la règle du produit pour calculer les proportions des différentes combinaisons d'allèles (à condition que tous les gènes s'assortissent de manière indépendante).

Le croisement test dihybride

Exerçons-nous à l'utilisation du diagramme dichotomique en déterminant les rapports phénotypiques dans un croisement test dihybride entre les plantes F_1 à graines rondes et jaunes (*Rr Yy*) obtenues par Mendel dans son croisement dihybride et des plantes à graines ridées et vertes (*rr yy*), comme montré dans la **Figure 3.12**. Décomposons le croisement en croisements monohybrides. Le croisement *Rr* × *rr* donne 1/2 de descendants à graines rondes (*Rr*) et 1/2 à graines ridées (*rr*). Le croisement *Yy* × *yy* donne 1/2 de descendants à graines jaunes (*Yy*) et 1/2 à graines vertes (*yy*). En appliquant la règle du produit, nous trouvons une proportion de 1/4 de descendants à graines rondes et jaunes, à savoir le produit de la probabilité de graines rondes (1/2) par la probabilité de graines jaunes (1/2). Quatre combinaisons phénotypiques apparaissent dans les proportions suivantes : 1/4 rondes jaunes (*Rr Yy*), 1/4 rondes vertes (*Rr yy*), 1/4 ridées jaunes (*rr Yy*), et 1/4 ridées vertes (*rr yy*).

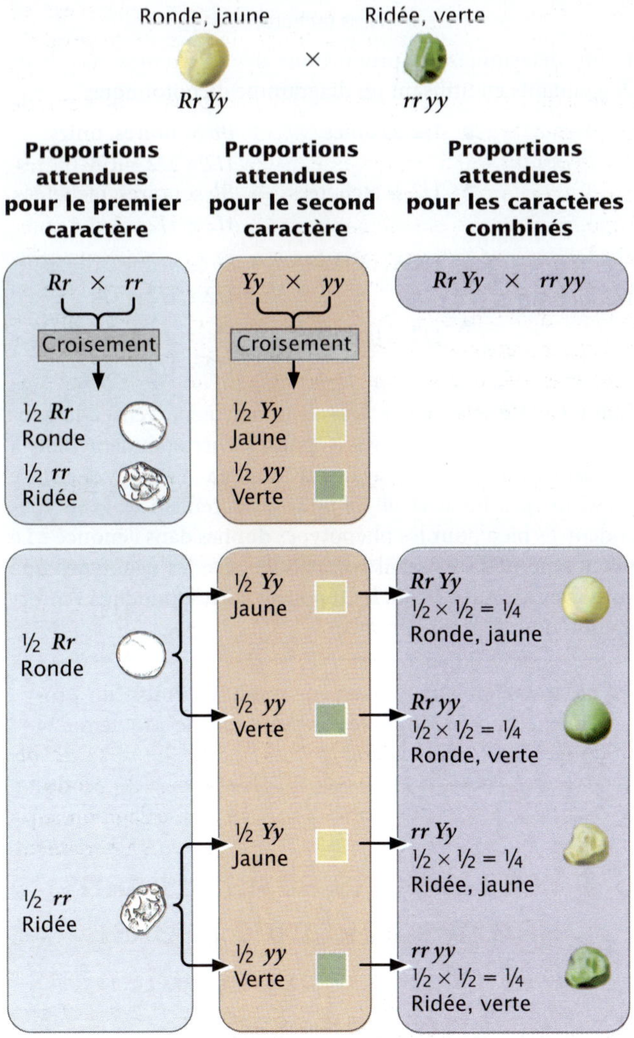

3.12 Un diagramme dichotomique permet de déterminer quels phénotypes sont attendus, et dans quelles proportions, dans la descendance d'un croisement test dihybride (*Rr Yy* × *rr yy*).

Problème de synthèse

Les principes de ségrégation égale et d'assortiment indépendant nous expliquent comment fonctionne la transmission héréditaire et nous fournissent les moyens de prédire le résultat de croisements génétiques. Cette puissance de prédiction a fait de la génétique un outil important en agriculture et dans d'autres domaines. La capacité d'appliquer les principes de l'hérédité à la prédiction est un acquis important pour l'étudiant en génétique. La résolution de problèmes de génétique est une méthode essentielle pour qui veut maitriser pleinement ces principes de base. Ni lectures ni mémorisation ne peuvent la remplacer.

La principale difficulté à laquelle les étudiants sont confrontés est d'ordre méthodologique : « Par où commencer, et quel est le meilleur plan à suivre pour arriver à la solution ? » En génétique, chaque problème est différent et il n'existe pas de schéma de résolution standard, applicable à tous les problèmes. La logique et le bon sens doivent être utilisés pour analyser le problème, puis arriver à une solution. Néanmoins, le fait de procéder systématiquement, par étapes, peut faciliter le travail. La résolution du problème suivant montre quelles peuvent être ces étapes.

Chez la souris, la couleur noire du pelage (*B*) est dominante sur la couleur brune (*b*), et un pelage uni (*S*) est dominant sur un pelage blanc tacheté (*s*). La couleur et l'aspect uni ou tacheté du pelage sont déterminés par des gènes qui s'assortissent indépendamment. Une souris homozygote noire, tachetée est croisée avec une souris homozygote brune, unie. Toutes les souris F_1 sont noires, unies. Un croisement test est effectué en croisant les souris F_1 avec des souris brunes, tachetées.

a. Donnez le génotype des parents et des souris F_1.

b. Donnez les génotypes et les phénotypes de la descendance du croisement test ainsi que les rapports attendus.

• Solution

Étape 1 : Quelles sont les questions auxquelles il faut répondre ? Le problème demande-t-il des génotypes, des rapports génotypiques ou phénotypiques ? Ici, on vous demande de donner les *génotypes* des parents et de la F_1, les *génotypes* et les *phénotypes* auxquels ont s'attend dans la descendance du croisement test, et *dans quelles proportions*.

Étape 2 : Faites une liste de l'information fournie dans l'énoncé du problème. L'énoncé donne une information importante concernant les relations de dominance des caractères analysés et les souris qui sont croisées. Noir est dominant sur brun, et uni est dominant sur blanc tacheté. De plus, les gènes de ces deux caractères s'assortissent indépendamment. On vous donne aussi les symboles des différents allèles (*B* pour noir, *b* pour brun, *S* pour uni, et *s* pour tacheté). Si ces symboles ne vous avaient pas été donnés, il vous aurait fallu choisir vous-même des symboles pour représenter ces allèles. Il est utile de noter ces symboles dès que vous commencez de résoudre le problème.

B = noir	*S* = uni
b = brun	*s* = blanc tacheté

Ensuite, écrivez les croisements.

P	Homozygote noire, tachetée	×	Homozygote brune, unie
F_1		↓	
		Noire, unie	
Croisement test	Noire, unie	×	Brune, tachetée

Étape 3 : Notez toute l'information qui peut être déduite à partir des seuls phénotypes. Sur la base des phénotypes, et sachant que les souris sont homozygotes, vous savez que les souris de la génération P doivent être *BB ss* et *bb SS*. Les souris F_1 sont noires et unies, deux caractères qui sont dominants, donc vous savez qu'elles doivent posséder au moins un allèle noir *B* et un allèle uni *S*. À ce stade, vous ne pouvez être certain des autres allèles, donc représentez le génotype de la F_1 comme suit : *B_ S_*. Les souris brunes, tachetées du croisement test doivent être *bb ss*, parce que les caractères brun et tacheté sont tous deux récessifs et ne seront exprimés que si les deux allèles récessifs sont présents. Ajoutez ces différents génotypes aux croisements que vous avez écrits à l'étape 2 :

P	Homozygote noire, tachetée *BB ss*	×	Homozygote brune, unie *bb SS*
F_1		↓	
		Noire, unie *B_ S_*	
Croisement test	Noire, unie *B_ S_*	×	Brune, tachetée *bb ss*

Étape 4 : Décomposez le problème. En premier lieu, déterminez le génotype de la F_1. Une fois ce génotype déterminé, vous pouvez prédire les génotypes et les phénotypes de la descendance du croisement test. Deuxièmement, comme le croisement concerne des gènes qui s'assortissent indépendamment, il peut facilement être décomposé en deux croisements monohybrides : un pour la couleur du pelage, un autre pour la présence ou l'absence de taches. Troisièmement, utilisez un diagramme dichotomique pour déterminer les rapports phénotypiques et génotypiques dans la descendance du croisement test.

Étape 5 : Résolvez les différentes parties du problème. Commencez par déterminer les génotypes de la F_1. La première loi de Mendel dit que les deux allèles d'un locus se séparent, chacun allant dans un gamète. Donc, les gamètes du parent noir, tacheté contiennent *B s* et les gamètes du parent brun, uni contiennent *b S*. Ces gamètes s'unissent pour donner une descendance F_1 de génotype *Bb Ss* :

P	Homozygote noire, tachetée *BB ss*	×	Homozygote brune, unie *bb SS*
		↓	
Gamètes	(*Bs*)		(*bS*)
F_1		*Bb Ss*	

Utilisez le génotype F_1 pour décrire le croisement test (*Bb Ss* × *bb ss*), en le décomposant en deux croisements monohybrides. D'abord, le croisement concernant la couleur du pelage : *Bb* × *bb*. Tout croisement entre un hétérozygote et un homozygote récessif donne un rapport phénotypique 1 : 1 dans la descendance (voir le Tableau 3.2) :

Bb × *bb*

↓

1/2 *Bb* noires

1/2 *bb* brunes

Ensuite, le croisement pour la robe unie ou tachetée : *Ss* × *ss*. Ce croisement met également en jeu un génotype hétérozygote et un homozygote récessif et produira donc aussi un rapport phénotypique 1 : 1 dans la descendance (voir le Tableau 3.2) :

Ss × *ss*

↓

1/2 *Ss* unies

1/2 *ss* tachetées

Enfin, déterminez les proportions des différentes classes de descendants en utilisant un diagramme dichotomique.

1/2 *Bb* noires	1/2 *Ss* unies	→	*Bb Ss* noires, unies $1/2 \times 1/2 = 1/4$
	1/2 *ss* tachetées	→	*Bb ss* noires, tachetées $1/2 \times 1/2 = 1/4$
1/2 *bb* brunes	1/2 *Ss* unies	→	*bb Ss* brunes, unies $1/2 \times 1/2 = 1/4$
	1/2 *ss* tachetées	→	*bb ss* brunes, tachetées $1/2 \times 1/2 = 1/4$

Étape 6 : Vérifiez votre travail. Finalement, relisez le problème en vérifiant que vos réponses correspondent bien à l'information qui vous avait été donnée. Vous avez utilisé les génotypes *BB ss* et *bb SS* pour les parents. Ces génotypes codent-ils bien pour les phénotypes donnés dans l'énoncé ? Le phénotype de la F_1 est-il compatible avec les génotypes que vous avez assignés ? Oui, les réponses correspondent à l'information donnée dans l'énoncé.

? Maintenant que nous avons résolu ensemble un problème de génétique, testez-vous avec le problème 24 donné à la fin du chapitre.

3.4 Les rapports observés dans une descendance peuvent dévier des rapports attendus par effet du hasard

Quand deux individus de génotype connu sont croisés, nous nous attendons à observer certains rapports génotypiques et phénotypiques dans la descendance. Ces rapports sont prédits sur la base des principes mendéliens de ségrégation égale, d'assortiment indépendant et de dominance. Toutefois, les rapports génotypiques et phénotypiques *réellement* observés dans la descendance peuvent s'écarter des rapports attendus.

Par exemple, chez le cafard *Blattella germanica*, la couleur brune du corps (*Y*) est dominante sur la couleur jaune (*y*). Si nous croisons un cafard brun hétérozygote (*Yy*) avec un cafard jaune (*yy*), nous attendons des descendants bruns (*Yy*) et jaunes (*yy*) dans un rapport 1 : 1. Parmi 40 descendants, nous nous attendons donc à trouver 20 bruns et 20 jaunes. Toutefois, les nombres observés peuvent s'écarter de ces nombres attendus : nous pourrions avoir 22 cafards bruns et 18 jaunes.

Le hasard joue un rôle important dans les croisements génétiques, comme il le fait quand on joue à pile ou face. Quand vous jetez une pièce, vous vous attendez à un rapport 1 : 1 – 1/2 côté pile et 1/2 côté face. Si vous jetez la pièce 100 fois, le rapport obtenu entre pile et face sera probablement très proche de ce rapport 1 : 1 attendu. Par contre, si vous ne jetez la pièce que 10 fois, le rapport peut dévier assez fort du rapport 1 : 1 attendu. Vous pourriez obtenir 6 fois face et 4 fois pile, ou 3 fois face pour 7 fois pile, purement par chance. Vous pourriez même obtenir 10 fois face et 0 fois pile. La même chose se produit dans les croisements génétiques. Nous nous attendons à 20 cafards bruns et 20 jaunes, mais une descendance de 22 cafards bruns et 18 jaunes *pourrait* être obtenue par pur effet du hasard.

La concordance entre résultats observés et attendus : le test du chi-carré (χ^2)

Si vous attendez un rapport 1 : 1 de cafards bruns et jaunes, et que le croisement produit 22 bruns et 18 jaunes, vous ne serez probablement pas trop surpris, même si ce n'est pas un rapport 1 : 1 parfait. Dans ce cas, il semble raisonnable de supposer que l'écart entre le résultat attendu et celui observé soit dû au hasard. Mais si vous obteniez 25 cafards bruns et 15 jaunes, le rapport serait-il encore 1 : 1 ? Quelque chose d'autre que le hasard pourrait être responsable de cette déviation. Peut-être l'hérédité de ce caractère est-elle plus complexe qu'on l'avait supposé, ou qu'une partie des descendants jaunes sont morts avant d'être comptabilisés ? Il est donc nécessaire de disposer d'un moyen d'évaluer la probabilité que le hasard soit responsable de l'écart entre les nombres observés et attendus.

Pour évaluer la part du hasard dans les différences entre valeurs observées et attendues, on utilise un test de concordance appelé le **test du chi-carré**. Ce test donne une information sur la qualité de la concordance entre valeurs observées et attendues. Avant d'apprendre à calculer le chi-carré, il est important de savoir ce que ce test indique et ce qu'il n'indique pas à propos d'un croisement génétique.

Le test du chi-carré ne nous dit pas si un croisement a été effectué de façon correcte, ni si les les résultats sont corrects, ni encore si nous avons interprété les résultats correctement du point de vue génétique. Ce qu'il nous donne c'est la *probabilité* que la différence entre les valeurs attendues et observées soit due au hasard. En d'autres termes, il indique la probabilité que *le hasard seul* soit responsable de l'écart entre valeurs attendues et observées.

Si nous nous attendons à obtenir 20 cafards bruns et 20 jaunes dans la descendance d'un croisement génétique, le test du chi-carré nous donne la probabilité d'observer une descendance de 25 cafards bruns et 15 jaunes, simplement à cause de déviations dues au hasard. Ce type d'hypothèse, que le hasard seul soit responsable de tout écart entre valeurs observées et attendues, est appelé *l'hypothèse nulle*. Quand la probabilité calculée sur la base du test du chi-carré est élevée, nous acceptons que le hasard seul soit responsable de la différence (et donc que l'hypothèse nulle est correcte). Quand la probabilité est faible, nous supposons qu'un facteur autre que le hasard est responsable de l'écart observé (l'hypothèse nulle est fausse).

Le test du chi-carré doit toujours être appliqué aux nombres de descendants, pas à des proportions ni à des pourcentages. Considérons un gène déterminant la couleur du pelage chez le chat domestique, dont l'allèle couleur noire (*B*) est dominant sur l'allèle couleur grise (*b*). Si nous croisions deux chats noirs hétérozygotes (*Bb* × *Bb*), nous attendrions un rapport 3 : 1 de chatons noirs et gris. Une série de croisements donne un total de 50 chatons – 30 noirs et 20 gris. Ces nombres sont les valeurs *observées*. Nous pouvons obtenir les nombres *attendus* en multipliant les proportions attendues par le nombre total de chatons. Le nombre attendu de chatons noirs est 3/4 × 50 = 37,5, et le nombre attendu de chatons gris est 1/4 × 50= 12,5. La valeur du chi-carré (χ^2) est calculée au moyen de la formule suivante :

$$\chi^2 = \sum \frac{(\text{observé} - \text{attendu})^2}{\text{attendu}}$$

où Σ est l'opérateur somme. Nous calculons la somme de toutes les différences au carré entre valeurs observées et attendues et nous divisons par les valeurs attendues. Pour calculer la valeur du chi-carré pour nos chatons noirs et gris, nous devons d'abord soustraire le nombre *attendu* de chatons noirs du nombre *observé* (30 – 37,5 = – 7,5) et élever cette valeur au carré : $(-7{,}5)^2 = 56{,}25$. Nous divisons ensuite cette valeur par le nombre attendu de chatons noirs : 56,25/37,5 = 1,5. Nous répétons cette opération avec les nombres attendu et observé de chatons gris : $(20 - 12{,}5)^2/12{,}5 = 4{,}5$. Pour obtenir la valeur globale du chi-carré, nous faisons la somme des valeurs $(\text{observé} - \text{attendu})^2/\text{attendu}$: 1,5 + 4,5 = 6,0.

L'étape suivante consiste à déterminer la probabilité associée à cette valeur calculée du chi-carré, c.-à-d. la probabilité que l'écart entre résultats observés et attendus puisse être dû au hasard. Nous devons comparer notre valeur calculée du chi-carré (6.0) avec des valeurs théoriques du chi-carré qui ont le même nombre de degrés de liberté. Ces valeurs théoriques figurent dans un tableau du chi-carré. Les degrés de liberté correspondent au nombre de façons dont les classes attendues peuvent varier librement. Pour un test du chi-carré appliqué à la qualité de la concordance, les degrés de liberté sont égaux à $n - 1$, où n est le nombre de phénotypes différents attendus. Dans notre exemple, deux phénotypes sont attendus (noir et gris), donc $n = 2$ et le nombre de degrés de liberté (dl) est 2 – 1 = 1.

Maintenant que nous avons une valeur calculée du chi-carré et que nous avons déterminé le nombre de degrés de

Tableau 3.4 Valeurs critiques de la distribution χ^2

	P								
dl	0,995	0,975	0,9	0,5	0,1	0,05	0,025	0,01	0,004
1	0,000	0,000	0,016	0,455	2,706	3,841	5,024	6,635	7,879
2	0,010	0,051	0,211	1,386	4,605	5,991	7,378	9,210	10,597
3	0,072	0,216	0,584	2,366	6,251	7,815	9,348	11,345	12,838
4	0,207	0,484	1,064	3,357	7,779	9,488	11,143	13,277	14,860
5	0,412	0,831	1,610	4,351	9,236	11,070	12,832	15,086	16,750
6	0,676	1,237	2,204	5,348	10,645	12,592	14,449	16,812	18,548
7	0,989	1,690	2,283	6,346	12,017	14,067	16,013	18,475	20,278
8	1,344	2,180	3,490	7,344	13,362	15,507	17,535	20,090	21,955
9	1,735	2,700	4,168	8,343	14,684	16,919	19,023	21,666	23,589
10	2,156	3,274	4,865	9,342	15,987	18,307	20,483	23,209	25,188
11	2,603	3,816	5,578	10,341	17,275	19,675	21,920	24,725	26,757
12	3,074	4,404	6,304	11,340	18,549	21,026	23,337	26,217	28,300
13	3,565	5,009	7,042	12,340	19,812	22,362	24,736	27,688	28,819
14	4,075	5,629	7,790	13,339	21,064	23,685	26,119	29,141	31,319
15	4,601	6,262	8,547	14,339	22,307	24,996	27,488	30,578	32,801

P, probabilité ; dl, degrés de liberté

liberté qui lui sont associés, nous pouvons chercher la probabilité dans un tableau de chi-carré (**Tableau 3.4**). Les degrés de liberté sont affichés dans la colonne de gauche du tableau, les probabilités figurent au-dessus, et les valeurs de chi-carré qui leur sont associées sont données dans le corps du tableau. Trouvez d'abord la rangée de degrés de liberté (dl) appropriée. Dans notre exemple, avec dl = 1, c'est la première rangée du tableau. Ensuite, trouvez où notre valeur de chi-carré calculée (6,0) se situe dans cette rangée de valeurs théoriques. Les valeurs théoriques de chi-carré augmentent de la gauche vers la droite, alors que les probabilités diminuent. Notre valeur de 6,0 « tombe » entre la valeur de 5,024, associée à une probabilité de 0,025, et la valeur de 6,635, associée à une probabilité de 0,01.

Donc, la probabilité associée à notre valeur de chi-carré est plus petite que 0,025 et plus grande que 0,01. Il y a par conséquent moins de 2,5 % de probabilité que l'écart que nous obtenons entre les nombres attendus et observés de chatons noirs et gris soit dû au hasard.

Une majorité de scientifiques considère qu'une probabilité égale ou supérieure à 0,05 qu'un écart soit dû au seul hasard permet d'accepter l'hypothèse nulle. Quand la probabilité est inférieure ou égale à 0,05, les scientifiques considèrent que le hasard seul n'est pas responsable et qu'une *différence significative* existe entre ce qui est observé et ce qui est attendu, donc qu'un autre facteur intervient. En ce qui concerne les chatons, il est possible qu'un des génotypes ait connu un taux de mortalité plus élevé avant que les descendants aient été comptés, ou encore que d'autres facteurs génétiques aient affecté les rapports observés.

En choisissant 0,05 comme valeur pivot, les scientifiques ont décidé d'accepter que le hasard soit responsable des écarts observés entre valeurs observées et attendues sauf s'il existe des preuves solides du contraire. La **Figure 3.13** donne un autre exemple de calcul de la valeur du chi-carré.

Concepts clés

Des différences entre rapports observés et attendus peuvent survenir par hasard. Un test de concordance, le test du chi-carré, sert à évaluer si les écarts entre nombres observés et attendus sont probablement dus au seul hasard ou à l'intervention d'un autre facteur significatif.

✔ Test de compréhension 8

Un test de chi-carré comparant descendance observée et descendance attendue a été effectué, et la probabilité associée à la valeur calculée du chi-carré est 0,72. Que représente cette probabilité ?

a. La probabilité que les résultats obtenus étaient corrects
b. La probabilité d'obtenir les nombres observés
c. La probabilité que la différence entre les nombres observés et attendus est significative
d. La probabilité que la différence entre les nombres observés et attendus puisse être due au hasard

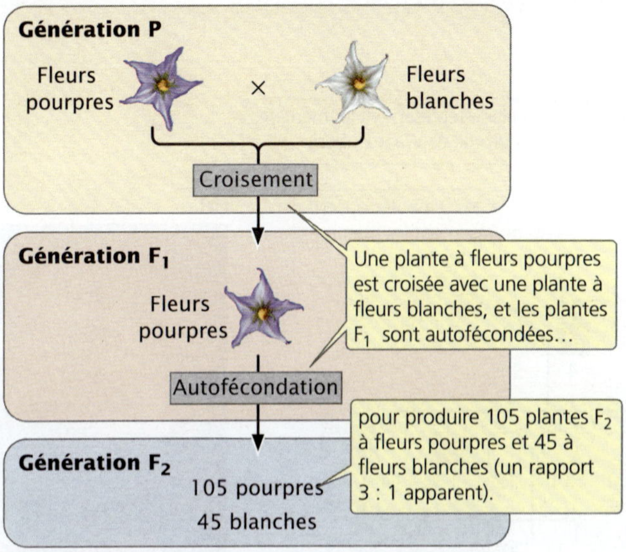

Phénotype	Observé	Attendu
Pourpre	105	$\frac{3}{4} \times 150 = 112{,}5$
Blanc	45	$\frac{1}{4} \times 150 = 37{,}5$
Total	150	

Les valeurs attendues s'obtiennent en multipliant les proportions attendues par le total,…

$$x^2 = \Sigma \frac{(O-E)^2}{E}$$

$$x^2 = \frac{(105-112{,}5)^2}{112{,}5} + \frac{(45-37{,}5)^2}{37{,}5}$$

$$x^2 = \frac{56{,}25}{112{,}5} + \frac{56{,}25}{37{,}5}$$

$$x^2 = 0{,}5 + 1{,}5 = 2{,}0$$

…puis, on calcule la valeur du chi-carré.

Degrés de liberté = $n-1$
Degrés de liberté = $2-1=1$
Probabilité (tirée du Tableau 3.4)
$0{,}1 < P < 0{,}5$

La probabilité associée à la valeur de chi-carré calculée est comprise entre 0,10 et 0,50, ce qui indique une forte probabilité que l'écart entre valeurs observée et attendue soit dû au hasard.

Conclusion : Pas de différence significative entre valeurs observée et attendue.

3.13 Un test du chi-carré est utilisé pour déterminer la probabilité que la différence entre valeurs observée et attendue soit due au hasard.

3.5 Les généticiens utilisent souvent des arbres généalogiques pour étudier l'hérédité de traits spécifiques chez l'homme

L'étude de la génétique humaine comporte quelques obstacles importants. D'abord, il est impossible pour les généticiens de planifier et de contrôler des croisements comme ils le font avec d'autres organismes pour tester leurs hypothèses sur l'hérédité. Malheureusement (pour le généticien en tous cas), les croisements entre humains sont plus souvent suscités par le sentiment amoureux, les attentes de la famille, et – occasionnellement – l'accident qu'ils ne le sont par les demandes du généticien. D'autres obstacles sont le long temps de génération et la taille généralement limitée des familles. Pour surmonter ces obstacles, les généticiens ont dû développer des techniques spécialement adaptées à la biologie et aux mœurs humaines.

Une de ces techniques est l'analyse d'arbres généalogiques (pedigrees). Un **pedigree** représente graphiquement l'histoire d'une famille. C'est en fait un arbre généalogique qui décrit la transmission d'un ou plusieurs traits particuliers. Lorsqu'une caractéristique ou une maladie particulière est observée chez une personne, un généticien peut étudier la famille de la personne affectée en établissant un pedigree. (N.d.T. : Pedigree est un terme anglais. Originellement utilisé par les éleveurs, il est à présent utilisé dans l'analyse génétique humaine. Les pedigrees sont les « résultats expérimentaux » de la génétique humaine.)

Les symboles couramment utilisés dans les arbres généalogiques sont résumés dans la **Figure 3.14**. Les carrés représentent

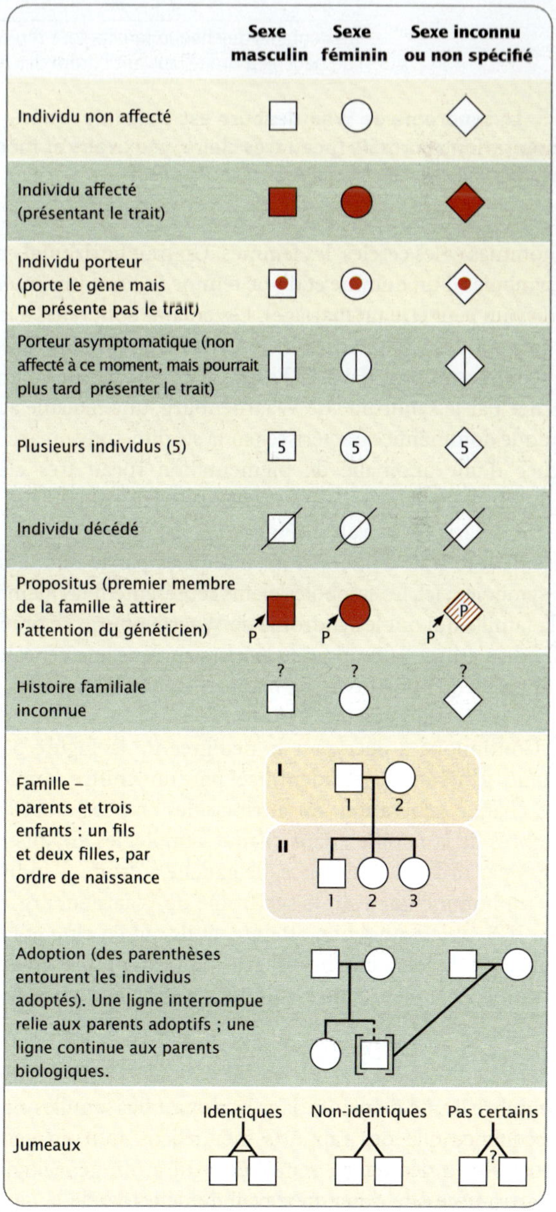

3.14 Symboles standards utilisés dans les pedigrees.

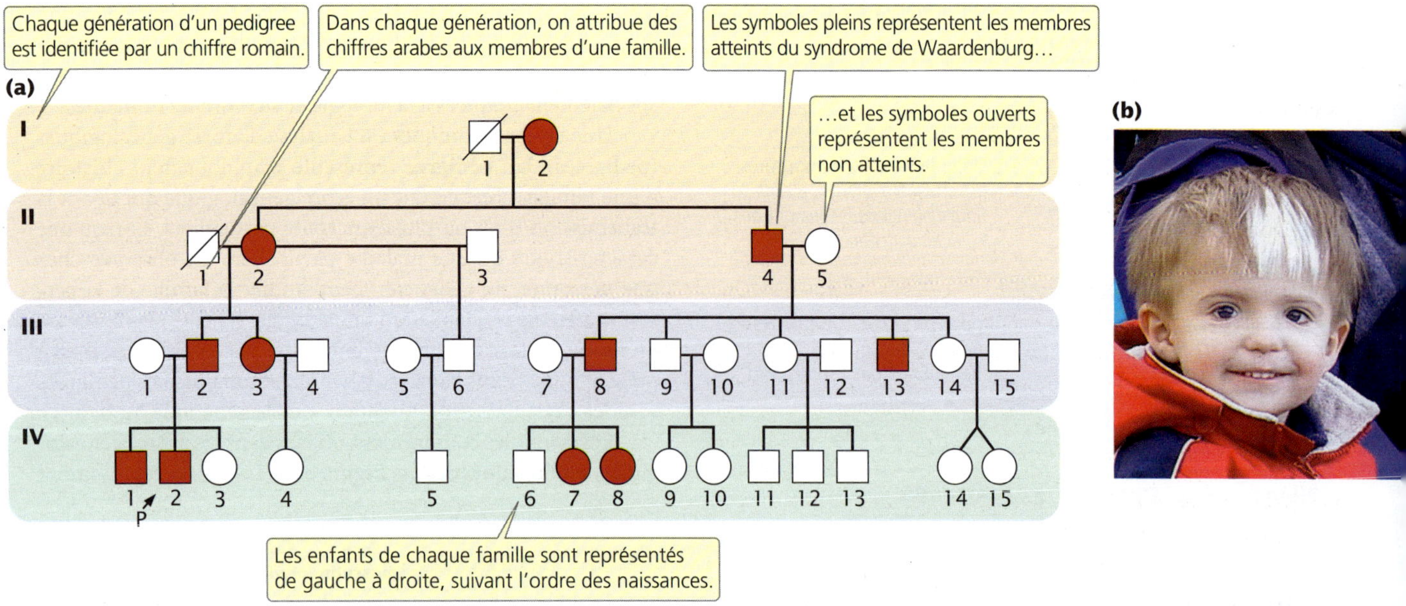

3.15 Le syndrome de Waardenburg est transmis comme un trait autosomique récessif (a). Il se manifeste par la surdité et une pigmentation anormale (peau très claire, yeux vairs et mèche frontale blanche) (b). Le propositus (P) est l'individu à l'origine du pedigree. *[Photo aimablement communiquée par Guy Rowland]*

les hommes et les cercles, les femmes. Un trait horizontal entre les symboles d'un homme et d'une femme indique une interrelation (qui peut être un mariage). Les enfants sont reliés à leurs parents par des traits verticaux descendant d'entre les parents. Le pedigree montré dans la **Figure 3.15a** décrit une famille touchée par le syndrome de Waardenburg, une maladie autosomique dominante caractérisée par la surdité, souvent accompagnée d'une anomalie de pigmentation (peau très claire, mèche frontale blanche, grisonnement précoce et couleur différente des iris (yeux vairs) (**Figure 3.15b**). Les personnes qui présentent le trait d'intérêt sont indiquées par le remplissage des symboles ; ici, les symboles pleins représentent les membres de la famille qui ont le syndrome de Waardenburg. Le premier individu à attirer l'attention du généticien dans une généalogie est appelé le **propositus** et est habituellement indiqué par une flèche (IV-2 dans la Figure 3.15a).

Continuons à décrypter le pedigree de la Figure 3.15a. Chaque génération est identifiée par un chiffre romain ; dans chaque génération, on attribue des chiffres arabes aux membres de la famille ; dans chaque famille, les enfants sont rangés par ordre de naissance, de gauche à droite. L'individu II-4, un homme qui avait le syndrome de Waardenburg, s'est uni à II-5, une femme non atteinte, et ils ont eu cinq enfants. Le plus âgé de leurs enfants est III-8, un garçon présentant le syndrome, et le plus jeune est III-14, une fille non atteinte.

L'analyse d'arbres généalogiques

Le nombre limité d'enfants dans la plupart des familles a pour conséquence que des rapports mendéliens sont en général impossibles à déceler au sein d'un seul arbre généalogique. L'analyse nécessite donc un travail de détective de la part du généticien : il devra reconnaître dans les arbres généalogiques les indices permettant d'identifier différents schémas de transmission génétique.

Les traits récessifs Les traits récessifs apparaissent normalement avec une fréquence égale chez les deux sexes, et seulement quand un individu hérite de deux allèles codant le trait, un de chaque parent. Si le trait est peu répandu, la majorité des parents d'enfants affectés sont hétérozygotes et non affectés ; par conséquent, le trait semble « sauter » des générations (**Figure 3.16**). Il est fréquent qu'un allèle récessif soit transmis sur plusieurs générations sans que le trait apparaisse dans le pedigree.

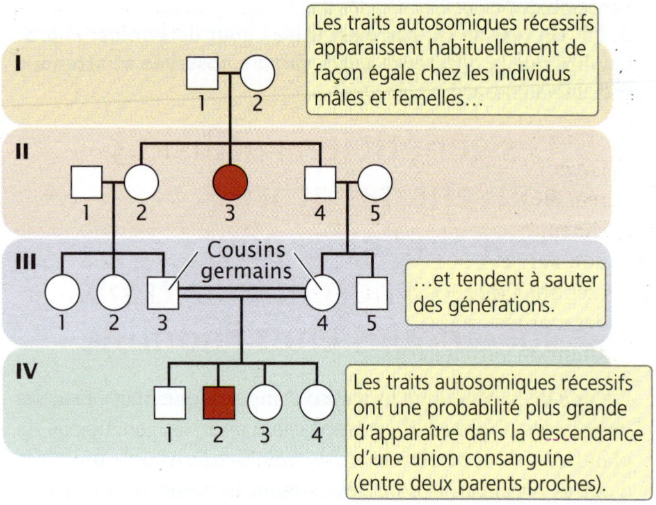

3.16 Les traits récessifs apparaissent normalement avec une fréquence égale chez les deux sexes et semblent sauter des générations. La double ligne entre III-3 et III-4 indique la consanguinité (l'union de deux membres proches d'une famille).

Chaque fois que les deux parents sont hétérozygotes, environ 1/4 des enfants doivent exprimer le trait, mais ce rapport n'apparaît clairement que si la famille a une taille suffisante. Dans les cas rares où les deux parents sont affectés par un caractère autosomique récessif, tous leurs enfants seront affectés.

Quand un trait récessif est rare, les personnes étrangères à une famille sont généralement homozygotes pour l'allèle normal. Donc, quand un individu affecté s'unit à quelqu'un d'externe à la famille ($aa \times AA$), aucun des enfants n'exprimera le trait, bien que tous soient porteurs (c.-à-d. hétérozygotes). Un trait récessif a plus de chances d'apparaître dans un pedigree quand deux individus d'une même famille s'unissent, parce que la probabilité qu'ils soient tous deux porteurs est plus élevée. L'union de deux membres proches d'une famille est dite **consanguine**. Dans le pedigree de la Figure 3.16, les individus III-3 et III-4 sont cousins germains et ils sont tous les deux hétérozygotes pour l'allèle récessif ; on s'attend à ce que 1/4 de leurs enfants exprime le trait récessif.

Les traits dominants Les traits dominants apparaissent avec une fréquence égale chez les deux sexes, et les deux sexes peuvent transmettre ces traits à leur progéniture. Chaque personne présentant un trait dominant doit avoir hérité l'allèle d'au moins un de ses parents. Les traits autosomiques dominants ne sautent pas de générations (**Figure 3.17**).

Les traits liés au sexe ont également un schéma de transmission génétique distinctif, qui sera examiné dans le Chapitre 4.

Concepts clés

Les traits récessifs apparaissent dans les pedigrees avec une fréquence égale chez les individus des deux sexes. Les enfants atteints sont souvent nés de parents normaux qui sont porteurs de l'allèle responsable du trait, et le trait tend à « sauter » des générations. Les traits récessifs apparaissent plus fréquemment dans la progéniture d'unions consanguines. Les traits dominants apparaissent aussi avec une fréquence égale chez les deux sexes.

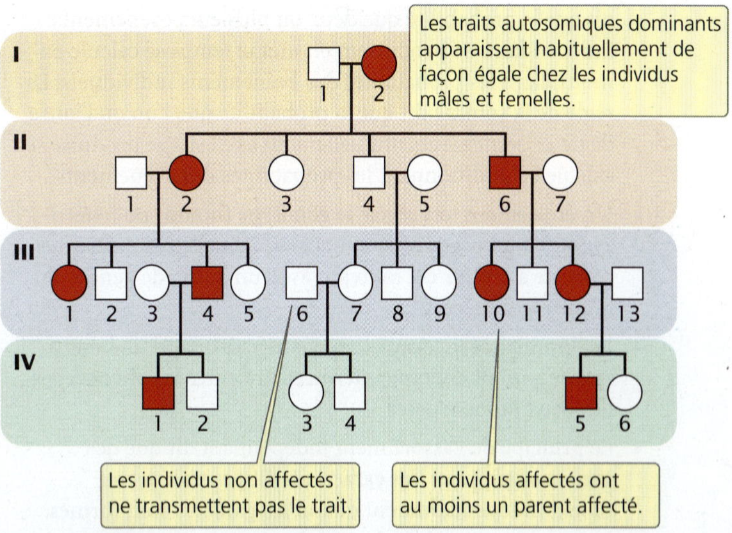

3.17 Les traits dominants apparaissent normalement avec une fréquence égale chez les deux sexes et ne sautent pas de générations.

Un individu atteint a un parent atteint (à moins que l'individu porte une nouvelle mutation), et le trait ne saute pas de générations. Les personnes normales ne transmettent pas le trait.

✔ Test de compréhension 9

Les traits récessifs apparaissent souvent dans des pedigrees où il y a eu des unions consanguines, parce que ces traits

a. tendent à sauter des générations.

b. apparaissent seulement quand les deux parents portent une copie de l'allèle déterminant le trait, ce qui a plus de chances de se produire quand les géniteurs sont apparentés.

c. se manifestent habituellement chez des enfants nés de parents normaux.

d. apparaissent avec une fréquence égale chez les individus des deux sexes.

Résumé des concepts clés

- Gregor Mendel a découvert les principes de l'hérédité. Sa réussite peut être attribuée à son choix d'organisme expérimental – les plantes de pois –, à l'utilisation de caractères donnant lieu à un petit nombre de phénotypes facilement identifiables, à son approche expérimentale, à l'utilisation des mathématiques pour interpréter ses résultats, et à une attention particulière au détail.
- Les gènes sont des facteurs héréditaires qui déterminent un caractère. Les différentes formes d'un gène sont appelées des allèles. Les allèles sont localisés à un endroit spécifique – un locus – sur un chromosome, et le jeu de gènes que possède un individu est son génotype. Le phénotype est la manifestation d'un caractère, et peut faire référence à une caractéristique physique, biochimique, ou comportementale. Seul le génotype est transmis, pas le phénotype.
- Le principe de ségrégation égale dit qu'un individu possède deux allèles codant pour un caractère ou trait et que ces deux allèles ségrègent de façon égale dans les gamètes lors de leur formation.
- Le concept de dominance signifie que quand deux allèles différents sont présents dans un hétérozygote, seul le trait spécifié par l'un d'eux, l'allèle « dominant », est observé au phénotype. L'autre allèle est dit « récessif ».
- Les deux allèles d'un génotype se trouvent sur des chromosomes homologues. La séparation des chromosomes homologues à l'anaphase I de la méiose a pour conséquence la ségrégation des allèles.
- La probabilité est la chance qu'un événement particulier se produise. Dans le calcul de probabilité, la règle du produit

dit que la probabilité que deux ou plusieurs événements indépendants se produisent en même temps se calcule en multipliant les probabilités des événements individuels. La règle de la somme dit que la probabilité que l'un ou l'autre de deux événements mutuellement exclusifs se produise se calcule en additionnant les probabilités des événements.

- Un croisement test révèle le génotype (homo- ou hétérozygote) d'un organisme qui possède un allèle dominant et consiste à croiser cet individu avec un autre, de génotype homozygote récessif.
- La dominance incomplète se manifeste quand un hétérozygote a un phénotype intermédiaire entre les phénotypes des deux homozygotes.
- Le principe de l'assortiment indépendant dit que des gènes codant pour des caractères différents s'assortissent indépendamment quand les gamètes sont formés. L'assortiment indépendant est basé sur la séparation aléatoire des chromosomes de paires d'homologues à l'anaphase I de la méiose ; il se produit quand les gènes codant pour deux caractères se trouvent sur des paires de chromosomes différentes.
- Les rapports observés dans la descendance d'un croisement génétique peuvent s'écarter de ceux qui sont attendus par simple effet du hasard. Un test de concordance, le test du chi-carré, peut être utilisé pour déterminer la probabilité qu'un écart entre nombres observés et attendus puisse être dû au hasard.
- Les arbres généalogiques (pedigrees) sont souvent utilisés pour étudier la transmission des caractères chez l'homme. Les caractères récessifs apparaissent typiquement avec des fréquences égales chez les deux sexes et tendent à sauter des générations. Ils apparaissent avec une plus grande probabilité dans la descendance d'unions consanguines (unions entre membres proches d'une famille). Les caractères dominants apparaissent habituellement avec la même fréquence chez les deux sexes et ne sautent pas de générations. Les individus non affectés ne transmettent normalement pas un caractère autosomique dominant à leur progéniture.

Termes importants

gène (p. 41)
allèle (p. 42)
locus (p. 42)
génotype (p. 42)
homozygote (p. 42)
hétérozygote (p. 42)
phénotype (p. 42)
croisement monohybride (p. 43)
génération P (parentale) (p. 43)
génération F_1 (première génération filiale) (p. 43)
croisements réciproques (p. 43)
génération F_2 (deuxième génération filiale) (p. 44)
dominant (p. 44)
récessif (p. 44)
principe de ségrégation égale (première loi de Mendel) (p. 45)
concept de dominance (p. 45)
théorie chromosomique de l'hérédité (p. 45)
croisement en retour (p. 47)
grille de Punnett (p. 47)
probabilité (p. 48)
règle du produit (p. 48)
règle de la somme (p. 49)
croisement test (p. 49)
dominance incomplète (p. 50)
type sauvage (p. 51)
croisement dihybride (p. 52)
principe d'assortiment indépendant (seconde loi de Mendel) (p. 52)
test du chi-carré (p. 57)
arbre généalogique (pedigree) (p. 59)
propositus (p. 60)
consanguinité (p. 61)

Réponses aux tests de compréhension

1. b

2. Un locus est l'endroit d'un chromosome où se trouve l'information génétique codant pour un caractère. Un allèle est une des formes d'un gène codant pour un caractère. Un gène est le déterminant héréditaire d'un caractère.

3. Parce que les phénotypes correspondant aux deux allèles étaient présents dans la descendance F_2.

4. d

5. a

6. b

7. Le principe de ségrégation égale et le principe d'assortiment indépendant se rapportent tous deux à la ségrégation des allèles à l'anaphase I de la méiose. Le principe de ségrégation égale dit que ces allèles se séparent et le principe d'assortiment indépendant dit que les allèles à un locus se séparent de façon indépendante des allèles à d'autres loci.

8. d

9. b

Problèmes résolus

1. On croise les génotypes suivants :

$$Aa\ Bb\ Cc\ Dd \times Aa\ Bb\ Cc\ Dd$$

Quelle est, dans la descendance du croisement, la proportion des génotypes suivants : (a) *Aa Bb, Cc, Dd,* (b) *aa bb cc dd,* (c) *Aa, Bb, cc, Dd* ?

• Solution

Le problème est facile à résoudre si on décompose le croisement en croisements monohybrides et qu'on utilise la règle du produit pour calculer les proportions des différents génotypes :

Locus 1 $Aa \times Aa = 1/4\ AA,\ 1/2\ Aa,\ 1/4\ aa$
Locus 2 $Bb \times Bb = 1/4\ BB,\ 1/2\ Bb,\ 1/4\ bb$

Locus 3	$Cc \times Cc = 1/4\ CC,\ 1/2\ Cc,\ 1/4\ cc$
Locus 4	$Dd \times Dd = 1/4\ DD,\ 1/2\ Dd,\ 1/4\ dd$

Pour trouver la proportion des combinaisons génotypiques demandées, il suffit de multiplier les probabilités des différents génotypes :

a. *AaBbCcDd* $1/2(Aa)\times 1/2(Bb)\times 1/2(Cc)\times 1/2(Dd)=1/16$

b. *aabbccdd* $1/4(aa)\times 1/4(bb)\times 1/4(cc)\times 1/4(dd)=1/256$

c. *AaBbccDd* $1/2(Aa)\times 1/2(Bb)\times 1/4(cc)\times 1/2(Dd)=1/32$

2. Chez le maïs, les grains pourpres sont dominants sur les grains jaunes, et les grains pleins dominants sur les grains ridés. Une plante à grains pourpres et pleins est croisée avec une plante à grains jaunes et ridés, et la descendance suivante est obtenue :

pourpres, pleins	112
pourpres, ridés	103
jaunes, pleins	91
jaunes, ridés	94

Quels sont les génotypes les plus probables des parents et de la descendance ? Vérifiez votre hypothèse par un test du chi-carré.

• Solution

La meilleure façon d'aborder ce problème consiste à décomposer le croisement en croisements simples impliquant une seule caractéristique (couleur du grain ou aspect du grain) :

P	pourpre × jaune	plein × ridé
F_1	112 + 103 = 215 pourpres	112 + 91 = 203 pleins
	91 + 94 = 185 jaunes	103 + 94 = 197 ridés

Pourpre × jaune produit environ 1/2 de pourpres et 1/2 de jaunes. Un rapport 1 : 1 est généralement le résultat d'un croisement entre un hétérozygote et un homozygote. Étant donné que pourpre est dominant, le parent pourpre doit être hétérozygote (*Pp*) et le parent jaune doit être homozygote (*pp*). La descendance pourpre produite par ce croisement sera hétérozygote (*Pp*) et la descendance jaune doit être homozygote (*pp*).

Examinons à présent l'autre caractère. Plein × ridé produit 1/2 de pleins et 1/2 de ridés, donc un rapport 1 : 1. Par conséquent, ces phénotypes de la descendance sont aussi produits par un croisement entre un hétérozygote (*Ff*) et un homozygote (*ff*). La descendance à grains pleins sera hétérozygote (*Ff*) et celle à grains ridés sera homozygote (*ff*).

À présent, combinons les deux croisements et appliquons la règle du produit pour obtenir les génotypes complets et leurs proportions :

P	Pourpre, plein × Jaune, ridé		
	Pp Ff	*pp ff*	
F_1	*Pp Ff* = 1/2 pourpres × 1/2 pleins		= 1/4 pourpres, pleins
	Pp ff = 1/2 pourpres × 1/2 ridés		= 1/4 pourpres, ridés
	pp Ff = 1/2 jaunes × 1/2 pleins		= 1/4 jaunes, pleins
	pp ff = 1/2 jaunes × 1/2 ridés		= 1/4 jaunes, ridés

Notre explication génétique prédit que ce croisement devrait produire 1/4 de descendants à grains pourpres et pleins, 1/4 à grains pourpres et ridés, 1/4 à grains jaunes et pleins, et 1/4 à grains jaunes et ridés. Sur un total de 400 descendants, on en attend donc 100 de chaque phénotype. Les nombres observés ne sont pas exactement ceux que l'on attendait. Cette différence peut-elle être due au hasard ? Si la probabilité que la différence entre nombres observés et attendus soit due au seul hasard est élevée, nous accepterons que la descendance a été produite dans le rapport 1 : 1 : 1 : 1 prédit par le croisement. Par contre, si cette probabilité est faible, les descendants n'ont pas vraiment été produits dans le rapport prédit, et un facteur *significatif* autre que le hasard doit être responsable de la déviation.

Les nombres observés et attendus sont :

Phénotype	Observé	Attendu
pourpre, plein	112	1/4 × 400 = 100
pourpre, ridé	103	1/4 × 400 = 100
jaune, ridé	91	1/4 × 400 = 100
jaune, ridé	94	1/4 × 400 = 100

Pour déterminer la probabilité que la différence soit due au hasard, nous calculons une valeur de chi-carré au moyen de la formule $\chi^2 = \Sigma\ [(\text{observé} - \text{attendu})^2/\text{attendu}]$:

$$\chi^2 = \frac{(112-100)^2}{100} + \frac{(103-100)^2}{100} + \frac{(91-100)^2}{100} + \frac{(94-100)^2}{100}$$

$$= \frac{12^2}{100} + \frac{3^2}{100} + \frac{9^2}{100} + \frac{6^2}{100}$$

$$= \frac{144}{100} + \frac{9}{100} + \frac{81}{100} + \frac{36}{100}$$

$$= 1{,}44 + 0{,}09 + 0{,}81 + 0{,}36 = 2{,}70$$

À présent, nous devons déterminer la probabilité que cette valeur de chi-carré soit due au hasard. Pour obtenir cette probabilité, nous devons d'abord calculer le nombre de degrés de liberté qui, pour un test de concordance de type chi-carré, est donné par $n - 1$, où n est le nombre de classes phénotypiques auquel on s'attend. Ici, il y a quatre classes phénotypiques attendues, donc le nombre de degrés de liberté est $4 - 1 = 3$. Nous devons à présent consulter un tableau de valeurs de chi-carré (voir le Tableau 3.4). Nous prenons la rangée correspondant à 3 degrés de liberté et nous y cherchons où se situe notre valeur calculée de chi-carré. La valeur calculée de 2,70 se trouve entre 2,366 (une probabilité de 0,5) et 6,251 (une probabilité de 0,1). La probabilité (P) associée à notre valeur calculée de chi-carré est donc $0{,}5 < P < 0{,}1$. La probabilité que la différence entre ce que nous avons observé et ce qui est attendu soit due au hasard est relativement élevée, donc il est probable que les écarts soient simplement dus au hasard. Nous pouvons en conclure que les descendants sont *bien* produits dans le rapport 1 : 1 : 1 : 1 prédit sur la base de notre explication génétique.

3. Joanna est atteinte de brachydactylie (syndrome des « doigts courts »). Elle a deux frères aînés, jumeaux identiques, qui sont tous deux brachydactyles. Les deux sœurs cadettes de Joanna ont des doigts normaux. La mère de Joanna a des doigts normaux, son père a des doigts courts. La grand-mère paternelle de Joanna a les doigts courts, son grand-père paternel, à présent décédé, avait des doigts normaux. Les deux grands parents maternels de Joanna ont des doigts normaux. Joanna épouse Tom, qui a des doigts normaux. Ils adoptent un fils appelé Bill qui a des doigts normaux. Les deux parents biologiques de Bill ont des doigts normaux. Après avoir adopté Bill, Joanna et Tom font deux enfants : une fille aînée qui a des doigts courts, et un fils cadet qui a des doigts normaux.

a. En utilisant les symboles et les notations standards, dessinez un pedigree décrivant l'hérédité de la brachydactylie dans la famille de Joanna.

b. Quel est le mode de transmission le plus vraisemblable pour la brachydactylie (syndrome des « doigts courts ») dans cette famille ?

c. Si Joanna et Tom produisent un autre enfant, quelle est la probabilité (basée sur votre réponse à la partie *b*) que cet enfant ait les doigts courts ?

- **Solution**

a. Dans l'arbre généalogique, représentez les individus brachydactyles par des symboles pleins (cercles pour les femmes, carrés pour les hommes). Joignez les frères jumeaux identiques de Joanna à la ligne du dessus par des lignes diagonales reliées entre elles par un trait horizontal. Entourez de crochets l'enfant adopté de Joanna et Tom, puis reliez-le à ses parents biologiques par une ligne diagonale et à ses parents adoptifs par un trait interrompu.

b. Le mode de transmission le plus probable des « doigts courts » est une transmission autosomique dominante.

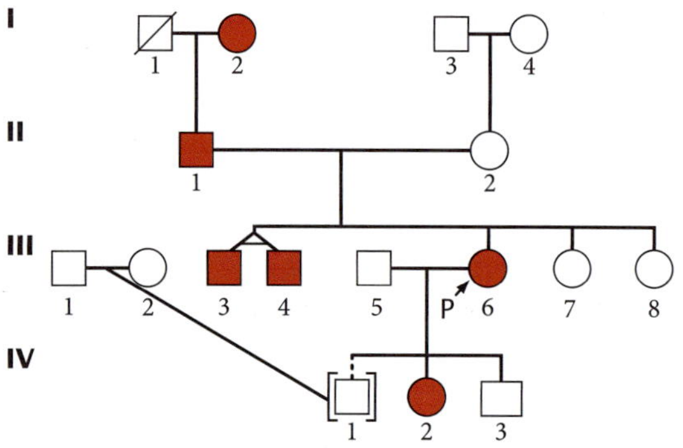

Le trait apparaît de façon égale chez les hommes et les femmes et ne saute pas de génération. Quand un des parents a le trait, il apparaît chez approximativement la moitié des fils et filles de ce parent, bien que chaque couple n'ait produit qu'un petit nombre d'enfants.

c. Si l'allèle « doigts courts » est dominant, Tom doit être homozygote (*bb*) parce qu'il a des doigts normaux. Joanna doit être hétérozygote (*Bb*) parce qu'elle et Tom ont produit des enfants aux doigts normaux et aux doigt courts. D'un croisement entre un hétérozygote et un homozygote, on attend une moitié de descendants hétérozygotes et une moitié d'homozygotes (*Bb* × *bb* : 1/2 *Bb*, 1/2 *bb*) ; la probabilité que le prochain enfant biologique de Joanna et Tom ait des doigts courts est 1/2.

Questions de compréhension

Section 3.1

***1.** Pourquoi l'approche suivie par Mendel pour étudier l'hérédité fut-elle une telle réussite ?

2. Quelle est la différence entre génotype et phénotype ?

Section 3.2

***3.** Qu'est-ce que le principe de ségrégation égale ? Pourquoi est-il important ?

4. En quoi les principes de Mendel sont-ils novateurs par rapport au concept d'hérédité par mélange présenté dans le Chapitre 1 ?

5. Qu'est-ce que le concept de dominance ? Quelle est la différence entre dominance et dominance incomplète ?

6. Que sont les règles du produit et de la somme dans le calcul de probabilité et quand s'appliquent-elles ?

7. Donnez les différents rapports génotypiques possibles dans la descendance de croisements monohybrides ainsi que les génotypes des parents susceptibles de produire chaque rapport.

***8.** Qu'est-ce que la théorie chromosomique de l'hérédité ? En quoi son énoncé fut-il important ?

Section 3.3

***9.** Qu'est-ce que le principe d'assortiment indépendant ? Quel lien a-t-il avec le principe de ségrégation égale ?

10. Dans quelles étapes de la mitose et de la méiose les phénomènes à la base des principes de ségrégation égale et d'assortiment indépendant se produisent-ils ?

Section 3.4

11. Comment le test du chi-carré est-il utilisé dans l'analyse de croisements génétiques ? Qu'indique la probabilité associée à une valeur de chi-carré à propos des résultats d'un croisement ?

Section 3.5

12. Quelles sont les caractéristiques du pedigree d'un trait récessif ? Et d'un trait dominant ?

Questions et problèmes d'application

Section 3.1

13. Quelles caractéristiques un organisme devrait-il avoir pour servir d'outil dans l'étude des principes de l'hérédité ? Nommez quelques organismes qui possèdent ces caractéristiques.

Section 3.2

14. Chez le concombre, la couleur orangée du fruit (*R*) est dominante sur la couleur crème (*r*). Une plante de concombre homozygote à fruits orangés est croisée avec une plante homozygote à fruits de couleur crème.

Les F_1 sont croisées entre elles pour produire une F_2.

a. Donnez les génotypes et les phénotypes des parents, de la F_1 et de la F_2.

b. Donnez les génotypes et les phénotypes de la descendance d'un croisement en retour entre la F_1 et le parent orange.

c. Donnez les génotypes et les phénotypes de la descendance d'un croisement en retour entre la F_1 et le parent crème.

***15.** Chez le chat, le groupe sanguin A est déterminé par un allèle (I^A) qui est dominant sur un allèle (i^B) qui détermine le groupe sanguin B. Il n'y a pas de groupe O. Voici les groupes sanguins de chats mâles et femelles qui ont été croisés, et les groupes sanguins de leurs chatons. Donnez les génotypes les plus probables pour les parents de chaque portée.

	Parent mâle	Parent femelle	Chatons
a.	A	B	4 chatons du groupe A, 3 chatons du groupe B
b.	B	B	6 chatons du groupe B
c.	B	A	8 chatons du groupe A
d.	A	A	7 chatons du groupe A, 2 chatons du groupe B
e.	A	A	10 chatons du groupe A
f.	A	B	4 chatons du groupe A, 1 chaton du groupe B

***16.** Chez l'homme, l'alcaptonurie est une déficience métabolique congénitale qui se manifeste par la production d'urine qui noircit à l'air et à la lumière. L'alcaptonurie est due à un allèle (a) qui est récessif par rapport à l'allèle normal (A). Sally a un métabolisme normal, mais son frère est atteint d'alcaptonurie. Le père de Sally est atteint et sa mère a un métabolisme normal.

a. Donnez les génotypes de Sally, de sa mère, de son père et de son frère.

b. Si les parents de Sally ont un autre enfant, quelle est la probabilité qu'il soit atteint d'alcaptonurie ?

c. Si Sally épouse un homme atteint d'alcaptonurie, quelle est la probabilité que leur premier enfant soit atteint ?

***17.** L'absence de pilosité chez le Rat Terrier américain est récessive par rapport à la présence de poils. Supposez que vous ayez un Rat Terrier avec une pilosité normale. Comment pouvez-vous déterminer si votre chien est homozygote ou hétérozygote pour la présence de poils ?

18. Chez la gueule de loup (*Antirrhinum*), la couleur rouge de la fleur (R) est incomplètement dominante vis-à-vis de la couleur blanche (r) ; les hétérozygotes ont des fleurs roses. Une gueule de loup rouge est croisée avec une gueule de loup blanche, et les plantes F_1 sont croisées entre elles pour produire une F_2.

a. Donnez les génotypes et les phénotypes de la F_1 et de la F_2 ainsi que les rapports attendus.

b. Si les plantes F_1 sont croisées en retour avec le parent blanc, quels seront les génotypes et les phénotypes de la descendance ?

c. Si les plantes F_1 sont croisées en retour avec le parent rouge, quels seront les génotypes et les phénotypes de la descendance ?

19. Quelle est la probabilité en jetant un dé d'obtenir les nombres suivants ?

a. 2 **c.** Un nombre pair

b. 1 ou 2 **d.** N'importe quel nombre sauf un 6

***20.** Quelle est la probabilité en jetant deux dés d'obtenir les nombres suivants ?

a. 2 et 3

b. 6 et 6

c. Au moins un 6

d. Deux fois le même nombre (deux 1, deux 2, etc.)

e. Un nombre pair sur chaque dé

f. Un nombre pair sur au moins un dé

21. La phénylcétonurie (PCU) est une maladie congénitale déterminée par un allèle récessif. Deux parents normaux produisent un enfant atteint de PCU.

a. Quelle est la probabilité qu'un spermatozoïde du père contienne l'allèle PCU ?

b. Quelle est la probabilité qu'un ovule de la mère contienne l'allèle PCU ?

c. Quelle est la probabilité que leur prochain enfant ait la PCU ?

d. Quelle est la probabilité que leur prochain enfant soit hétérozygote pour l'allèle PCU ?

***22.** Chez le cafard *Blattella germanica*, l'aile recourbée (cv) est récessive par rapport à l'aile normale (cv^1). Un cafard homozygote à ailes normales est croisé avec un cafard homozygote à ailes recourbées. Les F_1 sont croisés entre eux pour produire une F_2. Supposez que les chromosomes contenant le locus pour la forme de l'aile soient métacentriques. Dessinez la paire d'homologues telle qu'elle apparaîtrait à la métaphase I de la méiose chez les parents, chez les cafards F_1, et dans chaque classe de la descendance F_2. Faites l'hypothèse qu'il ne se produit pas de crossing-over. Dans chaque cas, donnez aux allèles spécifiant la forme de l'aile (cv et cv^1) une position (fictive) sur les chromosomes.

***23.** Chez les cochons d'Inde, l'allèle spécifiant la couleur noire du pelage (B) est dominant sur l'allèle spécifiant la couleur brune (b). Un cochon d'Inde noir est croisé avec un brun, produisant cinq cochons d'Inde F_1 noirs et six F_1 bruns.

a. Combien de copies de l'allèle noir (B) y aura-t-il dans chaque cellule d'un cochon d'Inde F_1 noir aux stades suivants : G_1, G_2, métaphase de la mitose, métaphase I de la méiose, métaphase II de la méiose, et après la seconde cytodiérèse qui suit la méiose ? Faites l'hypothèse qu'il ne se produit pas de crossing-over.

b. Combien de copies de l'allèle brun (*b*) y aura-t-il dans chaque cellule d'un cochon d'Inde F_1 brun aux mêmes stades que ceux énumérés dans la partie *a* ? Faites l'hypothèse qu'il ne se produit pas de crossing-over.

Section 3.3

24. Chez la pastèque, l'amertume du fruit (*B*) est dominante sur la saveur sucrée (*b*) et la présence de taches jaunes (*S*) est dominante sur l'absence de taches (*s*). Les gènes de ces deux caractères s'assortissent indépendamment. Une plante homozygote qui donne des fruits amers tachetés de jaune est croisée avec une plante homozygote qui donne des fruits sucrés dépourvus de taches. Les plantes F_1 sont croisées entre elles pour produire une F_2.

a. Quels seront les rapports phénotypiques de la F_2 ?

b. Si une plante F_1 est croisée en retour avec le parent amer à taches jaunes, quels phénotypes sont-ils attendus dans la descendance et dans quelles proportions ?

c. Si une plante F_1 est croisée en retour avec le parent sucré et sans taches, quels phénotypes sont-ils attendus dans la descendance et dans quelles proportions ?

***25.** On croise les deux génotypes suivants : *Aa Bb Cc dd Ee* × *Aa bb Cc Dd Ee*. Quelles seront les proportions des génotypes suivants dans la descendance ?

a. *Aa Bb Cc Dd Ee*

b. *Aa bb Cc dd ee*

c. *aa bb cc dd ee*

d. *AA BB CC DD EE*

26. Chez le concombre, le fruit mat (*D*) est dominant sur le fruit brillant (*d*), le fruit orangé (*R*) est dominant sur le fruit couleur crème (*r*), et les cotylédons amers (*B*) sont dominants sur les cotylédons non amers (*b*). Les trois caractères sont codés par des gènes localisés sur des paires de chromosomes différentes. Une plante homozygote pour des fruits mats, orangés et des cotylédons amers est croisée avec une plante aux fruits brillants de couleur crème et aux cotylédons non amers. Les plantes F_1 s'autofécondent pour produire une F_2.

a. Quels phénotypes attend-on dans la F_2 et dans quelles proportions ?

b. Une plante F_1 est croisée avec une plante aux fruits brillants de couleur crème et aux cotylédons non amers. Quels phénotypes attend-on dans la descendance de ce croisement et dans quelles proportions ?

***27.** Les allèles *A* et *a* sont localisés sur une paire de chromosomes métacentriques et les allèles *B* et *b* sur une paire de chromosomes acrocentriques. On croise des individus ayant les génotypes suivants :
Aa Bb × *aa bb*.

a. Dessinez les chromosomes tels qu'ils apparaîtraient dans chaque type de gamète produit par ces individus.

b. Pour chaque type de descendant issu du croisement, dessinez les chromosomes tels qu'ils apparaîtraient dans une cellule en G_1, en G_2, et à la métaphase de la mitose.

Section 3.4

***28.** J.A. Moore a étudié la transmission des motifs de taches chez les grenouilles léopards (J.A. Moore. 1943. *Journal of Heredity* 34 : 3-7). Le phénotype pipiens présente le motif de taches qui donne son nom aux grenouilles léopards (*Rana pipiens*). Par contre, le phénotype burnsi est caractérisé par l'absence de taches dorsales. Moore a effectué la série de croisements suivante, produisant la descendance indiquée en regard :

Phénotypes parentaux	Phénotypes de la descendance
burnsi × burnsi	39 burnsi, 6 pipiens
burnsi × pipiens	23 burnsi, 33 pipiens
burnsi × pipiens	196 burnsi, 210 pipiens

a. Sur la base des ces résultats, quel est le mode de transmission le plus vraisemblable pour le trait burnsi ?

b. Donnez les génotypes les plus probables des parents de chaque croisement.

c. Faites un test du chi-carré pour évaluer la concordance des nombres de descendants observés avec les nombres attendus sur la base des génotypes que vous avez proposés.

***29.** Chez le pavot de Californie, un allèle spécifiant des fleurs jaunes (*C*) est dominant sur un allèle spécifiant des fleurs blanches (*c*). À un locus s'assortissant indépendamment du premier, un allèle codant pour des pétales entiers (*F*) est dominant sur un allèle codant pour des pétales effrangés (*f*). Une plante homozygote à pétales jaunes et entiers est croisée avec une plante à pétales blancs effrangés. Un plante de la F_1 est ensuite croisée avec une plante à pétales blancs effrangés, produisant la descendance suivante : 54 jaunes entiers, 58 jaunes effrangés, 53 blancs entiers, et 10 blancs effrangés.

a. Appliquez le test du chi-carré pour comparer les nombres observés avec ceux attendus de ce croisement.

b. Quelle conclusion tirez-vous des résultats du test du chi-carré ?

c. Proposez une explication des résultats.

Section 3.5

30. De nombreuses études ont suggéré l'existence d'une forte prédisposition génétique aux migraines, mais le mode de transmission n'est pas clair. L. Russo et ses collègues ont examiné la tendance aux migraines dans plusieurs familles dont deux sont décrites ci-dessous (L. Russo et coll. 2005. *American Journal of Human Genetics* 76 : 327-333). Quel est le mode de transmission le plus vraisemblable de la tendance aux migraines dans ces familles ? Expliquez votre raisonnement.

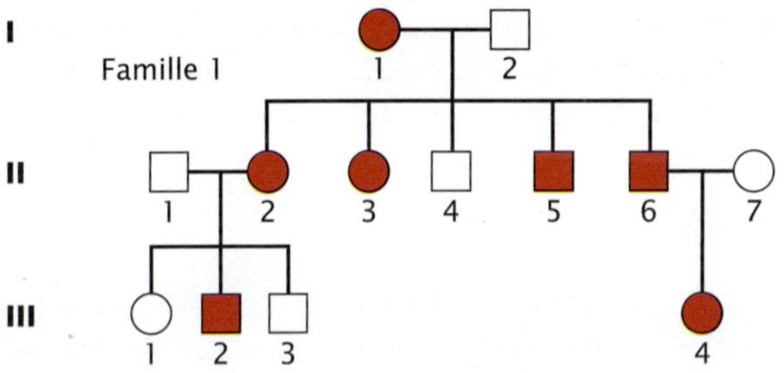

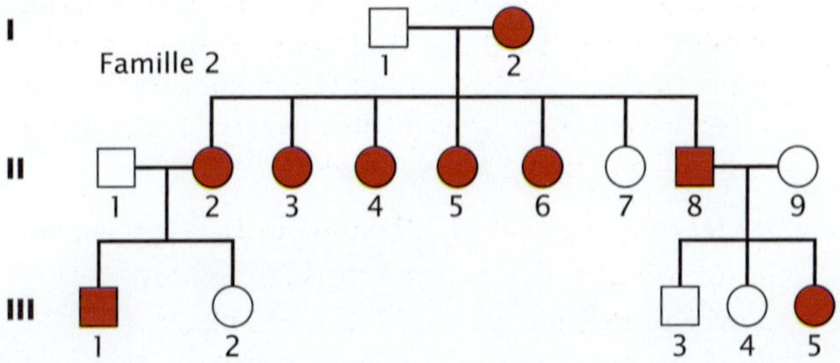

***31.** Pour chacun des pedigrees ci-dessous, donnez le mode de transmission le plus vraisemblable, en sachant que le trait est rare. Expliquez en détail votre raisonnement.

(a)

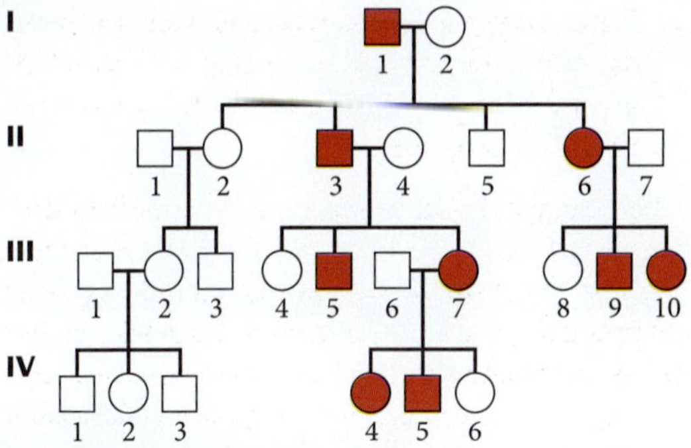

(b)

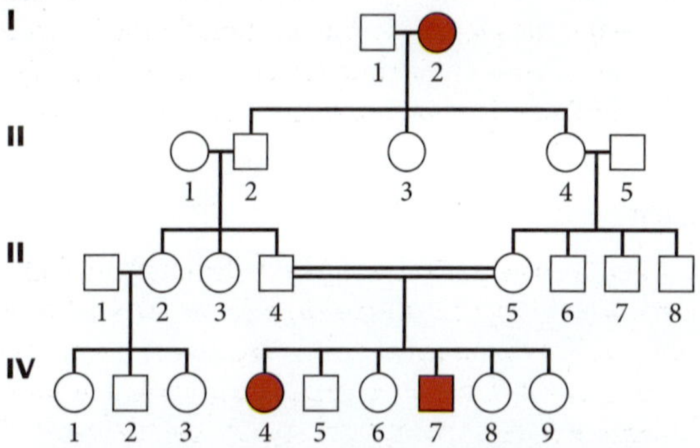

32. ANALYSE DE DONNÉES L'ectrodactylie est une condition congénitale rare caractérisée par l'absence d'un ou plusieurs doigts centraux de la main ou du pied, formant, pour la main, une pince dite pince de crabe. Cette condition est généralement transmise comme un trait autosomique dominant. Ademar Freire-Maria a rapporté l'apparition de l'ectrodactylie dans une famille vivant à Sao Paulo (Brésil), dont le pedigree est montré ici. Ce pedigree reflète-t-il bien une transmission autosomique dominante ? Si non, quel mode de transmission est-il le plus probable ? Expliquez votre raisonnement.

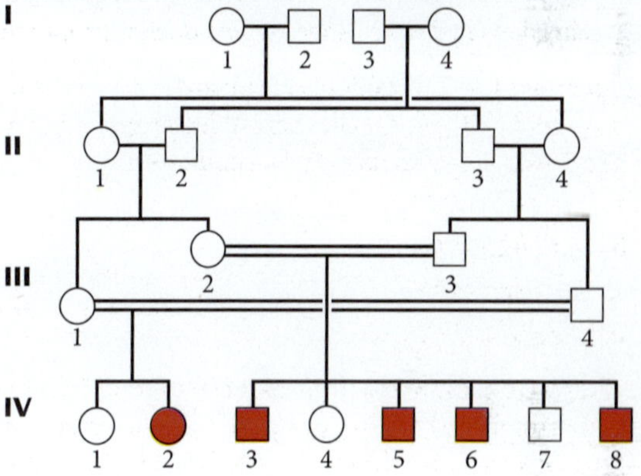

Questions tests

Section 3.2

***33.** Un généticien découvre une souris obèse dans la colonie de son laboratoire. Il croise cette souris obèse avec une souris normale. Toutes les souris F_1 issues de ce croisement ont une taille normale. Quand il croise entre elles deux souris F_1, huit des souris F_2 sont de taille normale et deux sont obèses. Le généticien croise alors entre elles deux de ses souris obèses et observe que toute la descendance de ce croisement est obèse. Le généticien conclut de ces résultats que l'obésité chez la souris est déterminée par un allèle récessif.

Une généticienne d'une autre université découvre aussi une souris obèse dans la colonie de son laboratoire. Elle effectue les mêmes croisements que ceux faits par le premier généticien et elle obtient les mêmes résultats. Elle aussi conclut que l'obésité chez la souris est déterminée par un allèle récessif. Un jour, les deux généticiens se rencontrent à une conférence, découvrent leurs résultats respectifs, et décident d'échanger leurs souris. Ils découvrent tous deux que quand ils croisent deux souris obèses provenant de deux laboratoires différents, toute la descendance est normale ; toutefois, quand ils croisent deux souris obèses du même laboratoire, toute la descendance est obèse. Expliquez leurs résultats.

34. L'albinisme chez l'homme est un trait récessif (voir l'introduction au Chapitre 1). Un généticien étudie une série de familles dans lesquelles les deux parents sont normaux et au moins un enfant est atteint d'albinisme. Le généticien fait le raisonnement que dans ces familles, les deux parents doivent être hétérozygotes et que l'albinisme devrait affecter 1/4 des enfants. À sa grande surprise, il découvre que la fréquence d'apparition de l'albinisme chez les enfants de ces familles est nettement supérieure à 1/4. Pouvez-vous imaginer une explication pour cette fréquence plus élevée qu'attendue de l'albinisme dans ces familles ?

4 Prolongements et affinements des principes mendéliens de base

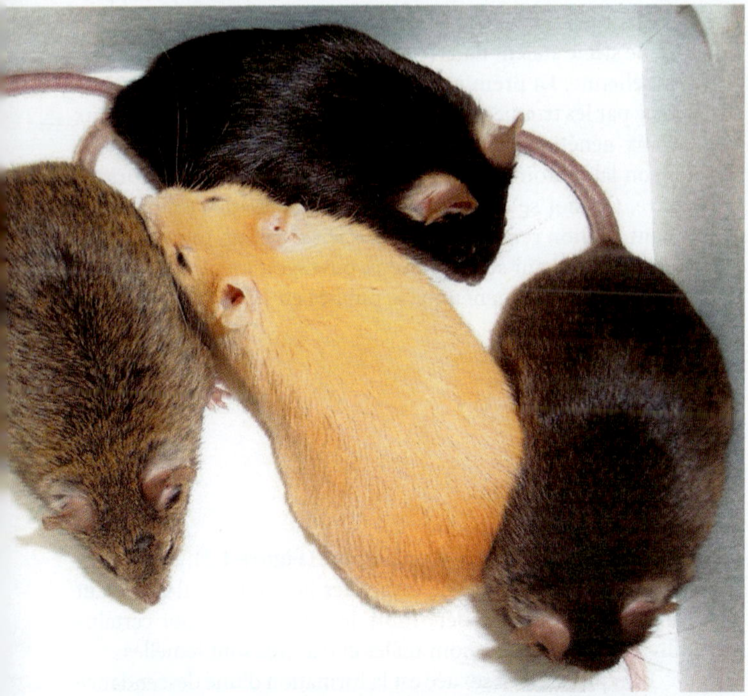

La couleur jaune du pelage chez la souris est déterminée par un gène létal récessif, ce qui modifie les rapports phénotypiques dans la descendance de deux souris jaunes. William Castle et Clarence Little découvrirent la nature létale de l'allèle jaune en 1910. *[Reproduit avec l'autorisation du Dr. Loan Phan et de* In Vivo, *une publication du Columbia University Medical Center.]*

Les bizarres souris jaunes du Dr. Cuénot

Au début du vingtième siècle, l'importance des travaux de Mendel sur l'hérédité fut largement reconnue (voir le Chapitre 3) et de nombreux biologistes entreprirent de vérifier ses conclusions en croisant d'autres organismes que les plantes de pois. Lucien Cuénot, un zoologiste français travaillant à l'Université de Nancy, fit des expériences sur la couleur du pelage de la souris et il fut le premier à montrer que les principes de Mendel s'appliquaient aussi au monde animal.

Cuénot observa que la couleur du pelage chez la souris obéissait aux mêmes règles de transmission que celles décrites par Mendel chez les plantes de pois. Quand une lignée pure de souris grises était croisée avec une lignée pure de souris blanches, toute la descendance F_1 était grise, et les croisements entre souris de la F_1 produisaient des souris grises et blanches dans un rapport 3 : 1 à la F_2, ce à quoi on s'attendait si le gris était dominant sur le blanc. Les résultats des croisements de Cuénot étaient en parfait accord avec les règles de Mendel – à une exception près. Ses croisements de souris jaunes suggéraient que le jaune fût dominant sur le gris, mais il ne parvenait pas à obtenir une lignée pure (homozygote) de souris jaunes. Chaque fois que Cuénot croisait deux souris jaunes, il obtenait des souris jaunes et des souris grises dans un rapport proche de 3 : 1, ce qui suggérait que les souris jaunes fussent hétérozygotes ($Yy \times Yy \rightarrow$ ¾ $Y\_$ et ¼ yy). Si la couleur jaune était vraiment dominante, on se serait attendu à ce qu'une partie de la descendance jaune de ce croisement ait été homozygote pour la couleur jaune (YY), et le croisement de deux de ces souris aurait dû produire uniquement des descendants jaunes ($YY \times YY \rightarrow YY$). Cependant, Cuénot n'obtint jamais de descendance homogène jaune de ses croisements et il resta intrigué par ces résultats qui ne correspondaient pas aux prédictions mendéliennes. Il proposa que les gamètes jaunes fussent incompatibles et incapables de fusionner pour former un zygote. D'autres biologistes pensaient que certains facteurs pouvaient s'additionner aux lois de Mendel et influencer l'hérédité du pelage jaune, mais la génétique des souris jaunes demeurait un mystère.

En 1910, William E. Castle et son étudiant Clarence Little élucidèrent le mystère des résultats insolites de Cuénot. En effectuant de nombreux croisements entre deux souris jaunes, ils montrèrent que leur descendance n'apparaissait pas dans le rapport 3 : 1 que Cuénot pensait avoir observé, mais dans un rapport 2 : 1 de jaunes et non jaunes. Castle et Little se rendirent compte que l'allèle couleur jaune devait être létal en situation homozygote (**Figure 4.1**), et que toutes les souris jaunes étaient hétérozygotes (Yy). Un croisement entre deux souris jaunes hétérozygotes produit un rapport génotypique initial de ¼ YY, ½ Yy, ¼ yy, mais les souris YY meurent à un stade précoce de leur développement et n'apparaissent pas dans la descendance, qui présente donc un rapport 2 : 1 de jaunes (Yy) à non jaunes (yy). Castle et Little observèrent, en effet, que les croisements entre souris jaunes donnaient des portées plus petites que les croisements entre souris jaunes et non jaunes. Puisque seules les souris homozygotes pour l'allèle Y meurent, Y

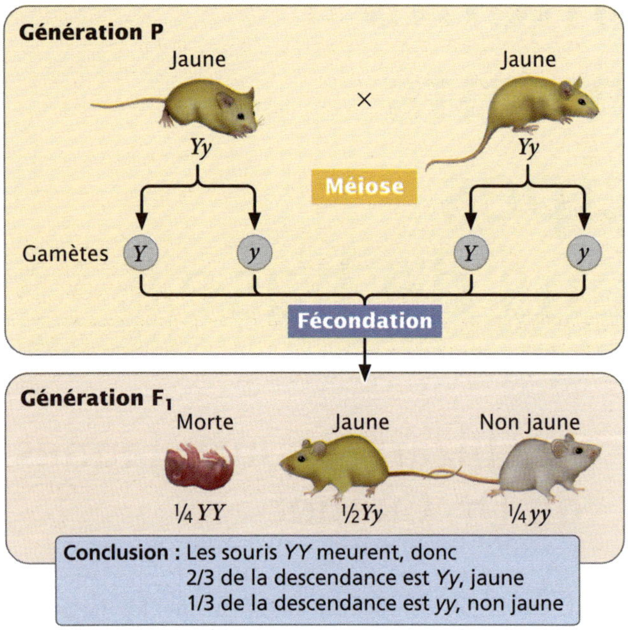

4.1 Le rapport 2 : 1 produit par un croisement entre deux souris jaunes est dû à un allèle létal.

est un allèle récessif létal. L'allèle *jaune* chez la souris est particulier en ce sens qu'il se comporte comme un allèle *récessif* dans son effet sur le développement, mais comme un allèle *dominant* dans son effet sur la couleur du pelage.

Cuénot fit plusieurs autres contributions importantes à la génétique. Il fut le premier à proposer que plus de deux allèles puissent exister pour un seul locus, et il décrivit comment des gènes à différents loci pouvaient interagir dans la détermination de la couleur du pelage de la souris (deux aspects de l'hérédité que nous aborderons dans ce chapitre). Toujours chez la souris, il observa l'existence d'une prédisposition génétique à certains types de cancers. Bien en avance sur son temps, il proposa aussi que les gènes puissent coder pour des enzymes. Malheureusement, les travaux de Cuénot ne furent pas appréciés à leur juste valeur en France, où les biologistes du début du XXème siècle étaient dans leur ensemble hostiles à la génétique mendélienne. La première guerre mondiale et l'occupation de Nancy par les troupes du Kaiser donnèrent un coup d'arrêt aux travaux génétiques de Cuénot qui fut contraint d'abandonner son laboratoire et ses souches de souris. (N.d.T. : Après la guerre, Cuénot se consacra surtout à l'étude de l'évolution et sa contribution remarquable à la science prit un tour plus philosophique. Parmi ses nombreux ouvrages, mentionnons une « Introduction à la génétique », publiée en 1935.)

Dans le Chapitre 3, nous avons vu ce que les principes de Mendel de ségrégation égale et d'assortiment indépendant permettaient d'expliquer à propos de l'hérédité. Après la redécouverte de ces principes en 1900, des biologistes ont commencé d'appliquer ces principes à l'étude génétique d'un assez large spectre d'organismes. L'extension du champ d'application des principes de Mendel a fait apparaître certaines exceptions qui ont nécessité un élargissement de ces principes de base. Un exemple en est l'allèle *jaune létal* découvert par Cuénot, qui ne produit pas les rapports prédits par les lois de Mendel. Cette divergence ne signifie aucunement que les lois de Mendel soient caduques ; elle montre plutôt que les principes de Mendel ne suffisent pas, tels quels, à expliquer le mode de transmission de toutes les caractéristiques génétiques. Notre compréhension de la génétique s'est enrichie considérablement de plusieurs prolongements et affinements des principes mendéliens de base qui, sans en altérer l'essence, les ont adaptés à la complexité du fonctionnement des gènes et des chromosomes, et qui seront l'objet de ce chapitre.

4.1 Il existe plusieurs mécanismes de détermination du sexe

Un des premiers prolongements des principes de Mendel est l'hérédité de caractères codés par des gènes localisés sur les chromosomes sexuels. Souvent, ces chromosomes sont différents chez le mâle et la femelle d'une espèce (**Figure 4.2**). Pour comprendre la transmission de caractères liés au sexe, il nous faut d'abord savoir ce qui détermine le sexe – pourquoi certains individus d'une espèce sont mâles et d'autres sont femelles.

La reproduction sexuée est la formation d'une descendance génétiquement distincte des parents ; le plus souvent, deux parents transmettent des gènes à leur descendance, et de nouvelles combinaisons de ces gènes sont formées par l'assortiment

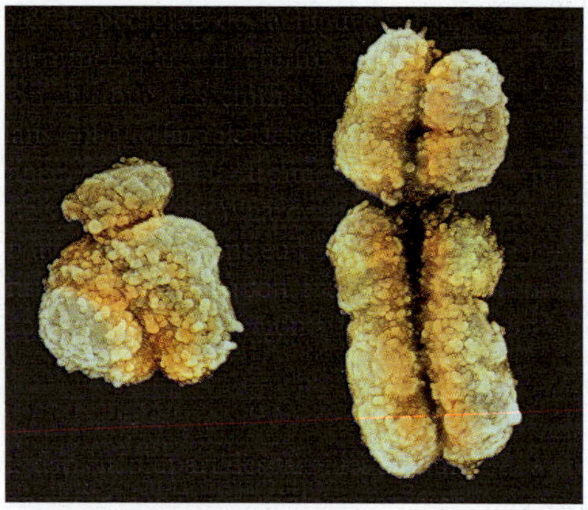

4.2 Les chromosomes sexuels des mâles (Y, à gauche) et des femelles (X, à droite) ont une taille et une forme différentes. *[Biophoto Associates/Photo Researchers.]*

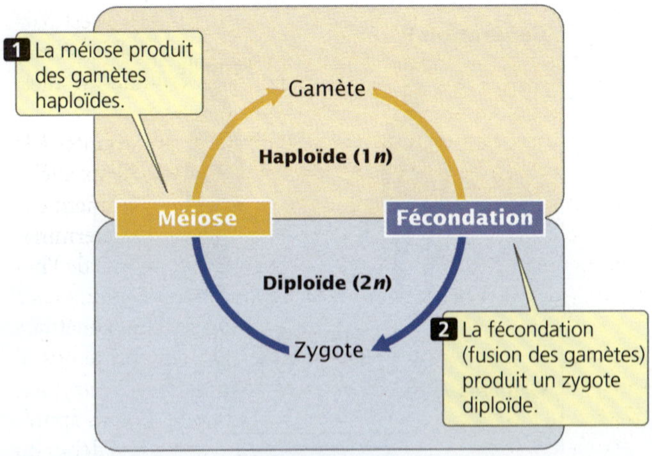

4.3 Chez la plupart des organismes eucaryotiques, la reproduction sexuée fait alterner des cellules haploïdes (1*n*) et diploïdes (2*n*).

indépendant à la méiose. Chez la plupart des eucaryotes, la reproduction sexuée comporte deux processus responsables d'une alternance de stades haploïdes et diploïdes : la méiose produit des gamètes haploïdes (des spores chez les plantes) et la fécondation produit des zygotes diploïdes (**Figure 4.3**).

Le terme **sexe** fait référence au phénotype sexuel. La plupart des organismes n'ont que deux phénotypes sexuels : mâle et femelle. Une différence fondamentale entre mâles et femelles est la taille des gamètes : les mâles produisent des gamètes de petite taille, les femelles des gamètes nettement plus gros (**Figure 4.4**).

On appelle **détermination du sexe** le mécanisme par lequel il s'établit. Quand on parle du sexe d'un individu, on se réfère à son phénotype. Il peut arriver qu'un individu ait des chromosomes ou des gènes qui sont normalement associés à un sexe, mais une morphologie correspondant au sexe opposé. Par exemple, les cellules des femelles de l'espèce humaine contiennent deux chromosomes X, et celles des mâles contiennent un chromosome X et un chromosome Y, mais de rares individus ont une anatomie mâle bien que leurs cellules contiennent deux chromosomes X. Bien que ces

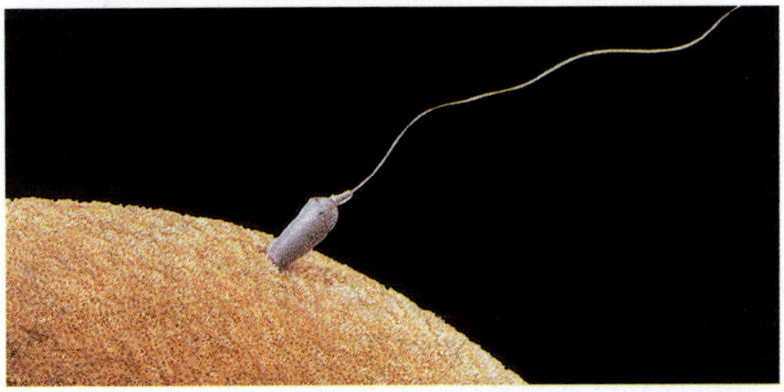

4.4 Les gamètes mâle et femelle (respectivement, le spermatozoïde et l'œuf) sont de taille très différente. Sur cette photo, un spermatozoïde humain (avec un flagelle) pénètre un ovule. *[Francis Leroy, Biocosmos/Science Photo Library/Photo Researchers.]*

individus soient génétiquement des femmes, nous les considérons comme des mâles en raison de leur phénotype sexuel. (Nous verrons plus loin dans ce chapitre que ces mâles XX ont généralement un petit morceau de chromosome Y attaché à un autre chromosome.)

Concepts clés

La reproduction sexuée forme une descendance qui contient des gènes des deux parents, mais qui en est génétiquement distincte. Chez la plupart des eucaryotes, la reproduction sexuée comprend la méiose, qui produit des gamètes (ou des spores) haploïdes, et la fécondation, qui produit un zygote diploïde.

✔ Test de compréhension 1

Dans la reproduction sexuée, quel est le processus qui génère la variation génétique observée dans la descendance ?

Les systèmes chromosomiques de détermination du sexe

Chez de nombreux organismes, le sexe est déterminé par une paire de chromosomes, les **chromosomes sexuels**, qui sont différents chez les mâles et les femelles. Les autres chromosomes, qui sont les mêmes chez les mâles et les femelles, sont appelés **autosomes**. Ce sont les gènes portés par les chromosomes sexuels qui sont responsables des phénotypes sexuels.

Le système XX-XO Dans ce système, qui détermine le sexe chez certains insectes, les femelles ont deux chromosomes X (XX), et les mâles, un seul chromosome X (XO). La lettre O ne désigne pas un chromosome, mais l'absence d'un chromosome sexuel.

À la méiose, chez les femelles, les deux chromosomes X s'apparient puis se séparent : un dans chaque œuf haploïde. Chez les mâles, l'unique chromosome X passe dans une moitié des spermatozoïdes, l'autre moitié n'héritant d'aucun chromosome sexuel. Par rapport aux chromosomes sexuels, les mâles produisent donc deux types de gamètes, et ils constituent ce qu'on appelle le **sexe hétérogamétique**. Les femelles, dont tous les gamètes sont identiques du point de vue des chromosomes sexuels, constituent le **sexe homogamétique**. Dans le système XX-XO, le sexe d'un individu est déterminé par le type de gamète mâle qui féconde l'œuf. Les spermatozoïdes contenant un X s'unissent à des œufs contenant un X pour produire des zygotes XX qui se développent et deviennent des femelles. Les spermatozoïdes ne contenant pas de X s'unissent à des œufs contenant un X pour produire des zygotes XO qui deviennent des mâles.

Le système XX-XY Chez de nombreuses espèces, les cellules des mâles et des femelles ont le même nombre de chromosomes, mais les cellules des femelles ont deux chromosomes X (XX) et celles des mâles, un seul chromosome X et un chromosome sexuel plus petit appelé chromosome Y

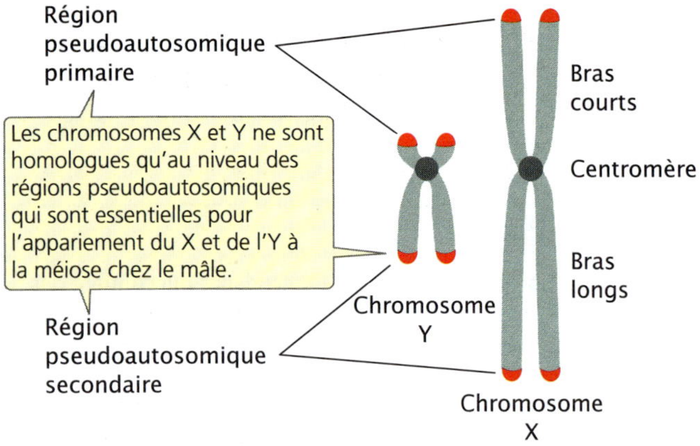

4.5 Les chromosomes X et Y humains diffèrent par la taille et le contenu génétique. Ils ne présentent d'homologie qu'au niveau des régions pseudoautosomiques.

(XY). Chez l'homme et chez beaucoup d'autres espèces, le chromosome Y est acrocentrique (**Figure 4.5**) et n'a pas du tout la forme d'un Y. Dans ce type de système de détermination du sexe, le mâle est le sexe hétérogamétique – la moitié de ses gamètes ont un chromosome X, et l'autre moitié, un chromosome Y. La femelle est le sexe homogamétique – tous ses œufs contiennent un seul chromosome X. Un spermatozoïde contenant un chromosome Y s'unit à un œuf contenant un X pour produire un mâle XY, tandis qu'un spermatozoïde contenant un chromosome X s'unit à un œuf contenant un X pour produire une femelle XX, ce qui explique qu'un rapport des sexes de 50 : 50 soit observé chez la plupart de ces espèces (**Figure 4.6**). De nombreux organismes, parmi lesquels certaines plantes, des insectes, des reptiles, et tous les mammifères (y compris l'homme) ont le système XX-XY de détermination du sexe. Chez d'autres espèces, on trouve des variantes du système XX-XY, comme chez l'ornithorynque dont les femelles on cinq paires de chromosomes X et les mâles, cinq paires de chromosomes X et Y. Bien que les chromosomes X et Y ne soient généralement pas homologues, ils s'apparient et ségrègent dans des cellules différentes à la méiose. Leur appariement est rendu possible par la présence sur ces chromosomes de courtes régions homologues, appelées **régions pseudoautosomiques** (voir la Figure 4.5), qui contiennent des gènes identiques. Chez l'homme, les régions pseudoautosomiques se trouvent aux extrémités des chromosomes X et Y.

Le système ZZ-ZW Dans ce système, la femelle est hétérogamétique et le mâle est homogamétique. Pour éviter une confusion avec le système XX-XY, les chromosomes ont été désignés par Z et W, sans qu'ils ressemblent en rien à ces lettres. Les femelles sont ZW et après la méiose, une moitié des gamètes a un chromosome Z et l'autre moitié, un chromosome W. Les mâles sont ZZ et tous les spermatozoïdes contiennent un chromosome Z. Le système ZZ-ZW se rencontre chez les oiseaux, les reptiles, certains amphibiens et certains poissons, ainsi que chez certains isopodes, dont le cloporte.

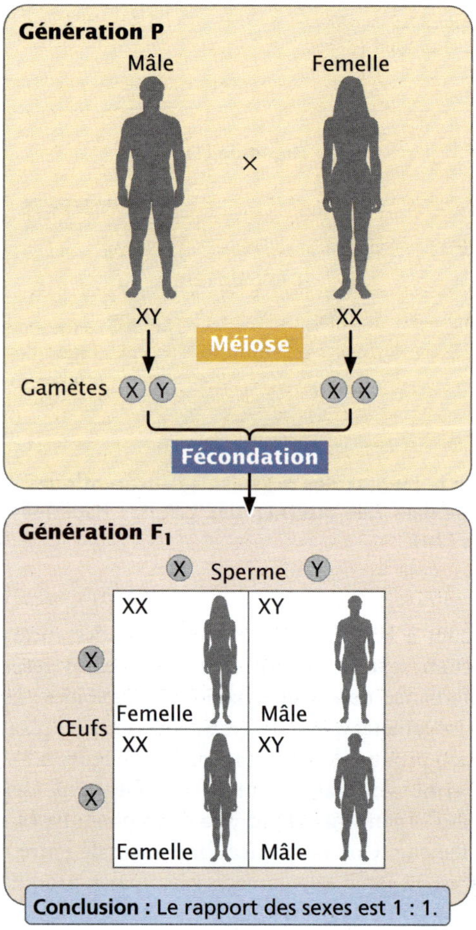

4.6 Le mode de transmission du sexe chez les organismes à chromosomes X et Y produit un nombre égal de descendants mâles et femelles.

Concepts clés

Dans le système XX-XO de détermination du sexe, le mâle est XO et hétérogamétique, et la femelle est XX et homogamétique. Dans le système XX-XY, le mâle est XY, donc hétérogamétique, et la femelle est XX. Dans le système ZZ-ZW, la femelle est ZW et hétérogamétique, et le mâle est ZZ.

Les systèmes génotypiques de détermination du sexe

Chez certaines plantes et certains protozoaires, il n'y a pas de différences évidentes entre les jeux de chromosomes des mâles et des femelles : il n'y a pas de chromosomes sexuels. Ces organismes ont un **système génotypique de détermination du sexe** : les allèles présents à un ou plusieurs loci déterminent le sexe d'une plante ou d'un protozoaire. Il est important de rappeler que même dans les systèmes de détermination du sexe de type chromosomique, ce sont des gènes particuliers qui déterminent le sexe. Chez les mammifères, par exemple, un gène (*SRY*, voir plus loin dans ce chapitre) sur le chromosome Y détermine le phénotype mâle. Dans les systèmes génotypiques et chromosomiques, la détermination du sexe est contrôlée par des gènes spécifiques ; la différence est que dans le cas de la détermination dite chromosomique, les chromosomes qui portent ces gènes ont un aspect différent chez les mâles et les femelles.

Des facteurs environnementaux peuvent déterminer le sexe

Chez de nombreux reptiles, le sexe peut être déterminé en tout ou en partie par des facteurs environnementaux. La plupart des serpents et des lézards ont des chromosomes sexuels et le déterminisme sexuel est de type chromosomique ou génotypique, mais chez la majorité des tortues, chez les crocodiles et chez les alligators, le phénotype sexuel est influencé par la température pendant le développement de l'embryon. Chez les tortues par exemple, des températures saisonnières élevées produisent des femelles, tandis que des températures fraîches produisent des mâles. Un effet inverse est observé chez les alligators. (N.d.T. : Le déterminisme thermique du sexe s'explique par l'effet de la température sur l'expression de gènes codant pour des hormones impliquées dans la différenciation sexuelle des gonades.)

Après avoir passé en revue différents types de détermination du sexe, examinons plus en détail le système XX-XY. La mouche des fruits et l'homme présentent ce type de déterminisme sexuel, mais nous allons voir que la façon dont les chromosomes X et Y déterminent le sexe chez ces deux espèces est très différente.

Concepts clés

Dans la détermination génotypique du sexe, des gènes d'un ou plusieurs loci déterminent le sexe, mais il n'y a pas de différences visibles entre les chromosomes des mâles et des femelles. Dans le déterminisme de type environnemental, le sexe est déterminé en tout ou en partie par des facteurs environnementaux.

✔ Test de compréhension 2

En quoi les déterminismes sexuels chromosomique, génotypique, et environnemental diffèrent-ils ?

La détermination du sexe chez *Drosophila melanogaster*

La mouche des fruits *Drosophila melanogaster* a huit chromosomes : trois paires d'autosomes et une paire de chromosomes sexuels. Un jeu haploïde d'autosomes et un chromosome sexuel sont hérités de chaque parent. Normalement, les femelles ont deux chromosomes X, et les mâles, un X et un Y. Toutefois, la présence du chromosome Y ne détermine pas le sexe mâle chez la drosophile. C'est un équilibre entre des gènes autosomiques et des gènes du chromosome X qui détermine le sexe de la mouche. Ce type de déterminisme sexuel est appelé **déterminisme par équilibre génique**. Dans ce système, plusieurs gènes influencent le développement sexuel. Le chromosome X porte des gènes dont les effets favorisent le développement de femelles, tandis que les autosomes portent des gènes favorisant la développement de mâles. Par conséquent, le sexe d'une mouche est déterminé par le **rapport X : A**, le nombre de chromosomes X divisé par le nombre de jeux haploïdes d'autosomes.

Tableau 4.1 Garnitures chromosomiques et phénotypes sexuels chez *Drosophila*

Chromosomes sexuels	Jeux haploïdes d'autosomes	Rapport X : A	Phénotype sexuel
XX	AA	1,0	Femelle
XY	AA	0,5	Mâle
XO	AA	0,5	Mâle
XXY	AA	1,0	Femelle
XXX	AA	1,5	Métafemelle
XXXY	AA	1,5	Métafemelle
XX	AAA	0,67	Intersexué
XO	AAA	0,33	Métamâle
XXXX	AAA	1,33	Métafemelle

Un rapport X : A égal à 1,0 produit une mouche femelle ; un rapport 0,5 produit un mâle. Un rapport X : A inférieur à 0,5 produit un phénotype mâle, mais la mouche est faible et stérile – les mouches de ce type sont appelées des métamâles. Un rapport X : A compris entre 1,0 et 0,5 produit une mouche intersexuée ou androgyne, présentant une mosaïque de caractéristiques mâles et femelles. Un rapport X : A plus grand que 1,0 produit un phénotype femelle, mais la mouche – une métafemelle – présente des problèmes développementaux. Beaucoup de ces mouches ne se développent pas complètement. Le **Tableau 4.1** donne une liste de différentes garnitures chromosomiques chez *Drosophila* et des phénotypes sexuels qui y sont associés. Les femelles normales ont deux chromosomes X et deux jeux d'autosomes (XX, AA), donc un rapport X : A de 1,0. Les mâles ont normalement un seul X et deux jeux d'autosomes (XY, AA) et leur rapport X : A est de 0,5. Les mouches qui ont les chromosomes sexuels XXY et deux jeux d'autosomes (donc un rapport X : A de 1,0) sont femelles et fertiles malgré la présence d'un chromosome Y. Les mouches qui n'ont qu'un seul X et deux jeux d'autosomes (XO, AA, donc un rapport X : A de 0,5) sont mâles, mais stériles. Ces observations confirment que le chromosome Y ne détermine pas le sexe chez *Drosophila*.

Concepts clés

Le phénotype sexuel de la drosophile est déterminé par le rapport du nombre de chromosomes X au nombre de jeux d'autosomes (le rapport X : A).

✔ Test de compréhension 3

Quel serait le phénotype sexuel d'une drosophile qui a les chromosomes sexuels XXYYY et deux jeux d'autosomes ?

a. Mâle
b. Femelle
c. Intersexué
d. Métamâle

La détermination du sexe chez l'être humain

Comme la drosophile, l'homme a un système de détermination du sexe de type XY, mais c'est la présence d'un gène (*SRY*) sur le chromosome Y qui détermine le sexe mâle. Les phénotypes qui résultent de la présence de nombres anormaux de chromosomes sexuels – ce qui arrive quand ces chromosomes ne ségrègent pas correctement à la méiose ou à la mitose – mettent en évidence l'importance du chromosome Y dans le déterminisme sexuel chez l'homme.

Le syndrome de Turner Les personnes atteintes du **syndrome de Turner** sont des femmes, en majorité stériles, et présentant souvent des caractères sexuels secondaires peu développés. La fréquence du syndrome est de 1 sur 3 000 naissances de filles environ. Les caractéristiques physiques sont une implantation basse des cheveux, un thorax large, des replis cutanés entre le cou et les épaules. Les femmes atteintes ont en général une intelligence normale. En 1959, l'utilisation de techniques nouvelles pour l'étude des chromosomes humains a permis à Charles Ford de découvrir que les cellules d'une fille de 14 ans atteinte du syndrome ne contenaient qu'un seul chromosome X. Cette composition chromosomique particulière est désignée XO. Il n'existe aucun cas connu de personnes n'ayant aucun chromosome X, ce qui indique que la présence d'au moins un chromosome X est nécessaire au développement humain. Il est probable que des embryons dépourvus de X avortent spontanément au tout début du développement.

Le syndrome de Klinefelter Les personnes atteintes du **syndrome de Kinefelter** sont des mâles (fréquence d'environ 1 sur 1000 naissances de garçons) dont les cellules contiennent un ou deux chromosomes Y et plusieurs chromosomes X. La plupart des mâles atteints sont XXY, mais il existe quelques individus XXXY, XXXXY, ou XXYY. Les caractéristiques physiques sont une atrophie des testicules, une pilosité faciale et pubienne réduite, et souvent, une taille supérieure à la moyenne. Les mâles Klinefelter sont souvent stériles ; la plupart ont une intelligence normale.

Les femmes poly-X Environ 1 fille nouveau-née sur 1 000 possède trois chromosomes X, une condition souvent appelée le **syndrome du triple X**. Ces personnes ne présentent pas de signes extérieurs particuliers si ce n'est une tendance à être de haute taille et maigre. Quelques unes sont stériles, mais la plupart ont des règles normales et sont fertiles. L'incidence du retard mental est légèrement plus élevée chez les femmes triple X que dans le reste de la population, mais la plupart ont une intelligence normale. Les femmes beaucoup plus rares qui possèdent quatre ou cinq chromosomes X ont habituellement une anatomie féminine normale, mais elles sont retardées mentalement et ont souvent des problèmes physiques. La sévérité du retard mental augmente avec le nombre de X surnuméraires.

Le gène qui détermine le sexe mâle chez l'être humain

Les phénotypes associés à des aberrations chromosomiques impliquant les chromosomes sexuels montrent que le chromosome Y, chez l'homme comme chez tous les mammifères, joue un rôle capital dans la détermination du phénotype mâle. Toutefois, des chercheurs ont découvert quelques rares mâles XX qui ne possèdent apparemment pas de chromosome Y. Pendant des années, ces mâles ont posé une véritable énigme. Comment un phénotype mâle pouvait-il exister en l'absence de chromosome Y ? Des examens approfondis ont fini par révéler la présence d'un petit morceau de chromosome Y attaché à un autre chromosome. Cette découverte a montré que ce n'est pas le chromosome Y tout entier qui détermine le phénotype mâle chez l'homme, mais plutôt un gène porté par ce chromosome.

Aux stades précoces du développement, tous les humains possèdent des gonades non différenciées et des canaux reproducteurs mâle et femelle. Environ six semaines après la fécondation, un gène du chromosome Y est activé. Par un mécanisme encore inconnu, ce gène provoque le développement des gonades non différenciées en testicules qui commencent à sécréter deux hormones : la testostérone et une substance inhibitrice des canaux de Müller, qui provoque l'atrophie des canaux reproducteurs femelles. En l'absence de ce gène déterminant le sexe mâle, les gonades non différenciées deviennent des ovaires et des caractéristiques féminines se développent.

Le gène déterminant le sexe mâle chez l'homme, appelé **gène *SRY*** (de l'anglais « **S**ex-determining **R**egion of **Y** chromosome »), fut découvert en 1990 (**Figure 4.7**). Ce gène est également présent sur le chromosome Y de tous les mammifères examinés à ce jour. Il est présent chez les mâles XX (voir plus haut) et absent chez les femelles XY. La preuve finale que *SRY* est le gène déterminant le sexe mâle a été apportée par des chercheurs qui ont introduit ce gène dans des souris XX par manipulation génétique. Les souris XX qui avaient reçu ce gène, bien que stériles, se développaient en mâles. Bien que *SRY* soit le déterminant primordial du sexe mâle chez l'homme, d'autres gènes (certains liés à l'X, d'autres à l'Y, et d'autres encore autosomiques) jouent également un rôle dans la fertilité et la différenciation sexuelle.

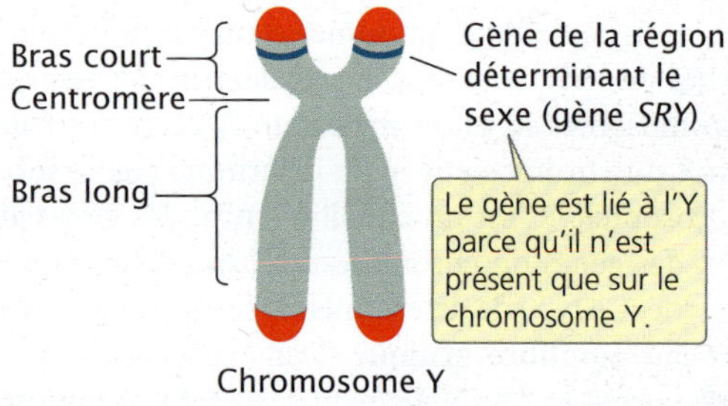

4.7 Le gène *SRY* sur le chromosome Y est à l'origine du développement de caractéristiques masculines.

Concepts clés

La présence du gène SRY sur le chromosome Y détermine le développement de l'embryon humain en individu mâle. En l'absence de ce gène, l'embryon humain se développe en individu femelle.

✔ Test de compréhension 4

Chez l'homme, quel sera le phénotype d'un individu XXXY ?

a. Syndrome de Klinefelter

b. Syndrome de Turner

c. Femme poly-X

4.2 Les caractères liés au sexe sont déterminés par des gènes présents sur les chromosomes sexuels

Dans le Chapitre 3, nous avons appris les principes de base de l'hérédité, déduits par Mendel de ses expériences sur les plantes de pois. Un prolongement important des principes mendéliens est l'**hérédité liée au sexe**, le schéma de transmission de caractères déterminés par des gènes localisés sur les chromosomes sexuels. Les gènes du chromosome X déterminent des **caractères liés à l'X** et les gènes du chromosome Y, des **caractères liés à l'Y**. Chez beaucoup d'organismes, le chromosome Y ne contient que peu d'information génétique et la plupart des caractères liés au sexe sont liés à l'X. Les mâles et les femelles diffèrent par leurs chromosomes sexuels. Par conséquent, le schéma de transmission des caractères liés au sexe diffère de celui des caractères déterminés par des gènes autosomiques.

L'œil blanc lié à l'X chez *Drosophila*

Le premier à expliquer l'hérédité liée au sexe fut le biologiste américain Thomas Hunt Morgan (**Figure 4.8**). Morgan commença sa carrière comme embryologiste, mais la redécouverte des principes de Mendel l'incita à se tourner vers la génétique et, initialement, à expérimenter sur des souris et des rats. En 1909, Morgan choisit un autre animal expérimental : la mouche des fruits *Drosophila melanogaster*. Un an plus tard, il découvrit parmi les mouches de sa collection un mâle qui avait les yeux blancs, ce qui contrastait avec les yeux rouges des mouches normales. Cette mouche devait avoir un impact considérable sur le futur de la génétique et sur la carrière de biologiste de Morgan.

Pour tenter de comprendre l'hérédité du caractère œil blanc, Morgan effectua des croisements génétiques systématiques. D'abord, il croisa des femelles d'une lignée pure à œil rouge avec le mâle à œil blanc, obtenant une descendance F_1 homogène à œil rouge (**Figure 4.9a**). (En fait, Morgan trouva quatre mâles à œil blanc parmi les 1237 descendants F_1, mais il supposa que les yeux blancs étaient dus à l'apparition de nouvelles mutations.) Les résultats de ce premier croisement étaient en accord avec les principes de Mendel : un croisement entre un individu homozygote dominant et un individu homozygote récessif produit une descendance hétérozygote présentant le trait dominant. Les résultats de ce croisement initial suggéraient que l'œil blanc soit simplement un trait récessif. Toutefois, quand Morgan croisa entre elles les mouches F_1, il observa que toutes les femelles F_2 avaient les yeux rouges, mais que la moitié des mâles avaient les yeux rouges, et l'autre moitié, des yeux blancs. Clairement, ce résultat n'était pas celui attendu d'un simple caractère récessif, qui aurait dû apparaître chez 1/4 des descendants mâles et femelles.

Pour expliquer ce résultat inattendu, Morgan proposa que le locus responsable de la couleur de l'œil se trouve sur le chromosome X (donc, que la couleur de l'œil soit liée à l'X). Si les allèles déterminant la couleur de l'œil ne sont présents que sur le chromosome X, il n'y a pas d'allèle homologue sur le chromosome Y. Comme les cellules des femelles possèdent deux chromosomes X, les femelles peuvent être homozygotes ou hétérozygotes pour les allèles de la couleur de l'œil. Par contre, les cellules des mâles ne possèdent qu'un seul chromosome X, donc un seul allèle de la couleur de l'œil. Les mâles ne peuvent donc être ni homozygotes ni hétérozygotes pour cet allèle. On dit qu'ils sont **hémizygotes** pour les loci liés à l'X.

(a) **(b)**

4.8 Les travaux de Thomas Hunt Morgan sur *Drosophila* ont élucidé plusieurs mécanismes fondamentaux de la génétique, dont l'hérédité liée à l'X. (a) Morgan. (b) La salle des mouches où Morgan et ses étudiants effectuaient leurs recherches. *[(a) : Wide World Photos. (b) : American Philosophical Society.]*

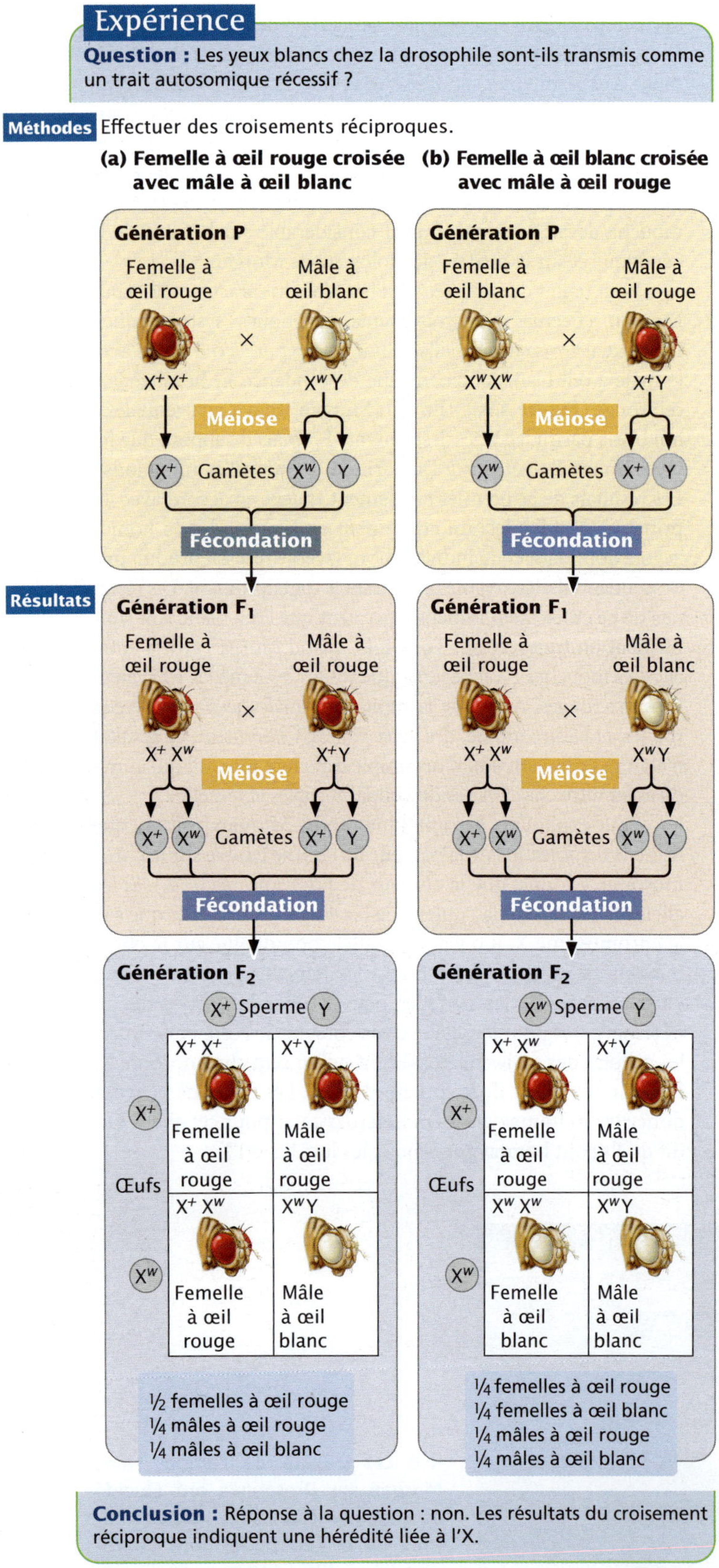

4.9 Les croisements qui ont permis à Morgan de découvrir l'hérédité liée à l'X des yeux blancs chez la mouche des fruits. (a) Le croisement original et celui de la F_1. (b) Les croisements réciproques.

Pour vérifier l'hypothèse de la liaison à l'X du caractère œil blanc, Morgan fit des croisements supplémentaires. Il prédit que le croisement d'une femelle à œil blanc avec un mâle à œil rouge produirait des femelles ayant toutes l'œil rouge et des mâles ayant tous l'œil blanc (**Figure 4.9b**). Les résultats de ce croisement furent exactement ceux que Morgan avait prédits. Notez que ce croisement est réciproque du croisement original et que les deux croisements réciproques produisent des résultats différents à la F_1 et à la F_2. Morgan croisa aussi les femelles F_1 hétérozygotes avec leur père à œil blanc, les femelles F_2 à œil rouge avec des mâles à œil blanc, et des femelles à œil blanc avec des mâles à œil blanc. Les résultats de tous ces croisements concouraient à montrer que l'œil blanc est un caractère lié à l'X.

Un organisme modèle en génétique

La mouche des fruits *Drosophila melanogaster*

Drosophila melanogaster, une mouche des fruits (**Figure 4.10**), fut un des premiers organismes utilisés pour l'analyse génétique, et elle est à présent un des organismes eucaryotiques les mieux étudiés génétiquement et les plus largement utilisés en recherche. La drosophile a joué un rôle important dans l'étude de la liaison génétique, de l'épistasie, de la génétique chromosomique et du développement, dans l'étude du comportement et de l'évolution. Malgré une biodiversité considérable, les mécanismes génétiques fondamentaux sont les mêmes chez tous les êtres vivants, et la compréhension de processus tels que la réplication ou la transcription chez la mouche drosophile nous aide à comprendre ces mêmes processus chez l'homme et chez les autres eucaryotes.

Drosophila est un genre qui comprend plus de 1000 espèces décrites de petites mouches (d'une longueur de 1 à 3 mm) qui se nourrissent et se reproduisent habituellement sur des fruits. Elles causent rarement des dégâts et ne sont pas considérées comme nuisibles économiquement. *Drosophila melanogaster* est la mieux connue et la plus utilisée des mouches des fruits, mais les études génétiques se sont aussi étendues à plusieurs autres espèces du genre.

D. melanogaster fit son apparition dans les laboratoires de biologie vers 1900. Thomas Hunt Morgan commença à utiliser les mouches des fruits pour ses expériences sur l'hérédité en 1908 à l'Université Columbia de New York. Le laboratoire de Morgan, à l'étage supérieur du Bâtiment Schermerhorn, devint rapidement connu sous le nom de Salle des Mouches (voir la Figure 4.8b). Dire que la Salle des Mouches n'était guère impressionnante est un euphémisme. La pièce exiguë (environ 5 mètres sur 7) contenait huit tables bureaux occupées chacune par un étudiant et ses expériences. L'équipement du laboratoire était primitif, consistant essentiellement en bouteilles à lait pour l'élevage des mouches, et en grosse loupes pour observer leurs caractéristiques. Plus tard, des microscopes remplacèrent les loupes, et des incubateurs rudimentaires furent introduits pour la culture des mouches, sans toutefois ajouter beaucoup de sophistication au laboratoire. Morgan et ses étudiants n'étaient pas particulièrement soigneux : il y avait beaucoup

La mouche
Drosophila melanogaster

ADVANTAGES

- Petite taille
- Temps de génération court : 10-12 jours à température ambiante
- Chaque femelle pond de 400 à 500 œufs
- Facile à cultiver en laboratoire
- Petit génome
- Grands chromosomes
- Nombreux mutants disponibles

DESCRIPTION

Taxonomie :	Insecte
Taille :	2-3 mm de long
Anatomie :	corps à 3 parties (tête, thorax, abdomen, 6 pattes, 2 ailes
Habitat :	Se nourrit et se reproduit sur des fruits

Cycle vital

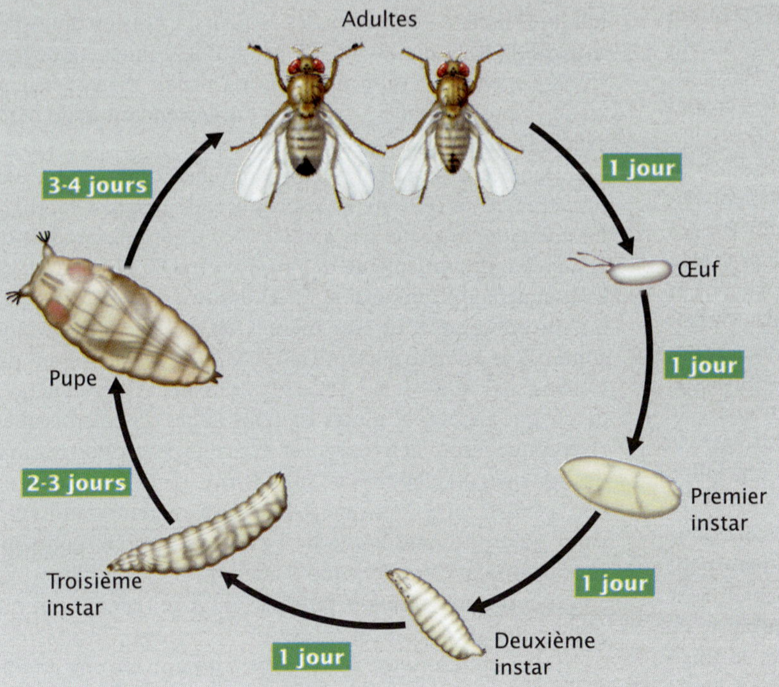

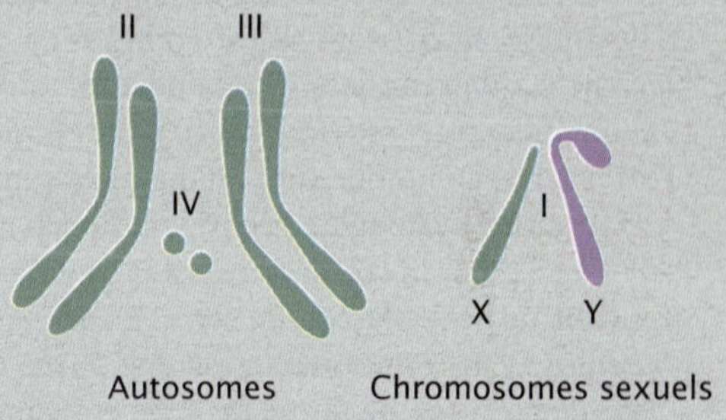

GÉNOME

Chromosomes :	3 paires d'autosomes, X et Y ($2n = 8$)
Quantité d'ADN :	175 millions de paires de bases
Nombre de gènes	14 000
Pourcentage de gènes en commun avec l'homme :	~ 50 %
Taille moyenne des gènes :	3 000 paires de bases
Séquence du génome publiée en	2 000

CONTRIBUTIONS À LA GÉNÉTIQUE

- Principes de base de l'hérédité, dont l'hérédité liée au sexe, l'allélisme multiple, l'épistasie, la cartographie génétique, etc.
- Recherches sur la mutation
- Génétique chromosomique
- Génétique des populations
- Génétique du comportement

4.10 ***Drosophila melanogaster*** **est un organisme modèle en génétique.**

de cafards (qui mangeaient les aliments pour mouches renversés), des bouteilles à lait sales encombraient l'évier, des bananes mûres – la nourriture des mouches – pendaient au plafond, et des mouches échappées voletaient un peu partout.

Malgré son inconfort, la Salle des Mouches fut le théâtre ou le point de départ de quelques unes des recherches les plus importantes de l'histoire de la biologie. Un état d'excitation quotidien animait les étudiants dont certains étaient arrivés au laboratoire avant d'avoir obtenu leur maîtrise. La proximité obligée favorisait les échanges informels d'idées. Morgan et sa Salle des Mouches illustrent l'importance de l'ambiance de travail pour produire de la science de qualité. Outre la liaison au sexe, Morgan et ses étudiants utilisèrent la drosophile pour découvrir de nombreux autres principes de base de l'hérédité, parmi lesquels l'épistasie, l'allélisme multiple, et la cartographie génétique.

Les avantages de Drosophila melanogaster comme organisme modèle en génétique L'utilisation très répandue de la drosophile comme outil génétique n'est pas due au hasard. La mouche des fruits possède plusieurs caractéristiques avantageuses pour l'analyse génétique. Comparé à celui d'autres organismes, son temps de génération est court – une dizaine de jours à température ambiante – ce qui permet d'analyser plusieurs générations en l'espace de quelques semaines. Malgré ce temps de génération court, la drosophile passe par plusieurs stades de développement identifiables : œuf, larve, pupe, adulte. Une mouche femelle est fertile dès huit heures après l'éclosion et, typiquement, elle commence à pondre 2 jours après l'accouplement. La descendance est abondante – de 400 à 500 œufs sont pondus sur une période de 10 jours – donc un seul croisement produit un nombre important de descendants.

Un autre avantage est que les mouches des fruits sont faciles à cultiver en laboratoire. Elles sont habituellement élevées dans de petits flacons de verre (à l'origine, on utilisait des bouteilles à lait) et nourries avec une purée facile à préparer, à base de bananes, de farine de maïs et de mélasse. Les mâles et les femelles sont faciles à distinguer et les femelles vierges faciles à isoler, ce qui facilite les croisements génétiques. Les mouches sont petites et n'exigent que peu d'espace – plusieurs centaines peuvent être élevées dans un flacon d'un quart de litre –, mais elles sont suffisamment grandes pour que de nombreuses mutations soient observables à l'aide d'une loupe ou d'un microscope binoculaire.

Enfin, *D. melanogaster* est un organisme de choix pour beucoup de généticiens en raison de son relativement petit génome de 175 millions de paires de bases, l'équivalent de seulement 5 % du génome humain. La mouche a quatre paires de chromosomes : trois paires d'autosomes et une paire de chromosomes sexuels. Le chromosome X (désigné chromosome 1) est de grande taille et acrocentrique. Le chromosome Y est grand et submétacentrique, mais ne contient que très peu d'information génétique. Les chromosomes 2 et 3 sont de grande taille et métacentriques. Le chromosome 4 est un très petit chromosome acrocentrique. Dans les glandes salivaires, les chromosomes sont géants (chromosomes polytènes), ce qui fait de la drosophile un excellent sujet pour l'étude des chromosomes. En 2000, la séquence du génome entier de *D. melanogaster* a été complétée, suivie en 2005 de celle du génome de *D. pseudoobscura*. *Drosophila* reste à ce jour l'un des outils les plus adaptables et les plus puissants pour l'analyse génétique.

Le daltonisme lié à l'X chez l'être humain

Continuons d'examiner l'hérédité liée au sexe en nous intéressant à un autre trait lié à l'X : le daltonisme chez l'être humain – le plus souvent, l'incapacité de distinguer le vert du rouge. Les mutations à l'origine de ce défaut de perception des couleurs sont généralement récessives et, parce que les gènes codant pour les pigments rouge et vert se trouvent sur le chromosome X, le daltonisme est transmis comme un caractère récessif lié à l'X.

Nous utiliserons le symbole X^c pour représenter l'allèle du daltonisme et le symbole X^+ pour représenter l'allèle de la perception normale des couleurs. Les femmes ont deux chromosomes X, donc trois génotypes possibles : $X^+ X^+$ et $X^+ X^c$, qui donnent un phénotype de vision normale, et $X^c X^c$, qui donne un phénotype daltonien.

Considérons l'union d'une femme homozygote pour la perception normale des couleurs et d'un homme daltonien (**Figure 4.11a**). Tous les gamètes de cette femme auront l'allèle de la perception normale. La moitié des gamètes de l'homme auront le chromosome X porteur de l'allèle du daltonisme, et l'autre moitié, le chromosome Y qui ne porte pas d'allèle impliqué dans la perception des couleurs. La fusion d'un spermatozoïde X^c et d'un ovule X^+ produit une fille hétérozygote ($X^+ X^c$) avec une vision normale. La fusion d'un spermatozoïde Y et d'un ovule X^+ produit un descendant mâle hémizygote (X^+Y) avec une vision normale.

Dans le croisement réciproque entre une femme daltonienne et un homme à vision normale (**Figure 4.11b**), la femme n'apporte que des gamètes X^c. L'homme produit des gamètes qui contiennent le chromosome X et d'autres qui contiennent le chromosome Y. Les descendants mâles héritent du chromosome X de leur mère. Comme les deux chromosomes X de la mère portent l'allèle X^c, tous les fils seront daltoniens. Par contre, les descendants femelles héritent un X de chaque parent, et toutes les filles issues de ce croisement réciproque seront hétérozygotes, avec une perception normale des couleurs. Les femmes ne sont daltoniennes que si elles ont hérité l'allèle du daltonisme de leurs deux parents, tandis qu'il suffit qu'un homme hérite de l'allèle de sa mère pour qu'il soit daltonien. C'est pourquoi le daltonisme et la plupart des autres caractères récessifs rares liés à l'X se rencontrent plus fréquemment chez les hommes.

Dans ces croisements, observez qu'une femme atteinte transmet le trait récessif lié à l'X à ses fils, mais pas à ses filles, alors qu'un homme atteint transmet le trait à ses petits-fils via sa fille, mais jamais à ses fils. Les traits récessifs liés à l'X alternent donc entre les sexes, apparaissant chez les femmes d'une génération et chez les hommes de la génération suivante.

Problème de synthèse

Mettons à présent en pratique notre compréhension du schéma de transmission des gènes liés à l'X pour répondre à une question concrète concernant la transmission du daltonisme chez l'homme.

Betty distingue normalement les couleurs, mais sa mère est daltonienne. Bill est daltonien. Si Bill et Betty se marient et ont un enfant, quel est la probabilité que cet enfant soit daltonien ?

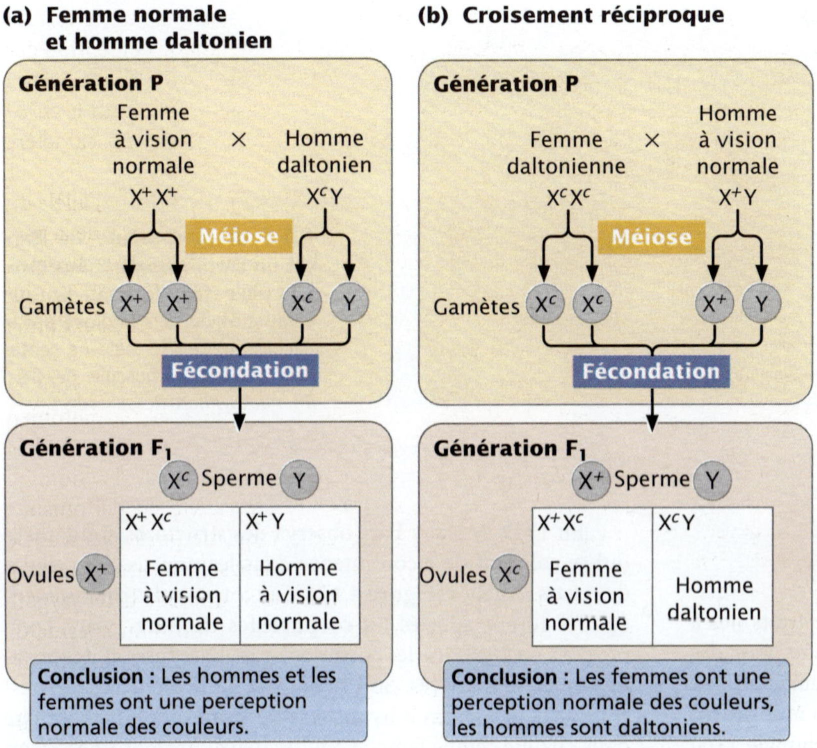

4.11 Chez l'être humain, le daltonisme (cécité des couleurs) est transmis comme un trait récessif lié à l'X.

• Solution

Puisque le daltonisme est un caractère récessif lié à l'X, la mère daltonienne de Betty doit être homozygote pour l'allèle du daltonisme ($X^c X^c$). Les filles héritent d'un X de chaque parent. Par conséquent, Betty doit avoir hérité d'un allèle du daltonisme de sa mère, mais comme elle perçoit normalement les couleurs, elle doit avoir hérité d'un allèle normal de son père, et elle est hétérozygote ($X^+ X^c$). Bill est daltonien. Étant donné que les mâles sont hémizygotes pour les allèles liés à l'X, il doit être (X^cY). Un croisement entre Betty et Bill est représenté comme suit :

Betty × Bill
X^+X^c X^cY

Gamètes (X^+) (X^c) (X^c) (Y)

	(X^+)	(X^c)
(X^c)	X^+X^c Femelle normale	X^cX^c Femelle daltonienne
(Y)	X^+Y Mâle normal	X^cY Mâle daltonien

Donc, on s'attend dans la descendance à 1/4 de filles avec une perception normale des couleurs, 1/4 de filles daltoniennes, 1/4 de garçons à vision normale, et 1/4 de garçons daltoniens.

La réponse est que la probabilité d'avoir un enfant daltonien est de 1 sur 2 (garçon ou fille).

? Entraînez-vous à maîtriser l'hérédité liée à l'X en résolvant le problème 12 à la fin du chapitre.

Concepts clés

Les caractères déterminés par des gènes portés par le chromosome X sont appelés des caractères liés à l'X. Les femelles (XX) ont deux allèles à chaque locus lié à l'X, tandis que les mâles (XY) n'en ont qu'un. Les femelles héritent des allèles liés à l'X de leurs deux parents, mais les mâles n'héritent que d'un seul allèle lié à l'X de leur mère.

✔ Test de compréhension 5

L'hémophilie (coagulation sanguine réduite) est une maladie récessive liée à l'X chez l'homme. Une femme hémophile s'unit à un homme qui a une coagulation sanguine normale. Quelle est la probabilité qu'un enfant né de cette union soit hémophile ?

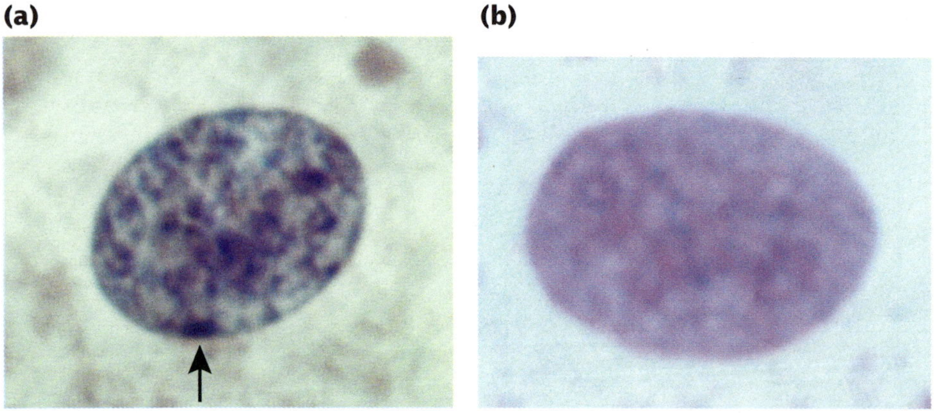

4.12 Un corpuscule de Barr est un chromosome X inactivé. (a) Cellule femelle contenant un corpuscule de Barr (indiqué par la flèche). (b) Cellule mâle ne contenant pas de corpuscule de Barr. *[M. Abbey/Photo Researchers.]*

La représentation symbolique des gènes liés à l'X

Il existe plusieurs façons d'écrire le génotype de traits liés à l'X. Parfois, on utilise la même représentation que pour des caractères autosomiques, en n'attribuant qu'un seul allèle aux mâles hémizygotes. Par exemple, le génotype d'une drosophile femelle à œil blanc s'écrirait *ww* et celui d'un mâle à œil blanc, simplement *w*. Une autre méthode consiste à inclure le chromosome Y en le désignant par une barre oblique (/). Avec cette méthode, le génotype de la femelle à œil blanc serait toujours *ww*, et celui du mâle à œil blanc serait *w*/. La représentation sans doute la plus utile consiste à inclure les symboles des chromosomes X et Y dans le génotype et d'indiquer en exposant les allèles liés à l'X, comme nous le faisons dans ce chapitre. Une femelle à œil blanc est représentée par $X^w X^w$ et un mâle à œil blanc par X^w Y. Cette représentation a l'avantage de nous rappeler que les gènes sont liés à l'X, et que le mâle n'a qu'un seul allèle hérité de sa mère.

La compensation de la dose génique

La présence d'un nombre différent de chromosomes X chez les mâles et les femelles pose un problème pour le développement. Étant donné que les femelles ont deux copies de chaque gène lié à l'X, et que les mâles n'en ont qu'une seule, la quantité des produits correspondants (des protéines ou des enzymes) serait différente chez les deux sexes, les femelles en produisant deux fois plus que les mâles. Cette différence pourrait avoir des conséquences néfastes parce que la concentration de certaines protéines joue un rôle crucial dans le développement. Les animaux évitent ce problème potentiel par une **compensation de la dose génique** qui égalise la quantité de protéines produites par les gènes liés à l'X chez les deux sexes. Chez la mouche des fruits, la compensation s'effectue par un doublement de l'activité des gènes présents sur le chromosome X du mâle. Chez le nématode *Caenorhabditis elegans*, la compensation s'opère par une réduction de moitié de l'activité des gènes des deux X de la femelle. Les mammifères à placenta utilisent un mécanisme de compensation de dose encore différent : les gènes d'un des chromosomes X de la femelle sont inactivés.

En 1949, Murray Barr observa des structures condensées qui se colorent de façon intense dans les noyaux des cellules des chats femelles (**Figure 4.12**). Ces corpuscules intensément colorés furent appelés les **corpuscules de Barr**. Mary Lyon proposa en 1961 que les corpuscules de Barr fussent des chromosomes X inactivés. Son hypothèse (à présent vérifiée) est connue sous le nom **d'hypothèse de Lyon**. Elle suggérait que dans chaque cellule femelle, un des deux chromosomes X soit inactivé par un processus aléatoire, affectant tantôt l'un, tantôt l'autre des chromosomes X. Il s'ensuit que les femelles sont fonctionnellement hémizygotes au niveau cellulaire pour les gènes liés à l'X. Chez les femelles hétérozygotes pour un gène lié à l'X, 50 % environ des cellules exprimeront un allèle et 50 %

4.13 La mosaïque de couleurs de la fourrure des chats écaille de tortue est dû à l'inactivation aléatoire d'un chromosome X chez les femelles. *[Chanan Photography.]*

exprimeront l'autre. Par conséquent, les protéines codées par les deux allèles seront produites, mais pas dans la même cellule. Les femmes hétérozygotes pour des gènes liés à l'X sont donc des mosaïques pour l'expression de ces gènes. L'inactivation aléatoire des X a lieu très tôt – chez l'être humain, pendant les premières semaines du développement. Une fois qu'un chromosome X est inactivé dans une cellule, il reste inactif dans toutes les cellules somatiques descendant par mitose de cette première cellule. Pendant la croissance des tissus, la descendance mitotique d'une cellule progénitrice reste groupée, ce qui donne lieu à une expression par secteurs (mosaïcisme) d'un caractère lié à l'X chez les femelles hétérozygotes.

Un phénotype en mosaïque bien connu est celui de la fourrure des chats écaille de tortue (**Figure 4.13**) et calico. Bien que de nombreux gènes participent à la détermination de la couleur et de l'aspect de la fourrure chez le chat domestique, un seul locus lié à l'X détermine la présence de la couleur orange. Deux allèles peuvent exister à ce locus : X^+, qui produit une fourrure non orange (noire, le plus souvent), et X^O qui produit une fourrure orange. Les mâles sont hémizygotes et peuvent donc être noirs (X^+ Y) ou oranges (X^O Y), mais pas noirs et oranges. Les femelles peuvent être noires ($X^+ X^+$), oranges ($X^O X^O$), ou écaille de tortue ($X^+ X^O$), l'aspect écaille de tortue provenant de la juxtaposition de secteurs noirs et oranges. Chaque secteur orange est un clone de cellules descendant d'une cellule progénitrice dans laquelle l'allèle noir est inactivé, et chaque secteur noir est un clone de cellules descendant d'une cellule progénitrice dans laquelle l'allèle orange est inactivé.

L'hypothèse de Lyon suggérait aussi que si une cellule contenait plus de deux chromosomes X, tous les X surnuméraires seraient inactivés. Le nombre de corpuscules de Barr

Tableau 4.2 Nombre de corpuscules de Barr dans des cellules humaines possédant différentes garnitures de chromosomes sexuels

Chromosomes sexuels	Syndrome	Nombre de corpuscules de Barr
XX	Aucun	1
XY	Aucun	0
XO	Turner	0
XXY	Klinefelter	1
XXYY	Klinefelter	1
XXXYY	Klinefelter	2
XXXXY	Klinefelter	3
XXX	Triple X	2
XXXX	Femelle poly-X	3
XXXXX	Femelle poly-X	4

présents dans des cellules humaines avec différentes garnitures de chromosomes sexuels est donné dans le **Tableau 4.2**. La présence d'un nombre variable de chromosomes X ne devrait donc pas être néfaste chez les mammifères, en raison de cette inactivation des X surnuméraires. Toutefois, les personnes atteintes du syndrome de Turner (XO) ne sont pas des femmes normales, et celles atteintes du syndrome de Klinefelter (XXY) ne sont pas des hommes normaux. Ces maladies sont probablement dues à ce que certains gènes liés à l'X échappent à l'inactivation.

Concepts clés

Chez les mammifères, la compensation de la dose génique garantit qu'une quantité identique du produit d'un gène lié à l'X sera produite dans les cellules des individus mâles et femelles. Tous les chromosomes X sauf un sont inactivés dans les cellules. L'inactivation du X est aléatoire et varie d'une cellule à une autre.

✔ Test de compréhension 6

Combien de corpuscules de Barr un mâle avec une garniture chromosomique XXXYY aura-t-il dans chacune de ses cellules ? Que sont ces corpuscules de Barr ?

Les caractères liés à l'Y

Les caractères liés à l'Y présentent un schéma de transmission spécifique aux mâles, puisque seuls les mâles ont un chromosome Y. Toute la descendance mâle d'un mâle ayant un trait lié à l'Y présentera ce trait puisqu'elle hérite du chromosome Y du père.

L'utilisation de marqueurs génétiques liés à l'Y Au fil du temps, les séquences d'ADN du chromosome Y subissent des mutations – comme toutes les autres séquences d'ADN d'un individu – et elles varient entre individus mâles. Ces variantes – appelées marqueurs génétiques – sont transmises de père en fils et peuvent être utilisées pour retracer l'ascendance paternelle d'un individu mâle. Bien que les marqueurs ne codent pratiquement jamais pour des traits physiques, ils peuvent être détectés par des méthodes moléculaires. La plus grande partie du chromosome Y est non fonctionnelle, donc des mutations peuvent s'y accumuler. Beaucoup de ces mutations sont uniques : elles n'apparaissent qu'une fois, puis sont transmises pendant des générations sans subir de recombinaison. Les marqueurs génétiques présents sur les chromosomes Y peuvent donc servir à établir l'existence de liens de parenté entre personnes.

Des marqueurs liés à l'Y ont été utilisés pour enquêter sur la descendance de Thomas Jefferson, principal auteur de la Déclaration d'Indépendance et troisième président des États-Unis. En 1802, Jefferson fut accusé par un adversaire politique d'avoir eu un enfant de son esclave Sally Hemings, mais les preuves étaient circonstancielles. Hemings, qui était au service de la famille Jefferson et qui accompagna Jefferson lors d'un voyage à Paris, eut cinq enfants. Jefferson fut accusé d'être le père du premier enfant, Thomas, mais des rumeurs concernant la paternité des autres enfants ont aussi circulé. Le dernier enfant de Hemings, Eston, ressemblait de façon saisissante à Jefferson, et son quatrième enfant, Madison, prétendit à la fin de sa vie que Jefferson était le père de tous les enfants de Hemings. Les aïeux de la famille Hemings prétendaient être des descendants de Jefferson, ce que certains des descendants légitimes refusèrent d'accepter.

Pour mettre fin à cette controverse qui s'éternisait, des généticiens ont comparé les marqueurs génétiques des chromosomes Y des descendants en lignée mâle du premier fils de Hemings (Thomas Woodson), de son dernier fils (Eston Hemings), et d'un oncle paternel de Thomas Jefferson qui avait un chromosome Y semblable à celui de son neveu. (On a utilisé les descendants de l'oncle parce que Jefferson lui-même n'avait pas de descendants mâles reconnus.) Les généticiens découvrirent que Jefferson possédait un jeu caractéristique et rare de marqueurs génétiques sur le chromosome Y. Les mêmes marqueurs furent trouvés sur le chromosome Y des descendants en lignée mâle d'Eston Hemings (mais pas sur le chromosome Y des descendants de Thomas Woodson). La probabilité qu'une telle identité soit due au hasard est inférieure à 1 %. La découverte de ces marqueurs génétiques identiques, s'ajoutant aux circonstances historiques, suggère fortement que Jefferson était le père d'Eston Hemings, mais pas de Thomas Woodson.

Concept clé

Les caractères liés à l'Y ont un schéma de transmission caractéristique : ils sont présents uniquement chez les individus mâles et tous les descendants mâles d'un mâle ayant un trait lié à l'Y héritent de ce trait.

Faisons le lien entre les concepts

Repérer l'hérédité liée au sexe

Quels indices faut-il chercher pour identifier les caractères liés au sexe ? Une idée fausse assez commune est que tout caractère génétique pour lequel le phénotype est différent chez les mâles et les femelles doive être lié au sexe. En fait, l'expression de nombreuses caractéristiques *autosomiques* diffère chez les mâles et chez les femelles. Les gènes déterminant ces caractères sont les mêmes chez les deux sexes, mais leur expression est influencée par des hormones sexuelles. Les hormones sexuelles différentes des mâles et des femelles font que les mêmes gènes donnent lieu à des phénotypes différents chez les mâles et les femelles.

Une autre idée fausse est que toute caractéristique apparaissant plus fréquemment chez un des sexes soit liée au sexe. Plusieurs caractères autosomiques sont exprimés plus fréquemment chez un sexe que chez l'autre. On dit que ces caractères sont influencés par le sexe. Certains caractères autosomiques ne sont exprimés que chez un sexe. On dit que ces caractères sont limités par le sexe. Nous examinerons plus en détail les caractères influencés par le sexe et les caractères limités par le sexe plus loin dans ce chapitre.

Les traits liés au sexe ont une série de caractéristiques qui les rendent faciles à reconnaître. Les traits liés à l'Y ne sont présents que chez les mâles, mais ce seul fait ne garantit pas qu'un trait soit lié à l'Y, parce que certains traits autosomiques ne sont exprimés que chez les mâles. *Ce qui caractérise vraiment un trait lié à l'Y, c'est que toute la progéniture mâle d'un mâle ayant le trait exprime le phénotype du père, et aussi qu'un trait lié à l'Y ne puisse être hérité que de la famille paternelle.* Un trait lié à l'Y ne peut donc être hérité que du grand-père paternel et pas du grand-père maternel.

Les traits liés à l'X présentent aussi un schéma de transmission caractéristique. La liaison à l'X est une des explications possibles quand les résultats de croisements réciproques sont différents. Pour presque tous les traits autosomiques, les résultats de croisements réciproques sont identiques. Cependant, quand des croisements réciproques donnent des résultats différents, il ne faut pas automatiquement en conclure que le trait examiné est lié à l'X. D'autres schémas de transmission associés au sexe, décrits plus loin dans ce chapitre, peuvent aussi donner lieu à des résultats différents dans des croisements réciproques. *La clé pour reconnaître une transmission liée à l'X est de se souvenir qu'un mâle reçoit toujours son chromosome X de sa mère et pas de son père. Donc, un trait lié à l'X ne passe jamais directement d'un père à son fils.* Si un mâle hérite un trait de son père – et que la mère n'est pas hétérozygote pour ce trait – le trait ne peut être lié à l'X.

4.3 La dominance, la pénétrance, et les allèles létaux modifient les rapports phénotypiques

Plusieurs facteurs peuvent modifier les rapports phénotypiques mendéliens présentés dans le Chapitre 3. Il s'agit de différents types de dominance, de la pénétrance variable, et des allèles létaux.

La dominance est l'interaction de gènes présents au même locus

Une des contributions importantes de Mendel à l'étude de l'hérédité est le concept de *dominance* – l'idée qu'un individu possède deux allèles différents pour un caractère, mais que le trait codé par un seul des allèles s'exprime au phénotype. Dans un contexte de dominance, l'hétérozygote présente le même phénotype qu'un des homozygotes. Quand les biologistes commencèrent d'appliquer les lois de Mendel à d'autres organismes que les pois, il apparut rapidement que de nombreux caractères ne présentent pas ce type de dominance. Mendel lui-même savait que la dominance n'est pas universelle parce qu'il avait observé un phénotype intermédiaire entre ceux de parents homozygotes dans le cas du temps de floraison des plantes de pois. Cette situation, dans laquelle l'hétérozygote a un phénotype intermédiaire entre ceux des homozygotes, est appelée *dominance incomplète*. Nous avons vu dans le Chapitre 3 qu'un croisement entre deux individus hétérozygotes pour un trait incomplètement dominant produit un rapport phénotypique 1 : 2 : 1 dans la descendance.

De fait, c'est en voyant comment le phénotype d'un hétérozygote se situe par rapport aux phénotypes des homozygotes

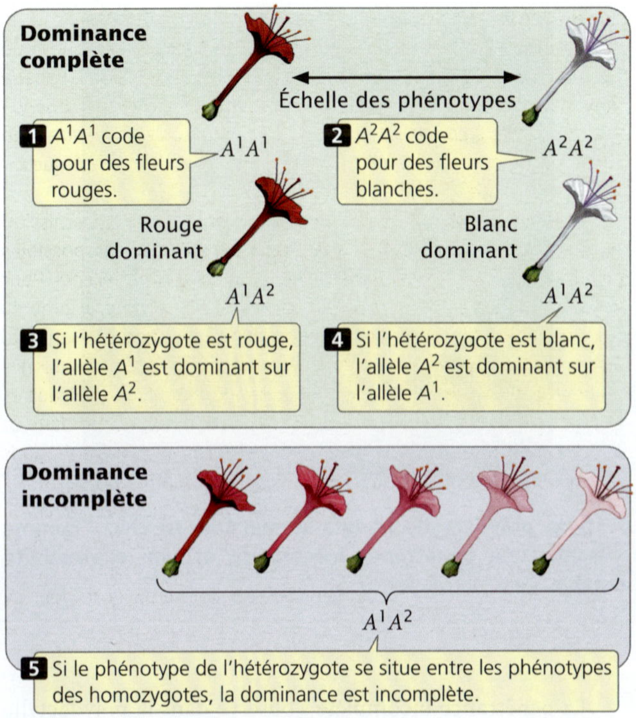

4.14 Le type de dominance présenté par un trait reflète la façon dont le phénotype de l'hétérozygote se situe par rapport aux phénotypes des homozygotes.

que l'on évalue le mieux la relation de dominance. Dans l'exemple de la **Figure 4.14**, la couleur des fleurs peut aller du rouge au blanc. Un génotype homozygote, A^1A^1 code pour la couleur rouge des fleurs, et un autre, A^2A^2, code pour des fleurs blanches. Si l'hétérozygote (A^1A^2) a des fleurs de la même couleur que celles de l'homozygote A^1A^1 (rouges), l'allèle A^1 est *complètement dominant* sur l'allèle A^2, et rouge est dominant sur blanc. Si, au contraire, l'hétérozygote a des fleurs de la même couleur que celles de l'homozygote A^2A^2 (blanches), l'allèle blanc A^2 est complètement dominant sur l'allèle rouge A^1. En cas de dominance incomplète, le phénotype de l'hétérozygote ne doit pas être exactement équidistant des phénotypes homozygotes (c.-à-d. rose, dans notre exemple), mais il pourrait être rouge clair ou blanc légèrement rosé. Du moment que le phénotype de l'hétérozygote peut être distingué des phénotypes homozygotes et qu'il est intermédiaire entre eux, la dominance est incomplète. Il est important de se rappeler que la dominance affecte le phénotype exprimé par les gènes, mais pas la façon dont ces gènes sont transmis.

Un autre type d'interaction entre allèles est la **codominance**, dans laquelle le phénotype de l'hétérozygote exprime simultanément les phénotypes des deux homozygotes. Les types sanguins MN sont un exemple de codominance.

Les gènes du locus MN codent pour un des types d'antigènes présents sur les globules rouges du sang. Contrairement aux antigènes étrangers aux groupes sanguins ABO et Rh (qui codent aussi pour des antigènes présentés sur les globules rouges), les antigènes MN étrangers ne provoquent pas de réaction immunologique forte et ne sont pas pris en compte en routine dans les transfusions sanguines. Deux allèles existent au locus MN : l'allèle L^M, qui code pour l'antigène M, et l'allèle L^N, qui code pour l'antigène N. Les homozygotes $L^M L^M$ expriment l'antigène M sur leurs globules rouges et sont de type sanguin M, et les homozygotes $L^N L^N$ expriment l'antigène N et sont de type sanguin N. Les hétérozygotes $L^M L^N$ présentent la codominance et expriment à la fois les antigènes M et N. Ils sont de type sanguin MN. Les différences entre dominance, dominance incomplète et codominance sont résumées dans le **Tableau 4.3**.

Les phénotypes peuvent se manifester à différents niveaux : morphologique, physiologique, et moléculaire. Le type de dominance montré par un caractère dépend du niveau auquel se manifeste le phénotype examiné. Cela se voit dans le cas de la mucoviscidose, une des maladies génétiques les plus communes chez les personnes de race caucasienne, et qui est généralement considérée comme une pathologie récessive. Les personnes affectées produisent de grandes quantités d'un mucus épais qui obstrue les voies respiratoires et les canaux reliant le pancréas à l'intestin, favorisant de fréquentes infections respiratoires et provoquant des problèmes digestifs graves. Même avec un suivi médical, les personnes atteintes de mucoviscidose souffrent de troubles chroniques qui peuvent être fatals.

Le gène responsable de la mucoviscidose se trouve sur le bras long du chromosome 7. Il code pour une protéine appelée *régulateur transmembranaire de conductance associé à la fibrose kystique.* (N.d.T. : Le terme anglais pour la mucoviscidose est « cystic fibrosis », la protéine s'appelle « Cystic fibrosis transmembrane conductance regulator », en abrégé, CFTR, et le gène codant pour la protéine est désigné *CF*.) La protéine CFTR fonctionne comme une porte qui contrôle le mouvement des ions chlorure à travers la membrane cellulaire. Les personnes atteintes ont une forme mutante de CFTR qui provoque la fermeture permanente du canal transmembranaire et l'accumulation d'ions chlorure dans la cellule. Cette

Tableau 4.3 Différence entre dominance, dominance incomplète, et codominance

Type de dominance	Définition
Dominance	Le phénotype de l'hétérozygote est le même que celui d'un des homozygotes.
Dominance incomplète	Le phénotype de l'hétérozygote est intermédiaire (pas nécessairement médian) entre celui des deux homozygotes.
Codominance	Le phénotype de l'hétérozygote combine les phénotypes des deux homozygotes.

accumulation entraîne la formation du mucus épais à l'origine des symptômes de la maladie.

La majorité des gens ont deux copies de l'allèle *CF* normal et ne produisent que des protéines CFTR fonctionnelles. Les personnes atteintes de mucoviscidose ont deux copies de l'allèle *CF* muté et ne produisent que des CFTR dysfonctionnelles. Les hétérozygotes, qui ont un allèle *CF* normal et un allèle muté, produisent les deux formes de CFTR. Donc, au niveau moléculaire, les deux allèles sont codominants puisqu'ils sont exprimés tous les deux chez l'hétérozygote. Cependant, comme un allèle *CF* normal suffit à produire assez de CFTR fonctionnelle pour assurer un transport normal d'ions chlorure, l'hétérozygote ne présente pas les symptômes de la mucoviscidose, et l'allèle *CF* muté apparaît comme récessif au niveau physiologique. Cet exemple montre que le type de dominance présenté par un allèle dépend du niveau auquel le phénotype correspondant est examiné.

En bref, la dominance est le résultat d'interactions entre gènes présents au même locus : il s'agit donc d'une interaction *entre allèles d'un même gène*. La dominance n'affecte en rien la façon dons les gènes sont transmis ; elle influence uniquement la façon dont ils s'expriment au phénotype. L'interaction allélique qui caractérise la dominance est donc une interaction *entre les produits* des différents allèles. Enfin, le type de dominance dépend du niveau auquel le phénotype est examiné. Comme on l'a vu pour la mucoviscidose, un allèle peut être codominant à un niveau d'expression et récessif à un autre niveau.

Concepts clés

La dominance est une forme d'interaction de gènes présents au même locus (donc des allèles) et se manifeste au phénotype. La dominance n'affecte pas la transmission des gènes. Le type de dominance montré par un caractère dépend du niveau auquel le phénotype est examiné.

✔ Test de compréhension 7

Quelle est la différence entre dominance, dominance incomplète, et codominance ?

La pénétrance et l'expressivité décrivent quantitativement l'expression des gènes au phénotype

Dans les croisements génétiques présentés jusqu'ici, nous n'avons pris en compte que les interactions d'allèles et nous avons considéré que chaque individu de génotype donné exprime le phénotype attendu. Nous avons supposé, par exemple, que chez le pois, le génotype *Rr* produit toujours des graines rondes et que le génotype *rr* produit toujours des graines ridées. Pour certains caractères, cette supposition n'est pas correcte : le génotype ne produit pas toujours le phénotype attendu, un phénomène appelé **pénétrance incomplète**.

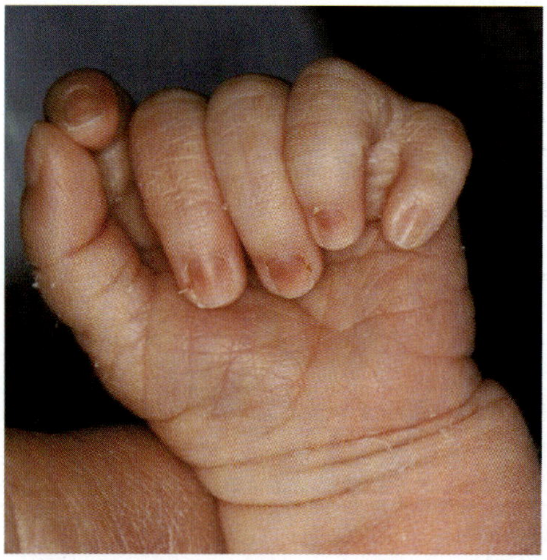

4.15 La polydactylie (doigts surnuméraires) chez l'homme présente une pénétrance incomplète et une expressivité variable. *[SPL/Photo Researchers.]*

La pénétrance incomplète s'observe dans la polydactylie humaine, une anomalie caractérisée par la présence de doigts ou d'orteils surnuméraires (**Figure 4.15**). Il existe différentes formes de polydactylie chez l'homme, mais le trait est généralement déterminé par un allèle dominant. Il arrive que des individus possèdent l'allèle de la polydactylie (comme l'atteste le fait que leurs enfants sont polydactyles), mais qu'ils aient un nombre normal de doigts et d'orteils. Chez ces personnes, l'allèle de la polydactylie n'est pas complètement pénétrant. La **pénétrance** est le pourcentage d'individus ayant un génotype particulier qui expriment le phénotype correspondant. Par exemple, si nous examinions 42 personnes ayant un allèle pour la polydactylie et si nous trouvions que 38 d'entre eux seulement sont polydactyles, la pénétrance serait de $38/42 = 0{,}90$ (90 %).

Un concept proche est celui d'**expressivité**, le degré d'expression d'un caractère. En plus d'une pénétrance incomplète, la polydactylie présente une expressivité variable. Certains individus polydactyles possèdent des doigts et des orteils surnuméraires qui sont complètement fonctionnels, tandis que d'autres ne possèdent qu'une petite excroissance cutanée.

La pénétrance incomplète et l'expressivité variable sont dues aux effets d'autres gènes et de facteurs environnementaux qui peuvent modifier ou supprimer complètement l'effet d'un gène particulier. Par exemple, un gène peut coder une enzyme qui ne produit un phénotype déterminé que dans un certain intervalle de température. À des températures plus élevées ou plus basses, l'enzyme ne fonctionne pas et le phénotype n'est pas exprimé ; l'allèle codant cette enzyme n'est donc pénétrant que dans un intervalle de température déterminé. De nombreux caractères présentent une pénétrance incomplète et une expressivité variable. La présence d'un gène ne garantit pas nécessairement son expression.

Concepts clés

La pénétrance est le pourcentage d'individus possédant un génotype particulier qui expriment le phénotype qui lui est associé. L'expressivité est le degré d'expression d'un trait. La pénétrance incomplète et l'expressivité variable résultent de l'influence d'autres gènes et de facteurs environnementaux sur le phénotype.

✔ Test de compréhension 8

Supposez que des doigts très longs soient transmis comme un trait récessif, avec 80 % de pénétrance. Deux personnes hétérozygotes pour les doigts très longs s'accouplent. Quelle est la probabilité que leur premier enfant ait des doigts très longs ?

Les allèles létaux peuvent modifier les rapports phénotypiques

Le premier cas d'allèle létal rapporté est celui de la couleur jaune du pelage de la souris, décrit par Lucien Cuénot (Voir l'introduction à ce chapitre et la Figure 4.1). Un **allèle létal** provoque la mort à un stade précoce du développement – très souvent avant la naissance – de sorte que certains génotypes n'apparaissent pas dans la descendance.

Un autre cas d'allèle létal, décrit par Erwin Baur en 1907, concerne la gueule de loup (*Antirrhinum*). La souche *aurea* de cette plante a des feuilles jaunes. Quand deux plantes à feuilles jaunes sont croisées, 2/3 de la descendance a des feuilles jaunes, et 1/3 a des feuilles vertes. Quand feuilles vertes est croisée avec feuilles vertes, toute la descendance a des feuilles vertes. Toutefois, quand feuilles jaunes est croisée avec feuilles vertes, 1/2 de la descendance a des feuilles vertes et 1/2 a des feuilles jaunes, ce qui confirme que toutes les gueules de loup à feuilles jaunes sont hétérozygotes. Un rapport 2 : 1 est presque toujours produit par un allèle létal récessif, donc l'obtention de ce rapport dans la descendance d'un croisement entre individus de même phénotype est une indication très sérieuse qu'un des allèles est létal.

Dans cet exemple, comme dans celui de la couleur du pelage des souris, l'allèle létal est récessif parce qu'il cause la mort uniquement en situation homozygote. Contrairement à son effet sur la *survie*, l'effet de l'allèle sur la *couleur* est dominant. Voici une nouvelle illustration du fait que le type de dominance dépend de l'aspect du phénotype qui est examiné.

Des allèles létaux peuvent aussi être dominants. Dans ce cas, les homozygotes et les hétérozygotes pour l'allèle meurent. Les allèles létaux vraiment dominants ne peuvent être transmis, sauf s'ils ne sont exprimés qu'après la naissance, comme dans la chorée de Huntington.

Concepts clé

Un allèle létal provoque souvent la mort à un stade précoce du développement, ce qui entraîne l'absence d'un ou plusieurs génotypes dans la descendance d'un croisement. Les allèles létaux modifient ainsi les rapports phénotypiques observés dans la descendance.

4.4 Une multiplicité d'allèles à un locus crée une grande variété de génotypes et de phénotypes

La plupart des analyses génétiques que nous avons examinées jusqu'à présent impliquaient deux allèles : graines rondes et graines ridées chez le pois, fourrure noire et fourrure grise chez le chat domestique, pour ne citer que deux exemples. Dans certains cas, le nombre d'allèles trouvés à un locus au sein d'un groupe d'individus est supérieur à deux. On parle alors d'**allélisme multiple** (parfois, d'une *série d'allèles*). L'allélisme multiple se définit par rapport à un *groupe* d'individus dans lequel le génotype de chaque individu ne comporte bien évidemment que deux des allèles. L'hérédité de caractères codés par des allèles multiples n'est pas différente de celle de caractères codés par deux allèles, sauf qu'une plus grande variété de génotypes et de phénotypes est possible.

Le système de groupes sanguins ABO

Un exemple d'allélisme multiple est le système de groupes sanguins ABO. Les allèles au locus ABO déterminent le groupe sanguin et, comme ceux du locus MN, ils codent des antigènes qui sont présentés à la surface des globules rouges. Les trois allèles du système ABO sont : I^A qui code l'antigène A, I^B qui code l'antigène B, et *i* qui ne code pas d'antigène (O). Nous pouvons représenter les relations de dominance entre les allèles ABO comme suit : $I^A > i$, $I^B > i$, $I^A = I^B$. Les allèles I^A et I^B sont dominants sur *i* et codominants entre eux. Le phénotype AB est dû à la présence des deux allèles I^A et I^B qui déterminent la présentation simultanée des antigènes A et B sur les cellules sanguines. Une personne de génotype *ii* ne produit aucun des deux antigènes et est de groupe sanguin O. Les six génotypes communément présents à ce locus et les phénotypes correspondants sont montrés dans la **Figure 4.16a**.

Des anticorps sont produits contre tous les antigènes étrangers (voir la Figure 4.16a). Par exemple, une personne de groupe sanguin A produit des anticorps anti-B, parce que B est reconnu comme étranger, et vice-versa. Une personne de groupe sanguin O n'a ni antigènes A ni antigènes B et produit des anticorps contre ces deux types d'antigènes. La présence de ces anticorps signifie que des transfusions sanguines ne sont possibles qu'entre personnes de groupes sanguins compatibles (**Figure 4.16b**).

En guise d'illustration de l'hérédité des allèles au locus ABO, voici l'affaire de la poursuite de paternité engagée contre Charlie Chaplin, le célèbre acteur et réalisateur de films. En 1941, Chaplin eut une liaison avec une jeune actrice, Joan Barry. Cette liaison prit fin en février 1942, mais 20 mois plus tard, Barry accoucha d'une fille et déclara que Chaplin en était le père. Elle engagea une poursuite de paternité pour obtenir une pension alimentaire. La détermination des groupes

(a)

Phénotype (groupe sanguin)	Génotype	Type d'antigène	Anticorps produits
A	I^AI^A ou I^Ai	A	B
B	I^BI^B ou I^Bi	B	A
AB	I^AI^B	A et B	Aucun
O	ii	Aucun	A et B

(b)

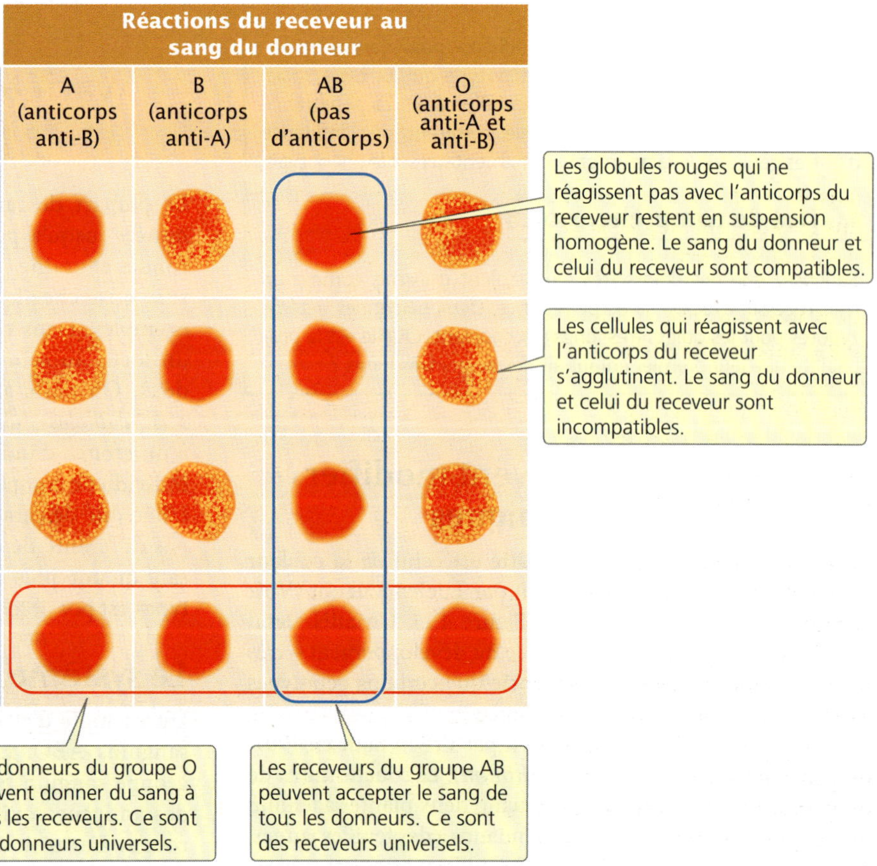

4.16 Le système de groupes sanguins ABO et les compatibilités au niveau des transfusions.

sanguins commençait d'être pratiquée couramment, et les avocats de Chaplin firent déterminer les groupes de Chaplin, de Barry et du bébé. Barry était du groupe A, son enfant du groupe B, et Chaplin, du groupe O. Chaplin aurait-il pu être le père de l'enfant ?

Votre réponse devrait être non. Barry était du groupe A, qui peut être l'expression des génotypes $I^A\,I^A$ ou $I^A\,i$. Son bébé était du groupe B, qui est exprimé par les génotypes I^BI^B ou I^Bi. Le bébé ne pouvait avoir hérité l'allèle I^B de Barry puisqu'elle était du groupe A, mais devait avoir hérité d'elle un allèle i. Donc, pour être du groupe B, le bébé devait avoir hérité un allèle I^B de son père, qui ne pouvait être Chaplin. En effet, étant du groupe O, Chaplin devait avoir le génotype ii. (Barry devait avoir le génotype $I^A\,i$, et son bébé, le génotype $I^B\,i$.) Lors du procès, trois pathologistes témoignèrent qu'il était génétiquement impossible que Chaplin fût le père de l'enfant, mais le verdict du jury fut qu'il était le père et il fut condamné à payer une pension alimentaire et les frais de justice de Barry.

Remarquons que si les groupes sanguins permettent d'exclure la possibilité d'une paternité (comme dans l'affaire Barry vs. Chaplin), ils ne peuvent prouver qu'une personne est le parent d'un enfant, parce que de très nombreuses personnes ont le même groupe sanguin.

Concepts clés

Plusieurs allèles (plus de deux) peuvent être présents au même locus chez un groupe d'individus (allélisme multiple), mais naturellement, chaque individu diploïde de ce groupe n'a que deux allèles à ce locus.

✔ Test de compréhension 9

Quels peuvent être les groupes sanguins des enfants issus de l'union d'un homme du groupe A et d'une femme du groupe B ?

4.5 L'interaction de gènes se produit quand les gènes de plusieurs loci déterminent un seul phénotype

Dans les croisements dihybrides que nous avons examinés dans le Chapitre 3, les allèles présents à chaque locus avaient un effet indépendant sur le phénotype. Quand Mendel a croisé une plante homozygote pour des graines rondes et jaunes avec une plante homozygote pour des graines ridées et vertes, puis qu'il a laissé les F_1 s'autoféconder, il a obtenu une F_2 révélatrice de deux types d'indépendance génétique (voir la Figure 3.10). Premièrement, les gènes à chaque locus étaient indépendants dans leur *assortiment*, produisant le rapport phénotypique 9 : 3 : 3 : 1 conforme au principe d'assortiment indépendant. Deuxièmement, les gènes étaient indépendants *au niveau de leur expression phénotypique* : les allèles déterminant la forme de la graine n'influençaient pas la couleur de l'endosperme, et ceux déterminant la couleur n'influençaient pas la forme de la graine.

Cependant, les gènes qui s'assortissent indépendamment ne sont pas nécessairement indépendants dans leur expression phénotypique. Le phénotype qu'ils expriment peut dépendre de la présence de gènes à d'autres loci (donc de gènes non allèles). Ce phénomène s'appelle **interaction de gènes**. Les produits des gènes de différents loci se combinent pour produire des phénotypes nouveaux, différents de ceux prévisibles si un seul locus les déterminait. Dans notre approche de l'interaction de gènes, nous considérerons surtout l'interaction de gènes de deux loci différents, mais des interactions de gènes de trois, quatre ou même davantage de loci sont courantes.

Concepts clés

Dans l'interaction de gènes, des gènes de différents loci participent à la détermination d'une seule caractéristique phénotypique.

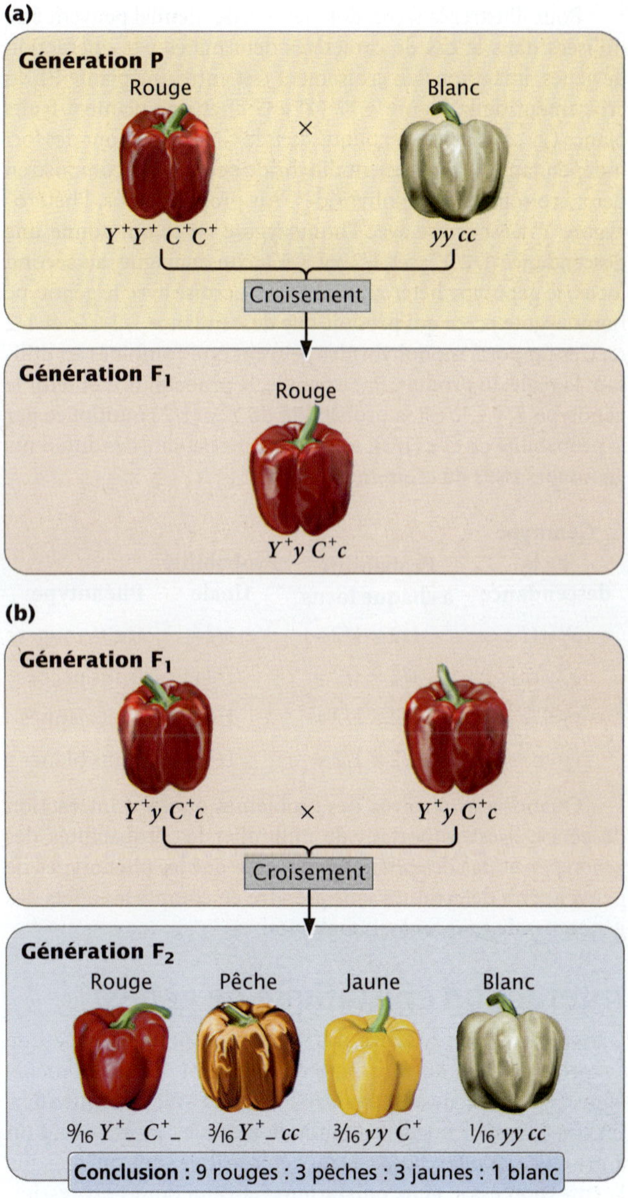

4.17 Interaction de gènes. Les gènes de deux loci déterminent la couleur du fruit chez le poivron *Capsicum annuum*.

L'interaction de gènes produit de nouveaux phénotypes

Examinons d'abord un cas où les gènes de deux loci interagissent pour produire un seul trait. La couleur du fruit chez le poivron *Capsicum annuum* est déterminée de cette façon. Les plantes de poivron produisent des fruits d'une des couleurs suivantes : rouge, pêche, jaune, et crème (ou blanche). Si une plante homozygote à fruits rouges est croisée avec une plante homozygote à fruits blancs, toutes les plantes F1 ont des fruits rouges (**Figure 4.17a**). Quand les F_1 sont croisées entre elles, le rapport phénotypique de la F_2 est de 9 à fruits rouges : 3 à fruits pêches : 3 à fruits jaunes : 1 à fruits blancs (**Figure 4.17b**). Ce rapport dihybride (voir le Chapitre 3) est produit par un croisement entre deux plantes hétérozygotes à deux loci ($Y^+y\ C^+c \times Y^+y\ C^+c$). Les gènes des loci *Y* et *C* interagissent pour produire un seul phénotype – la couleur des poivrons :

Génotype	Phénotype
$Y^+\_\ C^+\_$	rouge
$Y^+\_\ cc$	pêche
$yy\ C^+\_$	jaune
$yy\ cc$	blanc

Pour illustrer la façon dont les lois de Mendel peuvent être utilisées dans le cas de caractères déterminés par interaction de gènes, imaginons un croisement test entre une plante F1 du croisement de la Figure 4.17 ($Y^+y\ C^+c$) et une plante à fruits blancs (*yy cc*). Comme expliqué dans le Chapitre 3 pour des loci indépendants, le croisement dihybride peut être décomposé en deux croisements monohybrides. Au premier locus, l'hétérozygote Y^+y est croisé avec l'homozygote *yy*, ce qui donne une descendance 1/2 Y^+y et 1/2 *yy*. De façon analogue, au second locus, le génotype hétérozygote C^+c est croisé avec le génotype homozygote *cc*, ce qui produit une descendance 1/2 C^+c et 1/2 *cc*. Ces rapports monohybrides peuvent être combinés en utilisant la règle du produit. Par exemple, la probabilité d'obtenir le génotype $Y^+y\ C^+c$ est la probabilité de Y^+y (1/2) multipliée par la probabilité de C^+c (1/2), soit 1/4. La probabilité des différents génotypes issus du croisement test est :

Génotype de la descendance	Probabilité à chaque locus	Probabilité finale	Phénotype
$Y^+y\ C^+c$	1/2 × 1/2 =	1/4	fruits rouges
$Y^+y\ cc$	1/2 × 1/2 =	1/4	fruits pêches
$yy\ C^+c$	1/2 × 1/2 =	1/4	fruits jaunes
yy cc	1/2 × 1/2 =	1/4	fruits blancs

Quand vous résolvez des problèmes où il y a interaction de gènes, il est important de multiplier les probabilités des *génotypes*, et pas des phénotypes, parce que les phénotypes ne peuvent être déterminés sans prendre en compte les effets des génotypes de tous les loci impliqués.

Interaction épistatique de gènes

Dans l'interaction de gènes, il arrive parfois qu'un gène masque l'expression d'un autre, à un locus différent. Ce phénomène, appelé **épistasie**, ne doit pas être confondu avec la dominance. En effet, un gène ou allèle dominant masque l'expression d'un autre allèle au *même locus*. Dans l'épistasie, le gène qui masque l'expression est le **gène épistatique**, et celui dont l'expression est masquée est le **gène hypostatique**. Les gènes épistatiques peuvent être récessifs ou dominants dans leurs effets.

Épistasie récessive L'épistasie récessive s'observe chez les gènes qui déterminent la couleur de la robe chez les Labrador retrievers. Ces chiens peuvent être noirs, bruns (chocolat) ou jaunes (dorés). Ces différentes couleurs de pelage sont déterminées par l'interaction des gènes de deux loci (des gènes d'autres loci contribuent aussi à l'expression de la couleur, mais en moindre mesure). Les allèles d'un locus déterminent le type de pigment produit par les cellules cutanées : un allèle dominant *B* code pour un pigment noir, tandis qu'un allèle récessif *b* code pour un pigment brun. Les allèles d'un autre locus contrôlent le *dépôt du pigment* dans la tige du poil : l'allèle *E* permet l'accumulation de pigment sombre (noir ou brun) dans le poil, tandis que l'allèle récessif *e* empêche le dépôt du pigment, provoquant le phénotype jaune doré. La présence du génotype *ee* au second locus masque l'expression des allèles noir ou brun au premier locus. Les génotypes qui déterminent la couleur de la robe et les phénotypes qui y correspondent sont les suivants :

Génotype	Phénotype
*B_ E_*	noir
*bb E_*	brun chocolat
B_ ee	jaune doré
bb ee	jaune doré

Si nous croisons un Labrador noir homozygote pour les allèles dominants avec un Labrador doré homozygote pour les allèles récessifs, puis que nous croisons entre eux les chiens F_1, nous obtenons une F_2 avec un rapport phénotypique 9 : 3 : 4 comme expliqué ci-dessous :

P *BB EE* Noir × *bb ee* Doré

↓

F_1 *Bb Ee* Noirs

↓ Croisement entre F_1

F_2
9/16 *B_ E_* noirs
9/16 *B_ E_* noirs
3/16 *B_ ee* dorés
1/16 *bb ee* dorés } 4/16 dorés

Les Labradors dorés peuvent avoir les allèles pour les pigments noir ou brun, mais ces allèles ne sont pas exprimés dans la couleur de leur robe.

Dans cet exemple d'interaction de gènes, l'allèle *e* est épistatique par rapport à *B* et *b*, parce qu'il masque l'expression des allèles codant pour les pigments noir et brun, et les allèles *B* et *b* sont hypostatiques par rapport à *e*. L'allèle *e* est épistatique récessif parce que deux exemplaires doivent être présents pour masquer l'expression des pigments.

Un autre exemple d'épistasie récessive est le phénotype dit de Bombay, où l'expression des allèles au locus ABO est supprimée. Chez la plupart des gens, un allèle dominant *H* code pour une enzyme impliquée dans la synthèse d'une molécule H qui est nécessaire à la production des antigènes. Les personnes présentant le phénotype de Bombay sont homozygotes pour une mutation récessive *h* qui code une enzyme inactive. Comme la molécule H n'est pas produite, les antigènes ABO ne sont pas synthétisés. Les personnes de génotype *hh*, qu'elles soient de groupe sanguin A, B, ou AB, ne produisent pas d'antigènes et expriment donc un phénotype O. Dans cet exemple, les allèles au locus ABO sont hypostatiques par rapport à l'allèle *h* récessif.

Épistasie dominante L'épistasie dominante s'observe chez les gènes qui déterminent la couleur du pâtisson (*Cucurbita pepo*) qui, communément, peut être blanc, vert, ou jaune. Si une plante homozygote produisant des pâtissons blancs est croisée avec une plante homozygote produisant des pâtissons

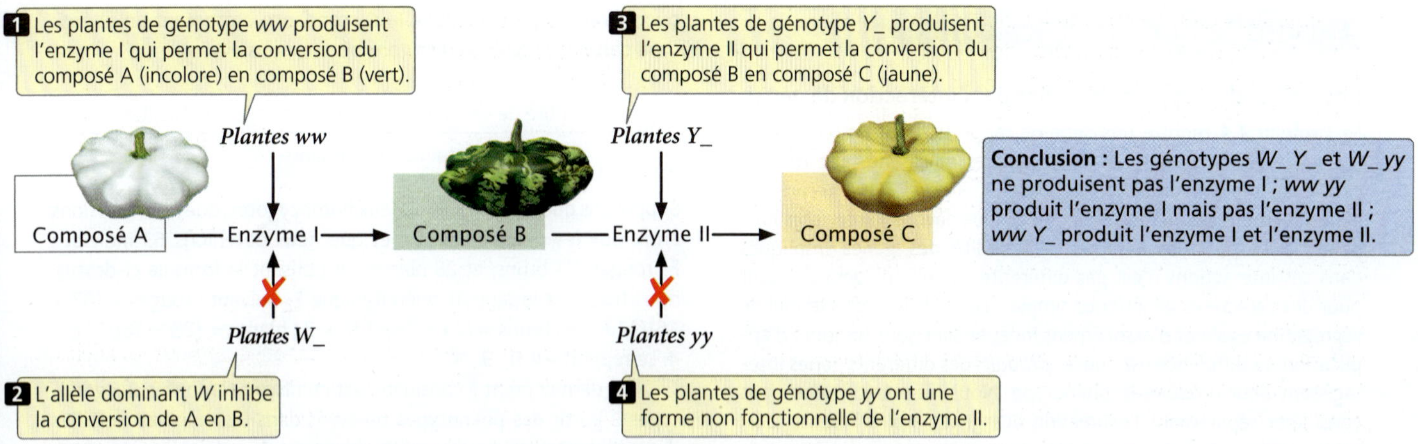

4.18 Le pigment jaune du pâtisson est synthétisé en deux étapes.

verts, et que les plantes F_1 sont croisées entre elles, on obtient les résultats suivants :

P Plante à fruits blancs × Plante à fruits verts

↓

F_1 Plantes à fruits blancs

↓ Croisement entre plantes F_1

F_2
12/16 plantes à fruits blancs
3/16 plantes à fruits jaunes
1/16 plantes à fruits verts

Comment l'interaction de gènes explique-t-elle ces résultats ?

À la F_2, 12/16, ou 3/4, des plantes produisent des pâtissons blancs et 3/16 + 1/16 = 1/4 des plantes produisent des pâtissons colorés. Nous retrouvons le rapport 3 : 1 familier produit par un croisement entre deux hétérozygotes, qui indique qu'un allèle dominant présent à un locus inhibe la production de pigment, ce qui donne une descendance à fruits blancs. Si nous utilisons le symbole *W* pour représenter l'allèle dominant qui inhibe la production de pigment, le génotype *W_* inhibe la production de pigment, tandis que *ww* permet la production de pigment et donne des pâtissons colorés.

Parmi les plantes F_2 à fruits pigmentés, nous observons 3/16 de jaunes et 1/16 de vertes (un rapport 3 : 1). Par conséquent, un second locus doit déterminer le type de pigment produit, avec jaune (*Y_*) dominant sur vert (*yy*). Ce locus n'est exprimé que dans les plantes *ww*, qui n'ont pas l'allèle inhibiteur dominant *W*. Nous pouvons attribuer le génotype *ww Y_* aux plantes qui produisent des fruits jaunes et le génotype *ww yy* aux plantes qui produisent des fruits verts. Les génotypes et les phénotypes correspondants sont :

*W_ Y_*	pâtissons blancs
W_ yy	pâtissons blancs
*ww Y_*	pâtissons jaunes
ww yy	pâtissons verts

L'allèle *W* est épistatique par rapport à *Y* et *y* : il supprime l'expression de ces allèles producteurs de pigments. L'allèle *W* est épistatique dominant parce que, contrairement à l'allèle *e* de la couleur de robe chez le Labrador, un seul exemplaire suffit à inhiber la production de pigment.

Le pigment jaune chez le pâtisson est plus que probablement produit par une voie biochimique à deux étapes (**Figure 4.18**). Un composé incolore (ou blanc), désigné par A dans la Figure 4.18, est converti par l'enzyme I en un composé B vert, qui est lui-même converti par l'enzyme II en un composé C jaune. Les plantes de génotype *ww* produisent l'enzyme I et peuvent avoir des fruits verts ou jaunes, en fonction de l'absence ou de la présence de l'enzyme II. Quand l'allèle *Y* est présent à un second locus, l'enzyme II est produite et le composé B est converti en composé C, ce qui donne des fruits jaunes. Quand l'allèle y, qui code pour une forme non fonctionnelle de l'enzyme II, est présent en deux exemplaires, les fruits restent verts. La présence de *W* au premier locus inhibe la conversion du composé A en composé B. Les plantes de génotype *W_* ne produisent pas de composé B et leurs fruits restent blancs, quels que soient les allèles présents au deuxième locus.

Concepts clés

L'épistasie est le masquage de l'expression d'un gène par un autre, présent à un locus différent. Le gène épistatique est le gène qui masque ; le gène hypostatique est celui qui est masqué. Les gènes épistatiques peuvent être dominants ou récessifs.

✔ Test de compréhension 10

Plusieurs chats à la robe blanche unie sont croisés et produisent des descendants des types suivants : 12/16 blancs unis, 3/16 noirs, et 1/16 gris. Donnez les génotypes de la descendance. Quel gène est épistatique ?

Faisons le lien entre les concepts

Interpréter des rapports modifiés par l'interaction de gènes

Le **Tableau 4.4** montre une série de rapports modifiés par l'interaction de gènes. Chacun de ces exemples représente une modification du rapport dihybride de base 9 : 3 : 3 : 1. En interprétant génétiquement ces rapports modifiés, nous devons garder plusieurs points à l'esprit. Premièrement, l'hérédité des gènes impliqués dans ces interactions n'est pas différente de celle de gènes codant pour des caractères génétiques simples. Les principes de Mendel de ségrégation égale et d'assortiment indépendant sont toujours d'application. La différence est que les *produits* des différents gènes interagissent pour produire le phénotype. Nous ne pouvons donc pas considérer séparément l'expression des gènes aux différents loci ; nous devons au contraire prendre en compte la manière dont ils interagissent.

Deuxièmement, dans les exemples que nous avons examinés, les rapports phénotypiques étaient toujours exprimés en seizièmes, parce que dans tous les croisements, des paires d'allèles ségrégeaient à deux loci s'assortissant indépendamment. La probabilité d'hériter un des deux allèles à un locus est 1/2. Quand il y a deux loci avec à chacun deux allèles, la probabilité d'hériter d'une quelconque des combinaisons d'allèles est $(1/2)^4 = 1/16$. Dans un croisement trihybride, les proportions des descendants seraient exprimées en soixante-quatrièmes, parce que $(1/2)^6 = 1/64$. De façon générale, les proportions de la descendance devraient être en multiples de $(1/2)^{2n}$, où n est le nombre de loci à deux allèles qui ségrègent dans le croisement.

Il est rare que des croisements produisent exactement 16 descendants. Par conséquent, les modifications de rapports dihybrides ne sont pas toujours évidentes. Les rapports modifiés se détectent plus facilement si le nombre d'individus de chaque phénotype est exprimé en seizièmes du nombre total :

$$\frac{x}{16} = \frac{\text{nombre de descendants d'un phénotype particulier}}{\text{nombre total de descendants}}$$

où $x/16$ est la proportion de la descendance présentant un phénotype particulier. Si nous résolvons pour x, nous avons :

$$x = \frac{\text{nombre de descendants d'un phénotype particulier} \times 16}{\text{nombre total de descendants}}$$

Supposons que nous croisions deux homozygotes, que nous croisions entre eux les descendants F_1, et que nous obtenions 63 individus F_2 rouges, 21 bruns, et 28 blancs. En utilisant la formule ci-dessus, nous trouvons le rapport phénotypique F_2 suivant : rouges = $(63 \times 16)/112 = 9$; bruns = $(21 \times 16)/112 = 3$; blancs = $(28 \times 16)/112 = 4$. Le rapport est 9 : 3 : 4.

Un dernier point à considérer est comment remonter aux génotypes à partir des phénotypes observés dans les rapports modifiés dus à l'interaction de gènes. N'essayez pas de mémoriser les génotypes associés à tous les rapports modifiés décrits dans le Tableau 4.4. Plutôt, entraînez-vous à faire le lien entre des rapports modifiés et des rapports mendéliens classiques, comme le rapport dihybride 9 : 3 : 3 : 1. Supposez que, dans un croisement entre deux plantes, nous obtenions une descendance comportant 15/16 de plantes vertes et 1/16 de blanches. Si nous comparons ce rapport 15 : 1 au rapport dihybride standard 9 : 3 : 3 : 1, nous voyons que 9/16 + 3/16 + 3/16 est égal à 15/16. Tous les génotypes associés à ces proportions (*A_ B_*, *A_ bb*, et *aa B_*) doivent produire le même génotype – des plantes vertes. Le génotype *aa bb* constitue le 1/16 restant de la descendance – des plantes blanches, dans cet exemple.

En attribuant des génotypes aux phénotypes dans les rapports modifiés, les étudiants ne savent pas toujours quelle lettre attribuer à quel génotype. Supposons que nous obtenions le rapport phénotypique suivant : 9/16 noirs : 3/16 bruns : 4/16 blancs. Quel génotype attribuons-nous aux descendants bruns, *A_ bb* ou *aa B_* ? Les deux réponses sont correctes parce que les lettres ne sont que des symboles arbitraires de l'information génétique. L'information importante à inférer de ce type de rapport est que le phénotype brun est produit quand deux allèles récessifs sont présents à un locus.

Tableau 4.4 Rapports phénotypiques dihybrides modifiés par l'interaction de gènes

	Génotype					
Rapport*	*A_ B_*	*A_ bb*	*aa B_*	*aa bb*	Type d'interaction	Exemple
9 : 3 : 3 : 1	9	3	3	1	Aucune	Forme de la graine et couleur de l'endosperme chez le pois
9 : 3 : 4	9	3	4		Épistasie récessive	Couleur de la robe chez les retrievers Labrador
12 : 3 : 1	12		3	1	Épistasie dominante	Couleur du pâtisson
9 : 7	9	7			Double épistasie récessive	—
9 : 6 : 1	9	6		1	Interaction double	—
15 : 1	15			1	Double épistasie dominante	—
13 : 3	13		3		Épistasie dominante et récessive	—

* Chaque rapport est obtenu dans un croisement dihybride (*Aa Bb* × *Aa Bb*). Les barres grises indiquent des combinaisons de génotypes qui donnent le même génotype.

Problème de synthèse

Une souche de maïs jaune homozygote est croisée avec une souche pourpre homozygote. Les F_1 sont croisées entre elles, produisant un épi avec 119 grains pourpres et 89 grains jaunes (la descendance F_2). Quel est le génotype des grains jaunes ?

• Solution

Faisons d'abord l'hypothèse que le croisement entre les souches jaune et pourpre soit un croisement monohybride concernant un trait dominant, ce qui devrait donner un rapport 3 : 1 à la F_2 ($Aa \times Aa \rightarrow 3/4\ A\_$ et $1/4\ aa$). Dans ce cas, nous nous attendrions à avoir 156 descendants pourpres et 52 jaunes :

Phénotype	Génotype	Nombre observé	Nombre attendu
Pourpre	*A_*	119	3/4 × 208 = 156
Jaune	*aa*	89	1/4 × 208 = 52
Total		208	

Nous voyons que les nombres observés s'écartent fort des nombres attendus. Si nous faisions un test du chi-carré (voir le Chapitre 3), nous obtiendrions une valeur calculée de 35,08. La probabilité associée est très inférieure à 0,05. Il est donc extrêmement peu probable que si nous attendons un rapport phénotypique 3 : 1, nous obtenions 119 descendants pourpres et 89 jaunes. Nous pouvons donc rejeter l'hypothèse que ces nombres soient le résultat d'un croisement monohybride.

Une autre possibilité serait que les descendants F_2 soient dans un rapport 1 : 1. Toutefois, nous avons appris dans le Chapitre 3 qu'un rapport 1 : 1 est produit par un croisement entre un hétérozygote et un homozygote ($Aa \times aa$) et l'information qu'on nous donne ici est qu'il s'agit d'un croisement entre deux parents homozygotes. De plus, un test du chi-carré comparant les nombres de descendants observés avec ceux attendus d'un rapport 1 : 1 donne une valeur calculée de chi-carré de 4,32 et une probabilité associée inférieure à 0,05.

Voyons ensuite si les nombres observés peuvent être produits par un croisement dihybride ($Aa\,Bb \times Aa\,Bb$). Un croisement dihybride donne des rapports phénotypiques exprimés en seizièmes. Nous pouvons appliquer la formule développée précédemment dans ce chapitre pour calculer le nombre de seizièmes correspondant à chaque phénotype :

$$x = \frac{\text{nombre de descendants d'un phénotype particulier} \times 16}{\text{nombre total de descendants}}$$

$$x_{(\text{pourpres})} = \frac{119 \times 16}{208} = 9{,}15$$

$$x_{(\text{jaunes})} = \frac{89 \times 16}{208} = 6{,}85$$

Donc, les descendants pourpres et jaunes apparaissent dans un rapport d'environ 9 : 7. Nous pouvons tester la validité de cette interprétation en faisant un test du chi-carré :

Phénotype	Génotype	Nombre observé	Nombre attendu
Pourpre	?	119	9/16 × 208 = 117
Jaune	?	89	7/16 × 208 = 91
Total		208	

$$x^2 = \sum \frac{(\text{observé} - \text{attendu})^2}{\text{attendu}}$$

$$= \frac{(119-117)^2}{117} + \frac{(89-91)^2}{91}$$

$$= 0{,}034 + 0{,}044 = 0{,}078$$

$$\text{Degrés de liberté} = n - 1 = 2 - 1 = 1$$

$$P > 0{,}05$$

La probabilité associée à la valeur du chi-carré est supérieure à 0,05, ce qui indique une bonne concordance entre les nombres observés et un rapport de 9 : 7.

Nous devons à présent déterminer comment un croisement dihybride peut produire un rapport 9 : 7, et quels sont les génotypes qui correspondent aux deux phénotypes. Un croisement dihybride sans épistasie produit un rapport 9 : 3 : 3 : 1

$$Aa\,Bb \quad \times \quad Aa\,Bb$$
$$\downarrow$$
$$9/16\ A\_\ B\_$$
$$3/16\ A\_\ bb$$
$$3/16\ aa\ B\_$$
$$1/16\ aa\ bb$$

Étant donné que 9/16 des descendants (les grains) sont pourpres, le phénotype pourpre doit être produit par les génotypes *A_ B_*. En d'autres termes, les grains individuels qui ont au moins un allèle dominant au premier locus et au moins un allèle dominant au second locus sont pourpres. La somme de tous les autres génotypes (*A_ bb*, *aa B_*,et *aa bb*) est 7/16, ce qui est la proportion des descendants jaunes. Donc, tout grain qui n'a pas d'allèle dominant à chacun des deux locus est jaune.

? Testez votre compréhension de l'épistasie en résolvant le problème 27 à la fin du chapitre.

La complémentation : déterminer si des mutations sont ou non au même locus (test d'allélisme)

Comment savoir si différentes mutations qui affectent un caractère se trouvent au même locus (si elles sont allèles) ou à des loci différents ? Chez la drosophile, par exemple, la mutation *white*, qui produit des yeux blancs au lieu de rouges, est liée à l'X ; la mutation *apricot*, qui produit des yeux légèrement orangés, est une mutation récessive liée à l'X. Les mutations *white* et *apricot* se trouvent-elles au même locus ou à des loci différents ? Nous pouvons répondre à cette question en faisant un test de complémentation.

Pour réaliser un **test de complémentation** sur des mutations récessives, il faut croiser des parents homozygotes pour les différentes mutations afin d'obtenir des descendants hétérozygotes. Si les mutations sont allèles (se sont produites au même locus), les descendants hétérozygotes n'ont que des allèles mutants (*a b*) et présentent un phénotype mutant :

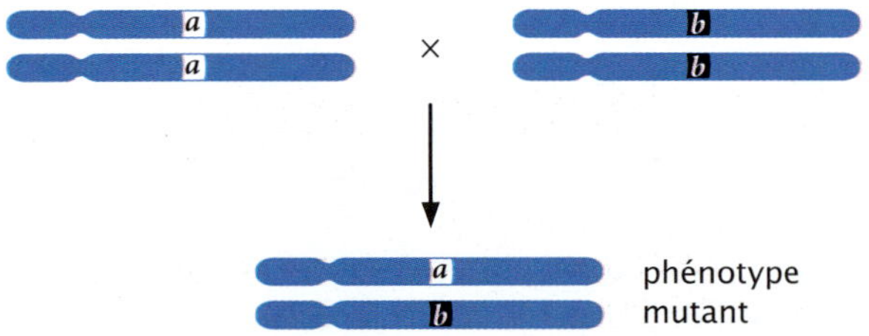

Si, par contre, les mutations se sont produites à des loci différents, chaque parent homozygote a des gènes de type sauvage à l'autre locus ($aa\ b^+b^+$ et $a^+a^+\ bb$), de sorte que les descendants hétérozygotes héritent d'un allèle mutant et d'un allèle de type sauvage à chaque locus. Dans ce cas, les mutations se complémentent et les descendants hétérozygotes ont le phénotype sauvage :

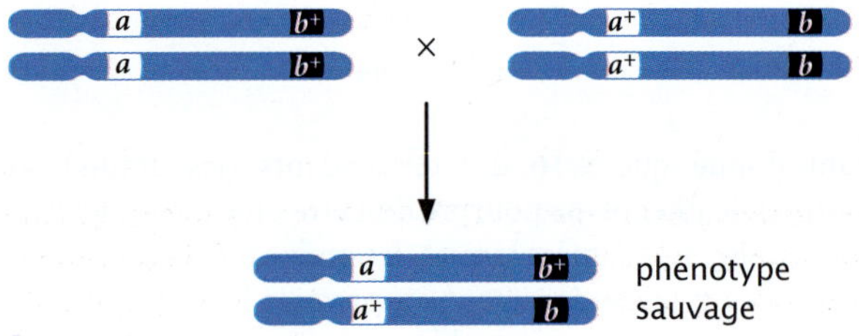

Il y a **complémentation** si un individu qui possède deux gènes mutants a un phénotype sauvage. Cela indique que les mutations affectent des gènes non allèles.

Quand le test de complémentation est effectué sur les mutations *white* et *apricot*, tous les descendants hétérozygotes ont des yeux de couleur claire, ce qui démontre que les deux phénotypes mutants sont produits par des mutations au même locus, donc allèles.

Concepts clés

Le test de complémentation sert à déterminer si deux mutations se trouvent au même locus (sont allèles) ou à des loci différents.

4.6 Le sexe influence l'hérédité et l'expression des gènes de différentes façons

Dans la section 4.2, nous avons examiné l'hérédité des caractères codés par des gènes présents sur les chromosomes sexuels (caractères liés au sexe) et nous avons vu que leur schéma de transmission diffère de celui de caractères codés par des gènes autosomiques. Les traits liés à l'X sont transmis de père en fille, mais jamais de père en fils. Les traits liés à l'Y sont transmis par un père à tous ses fils. Nous allons à présent examiner d'autres influences exercées par le sexe, parmi lesquelles l'effet du sexe d'un individu sur l'expression de gènes autosomiques, sur des caractères déterminés par des gènes qui se trouvent dans le cytoplasme, et sur des caractères pour lesquels le génotype du parent maternel détermine à lui seul le phénotype de la progéniture. Enfin, nous examinerons des situations dans lesquelles l'expression de gènes autosomiques est influencée par le sexe du parent dont ils sont hérités.

Les caractères influencés ou limités par le sexe

Les **caractères influencés par le sexe** sont codés par des gènes autosomiques et transmis selon les lois de Mendel, mais leur expression est différente chez le mâle et chez la femelle. Dans de tels cas, un trait particulier s'exprime mieux chez un des sexes ; en d'autres termes, sa pénétrance est plus forte chez les individus de ce sexe.

Par exemple, la présence d'une barbe chez les chèvres est déterminée par un gène autosomique (B^b) qui est dominant chez les mâles et récessif chez les femelles. Chez les mâles, un seul allèle suffit à l'expression du trait : l'homozygote (B^bB^b) et l'hétérozygote (B^bB^+) ont une barbe, tandis que le mâle B^+B^+ n'en a pas. Par contre, chez les femelles, deux allèles B^b sont nécessaires à l'expression du trait : l'homozygote B^bB^b a une barbe, tandis que l'hétérozygote (B^bB^+) et l'autre homozygote (B^+B^+) n'en ont pas. La clé pour comprendre l'expression du gène codant pour la barbe consiste à examiner l'hétérozygote. Chez les mâles, où la présence d'une barbiche est dominante, le génotype hétérozygote produit une barbe, mais chez les femelles, où la présence d'une barbe est récessive et son absence est dominante, le génotype hétérozygote produit une chèvre dépourvue de barbe.

Les **caractères limités par le sexe** représentent une forme extrême de l'influence du sexe sur l'expression des gènes. Ils sont codés par des gènes autosomiques qui ne s'expriment que chez un des sexes : le trait a une pénétrance zéro chez l'autre sexe. Chez le poulet domestique, certains mâles ont un motif de plumage dit « plumage de coq ». D'autres mâles et toutes les femelles ont un motif de plumage dit « de poule ». Le plumage de coq est un trait autosomique récessif qui est limité par le sexe aux seuls mâles. Un génotype identique chez les mâles et les femelles produit un phénotype différent. Seuls les mâles homozygotes pour l'allèle récessif exprimeront le phénotype plumage de coq.

Concepts clés

Les caractères influencés par le sexe sont codés par des gènes autosomiques qui s'expriment mieux chez un des sexes. Les caractères limités par le sexe sont codés par des gènes autosomiques dont l'expression est limitée à un sexe.

✔ Test de compréhension 11

En quoi les caractères influencés par le sexe et les caractères limités par le sexe se distinguent-ils des caractères liés au sexe ?

L'hérédité cytoplasmique

Les lois de Mendel de ségrégation égale et d'assortiment indépendant s'appliquent à des gènes localisés sur les chromosomes présents dans le noyau de la cellule. C'est le cas de la plupart des gènes, et les principes mendéliens permettent de prédire les types de descendants issus d'un croisement. Toutefois, tout le matériel génétique d'une cellule ne se trouve pas dans le noyau. Certains caractères sont spécifiés par des gènes localisés dans le cytoplasme. Ces caractères sont transmis par **hérédité cytoplasmique**.

Certains organites, en particulier les chloroplastes et les mitochondries, contiennent de l'ADN. Chaque mitochondrie humaine contient un ADN d'environ 15 000 paires de nucléotides, portant 38 gènes. Comparé à l'ADN nucléaire qui contient quelque 3 milliards de paires de nucléotides et porte environ 25 000 gènes, l'ADN mitochondrial (ADNmt) est très petit ; cependant, les gènes mitochondriaux (et ceux des chloroplastes) spécifient plusieurs caractères importants.

L'hérédité cytoplasmique diffère de celle des gènes nucléaires par plusieurs aspects importants. Un zygote hérite de gènes nucléaires provenant de ses deux parents, mais, typiquement, tous ses organites cytoplasmiques et donc tous ses gènes cytoplasmiques proviennent d'un seul des gamètes, en général de l'œuf. Un spermatozoïde n'apporte en général que des gènes nucléaires du parent mâle. Chez de rares organismes, les gènes cytoplasmiques sont hérités du parent mâle ou des deux parents, mais chez la plupart des organismes, le cytoplasme et tout son contenu sont hérités de l'œuf. Dans ce cas, les caractères transmis par hérédité cytoplasmique à la descendance, aussi bien mâle que femelle, le sont par la mère, et jamais par le père. Des croisements réciproques vont par conséquent donner des résultats différents pour les caractères codés par des gènes cytoplasmiques.

Les traits transmis par hérédité cytoplasmique présentent souvent une grande variation phénotypique parce qu'il n'existe pas de mécanisme analogue à la mitose ou la méiose pour assurer une répartition égale des gènes cytoplasmiques à la division cellulaire. Donc, différents descendants d'une même mère, et même les cellules d'un seul descendant contiendront des proportions différentes de gènes cytoplasmiques.

Prenons l'exemple de gènes mitochondriaux. La plupart des cellules contiennent des milliers de mitochondries, et chaque mitochondrie contient de 2 à 10 copies d'ADNmt. Supposons que la moitié des mitochondries d'une cellule contiennent des copies d'ADNmt de type sauvage, et l'autre moitié, des copies mutantes (**Figure 4.19**). À la division cellulaire, les mitochondries ségrègent de façon aléatoire dans les cellules filles. Tout à fait par hasard, une cellule pourrait recevoir surtout de l'ADNmt mutant, et l'autre, surtout de l'ADNmt de type sauvage. De cette façon, différents descendants d'une même mère, et même les cellules d'un descendant particulier peuvent présenter une variété de phénotypes. Des traits codés par l'ADN des chloroplastes (ADNcp) peuvent présenter une variation phénotypique analogue.

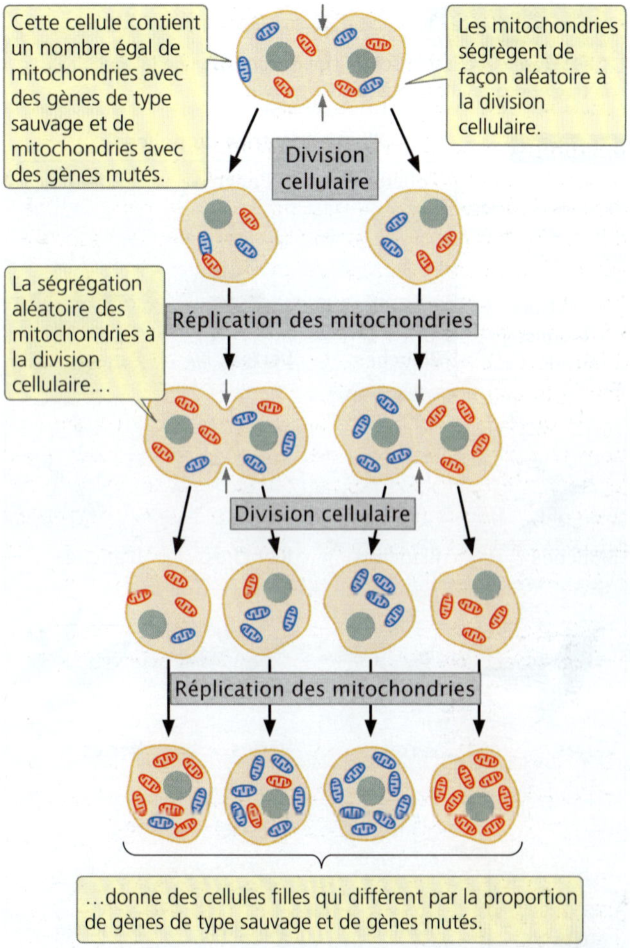

4.19 Les caractères transmis par hérédité cytoplasmique présentent souvent une importante variation phénotypique parce que les cellules filles et les descendants individuels contiennent des proportions variables de gènes cytoplasmiques. Les mitochondries contenant un ADN mitochondrial de type sauvage sont représentées en rouge ; celles qui contiennent de l'ADNmt mutant sont représentées en bleu.

En 1909, l'hérédité cytoplasmique fut identifiée par Carl Correns comme une des premières exceptions aux lois de Mendel. Correns, un des redécouvreurs des travaux de Mendel, étudiait l'hérédité de la panachure des feuilles chez la belle-de-nuit (*Mirabilis jalapa*). Correns observa que les feuilles et les pousses d'une variété de belle-de-nuit étaient panachées, présentant des zones vertes et des zones blanches. Cependant,

4.20 Les croisements pour le type de feuille chez la belle-de-nuit sont une parfaite illustration d'hérédité cytoplasmique.

certaines branches ne portaient que des feuilles vertes ou des feuilles blanches. Comme chaque type de branche produisait des fleurs, Correns put croiser des fleurs de branches panachées, vertes ou blanches dans toutes les combinaisons possibles (**Figure 4.20**). Les ovules (les œufs) provenant de branches vertes donnaient toujours une descendance verte, quel que soit l'origine du pollen utilisé pour la fécondation : branche verte, blanche, ou panachée. De façon similaire, les oeufs provenant de fleurs sur des branches blanches produisaient toujours une descendance blanche. Les fleurs des branches panachées produisaient une descendance verte, blanche, et panachée, sans rapport phénotypique particulier.

Les croisements de Correns démontraient l'hérédité cytoplasmique de la panachure chez la belle-de-nuit. Les phénotypes étaient déterminés entièrement par le parent maternel, jamais par le parent paternel (la source du pollen). De plus, la production des trois phénotypes par les fleurs des branches panachées s'accorde bien avec une hérédité cytoplasmique. La panachure chez ces plantes est produite par la mutation d'un gène dans l'ADNcp, qui empêche la synthèse du pigment vert chlorophylle. Les cellules des branches vertes ne contiennent que des chloroplastes normaux ; les cellules des branches blanches ne contiennent que des chloroplastes incapables de produire la chlorophylle, et celles des branches panachées contiennent un mélange des deux types de chloroplastes. Chez les fleurs des branches panachées, la ségrégation aléatoire des chloroplastes pendant l'ovogénèse produit trois types d'œufs : certains d' entre eux ont un ADNcp normal et se développent, après fécondation, en cellules vertes ; d'autres œufs qui ne contiennent que de l'ADNcp muté se développent en cellules blanches ; d'autres enfin, qui contiennent un mélange d'ADNcp normal et muté, donnent une descendance cellulaire panachée.

Plusieurs maladies humaines sont dues à des mutations dans l'ADN mitochondrial. La plupart affectent des gènes codant pour des composants de la chaîne de transfert d'électrons qui génère la majeure partie de l'ATP (adénosine triphosphate) dans la respiration cellulaire aérobie. Une de ces maladies est la neuropathie optique héréditaire de Leber (NOHL). Les patients perdent très rapidement la vue des deux yeux, suite à la mort des cellules du nerf optique. Cette perte de vision se produit typiquement au début de l'âge adulte (entre 20 et 24 ans), mais elle peut se produire dès après l'adolescence. La gravité des symptômes présente une grande variabilité clinique, même au sein d'une famille, due au mode de ségrégation des mitochondries. La NOHL présente une hérédité maternelle : le trait est toujours transmis de la mère à l'enfant.

L'effet maternel

Un phénomène génétique confondu parfois avec l'hérédité cytoplasmique est l'**effet maternel** dans lequel le phénotype de la descendance est déterminé par le génotype de la mère. Dans l'hérédité cytoplasmique, les gènes codant un caractère sont hérités d'un seul des parents, généralement de la mère. La situation est différente en ce qui concerne l'effet maternel où les gènes sont hérités des deux parents, mais où le phénotype de la descendance n'est pas déterminé par son propre génotype, mais par le génotype de la mère.

L'effet maternel se produit souvent quand des substances présentes dans le cytoplasme et codées par des gènes nucléaires

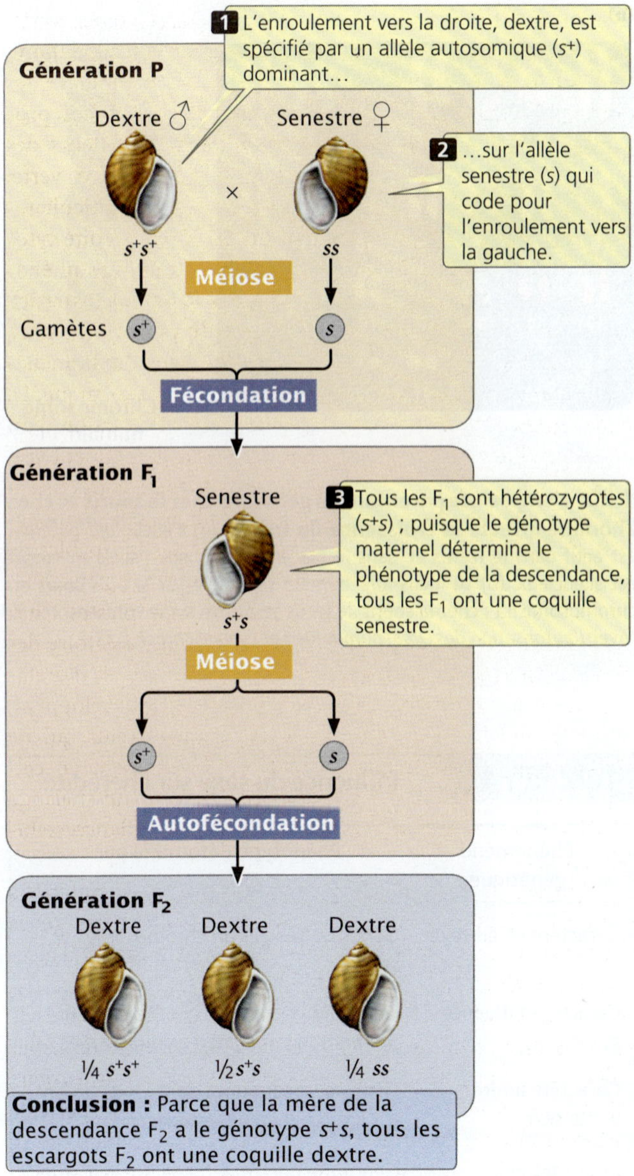

4.21 Dans l'effet maternel, le génotype du parent maternel détermine le phénotype de la descendance. L'enroulement de la coquille chez un escargot est un trait qui présente un effet maternel.

maternels jouent un rôle essentiel dans le développement précoce. Un exemple bien caractérisé est le sens d'enroulement de la coquille chez l'escargot d'eau douce *Limnaea peregra* (**Figure 4.21**). La plupart de ces escargots ont une coquille qui s'enroule vers la droite (enroulement dextre). Toutefois, certains escargots ont une coquille qui s'enroule vers la gauche (enroulement senestre). Le sens d'enroulement est déterminé par une paire d'allèles. L'allèle d'enroulement dextre (s^+) est dominant sur l'allèle d'enroulement senestre (s). Cependant, le sens d'enroulement n'est pas déterminé par le génotype de l'escargot, mais bien *par celui de sa mère*. Le sens d'enroulement dépend de la façon dont le cytoplasme se divise peu après la fécondation, façon qui est déterminée par une substance produite par la mère et transmise à la descendance dans le cytoplasme de l'œuf.

Si un mâle homozygote pour l'allèle dextre (s^+s^+) est croisé avec une femelle homozygote pour l'allèle senestre (ss), toute la F_1 est hétérozygote (s^+s) avec la coquille qui s'enroule à gauche, parce que le génotype nucléaire maternel (ss) détermine l'enroulement à gauche (Figure 4.21). Si ces escargots F_1 s'autofécondent, le rapport génotypique de la F_2 est 1 s^+s^+ : 2 s^+s : 1 ss. Remarquez que le phénotype de tous les escargots F_2 est l'enroulement dextre, quel que soit le génotype, parce que le génotype maternel (s^+s) code pour l'enroulement dextre de la coquille et détermine le phénotype. Dans l'effet maternel, le phénotype de la descendance n'est pas nécessairement le même que le phénotype du parent maternel, parce que le phénotype des descendants est déterminé par le *génotype* de la mère, non par son phénotype. Ni le génotype du parent mâle ni celui de la descendance elle-même ne déterminent le phénotype de la descendance. Toutefois, un mâle influence le phénotype de la F_2 en contribuant au génotype de ses filles. Les gènes qui présentent l'effet maternel sont donc transmis par les mâles aux générations ultérieures, contrairement aux gènes qui présentent une hérédité cytoplasmique et qui sont toujours transmis par un seul des sexes (généralement femelle). (N.d.T. : Dans l'effet maternel, c'est surtout la F_3, produite par autofécondation des escargots F_2 (possible car les escargots sont hermaphrodites), et qui contient 3/4 d'escargots dextres et 1/4 d'escargots senestres, qui reflète une ségrégation mendélienne dans la F_2 et démontre la localisation nucléaire, et non cytoplasmique, des gènes concernés.)

Concepts clés

Les caractères présentant une hérédité cytoplasmique sont codés par des gènes présents dans le cytoplasme et sont généralement hérités d'un seul parent, le plus souvent la mère. Dans l'effet maternel, le génotype de la mère détermine le phénotype de la descendance.

L'empreinte parentale

Une des règles de base de la génétique mendélienne est que l'origine parentale d'un gène n'affecte pas son expression et, par conséquent, que des croisements réciproques donnent des résultats identiques. Cependant, l'expression de certains gènes est influencée de façon significative par leur origine parentale. Ce phénomène d'expression différente du matériel génétique selon qu'il provient du parent mâle ou du parent femelle, est appelé **empreinte parentale** sur le génome (en anglais : « genomic imprinting »).

Un exemple de gène qui présente l'empreinte parentale chez l'homme et chez la souris est le gène *Igf2* qui code pour un facteur de croissance : le facteur de croissance II de type insuline (« Insulin-like growth factor II »). La descendance hérite un allèle *Igf2* de chacun des parents. La copie

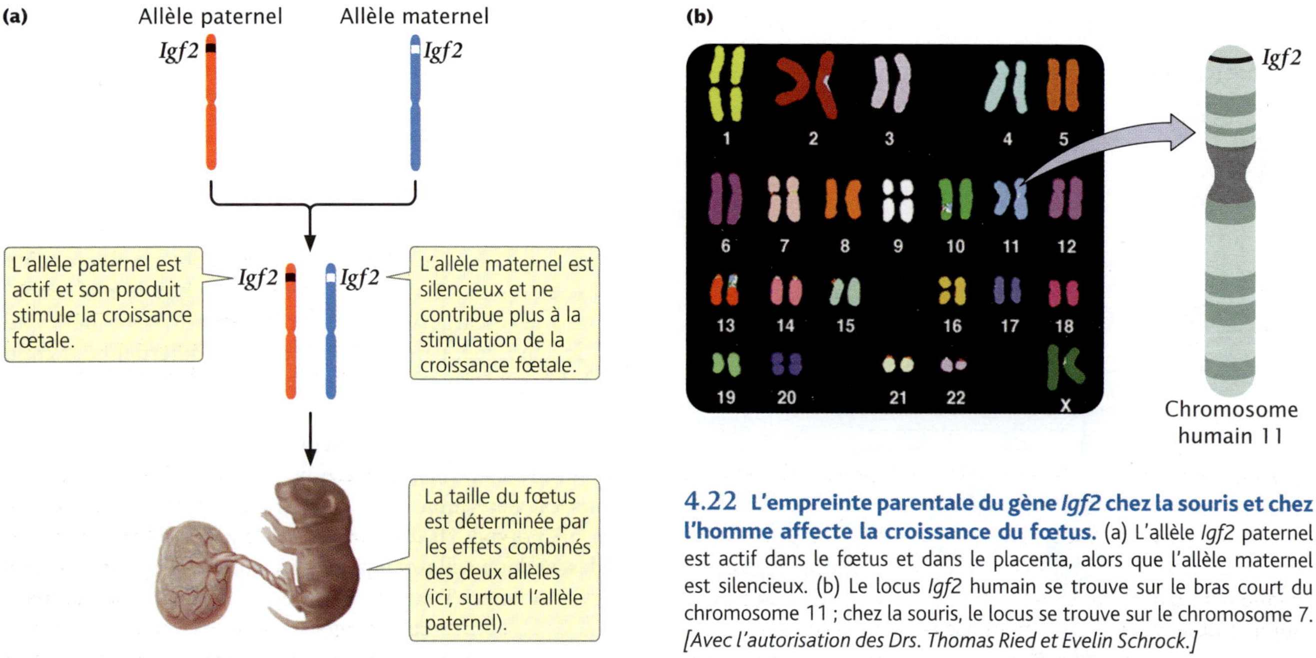

4.22 L'empreinte parentale du gène *Igf2* chez la souris et chez l'homme affecte la croissance du fœtus. (a) L'allèle *Igf2* paternel est actif dans le fœtus et dans le placenta, alors que l'allèle maternel est silencieux. (b) Le locus *Igf2* humain se trouve sur le bras court du chromosome 11 ; chez la souris, le locus se trouve sur le chromosome 7. *[Avec l'autorisation des Drs. Thomas Ried et Evelin Schrock.]*

paternelle de *Igf2* est exprimée activement dans le fœtus et le placenta, mais la copie maternelle est complètement silencieuse (**Figure 4.22**). Les descendants mâles et femelles possèdent deux copies de *Igf2*, mais ce qui détermine l'expression est le sexe du parent qui a transmis le gène. Dans le cas présent, le gène n'est exprimé que s'il est transmis par le parent mâle ; on dit que *Igf2* est empreint par la mère. Pour d'autres traits présentant l'empreinte parentale, le trait n'est exprimé que quand le gène est transmis par le parent femelle.

L'empreinte parentale résulte d'une méthylation différentielle de l'ADN. Chez les mammifères, la méthylation de l'ADN – l'addition de groupes méthyl sur certains nucléotides – est supprimée dans les cellules germinales à chaque génération, puis rétablie pendant la formation des gamètes, avec des degrés différents de méthylation dans les spermatozoïdes et dans les ovules. Ce degré différent de méthylation est responsable de l'expression différente des allèles d'origine mâle et femelle dans la descendance.

L'empreinte parentale est une des formes d'un phénomène appelé **hérédité épigénétique**, dans lequel des modifications réversibles de l'ADN affectent l'expression des caractères.

Le **Tableau 4.5** donne un aperçu des différentes façons dont le sexe influence l'hérédité.

Concepts clés

Dans l'empreinte parentale, l'expression d'un gène est influencée par le sexe du parent qui le transmet à la descendance. Le marquage épigénétique consiste en une modification réversible de l'ADN qui influence l'expression de certains gènes sans en changer la séquence.

Tableau 4.5 Influence du sexe sur l'hérédité

Phénomène génétique	Phénotype déterminé par
Caractère lié au sexe	Gènes portés par un chromosome sexuel
Caractère influencé par le sexe	Gènes autosomiques qui s'expriment préférentiellement chez un des sexes
Caractère limité par le sexe	Gènes autosomiques dont l'expression est limitée à un des sexes
Effet maternel	Génotype nucléaire du parent maternel
Hérédité cytoplasmique	Gènes cytoplasmiques (souvent dans des organites) qui sont généralement hérités d'un seul des parents
Empreinte parentale	Gènes dont l'expression est affectée par le sexe du parent qui les transmet

4.7 L'expression d'un génotype peut être influencée par des effets environnementaux

Dans le Chapitre 3, nous avons appris que tout phénotype résulte de l'expression d'un génotype dans un environnement spécifique : le génotype détermine le potentiel de développement,

4.23 L'expression de certains génotypes dépend d'environnements spécifiques. L'expression d'un allèle sensible à la température, *himalayen*, est montrée chez des lapins élevés à des températures différentes.

mais la façon dont le phénotype se développe à l'intérieur des limites fixées par le génotype peut dépendre de facteurs environnementaux. En d'autres termes, un génotype peut donner lieu à des phénotypes différents selon les conditions d'environnement dans lesquelles il s'exprime. Par exemple, une drosophile homozygote pour la mutation ailes vestigiales (*vg vg*) développe des ailes de taille réduite si elle est incubée à une température inférieure à 29° C, mais des ailes plus longues si elle croît à 31° C. Le profil des phénotypes (dans le cas présent, la longueur de l'aile) produits par un génotype donné dans différents environnements est appelé la **norme de réaction**. Pour la plupart des caractères abordés jusqu'ici, l'effet de l'environnement sur le phénotype était limité. Les pois de génotype *yy* étudiés par Mendel avaient un endosperme de couleur verte, quelque fût l'environnement dans lequel ils étaient cultivés. De façon analogue, des individus de génotype I^AI^A ont l'antigène A sur leurs globules rouges, indépendamment de leur régime alimentaire, de leur statut socio-économique, ou de leur milieu familial. Pour d'autres phénotypes, cependant, les effets environnementaux jouent un rôle plus important.

Les effets de l'environnement sur l'expression génique

L'expression de certains génotypes est étroitement dépendante d'un environnement spécifique. Par exemple, l'allèle *himalayen* chez le lapin produit une fourrure sombre aux extrémités du corps – le nez, les oreilles et les pattes (**Figure 4.23**). Toutefois, le pigment noir ne se développe que quand le lapin est élevé à une température inférieure à 25° C ; si un lapin de l'Himalaya est élevé à 30° C, les taches noires n'apparaissent pas. L'expression de l'allèle *himalayen* est température - dépendante : une enzyme nécessaire à la production du pigment noir est inactivée aux températures supérieures à 25° C. La présence du pigment noir se limite aux extrémités de l'animal parce que la température y est plus basse que dans le reste du corps où elle dépasse normalement les 25° C. L'allèle *himalayen* est un exemple d'**allèle sensible à la température**, un allèle dont le produit n'est fonctionnel qu'à certaines températures.

Des facteurs environnementaux jouent aussi un rôle dans la manifestation de certaines maladies génétiques humaines. La Glucose - 6 - phosphate déshydrogénase est une enzyme du métabolisme énergétique de la cellule. Chez l'homme, il existe plusieurs variants génétiques de l'enzyme, dont certains détruisent les globules rouges quand l'organisme est stressé par une infection ou par l'ingestion de certains aliments ou médicaments. Les symptômes de cette pathologie n'apparaissent qu'en présence de ces facteurs environnementaux spécifiques.

Ces exemples montrent que les gènes et leurs produits n'agissent pas de manière isolée ; au contraire, il est fréquent qu'ils interagissent avec des facteurs environnementaux. Il arrive parfois que des facteurs environnementaux puissent eux-mêmes produire un phénotype semblable à celui déterminé par un génotype. Ce phénotype est appelé une **phénocopie**. Chez la mouche des fruits, par exemple, la mutation autosomique récessive *eyeless* provoque une réduction importante de la taille des yeux. Le phénotype eyeless peut aussi être produit en exposant les larves de mouches normales au métaborate de sodium.

Concepts clés

L'expression de nombreux gènes est affectée par l'environnement. Le spectre des phénotypes produits par un génotype dans des environnements différents est appelé norme de réaction. Une phénocopie est un trait produit par des facteurs environnementaux, qui imite le phénotype déterminé par un génotype.

L'hérédité de caractères continus

Jusqu'ici, nous nous sommes intéressés surtout à des caractères pour lesquels il n'existe qu'un petit nombre de phénotypes distincts. Chez les pois étudiés par Mendel, par exemple, les graines étaient rondes ou ridées, l'endosperme jaune ou vert. Le pelage des chiens était noir, brun ou jaune ; les groupes sanguins étaient de quatre types, A, B, AB, ou O. De tels caractères, pour lesquels il n'existe qu'un petit nombre de phénotypes faciles à distinguer, sont appelés des **caractères discontinus**.

Tous les caractères ne présentent pas cette discontinuité de phénotypes. La taille humaine, par exemple, varie de façon si continue qu'on utilise sa mesure pour la décrire. Les caractères qui présentent une distribution continue de phénotypes sont appelés des **caractères continus**. Étant donné le grand nombre de phénotypes possibles qui doivent être décrits en termes quantitatifs, ces caractères sont aussi appelés des **caractères quantitatifs**.

Les caractères continus sont souvent le résultat de l'interaction de gènes de plusieurs loci pour produire le phénotype. Quand un seul locus avec deux allèles détermine un caractère, trois génotypes sont possibles : *AA, Aa,* et *aa*. Dans le cas de deux loci avec deux allèles chacun, il y a $3^2 = 9$ génotypes possibles. Le nombre de génotypes codant pour un caractère est 3^n, où n est le nombre de loci possédant deux allèles. Par exemple, si un caractère est déterminé par les gènes de huit loci ayant chacun deux allèles, 6561 génotypes différents (3^8) peuvent exister pour ce caractère. Si chaque génotype détermine un phénotype différent, les petites différences entre ces nombreux phénotypes seront imperceptibles, et le caractère paraîtra continu. Les caractères codés par des gènes de plusieurs loci sont appelés des **caractères polygéniques**.

La situation inverse de la polygénie est la **pléiotropie**, dans laquelle un gène affecte plusieurs caractères. Il existe beaucoup de gènes pléiotropes. La phénylcétonurie est provoquée par un allèle récessif ; les personnes homozygotes pour cet allèle, si elles ne sont pas soignées dès la naissance, présentent un retard mental sévère, ainsi que plusieurs traits morphologiques caractéristiques (peau très claire, yeux bleus,...).

Très souvent, les phénotypes des caractères continus sont aussi influencés par des facteurs environnementaux. Chaque génotype peut produire un large spectre de phénotypes : sa norme de réaction est élevée. Dans cette situation, un phénotype particulier dépend à la fois du génotype et de l'environnement dans lequel le génotype se développe. De nombreux caractères continus sont à la fois polygéniques et affectés par des facteurs environnementaux. On les appelle des **caractères multifactoriels**.

L'hérédité de caractères continus peut paraître complexe, mais les allèles à chaque locus suivent les règles mendéliennes et sont transmis de la même façon que des allèles codant pour de simples caractères discontinus. Toutefois, comme plusieurs gènes sont impliqués, que des facteurs environnementaux influencent les phénotypes, et que ces phénotypes ne sont pas clairement délimités, il est difficile d'observer les rapports discrets qui nous ont permis d'interpréter l'hérédité des caractères discontinus. Pour l'analyse génétique des caractères continus, nous devons avoir recours aux outils statistiques spéciaux de la génétique quantitative qui seront présentés dans le Chapitre 16.

Concepts clés

Les caractères discontinus expriment un petit nombre de phénotypes distincts. Les caractères continus présentent tout un spectre de phénotypes. Un caractère continu est fréquemment observé quand les gènes de plusieurs loci et des facteurs environnementaux se combinent pour produire un phénotype.

✔ Test de compréhension 12

Quelle est la différence entre la polygénie et la pléiotropie ?

Résumé des concepts clés

- La reproduction sexuée produit une descendance génétiquement distincte des parents. La plupart des organismes ont deux phénotypes sexuels – mâle et femelle. Les mâles produisent des gamètes de petite taille ; les femelles produisent de grands gamètes.
- Il y a plusieurs systèmes de détermination du sexe. Le sexe peut être déterminé par des différences entre chromosomes spécifiques, entre génotypes, ou par des facteurs environnementaux.
- Les chromosomes sexuels diffèrent en nombre et en apparence chez les mâles et les femelles. Le sexe homogamétique produit des gamètes identiques en ce qui concerne les chromosomes sexuels. Le sexe hétérogamétique produit des gamètes qui diffèrent par leur composition en chromosomes sexuels.
- Dans le système de détermination du sexe XX-XO, les femelles ont deux chromosomes X et les mâles, un seul. Dans le système XX-XY, les femelles possèdent deux chromosomes X et les mâles, un chromosome X et un chromosome Y. Dans le système ZZ-ZW, les mâles ont deux chromosomes Z et les femelles, un Z et un W.
- Chez certaines espèces, des facteurs environnementaux déterminent le sexe.
- Chez *Drosophila melanogaster*, le sexe est déterminé par un rapport entre des gènes portés par les chromosomes X et des gènes des autosomes, le rapport X : A.
- Chez l'être humain, le sexe est, en dernière analyse, déterminé par la présence ou l'absence du gène *SRY* localisé sur le chromosome Y.
- Les caractères liés au sexe sont déterminés par des gènes présents sur les chromosomes sexuels. Les caractères liés à l'X sont codés par des gènes du chromosome X, et les caractères liés à l'Y, par des gènes du chromosome Y.
- Un individu femelle hérite des allèles liés à l'X de ses deux parents. Un individu mâle hérite uniquement des allèles liés à l'X de sa mère.
- Plusieurs propriétés font de la mouche des fruits *Drosophila melanogaster* un organisme modèle idéal pour l'analyse génétique : un temps de génération court, une descendance abondante, une petite taille, une culture facile en laboratoire, et un petit génome.
- La compensation de la dose génique égalise la quantité des protéines produites par les gènes liés à l'X chez les mâles et les femelles. Chez les mammifères à placenta, un des deux chromosomes X de la femelle est inactivé. L'inactivation du X est aléatoire et varie d'une cellule à une autre.

- Les caractères liés à l'Y sont présents uniquement chez les mâles et sont transmis par un père à tous ses fils.
- La relation de dominance concerne toujours des gènes présents au même locus (des gènes alléliques). La dominance est complète si un hétérozygote a le même phénotype qu'un homozygote, et incomplète si un hétérozygote a un phénotype intermédiaire entre celui de deux homozygotes parentaux. Il y a codominance quand l'hétérozygote présente des traits des deux homozygotes parentaux.
- La pénétrance est le pourcentage d'individus d'un génotype particulier qui expriment le phénotype attendu. L'expressivité est le degré d'expression d'un caractère.
- Les allèles létaux provoquent la mort de l'individu qui les porte, en général à un stade précoce du développement, ce qui peut modifier les rapports phénotypiques dans la descendance.
- L'allélisme multiple consiste en la présence de plus de deux allèles à un locus chez un groupe d'individus. L'allélisme multiple augmente le nombre de génotypes et de phénotypes possibles au sein du groupe.
- Dans l'interaction de gènes, des gènes de différents loci contribuent à produire un seul phénotype. Un gène épistatique à un locus supprime ou masque l'expression de gènes hypostatiques à d'autres loci. L'interaction de gènes produit souvent des rapports phénotypiques qui sont des modifications des rapports dihybrides.
- Les caractères influencés par le sexe sont codés par des gènes autosomiques qui s'expriment mieux chez un des sexes. Les caractères limités par le sexe sont codés par des gènes autosomiques qui ne sont exprimés que chez un des sexes.
- Dans l'hérédité cytoplasmique, les gènes codant un caractère se trouvent dans un organite et sont généralement hérités d'un seul parent (habituellement le parent maternel). On parle d'effet maternel quand la descendance hérite de gènes des deux parents, mais que seuls les gènes nucléaires de la mère déterminent le phénotype de la descendance.
- L'empreinte parentale se manifeste quand l'expression de caractères codés par des gènes autosomiques est influencée par le sexe du parent qui transmet les gènes.
- Les phénotypes sont souvent modifiés par des effets de l'environnement. Une phénocopie est un phénotype produit par un effet environnemental et qui imite un phénotype produit par un génotype.
- Les caractères continus présentent un large spectre de phénotypes. Ils sont souvent le produit d'une combinaison d'effets de plusieurs gènes et d'effets environnementaux.

Termes importants

sexe (p.71)
détermination du sexe (p.71)
chromosome sexuel (p.71)
autosome (p.71)
sexe hétérogamétique (p.71)
sexe homogamétique (p.71)
région pseudoautosomique (p.72)
détermination génotypique du sexe (p.72)
déterminisme par équilibre génique (p. 73)
rapport X : A (p. 73)
syndrome de Turner (p. 74)
syndrome de Klinefelter (p. 74)
syndrome du triple X (p. 74)
gène déterminant le sexe mâle (gène *SRY*) (p. 74)
caractère lié au sexe (p. 75)
caractère lié à l'X (p. 75)
caractère lié à l'Y (p. 75)
hémizygotie (p. 75)
compensation de la dose génique (p. 80)
corpuscule de Barr (p. 80)
hypothèse de Lyon (p. 80)
codominance (p. 83)
pénétrance (p. 84)
pénétrance incomplète (p. 84)
expressivité (p. 84)
allèle létal (p. 85)
allélisme multiple (p. 85)
interaction de gènes (p. 87)
épistasie (p. 88)
gène épistatique (p. 88)
gène hypostatique (p. 88)
complémentation (p. 92)
test de complémentation (p. 92)
caractère influencé par le sexe (p. 92)
caractère limité par le sexe (p. 92)
hérédité cytoplasmique (p. 93)
effet maternel (p. 94)
empreinte parentale (p. 95)
épigénétique (p. 96)
norme de réaction (p. 96)
allèle sensible à la température (p. 97)
phénocopie (p. 97)
caractère discontinu (p. 97)
caractère continu ou quantitatif (p. 97)
caractère polygénique (p. 97)
pléiotropie (p. 97)
caractère multifactoriel (p. 98)

Réponses aux tests de compréhension

1. Méiose

2. Dans la détermination chromosomique du sexe, les mâles et les femelles ont des chromosomes sexuels reconnaissables. Dans la détermination génotypique du sexe, le sexe est déterminé par des gènes présents sur des chromosomes qui ne sont pas différents chez les mâles et chez les femelles. La détermination environnementale du sexe dépend d'effets environnementaux.

3. b

4. a

5. Les descendants mâles seront tous hémophiles, mais aucun descendant femelle ne le sera. La probabilité globale d'hémophilie dans la descendance est donc 1/2.

6. Deux corpuscules de Barr. Un corpuscule de Barr est un chromosome X inactivé.

7. En cas de dominance complète, l'hétérozygote a le même phénotype qu'un des homozygotes. En cas de dominance incomplète, l'hétérozygote a un phénotype intermédiaire entre celui des deux homozygotes. Dans la codominance, l'hétérozygote exprime simultanément les phénotypes des deux homozygotes.

8. Le croisement est $Ll \times Ll$, dans lequel l est un allèle spécifiant des doigts très longs et L, l'allèle spécifiant des doigts normaux. La probabilité que l'enfant ait le génotype codant des doigts longs (ll) est 1/4, ou 0,25. Le trait a une pénétrance de 80 %, ce qui signifie qu'une personne ayant le génotype doigts longs a une probabilité de 0,8 de l'exprimer. La probabilité que l'enfant ait des doigts très longs s'obtient en multipliant les deux probabilités, soit $0{,}25 \times 0{,}8 = 0{,}2$.

9. Les personnes de groupe sanguin A peuvent être I^AI^A ou I^Ai. Les personnes de groupe sanguin B peuvent être I^BI^B ou I^Bi. Les croisements possibles entre un homme de groupe A et une femme de groupe B, et les descendants que chaque croisement produirait, sont les suivants :

Croisements possibles	Descendance
$I^AI^A \times I^BI^B$	I^AI^B
$I^AI^A \times I^Bi$	I^AI^B, I^Ai
$I^Ai \times I^BI^B$	I^AI^B, I^Bi
$I^Ai \times I^Bi$	I^AI^B, I^Ai, I^Bi, ii

Donc, la descendance pourrait avoir les groupes sanguins AB, A, B, ou O.

10. Le rapport 12 blancs unis : 3 noirs : 1 gris est un rapport 9 : 3 : 3 : 1 modifié, produit dans un croisement entre deux parents doubles hétérozygotes :

$Ww\ Gg \times Ww\ Gg$

↓

9/16 $W\_\ G\_$ blancs unis

3/16 $W\_\ gg$ blancs unis

3/16 $ww\ G\_$ noirs

1/16 $ww\ gg$ gris

Par conséquent, les chats blancs unis ont un allèle blanc uni épistatique dominant (W) et sont de génotypes $W\_\ G\_$ et $W\_\ gg$. Les chats noirs n'ont pas l'allèle épistatique W et ont un allèle noir dominant : leur génotype est $ww\ G\_$. Les chats gris n'ont pas l'allèle épistatique W et sont homozygotes récessifs pour l'allèle gris : $ww\ gg$.

11. Les caractères influencés par le sexe et limités par le sexe sont codés par des gènes autosomiques dont l'expression est affectée par le sexe de l'individu qui les possède. Les caractères liés au sexe sont codés par des gènes présents sur les chromosomes sexuels.

12. La polygénie est la contribution de plusieurs gènes à l'expression d'un seul caractère. La pléiotropie se définit comme l'effet d'un gène unique sur l'expression de plusieurs caractères.

Problèmes résolus

1. Chez *Drosophila melanogaster*, des soies fourchues sont spécifiées par l'allèle X^f qui est lié à l'X et récessif par rapport à l'allèle spécifiant des soies normales, X^+. L'oeil brun est spécifié par un allèle b qui est autosomique et récessif par rapport à un allèle œil rouge b^+. Une mouche femelle homozygote pour des soies normales et des yeux rouges est croisée avec une mouche mâle qui a des soies fourchues et des yeux bruns. Une F_2 est produite par autofécondation des mouches F_1. Quels seront les phénotypes de cette F_2 et dans quels rapports apparaîtront-ils ?

• Solution

Décomposons le problème en deux croisements, l'un pour les allèles liés à l'X qui déterminent le type de soies et l'autre pour les allèles autosomiques qui déterminent la couleur de l'œil.

Commençons par les traits autosomiques. Une mouche femelle homozygote pour l'allèle œil rouge (b^+b^+) est croisée avec un mâle qui a les yeux bruns. Étant donné que l'allèle œil brun est récessif, le mâle doit être homozygote pour cet allèle (bb). Toute la descendance de ce croisement sera hétérozygote pour la couleur de l'œil (b^+b) et aura les yeux rouges :

P	b^+b^+ œil rouge	×	bb œil brun
	↓		↓
Gamètes	b^+		b
F_1		b^+b œil rouge	

Les mouches F_1 sont ensuite croisées entre elles pour produire la F_2. Quand deux individus hétérozygotes pour un caractère autosomique récessif sont croisés, 3/4 de la descendance présentera le trait dominant et 1/4, le trait récessif. Donc, 3/4 des mouches F_2 auront les yeux rouges, et 1/4 auront les yeux bruns :

F_1	b^+b	×	b^+b
	œil rouge		œil rouge
	↓		↓
Gamètes	(b^+) (b)		(b^+) (b)

F_2
$1/4\ b^+b^+$ rouges
$1/2\ b^+b$ rouges
$1/4\ bb$ bruns
3/4 rouges, 1/4 bruns

Ensuite, voyons ce qui advient du caractère lié à l'X. Une femelle homozygote pour des soies normales (X^+X^+) est croisée avec un mâle à soies fourchues (X^fY). Les femelles F_1 de ce croisement sont hétérozygotes (X^+X^f) avec un allèle soies normales (X^+) provenant de leur mère et un allèle soies fourchues (X^f) provenant de leur père. Les mâles F_1 sont hémizygotes (X^+Y) avec un allèle soies normales (X^+) provenant de leur mère et le chromosome Y de leur père.

P	X^+X^+	×	X^fY
	Soies normales		Soies fourchues
	↓		↓
Gamètes	(X^+)		(X^f) (Y)

F_1
$1/2\ X^+X^f$ soies normales
$1/2\ X^+Y$ soies normales

Quand les F_1 sont croisées entre elles, 1/2 des F_2 seront des femelles à soies normales, 1/4 seront des mâles à soies normales, et 1/4 seront des mâles à soies fourchues :

F_1	X^+X^f	×	X^+Y
	↓		↓
Gamètes	(X^+) (X^f)		(X^+) (Y)

F_2

	(X^+)	(X^f)
(X^+)	X^+X^+ Femelle normale	X^+X^f Femelle normale
(Y)	X^+Y Mâle normal	X^fY Mâle à soies fourchues

1/2 de femelles normales, 1/4 de mâles normaux, et 1/4 de mâles à soies fourchues

Pour obtenir les rapports phénotypiques de la F_2, nous combinons ces deux croisements en utilisant la règle de multiplication des probabilités et le diagramme dichotomique :

Couleur de l'œil	Soies et sexe	Phénotype F_2	Probabilité
rouge (3/4)	→ femelle normale (1/2)	→ femelle normale à œil rouge	$3/4 \times 1/2 = 3/8 = 6/16$
	→ mâle normal (1/4)	→ mâle normal à œil rouge	$3/4 \times 1/4 = 3/16$
	→ mâle à soies fourchues (1/4)	→ mâle à soies fourchues et œil rouge	$3/4 \times 1/4 = 3/16$
brun (1/4)	→ femelle normale (1/2)	→ femelle normale à œil brun	$1/4 \times 1/2 = 1/8 = 2/16$
	→ mâle normal (1/4)	→ mâle normal à œil brun	$1/4 \times 1/4 = 1/16$
	→ mâle à soies fourchues (1/4)	→ mâle à soies fourchues et œil brun	$1/4 \times 1/4 = 1/16$

2. Trois allèles d'un même locus déterminent le type de plumage chez le canard colvert. M^R code le plumage dit « restreint », M code le plumage « colvert », et m^d code le plumage dit « dusky». Restreint est dominant sur colvert et dusky, et colvert est dominant sur dusky ($M^R > M > m^d$). Donnez les phénotypes et les rapports phénotypiques attendus dans la descendance des croisements suivants :

a. $M^RM \times m^dm^d$
b. $M^Rm^d \times Mm^d$
c. $M^Rm^d \times M^RM$
d. $M^RM \times Mm^d$

• Solution

Nous allons d'abord déterminer les types de gamètes produits par chaque parent, puis combiner les gamètes des deux parents en utilisant une grille de Punnett.

a. Parents	M^RM	×	m^dm^d
	↓		↓
Gamètes	(M^R) (M)		(m^d)

	(M^R)	(M)
(m^d)	M^Rm^d Restreint	Mm^d Colvert

1/2 restreint, 1/2 colvert

b. Parents $M^Rm^d \times Mm^d$

Gamètes (M^R) (m^d) (M) (m^d)

	M	m^d
M^R	M^RM Restreint	M^Rm^d Restreint
m^d	Mm^d Colvert	m^dm^d Dusky

1/2 restreint, 1/ 4 colvert, 1/4 dusky

c. Parents $M^Rm^d \times M^RM$

Gamètes (M^R) (m^d) (M^R) (M)

	M^R	M
M^R	M^RM^R Restreint	M^RM Restreint
m^d	M^Rm^d Restreint	Mm^d Colvert

3/4 restreint, 1/4 colvert

d. Parents $M^RM \times Mm^d$

Gamètes (M^R) (M) (M) (m^d)

	M	m^d
M^R	M^RM Restreint	M^Rm^d Restreint
M	MM Colvert	Mm^d Colvert

1/2 restreint, 1/2 colvert

3. Chez certains moutons, la présence de cornes est déterminée par un allèle autosomique qui est dominant chez le mâle et récessif chez la femelle. Une femelle à cornes est croisée avec un mâle sans cornes. Une des femelles F_1 est croisée avec un mâle sans cornes. Quelle proportion de la descendance mâle et femelle de ce croisement aura-t-elle des cornes ?

• **Solution**

La présence de cornes chez ces moutons est un exemple de caractère influencé par le sexe. Comme les phénotypes associés aux génotypes diffèrent chez les deux sexes, commençons par écrire les génotypes et les phénotypes de chaque sexe. Représentons par H l'allèle qui code la présence de cornes et par H^+ l'allèle de l'absence de cornes. Chez les mâles, l'allèle codant la présence de cornes est dominant, ce qui signifie que les mâles homozygotes (HH) et hétérozygotes (HH^+) pour cet allèle ont des cornes. Seuls les mâles homozygotes pour l'allèle récessif (H^+H^+) seront dépourvus de cornes. Chez les femelles, l'allèle codant la présence de cornes est récessif, donc seules les femelles homozygotes pour cet allèle (HH) ont des cornes. Les femelles hétérozygotes (HH^+) et homozygotes (H^+H^+) pour l'allèle absence de cornes n'ont pas de cornes. Le tableau ci-dessous résume les génotypes et les phénotypes qu'ils déterminent :

Génotype	**Phénotype chez le mâle**	**Phénotype chez la femelle**
HH	cornes	cornes
HH^+	cornes	pas de cornes
H^+H^+	pas de cornes	pas de cornes

Une femelle à cornes est croisée avec un mâle sans cornes. Le tableau ci-dessus montre qu'une femelle à cornes doit être homozygote pour l'allèle spécifiant la présence de cornes (HH) et qu'un mâle sans cornes doit être homozygote pour l'allèle absence de cornes (H^+H^+). Toute la F_1 sera donc hétérozygote : les mâles F_1 auront des cornes et les femelles F_1 n'en auront pas, comme montré ci-dessous :

P $\quad H^+H^+ \times HH$

↓

F_1 $\quad H^+H$

Mâles à cornes et femelles sans cornes

Une femelle F_1 hétérozygote (HH^+) est ensuite croisée avec un mâle sans cornes (H^+H^+) :

H^+H Femelle sans cornes $\times$ H^+H^+ Mâle sans cornes

↓

	Mâles	**Femelles**
1/2 H^+H^+	pas de cornes	pas de cornes
1/2 H^+H	cornes	pas de cornes

Par conséquent, 1/2 de la descendance mâle aura des cornes, mais aucun descendant femelle n'aura de cornes.

Questions de compréhension

Section 4.1

1. En quoi la détermination du sexe du système XX-XY diffère-t-elle de celle du système ZZ-WW ?
2. Qu'entend-on par détermination génotypique du sexe ?
3. En quoi la détermination du sexe chez la drosophile diffère-t-elle de la détermination du sexe chez l'homme ?

Section 4.2

*4. Quelles sont les propriétés caractéristiques d'un trait lié à l'X ?

5. Expliquez pourquoi les chats écailles de tortue sont presque toujours des femelles et pourquoi ils ont un pelage avec des secteurs oranges et noirs.

Section 4.3

***6.** Quelle est la différence entre la dominance incomplète et la codominance ?

***7.** Qu'est-ce que la pénétrance incomplète et quelle en est la cause ?

Section 4.5

8. Qu'est-ce que l'interaction de gènes ? Quelle est la différence entre un gène épistatique et un gène hypostatique ?

***9.** Qu'est-ce qu'un test de complémentation et à quoi sert-il ?

Section 4.6

***10.** Quelles sont les propriétés caractéristiques d'un trait transmis par hérédité cytoplasmique ?

Questions et problèmes d'application

Section 4.1

***11.** Quel est le phénotype sexuel de mouches des fruits possédant les garnitures chromosomiques suivantes ?

	Chromosomes sexuels	Autosomes
a.	XX	deux jeux haploïdes
b.	XY	deux jeux haploïdes
c.	XO	deux jeux haploïdes
d.	XXY	deux jeux haploïdes
e.	XXYY	deux jeux haploïdes
f.	XXX	deux jeux haploïdes
g.	XXX	quatre jeux haploïdes
h.	X	trois jeux haploïdes
i.	XY	trois jeux haploïdes

Section 4.2

***12.** Joe est atteint d'hémophilie, une maladie récessive liée à l'X. Joe aurait-il pu hériter du gène de cette maladie des personnes suivantes ?

	Oui	Non
a. La mère de sa mère	_______	_______
b. Le père de sa mère	_______	_______
c. La mère de son père	_______	_______
d. Le père de son père	_______	_______

***13.** Chez *Drosophila*, la couleur jaune du corps est spécifiée par un allèle lié à l'X qui est récessif par rapport à l'allèle codant la couleur grise du corps.

a. Une femelle homozygote grise est croisée avec un mâle jaune. Les F_1 sont croisées entre elles pour produire une F_2. Donnez les génotypes et les phénotypes de la F_1 et de la F_2, ainsi que les proportions attendues.

b. Une femelle jaune est croisée avec un mâle gris. Les F_1 sont croisées entre elles pour produire une F_2. Donnez les génotypes et les phénotypes de la F_1 et de la F_2, ainsi que les proportions attendues.

***14.** Le daltonisme chez l'homme est dû à un gène récessif lié à l'X. John et Cathy ont tous deux une perception normale des couleurs. Après 10 ans de mariage, Cathy donne naissance à une fille daltonienne. John demande le divorce en affirmant qu'il n'est pas le père de l'enfant. Est-ce que l'affirmation de John est fondée ? Expliquez pourquoi. Si Cathy avait accouché d'un fils daltonien, John aurait-il pu prétendre ne pas être le père ?

***15.** ANALYSE DE DONNÉES L'arbre généalogique suivant illustre la transmission du syndrome de Nance - Horan, une affection génétique rare caractérisée par la cataracte et par des malformations dentaires.

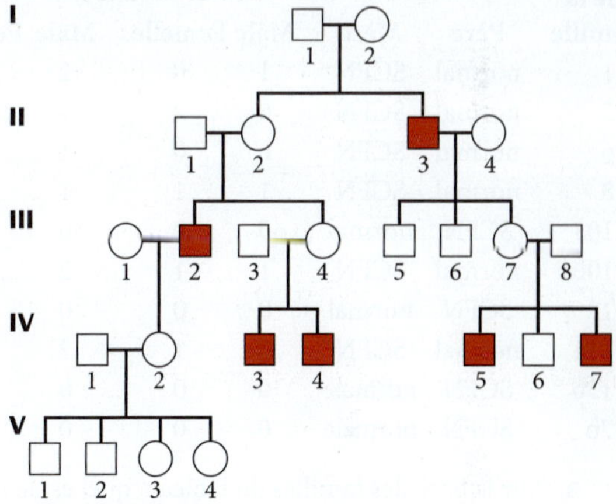

(Pedigree d'après D. Stambollan, R.A. Lewis, K. Buetow, A. Bond, et R. Nussbaum. 1990. *American Journal of Human Genetics* 47 : 15.)

a. Sur la base de cet arbre généalogique, quel est selon vous le mode de transmission le plus probable du syndrome de Nance - Horan ?

b. Si le couple III-7 et III-8 a un autre enfant, quelle est la probabilité que cet enfant ait le syndrome de Nance - Horan ?

c. Si III-2 et III-7 s'unissaient, quelle est la probabilité qu'un de leurs enfants ait le syndrome de Nance - Horan ?

***16.** Bob a le syndrome de Klinefelter (XXY) et est daltonien. Ses parents ont une perception normale des couleurs, mais son grand-père maternel est daltonien. Supposons que l'anomalie chromosomique de Bob soit due à une non-disjonction à la méiose. Chez quel parent et à quelle division méiotique la non-disjonction s'est-elle produite ? Expliquez votre réponse.

17. Le Talmud, un recueil ancien de lois civiles et religieuses juives, dit que si une femme donne naissance à deux fils qui meurent d'hémorragie après la circoncision (l'ablation du prépuce), les fils qu'elle aurait ensuite ne doivent pas être circoncis. (L'hémorragie est très probablement due à l'hémophilie, une maladie liée à l'X.) Le Talmud dit aussi que les fils des sœurs de cette femme ne doivent pas être circoncis, mais que les fils de ses frères doivent l'être. Cette loi religieuse est-elle en accord avec les principes génétiques ? Expliquez votre réponse.

18. ANALYSE DE DONNÉES Le syndrome cranio-fronto-nasal (SCFN) est une malformation congénitale due à la fusion prématurée des sutures crâniennes, donnant lieu à une forme de tête anormale, un très grand espacement des yeux, une extrémité nasale fendue, et d'autres anomalies du squelette. George Feldman et ses collaborateurs ont examiné plusieurs familles chez lesquelles le syndrome avait été observé. Les résultats de cette étude sont montrés dans le tableau ci-dessous (G.J. Feldman. 1997. *Human Molecular Genetics* 6 :1937-1941).

Numéro de la famille	Parents		Descendance			
			Normale		SCFN	
	Père	Mère	Mâle	Femelle	Mâle	Femelle
1	normal	SCFN	1	0	2	1
5	normal	SCFN	0	2	1	2
6	normal	SCFN	0	0	1	2
8	normal	SCFN	1	1	1	0
10a	SCFN	normal	3	0	0	2
10b	normal	SCFN	1	1	2	0
12	SCFN	normal	0	0	0	1
13a	normal	SCFN	0	1	2	1
13b	SCFN	normale	0	0	0	2
7b	SCFN	normale	0	0	0	2

a. Sur la base des familles du tableau, quel est le mode d'hérédité le plus probable du SCFN ?

b. Donnez les génotypes les plus probables pour les parents des familles 1 et 10a.

***19.** À quel nombre de corpuscules de Barr vous attendez-vous dans des cellules humaines contenant les garnitures de chromosomes sexuels suivantes ?

a. XX	**d.** XXY	**g.** XYY
b. XY	**e.** XXYY	**h.** XXX
c. XO	**f.** XXXY	**i.** XXXX

***20.** Les ailes dites « miniatures » chez *Drosophila melanogaster* sont produites par l'allèle X^m d'un gène lié à l'X. X^m est récessif par rapport à l'allèle X^+ qui spécifie des ailes de longueur normale. Des yeux couleur sépia sont produits par l'allèle *s* d'un gène autosomique, qui est récessif par rapport à l'allèle s^+ qui spécifie la couleur normale (rouge) des yeux.

a. Une mouche femelle qui a des ailes miniatures et les yeux sépia est croisée avec un mâle qui a des ailes normales et qui est homozygote pour les yeux rouges. Les F_1 sont croisées entre elles pour produire une F_2. Donnez les phénotypes et les rapports attendus à la F_1 et à la F_2.

b. Une mouche femelle homozygote pour des ailes normales et qui a les yeux sépia est croisée avec un mâle qui a des ailes miniatures et qui est homozygote pour les yeux rouges. Les F_1 sont croisées entre elles pour produire une F_2. Donnez les phénotypes et les rapports attendus à la F_1 et à la F_2.

Section 4.3

***21.** Les chevaux palomino ont une robe jaune doré, les chevaux alezan ont une robe marron, et les chevaux cremello ont une robe proche du blanc. (N.d.T. : Bien que d'origine américaine, les termes « palomino » et « cremello » sont utilisés par les éleveurs français.) Une série de croisements entre les différents types de chevaux produit la descendance suivante :

Croisements	Descendants
palomino × palomino	15 palominos, 6 alezans, 5 cremellos
alezan × alezan	16 alezans
cremello × cremello	13 cremellos
palomino × alezan	8 palominos, 9 alezans
palomino × cremello	11 palominos, 11 cremellos
alezan × cremello	23 palominos

a. Expliquez l'hérédité des phénotypes palomino, alezan, et cremello chez le cheval.

b. Attribuez des symboles aux allèles qui déterminent ces phénotypes et donnez les génotypes de tous les parents et descendants figurant dans le tableau ci-dessus.

***22.** Les allèles L^M et L^N au locus des types sanguins MN sont codominants. Donnez les génotypes et les phénotypes attendus et leurs rapports dans la descendance des croisements suivants :

a. $L^ML^M \times L^ML^N$	**d.** $L^ML^N \times L^NL^N$
b. $L^NL^N \times L^NL^N$	**e.** $L^ML^M \times L^NL^N$
c. $L^ML^N \times L^ML^N$	

***23.** Quand un hamster de Chine tacheté de blanc est croisé avec un hamster sans taches, environ 1/2 de la descendance a des taches blanches et 1/2 n'en a pas. Quand deux hamsters tachetés sont croisés, 2/3 de la descendance a des taches blanches et 1/3 n'en a pas.

a. Quelle est la base génétique des taches blanches chez le hamster de Chine ?

b. Comment feriez-vous pour produire une lignée pure de hamsters de Chine à taches blanches ?

24. ANALYSE DE DONNÉES Dans l'introduction du chapitre, nous avons parlé des travaux de Cuénot sur la détermination génétique de la couleur jaune du pelage chez la souris. Il a effectué une série de croisements entre deux souris jaunes et obtenu une descendance de souris jaunes et de souris grises dans ce qu'il interprétait comme un rapport 3 : 1. Le tableau ci-dessous donne le détail des résultats de Cuénot ainsi que les résultats d'une série plus grande de croisements effectués par Castle et Little (W.E. Castle et C.C. Little. 1910 *Science* 32 : 868-870).

Descendance de croisements souris jaunes × souris jaunes

Chercheurs	**Descendants jaunes**	**Descendants autres que jaunes**	**Nombre total de descendants**
Cuénot	263	100	363
Castle et Little	800	435	1 235
Résultats combinés	1 063	535	1 598

a. En utilisant un test du chi-carré, déterminez si les résultats de Cuénot sont compatibles avec le rapport 3 : 1 qu'il pensait observer. S'écartent-ils d'un rapport 2 : 1 ?

b. Déterminez si les résultats de Castle et Little s'écartent significativement d'un rapport 3 : 1. S'écartent-ils d'un rapport 2 : 1 ?

c. Déterminez si les résultats combinés de Cuénot et de Castle sont significativement différents d'un rapport 3 : 1 et d'un rapport 2 : 1.

d. Proposez une explication des rapports différents obtenus par Cuénot et par Castle.

Section 4.4

25. Dans ce chapitre, nous avons parlé de la poursuite de paternité engagée par Joan Barry contre Charlie Chaplin, et nous avons expliqué pourquoi, en se basant sur les groupes sanguins, Chaplin ne pouvait pas être le père de son enfant.

a. Quels étaient les groupes sanguins possibles pour le père de l'enfant de Barry ?

b. Si Chaplin avait été de l'un de ces groupes, cela aurait-il prouvé qu'il était le père de l'enfant de Barry ?

Section 4.5

***26.** Chez le poulet, la forme de la crête est déterminée par les allèles de deux loci (*R, r* et *P, p*). Une crête en cerneau de noix résulte de la présence d'au moins un allèle dominant *R* à un locus et d'au moins un allèle dominant *P* à l'autre locus (*R_ P_*). Une crête en rose résulte de la présence d'au moins un allèle dominant au premier locus et de deux allèles récessifs au second (*R_ pp*). Une crête en pois résulte de la présence de deux allèles récessifs au premier locus et d'au moins un allèle dominant au second (*rr P_*). Deux allèles récessifs présents aux deux loci (*rr pp*) produisent une crête simple. Quels types de crêtes seront-ils observés et dans quelles proportions dans la descendance des croisements suivants ?

a. *RR PP* × *rr pp*
b. *Rr Pp* × *rr pp*
c. *Rr Pp* × *Rr Pp*
d. *Rr pp* × *Rr pp*
e. *Rr pp* × *rr Pp*
f. *Rr pp* × *rr pp*

27. Tatuo Aida a étudié la base génétique de la variation de couleur chez le Medaka (*Aplocheilus latipes*), un petit poisson indigène du Japon (T. Aida. 1921. *Genetics* 6 : 554-573). Les gènes de deux loci (*B, b et R, r*) déterminent la couleur du poisson : les poissons qui ont un allèle dominant à chacun des loci (*B_ R_*) sont bruns. Les poissons n'ayant un allèle dominant qu'au seul locus *B* (*B_ rr*) sont bleus, ceux qui n'ont un allèle dominant qu'au seul locus *R* (*bb R_*) sont rouges, et ceux qui ont des allèles récessifs aux deux loci (*bb rr*) sont blancs. Aida a croisé un poisson brun homozygote avec un poisson blanc homozygote. Il a ensuite croisé en retour la F_1 avec le parent blanc homozygote et il a obtenu 228 poissons bruns, 230 bleus, 237 rouges et 222 blancs.

a. Donnez les génotypes de la descendance du croisement en retour.

b. Utilisez un test du chi-carré pour comparer les nombres d'individus observés dans la descendance du croisement en retour avec les nombres attendus. Quelle conclusion tirez-vous des résultats de votre test ?

c. Quels résultats attendriez-vous d'un croisement entre un poisson rouge homozygote et un poisson blanc ?

d. Supposez que vous croisiez un poisson rouge homozygote avec un poisson bleu homozygote, puis que vous croisiez en retour la F_1 avec le parent rouge homozygote. Quel serait le résultat ?

28. E.W. Lindstrom a croisé deux plantes de maïs à pousses vertes et a obtenu la descendance suivante : 3583 pousses vertes, 853 pousses blanc-verdâtres, et 260 pousses jaunes (E.W. Lindstrom. 1921. *Genetics* 6 : 91-110).

a. Donnez les génotypes des descendants verts, blanc-verdâtres, et jaunes.

b. Expliquez la détermination de la couleur de ces pousses.

c. Y a-t-il épistasie entre les gènes qui déterminent la couleur des pousses de maïs ? Si oui, quel est le gène épistatique et quel est le gène hypostatique ?

***29.** Une plante de pâtisson qui produit des fruits en forme de disque est croisée avec une plante qui produit des fruits allongés. Toutes les F_1 ont des fruits en forme de disque. Quand les F_1 sont croisées entre elles, les rapports phénotypiques suivants sont observés dans la F_2 : 9/16 fruits en forme de disque : 6/16 fruits sphériques : 1/16 fruits allongés. Donnez les génotypes des descendants F_2.

30. Certains pois de senteur ont des fleurs pourpres et d'autres, des fleurs blanches. Une variété homozygote à fleurs pourpres est croisée avec une variété homozygote à fleurs blanches. Toutes les F_1 ont des fleurs pourpres. Quand ces F_1 sont autofécondées, la F_2 présente un rapport de 9/16 pourpres pour 7/16 blanches.

a. Donnez les génotypes des plantes à fleurs pourpres et à fleurs blanches dans ces croisements.

b. Représentez une voie biochimique hypothétique qui expliquerait la production de fleurs pourpres et blanches chez le pois de senteur.

Section 4.6

31. L'enroulement de la coquille chez l'escargot *Limnaea peregra* est soumis à un effet maternel. L'allèle autosomique s^+ spécifiant l'enroulement à droite (dextre) est dominant sur l'allèle *s* spécifiant l'enroulement à gauche (senestre). Un escargot familier appelé Martha a une coquille senestre et ne se reproduit que comme une femelle (les escargots sont hermaphrodites). Dites si les affirmations suivantes sont vraies ou fausses, en expliquant chaque fois votre raisonnement.

a. Le génotype de Martha *doit être ss.*

b. Le génotype de Martha *ne peut être* s^+s^+.

c. Toute la progéniture de Martha *doit être* senestre.

d. Une partie au moins de la progéniture de Martha *doit être* senestre.

e. La mère de Martha *doit avoir été* senestre.

f. Tous les frères de Martha *doivent être* senestres.

Section 4.7

32. Laquelle des affirmations suivantes implique-t-elle le phénomène de phénocopie ? Expliquez votre raisonnement.

a. La phénylcétonurie résulte d'une mutation récessive qui entraîne une pigmentation très claire ainsi qu'une arriération mentale.

b. La taille humaine est influencée par les gènes de nombreux loci.

c. Des plantes naines et des feuilles tachetées chez la tomate sont causées par des gènes distincts mais liés.

d. L'intelligence humaine est influencée par des facteurs génétiques et environnementaux.

Question test

Section 4.2

33. Un généticien découvre une souris mâle avec de très gros testicules parmi ses animaux de laboratoire. Il pense que ce trait est dû à l'apparition d'une nouvelle mutation qui est soit liée à l'Y, soit autosomique dominante. Comment pourrait-il déterminer si le caractère est autosomique dominant ou lié à l'Y ?

5 Liaison génétique (*linkage*), recombinaison et cartographie génétique chez les eucaryotes

Alfred Henry Sturtevant, un des pionniers de la génétique, a établi la première carte génétique d'un chromosome. *[Institute Archives, California Institute of Technology.]*

Alfred Sturtevant et la première carte génétique

En 1909, Thomas Hunt Morgan donnait le cours d'introduction à la zoologie à l'Université Columbia de New York. Dans l'auditoire, il y avait un étudiant de deuxième année, Alfred Henry Sturtevant, et un étudiant de première année, Calvin Bridges. Sturtevant et Bridges étaient enthousiasmés par la façon d'enseigner de Morgan et intrigués par le choix des problèmes biologiques auxquels il s'intéressait. Ils demandèrent à Morgan s'ils pouvaient travailler dans son laboratoire et, l'année suivante, les deux jeunes gens se virent attribuer une table de travail dans la « Salle des Mouches », le laboratoire de recherche de Morgan où l'étude de la génétique de *Drosophila* en était à ses premiers balbutiements (voir les pages 75-76 du Chapitre 4). Sturtevant, Bridges et les autres étudiants chercheurs de Morgan passaient pratiquement leur vie dans le laboratoire, élevant les mouches, mettant au point des expériences, et discutant leurs résultats.

Au cours de leurs recherches, Morgan et ses étudiants observèrent que certaines paires de gènes ne ségrégeaient pas suivant la loi de Mendel d'assortiment indépendant, mais qu'au contraire, elles avaient tendance à être transmises ensemble. Morgan suggéra la possibilité que ces gènes soient localisés sur le même chromosome et donc qu'ils migrent ensemble à la méiose. Il alla même plus loin en proposant que des gènes étroitement liés – ceux qui n'étaient que rarement séparés par la recombinaison – soient très proches physiquement sur le même chromosome, tandis que les gènes liés de façon plus lâche – plus fréquemment échangés par recombinaison – soient plus éloignés.

Un jour de 1911, pendant une discussion avec Morgan sur l'assortiment indépendant, Sturtevant eut une inspiration soudaine : si le degré de liaison des gènes reflétait leur position sur le chromosome, il devait donc permettre de les cartographier. Sturtevant rentra chez lui et, négligeant ses travaux de bachelier, passa la majeure partie de la nuit à établir la première carte génétique d'un chromosome (**Figure 5.1**). La première carte chromosomique de Sturtevant, d'une exactitude remarquable, a jeté les bases méthodologiques de la cartographie génétique contemporaine.

Sturtevant devint (comme Bridges) un généticien réputé. En plus de la cartographie génétique et des mécanismes de l'hérédité chez *Drosophila*, il s'intéressa à la cytologie, à l'embryologie, et à l'évolution. La carrière de Sturtevant fut profondément marquée par ses premières années passées dans la Salle des Mouches, où la personnalité extraordinaire de Morgan et la proximité entre étudiants se combinaient pour créer un état quasi-permanent d'excitation intellectuelle et favoriser l'échange informel d'idées.

5.1 La carte de Sturtevant comprenait cinq gènes sur le chromosome X de *Drosophila*. Les gènes sont corps jaune (*y*), yeux blancs (*w*), yeux vermillons (*v*), ailes miniatures (*m*), et ailes rudimentaires (*r*).

Ce chapitre examine la transmission héréditaire de gènes situés sur un même chromosome. Ces gènes liés dérogent à la loi de Mendel d'assortiment indépendant puisqu'ils sont souvent transmis ensemble. Ce phénomène nécessite donc une approche particulière pour prédire les types de descendants qui sont produits dans des croisements impliquant des gènes liés. Un élément d'information indispensable à cette prédiction est l'arrangement des gènes sur les chromosomes. Il sera donc nécessaire d'avoir à l'esprit la relation entre gènes et chromosomes, plus précisément entre les génotypes impliqués dans un croisement et le comportement des chromosomes à la méiose.

Nous commencerons notre étude de la liaison génétique (« linkage ») en comparant la transmission de deux gènes liés avec celle de deux gènes qui s'assortissent indépendamment. Nous verrons ensuite comment le crossing-over sépare des gènes liés. Cette compréhension des notions de liaison génétique et de recombinaison nous permettra de prédire les résultats de croisements qui mettent en jeu des gènes liés, et de cartographier des gènes. À la fin du chapitre, nous nous intéresserons aux méthodes physiques de localisation des gènes sur les chromosomes.

5.1 Des gènes liés ne s'assortissent pas indépendamment

Prenons le temps de rappeler brièvement les deux concepts importants que sont la ségrégation égale et l'assortiment indépendant (voir le Chapitre 3). Le principe de ségrégation égale dit que chaque individu diploïde possède deux allèles à un locus et qu'à la méiose, les deux allèles se séparent (ségrègent) pour aller chacun dans un gamète. Le principe d'assortiment indépendant précise la manière dont s'effectue la ségrégation : il nous dit que dans cette ségrégation, les deux allèles d'un locus se comportent indépendamment des allèles d'autres loci.

L'assortiment indépendant crée de *nouvelles combinaisons* d'allèles. Considérez un croisement entre deux individus homozygotes pour deux paires d'allèles différents : *AA BB* × *aa bb*. Le parent *AA BB* produit des gamètes avec les allèles *A B*, et le parent *aa bb* produit des gamètes *a b*. La descendance F_1 aura le génotype *Aa Bb* (**Figure 5.2**). Dans cette situation, la recombinaison signifie que quand un individu F_1 se reproduit, les combinaisons d'allèles dans ses gamètes peuvent être différentes de celles présentes dans les allèles de ses parents. Concrètement, cela veut dire que la F_1 peut produire des gamètes contenant les allèles *A b* ou *a B* en plus des gamètes de type parental *A B* ou *a b*.

Mendel a déduit ses principes de l'observation de la descendance de croisements génétiques, sans rien savoir des processus biologiques sous-jacents. En 1903, Walter Sutton proposa une explication biologique des principes de Mendel, la théorie chromosomique de l'hérédité (voir le Chapitre 3). Cette théorie affirme que les gènes sont portés par les chromosomes. Revisitons les deux lois de Mendel à la lumière de la théorie chromosomique. Le principe de ségrégation égale signifie alors qu'un organisme diploïde possède deux allèles pour un trait, localisés à la même position – ou locus – sur chacun des chromosomes d'une paire d'homologues. Ces chromosomes ségrègent à la méiose et chaque gamète reçoit un des homologues. Le principe d'assortiment indépendant

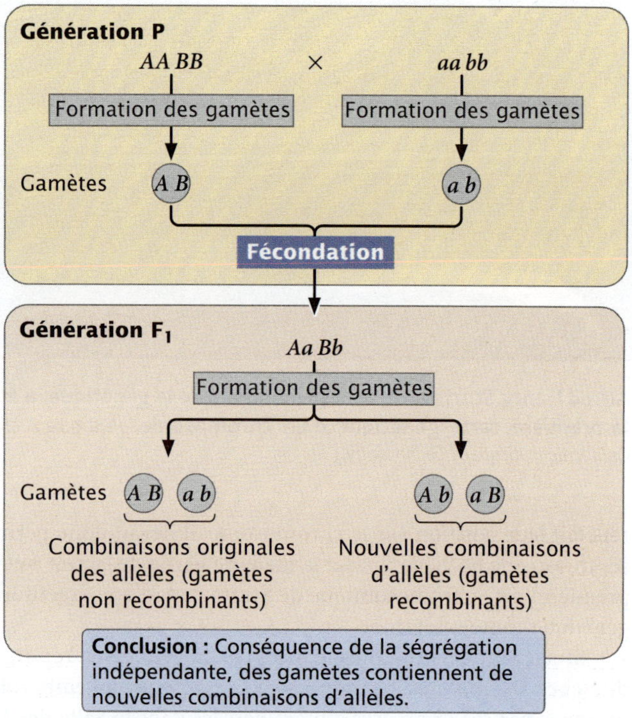

5.2 L'assortiment indépendant produit de nouvelles combinaisons d'allèles, donc une recombinaison.

dit qu'à la méiose, chaque paire d'homologues se réassortit indépendamment des autres paires. Les organismes ont un nombre limité de chromosomes, et comme il est évident que le nombre de gènes est beaucoup plus élevé, plusieurs gènes doivent être portés par le même chromosome et ne peuvent donc pas s'assortir indépendamment. Les gènes localisés sur un même chromosome sont des **gènes liés** : ils appartiennent au même **groupe de liaison**. Les gènes liés voyagent ensemble pendant la méiose, arrivent à la même destination (le même gamète), et ne sont pas supposés s'assortir indépendamment.

Tous les caractères examinés par Mendel chez le pois s'assortissaient indépendamment et, après la redécouverte de ses travaux, les premiers traits étudiés chez d'autres organismes semblaient également s'assortir indépendamment. Comment de si nombreux gènes portés par un nombre limité de chromosomes pouvaient-ils s'assortir indépendamment ?

Ce paradoxe apparent fut résolu quand les biologistes commencèrent à trouver des traits qui ne s'assortissaient pas indépendamment. Un des premiers cas fut observé chez le pois de senteur par William Bateson, Edith R. Saunders et Reginald C. Punnett en 1905. Ils croisèrent une souche de pois homozygote à fleurs pourpres et à grains de pollen allongés avec une souche homozygote à fleurs rouges et à grains de pollen ronds. Toutes les plantes F_1 avaient des fleurs pourpres et des grains de pollen allongés, ce qui indiquait que pourpre était dominant sur rouge et la forme allongée du grain dominante sur la forme ronde. Quand ils croisèrent entre elles les F_1, la descendance F_2 n'apparut pas dans le rapport 9 : 3 : 3 : 1 attendu en cas d'assortiment indépendant (**Figure 5.3**). Une proportion très importante des plantes F_2 avait soit des fleurs pourpres et un pollen à grains allongés, soit des fleurs rouges et des grains de pollen ronds (les phénotypes parentaux). Bateson, Saunders et Punnett proposèrent l'existence d'un couplage entre gènes, sans toutefois pouvoir en expliquer la base. Nous savons maintenant que ces résultats sont dus à la liaison génétique : les deux loci examinés sont proches l'un de l'autre sur le même chromosome et ne s'assortissent donc pas indépendamment.

Expérience

Question : Les gènes de la couleur de la fleur et de la forme du grain de pollen chez le pois de senteur s'assortissent-ils indépendamment ?

Méthodes Croiser deux souches homozygotes pour deux traits différents.

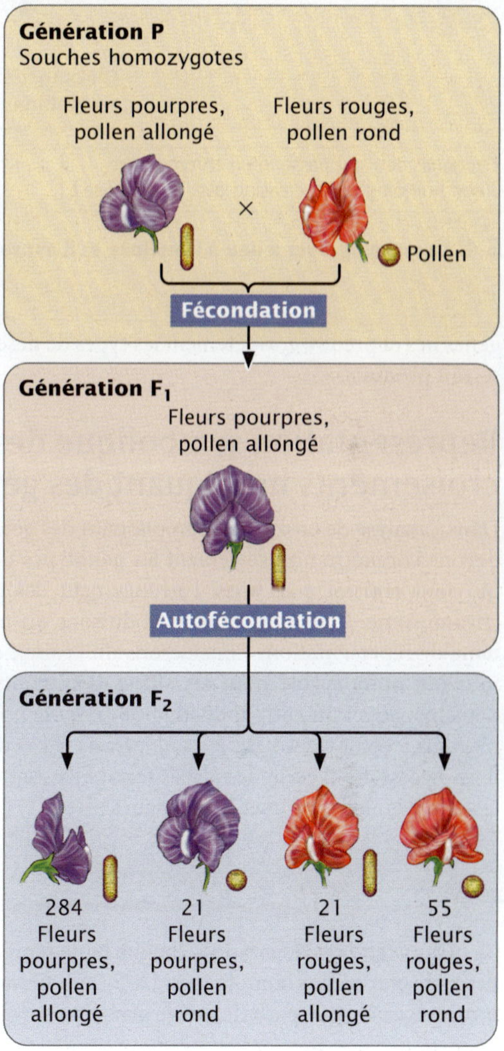

Résultats

Conclusion : La descendance F_2 n'apparaît pas dans le rapport 9 : 3 : 3 : 1 attendu en cas d'assortiment indépendant.

5.3 Assortiment non indépendant de la couleur de la fleur et de la forme du pollen chez le pois de senteur.

5.2 Les gènes liés ségrègent ensemble et sont recombinés par le crossing-over

Des gènes proches les uns des autres sur le même chromosome ségrègent généralement comme un seul groupe et sont donc souvent transmis ensemble. Toutefois, il arrive que des gènes soient échangés entre chromosomes homologues par le processus du crossing-over (voir le Chapitre 2), comme le montre la **Figure 5.4**. Le crossing-over entraîne la recombinaison : il sépare des gènes qui sont groupés sur un même chromosome. Du point de vue de la ségrégation, la liaison et le crossing-over ont donc des effets opposés. Dans le Chapitre 4, nous avons décrit un certain nombre d'exceptions et de prolongements des principes mendéliens. La liaison génétique introduit un degré de complexité supplémentaire dans l'interprétation des résultats des croisements. Cependant, une fois que nous avons compris la manière dont la liaison affecte la transmission des gènes, nous pouvons analyser des croisements impliquant des

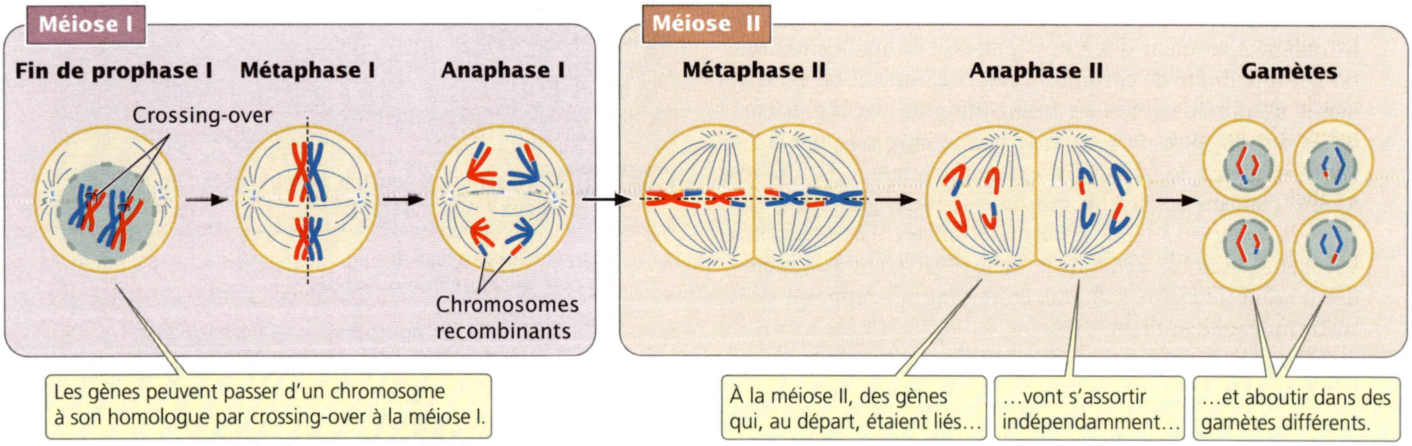

5.4 Le crossing-over a lieu à la méiose et il est responsable d'une recombinaison.

gènes liés et prédire correctement les types de descendants qui seront produits.

Représentation symbolique des croisements impliquant des gènes liés

Dans l'analyse de croisements impliquant des gènes liés, nous devons connaître non seulement les génotypes des individus qui sont croisés, mais aussi l'arrangement des gènes sur le chromosome. Pour cela, nous introduisons un nouveau système de représentation. Considérons un croisement entre un individu homozygote pour les allèles dominants présents à deux loci liés et un autre individu homozygote pour les allèles récessifs à ces loci (*AA BB* × *aa bb*). Dans le cas de gènes liés, il est nécessaire d'écrire les allèles tels qu'ils sont disposés sur chacun des chromosomes homologues :

$$\frac{A \quad B}{\overline{A \quad B}} \times \frac{a \quad b}{\overline{a \quad b}}$$

Dans cette représentation, chaque ligne représente un des deux chromosomes homologues. La F_1, qui hérite d'un chromosome de chaque parent, aura le génotype suivant :

$$\frac{A \quad B}{\overline{a \quad b}}$$

Ici apparaît l'importance de représenter les allèles sur chaque chromosome. Un chromosome porte les deux allèles dominants *A* et *B*, et le chromosome homologue porte les deux allèles récessifs *a* et *b*. La représentation peut être simplifiée en ne dessinant qu'une ligne, en sachant que les gènes du même côté de la ligne se trouvent sur le même chromosome :

$$\frac{A \quad B}{a \quad b}$$

Cette représentation peut encore être simplifiée en séparant les allèles présents sur chaque chromosome par une barre oblique : *AB* / *ab*.

Souvenons-nous que les deux allèles d'un locus sont portés chacun par un des homologues d'une paire d'homologues et qu'ils doivent être notés de part et d'autre de la ligne. Donc, nous ne représenterons *jamais* un génotype comme suit

$$\frac{A \quad a}{B \quad b}$$

parce que les allèles *A* et *a* ne peuvent *jamais* se trouver sur le même chromosome.

Il est également important de toujours noter les gènes dans le même ordre des deux côtés de la ligne, donc nous ne devons *jamais* écrire

$$\frac{A \quad B}{b \quad a}$$

parce que cela signifierait que *A* et *b* sont allèles (sont au même locus).

Comparaison entre liaison complète et assortiment indépendant

Voyons d'abord ce qui arrive à des gènes qui sont complètement liés, c'est-à-dire tellement proches sur le chromosome qu'ils ne sont pas séparables par crossing-over. Il est très rare que des gènes soient complètement liés, mais, en supposant qu'il n'y ait pas de crossing-over, nous pouvons voir plus clairement les effets de la liaison. Nous verrons après ce qui se passe quand les gènes s'assortissent indépendamment. Plus loin, nous verrons le type de résultats obtenu quand les gènes sont liés, mais qu'il y a crossing-over.

C'est le *croisement test* qui révèle les effets de la liaison génétique (ou linkage). Par exemple, si un individu hétérozygote est testé par croisement avec un individu homozygote récessif (*Aa Bb* × *aa bb*), les allèles présents dans les gamètes du parent hétérozygote seront exprimés dans les phénotypes de la descendance parce que le parent testeur n'a pas d'allèles dominants qui pourraient les masquer. Les traits qui apparaissent dans la descendance révèlent donc les allèles transmis par le parent hétérozygote.

Prenons l'exemple d'une paire de gènes liés chez la tomate. Les allèles à un locus déterminent le type de feuilles : l'allèle spécifiant des feuilles tachetées (m) est récessif par rapport à l'allèle qui spécifie des feuilles normales (M). Très près sur le même chromosome, un autre locus détermine la taille de la plante : l'allèle nain (d pour « dwarf ») est récessif par rapport à l'allèle spécifiant une taille normale (D).

Un croisement test destiné à vérifier la liaison génétique nécessite une plante hétérozygote pour les deux caractères. Un généticien peut produire cette plante hétérozygote en croisant une variété de tomate homozygote pour des feuilles normales et une taille normale avec une variété homozygote pour des feuilles tachetées et une taille naine :

$$\text{P} \qquad \frac{M \quad D}{m \quad d} \times \frac{m \quad d}{m \quad d}$$

$$\downarrow$$

$$\text{F}_1 \qquad \frac{M \quad D}{m \quad d}$$

Le généticien va alors effectuer un croisement test entre les plantes F_1 hétérozygotes et un testeur homozygote pour des feuilles tachetées et une taille naine :

$$\frac{M \quad D}{m \quad d} \times \frac{m \quad d}{m \quad d}$$

Les résultats de ce croisement test sont présentés dans la **Figure 5.5a**. L'hétérozygote produit deux types de gamètes : ceux qui contiennent le chromosome $\underline{M \quad D}$, et ceux qui contiennent le chromosome $\underline{m \quad d}$. Puisqu'il n'y a pas de crossing-over, ces deux types de gamètes sont les seuls produits par l'hétérozygote. Remarquez que ces gamètes ne contiennent que des combinaisons d'allèles qui étaient présentes chez les parents de départ : (M et D) et (m et d). Ces gamètes qui ne contiennent que les combinaisons d'allèles originales sont appelés **gamètes non recombinants** ou **gamètes de type parental**.

Le parent homozygote du croisement test (le testeur) ne produit qu'un type de gamètes, qui contient le chromosome $\underline{m \quad d}$ et qui fusionne avec un des deux types de gamètes générés par le parent hétérozygote (voir la Figure 5.5a). Deux types de descendants sont produits : la moitié a des feuilles normales et une taille normale

$$\frac{M \quad D}{m \quad d}$$

et l'autre moitié a des feuilles tachetées et est de taille naine

$$\frac{m \quad d}{m \quad d}$$

Cette descendance présente les mêmes combinaisons de traits que la génération P. Il s'agit d'une **descendance non recombinante** ou **de type parental**. Aucune nouvelle combinaison de traits n'apparaît dans la descendance parce que les gènes qui les spécifient sont complètement liés et sont hérités ensemble. De nouvelles combinaisons de traits ne pourraient être créées que si le lien physique entre M et D et entre m et d était rompu.

Ces résultats sont à l'opposé de ceux auxquels on s'attend quand les gènes s'assortissent indépendamment (**Figure 5.5b**). Si les loci M et D s'assortissaient indépendamment, la plante hétérozygote ($Mm\ Dd$) produirait quatre types de gamètes : deux gamètes de type parental ($M\ D$ et $m\ d$) et deux gamètes contenant de nouvelles combinaisons d'allèles ($M\ d$ et $m\ D$), appelés **gamètes recombinants**. En cas d'assortiment indépendant, les gamètes de type parental et recombinants sont produits en proportions égales. Ces quatre types de gamètes fusionnent avec les gamètes du seul type produit par le parent testeur pour produire quatre types de descendants en proportions égales (voir la Figure 5.5b). Les descendants avec les nouvelles combinaisons de traits apportées par les gamètes recombinants sont appelés **descendants recombinants**.

En résumé, un croisement test dans lequel un des parents est hétérozygote pour deux gènes complètement liés produit deux types de descendants, présentant chacun une des combinaisons de traits présentes dans la génération P. Par contre, l'assortiment indépendant produit une descendance dans un rapport 1 : 1 : 1 : 1. Il y a quatre types de descendants : deux types parentaux et deux types recombinants en proportions égales.

Le crossing-over entre gènes liés

Dans la plupart des cas, on observe une certaine fréquence de crossing-over entre des gènes localisés sur un même chromosome, ce qui génère de nouvelles combinaisons de traits. Les gènes entre lesquels un crossing-over se produit ne sont pas complètement liés.

Théorie L'effet du crossing-over sur la transmission de deux gènes liés est montré dans la **Figure 5.6**. Le crossing-over, qui a lieu pendant la prophase I de la méiose, est l'échange de matériel génétique entre deux chromatides non sœurs (voir les Figures 2.12 et 2.14). Après qu'un crossing-over unique se soit produit, les deux chromatides qui n'ont pas participé à l'échange restent inchangées ; les gamètes qui héritent ces chromatides sont non recombinants. Les chromatides qui ont subi le crossing-over contiennent de nouvelles combinaisons d'allèles et les gamètes qui les reçoivent sont recombinants. Donc, chaque méiose pendant laquelle un seul crossing-over a lieu produit deux gamètes non recombinants et deux gamètes recombinants. Le résultat net est identique à celui produit par l'assortiment indépendant (voir la Figure 5.5b). Si un crossing-over entre deux loci se produit à chaque méiose, il est impossible de déterminer si les gènes sont sur le même chromosome et qu'il y a eu crossing-over ou si les gènes sont sur des chromosomes différents.

Des gènes étroitement liés ne sont pas séparés par un crossing-over à chaque méiose. Les méioses sans crossing-over ne produisent que des gamètes non recombinants. Les méioses à crossing-over unique produisent une moitié de gamètes

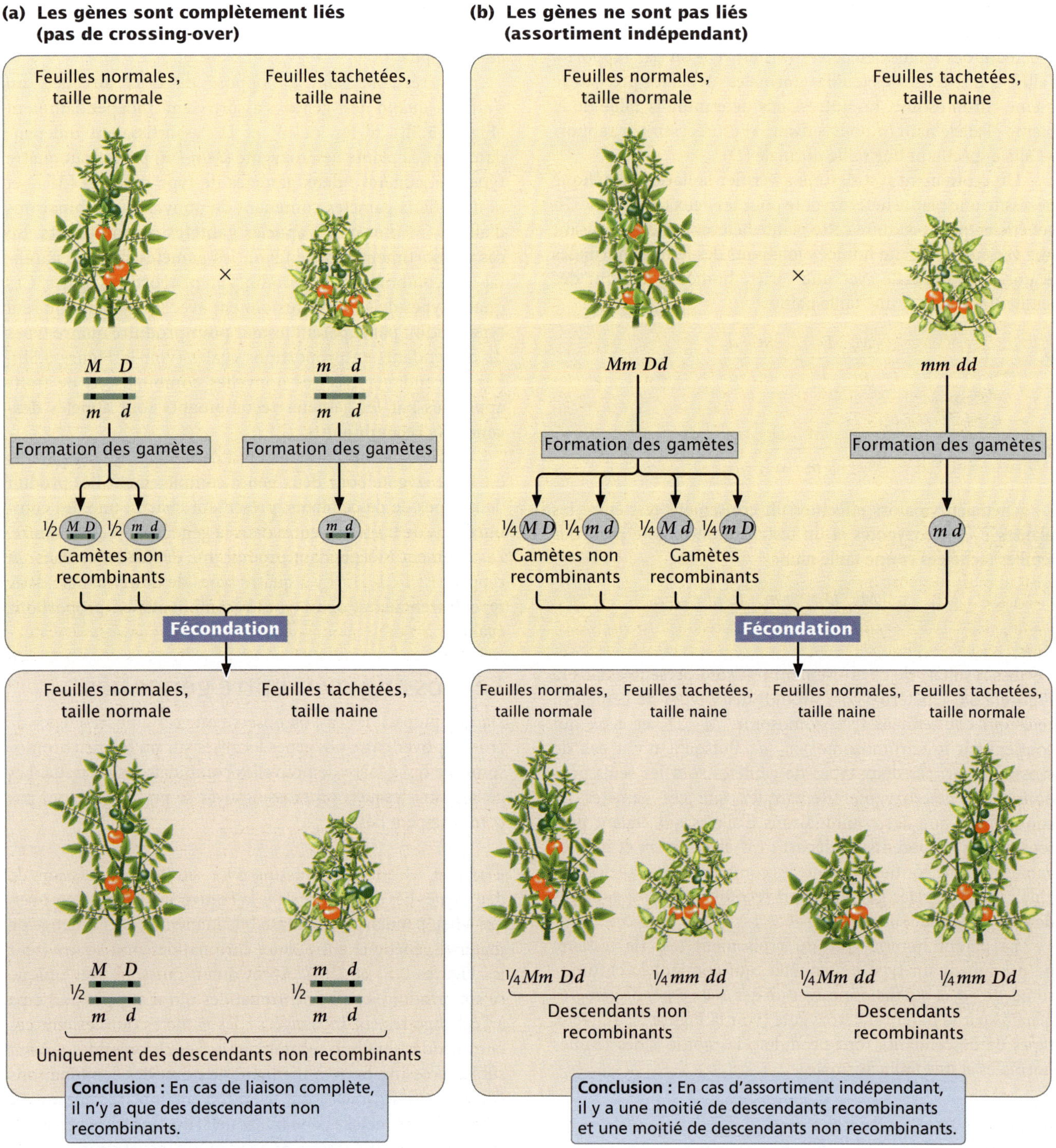

5.5 Un croisement test révèle l'existence d'une liaison génétique (linkage). Résultats d'un croisement test pour deux loci déterminant le type de feuillage et la taille de la plante chez la tomate.

recombinants et une moitié de non recombinants (parce que l'unique crossing-over n'affecte que deux des quatre chromatides). Par conséquent, le pourcentage de gamètes recombinants est toujours la moitié du pourcentage des méioses pendant lesquelles un crossing-over a eu lieu. Même si un crossing-over entre deux gènes a lieu à chaque méiose, 50 % seulement des gamètes produits seront recombinants. Donc, la proportion maximale de gamètes recombinants est 50 %.

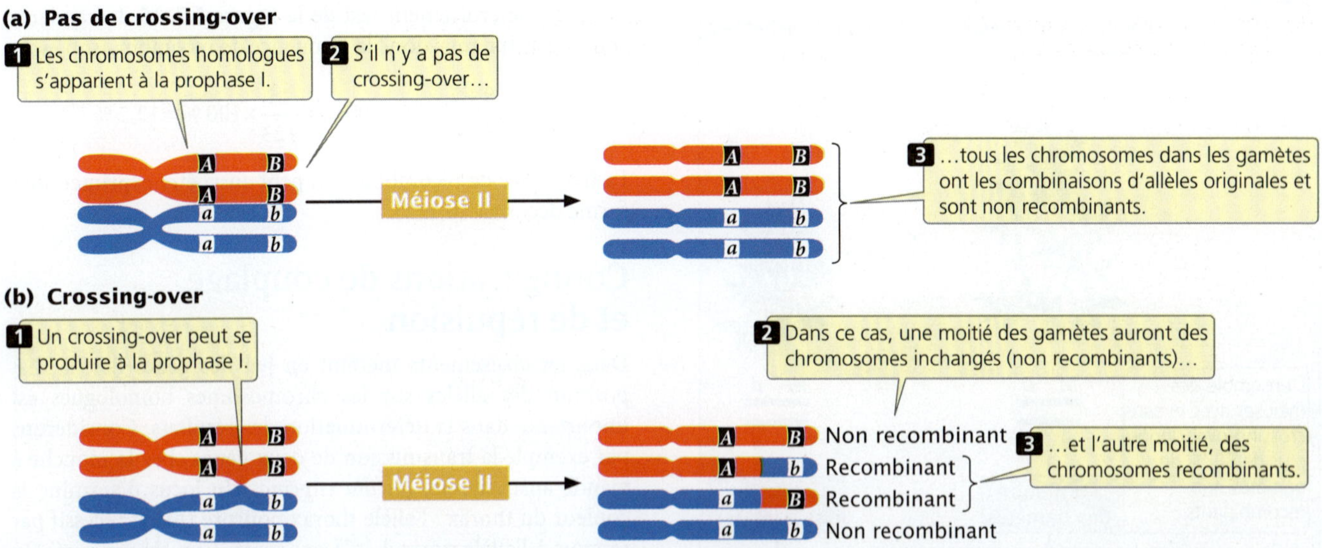

5.6 Un unique (simple) crossing-over produit une moitié de gamètes recombinants et une moitié de gamètes recombinants.

Concepts clés

La liaison entre gènes fait qu'ils sont souvent transmis ensemble, et elle réduit la recombinaison. Le crossing-over rompt la liaison entre gènes. Dans un croisement test mettant en jeu deux gènes liés, chaque crossing-over produit deux gamètes recombinants et deux non recombinants. La fréquence de production de gamètes recombinants est égale à la moitié de la fréquence de crossing-over, avec un maximum de 50 %.

✔ Test de compréhension 1

Dans les méioses à crossing-over unique, la fréquence de production de gamètes recombinants est égale à la moitié de la fréquence de crossing-over parce que

a. un croisement test entre un homozygote et un hétérozygote produit une descendance avec 1/2 d'hétérozygotes et 1/2 d'homozygotes.

b. la fréquence de recombinaison est toujours 50 %.

c. chaque crossing-over ne se produit qu'entre deux des quatre chromatides d'une paire d'homologues.

d. le crossing-over a lieu dans environ 50 % des méioses.

Application Appliquons ce que nous avons appris sur la liaison génétique et la recombinaison à un croisement entre des plantes de tomate qui diffèrent par les gènes qui codent le type de feuillage et la taille de la plante. Nous supposons cette fois que les gènes sont liés et qu'un crossing-over se produit entre eux avec une certaine fréquence. Un généticien effectue le croisement test décrit précédemment :

$$\frac{M \quad D}{m \quad d} \times \frac{m \quad d}{m \quad d}$$

Quand un crossing-over a lieu entre les gènes spécifiant le type de feuillage et la taille de la plante, deux des quatre gamètes produits seront recombinants. Quand il n'y a pas de crossing-over, les quatre gamètes seront non recombinants. Donc, les méioses dans leur ensemble produiront une majorité de gamètes non recombinants. Ces gamètes fusionnent avec les gamètes du parent homozygote récessif, ce qui produit une majorité de descendants de type parental et quelques descendants de type recombinant (**Figure 5.7**). Dans ce croisement test, nous voyons que 55 descendants ont des feuilles et une taille normales, et 53 ont des feuilles tachetées et sont naines. Ces plantes constituent la descendance de type parental. Sur les 123 descendants, 15 présentent de nouvelles combinaisons de traits : 8 ont des feuilles normales et sont naines, et 7 ont des feuilles tachetées et une taille normale. Ces plantes constituent la descendance de type recombinant.

Les résultats du croisement décrit dans la Figure 5.7 révèlent plusieurs choses. Un croisement test mettant en jeu deux gènes s'assortissant indépendamment doit produire un rapport phénotypique 1 : 1 : 1 : 1 dans la descendance. La descendance du croisement examiné ne présente clairement pas ce rapport. Nous pouvons donc dire que les gènes ne s'assortissent pas indépendamment. Quand un crossing-over se produit entre des gènes liés, le résultat est le plus souvent une majorité de descendants de type parental et un nombre moins élevé de descendants de type recombinant. C'est le type de résultat que nous observons pour le croisement test de la Figure 5.7. Nous pouvons donc conclure que les deux gènes sont liés et que le crossing-over entre eux est possible.

Le calcul de la fréquence de recombinaison

Le pourcentage de descendants recombinants produits dans un croisement est appelé la **fréquence de recombinaison** qui se calcule comme suit :

$$\text{Fréquence de recombinaison} = \frac{\text{nombre de descendants recombinants}}{\text{nombre total de descendants}} \times 100\ \%$$

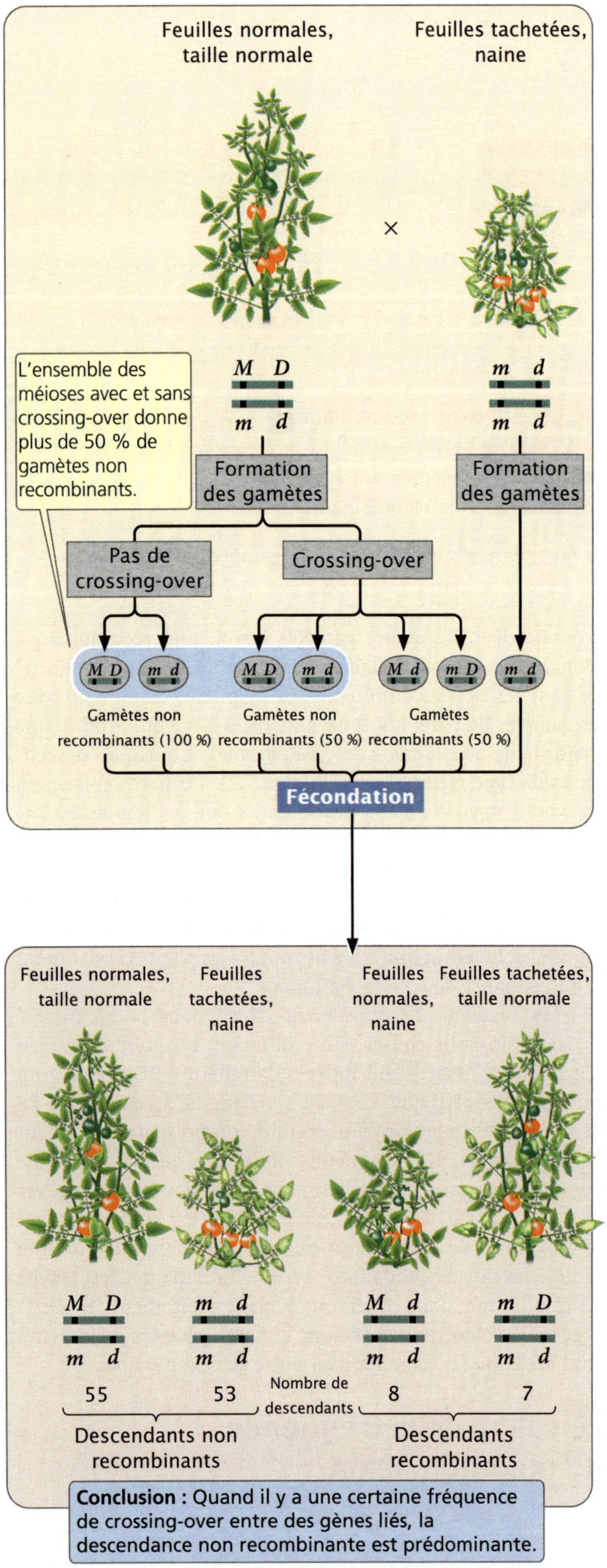

5.7 Le crossing-over entre des gènes liés produit des descendants non recombinants et recombinants. Dans ce croisement test, les gènes sont liés et il y a une certaine fréquence de crossing-over.

Dans le croisement test de la Figure 5.7, 15 descendants sont recombinants, donc la fréquence de recombinaison est :

$$\frac{8+7}{55+53+8+7}\times 100\ \% = \frac{15}{123}\times 100\ \% = 12{,}2\ \%$$

La fréquence de recombinaison peut aussi être exprimée sous forme décimale (0,122).

Configurations de couplage et de répulsion

Dans les croisements mettant en jeu des gènes liés, la disposition des allèles sur les chromosomes homologues est importante dans la détermination des résultats. Considérons par exemple la transmission de deux gènes chez la mouche à viande australienne, *Lucilia cuprina*. Un locus détermine la couleur du thorax : l'allèle thorax pourpre (p) est récessif par rapport à l'allèle normal (p^+) qui spécifie un thorax vert. Un second locus détermine la couleur du puparium (N.d.T. : l'enveloppe rigide de la pupe.) : l'allèle puparium noir (b) est récessif par rapport à l'allèle qui spécifie la couleur brune normale du puparium (b^+). Ces loci sont proches l'un de l'autre sur un chromosome. Supposons que nous testions une mouche hétérozygote aux deux loci en la croisant avec une mouche homozygote récessive à ces loci. Étant donné que les gènes sont liés, il y a deux dispositions possibles des allèles sur les chromosomes de la mouche hétérozygote. Les allèles dominants thorax vert (p^+) et puparium brun (b^+) peuvent se trouver sur un des chromosomes homologues, et les allèles récessifs thorax pourpre (p) et puparium noir (b) sur l'autre :

$$\frac{p^+ \quad b^+}{p \quad b}$$

Cette situation, dans laquelle les allèles de type sauvage se trouvent sur un chromosome et les allèles mutants sur l'autre, est appelée **configuration de couplage** (ou **configuration en cis**). L'autre situation possible, dans laquelle chaque homologue porte un allèle de type sauvage et un allèle mutant

$$\frac{p^+ \quad b}{p \quad b^+}$$

est appelée **configuration de répulsion** (ou **configuration en trans**). La configuration dans laquelle se trouvent les allèles chez le parent hétérozygote détermine la représentation des phénotypes dans la descendance d'un croisement test.

Quand les allèles sont en configuration de couplage, les types de descendants les plus nombreux sont ceux avec un thorax vert et un puparium brun et ceux avec un thorax pourpre et un puparium noir (**Figure 5.8a**), mais quand les allèles du parent hétérozygote sont en configuration de répulsion, les types de descendants les plus nombreux sont ceux avec un thorax vert et un puparium noir et ceux avec un thorax pourpre et un puparium brun (**Figure 5.8b**). Remarquez que les génotypes des parents sont les mêmes dans les Figures 5.8a et 5.8b ($p^+p\ b^+b \times pp\ bb$) et que la différence considérable entre les rapports phénotypiques des descendants des deux croisements

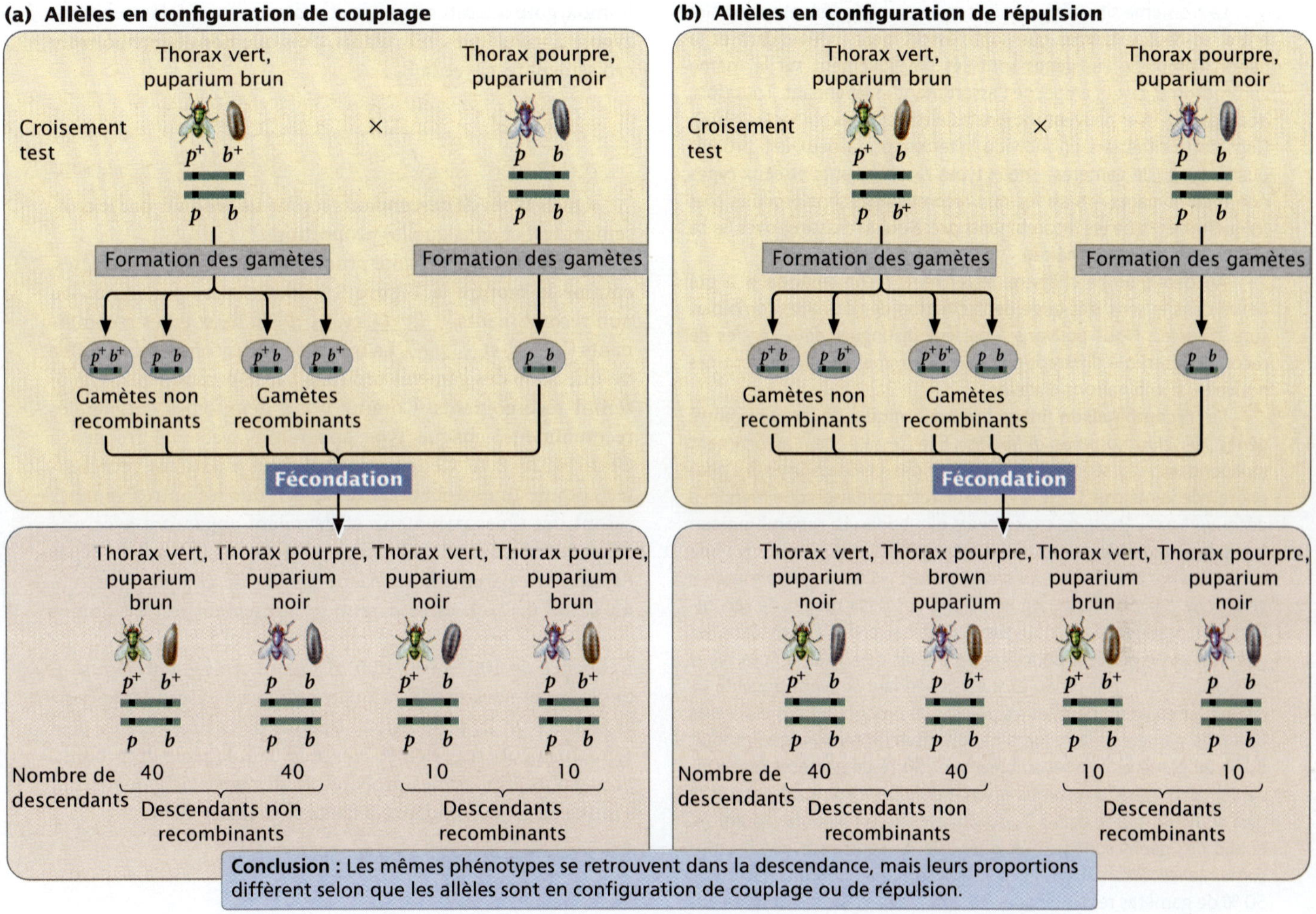

5.8 La disposition (couplage ou répulsion) des gènes liés sur les homologues influence le résultat d'un croisement test. Chez la mouche à viande australienne, *Lucilia* cuprina, les allèles de loci liés déterminent la couleur du thorax et celle du puparium.

est due uniquement à la configuration – de couplage ou de répulsion – des allèles sur les chromosomes. Il est essentiel de connaître la disposition des allèles sur les chromosomes pour prédire avec exactitude les résultats de croisements mettant en jeu des gènes liés.

Concepts clés

Dans un croisement mettant en jeu des gènes liés, l'arrangement des allèles sur les chromosomes est déterminant pour le résultat. Quand deux allèles de type sauvage se trouvent sur un des chromosomes homologues et deux allèles mutants sur l'autre, ils sont en configuration de couplage. Quand chaque chromosome porte un allèle de type sauvage et un allèle mutant, les allèles sont en configuration de répulsion.

✔ Test de compréhension 2

Le croisement test *Aa Bb* × *aa bb* produit la descendance suivante : 10 *Aa Bb*, 40 *Aa bb*, 40 *aa Bb*, 10 *aa bb*. Quel est le pourcentage de recombinaison entre les loci *A* et *B* ? Les allèles du parent *Aa Bb* étaient-ils en configuration de couplage ou de répulsion ?

Faisons le lien entre les concepts

L'assortiment indépendant, la liaison génétique et le crossing-over

Nous avons envisagé trois situations pour des gènes présents à des loci différents. D'abord, les gènes peuvent se trouver sur des chromosomes différents ; dans ce cas, ils s'assortissent indépendamment et se combinent de façon aléatoire à la formation des gamètes. Un individu hétérozygote à deux loci (*Aa Bb*) produit quatre types de gamètes (*AB*, *ab*,*Ab*, et *aB*) en proportions égales : deux types non recombinants et deux types recombinants.

Une deuxième situation est celle où les gènes sont complètement liés – ils sont sur le même chromosome et si près l'un de l'autre que le crossing-over entre eux est extrêmement rare. Dans ce cas, les gènes ne se recombinent pas. Un individu hétérozygote pour deux gènes étroitement liés en configuration de couplage

$$\frac{A \quad B}{a \quad b}$$

ne produit que les gamètes non recombinants *A B* et *a b*. Il n'y a pas d'assortiment qui produise de nouvelles combinaisons telles que *A b* ou *a B*.

La troisième situation, une liaison incomplète, est intermédiaire entre les deux extrêmes que sont l'assortiment indépendant et la liaison complète. Les gènes sont liés physiquement sur le même chromosome, ce qui empêche l'assortiment indépendant. Toutefois, des crossing-over peuvent rompre la liaison et recombiner les gènes. Dans cette situation, un individu hétérozygote à deux loci produit quatre types de gamètes – deux types recombinants et deux types non recombinants – mais les non recombinants sont produits plus fréquemment que les recombinants parce qu'un crossing-over ne se produit pas à chaque méiose.

Au début de ce chapitre, le terme « recombinaison » a été défini dans le sens très large de la création de nouvelles combinaisons d'allèles. Nous pouvons à présent distinguer deux modes de recombinaison qui diffèrent par les mécanismes qui produisent ces nouvelles combinaisons d'allèles.

La **recombinaison interchromosomique** se produit entre gènes de *chromosomes différents*. Elle résulte de l'assortiment indépendant – la ségrégation aléatoire des chromosomes à l'anaphase I de la méiose. C'est le mode de recombinaison que Mendel a découvert par l'étude de croisements dihybrides. La **recombinaison intrachromosomique** se produit entre gènes localisés sur *un même chromosome*. Elle est due au crossing-over – l'échange de matériel génétique à la prophase I de la méiose. Les deux modes de recombinaison produisent de nouvelles combinaisons d'allèles dans les gamètes et ne peuvent donc être distingués par l'examen des types de gamètes qui sont produits. Il est cependant souvent possible de distinguer en examinant les *fréquences de production* des différents types de gamètes : la recombinaison interchromosomique produit 50 % de gamètes non recombinants et 50 % de gamètes recombinants, tandis que la recombinaison intrachromosomique produit le plus souvent moins de 50 % de gamètes recombinants. Toutefois, quand des gènes sont très éloignés l'un de l'autre sur un chromosome, la recombinaison intrachromosomique produit elle aussi 50 % de gamètes recombinants, comme si les allèles s'assortissaient indépendamment. La recombinaison intrachromosomique de gènes très distants sur un chromosome et la recombinaison interchromosomique sont indistiguables génétiquement.

Prédiction des résultats de croisements mettant en jeu des gènes liés

Le fait de connaître l'arrangement des allèles sur un chromosome permet de prédire les types de descendants d'un croisement mettant en jeu des gènes liés et de déterminer les types qui seront les plus représentés. Toutefois, la détermination des *proportions* des différents types nécessite une information supplémentaire – la fréquence de recombinaison. Comme son nom l'indique, la fréquence de recombinaison nous dit avec quelle fréquence de nouvelles combinaisons d'allèles apparaissent dans les gamètes et elle nous permet de prédire les proportions des phénotypes produits par un croisement spécifique.

Chez le concombre, l'allèle fruit lisse (t) est récessif par rapport à l'allèle fruit rugueux (T), et l'allèle fruit brillant (d) est récessif par rapport à l'allèle fruit mat (D). Des généticiens ont mesuré une fréquence de recombinaison de 16 % entre ces deux gènes. Supposons que nous croisions une plante homozygote à fruits rugueux et mats avec une plante homozygote à fruits lisses et brillants, puis que nous effectuions un croisement test avec la F_1 :

$$\frac{T\quad D}{t\quad d} \times \frac{t\quad d}{t\quad d}$$

Quels types de descendants seront-ils produits par le croisement test et dans quelles proportions ?

Le parent hétérozygote produira quatre types de gamètes, comme le montre la **Figure 5.9** : deux types parentaux, ou non recombinants, ($\underline{T\quad D}$ et $\underline{t\quad d}$) et deux types recombinants ($\underline{T\quad d}$ et $\underline{t\quad D}$). La fréquence de recombinaison nous dit que 16 % des gamètes produits par le parent hétérozygote seront recombinants. Comme il y a deux types de gamètes recombinants, chaque type apparaîtra avec une fréquence de 16 % /2 = 8 %. Cette fréquence peut aussi être représentée comme une probabilité de 0,08. Tous les autres gamètes seront des types parentaux et devraient apparaître avec une fréquence de 100 % – 16 % = 84 %. Ici aussi, il y a deux types de gamètes parentaux, et la fréquence de chaque type sera 42 % (ou 0,42). L'autre parent du croisement test est homozygote et ne produit qu'un type de gamète ($\underline{t\quad d}$) avec une fréquence de 100 % (ou 1,00). Dans ce croisement, la fusion de deux gamètes produira quatre types de descendants (voir la Figure 5.9). La proportion attendue de chaque type de descendants peut être calculée en appliquant la règle du produit, donc en multipliant les probabilités des types de gamètes qui s'unissent. La descendance à fruits rugueux et mats

$$\frac{T\quad D}{t\quad d}$$

apparaîtra avec une fréquence de 0,42 (la probabilité d'hériter un chromosome $\underline{T\quad D}$ du parent hétérozygote) × 1,00 (la probabilité d'hériter un chromosome $\underline{t\quad d}$ du parent testeur homozygote récessif) = 0,42. Les proportions des autres types de descendants F_2 peuvent être calculées de la même façon. Cette méthode permet de prédire le résultat de tout croisement mettant en jeu des gènes liés pour lesquels on connaît la fréquence de recombinaison.

Le test d'assortiment indépendant

Il est parfois difficile de décider si les résultats d'un croisement reflètent l'existence d'une liaison génétique ou d'un assortiment indépendant. Par exemple, supposons que nous fassions le croisement test *Aa Bb* × *aa bb* et que nous obtenions la descendance suivante : 54 *Aa Bb*, 56 *aa bb*, 42 *Aa bb*, et 48 *aa Bb*. Est-ce le rapport 1 : 1 : 1 : 1 attendu si *A* et *B* s'assortissent indépendamment ? Pas exactement, mais cela s'en rapproche fort. Peut-être que les gènes s'assortissent indépendamment et que le léger écart entre les nombres observés et ceux attendus d'un rapport 1 : 1 : 1 : 1 est dû au hasard ? Une autre interprétation serait que les gènes soient liés mais que la fréquence de crossing-over entre eux soit si élevée que le nombre de descendants recombinants est à peine moins

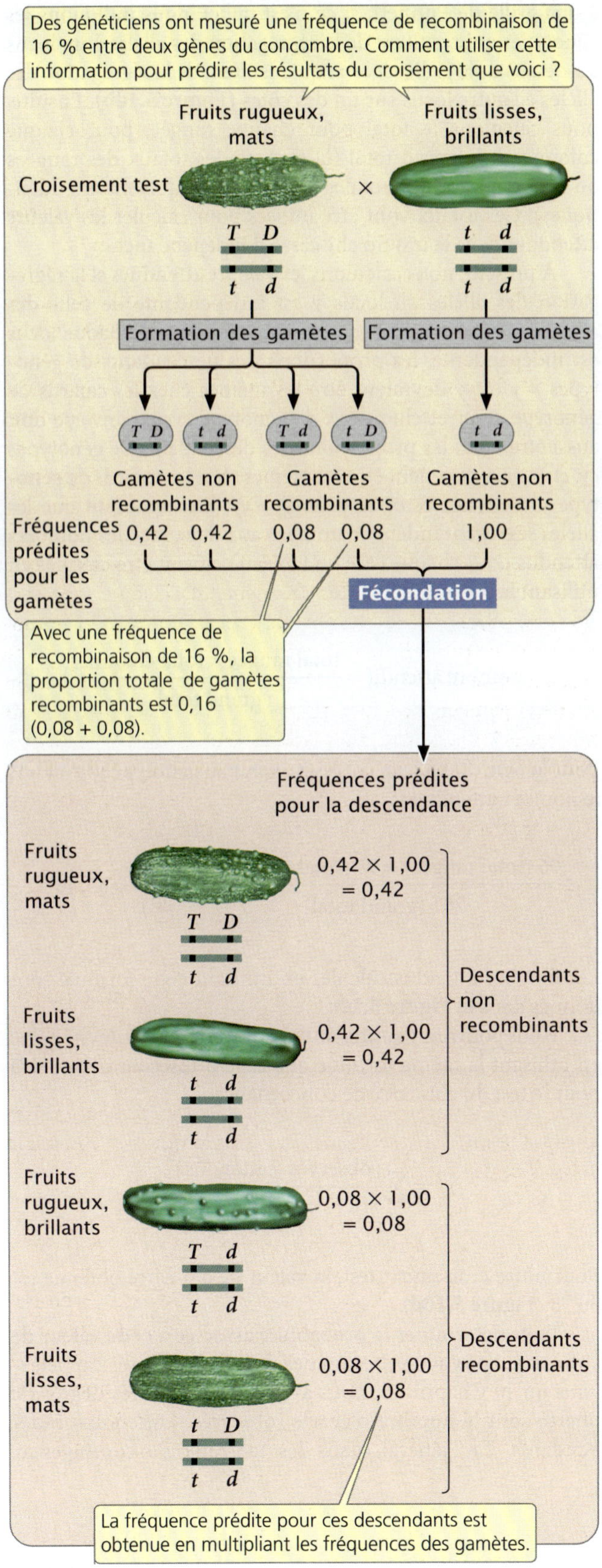

5.9 La fréquence de recombinaison permet de prédire les proportions des descendants d'un croisement mettant en jeu des gènes liés.

élevé que celui de descendants non recombinants. Comment distinguer entre un effet du hasard et un effet de la liaison génétique ?

Nous avons rencontré un problème similaire pour des croisements mettant en jeu des gènes non liés. Nous avons pu résoudre ce type de problème par un test de concordance, le test du chi-carré (voir le Chapitre 3), qui nous permet d'évaluer la probabilité que le hasard soit seul responsable d'écarts entre les nombres de descendants observés et ceux qui sont attendus en appliquant les lois de l'hérédité. La question ici est quelque peu différente : la transmission des allèles d'un locus est-elle indépendante de celle des allèles d'un autre locus ? Si la réponse est oui, les gènes s'assortissent indépendamment. Si la réponse est non, les gènes sont vraisemblablement liés.

Une façon d'obtenir la réponse consiste à calculer la probabilité attendue pour chaque type de descendants sur la base d'un assortiment indépendant, puis d'utiliser le test du chi-carré pour voir si l'écart entre les nombres obtenus et les nombres attendus est significatif. En cas d'assortiment indépendant, nous nous attendons à ce que chaque génotype représente 1/4 de la descendance : 1/4 *Aa Bb*, 1/4 *aa bb*, 1/4 *Aa bb*, et 1/4 *aa Bb*. Ces probabilités attendues sont basées sur la règle du produit. Par exemple, si la probabilité de *Aa* est 1/2 et la probabilité de *Bb* est 1/2, la probabilité de *Aa Bb* est 1/2 × 1/2 = 1/4. Dans ce calcul, nous faisons deux hypothèses : (1) la probabilité de chaque génotype à un locus est 1/2, et (2) les génotypes à chaque locus sont hérités indépendamment.

Un problème inhérent à cette approche est qu'une réponse du test du chi-carré indiquant un écart significatif peut avoir deux causes. Si les gènes sont liés, nous aurons un écart significatif entre nombres observés et attendus, et l'hérédité des génotypes aux deux loci n'est pas indépendante (l'hypothèse 2 est fausse). Mais nous pouvons aussi avoir un écart si la probabilité de chaque génotype à un locus n'est pas 1/2 (l'hypothèse 1 est fausse), même si les génotypes s'assortissent indépendamment. Par exemple, les individus d'un génotype donné pourraient avoir une probabilité de survie réduite ou la pénétrance d'un génotype particulier pourrait être inférieure à 100 %. Une solution serait d'effectuer un test du chi-carré pour chacune de nos hypothèses, en testant d'abord l'hérédité des génotypes à chaque locus pris séparément (l'hypothèse 1), puis en testant l'assortiment indépendant (l'hypothèse 2). Cependant, une méthode plus rapide consiste à tester l'indépendance de la ségrégation des génotypes par un *test du chi-carré d'indépendance*, sans faire d'hypothèse quant à la probabilité des génotypes à chaque locus.

Pour illustrer ce type d'analyse, examinons les résultats d'un croisement entre cafards (*Blatella germanica*), dans lequel l'allèle corps jaune (y) est récessif par rapport à l'allèle corps brun (y^+) et des ailes recourbées (cv) sont récessives par rapport à des ailes droites (cv^+).

Un croisement test ($y^+y\ cv^+cv \times yy\ cvcv$) a produit la descendance montrée dans la **Figure 5.10a**.

Pour commencer, nous écrivons les nombres de descendants observés dans un tableau de contingence qui ressemble

(a)

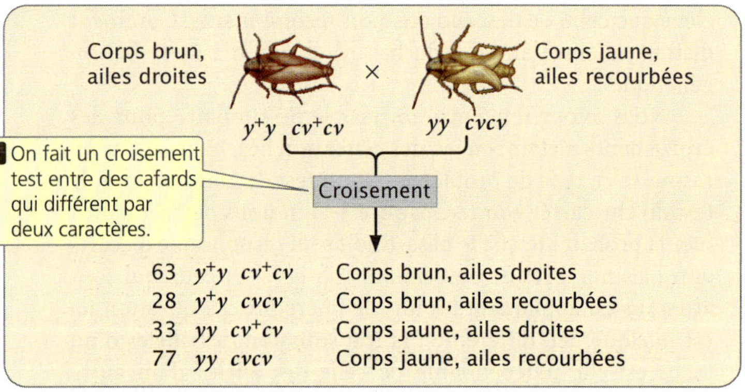

(b) Tableau de contingence

2 On teste pour l'assortiment indépendant des allèles codant les deux traits : on construit un tableau…

3 … en écrivant au-dessus les génotypes à un locus…

4 … et du côté gauche, les génotypes à l'autre locus.

	Ségrégation de y^+ et y		
Ségrégation de cv^+ et cv	y^+y	yy	Totaux des rangées
cv^+cv	63	33	96
$cv\ cv$	28	77	105
Totaux des colonnes	91	110	201 (Grand total)

5 Les nombres de descendants de chaque génotype sont inscrits dans les cases du tableau, et les totaux des rangées, des colonnes, et le grand total sont calculés.

(c)

Génotype	Nombre observé	Nombre attendu $\left(\frac{\text{total rangée} \times \text{total colonne}}{\text{grand total}}\right)$
$y^+y\ cv^+cv$	63	$\frac{96 \times 91}{201} = 43{,}46$
$y^+y\ cvcv$	28	$\frac{105 \times 91}{201} = 47{,}54$
$yy\ cv^+cv$	33	$\frac{96 \times 110}{201} = 52{,}46$
$yy\ cvcv$	77	$\frac{105 \times 110}{201} = 57{,}46$

6 On calcule les nombres de descendants attendus sur la base d'un assortiment indépendant.

(d)

$$\chi^2 = \Sigma \frac{(\text{observés} - \text{attendus})^2}{\text{attendus}}$$

$$\chi^2 = \frac{(63 - 43{,}46)^2}{43{,}46} + \frac{(28 - 47{,}54)^2}{47{,}54} + \frac{(33 - 52{,}54)^2}{52{,}54} + \frac{(77 - 57{,}46)^2}{57{,}46}$$

$$\chi^2 = 8{,}79 + 8{,}03 + 7{,}27 + 6{,}64$$

$$\chi^2 = 30{,}73$$

7 On calcule une valeur de chi-carré.

(e)

dl = (nombre de rangées − 1) × (nombre de colonnes − 1)

$dl = (2 - 1) \times (2 - 1) = 1 \times 1 = 1$

$P < 0{,}005$

8 La probabilité est inférieure à 0,005, ce qui indique que la *différence* entre les nombres de descendants observés et les nombres attendus n'est probablement pas due au hasard.

Conclusion : Les gènes de la couleur du corps et du type d'ailes ne s'assortissent pas indépendamment et doivent être liés.

5.10 Un test du chi-carré d'indépendance peut être utilisé pour déterminer si les gènes de deux loci s'assortissent indépendamment.

à une grille de Punnett, si ce n'est qu'ici, nous indiquons les génotypes qui résultent de la ségrégation des allèles à un locus au-dessus de la grille, et ceux qui résultent de la ségrégation des allèles à l'autre locus sur un des côtés (**Figure 5.10b**). Ensuite, nous calculons le total pour chaque rangée, pour chaque colonne, et le grand total (la somme des totaux des rangées ou la somme des totaux des colonnes, qui doivent être identiques). Ces totaux vont être utilisés pour calculer les valeurs attendues dans le test du chi-carré d'indépendance.

À présent, nous calculons les valeurs attendues si la ségrégation des allèles au locus *y* est indépendante de celle des allèles au locus *cv*. Si la ségrégation des allèles à chaque locus est indépendante, les proportions des descendants de génotypes y^+y et yy devraient être les mêmes chez les cafards de génotype cv^+cv et chez ceux de génotype *cvcv*. L'inverse doit aussi être vrai : les proportions des descendants de génotypes cv^+cv et *cvcv* devraient être les mêmes chez les cafards de génotype y^+y et chez ceux de génotype *yy*. En supposant que les allèles ségrègent indépendamment aux deux loci, les nombres attendus pour chaque case du tableau peuvent être calculés en utilisant la formule suivante :

$$\text{nombre attendu} = \frac{\text{total rangée} \times \text{total colonne}}{\text{grand total}}$$

Pour la case du tableau correspondant au génotype $y^+y\ cv^+cv$, le nombre attendu est :

$$\frac{96\ (\text{total rangée}) \times 91\ (\text{total colonne})}{201\ (\text{grand total})} = \frac{8736}{201} = 43{,}46$$

Les nombre attendus calculés en utilisant cette formule sont donnés dans la **Figure 5.10c**.

Nous pouvons maintenant calculer une valeur de chi-carré en utilisant la même formule que celle utilisée au Chapitre 3 pour le test du chi-carré de concordance :

$$\chi^2 = \sum \frac{(\text{observés} - \text{attendus})^2}{\text{attendus}}$$

Pour notre croisement test, la valeur de chi-carré obtenue est 30,73 (**Figure 5.10d**).

Pour déterminer la probabilité associée à cette valeur de chi-carré, nous avons besoin des degrés de liberté. Rappelez-vous qu'au Chapitre 3, nous avons appris que les degrés de liberté sont le nombre d'écarts (observés – attendus) indépendants. En général, dans les tableaux de contingence, les degrés de liberté sont égaux au nombre de rangées moins une, multiplié par le nombre de colonnes moins une (**Figure 5.10e**), soit

$$dl = (\text{nombre de rangées} - 1) \times (\text{nombre de colonnes} - 1)$$

Dans notre exemple,

$$dl = (2 - 1) \times (2 - 1) = 1$$

Notre valeur de chi-carré est donc 30,73, avec 1 degré de liberté. En nous servant du Tableau 3.4 pour trouver la probabilité associée à cette valeur, nous voyons que notre valeur calculée de chi-carré est plus élevée que la valeur de chi-carré la plus grande donnée pour 1 degré de liberté et qui a une probabilité de 0,005. Comme dans le cas du test du chi-carré de concordance, les généticiens considèrent que dans un test d'indépendance, toute valeur de chi-carré ayant une probabilité de moins de 0,05 indique un écart significatif par rapport à ce qui est attendu. La probabilité de moins de 0,005 obtenue pour notre test signifie que les génotypes n'apparaissent pas dans les proportions qu'on attendrait d'un assortiment indépendant et donc que les gènes doivent être liés.

Cartographie de gènes au moyen de fréquences de recombinaison

Morgan et ses étudiants développèrent l'idée d'une relation entre les fréquences de recombinaison et les distances physiques séparant les gènes sur un chromosome. L'hypothèse de base est qu'un crossing-over peut se produire plus ou moins n'importe où entre deux chromosomes homologues appariés, et que plus la distance séparant deux gènes liés sur ces chromosomes est grande, plus la probabilité qu'un crossing-over s'y produise est élevée. Ils proposèrent que les fréquences de recombinaison entre gènes donnent une mesure de la distance qui les sépare et, par conséquent, qu'elles puissent permettre de déterminer l'ordre des gènes sur un chromosome. Les cartes chromosomiques basées sur le phénomène génétique de recombinaison sont appelées **cartes génétiques**. D'autres cartes chromosomiques, basées sur des distances physiques (souvent exprimées en nombres de paires de bases), sont appelées **cartes physiques**.

Les distances sur les cartes génétiques sont exprimées en **unités de carte génétique** (**U.C.**) ; une unité de carte génétique correspond à 1 % de recombinaison. Les U.C. sont aussi appelées **centiMorgans** (**cM**), en hommage à T.H. Morgan ; 100 centiMorgans équivalent à un **Morgan**. Les distances génétiques basées sur les taux de recombinaison sont approximativement additives : si la distance du gène *A* au gène *B* est 5 U.C., la distance du gène *B* au gène *C* 10 U.C., et si la distance du gène *A* au gène *C* est 15 U.C., le gène *B* doit se trouver entre les gènes *A* et *C*. En nous basant sur ces distances, nous pouvons dessiner une carte génétique simple pour les gènes *A*, *B*, et *C* :

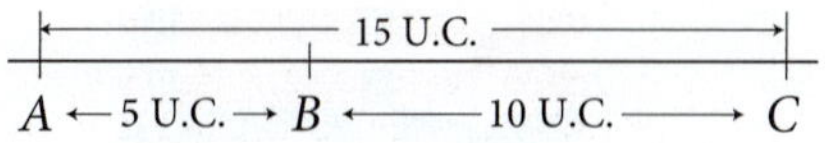

Nous pourrions tout aussi bien dessiner cette carte avec *C* à gauche et *A* à droite :

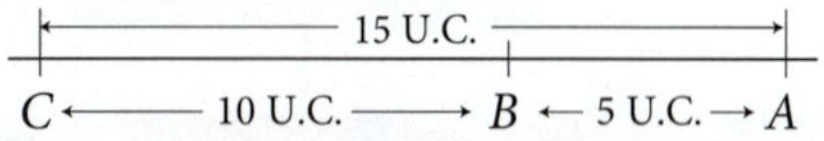

Les deux cartes sont correctes et équivalentes parce que l'information sur les positions relatives de trois gènes seulement nous permet tout au plus de déterminer lequel des gènes se trouve au milieu. Si nous disposions des distances par rapport à un gène supplémentaire, nous pourrions positionner *A* et *C* par rapport à ce gène. Des croisements mettant en jeu un quatrième gène, *D*, pourraient donner les fréquences de recombinaison suivantes :

Paires de gènes	Fréquence de recombinaison (%)
A et *D*	8
B et *D*	13
C et *D*	23

La fréquence de recombinaison la plus élevée est celle entre C et D ; par conséquent, C et D doivent être les plus éloignés l'un de l'autre, et A et B sont localisés entre eux. En nous rappelant que 1 % de recombinaison = 1 U.C., nous pouvons ajouter *D* à notre carte :

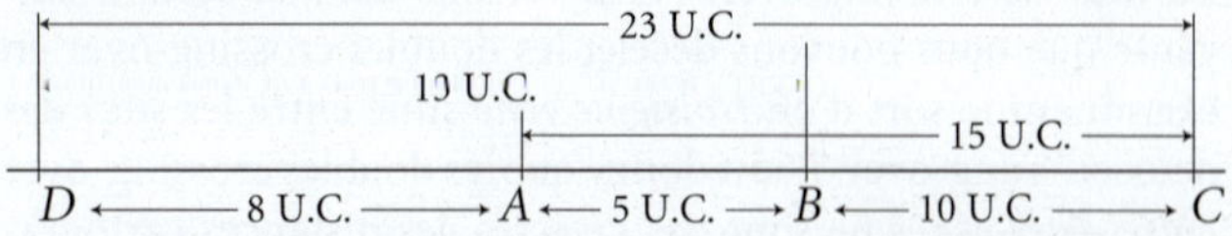

En effectuant une série de croisements entre paires de gènes, nous pouvons construire des cartes génétiques montrant la liaison entre ces gènes.

Deux points doivent être soulignés à propos des cartes chromosomiques basées sur les fréquences de recombinaison. D'abord, il faut se rappeler que nous ne pouvons pas toujours distinguer entre les situations où les gènes sont sur des chromosomes différents et celles où ils sont très éloignés sur le même chromosome (voir la section précédente sur le test d'assortiment indépendant). Si la fréquence de recombinaison entre deux gènes est de 50 %, la seule chose qu'on puisse dire est qu'ils appartiennent à des groupes de gènes liés différents (différents groupes de linkage).

Ensuite, il faut réaliser qu'un croisement test entre deux gènes assez éloignés l'un de l'autre sur un chromosome aura tendance à sous estimer la distance physique qui les sépare, parce que les résultats du croisement ne rendent pas compte des doubles crossing-over – deux événements de crossing-over distincts – qui peuvent se produire entre ces deux gènes (**Figure 5.11**). (À ce stade, nous n'envisagerons que les doubles crossing-over qui se produisent entre deux des quatre chromatides d'une paire d'homologues. Des doubles crossing-over mettant en jeu trois ou quatre chromatides seront examinés plus loin.) Alors qu'un unique crossing-over produit des combinaisons d'allèles différentes de celles présentes sur les chromosomes parentaux, un second crossing-over entre les mêmes gènes annule les effets du premier et rétablit la combinaison d'allèles parentale (voir la Figure 5.11). Les doubles

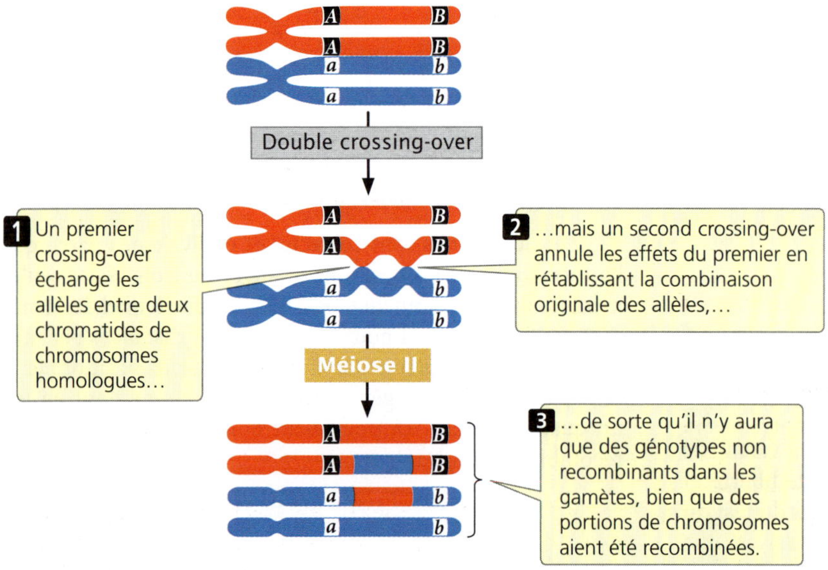

5.11 Un double crossing-over entre deux gènes liés ne produit que des gamètes non recombinants.

crossing-over entre deux chromatides non sœurs ne produisent que des gamètes non recombinants, de telle sorte que nous ne pouvons distinguer entre la descendance produite par des doubles crossing-over et celle produite quand il n'y a pas du tout de crossing-over. Nous verrons dans la section suivante que nous pouvons déceler les doubles crossing-over en examinant le sort d'un *troisième gène* situé entre les sites des deux crossing-over. Étant donné que les doubles crossing-over *entre deux gènes* ne sont pas détectés, les distances cartographiques seront sous-estimées chaque fois qu'un double crossing-over se produit. Comme les doubles crossing-over sont plus fréquents entre des gènes distants, les cartes génétiques basées sur la mesure de distances courtes sont généralement plus exactes que celles basées sur des distances plus longues.

Concepts clés

Une carte génétique donne l'ordre des gènes sur un chromosome et les distances approximatives qui les séparent, basées sur des fréquences de recombinaison. Dans les cartes génétiques, 1 % de recombinaison correspond à 1 unité cartographique, ou 1 centiMorgan. Les doubles crossing-over entre deux gènes ne sont pas détectés, de sorte que les distances cartographiques entre gènes distants sont en général des sous-estimations de la distance physique qui les sépare.

✔ Test de compréhension 3

Quelle est la différence entre une carte génétique et une carte physique ?

Construction d'une carte génétique au moyen de croisements tests à deux facteurs

Il est possible de construire des cartes génétiques en effectuant une série de croisements tests entre des paires de gènes et en examinant les fréquences de recombinaison. Un croisement test entre deux gènes est appelé **croisement à deux facteurs**, ou test deux points pour faire court. Supposons que nous fassions une série de tests deux points entre quatre gènes, *a*, *b*, *c*, et *d*, et que nous obtenions les fréquences de recombinaison suivantes :

Gènes testés	Fréquence de recombinaison (%)
a et *b*	50
a et *c*	50
a et *d*	50
b et *c*	20
b et *d*	10
c et *d*	28

Commençons à cartographier ces gènes en examinant les fréquences de recombinaison obtenues entre paires. La fréquence de recombinaison entre *a* et *b* est 50 %, ce qui est la fréquence attendue entre gènes qui s'assortissent indépendamment. Par conséquent, les gènes *a* et *b* peuvent se trouver sur des chromosomes différents ou être très distants sur le même chromosome ; nous les placerons donc dans des groupes de liaison différents, tout en gardant à l'esprit qu'ils peuvent être sur le même chromosome.

Groupe de liaison 1

Groupe de liaison 2

La fréquence de liaison entre *a* et *c* est 50 %, indiquent qu'eux aussi sont dans des groupes de liaison différents. La fréquence de liaison entre *b* et *c* est 20 % donc ces gènes sont liés et séparés par 20 U.C.

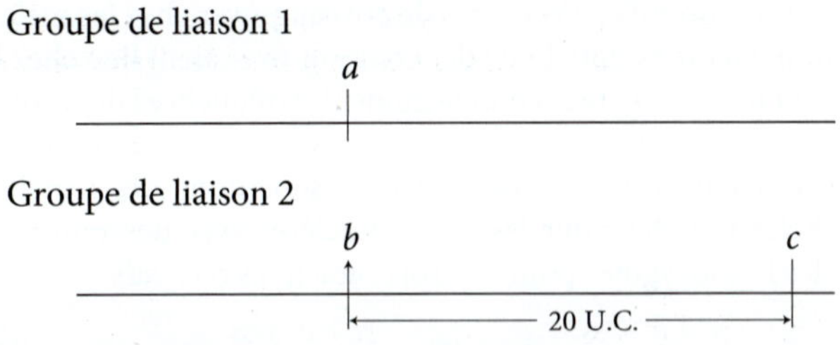

La fréquence de recombinaison entre *a et d* est 50 %, ce qui indique que ces gènes font partie de groupes de liaison différents, tandis que *b* et *d* sont liés, avec une fréquence de recombinaison de 10 %. Pour décider si le gène *d* est à 10 U.C. à droite ou à gauche du gène *b*, il faut voir quelle est la distance entre les gènes *c* et *d*. Si le gène *d* est 10 U.C. à gauche de *b*, la distance entre *d* et *c* devrait être 20 U.C. + 10 U.C. = 30 U.C. Cette distance sera approximative parce que les doubles crossing-over ne seront pas détectés, et la distance sur la carte sera sous-estimée. Si, par contre, le gène *d* est à droite du gène *b*, la distance entre les gènes *d* et *c* sera beaucoup plus courte, environ 20 U.C. – 10 U.C. = 10 U.C.

Nous pouvons distinguer entre ces deux possibilités : la fréquence de recombinaison entre *c* et *d* est 28 % donc le gène *d* doit se trouver à gauche du gène *b*. Remarquez que la somme des fréquences de recombinaison entre *d* et *b* (10 %) et entre *b* et *c* (20 %) est plus grande que la fréquence de recombinaison entre *d* et *c* (28 %). Comme nous l'avons déjà expliqué, cette différence résulte des doubles crossing-over entre les deux gènes les plus à l'extérieur, qui provoquent une sous-estimation de la distance réelle. La carte génétique est à présent complète :

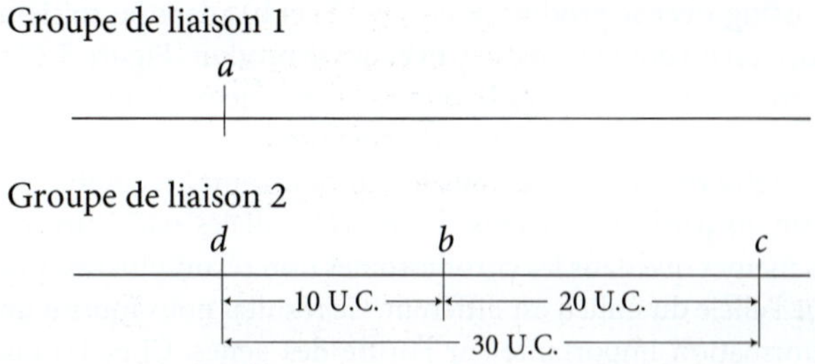

5.3 Un croisement test à trois facteurs (test trois points) permet de cartographier trois gènes liés

La construction de cartes génétiques basées sur une série de croisements tests entre paires de gènes est une approche assez laborieuse à cause du grand nombre de croisements qu'il faut effectuer pour établir l'ordre des gènes et parce que les doubles crossing-over ne sont pas détectés. Une méthode plus efficace est le **croisement test à trois facteurs** ou **test trois points**. Un seul croisement à trois facteurs permet d'établir l'ordre de trois gènes et de détecter une partie des doubles crossing-over, ce qui fournit des distances cartographiques plus précises.

Voyons ce qui se passe quand des crossing-over se produisent dans une région contenant trois gènes liés. La **Figure 5.12** montre une paire de chromosomes homologues d'un individu hétérozygote à trois loci (*Aa Bb Cc*). Les gènes se trouvent en configuration de couplage, c'est-à-dire que tous les allèles dominants se trouvent sur un chromosome (*A B C*) et tous les allèles récessifs sur l'autre chromosome (*a b c*). Trois situations de crossing-over entre ces trois gènes peuvent se présenter : dans deux des cas, un seul

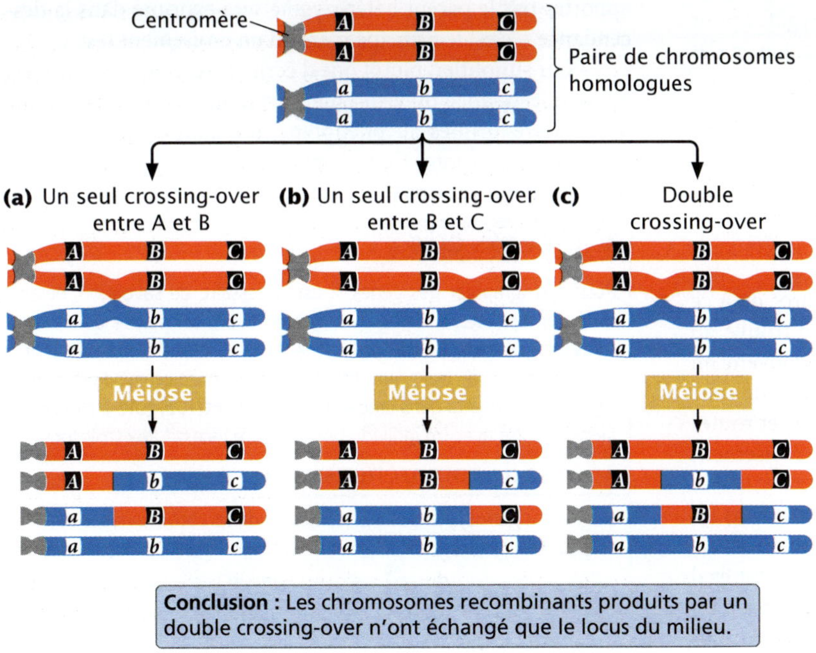

5.12 Trois sortes de crossing-over peuvent se produire entre trois loci liés.

crossing-over se produit (Figure 5.12a et b) ; dans le troisième cas, c'est un double crossing-over qui se produit (Figure 5.12c). Dans chaque cas, après la méiose, il y a deux chromosomes recombinants et deux non recombinants.

Observez bien que dans les chromosomes recombinants produits par le double crossing-over, les allèles extérieurs sont les mêmes que dans les chromosomes non recombinants, mais que l'allèle du milieu est différent. Ce résultat nous fournit une information importante sur l'ordre des gènes. Chez les descendants recombinants produits par un double crossing-over, seul l'allèle du milieu est différent des allèles présents dans les descendants non recombinants.

Construction d'une carte génétique avec le test trois points

Pour étudier cette méthode de cartographie, prenons trois mutations récessives chez la mouche des fruits *Drosophila melanogaster*. Chez cette mouche, l'allèle œil écarlate (*st*) est récessif par rapport à l'allèle œil rouge (st^+), l'allèle couleur ébène du corps (*e*) est récessif par rapport à l'allèle couleur grise du corps (e^+), et l'allèle « spineless » (*ss*) – spécifiant des soies extrêmement courtes – est récessif par rapport à l'allèle soies normales (ss^+). Les trois mutations sont liées sur le chromosome 3.

Nous désignerons les loci par *st*, *e*, et *ss*, mais gardons bien à l'esprit qu'aussi bien les allèles dominants (st^+, e^+, ss^+) que les allèles récessifs (*st*, *e*, *ss*) peuvent être présents à chaque locus. Donc, quand nous disons qu'il y a 10 U.C. entre *st* et *ss*, nous voulons dire qu'il y a 10 U.C. entre les loci où se trouvent ces mutations ; nous pourrions tout aussi bien dire qu'il y a 10 U.C. entre st^+ et ss^+.

Pour cartographier ces gènes, nous devons déterminer leur ordre sur le chromosome et les distances génétiques qui les séparent. Nous devons d'abord préparer un croisement test à trois points entre une mouche hétérozygote aux trois loci et une mouche homozygote pour les allèles récessifs aux trois loci. Pour produire une mouche hétérozygote aux trois loci, nous pourrions croiser des mouches homozygotes pour les allèles normaux (de type sauvage) aux trois loci avec des mouches homozygotes pour les trois allèles récessifs :

$$\text{P} \quad \frac{st^+ \;\; e^+ \;\; ss^+}{st^+ \;\; e^+ \;\; ss^+} \times \frac{st \;\; e \;\; ss}{st \;\; e \;\; ss}$$

$$\downarrow$$

$$\text{F}_1 \quad \frac{st^+ \;\; e^+ \;\; ss^+}{st \;\; e \;\; ss}$$

L'ordre des gènes a été fixé arbitrairement parce qu'à ce stade, nous ne savons pas quel est le gène qui se trouve au milieu. Les allèles dans ces hétérozygotes F_1 se trouvent en configuration de couplage (parce que tous les allèles de type sauvage dominants ont été hérités d'un des parents, et toutes les mutations récessives de l'autre parent), mais le croisement test peut aussi se faire avec des allèles en répulsion.

Dans le croisement test à trois facteurs, nous croisons les hétérozygotes F_1 avec des mouches homozygotes pour les trois mutations récessives. Chez beaucoup d'organismes, il est égal que le parent hétérozygote d'un croisement test soit mâle ou femelle (à condition que les gènes soient autosomiques), mais chez la drosophile, il n'y a pas de crossing-over chez les mâles. Comme il est essentiel que des crossing-over aient lieu chez le parent hétérozygote pour déterminer les fréquences de recombinaison, les mouches hétérozygotes de notre croisement test doivent être femelles. Nous croisons donc des femelles F_1 hétérozygotes pour les trois caractères avec des mouches mâles homozygotes pour les trois caractères récessifs :

$$\frac{st^+ \;\; e^+ \;\; ss^+}{st^+ \;\; e^+ \;\; ss^+} \text{ Femelle} \times \frac{st \;\; e \;\; ss}{st \;\; e \;\; ss} \text{ Mâle}$$

La descendance de ce croisement est montrée dans la **Figure 5.13**. Pour chaque locus, il y a deux classes de descendants : les hétérozygotes, qui présentent le caractère dominant, et les homozygotes, qui présentent le caractère récessif. Avec deux classes de descendants possibles pour chacun des trois loci, il doit y avoir huit ($2^3 = 8$) classes de phénotypes dans la descendance. Dans notre exemple, les huit classes phénotypiques sont représentées, mais dans certains tests trois points, il arrive qu'un phénotype, voire plusieurs, manquent à l'appel, surtout si le nombre de descendants est limité. Toutefois, l'absence d'une classe particulière peut elle-même constituer une information importante sur les combinaisons d'allèles les moins fréquentes et, par conséquent, sur l'ordre des gènes.

Pour cartographier les gènes, nous devons savoir où et avec quelle fréquence des crossing-over se sont produits. Chez le parent homozygote, les deux allèles à chaque locus sont les mêmes, donc le crossing-over n'aura pas d'effet sur les types de gamètes qui seront produits : avec ou sans crossing-over, tous les gamètes de ce parent ont un chromosome qui porte les trois allèles récessifs ($\underline{st \;\; e \;\; ss}$). Par contre, le parent hétérozygote a des allèles différents sur ses deux chromosomes, ce qui permet de détecter les crossing-over. Il s'ensuit que l'information dont nous avons besoin pour cartographier provient entièrement des gamètes du parent hétérozygote. Puisque les chromosomes apportés par le parent homozygote ne portent que des allèles récessifs, tout allèle présent sur les chromosomes apportés par le parent hétérozygote sera exprimé dans la descendance – c'est le principe même d'un croisement test.

Pour simplifier, plutôt que d'écrire les génotypes complets de la descendance du croisement test, on n'écrit souvent que les allèles exprimés au phénotype, qui sont ceux hérités du parent hétérozygote. Cette convention est appliquée dans la discussion qui va suivre.

Concepts clés

Pour cartographier des gènes, il est nécessaire de savoir où, et en quel nombre, des crossing-over ont eu lieu à la méiose d'où sont issus les gamètes qui ont produit la descendance d'un croisement. Une méthode efficace pour obtenir cette information est d'effectuer un test trois points dans lequel un individu hétérozygote à trois loci liés est croisé avec un individu homozygote récessif aux trois loci.

✔ Test de compréhension 4

Écrivez les génotypes de tous les descendants recombinants et non recombinants attendus du croisement test à trois points suivant :

$$\frac{m^+ \;\; p^+ \;\; s^+}{m^+ \;\; p^+ \;\; s^+} \times \frac{m \;\; p \;\; s}{m \;\; p \;\; s}$$

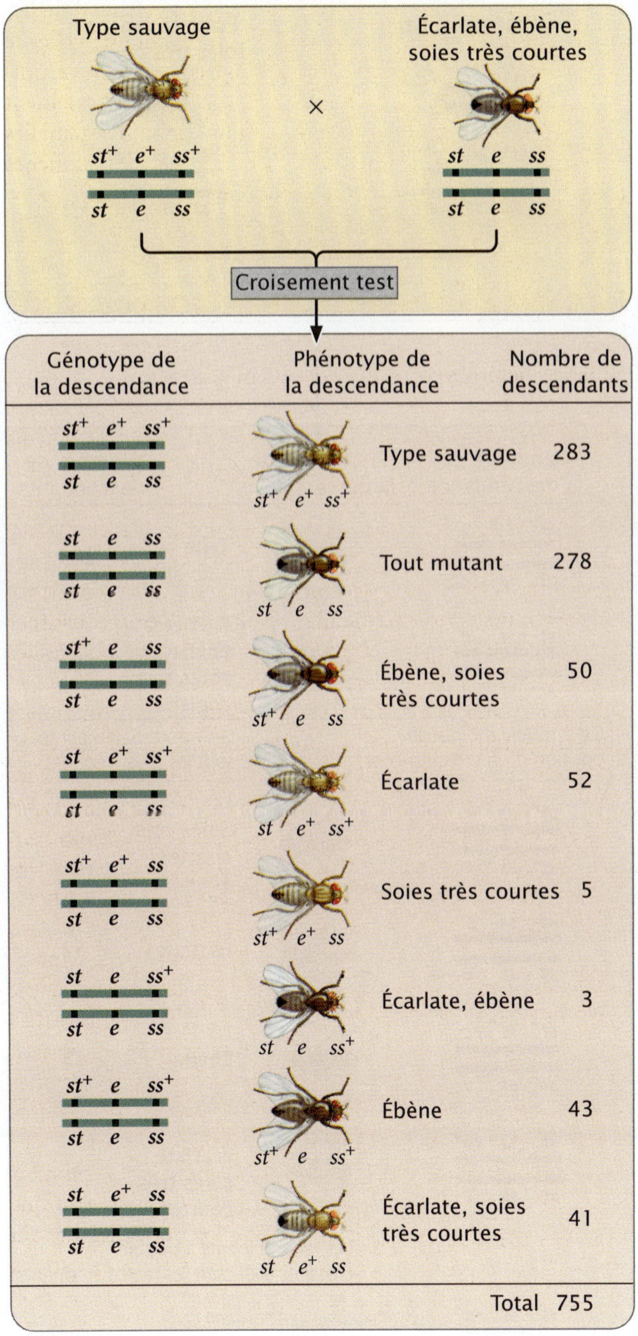

5.13 Les résultats d'un croisement test à trois points permettent de cartographier des gènes liés. Dans ce croisement test à trois points chez *D. melanogaster*, les mutations récessives œil écarlate (*st*), corps ébène (*e*), et soies très courtes (*ss*) se trouvent à trois loci liés. L'ordre des loci a été choisi arbitrairement, ainsi que le sexe des mouches de la descendance.

Détermination de l'ordre des gènes La première étape de notre cartographie est de déterminer l'ordre des gènes sur le chromosome. Dans la Figure 5.13, nous avons écrit arbitrairement les loci dans l'ordre *st, e, ss*, mais nous ne pouvions pas savoir lequel d'entre eux se trouvait entre les deux autres. Nous pouvons à présent identifier le locus du milieu en identifiant les classes de descendants résultant d'un double crossing-over.

Écartons d'abord les classes non recombinantes ; ce sont les classes les plus abondantes. (Même s'il se produit un crossing-over à chaque méiose, les non recombinants formeront au moins 50 % de la descendance.) Dans la descendance de notre croisement, les classes les plus abondantes sont celles avec les trois traits dominants ($\underline{st^+ \quad e^+ \quad ss^+}$) ou avec les trois traits récessifs ($\underline{st \quad e \quad ss}$).

Identifions ensuite les classes résultant d'un double crossing-over. Ces classes seront toujours les moins abondantes parce que la probabilité que deux crossing-over se produisent est toujours plus faible que celle d'un seul crossing-over. Les classes les moins représentées parmi celles de la Figure 5.13 sont celles des descendants à soies « spineless » ($\underline{st^+ \quad e^+ \quad ss}$) et des descendants à œil écarlate et corps ébène ($\underline{st \quad e \quad ss^+}$). Ce sont les classes à double crossing-over.

Trois ordres sont possibles pour les gènes qui nous intéressent. Chaque locus pourrait se trouver au milieu : le locus spécifiant la couleur de l'œil ($\underline{e \quad st \quad ss}$), celui spécifiant la couleur du corps ($\underline{st \quad e \quad ss}$), ou celui de la longueur des soies ($\underline{st \quad ss \quad e}$). Pour déterminer lequel de ces loci se trouve entre les deux autres, nous allons dessiner les chromosomes du parent hétérozygote avec toutes les permutations possibles et voir celle dans laquelle un double crossing-over produit la combinaison de gènes observée dans la descendance à double crossing-over. Les trois ordres de gènes possibles et les génotypes produits par double crossing-over sont :

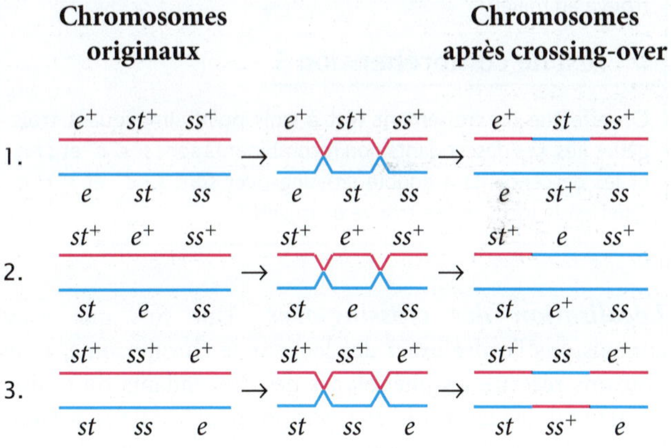

Le seul ordre de gènes qui produise des chromosomes avec la combinaison d'allèles présente dans les classes de descendants les moins abondantes ($\underline{st^+ \quad e^+ \quad ss}$ et $\underline{st \quad e \quad ss^+}$ dans la Figure 5.13) est celui dans lequel le locus *ss* occupe la position du milieu (ordre des gènes #3). Cet ordre correspond donc à l'arrangement correct des gènes sur le chromosome.

Avec un peu d'entrainement, nous pouvons déterminer rapidement le locus du milieu sans devoir écrire tous les ordres de gènes possibles. Les phénotypes de la descendance expriment les allèles hérités du parent hétérozygote. Rappelons-nous que quand nous avons examiné les conséquences de doubles crossing-over (voir la Figure 5.12c), seuls les allèles présents au locus du milieu étaient recombinés. Si nous comparons les descendants non recombinants avec ceux à double crossing-over, ils ne doivent différer entre eux que par les allèles au locus du milieu. Comparons les allèles des descendants à double crossing-over $\underline{st^{+}\quad e^{+}\quad ss}$ avec ceux des descendants non recombinants $\underline{st^{+}\quad e^{+}\quad ss^{+}}$. Nous voyons que les deux classes ont un allèle œil rouge (st^{+}) et un allèle corps gris (e^{+}), mais les non recombinants ont un allèle spécifiant des soies normales (ss^{+}) alors que la classe à double crossing-over a un allèle soies très courtes (*ss*). Puisque le locus de la longueur des soies est le seul à présenter des allèles différents, il doit se trouver entre les deux autres. Nous obtiendrions le même résultat si nous comparions l'autre classe à double crossing-over ($\underline{st\quad e\quad ss^{+}}$) avec l'autre classe non recombinante ($\underline{st\quad e\quad ss}$). C'est à nouveau le locus de la longueur des soies qui présente des allèles différents. N'oublions pas que les descendants non recombinants et ceux à double crossing-over ne doivent différer entre eux qu'à un seul locus ; s'il y a une différence à deux loci, c'est que nous ne comparons pas les bonnes classes de descendants.

Concepts clés

Pour déterminer le locus du milieu dans un test trois points, on compare les descendants produits par un double crossing-over avec les descendants non recombinants. Les descendants à double crossing-over sont les deux classes phénotypiques les moins abondantes ; les non recombinants sont les classes phénotypiques les plus abondantes. Les descendants à double crossing-over doivent présenter les mêmes allèles que les non recombinants à deux loci et des allèles différents au locus qui se trouve au milieu.

✔ Test de compréhension 5

On effectue un croisement test à trois points impliquant trois gènes liés. Les descendants non recombinants sont $s^{+}\,r^{+}\,c^{+}$ et $s\,r\,c$, et les descendants à double crossing-over sont $s\,r\,c^{+}$ et $s^{+}\,r^{+}\,c$. Quel est le locus qui se trouve au milieu ?

Localisation des crossing-over Une fois que nous connaissons l'ordre exact des loci sur le chromosome, nous pouvons réécrire les phénotypes des descendants du croisement test de la Figure 5.13 en repositionnant les allèles de façon à déterminer où les crossing-over ont eu lieu (**Figure 5.14**).

Parmi les huit classes de descendants, nous avons déjà identifié deux classes non recombinantes ($\underline{st^{+}\quad ss^{+}\quad e^{+}}$ et $\underline{st\quad ss\quad e}$) et deux classes à double crossing-over ($\underline{st^{+}\quad ss\quad e^{+}}$ et $\underline{st\quad ss^{+}\quad e}$). Les quatre classes restantes sont celles des descendants dont les chromosomes ont subi un seul crossing-over : dans deux d'entre elles, le crossing-over s'est produit entre *st* et *ss*, et dans les deux autres, entre *ss* et *e*.

Pour déterminer l'endroit (la région) où ces crossing-over ont eu lieu, il faut comparer les allèles présents chez les descendants à simple crossing-over et ceux présents chez les descendants non recombinants, comme nous l'avons fait dans le cas des doubles crossing-over. Considérons par exemple les descendants contenant le chromosome $\underline{st^{+}\quad ss\quad e}$. Le premier allèle ($st^{+}$) provient du chromosome non recombinant $\underline{st^{+}\quad ss^{+}\quad e^{+}}$ et les deux autres (*ss* et *e*) de l'autre chromosome non recombinant $\underline{st\quad ss\quad e}$, par crossing-over.

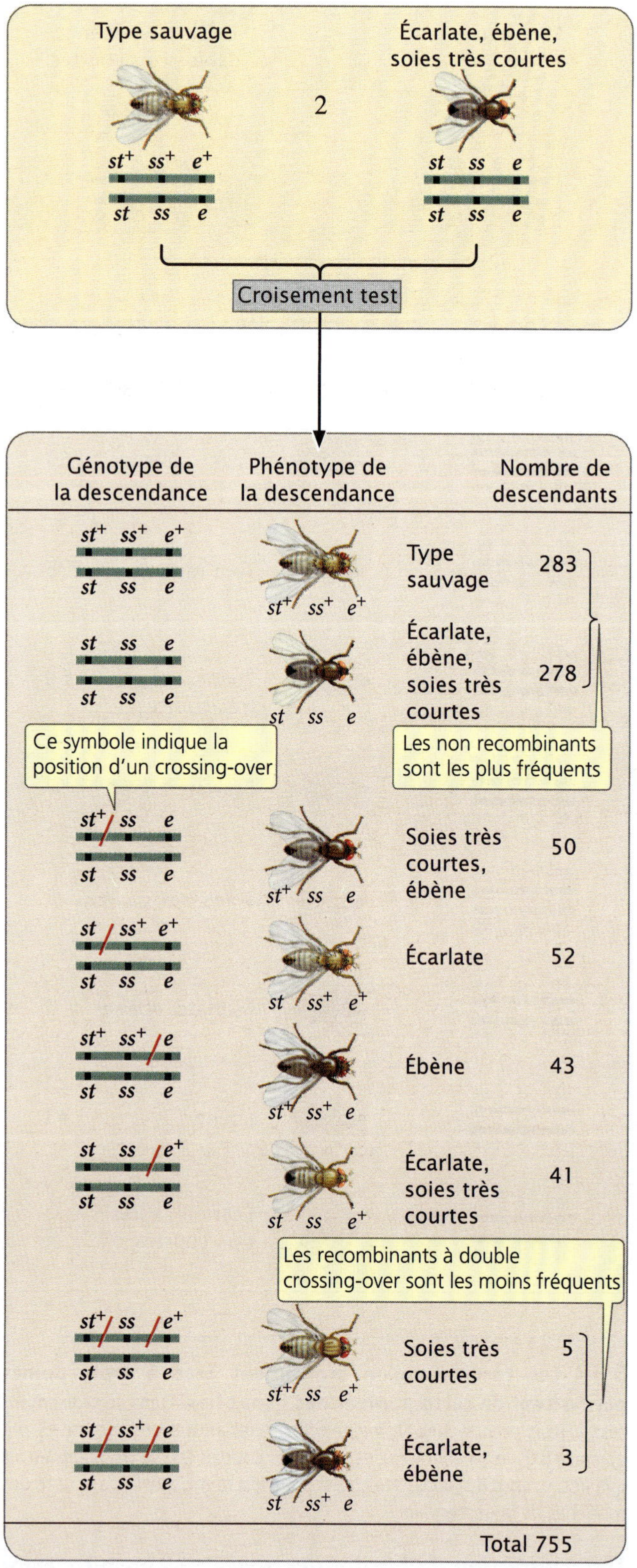

5.14 En écrivant les résultats d'un test trois points avec les loci dans l'ordre exact, on peut déterminer l'emplacement des crossing-over. Ces résultats proviennent du croisement test de la Figure 5.13, mais l'ordre des loci a été corrigé. L'emplacement des crossing-over est indiqué par une barre oblique (/). Les sexe des mouches de la descendance est représenté de façon arbitraire.

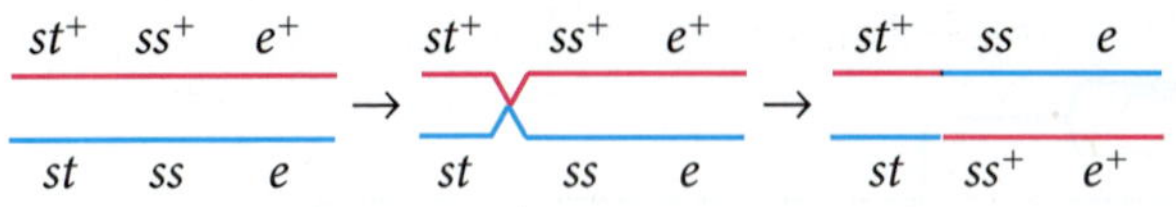

Le même crossing-over produit aussi les descendants $\underline{st \;\; ss^+ \;\; e^+}$.

Cette méthode peut aussi être utilisée pour déterminer l'emplacement du crossing-over dans les deux autres classes de descendants à simple crossing-over. Un crossing-over entre *ss* et *e* produit les chromosomes $\underline{st^+ \;\; ss^+ \;\; e}$ et $\underline{st \;\; ss \;\; e^+}$:

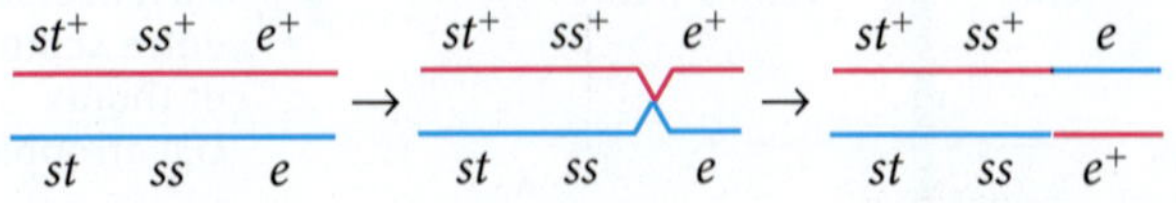

Nous connaissons à présent les emplacements de tous les crossing-over. Ils sont indiqués par une barre oblique dans la Figure 5.14.

Calcul des fréquences de recombinaison Nous pouvons à présent déterminer les distances cartographiques basées sur les fréquences de recombinaison. Nous calculons une fréquence de recombinaison entre deux loci en additionnant tous les descendants recombinants, en divisant ce nombre par le nombre total de descendants du croisement, et en multipliant le nombre obtenu par 100 %. Pour déterminer les distances cartographiques avec précision, nous devons tenir compte de tous les crossing-over (simples et doubles) qui ont eu lieu entre deux loci.

Les recombinants dont un chromosome a subi un crossing-over entre le locus spécifiant la couleur de l'œil (*st*) et celui de la longueur des soies (*ss*) comprennent les classes à un seul crossing-over ($\underline{st^+ \;/\; ss \;\; e}$ et $\underline{st \;/\; ss^+ \;\; e^+}$) et les deux classes à double crossing-over ($\underline{st^+ \;/\; ss \;/\; e^+}$) et ($\underline{st \;/\; ss^+ \;/\; e}$) ; voir la Figure 5.14. Le nombre total de descendants est 755. La fréquence de recombinaison entre *st* et *ss* est :

fréquence de recombinaison $st - ss =$

$$\frac{50+52+5+3}{755} \times 100\ \% = 14{,}6\ \%$$

La distance entre les loci *st* et *ss* peut être exprimée en U.C., donc 14,6 U.C.

La distance entre le locus de la longueur des soies (*ss*) et celui de la couleur du corps (*e*) est déterminée de la même façon. Les recombinants dont un chromosome a subi un crossing-over entre *ss* et *e* comprennent les classes à un seul crossing-over ($\underline{st^+ \;\; ss^+ \;/\; e}$ et $\underline{st \;\; ss \;/\; e^+}$) et celles à double crossing-over over ($\underline{st^+ \;/\; ss \;/\; e^+}$ et $\underline{st \;/\; ss^+ \;/\; e}$). La fréquence de recombinaison est :

fréquence de recombinaison $ss - e =$

$$\frac{43+41+5+3}{755} \times 100\ \% = 12{,}2\ \%$$

Donc, la distance cartographique entre *ss* et *e* est 12,2 U.C.

Enfin, nous devons calculer la distance entre les deux loci extérieurs, *st* et *e*. Cette distance peut être obtenue en additionnant les distances entre *st* et *ss* et entre *ss* et *e* :

$$14{,}6 \text{ U.C.} + 12{,}2 \text{ U.C.} = 26{,}8 \text{ U.C.}$$

Ces distances cartographiques permettent de dessiner une carte des trois loci sur le chromosome :

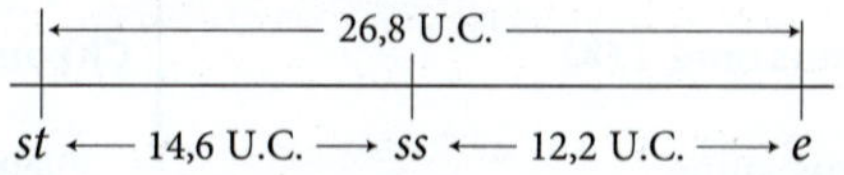

La **Figure 5.15** montre une carte génétique de *D. melanogaster*.

L'interférence et le coefficient de coïncidence Les distances cartographiques nous informent non seulement sur les distances entre gènes, mais aussi sur les proportions de gamètes recombinants et non recombinants qui seront produits dans un croisement. Par exemple, savoir qu'une distance de 14,6 U.C. sépare les gènes *st* et *ss* sur le chromosome 3 de *D. melanogaster* nous dit que 14,6 % des gamètes produits par une mouche hétérozygote à ces deux loci seront recombinants. De façon similaire, 12,2 % des gamètes d'une mouche hétérozygote pour *ss* et *e* seront recombinants.

Théoriquement, nous pourrions calculer la proportion de gamètes doubles recombinants en utilisant la règle du produit des probabilités (voir le Chapitre 3) qui dit que la probabilité que deux événements indépendants se produisent simultanément s'obtient en multipliant les probabilités individuelles de ces événements. En appliquant cette règle, nous trouverions que la proportion (la probabilité) de gamètes à double crossing-over entre *st* et *e* est égale à la probabilité de recombinaison entre *st* et *ss* multipliée par la probabilité de recombinaison entre *ss* et *e*, soit $0{,}146 \times 0{,}122 = 0{,}0178$. En multipliant cette probabilité par le nombre total de descendants, nous obtenons le nombre *attendu* de descendants à double crossing-over : $0{,}0178 \times 755 = 13{,}4$. Or, nous n'avons observé que 8 recombinants à double crossing-over, beaucoup moins que les 13,4 attendus (voir la Figure 5.14).

Ce phénomène est courant chez les eucaryotes. Notre façon de calculer supposait que chaque événement de crossing-over est indépendant, donc que la formation d'un crossing-over n'affecte pas la formation d'un second. Mais, fréquemment, les crossing-over *ne sont pas* des événements indépendants : La formation d'un crossing-over tend à inhiber celle d'un autre crossing-over dans la même région du chromosome, ce qui rend les doubles crossing-over moins fréquents qu'on s'y attendrait.

Le degré auquel un crossing-over interfère avec la formation d'autres crossing-over dans la même région s'appelle l'**interférence**. Pour calculer l'interférence, nous déterminons d'abord le **coefficient de coïncidence**, qui est le rapport du nombre de doubles crossing-over observés au nombre de doubles crossing-over attendus :

coefficient de coïncidence =

$$\frac{\text{nombre de doubles crossing-over observés}}{\text{nombre de doubles crossing-over attendus}}$$

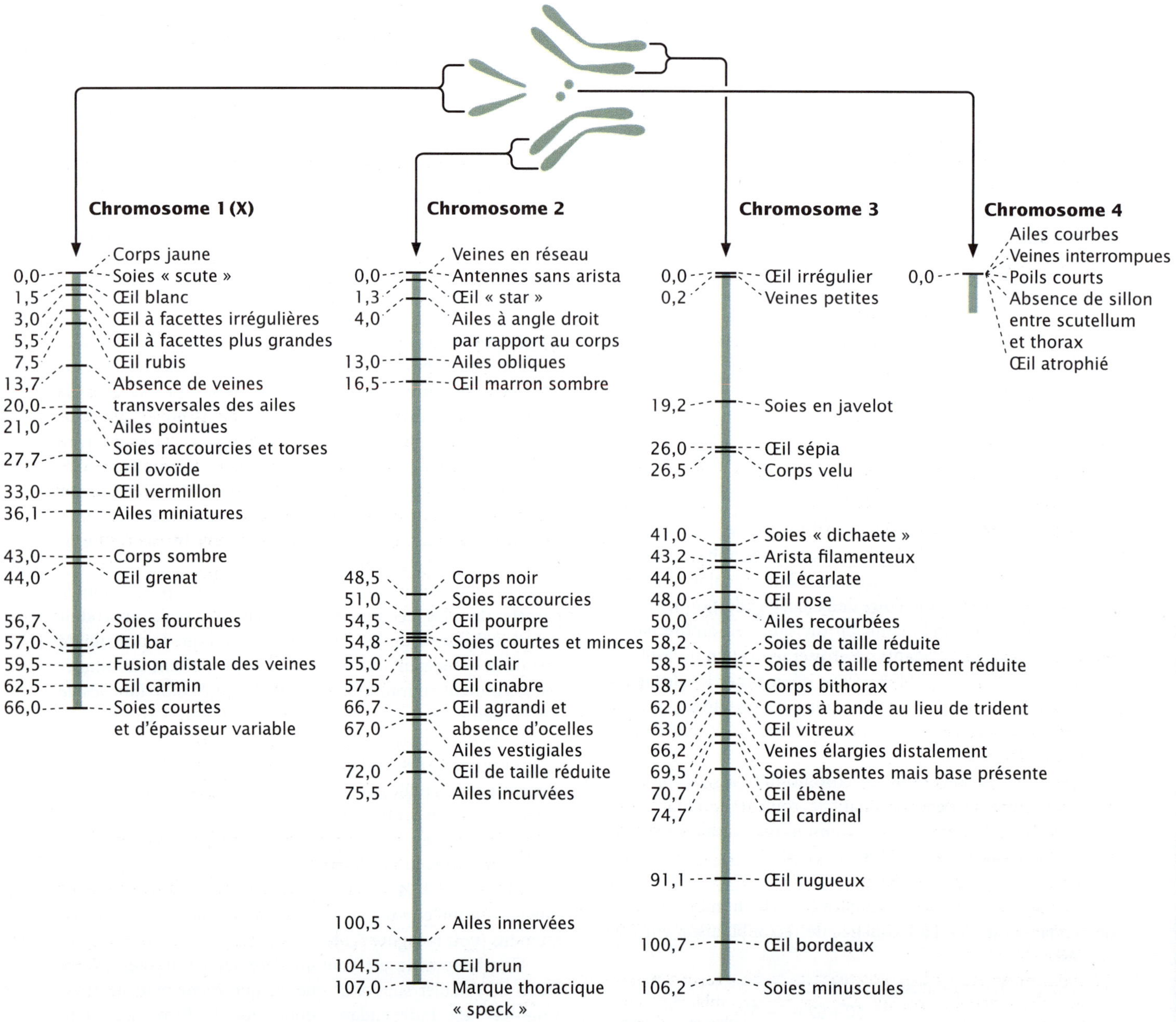

5.15 ***Drosophila melanogaster*** **a quatre groupes de liaison correspondant à ses quatre paires de chromosomes.** Les distances entre les gènes d'un groupe de liaison sont données en unités cartographiques.

Pour les loci que nous avons cartographiés sur le chromosome 3 de *D. melanogaster* (voir la Figure 5.14), nous avons un coefficient de coïncidence égal à

$$\frac{5+3}{0{,}146\times 0{,}122\times 755}=\frac{8}{13{,}4}=0{,}6$$

qui indique que nous n'observons que 60 % des doubles crossing-over attendus sur la base des fréquences des simples crossing-over. L'interférence se calcule comme suit :

$$\text{interférence} = 1 - \text{coefficient de coïncidence}$$

et, pour notre test trois points, l'interférence est 1 – 0,6 = 0,4.

Quand l'interférence est totale et qu'on n'observe aucun recombinant à double crossing-over, le coefficient de coïncidence est 0 et l'interférence est 1.

Il peut arriver qu'un crossing-over *augmente* la probabilité qu'un autre crossing-over se produise à proximité et dans ce cas, nous observons davantage de recombinants à double crossing-over qu'attendu. Le coefficient de coïncidence est supérieur à 1 et l'interférence est négative.

Concepts clés

Le coefficient de coïncidence est égal au nombre de doubles crossing-over observés divisé par celui des doubles crossing-over attendus sur la base des fréquences des simples crossing-over. L'interférence est égale à 1 – le coefficient de coïncidence. Elle indique le degré auquel un crossing-over interfère avec la formation d'autres crossing-over dans la même région.

✔ Test de compréhension 6

En analysant les résultats d'un croisement test à trois points, un étudiant détermine que l'interférence est – 0,23. Qu'indique cette valeur négative de l'interférence ?

a. Moins de doubles crossing-over se produisent que ce qu'on attendait sur la base des fréquences des simples crossing-over.
b. Davantage de doubles crossing-over se produisent que ce qu'on attendait sur la base des fréquences des simples crossing-over.
c. Il y a eu moins de simples crossing-over que ce qu'on attendait.
d. Un crossing-over dans une région interfère avec la formation d'autres crossing-over dans la même région.

Faisons le lien entre les concepts

Parcourons le test trois points étape par étape

Nous avons analysé le test trois points très en détail et nous avons vu comment l'information qu'il fournit permet de cartographier une série de trois gènes liés. Revenons brièvement sur les étapes nécessaires pour établir une carte génétique.

1. **Écrivez le phénotype et le nombre de chaque classe de descendants du test trois points.** Les phénotypes de la descendance seront plus faciles à interpréter si vous utilisez les symboles des allèles (par exemple, st^+ e^+ *ss*) pour désigner les traits.
2. **Écrivez les génotypes des parents de l'individu triple hétérozygote** utilisé dans le croisement test et, si elle est connue, la configuration (couplage ou répulsion) des allèles sur leurs chromosomes respectifs.
3. **Déterminez les classes phénotypiques non recombinantes et celles à double crossing-over.** Les non recombinants seront les phénotypes les plus représentés ; les recombinants à double crossing-over seront les deux classes phénotypiques les moins abondantes.
4. **Déterminez le locus qui occupe la position du milieu.** Comparez les allèles présents dans les recombinants à double crossing-over avec ceux présents chez les non recombinants ; chaque classe à double crossing-over doit être semblable à une des classes non recombinantes pour deux loci et différente pour un locus. Le locus qui diffère est celui du milieu.
5. **Réécrivez les phénotypes avec les gènes dans le bon ordre.**
6. **Déterminez où les crossing-over doivent s'être produits pour donner lieu aux phénotypes de la descendance.** Pour cela, comparez chaque phénotype produit par un simple crossing-over avec le phénotype de la descendance non recombinante.
7. **Calculez les fréquences de recombinaison.** Additionnez les nombres des recombinants dont un chromosome a subi un crossing-over entre une paire de loci. Ajoutez à ce nombre celui des recombinants à double crossing-over. Divisez la somme obtenue par le nombre total de descendants du croisement, et multipliez par 100 %. Le résultat est la fréquence de recombinaison entre les loci considérés, qui est aussi la distance cartographique.
8. **Dessinez une carte des trois loci en indiquant les distances qui les séparent.**
9. **Déterminez le coefficient de coïncidence et l'interférence.** Le coefficient de coïncidence est le nombre de descendants à double crossing-over observés divisé par le nombre attendu. Le nombre attendu s'obtient en multipliant le produit des probabilités des deux classes à simple crossing-over par le nombre total de descendants du croisement.

Problème de synthèse

Chez *D. melanogaster*, des ailes dites « chérubin » (*ch*), un corps noir (*b*) et des yeux cinabre (*cn*) sont spécifiés par des allèles récessifs localisés sur le chromosome 2. Une mouche homozygote de type sauvage est croisée avec une mouche à ailes chérubin, corps noir et yeux cinabre et les femelles F_1 produites sont utilisées dans un croisement test avec des mâles chérubin, noir, cinabre. Le croisement test produit la descendance suivante :

ch	b^+	*cn*	105
ch^+	b^+	cn^+	750
ch^+	*b*	*cn*	40
ch^+	b^+	*cn*	4
ch	*b*	*cn*	753
ch	b^+	cn^+	41
ch^+	*b*	cn^+	102
ch	*b*	cn^+	5
Total			1 800

a. Déterminez l'ordre des loci sur le chromosome (lequel des loci se trouve-t-il au milieu ?).

b. Calculez les distances (fréquences de recombinaison) entre les trois loci.

c. Déterminez le coefficient de coïncidence et l'interférence pour ces trois loci.

• Solution

a. Nous pouvons représenter les croisements comme suit :

$$\text{P} \quad \frac{ch^+ \;\; b^+ \;\; cn^+}{ch^+ \;\; b^+ \;\; cn^+} \times \frac{ch \;\; b \;\; cn}{ch \;\; b \;\; cn}$$

$$\downarrow$$

$$\text{F}_1 \quad \frac{ch^+ \;\; b^+ \;\; cn^+}{ch \;\; b \;\; cn}$$

$$\text{Croisement test} \quad \frac{ch^+ \;\; b^+ \;\; cn^+}{ch^+ \;\; b^+ \;\; cn^+} \times \frac{ch \;\; b \;\; cn}{ch \;\; b \;\; cn}$$

Notons qu'à ce stade, nous ne connaissons pas l'ordre des gènes et que nous avons placé *b* arbitrairement au milieu.

L'étape suivante consiste à déterminer, parmi les descendants du croisement, ceux qui sont non recombinants et ceux produits par double crossing-over. Les non recombinants doivent être les classes les mieux représentées, donc celles avec les phénotypes codés par $\underline{ch^+\quad b^+\quad cn^+}$ et $\underline{ch\quad b\quad cn}$. Ces génotypes correspondent à ceux des parents, que nous avons écrits plus haut. Les recombinants à double crossing-over sont les classes les moins fréquentes, avec les phénotypes codés par $\underline{ch^+\quad b^+\quad cn}$ et $\underline{ch\quad b\quad cn^+}$.

Nous pouvons déterminer l'ordre des gènes en comparant les allèles présents chez les recombinants à double crossing-over avec ceux présents chez les non recombinants. L'allèle qui diffère entre ces deux classes doit être celui du milieu. Comparons les recombinants à double crossing-over $\underline{ch\quad b\quad cn^+}$ avec les non recombinants $\underline{ch\quad b\quad cn}$. Les deux classes ont des ailes chérubin (*ch*) et le corps noir (*b*), mais les recombinants à double crossing-over ont des yeux de type sauvage (cn^+) alors que les non recombinants ont des yeux cinabre (*cn*). Le locus déterminant les yeux cinabre doit se trouver entre les deux autres.

b. Pour calculer les fréquences de recombinaison entre les gènes, commençons par réécrire dans l'ordre correct les gènes qui codent les phénotypes de la descendance. Nous avons déjà identifié les classes non recombinantes et à double crossing-over. Les quatre autres classes phénotypiques doivent donc avoir été produites par simple crossing-over. Pour déterminer où se sont produits ces crossing-over, comparons les allèles présents chez ces recombinants à simple crossing-over avec ceux présents chez les non recombinants. Les crossing-over doivent s'être produits là où les allèles présents chez un non recombinant sont échangés pour ceux présents chez l'autre non recombinant. Les positions des crossing-over sont indiquées par des barres obliques :

ch		cn	/	b^+	105	simple crossing-over
ch^+		cn^+		b^+	750	non recombinant
ch^+	/	cn		b	40	simple crossing-over
ch^+	/	cn	/	b^+	4	double crossing-over
ch		cn		b	753	non recombinant
ch	/	cn^+		b^+	41	simple crossing-over
ch^+		cn^+	/	b	102	simple crossing-over
ch	/	cn^+	/	b	5	double crossing-over
Total					1 800	

Ensuite, calculons les fréquences de recombinaison et dessinons une carte génétique :

Fréquence de recombinaison *ch* – *cn* =

$$\frac{40+4+41+5}{1800}\times 100\ \% = 5\ \%$$

Fréquence de recombinaison *cn* – *b* =

$$\frac{105+4+102+5}{1800}\times 100\ \% = 12\ \%$$

Distance *ch* – *b* sur la carte = 5 % + 12 % = 17 %

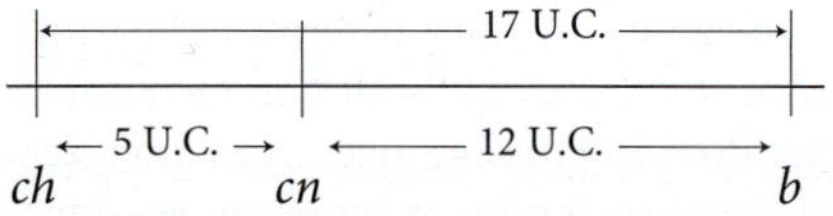

c. Le coefficient de coïncidence est le nombre de doubles crossing-over observés divisé par le nombre de doubles crossing-over attendus. Le nombre de doubles crossing-over attendus s'obtient en multipliant le probabilité d'un crossing-over entre *ch* et *cn* (0,05) × la probabilité d'un crossing-over entre *cn* et *b* (0,12) × le nombre total de descendants (1 800) :

$$\text{Coefficient de coïncidence} = \frac{4+5}{0{,}05\times 0{,}12\times 1\,800} = 0{,}83$$

Enfin, l'interférence est égale à 1 – le coefficient de coïncidence :

$$\text{Interférence} = 1 - 0{,}83 = 0{,}17$$

? Pour apprendre à jongler avec le test trois points, attaquez-vous au Problème 18 à la fin du chapitre.

Les effets de crossing-over multiples

Jusqu'ici, nous avons examiné les effets de doubles crossing-over qui se produisent entre deux des quatre chromatides d'une paire d'homologues. Ces crossing-over sont parfois appelés « crossing-over à deux brins ». (N.d.T. : à tort, parce que le crossing-over ne peut se produire au stade « deux brins », avant la réplication de l'ADN qui produit les chromatides soeurs. Pour éviter la confusion, nous utiliserons l'expression « crossing-over entre deux, trois ou quatre chromatides ».) Il peut aussi y avoir des doubles crossing-over impliquant trois et même quatre chromatides d'une paire d'homologues (**Figure 5.16**). Si nous n'examinons que les allèles présents aux loci flanquant la région où ont lieu les deux événements de crossing-over, les doubles crossing-over entre deux chromatides ne produisent pas de nouvelles combinaisons d'allèles, donc pas de gamètes recombinants (0 % de recombinaison détectable, voir la Figure 5.16). Les doubles crossing-over impliquant trois chromatides génèrent deux gamètes recombinants sur quatre (50 % de recombinaison), et les doubles crossing-over impliquant quatre chromatides génèrent quatre gamètes recombinants (100 % de recombinaison). Le résultat global est que l'ensemble des doubles crossing-over produit en moyenne 50 % de descendants recombinants.

Nous avons vu que les doubles crossing-over entre deux chromatides ne produisent pas de nouvelles combinaisons des allèles de part et d'autre de la région des crossing-over, donc pas de descendants recombinants. Les doubles crossing-over impliquant trois et quatre chromatides produisent des descendants recombinants, mais ils sont du même type que ceux produits par de simples crossing-over. Par conséquent, une partie des crossing-over multiples ne sont pas détectés quand on examine la descendance d'un croisement. Les distances mesurées sur la base des fréquences de recombinaison sont donc une sous-estimation de la distance physique séparant les gènes parce qu'un certain nombre de crossing-over multiples échappent à la détection. Quand les gènes sont physiquement très proches, les crossing-over multiples sont peu fréquents, et les distances basées sur les taux de recombinaison reflètent bien

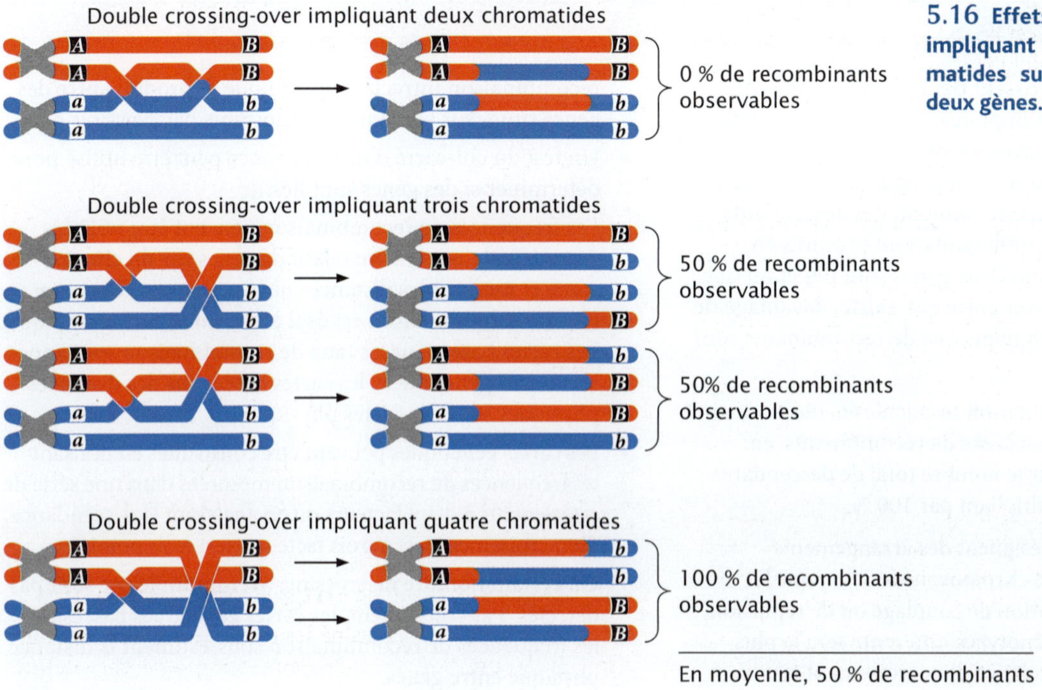

5.16 Effets de doubles crossing-over impliquant deux, trois et quatre chromatides sur la recombinaison entre deux gènes.

les distances physiques sur le chromosome. Mais quand les distances entre gènes augmentent, la probabilité de crossing-over multiples augmente elle aussi, et l'écart s'accroît entre distances génétiques (basées sur les taux de recombinaison) et distances physiques. Pour remédier à ce problème, les généticiens ont développé des **fonctions cartographiques** mathématiques reliant les fréquences de recombinaison aux distances physiques entre gènes (**Figure 5.17**). Ces fonctions sont basées sur la distribution de Poisson, qui prédit la probabilité que se produisent simultanément plusieurs événements rares. L'utilisation de ces fonctions cartographiques augmente la précision des distances cartographiques mesurées par les fréquences de recombinaison.

Cartographie avec des marqueurs moléculaires

Pendant de nombreuses années, la cartographie de gènes chez la plupart des organismes a été limitée par la disponibilité de **marqueurs génétiques** – c'est-à-dire, de gènes avec plusieurs allèles produisant des phénotypes facilement reconnaissables, dont la transmission pouvait être étudiée. Les marqueurs génétiques traditionnels sont surtout des gènes codant des caractéristiques facilement observables telles que la couleur d'une fleur, la forme d'une graine, un groupe sanguin, et des différences biochimiques. La rareté de ces types de caractéristiques chez de nombreux organismes a longtemps constitué une entrave à l'établissement de cartes génétiques détaillées.

Dans les années 1980, de nouvelles techniques moléculaires ont permis d'examiner des variations au niveau de l'ADN lui-même, fournissant un nombre quasi-illimité de marqueurs génétiques qui pouvaient être utilisés pour établir des cartes génétiques et étudier directement la liaison entre gènes. Les premiers marqueurs moléculaires utilisés furent les polymorphismes de longueur de fragments de restriction (RFLPs, pour « Restriction Fragment Length Polymorphisms »). Il s'agit de variations dans la séquence de l'ADN décelées en fragmentant l'ADN avec des enzymes de restriction (voir le Chapitre 14). Par la suite, des méthodes ont été développées pour détecter des variations du nombre de courtes séquences d'ADN répétées en tandem, appelées des microsatellites. Plus récemment encore, on a mis au point la détection par séquençage d'ADN de polymorphismes au niveau de nucléotides individuels (SNPs, pour « Single Nucleotide Polymorphisms »). Toutes ces méthodes ont augmenté considérablement la disponibilité de marqueurs génétiques et facilitent grandement l'établissement de cartes génétiques.

La cartographie génétique avec des marqueurs moléculaires se pratique essentiellement de la même manière que la cartographie avec des marqueurs phénotypiques traditionnels : on étudie la coségrégation de deux marqueurs ou plus, et les distances cartographiques sont basées sur les taux de recombinaison entre marqueurs. Ces méthodes et leur utilisation en cartographie sont présentées plus en détail dans le Chapitre 14.

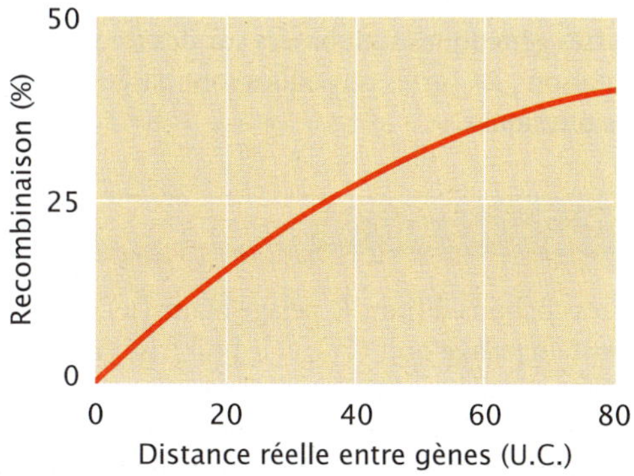

5.17 Quand l'intervalle entre gènes est important, le pourcentage de recombinaison sous-estime la distance physique.

Résumé des concepts

- Des gènes liés ne s'assortissent pas indépendamment. Dans un croisement test impliquant deux gènes complètement liés (absence de crossing-over), seuls des descendants non recombinants sont produits. Quand deux gènes s'assortissent indépendamment, des descendants recombinants et non recombinants sont produits en proportions égales. Quand deux gènes sont liés et qu'une possibilité de crossing-over entre eux existe, davantage de descendants non recombinants que de recombinants sont produits.
- La fréquence de recombinaison se calcule en additionnant les nombres de toutes les classes de recombinants, en divisant cette somme par le nombre total de descendants du croisement, et en multipliant par 100 %.
- Couplage et répulsion désignent des arrangements d'allèles sur une paire de chromosomes. Selon que les allèles sont en configuration de couplage ou de répulsion, une combinaison de phénotypes différente sera la plus fréquente dans la descendance d'un croisement test.
- La recombinaison interchromosomique se produit entre des gènes situés sur des chromosomes différents, par la ségrégation aléatoire des chromosomes à la méiose. La recombinaison intrachromosomique se produit entre des gènes situés sur le même chromosome, par crossing-over.
- Un test du chi-carré d'indépendance peut être utilisé pour déterminer si des gènes sont liés.
- Les fréquences de recombinaison peuvent être utilisées pour déterminer l'ordre relatif de gènes sur un chromosome et mesurer les distances qui les séparent. Un pour cent de recombinaison est égal à une unité cartographique. Les cartes basées sur les taux de recombinaison sont appelées cartes génétiques ; les cartes basées sur des distances physiques sont des cartes physiques.
- Les cartes génétiques peuvent être construites en utilisant les fréquences de recombinaison mesurées dans une série de croisements à deux facteurs ou en analysant la descendance d'un croisement test à trois facteurs (test trois points).
- Un certain nombre de crossing-over multiples ne sont pas détectés. Par conséquent, les cartes génétiques basées sur les fréquences de recombinaison sous-estiment la distance physique entre gènes.
- Les techniques moléculaires qui permettent de déceler des différences de séquence dans l'ADN ont grandement facilité la cartographie de gènes.

Termes importants

gènes liés (p. 109)
groupe de liaison (« linkage group ») (p. 109)
gamète non recombinant (parental) (p. 111)
gamète recombinant (p. 111)
descendant recombinant (p. 111)
fréquence de recombinaison (p. 113)
configuration de couplage (en cis) (p. 114)
configuration de répulsion (en trans) (p. 114)
recombinaison interchromosomique (p. 116)
recombinaison intrachromosomique ((p. 116)
carte génétique (p. 119)
carte physique (p. 119)
unité cartographique (U.C.) (p. 119)
centiMorgan (p. 119)
Morgan (p. 119)
croisement test à deux facteurs (p. 120)
croisement test à trois facteurs (test trois points) (p. 121)
interférence (p. 125)
coefficient de coïncidence (p. 125)
fonction cartographique (p. 129)
marqueur génétique (p. 129)

Réponses aux tests de compréhension

1. c

2. 20 %, en répulsion

3. Les cartes génétiques sont basées sur des fréquences de recombinaison ; les cartes physiques sont basées sur des distances physiques.

4. $\frac{m^+\,p^+\,s^+}{m\;p\;s}\;\frac{m^+\,p\;s}{m\;p\;s}\;\frac{m\,p^+\,s^+}{m\;p\;s}\;\frac{m^+\,p^+\,s}{m\;p\;s}\;\frac{m\,p\,s^+}{m\;p\;s}\;\frac{m^+\,p\,s^+}{m\;p\;s}\;\frac{m\,p^+\,s}{m\;p\;s}\;\frac{m\;p\;s}{m\;p\;s}$

5. Le locus *c*

6. b

Problèmes résolus

1. Chez les cochons d'Inde, le pelage blanc (*w*) est récessif par rapport au pelage noir (*W*), et le poil frisé (*v*) est récessif par rapport au poil lisse (*V*). Un éleveur croise un individu homozygote blanc à poil frisé avec un individu noir à poil lisse. Les animaux F1 sont ensuite croisés avec des cochons d'Inde blancs à poil frisé dans une série de croisements tests qui produisent les descendants suivants :

noirs, lisses	30
noirs, frisés	10
blancs, lisses	12
blancs, frisés	31
Total	83

a. Les gènes qui déterminent la couleur du pelage et le type de poil s'assortissent-ils indépendamment ? Faites des test du chi-carré pour tester votre hypothèse.

b. Si les gènes ne s'assortissent pas indépendamment, quelle est leur fréquence de recombinaison ?

- **Solution**

a. En faisant l'hypothèse d'un assortiment indépendant, écrivez les croisements effectués par l'éleveur :

P *ww vv* × *WW VV*

↓

Ww Vv

F_1 ↓

Croisement test *Ww Vv* × *ww vv*

↓

Ww Vv 1/4 noirs, lisses
Ww vv 1/4 noirs, frisés
ww Vv 1/4 blancs, lisses
ww vv 1/4 blancs, frisés

Parmi les 83 descendants produits par les croisements tests, nous attendons 1/4 × 83 = 20, 75 (soit 20 ou 21)descendants de chaque type. Les nombres observés (30, 10, 12, 31) ne sont pas en accord avec les nombres attendus. Il semble donc que l'hypothèse d'un assortiment indépendant ne soit pas valide.

Pour vérifier, faites un test du chi-carré d'indépendance. Faites un tableau avec les résultats, en écrivant au-dessus les génotypes au premier locus et, du côté gauche, les génotypes au second locus. Calculez les totaux des rangées et des colonnes et le grand total.

	Ww	*ww*	Totaux des rangées
Vv	30	12	42
vv	10	31	41
Totaux des colonnes	40	43	83 ← Grand total

La valeur attendue pour chaque case du tableau est calculée en utilisant la formule :

$$\text{nombre attendu} = \frac{\text{total de la rangée} \times \text{total de la colonne}}{\text{grand total}}$$

Nous obtenons les valeurs attendues suivantes (écrites entre parenthèses) :

	Ww	*ww*	Totaux des rangées
Vv	30 (20,24)	12 (21,76)	42
vv	10 (19,76)	31 (21,24)	41
Totaux des colonnes	40	43	83 ← Grand total

Avec les nombres observés et les nombres attendus, nous calculons une valeur de chi-carré de :

$$\chi^2 = \sum \frac{(\text{observés} - \text{attendus})^2}{\text{attendus}}$$

$$= \frac{(30-20{,}24)^2}{20{,}24} + \frac{(10-19{,}76)^2}{19{,}76} + \frac{(12-21{,}76)^2}{21{,}76} + \frac{(31-21{,}24)^2}{21{,}24}$$

$$= 4{,}71 + 4{,}82 + 4{,}38 + 4{,}48$$

$$= 18{,}39$$

Les degrés de liberté pour le test du chi-carré d'indépendance sont *dl* = (nombre de rangées – 1) × (nombre de colonnes – 1). Il y a deux rangées et deux colonnes, donc les degrés de liberté sont :

$$dl = (2-1) \times (2-1) = 1$$

Dans le Tableau 3.4, la probabilité associée à une valeur de chi-carré de 18,39 et 1 degré de liberté est inférieure à 0,005, ce qui indique qu'il est très peu probable que les différences entre les nombres observés et les nombres attendus sur la base d'un assortiment indépendant soient dues au hasard. Les gènes de couleur du pelage et du type de poil ne se sont donc pas assortis indépendamment.

b. Pour déterminer les fréquences de recombinaison, identifiez les descendants recombinants. En utilisant la notation pour des gènes liés, écrivez les croisements :

P $\frac{w\ v}{w\ v} \times \frac{W\ V}{W\ V}$

↓

F_1 $\frac{W\ V}{w\ v}$

Croisement test $\frac{W\ V}{w\ v}$ $\frac{w\ v}{w\ v}$

↓

$\frac{W\ V}{w\ v}$ 30 noirs, lisses (non recombinants)

$\frac{w\ v}{w\ v}$ 31 blancs, frisés (non recombinants)

$\frac{W\ v}{w\ v}$ 10 noirs, frisés (recombinants)

$\frac{w\ V}{w\ v}$ 12 blancs, lisses (recombinants)

La fréquence de recombinaison (F.R.) est :

$$\text{F.R.} = \frac{\text{nombre de descendants recombinants}}{\text{nombre total de descendants}} \times 100\ \%$$

soit

$$\text{F.R.} = \frac{10+12}{83} \times 100\ \% = 26{,}5\ \%$$

2. Des croisements à deux facteurs effectués entre sept loci (*a, b, c, d, e, f* et *g*) ont fourni les fréquences de recombinaison données ci-dessous. En vous servant de ces fréquences de recombinaison, établissez une carte des sept loci montrant leurs groupes de liaison, l'ordre des loci dans chaque groupe de liaison, et les distances entre les loci de chaque groupe.

Loci	Fréquences de recombinaison (%)	Loci	Fréquences de recombinaison (%)
a – b	10	*c – d*	50
a – c	50	*c – e*	8
a – d	14	*c – f*	50
a – e	50	*c – g*	12
a – f	50	*d – e*	50
a – g	50	*d – f*	50
b – c	50	*d – g*	50
b – d	4	*e – f*	50
b – e	50	*e – g*	18
b – f	50	*f – g*	50
b – g	50		

• Solution

Rappelez-vous que 1 % de recombinaison est égal à 1 unité cartographique (U.C.) et qu'une fréquence de recombinaison de 50 % signifie que les gènes des deux loci s'assortissent indépendamment (ils sont dans des groupes de liaison différents).

La fréquence de liaison entre *a* et *b* est 10 %. Les deux loci sont dans un même groupe de liaison, séparés par 10 U.C.

Groupe de liaison 1

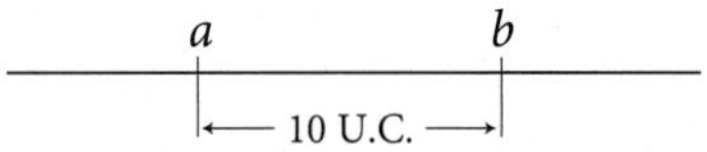

La fréquence de liaison entre *a* et *c* est 50 %, donc *c* doit se trouver dans un deuxième groupe de liaison.

Groupe de liaison 1

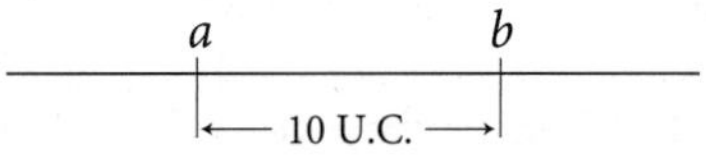

Groupe de liaison 2

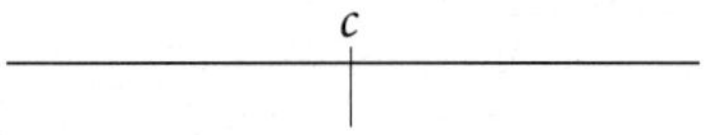

La fréquence de recombinaison entre *a* et *d* est 14 %, donc *d* se trouve dans le groupe de liaison 1. Le locus *d* est à 14 U.C. de *a*, mais est-il à gauche ou à droite de *a* ? Si *d* est à 14 U.C. à gauche de *a*, la distance entre *b* et *d* devrait être 10 U.C. + 14 U.C. = 24 U.C. Si, par contre, *d* se trouve à droite de *a*, la distance entre *b* et *d* devrait être 14 U.C. – 10 U.C. = 4 U.C. La fréquence de recombinaison *b – d* est 4 %, donc *d* est 14 U.C. à droite de *a*. La carte actualisée est :

Groupe de liaison 1

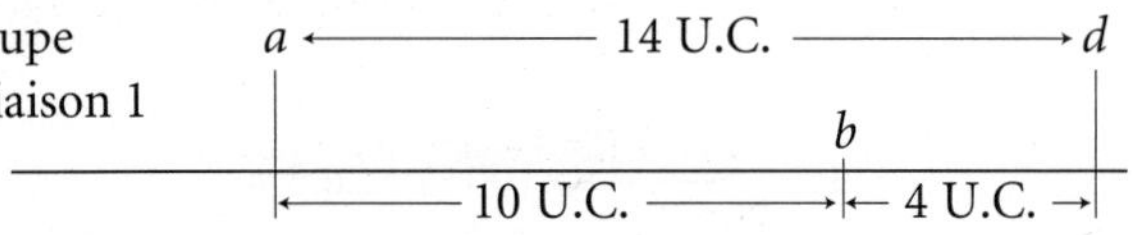

Groupe de liaison 2

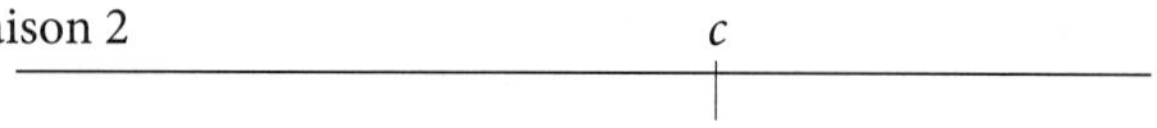

Les fréquences de recombinaison entre chacun des loci *a*, *b*, *d* et le locus *e* sont toutes 50 %, donc *e* n'est pas dans le groupe de liaison 1. La fréquence de recombinaison entre *e* et c est 8 %, donc *e* est dans le groupe de liaison 2 :

Groupe de liaison 1

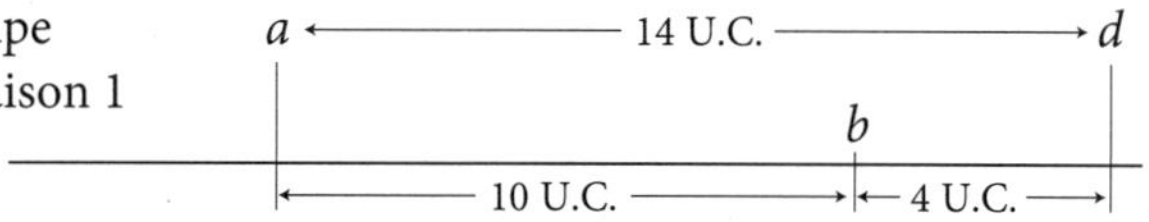

Groupe de liaison 2

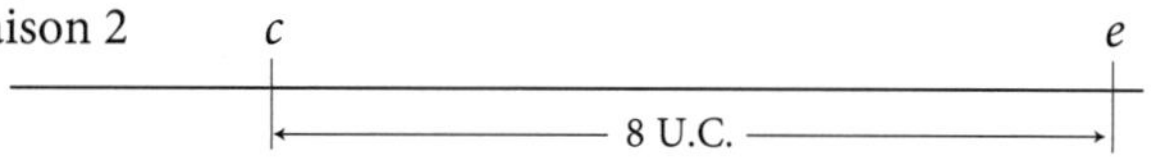

Il y a 50 % de recombinaison entre *f* et tous les autres loci, donc *f* doit appartenir à un troisième groupe de liaison :

Groupe de liaison 1

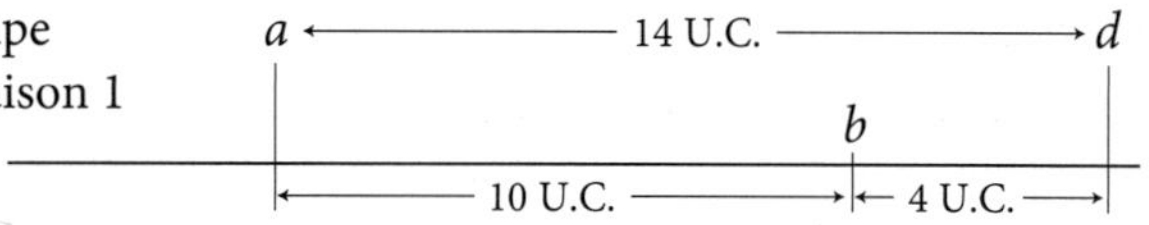

Groupe de liaison 2

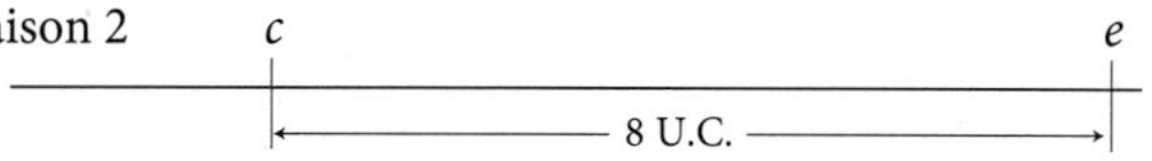

Groupe de liaison 3

Il reste à positionner le locus *g* par rapport aux autres loci. Les fréquences de recombinaison entre *g* et les loci *a*, *b*, et *d* sont toutes 50 %, donc *g* n'est pas dans le groupe de liaison 1. La fréquence de recombinaison entre *g* et *c* est 12 %, donc *g* fait partie du groupe de liaison 2. Pour déterminer si *g* se trouve 12 U.C. à droite ou à gauche de *c*, regardez quelle est la fréquence de recombinaison entre *g* et *e*. Comme cette fréquence de recombinaison est 18 %, *g* doit se trouver à gauche de C :

Groupe de liaison 1

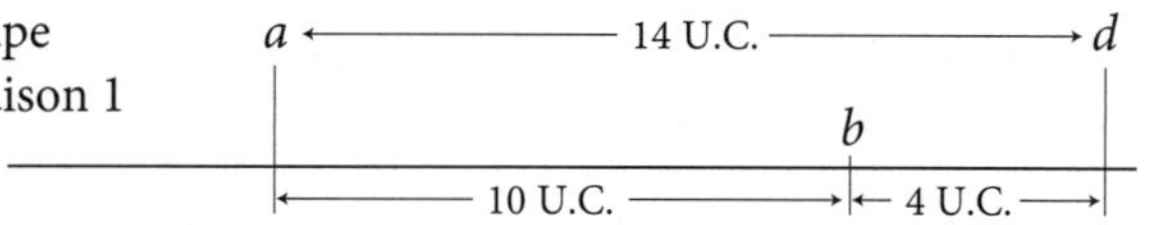

Groupe de liaison 2

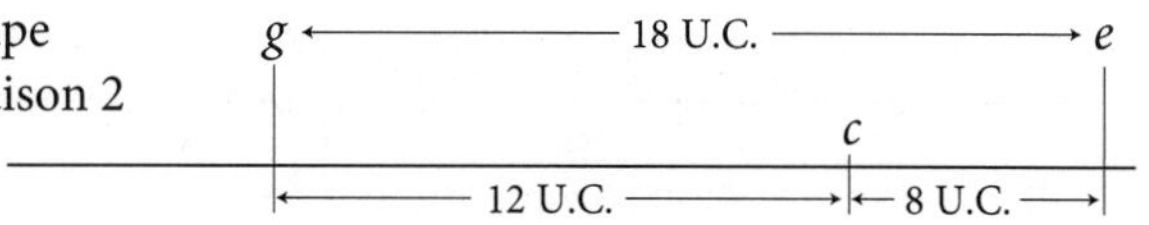

Groupe de liaison 3

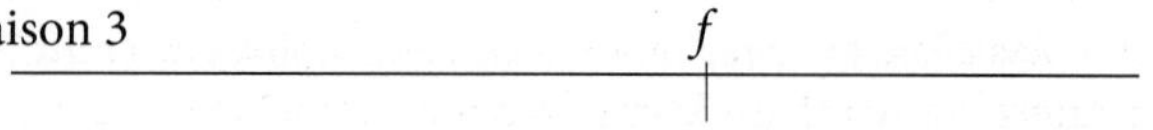

Observez que la distance $g - e$ (18 U.C.) est plus courte que la somme des distances $g - c$ (12 U.C.) et $c - e$ (8 U.C.), à cause de doubles crossing-over indétectables entre g et e.

3. La couleur ébène du corps (e), les yeux rugueux (ro) et les soies « brevis » (bv) sont trois mutations récessives chez la drosophile. Les loci de ces mutations sont séparés par les distances cartographiques suivantes :

e	*ro*	*bv*
20 U.C.	12 U.C.	

L'interférence entre ces gènes est 0,4.

Une mouche ayant le corps ébène, les yeux rugueux et des soies « brevis » est croisée avec une mouche homozygote de type sauvage. Les femelles F_1 sont croisées avec des mâles qui ont le corps ébène, les yeux rugueux et des soies brevis, produisant 1 800 descendants. Donnez le nombre de mouches attendues pour chaque classe phénotypique de la descendance du croisement test.

• Solution

Les croisements sont les suivants :

$$\text{P} \quad \frac{e^+ \quad ro^+ \quad bv^+}{e^+ \quad ro^+ \quad bv^+} \times \frac{e \quad ro \quad bv}{e \quad ro \quad bv}$$

$$\downarrow$$

$$\text{F}_1 \quad \frac{e^+ \quad ro^+ \quad bv^+}{e \quad ro \quad bv}$$

$$\text{Croisement test} \quad \frac{e^+ \quad ro^+ \quad bv^+}{e \quad ro \quad bv} \times \frac{e \quad ro \quad bv}{e \quad ro \quad bv}$$

Nous savons que le locus ro se trouve entre les deux autres. Huit classes de descendants seront produites par le croisement test :

$e^+ \quad ro^+ \quad bv^+$	non recombinants
$e \quad ro \quad bv$	non recombinants
$e^+ \;/\; ro \quad bv$	simple crossing-over entre *e* et *ro*
$e \;/\; ro^+ \quad bv^+$	simple crossing-over entre *e* et *ro*
$e^+ \quad ro^+ \;/\; bv$	simple crossing-over entre *ro* et *bv*
$e \quad ro \;/\; bv^+$	simple crossing-over entre *ro* et *bv*
$e^+ \;/\; ro \;/\; bv^+$	double crossing-over
$e \;/\; ro^+ \;/\; bv$	double crossing-over

Pour déterminer le nombre de descendants de chaque classe, utilisez les distances cartographiques, en commençant par les doubles crossing-over. Le nombre attendu de doubles crossing-over est égal au produit des probabilités des simples crossing-over, multiplié par le nombre total de descendants :

$$\text{nombre attendu de doubles crossing-over} = 0{,}20 \times 0{,}12 \times 1800 = 43{,}2$$

Toutefois, il y a interférence, donc le nombre observé de doubles crossing-over sera inférieur au nombre attendu. L'interférence est 1 – le coefficient de coïncidence, donc le coefficient de coïncidence est 1 – l'interférence, soit $1 - 0{,}4 = 0{,}6$. Rappelez-vous que le coefficient de coïncidence est donné par :

$$\text{coefficient de coïncidence} = \frac{\text{nombre observé de doubles crossing-over}}{\text{nombre attendu de doubles crossing-over}}$$

que nous réarrangeons pour obtenir :

$$\text{nombre observé de doubles crossing-over} = \text{coefficient de coïncidence} \times \text{nombre attendu de doubles crossing-over}$$

soit

$$\text{nombre observé de doubles crossing-over} = 0{,}6 \times 43{,}2 = 26$$

Vous devriez donc observer 26 doubles crossing-over. Étant donné qu'il y a deux classes de doubles crossing-over ($\underline{e^+ \;/\; ro \;/\; bv^+}$ et $\underline{e \;/\; ro^+ \;/\; bv}$), vous devriez en observer 13 de chaque type.

Ensuite, déterminez le nombre des descendants à simple crossing-over. La carte génétique indique que la distance entre e et ro est 20 U.C., donc 360 descendants (20 % de 1 800) devraient être le résultat d'une recombinaison entre ces deux loci. Certains seront des descendants à simple crossing-over, mais il y aura aussi des descendants à double crossing-over. Vous avez déjà calculé que le nombre de descendants à double crossing-over est 26, donc le nombre de descendants résultant d'un simple crossing-over entre e et ro est $360 - 26 = 334$, qui se répartissent également entre les deux classes phénotypiques à simple crossing-over $\underline{e \;/\; ro^+ \quad bv^+}$ et $\underline{e^+ \;/\; ro \quad bv}$.

La distance entre ro et bv est 12 U.C., donc le nombre de descendants résultant d'une recombinaison entre ces deux loci est $0{,}12 \times 1\,800 = 216$. Ici aussi, certains seront des descendants à double crossing-over. Pour déterminer le nombre de descendants résultant d'un simple crossing-over, il faut soustraire le nombre de descendants à double crossing-over : $216 - 26 = 190$. Ces descendants à simple crossing-over se répartiront également entre les deux classes phénotypiques $\underline{e^+ \quad ro^+ \;/\; bv}$ et $\underline{e \quad ro \;/\; bv^+}$, donc il y aura $190/2 = 95$ descendants dans chaque classe. Le reste des descendants seront non recombinants, et leur nombre s'obtient par soustraction : $1800 - 26 - 334 - 190 = 1250$. Il y a deux classes non recombinantes ($\underline{e^+ \quad ro^+ \quad bv^+}$ et $\underline{e \quad ro \quad bv}$), donc il y aura $1250/2 = 625$ descendants dans chaque classe. Les effectifs des différentes classes phénotypiques sont repris ci-dessous :

$e^+ \quad ro^+ \quad bv^+$	625	non recombinants
$e \quad ro \quad bv$	625	non recombinants
$e^+ \;/\; ro \quad bv$	167	à simple crossing-over entre *e* et *ro*
$e \;/\; ro^+ \quad bv^+$	167	à simple crossing-over entre *e* et *ro*
$e^+ \quad ro^+ \;/\; bv$	95	à simple crossing-over entre *ro* et *bv*
$e \quad ro \;/\; bv^+$	95	à simple crossing-over entre *ro* et *bv*
$e^+ \;/\; ro \;/\; bv^+$	13	à double crossing-over
$e \;/\; ro^+ \;/\; bv$	13	à double crossing-over
Total	1 800	

Questions de compréhension

Section 5.1

***1.** Que signifie le terme recombinaison ? Quelles sont les deux sources de recombinaison ?

Section 5.2

2. Quel est l'effet du crossing-over sur la liaison génétique ?

3. Pourquoi la fréquence de production de gamètes recombinants est-elle toujours la moitié de la fréquence de crossing-over ?

***4.** Quelle est la différence entre les configurations de couplage et de répulsion ? Quel est l'effet de l'arrangement des gènes sur les chromosomes (couplage ou répulsion) sur les résultats d'un croisement ?

5. Quelle est la différence entre une carte génétique et une carte physique ?

Section 5.3

6. Expliquez comment déterminer lequel de trois loci liés occupe la position du milieu en examinant les descendants d'un croisement test à trois facteurs (test trois points).

***7.** Que nous dit l'interférence à propos de l'effet d'un crossing-over sur un autre ?

Questions et problèmes d'application

Section 5.2

***8.** Chez l'escargot *Cepea nemoralis*, un allèle autosomique codant une coquille à rayures (B^B) est récessif par rapport à l'allèle codant une coquille sans rayures (B^O). Les gènes d'un autre locus déterminent la couleur de fond de la coquille : jaune (C^Y) est récessif par rapport à brun (C^{Bw}). Un escargot à coquille jaune, rayée est croisé avec un escargot homozygote brun, sans rayures. Les escargots F_1 sont ensuite croisés avec des escargots jaunes à rayures (un croisement test).

a. Quels seraient les résultats du croisement test si les loci qui spécifient la couleur et les rayures étaient liés au point qu'il n'y ait pas de crossing-over ?

b. Quels seraient les résultats du croisement test si les loci s'assortissaient indépendamment ?

c. Quels seraient les résultats si les loci étaient liés et séparés par 20 U.C. ?

***9.** Une généticienne découvre une nouvelle mutation chez *Drosophila melanogaster*, qui provoque des spasmes et des tremblements chez la mouche. Elle appelle cette mutation « spastique » (*sps*) et elle établit qu'elle est autosomique récessive. Elle veut savoir si le gène codant spastique est lié au gène récessif codant des ailes vestigiales (*vg*). Elle croise une mouche homozygote pour les traits spastique et ailes vestigiales avec une mouche homozygote de type sauvage, puis utilise les femelles F_1 dans un croisement test. Elle obtient les mouches suivantes dans la descendance du croisement test.

vg^+	sps^+	230
vg	sps	224
vg	sps^+	97
vg^+	sps	99
Total		650

Les gènes codant les ailes vestigiales et le caractère spastique sont-ils liés ? Faites un test du chi-carré d'indépendance pour déterminer si les gènes se sont assortis indépendamment.

10. Chez le concombre, des feuilles en forme de cœur (*hl*) sont récessives par rapport aux feuilles normales (*Hl*) et la présence de nombreuses côtes sur les fruits (*ns*) est récessive par rapport à un petit nombre de côtes (*Ns*). Les gènes codant la forme des feuilles et le nombre de côtes se trouvent sur le même chromosome, à une distance de 32,6 U.C. l'un de l'autre. Une plante de concombre ayant des feuilles en forme de cœur et des fruits à côtes nombreuses est croisée avec une plante homozygote pour des feuilles normales et des fruits à côtes peu nombreuses. Les F_1 sont croisées avec des plantes à feuilles en forme de cœur et à fruits à côtes nombreuses. Quelles classes phénotypiques attend-on de ce croisement et dans quelles proportions ?

***11.** Chez la tomate, une taille haute (*D*) est dominante sur une taille naine (*d*), et des fruits glabres (*P*) sont dominants par rapport à des fruits dits pubescents (*p*), qui se caractérisent par une fine pilosité. Un fermier croise deux plantes à taille haute et fruits glabres, désignées plantes A et B, avec la même plante à taille naine et fruits pubescents, et il obtient les nombres de descendants suivants :

	Descendants de	
	Plante A	**Plante B**
Dd Pp	122	2
Dd pp	6	82
dd Pp	4	82
dd pp	124	4

a. Quels sont les génotypes des plantes A et B ?

b. Les loci spécifiant la taille de la plante et la pubescence sont-ils liés ? Si oui, quelle est la distance cartographique qui les sépare ?

c. Expliquez pourquoi les proportions de descendants sont différentes quand on croise la plante A et la plante B avec la même plante naine à fruits pubescents ?

12. ANALYSE DE DONNÉES Daniel McDonald et Nancy Peer ont montré que le phénotype « eyespot » (une tache claire au centre de l'œil) chez le charançon est codé par un allèle (*es*) d'un gène lié à l'X. L'allèle *es* est récessif par rapport à l'allèle codant un œil sans tache (es^+). Ils ont effectué une série de croisements pour déterminer la distance entre le gène de l'œil tacheté et le gène « stripped » (*St*) qui est dominant lié à l'X, mais aussi récessif létal (létal quand homozygote chez la femelle ou hémizygote chez le mâle). Un des croisements est décrit ci-dessous (D.J. McDonald et N.J. Peer. 1961. *Journal of Heredity* 52 : 261-264).

$$♀\ \frac{es^+\ St}{es\ St^+} \times \frac{es\ St^+}{Y}\ ♂$$

$$\downarrow$$

Génotype	Nombre
$\frac{es^+\ St}{es\ St^+}$	1 630
$\frac{es\ St^+}{es\ St^+}$	1 665
$\frac{es\ St^+}{es\ St^+}$	935
$\frac{es^+\ St^+}{es\ St^+}$	1 005
$\frac{es\ St^+}{Y}$	1 661
$\frac{es^+\ St^+}{Y}$	1 024

a. Quels sont les descendants non recombinants et quels sont les descendants recombinants ?

b. Calculez la fréquence de recombinaison entre *es* et *St*.

c. Des génotypes potentiels manquent-ils dans la descendance ? Si oui, lesquels et pourquoi ?

13. Chez le cafard, des yeux saillants (*bu*) sont récessifs par rapport aux yeux normaux (bu^+) et des ailes recourbées (*cv*) sont récessives par rapport aux ailes droites (cv^+). Ces deux caractères sont codés par des gènes autosomiques liés. Un cafard a le génotype $bu^+\ bu\ cv^+\ cv$ et les gènes sont en répulsion. Laquelle des combinaisons d'allèles suivantes se retrouvera-t-elle dans la classe de gamètes la plus abondante produite par ce cafard ?

a. $bu^+\ cv^+$

b. *bu cv*

c. $bu^+\ bu$

d. $cv^+\ cv$

e. $bu\ cv^+$

Justifiez votre réponse.

***14.** Chez *Drosophila melanogaster*, un corps ébène (*e*) et des yeux rugueux (*ro*) sont codés par des allèles autosomiques récessifs sur le chromosome 3 ; les gènes sont à 20 U.C. l'un de l'autre. L'allèle codant des soies fourchues (*f*) est récessif lié à l'X, et le gène s'assortit indépendamment de *e* et *ro*. Donnez les phénotypes de la descendance et leurs proportions quand une femelle de chacun des génotypes suivants est croisée avec un mâle testeur.

a. $\frac{e^+\ \ ro^+}{e\ \ ro}\ \frac{f^+}{f}$

b. $\frac{e^+\ \ ro}{e\ \ ro^+}\ \frac{f^+}{f}$

***15.** Une série de croisements à deux facteurs sont effectués entre sept loci (*a, b, c, d, e, f,* et *g*), donnant les fréquences de recombinaison ci-dessous. Cartographiez les sept loci, en déterminant les groupes de liaison, l'ordre relatif des loci dans chaque groupe et la distance qui les sépare.

Loci	Fréquences de recombinaison (%)	Loci	Fréquences de recombinaison (%)
a – b	50	*c – d*	50
a – c	50	*c – e*	26
a – d	12	*c – f*	50
a – e	50	*c – g*	50
a – f	50	*d – e*	50
a – g	4	*d – f*	50
b – c	10	*d – g*	8
b – d	50	*e – f*	50
b – e	18	*e – g*	50
b – f	50	*f – g*	50
b – g	50		

16. R.W. Allard et W.M. Clement ont déterminé les taux de recombinaison entre une série de gènes chez le haricot beurre ou de Lima, *Phaseolus lunatus* (R.W. Allard et W.M. Clement. 1959. *Journal of Heredity* 50 : 63-67). Le tableau ci-dessous donne les taux de recombinaison, mesurés par paires, entre huit des loci qu'ils ont cartographiés (*D, Wl, R, S, L_1, Ms, C,* et *G*). Sur la base de ces données, dessinez les cartes génétiques des différents groupes de liaison, en indiquant les distances entre gènes. Gardez à l'esprit que ces taux sont des estimations des vrais taux de recombinaison, avec chaque fois une certaine marge d'erreur. Un astérisque à côté d'un taux de recombinaison indique qu'il est significativement différent de 50 %.

Taux de recombinaison (%) entre sept loci chez le haricot beurre

	Wl	*R*	*S*	L_1	*Ms*	*C*	*G*
D	2,1*	39,3*	52,4	48,1	53,1	53,1	49,8
Wl		38,0*	47,3	47,7	48,8	50,3	50,4
R			51,9	52,7	54,6	49,3	52,6
S				26,9*	54,9	52,0	48,0
L_1					48,2	45,3	50,4
Ms						14,7*	43,1
C							52,0

*Significativement différent de 50 %

Section 5.3

17. Raymond Popp a étudié la liaison entre les gènes œil rose (*p*), shaker-1 (*sh*-1), et type d'hémoglobine (*Hb*) chez la souris (R.A. Popp. 1962. *Journal of Heredity* 53 : 73-80). Il a effectué des croisements tests entre des souris hétérozygotes pour œil rose, shaker-1, et l'hémoglobine 1 et 2, et des souris homozygotes pour œil rose, shaker-1 et hémoglobine 2.

$$\frac{P\ Sh-1\ Hb^1}{p\ sh-1\ Hb^2} \times \frac{P\ sh-1\ Hb^2}{p\ sh-1\ Hb^2}$$

Il a obtenu la descendance suivante.

Génotypes	Nombres
$\frac{p\ sh-1\ Hb^2}{p\ sh-1\ Hb^2}$	274
$\frac{P\ Sh-1\ Hb^1}{p\ sh-1\ Hb^2}$	320
$\frac{P\ sh-1\ Hb^2}{p\ sh-1\ Hb^2}$	57
$\frac{p\ Sh-1\ Hb^1}{p\ sh-1\ Hb^2}$	45
$\frac{p\ Sh-1\ Hb^2}{p\ sh-1\ Hb^2}$	6
$\frac{p\ sh-1\ Hb^1}{p\ sh-1\ Hb^2}$	5
$\frac{p\ Sh-1\ Hb^2}{p\ sh-1\ Hb^2}$	0
$\frac{P\ sh-1\ Hb^1}{p\ sh-1\ Hb^2}$	1
Total	708

a. Déterminez l'ordre des ces gènes sur le chromosome.
b. Calculez les distances cartographiques entre les gènes.
c. Déterminez le coefficient de coïncidence et l'interférence pour ce groupe de gènes.

***18.** Chez le maïs, un endosperme cireux (*wx*), un endosperme ratatiné (*sh*), et des germes jaunes (*v*) sont codés par trois gènes récessifs liés sur le chromosome 5. Une plante de maïs homozygote pour les trois allèles récessifs est croisée avec une plante homozygote pour les allèles dominants. Les plantes F_1 sont ensuite croisées avec une plante homozygote pour les allèles récessifs (un croisement test à trois points). La descendance du croisement test est la suivante :

wx	*sh*	*V*	87
Wx	*Sh*	*v*	94
Wx	*Sh*	*V*	3 479
wx	*sh*	*v*	3 478
Wx	*sh*	*V*	1 515
wx	*Sh*	*v*	1 531
wx	*Sh*	*V*	292
Wx	*sh*	*v*	280
Total			10 576

a. Déterminez l'ordre des gènes sur le chromosome.
b. Calculez les distances cartographiques entre les gènes.
c. Déterminez le coefficient de coïncidence et l'interférence dans ce groupe de gènes.

19. Priscilla Lane et Margaret Green ont étudié un groupe de trois gènes liés affectant la couleur du pelage ou la pilosité chez la souris : acajou (*mg*), agouti (*a*), et « ragged » (*Rg*) qui détermine une alopécie partielle. Elles ont effectué des croisements tests à trois facteurs entre des souris hétérozygotes aux trois loci avec des souris homozygotes pour les allèles récessifs à ces loci (P.W. Lane et M.C. Green. 1960. *Journal of Heredity* 51 : 228-230). Le tableau ci-dessous donne les résultats de ces croisements.

Phénotype			Nombre
a	*Rg*	+	1
+	+	*mg*	1
a	+	+	15
+	*Rg*	*mg*	9
+	+	+	16
a	*Rg*	*mg*	36
a	+	*mg*	76
+	*Rg*	+	69
Total			213

a. Déterminez l'ordre des loci acajou, agouti, et ragged sur le chromosome, les distances cartographiques qui les séparent, et l'interférence et le coefficient de coïncidence dans ce groupe de gènes.
b. Dessinez les deux chromosomes chez les souris triples hétérozygotes utilisées dans le croisement test, en indiquant les allèles présents sur chacun des chromosomes.

***20.** Chez *Drosophila melanogaster*, un corps de couleur noire (*b*) est récessif par rapport au corps gris normal (b^+), des yeux pourpres (*pr*) sont récessifs par rapport à des yeux rouges (pr^+), et des ailes vestigiales (*vg*) sont récessives par rapport à des ailes normales (vg^+). Les loci des gènes codant ces traits sont liés, et les distances entre eux sont les suivantes :

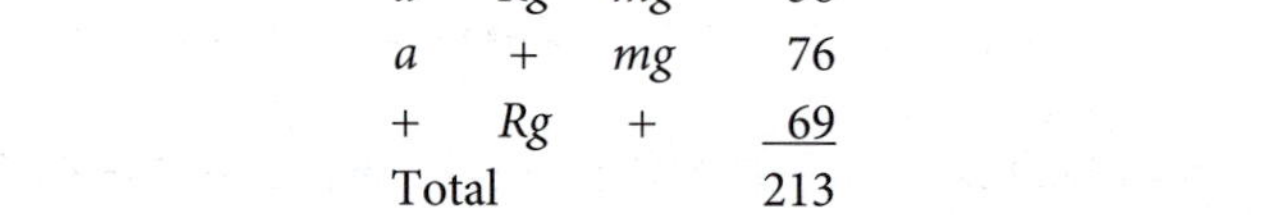

L'interférence dans ce groupe de gènes est 0,5. Une mouche au corps noir, aux yeux pourpres et aux ailes vestigiales est croisée avec une mouche homozygote pour la couleur grise du corps, des yeux rouges, et des ailes normales. La descendance femelle est ensuite croisée avec des mâles au corps noir, aux yeux pourpres et aux ailes vestigiales. Si ce croisement test produit 1000 descendants, quels seront les classes phénotypiques et leurs proportions ?

Question test

Section 5.3

21. La transferrine, une protéine du sang, est codée par les allèles présents au locus *Trf*. Chez la souris domestique, les deux allèles de ce locus (Trf^a et Trf^b) sont codominants et codent trois types de transferrine :

ANALYSE DE DONNÉES

Génotype	Phénotype
Trf^a/Trf^a	Trf-a
Trf^a/Trf^b	Trf-ab
Trf^b/Trf^b	Trf-b

Sur le même chromosome, le locus dilution détermine si la couleur du pelage est diluée ou intense ; l'allèle de dilution (*d*) est récessif par rapport à l'allèle déterminant une couleur intense (d^+) :

Génotype	Phénotype
d^+d^+	d⁺ (couleur intense)
d^+d	d⁺ (couleur intense)
$d\,d$	d (dilution)

Donald Shreffler a effectué des croisements pour déterminer la distance cartographique entre les deux loci (D.C. Shreffler, 1963. *Journal of Heredity* 54 :127-129). Le tableau qui suit présente une série de croisements et la descendance qu'ils ont produite.

a. Calculez la fréquence de recombinaison entre les loci *Trf* et *d* en vous servant des résultats rassemblés de tous les croisements.

b. Quels croisements reflètent-ils une recombinaison lors de la formation des gamètes mâles ? Des gamètes femelles ?

c. Sur la base de votre réponse à la partie **b**, calculez séparément la fréquence de recombinaison chez les parents mâles et chez les parents femelles.

d. Les taux de recombinaison sont-ils les mêmes chez les mâles et les femelles ? Si ce n'est pas le cas, quelle pourrait être la cause de la différence ?

Croisement	♂		♀	Phénotypes des descendants d⁺ Trf-ab	d⁺ Trf-b	d Trf-ab	d Trf-b	Total
1	$\frac{d^+\ Trf^a}{d\ \ Trf^b}$	×	$\frac{d\ \ Trf^b}{d\ \ Trf^b}$	32	3	6	21	62
2	$\frac{d\ \ Trf^b}{d\ \ Trf^b}$	×	$\frac{d\ \ Trf^a}{d\ \ Trf^b}$	16	0	2	20	38
3	$\frac{d^+\ Trf^a}{d\ \ Trf^b}$	×	$\frac{d\ \ Trf^b}{d\ \ Trf^b}$	35	9	4	30	78
4	$\frac{d\ \ Trf^b}{d\ \ Trf^b}$	×	$\frac{d^+\ Trf^a}{d\ \ Trf^b}$	21	3	2	19	45
5	$\frac{d^+\ Trf^b}{d\ \ Trf^a}$	×	$\frac{d\ \ Trf^b}{d\ \ Trf^b}$	8	29	22	5	64
6	$\frac{d\ \ Trf^b}{d\ \ Trf^b}$	×	$\frac{d^+\ Trf^b}{d\ \ Trf^a}$	4	14	11	0	29

6 Les systèmes génétiques bactériens et viraux

On peut dresser une carte des grandes migrations humaines du passé en étudiant la diversité génétique actuelle de la bactérie *Helicobacter pylori*, qui réside dans le tube digestif humain et provoque la plupart des ulcères peptiques. Cette bactérie a voyagé dans le monde entier dans le tube digestif des ses hôtes humains. *[© 2004 Gwendolyn Knight Lawrence/Artists Rights Society (ARS), New York/The Phillips Collection, Washington D.C.]*

Les migrants du tube digestif

Les ulcères peptiques sont des plaies de la muqueuse gastrique et du tractus intestinal supérieur, qui affectent de 5 à 10 % de la population de l'Amérique du Nord et de l'Europe occidentale, et qui, en cas de complication, provoquent des hémorragies sévères pouvant entraîner la mort. Pendant de nombreuses années, on a considéré le stress et une alimentation trop épicée comme les causes principales de l'ulcère gastro-duodénal, et le traitement consistait en un changement de régime alimentaire et de style de vie, accompagné de la prise de médicaments qui limitent la production d'acide par l'estomac. Bien que ces traitements aient souvent apporté un soulagement à court terme, les ulcères réapparaissaient chez de nombreux patients et constituaient un problème récurrent.

En 1982, les médecins Barry Marshall et Robin Warren firent une proposition assez révolutionnaire. Ils suggérèrent que la plupart des ulcères peptiques fussent en fait provoqués par une bactérie, *Helicobacter pylori* (**Figure 6.1**), capable de tolérer l'environnement acide de l'estomac. Le traitement des ulcères est désormais passé d'un simple changement de style de vie à la prise d'antibiotiques qui éliminent efficacement *H. pylori* et, dans la majorité des cas, guérissent la pathologie de façon permanente. Cette découverte a valu à Marshall et Warren l'attribution du Prix Nobel de Médecine ou Physiologie en 2005.

Il est intéressant de savoir que la moitié de la population mondiale est infectée par *H. pylori*, mais qu'une partie seulement des personnes infectées souffrent d'ulcères. Par conséquent, l'infection ne peut être seule responsable du développement d'ulcères, et d'autres facteurs, dont le stress, le régime alimentaire, des différences génétiques entre souches de *H. pylori*, et même des facteurs génétiques chez l'hôte, doivent contribuer de façon significative à l'apparition d'ulcères.

La plupart des gens sont infectés par *H. pylori* au stade de nourrisson ou de jeune enfant et ils restent infectés toute leur vie. La source de l'infection est généralement l'entourage familial. Une souche de *H. pylori* provenant d'une famille peut être distinguée d'une souche provenant d'une autre famille et, à la manière d'un patronyme, elle rend compte assez fidèlement des liens familiaux. Des généticiens utilisent cette particularité de *H. pylori* pour retracer l'histoire des grandes migrations des populations humaines.

En 2003, une équipe de généticiens dirigée par Mark Achtman à l'Institut Max Planck de Biologie des Maladies Infectieuses, à Berlin, a étudié les séquences ADN de huit gènes de bactéries *H. pylori* prélevées sur des individus de toutes les parties du monde. Ils ont observé que les séquences bactériennes se rangeaient dans quatre groupes principaux – deux groupes africains, un groupe est-asiatique, et un groupe européen – qui correspondaient bien aux populations humaines à partir desquelles les bactéries avaient été isolées. Une analyse plus approfondie a montré des liens entre des populations à l'intérieur des groupes, mais aussi entre populations de groupes différents. Par exemple, les bactéries prélevées sur les Maoris de Nouvelle-Zélande sont très proches de celles

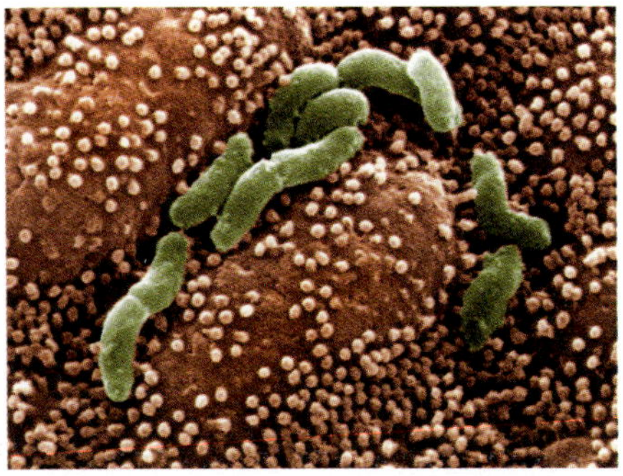

6.1 *Helicobacter pylori* est la bactérie responsable des ulcères peptiques. *[Veronika Burmeister/Visuals Unlimited.]*

récoltées en Polynésie, ce qui corrobore d'autres indications que les Maoris descendent d'insulaires du Pacifique Sud qui se sont installés en Nouvelle-Zélande il y a plusieurs milliers d'années. De façon analogue, les bactéries des Indiens d'Amérique se groupent avec les souches est-asiatiques, en accord avec l'origine asiatique des premiers Américains. Les gènes de *H. pylori* reflètent aussi des migrations humaines plus récentes : des souches africaines s'observent avec une fréquence élevée chez les Afro-américains de Louisiane et du Tennessee, et des souches européennes de la bactérie ont été trouvées chez des habitants de Singapour, d'Afrique du Sud et d'Amérique du Nord. Ces études montrent que *H. pylori* voyage dans le monde entier dans le tube digestif de ses hôtes humains et qu'elle peut contribuer à retracer les grandes migrations humaines du passé.

Signe d'une évolution continue, alors que des scientifiques viennent de reconnaître l'intérêt de *H. pylori* dans l'étude de l'histoire migratoire de l'humanité, la bactérie tend à disparaître du tractus digestif humain, particulièrement dans les pays développés. Dans les pays en cours de développement, de 70 à 100 % des enfants sont porteurs de *H. pylori*, mais aux États-Unis, par exemple, ils sont moins de 10 %. Le recours fréquent aux antibiotiques et de meilleures conditions d'hygiène sont parmi les causes vraisemblables de ce déclin, qui s'accompagne d'une diminution marquée de l'incidence des ulcères peptiques et des cancers gastriques (également associés à la présence de la bactérie) dans les pays développés.

Dans ce chapitre, nous nous intéresserons aux mécanismes par lesquels des bactéries comme *H. pylori* échangent et recombinent leurs gènes. Depuis les années 1940, les systèmes génétiques bactériens et viraux ont contribué à la découverte de nombreux concepts génétiques fondamentaux. À ses débuts, la génétique moléculaire s'est focalisée presqu'exclusivement sur l'étude des gènes des bactéries et de leurs virus. Aujourd'hui, les bactéries et les virus restent des outils essentiels pour analyser la structure et le fonctionnement des gènes d'organismes plus complexes, dans une large mesure parce qu'ils présentent plusieurs caractéristiques particulièrement appropriées à l'analyse génétique (**Tableau 6.1**).

Les bactéries et les virus sont aussi étudiés parce qu'ils jouent un rôle important dans l'activité humaine. L'exemple de *H. pylori* montre à quel point les bactéries font partie de l'écologie humaine. Leur étude est importante en médecine, puisqu'elles sont responsables de nombreuses maladies. De plus, des bactéries ont été domestiquées pour produire des substances importantes d'un point de vue économique et/ou thérapeutique. Dans ce chapitre, nous examinerons plusieurs propriétés spécifiques des systèmes génétiques bactériens et viraux, en particulier le transfert de gènes et la recombinaison, et nous verrons comment ces processus peuvent être utilisés pour cartographier les gènes des bactéries et des virus.

Tableau 6.1 Avantages des bactéries et des virus pour l'analyse génétique

1. Une reproduction rapide.
2. Une descendance abondante.
3. Un génome haploïde qui permet à toute mutation d'être exprimée directement.
4. Une reproduction asexuée qui simplifie l'isolement de souches génétiquement pures.
5. Un culture facile en laboratoire, ne nécessitant que peu d'espace.
6. Un petit génome.
7. L'existence de techniques faciles permettant d'isoler et de manipuler leurs gènes.
8. Leur importance en médecine.
9. La possibilité de les « domestiquer » par génie génétique pour produire des substances à valeur thérapeutique et/ou commerciale.

6.1 L'analyse génétique des bactéries nécessite des approches et des méthodes spécifiques

L'hérédité chez les bactéries est fondamentalement semblable à celle d'organismes plus complexes, mais la nature haploïde de leur génome et leur petite taille (qui rend difficile l'observation directe de leur phénotype) nécessitent une approche méthodologique particulière. Voyons d'abord comment on étudie les bactéries, avant d'examiner les processus par lesquels elles transfèrent des gènes.

Techniques de base pour l'étude des bactéries

Les microbiologistes ont étudié les besoins nutritionnels des bactéries et ils ont mis au point des milieux pour les cultiver en laboratoire. Les milieux de culture contiennent typiquement une source de carbone, des sources d'éléments essentiels tels l'azote et le phosphore, certaines vitamines, des ions et d'autres éléments nécessaires en très petites quantités. Les

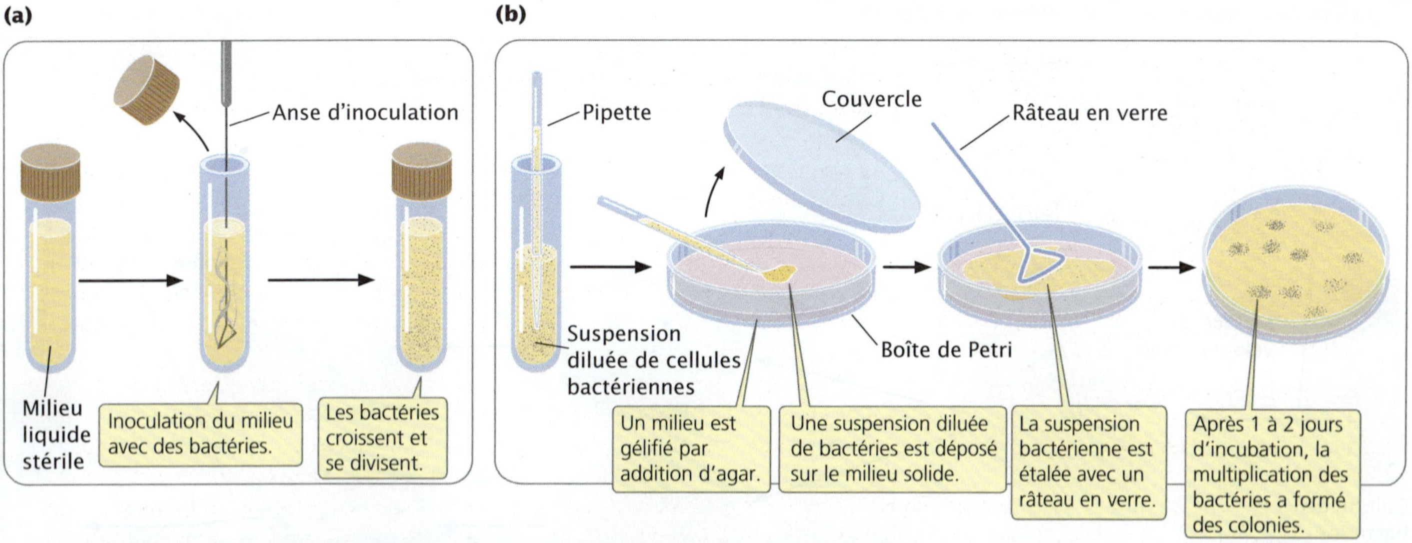

6.2 Les bactéries peuvent être cultivées (a) en milieu liquide ou (b) sur milieu solide.

bactéries de type sauvage (*prototrophes*) peuvent utiliser ces simples ingrédients pour synthétiser tous les composés nécessaires à leur croissance et à leur reproduction. Un milieu qui ne contient que les éléments nécessaires aux besoins des bactéries prototrophes est un **milieu minimum**. Des souches mutantes ont une déficience en une ou plusieurs enzymes nécessaires à la métabolisation des nutriments ou à la synthèse de molécules essentielles et elles ne peuvent croître que sur un milieu auquel sont ajoutés un ou plusieurs suppléments nutritifs ; on les appelle *auxotrophes*. Par exemple, une souche auxotrophe incapable de synthétiser l'acide aminé leucine ne poussera pas sur un milieu minimum, mais bien sur un milieu auquel de la leucine a été ajoutée. Un **milieu complet** contient toutes les substances, y compris les acides aminés, nécessaires à la croissance et à la reproduction des bactéries.

Les bactéries sont souvent cultivées dans des tubes à essai contenant un milieu liquide stérile (**Figure 6.2a**). Quelques bactéries sont ajoutées au milieu, et elles croissent et se divisent jusqu'à ce que les nutriments soient épuisés ou – plus communément – jusqu'à ce que la concentration de leurs déchets devienne toxique. Les bactéries peuvent aussi être cultivées sur des boîtes de Petri (**Figure 6.2b**). Une suspension d'agar dans le milieu de croissance est coulée dans la partie inférieure d'une boîte de Petri et, en se solidifiant, elle forme un gel sur lequel peuvent croître les bactéries. Par un procédé appelé étalement, une suspension diluée de bactéries est étalée à la surface du gel d'agar contenu dans une boîte de Petri. Les bactéries individuelles croissent et se divisent pour former des amas visibles de cellules génétiquement identiques (des **colonies**). Des lignées pures de bactéries peuvent être isolées en récoltant les bactéries d'une colonie isolée et en inoculant un nouveau tube de culture ou une nouvelle boîte de Petri. L'avantage de la culture sur boîte est qu'elle permet d'isoler et de compter les bactéries qui, à l'état de cellules individuelles, ne peuvent être vues sans l'aide d'un microscope.

Étant donné que les bactéries individuelles sont trop petites que pour être examinées directement, il est souvent plus facile d'étudier les phénotypes qui affectent l'apparence d'une colonie (**Figure 6.3**) ou qui peuvent être mis en évidence par des test chimiques simples. L'auxotrophie est un type de phénotype couramment étudié. Supposons que nous voulions détecter des mutants qui ne peuvent pas synthétiser la leucine (des mutants leu^-, auxotrophes pour la leucine). Nous étalons d'abord les bactéries sur une boîte de Petri contenant un milieu qui comprend de la leucine. Les prototrophes ayant l'allèle leu^+ et les auxotrophes porteurs d'allèles leu^- pousseront sur ce milieu (**Figure 6.4**). Ensuite, en utilisant une technique dite des *répliques sur boîtes*, nous transférons quelques cellules de chacune des colonies apparues sur la boîte originale sur deux boîtes de réplique : une boîte contient un milieu auquel de la leucine a été ajoutée, l'autre boîte contient un milieu sélectif, dans ce cas, un milieu sans leucine. Les bactéries leu^+ pousseront sur les deux milieux, mais les mutants leu^- ne croîtront que sur le milieu additionné de leucine puisqu'ils ne peuvent

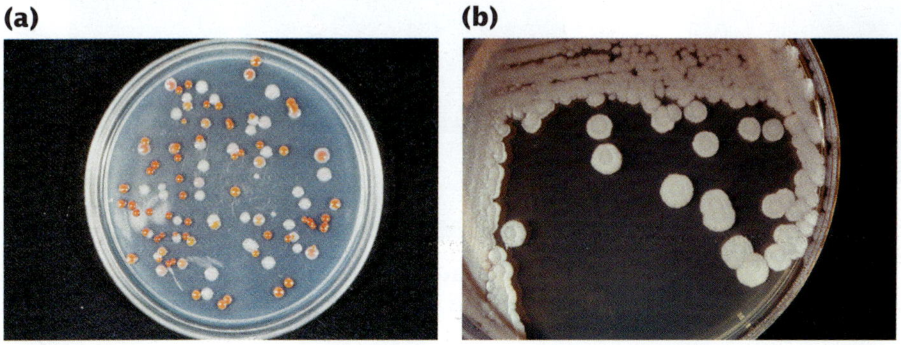

6.3 Les bactéries présentent une diversité de phénotypes. (a) *Serratia marcescens* différemment pigmentées. (b) *Bacillus cereus. [(a) :Dr. E. Bottone/ Peter Arnold. (b) : Biophoto Associates/ Photo Researchers.]*

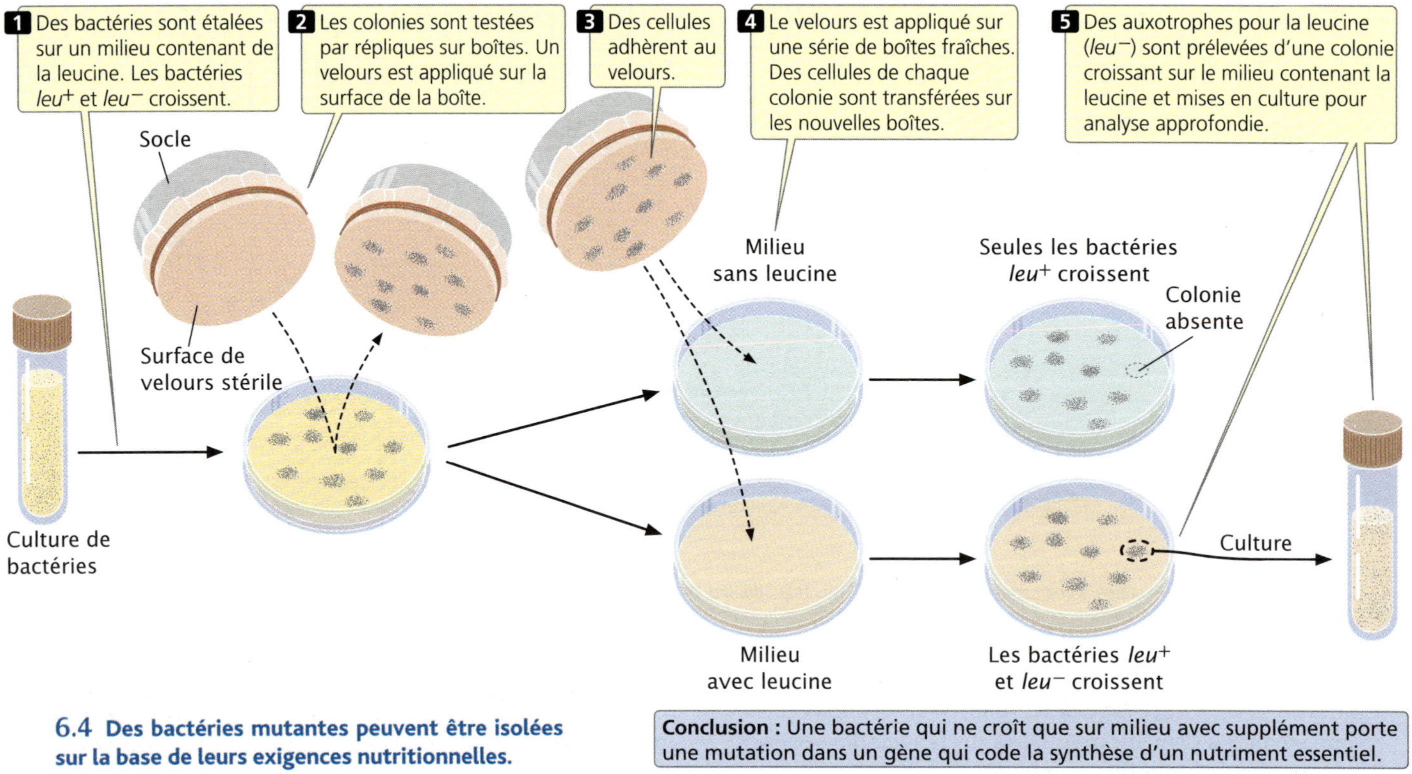

6.4 Des bactéries mutantes peuvent être isolées sur la base de leurs exigences nutritionnelles.

synthétiser eux-mêmes la leucine. Toute colonie qui pousse sur le milieu contenant la leucine, mais pas sur le milieu qui n'en contient pas est formée de bactéries *leu*$^-$. Les auxotrophes qui poussent sur le milieu additionné de leucine peuvent être mis en culture pour en poursuivre l'étude.

Le génome bactérien

Les bactéries sont des organismes unicellulaires dépourvus de membrane nucléaire. La plupart des génomes bactériens consistent en un chromosome circulaire comprenant une seule molécule d'ADN d'une longueur de plusieurs millions de paires de bases (pb) (**Figure 6.5**). Par exemple, le génome d'*Escherichia coli* comporte quelque 4,6 millions de paires de nucléotides (on utilise couramment le terme paires de bases). Toutefois, certaines bactéries (comme *Vibrio cholerae*, l'agent du choléra) contiennent plus d'un chromosome, et quelques unes ont même des chromosomes linéaires.

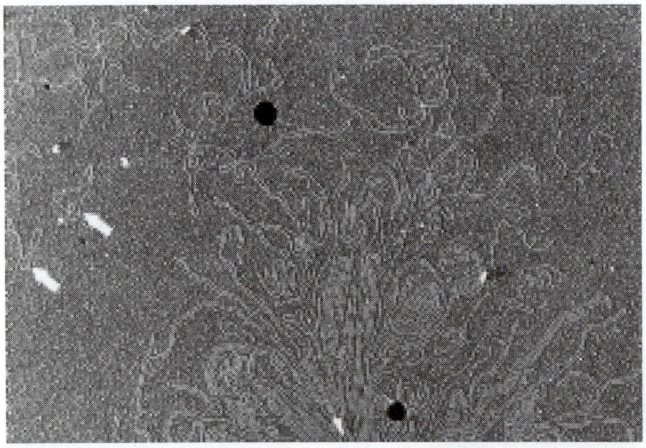

6.5 La majorité des bactéries ont un seul chromosome circulaire. On le voit ici émerger d'une cellule bactérienne lysée. *[David L. Nelson et Michael M. Cox,* Lehninger Principles of Biochemistry, *4th ed. (New York: Worth Publishers, 2004), source : Huntington Potter et David Dressler, Harvard Medical School, Department of Neurobiology.]*

Les plasmides

En plus de leur chromosome, de nombreuses bactéries contiennent des **plasmides** – de petites molécules circulaires d'ADN (**Figure 6.6**). Certains plasmides sont présents en de

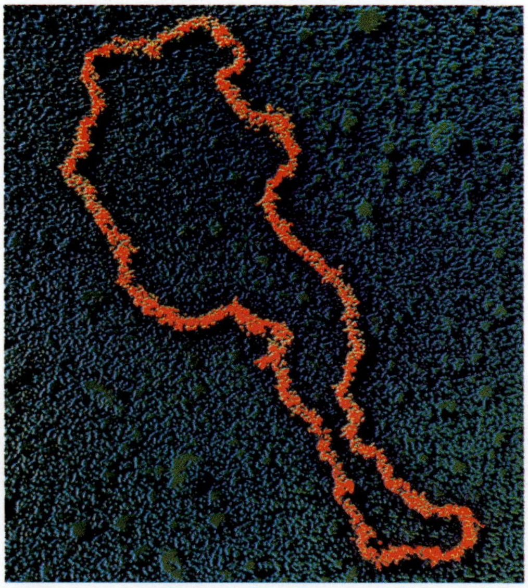

6.6 De nombreuses bactéries contiennent des plasmides, de petites molécules d'ADN circulaires. *[Dr. Stanley N. Cohen/Photo Researchers.]*

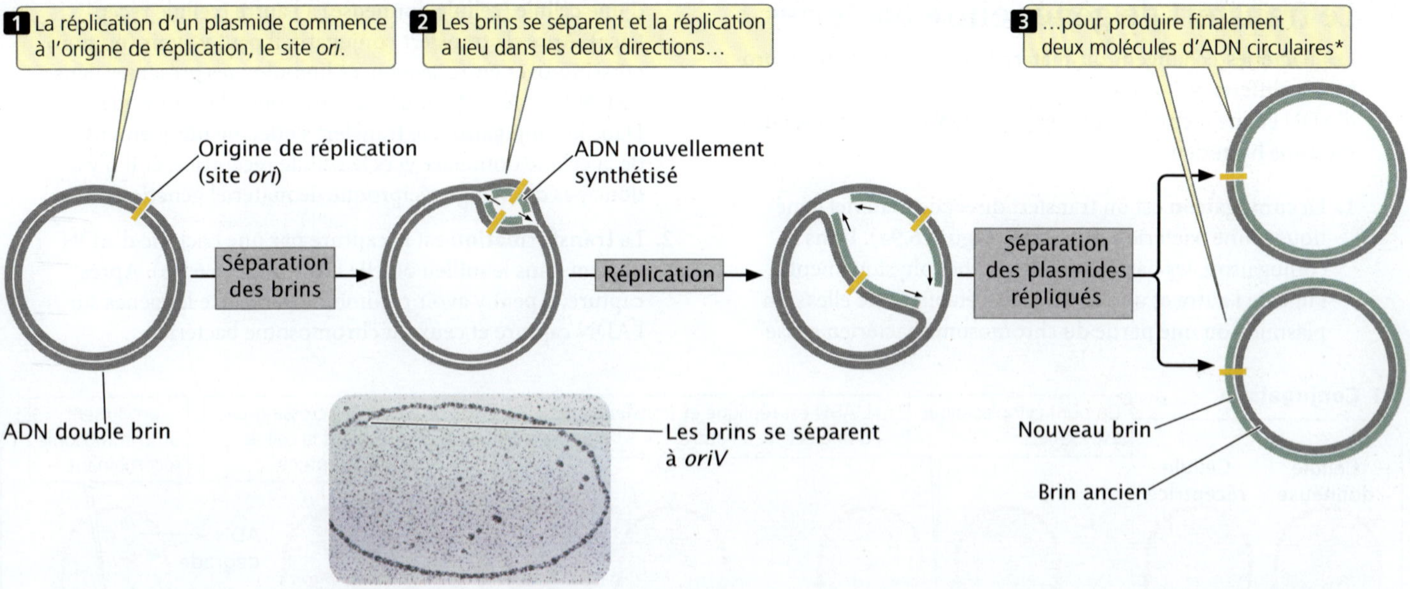

6.7 Un plasmide est répliqué indépendamment du chromosome. La réplication commence à l'origine de réplication (*ori*) et se poursuit autour du cercle. Dans ce schéma, la réplication est bidirectionnelle, mais la réplication de certains plasmides est unidirectionnelle. *(N.d.T. : La réplication d'un cercle montrée ici – réplication thêta, voir la Figure 9.4 – produit deux cercles enchaînés qui doivent être « décaténés » par l'action d'une enzyme topoisomérase – voir p. 206.)

nombreux exemplaires par cellule, tandis que d'autres ne sont présents qu'en un ou deux exemplaires. En général, les plasmides portent des gènes qui ne sont pas essentiels au fonctionnement de la bactérie mais qui peuvent jouer un rôle important dans le cycle vital et dans la croissance de leur hôte bactérien. Certains plasmides ont pour effet de promouvoir le croisement entre bactéries et quelques uns jouent un rôle dans la propagation de la résistance aux antibiotiques. D'autres produisent des composés toxiques pour d'autres bactéries. Les plasmides sont abondamment utilisés en génie génétique (voir le Chapitre 14).

La plupart des plasmides sont circulaires, avec une taille de plusieurs milliers de paires de bases, mais il existe aussi des plasmides contenant plusieurs centaines de milliers de paires de bases. Un plasmide possède sa propre origine de réplication et peut se répliquer indépendamment du chromosome de la bactérie. La réplication s'effectue à partir de l'origine, dans une ou deux directions, jusqu'à ce que tout le plasmide soit copié. Dans la **Figure 6.7**, l'origine de réplication est indiquée par *ori*. Quelques plasmides ont plusieurs origines de réplication.

Les **épisomes** sont des plasmides qui peuvent se répliquer à l'état autonome mais qui peuvent aussi s'intégrer spontanément dans le chromosome bactérien. Le **facteur F** (facteur de fertilité) d'*E. coli* (**Figure 6.8**) est un épisome qui contrôle le croisement et le transfert de gènes entre cellules d'*E. coli*, comme nous l'expliquerons plus loin.

Concepts clé

Les bactéries peuvent être cultivées en laboratoire en utilisant des milieux liquides ou solides de composition définie. Un génome bactérien typique consiste en un seul chromosome circulaire qui contient plusieurs milliers de paires de bases. Certains gènes bactériens peuvent se trouver sur des plasmides, de petites molécules d'ADN circulaires qui se répliquent indépendamment du chromosome bactérien.

✔ Test de compréhension 1

Laquelle des affirmations suivantes se rapportant aux plasmides est-elle correcte ?

a. Ils sont composés d'ARN.
b. Ils se trouvent normalement à l'extérieur des cellules bactériennes.
c. Ils sont formés d'un seul brin d'ADN.
d. Ils se répliquent indépendamment du chromosome bactérien.

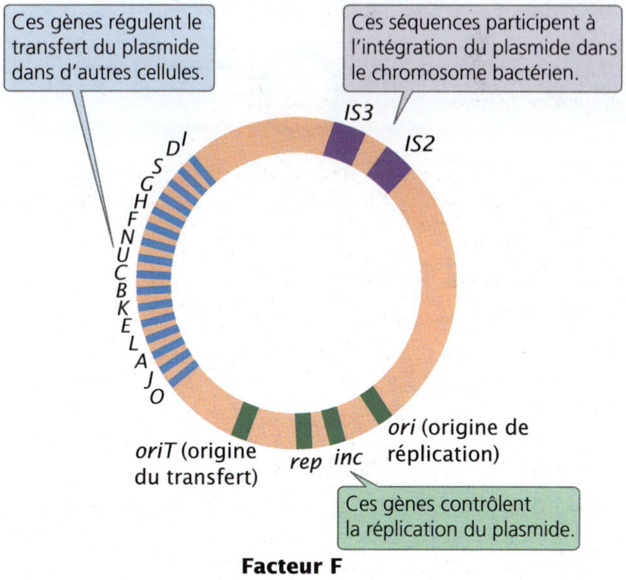

6.8 Le facteur F, un épisome d'*E. coli*, porte une série de gènes qui contrôlent sa réplication, son transfert dans une cellule bactérienne, et son insertion dans le chromosome bactérien. La réplication est initiée à *oriV* (réplication végétative) ou à *oriT* (réplication conjugative). Les séquences d'insertion *IS3* et *IS2* sont impliquées dans l'intégration de F dans le chromosome ainsi que dans son excision.

Le transfert de gènes entre bactéries

Les bactéries échangent du matériel génétique par trois processus différents qui impliquent tous une forme de transfert d'ADN et une recombinaison entre l'ADN transféré et le chromosome bactérien.

1. La **conjugaison** est un transfert direct de matériel génétique d'une bactérie à une autre (**Figure 6.9a**). Dans la conjugaison, les bactéries sont proches physiquement l'une de l'autre et une connexion s'établit entre elles. Un plasmide ou une partie du chromosome bactérien passe d'une cellule (cellule donneuse) à l'autre (cellule réceptrice). Après le transfert conjugatif, il peut y avoir (ou non) crossing-over entre séquences homologues présentes dans l'ADN transféré et dans le chromosome de la réceptrice. Dans la conjugaison, le transfert s'effectue uniquement de la cellule donneuse vers la cellule réceptrice, et il n'y a donc pas d'échange réciproque de matériel génétique.
2. La **transformation** est la capture par une bactérie d'ADN présent dans le milieu où elle croît (**Figure 6.9b**). Après capture, il peut y avoir recombinaison entre les gènes sur l'ADN capturé et ceux du chromosome bactérien.

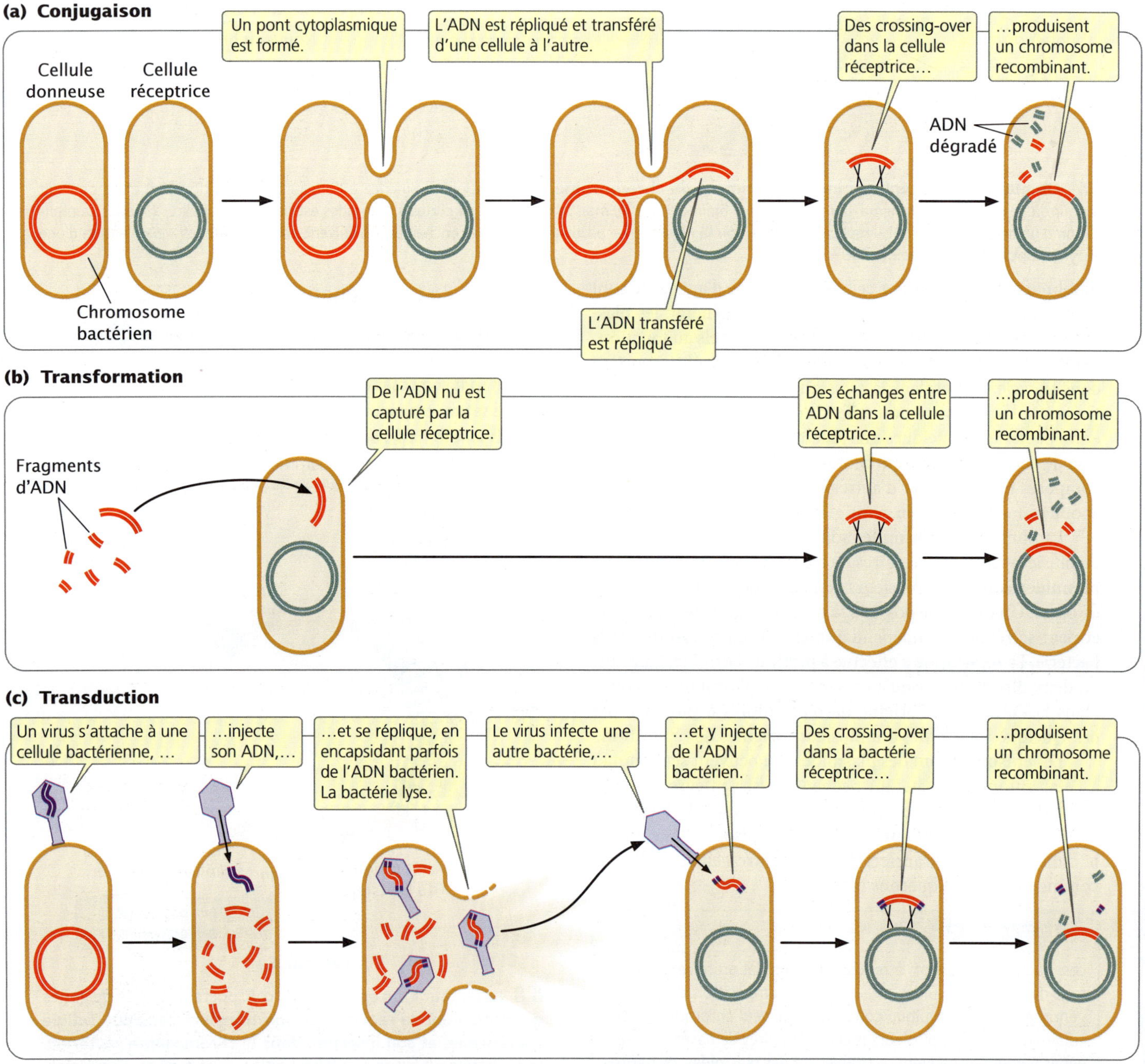

6.9 La conjugaison, la transformation et la transduction sont trois processus par lesquels des gènes sont transférés entre bactéries. Pour que l'ADN transféré par ces trois processus soit hérité de façon stable, il doit être intégré dans le chromosome de la bactérie réceptrice par recombinaison.

3. La **transduction** se produit quand des virus de bactéries (des bactériophages) transportent de l'ADN d'une bactérie à une autre (**Figure 6.9c**). L'ADN nouvellement introduit peut se recombiner avec le chromosome bactérien.

Les trois types de transfert génétique ne se rencontrent pas chez toutes les espèces bactériennes. La conjugaison est plus fréquente chez certaines espèces que chez d'autres. La transformation se produit naturellement, mais de façon limitée, chez de nombreuses espèces ; il existe toutefois des méthodes de laboratoire pour augmenter la capture d'ADN. La plupart des bactériophages ont un spectre d'hôtes limité, et la transduction ne s'effectue normalement qu'entre bactéries de la même espèce ou d'espèces très proches.

Ces processus d'échange génétique chez les bactéries diffèrent fondamentalement de la reproduction sexuée chez les eucaryotes diploïdes sous deux aspects. Premièrement, l'échange de matériel génétique n'est pas couplé à la reproduction cellulaire chez les bactéries. En second lieu, le matériel génétique transféré qui n'est pas recombiné dans l'ADN de la bactérie réceptrice est généralement dégradé, de sorte que la réceptrice reste haploïde. Chaque type de transfert génétique peut être utilisé pour cartographier des gènes, comme nous allons le voir dans les sections suivantes.

Concepts clés

De l'ADN peut être transféré entre cellules bactériennes par conjugaison, transformation ou transduction. Chaque type de transfert génétique s'effectue de manière unidirectionnelle vers une cellule réceptrice et peut parfois être suivi de recombinaison. Ces processus ne sont pas liés à la reproduction cellulaire des bactéries.

✔ Test de compréhension 2

Quel est le processus de transfert génétique chez les bactéries qui nécessite l'intervention d'un virus ?

a. La conjugaison
b. La transduction
c. La transformation
d. Les trois précités

La conjugaison

En 1946, Joshua Lederberg et Edward Tatum ont montré que les bactéries pouvaient transférer et recombiner de l'information génétique, ouvrant la voie à l'utilisation des bactéries pour l'analyse génétique. Pour leur recherche, Lederberg et Tatum utilisaient des souches auxotrophes d'*Escherichia coli*. La souche Y10 avait besoin des acides aminés thréonine et leucine et de la vitamine thiamine pour sa croissance, mais elle n'avait pas besoin de la vitamine biotine ni des acides aminés phénylalanine et cystéine. Le génotype de cette souche peut s'écrire thr^- leu^- thi^- bio^+ phe^+ cys^+. La souche Y24 exigeait la présence de biotine, de phénylalanine et de cystéine dans son milieu de croissance, mais pas de thréonine, de leucine ni de thiamine. Son génotype était thr^+ leu^+ thi^+ bio^- phe^- cys^-. Dans une de leurs expériences, Lederberg et Tatum mélangèrent les bactéries Y10 et Y24 et les étalèrent sur du milieu minimum (**Figure 6.10**). Chaque souche fut aussi étalée séparément sur du milieu minimum.

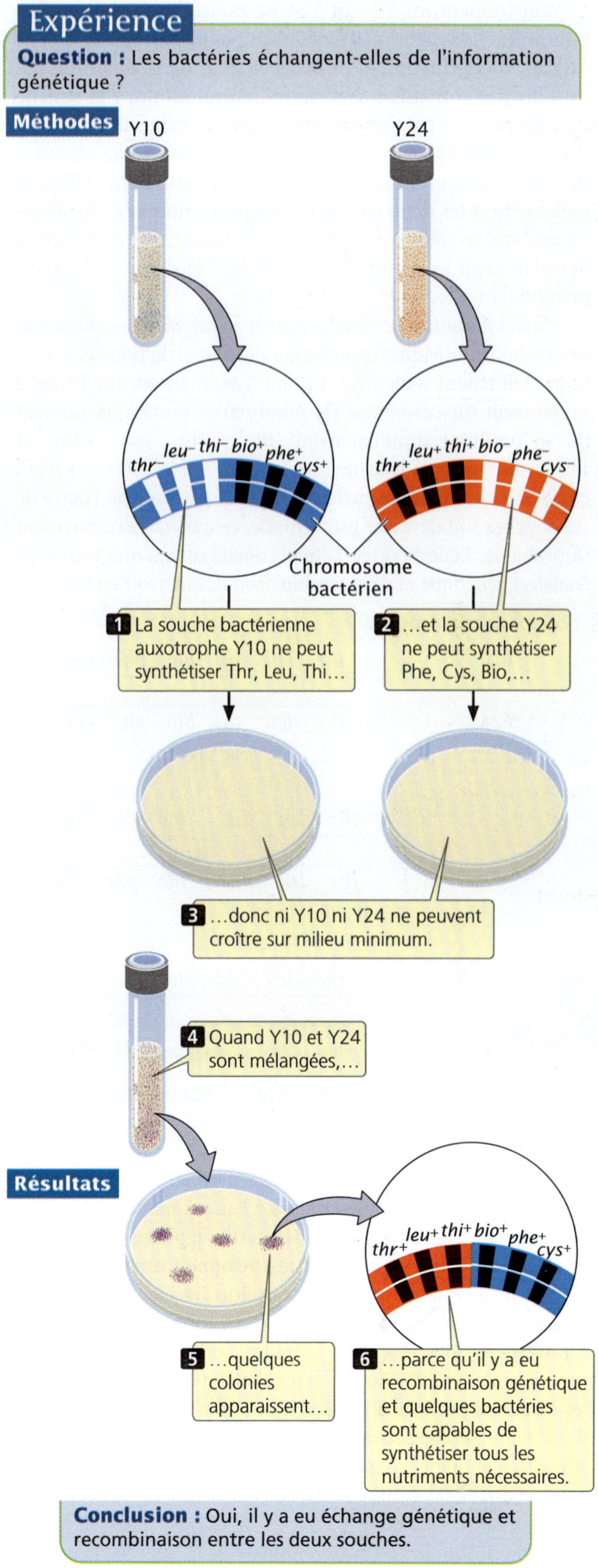

6.10 L'expérience de Lederberg et Tatum a montré que des bactéries échangent du matériel génétique.

Séparément, ni Y10 ni Y24 ne poussaient sur le milieu minimum. La souche Y10 ne pouvait pas pousser parce qu'elle exigeait de la thréonine, de la leucine, et de la thiamine qui ne sont pas contenues dans le milieu minimum ; la souche Y24 ne pouvait pas pousser parce qu'elle exigeait de la biotine, de la phénylalanine et de la cystéine, également absentes du milieu minimum. Cependant, quand Lederberg et Tatum mélangèrent les deux souches, quelques colonies se développèrent sur le milieu minimum. Ces bactéries prototrophes devaient avoir le génotype thr^+ leu^+ thi^+ bio^+ phe^+ cys^+. D'où provenaient-elles ?

Si des mutations nouvelles étaient à l'origine des colonies de prototrophes, quelques colonies auraient aussi dû pousser sur les boîtes contenant seulement Y10 ou Y24, mais aucune bactérie ne poussait sur ces boîtes. De nombreuses mutations auraient dû se produire simultanément ($thr^- \rightarrow thr^+$, $leu^- \rightarrow leu^+$ et $thi^- \rightarrow thi^+$ dans la souche Y10, ou $bio^- \rightarrow bio^+$, $phe^- \rightarrow phe^+$, et $cys^- \rightarrow cys^+$ dans la souche Y24) pour que l'une ou l'autre de ces souches soit devenue prototrophe, ce qui était extrêmement improbable. Lederberg et Tatum conclurent qu'une forme de transfert génétique et de recombinaison devait avoir eu lieu :

Souches auxotrophes

Y10 thr^- leu^- thi^- bio^+ phe^+ cys^+

Y24 thr^+ leu^+ thi^+ bio^- phe^- cys^-

↓

thr^- leu^- thi^- bio^+ phe^+ cys^+

thr^+ leu^+ thi^+ bio^- phe^- cys^-

↓

thr^- leu^- thi^- bio^- phe^- cys^-

Souche prototrophe thr^+ leu^+ thi^+ bio^+ phe^+ cys^+

Mais ils ne savaient pas *comment* cela s'était produit.

Pour essayer de comprendre, Bernard Davis construisit un tube en U (**Figure 6.11**) divisé en deux compartiments par un filtre aux pores très fins. Ce filtre permettait le passage de milieu liquide d'un compartiment à l'autre, mais les pores du filtre étaient trop étroits pour permettre le passage des bactéries. Deux souches de bactéries auxotrophes furent placées de part et d'autre du filtre, et une succion fut exercée de façon intermittente à une des extrémités du tube, provoquant un mouvement de va-et-vient du milieu entre les deux compartiments. Malgré des heures d'incubation dans le tube en U, les bactéries étalées sur milieu minimum ne poussaient pas ; il n'y avait pas eu d'échange génétique entre les deux souches. Il était clair que l'échange de gènes bactériens nécessitait un contact direct, ou conjugaison, entre les cellules bactériennes.

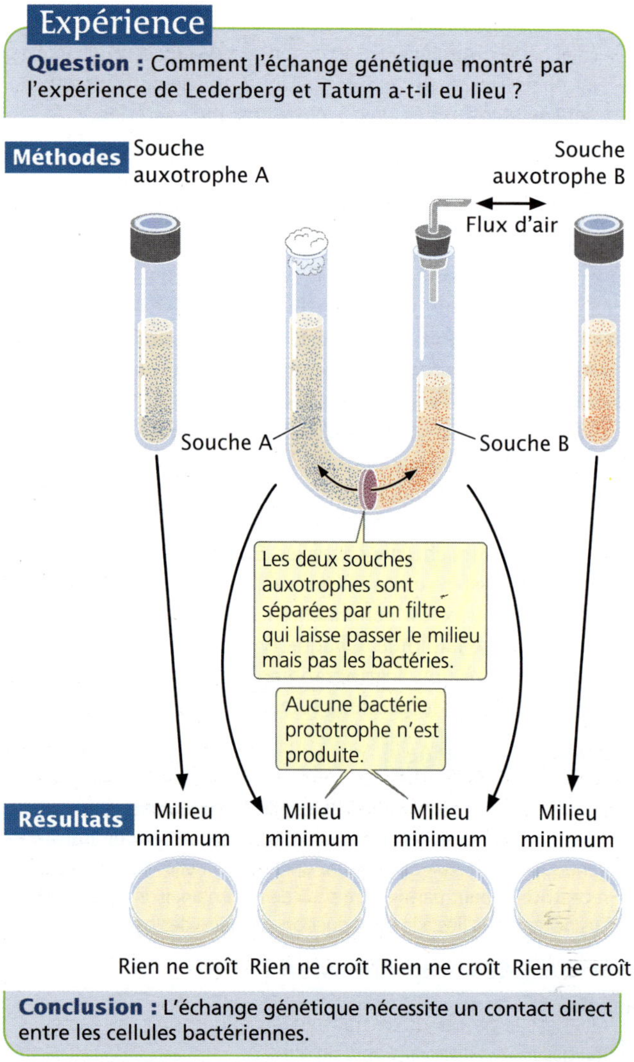

6.11 L'expérience du tube en U de Davis.

Cellules F^+ et F^- Chez la plupart des bactéries, la conjugaison dépend d'un facteur de fertilité (F) présent dans la cellule donneuse, mais absent de la cellule réceptrice. Les cellules qui contiennent le facteur F sont désignées F^+ et celles qui ne le contiennent pas, F^-.

Le facteur F contient une origine de réplication et une série de gènes nécessaires à la conjugaison (voir la Figure 6.8). Par exemple, certains de ces gènes codent la formation de **pili sexuels** (pilus au singulier), des structures filamenteuses qui s'étendent depuis la membrane cellulaire. Une cellule F^+ produit des pili sexuels dont un s'arrime à un récepteur présent à la surface d'une cellule F^- (**Figure 6.12**) et, en se dépolymérisant, tire les deux cellules l'une vers l'autre. De l'ADN est ensuite transféré de la cellule F^+ vers la cellule F^-. La conjugaison ne peut avoir lieu qu'entre une cellule qui possède un facteur F et une cellule qui en est dépourvue.

Dans la plupart des cas, les seuls gènes transférés par conjugaison entre la cellule F^+ et la cellule F^- sont les gènes du facteur F (**Figure 6.13a** et **b**). Le transfert est initié quand un des brins d'ADN du facteur F est incisé à un site d'origine (*oriT*). Une des extrémités de l'ADN incisé se détache du cercle et passe dans la cellule réceptrice (**Figure 6.13c**). Un

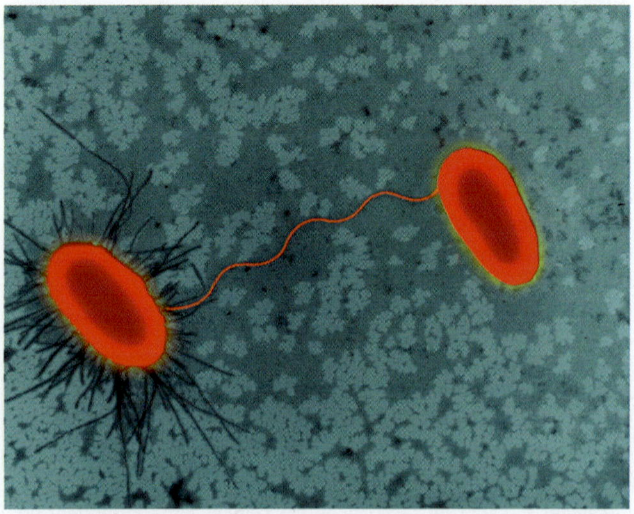

6.12 **Un pilus sexuel arrime les cellules F^+ et F^- l'une à l'autre pendant la conjugaison bactérienne.** *[Dr. Dennis Kunkel/Phototake.]*

cycle de réplication du brin coupé s'effectue sur le pourtour du plasmide circulaire dans la cellule F^+ et remplace le brin transféré (**Figure 6.13d**). Le plasmide dans la cellule F^+ est toujours incisé au site *oriT* (origine de transfert) qui entre toujours en premier dans la cellule réceptrice, suivi du reste du brin incisé. Donc, le transfert s'effectue dans une direction définie. Dans la cellule réceptrice, l'ADN simple brin transféré est répliqué, produisant une copie circulaire double brin du plasmide F (**Figure 6.13e**). Si le facteur F tout entier est transféré dans la cellule réceptrice, cette cellule F^- devient une cellule F^+.

Cellules Hfr Le transfert conjugatif du plasmide F de cellules F^+ vers des cellules F^- ne peut expliquer le transfert de gènes chromosomiques observé par Lederberg et Tatum. Dans des souches appelées Hfr (pour « High Frequency of Recombination »), le facteur F est intégré dans le chromosome bactérien (**Figure 6.14**). Les cellules Hfr se comportent comme des F^+, elles forment des pili sexuels et conjuguent avec des cellules F^-.

Dans la conjugaison entre cellules Hfr et F^- (**Figure 6.15a**), le facteur F intégré est incisé, et l'extrémité du brin incisé pénètre dans la cellule F^- (**Figure 6.15b**), exactement comme dans la conjugaison entre cellules F^+ et F^-. Mais, comme le facteur F est intégré dans le chromosome de la bactérie, le chromosome suit le facteur F dans la cellule réceptrice. La quantité de chromosome bactérien transférée dépend de la durée du contact conjugatif entre les deux cellules.

Dans la cellule réceptrice, le brin d'ADN du donneur est répliqué (**Figure 6.15c**), et il peut y avoir crossing-over entre cet ADN et le chromosome de la cellule F^- (**Figure 6.15d**). Ce transfert de gènes chromosomiques entre les cellules Hfr et F^- explique la formation des cellules recombinantes prototrophes observées par Lederberg et Tatum. Après le crossing-over dans la cellule réceptrice, la partie de chromosome transférée est dégradée, mais le chromosome recombinant de la réceptrice sera répliqué (**Figure 6.15e**) et transmis aux générations suivantes de cellules bactériennes produites par fission binaire (la division cellulaire bactérienne).

Dans un croisement Hfr × F^-, la cellule F^- ne devient pratiquement jamais F^+ ou Hfr, parce que, quand le transfert de brin est initié, le facteur F est incisé en son milieu, plaçant une moitié de l'ADN du facteur en tête du brin qui va être transféré, et l'autre moitié à la fin. Pour devenir F^+ ou Hfr, la cellule réceptrice doit recevoir le facteur F tout entier, donc, dans le cas d'un Hfr, l'entièreté du chromosome bactérien. Cela se produit très rarement, parce que la plupart des cellules qui conjuguent sont séparées avant que le chromosome entier ait été transféré.

La fréquence d'intégration du facteur F dans le chromosome, qui fait d'une cellule F^+ une Hfr, est d'environ 1/10 000,

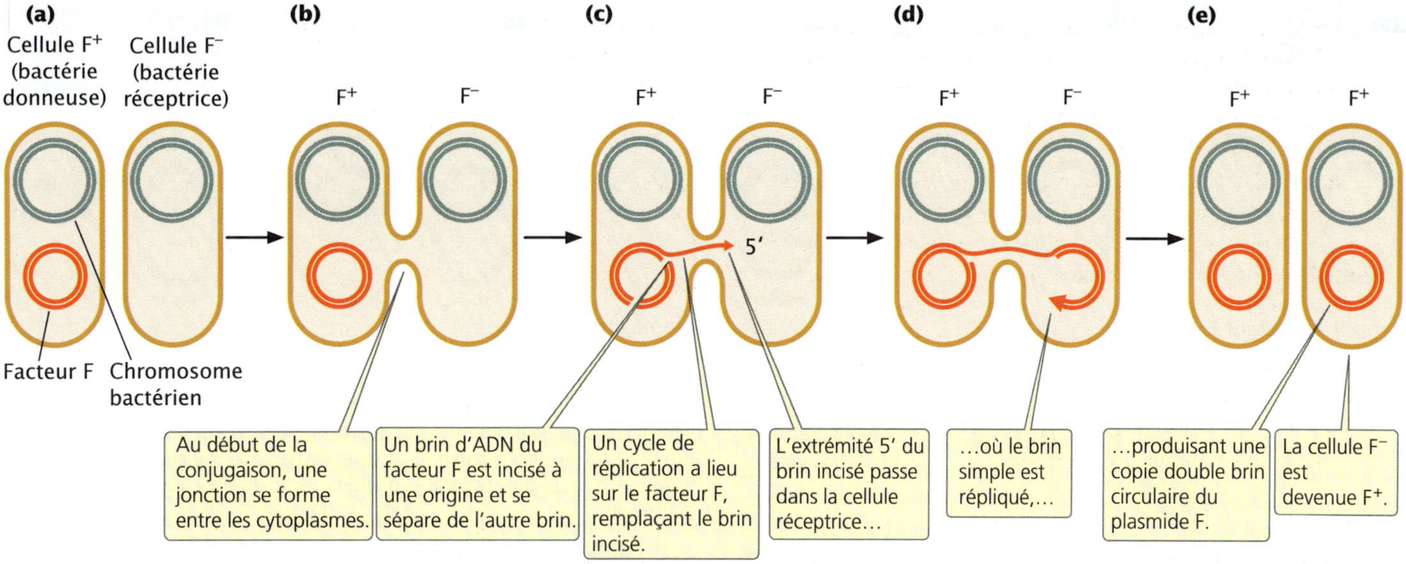

6.13 **Transfert du facteur F par conjugaison entre une cellule F^+ et une cellule F^-.**

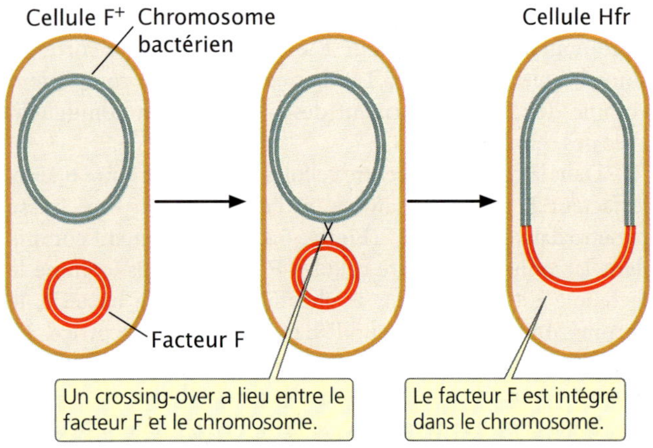

6.14 L'intégration du facteur F dans le chromosome d'une cellule F^+ produit une cellule Hfr.

ce qui explique le faible taux de recombinaison observé par Lederberg et Tatum avec leurs cellules F^+. Le facteur F s'excise spontanément du chromosome bactérien avec une fréquence similaire et quelques cellules Hfr redeviennent F^+.

Les cellules F′ Quand un facteur F s'excise du chromosome bactérien, il arrive qu'il emporte un petit morceau du chromosome bactérien et des gènes chromosomiques seront alors portés par le plasmide F (**Figure 6.16**). Les cellules contenant un plasmide F porteur de quelques gènes bactériens sont appelées F prime (F′). Par exemple, si un facteur F est intégré dans le chromosome près des gènes *lac* (les gènes qui permettent à une cellule de métaboliser le sucre lactose), le facteur F peut emmener des gènes *lac* quand il s'excise, devenant F′*lac*. Les cellules F′ peuvent conjuguer avec des cellules F^- puisqu'elles contiennent toute l'information du plasmide F nécessaire à la conjugaison et au transfert de gènes. Les caractéristiques de différents types conjugants d'*E. coli* (des cellules contenant différents types de F) sont résumées dans le **Tableau 6.2**.

Dans une conjugaison entre une cellule F′*lac* et une cellule F^-, le plasmide F est transféré dans la cellule F^- avec tous ses gènes, y compris ceux provenant du chromosome bactérien. Ce processus de transfert de gènes bactériens est appelé *sexduction*. Il produit des diploïdes partiels ou *mérozygotes*, qui sont des cellules contenant deux copies de certains gènes, une sur le chromosome bactérien et une autre sur le plasmide F transféré. Les résultats de la conjugaison entre différents types conjugants d'*E. coli* sont résumés dans le **Tableau 6.3**.

Concepts clés

La conjugaison chez *E. coli* est contrôlée par un épisome appelé facteur F. Les cellules contenant F (cellules F^+) sont les cellules donneuses du transfert de gène ; les cellules ne contenant pas F (cellules F^-) sont les réceptrices. Les cellules Hfr contiennent un F intégré dans le chromosome bactérien ; elles transfèrent des gènes chromosomiques aux cellules F^- avec une fréquence élevée. Les cellules F′ contiennent un facteur F porteur de certains gènes du chromosome bactérien.

✔ Test de compréhension 3

La conjugaison entre une cellule F^+ et une cellule F^- produit généralement

a. deux cellules F^+.
b. deux cellules F^-.
c. une cellule F^+ et une cellule F^-.
d. une cellule Hfr et une cellule F^+.

Cartographie de gènes bactériens par transfert interrompu Le transfert d'ADN dans un croisement entre cellules Hfr et F^- permet de cartographier les gènes bactériens. Le transfert du chromosome d'*E. coli* tout entier prend environ 100 minutes. Si la conjugaison est interrompue (spontanément ou par l'intervention d'un expérimentateur) avant

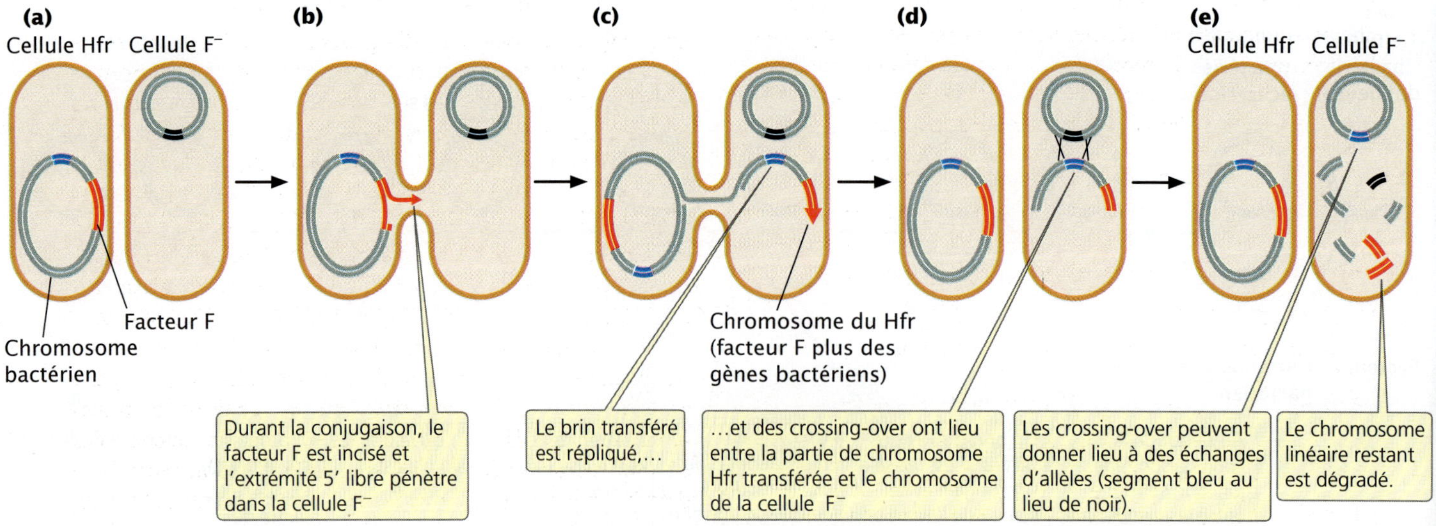

6.15 Des gènes bactériens sont transférés d'une cellule Hfr dans une cellule F^- par conjugaison. Dans une cellule Hfr, le facteur F a été intégré dans le chromosome bactérien.

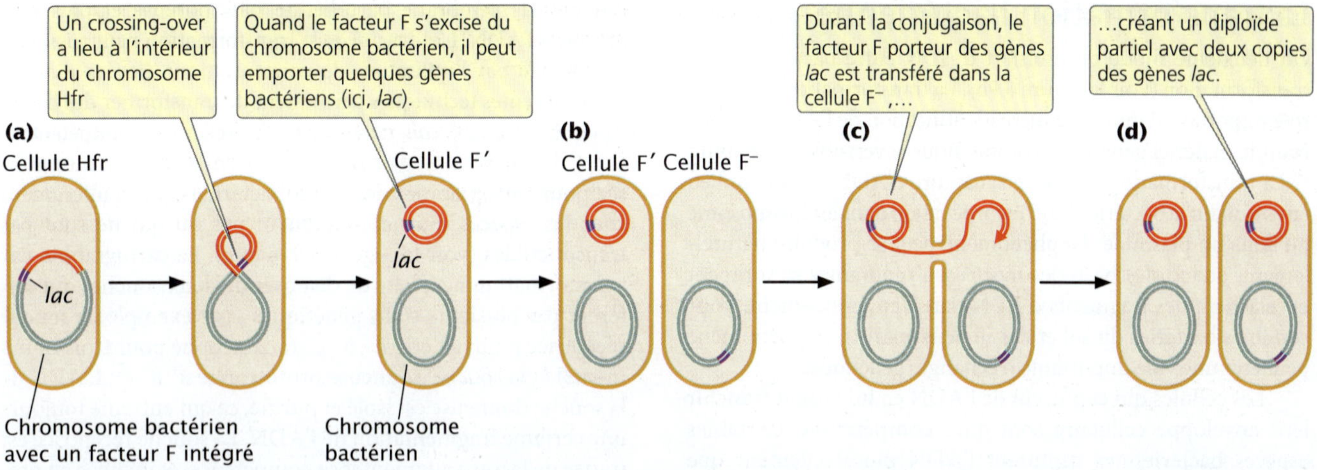

6.16 Une cellule Hfr peut être convertie en cellule F′ quand le facteur F s'excise du chromosome de la bactérie en emportant des gènes bactériens. La conjugaison d'une F′ et d'une F^- produit un diploïde partiel.

Tableau 6.2 Propriétés de cellules d'*E. coli* contenant différents types de facteurs F

Type	Statut du facteur F	Rôle dans la conjugaison
F^+	Présent sous forme d'ADN circulaire séparé	Donneur
F^-	Absent	Récepteur
Hfr	Présent, intégré dans le chromosome bactérien	Donneur à haute fréquence
F′	Présent sous forme d'ADN circulaire séparé contenant certains gènes du chromosome bactérien	Donneur

que 100 minutes se soient écoulées, une partie seulement du chromosome aura été transférée et aura pu recombiner avec le chromosome de la réceptrice. Le transfert du chromosome commence toujours par *oriT* sur le facteur F intégré et se poursuit unidirectionnellement, de sorte que les gènes sont transférés selon leur ordre sur le chromosome. Le temps écoulé avant que des gènes particuliers soient transférés (N.d.T. : et recombinés) indique leurs positions relatives sur le chromosome. Dans la plupart des cartes génétiques, les distances sont exprimées en pourcentages de recombinaison, mais dans les cartes bactériennes construites sur la base de transferts conjugatifs interrompus, l'unité de distance est la minute.

Tableau 6.3 Résultats de conjugaisons entre cellules contenant différents facteurs F

Conjugaison	Types cellulaires présents après conjugaison
$F^+ \times F^-$	Deux cellules F^+ (la cellule F^- devient F^+)
Hfr × F^-	Une cellule Hfr et une cellule F^- (pas de changement)*
$F' \times F^-$	Deux cellules F′ (la cellule F^- devient F′)

* Il est très rare qu'une cellule F^- devienne F^+ dans un croisement Hfr × F^-, parce qu'il faudrait que le chromosome Hfr soit transféré intégralement.

Concepts clés

La conjugaison peut servir à cartographier des gènes bactériens en mélangeant des cellules Hfr et F^- de génotypes différents et en interrompant la conjugaison à intervalles réguliers. Le temps nécessaire à des gènes particuliers pour être transférés des Hfr aux F^- indique les positions relatives de ces gènes sur le chromosome bactérien.

Transfert naturel de gènes et résistance aux antibiotiques

De nombreuses bactéries pathogènes ont développé une résistance aux antibiotiques, particulièrement dans des environnements où des antibiotiques sont utilisés en routine, comme les hôpitaux et les piscicultures. (Des quantités massives d'antibiotiques sont souvent utilisées en aquaculture pour prévenir le développement d'infections chez les poissons et favoriser leur croissance.) La présence continue d'antibiotiques dans ces environnements crée des conditions favorables à la sélection de bactéries résistantes, ce qui réduit l'efficacité de traitements aux antibiotiques d'infections potentiellement dangereuses.

La résistance aux antibiotiques chez les bactéries résulte fréquemment de l'expression de gènes localisés sur des *plasmides R*, de petits plasmides circulaires qui peuvent être transférés par conjugaison. Les plasmides R ont évolué au cours des 60 années écoulées (depuis le début de l'utilisation généralisée d'antibiotiques), et certains d'entre eux transmettent la résistance simultanée à plusieurs antibiotiques. Certains des gènes de résistance trouvés sur les plasmides R pourraient provenir des microbes producteurs d'antibiotiques eux-mêmes.

La transformation bactérienne

Un deuxième mode de transfert d'ADN entre bactéries est la transformation (voir la Figure 6.9b). La transformation a joué un rôle important dans la première identification de l'ADN comme étant le matériel génétique, comme nous le verrons au Chapitre 8. La transformation nécessite la capture d'ADN dans le milieu environnant la bactérie et son incorporation dans le chromosome ou dans un plasmide. Le phénomène peut se produire naturellement, quand des bactéries mortes ou mourantes se rompent et relâchent des fragments d'ADN dans l'environnement. Pour certaines bactéries du sol et des milieux marins, ce phénomène peut être une voie importante d'échanges génétiques.

Les cellules qui capturent de l'ADN en lui faisant franchir leur enveloppe cellulaire sont dites **compétentes**. Certaines espèces bactériennes capturent l'ADN plus facilement que d'autres ; la compétence est influencée par le taux de croissance, la concentration d'ADN capturable, et des facteurs de stress environnementaux. L'ADN capturé par une cellule compétente ne doit pas nécessairement être d'origine bactérienne : pratiquement n'importe quel type d'ADN peut être capturé par des cellules compétentes dans des conditions appropriées. (N.d.T. : Par contre, le *destin* de l'ADN capturé dépend très fort de son origine, si on sait que l'ADN qui n'est pas intégré par recombinaison homologue dans le chromosome ou dans un plasmide (voir le paragraphe qui suit), donc associé à une origine de réplication (voir le Chapitre 9), sera dilué ou dégradé à plus ou moins court terme.)

Quand un fragment d'ADN entre dans la cellule par le processus de transformation (**Figure 6.17**), un des brins est hydrolysé tandis que l'autre brin franchit la membrane et peut alors s'apparier avec une région homologue et être intégré dans le chromosome bactérien par recombinaison. Cette intégration déplace le brin correspondant dans le chromosome de la cellule réceptrice, brin qui est ensuite dégradé par des enzymes de la bactérie.

Les généticiens ont mis au point des techniques pour augmenter la fréquence de transformation en laboratoire et introduire des fragments d'ADN spécifiques dans les cellules. Ils ont développé des souches de bactéries plus compétentes que les souches de type sauvage. Un traitement au chlorure de calcium, l'application d'un choc thermique ou d'un champ électrique rendent la membrane bactérienne plus poreuse et plus perméable à l'ADN. L'efficacité de la transformation peut aussi être augmentée par l'utilisation de concentrations élevées d'ADN. Ces différentes techniques permettent de transformer des bactéries qui, comme *E. coli*, ne sont pas naturellement compétentes.

Comme la conjugaison, la transformation peut être utilisée pour cartographier des gènes bactériens, particulièrement chez les espèces qui ne conjuguent pas ou qui ne sont pas transductibles (voir la Figure 6.9, a et c). La cartographie par transformation nécessite de disposer de deux souches qui diffèrent par plusieurs traits génétiques ; par exemple, la souche réceptrice pourrait être $a^- \, b^- \, c^-$ (auxotrophe pour trois nutriments) et la souche donneuse prototrophe $a^+ \, b^+ \, c^+$. L'ADN de la souche donneuse est isolé et purifié, ce qui entraîne toujours une certaine fragmentation de l'ADN. La souche réceptrice est traitée de façon à augmenter sa compétence, et incubée en présence de l'ADN de la souche donneuse. Des fragments d'ADN du donneur entrent dans les cellules réceptrices et sont recombinés avec des séquences homologues sur le chromosome de la réceptrice. Les cellules qui reçoivent du matériel génétique par transformation sont appelées des **transformants.**

Des gènes peuvent être cartographiés sommairement en observant le taux auquel deux gènes ou plus sont transférés ensemble – ou **cotransformés**. Quand l'ADN se fragmente en cours d'isolement, des gènes proches physiquement sur le chromosome ont une probabilité plus grande de se trouver sur un même fragment d'ADN et d'être transférés ensemble, comme les gènes a^+ et b^+ dans la **Figure 6.18**. Des gènes éloignés physiquement ont peu de chances de se trouver sur un même fragment d'ADN et ne seront que rarement transférés ensemble. Dans la cellule, l'ADN est incorporé dans le chromosome par recombinaison. Si les deux gènes sont proches l'un de l'autre sur le même fragment, un double crossing-over a une forte probabilité de se produire de part et d'autre des deux gènes et des les intégrer ensemble dans le chromosome. Si les deux gènes sont plus éloignés, ils peuvent être séparés par un des crossing-over et seul l'un d'entre eux sera intégré dans le chromosome. Des gènes très éloignés sont rarement cotransformés. La fréquence de cotransformation peut donc être utilisée pour cartographier des gènes bactériens. Dans l'exemple de la Figure 18, si les gènes *a* et *b* sont fréquemment cotransformés, de même que les gènes *b* et *c*, mais que *a* et *c*

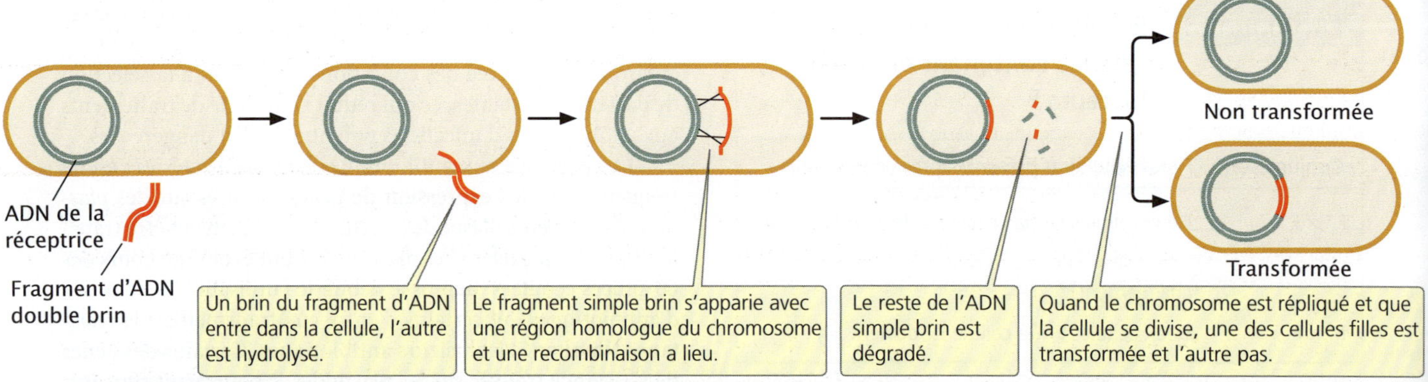

6.17 Des gènes peuvent être transférés entre bactéries par transformation.

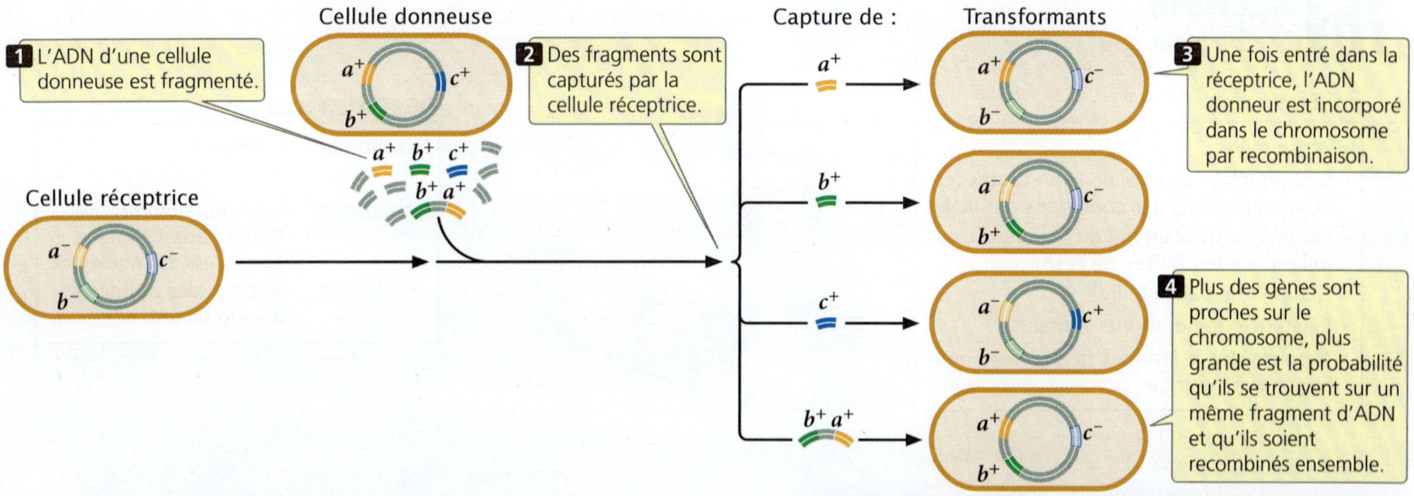

Conclusion : Le taux de cotransformation est inversement proportionnel à la distance entre les gènes.

6.18 La transformation peut être utilisée pour cartographier des gènes bactériens.

ne sont cotransformés que rarement, le gène *b* doit se trouver entre *a* et *c*, et l'ordre des gènes est *a b c*.

Concepts clés

La transformation – la capacité des bactéries de capturer de l'ADN dans le milieu environnant et de l'incorporer dans leur chromosome par recombinaison – permet de cartographier des gènes. La fréquence de cotransformation relative de paires de gènes donne une indication de la distance qui les sépare : au plus le taux de cotransformation est élevé, au plus les gènes sont proches sur le chromosome bactérien.

✔ Test de compréhension 4

Une souche bactérienne de génotype lac^- leu^- thr^- est transformée avec l'ADN d'une souche lac^+ leu^+ thr^+. On observe quelques cellules (colonies) leu^+ thr^+, de rares cellules leu^+ lac^+, mais aucune thr^+ lac^+. Quels sont les gènes les plus éloignés sur le chromosome ?

Séquences de génomes bactériens

Les cartes génétiques permettent d'orienter et d'interpréter les cartes génomiques complètes obtenues par séquençage d'ADN. Les généticiens ont déterminé la séquence nucléotidique complète d'un certain nombre de génomes bactériens et de nombreux autres projets de séquençage de génomes microbiens sont en cours de réalisation. La taille et la composition en gènes des génomes bactériens sont examinées dans le Chapitre 14.

Le séquençage des ADN bactériens permet, entre autres applications, d'identifier les contaminants bactériens qui sont la cause d'infections et de retrouver leur origine. Cette utilisation de séquences ADN à permis d'identifier les bactéries responsables de l'anthrax qui furent utilisées à des fins terroristes aux États-Unis en 2001, causant la mort de 18 personnes. L'anthrax est provoqué par la maturation des spores à longue durée de vie de la bactérie *Bacillus anthracis*. Des spores avaient été introduites dans des lettres envoyées à des sénateurs et à des personnalités des médias.

Pour établir si les spores d'anthrax des lettres contaminées et les bactéries qui avaient infecté les 18 victimes provenaient de la même source, les enquêteurs ont eu recours au typage d'ADN. Ils ont analysé les répétitions en tandem de séquences déterminées (les VNTR, pour « Variable Number Tandem Repeats », aussi appelées séquences microsatellites), qui sont présentes en nombre caractéristique chez les souches bactériennes comme chez toutes les espèces (voir le Chapitre 14), et ils ont montré qu'un lien existait entre les spores trouvées dans les lettres et les bactéries trouvées chez les victimes, indiquant une origine commune. La séquence complète du génome de *Bacillus anthracis* a été publiée en 2003 et fournit désormais un échantillon plus large de séquences permettant de remonter à la source de nouvelles apparitions éventuelles de la maladie.

Un organisme modèle en génétique

La bactérie *Escherichia coli*

L'organisme procaryote le plus largement étudié et, en fait, l'une des espèces les mieux caractérisées génétiquement et physiologiquement, est la bactérie *Escherichia coli* (**Figure 6.19**). Bien que certaines souches d'*E. coli* produisent des toxines à l'origine de maladies, la plupart sont inoffensives et sont des hôtes naturels du tractus intestinal de l'homme et d'autres animaux à sang chaud.

Les avantages d'Escherichia coli comme organisme modèle en génétique *E. coli* est un des principaux organismes outils de la génétique, présentant le double avantage d'une reproduction très rapide et d'une petite taille. Dans des conditions optimales, cette bactérie peut se reproduire toutes les 20 minutes et, en moins de 7 heures, une seule cellule produit plus de deux millions de descendants. Un des intérêts de

Bactérie
Escherichia coli

AVANTAGES

- Petite taille
- Reproduction rapide, division toutes les 20 minutes dans des conditions optimales
- Facile à cultiver en milieu liquide ou sur milieu solide (boîtes de Petri)
- Génome de petite taille
- Existence de nombreux mutants
- Nombreuses méthodes disponibles pour le génie génétique

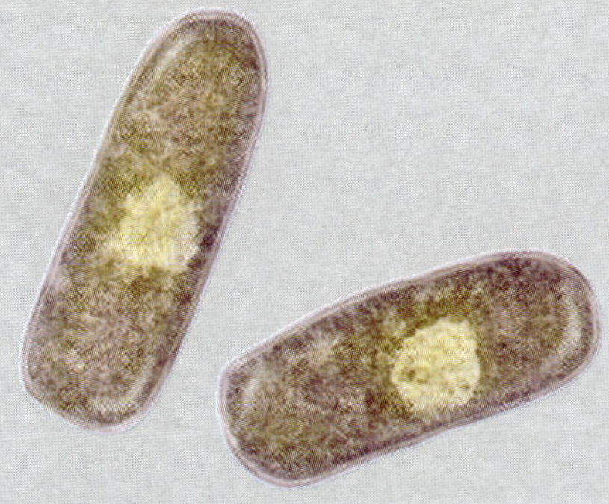

DESCRIPTION

Taxonomie :	Eubactérie
Taille :	1-2 μm de long
Anatomie :	Unicellulaire entouré d'une paroi cellulaire et contenant un nucléoïde
Habitat :	Intestin des animaux à sang chaud

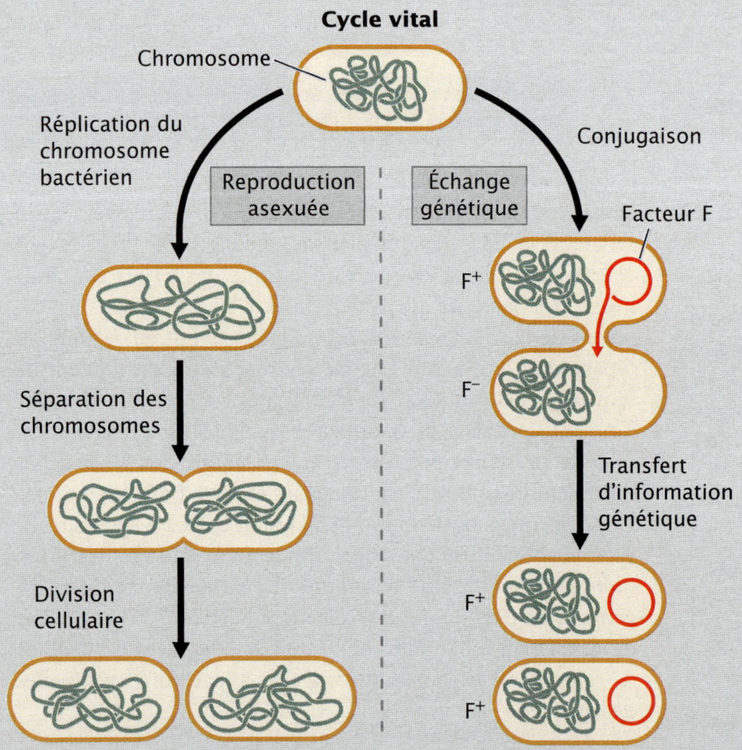

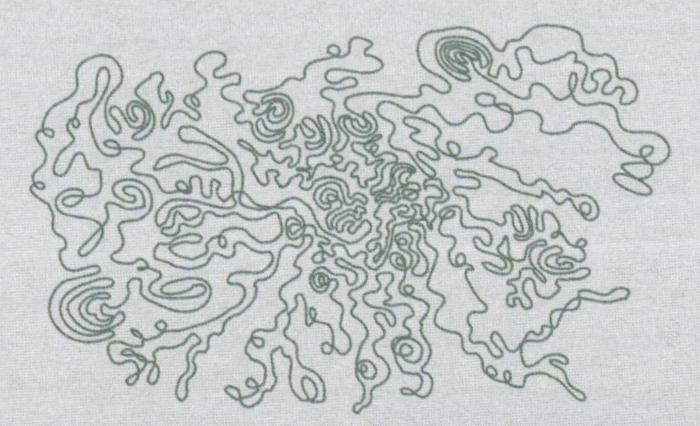

Chromosome

GÉNOME

Chromosomes :	1 chromosome circulaire
Quantité d'ADN :	4,64 millions de paires de bases
Nombre de gènes :	4 300
Pourcentage de gènes en commun avec l'homme :	8%
Taille moyenne d'un gène :	1 000 paires de bases
Génome séquencé en :	1997

CONTRIBUTIONS À LA GÉNÉTIQUE

- Régulation d'expression des gènes
- Biologie moléculaire et biochimie de processus génétiques dont la réplication, la transcription, la traduction, la recombinaison
- Structure et organisation des gènes chez les bactéries
- Organisme à tout faire du génie génétique
- Mutations géniques

6.19 ***Escherichia coli*** **est une organisme modèle en génétique.**

cette reproduction rapide est qu'il est possible d'observer en peu de temps l'apparition de mutations rares. Il s'ensuit que de nombreuses mutations affectant des traits aussi divers que l'aspect des colonies ou la résistance à des antibiotiques ont pu être isolées et caractérisées chez *E. coli*.

Escherichia coli est très facile à cultiver en laboratoire, que ce soit en milieu liquide (voir la Figure 6.2a) ou sur milieu solide (voir la Figure 6.2b). En culture liquide, *E. coli* croît jusqu'à atteindre une concentration d'un milliard de cellules par millilitre, ce qui permet d'obtenir des milliards de cellule dans un seul tube à essai. Quand des cultures sont diluées et étalées sur un milieu solide dans une boîte de Petri, les bactéries isolées se reproduisent de façon asexuée et produisent un amas concentré de 10 à 100 millions de cellules identiques appelé une colonie ; la formation de colonies facilite l'isolement de souches génétiquement pures de la bactérie.

Le génome d'E. coli Le génome d'*E. coli* consiste en un seul chromosome et, en comparaison avec les génomes humain, murin, de plantes et d'autres organismes multicellulaires, il est relativement petit : 4 638 858 paires de bases. L'information est présente sous une forme compacte, avec très peu de séquences non codantes entre ou à l'intérieur des gènes. Très peu de séquences et de gènes sont présents en plus d'un exemplaire. Le nombre de gènes est estimé à 4 300 environ. La fonction d'un petit tiers d'entre eux n'est pas encore connue, mais ces gènes « orphelins » pourraient être impliqués dans l'adaptation à des environnements inhabituels, la coordination de voies métaboliques, l'organisation du chromosome, et la communication intercellulaire. Le caractère haploïde du génome d'*E. coli* facilite l'isolement de mutants parce qu'il n'existe pas de relation de dominance/récessivité susceptible de masquer l'expression de mutations.

Le cycle vital d'E. coli La bactérie *E. coli* de type sauvage est prototrophe et peut croître dans un milieu minimum ne contenant qu'une source de carbone – par exemple du glucose – et des sels minéraux. Dans la plupart des conditions, *E. coli* se divise une fois par heure environ, mais dans un milieu riche contenant des sucres, des acides aminés et des vitamines, elle se divise toutes les 20 minutes. Elle se reproduit par fission binaire, un mécanisme dans lequel le chromosome unique de la bactérie est répliqué et les copies migrent vers les extrémités opposées de la cellule qui se divise pour donner naissance à deux cellules filles identiques. Le croisement entre bactéries, appelé conjugaison, est contrôlé par des gènes de fertilité portés normalement par le plasmide F (voir plus haut et Figure 6.13). Dans la conjugaison, une bactérie transfère du matériel génétique dans une autre, ce qui peut être suivi d'une recombinaison qui intègre de nouveaux allèles dans le chromosome bactérien. La conjugaison est indépendante de la division cellulaire. Du matériel génétique peut aussi être transféré entre souches d'*E. coli* par transformation et par transduction (voir la Figure 6.9). (N.d.T. : Ces différents phénomènes de transfert de matériel génétique sont unidirectionnels et non réciproques.)

Techniques génétiques utilisant E. coli *Escherichia coli* est utilisée dans de nombreux systèmes expérimentaux qui étudient en détail des processus génétiques fondamentaux. Par exemple, les systèmes de traduction in vitro contiennent, dans un tube à essai, tous les composants nécessaires à la traduction de l'information génétique d'un ARN messager en chaîne polypeptidique. De façon analogue, des systèmes in vitro rassemblant des composants de cellules d'*E. coli* permettent l'étude de la transcription, de la réplication, de l'expression génique, et d'autres processus biologiques importants, dans des conditions de laboratoire contrôlées.

Escherichia coli est aussi très largement utilisée en génie génétique (ADN recombinant ; voir le Chapitre 14). Des plasmides ont été isolés à partir d'*E. coli* et modifiés génétiquement pour créer des vecteurs efficaces servant à transférer des gènes dans des cellules de bactéries ou d'eucaryotes. Très souvent, des constructions génétiques nouvelles (des séquences d'ADN créées en laboratoire) sont assemblées et clonées dans *E. coli* avant d'être transférées dans d'autres organismes ; des souches spéciales d'*E. coli* hautement compétentes pour la capture d'ADN ont été construites à cet effet. Des méthodes ont été développées pour introduire des mutations spécifiques dans des gènes d'*E. coli*, rendant obsolète la dépendance de l'analyse génétique de mutations aléatoires.

En raison de ses avantages considérables comme organisme modèle, *E. coli* a joué un rôle de premier plan dans de nombreuses découvertes fondamentales en génétique, dont le déchiffrage du code génétique, le mode de réplication de l'ADN, et l'élucidation des mécanismes de base de la régulation d'expression des gènes.

6.2 Les virus sont des systèmes réplicatifs simples qui sont accessibles à l'analyse génétique

Tous les organismes vivants – plantes, animaux, champignons, et bactéries – sont infectés par des virus. Un **virus** est une structure réplicative simple constituée d'acide nucléique enveloppé d'un manteau protéique, appelé une capside (voir la Figure 2.3). Les virus présentent une grande variété de formes et de tailles (**Figure 6.20**). Chez certains, le matériel génétique est de l'ADN, chez d'autres, de l'ARN ; l'acide nucléique peut être à simple ou à double brin, linéaire ou circulaire. Il n'est donc pas surprenant que les virus aient des mécanismes de reproduction très variés. Les bactériophages (en abrégé, phages) ont joué un rôle central dans la recherche génétique depuis la fin des années 1940. Ils se prêtent particulièrement bien à différents types de recherche parce qu'ils ont de petits génomes faciles à manipuler et qu'ils se reproduisent rapidement, avec des nombres

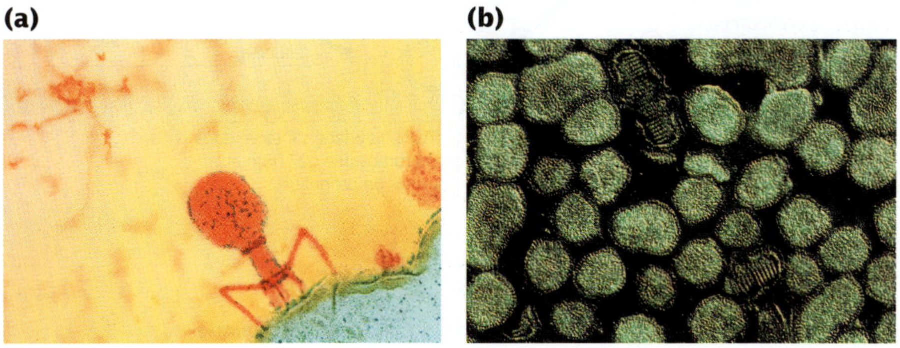

6.20 Les virus présentent une grande diversité de structure et de taille. (a) Le bactériophage T4 (coloré en orange). (b) Le virus de la grippe A (structures colorées en vert). *[(a) : Biozentrum, Université de Bâle/Photo Researchers. (b) : Eye of Science/Photo Researchers.]*

élevés de descendants. Les bactériophages présentent deux modes de reproduction qui peuvent alterner : le cycle lytique et le cycle lysogénique. Dans le cycle lytique, le phage s'attache à un récepteur sur la paroi cellulaire bactérienne et injecte son acide nucléique dans la cellule (**Figure 6.21**). Dans la cellule, l'acide nucléique, ici de l'ADN, est répliqué, transcrit et traduit, produisant une quantité d'ADN et de protéines de phage. De nouvelles particules de phage sont assemblées au départ de ces composants. Les phages produisent alors une enzyme qui lyse la cellule bactérienne, libérant les nouveaux phages dans le milieu. Les **bactériophages virulents** se reproduisent toujours par le cycle lytique et tuent toujours les cellules hôtes.

Les **phages tempérés** peuvent suivre le cycle lytique ou le cycle lysogénique. Le cycle lysogénique commence comme le cycle lytique (voir la Figure 6.21), mais une fois dans la cellule, l'ADN du phage s'intègre dans le chromosome de la bactérie, où il se maintient sous forme de **prophage** dormant. Le prophage est répliqué avec le chromosome bactérien et est transmis aux cellules filles quand la cellule se divise. Certains stimuli peuvent provoquer l'excision du prophage du chromosome, et le prophage entre alors dans le cycle lytique qui conduit à la production de nouvelles particules de phage et à la lyse de la cellule.

Techniques de base pour l'étude des bactériophages

Les virus ne se reproduisent qu'à l'intérieur des cellules qu'ils infectent. Les bactériophages doivent donc être cultivés dans des cellules bactériennes. Pour mettre en évidence, compter et, éventuellement, obtenir des lignées pures de bactériophages, des phages et des bactéries sont mélangés et étalés sur un milieu riche solide dans une boîte de Petri. On utilise une concentration élevée de bactéries afin que les colonies se rejoignent et produisent une couche continue – un « tapis » – à la surface de l'agar. Un phage isolé infecte une bactérie et effectue un cycle lytique. De nombreux nouveaux phages sont relâchés de la bactérie lysée et infectent d'autres cellules, répétant le cycle. Comme les bactéries se trouvent sur un milieu solide, la diffusion des nouveaux phages est limitée et seules les bactéries proches de la cellule lysée sont infectées. Après plusieurs cycles de reproduction des phages, une zone claire de cellules lysées, ou **plage de lyse**, apparaît dans le tapis bactérien opaque (**Figure 6.22**). Chaque plage résulte de la multiplication par cycles lytiques successifs d'un phage isolé présent dans la suspension de phages de départ. L'étalement d'un volume connu d'une suspension diluée de phages sur un tapis bactérien et le comptage des plages apparues permettent de déterminer la concentration initiale de phages dans la suspension.

Concepts clés

Les génomes viraux peuvent être constitués d'ADN ou d'ARN, être circulaires ou linéaires, et être à double ou simple brin. Les bactériophages sont utilisés dans le cadre de nombreux types de recherches génétiques.

✔ Test de compréhension 5

Dans quel cycle de reproduction des bactériophages l'ADN du phage s'intègre-t-il dans le chromosome bactérien ?

a. Lytique
b. Lysogénique
c. Lytique et lysogénique
d. Ni lytique ni lysogénique

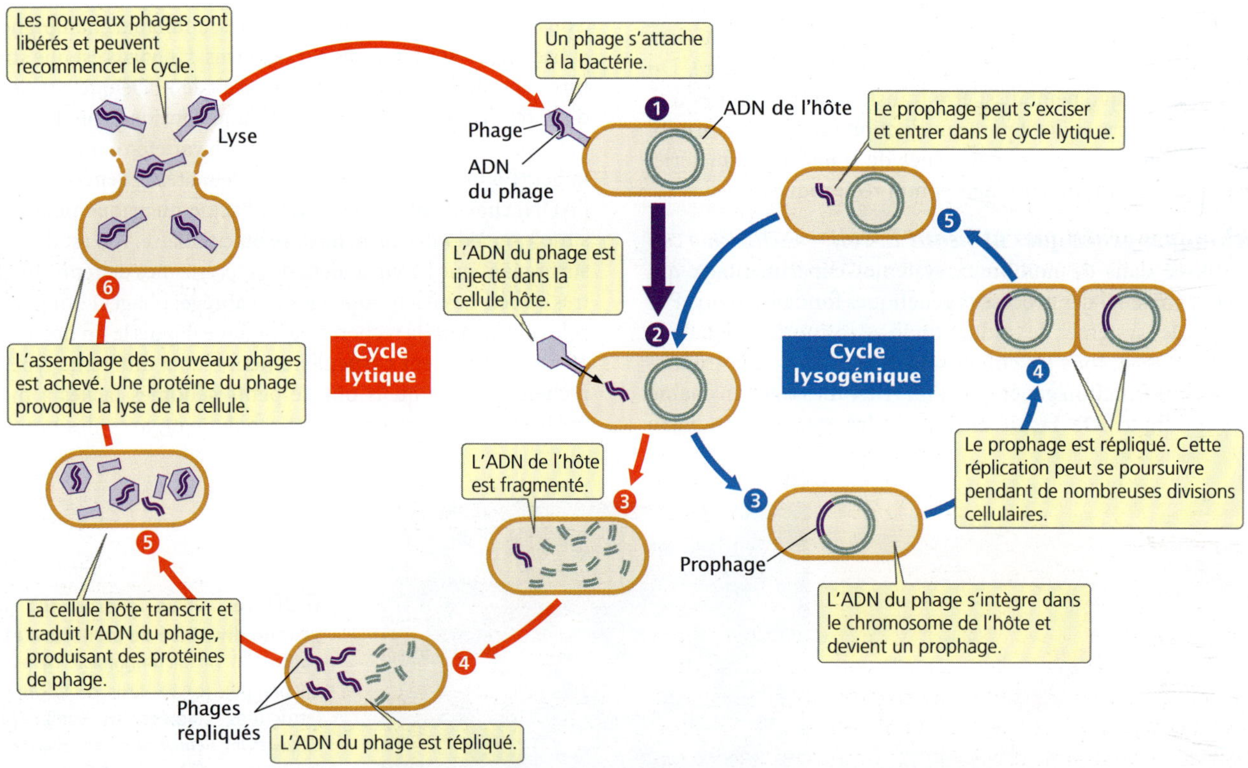

6.21 Les bactériophages peuvent suivre deux cycles de reproduction : le cycle lytique et le cycle lysogénique.

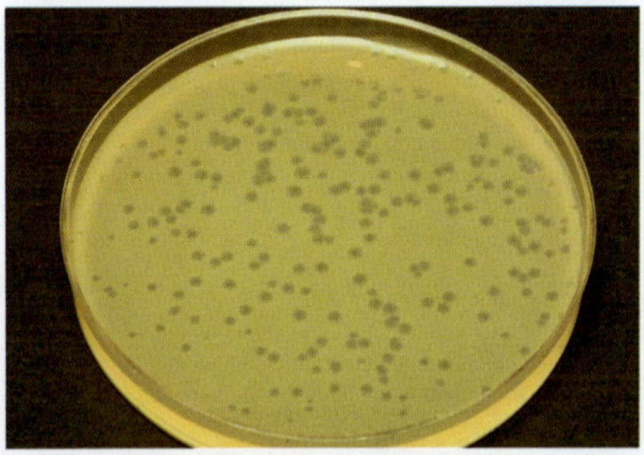

6.22 Les plages de lyse sont des zones claires de cellules lysées dans un tapis de bactéries. *[Carolina Biological/Visuals Unlimited.]*

La transduction : utiliser les phages pour cartographier des gènes bactériens

Nous avons décrit précédemment trois mécanismes de transfert de gènes entre bactéries : la conjugaison, la transformation, et la transduction (voir la Figure 6.9). Examinons plus en détail la transduction, dans laquelle des gènes bactériens sont transportés par des virus. Dans la **transduction généralisée**, pratiquement n'importe quel gène peut être transféré. Dans la **transduction spécialisée**, seuls quelques gènes spécifiques sont transférés.

La transduction généralisée Joshua Lederberg et Norton Zinder découvrirent la transduction généralisée en 1952. Ils essayaient de produire des recombinants par conjugaison chez *Salmonella typhimurium*. Ils mélangèrent une souche de *S. typhimurium* qui était phe^{+} trp^{+} tyr^{+} met^{-} his^{-} avec une souche phe^{-} trp^{-} $phe^{-}met^{+}$ his^{+} (**Figure 6.23**) et les étalèrent sur un milieu minimum. Quelques recombinants prototrophes (phe^{+} trp^{+} tyr^{+} met^{+} his^{+}) furent obtenus, ce qui suggérait qu'il y avait eu transfert par conjugaison. Toutefois, quand ils testèrent les deux souches dans un tube en U semblable à celui utilisé par Davis, quelques prototrophes phe^{+} trp^{+} tyr^{+} met^{+} his^{+}apparurent d'un côté du tube (comparez la Figure 6.23 avec la Figure 6.11).

Pendant le cycle lytique de multiplication du phage, le chromosome bactérien est fragmenté de façon plus ou moins aléatoire (**Figure 6.24**). Chez certains types de bactériophages, un fragment d'ADN bactérien peut être empaqueté dans une capside de phage (N.d.T. : le processus s'appelle « encapsidation ».), à la place de l'ADN du phage. Ces particules de phage sont appelées des **phages transducteurs**. Quand un phage transducteur infecte une autre bactérie, l'ADN bactérien est injecté et les gènes introduits peuvent recombiner avec le chromosome bactérien par un double crossing-over. Des gènes bactériens peuvent ainsi être transportés d'une bactérie à une autre et produire des bactéries recombinantes appelées **transduits**.

Tous les phages ne sont pas capables de transduire. La transduction est un événement rare qui nécessite (1) la dégradation du chromosome bactérien, (2) que le processus d'encapsidation ne soit pas limité à de l'ADN de phage, et (3) que

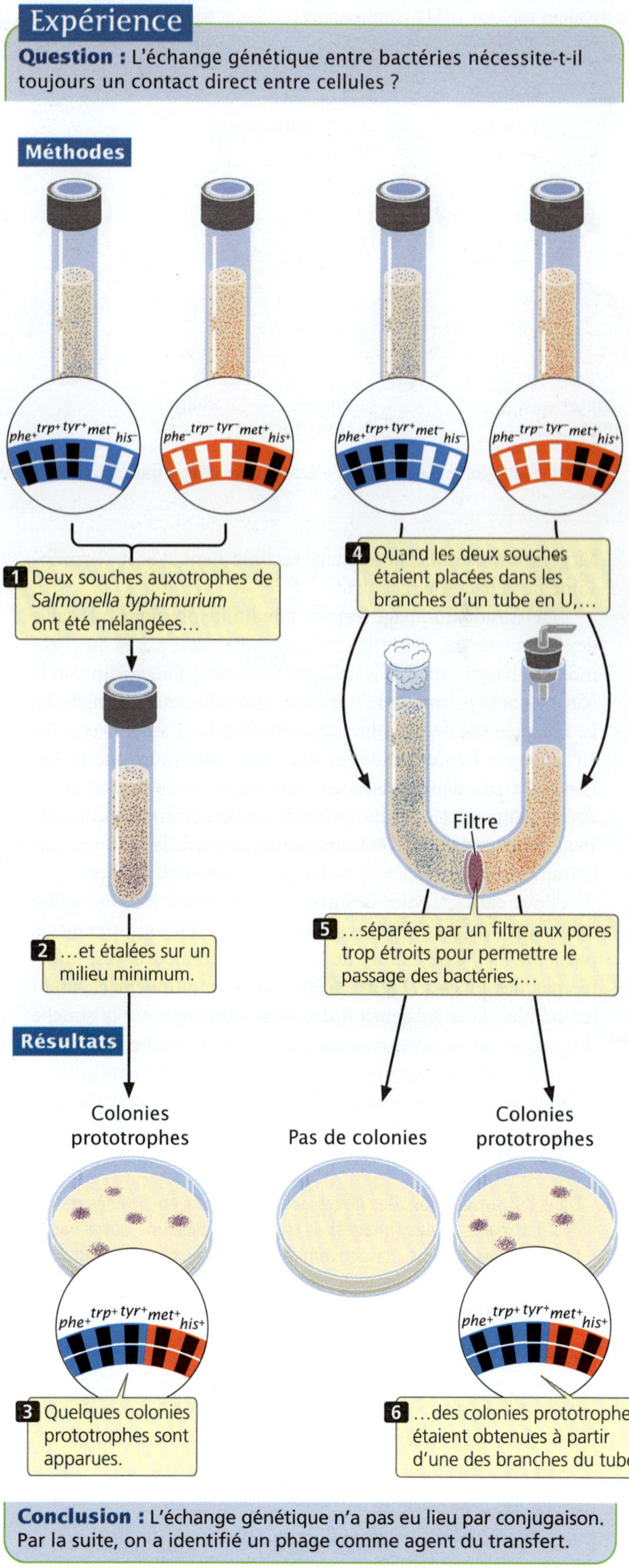

6.23 L'expérience de Lederberg et Zinder.

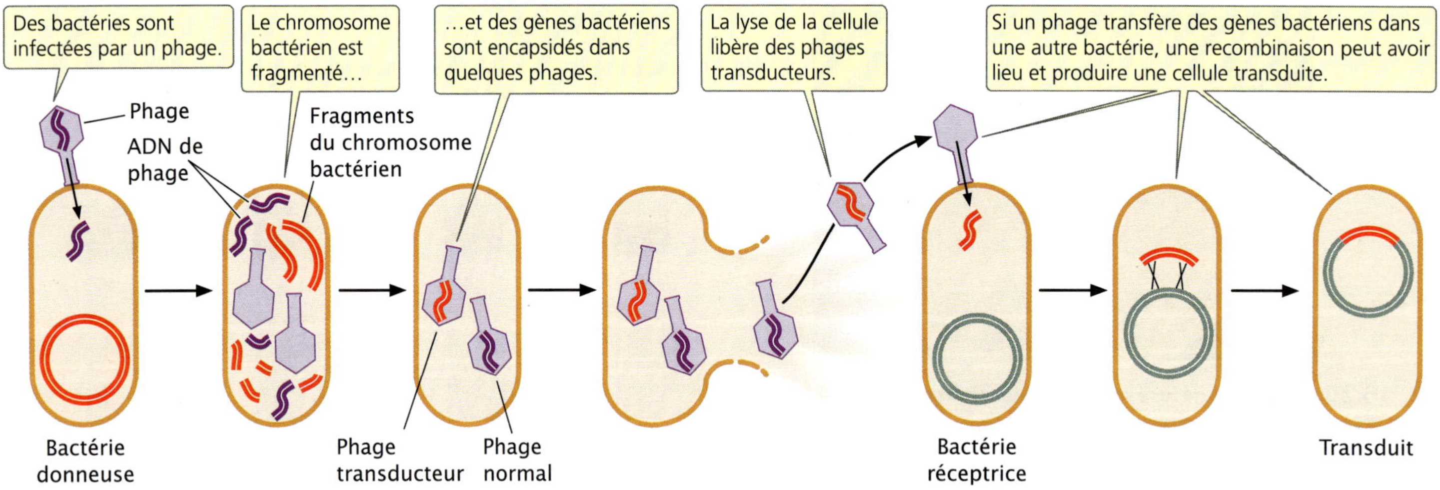

6.24 Des gènes peuvent être transférés d'une bactérie à une autre par transduction généralisée.

les gènes transduits par le phage recombinent avec le chromosome de la bactérie réceptrice.

La capside du phage impose une limite physique à la taille des fragments qui peuvent être transduits : de 1 à 2 % du chromosome bactérien selon les phages. Seuls des gènes voisins sur le chromosome peuvent être transférés ensemble, ou **cotransduits**. Le taux général de transduction se situe entre 1 sur 10^5 et 1 sur 10^6. Comme la probabilité qu'une cellule soit transduite simultanément par deux phages est extrêmement faible, les gènes cotransduits sont toujours proches sur le chromosome bactérien, et la fréquence de cotransduction, comme la fréquence de cotransformation, reflète la distance physique entre gènes.

Pour cartographier des gènes par transduction, on utilise deux souches bactériennes contenant des allèles différents à plusieurs loci. Une culture de la souche « donneuse » est infectée par des phages (**Figure 6.25**), qui se multiplient et lysent les cellules. Une suspension de phages (un *lysat* de la souche donneuse) est incubée avec une culture de la souche réceptrice, puis des dilutions appropriées sont étalées sur différents milieux permettant d'identifier les différents phénotypes recombinants.

Concepts clés

Dans la transduction, des gènes bactériens sont encapsidés dans des particules virales (phages) et transférés dans une autre bactérie par les phages. Ils peuvent alors être incorporés dans le chromosome de la bactérie par crossing-over. La transduction généralisée permet de cartographier des gènes bactériens.

✔ Test de compréhension 4

Dans des expériences de cartographie de gènes bactériens par transduction généralisée, les gènes bactériens cotransduits sont

a. très éloignés sur le chromosome bactérien
b. sur des chromosomes bactériens différents
c. très proches sur le chromosome bactérien
d. sur un plasmide

Faisons le lien entre les concepts

Trois méthodes de cartographie des gènes bactériens

Nous avons décrit dans leurs grandes lignes trois méthodes de cartographie de gènes bactériens : (1) le transfert conjugatif interrompu, (2) la transformation, et (3) la transduction. Ces méthodes présentent des similitudes quant aux principes, mais aussi des différences liées aux phénomènes mis en jeu.

La cartographie par conjugaison interrompue se base sur le temps nécessaire au transfert de gènes d'une bactérie à une autre quand elles sont en contact direct. Le phénomène sur lequel se base cette méthode est le transfert d'une copie du chromosome bactérien lui-même. Le temps requis pour le transfert de gènes spécifiques permet de déterminer leurs positions relatives et la distance qui les sépare sur le chromosome. Contrairement aux autres méthodes cartographiques, les distances entre gènes ne sont pas exprimées en fréquences de recombinaison, mais en temps de transfert, et l'unité de la cartographie par conjugaison est la minute.

Dans la cartographie par transformation, l'ADN d'une souche donneuse est isolé, fragmenté, et mélangé aux cellules d'une souche réceptrice. Des fragments d'ADN sont capturés par les bactéries réceptrices dans lesquelles ils peuvent recombiner avec le chromosome. Des gènes qui sont proches sur le chromosome de la souche donneuse tendent à se retrouver sur un même fragment et à être capturés ensemble. Ce sont les taux de cotransformation qui informent sur les positions relatives des gènes sur le chromosome.

La cartographie par transduction se base aussi sur un transfert de gènes entre bactéries qui diffèrent par deux ou plusieurs traits, mais ici, c'est un bactériophage qui sert de véhicule au transfert. Par certains aspects, la cartographie par transduction ressemble à la cartographie par transformation. De petits fragments d'ADN sont transportés par des phages d'une bactérie donneuse à une réceptrice, et les taux de cotransduction fournissent une information sur les distances relatives entre gènes.

Les trois méthodes utilisent une approche commune pour cartographier des gènes bactériens. Le mouvement de gènes d'un donneur à un récepteur est détecté par l'utilisation de souches qui diffèrent par deux ou plusieurs traits, et on examine le transfert d'un

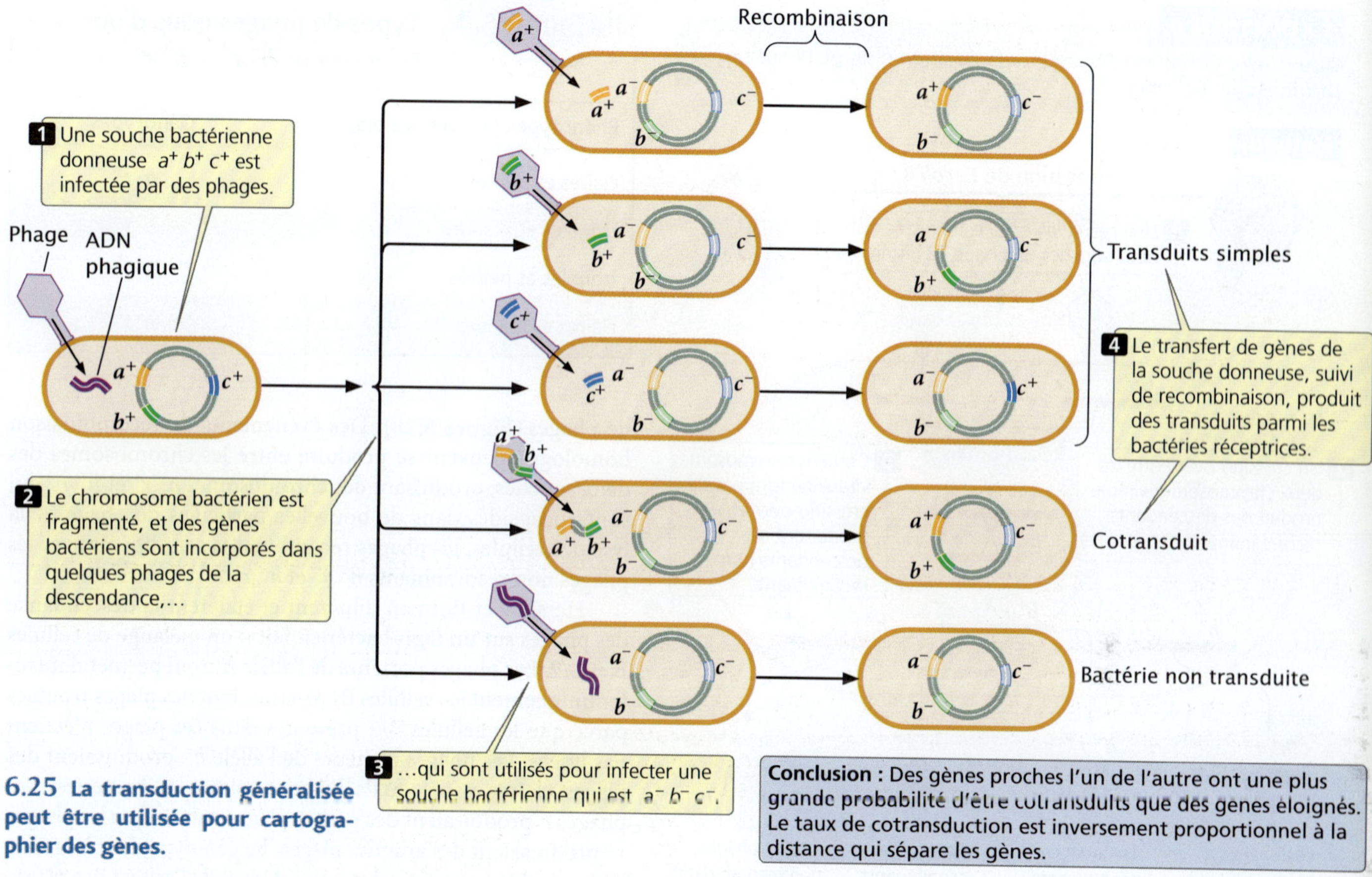

6.25 La transduction généralisée peut être utilisée pour cartographier des gènes.

gène par rapport à celui d'autres gènes. De plus, les trois méthodes dépendent de la recombinaison entre l'ADN transféré et le chromosome de la bactérie réceptrice. Dans la cartographie par conjugaison interrompue, le moment du transfert des gènes donne une information sur leur ordre relatif ; dans la transformation et la transduction, c'est le taux de cotransfert qui fourni l'information nécessaire à la cartographie.

Les trois méthodes diffèrent par les mécanismes de transfert mis en jeu : dans la conjugaison, l'ADN chromosomique est transféré pendant un contact direct entre bactéries, dans la transformation, il est transféré sous forme de fragments nus, et dans la transduction, sous forme de fragments transportés par des phages.

(N.d.T. : Il est important de remarquer que, dans la transduction, la taille des fragments transportés par les phages correspond environ à la quantité d'ADN transférée en une minute par conjugaison. En plus du taux de cotransduction, la transduction permet de faire une analyse cartographique fine de gènes cotransductibles, notamment en réalisant des tests trois points. Méthodologiquement, la localisation d'un gène bactérien nouvellement découvert (par la présence d'une mutation) se fait d'abord par conjugaison, puis, une fois sa position repérée dans un segment de chromosome correspondant à une ou deux minutes de temps de transfert, une localisation plus fine par transduction peut être effectuée. La cotransformation est particulièrement utile chez des organismes pour lesquels on ne dispose ni de conjugaison ni de transduction.)

Cartographie génétique chez les bactériophages

Pour cartographier les gènes des bactériophages, on applique les mêmes principes de base que chez les organismes eucaryotiques (voir le Chapitre 5). Des phages qui diffèrent par deux ou plusieurs gènes sont croisés et les descendants recombinants sont identifiés et comptés. La proportion de descendants recombinants permet de calculer les distances entre les gènes et de déterminer leur ordre sur le chromosome. En 1949, Alfred Hershey et Raquel Rotman ont étudié la recombinaison entre gènes chez le bactériophage T2, qui contient un ADN double brin, en utilisant deux souches de phage différant par l'apparence des plages de lyse et la spécificité d'hôte (les souches bactériennes que les phages peuvent infecter). Une souche était capable d'infecter et lyser des cellules d'*E. coli* type B, mais pas des cellules de type B/2 (T2 avec une spécificité d'hôte normale, h^+) et produisait des plages grandes et troubles (r^-). L'autre souche pouvait infecter et lyser des cellules de type B *et* des cellules de type B/2 (spécificité d'hôte mutante, h^-) et produisait des plages petites et claires (r^+).

Hershey et Rotman croisèrent les souches de T2 $h^+ r^-$ et $h^- r^+$ en pratiquant une infection mixte de cellules *E. coli* B. Ils utilisèrent une multiplicité d'infection (le rapport phages/bactéries) élevée pour s'assurer que la plupart des cellules soient infectées simultanément par les deux souches

Expérience

Question : Comment déterminer la position d'un gène sur un chromosome de phage ?

Méthode

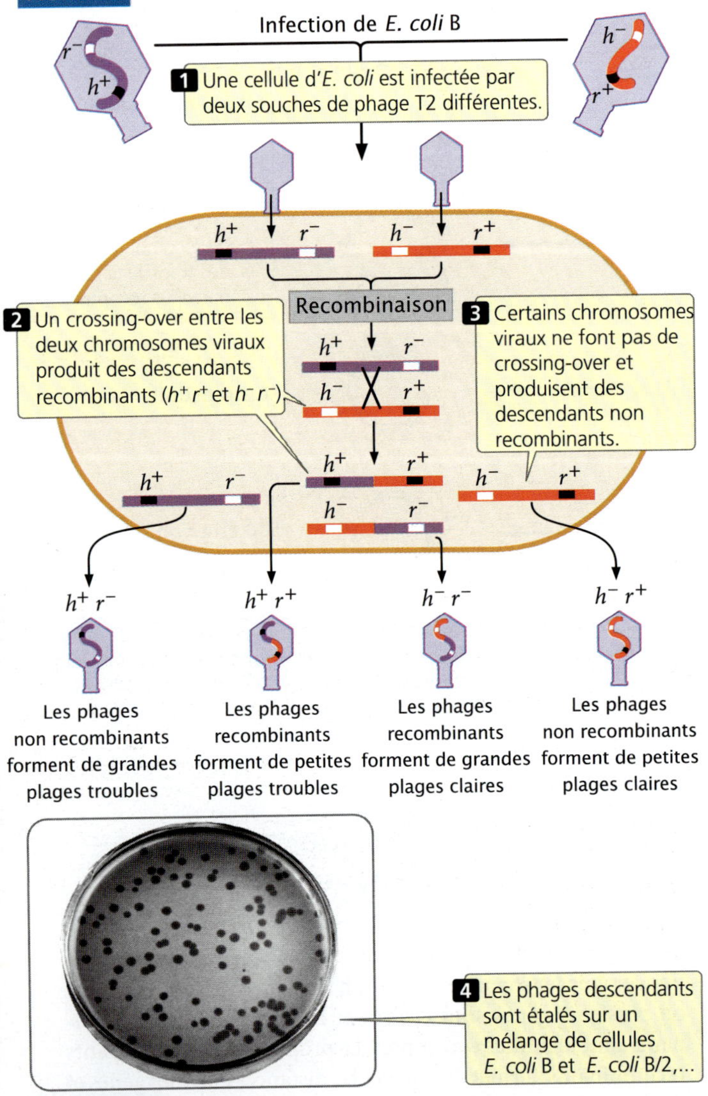

Résultats

Génotype	Plages	Type descendance
$h^- r^+$	42	Parental 76 %
$h^+ r^-$	34	
$h^+ r^+$	12	Recombinant 24 %
$h^- r^-$	12	

5 ...ce qui permet d'identifier les quatre génotypes de la descendance.

6 Le pourcentage de descendants recombinants permet de cartographier les mutations h^- et r^-.

$$FR = \frac{\text{plages recombinantes}}{\text{total des plages}} = \frac{(h^+ r^+) + (h^- r^-)}{\text{total des plages}}$$

Conclusion : La fréquence de recombinaison indique une distance de 24 % entre les gènes *h* et *r*.

6.26 Hershey et Rotman ont développé une technique pour cartographier des gènes viraux. *[Photo extraite de G.S. Stent,* Molecular Biology of Bacterial Viruses. *© 1963 par W.H. Freeman and Company.]*

Tableau 6.4 Types de phages issus d'un croisement $h^- r^+ \times h^+ r^-$

Phénotypes (aspect des plages)	Génotypes
claires et petites	$h^- r^+$
troubles et grandes	$h^+ r^-$
troubles et petites	$h^+ r^+$
claires et grandes	$h^- r^-$

de phages (**Figure 6.26**). Des événements de recombinaison homologue peuvent se produire entre les chromosomes des deux souches, produisant des chromosomes $h^+ r^+$ et $h^- r^-$ qui sont encapsidés dans de nouvelles particules de phage. À la lyse des cellules, les phages recombinants sont libérés avec les phages non recombinants $h^+ r^-$ et $h^- r^+$.

Hershey et Rotman diluèrent et étalèrent la descendance des phages sur un tapis bactérien fait d'un mélange de cellules B et B/2. Les phages porteurs de l'allèle h^+ (qui permet d'infecter uniquement les cellules B) produisaient des plages troubles parce que les cellules B/2 présentes dans ces plages n'étaient pas lysées. Les phages porteurs de l'allèle h^- produisaient des plages claires parce qu'ils lysaient toutes les bactéries. Les phages r^+produisaient des petites plages, tandis que les phages r^- produisaient des grandes plages. Le génotype des phages de la descendance pouvait donc être déduit de l'aspect des plages (voir la Figure 6.26 et le **Tableau 6.4**).

Dans ce type de croisement, la fréquence de recombinaison (*FR*) entre deux gènes se calcule comme suit :

$$FR = \frac{\text{plages recombinantes}}{\text{total des plages}}$$

Dans le croisement de Hershey et Rotman, les plages recombinantes sont $h^+ r^+$ et $h^- r^-$, donc

$$FR = \frac{(h^+ r^+) + (h^- r^-)}{\text{total des plages}}$$

Les fréquences de recombinaison peuvent être utilisées pour déterminer les distances entre gènes et leur ordre sur le chromosome du phage, comme chez les eucaryotes. Dans les années 1950 à 1960, Seymour Benzer utilisa cette méthode pour cartographier plus d'un millier de mutations dans la région *rII* du phage T4, établissant pour la première fois la structure fine d'un gène.

Concepts clés

Pour cartographier les gènes d'un phage, des cellules bactériennes sont infectées par des souches du phage qui diffèrent par un ou plusieurs gènes. Les plages recombinantes sont comptées et les fréquences de recombinaison sont utilisées pour déterminer l'ordre des gènes sur le chromosome et la distance qui les sépare.

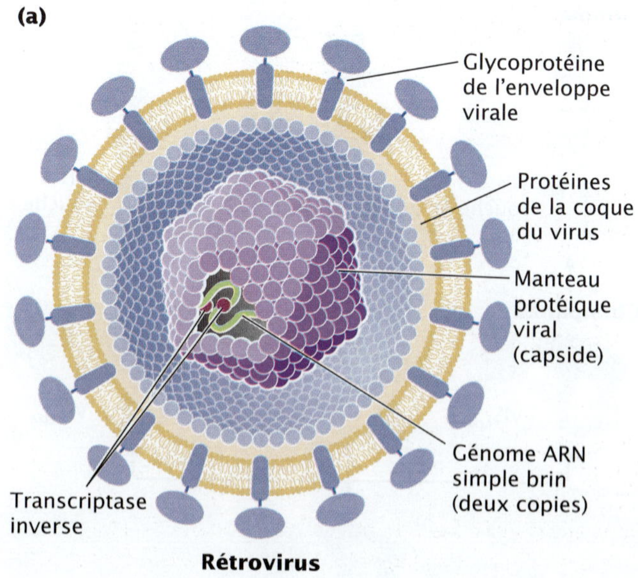

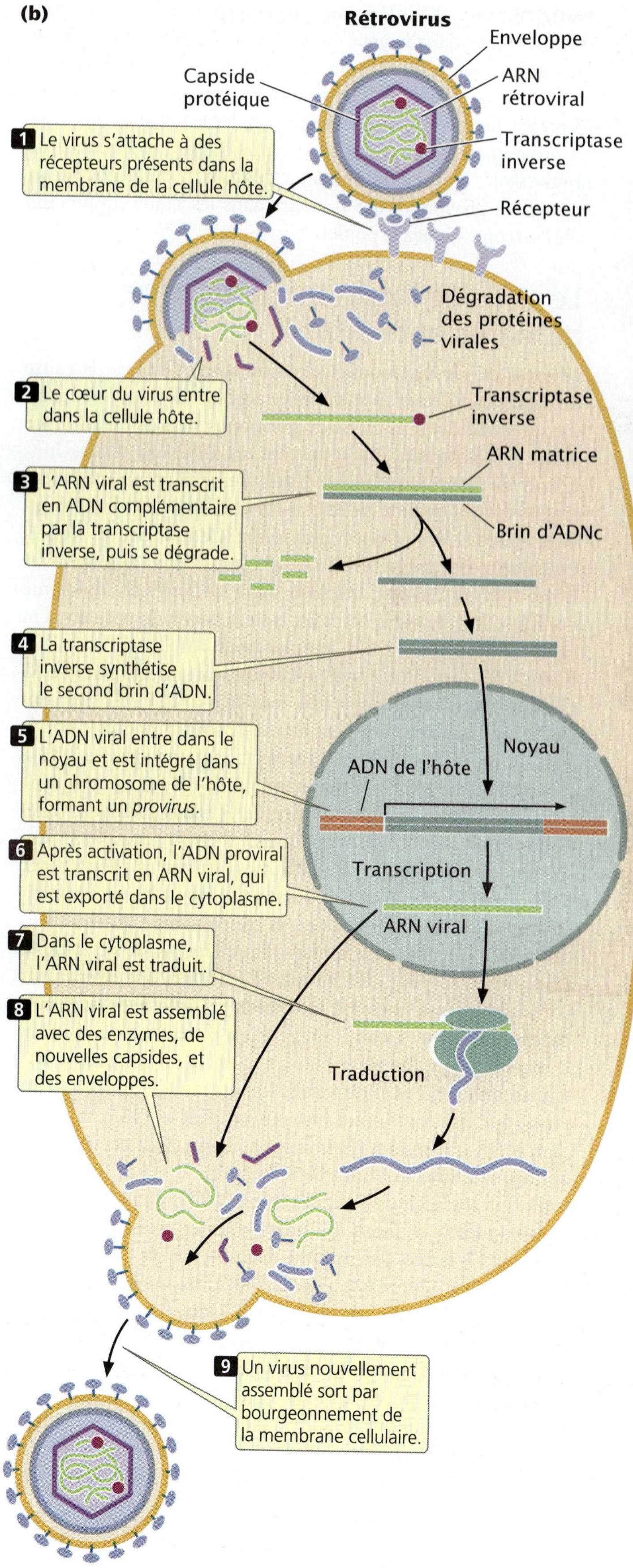

6.27 Un rétrovirus utilise la transcription inverse pour intégrer une copie ADN de son génome ARN dans l'ADN génomique de l'hôte. (a) Structure d'un rétrovirus type. Deux copies du génome ARN simple brin et l'enzyme transcriptase inverse sont montrées, enfermées dans une capside protéique. La capside est entourée d'une enveloppe virale hérissée de glycoprotéines virales. (b) Le cycle de reproduction d'un rétrovirus.

Les virus à ARN

Le génome de certains virus peut être constitué d'ARN. C'est le cas de certains virus humains pathogènes, dont ceux responsables de la grippe, des rhumes, de la poliomyélite, et du SIDA. Presque tous les virus de plantes ont des génomes d'ARN. L'importance médicale et économique des virus à ARN a stimulé la recherche les concernant.

Les virus à ARN capables de s'intégrer dans le génome de leurs hôtes sont appelés **rétrovirus** (**Figure 6.27a**). Étant donné que le génome rétroviral est un ARN et que celui de l'hôte est de l'ADN, un rétrovirus doit coder une **transcriptase inverse**, une enzyme capable de synthétiser un brin d'ADN complémentaire (ADNc) sur une matrice ARN ou ADN. Un rétrovirus utilise la transcriptase inverse pour synthétiser une copie ADN double brin de son génome d'ARN simple brin. La copie ADN est ensuite intégrée dans le génome de l'hôte sous forme de **provirus** qui est répliqué avec le génome par le système réplicatif de l'hôte (**Figure 6.27b**), comme un prophage est répliqué avec le chromosome bactérien.

Quand les conditions s'y prêtent, le provirus est transcrit pour produire de nombreuses copies du génome ARN original. Cet ARN code des protéines virales et sert d'ARN génomique pour la formation de nouvelles particules de virus. Quand ces virus quittent la cellule, ils s'entourent d'une enveloppe incorporant des molécules de la membrane plasmique de la cellule. Tous les génomes rétroviraux connus ont trois gènes en commun : *gag*, *pol*, et *env*, codant chacun une protéine précurseur qui est clivée en protéines fonctionnelles. Le gène *gag* code les trois ou quatre protéines qui forment la capside du virus. Le gène *pol* code la transcriptase inverse et une autre enzyme, une **intégrase**, qui est responsable de l'intégration du virus dans le génome de l'hôte. Le gène *env* code les glycoprotéines présentes sur l'enveloppe qui entoure la capside du virus. Certains rétrovirus contiennent des **oncogènes** (voir le Chapitre 15) qui peuvent stimuler la division cellulaire et provoquer la formation de tumeurs. Le premier rétrovirus à être isolé, le virus du Sarcome de Rous, fut détecté par sa capacité à provoquer des tumeurs dans les tissus conjonctifs (des sarcomes) chez le poulet.

Le virus de l'immunodéficience humaine et le SIDA

Le virus de l'immunodéficience humaine (VIH) est la cause du syndrome d'immunodéficience acquise (SIDA), une maladie qui a tué deux millions de personnes rien qu'en 2007. Le SIDA a été identifié cliniquement en 1982 aux États-Unis, quand de nombreux homosexuels de sexe masculin furent diagnostiqués comme présentant les symptômes d'une nouvelle maladie du système immunitaire. Cette année-là, Robert Gallo proposa que le SIDA soit provoqué par un rétrovirus. Entre 1983 et 1984, au moment où se déclenchait l'épidémie de SIDA, le rétrovirus VIH fut isolé à partir de patients. On sait à présent que le SIDA est provoqué par deux virus différents, VIH-1 et VIH-2, qui, ensemble, ont infecté plus de 65 millions de personnes de par le monde, dont 29 millions sont décédées. La plupart des cas recensés sont provoqués par le VIH-1, qui a désormais une distribution planétaire. Le VIH-2 touche essentiellement les populations d'Afrique occidentale.

Le VIH illustre l'importance de la recombinaison génétique dans l'évolution des virus. L'étude comparée des séquences ADN du VIH et d'autres rétrovirus montre que VIH-1 est étroitement apparenté au virus d'immunodéficience simien endémique chez les chimpanzés d'Afrique centrale (VIS_{cpz}), mais chez lesquels il ne cause pas de symptômes du type SIDA. VIS_{cpz} est lui-même un hybride provenant de la recombinaison entre un rétrovirus qui infecte le singe cercocèbe mangabey à coiffe rouge et un rétrovirus trouvé chez le cercopithèque hocheur blanc nez du Bénin (**Figure 6.28**). Apparemment, des chimpanzés ont été infectés par les deux virus, qui, par recombinaison, ont produit le VIS_{cpz}. Ce dernier a été transmis à l'homme par contact direct avec des chimpanzés infectés. Chez l'être humain, le VIS_{cpz} a subi une évolution significative pour devenir le VIH-1 qui est à l'origine de la pandémie de SIDA. Plusieurs transferts indépendants de VIS_{cpz} à l'homme ont produit des souches de VIH-1 différentes. Le VIH-2 a évolué à partir d'un autre rétrovirus simien, VIS_{sm}, trouvé chez le cercocèbe atys (« sooty mangabey »).

Le VIH est transmis par contact sexuel entre personnes et par différents types d'échanges sanguins, comme celui, par exemple, résultant de l'usage en commun d'aiguilles de seringues par des toxicomanes. Avant que des tests de dépistage ne permettent de déceler la présence de VIH dans le sang, les transfusions et les facteurs de coagulation administrés à des patients hémophiles ont aussi été une source d'infection.

Le VIH attaque principalement une classe de cellules sanguines appelées lymphocytes T auxiliaires ou, plus simplement, cellules T auxiliaires (**Figure 6.29**). Le VIH pénètre dans une cellule T auxiliaire, son ARN est transcrit en ADN et intégré dans un chromosome. Le virus se reproduit rapidement, détruisant la cellule T quand les nouvelles particules virales se libèrent. Comme les cellules T auxiliaires jouent un rôle central dans la réponse immunitaire et qu'elles sont détruites par l'infection, les personnes atteintes du SIDA ont une réponse immunitaire amoindrie ; la plupart des patients meurent des suites d'infections secondaires qui se développent parce qu'ils ont perdu la capacité de combattre les pathogènes.

Le génome du VIH est long de 9 749 nucléotides et contient, en plus des gènes *gag, pol, env*, six autres gènes qui contrôlent le cycle de multiplication du virus. La transcriptase

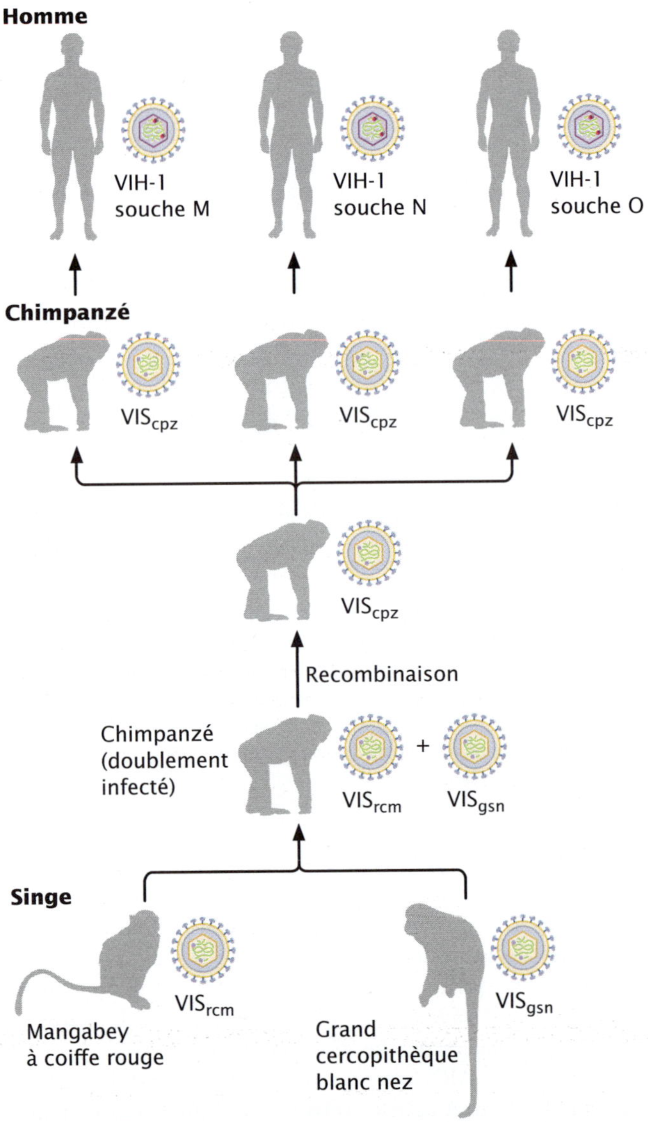

6.28 Le VIH-1 a évolué à partir d'un virus simien similaire (VIS_{cpz}) présent chez les chimpanzés et transmis à l'homme. VIS_{cpz} s'est formé par double infection de chimpanzés par des rétrovirus provenant des singes Mangabey à coiffe rouge et grand cercopithèque blanc nez, suivie de recombinaison.

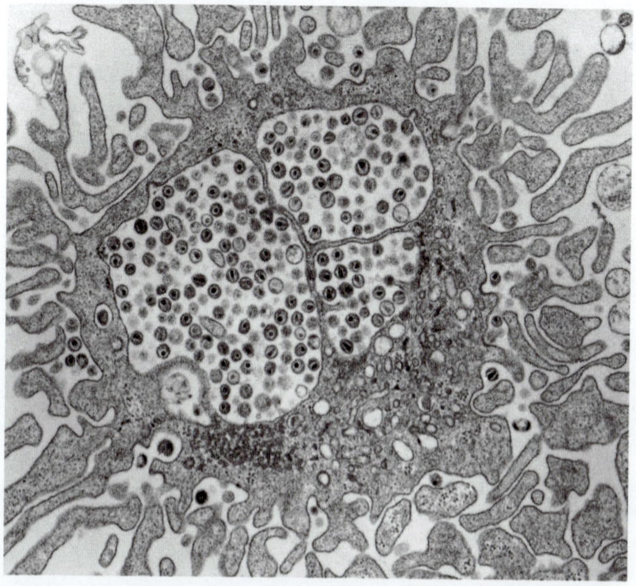

6.29 Le VIH attaque principalement les lymphocytes T. Microphotographie électronique d'une cellule T infectée par le VIH, visible sous la forme de petits cercles avec un centre sombre. *[Aimablement fournie par le Dr. Hans Gelderblom.]*

inverse du VIH est très encline à l'erreur, ce qui confère un taux élevé de mutation au virus et lui permet d'évoluer rapidement, même chez un patient individuel. Cette évolution rapide rend la mise au point de vaccins contre le VIH particulièrement difficile. La variation génétique au sein de la population humaine peut aussi affecter le virus. À ce jour, on a identifié plus de 10 loci qui ont un effet sur l'infection par le VIH et la progression du SIDA chez l'homme.

Concepts clés

Un rétrovirus est un virus à ARN qui intègre dans le génome de l'hôte une copie ADN de son génome ARN produite par transcription inverse. Le virus de l'immunodéficience humaine (VIH) qui provoque le SIDA est un rétrovirus. Il a évolué à partir de rétrovirus apparentés présents chez d'autres primates.

✔ Test de compréhension 7

Quelle est l'enzyme utilisée par un rétrovirus pour produire une copie ADN de son ARN génomique ?

Résumé des concepts clés

- Les bactéries et les virus se prêtent bien à l'analyse génétique : ils sont de petite taille, ont un petit génome haploïde, se reproduisent rapidement de façon asexuée, et leur descendance est abondante.
- Le génome des bactéries consiste normalement en une seule molécule circulaire d'ADN double brin. Les plasmides sont des petites molécules d'ADN qui peuvent se répliquer indépendamment du chromosome.
- De l'ADN peut être transféré entre bactéries par conjugaison, transformation ou transduction.
- La conjugaison nécessite le contact entre deux bactéries et le transfert de matériel génétique d'une bactérie donneuse vers une bactérie réceptrice. Elle est contrôlée par un épisome appelé facteur F. La séquence dans le temps du transfert de gènes spécifiques pendant la conjugaison permet de déterminer leur ordre relatif et la distance qui les sépare sur le chromosome bactérien.
- Les bactéries prélèvent de l'ADN du milieu environnant par le processus de transformation. La fréquence de cotransformation de gènes fournit une information sur les distances physiques entre les gènes sur le chromosome.
- La bactérie *Escherichia coli* est un organisme modèle en génétique. Elle combine les avantages d'une petite taille, d'une reproduction rapide, et d'un génome de petite taille.
- Les virus sont des structures réplicatives dont le génome peut être constitué d'ADN ou d'ARN, à double ou simple brin, linéaire ou circulaire.
- Des gènes bactériens peuvent être encapsidés dans des particules de phage et transmis à d'autres bactéries par transduction. Les fréquences de cotransduction peuvent servir à cartographier les gènes bactériens.
- Les gènes de phages peuvent être cartographiés par infection mixte de cellules bactériennes par deux souches de phage différentes, suivie de comptage des plages de lyse recombinantes dans la descendance phagique.
- Plusieurs virus ont des génomes constitués d'ARN. Les rétrovirus codent une enzyme appelée transcriptase inverse qui produit une copie ADN du génome viral. La copie ADN est ensuite intégrée dans le génome de l'hôte sous forme de provirus. Le VIH est un rétrovirus qui est responsable du SIDA.

Termes importants

milieu minimum (p. 141)
milieu complet (p. 141)
colonie (p. 141)
plasmide (p. 142)
épisome (p. 143)
facteur F (p. 143)
conjugaison (p. 144)
transformation (p. 144)
transduction (p. 145)
pili (singulier : pilus) (p. 146)
cellule compétente (p. 150)
transformant (p. 150)

cotransformation (p. 150)
virus (p. 153)
phage virulent (p. 154)
phage tempéré (p. 154)
prophage (p. 154)
plage de lyse (p. 154)
transduction généralisée (p.155)
transduction spécialisée (p. 155)
phage transducteur (p.155)
transduit (p.155)
cotransduction (p. 156)
rétrovirus (p. 159)
transcriptase inverse (p. 159)
provirus (p. 159)
intégrase (p. 160)
oncogène (p. 160)

Réponses aux tests de compréhension

1. d

2. b

3. a

4. *lac* et *thr*

5. b

6. c

7. la transcriptase inverse

Problèmes résolus

1. L'ADN d'une souche bactérienne de génotype a^+ b^+ c^+ d^+ e^+ est isolé pour transformer une souche a^- b^- c^- d^- e^-. Les cellules transformées sont testées pour la présence de gènes de la souche donneuse. On observe la cotransformation des gènes suivants :

a^+ et d^+ c^+ et d^+
b^+ et e^+ c^+ et e^+

Quel est l'ordre des gènes *a, b, c, d,* et *e* sur le chromosome ?

• Solution

Le taux de cotransformation des gènes est inversément proportionnel à la distance qui les sépare : des gènes proches l'un de l'autre sont cotransformés fréquemment, tandis que des gènes plus éloignés ne le sont que rarement. Dans cette expérience, le gène c^+ est cotransformé avec les gènes e^+ *et* d^+, mais les gènes e^+ et d^+ ne sont pas cotransformés ; par conséquent, le locus *c* doit se trouver entre les loci *d* et *e* :

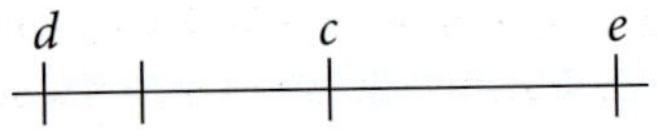

Le gène e^+est aussi cotransformé avec le gène b^+ ; par conséquent, les loci *e* et *b* doivent être proches. Le locus *b* pourrait se trouver d'un côté ou de l'autre de *e*. Pour déterminer si *b* se trouve du même côté de *e* que *c*, il faut voir si les gènes b^+ et c^+ sont cotransformés. Ce n'est pas le cas, donc le locus *b* doit être du côté de *e* opposé à *c* :

Le gène a^+ est cotransformé avec le gène d^+ ; donc ils doivent être proches. Si le locus *a* était du même côté de *d* que le locus *c*, les gènes a^+ et c^+ devraient être cotransformables. Or ces gènes ne présentent pas de cotransformation, donc le locus *a* doit être du côté de *d* opposé à *c* :

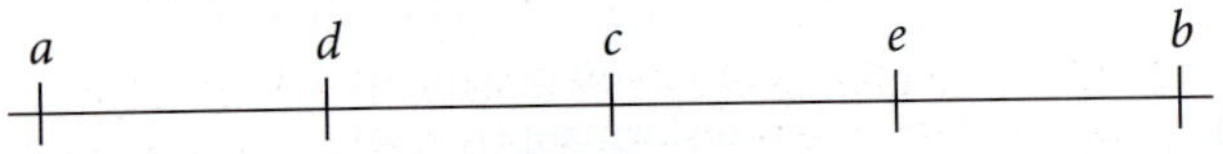

2. Considérons trois gènes chez *E. coli* : thr^+ (qui confère la capacité de synthétiser la thréonine), ara^+ (la capacité de métaboliser l'arabinose), et leu^+ (la capacité de synthétiser la leucine). Ces trois gènes occupent des loci proches sur le chromosome d'*E. coli*. Des phages sont cultivés par infection d'une souche thr^+ ara^+ leu^+d'*E. coli* (la souche donneuse). Le lysat de phages est récolté et utilisé pour infecter une souche d'*E. coli* qui est thr^- ara^- leu^-. Les bactéries réceptrices sont ensuite étalées sur un milieu ne contenant pas de leucine. Les bactéries qui croissent et forment des colonies sur ce milieu (les transduits leu^+) sont ensuite répliquées sur un milieu ne contenant pas de thréonine et sur un milieu contenant de l'arabinose comme seule source de carbone, pour identifier les transduits leu^+ qui sont aussi thr^+ et ceux qui sont aussi ara^+.

Un autre échantillon de bactéries réceptrices est étalé sur un milieu ne contenant pas de thréonine. Les bactéries qui forment des colonies sur ce milieu (les transduits thr^+) sont alors répliquées sur un milieu ne contenant pas de leucine et sur un milieu contenant de l'arabinose pour identifier les transduits thr^+ qui sont aussi leu^+ et ceux qui sont aussi ara^+. Les résultats sont les suivants :

Marqueur sélectionné	Marqueurs cotransduits (%)	
leu^+	thr^+	3
	ara^+	76
thr^+	leu^+	3
	ara^+	8

Quelle est la disposition des loci sur le chromosome ?

• Solution

Observez que quand nous sélectionnons leu^+ (partie supérieure du tableau), la plupart des transduits leu^+ sont aussi ara^+. Les loci *leu* et *ara* doivent se trouver près l'un de l'autre parce qu'ils sont fréquemment cotransduits. Par contre, thr^+ n'est que rarement cotransduit avec leu^+, ce qui indique qu'une plus grande distance sépare *leu* et *thr*. Nous savons donc que *leu* et *ara* sont plus proches que *leu* et *thr*, mais nous ne connaissons pas encore l'ordre relatif des loci : *thr* est-il du même côté de *leu* que *ara* ou du côté opposé ?

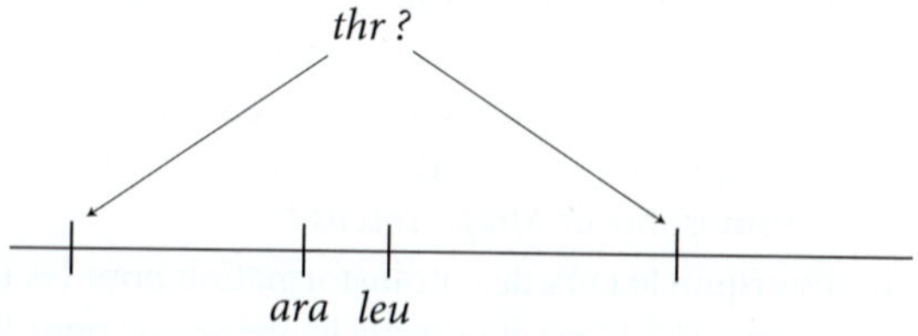

Nous pouvons déterminer la position de *thr* par rapport aux deux autres loci en examinant les fréquences de cotransduction quand thr^+ est sélectionné (bas du tableau). Observez que la fréquence de cotransduction de *thr* et *leu* est la même (3 %), mais que celle observée entre *thr* et *ara* est de 8 %. Cela indique que *thr* est plus proche de *ara* que de *leu* et se trouve donc à gauche de *ara* :

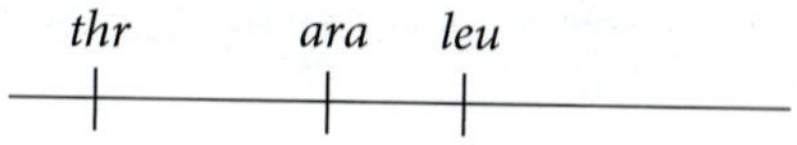

Questions de compréhension

Section 6.1

1. Expliquez brièvement les différences entre des cellules F^+, F^-, Hfr, et F′.

***2.** Quels sont les types de croisements possibles entre bactéries F^+, F^-, Hfr, et F′ ? Quels sont les résultats de ces différents croisements ? Quel est le rôle du facteur F dans la conjugaison ?

***3.** Expliquez comment la conjugaison interrompue, la transformation, et la transduction peuvent être utilisées pour cartographier des gènes bactériens. En quoi ces méthodes sont-elles similaires en quoi sont-elles différentes ?

Section 6.2

***4.** Citez quelques unes des propriétés qui font des bactéries et des virus des organismes idéaux pour plusieurs types d'analyses génétiques.

5. Quels types de génomes les virus possèdent-ils ?

6. Décrivez brièvement les différences entre le cycle lytique des phages virulents et le cycle lysogénique des phages tempérés.

7. Expliquez brièvement comment on cartographie les gènes de phages.

8. Décrivez la structure d'un rétrovirus type.

9. Quelle sont les origines du VIH-1 et du VIH-2 ?

Questions et problèmes d'application

Section 6.1

***10.** John Smith est éleveur de porcs. Depuis 5 ans, Smith ajoute des vitamines et de faibles doses d'antibiotiques à l'alimentation de ses porcs. Il dit que ces suppléments améliorent la croissance des porcs. Toutefois, pendant l'année écoulée, plusieurs de ses animaux sont morts suite à des infections par des bactéries communes qui n'ont pas répondu au traitement par des doses élevées d'antibiotiques. Proposez une explication pour l'augmentation de la mortalité par infection chez les porcs de Smith. Quel conseil donneriez-vous à Smith pour prévenir ce problème dans le futur ?

11. ANALYSE DE DONNÉES Austin Taylor et Edward Adelberg ont isolé plusieurs nouvelles souches Hfr d'*Escherichia coli*. Ils ont utilisé ces souches pour cartographier une série de gènes par conjugaison interrompue (A.L. Taylor et E.A. Adelberg. 1960. *Genetics* 45 : 1233-1243). Dans une de leurs expériences, ils ont mélangé des cellules de la souche Hfr AB-312, qui est xyl^+ mtl^+ mal^+ met^+ et qui est sensible au phage T6, avec des cellules de la souche F^- AB-531, qui est xyl^- mtl^- mal^- met^- et résistante au phage T6. La conjugaison a été initiée et, à intervalles réguliers, ces chercheurs ont prélevé un échantillon de cellules et interrompu la conjugaison en tuant les cellules Hfr par infection avec le phage T6. Les cellules F^-, résistantes au phage T6, ont survécu et ont été testées pour la présence d'allèles transférés par la souche Hfr. Les résultats de cette expérience sont montrés dans le graphique ci-joint. Sur la base de ces résultats, donnez l'ordre des loci *xyl, mtl, mal,* et *met* sur le chromosome d'*E. coli* et indiquez les distances minimum qui les séparent.

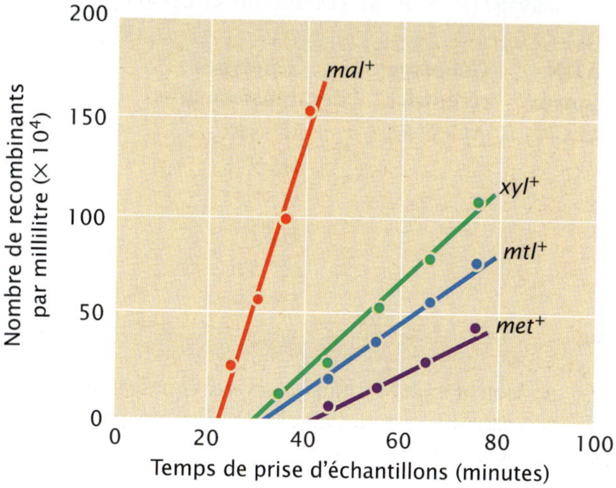

12. L'ADN d'une souche de *Bacillus subtilis* de génotype a^+ b^+ c^+ d^+ e^+ est utilisé pour transformer une souche de génotype $a^- b^- c^- d^- e^-$.Les gènes sont testés par paires pour la cotransformation, avec les résultats suivants :

Paires de gènes	Cotransformation	Paires de gènes	Cotransformation
a^+- b^+	non	b^+- d^+	non
a^+- c^+	non	b^+- e^+	oui
a^+- d^+	oui	c^+- d^+	non
a^+- e^+	oui	c^+- e^+	oui
b^+- c^+	oui	d^+- e^+	non

Quel est l'ordre des gènes sur le chromosome bactérien ?

13. L'ADN d'une souche bactérienne *his*$^+$ *leu*$^+$ *lac*$^+$ est utilisé pour transformer une souche *his*$^-$ *leu*$^-$ *lac*$^-$. Les pourcentages suivants sont observés parmi les cellules transformées :

Souche donneuse	Souche réceptrice	Génotypes des transformants	Pourcentage
$his^+\ leu^+\ lac^+$	$his^-\ leu^-\ lac^-$	$his^+\ leu^+\ lac^+$	0,02
		$his^+\ leu^+\ lac^-$	0,00
		$his^+\ leu^-\ lac^+$	2,00
		$his^+\ leu^-\ lac^-$	4,00
		$his^-\ leu^+\ lac^+$	0,10
		$his^-\ leu^-\ lac^+$	3,00
		$his^-\ leu^+\ lac^-$	1,50

a. Que concluez-vous quant à l'ordre de ces trois loci sur le chromosome ?

b. Quels sont les deux loci les plus proches ?

14. Rollin Hotchkiss et Julius Marmur ont étudié la transformation chez la bactérie *Streptococcus pneumoniae* (R.D. Hotchkiss et J. Marmur. 1954. *Proccedings of the National Academy of Sciences of the US* 40: 55-60). Ils ont examiné quatre mutations: la résistance à la pénicilline (*P*), la résistance à la streptomycine (*S*), la résistance à la sulfanylamide (*F*), et la perte de la capacité d'utiliser le mannitol (*M*). Le résultat d'une de leurs expériences de transformation de cellules d'une souche sauvage (P^+ S^+ F^+ M^+) est montré ci-dessous.

ADN donneur	Génotype réceptrice	Génotypes des transformants	Pourcentage du total des cellules
$M\ S\ F$	$M^+\ S^+\ F^+$	$M^+\ S\ F^+$	4,0
		$M^+\ S^+\ F$	4,0
		$M\ S^+\ F^+$	2,6
		$M\ S\ F^+$	0,41
		$M^+\ S\ F$	0,22
		$M\ S^+\ F$	0,0058
		$M\ S\ F$	0,0071

a. Hotchkiss et Marmur observèrent que le taux de cotransformation était plus élevé qu'attendu sur une base aléatoire. Par exemple, les résultats montrent que 2,6 % des cellules sont transformées vers *M* et 4 % sont transformées vers *S*. Si les caractères *M* et *S* étaient introduits de façon indépendante, la probabilité attendue de cotransformation vers *M* et *S* (*MS*) serait $0{,}026 \times 0{,}04 = 0{,}001$, soit 0,1 %. Cependant, ils observaient 0,41 % de cotransformants *MS*, quatre fois plus qu'attendu. Comment expliquer cette fréquence de transformation relativement élevée ?

b. Sur la base de ces résultats, que peut-on conclure en ce qui concerne l'ordre des loci *M*, *S*, et *F* sur le chromosome de *Streptococcus* ?

c. Pourquoi le taux de cotransformation pour les trois gènes (*M S F*) est-il presque le même que pour les deux gènes *M* et *F* ?

Section 6.2

15. Deux mutations affectant la morphologie des plages de lyse (a^- et b^-) ont été isolées chez un phage. Des phages porteurs des deux mutations (a^- b^-) sont mélangés à des phages de type sauvage (a^+ b^+) pour coinfecter une culture bactérienne. Après la lyse des bactéries, des échantillons du lysat sont mélangés à des bactéries indicatrices et étalés sur des boîtes. Après incubation, on observe les nombres de types de plages de lyse différents donnés ci-dessous :

Types de plages (phénotypes)	Nombre
$a^+\ b^+$	2 043
$a^+\ b^-$	320
$a^-\ b^+$	357
$a^-\ b^-$	2 134

Quel est la fréquence de recombinaison entre les gènes *a* et *b* ?

16. T. Miyake et M. Demerec ont étudié des mutations auxotrophes pour la proline chez la bactérie *Salmonella typhimurium* (T. Miyake et M. Demerec. 1960. *Genetics* 45 : 755-762). En faisant des tests de complémentation, ils ont identifié quatre groupes de complémentation (quatre loci) : *proA*, *proB*, *proC*, et *proD*. Pour déterminer si ces loci étaient proches sur le chromosome de *Salmonella*, ils ont effectué une série de transductions. Des bactéries qui étaient *proC*$^+$, mais qui avaient des mutations au loci *proA*, *proB*, ou *proD* ont servi de donneuses. Les souches donneuses ont été infectées par des bactériophages, et les phages des différents lysats ont été utilisés pour transduire une souche réceptrice de génotype *proC*$^-$ *proA*$^+$ *proB*$^+$ *proD*$^+$et sélectionner des recombinants *proC*$^+$. Les recombinants *proC*$^+$ ont ensuite été analysés pour déterminer les allèles présents aux autres loci *pro*. Voici les résultats :

Génotype du donneur	Génotype des transduits	Nombre
$proC^+\ proA^-\ proB^+\ proD^+$	$proC^+\ proA^+\ proB^+\ proD^+$	2 765
	$proC^+\ proA^-\ proB^+\ proD^+$	3
$proC^+\ proA^+\ proB^-\ proD^+$	$proC^+\ proA^+\ proB^+\ proD^+$	1 838
	$proC^+\ proA^+\ proB^-\ proD^+$	2
$proC^+\ proA^+\ proB^+\ proD^-$	$proC^+\ proA^+\ proB^+\ proD^+$	1 166
	$proC^+\ proA^+\ proB^+\ proD^-$	0

a. Pourquoi ne retrouve-t-on pas le génotype *proC*$^-$ parmi les transduits ?

b. Quels sont les génotypes qui résultent de la transduction de *proC*$^+$ seul et quels sont ceux qui résultent d'une cotransduction ?

c. Y a-t-il des indications que *proA*, *proB*, et *proD* soient localisés près de *proC* ? Expliquez votre réponse.

***17.** Une généticienne isole deux mutations chez un bactériophage. Une des mutations donne des plages de lyse claires (*c*) et l'autre des plages minuscules (*m*). Des expériences précédentes ont déterminé que les gènes responsables de ces mutations sont distants de 8 U.C. La généticienne mélange des phages de génotypes $c^+ m^+$ et $c^- m^-$ et infecte une culture de bactéries avec le mélange. Elle récolte le lysat obtenu et étale des échantillons sur un tapis d'une bactérie indicatrice. Sur un total de 1 000 plages obtenues, à quels nombres de plages des types suivants ($c^+ m^+$, $c^- m^-$, $c^+ m^-$, $c^- m^+$) doit-elle s'attendre ?

***18.** Une culture d'*E. coli* est infectée simultanément avec deux souches de phage λ. Une souche est mutante pour la spécificité d'hôte, sensible à la température, et produit des plages claires (génotype *h st c*), et l'autre souche porte les allèles de type sauvage correspondants (génotype $h^+ st^+ c^+$). Les phages produits par l'infection sont collectés à partir des cellules lysées et sont étalés sur des bactéries indicatrices. Les génotypes des phages issus de l'infection mixte, déduits de la morphologie des plages, sont les suivants :

Génotypes des phages	Nombre de plages
$h^+ c^+ st^+$	321
$h\ c\ st$	338
$h^+ c\ st$	26
$h\ c^+ st^+$	30
$h^+ c\ st^+$	106
$h\ c^+ st$	110
$h^+ c^+ st$	5
$h\ c\ st^+$	6

a. Déterminez l'ordre des trois gènes sur le chromosome du phage.

b. Déterminez les distances cartographiques entre les trois gènes.

c. Déterminez le coefficient de coïncidence et l'interférence (voir les pp. 120-125 dans le Chapitre 5).

19. Une souche bactérienne donneuse porteuse des gènes $a^+ b^+ c^+$ est infectée par des phages pour cartographier ces gènes par transduction généralisée. Le lysat est récolté et utilisé pour infecter une seconde souche qui est $a^- b^- c^-$. Les bactéries porteuses de l'allèle a^+ sont sélectionnées, puis le pourcentage de cellules a^+ cotransduites pour les allèles b^+ et c^+ est déterminé.

Donneuse	Réceptrice	Gène sélectionné	Cellules avec un gène cotransduit (%)
$a^+ b^+ c^+$	$a^- b^- c^-$	a^+	25 b^+
		a^+	3 c^+

Quel gène est-il le plus proche de *a* : *b* ou *c* ? Expliquez votre raisonnement.

Question test

Section 6.1

20. Un groupe d'étudiants en génétique mélange deux souches bactériennes auxotrophes : l'une est $leu^+ trp^+ his^- met^-$ et l'autre est $leu^- trp^- his^+ met^+$. Après incubation du mélange, ils étalent les bactéries sur un milieu minimum et observent quelques colonies prototrophes ($leu^+ trp^+ his^+ met^+$). Ils se disent qu'une forme de transfert génétique a eu lieu entre les deux souches. Comment peuvent-ils déterminer si le transfert de gènes s'est produit par conjugaison, transduction ou transformation ?

7 Variation de la structure et du nombre de chromosomes

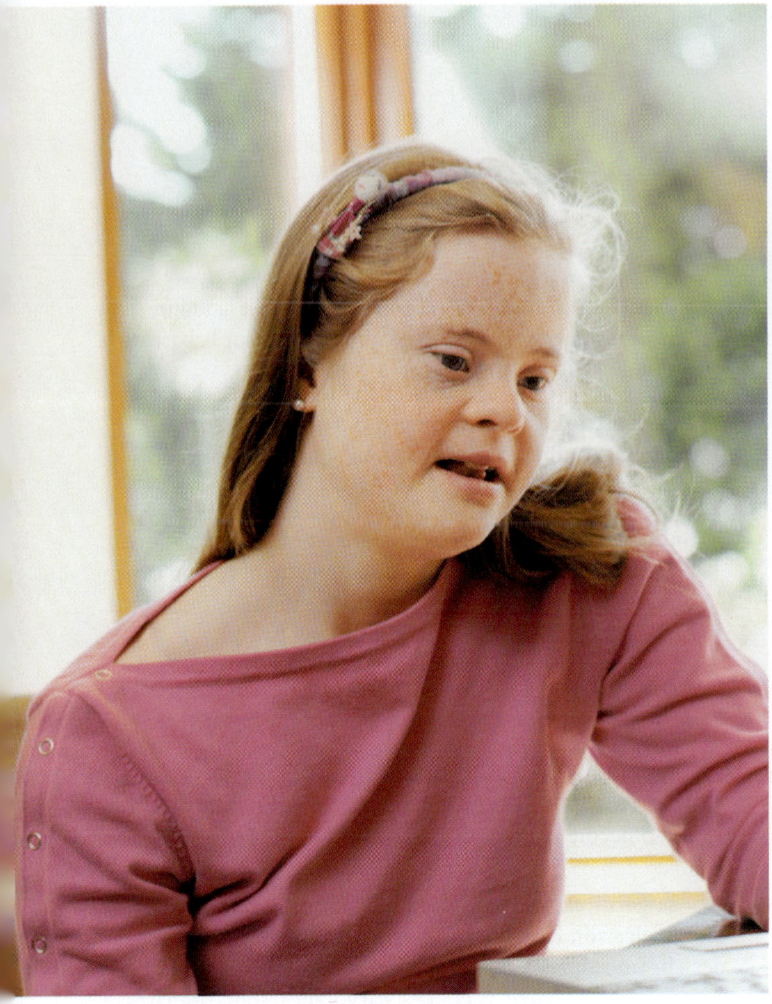

Le syndrome de Down est provoqué par la présence de trois exemplaires d'un ou de plusieurs gènes du chromosome 21. *[Stockbyte.]*

La trisomie 21 et la région critique du syndrome de Down

En 1866, John Langdon Down, médecin et directeur de l'asile de Earlswood, dans le Surrey (Grande-Bretagne), observa une ressemblance physique remarquable entre certains de ses patients arriérés mentaux : tous avaient le visage large et plat, le nez petit, des yeux de forme ovale, et une langue épaisse. Leurs traits étaient similaires au point qu'ils eussent pu être pris pour les membres d'une même famille. Down ne pouvait pas connaître la cause de leur arriération, mais sa description rend si bien compte des caractéristiques physiques associées à cette forme d'arriération mentale très répandue qu'en son honneur, la condition est appelée syndrome de Down.

Dès les années 1930, les généticiens ont suggéré que le syndrome de Down soit dû a une aberration chromosomique, mais ce n'est qu'en 1959 qu'on a pu en déterminer la cause avec certitude : la plupart des personnes présentant la condition ont trois copies du chromosome 21, ce qu'on appelle une trisomie 21. Dans quelques cas assez rares, les personnes atteintes ne sont trisomiques que pour certaines parties du chromosome 21. En comparant les régions surnuméraires du chromosome 21 présentes chez ces personnes, les généticiens ont identifié un segment spécifique – appelé la région critique du syndrome de Down (en anglais « Down – Syndrome Critical Region » ou DSCR) – qui contient un ou plusieurs des gènes responsables des symptômes observés. Le séquençage du génome humain a montré que la DSCR contient un peu plus de 5 millions de paires de bases et 33 gènes.

En 2006, des équipes de chercheurs ont mis en lumière le rôle de deux des gènes de la DSCR. Des souris présentant des déficiences de la voie régulatrice contrôlée par les gènes *DSCR1* et *DYRK1A* montrent plusieurs des caractéristiques associées au syndrome de Down. Par exemple, des souris manipulées génétiquement pour surexprimer *DSCR1* et *DYRK1A* ont un développement cardiaque anormal ressemblant aux anomalies cardiaques congénitales rencontrées chez de nombreuses personnes atteintes du syndrome.

Bien que cette découverte soit significative et excitante, il semble cependant que la cause génétique du syndrome de Down soit plus complexe qu'on l'imaginait précédemment. Dans une étude précédente (2004), la généticienne Lisa Olson et ses collègues avaient voulu déterminer si les gènes de la DSCR étaient seuls responsables du syndrome de Down. Des éleveurs de souris ont développé plusieurs souches de souris trisomiques pour la plupart des gènes présents sur le chromosome 21 humain (chez la souris, les gènes équivalents se trouvent sur le chromosome 16). Ces souris présentent plusieurs des caractéristiques anatomiques trouvées chez les personnes ayant le syndrome, ainsi que des troubles du comportement, et elles sont considérées comme un modèle animal pour l'étude du syndrome de Down. Olson et ses collègues ont soigneusement créé des souris trisomiques pour les gènes de la DSCR, mais ne possédant que deux copies (le nombre normal) des équivalents des autres gènes du chromosome 21 humain. Si un ou plusieurs gènes de la DSCR étaient responsables du syndrome de Down, ces souris devraient présenter le syndrome. La réponse fut surprenante : les souris manipulées génétiquement ne présentaient aucune des caractéristiques anatomiques du syndrome de Down, démontrant ainsi que la seule présence de trois copies des gènes de la DSCR ne suffit pas à causer le syndrome, du moins chez la souris. Une autre étude s'est intéressée au gène humain *APP*, qui se trouve en dehors de la DSCR. Il semble que ce gène soit responsable d'au moins une partie des symptômes de type Alzheimer observés chez les personnes d'un certain âge atteintes du syndrome de Down.

Dans leur ensemble, les résultats de ces études suggèrent que le syndrome de Down ne soit pas dû à un seul gène, mais qu'il résulte plutôt de la perturbation d'interactions complexes entre plusieurs gènes, provoquée par la présence d'un chromosome 21 supplémentaire. La recherche sur le syndrome de Down illustre bien le principe que les aberrations chromosomiques affectent souvent des réseaux d'interactions complexes entre de nombreux gènes.

Les espèces ont un nombre de chromosomes caractéristique, chaque chromosome ayant une taille et une structure bien définie, et tous les tissus d'un organisme – à l'exception des gamètes – contiennent la même garniture chromosomique. Néanmoins, des variations du nombre de chromosomes – comme le chromosome 21 surnuméraire qui est la cause du syndrome de Down – peuvent se produire. Des variations de la structure de certains chromosomes peuvent aussi survenir : un chromosome peut perdre ou gagner des segments, et l'ordre des gènes dans un chromosome peut être modifié. Ces variations du nombre et de la structure des chromosomes, appelées **mutations chromosomiques**, jouent fréquemment un rôle important dans l'évolution.

Nous commencerons par rappeler quelques concepts de base sur la structure des chromosomes, que nous avons vus dans le Chapitre 2, puis nous examinerons les différents types de mutations chromosomiques, leurs définitions, leurs caractéristiques, leurs effets phénotypiques, et leur influence sur l'évolution.

7.1 Les mutations chromosomiques comprennent les réarrangements, l'aneuploïdie et la polyploïdie

Avant d'étudier les différents types de mutations chromosomiques, revoyons rapidement quelques notions essentielles concernant la structure des chromosomes.

Morphologie des chromosomes

Chaque chromosome fonctionnel contient un centromère auquel s'attachent les fibres du fuseau, et deux télomères qui stabilisent les extrémités des chromosomes (voir la Figure 2.5). Les chromosomes sont classés en quatre types sur la base de la position du centromère :

1. **Métacentrique.** Le centromère se trouve approximativement au milieu du chromosome, qui a deux bras de longueur identique.
2. **Submétacentrique.** Le centromère est plus proche d'une des extrémités. Le chromosome a donc un bras long et un bras court. (Dans les chromosomes humains, le bras court est désigné par la lettre p, et le bras long par q.)
3. **Acrocentrique.** Le centromère est proche d'une extrémité, ce qui crée un bras très long et un bouton, ou satellite, à l'autre extrémité.
4. **Télocentrique.** Le centromère est à une extrémité du chromosome, ou très près de l'extrémité (voir la Figure 2.6).

La garniture chromosomique complète d'un organisme est appelée son *caryotype*, souvent représenté par une image des chromosomes à la métaphase, rangés par ordre de taille décroissante (**Figure 7.1**). Les caryotypes sont préparés à partir de cellules qui se divisent activement : leucocytes, cellules de la moelle osseuse, ou cellules du méristème des plantes. Après un traitement par un réactif qui les empêche d'entrer en anaphase (généralement, par la colchicine), les cellules sont préservées chimiquement, étalées sur une lame de microscope, colorées, et photographiées. La photo est ensuite agrandie, puis les chromosomes individuels sont découpés et arrangés en caryotype. Dans le cas des chromosomes humains, les caryotypes sont souvent préparés par des machines automatisées qui balayent la surface d'une lame avec une caméra vidéo attachée à un microscope, à la recherche des chromosomes étalés. Quand un étalement a été repéré, la caméra prend une photo des chromosomes, l'image

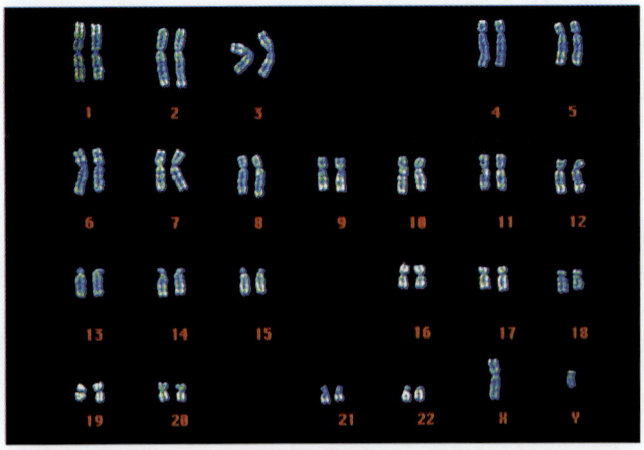

7.1 Un caryotype humain comporte 46 chromosomes. Ici, le caryotype d'une personne de sexe masculin ; le caryotype d'une femme contiendrait deux chromosomes X. *[ISM/Phototake.]*

est digitalisée, et les chromosomes sont triés et alignés par un programme informatique.

La préparation et les techniques de coloration permettent de distinguer entre eux les chromosomes de taille et de forme similaires. Par exemple, la coloration des chromosomes par le colorant Giemsa révèle les bandes G, des régions d'ADN riches en paires de bases adénine – thymine (A – T), comme le montre la **Figure 7.2a** (voir le Chapitre 8). Les bandes Q (**Figure 7.2b**) sont révélées en colorant les chromosomes avec un dérivé de la quinacrine et en les examinant à la lumière UV ; les variations d'intensité des bandes Q résultent de différences des quantités relatives de paires de bases cytosine – guanine (C – G) et adénine – thymine (A – T). D'autres techniques révèlent les bandes C (**Figure 7.2c**) qui sont des régions d'hétérochromatine centromérique, et les bandes R (**Figure 7.2d**), qui sont riches en paires cytosine – guanine.

Les grands types de mutations chromosomiques

Les mutations chromosomiques se rangent en trois grandes catégories : les réarrangements chromosomiques, l'aneuploïdie et la polyploïdie (**Figure 7.3**). Les réarrangements chromosomiques changent la *structure* des chromosomes ; par exemple, un segment de chromosome peut être inversé, dupliqué, ou faire l'objet d'une délétion. Dans l'aneuploïdie, le *nombre* de chromosomes est modifié : un ou plusieurs chromosomes sont ajoutés ou manquants. La polyploïdie est l'addition d'un ou plusieurs *jeux complets* de chromosomes. Certains organismes (comme la levure) contiennent un seul jeu de chromosomes ($1n$) pendant la majeure partie de leur cycle de vie, et sont dits haploïdes, tandis que d'autres possèdent deux jeux de chromosomes et sont dits diploïdes ($2n$). Un polyploïde est un organisme qui a plus de deux jeux de chromosomes ($3n$, $4n$, $5n$, ou plus).

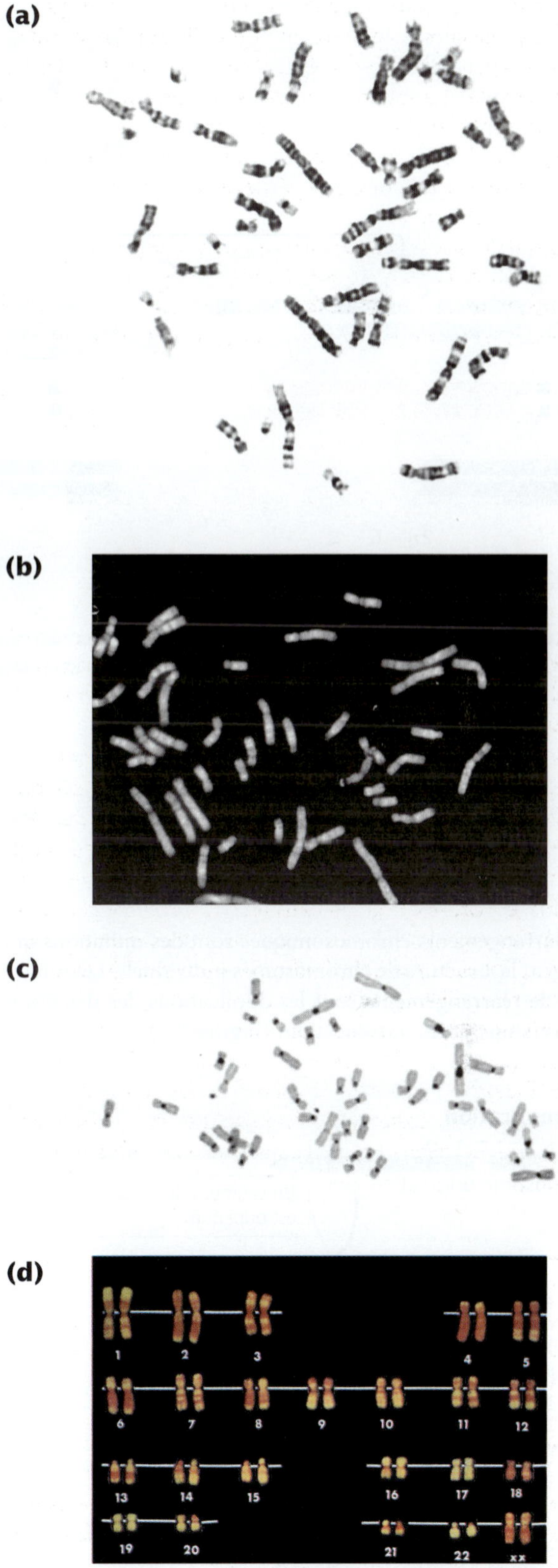

7.2 Les profils de bandes des chromosomes sont révélés par des procédés de coloration spéciaux. (a) Bandes G. (b) Bandes Q. (c) Bandes C. (d) Bandes R. *[(a) : Leonard Lessin/Peter Arnold. (b) et (c) : University of Washington Pathology Department. (d) : Dr. Ram Verma/ Phototake.]*

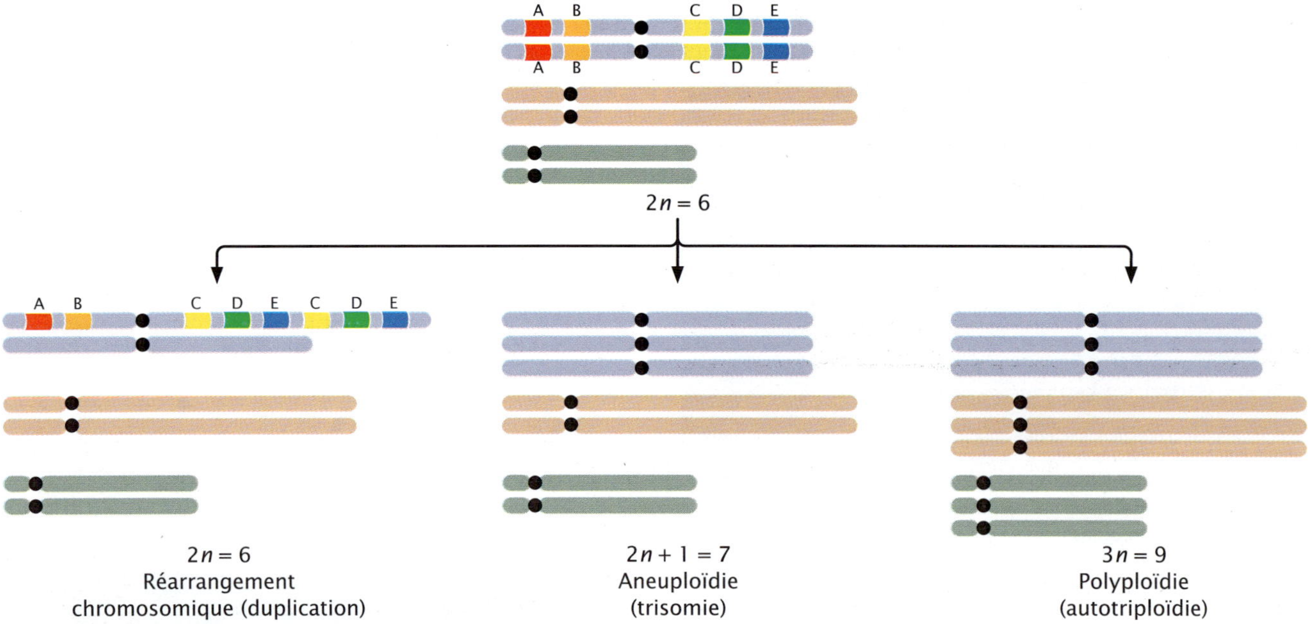

7.3 Les mutations chromosomiques comprennent les réarrangements chromosomiques, l'aneuploïdie et la polyploïdie. Les duplications, la trisomie et l'autotriploïdie sont des exemples de chaque catégorie de mutations.

7.2 Les réarrangements chromosomiques changent la structure des chromosomes

Les réarrangements chromosomiques sont des mutations qui changent la structure de chromosomes individuels. Les quatre types de réarrangements sont les duplications, les délétions, les inversions, et les translocations (**Figure 7.4**).

Les duplications

Une duplication chromosomique est une mutation dans laquelle une partie d'un chromosome existe en double (voir la Figure 7.4a). Considérons un chromosome contenant les segments AB•CDEFG, dans lequel • représente le centromère. Une duplication pourrait concerner les fragments EF, produisant un chromosome avec les segments AB•CDEF<u>EF</u>G. Ce type de duplication, dans lequel la région dupliquée est immédiatement adjacente au segment d'origine, est une **duplication en tandem**. Si le segment dupliqué

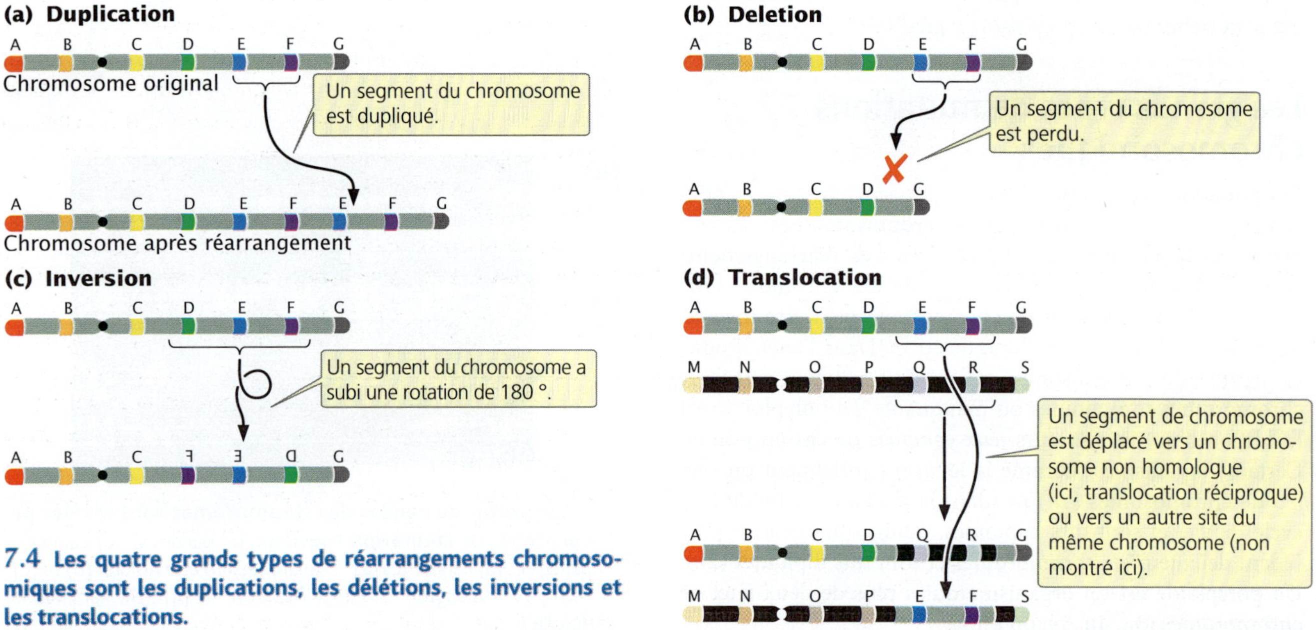

7.4 Les quatre grands types de réarrangements chromosomiques sont les duplications, les délétions, les inversions et les translocations.

se trouve à une certaine distance du segment original, sur le même chromosome ou sur un chromosome différent, on parle d'une **duplication déplacée**. Un exemple de duplication déplacée serait AB•CDEFGEF. Une duplication peut se trouver dans la même orientation que la séquence d'origine, comme dans les deux exemples précédents, ou dans l'orientation inverse : AB•CDEFFEG. Il s'agit alors d'une **duplication inverse**.

Un individu homozygote pour une duplication porte la duplication (la séquence mutée) sur les deux chromosomes homologues, et un individu hétérozygote pour une duplication a un chromosome non muté et un chromosome portant la duplication. Chez les hétérozygotes (**Figure 7.5a**), des problèmes d'appariement des chromosomes se manifestent à la prophase I de la méiose, parce que les deux chromosomes ne sont pas homologues sur toute leur longueur. L'appariement et la synapsis des régions homologues nécessitent la formation d'une boucle et une torsion d'un des chromosomes homologues, ou des deux, pour que ces régions puissent s'aligner (**Figure 7.5b**). L'apparition d'une telle structure en boucle à la méiose est un des indices de la présence d'une duplication.

Des duplications peuvent avoir des effets importants sur le phénotype. Chez la mouche des fruits (*Drosophila melanogaster*), par exemple, la mutation *Bar* réduit le nombre de facettes de l'œil, lui donnant une taille réduite et la forme

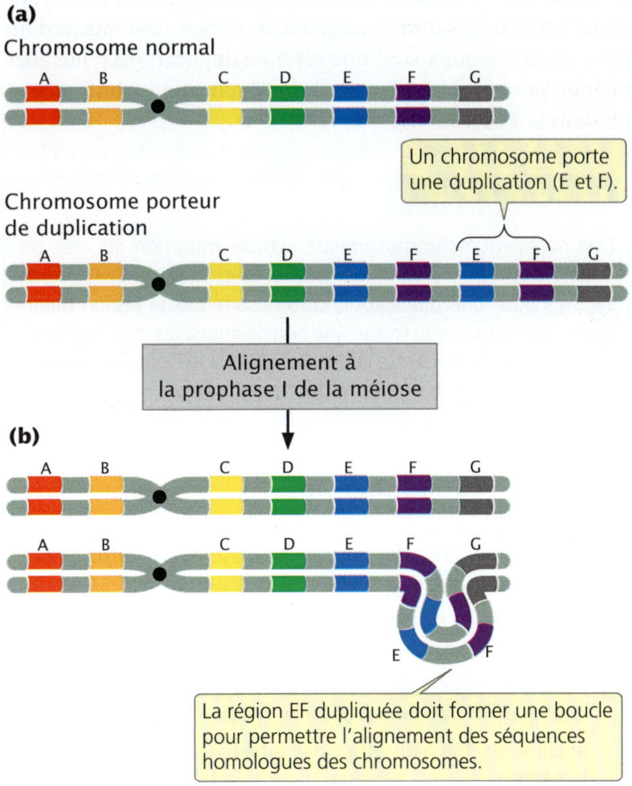

7.5 Chez un individu hétérozygote pour une duplication, le chromosome porteur de la duplication forme une boucle à l'appariement de la prophase I.

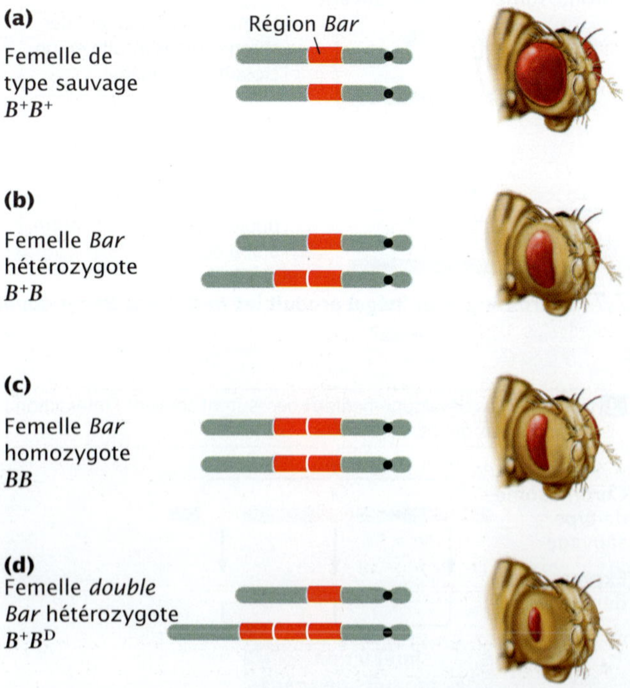

7.6 Le phénotype Bar chez *Drosophila melanogaster* résulte d'une duplication liée à l'X. (a) Taille normale des yeux chez une mouche de type sauvage. (b) Les mouches hétérozygotes et (c) homozygotes pour la mutation *Bar* ont des yeux plus petits en forme de barre. (d) Les mouches *double Bar* ont trois exemplaires de la région *Bar* et des yeux en forme de barre encore plus petits.

d'une barre au lieu d'un ovale **Figure 7.6**). La mutation *Bar* est une courte duplication présente sur le chromosome X, qui est transmise comme un trait incomplètement dominant lié à l'X : les mouches femelles hétérozygotes ont des yeux de taille légèrement réduite (une réduction limitée du nombre de facettes ; voir la Figure 7.6b), tandis que chez les femelles homozygotes et les mâles hémizygotes, le nombre de facettes est fortement réduit (voir la Figure 7.6c). Il arrive qu'une mouche porte trois exemplaires de la région *Bar* sur son chromosome X ; chez ces mouches, appelées *double Bar*, le nombre de facettes de l'œil est extrêmement réduit (voir la Figure 7.6d). La mutation *Bar* est produite par crossing-over inégal, un processus qui génère des duplications (**Figure 7.7** ; voir aussi la Figure 13.14).

Comment une duplication chromosomique peut-elle influencer le phénotype ? Après tout, les séquences des gènes ne sont pas changées par les duplications, et il ne manque aucune information génétique ; le seul changement est la présence de copies supplémentaires de séquences normales. La réponse à cette question n'est pas évidente, mais les effets sont probablement dus à un déséquilibre entre les quantités des produits des gènes (une dose génique anormale). La quantité d'une protéine qui est produite est souvent fonction du nombre d'exemplaires du gène correspondant : souvent, un individu possédant trois exemplaires fonctionnels d'un gène produit 1,5 fois autant de la protéine codée par ce gène qu'un

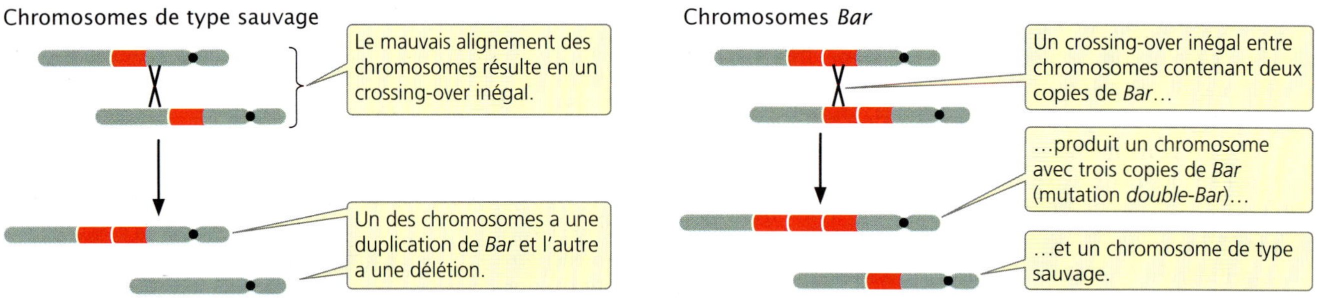

7.7 Le crossing-over inégal produit les mutations *Bar* et *double Bar*.

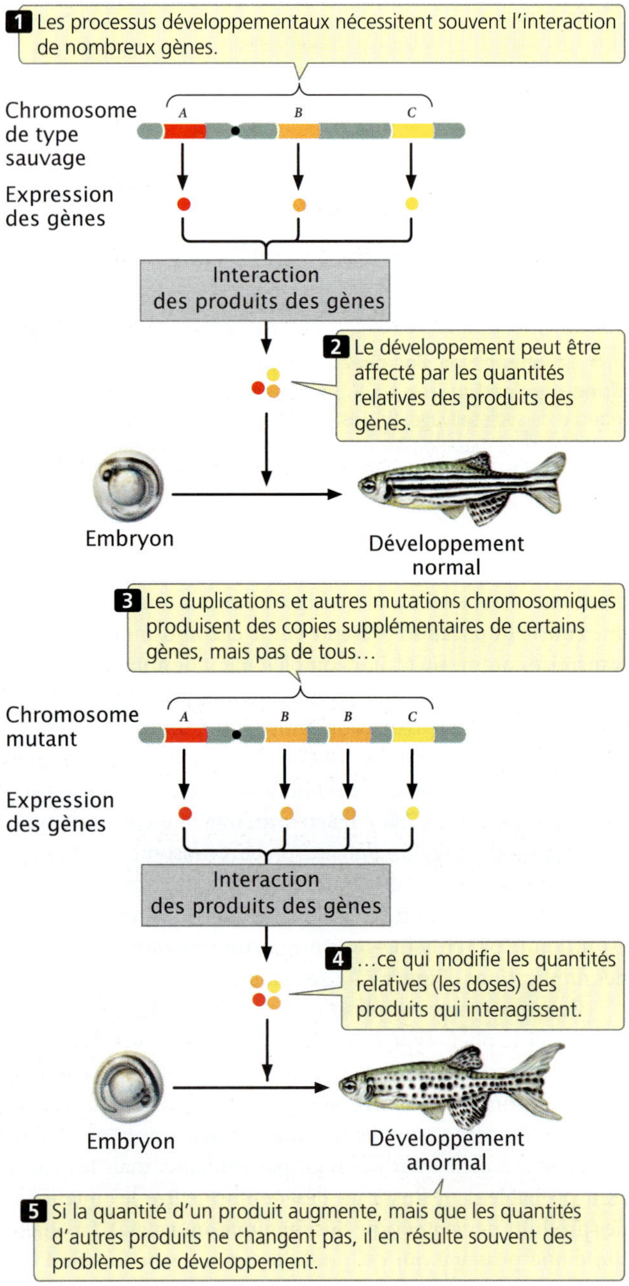

7.8 Un déséquilibre de la dose génique provoque des anomalies de développement.

individu qui en possède deux. Dans la mesure où le développement d'un organisme implique l'interaction de nombreuses protéines, il peut dépendre de façon critique des quantités relatives de ces protéines. L'augmentation de la quantité d'une protéine par rapport à celle, restée constante, d'autres protéines, peut causer des problèmes (**Figure 7.8**). Bien que certaines duplications puissent avoir des conséquences graves quand la quantité relative du produit d'un gène est d'une importance capitale pour le fonctionnement cellulaire, des duplications se sont produites fréquemment au cours de l'évolution de nombreux organismes eucaryotiques et elles ont été une source de gènes nouveaux susceptibles de faire apparaître de nouvelles fonctions. Par exemple, l'homme possède une série de gènes codant des chaînes de globine différentes, dont certaines fonctionnent comme transporteurs d'oxygène après la naissance, et d'autres durant le développement embryonnaire et foetal. Ces différents gènes de globine descendent d'un gène ancestral qui a subi une série de duplications. Quelques phénotypes humains associés à des duplications sont présentés dans le **Tableau 7.1**.

Concepts clés

Une duplication chromosomique est une mutation qui crée un double d'une partie de chromosome. Chez les individus hétérozygotes pour une duplication chromosomique, la région dupliquée du chromosome forme une boucle quand les chromosomes homologues s'apparient à la prophase I de la méiose. Les duplications ont souvent des effets importants sur le phénotype, probablement à cause d'un déséquilibre de la dose génique.

✔ Test de compréhension 1

Les duplications chromosomiques produisent souvent des phénotypes anormaux parce que

a. des processus développementaux dépendent des quantités relatives des protéines codées par différents gènes.
b. les exemplaires supplémentaires des gènes dans la région dupliquée ne s'apparient pas à la méiose.
c. le chromosome peut être cassé quand il forme une boucle à la méiose.
d. de l'ADN supplémentaire doit être répliqué, ce qui ralentit la division cellulaire.

Tableau 7.1 Effets de certains réarrangements chromosomiques chez l'homme

Type de réarrangement	Chromosome	Maladie	Symptômes
Duplication	4, bras court	—	Tête petite, cou court, basse implantation des cheveux, retard mental et de croissance
Duplication	4, bras long	—	Tête petite, front fuyant, anomalies des mains
Duplication	7, bras long	—	Retard de développement, asymétrie de la tête, cuir chevelu duveteux, nez petit, implantation basse des oreilles
Duplication	9, bras court	—	Faciès caractéristique, retard mental variable, front haut et large, anomalies des mains
Délétion	5, bras court	Syndrome du cri-du-chat	Tête petite, cri distinctif, large espacement des yeux, visage rond, retard mental
Délétion	4, bras court	Syndrome de Wolf-Hirschhorn	Tête petite avec un front haut, nez camus, bec-de-lièvre et palais perforé, retard mental sévère
Délétion	4, bras long	—	Tête petite, retard mental léger à modéré, bec-de-lièvre et palais perforé, anomalies des mains et des pieds
Délétion	7, bras long	Syndrome de Williams-Beuren	Faciès caractéristique, malformations cardiaques, détérioration mentale
Délétion	15, bras long	Syndrome de Prader-Willi	Difficultés d'alimentation au stade nourrisson, mais obésité après l'âge d'un an, retard mental léger à modéré
Délétion	18, bras court	—	Visage rond, grandes oreilles implantées bas, retard mental léger à modéré
Délétion	18, bras long	—	Forme de bouche distinctive, tête petite, mains petites, retard mental

Les délétions

Les **délétions chromosomiques** sont un deuxième type de réarrangement chromosomique, qui correspond à la perte d'un segment de chromosome (voir la Figure 7.4b). Un chromosome comprenant les segments AB•CDEFG qui subit une délétion du segment EF génère le chromosome muté AB•CDG.

Une grande délétion est facile à déceler parce que le chromosome est raccourci de façon visible. Chez les individus hétérozygotes pour une délétion, le chromosome normal doit former une boucle quand les homologues s'apparient à la prophase I de la méiose, pour permettre aux régions homologues des deux chromosomes de s'aligner et d'entrer en synapsis (**Figure 7.9**). Ce bouclage génère une structure très semblable à celle observée dans le cas de duplications.

Les conséquences phénotypiques d'une délétion dépendent des gènes qui se trouvent dans la région perdue. Si la délétion inclut le centromère, le chromosome ne ségrègera pas à la méiose ou à la mitose, et, en général, il sera perdu. La plupart des délétions sont létales à l'état homozygote, parce que tous les exemplaires de gènes essentiels qui seraient localisés dans la région disparue sont perdus. Même les individus hétérozygotes pour une délétion peuvent présenter des anomalies

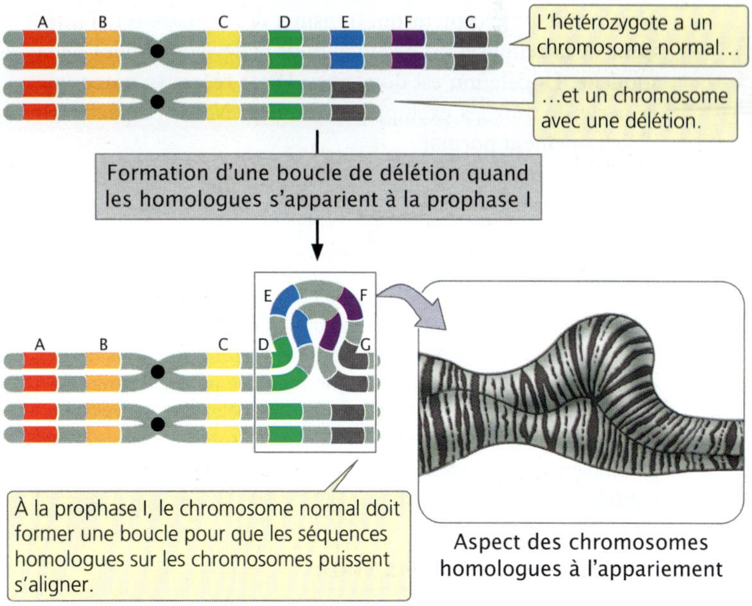

7.9 Chez un individu hétérozygote pour une délétion, le chromosome normal forme une boucle quand les chromosomes s'apparient à la prophase I.

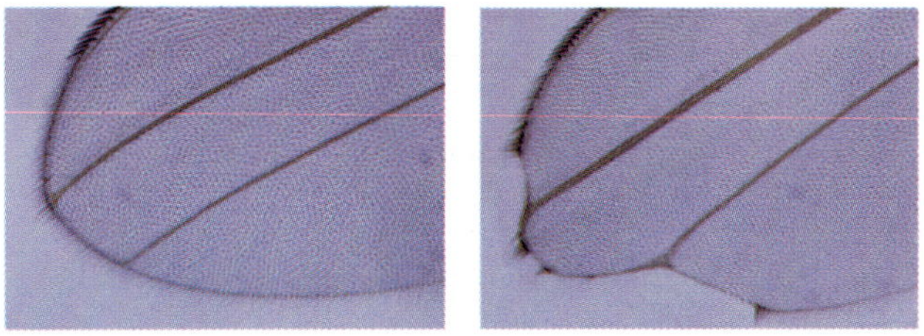

7.10 Le phénotype Notch résulte d'une délétion qui élimine le gène *Notch*. (Gauche) Aspect normal de l'aile. (Droite) Extrémité entaillée de l'aile résultant de la mutation *Notch*. *[Spyros Artavanis-Tsakonas, Kenji Matsuno, et Mark E. Fortini.]*

multiples pour trois raisons. D'abord, l'état hétérozygote peut créer un déséquilibre des quantités des produits des gènes concernés, semblable au déséquilibre provoqué par la présence d'exemplaires de gènes surnuméraires. En deuxième lieu, des mutations récessives sur le chromosome homologue qui n'a pas subi de délétion peuvent être exprimées si l'allèle dominant a été perdu. L'expression d'une mutation récessive dans de telles conditions est appelée **pseudodominance** et indique qu'un des homologues porte une délétion. En troisième lieu, la présence de deux exemplaires de certains gènes peut être nécessaire au fonctionnement normal de la cellule. Quand une seule copie d'un gène ne suffit pas à produire un phénotype normal, on dit que le gène est **haplo-insuffisant.** *Notch* est une série de mutations de l'aile chez la drosophile, qui sont liées à l'X et qui, souvent, sont des délétions. Les délétions *Notch* se comportent comme des mutations dominantes : quand une mouche est hétérozygote pour une délétion *Notch*, ses ailes sont entaillées aux extrémités et sur les bords (**Figure 7.10**). Le locus *Notch* est donc haplo-insuffisant. Les femelles homozygotes pour une délétion *Notch* (ou les mâles hémizygotes) meurent au début du développement embryonnaire. Le gène *Notch* code un récepteur qui transmet des signaux vers l'intérieur de la cellule et est essentiel pour le développement de la mouche. La délétion est donc aussi létale récessive parce que la perte de tous les exemplaires du gène *Notch* empêche un développement normal.

Concepts clés

Une délétion chromosomique est une mutation qui consiste en la perte d'une partie d'un chromosome. Chez les individus hétérozygotes pour une délétion, le chromosome normal forme une boucle à la prophase I de la méiose. Les délétions permettent l'expression des allèles récessifs présents sur le chromosome homologue et peuvent provoquer un déséquilibre de dose des produits des gènes concernés.

✔ Test de compréhension 2

Qu'est-ce que la pseudodominance et comment peut-elle résulter d'une délétion chromosomique ?

Les inversions

Dans une **inversion chromosomique**, un fragment de chromosome est mis en sens inverse, l'équivalent d'une rotation de 180 ° (voir la Figure 7.4c). Par rapport à un chromosome AB•CDEFG, un chromosome AB•CFEDG présente une inversion des segments DEF. Pour qu'une inversion se produise, le chromosome doit être cassé à deux endroits. Des inversions qui ne comprennent pas le centromère, comme AB•CFEDG, sont des **inversions paracentriques** (*para* signifie « à côté de ») ; des inversions qui englobent la région du centromère, par exemple ADC•BEFG, sont des **inversions péricentriques** (*peri* signifie « autour »).

Les individus porteurs d'inversions n'ont ni gagné ni perdu de matériel génétique ; l'ordre des gènes a simplement été modifié. Cependant, ces mutations ont souvent des effets phénotypiques importants. Une inversion peut interrompre un gène, en relocalisant une des parties, ce qui signifie la perte de la fonction correspondante. Même si les cassures du chromosome se produisent entre des gènes, des effets phénotypiques peuvent résulter de l'ordre inversé des gènes. Beaucoup de gènes sont régulés d'une façon dépendante de leur position ; si leur position est modifiée par une inversion, ils peuvent s'exprimer à des moments ou dans des tissus inappropriés ; c'est ce qu'on appelle un **effet de position**.

Quand un individu est homozygote pour une inversion spécifique, il n'y a pas de problèmes particuliers à la méiose parce que les chromosomes homologues peuvent s'apparier et se séparer normalement. Par contre, si un individu est hétérozygote pour une inversion, l'ordre des gènes est différent sur les deux homologues, et les séquences homologues ne peuvent s'aligner et s'apparier que si les deux chromosomes forment une boucle d'inversion (**Figure 7.11**).

Les individus hétérozygotes pour des inversions présentent un taux de recombinaison réduit des gènes présents dans les régions inversées. La fréquence de crossing-over dans une région inversée n'est pas significativement diminuée, mais quand des crossing-over ont lieu, ils produisent des gamètes anormaux qui donnent lieu à une descendance non viable. Le résultat net est qu'aucune descendance recombinante pour l'inversion n'est observée. La **Figure 7.12** montre le résultat d'un crossing-over dans une inversion paracentrique. L'individu considéré est hétérozygote pour une inversion (voir la Figure 7.12a), avec un chromosome de type sauvage (AB•CDEFG) et un chromosome porteur d'une inversion (AB•EDCFG). À la prophase I de la méiose, une boucle d'inversion se forme, permettant l'appariement des séquences homologues (voir la Figure 7.12b). Si un unique crossing-over se produit dans la région inversée (entre les segments C et D dans la Figure 7.12), une structure inhabituelle est produite (voir la Figure 7.12c). Les deux chromatides externes, qui n'ont pas pris part au crossing-over, contiennent les séquences non recombinées d'origine. Les deux chromatides internes, qui ont subi le crossing-over, sont anormales : chacune contient deux exemplaires de certains gènes, et aucun exemplaire de certains autres. De plus, une des chromatides possède deux centromères – c'est une **chromatide dicentrique** – et l'autre n'en possède pas – c'est une **chromatide acentrique**.

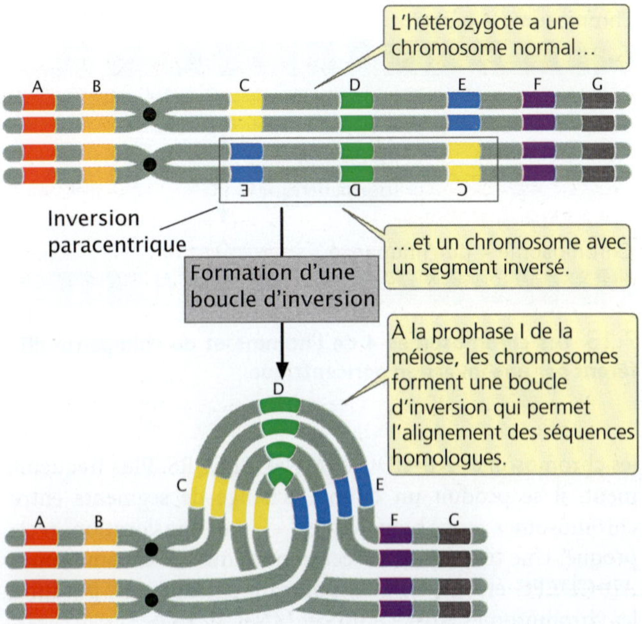

7.11 Chez un individu hétérozygote pour une inversion paracentrique, les chromosomes forment une boucle d'inversion quand ils s'apparient à la prophase I.

À l'anaphase I de la méiose, les centromères sont tirés vers les pôles opposés du fuseau et les deux chromosomes homologues se séparent. Cette action étire la chromatide dicentrique au centre du noyau, formant une structure appelée **pont dicentrique** (voir la Figure 7.12d). Le pont dicentrique finit par se rompre sous l'effet de la tension. Les fibres du fuseau ne s'attachent pas au fragment acentrique, qui ne ségrège pas dans un noyau et est habituellement perdu.

À la seconde division méiotique, les chromatides se séparent et quatre gamètes sont produits (voir la Figure 7.12e). Deux des gamètes contiennent les chromosomes non recombinants d'origine (AB•CDEFG et AB•EDCFG). Les deux autres gamètes contiennent des chromosomes recombinants qui ont perdu des gènes ; ces gamètes ne produiront pas de descendants viables. Par conséquent, il n'y a pas de descendants recombinants quand un crossing-over se produit dans une inversion paracentrique. Il faut bien comprendre que le crossing-over peut se produire, mais que quand il a lieu, les gamètes recombinants qui en résultent ne sont généralement pas viables, et que même s'ils l'étaient, les zygotes qu'ils formeraient ne le seraient pas.

La recombinaison est également réduite dans le cas d'une inversion péricentrique. Il n'y a ni ponts dicentriques ni fragments acentriques, mais les chromosomes recombinants ont trop d'exemplaires de certains gènes, et aucun de certains autres, et les gamètes qui les reçoivent ne peuvent produire de descendance viable.

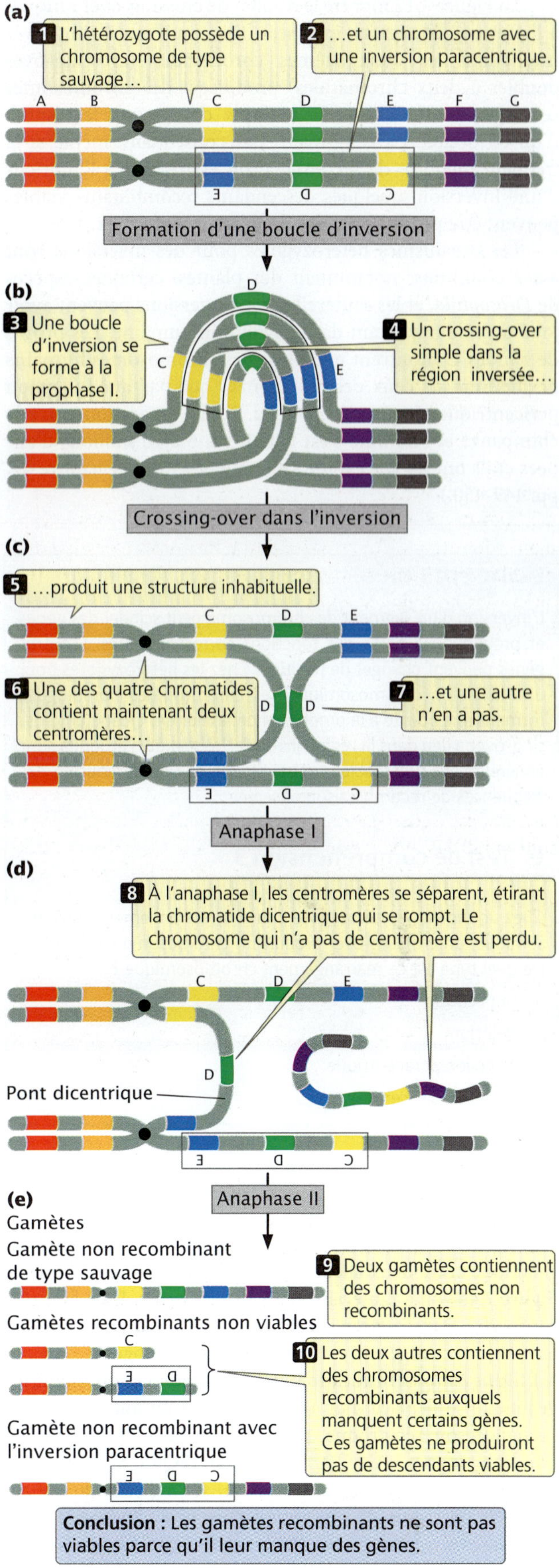

7.12 Chez un individu hétérozygote, un crossing-over simple dans une inversion paracentrique produit des gamètes anormaux.

La Figure 7.12 montre le résultat de crossing-over uniques à l'intérieur de régions inversées. Des doubles crossing-over impliquant les deux mêmes chromatides (crossing-over doubles à deux chromatides) produisent des chromosomes recombinants fonctionnels. (Essayez de dessiner le résultat d'un tel double crossing-over.) Par conséquent, même si la fréquence globale de recombinaison est réduite à l'intérieur d'une inversion, quelques descendants recombinants viables peuvent être produits par des doubles crossing-over.

Les organismes hétérozygotes pour des inversions sont assez communs, notamment des plantes, certaines espèces de *Drosophila*, et les sauterelles. Des inversions peuvent avoir joué un rôle important dans l'évolution humaine. Les profils de bandes G montrent que plusieurs chromosomes humains ne diffèrent de ceux des chimpanzés que par une inversion péricentrique (**Figure 7.13**). (N.d.T. : La séparation entre le chimpanzé et l'homme s'est faite il y a 6 à 10 millions d'années et ils ont depuis évolué séparément ; voir le Chapitre 17, pp. 449-450.)

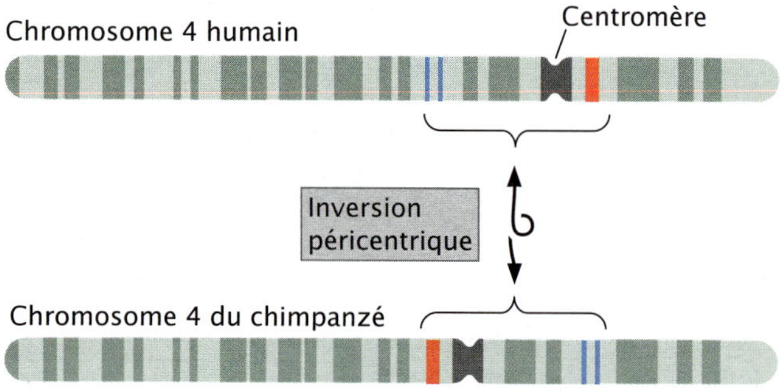

7.13 Les chromosomes 4 de l'homme et du chimpanzé diffèrent par une inversion péricentrique.

Concepts clés

L'inversion d'un segment de chromosome peut scinder des gènes et provoquer la perte des fonctions correspondantes. D'autres gènes peuvent changer de position. Chez les hétérozygotes pour une inversion chromosomique, les chromosomes homologues forment une boucle à la prophase I de la méiose. Quand un crossing-over a lieu dans la région inversée, les gamètes produits sont généralement non viables, ce qui résulte en une diminution des fréquences de recombinaison observées.

✔ Test de compréhension 3

Chez un individu hétérozygote pour un réarrangement chromosomique, un crossing-over produit un chromosome dicentrique. De quel type est ce réarrangement chromosomique ?

a. Duplication
b. Délétion
c. Inversion paracentrique
d. Inversion péricentrique

Les translocations

Une **translocation** consiste en un déplacement de matériel génétique entre deux chromosomes non homologues (voir la Figure 7.4d) ou à l'intérieur d'un chromosome. Il ne faut pas confondre translocation et crossing-over, ce dernier consistant en un échange entre chromosomes homologues.

Dans une translocation non réciproque, du matériel génétique se déplace d'un chromosome à un autre sans que l'échange soit réciproque. Considérons deux chromosomes non homologues : AB•CDEFG et MN•OPQRS. Si le segment EF passe du premier chromosome au second sans qu'il y ait transfert de segments du second chromosome vers le premier, une translocation non réciproque a eu lieu, produisant les chromosomes AB•CDG et MN•OPEFQRS. Plus fréquemment, il se produit un double échange de segments entre chromosomes non homologues – une translocation réciproque. Une translocation réciproque entre les chromosomes AB•CDEFG et MN•OPQRS pourrait, par exemple, produire les chromosomes AB•CDQRG et MN•OPEFS.

Les translocations peuvent affecter le phénotype de différentes façons. En premier lieu, elles créent de nouvelles liaisons entre gènes qui peuvent en modifier l'expression (un effet de position) : des gènes déplacés vers d'autres positions peuvent passer sous le contrôle de séquences régulatrices différentes ou sous le contrôle d'autres gènes qui influencent leur expression – le lymphome de Burkitt, abordé au Chapitre 15, en est un exemple.

En second lieu, les cassures chromosomiques impliquées dans les translocations peuvent survenir à l'intérieur de gènes dont elles abolissent la fonction. Les généticiens moléculaires ont exploité ces effets pour cartographier des gènes humains. La neurofibromatose est une maladie génétique caractérisée par de nombreuses tumeurs fibreuses de la peau et des tissus nerveux, qui est due à une mutation autosomique dominante. Des études de liaison ont placé le locus de la neurofibromatose sur le chromosome 17. Des généticiens ont ensuite identifié deux patients qui possédaient une translocation affectant le chromosome 17. On a fait l'hypothèse que ces patients avaient la neurofibromatose parce qu'une des cassures chromosomiques accompagnant la translocation avait interrompu un gène dont la mutation provoque la maladie. Le séquençage des régions d'ADN autour des cassures a finalement permis d'identifier le gène responsable de la neurofibromatose.

Souvent, des pertes de matériel génétique accompagnent les translocations. Dans une **translocation robertsonienne**, par exemple, les bras longs de deux chromosomes acrocentriques se retrouvent joints à un centromère commun suite à une translocation, créant un chromosome métacentrique avec deux bras longs et un autre chromosome avec deux bras très courts (**Figure 7.14**). Il arrive fréquemment que le plus petit des deux chromosomes ne ségrège pas, ce qui conduit à la perte du matériel qu'il contient et à une réduction du nombre de chromosomes. Nous verrons plus loin que des translocations robertsoniennes sont la cause de certains cas de syndrome de Down, une maladie génétique que nous avons abordée dans l'introduction à ce chapitre.

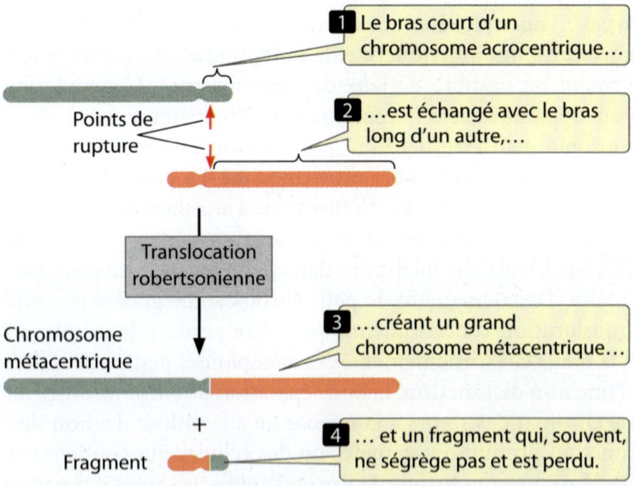

7.14 Dans une translocation robertsonienne, le bras court d'un chromosome acrocentrique est échangé avec le bras long d'un autre.

Les effets d'une translocation sur la ségrégation des chromosomes à la méiose dépendent de la nature de la translocation. Prenons le cas d'un individu hétérozygote pour une translocation réciproque. Supposons que les chromosomes originaux soient AB•CDEFG et MN•OPQRS (que nous désignerons respectivement par N_1 et N_2) et qu'une translocation réciproque ait produit les chromosomes AB•CDQRS et MN•OPEFG (désignés respectivement par T_1 et T_2). Un individu hétérozygote pour cette translocation possédera un exemplaire normal de chaque chromosome et un exemplaire avec la translocation (**Figure 7.15a**). Chacun de ces chromosomes contient des régions homologues de régions de deux autres chromosomes. Quand les régions homologues s'apparient à la prophase I de la méiose, des configurations en croix impliquant les quatre chromosomes se forment (**Figure 7.15b**). La viabilité des gamètes produits dépend de la façon dont ces configurations en croix ségrègent. Deux schémas sont possibles. Une ségrégation alternée groupant T_1 et T_2 et N_1 et N_2 donnera des produits méiotiques génétiquement complets et viables, tandis qu'une ségrégation adjacente (N_1 et T_2, T_1 et N_2) donnera des produits méiotiques souvent non viables. Seule une moitié environ des gamètes d'un individu hétérozygote pour une translocation réciproque seront fonctionnels, et ces individus ont donc une fécondité réduite.

Concepts clés

Dans la translocation, des parties de chromosomes se transportent dans d'autres chromosomes, non homologues, ou dans d'autres régions du même chromosome. Les translocations peuvent influencer le phénotype en plaçant des gènes sous le contrôle de séquences régulatrices différentes, ou en interrompant des gènes et provoquant la perte de leur fonction.

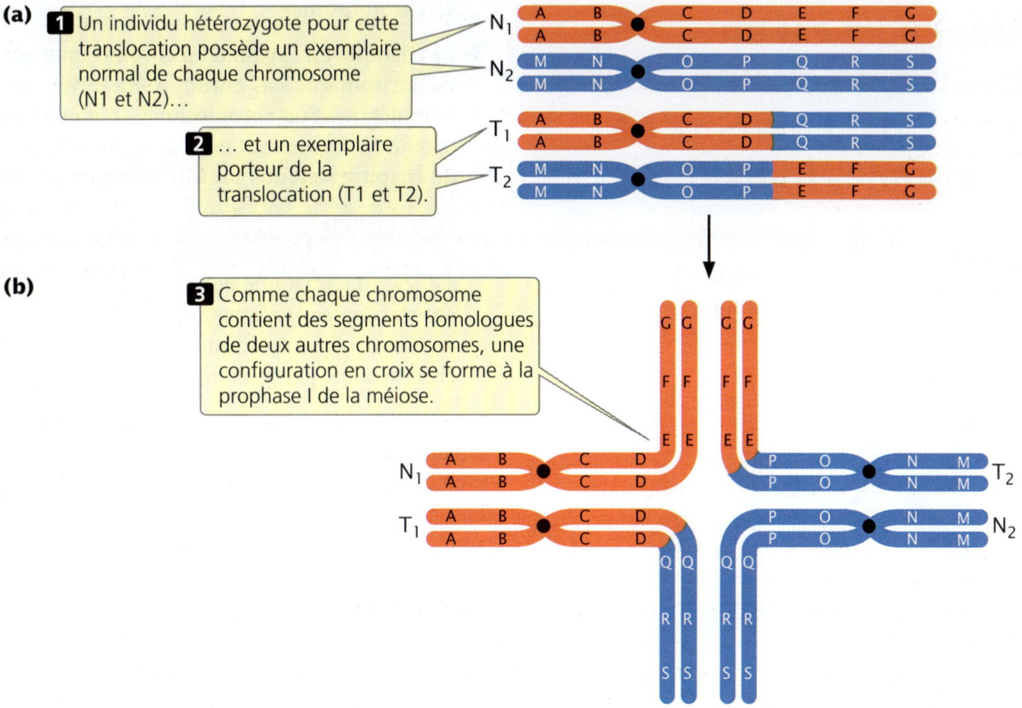

7.15 Chez un individu hétérozygote pour une translocation réciproque, des structures en croix se forment à l'appariement des homologues.

✔ Test de compréhension 4

Que produit une translocation robertsonienne ?

a. Deux chromosomes acrocentriques
b. Un chromosome métacentrique et un chromosome avec deux bras très courts
c. Un chromosome métacentrique et un chromosome acrocentrique
d. Deux chromosomes métacentriques

Les sites fragiles

Les chromosomes de cellules en culture développent parfois des étranglements ou des lacunes à des sites particuliers appelés **sites fragiles** (**Figure 7.16**), parce qu'ils sont susceptibles de se rompre dans certaines conditions. Plusieurs sites fragiles ont été identifiés dans les chromosomes humains. Un des sites fragiles les plus étudiés se trouve sur le chromosome X humain. Il est associé à un retard mental appelé syndrome du X fragile. Lié à l'X, le syndrome survient avec une fréquence de 1 pour 1250 naissances d'enfants mâles. On a montré que le syndrome du X fragile résulte d'une augmentation du nombre de répétitions d'un motif trinucléotidique CGG au-delà d'un certain seuil (voir le Chapitre 13). Toutefois, d'autres sites fragiles communs ne consistent pas en répétitions de trinucléotides, et leur nature n'est encore que partiellement comprise.

7.3 L'aneuploïdie est une augmentation ou une diminution du nombre de chromosomes individuels

En plus des réarrangements, les mutations chromosomiques comprennent des changements du nombre de chromosomes. Les variations du nombre de chromosomes sont de deux types : l'**aneuploïdie**, qui est un changement du nombre de chromosomes individuels, et la **polyploïdie**, qui est un changement du nombre de jeux de chromosomes. L'aneuploïdie peut apparaître de différentes façons. Premièrement, un chromosome peut être perdu à la mitose ou à la méiose si, par exemple, son centromère est manquant. La perte du centromère empêche les fibres du fuseau de s'attacher, ce qui a pour conséquence que le chromosome ne migre pas vers un pôle du fuseau et n'est pas incorporé dans un noyau à la division cellulaire. Deuxièmement, le petit chromosome généré par une translocation robertsonienne peut être perdu à la mitose ou à la méiose. Troisièmement, des aneuploïdes peuvent résulter d'une **non disjonction**, la non séparation de chromosomes ou de chromatides sœurs à la méiose ou à la mitose. La non disjonction produit des gamètes ou des cellules qui contiennent un chromosome surnuméraire et d'autres auxquels il manque un chromosome (**Figure 7.17**).

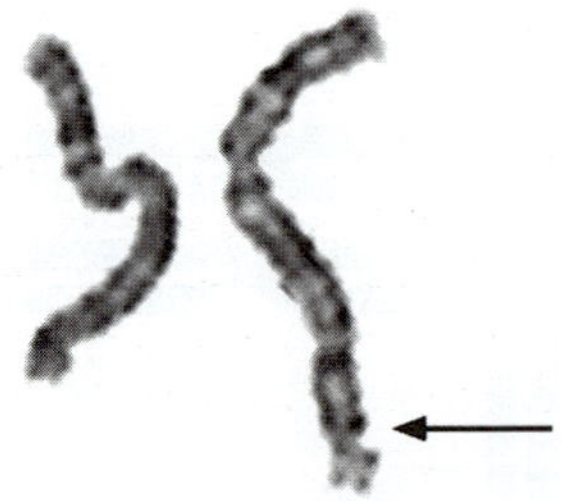

7.16 Les sites fragiles sont des régions des chromosomes susceptibles de se rompre dans certaines conditions. La photo montre un site fragile sur le chromosome X humain. *[University of Wisconsin Cytogenic Services Laboratory.]*

Types d'aneuploïdie

Nous envisagerons quatre types de conditions aneuploïdes communes chez les individus diploïdes : la nullisomie, la monosomie, la trisomie, et la tétrasomie.

1. La **nullisomie** est la perte des deux exemplaires d'une paire de chromosomes homologues. Elle se représente par $2n - 2$, où n est le nombre haploïde de chromosomes. Donc, chez l'homme, qui a normalement $2n = 46$ chromosomes, un individu nullisomique possède 44 chromosomes.

2. La **monosomie** est la perte d'un seul chromosome, représentée par $2n - 1$. Un individu monosomique a 45 chromosomes.

3. La **trisomie** est le gain d'un chromosome ($2n + 1$). Un individu trisomique a 47 chromosomes, avec trois exemplaires homologues d'un chromosome. La plupart des cas de syndrome de Down dont nous avons parlé dans l'introduction du chapitre sont dus à une trisomie du chromosome 21.

4. La **tétrasomie** est le gain de deux chromosomes homologues ($2n + 2$). Une personne tétrasomique a 48 chromosomes. La tétrasomie ne consiste pas en un gain de deux chromosomes *quelconques*, mais bien d'une paire d'homologues. Il y aura donc quatre exemplaires homologues d'un chromosome particulier.

Un individu peut être porteur de plus d'une mutation aneuploïde. Un individu qui possède un exemplaire supplémentaire de deux chromosomes différents est dit double trisomique ($2n + 1 + 1$). De façon analogue, un double monosomique a deux chromosomes non homologues de moins ($2n - 1 - 1$) et un double tétrasomique a deux paires de chromosomes surnuméraires ($2n + 2 + 2$).

Les effets de l'aneuploïdie

L'aneuploïdie a souvent des effets importants sur le phénotype. Chez la plupart des animaux et chez de nombreuses plantes, les mutations aneuploïdes sont létales. Comme l'aneuploïdie affecte le nombre d'exemplaires des gènes mais pas leur séquence

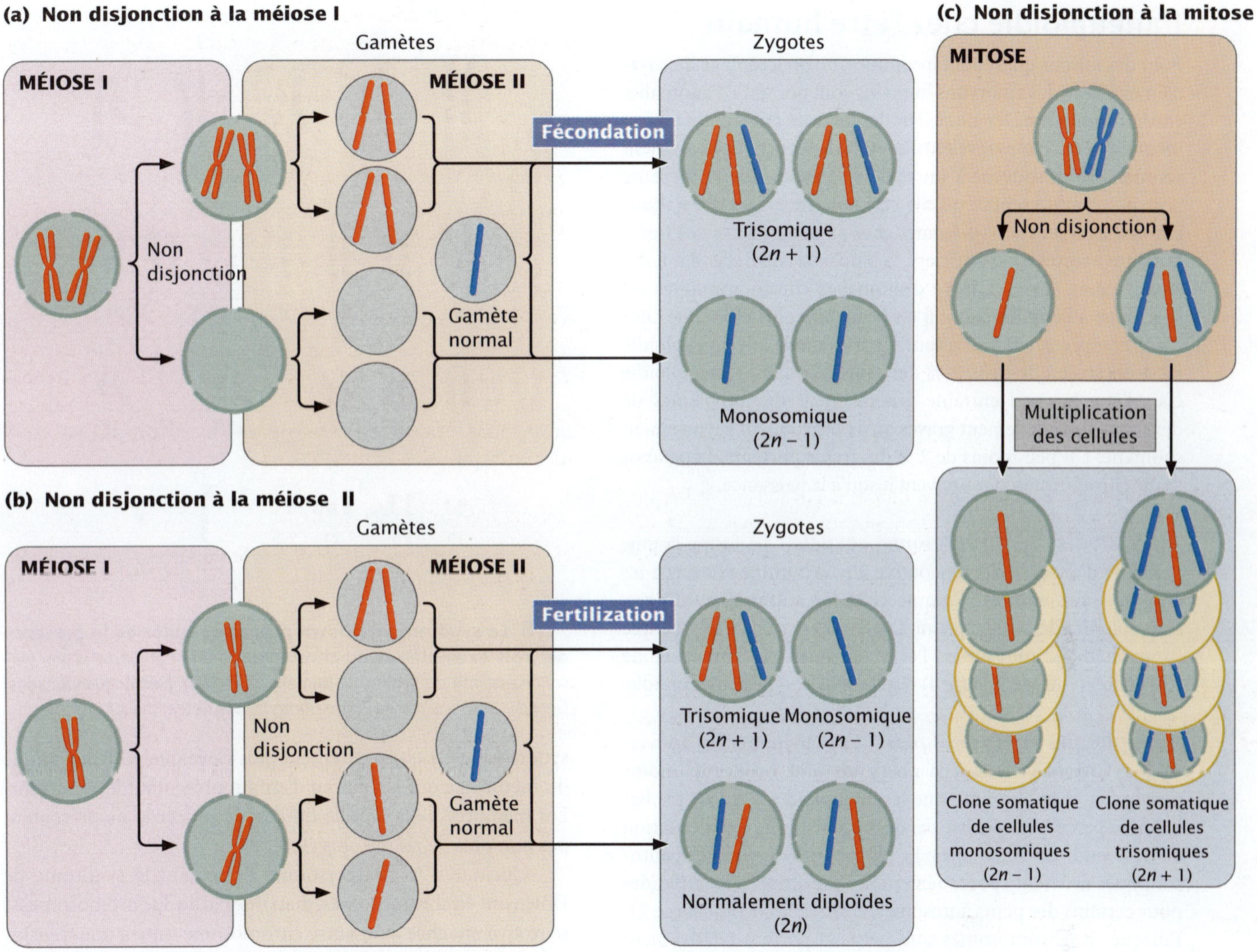

7.17 Des aneuploïdes peuvent apparaître suite à un non disjonction à la méiose I, à la méiose II, et à la mitose. Les gamètes issus de non disjonctions se combinent avec un gamète provenant d'une méiose normale (avec le chromosome bleu) pour produire les zygotes. (a) Non disjonction à la méiose I. (b) Non disjonction à la méiose II. (c) Non disjonction à la mitose.

nucléotidique, il est plus que probable que les effets de l'aneuploïdie sont dus à des doses géniques anormales. L'aneuploïdie change la dose génique de certains gènes – mais pas de tous – et perturbe l'équilibre entre les concentrations de leurs produits, ce qui peut entraîner des anomalies du développement.

Une exception notable à la relation entre nombre de gènes et dose de protéines a trait aux gènes portés par le chromosome X des mammifères. Chez les mammifères, l'inactivation d'un chromosome X fait en sorte que les mâles (qui ont un seul chromosome X) et les femelles (qui ont deux chromosomes X) reçoivent la même dose fonctionnelle de gènes liés à l'X (voir les pp. 80 – 81 du Chapitre 4 pour une discussion de l'inactivation du chromosome X). Tous les chromosomes X surnuméraires sont inactivés chez les mammifères, de sorte qu'on peut s'attendre à ce que l'aneuploïdie des chromosomes sexuels ait des conséquences moins fâcheuses chez ces animaux. C'est en effet le cas pour la souris et l'homme, chez lesquels l'aneuploïdie des chromosomes sexuels constitue la forme la plus courante d'aneuploïdie rencontrée chez des organismes vivants. Les aneuploïdes pour le chromosome Y sont courants, probablement parce que le chromosome Y ne contient que peu d'information génétique.

Concepts clés

L'aneuploïdie, la perte ou le gain d'un ou plusieurs chromosomes individuels, peut apparaître suite à la perte d'un chromosome résultant d'une translocation, ou suite à une non disjonction à la méiose ou à la mitose. Elle perturbe la dose génique et est souvent la cause d'effets phénotypiques sévères.

✔ Test de compréhension 5

Un organisme diploïde a $2n = 36$ chromosomes. Combien de chromosomes trouvera-t-on chez un individu trisomique de cette espèce ?

L'aneuploïdie chez l'être humain

Pour des raisons qui restent inconnues, un pourcentage incroyablement élevé des embryons humains sont porteurs d'anomalies chromosomiques. Des études sur des femmes qui tentent activement d'être enceintes révèlent que 30 % des conceptions avortent spontanément, souvent à un stade si précoce que la mère ne s'est pas rendu compte qu'elle était enceinte. Des aberrations chromosomiques sont présentes chez au moins 50 % des fœtus humains avortés spontanément, la plupart d'entre elles étant des aneuploïdies. Ce taux élevé d'anomalies chromosomiques est spécifique à l'être humain ; il est beaucoup plus élevé que chez d'autres espèces, comme la souris, par exemple, où l'aneuploïdie n'est observée que dans 2 % des œufs fécondés. L'aneuploïdie chez l'être humain entraîne généralement des problèmes de développement tellement graves qu'ils provoquent l'avortement spontané. Un peu moins de 2 % des fœtus porteurs d'une anomalie chromosomique survivent jusqu'à la naissance.

Aneuploïdie des chromosomes sexuels La forme la plus courante d'aneuploïdie rencontrée chez l'homme concerne les chromosomes sexuels. Comme chez les autres mammifères, l'aneuploïdie des chromosomes sexuels est mieux tolérée que l'aneuploïdie d'autosomes. Les syndromes de Turner et de Klinefelter (voir le Chapitre 4) résultent de ce type d'aneuploïdie.

Aneuploïdies autosomiques Les aneuploïdes autosomiques arrivés vivants à la naissance sont beaucoup moins nombreux chez l'homme que les aneuploïdes sexuels, probablement parce qu'il n'existe pas de mécanisme de compensation de dose pour les autosomes. La plupart des aneuploïdes autosomiques avortent spontanément, à l'exception d'aneuploïdes pour certains des petits autosomes, comme le chromosome 21. Puisque ces chromosomes sont petits et portent relativement peu de gènes, on peut supposer que la présence d'exemplaires supplémentaires cause un handicap moindre que pour des autosomes plus grands. Par exemple, l'aneuploïdie autosomique la plus répandue chez l'homme est la **trisomie 21**, aussi appelée **syndrome de Down** (voir l'introduction du chapitre). L'examen de la séquence du génome humain indique que le chromosome 21 contiendrait moins de gènes que les autres autosomes, soit quelque 230 gènes sur un total estimé de 20 000 à 25 000 pour l'entièreté du génome. L'incidence du syndrome de Down à l'échelle mondiale est de 1 naissance sur 700, avec une augmentation chez les enfants nés de mères plus agées. Quelque 92 % des individus présentant le syndrome ont trois exemplaires complets du chromosome 21 (donc un total de 47 chromosomes), une condition appelée **syndrome de Down primaire** (Figure 7.18). Le syndrome de Down primaire est généralement provoqué par une non disjonction spontanée à la formation de l'œuf : 75 % environ des non disjonctions qui provoquent le syndrome de Down sont d'origine maternelle, la plupart ayant lieu à la méiose I. La plupart des enfants nés avec le syndrome de Down le sont de parents normaux, et l'échec de la disjonction n'a qu'une faible tendance héréditaire. Le risque pour un couple qui a conçu un enfant ayant le syndrome de Down primaire de concevoir un deuxième enfant atteint du syndrome n'est que légèrement plus élevé que pour un couple du même âge qui n'a pas eu d'enfant présentant le syndrome. Les membres de la famille du couple concerné ne présentent pas non plus de risque plus élevé.

Quelque 4 % des personnes présentant le syndrome de Down ont 46 chromosomes, mais une partie du chromosome 21 se trouve attachée à un autre chromosome suite à une translocation (Figure 7.19). Cette condition est appelée **syndrome de**

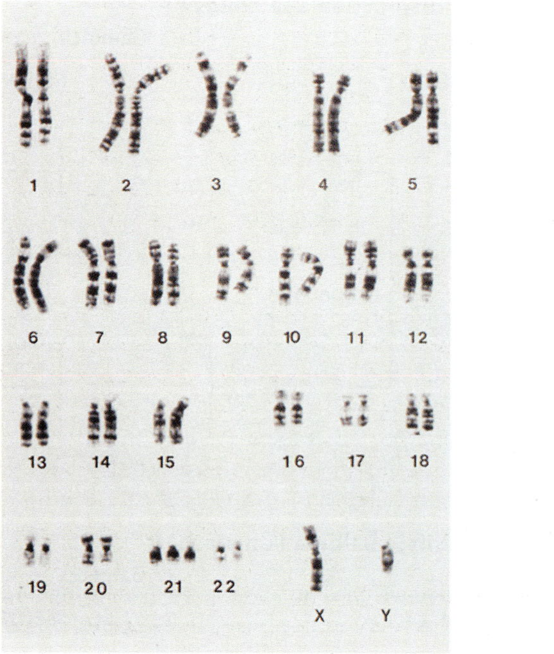

7.18 Le syndrome de Down primaire résulte de la présence de trois exemplaires du chromosome 21. Caryotype d'une personne atteinte du syndrome primaire. *[L. Willatt, East Anglian Regional Genetics Service/Science Photo Library/Photo Researchers.]*

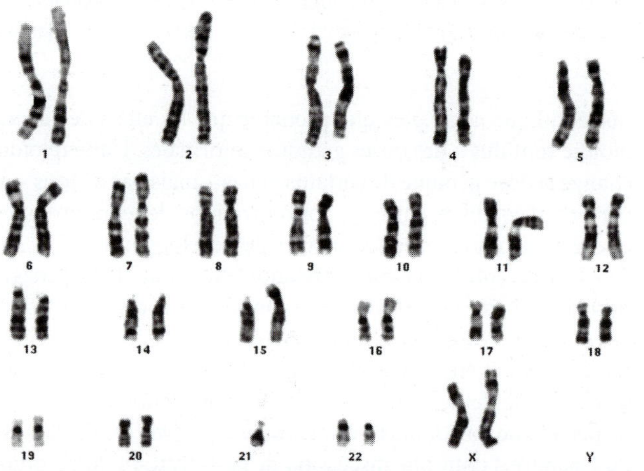

7.19 La translocation du chromosome 21 vers un autre chromosome est la cause du syndrome de Down familial. Ici, le bras long du chromosome 21 est attaché au chromosome 15. Le caryotype est celui d'un porteur de la translocation, qui est phénotypiquement normal mais présente un risque élevé d'avoir des enfants atteints du syndrome de Down. *[Dr. Dorothy Warburton, HICCC, Columbia University.]*

Down familial à cause de son caractère héréditaire. Les caractéristiques phénotypiques du syndrome de Down familial sont les mêmes que celles du syndrome primaire.

Le syndrome familial survient chez les enfants de parents qui sont porteurs de chromosomes ayant subi une translocation robertsonienne, le plus souvent entre les chromosomes 21 et 14 : il y a échange du bras long du 21 et du bras court du 14. Cet échange produit un chromosome qui comprend les bras longs des chromosomes 14 et 21, et un très petit chromosome qui contient les deux bras courts. Le petit chromosome est généralement perdu après quelques divisions cellulaires. Cet échange entre les chromosomes 21 et 14 est la cause la plus courante du syndrome de Down familial, mais la condition peut aussi être provoquée par des translocations entre le 21 et d'autres chromosomes, par exemple le 15 (voir la Figure 7.19).

Les individus **porteurs de translocation** n'ont pas le syndrome de Down. Bien qu'ils n'aient que 45 chromosomes, leur phénotype est normal parce qu'ils ont deux exemplaires des bras longs des chromosomes 14 et 21, et que les bras courts de ces chromosomes (qui sont perdus) ne contiennent apparemment pas d'information génétique essentielle. Bien que ces porteurs de translocation soient sains, ils présentent un risque significatif de produire des enfants atteints du syndrome de Down (**Figure 7.20**).

À part les trisomiques 21, peu d'aneuploïdes humains naissent vivants. La **trisomie 18** (**syndrome d'Edwards**) affecte un nouveau-né sur 8 000 environ. Les nouveau-nés atteints du syndrome d'Edwards ont un retard mental sévère et des malformations physiques nombreuses : basse implantation des oreilles, cou court, dysplasie des pieds, problèmes cardiaques. Leur espérance de vie est de moins d'une année. La **trisomie 13** (**syndrome de Patau**) atteint un nouveau-né sur 15 000 environ. Les caractéristiques de cette condition sont un retard mental sévère, et des malformations physiques dont un crâne petit et mal formé, un bec-de-lièvre et un palais perforé, une dysplasie des mains et des pieds. La moitié environ des enfants trisomiques 13 meurent dans les semaines suivant la naissance, et l'espérance de vie globale ne dépasse pas trois ans. Encore plus rare est la **trisomie 8** qui atteint un nouveau-né sur 25 000 à 50 000. Cette aneuploïdie est caractérisée par un retard mental , une contraction des doigts et des orteils, une implantation basse et une malformation des oreilles, et un front proéminent. Beaucoup des personnes atteintes ont une espérance de vie normale.

Aneuploïdie et âge maternel La plupart des cas de syndrome de Down et d'autres aneuploïdies humaines résultent de non disjonctions maternelles, et il y a une corrélation entre leur fréquence et l'âge maternel (**Figure 7.21**). Les raisons de cette corrélation ne sont pas connues avec certitude, mais des études récentes montrent une forte corrélation entre non disjonction et recombinaison méiotique aberrante. La plupart des chromosomes qui ne se sont pas séparés à la méiose I semblent ne pas s'être recombinés. Par contre, les chromosomes qui ne se sont pas séparés à la méiose II montrent souvent les signes

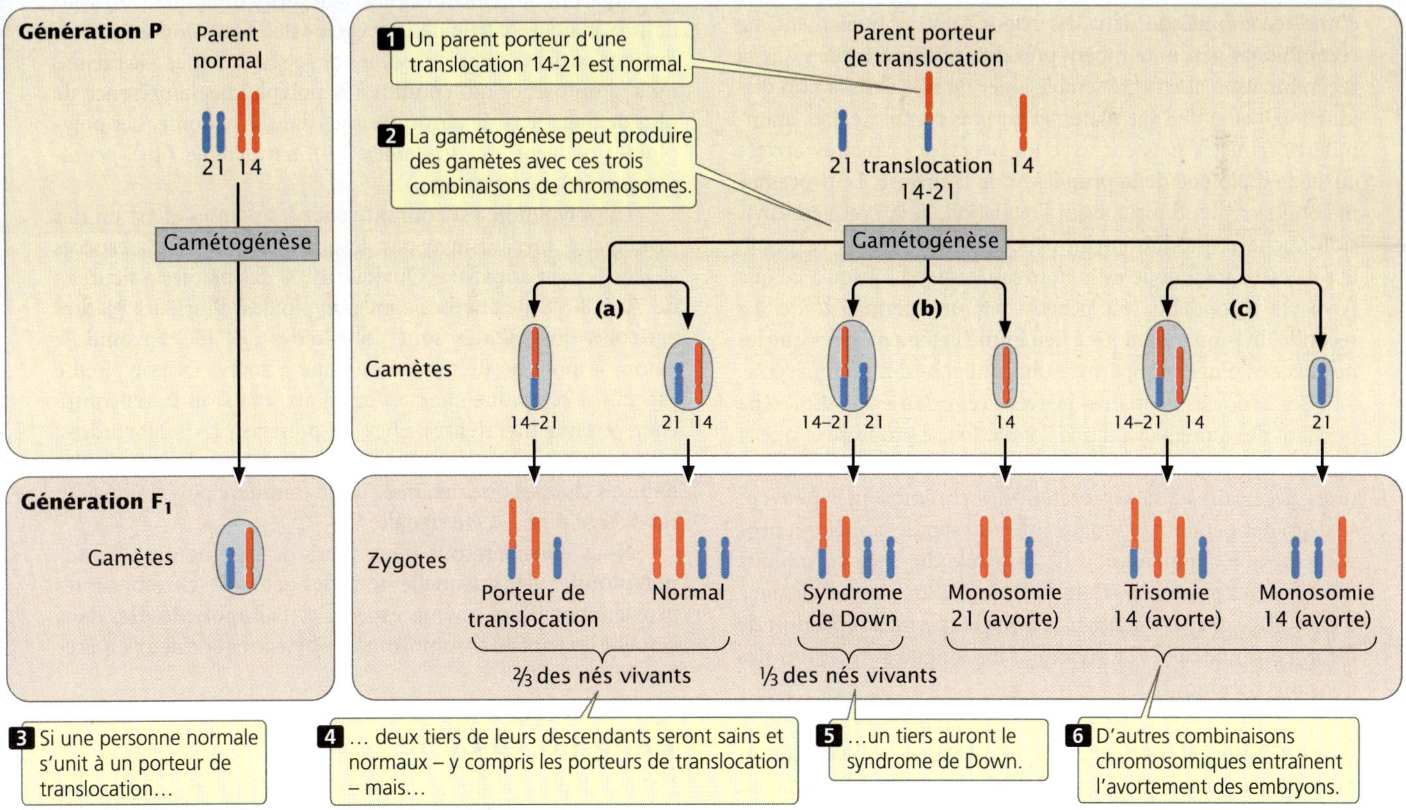

7.20 **Les porteurs de translocation présentent un risque élevé d'avoir des enfants atteints du syndrome de Down.**

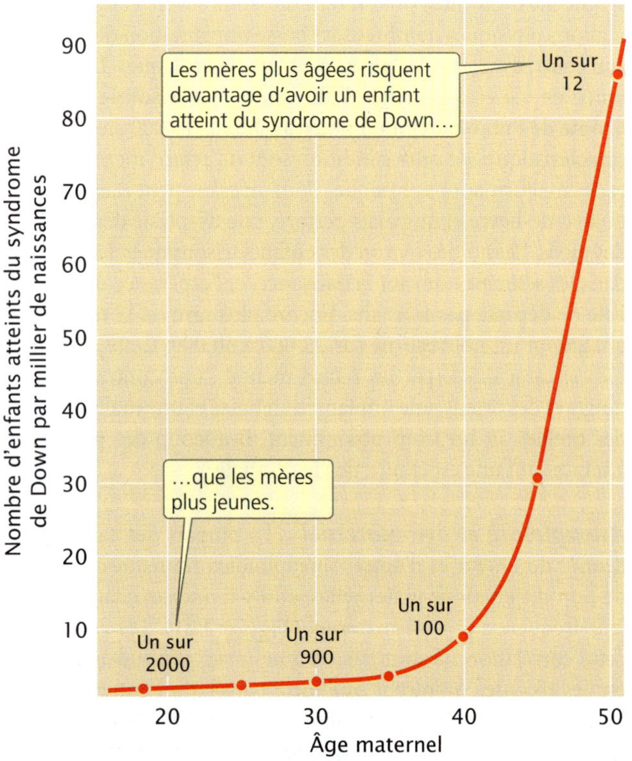

7.21 L'incidence du syndrome de Down primaire et d'autres aneuploïdies augmente avec l'âge maternel.

d'une recombinaison dans des régions qui, normalement, ne recombinent pas, notamment près du centromère. Bien que la recombinaison aberrante semble jouer un rôle dans la non disjonction, l'effet de l'âge maternel est plus complexe. Les mammifères femelles naissent avec les ovocytes primaires arrêtés au stade diplotène de la prophase I de la méiose. Le processus méiotique reprend juste avant l'ovulation, et la première division s'achève, produisant un ovocyte secondaire. À ce point, le processus méiotique est à nouveau suspendu jusqu'à ce que l'ovocyte secondaire soit pénétré par un spermatozoïde. La seconde division méiotique a lieu immédiatement après que les noyaux de l'œuf et du sperme s'unissent pour former un zygote.

Les ovocytes primaires peuvent rester au stade diplotène pendant des années avant que l'ovulation se produise et que la méiose reprenne. Les composants du fuseau et d'autres structures nécessaires à la ségrégation des chromosomes peuvent se dégrader pendant la longue interruption de la méiose, provoquant une augmentation de l'aneuploïdie chez les enfants nés de mères plus agées. Cette théorie explique aussi l'absence d'effet d'âge chez les mâles parce que le sperme est produit de façon continue après la puberté, sans longue suspension des divisions méiotiques.

Aneuploïdie et cancer De nombreuses cellules tumorales ont des chromosomes surnuméraires ou manquants, ou les deux. Certains types de tumeurs sont systématiquement associés à des mutations chromosomiques spécifiques, parmi lesquelles l'aneuploïdie et les réarrangements. La relation entre mutations chromosomiques et cancers sera examiné dans le Chapitre 15.

Concepts clés

Chez l'être humain, les aneuploïdes sexuels sont beaucoup plus communs que les aneuploïdes autosomiques. L'inactivation du chromosome X empêche les effets de dose génique pour les gènes liés à l'X. Le syndrome de Down est dû à la présence de trois exemplaires fonctionnels du chromosome 21, qu'il s'agisse d'une trisomie (syndrome de Down primaire) ou d'une translocation robertsonienne (syndrome de Down familial).

✔ Test de compréhension 6

Pourquoi, chez l'homme et les autres mammifères, y a-t-il beaucoup plus d'aneuploïdes pour les chromosomes sexuels que pour les autosomes ?

7.4 La polyploïdie est la présence de plus de deux jeux de chromosomes

La plupart des organismes eucaryotes sont diploïdes ($2n$) pendant la majeure partie de leur cycle vital. Occasionnellement, des jeux entiers de chromosomes ne se séparent pas à la méiose ou à la mitose, ce qui conduit à la polyploïdie, la présence de plus de deux jeux de chromosomes dans le génome. Les polyploïdes peuvent être *triploïdes* ($3n$), *tétraploïdes* ($4n$), *pentaploïdes* ($5n$), et davantage.

La polyploïdie est courante chez les plantes et est un des principaux mécanismes par lesquels de nouvelles espèces végétales sont apparues. Quelque 40 % des plantes à fleurs et de 70 à 80 % des herbes sont polyploïdes. Plusieurs plantes agricoles importantes sont polyploïdes : le blé, l'avoine, le coton, la pomme de terre et la cane à sucre. La polyploïdie est moins répandue chez les animaux, mais on la rencontre chez certains invertébrés, chez les poissons, les salamandres, les grenouilles et les lézards. On ne connaît pas de polyploïdes naturels chez les oiseaux, mais un mammifère polyploïde – un rat d'Argentine – a été signalé.

Nous considérerons deux types de polyploïdie : l'**autopolyploïdie**, dans laquelle tous les jeux de chromosomes proviennent d'une même espèce, et l'**allopolyploïdie**, dans laquelle les jeux de chromosomes proviennent de deux espèces ou plus.

L'autopolyploïdie

L'autopolyploïdie survient quand des accidents à la méiose ou à la mitose produisent des jeux supplémentaires de chromosomes, tous issus d'une même espèce. Par exemple, la

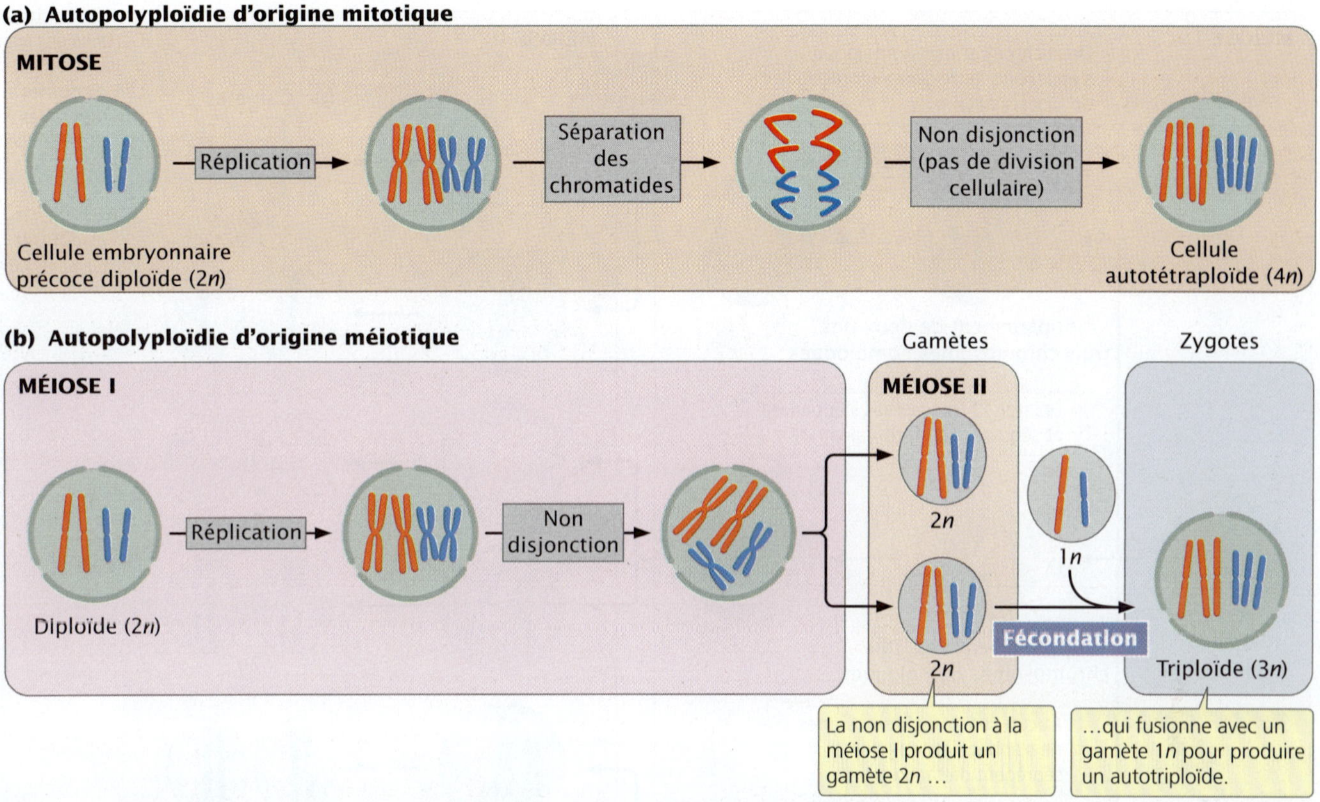

7.22 **L'autopolyploïdie peut résulter d'une non disjonction à la mitose ou à la méiose.**

non disjonction de tous les chromosomes à la mitose chez un embryon 2*n* précoce double le nombre de chromosomes et produit un autotétraploïde (4*n*) (**Figure 7.22a**). Un autotriploïde (3*n*) peut se former quand une non disjonction à la méiose produit un gamète diploïde qui fusionne avec un gamète haploïde normal pour produire un zygote triploïde (**Figure 7.22b**). Des triploïdes peuvent aussi être produits par un croisement entre un autotétraploïde qui produit des gamètes 2*n* et un diploïde qui produit des gamètes 1*n*.

Tous les jeux de chromosomes des autopolyploïdes sont homologues et vont avoir tendance à s'aligner à la prophase I de la méiose, ce qui entraîne généralement la stérilité. Examinons la méiose chez un autotriploïde (**Figure 7.23**). À la méiose chez un diploïde, deux chromosomes homologues s'apparient et s'alignent, mais chez les autotriploïdes, il y a trois homologues. Il se peut qu'un des trois homologues ne s'aligne pas avec les deux autres, et ségrège de façon aléatoire (voir la Figure 7.23a). C'est le hasard qui détermine le gamète qui reçoit ce chromosome supplémentaire, et la répartition sera différente pour chaque groupe de chromosomes homologues. Les gamètes auront deux exemplaires de certains chromosomes et un seul exemplaire des autres. Même si les trois chromosomes s'alignent, deux doivent ségréger dans un gamète, et un dans l'autre (voir la Figure 7.23b). Occasionnellement, la présence d'un troisième chromosome perturbe l'alignement, et les trois chromosomes ségrègent dans le même gamète (voir la Figure 7.23c).

Quelle que soit la façon dont les trois chromosomes homologues s'alignent, leur ségrégation aléatoire va générer des **gamètes déséquilibrés** avec des nombres variables de chromosomes. Un gamète pourrait recevoir, par exemple, deux exemplaires du chromosome 1, un exemplaire du chromosome 2, trois exemplaires du chromosome 3, et aucun du chromosome 4. Quand un gamète déséquilibré fusionne avec un gamète normal (ou avec un autre gamète déséquilibré), le zygote qui est produit a des nombres différents des quatre types de chromosomes. Cette différence crée un **déséquilibre génomique**, souvent létal, chez le zygote. Pour cette raison, les triploïdes ne produisent que très rarement une descendance viable.

Chez les autopolyploïdes avec un nombre pair de jeux de chromosomes, comme les autotétraploïdes, la formation de paires d'homologues et la ségrégation égale sont théoriquement possibles. Toutefois, cela ne se produit que rarement, de sorte que les autotétraploïdes produisent également des des gamètes déséquilibrés.

La stérilité qui va généralement de pair avec l'autopolyploïdie a été exploitée en agriculture. Les bananes diploïdes de type sauvage ($2n = 22$) ont des graines qui sont dures et immangeables, mais les bananes triploïdes ($3n = 33$) sont stériles et ne produisent pas de graines – ce sont les bananes vendues dans le commerce. De la même façon, on a créé des pastèques triploïdes dépourvues de graines qui sont à présent largement commercialisées.

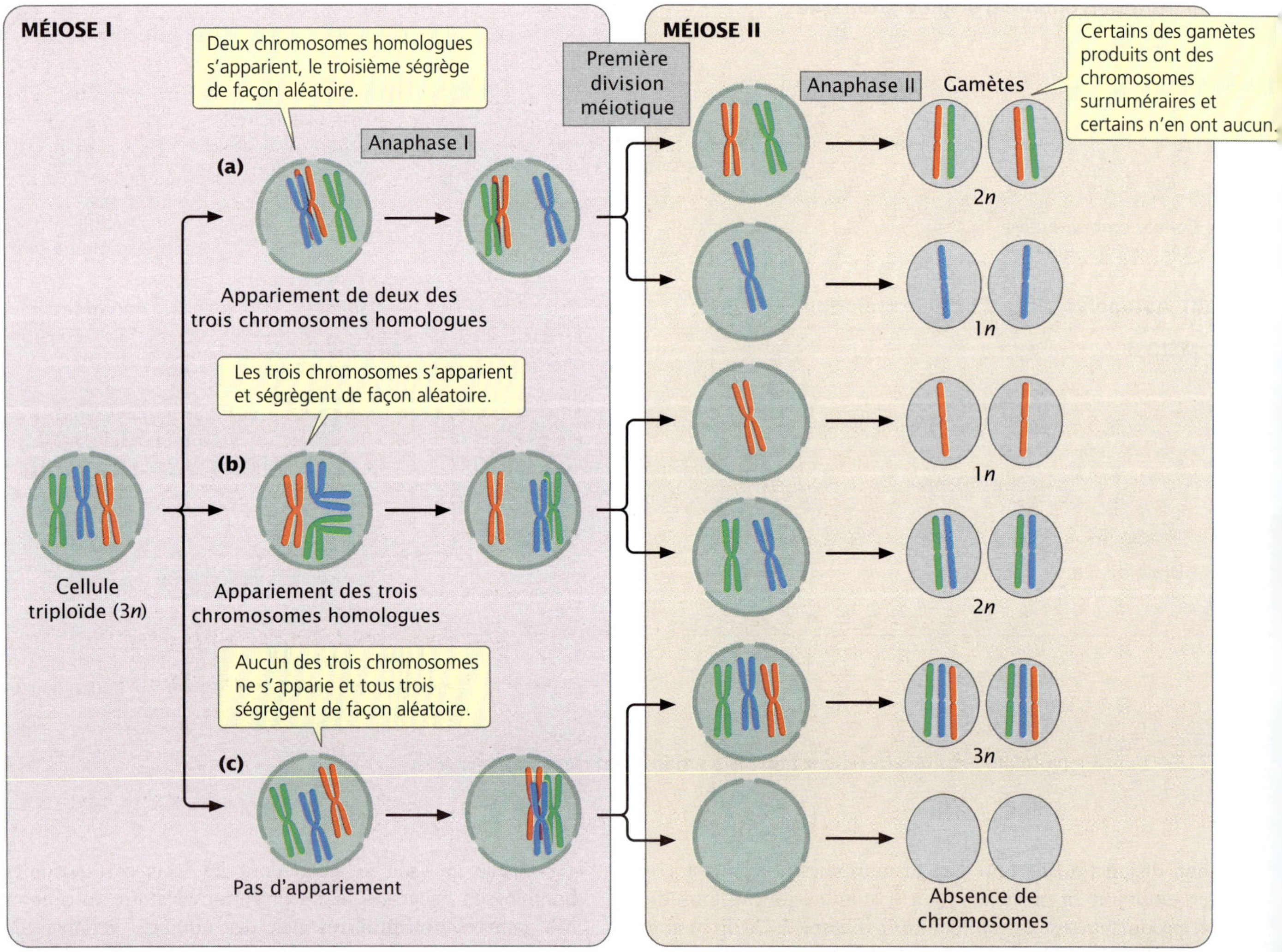

7.23 À la méiose chez un autotriploïde, les chromosomes homologues peuvent s'apparier ou ne pas s'apparier de trois façons différentes. Cet exemple décrit le processus d'appariement et de ségrégation d'un seul jeu de trois chromosomes homologues.

L'allopolyploïdie

L'allopolyploïdie résulte de l'hybridation de deux espèces ; le polyploïde produit contient des jeux de chromosomes provenant de deux espèces (ou plus). La **Figure 7.24** montre comment des allopolyploïdes peuvent se former à partir de deux espèces suffisamment apparentées pour former entre elles des hybrides. L'espèce I (AABBCC, $2n = 6$) produit des gamètes haploïdes ABC, et l'espèce II (GGHHII, $2n = 6$) produit des gamètes GHI. Si des gamètes des espèces I et II fusionnent, un hybride avec six chromosomes (ABCGHI) est créé. L'hybride a le même nombre de chromosomes que chacune des espèces diploïdes, donc il est théoriquement diploïde. Toutefois, comme les chromosomes de l'hybride ne sont pas homologues, ils ne vont pas s'apparier et ségréger normalement à la méiose, donc l'hybride est fonctionnellement haploïde et stérile. L'hybride stérile ne peut pas produire de gamètes viables par méiose, mais il peut se perpétuer par mitose (reproduction asexuée). Très rarement, une non disjonction peut se produire pendant une division mitotique, ce qui entraîne un doublement du nombre de chromosomes et la formation d'un allotétraploïde AABBCCGGHHII. Ce type d'allopolyploïde combinant deux génomes diploïdes est parfois appelé **amphidiploïde**. Bien que le nombre de chromosomes soit double de celui de chacune des espèces parentales, l'amphidiploïde est fonctionnellement un diploïde : chaque chromosome n'a qu'un seul homologue, ce qui est requis pour une ségrégation correcte à la méiose. L'amphidiploïde peut donc subir des méioses normales et produire des gamètes équilibrés contenant six chromosomes.

Dans les années 1920, Georges Karpechenko créa des hybrides entre le chou (*Brassica oleracea*, $2n = 18$) et le radis

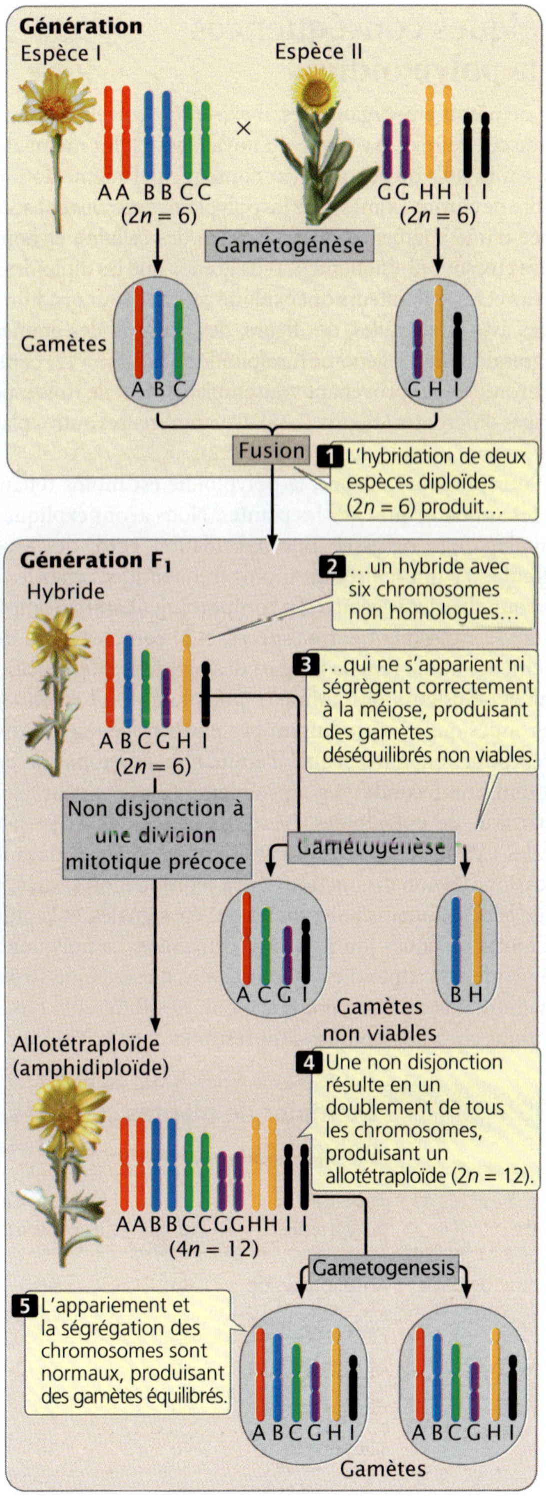

7.24 La plupart des allopolyploïdes proviennent d'une hybridation de deux espèces suivie d'un doublement des chromosomes.

(*Raphanus sativa*, $2n = 18$) dans le but d'obtenir une plante combinant les feuilles du chou et la racine du radis. Les deux plantes ont 18 chromosomes et Karpechenko réussit à les croiser, produisant un hybride F1 ($2n = 9 + 9 = 18$), malheureusement stérile. Après plusieurs croisements, Karpechenko remarqua qu'un de ses hybrides produisait quelques graines. Une fois plantées, ces graines donnèrent des individus allopolyploïdes féconds et viables à 36 chromosomes (en fait des amphidiploïdes). Malheureusement pour Karpechenko, ces plantes nouvelles (*Raphanobrassica*) avaient la racine du chou et les feuilles du radis.

Problème de synthèse

Une espèce I a $2n = 14$ et une espèce II a $2n = 20$. Donnez tous les garnitures chromosomiques (nombres de chromosomes) possibles qui peuvent être trouvées chez les individus suivants.

a. Un autotriploïde de l'espèce I

b. Un autotétraploïde de l'espèce II

c. Un allotriploïde formé à partir des espèces I et II

d. Un allotétraploïde formé à partir des espèces I et II

• Solution

Le nombre haploïde de chromosomes (n) est 7 pour l'espèce I et 10 pour l'espèce II.

a. Un individu triploïde est $3n$. Étant donné que $n = 7$ pour l'espèce I et que tous les jeux de chromosomes d'un autotriploïde proviennent de la même espèce, $3n = 3 \times 7 = 21$.

b. Un autotétraploïde est $4n$ avec quatre jeux de la même espèce. Le n de l'espèce II est 10, donc $4n = 40$.

c. Un individu triploïde est $3n$. Par définition, un allopolyploïde doit avoir des jeux de chromosomes d'au moins deux espèces différentes. Un allotriploïde pourrait avoir $1n$ de l'espèce I et $2n$ de l'espèce II, soit $(1 \times 7) + (2 \times 10) = 27$. Une autre possibilité serait qu'il ait $2n$ de l'espèce I et $1n$ de l'espèce II, soit $(2 \times 7) + (1 \times 10) = 24$. Donc le nombre de chromosomes chez un allotriploïde peut être 27 ou 24.

d. Un tétraploïde est $4n$. Par définition, un allotétraploïde doit avoir des jeux de chromosomes provenant d'au moins deux espèces différentes. Un allotétraploïde pourrait avoir $3n$ de l'espèce I et $1n$ de l'espèce II, soit $(3 \times 7) + (1 \times 10) = 31$; ou $2n$ de l'espèce I et $2n$ de l'espèce II, soit $(2 \times 7) + (2 \times 10) = 34$; ou encore, $1n$ de l'espèce I et $3n$ de l'espèce II, soit $(1 \times 7) + (3 \times 10) = 37$. Donc, la garniture chromosomique pourrait être 31, 34, ou 37.

? Pour continuer à vous exercer, essayez le Problème 23 à la fin du chapitre.

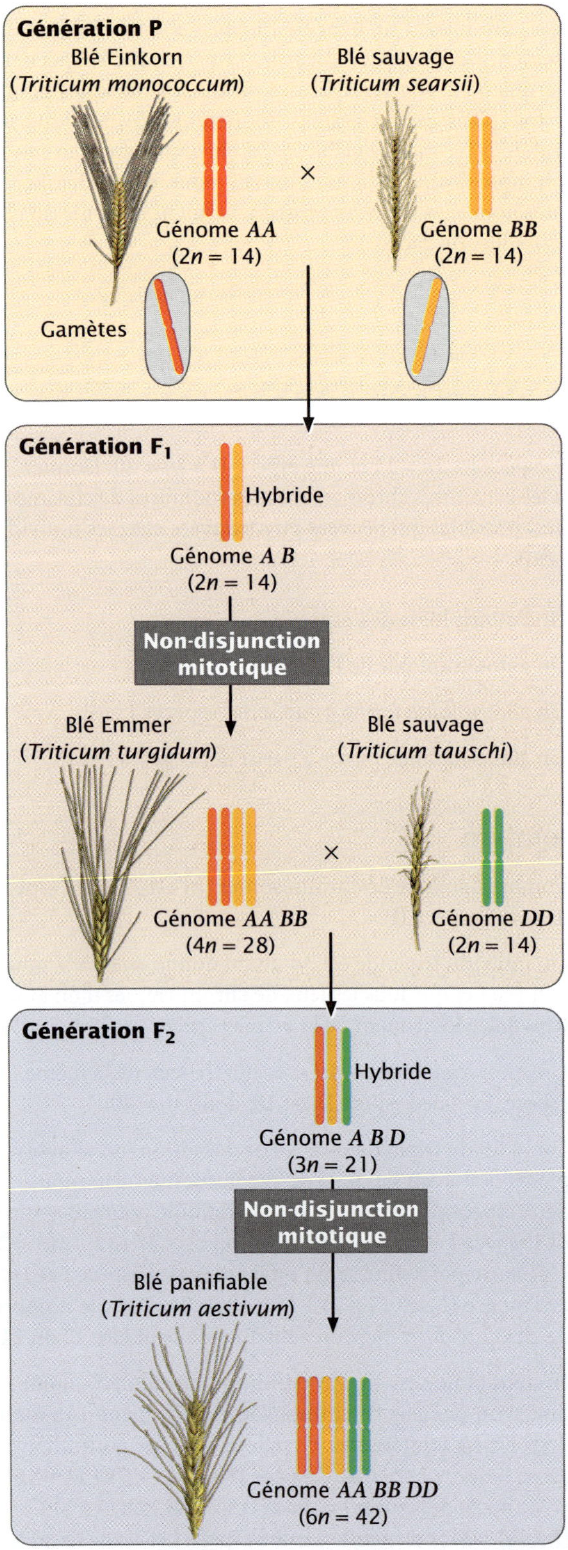

7.25 Le blé panifiable moderne, *Triticum aestivum*, est un hexaploïde contenant des gènes provenant de trois espèces différentes. Deux espèces diploïdes, *T. monococcum* ($2n = 14$) et probablement *T. searsii* ($2n = 14$) ont croisé et produit un hybride diploïde ($2n = 14$) qui a subi un doublement des chromosomes, créant *T. turgidum* ($4n = 28$). Un croisement entre *T. turgidum* et *T.tauschii* ($2n = 14$) a produit un hybride triploïde ($3n = 21$) qui a subi un doublement des chromosomes pour produire *T. aestivum*, qui est hexaploïde ($6n = 42$).

Quelques conséquences de la polyploïdie

Chez de nombreux organismes, il existe une corrélation entre le volume cellulaire et le volume du noyau, qui est lui-même déterminé par la taille du génome. Par conséquent, l'augmentation du nombre de chromosomes chez les polyploïdes est souvent accompagnée d'une augmentation de la taille des cellules, et nombre d'entre eux sont physiquement plus grands que les diploïdes. Les éleveurs et les agriculteurs ont exploité cet effet pour produire des plantes avec des feuilles, des fleurs, des fruits, et des graines de plus grande taille. Le génome hexaploïde du blé ($6n = 42$) contient des chromosomes provenant vraisemblablement de trois espèces sauvages différentes (**Figure 7.25**). De nombreuses autres plantes cultivées sont polyploïdes (**Tableau 7.2**).

Pour plusieurs raisons, la polyploïdie est moins répandue chez les animaux que chez les plantes. Nous avons expliqué que l'allopolyploïdie nécessite une hybridation entre des espèces différentes, ce qui se produit moins fréquemment chez les animaux que chez les végétaux. Le comportement animal empêche souvent le croisement entre espèces, et la complexité du développement animal rend la plupart des hybrides interspécifiques inviables. Plusieurs des animaux polyploïdes appartiennent à des groupes qui se reproduisent par parthénogénèse (un mode de reproduction dans lequel l'animal se développe à partir d'un œuf non fécondé). La reproduction asexuée peut faciliter l'apparition de polyploïdes, peut-être parce que la perpétuation des hybrides par reproduction asexuée fournit davantage d'occasions de non disjonction que la reproduction sexuée. Très peu de bébés humains polyploïdes ont été signalés, et la plupart sont morts quelques jours après la naissance. La polyploïdie – généralement la triploïdie – est observée chez quelque 10 % des fœtus humains avortés spontanément. Les différents types de mutations chromosomiques sont résumés dans le **Tableau 7.3**.

Tableau 7.2 Exemples de plantes cultivées polyploïdes

Plante	Type de polyploïdie	Ploïdie	Nombre de chromosomes
Pomme de terre	Autopolyploïde	$4n$	48
Banane	Autopolyploïde	$3n$	33
Cacahuète	Autopolyploïde	$4n$	40
Patate douce	Autopolyploïde	$6n$	90
Tabac	Allopolyploïde	$4n$	48
Coton	Allopolyploïde	$4n$	52
Blé	Allopolyploïde	$6n$	42
Avoine	Allopolyploïde	$6n$	42
Canne à sucre	Allopolyploïde	$8n$	80
Fraise	Allopolyploïde	$8n$	56

Source : F.C. Elliot, *Plant Breeding and Cytogenetics* (New York: McGraw-Hill, 1958).

Tableau 7.3 Les différents types de mutations chromosomiques

Mutation chromosomique	Définition
Réarrangement chromosomique	Changement de la structure d'un chromosome
Duplication	Duplication d'un segment de chromosome
Délétion	Délétion d'un segment de chromosome
Inversion	Retournement de 180 ° d'un segment de chromosome
Inversion paracentrique	La région inversée ne comprend pas le centromère
Inversion péricentrique	La région inversée comprend le centromère
Translocation	Déplacement d'un segment de chromosome vers un chromosome non homologue ou vers une autre région du même chromosome
Translocation non réciproque	Déplacement d'un segment de chromosome vers un chromosome non homologue ou vers une autre région du même chromosome, sans déplacement réciproque
Translocation réciproque	Échange de segments entre chromosomes non homologues ou entre régions du même chromosome
Aneuploïdie	Changement du nombre de chromosomes individuels
Nullisomie	Perte des deux membres d'une paire d'homologues
Monosomie	Perte d'un membre d'une paire d'homologues
Trisomie	Gain d'un chromosome, résultant en la présence de trois homologues
Tétrasomie	Gain de deux chromosomes homologues, résultant en la présence de quatre homologues
Polyploïdie	Gain de jeux complets de chromosomes
Autopolyploïdie	Polyploïdie où tous les jeux de chromosomes additionnels proviennent de la même espèce
Allopolyploïdie	Polyploïdie où les jeux supplémentaires de chromosomes proviennent de deux espèces ou plus

Concepts clés

La polyploïdie est la présence de jeux de chromosomes supplémentaires. Les autopolyploïdes possèdent des jeux supplémentaires de chromosomes de la même espèce ; les allopolyploïdes, des jeux supplémentaires provenant de deux espèces ou plus. Des problèmes d'appariement et de ségrégation des chromosomes provoquent souvent la stérilité chez les autopolyploïdes, mais de nombreux allopolyploïdes sont féconds.

✔ Test de compréhension 7

L'espèce A possède $2n = 16$ chromosomes, et l'espèce B en a $2n = 14$. Combien de chromosomes y aurait-il dans un allotriploïde formé à partir de ces deux espèces ?

a. 21 ou 24
b. 42 ou 48
c. 22 ou 23
d. 45

7.5 La variation chromosomique joue un rôle important dans l'évolution

Les variations chromosomiques sont un moteur d'évolution potentiel et elles ont clairement joué un rôle dans l'évolution passée de plusieurs groupes d'organismes. Les duplications de chromosomes offrent la possibilité d'émergence de gènes nouveaux. Souvent, les gènes existants ne peuvent varier parce qu'ils codent un produit dont la fonction est essentielle. Cependant, après la duplication d'un chromosome, un des exemplaires d'un gène dupliqué peut assurer la fonction tandis que l'autre peut subir des mutations, changer, et au fil du temps, acquérir une nouvelle fonction qui peut présenter un avantage pour l'organisme.

Les inversions peuvent aussi jouer un rôle important dans l'évolution en supprimant la recombinaison au sein d'un groupe de gènes. Nous avons vu que le crossing-over à l'intérieur d'une région inversée chez un individu hétérozygote pour une inversion para- ou péricentrique a pour conséquence la production de gamètes déséquilibrés et donc l'absence de descendants correspondants. Cette suppression de recombinaison permet à des groupes d'allèles bien intégrés d'un point de vue fonctionnel de ne pas être dispersés par la recombinaison.

La polyploïdie, et particulièrement l'allopolyploïdie, a souvent permis l'émergence de nouvelles espèces et a joué un rôle important dans l'évolution des plantes à fleurs. La duplication occasionnelle de tout un génome a contribué de façon importante au succès évolutif de certains groupes. Par exemple, la levure *Saccharomyces cerevisiae* a subi une duplication entière de son génome il y a quelque 100 millions d'années, suivie de pertes massives de séquences, de divergences et de duplications segmentaires. Le génome des vertébrés a été dupliqué à deux reprises, une fois chez l'ancêtre commun des vertébrés à mâchoires, et une seconde fois chez l'ancêtre des poissons. Certains groupes de vertébrés, comme certaines grenouilles et certains poissons, ont subi des polyploïdisations additionnelles. Les céréales ont subi plusieurs duplications génomiques.

Résumé des concepts clés

Il y a trois grands types de mutations chromosomiques :

- (1) les réarrangements chromosomiques, qui changent la structure des chromosomes ; (2) l'aneuploïdie, qui est une augmentation ou une diminution du nombre de chromosomes ; (3) la polyploïdie, qui est une augmentation du nombre de jeux de chromosomes.
- Les réarrangements chromosomiques comprennent les duplications, les délétions, les inversions, et les translocations.
- Chez les individus hétérozygotes pour une duplication, la région dupliquée forme une boucle quand les chromosomes homologues s'apparient à la méiose. Les duplications ont souvent un effet marquant sur le phénotype, à cause d'un déséquilibre de la dose génique.
- Chez les individus hétérozygotes pour une délétion, un des chromosomes forme une boucle quand les homologues s'apparient à la méiose. Les délétions permettent à des allèles récessifs de s'exprimer.
- Dans les inversions péricentriques, la région inversée contient le centromère ; ce n'est pas le cas des inversions paracentriques. Chez les individus hétérozygotes pour une inversion, les chromosomes homologues forment des boucles d'inversion à la méiose, ce qui réduit fortement la recombinaison à l'intérieur de la région inversée.
- Chez les hétérozygotes pour des translocations réciproques, les chromosomes forment des structures cruciformes à la méiose.
- Les sites fragiles sont des constrictions ou des lacunes qui apparaissent dans des régions particulières des chromosomes de cellules en culture et qui sont susceptibles de rupture dans certaines conditions.
- La nullisomie est la perte de deux chromosomes homologues. La monosomie est la perte d'un chromosome d'une paire. La trisomie est la présence d'un homologue supplémentaire, et la tétrasomie est la présence de deux homologues supplémentaires.
- L'aneuploïdie a des effets phénotypiques considérables parce qu'elle provoque un déséquilibre de la dose génique.
- Le syndrome de Down primaire est dû à la présence de trois exemplaires complets du chromosome 21, tandis que le syndrome de Down familial est dû à la présence d'un troisième exemplaire attaché à un autre chromosome suite à une translocation.
- Tous les chromosomes d'un autopolyploïde proviennent d'une même espèce. Les chromosomes d'un allopolyploïde proviennent de deux espèces ou plus.
- Les variations chromosomiques ont joué un rôle important dans l'évolution de nombreux groupes d'organismes.

Termes importants

mutation chromosomique (p. 168)
chromosome métacentrique (p. 168)
chromosome submétacentrique (p. 168)
chromosome acrocentrique (p. 168)
chromosome télocentrique (p. 168)
réarrangement chromosomique (p. 170)
duplication chromosomique (p. 170)
duplication en tandem (p. 171)
duplication déplacée (p. 171)
duplication inverse (p. 171)
délétion chromosomique (p. 173)
pseudodominance (p. 174)
gène haplo-insuffisant (p. 174)
inversion chromosomique (p. 174)
inversion paracentrique (p. 174)
inversion péricentrique (p. 174)
effet de position (p. 174)
chromatide dicentrique (p. 175)
chromatide acentrique (p. 175)
pont dicentrique (p. 175)
translocation (p. 176)
translocation non réciproque (p. 176)
translocation réciproque (p. 176)
translocation robertsonienne (p. 176)
site fragile (p. 178)
aneuploïdie (p. 178)
polyploïdie (p. 178)
non disjonction (p. 178)
nullisomie (p. 178)
monosomie (p. 178)
trisomie (p. 178)
tétrasomie (p. 178)
syndrome de Down (trisomie 21) (p. 180)
syndrome de Down primaire (p. 180)
syndrome de Down familial (p. 180)
porteur de translocation (p. 181)
syndrome d'Edwards (trisomie 18) (p. 181)
syndrome de Patau (trisomie 13) (p. 181)
trisomie 8 (p. 181)
autopolyploïdie (p. 182)
allopolyploïdie (p. 182)
gamètes déséquilibrés (p. 183)
amphidiploïde (p. 184)

Réponses aux tests de compréhension

1. a

2. La pseudodominance est l'expression d'une mutation récessive chez un hétérozygote, résultant de l'absence de l'allèle de type sauvage dominant suite à une délétion dans un des chromosomes d'une paire d'homologues.

3. c

4. b

5. 37

6. La compensation de dose génique empêche l'expression d'exemplaires supplémentaires de gènes liés à l'X chez les mammifères, et le chromosome Y contient peu d'information génétique, par conséquent, la présence d'exemplaires supplémentaires des chromosomes X et Y n'a pas d'effets importants sur le développement. Par contre, il n'existe pas de mécanisme de compensation pour les autosomes, et les exemplaires supplémentaires de gènes autosomiques sont exprimés, ce qui perturbe le développement normal et provoque l'avortement spontané des embryons aneuploïdes.

7. c

Problèmes résolus

1. Un chromosome comprend les segments suivants, où • représente le centromère.

A B C D E • F G

Quels types de mutations chromosomiques sont-ils nécessaires pour changer ce chromosome en chacun des chromosomes suivants ? (Dans certains cas, plus d'une mutation peut être nécessaire.)

a. A B E • F G

b. A E D C B • F G

c. A B A B C D E • F G

d. A F • E D C B G

e. A B C D E E D C • F G

• Solution

a. Le chromosome muté (A B E • F G) a perdu le segment C D. La mutation est une délétion.

b. Le chromosome muté (A E D C B • F G) n'a qu'un exemplaire de tous les segments, mais le segment B C D E est inversé. Comme le centromère n'a pas changé de position et qu'il n'est pas dans la région inversée, cette mutation chromosomique est une inversion paracentrique.

c. Le chromosome muté (A B A B C D E • F G) est plus long que le chromosome original et nous voyons que le segment A B a été dupliqué. La mutation est une duplication en tandem.

d. Le chromosome muté (A F • E D C B G) a une longueur normale, mais l'ordre des segments et la position du centromère ont changé. Cette mutation est donc une inversion péricentrique de la région (B C D E • F).

e. Le chromosome muté (A B C D E E D C • F G) contient une duplication (C D E) qui est aussi inversée. Ce chromosome a subi une duplication et une inversion paracentrique.

2. L'espèce I est diploïde ($2n = 4$) avec les chromosomes AABB ; l'espèce II, qui est apparentée, est diploïde ($2n = 6$) avec les chromosomes MMNNOO. Décrivez la garniture chromosomique qu'on trouverait chez des individus porteurs des mutations chromosomiques suivantes.

a. Autotriploïdie chez l'espèce I

b. Allotétraploïdie impliquant les espèces I et II

c. Monosomie chez l'espèce I

d. Trisomie du chromosome M chez l'espèce II

e. Tétrasomie du chromosome A chez l'espèce I

f. Allotriploïdie impliquant les espèces I et II

g. Nullisomie pour le chromosome N chez l'espèce II

• Solution

Pour résoudre ce problème, nous devons d'abord déterminer le complément haploïde de chaque espèce. Pour l'espèce I, $n = 2$, avec les chromosomes AB ; pour l'espèce II, $n = 3$, avec les chromosomes MNO.

a. Un autotriploïde est $3n$, et tous les chromosomes viennent de la même espèce. Un autotriploïde de l'espèce I aurait les chromosomes AAABBB ($3n = 6$).

b. Un allotétraploïde est $4n$, avec des chromosomes provenant de plus d'une espèce. Un allotétraploïde pourrait avoir $2n$ de l'espèce I et $2n$ de l'espèce II, soit ($4n = 2 + 2 + 3 + 3 = 10$), avec les chromosomes AABBMMNNOO. Un allotétraploïde pourrait aussi avoir $3n$ de l'espèce I et $1n$ de l'espèce II ($4n = 2 + 2 + 2 + 3 = 9$; AAABBBMNO) ou $1n$ de l'espèce I et $3n$ de l'espèce II ($4n = 2 + 3 + 3 + 3 = 11$; ABMMMNNNOOO).

c. Un monosomique a perdu un seul chromosome, donc un monosomique de l'espèce I serait $2n - 1 = 4 - 1 = 3$. La monosomie pourrait affecter l'une ou l'autre des paires de chromosomes et donner AAB ou ABB.

d. La trisomie est la présence d'un chromosome supplémentaire. Un trisomique M de l'espèce II serait $2n + 1 = 6 + 1 = 7$ (MMMNNOO).

e. Un tétrasomique a une paire de chromosomes homologues supplémentaire. Un tétrasomique de l'espèce I pour le chromosome A serait $2n + 2 = 4 + 2 = 6$ (AAAABB).

f. Un allotriploïde est $3n$, avec des chromosomes provenant de deux espèces différentes. Un allotriploïde pourrait être $3n = 2 + 2 + 3 = 7$ (AABBMNO) ou $3n = 2 + 3 + 3 = 8$ (ABMMNNOO).

g. Un nullisomique a perdu une paire d'homologues. Un nullisomique de l'espèce II pour le chromosome N serait $2n - 2 = 6 - 2 = 4$ (MMOO).

Questions de compréhension

Section 7.1

*1. Faites une liste des différents types de mutations chromosomiques et définissez-les.

Section 7.2

*2. Pourquoi des exemplaires supplémentaires de gènes ont-ils parfois des effets phénotypiques considérables ?

3. Dessinez une paire de chromosomes tels qu'ils apparaîtraient pendant la synapsis à la prophase I de la méiose chez un individu hétérozygote pour une duplication chromosomique.

*4. Quelle est la différence entre une inversion paracentrique et une inversion péricentrique ?

5. Comment les inversions provoquent-elles des effets phénotypiques ?

6. Expliquez pourquoi la recombinaison est supprimée chez les individus hétérozygotes pour des inversions paracentriques.

*7. Comment les translocations provoquent-elles des effets phénotypiques ?

Section 7.3

8. Citez quatre grands types d'aneuploïdie.

*9. Quelle est la différence entre un syndrome de Down primaire et un syndrome de Down familial ? Comment chaque type apparaît-il ?

Section 7.4

*10. Quelle est la différence entre autopolyploïdie et allopolyploïdie ? Comment se produisent-elles ?

11. Expliquez pourquoi les autopolyploïdes sont habituellement stériles, alors que les allopolyploïdes sont souvent féconds.

Questions et problèmes d'application

Section 7.1

*12. Quelles sont les mutations chromosomiques qui
   a. augmentent la quantité de matériel génétique dans un chromosome particulier ?
   b. augmentent la quantité de matériel génétique dans tous les chromosomes ?
   c. diminuent la quantité de matériel génétique dans un chromosome particulier ?
   d. changent la position des séquences d'ADN dans un chromosome sans modifier la quantité de matériel génétique ?
   e. déplacent de l'ADN d'un chromosome vers un chromosome non homologue ?

Section 7.2

*13. Un chromosome contient les segments suivants, où • représente le centromère :

A B • C D E F G

Quels types de mutations chromosomiques sont-ils nécessaires pour changer ce chromosome en l'un des chromosomes suivants ? (Dans certains cas, plus d'une mutation peut être nécessaire.)

   a. A B A B • C D E F G
   b. A B • C D E A B F G
   c. A B • C F E D G
   d. A • C D E F G
   e. A B • C D E
   f. A B • E D C F G
   g. C • B A D E F G
   h. A B • C F E D F E D G
   i. A B • C D E F C D F E G

14. Le diagramme ci-dessous représente deux chromosomes non homologues :

A B • C D E F G
R S • T U V W X

Quel type de mutation chromosomique produirait-elle chacun des chromosomes suivants ?

   a. A B • C D
      R S • T U V W X E F G
   b. A U V B • C D E F G
      R S • T W X
   c. A B • T U V F G
      R S • C D E W X
   d. A B • C W G
      R S • T U V D E F X

15. La mouche à nez vert possède normalement six chromosomes, deux métacentriques et quatre acrocentriques. Un généticien examine les chromosomes d'une mouche à nez vert d'apparence inhabituelle et découvre qu'elle n'a que cinq chromosomes ; trois sont métacentriques et deux sont acrocentriques. Expliquez comment le changement du nombre de chromosomes pourrait s'être produit.

*16. Un chromosome de type sauvage contient les segments suivants :

A B C • D E F G H I

Un individu est hétérozygote pour les mutations chromosomiques ci-dessous. Pour chaque mutation, dessinez l'appariement des chromosomes sauvage et muté à la prophase I de la méiose, en montrant toutes les chromatides.

a. A B C • D E F D E F G H I

b. A B C • D H I

c. A B C • D G F E H I

d. A B E D • C F G H I

17. Comme expliqué dans ce chapitre, un crossing-over dans une inversion péricentrique produit des chromosomes qui ont des exemplaires supplémentaires de certains gènes et aucun exemplaire d'autres gènes. La fécondation de gamètes contenant ces chromosomes porteurs de ce type de duplication/délétion donne souvent des enfants porteurs de syndromes caractérisés par un retard de développement, une arriération mentale, un développement anormal de certains groupes d'organes, et une mort précoce. En utilisant une analyse FISH (hybridation fluorescente in situ) spéciale à deux couleurs, Maarit Jarola et ses collègues ont examiné les spermatozoïdes individuels d'un individu mâle hétérozygote pour une inversion péricentrique sur le chromosome 8, et ils ont établi qu'un crossing-over se produisait dans l'inversion dans 26 % des divisions méiotiques (M. Jaarola, R.H. Martin, et T. Ashley. 1998. *American Journal of Human Genetics* 63 : 218-224). Supposez que vous soyez conseiller génétique et qu'un couple vous consulte. L'homme et la femme sont phénotypiquement normaux, mais la femme est hétérozygote pour une inversion péricentrique sur le chromosome 8. Le caryotype de l'homme est normal. Quelle est la probabilité que ce couple produise un enfant atteint d'un syndrome débilitant suite à un crossing-over dans l'inversion péricentrique ?

Section 7.3

18. Le daltonisme rouge-vert est une maladie humaine récessive liée à l'X. Un jeune homme avec un caryotype 47, XXY (syndrome de Klinefelter) est daltonien. Son frère 46, XY est aussi daltonien. Les deux parents ont une perception normale des couleurs. Où s'est produite la non disjonction responsable du syndrome de Klinefelter chez le jeune homme ?

***19.** Bill et Betty ont deux enfants atteints du syndrome de Down. Le frère de Bill a le syndrome de Down et sa sœur a deux enfants atteints. Sur la base des ces observations, laquelle des affirmations suivantes est-elle la plus vraisemblable ? Expliquez votre raisonnement.

a. Bill a 47 chromosomes.

b. Betty a 47 chromosomes.

c. les enfants de Bill et de Betty ont chacun 47 chromosomes.

d. La sœur de Bill a 45 chromosomes.

e. Bill a 46 chromosomes.

f. Betty a 45 chromosomes.

g. Le frère de Bill a 45 chromosomes.

***20.** Chez les mammifères, les aneuploïdes pour les chromosomes sexuels sont plus fréquents que les aneuploïdes autosomiques, mais chez les poissons, les aneuploïdes pour les chromosomes sexuels et pour les autosomes s'observent avec la même fréquence. Proposez une explication pour cette différence entre les mammifères et les poissons.

Section 7.4

***21.** Une espèce a $2n = 16$ chromosomes. Combien de chromosomes y aura-t-il dans les cellules de chacun des mutants suivants de cette espèce ?

a. Monosomique

b. Autotriploïde

c. Autotétraploïde

d. Trisomique

e. Monosomique double

f. Nullisomique

g. Autopentaploïde

h. Tétrasomique

22. Une espèce I est diploïde ($2n = 8$), avec les chromosomes AABBCCDD ; une espèce II apparentée est diploïde ($2n = 8$), avec les chromosomes MMNNOOPP. Quels types de mutations chromosomiques les organismes avec les jeux de chromosomes suivants ont-ils ?

a. AAABBCCDD

b. MMNNOOOOPP

c. AABBCDD

d. AAABBBCCCDDD

e. AAABBCCDDD

f. AABBDD

g. AABBCCDDMMNNOOPP

h. AABBCCDDMNOP

23. Une espèce I a $2n = 8$ chromosomes et une espèce II a $2n = 14$ chromosomes. Quel serait le nombre de chromosomes attendu chez des organismes porteurs des mutations chromosomiques suivantes ? Donnez toutes les réponses possibles.

a. Allotriploïdie impliquant les espèces I et II

b. Autotétraploïdie chez l'espèce II

c. Trisomie chez l'espèce I

d. Monosomie chez l'espèce II

e. Tétrasomie chez l'espèce I

f. Allotétraploïdie impliquant les espèces I et II

24. *Nicotiana glutinosa* ($2n = 24$) et *N. tabacum* ($2n = 48$) sont deux plantes étroitement apparentées qui peuvent être croisées, mais les hybrides F_1 sont généralement stériles. En 1925, Roy Clausen et Thomas Goodspeed ont obtenu une plante F_1 féconde (R.E. Clausen et T.H. Goodspeed. 1925 *Genetics* 10 : 278-284). En autopollinisant les fleurs de cette plante, ils purent produire une génération F_2. De façon surprenante, les plantes F_2 étaient fécondes et produisaient des graines viables. Quand Clausen et Goodspeed examinèrent les chromosomes des plantes F_2, ils observèrent 36 paires de chromosomes à la métaphase I et 36 chromosomes individuels à la métaphase II. Expliquez l'origine des plantes F_2 et les nombres de chromosomes observés.

25. Quel serait le nombre de chromosomes chez les descendants des croisements des espèces de blé suivantes (voir la Figure 7.25) ? Quel type de polyploïde (allotriploïde, allotétraploïde, etc.) serait-il produit par chacun des croisements ?

a. Blé Einkorn et blé Emmer

b. Blé panifiable et blé Emmer

c. Blé Einkorn et blé panifiable

26. Karl et Hally Sax ont croisé *Aegilops cylindrica* ($2n = 28$), une herbe sauvage des régions méditerranéennes, avec *Triticum vulgare* ($2n = 42$), un type de blé (K. Sax et H.J. Sax. 1924. *Genetics* 9 : 454-464). Les plantes F_1 issues de ce croisement avaient 35 chromosomes. L'examen de la métaphase I chez les plantes F_1 montrait la présence de 7 paires de chromosomes (des bivalents) et de 21 chromosomes non appariés (des univalents).

a. Si les chromosomes non appariés ségrègent de façon aléatoire, quels nombres de chromosomes pourraient-ils apparaître dans les gamètes des plantes F_1 ?

b. Que suggère l'aspect des bivalents chez les hybrides F_1 à propos de l'origine du blé *T. vulgare* ?

Questions tests

Section 7.3

27. Le daltonisme est une affection humaine récessive liée à l'X. Jill a une perception normale des couleurs, mais son père est daltonien. Jill épouse Tom qui a aussi une vision normale. Jill et Tom ont une fille qui est atteinte du syndrome de Turner et est daltonienne.

a. Comment leur fille a-t-elle hérité du daltonisme ?

b. Leur fille a-t-elle hérité du chromosome X de Jill ou de Tom ?

28. Les mules sont produites par croisement entre un cheval ($2n = 64$) et un âne ($2n = 62$). Elles ont 63 chromosomes et sont presque toujours stériles. Toutefois, en 1985, une mule appelée Krause, mise en pâture en compagnie d'un âne mâle, donna naissance à un jeune mulet (O.A. Ryder et al. 1985. *Journal of Heredity* 76 : 379-381). Des tests sanguins établirent que le jeune mulet, appelé Blue Moon, et Krause étaient issus du même père (voir la figure), et que Blue Moon avait 63 chromosomes comme sa mère – pour moitié des chromosomes de cheval et pour moitié des chromosomes d'âne. L'analyse de marqueurs génétiques montra que, remarquablement, Blue Moon avait hérité d'un jeu complet de chromosomes de cheval de sa mère, plutôt que du mélange aléatoire de chromosomes de cheval et d'âne auquel on se serait attendu dans le cas d'une méiose normale. Donc, Krause et Blue Moon n'étaient pas seulement mère et fils, mais aussi sœur et frère.

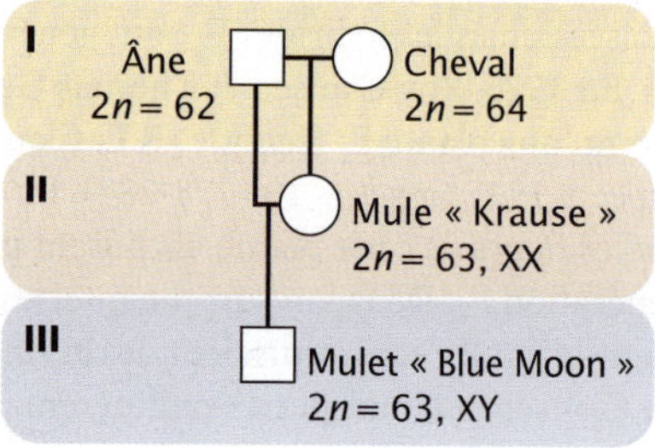

a. Au moyen d'un diagramme, montrez comment, si Blue Moon n'a hérité que de chromosomes de cheval de sa mère, lui et Krause sont non seulement fils et mère, mais aussi frère et sœur.

b. Bien que rares, d'autres cas de mules fécondes mettant bas ont été rapportés. Dans ces cas rares, quand la mule s'accouple avec un étalon (cheval mâle), la progéniture ressemble à un cheval, mais quand la mule s'accouple avec un âne mâle, la progéniture ressemble à un mulet. Cette observation est-t-elle en accord avec l'idée que la descendance de mules fécondes hérite uniquement d'un jeu de chromosomes de cheval de la mère mule ? Expliquez votre raisonnement.

c. Pourriez-vous suggérer un mécanisme par lequel la descendance de mules fécondes puisse transmettre un jeu complet de chromosomes de cheval à sa propre descendance ?

Section 7.5

29. L'homme, comme de nombreux autres organismes complexes, est diploïde avec un jeu de chromosomes hérité de la mère, et l'autre hérité du père. Toutefois, un certain nombre d'organismes eucaryotiques passent la majeure partie de leur cycle vital à l'état haploïde. Plusieurs de ces eucaryotes, comme *Neurospora* et la levure, sont capables de reproduction sexuée et peuvent exister à l'état diploïde et subir la méiose.

Si certains organismes haploïdes sont parfaitement capables de reproduction sexuée, source de variation génétique, pourquoi les eucaryotes plus complexes sont-ils diploïdes ? En d'autres termes, quel pourrait être l'avantage évolutif d'exister à l'état diploïde plutôt qu'haploïde ? Et pourquoi quelques eucaryotes comme *Neurospora* et la levure existent-ils à l'état haploïde ?

8 L'ADN : la nature chimique du gène

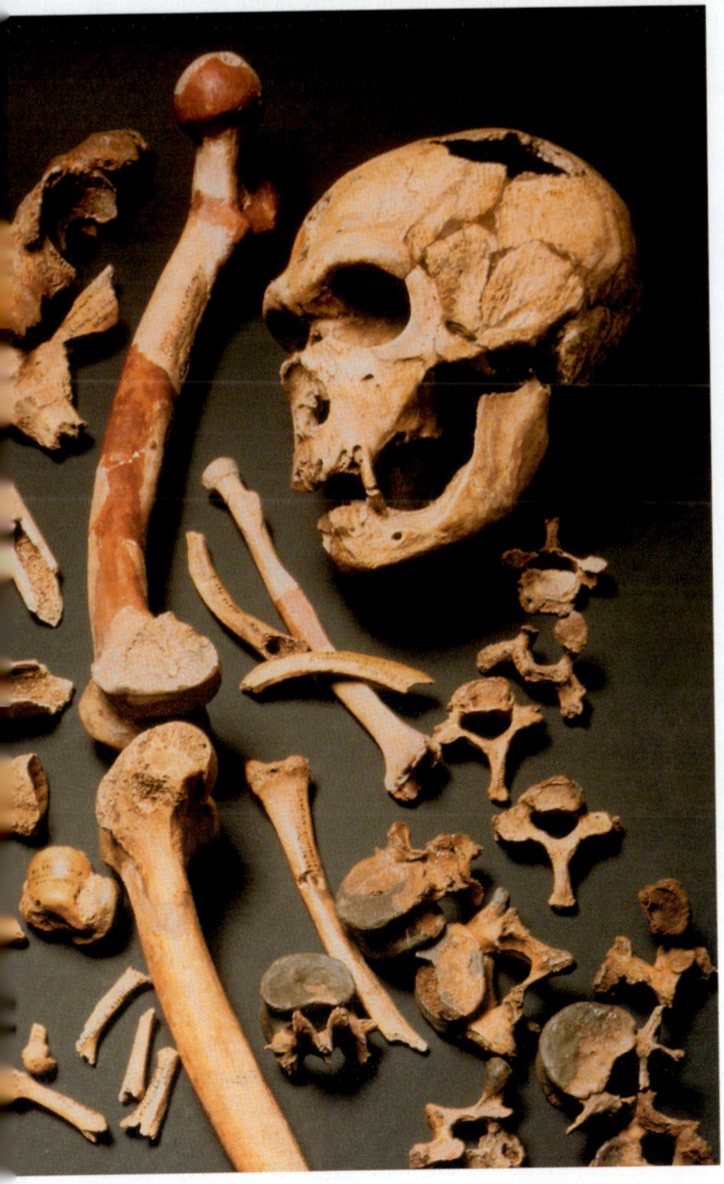

La stabilité remarquable de l'ADN rend possible l'extraction et l'analyse d'ADN de restes d'individus très anciens, par exemple, des os de Néandertaliens vieux de plus de 30 000 ans. *[John Reader/ Photo Researchers.]*

L'ADN de l'homme de Neandertal

Avec sa spirale double brin, l'ADN est l'une des molécules biologiques les plus élégantes qui soient. Mais la double hélice n'est pas qu'une belle structure, elle confère à l'ADN une stabilité et une résistance incroyables, fournissant aux généticiens une véritable machine à remonter le temps.

En 1856, un groupe d'ouvriers découvrit une petite grotte contenant des ossements dans une carrière de pierre calcaire de la vallée de la Neander en Allemagne. Ils crurent d'abord que les ossements étaient ceux d'un ours des cavernes, mais l'instituteur de l'endroit les identifia comme des os humains, bien que différents de tous ceux qu'il avait eu l'occasion de voir auparavant. Les os étaient ceux d'une personne de grande taille, dont le crâne présentait un front fuyant, un nez aux larges narines, et des arcades sourcilières saillantes. Des experts confirmèrent que les os appartenaient à un individu d'une espèce humaine éteinte, qu'ils appelèrent homme de Neandertal. Dans les cent années qui suivirent, des fossiles semblables furent découverts en Espagne, en Belgique, en France, en Croatie et au Moyen Orient.

Les études anthropologiques ont établi que les Néandertaliens ont mené une existence nomade en Europe et en Asie occidentale pendant 200 000 ans, avant de disparaître de façon assez brutale il y a quelque 30 000 à 40 000 ans. Pendant les dernières années de cette période, les Néandertaliens ont coexisté avec les ancêtres directs des hommes modernes, les Cro-Magnon. Le sort des Néandertaliens – et surtout la raison de leur disparition – a interpellé les scientifiques comme les profanes. Les Cro-Magnon, venus d'Afrique avec une technologie plus avancée, ont-ils provoqué l'extinction des Néandertaliens par simple compétition ou peut-être par extermination délibérée ? Ou les Néandertaliens se sont-ils croisés avec les Cro-Magnon et leurs gènes se sont-ils dilués dans le stock génétique plus vaste des hommes modernes ? La découverte de fossiles semblant représenter une transition entre les Néandertaliens et les Cro-Magnon a, un temps, favorisé cette dernière hypothèse. Malheureusement, le nombre de fossiles Néandertaliens et Cro-Magnon identifiés était trop faible pour permettre de répondre de façon définitive à ces questions.

L'hypothèse du croisement entre les Néandertaliens et les ancêtres de l'homme moderne est devenue accessible à la vérification expérimentale en 1997, quand des scientifiques ont réussi à extraire de l'ADN d'un os du spécimen de Neandertal original découvert plus de 140 ans auparavant. L'os était vieux d'au moins 30 000 ans. Grâce à une technique appelée réaction de polymérisation en chaîne (voir le Chapitre 14), ces chercheurs ont amplifié un million de fois une séquence de 378 nucléotides d'ADN mitochondrial néandertalien. Ils ont ensuite comparé la séquence avec l'ADN mitochondrial de personnes vivantes.

L'ADN mitochondrial extrait de l'os du Neandertal était très différent de celui provenant d'individus de diverses parties du monde. Depuis, l'analyse d'échantillons provenant de plusieurs spécimens de Néandertaliens et de Cro-Magnon a montré clairement que les Néandertaliens étaient génétiquement distincts des hommes contemporains et des Cro-Magnon. Il n'y a pas de séquences d'ADN mitochondrial néandertalien dans les pools de gènes de l'homme contemporain, ni dans l'ADN extrait des fossiles des premiers Cro-Magnon, ce qui indique qu'il n'y a pas eu de croisement entre les deux espèces anciennes d'hominidés. Récemment, on a extrait de l'ADN nucléaire d'os néandertaliens et une tentative de séquençage du génome néandertalien entier est en cours, ce qui permettra de mieux évaluer la possibilité de croisements entre les Néandertaliens et les premiers hommes anatomiquement modernes. (N.d.T. : L'appellation « homme de Cro-Magnon », jugée trop limitative, a été remplacée par celle « d'homme anatomiquement moderne ». Les anthropologues l'ont définitivement classé comme *Homo sapiens.* Un « premier jet » de séquence du génome néandertalien a été publié récemment par un groupe de chercheurs dirigé par Svante Pääbo (2010. *Science.* 328 : 710-721), et suggère l'existence d'un flux génique très limité (entre 1 et 4 %) des Néandertaliens vers les ancêtres de l'homme moderne, donc de croisements très rares.)

Que l'ADN néandertalien ait pu se conserver et révéler ses liens phylogénétiques après quelque 40 000 ans témoigne de la stabilité remarquable de la double hélice. Ce chapitre est consacré à l'identification de l'ADN comme dépositaire de l'information génétique et à la manière dont les instructions génétiques sont encodées dans cette élégante molécule. Nous commencerons par définir les exigences de base auxquelles doit satisfaire le matériel génétique, puis nous ferons l'historique de notre compréhension de l'ADN – comment sa relation aux gènes fut élucidée et comment sa structure fut déterminée. L'histoire de l'ADN illustre plusieurs aspects importants de la nature de la recherche scientifique. Comme pour tant d'avancées scientifiques importantes, la structure de l'ADN et son rôle de matériel génétique ne furent pas découverts par une seule personne, mais ils furent révélés graduellement sur une période de près de 100 ans, par les travaux de nombreux scientifiques. Notre compréhension de la relation entre l'ADN et les gènes fit un bond en avant énorme en 1953, quand James Watson et Francis Crick proposèrent une structure tridimensionnelle de l'ADN qui mettait brillamment en lumière son rôle génétique. Comme l'illustre la découverte de Watson et Crick, des avancées scientifiques importantes résultent souvent moins de l'obtention de données nouvelles que de l'interprétation nouvelle de données existantes.

Après une brève histoire de l'ADN, nous examinerons sa structure. La structure de l'ADN est importante en soi, mais le concept génétique clé est la relation entre sa structure et sa fonction – comment sa structure permet à l'ADN d'être le matériel génétique.

8.1 Le matériel génétique doit posséder plusieurs propriétés essentielles

Le monde vivant est caractérisé par une immense diversité, mais les instructions qui régissent tous les organismes vivants sont écrites dans le même langage génétique – celui des acides nucléiques. De façon surprenante, l'idée que les gènes soient faits d'acides nucléiques ne faisait pas l'unanimité avant le début des années 1950. Ce scepticisme relatif était dû en partie à ce qu'on ne connaissait pas la structure de l'acide désoxyribonucléique (ADN). Jusqu'à ce qu'on en connaisse la structure, il était difficile de comprendre comment l'ADN pouvait emmagasiner et transmettre l'information génétique. Toutefois, bien avant que les acides nucléiques soient identifiés comme étant le matériel génétique, les généticiens s'accordaient sur trois propriétés essentielles que devait posséder le matériel génétique, quelle que fût sa nature.

1. **Le matériel génétique doit contenir une information complexe.** En tout premier lieu, le matériel génétique doit pouvoir stocker de grandes quantités d'information – des instructions qui spécifient tous les traits et fonctions d'un organisme. Cette information doit avoir la capacité de varier, parce que différentes espèces et même différents individus d'une même espèce ont une composition génétique différente. En même temps, le matériel génétique doit être stable, parce que la plupart des altérations des instructions génétiques (les mutations) sont susceptibles d'être néfastes.
2. **Le matériel génétique doit se répliquer fidèlement.** Une seconde propriété essentielle du matériel génétique doit être la capacité d'être copié de façon exacte. Chaque organisme commence sa vie sous la forme d'une cellule qui doit subir des milliards de divisions pour produire un individu multicellulaire complexe tel que vous et moi. À chaque division cellulaire, les instructions génétiques doivent être transmises aux cellules filles avec une très grande précision. Quand les organismes se reproduisent et passent leurs gènes à leur descendance, les instructions codées doivent être copiées fidèlement.
3. **Le matériel génétique doit coder le phénotype.** Le matériel génétique (le génotype) doit avoir la capacité de «coder » (déterminer) les traits (le phénotype). Le produit d'un gène est souvent une protéine. Il doit donc exister un mécanisme qui traduit les instructions génétiques en séquence d'acides aminés d'une protéine.

Concepts clés

Le matériel génétique doit être capable d'emmagasiner de grandes quantités d'information, d'être répliqué fidèlement, et de traduire ses instructions codées en phénotypes.

✔ Test de compréhension 1

Pourquoi la découverte de la structure de l'ADN fut-elle si importante pour comprendre les mécanismes fondamentaux de la génétique ?

8.2 Toute l'information génétique est encodée dans la structure de l'ADN

Bien que notre compréhension de la façon dont l'information génétique est codée par l'ADN ne date que d'une cinquantaine d'années, l'étude de la structure de l'ADN a commencé il y a plus de 100 ans.

Premières études sur l'ADN

En 1868, Johann Friedrich Miescher termina ses études de médecine en Suisse. Influencé par un oncle qui était persuadé que la clé pour comprendre les maladies se trouvait dans la chimie des tissus, Miescher se rendit à Tübingen, en Allemagne, pour y étudier auprès d'Ernst Felix Hoppe-Seyler, un pionnier de la biochimie naissante. Sous la direction de Hoppe-Seyler, Miescher s'intéressa à la chimie du pus, une sécrétion importante d'un point de vue médical. Le pus contient des leucocytes (globules blancs) contenant de très grands noyaux. Miescher montra que le noyau contient une substance nouvelle, légèrement acide et riche en phosphore. Ce matériel était de l'ADN associé à des protéines.

En 1887, les chercheurs étaient arrivés à la conclusion que la base physique de l'hérédité était localisée dans le noyau. On établit que la chromatine était faite d'acide nucléique et de protéine, sans que l'on pût préciser laquelle de ces substances était l'information génétique. À la fin du XIXème siècle, Albrecht Kossel détermina que l'ADN contient quatre bases azotées : adénine, cytosine, guanine, et thymine (en abrégé, A, C, G, et T).

Phoebus Aaron Levene montra ensuite que l'ADN est constitué d'une répétition d'unités liées appelées **nucléotides** ; chaque nucléotide contient un sucre, un phosphate et une base.

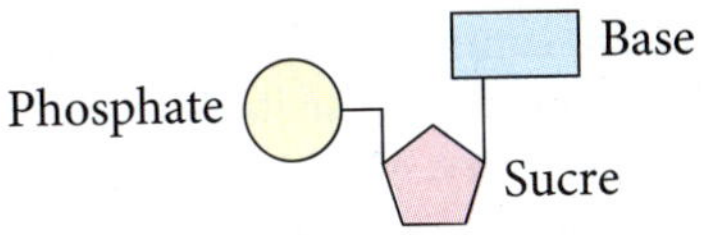

Nucléotide

Levene proposa – à tort – que l'ADN consiste en une succession d'unités de quatre nucléotides dans laquelle chaque unité contiendrait les quatre bases – adénine, guanine, cytosine, et thymine – selon une séquence fixe. Cette hypothèse, appelée théorie du tétranucléotide, impliquait de fait que la structure de l'ADN ne présente pas le degré de variabilité attendu du matériel génétique, et elle contribua à renforcer l'idée que la protéine devait être le matériel génétique, parce qu'avec 20 acides aminés différents, la structure des protéines peut être extrêmement variable.

D'autres études sur la chimie de l'ADN, dans les années 1940 et 1950, ébranlèrent cette notion de l'ADN, molécule simple et invariante. Erwin Chargaff et ses collaborateurs mesurèrent soigneusement les quantités respectives des quatre bases dans l'ADN de différentes espèces et observèrent que la composition en bases variait considérablement entre les espèces étudiées. Ces observations infirmaient complètement la théorie du tétranucléotide. De plus, ils découvrirent que, dans chaque espèce, il existe une régularité des rapports entre bases : la quantité d'adénine est toujours égale à la quantité de thymine (A = T), et la quantité de guanine est toujours égale à la quantité de cytosine (G = C ; **Tableau 8.1**). Ces égalités sont parfois appelées **règles de Chargaff**.

Tableau 8.1 Composition en bases et rapports entre bases dans l'ADN d'espèces différentes

Source d'ADN	A	T	G	C	Rapports A/T	G/C	(A+G)/(T+C)
E. coli	26,0	23,9	24,9	25,2	1,09	0,99	1,04
Levure	31,3	32,9	18,7	17,1	0,95	1,09	1,00
Oursin	32,8	32,1	17,7	18,4	1,02	0,96	1,00
Rat	28,6	28,4	21,4	21,5	1,01	1,00	1,00
Homme	30,3	30,3	19,5	19,9	1,00	0,98	0,99

Concepts clés

Plusieurs scientifiques ont contribué à la détermination de caractéristiques structurales de l'ADN. Dans un premier temps, on a considéré que la structure de l'ADN était trop monotone pour contenir l'information génétique, mais dans les années 1940 à 1950, on a découvert que la composition en bases de l'ADN variait selon les espèces.

L'ADN source d'information génétique

Tandis que des chimistes élucidaient peu à peu la structure de l'ADN, des biologistes tentaient d'identifier la source de l'information génétique. Quand Mendel découvrit les règles fondamentales de l'hérédité en 1866, il n'avait aucune idée de la nature physique de l'information héréditaire. Au début des années 1900, les biologistes étaient arrivés à la conclusion que les gènes sont portés par les chromosomes qui contiennent de l'ADN et des protéines. Deux séries d'expériences menées l'une sur des bactéries, l'autre sur des virus, allaient fournir la preuve que l'ADN, et non les protéines, était le matériel génétique.

La découverte du principe transformant La première indication que l'ADN était le porteur de l'information héréditaire vint de la démonstration du rôle de l'ADN dans un phénomène appelé *transformation*. Le phénomène fut observé pour la première fois en 1928 par un médecin anglais appelé Fred Griffith qui s'intéressait à la bactérie responsable de la pneumonie, *Streptococcus pneumoniae*. Griffith avait isolé différentes souches de *S. pneumoniae* (types I, II, III, etc.). Dans la forme virulente (qui cause la maladie) de ces souches, chaque bactérie est entourée d'une couche de polysaccharides qui donne un aspect lisse (S pour « smooth » en anglais) aux colonies cultivées sur boîtes d'agar. Griffith observa que ces formes virulentes pouvaient parfois muter vers la non virulence, et qu'elles ne synthétisaient plus de couche polysaccharidique, ce qui donnait un aspect irrégulier (R pour « rough » en anglais) aux colonies.

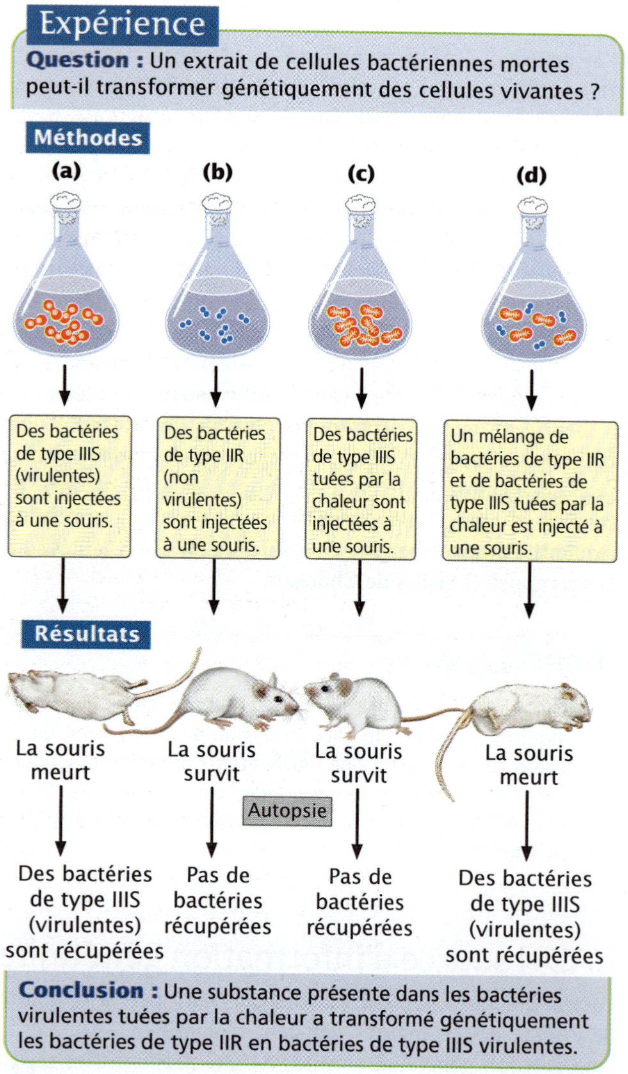

8.1 Les expériences de Griffith ont révélé l'existence de la transformation bactérienne.

Quand Griffith injectait de petites quantités de bactéries vivantes IIIS à des souris, celles-ci mouraient de pneumonie ; à l'autopsie, de grandes quantités de bactéries IIIS se trouvaient dans le sang des souris mortes (**Figure 8.1a**). Par contre, l'injection de bactéries de type IIR ne tuait pas les souris et leur sang ne contenait pas de bactéries IIR (**Figure 8.1b**). Griffith savait que l'ébullition tue toutes les bactéries. L'injection de grandes quantités d'une suspension de bactéries de type IIIS qui avait été bouillie ne tuait pas les souris, et leur sang ne contenait pas de bactéries IIIS (**Figure 8.1c**). Ces résultats n'avaient rien d'inhabituel. Toutefois, Griffith obtint un résultat surprenant quand il infecta des souris avec un mélange de bactéries IIR vivantes et de bactéries IIIS tuées par ébullition. Cinq jours après l'infection, les souris mouraient de pneumonie et leur sang contenait des bactéries IIIS (**Figure 8.1d**). De plus, ces bactéries conservaient leur caractère IIIS pendant plusieurs générations : leur virulence était donc héréditaire.

Griffith conclut que, d'une certaine façon, les bactéries IIR avaient été transformées en acquérant la virulence des bactéries IIIS tuées. Cette transformation avait produit un changement génétique permanent chez les bactéries. Bien que Griffith n'eut pas compris la nature du phénomène de transformation, il émit la théorie qu'une substance présente dans l'enveloppe polysaccharidique des bactéries mortes en était responsable. Il appela cette substance **principe transformant**.

L'identification du principe transformant Quand Griffiths publia ses résultats, Oswald Avery était microbiologiste au Rockefeller Institute à New York. Avery commença par considérer les résultats de Griffith avec scepticisme, mais après que d'autres microbiologistes eussent répété avec succès les expériences de Griffith en utilisant d'autres bactéries, il décida d'essayer d'identifier la nature de la substance transformante.

Il fallut dix années de recherches avant qu'Avery, Colin MacLeod et Maclyn McCarty réussissent à isoler et purifier la substance transformante. Ils montrèrent qu'elle avait une composition chimique très proche de celle de l'ADN et très différente de celle des protéines. Des enzymes telles que la trypsine et la chymotripsine, connues pour dégrader les protéines, n'avaient aucun effet sur la substance transformante. La ribonucléase (RNase), une enzyme qui détruit l'ARN, n'avait pas d'effet non plus. Par contre, des enzymes capables de détruire l'ADN (DNase) éliminaient l'activité de la substance transformante (**Figure 8.2**). Avery, MacLeod et McCarty montrèrent que la substance transformante purifiée précipitait comme de l'ADN purifié, et qu'elle absorbait les rayons ultraviolets à la même longueur d'onde que l'ADN. Ces résultats, publiés en 1944, démontraient de façon irréfutable que le principe transformant – et donc le support de l'information génétique – est

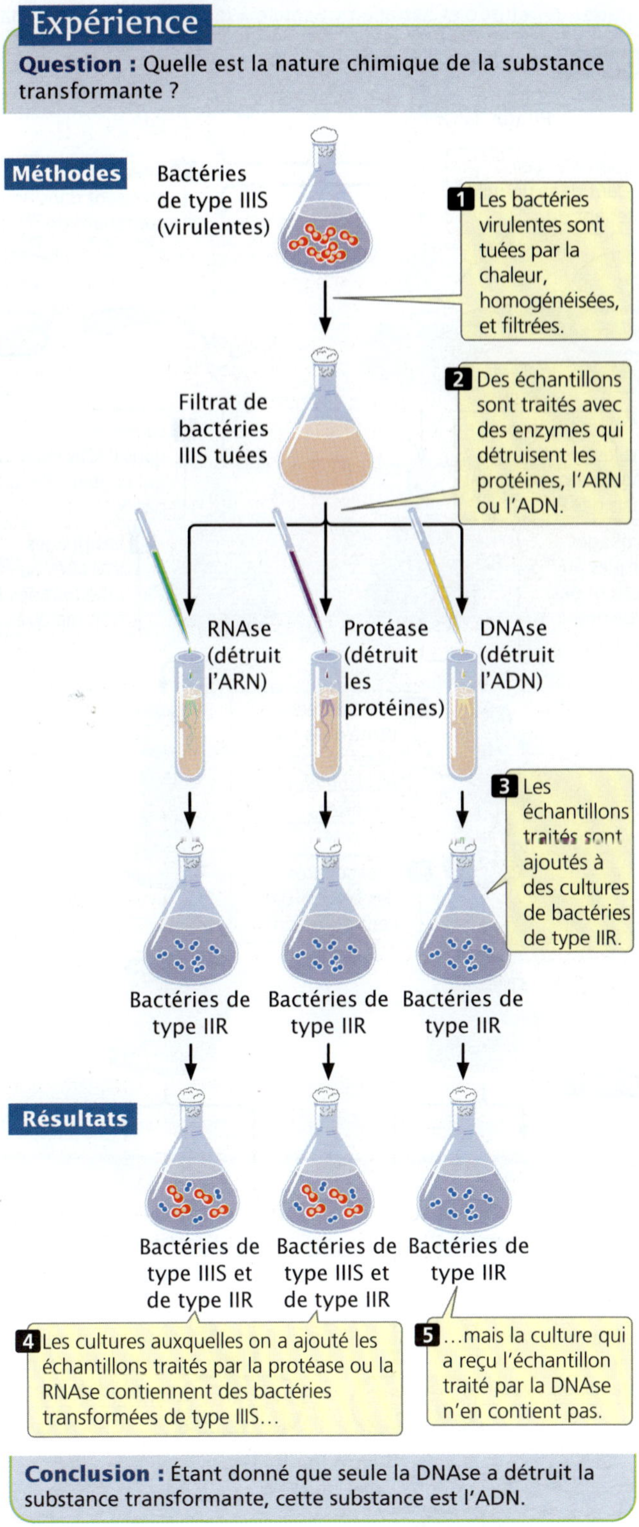

8.2 Avery, MacLeod et McCarty ont identifié la nature du principe transformant.

l'ADN. Cependant, certains biologistes refusaient d'y croire et préféraient toujours l'hypothèse que le matériel génétique soit constitué de protéine.

Concepts clés

Le phénomène de transformation montre qu'une substance – le principe transformant – est capable de modifier génétiquement des bactéries. Avery, MacLeod et McCarty démontrèrent que le principe transformant est l'ADN, apportant ainsi la première preuve que l'ADN est le matériel génétique.

✔ Test de compréhension 2

Si Avery, MacLeod et McCarty avaient trouvé que des échantillons de bactéries tuées à la chaleur, puis traités à la RNAse et à la DNAse transformaient des bactéries, mais que des échantillons traités à la protéase ne les transformaient pas, quelle aurait été leur conclusion ?

a. La protéase est l'agent transformant.
b. L'ARN et l'ADN sont le matériel génétique.
c. Le matériel génétique est fait de protéine.
d. La RNase et la DNase sont nécessaires à la transformation.

L'expérience de Hershey et Chase Une seconde expérience démontrant que l'ADN est le matériel génétique fut réalisée en 1952 par Alfred Hershey et Martha Chase, utilisant le *bactériophage* T2 (phage T2) comme matériel expérimental. Le phage T2 est un virus qui infecte la bactérie *Escherichia coli* (**Figure 8.3a**). Comme nous l'avons expliqué dans le Chapitre 6, un phage se reproduit en s'attachant à la paroi externe d'une cellule bactérienne et en injectant son ADN dans la cellule, où il se réplique et dirige la synthèse de protéines de phage. L'ADN de phage répliqué est encapsidé dans les protéines de phage, formant de nouvelles particules de phage (la descendance du phage) qui lysent la cellule infectée et sont libérées dans le milieu environnant (**Figure 8.3b**).

À l'époque où Hershey et Chase réalisèrent leur expérience, les biologistes ne comprenaient pas encore la façon exacte dont les phages se reproduisent. Ils savaient que le phage T2 est constitué d'environ 50 % d'ADN et 50 % de protéines, qu'un phage infecte une bactérie en commençant par s'attacher à paroi cellulaire, et qu'une descendance de phages est produite dans la cellule. Comme la descendance a les mêmes caractéristiques que le phage infectant, le matériel génétique du phage infectant devait être transmis à la descendance, mais le processus demeurait une énigme. Hershey et Chase mirent au point une série d'expériences pour déterminer ce qui, de la protéine ou de l'ADN du phage, était transmis lors de sa reproduction dans la cellule. Pour suivre le destin de la protéine et de l'ADN, ils utilisèrent des **isotopes radioactifs** du phosphore et du soufre. Un isotope radioactif permet de localiser une molécule parce que toute molécule contenant l'isotope sera elle-même radioactive et émettra un signal détectable. L'ADN contient du phosphore mais pas de soufre ; Hershey et Chase utilisèrent le ^{32}P pour suivre l'ADN du phage pendant sa multiplication. Les protéines contiennent du soufre mais pas de phosphore, donc ils utilisèrent le ^{35}S pour suivre les protéines.

Hershey et Chase cultivèrent des bactéries *E. coli* dans un milieu contenant du ^{32}P et infectèrent les bactéries avec le phage T2, pour que l'ADN de tous les nouveaux phages soit marqué

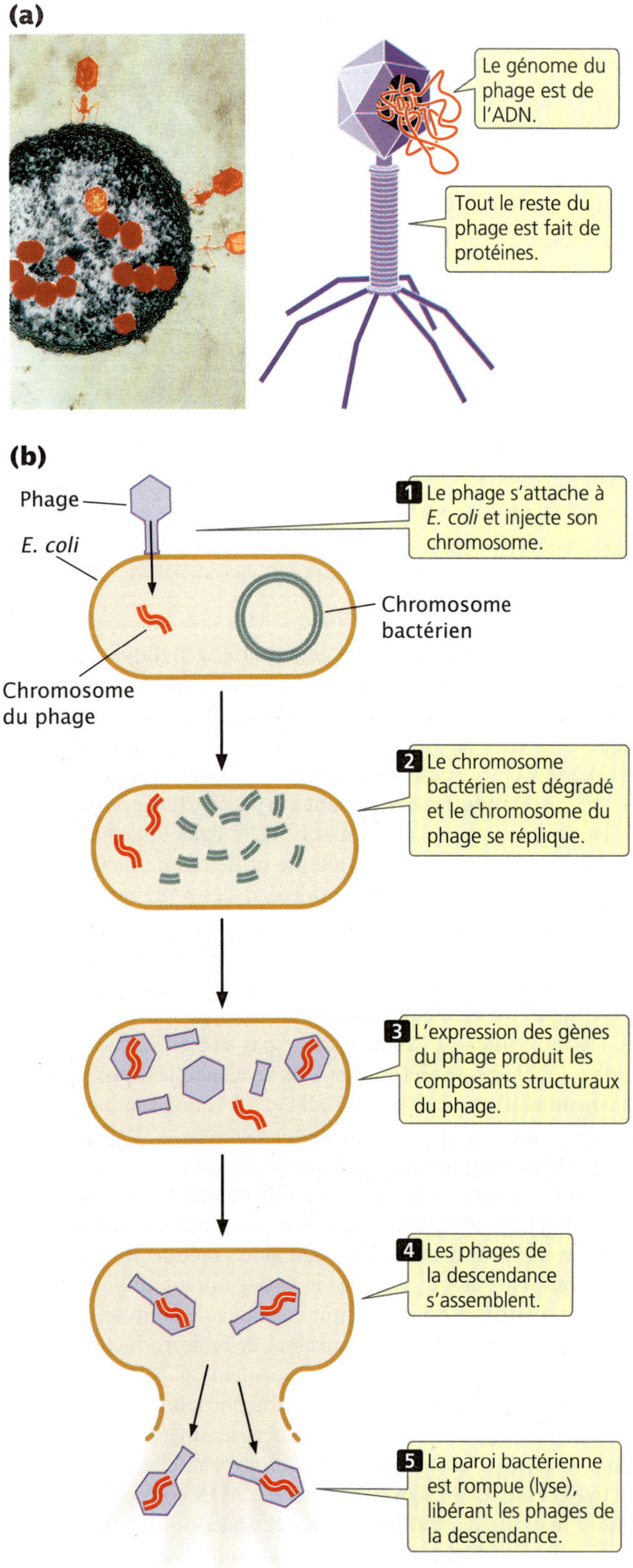

8.3 T2 est un bactériophage qui infecte *E. coli*. (a) Le phage T2. (b) Son cycle de reproduction. *[Partie (a) : © Lee D. Simon/Photo Researchers.]*

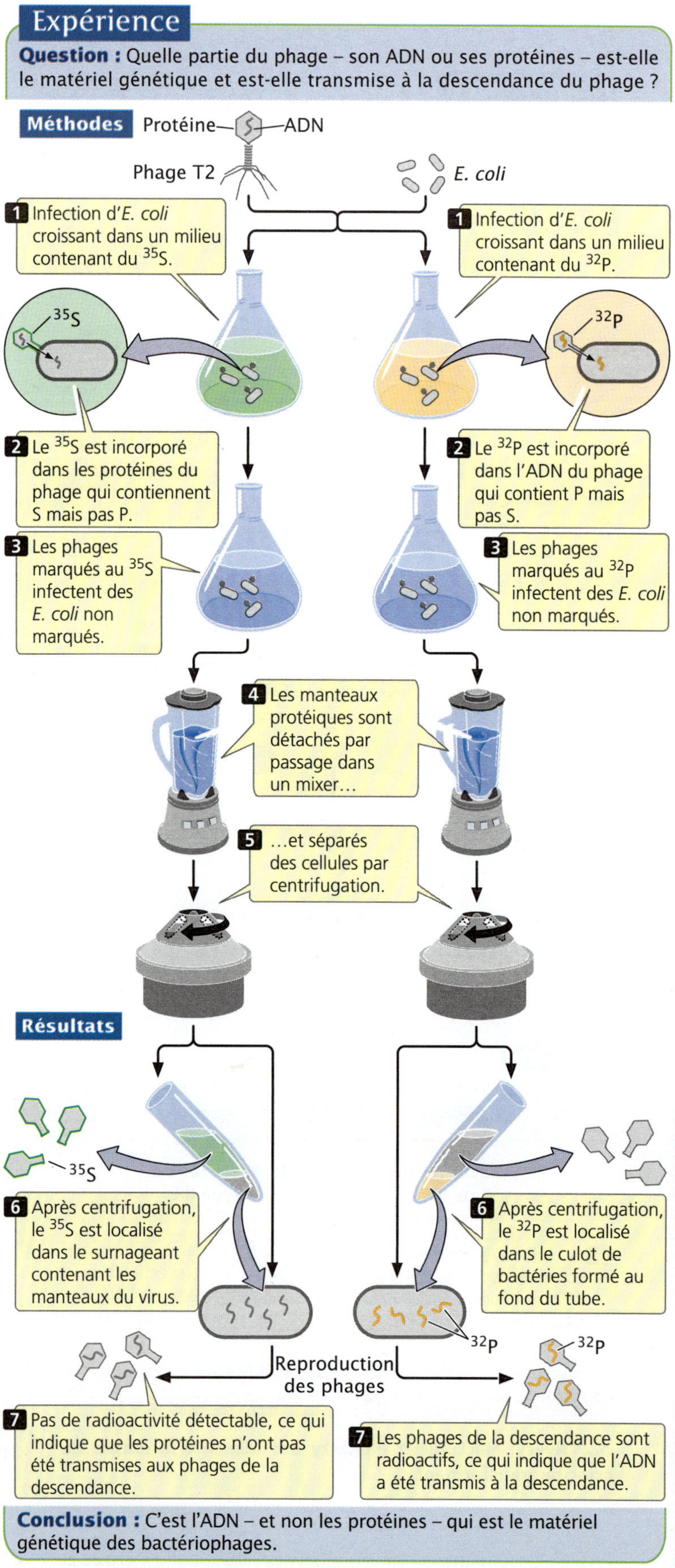

8.4 Hershey et Chase ont démontré que l'ADN est le porteur de l'information génétique chez les bactériophages.

au ^{32}P (**Figure 8.4**). Simultanément, ils infectèrent des bactéries cultivées dans un milieu contenant du ^{35}S, de sorte que tous les nouveaux phages aient des protéines marquées au ^{35}S. Hershey et Chase infectèrent ensuite de nouvelles cultures d'*E. coli* croissant dans un milieu non radioactif avec les phages marqués au ^{35}S ou au ^{32}P. Après un temps d'incubation suffisant pour que les phages infectent les cellules, ils placèrent les cellules dans un mixer pour détacher les capsides protéiques alors vides (les « fantômes ») des parois cellulaires. Ils séparèrent les capsides protéiques des cellules infectées qu'ils mirent en culture.

Après l'infection des bactéries avec les phages marqués au ^{35}S, la majeure partie de la radioactivité se trouvait dans les fantômes protéiques et très peu dans les cellules. De plus, les nouveaux phages libérés des cellules ne contenaient presque pas de ^{35}S (voir la Figure 8.4). Ce résultat montrait que, bien que le composant protéique d'un phage soit nécessaire pour l'infection, il n'entre pas dans la cellule et il n'est pas transmis à la descendance phagique.

Par contre, quand Hershey et Chase infectèrent des bactéries avec des phages marqués au ^{32}P et qu'ils éliminèrent les fantômes protéiques, les bactéries étaient toujours radioactives et, fait extrêmement significatif, les phages libérés par la lyse des cellules infectées émettaient le signal radioactif du ^{32}P, ce qui démontrait que l'ADN des phages infectants avait été transmis à leur descendance (voir la Figure 8.4). Ces résultats établissaient que l'ADN et non les protéines est le matériel génétique des phages.

Concepts clés

En utilisant des isotopes radioactifs, Hershey et Chase ont suivi le parcours de l'ADN et des protéines durant une infection par un phage. Ils ont démontré que c'est l'ADN, et non les protéines, qui pénètre dans la cellule bactérienne, et que seul l'ADN est transmis à la descendance d'un phage.

✔ Test de compréhension 3

Hershey et Chase auraient-ils pu utiliser un isotope radioactif du carbone plutôt que du ^{32}P ? Justifiez votre réponse.

La découverte de la structure tridimensionnelle de l'ADN par Watson et Crick

Les expériences identifiant le matériel génétique ont ouvert la voie à une des avancées les plus importantes de l'histoire de la biologie – la découverte de la structure tridimensionnelle de l'ADN par James Watson et Francis Crick en 1953. Auparavant, l'essentiel de la chimie de l'ADN avait déjà été déterminé par Miescher, Kossel, Levene, Chargaff, et d'autres. On savait que l'ADN est un polymère constitué de nucléotides, et que chaque nucléotide contient un sucre, une base, et un groupement phosphate. Cependant, l'arrangement précis des nucléotides dans la structure tridimensionnelle de la molécule restait une énigme.

En 1947, William Ashbury commença d'étudier la structure tridimensionnelle de l'ADN en utilisant une technique appelée **diffraction des rayons X** (**Figure 8.5**), dans laquelle un faisceau de rayons X envoyé sur une molécule est diffracté par les atomes de la molécule selon un schéma caractéristique qui reflète l'arrangement spatial des atomes. Toutefois, ses images de diffraction n'atteignaient pas une résolution suffisante pour révéler la structure. Un groupe de recherche dirigé par Maurice Wilkins et Rosalind Franklin au King's College de Londres utilisait également la diffraction des rayons X pour étudier l'ADN, et il obtint de bien meilleures images. Cependant, Wilkins et Franklin n'arrivèrent pas à développer une structure complète de la molécule ; l'avancement de leurs travaux fut retardé en partie par la mésentente qui existait entre eux.

Watson et Crick s'attaquèrent à la structure de l'ADN, non par la collecte de nouvelles données mais en utilisant toute l'information disponible sur la chimie de l'ADN pour construire des modèles moléculaires (**Figure 8.6**). En appliquant les lois de la chimie structurale, ils purent limiter le nombre possible de structures que pourrait prendre l'ADN. Ils testèrent différentes structures en construisant des modèles faits de fils et de plaques de métal. Grâce à leurs modèles, ils pouvaient voir si une structure était compatible avec les principes chimiques et avec les images aux rayons X.

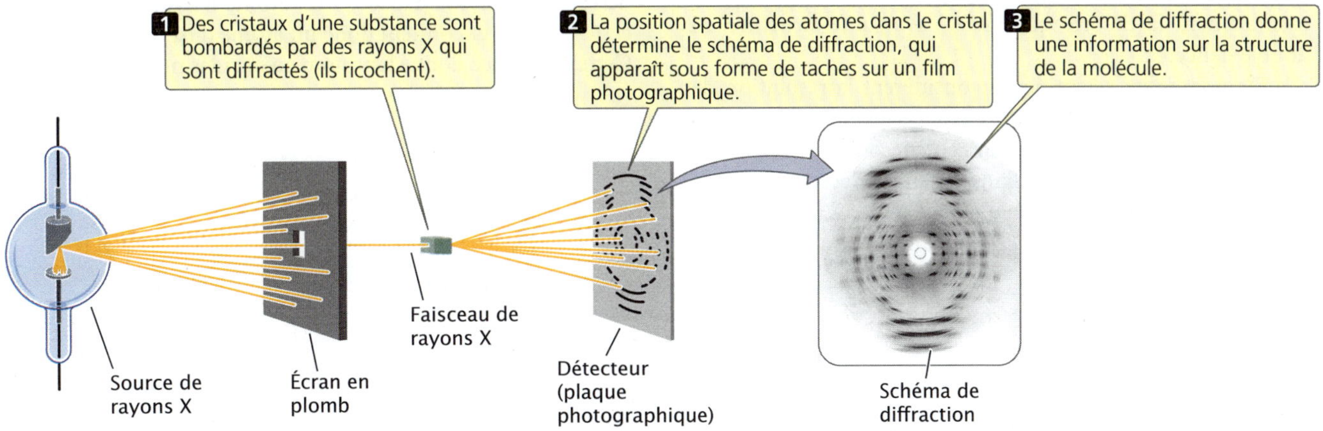

8.5 La diffraction des rayons X donne une information sur la structure des molécules. *[Photographie fournie par M.H.F. Wilkins, Department of Biophysics, King's College, University of London.]*

8.6 James Watson (à gauche) et Francis Crick ont proposé un modèle de la structure tridimensionnelle de l'ADN. *[A. Barrington Brown/Science Photo Library/Photo Researchers.]*

La clé de la structure vint quand Watson découvrit qu'une base adénine peut s'apparier avec une base thymine et qu'une base guanine peut s'apparier avec une base cytosine ; ces appariements expliquaient les rapports de bases découverts par Chargaff. Le modèle développé par Watson et Crick montrait que L'ADN était composé de deux chaînes polynucléotidiques enlacées formant une double hélice s'enroulant vers la droite, avec les sucres et les phosphates à l'extérieur et les bases à l'intérieur. Ils publièrent une description remarquable de leur modèle dans *Nature* en 1953, simultanément avec un article de Wilkins et Franklin décrivant leurs données de diffraction des rayons X, qui démontraient expérimentalement la théorie que l'ADN avait une structure en double hélice.

De nombreux scientifiques considèrent la résolution de la structure de l'ADN comme la découverte biologique la plus importante du XXème siècle. Pour cette découverte, Watson et Crick, ainsi que Maurice Wilkins, se virent décerner un Prix Nobel en 1962. Rosalind Franklin était morte d'un cancer en 1957 et ne put donc partager cette récompense.

Concepts clés

En rassemblant l'information existante sur la chimie de l'ADN et en construisant des modèles moléculaires, Watson et Crick parvinrent à découvrir la structure tridimensionnelle de la molécule d'ADN.

8.3 L'ADN est constitué de deux chaînes polynucléotidiques complémentaires et antiparallèles qui forment une double hélice

Avec sa structure relativement simple, l'ADN possède une élégance et une beauté que n'égale aucune autre macromolécule. Il est utile d'examiner la structure de l'ADN à trois niveaux de complexité croissante, qu'on appelle structures primaire, secondaire et tertiaire de l'ADN. La structure primaire de l'ADN fait référence à la structure de ses nucléotides et à la façon dont ils sont joints. La structure secondaire désigne la configuration tridimensionnelle stable de l'ADN, la structure hélicale découverte par Watson et Crick. Nous nous intéresserons dans une autre section aux structures tertiaires de l'ADN, qui sont les arrangements complexes de l'ADN double brin emmagasiné dans les chromosomes.

La structure primaire de l'ADN

La structure primaire de l'ADN consiste en une chaîne de nucléotides joints par des liaisons phosphodiester.

Les nucléotides L'ADN tel qu'il se trouve dans la cellule est une molécule très longue. Par exemple, chaque chromosome humain ne contient qu'une seule molécule d'ADN qui, sous forme étirée, mesure plusieurs centimètres. Malgré sa taille considérable, l'ADN a une structure très simple : c'est un polymère – c.-à-d. une chaîne formée d'une succession d'unités répétées. Les unités répétées de l'ADN sont les *nucléotides*, comportant chacun trois parties : (1) un sucre, (2) un groupement phosphate, et (3) une base azotée.

Les sucres des acides nucléiques sont des pentoses – ils ont cinq atomes de carbone, numérotés 1′, 2′, 3′, etc. (**Figure 8.7**). Les sucres de l'ADN et de l'ARN ont une structure légèrement différente. Le sucre de l'ARN, le **ribose**, a un groupe hydroxyle (– OH) attaché à l'atome de carbone 2′, tandis que le sucre de l'ADN, le **désoxyribose**, a un atome d'hydrogène (– H) à cette position et contient donc un atome d'oxygène de moins. Cette différence donne leur nom aux acides nucléiques : acide

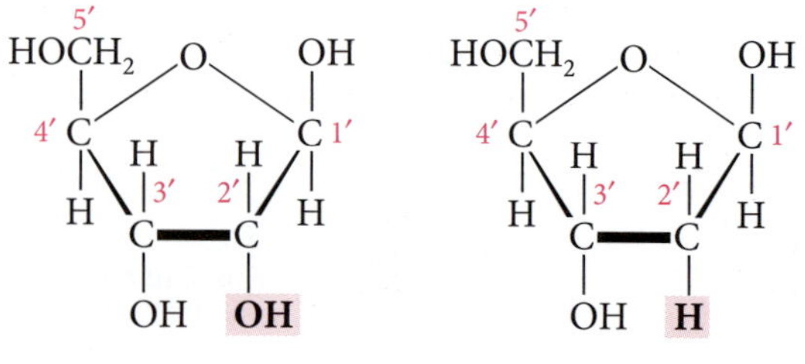

8.7 Un nucléotide contient un sucre ribose (dans l'ARN) ou un sucre désoxyribose (dans l'ADN). Les numéros des atomes de carbone sont affectés d'un signe prime.

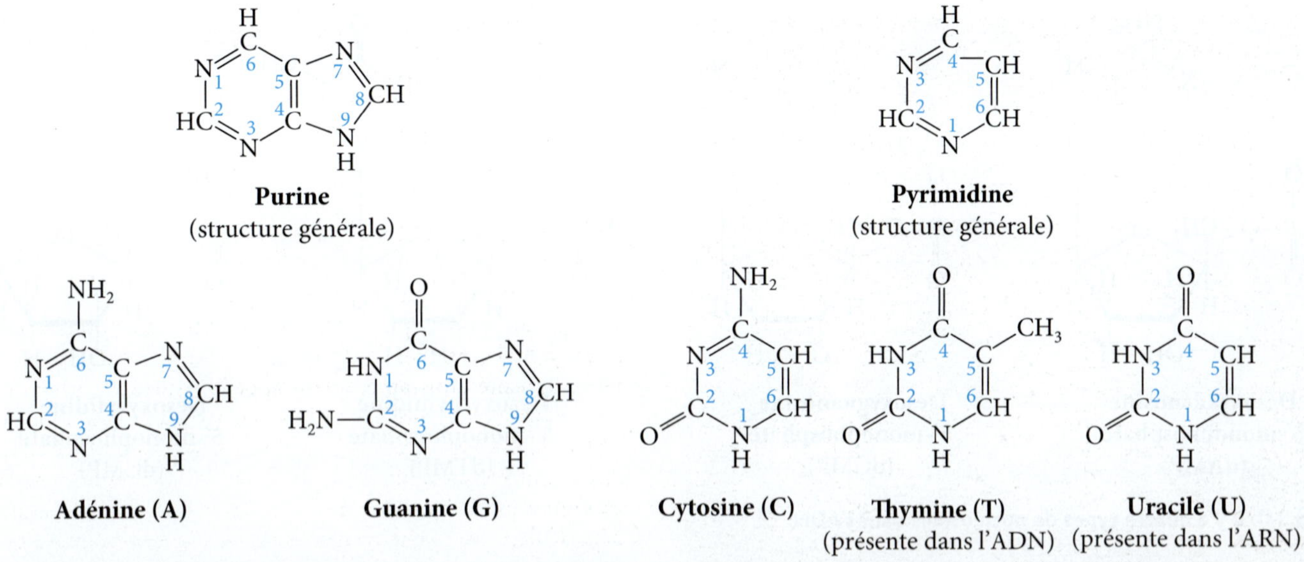

8.8 Un nucléotide contient une base purique ou pyrimidique. Les numéros des atomes des cycles ne sont pas affectés de signe prime.

ribonucléique (ARN) et acide *désoxy*ribonucléique (ADN). Cette différence chimique est reconnue par toutes les enzymes cellulaires qui interagissent avec l'ADN ou l'ARN, définissant ainsi les fonctions spécifiques des deux acides nucléiques. L'atome d'oxygène supplémentaire du nucléotide de l'ARN rend ce dernier plus réactif et moins stable chimiquement que l'ADN. Pour cette raison, l'ADN est mieux adapté à la fonction de dépositaire à long terme de l'information génétique.

Le deuxième composant d'un nucléotide est sa **base azotée**, qui peut être de deux types – une **purine** ou une **pyrimidine** (**Figure 8.8**). Chaque purine est faite d'un cycle à six atomes attaché à un cycle à cinq atomes, tandis que chaque pyrimidine ne contient qu'un cycle à six atomes. L'ADN et l'ARN contiennent deux purines, l'**adénine** et la **guanine** (A et G) qui diffèrent par la position de leurs doubles liaisons et par les groupes ou les atomes attachés au cycle à six atomes. On trouve trois pyrimidines dans les acides nucléiques : la **cytosine** (C), la **thymine** (T), et l'**uracile** (U). La cytosine est présente dans l'ADN et l'ARN, la thymine ne se trouve que dans l'ADN, et l'uracile ne se trouve que dans l'ARN. Les trois pyrimidines diffèrent par les groupes ou les atomes attachés aux atomes de carbone du cycle et par le nombre de doubles liaisons dans le cycle. (N.d.T. : Les cycles ont un caractère aromatique et les doubles liaisons peuvent se délocaliser.) Dans un nucléotide, la base azotée forme toujours une liaison covalente avec l'atome de carbone 1′ du sucre (voir la Figure 8.7). L'ensemble d'un sucre et d'une base est appelé **nucléoside**.

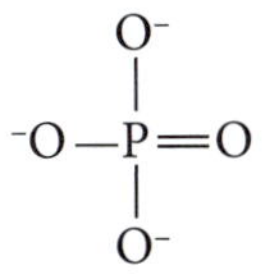

Phosphate

8.9 Un nucléotide contient un groupement phosphate.

Le troisième composant d'un nucléotide est le **groupement phosphate** qui consiste en un atome de phosphore lié à quatre atomes d'oxygène (**Figure 8.9**). Les groupements phosphate des nucléotides portent une charge négative qui rend acides l'ADN et l'ARN. Dans un nucléotide, le groupement phosphate est toujours lié à l'atome de carbone 5′ du sucre (voir la Figure 8.7).

Les nucléotides de l'ADN sont des **désoxyribonucléotides**, ou, plus exactement, des désoxyribonucléoside 5′–monophosphates. Puisqu'il y a quatre bases différentes, il y a quatre désoxyribonucléotides différents dans l'ADN (**Figure 8.10**). Les nucléotides équivalents dans l'ARN sont des **ribonucléotides** ou ribonucléoside 5′– monophosphates. Les molécules d'ARN contiennent parfois des bases plus rares qui sont des formes modifiées des quatre bases principales. Nous parlerons plus en détail de ces bases modifiées quand nous examinerons la fonction des molécules d'ARN dans le Chapitre 10.

Concepts clés

La structure primaire de l'ADN est une chaîne de nucléotides. Chaque nucléotide est composé d'un sucre à cinq carbones, d'un phosphate, et d'une base. Il y a deux types de bases : des purines (adénine et guanine) et des pyrimidines (thymine et cytosine).

✔ Test de compréhension 4

En quoi les sucres de l'ARN et de l'ADN diffèrent-ils ?

a. L'ARN a un sucre à six carbones ; l'ADN a un sucre à cinq carbones.

b. Le sucre de l'ARN a un groupe hydroxyle que n'a pas le sucre de l'ADN.

c. L'ARN contient de l'uracile ; l'ADN contient de la thymine.

d. Le sucre de l'ADN a un atome de phosphore que n'a pas le sucre de l'ARN.

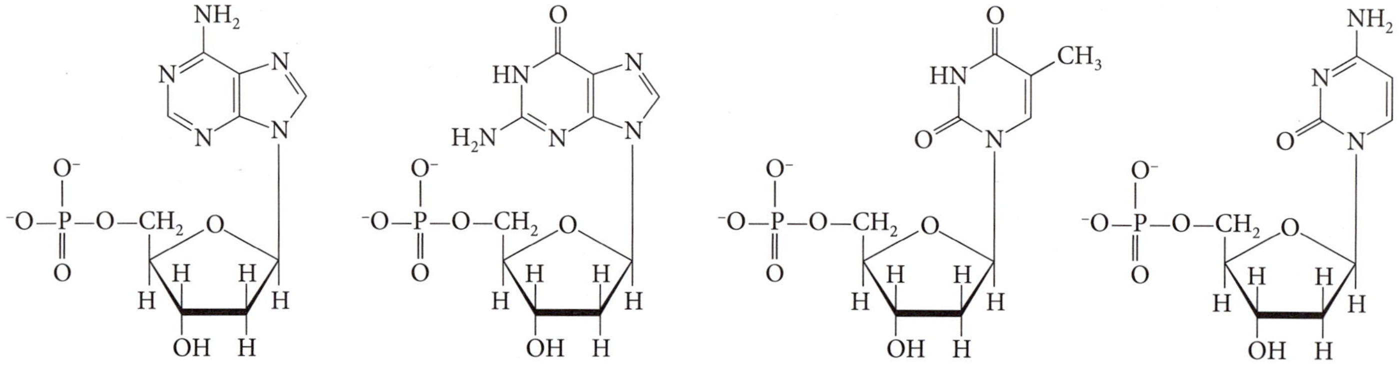

Désoxyadénosine 5′-monophosphate (dAMP)

Désoxyguanosine 5′-monophosphate (dGMP)

Désoxythymidine 5′-monophosphate (dTMP)

Désoxycytidine 5′-monophosphate (dCMP)

8.10 Il y a quatre types de nucléotides dans l'ADN.

Les chaînes polynucléotidiques L'ADN est un polymère de nucléotides reliés par des liaisons covalentes entre le groupement 5′– phosphate d'un nucléotide et l'atome de carbone 3′ du nucléotide suivant (**Figure 8.11**). Ces **liaisons phosphodiester** sont des liaisons covalentes extrêmement fortes. Une série de nucléotides liés de cette façon forme une **chaîne polynucléotidique**. Le squelette de la chaîne est formé d'une alternance de sucres et de phosphates. Les bases se projettent à peu près perpendiculairement à l'axe de la chaîne. Les charges négatives des groupements phosphate sont souvent neutralisées par une interaction avec des charges positives présentes sur des protéines ou sur des métaux.

Une caractéristique importante de la chaîne polynucléotidique est sa direction ou polarité. À une extrémité de la chaîne, un groupement phosphate libre (ce qui veut dire qu'il n'est *pas attaché d'un côté*) est attaché à l'atome de carbone 5′ du sucre du nucléotide. Cette extrémité de la chaîne est donc désignée **extrémité 5′**. L'autre extrémité de la chaîne, désignée **extrémité 3′**, a un groupe – OH libre attaché au carbone 3′ du sucre. Les nucléotides de l'ARN sont aussi reliés par des liaisons phosphodiester pour former des chaînes polynucléotidiques similaires (voir la Figure 8.11).

Concepts clés

Dans les chaînes polynucléotidiques de l'ADN, les nucléotides sont reliés entre eux par des liaisons phosphodiester qui joignent l'atome de carbone 3′ d'un nucléotide au groupement phosphate du nucléotide suivant. Chaque chaîne polynucléotidique a une polarité de 5′ vers 3′.

Les structures secondaires de l'ADN

Par structure secondaire de l'ADN, on entend sa configuration tridimensionnelle – sa structure hélicoïdale de base. Cette structure secondaire peut présenter des variations, en fonction de séquences particulières des bases et des conditions dans lesquelles l'ADN est placé.

La double hélice Une caractéristique fondamentale de la structure secondaire de l'ADN est qu'elle comporte deux chaînes polypeptidiques enlacées qui forment une *double hélice*. Les squelettes sucre – phosphate se trouvent à l'extérieur de l'hélice, et les bases sont empilées à l'intérieur de la molécule (voir la Figure 8.11). Les deux chaînes polynucléotidiques ont des polarités opposées, elles sont **antiparallèles**.

Les chaînes – on dit les brins de l'ADN – sont maintenues ensemble par deux types de forces moléculaires. Des liaisons hydrogène se forment entre les bases des brins opposés (voir la Figure 8.11). Ces liaisons sont relativement faibles comparées aux liaisons phosphodiester covalentes qui joignent les nucléotides adjacents d'une même chaîne. Comme nous allons le voir, plusieurs fonctions importantes de l'ADN nécessitent la séparation des deux brins, et cette séparation peut s'effectuer aisément grâce à la facilité relative de rupture et de rétablissement des liaisons hydrogène. La nature de la liaison hydrogène impose une limitation aux types de bases qui peuvent s'apparier. L'adénine ne s'apparie normalement qu'avec la thymine par la formation de deux liaisons hydrogène, et la cytosine ne s'apparie normalement qu'avec la guanine par la formation de trois liaisons hydrogène (voir la Figure 8.11). Parce que trois liaisons hydrogène se forment entre C et G, et deux seulement entre A et T, l'appariement C – G est plus fort que l'appariement A – T. La spécificité d'appariement signifie que quand un A est présent dans un brin, il doit y avoir un T en regard dans l'autre brin, et que partout où il y a un G dans un brin, il doit y avoir un C dans l'autre brin. Les deux chaînes polynucléotidiques d'une molécule d'ADN sont donc **complémentaires**.

La deuxième force qui maintient ensemble les deux brins d'ADN est l'interaction entre les bases empilées. Ces

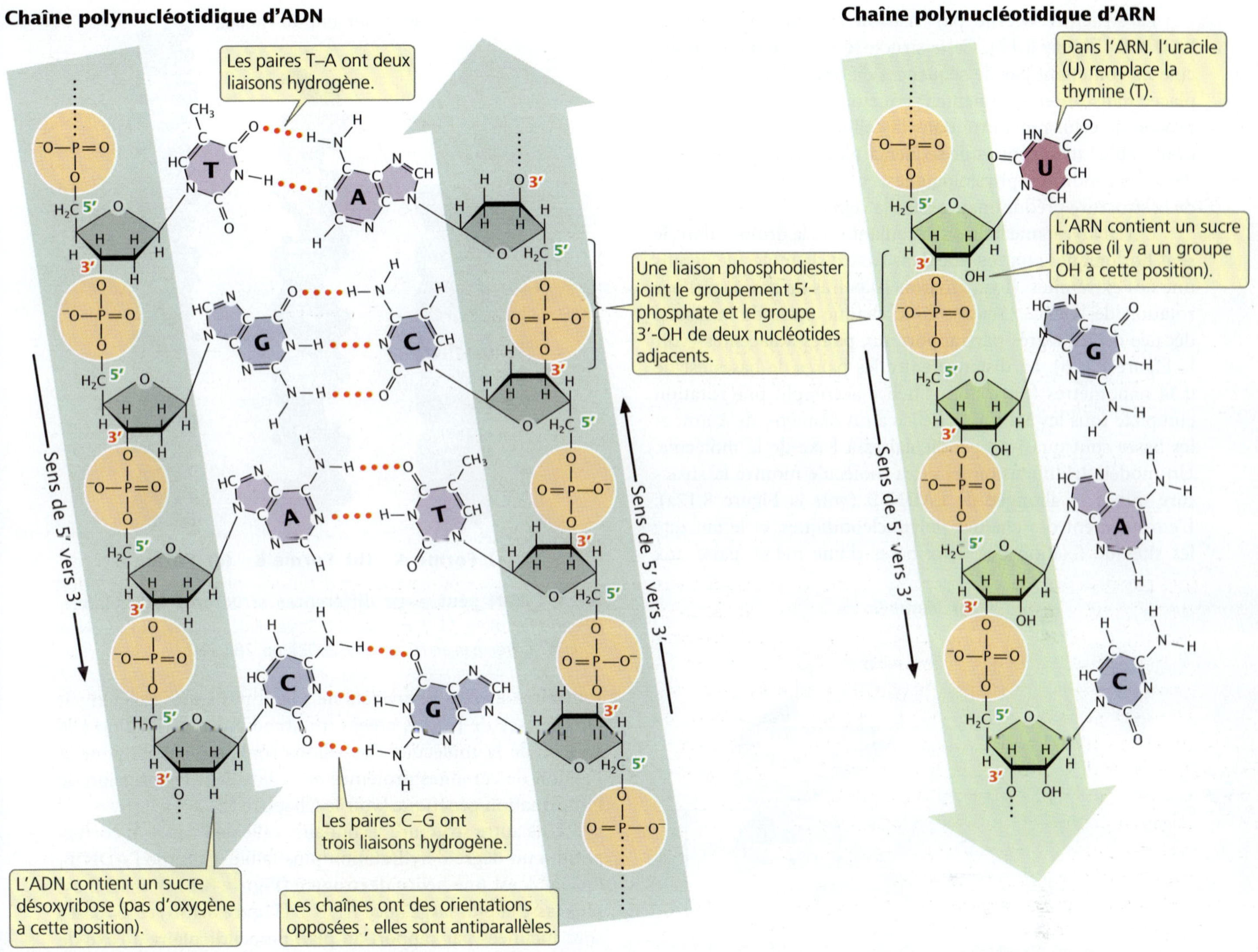

8.11 L'ADN et l'ARN sont formés de chaînes polynucléotidiques.

interactions d'empilement (en anglais,« stacking interactions ») contribuent à la stabilité de la molécule (N.d.T. : Notamment en chassant les molécules d'eau du centre de la molécule d'ADN.), sans toutefois imposer de limitation à la nature des bases successives. La séquence des bases de la molécule d'ADN peut donc varier librement, ce qui permet à l'ADN d'être le porteur de l'information génétique.

Concepts clés

L'ADN est formé de deux chaînes polynucléotidiques. Le squelette sucre – phosphate de chaque chaîne se trouve à l'extérieur de la molécule, et les bases à l'intérieur. Des liaisons hydrogène se forment entre les bases des deux chaînes : la guanine s'apparie avec la cytosine et l'adénine s'apparie avec la thymine. Les deux chaînes polynucléotidiques d'une molécule d'ADN sont complémentaires et antiparallèles.

✔ Test de compréhension 5

Le caractère antiparallèle de l'ADN fait référence à

a. ses groupements phosphate chargés.

b. l'appariement des bases d'une chaîne avec les bases de l'autre chaîne.

c. la formation de liaisons hydrogène entre les bases des chaînes opposées.

d. la polarité opposée des deux chaînes polynucléotidiques.

Il existe différentes structures secondaires À l'exception de molécules d'ADN simple brin que l'on rencontre chez certains virus, la structure secondaire de base de l'ADN est celle d'une molécule formée de deux brins antiparallèles et complémentaires. Cependant, la forme globale de la molécule peut varier selon les conditions dans lesquelles l'ADN est placé et, dans certains cas, en fonction de la séquence des bases elle-même.

La structure décrite par Watson et Crick est celle de l'**ADN B** (**Figure 8.12**). Cette structure est celle d'une molécule ne contenant pas de séquences de bases inhabituelles, et placée dans un environnement aqueux – un environnement proche de celui rencontré dans la cellule. La structure B est donc la plus stable pour une séquence aléatoire de nucléotides dans des conditions physiologiques, et tout indique qu'il s'agit de la structure prédominante dans la cellule.

L'ADN B est une hélice s'enroulant vers la droite – dans le sens horlogique si on regarde dans l'axe de la molécule depuis une des extrémités. Il y a environ 10 paires de bases (pb) par rotation de l'hélice (360 °), donc chaque paire de bases est décalée de 36 degrés par rapport aux paires adjacentes (voir la Figure 8.12b). La distance entre les paires de bases est de 0,34 nanomètres (nm), donc l'hélice accomplit une rotation complète tous les 3,4 nm. L'hélice a un diamètre de 2 nm, et les bases sont quasi-perpendiculaires à l'axe de la molécule. Un modèle tridimensionnel de la molécule montre la structure mince et allongée de l'ADN B (voir la Figure 8.12a). L'enroulement des chaînes polynucléotidiques, et le fait que les sites de fixation des deux bases d'une même paire aux squelettes sucre – phosphate ne soient pas situés exactement l'un en face de l'autre, créent un grand et un petit sillon à la surface de la molécule. Ces sillons sont importants pour la fixation de certaines protéines qui contrôlent l'expression de l'information génétique (voir le Chapitre 12).

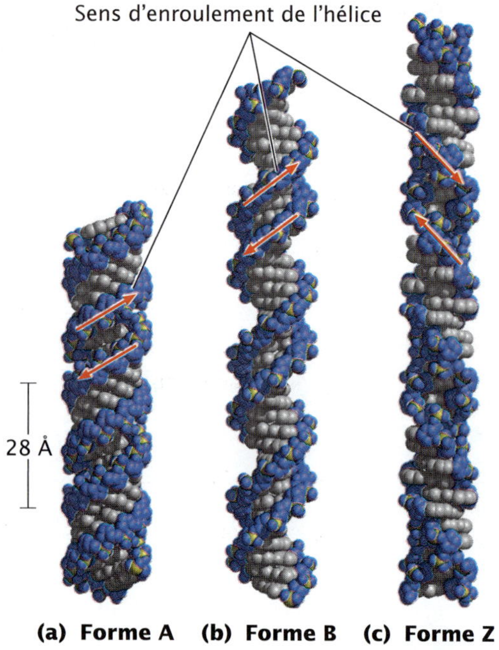

8.13 L'ADN peut avoir différentes structures secondaires. *[D'après J.M. Berg, J.L. Tymoczo, et L. Stryer, Biochemistry, 6th ed. (New York: W.H. Freeman and Company, 2002), pp. 785, 787.]*

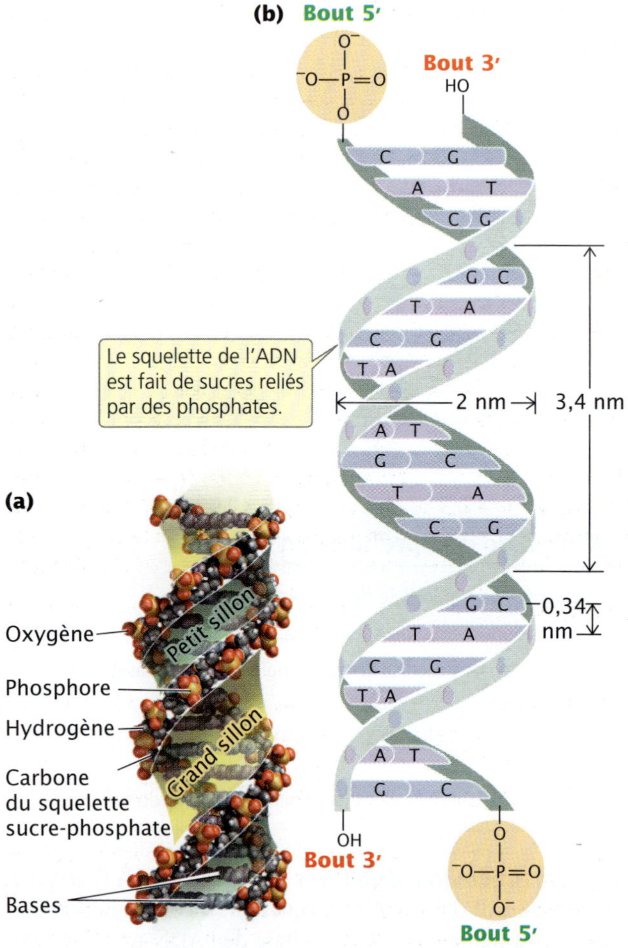

8.12 L'ADN est une double hélice dextrogyre avec environ 10 paires de bases par tour. (a) Modèle tridimensionnel compact (avec le volume des atomes) de l'ADN B, montrant le grand et le petit sillon. (b) Représentation simplifiée.

Une autre structure secondaire, celle de **l'ADN A**, correspond à un degré d'hydratation plus faible. Comme l'ADN B, l'ADN A est une hélice dextrogyre (**Figure 8.13a**), mais il est plus tassé et plus large que l'ADN B (**Figure 8.13b**) et ses bases sont inclinées par rapport au plan perpendiculaire à l'axe de la molécule. Il ne semble pas que la structure A existe dans les conditions physiologiques.

Une structure radicalement différente, appelée **ADN Z**, correspond à une hélice lévogyre (**Figure 8.13c**). Cette forme doit son nom au fait que le squelette sucre – phosphate décrit des zigzags. Elle peut se former quand l'ADN est placé dans des conditions de salinité élevée, ou, dans des conditions physiologiques, si la molécule contient des séquences de bases particulières, telles que des régions avec une alternance de nucléotides C et G. Récemment, des chercheurs ont observé que des anticorps dirigés spécifiquement contre l'ADN Z se lient à des régions d'ADN en train d'être transcrites en ARN, ce qui suggère que l'ADN Z pourrait jouer un rôle dans l'expression des gènes.

Concepts clés

L'ADN peut prendre différentes configurations selon les conditions dans lesquelles il se trouve et selon la séquence de ses bases. L'ADN B semble être la configuration la plus courante dans la cellule.

✔ Test de compréhension 6

En quoi l'ADN Z diffère-t-il de l'ADN B ?

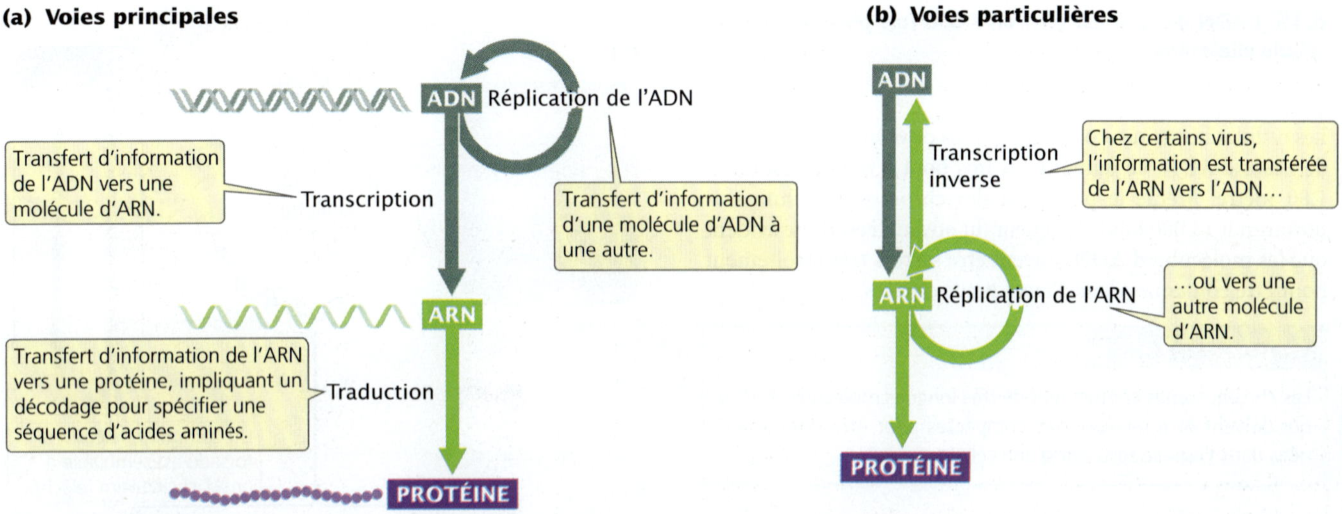

8.14 Voies suivies par le flux d'information dans la cellule.

Faisons le lien entre les concepts

Implications génétiques de la structure de l'ADN

La grande contribution de Watson et Crick alla bien au-delà de la détermination de la structure de l'ADN, elle permit l'avènement de la génétique moléculaire – l'étude de la nature chimique et moléculaire de l'information génétique.

La structure de Watson et Crick était aussi la clé qui permettait de comprendre – au moins formellement – une série de processus génétiques fondamentaux. En début de chapitre, nous avons identifié trois propriétés fondamentales que doit posséder le matériel génétique. Premièrement, il doit pouvoir contenir une grande quantité d'informations, donc sa structure doit présenter un degré de variété. Le modèle de Watson et Crick suggérait que les instructions génétiques soient encodées dans la séquence des bases, la seule partie variable de la molécule.

La seconde propriété indispensable du matériel génétique est sa capacité de se répliquer fidèlement. La complémentarité des chaînes polynucléotidiques de l'ADN répond à cette exigence. Watson et Crick proposèrent que pour la réplication, les deux chaînes se séparent à la manière d'une fermeture éclair, et que chaque chaîne serve de matrice (de moule) pour la synthèse d'une nouvelle chaîne. La spécificité d'appariement des bases signifie qu'une seule séquence de bases – la séquence complémentaire – peut être synthétisée sur chaque matrice. Les molécules d'ADN double brin nouvellement synthétisées seront ainsi identiques à la molécule d'ADN double brin originale (voir le Chapitre 9 sur la réplication de l'ADN).

La troisième propriété essentielle du matériel génétique est sa capacité à exprimer ses instructions au niveau du phénotype. L'ADN exprime ses instructions génétiques en transférant d'abord son information à une molécule d'ARN, par un processus appelé **transcription** (voir le Chapitre 10). Le terme *transcription* est approprié parce que dans ce transfert, l'information reste en langage d'acide nucléique. La molécule d'ARN transfère ensuite l'information à une protéine dont il détermine la séquence d'acides aminés. Ce processus est appelé **traduction** (voir le Chapitre 11) parce que l'information doit être *traduite* du langage des nucléotides en celui des acides aminés.

Nous pouvons à présent définir trois voies principales suivies par le flux d'information dans la cellule (**Figure 8.14a**). Dans la **réplication**, l'information passe d'une molécule d'ADN à d'autres molécules d'ADN. Dans la transcription, l'information passe de l'ADN à l'ARN. Enfin, dans la traduction, l'information passe de l'ARN aux protéines. Ce concept de flux d'information a été formalisé par Francis Crick dans ce qu'il a appelé le **dogme central** de la biologie moléculaire. Ce dogme central dit que le flux d'information génétique de l'ADN aux protéines suit une voie à sens unique. Nous savons à présent que, comme tous les dogmes, ce dogme central est trop simple. En plus des trois grandes voies du flux d'information que sont la réplication, la transcription et la traduction, d'autres processus de transfert peuvent exister chez certains organismes ou dans des circonstances particulières, dont le transfert d'information de l'ARN vers l'ADN (dans la **transcription inverse**) et de l'ARN vers l'ARN (la **réplication de l'ARN** ; **Figure 8.14b**). Les rétrovirus (voir le Chapitre 6) et certains éléments transposables (voir le Chapitre 13) utilisent la transcription inverse, et certains virus à ARN utilisent la réplication de l'ARN.

8.4 De grandes quantités d'ADN sont emmagasinées dans la cellule

L'emmagasinement de quantités considérables d'information génétique dans l'espace exigu d'une cellule a été appelé le problème de stockage ultime. Considérons le chromosome de la bactérie *E. coli*, une unique molécule d'ADN contenant quelque 4,6 millions de paires de bases. Étiré, cet ADN serait 1 000 fois plus long que la bactérie dans laquelle il réside (**Figure 8.15**).

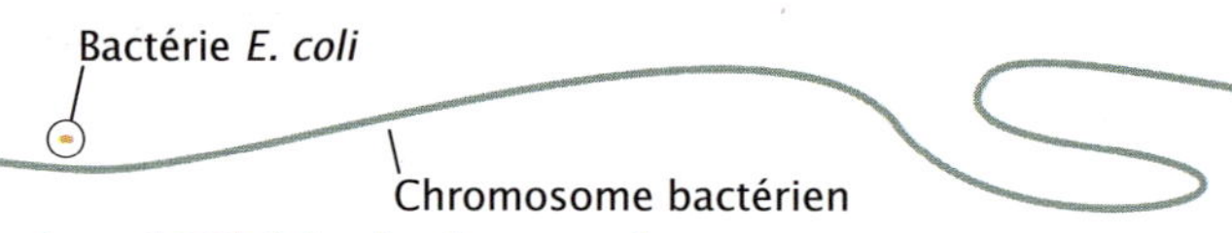

8.15 L'ADN d'*E. coli* est environ 1 000 fois plus long que la cellule elle-même.

Les cellules humaines contiennent plus de 6 milliards de paires de bases d'ADN, ce qui, étiré et mis bout à bout, mesurerait 1,80 mètre. Même le plus petit des chromosomes humains mesurerait 14 000 fois la longueur du noyau. Il est donc évident que les molécules d'ADN doivent être serrées très étroitement pour être contenues dans d'aussi petits espaces.

Concepts clés

Les chromosomes contiennent de très longues molécules d'ADN qui doivent être rendues très compactes pour être emmagasinées dans l'espace restreint d'une cellule.

Un type de structure tertiaire de l'ADN est l'état surenroulé. Le **surenroulement** se produit quand l'hélice d'ADN est soumise à une tension due à une augmentation ou à une diminution du nombre de tours. L'état d'énergie le plus bas pour l'ADN B est atteint si la double hélice fait un tour complet toutes les 10,5 pb. Dans cet **état relâché**, un segment de 100 pb contient environ 10 tours complets (**Figure 8.16a**). Si de l'énergie est utilisée pour ajouter ou supprimer des tours, une tension s'applique sur la molécule et force la double hélice à s'entortiller – se surenrouler – sur elle-même (**Figure 8.16b et c**). Les molécules contenant des tours supplémentaires présentent un **surenroulement** positif (voir la Figure 8.16b). Les molécules avec un déficit de tours présentent un **surenroulement** négatif (voir la Figure 8.16c). Le surenroulement est une solution partielle aux problèmes d'emmagasinement de la cellule, parce que l'ADN surenroulé occupe moins d'espace que l'ADN relâché.

Le surenroulement se produit quand la tension créée par l'augmentation ou la diminution du nombre de tours d'hélice ne peut être compensée par la rotation des extrémités de la double hélice, par exemple quand l'ADN est circulaire et ne possède pas d'extrémités libres. Si les brins *peuvent* tourner librement, leurs extrémités vont simplement tourner l'une autour de l'autre quand des tours d'hélice sont ajoutés ou supprimés, et la molécule va retourner spontanément à l'état relâché. L'ADN des bactéries et des eucaryotes est replié en boucles stabilisées par des protéines (ce qui empêche la rotation spontanée des extrémités), et un surenroulement a lieu à l'intérieur des boucles.

Le degré de surenroulement dépend des **topoisomérases**, des enzymes qui ajoutent ou enlèvent des tours d'hélice en coupant transitoirement les brins polynucléotidiques, en effectuant une rotation des extrémités l'une autour de l'autre, puis en refermant les bords de la coupure. Les topoisomérases peuvent donc introduire ou supprimer du surenroulement.

La majeure partie de l'ADN cellulaire est surenroulée négativement, ce qui présente deux avantages par rapport à un ADN non surenroulé. D'abord, le surenroulement facilite la séparation des deux brins d'ADN pendant la réplication et la transcription. L'ADN surenroulé négativement a un déficit de tours de sorte que la séparation des deux brins est plus rapide

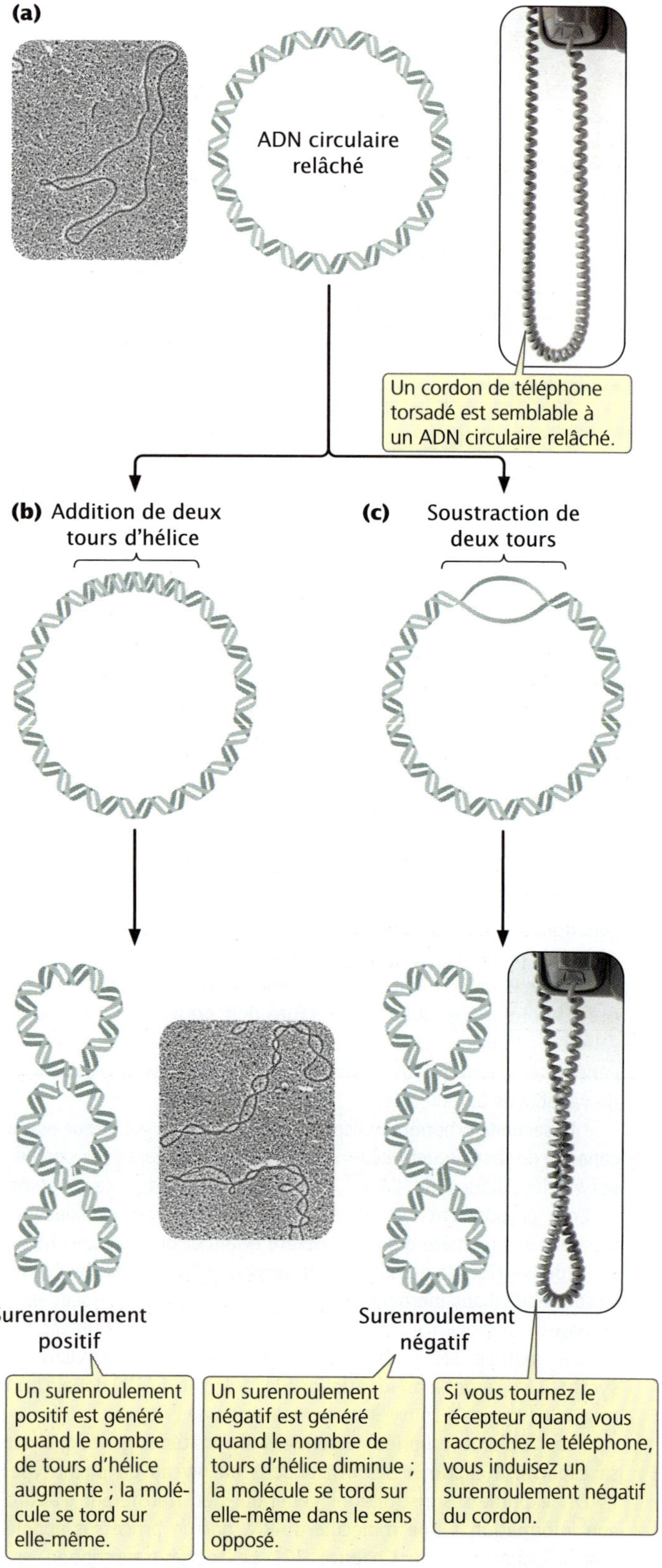

8.16 L'ADN surenroulé contient plus ou moins de tours d'hélice que l'ADN relâché. Les microphotographies montrent de l'ADN de plasmide relâché (en haut) et surenroulé (en bas). *[Dr. Gopal Murti/ Phototake.]*

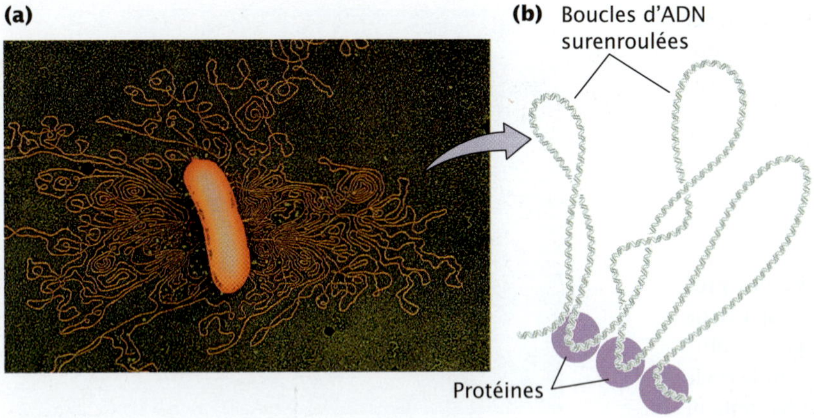

8.17 L'ADN bactérien est replié en une série de boucles surenroulées. *[Partie (a) : Dr. Gopal Murti/Photo Researchers.]*

et demande moins d'énergie. Ensuite, l'ADN surenroulé peut être emmagasiné dans un plus petit espace que l'ADN relâché.

Concepts clés

L'augmentation ou la diminution du nombre de tours d'une double hélice d'ADN impose une tension à la molécule, ce qui provoque son surenroulement. Le degré de surenroulement est contrôlé par les enzymes topoisomérases. La majeure partie de l'ADN cellulaire est surenroulée négativement, ce qui facilite la séparation des deux brins pendant la réplication et la transcription et rend l'ADN plus compact pour l'emmagasinement dans la cellule.

✔ Test de compréhension 7

Une molécule d'ADN de 300 pb contient 20 tours complets. Cette molécule est

a. surenroulée positivement.

b. surenroulée négativement.

c. relâchée.

8.5 Un chromosome bactérien est constitué d'une seule molécule circulaire d'ADN

La plupart des génomes bactériens sont constitués d'une seule molécule circulaire d'ADN, bien que des molécules linéaires d'ADN aient été trouvées chez certaines espèces. Dans les chromosomes circulaires des bactéries, l'ADN ne peut exister sous la forme d'un cercle ouvert relâché (ne serait-ce que parce qu'il n'a pas d'extrémités libres). Les 3 à 4 millions de paires de bases d'ADN d'un génome bactérien type ne pourraient, à l'état relâché, être emmagasinées dans une cellule bactérienne (voir la Figure 8.15). L'ADN bactérien n'est pas associé à des protéines histones comme l'ADN des eucaryotes (voir plus loin dans ce chapitre), mais il est associé en complexe avec plusieurs protéines qui contribuent à le rendre compact. Quand une cellule bactérienne est observée au microscope électronique, son ADN a l'aspect d'une pelote emmêlée, le **nucléoïde**, qui occupe une partie du cytoplasme. Quand une cellule bactérienne est ouverte par lyse ménagée, son ADN sort et s'étend en boucles entortillées (**Figure 8.17a**). Les boucles sont fermées à leur base par des protéines (**Figure 8.17b**). La plupart des bactéries contiennent de l'ADN supplémentaire sous la forme de petites molécules circulaires appelées plasmides, qui se répliquent indépendamment du chromosome (voir le Chapitre 6).

Concepts clés

Un chromosome bactérien type contient une grande molécule d'ADN, qui est circulaire et repliée en une série de boucles surenroulées. L'ADN chromosomique est visible dans la cellule sous la forme d'une pelote emmêlée, le nucléoïde.

✔ Test de compréhension 8

En quoi l'ADN bactérien diffère-t-il de l'ADN eucaryotique ?

8.6 Les chromosomes eucaryotiques sont faits d'ADN associé en complexe avec des protéines histones

Les chromosomes eucaryotiques contiennent des quantités énormes d'ADN. Comme les chromosomes bactériens, chaque chromosome eucaryotique contient une seule molécule d'ADN extrêmement longue. Pour que tout cet ADN puisse être contenu dans le noyau, un degré extrême de condensation par repliements successifs est nécessaire. Le degré de condensation doit cependant pouvoir changer au cours du cycle cellulaire. Les chromosomes se trouvent à l'état allongé et relativement peu condensé pendant l'interphase (voir les pages 21-22 dans le Chapitre 2), mais le terme *relativement* a toute son importance. L'ADN des chromosomes à l'interphase est moins condensé qu'à la mitose, mais il est quand-même fortement condensé. Au cours du cycle cellulaire, les chromosomes passent d'un état fortement condensé à un état de condensation extrême. Le degré de condensation de l'ADN change aussi localement pendant la réplication et la transcription, quand les deux chaînes polynucléotidiques doivent se désenrouler pour exposer des séquences de bases. La condensation de l'ADN eucaryotique (sa structure tertiaire dans les chromosomes) n'est donc pas statique mais dynamique, capable de changement en réponse à des processus cellulaires.

La structure de la chromatine

L'association étroite de l'ADN des eucaryotes avec des protéines forme la *chromatine.* Il y a deux types principaux de chromatine : l'**euchromatine**, qui passe par des phases normales de condensation et de décondensation pendant le cycle cellulaire, et l'**hétérochromatine**, qui reste à l'état hautement condensé pendant tout le cycle cellulaire, même à l'interphase. L'euchromatine constitue la majeure partie des chromosomes et correspond en grande partie aux régions qui sont transcrites. Tous les chromosomes contiennent de l'hétérochromatine aux centromères et aux télomères. L'hétérochromatine est aussi présentes à des endroits spécifiques sur certains chromosomes, et elle occupe l'entièreté du chromosome X inactivé des mammifères femelles (voir les pages 80-81 dans le Chapitre 4) ainsi qu'une partie importante du chromosome Y chez les mâles. Les régions d'hétérochromatine ne contiennent que peu de séquences transcrites.

Les protéines les plus abondantes dans la chromatine sont les *histones*, qui sont de petites protéines chargées positivement dont il existe cinq types principaux : H1, H2A, H2B, H3, et H4 (**Tableau 8.2**). Toutes les histones contiennent une quantité importante d'arginine et de lysine, des acides aminés chargés positivement qui donnent aux histones une charge globalement positive. L'attraction électrostatique entre ces charges positives et les charges négatives des phosphates de l'ADN est responsable de l'association de l'ADN avec les histones.

Un groupe hétérogène de **protéines chromosomiques non histones** constitue la moitié environ des protéines qui font partie du chromosome. Une classe de protéines chromosomiques non histones, les **protéines de l'armature centrale du chromosome** (**Figure 8.18**), participe au repliement et à l'emmagasinement du chromosome. D'autres classes de protéines

Tableau 8.2 Caractéristiques des histones

Histone	Poids moléculaire	Nombre de résidus d'acides aminés
H1	21 130	223
H2A	13 960	129
H2B	13 774	125
H3	15 273	135
H4	11 236	102

Note : Les tailles des histones H1, H2A et H2B varient quelque peu entre espèces. Les valeurs données sont celles d'histones bovines.
Source : A.L. Lehninger, D.L. Nelson, et M.M. Cox, *Principles of Biochemistry*, 3e éd. New York: Worth Publishers, 1993), p. 924.

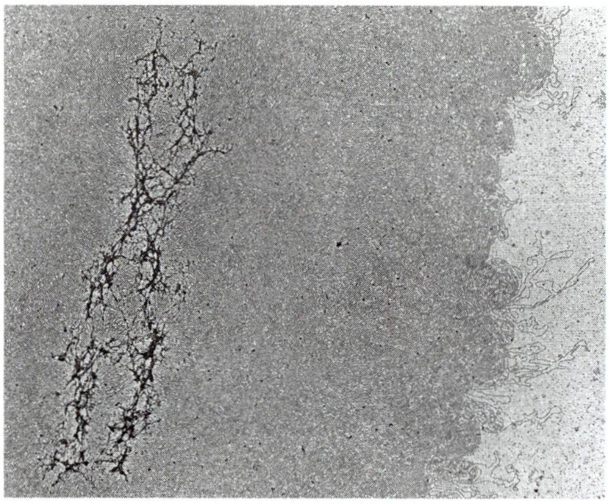

8.18 Les protéines de l'armature centrale jouent un rôle dans le repliement et l'emmagasinement des chromosomes. *[Pofessor U. Laemmli/Photo Researchers.]*

structurantes forment le kinétochore, coiffent les extrémités du chromosome en s'attachant aux télomères, et constituent les moteurs moléculaires qui déplacent les chromosomes à la mitose et à la méiose. Certains types de protéines chromosomiques non histones participent aux processus génétiques. Il s'agit de composants du système de réplication (ADN polymérases, hélicases, primases ; voir le Chapitre 9) et de protéines qui effectuent et régulent la transcription (ARN polymérases ; voir le Chapitre 10). La structure hautement organisée de la chromatine mérite qu'on en examine les différents niveaux. C'est ce que nous allons faire dans les sections qui suivent.

Concepts clés

La chromatine, constituée d'ADN associé en complexe avec des protéines, est le matériau dont sont faits les chromosomes eucaryotiques. Les plus abondantes de ces protéines sont les cinq types de protéines histones chargées positivement : H1, H2A, H2B, H3, et H4.

✔ Test de compréhension 9

Qu'arriverait-il aux protéines histones si on neutralisait leurs charges positives ?

a. Elles se lieraient plus étroitement à l'ADN.
b. Elles se détacheraient de l'ADN.
c. Elles ne s'attireraient plus mutuellement.
d. Elles provoqueraient le surenroulement de l'ADN.

Le nucléosome La chromatine a une structure complexe avec plusieurs niveaux d'organisation (**Figure 8.19**). Le niveau de structure le plus simple est la double hélice d'ADN. Quand la chromatine est isolée à partir du noyau d'une cellule et observée au microscope électronique, elle a souvent l'aspect d'un collier aux grains assez espacés (**Figure 8.20a**). Le « fil » entre les grains peut être coupé par incubation ménagée avec l'enzyme désoxyribonucléase, ce qui indique qu'il s'agit d'ADN. Ce traitement libère les grains, encore attachés à environ 200 pb d'ADN (**Figure 8.20b**). Un traitement à la nucléase plus

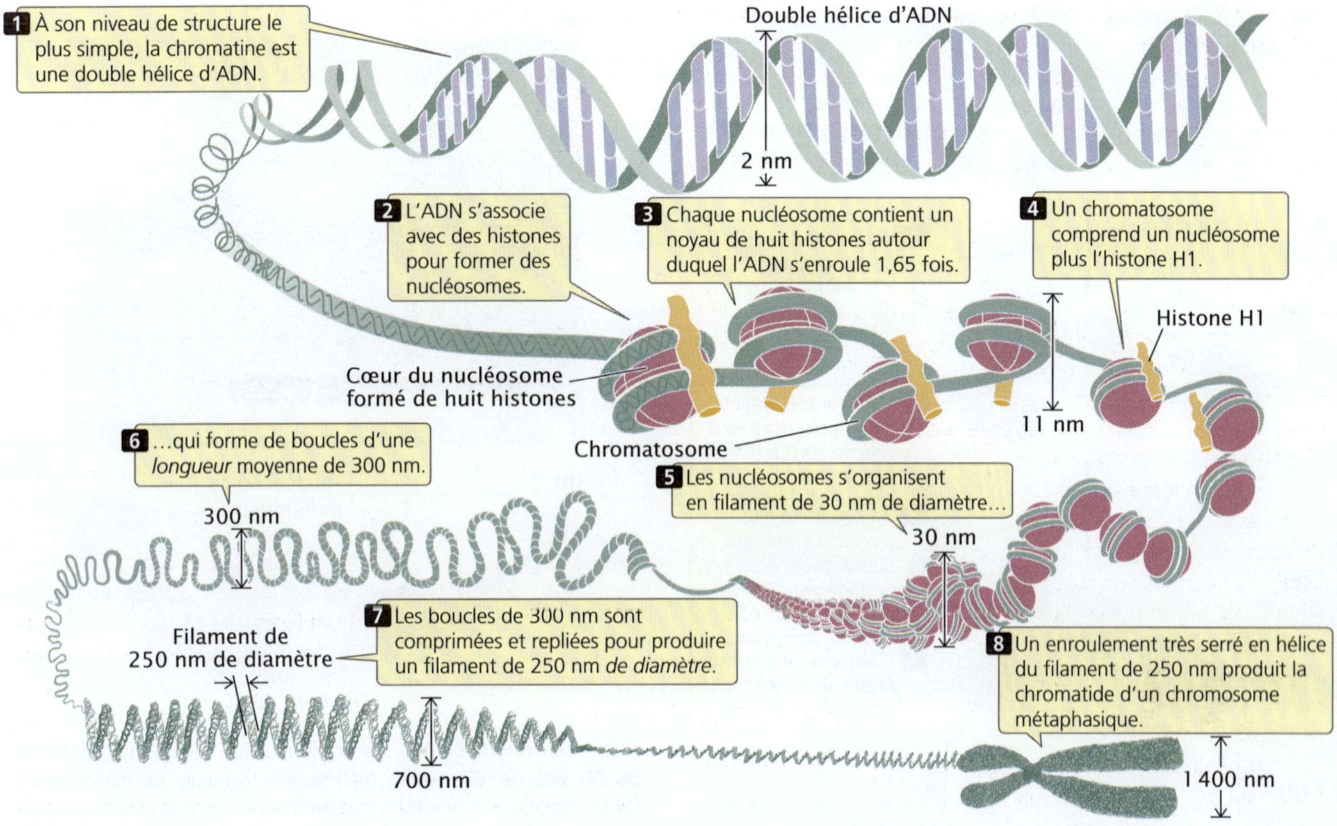

8.19 La chromatine a une structure très complexe avec plusieurs niveaux d'organisation.

vigoureux « digère » tout l'ADN entre les grains et laisse subsister un « cœur » de protéines attaché à un fragment d'ADN (**Figure 8.20c**). Ces expériences montrent que la chromatine n'est pas une association quelconque de protéines et d'ADN, mais qu'elle a une structure faite d'unités de base répétées.

Le cœur de protéines entouré d'ADN qui est libéré par la digestion à la nucléase est l'unité structurale de base de la chromatine, le **nucléosome** (voir la Figure 8.19). Il contient de l'ADN enroulé deux fois autour d'un octamère d'histones (deux exemplaires de chacune des histones H2A, H2B, H3, et H4), à la façon d'un fil enroulé autour d'une bobine (**Figure 8.20d**). De 145 à 147 pb d'ADN sont en contact direct avec l'octamère d'histones.

Chaque histone du noyau octamérique du nucléosome a une « queue » flexible de 11 à 37 acides aminés qui se projette à l'extérieur du cœur. Les acides aminés chargés positivement présents dans les queues des histones interagissent avec les charges négatives des phosphates de l'ADN, et les queues d'un nucléosome peuvent interagir avec les nucléosomes voisins. Des modifications enzymatiques de ces queues d'histones induisent des changements de structure de la chromatine qui sont nécessaires pour l'expression des gènes. La cinquième sorte d'histone, H1, ne fait pas partie du noyau octamérique, mais elle joue un rôle important dans la structure du nucléosome. H1 se lie à 20 à 22 pb d'ADN, là où l'ADN rejoint et quitte l'octamère (voir la Figure 8.19), et elle maintient l'ADN en place, en « verrouillant » le nucléosome. L'ensemble du nucléosome et de l'histone H1 qui lui est associée est appelé **chromatosome** (voir la Figure 8.19). C'est le niveau suivant d'organisation de la chromatine. Chaque chromatosome enroule environ 167 pb d'ADN. Les chromatosomes se trouvent à intervalles réguliers le long de la molécule d'ADN et sont séparés par de **l'ADN internucléosomique** dont la longueur varie selon les espèces ; généralement, elle est comprise entre 30 et 40 pb. Des protéines chromosomiques non histones peuvent être associées à cet ADN internucléosomique, et quelques unes semblent aussi se lier directement au cœur du nucléosome.

Les niveaux supérieurs d'organisation de la chromatine Quand la chromatine est condensée, les nucléosomes adjacents ne sont plus séparés par un espace équivalent à la longueur de l'ADN internucléosomique, mais ils se rapprochent pour former une structure très compacte (voir la Figure 8.19) qui a l'apparence d'un filament de 30 nm de diamètre (**Figure 8.21a**). Deux modèles de structure du filament de 30 nm ont été proposés : une structure en solénoïde, dans laquelle les chromatosomes s'enroulent en boucles de six unités, et une structure en hélice, dans laquelle les chromatosomes forment un ruban en zigzag qui se surenroule. Des résultats récents supportent le modèle en hélice (**Figure 8.21b**).

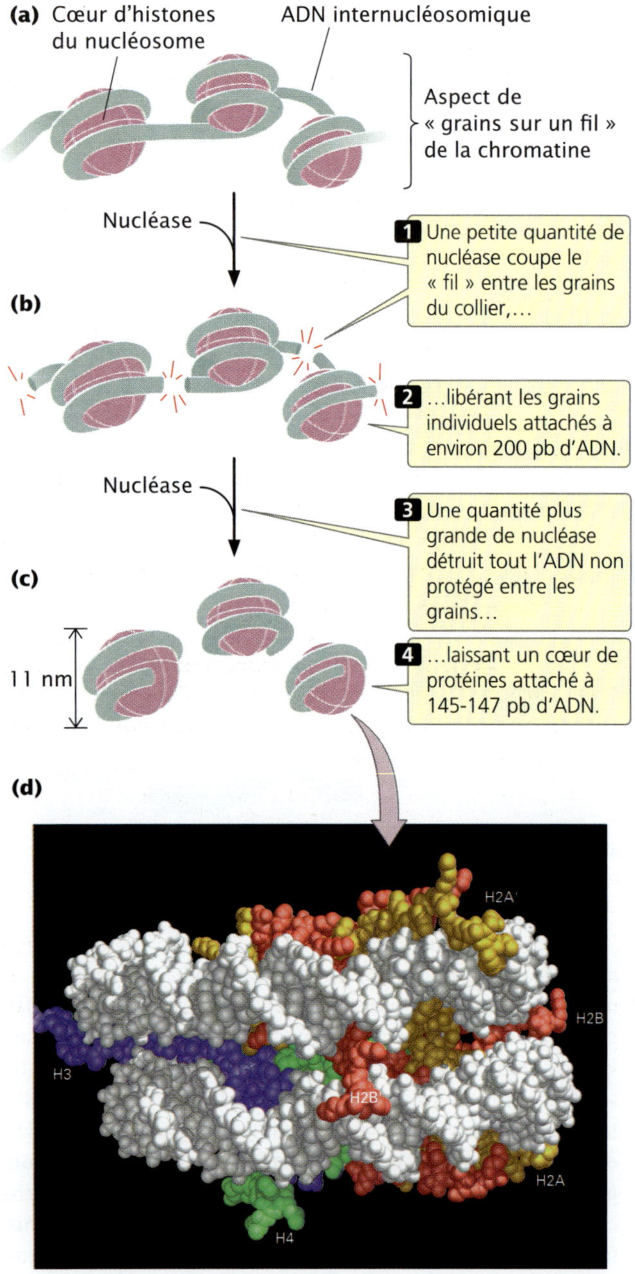

8.20 Le nucléosome est l'unité de base répétée de la chromatine. Ce modèle moléculaire tridimensionnel montre que le noyau du nucléosome est composé de deux exemplaires de chacune des histones H2A, H2B, H3, et H4 ; l'ADN (en blanc) s'enroule autour de ce noyau octamérique d'histones. *[Partie (d) tirée de K. Luger et al., 1997,* Nature *389 : 251 ; avec l'aimable autorisation de T.H. Richmond.]*

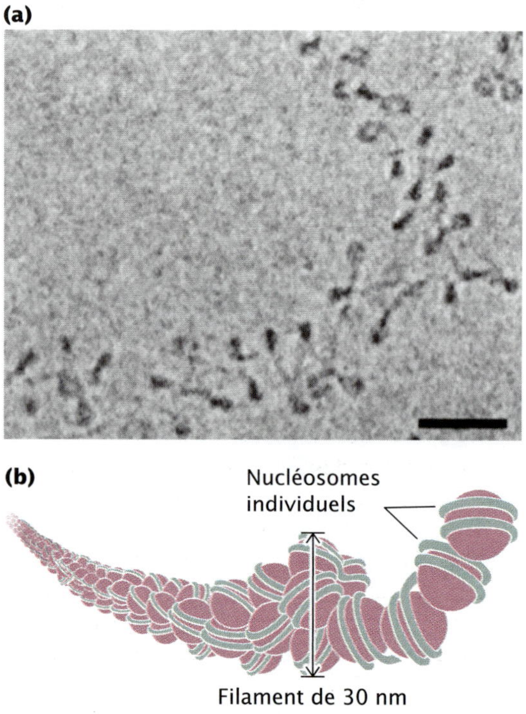

8.21 Les nucléosomes s'associent pour former un filament de 30 nm de diamètre. (a) Microphotographie de nucléosomes. (b) Un modèle dans lequel les nucléosomes s'associent pour former une filament en hélice. *[Partie (a) :Jan Bednar, Rachel A. Horowitz, Sergei A. Grigoryev, Lenny M. Carruthers, Jeffrey C. Hansen, Abraham J. Koster, and Christopher L. Woodcock.* PNAS *1998; 95: 14173-14178. Copyright 2004 National Academy of Sciences, USA.]*

Le filament de 30 nm est lui-même organisé en boucles dont la base est attachée à des protéines de l'armature centrale (voir la Figure 8.19). Chaque boucle contient en moyenne de 20 000 à 100 000 pb d'ADN et mesure environ 300 nm, mais la taille des boucles individuelles varie considérablement. Les boucles sont repliées et empilées pour former un filament de 250 nm de diamètre. Un enroulement en spirale plus serré du filament de 250 nm produit la structure condensée qui apparaît à la métaphase – une chromatide d'un diamètre d'environ 700 nm.

Concepts clés

Le nucléosome contient un cœur de huit histones autour duquel de l'ADN est enroulé. Les chromatosomes, qui sont des nucléosomes liés à une histone H1, sont séparés par de l'ADN internucléosomique. Les nucléosomes s'organisent pour former un filament de chromatine de 30 nm de diamètre, qui est structuré en boucles dont le repliement et l'empilement créent un filament de 250 nm de diamètre. L'enroulement en spirale du filament de 250 nm produit une chromatide.

Le centromère

Le centromère est un étranglement de la structure du chromosome. C'est là que s'attachent les microtubules du fuseau, et il est indispensable au mouvement correct des chromosomes à la mitose et à la méiose (voir le Chapitre 2).

Les premiers centromères isolés et étudiés au niveau moléculaire provenaient de la levure qui a des petits chromosomes linéaires. Quand des biologistes moléculaires attachèrent l'ADN de centromères de levure à des plasmides, ces plasmides se comportèrent à la mitose comme s'ils étaient des chromosomes eucaryotiques. Les séquences de levure, appelées **séquences centromériques**, sont donc des centromères fonctionnels permettant la ségrégation des chromosomes. Les séquences centromériques sont les sites de liaison du kinétochore auquel s'attachent les microtubules du fuseau.

Les séquences centromériques varient considérablement entre organismes. Certains organismes ont des chromosomes avec des centromères dispersés, et les microtubules du fuseau s'attachent sur toute la longueur de chaque chromosome. Toutefois, la plupart des organismes ont des chromosomes avec des centromères localisés ; chez ces organismes, les microtubules s'attachent à un site spécifique de chaque chromosome, qui peut toutefois présenter des sites d'étranglement secondaires sans fonction centromérique. Chez *Drosophila*, *Arabidopsis*, comme chez l'homme, les centromères peuvent s'étendre sur des centaines de milliers de paires de bases. La majeure partie du centromère est faite de courtes séquences d'ADN répétées en tandem des milliers de fois.

Concepts clés

Le centromère est une région du chromosome à laquelle s'attachent les microtubules du fuseau. La structure des centromères varie considérablement entre espèces. En plus de leur rôle dans le mouvement des chromosomes, les centromères exercent un contrôle sur le cycle cellulaire en inhibant le début de l'anaphase jusqu'à ce que chaque chromosome soit attaché aux microtubules provenant des deux pôles.

Le télomère

Les télomères sont les extrémités naturelles du chromosome (voir la p. 20 dans le Chapitre 2). Les travaux des pionniers Hermann Muller (sur la drosophile) et Barbara McClintock (sur le maïs) ont montré que des cassures dans les chromosomes produisent des extrémités instables qui ont tendance à s'associer de façon aléatoire et à provoquer une dégradation des chromosomes affectés. Étant donné que cet attachement aléatoire et cette dégradation n'affectent pas les extrémités normales des chromosomes, pourvues de télomères, chaque télomère doit servir de coiffe stabilisatrice, un peu comme l'enrobage de plastique aux bouts des lacets de chaussures les empêche de s'effilocher. Les télomères fournissent aussi le moyen de répliquer les extrémités des chromosomes, comme nous le verrons dans le Chapitre 9.

Des télomères ont été isolés à partir d'organismes aussi divers que des protozoaires, des plantes, et que l'homme. La plupart ont une structure similaire. Les **séquences télomériques** sont des motifs composés d'une série de nucléotides cytosine suivie de plusieurs nucléotides adénine ou thymine, selon un schéma 5′ – $C_n(A \text{ ou } T)_m$ – 3′, où n est ≥ 2, et m est compris entre 1 et 4. Par exemple, le motif répété 250 à 1 500 fois dans les télomères humains est CCCTAA, avec les trois C (et les G sur l'autre brin) toujours du côté de l'extrémité du chromosome, comme ici :

bout du chromosome	←	5′-CCCTAA 3′-GGGTAA	→	vers le centromère

Au bout du chromosome, le brin riche en G s'étend souvent au-delà du brin complémentaire riche en C (**Figure 8.22a**). Des protéines spécialisées dans la protection du télomère (protéines POT, pour « protection of telomere ») se lient directement à la séquence simple brin riche en G,

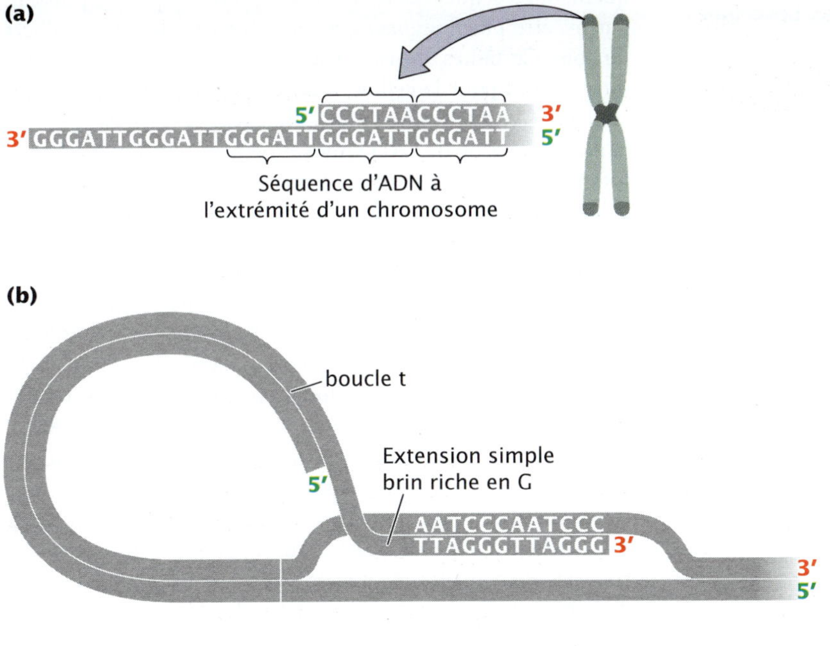

8.22 L'ADN des extrémités des chromosomes est constitué de séquences télomériques. (a) Le brin riche en G du télomère est plus long que le brin riche en C. (b) Dans les cellules de mammifères, le brin riche en G se replie en s'appariant avec un court segment de l'autre brin pour former une boucle t.

protégeant le télomère de la dégradation et empêchant les bouts des chromosomes de coller les uns aux autres. Chez les mammifères, l'extension simple brin en saillie peut se replier et s'apparier avec un court segment d'ADN pour former une structure appelée *boucle t*, qui contribue également à la protection du télomère contre la dégradation (**Figure 8.22b**).

Concepts clés

Un télomère est la structure stabilisatrice du bout d'un chromosome. L'extrémité du télomère contient de nombreuses répétitions de courts motifs de séquences.

✔ Test de compréhension 10

Lesquelles de ces différentes caractéristiques s'appliquent-elles aux séquences d'ADN des télomères ?

a. Elles sont composées surtout de nucléotides cytosine et adénine.

b. Elles sont composées de motifs de séquence répétés.

c. Un des brins s'étend plus loin que l'autre, générant une extrémité d'ADN simple brin.

d. Les trois ci-dessus.

8.7 Les chromosomes des eucaryotes contiennent plusieurs classes d'ADN

Les organismes eucaryotiques diffèrent très considérablement par la quantité d'ADN que contiennent leurs cellules, une quantité appelée **valeur C** (**Tableau 8.3**). Chaque cellule d'une mouche des fruits, par exemple, contient 35 fois la quantité d'ADN présente dans une cellule de la bactérie *E. coli*. Les cellules d'eucaryotes contiennent généralement plus d'ADN que les cellules des procaryotes, mais la variation de la valeur C entre eucaryotes est immense. Les cellules humaines contiennent plus de 10 fois la quantité d'ADN présente dans les cellules de *Drosophila*, tandis que les cellules de certaines salamandres contiennent 20 fois plus d'ADN que les cellules humaines. Il est clair que ces différences de valeur C ne peuvent être expliquées simplement par des différences de complexité des organismes. À quoi sert alors tout cet ADN supplémentaire dans les cellules des eucaryotes ? Nous ne disposons pas encore d'une réponse complète à cette question, mais les séquences ADN des eucaryotes révèlent un degré de complexité qui n'existe pas dans l'ADN des procaryotes.

Tableau 8.3 Taille des génomes de différents organismes

Organisme	Taille approximative du génome (pb)
Bactériophage lambda (λ)	50 000
Escherichia coli (bactérie)	4 640 000
Saccharomyces cerevisiae (levure)	12 000 000
Arabidopsis thaliana (plante)	125 000 000
Drosophila melanogaster (insecte)	170 000 000
Homo sapiens (homme)	3 200 000 000
Zea mays (maïs)	4 500 000 000
Amphiuma (salamandre)	765 000 000 000

Les classes d'ADN chez les eucaryotes

L'ADN des eucaryotes comporte au moins trois classes : l'ADN à séquence unique, l'ADN moyennement répétitif, et l'ADN hautement répétitif. L'**ADN à séquence unique** consiste en séquences qui sont présentes en un seul exemplaire (ou tout au plus un très petit nombre d'exemplaires) dans le génome. Cet ADN comprend les séquences qui codent des protéines, mais aussi une certaine quantité de séquences de fonction inconnue. Les gènes présents en un seul exemplaire représentent de 25 % à 50 % des gènes codant des protéines chez la plupart des eucaryotes pluricellulaires. D'autres gènes dans cette classe d'ADN sont présents en plusieurs exemplaires similaires mais non identiques, qui proviennent de la duplication d'un gène ancestral ; ils constituent des **familles de gènes**. La plupart des familles de gènes ne comptent que quelques membres, mais certaines, comme celles codant les immunoglobulines chez les vertébrés, comprennent des centaines de membres. Les gènes codant les β-globines sont un autre exemple de famille de gènes. Chez l'homme, sept gènes de β-globine sont groupés sur le chromosome 11. Les polypeptides codés par ces gènes s'associent à des polypeptides d'α-globine pour former les molécules d'hémoglobine qui transportent l'oxygène dans le sang.

D'autres séquences sont présentes en de nombreux exemplaires et forment l'**ADN répétitif**. Une classe importante de cet ADN est l'**ADN moyennement répétitif** qui consiste typiquement en séquences de 150 à 300 pb (bien qu'elles puissent parfois être plus longues) qui sont répétées plusieurs milliers de fois. Certaines de ces séquences ont des fonctions très importantes pour la cellule, comme les gènes des ARN ribosomiaux (ARNr) et des ARN de transfert (ARNt). Cependant, la majeure partie de l'ADN moyennement répétitif n'a pas de fonction cellulaire connue. On y distingue deux types de répétitions. Les **séquences répétées en tandem** se présentent en longues séries, généralement groupées dans un petit nombre de sites sur les chromosomes. Les **séquences répétées dispersées** sont éparpillées dans tout le génome. Un exemple de répétition dispersée est la séquence *Alu*, longue d'environ 200 pb, présente en plus d'un million d'exemplaires dans le génome humain, et qui n'a pas de fonction apparente. Ces répétitions courtes, comme la séquence *Alu*, sont appelées **SINE** (de l'anglais « Short Interspersed Element »). Des répétitions dispersées plus longues, comprenant des séquences de plusieurs milliers de paires de bases, sont appelées **LINE** (« Long Interspersed Elements). Une partie des répétitions dispersées sont des éléments transposables, des séquences qui peuvent se multiplier et se déplacer (voir le Chapitre 13).

L'autre classe importante d'ADN répétitif est l'**ADN hautement répétitif**. Ces séquences courtes, parfois moins de 10 pb, sont présentes en centaines de milliers d'exemplaires répétés en tandem et concentrés dans certaines régions des chromosomes, particulièrement aux centromères et aux télomères. L'ADN hautement répétitif est parfois appelé ADN satellite parce que sa composition en bases, en terme de pourcentages relatifs, diffère de celle du reste de l'ADN, dont il se sépare sous la forme d'une fraction satellite dans une centrifugation à haute vitesse. L'ADN hautement répétitif n'est que très rarement transcrit en ARN. Bien que des séquences de ce type puissent contribuer au fonctionnement du centromère et des télomères, la majeure partie de l'ADN hautement répétitif n'a pas de fonction connue.

Le séquençage complet de génomes d'eucaryotes nous apprend aussi comment l'information génétique est organisée dans les chromosomes. Nous savons maintenant que la densité de gènes varie très fort entre chromosomes et dans les chromosomes. Par exemple, le chromosome humain 19 a une très forte densité de gènes : 26 gènes environ par million de paires de bases. Le chromosome 13, au contraire, n'a que 6,5 gènes par million de paires de bases. La densité de gènes peut aussi varier dans un même chromosome : certaines régions du bras long du chromosome 13 n'ont que 3 gènes par million de paires de bases, alors que d'autres en contiennent presque 30 par million de paires de bases. Le bras court du chromosome 13 ne contient presqu'aucun gène, étant constitué entièrement d'hétérochromatine.

Concepts clés

Il y a trois grandes classes d'ADN eucaryotique : l'ADN à séquence unique, l'ADN moyennement répétitif, et l'ADN hautement répétitif. L'ADN à séquence unique comprend les séquences qui ne sont présentes qu'en un ou quelques exemplaires. L'ADN moyennement répétitif consiste en séquences longues de plusieurs centaines de paires de bases, qui peuvent être présentes en plusieurs milliers, voire en centaines de milliers, d'exemplaires. L'ADN hautement répétitif est constitué de très courtes séquences répétées en tandem ou dispersées et présentes en centaines de millions d'exemplaires. La densité des gènes varie très fort entre les chromosomes et même entre régions d'un chromosome.

✔ Test de compréhension 11

La majeure partie des gènes codant des protéines se trouvent dans

a. l'ADN à séquence unique.
b. l'ADN moyennement répétitif.
c. l'ADN hautement répétitif.
d. toutes les classes ci-dessus.

Résumé des concepts clés

- Le matériel génétique doit pouvoir stocker une information complexe, être répliqué de façon fidèle, et exprimer son information en déterminant le phénotype.
- La preuve que l'ADN est le dépositaire de l'information génétique fut apportée par Avery, MacLeod et McCarty qui montrèrent que la transformation dépend de l'ADN, et par Hershey et Chase qui démontrèrent que c'est l'ADN viral qui est transmis à la descendance des phages.
- James Watson et Francis Crick proposèrent un nouveau modèle de la structure de l'ADN en 1953.
- Un nucléotide de l'ADN comporte un sucre désoxyribose, un groupement phosphate, et une base azotée. Dans un nucléotide de l'ARN, le sucre est un ribose.
- Les bases des nucléotides ADN sont de deux types : des purines (adénine et guanine) et des pyrimidines (cytosine et thymine). L'ARN contient la base pyrimidine uracile au lieu de la thymine.
- Les nucléotides d'une chaîne polynucléotidique sont joints par des liaisons phosphodiester. Chaque chaîne polynucléotidique a un groupement phosphate libre à son extrémité 5′ et un groupe hydroxyle libre à son extrémité 3′.
- L'ADN contient deux chaînes polynucléotidiques enlacées qui forment une double hélice. Les sucres et les phosphates se trouvent à l'extérieur de l'hélice et les bases sont empilées à l'intérieur. Les deux chaînes (ou brins) de l'ADN sont maintenues ensemble par des liaisons hydrogène entre les bases de chaque brin. Les deux brins sont antiparallèles et complémentaires.
- Les molécules d'ADN peuvent former des structures secondaires différentes selon l'environnement dans lequel elles se trouvent et selon la séquence de leurs bases.
- La structure de l'ADN a des implications génétiques très importantes. L'information génétique réside dans la séquence des bases qui, par étapes successives, spécifie la séquence d'acides aminés des protéines. La complémentarité des bases des deux brins de l'ADN permet à l'information génétique d'être répliquée.
- Le dogme central de la biologie moléculaire dit que l'information génétique suit une voie à sens unique, de l'ADN à l'ARN, et de l'ARN aux protéines. Depuis sa formulation, certaines exceptions au dogme central ont été découvertes.
- Un chromosome contient une très longue molécule d'ADN sous une forme extrêmement compacte. Le surenroulement résulte des contraintes introduites par l'addition de tours d'hélice à une molécule d'ADN relâchée, ou par leur soustraction.
- Un chromosome bactérien contient une seule molécule circulaire d'ADN associée à des protéines et organisée en une série de grandes boucles.
- Chaque chromosome eucaryotique contient une seule molécule d'ADN, très longue et liée à des protéines

chromosomiques histones et non histones. L'euchromatine suit le processus normal de décondensation et condensation pendant le cycle cellulaire. L'hétérochromatine reste très condensée pendant tout le cycle cellulaire.

- Le nucléosome est formé d'un cœur de huit histones et de l'ADN qui s'enroule autour.
- Les nucléosomes se groupent pour former un filament de 30 nm de diamètre, structuré lui-même en boucles longues de 300 nm par des protéines de l'armature centrale du noyau. Les boucles de 300 nm se condensent pour former une fibre qui est elle-même enroulée de façon très serrée pour produire une chromatide.
- Les centromères sont les régions des chromosomes où s'attachent les microtubules du fuseau. Les chromosomes dépourvus de centromères sont généralement perdus au cours de la division cellulaire. Les télomères stabilisent les extrémités des chromosomes.
- Il existe trois classes d'ADN eucaryotique. L'ADN à séquence unique est présent en un très petit nombre d'exemplaires. L'ADN moyennement répétitif est composé de séquences de longueur moyenne qui sont répétées des centaines à des milliers de fois. L'ADN hautement répétitif est constitué de séquences très courtes, répétées en tandem des milliers à des millions de fois.

Termes importants

nucléotide (p. 195)
règles de Chargaff (p. 195)
principe transformant (p. 196)
isotope (p. 197)
diffraction des rayons X (p.199)
ribose (p. 200)
désoxyribose (p. 200)
base azotée (p. 201)
purine (p. 201)
pyrimidine (p. 201)
adénine (A) (p. 201)
guanine (G) (p. 201)
cytosine (C) (p. 201)
thymine (T) (p. 201)
uracile (U) (p. 201)
nucléoside (p. 201)
groupement phosphate (p. 201)
désoxyribonucléotide (p. 201)
ribonucléotide (p. 201)
liaison phosphodiester (p. 202)
chaîne polynucléotidique (p. 202)
extrémité 5′ (p. 202)
extrémité 3′ (p. 202)
antiparallèle (p. 202)
brins d'ADN complémentaires (p. 202)
ADN B (p. 204)
ADN A (p. 204)
ADN Z (p. 204)
transcription (p. 205)
traduction (p. 205)
réplication (p. 205)
dogme central (p. 205)
transcription inverse (p. 205)
réplication de l'ARN (p. 205)
surenroulement (p. 206)
état relâché de l'ADN (p. 206)
surenroulement positif (p. 206)
surenroulement négatif (p. 206)
topoisomérase (p. 206)
nucléoïde (p. 207)
euchromatine (p. 208)
hétérochromatine (p. 208)
protéine chromosomique non histone (p. 208)
protéine de l'armature centrale (p. 208)
nucléosome (p. 209)
chromatosome (p. 209)
ADN internucléosomique (p. 209)
séquence centromérique (p. 211)
séquence télomérique (p. 211)
valeur C (p. 212)
ADN à séquence unique (p. 212)
famille de gènes (p. 212)
ADN répétitif (p. 212)
ADN moyennement répétitif (p. 212)
séquence répétée en tandem (p. 212)
séquence répétée dispersée (p. 212)
SINE (court élément dispersé) (p. 212)
LINE (long élément dispersé) (p. 212)
ADN hautement répétitif (p. 213)

Réponse aux tests de compréhension

1. Sans la connaissance de la structure de l'ADN, il était impossible de comprendre comment l'information génétique était encodée ou exprimée.

2. c

3. Non, parce qu'il y a du carbone dans les protéines et dans les acides nucléiques.

4. b

5. d

6. L'ADN Z a une structure en hélice lévogyre ; l'ADN B a une structure en hélice dextrogyre. Le squelette sucre – phosphate de l'ADN Z décrit des zigzags, tandis que le squelette sucre – phosphate de l'ADN B forme un ruban continu et régulier.

7. b

8. L'ADN bactérien n'est pas associé avec des histones et il est circulaire.

9. b

10. d

11. a

Problèmes résolus

1. Le pourcentage de cytosine dans une molécule d'ADN double brin est de 40 %. Quel est le pourcentage de thymine ?

• Solution

Dans l'ADN double brin, A s'apparie avec T, et G s'apparie avec C. Par conséquent, le pourcentage de T est égal au pourcentage de A, et le pourcentage de C est égal au pourcentage de G. Si C = 40 %, G doit aussi être 40 %. Le pourcentage total de C + G est donc 40 % + 40 % = 80 %. Le pourcentage total de A + T = 100 % – 80 % = 20 %. Comme A = T, le pourcentage de T est 20 % /2 = 10 %.

2. Laquelle des relations suivantes décrit-elle correctement le pourcentage des bases dans l'ADN ?

a. $C + T = A + G$ **b.** $\frac{C}{A} = \frac{T}{G}$

• Solution

Une façon simple de déterminer si les relations sont correctes est d'assigner arbitrairement des pourcentages aux bases, en se souvenant que dans l'ADN double brin, A = T et G = C. Par exemple, si les pourcentages de A et de T sont chacun de 30 %, les pourcentages de G et de C seront chacun de 20 %. En introduisant ces valeurs dans les équations, nous pouvons vérifier si elles sont correctes.

a. 20 + 30 = 30 + 20. Cette relation est correcte.

b. 20/30 ≠ 30/20. Cette relation est fausse.

3. Une plante diploïde contient 2 milliards de paires de bases d'ADN.

a. Combien y a-t-il de nucléosomes dans la cellule ?

b. Donnez le nombre de molécules de chaque type d'histone qui sont associées en complexe avec l'ADN génomique.

• Solution

Chaque nucléosome occupe quelque 200 pb d'ADN : 145 à 147 pb enroulées autour du cœur d'histones, 20 à 22 pb associées à l'histone H1, et 30 à 40 pb d'ADN internucléosomique.

a. Pour déterminer le nombre de nucléosomes présents dans la cellule, il suffit de diviser le nombre total de paires de bases d'ADN (2×10^9 pb) par le nombre de paires de bases occupées par un nucléosome :

$$\frac{2 \times 10^9 \text{ nucléotides}}{2 \times 10^2 \text{ nucléotides par nucléosome}} = 1 \times 10^7 \text{ nucléosomes}$$

Il y a donc environ 10 millions de nucléosomes dans la cellule.

b. Chaque nucléosome contient deux molécules de chacune des histones H2A, H2B, H3, et H4. Il y a donc 2×10^7 molécules de chacune de ces histones. Une histone H1 est associée à chaque nucléosome. Il y a donc 1×10^7 molécules de H1.

Questions de compréhension

Section 8.1

***1.** Quelles sont les trois caractéristiques générales que doit posséder le matériel génétique ?

Section 8.2

2. Qu'est-ce que la transformation ? Comment Avery et ses collègues ont-ils démontré que le principe transformant est l'ADN ?

***3.** Comment Hershey et Chase ont-ils montré que l'ADN est transmis aux nouveaux phages pendant la reproduction des phages ?

Section 8.3

***4.** Dessinez et identifiez les trois parties d'un nucléotide d'ADN.

5. En quoi un nucléotide d'ARN diffère-t-il d'un nucléotide d'ADN ?

***6.** Dessinez un court segment d'une chaîne polynucléotidique d'ADN (un brin), avec au moins trois nucléotides. Indiquez la polarité du brin en identifiant les extrémités 5′ et 3′.

7. Quelles sont les implications génétiques importantes de la structure de l'ADN ?

***8.** Quelles sont les principales voies de transfert de l'information génétique ?

Section 8.4

***9.** Quelles sont les causes du surenroulement ? Quelle est la différence entre un surenroulement positif et un surenroulement négatif ?

10. Quelles fonctions le surenroulement remplit-il dans la cellule ?

Section 8.6

11. Décrivez la composition et la structure du nucléosome. En quoi les particules de base diffèrent-elles du chromatosome ?

12. Décrivez les étapes de la condensation d'un chromosome, depuis la double hélice d'ADN qui a un diamètre de 2 nm jusqu'à la chromatide de 700 nm de diamètre observée à l'anaphase.

***13.** Décrivez la fonction et la structure moléculaire d'un télomère.

14. Quelle est la différence entre l'euchromatine et l'hétérochromatine ?

Section 8.7

***15.** Décrivez les différents types de séquences d'ADN présents chez les eucaryotes.

Questions et problèmes d'application

Section 8.2

16. Un étudiant injecte à une souris un mélange de bactéries *Streptococcus pneumoniae* type IIS tuées par la chaleur et de bactéries de type IIR vivantes. La souris développe une pneumonie et meurt. L'étudiant isole quelques bactéries de type IIS à partir de la souris morte. C'est l'unique expérience effectuée par l'étudiant. A-t-il démontré qu'il y a eu transformation ? Quelles autres explications de la présence de bactéries IIS dans la souris morte pourrait-il y avoir ?

Section 8.3

17. On utilise couramment une technique appelée électrophorèse pour séparer des molécules d'ADN de tailles différentes (voir le Chapitre 14). Les molécules sont placées dans un gel auquel on applique une tension électrique, et les molécules d'ADN migrent vers l'électrode positive (+). Quelle particularité de la structure de l'ADN est-elle responsable de sa migration vers le pôle positif ?

18. Quelles sont les caractéristiques structurales de l'ADN qui contribuent à sa stabilité ? Pourquoi l'ARN est-il moins stable que l'ADN ?

***19.** Erwin Chargaff a rassemblé des données sur les proportions de bases nucléiques dans l'ADN de différents organismes et tissus (E. Chargaff, dans *The Nucleic Acids : Chemistry and Biology*, vol. 1, E. Chargaff and J.N. Davidson, Eds. New York : Academic Press, 1955). Des données sur l'ADN de quelques organismes analysés par Chargaff sont montrées ci-dessous.

	Pourcentages			
Organisme et tissu	**A**	**G**	**C**	**T**
Thymus de mouton	29,3	21,4	21,0	28,3
Foie de porc	29,4	20,5	20,5	29,7
Thymus humain	30,9	19,9	19,8	29,4
Moelle épinière de rat	28,6	21,4	20,4	28,4
Érythrocytes de poulet	28,8	20,5	21,5	29,2
Levure	31,7	18,3	17,4	32,6
E. coli	26,0	24,9	25,2	23,9
Sperme humain	30,9	19,1	18,4	31,6
Sperme de saumon	29,7	20,8	20,4	29,1
Sperme de hareng	27,8	22,1	20,7	27,5

a. Pour chaque organisme, calculez le rapport (A + G)/(T + C) et le rapport (A + T)/(C + G).

b. Ces rapports sont-ils constants ou varient-ils selon les organismes ? Expliquez.

c. Le rapport (A + G)/(T + C) diffère-t-il entre les échantillons de sperme ? Vous y attendriez-vous ? Expliquez votre réponse à cette dernière question.

20. Boris Magasanik a rassemblé des données sur les quantités des bases dans l'ARN de différentes sources (voir ci-dessous), exprimées par rapport à une valeur de 10 attribuée à l'adénine (B. Magasanik, dans *The Nucleic Acids : Chemistry and Biology*, vol. 1, E. Chargaff and J.N. Davidson, Eds. New York : Academic Press, 1955).

	Pourcentages			
Organisme et tissu	**A**	**G**	**C**	**U**
Noyaux de foie de rat	10	14,8	14,3	12,9
Noyaux de foie de lapin	10	13,6	13,1	14,0
Cerveau de chat	10	14,7	12,0	9,5
Muscle de carpe	10	21,0	19,0	11,0
Levure	10	12,0	8,0	9,8

a. Pour chaque organisme, calculez le rapport (A + G)/(U + C).

b. Comment ces rapports se comparent-ils aux rapports (A + G)/(T + C) trouvés dans l'ADN ? Expliquez.

***21.** Lesquelles de ces relations entre pourcentages de bases trouvera-t-on dans une molécule d'ADN double brin ?

a. $A+T=G+C$

b. $A+T=T+C$

c. $A+C=G+T$

d. $\frac{A+T}{C+G}$

e. $\frac{A+G}{C+T}=1,0$

f. $\frac{A}{C}=\frac{G}{T}$

g. $\frac{A}{G}=\frac{T}{C}$

h. $\frac{A}{T}=\frac{G}{C}$

***22.** Si une molécule d'ADN double brin contient 15 % de thymine, quel est le pourcentage des autres bases ?

23. Heinz Shuster a rassemblé les données suivantes sur la composition en bases de l'ARN du virus du plantain (H. Shuster, dans *The Nucleic Acids : Chemistry and Biology*, vol. 3, E. Chargaff and J.N. Davidson, Eds. New York : Academic Press, 1955). Sur la base de ces données, le matériel héréditaire du virus du plantain est-il de l'ARN ou de l'ADN ? Est-il simple ou double brin ?

	Pourcentages				
	A	**G**	**C**	**T**	**U**
Virus du plantain	29,3	25,8	18,0	0,0	27,0

24. Pour les amuser un vendredi soir, un professeur de génétique propose à ses enfants de dessiner une chaîne polynucléotidique d'ADN. Sa fille de cinq ans, qui avait déjà entendu parler de l'ADN à l'école, a réussi à dessiner une chaîne polynucléotidique, mais avec quelques erreurs. Son dessin, reproduit ici, contient au moins 10 erreurs.

a. Faites la liste de toutes les erreurs dans la structure de cette chaîne polynucléotidique.

b. Dessinez la structure correcte.

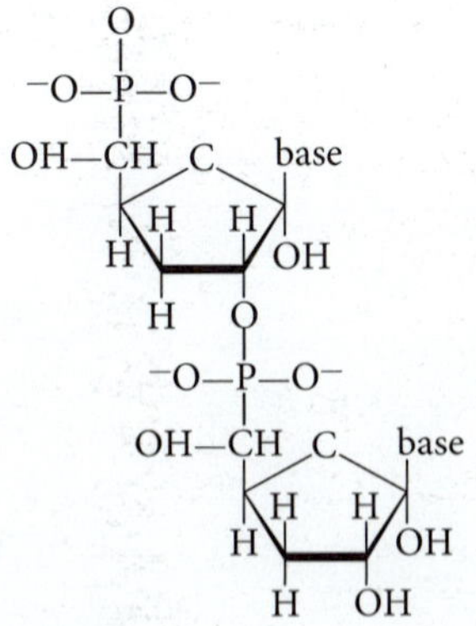

***25.** La théorie de l'hérédité des caractères acquis, et le fait que cette théorie n'est plus acceptée, ont été mentionnés dans le Chapitre 1. Le dogme central de la biologie moléculaire est-il compatible avec la théorie de l'hérédité de caractères acquis ? Justifiez votre réponse.

Section 8.6

***26.** Comparez les chromosomes des procaryotes et des eucaryotes, en indiquant en quoi ils se ressemblent et en quoi ils diffèrent.

***27.** Une cellule humaine diploïde contient environ 6,4 milliards de paires de bases d'ADN.

a. Combien y a-t-il de nucléosomes dans cette cellule ? (En estimant à 40 pb la longueur de l'ADN internucléosomique.)

b. Combien d' histones sont elles associées à cet ADN ?

Questions tests

Section 8.1

***28.** Supposez qu'une sonde robotisée sans équipage soit envoyée dans le cosmos à la recherche de vie extraterrestre. Après des années d'exploration de l'univers, cette sonde détecte de la vie sur une planète lointaine. La composition chimique de la vie sur cette planète est totalement différente de celle de la vie terrestre, et son matériel génétique n'est pas constitué d'acides nucléiques. Quelles prédictions pouvez-vous faire quant aux propriétés du matériel génétique sur cette planète ?

Section 8.2

29. Comment pourrait-on utiliser le ^{32}P et le ^{35}S pour démontrer que le principe transformant est l'ADN ? Élaborez le plan d'une expérience qui permettrait d'établir que l'ADN – plutôt qu'une molécule protéique – est le principe transformant.

Section 8.3

***30.** Des chercheurs on proposé que la première vie sur terre ait utilisé l'ARN comme matériel génétique et qu'il ait plus tard été remplacé par l'ADN. Quelles sont les caractéristiques structurales de l'ADN qui le rendent mieux adapté que l'ARN à la fonction de matériel génétique ?

9 La réplication et la recombinaison de l'ADN

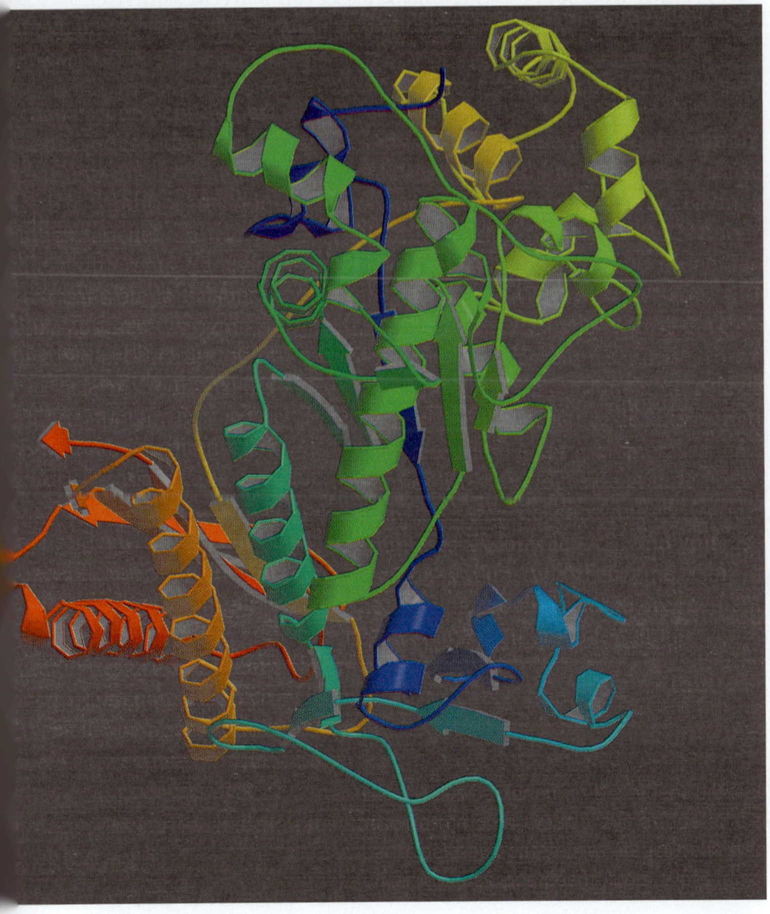

Modèle moléculaire de l'ADN polymérase η, une polymérase capable de franchir les lésions qui déforment la structure de l'ADN, mais qui a tendance à incorporer des nucléotides erronés dans l'ADN, donc des mutations. *[J. Trincao et al.,* Molecular Cell *8 :417, 2001. Research Collaboratory for Structural Bioinformatics. H.M. Berman et al., The Protein Data Bank* Nucleic Acids Research, *28:235-242, 2000. http://www.pdb.org/.]*

Éviter les blocages pendant la réplication

David n'a pas eu une enfance insouciante. C'était déjà bien assez que sa peau très claire fût couverte de taches ressemblant à des taches de rousseur, mais ce qu'il détestait par-dessus tout, c'était que sa mère l'obligeât à porter des chemises à manches longues, des pantalons longs et à mettre un chapeau de paille en plein été, alors que ses copains étaient en short et en tee-shirt. Mais quand il grandit, David réalisa que sa mère n'avait pas été déraisonnable. David est atteint d'une maladie génétique rare appelée xeroderma pigmentosum, caractérisée par une sensibilité extrême à la lumière solaire et par une prédisposition au développement de cancers de la peau en cas d'exposition au soleil. Xeroderma pigmentosum est une maladie autosomique récessive due à la déficience d'un des gènes qui codent les enzymes de synthèse et de réparation de l'ADN.

Les ADN polymérases – les enzymes qui synthétisent l'ADN – sont des machines moléculaires splendides et efficaces. Certaines d'entre elles opèrent à des vitesses incroyablement élevées, synthétisant l'ADN à un taux de plus de 1 000 nucléotides par seconde, avec moins d'une erreur par milliard de nucléotides. (N.d.T. : Ce taux d'erreur est celui observé chez les phages et les bactéries ; chez les eucaryotes supérieurs, il est environ 1 000 fois plus élevé. Voir le Tableau 13.3, p. 330.) Pour arriver à ce niveau de performance, ces ADN polymérases doivent disposer, comme les trains à grande vitesse, d'une voie sans obstacles. Si la matrice d'ADN est endommagée, par exemple par des déformations structurales induite par la lumière UV, la machinerie de réplication s'arrête brutalement et des lacunes apparaissent dans l'ADN, avec des conséquences désastreuses pour la cellule.

Pour surmonter ce problème, les cellules disposent d'ADN polymérases spécialisées, plus lentes et capables de franchir les déformations qui bloquent la progression des polymérases ultra-rapides à haute fidélité qui effectuent l'essentiel de la réplication. Mais l'utilisation de ces polymérases « de franchissement de lésions » a un prix : elles introduisent des erreurs dans les segments d'ADN qu'elles synthétisent. Cependant, la plupart des fautes sont corrigées par des mécanismes de réparation de l'ADN et, de toute façon, les fautes de réplication commises par les polymérases à basse fidélité sont généralement moins dommageables pour la cellule que les lacunes que laisserait dans l'ADN l'incapacité de franchir des lésions.

L'importance des polymérases à basse fidélité est évidente si l'on considère les personnes atteintes de xeroderma pigmentosum. Quelque 20 % d'entre elles ont un gène *POLH* défectueux ; *POLH* code l'ADN polymérase η, une des ADN polymérases spécialisées dans le franchissement de distorsions de la matrice d'ADN. Un type de distorsion résulte de la formation de liens entre bases thymine adjacentes sur le même brin d'ADN – un dimère de thymine –, provoquée par les rayons UV. Comme les rayons UV font partie de la lumière solaire, l'exposition au soleil provoque la formation de dimères de thymine. Chez la majorité d'entre nous, les dimères de thymine sont franchis par des polymérases spécialisées, comme l'ADN polymérase η. La plupart des erreurs de copie faites par l'ADN polymérase η quand elle contourne une lésion sont réparées ensuite par d'autres mécanismes. Chez les personnes atteintes de xeroderma pigmentosum déficientes en ADN polymérase η, les dimères de bases pyrimidine ne sont pas franchis normalement à la réplication, ce qui génère de nombreuses mutations pouvant être à l'origine de cancers de la peau.

La réplication de l'ADN est un processus complexe, d'une importance capitale pour le fonctionnement de la cellule, et dans lequel sont impliquées de nombreuses protéines et enzymes, ainsi que certaines structures particulières de l'ADN lui-même. La déficience d'un seul composant, comme, par exemple, l'ADN polymérase η, suffit à perturber le processus tout entier et à provoquer des pathologies sévères.

La réplication de l'ADN est le processus par lequel une cellule double sa quantité d'ADN avant de se diviser. Nous nous intéresserons d'abord au mécanisme de réplication tel qu'il était en quelque sorte inscrit dans la structure de l'ADN présentée par Watson et Crick. Nous examinerons ensuite différents modes de réplication. Nous examinerons aussi ce qui est nécessaire à la réplication, ainsi que son caractère unidirectionnel. Nous verrons quels sont les principales enzymes et protéines qui participent au processus, et nous terminerons le chapitre en nous intéressant au mécanisme moléculaire de la recombinaison, un processus étroitement lié à la réplication, et qui joue un rôle essentiel dans la ségrégation des chromosomes homologues, la variation génétique, et la réparation de l'ADN.

9.1 L'information génétique doit être copiée fidèlement avant chaque division cellulaire

Dans un jeu bien connu des écoliers, un message oral tel que « Le chien blanc de Jean s'est enfui de sa niche » est murmuré à l'oreille d'un enfant qui court le répéter – toujours en murmurant – à un autre, et ainsi de suite jusqu'à ce qu'il ait fait le tour de la cour de récréation et revienne à son auteur. Inévitablement, le dernier écolier délivre un message totalement déformé tel que « Le chiendent d'argent est enfoui chez sa nièce ». Plus nombreux sont les enfants et plus le message devient incompréhensible. Ce jeu illustre le principe important que des erreurs se produisent chaque fois qu'une information est copiée.

Un organisme pluricellulaire complexe est confronté à un problème analogue à celui des écoliers : comment transmettre fidèlement les instructions génétiques chaque fois que ses cellules se divisent. La fidélité de la réplication est d'une importance capitale pour le développement de l'organisme. Une quantité considérable d'information génétique et un nombre très élevé de divisions cellulaires sont nécessaires pour produire un organisme pluricellulaire adulte ; un taux d'erreurs de copie même très faible aurait des conséquences catastrophiques. La cellule unique d'un zygote humain contient 6,4 milliards de paires de bases d'ADN. Si une erreur de copie se produisait ne serait-ce qu'une fois par million de paires de bases, 6 400 erreurs seraient accumulées à chaque division cellulaire, un nombre à multiplier par celui des quelques millions de divisions cellulaires nécessaires au développement d'un être humain.

Il ne suffit pas que la réplication de l'ADN soit extrêmement fidèle, il faut aussi qu'elle soit ultrarapide. L'unique chromosome circulaire d'*E. coli* contient 4,6 millions de paires de bases. À une vitesse d'un peu plus de 1 000 nucléotides par minute, la réplication du chromosome entier prendrait presque trois jours. Or, les bactéries *E. coli* peuvent se diviser toutes les 20 minutes. En fait, *E. coli* réplique son ADN à la vitesse de 1 000 nucléotides par seconde, et avec moins d'une erreur par 10^9 nucléotides. Comment un tel niveau de rapidité et de précision est-il atteint ?

9.2 La réplication de l'ADN s'effectue de façon semi-conservative

La structure de l'ADN proposée par Watson et Crick en 1953 (voir la Figure 8.12) avait des implications génétiques importantes. La complémentarité des deux chaînes polynucléotidiques d'une molécule d'ADN suggérait que, pendant la réplication, chaque chaîne puisse servir de matrice pour la synthèse d'une nouvelle chaîne. La spécificité de l'appariement des bases (adénine avec thymine ; guanine avec cytosine) impliquait qu'une seule séquence de bases puisse être spécifiée par chaque matrice, de telle sorte que les deux molécules d'ADN construites sur une paire de matrices devaient être identiques à la molécule originale. Un tel mode de réplication est dit **semi-conservatif** parce que chacun des brins originaux reste intact (conservé), bien que combiné à un nouveau brin complémentaire dans une des nouvelles molécules.

Théoriquement, il y a au moins trois types de relation possibles entre la molécule d'ADN originale et les molécules filles. Dans un schéma de réplication conservatif (**Figure 9.1a**), la molécule d'ADN originale reste entière pendant la réplication et sert de matrice pour la synthèse d'une double hélice fille contenant deux brins nouvellement synthétisés. Dans un schéma de type dispersif (**Figure 9.1b**), les deux brins sont découpés en fragments qui servent de matrice pour la synthèse de nouveaux fragments, et les fragments anciens et nouveaux s'assemblent pour reformer deux molécules d'ADN complètes. Les molécules filles contiennent une succession de segments d'ADN anciens et nouveaux, et aucun brin de la molécule originale n'est entièrement conservé. Dans la réplication semi-conservative, les deux brins se désenlacent, et chacun sert de matrice pour la synthèse d'un nouveau brin (**Figure 9.1c**).

Des distributions différentes de l'ADN original et de l'ADN nouvellement synthétisé sont attendues dans ces trois schémas. Dans le cas d'une réplication conservative, après un premier cycle de réplication, 50 % des molécules devraient contenir uniquement de l'ADN original, et 50 % uniquement de l'ADN neuf. Après un deuxième cycle de réplication, 25 % des

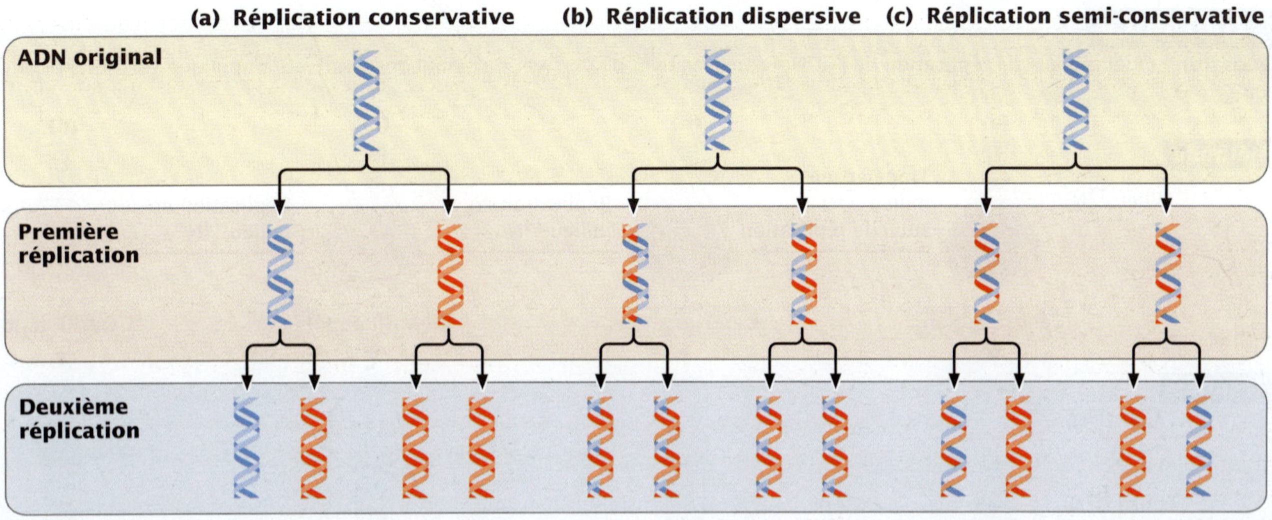

9.1 Trois modèles proposés pour la réplication de l'ADN : réplication conservative, réplication dispersive, et réplication semi-conservative.

molécules contiendraient uniquement l'ADN original, et 75 % uniquement de l'ADN neuf. À chaque nouveau cycle de réplication, la proportion de molécules constituées d'ADN neuf augmenterait, tandis que le nombre de molécules contenant l'ADN original resterait constant. Une réplication dispersive produirait systématiquement des molécules hybrides contenant une partie d'ADN original et une partie d'ADN neuf, mais la proportion d'ADN nouveau augmenterait à chaque cycle de réplication. Dans le cas d'une réplication semi-conservative, un premier cycle de réplication produirait deux molécules hybrides composées pour moitié d'ADN original et pour moitié d'ADN neuf. Après un second cycle de réplication, la moitié des molécules seraient hybrides et l'autre moitié contiendrait uniquement de l'ADN neuf. Les cycles de réplication suivants produiraient de plus en plus de molécules constituées entièrement d'ADN neuf, et quelques molécules d'ADN hybride persisteraient.

L'expérience de Meselson et Stahl

Pour déterminer lequel de ces trois schémas de réplication s'appliquait à des cellules d'un organisme simple à manipuler comme *E. coli*, Matthew Meselson et Franklin Stahl avaient besoin d'une méthode permettant de distinguer l'ADN neuf de l'ADN ancien. Ils utilisèrent deux isotopes de l'azote, le ^{14}N (la forme la plus répandue dans la nature) et le ^{15}N (un isotope lourd beaucoup plus rare). Ils cultivèrent des bactéries *E. coli* dans un milieu contenant du ^{15}N comme seule source d'azote. Après de nombreuses générations, toutes les cellules avaient incorporé le ^{15}N dans leurs bases puriques et pyrimidiques (voir la Figure 8.8) et donc dans leur ADN. Meselson et Stahl prélevèrent un échantillon de ces bactéries, puis ils transférèrent le reste dans un milieu qui ne contenait que du ^{14}N et continuèrent à prélever des échantillons de bactéries pendant plusieurs générations cellulaires successives. L'ADN synthétisé avant le changement de milieu contenait du ^{15}N et était donc comparativement plus « lourd » que l'ADN synthétisé après le changement, qui contenait du ^{14}N et était plus « léger ».

Meselson et Stahl distinguèrent entre l'ADN lourd contenant du ^{15}N et l'ADN plus léger contenant du ^{14}N en utilisant la technique **d'ultracentrifugation à l'équilibre en gradient de densité** (Figure 9.2). Dans cette technique, un tube est rempli d'une solution d'un sel lourd – dans ce cas du chlorure de

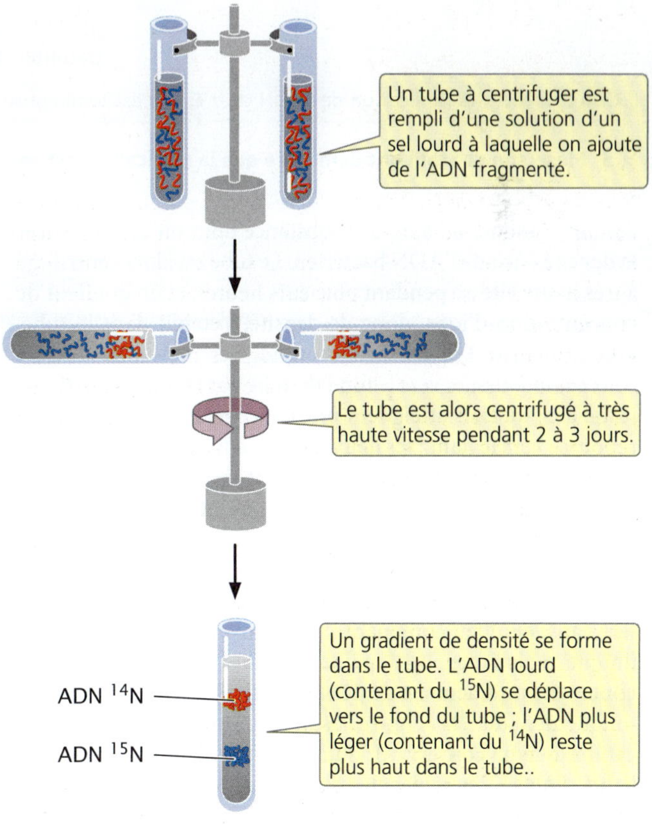

9.2 Meselson et Stahl ont utilisé l'ultracentrifugation à l'équilibre en gradient de densité pour distinguer l'ADN ^{15}N lourd de l'ADN ^{14}N plus léger.

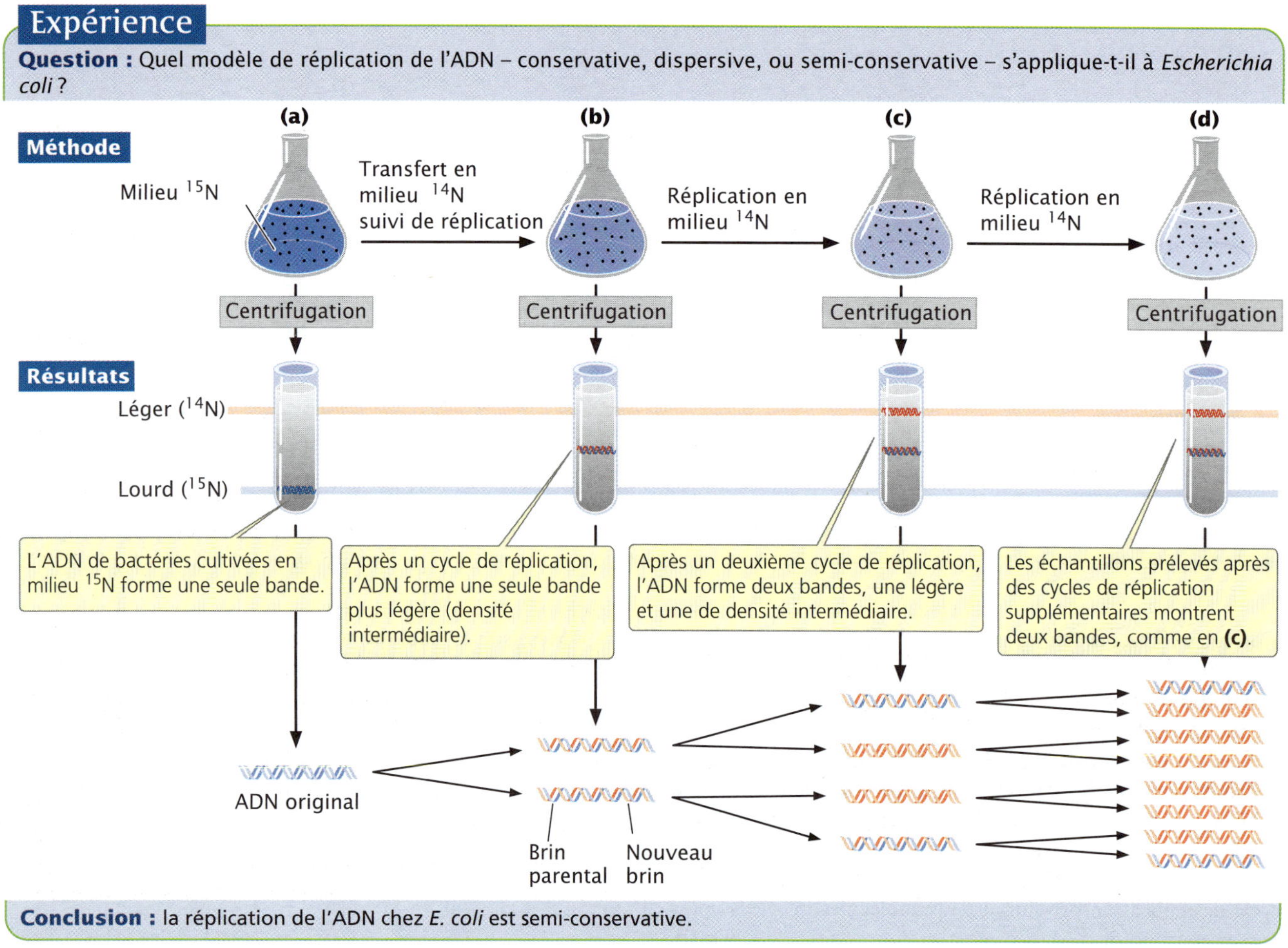

9.3 Meselson et Stahl ont démontré que la réplication est semi-conservative.

césium – auquel on ajoute la substance dont on veut mesurer la densité – ici, de l'ADN bactérien. Le tube est alors centrifugé à très haute vitesse pendant plusieurs heures, et un gradient de concentration d'ions, donc de densité, s'établit dans le tube, avec la densité la plus forte au fond. Les molécules d'ADN sont aussi poussées vers le fond du tube par la force centrifuge, jusqu'à ce qu'elles atteignent une concentration de sel qui les repousse vers le haut : les deux forces s'équilibrent et les molécules d'ADN ont atteint leur densité de flottaison.

Meselson et Stahl observèrent que l'ADN de bactéries ayant poussé uniquement en présence de ^{15}N formait une seule bande à la position attendue d'un ADN lourd (**Figure 9.3a**). L'ADN de bactéries récoltées une génération après le transfert dans le milieu contenant du ^{14}N formait aussi une bande unique, mais à une position intermédiaire entre celle de l'ADN contenant uniquement du 15N et celle d'un ADN contenant uniquement du ^{14}N (**Figure 9.3b**). Ce résultat exclut une réplication de type conservatif, qui, à ce stade, aurait produit une bande lourde (les molécules d'ADN originales) et une bande légère (les nouvelles molécules d'ADN), mais il est compatible avec les modèles de réplication dispersive et semi-conservative. Pour distinguer entre ces deux modèles, Meselson et Stahl analysèrent l'ADN des bactéries après une seconde génération passée dans le milieu ^{14}N. Deux bandes d'importance égale étaient formées, l'une à la position intermédiaire, et l'autre à la position attendue d'un ADN contenant uniquement du ^{14}N (**Figure 9.3c**). Tous les échantillons prélevés après des cycles de réplication supplémentaires formaient deux bandes, et la bande correspondant à l'ADN léger devenait progressivement plus importante (**Figure 9.3d**). Les résultats de Meselson et Stahl étaient exactement ceux attendus d'une réplication semi-conservative et étaient incompatibles avec une réplication conservative ou dispersive.

Concepts clés

Meselson et Stahl ont démontré de façon convaincante que la réplication de l'ADN chez *E. coli* suit un schéma semi-conservatif : chaque brin d'ADN sert de matrice pour la synthèse d'une nouvelle molécule d'ADN.

✔ Test de compréhension 1

Combien de bandes d'ADN obtiendrait-on dans une expérience de type Meselson et Stahl après deux cycles de réplication conservative ?

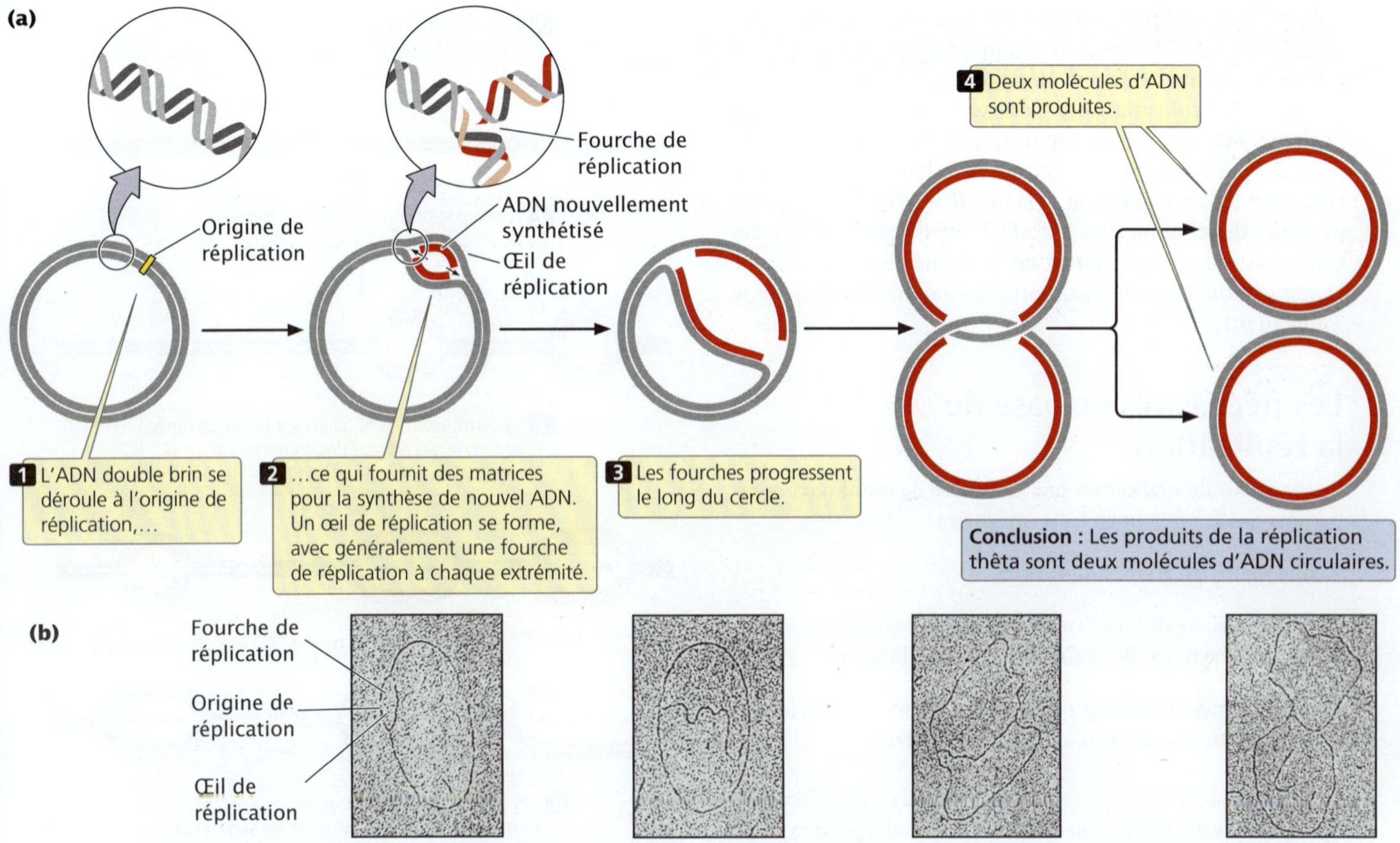

9.4 La réplication thêta est le mode de réplication utilisé chez *E. coli* et chez d'autres organismes possédant un ADN circulaire. (N.d.T. : Les deux molécules d'ADN circulaires produites sont séparées par action enzymatique d'une tyrosine recombinase.) *[Microphotographies électroniques fournies par Bernard Hirt, L'Institut Suisse de Recherche Expérimentale sur le Cancer.]*

Les modes de réplication

Après l'expérience pionnière de Meselson et Stahl, plusieurs chercheurs confirmèrent que d'autres organismes utilisent aussi une réplication semi-conservative. Aucune preuve en faveur d'une réplication conservative ou dispersive ne fut trouvée. Il existe cependant plusieurs modes de réplication semi-conservative, qui diffèrent essentiellement par la nature de l'ADN qui sert de matrice – selon qu'il soit linéaire ou circulaire.

Les unités individuelles de réplication sont appelées des **réplicons**, chaque réplicon contenant une **origine de réplication**. La réplication commence à l'origine et continue jusqu'à ce que tout le réplicon ait été répliqué. Les chromosomes bactériens ont une seule origine de réplication, tandis que les chromosomes eucaryotiques en ont plusieurs.

Un type de réplication courant pour des ADN circulaires comme ceux rencontrés chez *E. coli* et d'autres bactéries, est la **réplication thêta** (**Figure 9.4**), appelée ainsi parce qu'elle génère des structures qui ressemblent à la lettre grecque thêta (θ). Dans la réplication thêta, l'ADN commence à se dérouler à l'origine de réplication, dégageant les simples brins qui servent de matrice pour la synthèse du nouvel ADN, ce qui génère un **œil de réplication**. Le déroulement, qui peut se produire à une seule des extrémités de l'œil ou aux deux, élargit progressivement celui-ci. La réplication de l'ADN sur les deux brins matrices accompagne le déroulement. Le point mobile de déroulement où les deux brins de l'ADN se séparent est appelé **fourche de réplication**.

S'il y a deux fourches de réplication, une à chaque extrémité de la boucle de réplication, elles s'éloignent de l'origine dans des directions opposées, dans un processus appelé **réplication bidirectionnelle**, en déroulant et répliquant l'ADN simultanément, jusqu'à ce qu'elles finissent par se rejoindre. S'il n'y a qu'une fourche de réplication active, elle parcourt tout le cercle. Dans les deux situations, deux molécules d'ADN circulaires complètes sont produites, contenant chacune un brin d'ADN ancien et un brin nouvellement synthétisé.

Les molécules d'ADN circulaires répliquées selon le mode thêta ont une seule origine de réplication. Du fait de la taille relativement limitée de ces molécules, la réplication au départ d'une seule origine peut parcourir tout le chromosome en un temps acceptable pour la cellule. Les grands chromosomes linéaires des cellules eucaryotiques contiennent trop d'ADN pour être répliqués rapidement à partir d'une seule origine. La réplication des chromosomes eucaryotiques s'effectue de façon pratiquement simultanée à partir de nombreuses origines.

Les réplicons eucaryotiques types contiennent de 20 000 à 300 000 paires de bases. À chaque origine de réplication, l'ADN est déroulé et forme un œil de réplication, avec deux fourches de réplication qui s'écartent progressivement de l'origine. Les fourches de réplication de réplicons adjacents finissent par se rencontrer et les ADN répliqués fusionnent (**Figure 9.5**). La réplication et la fusion de tous les réplicons produit deux molécules d'ADN identiques. Quelques caractéristiques importantes de la réplication thêta et de la réplication linéaire eucaryotique sont résumées dans le **Tableau 9.1**.

Les nécessités de base de la réplication

Le processus de réplication met en œuvre de nombreux composants qui se rangent en trois catégories :

1. une matrice d'ADN simple brin,
2. des matériaux de base (substrats) qui doivent être assemblés en une nouvelle chaîne polynucléotidique, et
3. des enzymes et autres protéines qui « lisent » la matrice et assemblent les substrats en molécule d'ADN.

Étant donné la nature semi-conservative de la réplication, une molécule d'ADN double brin doit se dérouler pour exposer les bases qui servent de matrice pour l'assemblage de nouvelles chaînes polynucléotidiques complémentaires et antiparallèles aux brins matrices. Les matériaux de base pour la synthèse de nouvelles molécules d'ADN sont des désoxyribonucléosides triphosphates (dNTP), contenant chacun un nucléoside (un sucre désoxyribose et une base) attaché à trois groupements phosphate (**Figure 9.6a**). La synthèse d'ADN procède par l'addition de nucléotides au groupe 3′-hydroxyle (3′-OH) de la chaîne naissante (**Figure 9.6b**). Le groupe 3′-OH du dernier nucléotide de la chaîne attaque le groupement 5′-phosphate du dNTP entrant. Deux groupements phosphate du dNTP entrant sont clivés et une liaison phosphodiester est formée entre les deux nucléotides.

La synthèse d'ADN ne se produit pas de façon aléatoire. Elle nécessite une chaîne polynucléotidique amorce et un nombre important d'enzymes et de protéines qui agissent de façon coordonnée. Nous allons examiner plus en détail le processus de réplication.

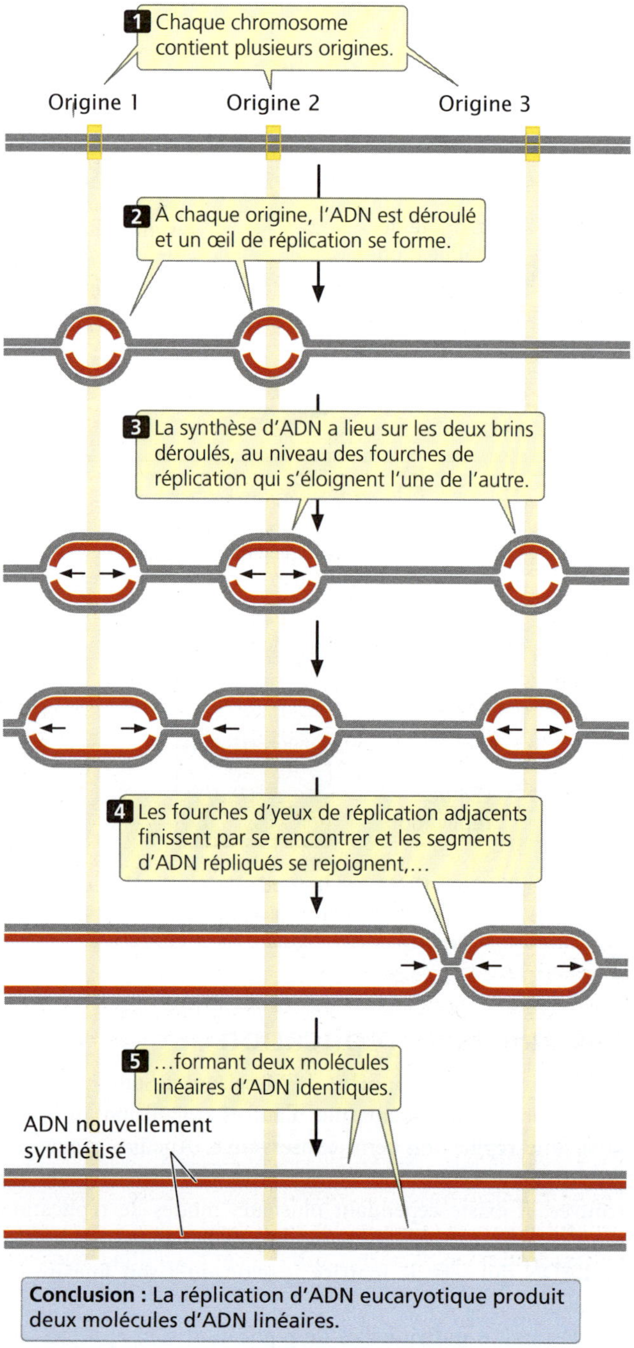

9.5 Les chromosomes eucaryotiques sont répliqués en mode linéaire.

Tableau 9.1 Caractéristiques des modes de réplication thêta et linéaire eucaryotique

Mode de réplication	Matrice d'ADN	Coupure de la chaîne nucléotidique	Nombre de réplicons	Uni- ou bidirectionnelle	Produits
Thêta	Circulaire	Non	1	Uni- ou bidirectionnelle	Deux molécules circulaires
Linéaire eucaryotique	Linéaire	Non	Nombreux	Bidirectionnelle	Deux molécules linéaires

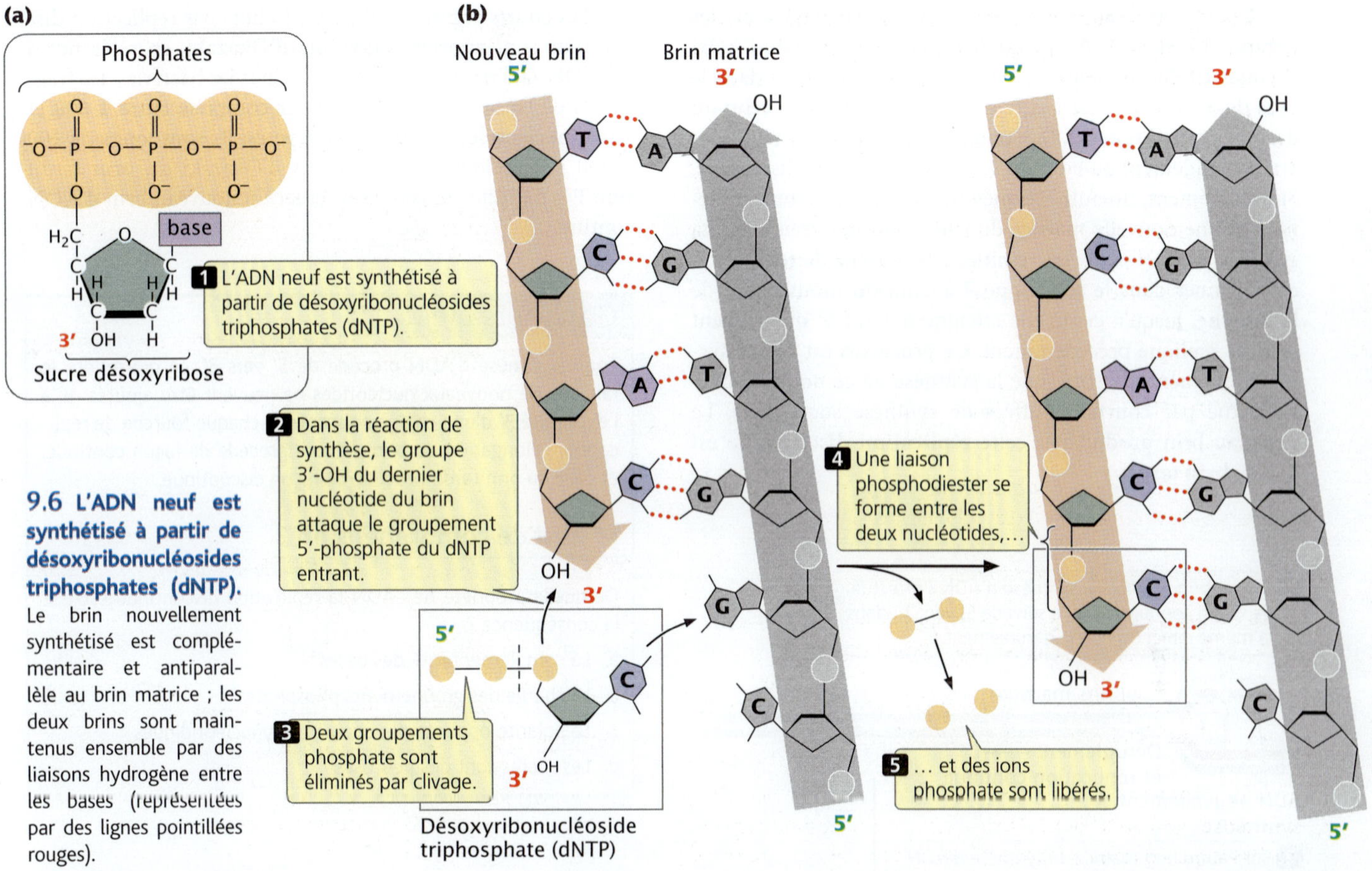

9.6 L'ADN neuf est synthétisé à partir de désoxyribonucléosides triphosphates (dNTP). Le brin nouvellement synthétisé est complémentaire et antiparallèle au brin matrice ; les deux brins sont maintenus ensemble par des liaisons hydrogène entre les bases (représentées par des lignes pointillées rouges).

Concepts clés

La synthèse d'ADN nécessite une matrice d'ADN simple brin, des désoxyribonucléosides triphosphates, une chaîne polynucléotidique naissante (ou une amorce), et un arsenal d'enzymes et de protéines.

Réplication continue et discontinue

Les **ADN polymérases**, les enzymes qui synthétisent l'ADN, ne peuvent ajouter des nucléotides qu'à l'extrémité 3′ d'une chaîne polynucléotidique (jamais en 5′). Par conséquent, l'élongation des nouveaux brins a toujours lieu dans le sens de 5′ vers 3′. Étant donné que les deux matrices d'ADN simple brin sont antiparallèles, si la synthèse sur une matrice s'effectue, disons de la gauche vers la droite dans la **Figure 9.7**, la synthèse sur l'autre matrice ira de la droite vers la gauche. Dans ces conditions, comment la synthèse d'ADN peut-elle avoir lieu simultanément sur les deux branches d'une fourche de réplication ?

Quand l'ADN se déroule, le brin exposé de 3′ vers 5′ (en bas dans les Figures 9.7 et 9.8) permet la synthèse continue d'un nouveau brin dans le sens de 5′ vers 3′. Ce nouveau brin, produit par **réplication continue**, est appelé **brin précoce**.

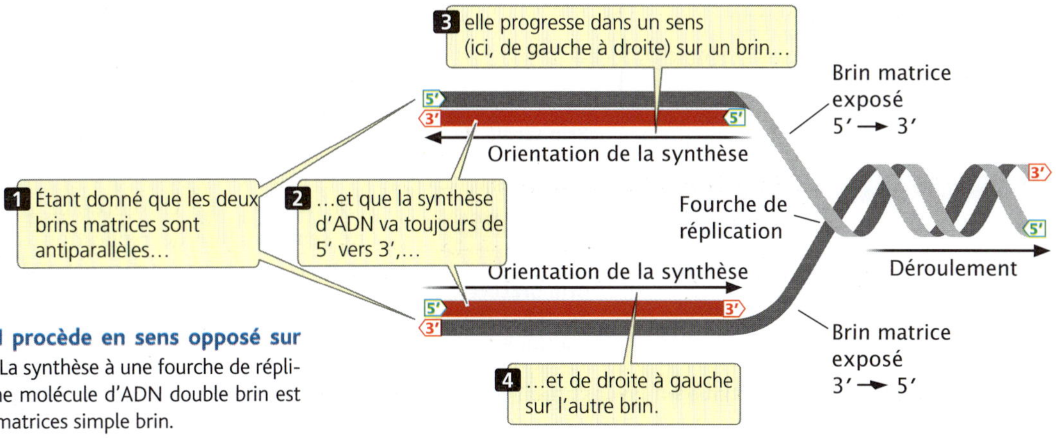

9.7 La synthèse d'ADN procède en sens opposé sur les deux brins matrices. La synthèse à une fourche de réplication commence quand une molécule d'ADN double brin est déroulée pour fournir deux matrices simple brin.

L'autre brin est exposé de 5′ vers 3′ (en haut dans les Figures 9.7 et 9.8). Après qu'une courte section de l'ADN original ait été déroulée, la synthèse peut s'effectuer dans le sens de 5′ vers 3′, c'est-à-dire dans le sens opposé à celui du déroulement (**Figure 9.8**). Toutefois, la machine à répliquer arrive rapidement au bout du segment de matrice disponible. Simultanément, un autre segment d'ADN s'est déroulé, fournissant une nouvelle matrice du côté 5′ du nouveau brin. La synthèse d'ADN peut être réinitiée à la fourche de réplication et continuer dans le sens opposé à celui du mouvement de la fourche, jusqu'à ce qu'elle atteigne le bout 5′ du segment d'ADN répliqué précédemment. Ce processus est répété systématiquement, de sorte que la synthèse de ce nouveau brin s'effectue par courtes bouffées de synthèse successives. Le nouveau brin produit par cette **réplication discontinue** est appelé **brin tardif**.

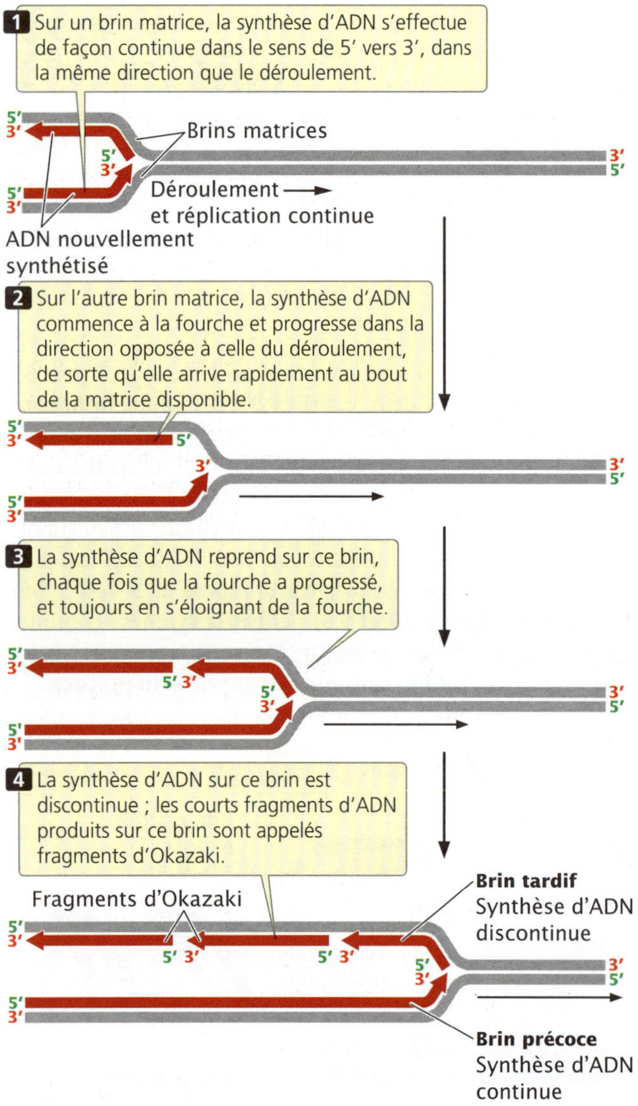

9.8 La synthèse d'ADN est continue sur un des brins matrices et discontinue sur l'autre.

Les courts segments d'ADN produits par réplication discontinue sont appelés **fragments d'Okazaki**, en référence à Reiji Okazaki qui les a découverts. Chez les bactéries, les fragments d'Okazaki ont une longueur comprise entre 1 000 et 2 000 nucléotides ; chez les eucaryotes, ils sont longs de 100 à 200 nucléotides. Les fragments d'Okazaki du brin tardif sont liés par une enzyme pour créer un nouveau brin d'ADN continu.

Concepts clés

Toute synthèse d'ADN procède de 5′ vers 3′, ce qui reflète le fait que de nouveaux nucléotides ne peuvent être ajoutés qu'à l'extrémité 3′ d'une chaîne naissante. À chaque fourche de réplication, l'élongation du brin précoce procède de façon continue, et celle du brin tardif procède de façon discontinue.

✔ Test de compréhension 2

De quelle propriété de l'ADN la réplication discontinue est-elle la conséquence ?

a. La complémentarité des bases
b. La charge des groupements phosphates
c. La polarité opposée des chaînes polynucléotidiques
d. Les sucres sont des pentoses

9.3 La réplication de l'ADN nécessite un grand nombre d'enzymes et de protéines

On peut, assez formellement, distinguer quatre stades dans la réplication : l'initiation, le déroulement de l'ADN à répliquer, l'allongement ou élongation des chaînes nucléotidiques, et la terminaison.

La réplication de l'ADN bactérien

L'analyse du processus de réplication qui va suivre se fonde en grande partie sur les systèmes bactériens où la réplication a été étudiée très en détail et où elle est la mieux comprise. Bien que plusieurs aspects de la réplication chez les eucaryotes soient similaires à ceux observés chez les procaryotes, il y a des différences importantes. Nous comparerons les réplications procaryotique et eucaryotique plus loin dans ce chapitre.

L'initiation Le chromosome d'*Escherichia coli* contient une seule origine de réplication (*oriC*). La séquence minimum nécessaire au fonctionnement d'*oriC* est de 245 pb et elle contient plusieurs sites essentiels. Une **protéine d'initiation** (DnaA chez *E. coli*) se lie à *oriC* et provoque le déroulement d'un court segment d'ADN, ce qui permet l'attachement d'une hélicase et d'autres protéines qui lient l'ADN simple brin (**Figure 9.9**).

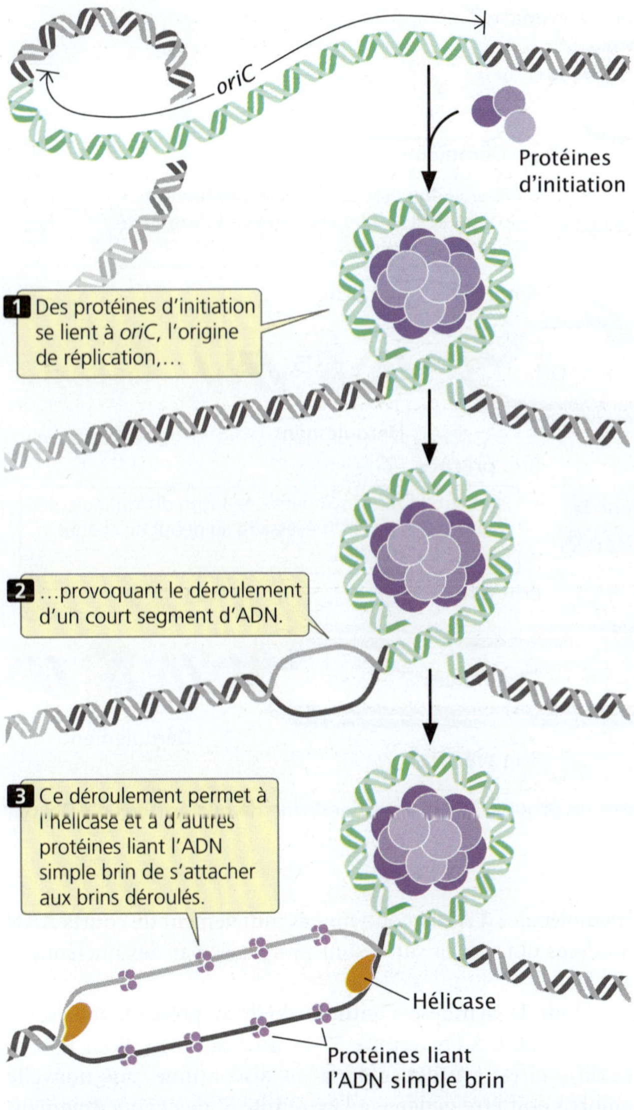

9.9 Chez *E. coli*, la réplication de l'ADN commence par l'attachement de protéines d'initiation à *oriC*, l'origine de réplication.

La séparation des brins et le déroulement de l'ADN La synthèse d'ADN nécessite une matrice d'ADN simple brin. Il faut donc que l'ADN double brin soit déroulé et la cellule dispose pour ce faire de plusieurs protéines et enzymes. Une **ADN hélicase** élimine les liaisons hydrogène entre les bases des deux brins de la molécule d'ADN. L'hélicase ne peut *initier* le déroulement. Les protéines d'initiation commencent par séparer les brins d'ADN à l'origine, créant un court segment d'ADN simple brin auquel s'attache une hélicase. L'hélicase s'attache à la matrice du brin tardif à chaque fourche de réplication et se déplace dans le sens de 5′ vers 3′ le long de cette matrice, déplaçant en même temps la fourche de réplication (**Figure 9.10**).

Après le déroulement par l'hélicase, les chaînes nucléotidiques ont tendance à se réassocier en reformant des liaisons hydrogène. Des structures secondaires peuvent aussi se former entre courtes séquences complémentaires d'un même brin. Les régions simple brin exposées sont stabilisées le temps nécessaire à leur réplication par l'attachement de **protéines liant l'ADN simple brin** (protéines **SSB**, pour « Single-Strand Binding » ; voir la Figure 9.10). Contrairement à la majorité des protéines qui se lient à l'ADN, les protéines SSB ne reconnaissent pas de séquences de bases spécifiques : elles ont une affinité générale pour l'ADN simple brin. Les protéines SSB s'associent en tétramères qui couvrent chacun de 35 à 65 nucléotides.

Une autre protéine essentielle du processus de déroulement est l'enzyme **ADN gyrase**, une topoisomérase. Comme nous l'avons vu dans le Chapitre 8, les topoisomérases contrôlent le taux de surenroulement de l'ADN. L'ADN gyrase réduit la torsion créée à l'avant de la fourche de réplication, suite à la rotation rapide de l'ADN au niveau de la fourche (voir la Figure 9.10). La gyrase réduit la tension en ménageant une coupure double brin dans un segment de l'hélice d'ADN, en passant un autre segment de l'hélice au travers de la coupure, puis en refermant la coupure. Cette action élimine un tour de surenroulement positif.

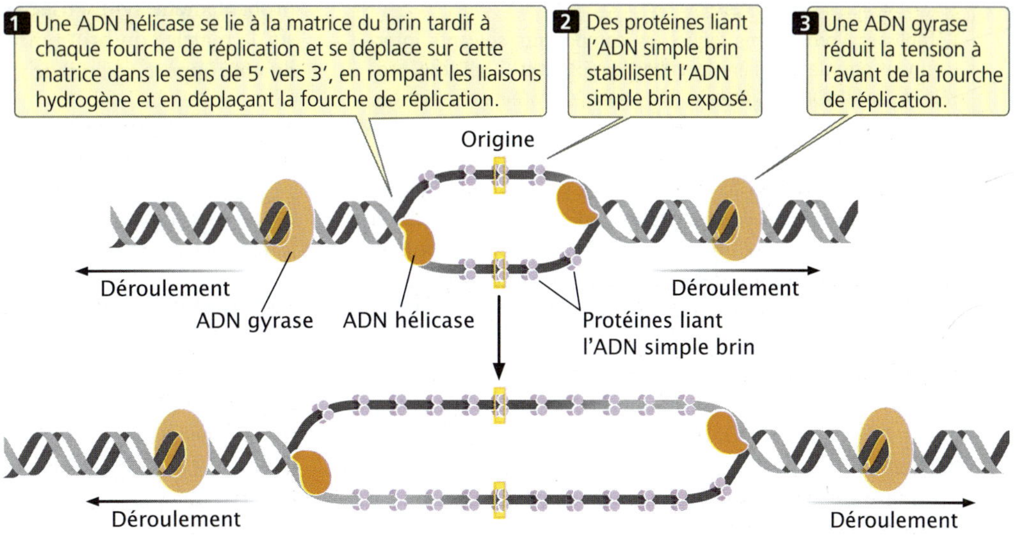

9.10 L'ADN hélicase déroule l'ADN en se liant à la matrice du brin tardif à chaque fourche de réplication et en progressant dans le sens de 5′ vers 3′.

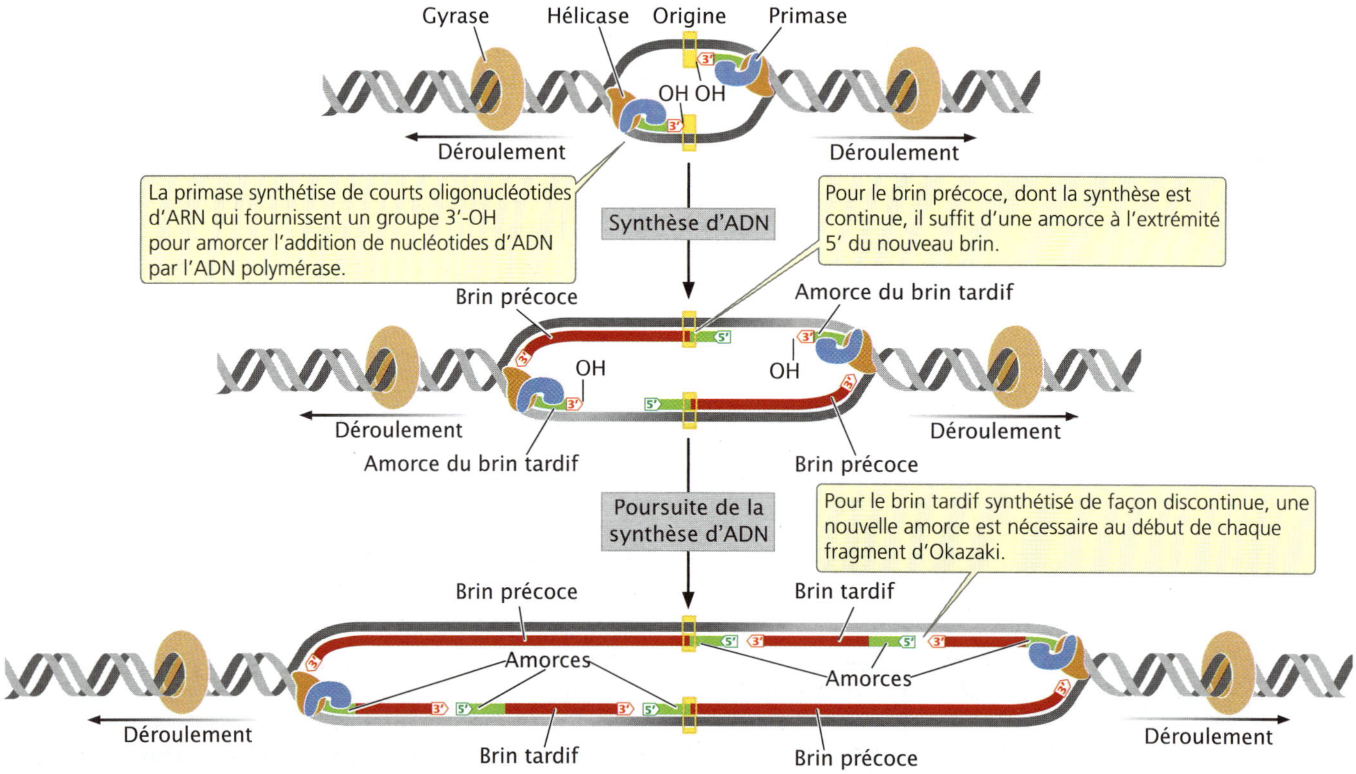

9.11 La primase synthétise de courtes amorces d'ARN qui fournissent un groupe 3'-OH pour l'addition de nucléotides d'ADN par l'ADN polymérase.

Concepts clés

La réplication est initiée à une origine de réplication, où la fixation de protéines d'initiation provoque le déroulement d'une courte région d'ADN. L'ADN hélicase rompt les liaisons hydrogène à une fourche de réplication, et des protéines liant l'ADN simple brin stabilisent les brins séparés. L'ADN gyrase réduit la torsion qui se crée quand les deux brins de l'hélice d'ADN se déroulent.

✔ Test de compréhension 3

Rétablissez l'ordre dans lequel les composants suivants interviennent pour la première fois dans la réplication : hélicase, protéines liant l'ADN simple brin, ADN gyrase, protéine d'initiation.

Les amorces Les ADN polymérases peuvent allonger une chaîne existante mais sont incapables d'en initier une : il leur faut un nucléotide avec un groupe 3'-OH auquel elles puissent ajouter un nouveau nucléotide. Du fait de cette exigence, les ADN polymérases ne peuvent initier la synthèse d'ADN sur une matrice nue, il leur faut une amorce.

Une enzyme appelée **primase** synthétise les **amorces,** des oligonucléotides de 10 à 12 nucléotides de long, qui fournissent les groupes 3'-OH auxquels l'ADN polymérase peut attacher des nucléotides et commencer la réplication. (Comme la primase est une ARN polymérase, elle n'a pas besoin de groupe 3'-OH pour initier la synthèse des amorces.) Toutes les molécules d'ADN contiennent initialement de courts ARN amorces qui, par la suite, sont remplacés par des nucléotides d'ADN.

Pour la synthèse continue du brin précoce, une seule amorce suffit, à l'extrémité 5' du nouveau brin. Pour le brin tardif, qui est synthétisé de façon discontinue, une nouvelle amorce doit être générée à l'extrémité 5' de chaque fragment d'Okazaki (**Figure 9.11**). La primase forme un complexe avec l'hélicase à la fourche de réplication et se déplace avec elle sur la matrice du brin tardif. L'amorce unique du brin précoce est probablement synthétisée par le complexe hélicase-primase sur la matrice du brin tardif *de l'autre fourche de réplication*, du côté opposé de l'œil de réplication.

Concepts clés

La primase synthétise des amorces, de courts oligonucléotides d'ARN qui fournissent un groupe 3'-OH pour l'attachement de nucléotides d'ADN au début de la réplication.

✔ Test de compréhension 4

Où sont synthétisées les amorces pour la réplication du brin tardif ?

a. Uniquement à l'extrémité 5' du nouveau brin
b. Uniquement à l'extrémité 3' du nouveau brin
c. Au début de chaque fragment d'Okazaki
d. À divers sites dans chaque fragment d'Okazaki

L'élongation des chaînes nucléotidiques Une fois l'ADN déroulé et les amorces synthétisées, des ADN polymérases allongent les chaînes d'ADN en catalysant la polymérisation des nucléotides. Les polymérases les mieux étudiées sont celles d'*E. coli* qui en possède au moins cinq. Deux d'entre elles, l'ADN polymérase I et l'ADN polymérase III effectuent la synthèse réplicative d'ADN ; les trois autres sont spécialisées dans la réparation de l'ADN (**Tableau 9.2**).

L'**ADN polymérase III** est un complexe de plusieurs protéines qui fonctionne comme engin principal de la réplication. L'ADN polymérase III synthétise une molécule d'ADN en ajoutant de nouveaux nucléotides à son extrémité 3′. Cette enzyme a deux activités (voir le Tableau 9.2). Son activité de polymérase de 5′ vers 3′, responsable de l'allongement de la chaîne, et une activité d'exonucléase dans le sens de 3′ vers 5′, qui lui permet d'ôter des nucléotides dans cette direction, et donc de corriger des erreurs d'incorporation. Quand un nucléotide contenant une base incorrecte est ajouté à la chaîne d'ADN en croissance, l'ADN polymérase III utilise son activité exonucléase de 3′ vers 5′ pour rétroexciser le nucléotide incorrect, avant de reprendre son activité de polymérase de 5′ vers 3′. Ensemble, ces deux fonctions permettent à l'ADN polymérase III de synthétiser rapidement et correctement de nouvelles molécules d'ADN.

La première ADN polymérase découverte chez *E. coli*, l'**ADN polymérase I**, possède aussi les activités de polymérase de 5′ vers 3′ et d'exonucléase de 3′ vers 5′ (voir le Tableau 9.2), ce qui permet à cette enzyme de synthétiser l'ADN et de corriger les erreurs. Cette enzyme possède aussi une activité d'exonucléase de 5′ vers 3′ que n'a pas l'ADN polymérase III, et qui sert à éliminer les amorces ARN mises en place par la primase pour les remplacer par des nucléotides d'ADN grâce à son activité de polymérase de 5′ vers 3′. L'élimination et le remplacement des amorces semblent être la fonction principale de l'ADN polymérase I. Les ADN polymérases II, IV et V sont actives dans la réparation de l'ADN.

En dépit de caractéristiques différentes, toutes les ADN polymérases d'*E. coli* ont en commun les propriétés suivantes :

1. la synthèse de toute séquence d'ADN complémentaire d'un brin matrice ;
2. une activité de synthèse dans le sens de 5′ vers 3′, qui ajoute des nucléotides à un groupe 3′-OH ;
3. l'utilisation de dNTP ;
4. la dépendance d'une amorce pour démarrer la synthèse d'ADN ;
5. la catalyse de la formation d'une liaison phosphodiester par la jonction d'un groupement 5′-phosphate du nucléotide entrant au groupe 3′-OH du nucléotide précédent dans la chaîne, moyennant l'élimination de deux phosphates ;
6. la production de nouveaux brins d'ADN complémentaires et antiparallèles aux brins matrices ;
7. l'association avec plusieurs autres protéines.

Concepts clés

Les ADN polymérases synthétisent l'ADN dans le sens de 5′ vers 3′ en ajoutant de nouveaux nucléotides à l'extrémité 3′ d'une chaîne naissante.

L'ADN ligase Une fois la synthèse d'ADN amorcée, l'ADN polymérase III poursuit la polymérisation aussi longtemps qu'un brin matrice est disponible. (**Figure 9.12a**). L'ADN polymérase I suit la polymérase III, et son activité d'exonucléase de 5′ vers 3′ dégrade l'amorce d'ARN. De façon quasi-simultanée, l'amorce est remplacée par des nucléotides d'ADN par l'activité polymérase de 5′ vers 3′ de cette même ADN polymérase I. De façon analogue, l'ADN polymérase I attache un premier nucléotide au groupe 3′-OH à l'extrémité d'un fragment d'Okazaki et continue, de 5′ vers 3′, l'élimination et le remplacement des nucléotides de l'amorce d'ARN (**Figure 9.12b**).

Après que l'ADN polymérase I ait remplacé le dernier nucléotide de l'amorce d'ARN par un nucléotide d'ADN, il reste une interruption (une entaille) dans le squelette sucre-phosphate du nouveau brin d'ADN. Le groupe 3′-OH du dernier

Tableau 9.2 Propriétés des ADN polymérases d'*E. coli*

ADN polymérase	Polymérisation de 5′ vers 3′	Activité exonucléase de 3′ vers 5′	Activité exonucléase de 5′ vers 3′	Fonction
I	Oui	Oui	Oui	Élimination et remplacement des amorces
II	Oui	Oui	Non	Réparation de l'ADN ; redémarrage de la réplication après qu'une lésion dans l'ADN ait arrêté la synthèse
III	Oui	Oui	Non	Élongation de l'ADN
IV	Oui	Non	Non	Réparation de l'ADN
V	Oui	Non	Non	Réparation de l'ADN ; synthèse d'ADN au niveau des lésions

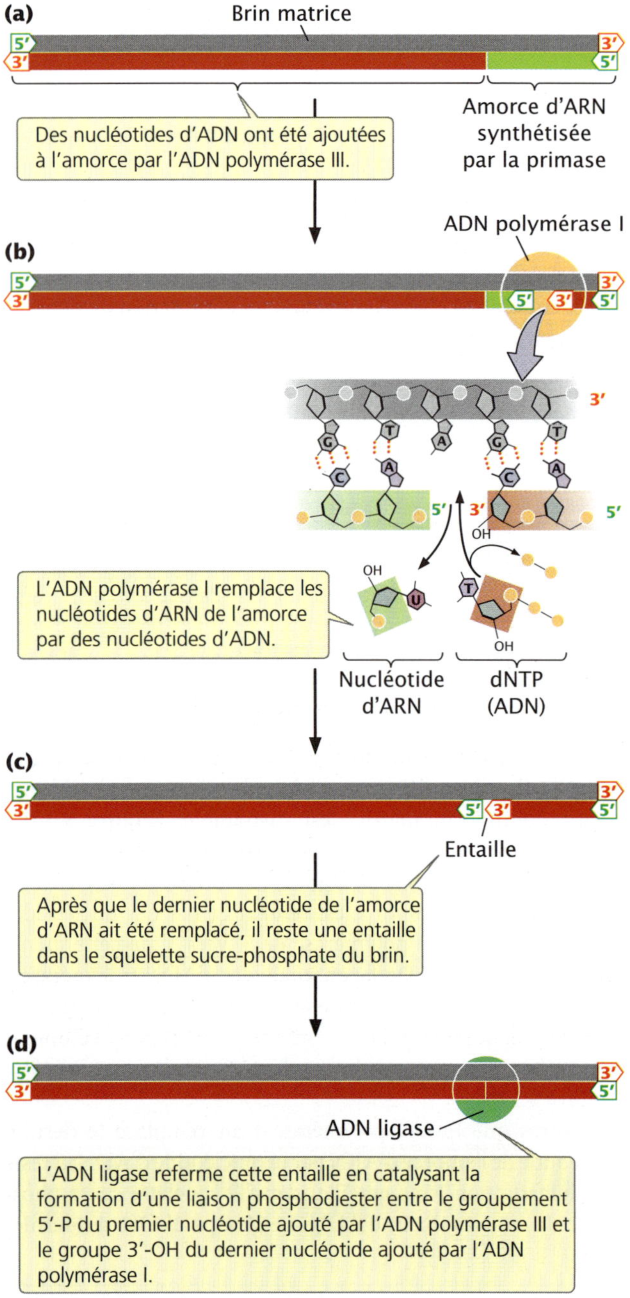

9.12 L'ADN ligase referme les entailles laissées par l'ADN polymérase I dans le squelette sucre-phosphate.

nucléotide incorporé par l'ADN polymérase I n'est pas attaché au groupement 5′-phosphate du premier nucléotide incorporé par l'ADN polymérase III (**Figure 9.12c**). Cette entaille est ligaturée par l'enzyme **ADN ligase**, qui catalyse la formation d'une liaison phosphodiester sans ajout de nucléotide **Figure 9.12d**). Le **Tableau 9.3** dresse une liste simplifiée des principales enzymes et protéines nécessaires à la réplication.

Concepts clés

Après que les amorces aient été remplacées par de l'ADN, l'entaille dans le squelette sucre-phosphate est ligaturée par l'ADN ligase.

Tableau 9.3 Les éléments indispensables du système de réplication chez les bactéries

Composant	Fonction
Protéines d'initiation	Se lient à proximité de l'origine et séparent les brins d'ADN pour permettre l'initiation de la réplication
ADN hélicase	Déroule l'hélice d'ADN à la fourche de réplication
Protéines liant l'ADN simple brin	S'attachent à l'ADN simple brin et empêchent la formation de structures secondaires
ADN gyrase	Se déplace devant la fourche de réplication et élimine les surenroulements positifs – et donc la torsion - créés par le déroulement de l'hélice à la fourche de réplication
ADN primase	Synthétise de courtes amorces d'ARN pour fournir un groupe 3′-OH pour l'attachement des nucléotides d'ADN
ADN polymérase III	Allonge une nouvelle chaîne polynucléotidique à partir du groupe 3′-OH fourni par l'amorce
ADN polymérase I	Élimine les amorces d'ARN et les remplace par de l'ADN
ADN ligase	Relie les fragments d'Okazaki en ligaturant les entailles dans le squelette sucre-phosphate de l'ADN nouvellement synthétisé

✔ Test de compréhension 5

Quelle est l'enzyme bactérienne qui élimine les amorces ?

a. La primase
b. L'ADN polymérase I
c. L'ADN polymérase II
d. L'ADN ligase

La fourche de réplication Les différents éléments du système de réplication interagissent au niveau de la fourche de réplication. Puisque la synthèse des deux brins – précoce et tardif – a lieu de façon coordonnée, deux unités d'ADN polymérase III doivent être présentes à la fourche de réplication, une pour chaque brin. Les deux unités d'ADN polymérase III sont associées au sein d'un complexe multienzymatique (**Figure 9.13**). Dans le modèle du processus de réplication chez les bactéries, la matrice du brin tardif forme une boucle qui la met en position pour la réplication de 5′ vers 3′, de sorte que le complexe des ADN polymérases III puisse effectuer la réplication simultanément sur les deux matrices, bien qu'elles aient des orientations opposées. Après la synthèse d'environ 1 000 nucléotides d'ADN nouveau, la polymérase relâche la matrice du brin tardif, et une nouvelle boucle se forme (voir la Figure 9.13). La primase synthétise une nouvelle amorce sur cette matrice et l'ADN polymérase III synthétise un nouveau fragment d'Okazaki.

En résumé, chaque fourche de réplication active doit mobiliser au moins cinq éléments de base :

1. une hélicase pour dérouler l'ADN,
2. des protéines liant l'ADN simple brin pour maintenir la séparation des brins le temps nécessaire à la réplication,
3. la gyrase, une topoisomérase qui élimine la tension due au surenroulement positif à l'avant de la fourche de réplication,
4. une primase pour synthétiser des amorces présentant un groupement 3′-OH au début de chaque fragment d'ADN à synthétiser, et
5. L'ADN polymérase pour synthétiser les brins précoce et tardif.

(**N. d. T.** : Le terme « réplisome » a été créé pour désigner le complexe réplicatif qui s'organise au niveau d'une fourche de réplication. Sous sa forme la plus simple, le réplisome contient cinq types de protéines : une hélicase, deux ADN polymérases – elles-mêmes composées de plusieurs sous-unités –, une primase, deux anneaux protéiques β (« clamps β ») qui encerclent l'ADN et qui, associés aux polymérases, donnent sa processivité au processus de réplication en réduisant le phénomène de dissociation/réassociation du complexe et de ses substrats, et une protéine « chargeur de clamps » qui, entre autres fonctions, réassocie l'ADN polymérase qui synthétise les fragments d'Okazaki avec la matrice après chaque cycle de synthèse. Le processus complexe de la réplication peut être vu en animation sur une multitude de sites web. Une bonne sélection d'animations se trouve à www.biomap.fr)

La terminaison La réplication de certaines molécules d'ADN se termine quand deux fourches de réplication se rencontrent. D'autres molécules d'ADN contiennent des sites où des séquences de terminaison arrêtent le processus de réplication. Chez *E. coli*, une protéine appelée Tus se lie à ces séquences. Tus termine la réplication en bloquant le mouvement de l'hélicase.

La fidélité de la réplication Le taux global d'erreurs de réplication chez les bactéries est de moins d'une par milliard de nucléotides ($1/10^9$), soit une par 1 000 bactéries et par génération. Comment une telle précision est-elle possible ?

Les ADN polymérases ont une grande capacité de discrimination en ce qui concerne la complémentarité des nucléotides qu'elles apparient. Les erreurs de sélection de nucléotides se produisent une fois sur 100 000 ($1/10^5$). La plupart des erreurs de sélection de nucléotides sont corrigées par un mécanisme dit de **relecture** ou de **correction d'épreuve** (« proofreading » en anglais). Quand une ADN polymérase insère un nucléotide incorrect dans le brin en cours de synthèse, le groupe 3′-OH du nucléotide mal apparié ne se trouve pas à la bonne position dans le site actif de l'ADN polymérase

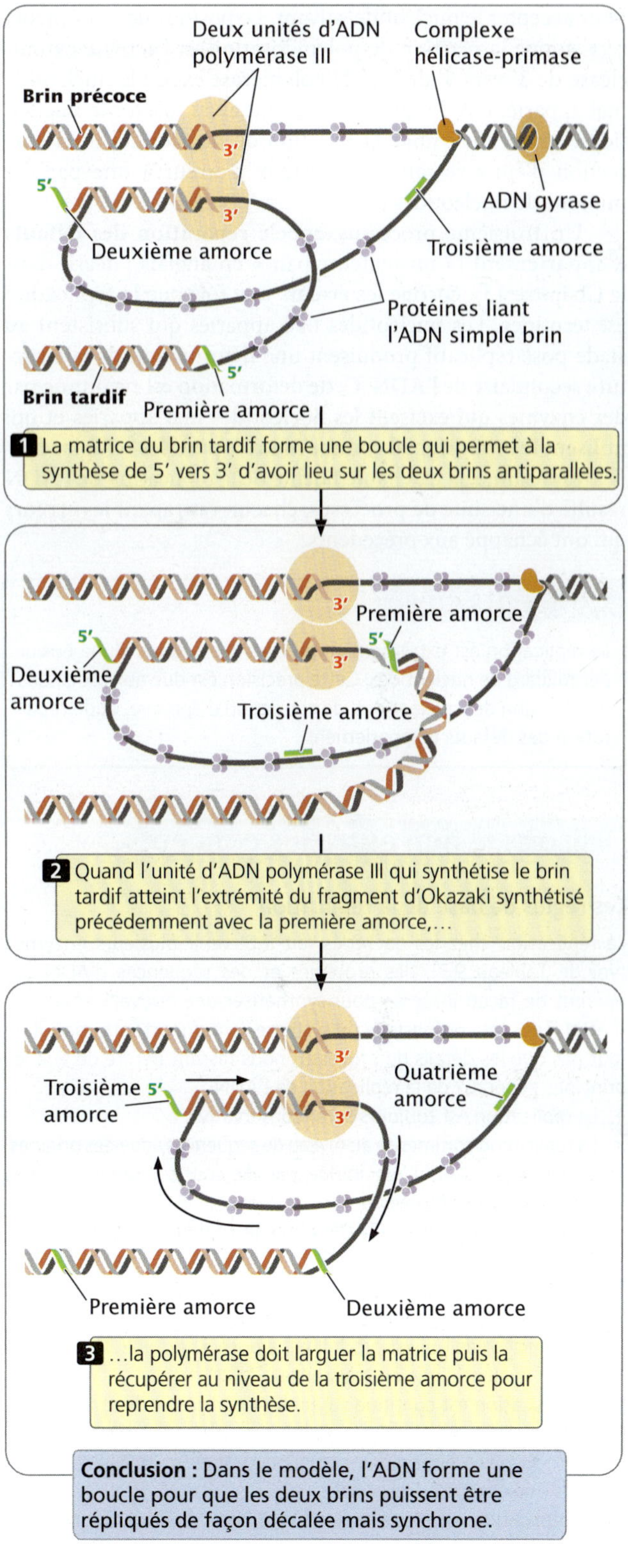

9.13 Chez *E. coli*, les deux unités d'ADN polymerase III de chaque fourche de réplication sont associées en complexe. La matrice du brin tardif forme une boucle de telle sorte que la réplication puisse avoir lieu de façon coordonnée sur les deux brins d'ADN antiparallèles. Le réplisome de base est présenté de façon éclatée en haut de l'image.

pour accepter le nucléotide suivant. Le positionnement incorrect stoppe la réaction de polymérisation, et l'activité exonucléase de 3′ vers 5′ de l'ADN polymérase excise le nucléotide mal apparié. L'ADN polymérase peut alors insérer le nucléotide correct. Ensemble, la sélection de nucléotides et la correction d'épreuve ramènent le taux d'erreur à une par dix millions de nucléotides ($1/10^7$).

Un troisième processus, appelé **réparation des défauts d'appariement** (« mismatch repair » en anglais ; décrit dans le Chapitre 13), corrige les erreurs une fois que la réplication est terminée. Les nucléotides mal appariés qui subsistent au stade post-réplicatif produisent une déformation de la structure secondaire de l'ADN. Cette déformation est reconnue par des enzymes qui excisent les nucléotides mal appariés et qui utilisent le brin original comme matrice pour les remplacer.

En résumé, la très haute fidélité de la réplication de l'ADN résulte d'une suite de processus, chacun rattrapant les erreurs qui ont échappé aux précédents.

Concepts clés

La réplication est extrêmement précise, avec moins d'une erreur par milliard de nucléotides. Cette précision est due aux processus de sélection des nucléotides, de correction d'épreuve, et de réparation des défauts d'appariement.

Faisons le lien entre les concepts

Les règles de base de la réplication

La réplication chez les bactéries fait intervenir plusieurs enzymes (voir le Tableau 9.3), des protéines et des séquences d'ADN qui opèrent de façon intégrée pour synthétiser une nouvelle molécule d'ADN. Tous les composants du système sont importants, mais il ne faut pas que les détails du processus nous fassent perdre de vue les principes généraux de la réplication de l'ADN.

1. La réplication est toujours semi-conservative.
2. La réplication commence au niveau de séquences appelées origines.
3. La synthèse d'ADN est initiée par de courts oligonucléotides d'ARN appelés amorces.
4. L'élongation des brins d'ADN procède toujours dans le sens de 5′ vers 3′.
5. L'ADN est synthétisé à partir de dNTP ; dans la polymérisation de l'ADN, deux groupements phosphate d'un dNTP sont clivés et le nucléotide qui est produit est ajouté au groupe 3′-OH de la chaîne nucléotidique en croissance.
6. La réplication est continue sur un brin matrice et discontinue sur l'autre.
7. Les nouveaux brins sont complémentaires et antiparallèles à leurs brins matrices respectifs.
8. La réplication est d'une rapidité et d'une précision étonnantes ; sa très haute fidélité est due aux mécanismes de sélection précise des nucléotides, de correction d'épreuve, et de réparation.

Réplication de l'ADN chez les eucaryotes

Bien que la réplication de l'ADN chez les eucaryotes ressemble sous plusieurs aspects à la réplication chez les bactéries, elle est cependant confrontée à des difficultés supplémentaires liées à l'organisation de la cellule eucaryotique. Premièrement, la taille beaucoup plus grande des génomes eucaryotiques nécessite que la réplication soit initiée à plusieurs origines. Deuxièmement, les chromosomes des eucaryotes sont linéaires et non circulaires comme chez les procaryotes. En troisième lieu, l'ADN qui sert de matrice est associé à des histones au sein de nucléosomes, et l'assemblage des nucléosomes doit se faire immédiatement après la réplication.

Les origines de réplication des eucaryotes Les séquence des origines de réplication varient très fort entre eucaryotes, bien qu'elles soient de façon générale riches en paires de bases A–T. Chez la levure, les origines contiennent de 100 à 120 pb d'ADN. Un complexe de plusieurs protéines, le complexe de reconnaissance des origines (ORC, pour « origin-recognition complex » en anglais), se lie aux origines et déroule l'ADN de ces régions. Notons qu'ORC joue aussi un rôle dans la régulation de la transcription.

Concepts clés

L'ADN des eucaryotes contient de nombreuses origines de réplication. Un complexe multiprotéique de reconnaissance des origines se lie à chaque origine pour initier le déroulement de l'ADN.

✔ Test de compréhension 6

Si l'on compare la structure du génome des eucaryotes avec celle du génome des procaryotes, quelles sont les différences qui ont un effet sur le déroulement de la réplication ?

La licence de réplication Les cellules eucaryotiques utilisent des milliers d'origines de réplication, ce qui leur permet de répliquer la totalité du génome en un temps raisonnable. L'utilisation d'origines multiples pose toutefois un problème de coordination temporelle : le génome tout entier doit être répliqué une fois – et une seule fois – par cycle cellulaire, sans que des gènes soient « oubliés » ni que d'autres soient répliqués plus d'une fois. Comment la cellule parvient-elle à activer des milliers d'origines de réplication une seule fois par cycle cellulaire ?

Ce réglage fin de la réplication est obtenu en instaurant deux étapes dans le processus d'initiation. Dans une première étape, les origines reçoivent une licence de réplication, en ce sens qu'elles obtiennent l'autorisation d'initier la réplication. Cette étape prend place tôt dans le cycle cellulaire, avec l'attachement aux origines d'un **facteur donnant licence de répliquer**. Dans la seconde étape, le système réplicatif initie la réplication à chaque origine *qui a obtenu la licence.* Dès qu'une fourche de réplication s'éloigne d'une origine, le facteur donnant licence est détaché, laissant l'origine en situation de non autorisation, dans laquelle la réplication ne peut être ré-initiée avant que la licence soit renouvelée. La réplication n'a lieu qu'une fois par cycle cellulaire parce que le

Tableau 9.4 Les ADN polymérases des cellules eucaryotiques

ADN polymérase	Activité polymérase de 5′ vers 3′	Activité exonucléase de 3′ vers 5′	Fonction cellulaire
α (alpha)	Oui	Non	Initiation de la synthèse d'ADN nucléaire et réparation de l'ADN ; a une activité de primase
β (beta)	Oui	Non	Réparation et recombinaison de l'ADN nucléaire
γ (gamma)	Oui	Oui	Réplication et réparation de l'ADN mitochondrial
δ (delta)	Oui	Oui	Synthèse du brin tardif de l'ADN nucléaire, réparation de l'ADN, synthèse d'ADN en regard d'une lésion
ε (epsilon)	Oui	Oui	Synthèse du brin précoce
ζ (zêta)	Oui	Non	Synthèse d'ADN en regard d'une lésion
η (êta)	Oui	Non	Synthèse d'ADN en regard d'une lésion
θ (thêta)	Oui	Non	Réparation de l'ADN
ι (iota)	Oui	Non	Synthèse d'ADN en regard d'une lésion
κ (kappa)	Oui	Non	Synthèse d'ADN en regard d'une lésion
λ (lambda)	Oui	Non	Réparation de l'ADN
μ (mu)	Oui	Non	Réparation de l'ADN
σ (sigma)	Oui	Non	Réplication de l'ADN nucléaire (peut-être), réparation de l'ADN, et cohésion des chromatides sœurs
ϕ (phi)	Oui	Non	Synthèse d'ADN en regard d'une lésion
Rev1	Oui	Non	Réparation de l'ADN

facteur donnant licence de répliquer n'est actif qu'après que la cellule ait complété la mitose et avant que la réplication soit initiée.

Déroulement de l'ADN Plusieurs hélicases capables de séparer les brins d'ADN ont été isolées de cellules eucaryotiques, de même que des protéines liant l'ADN simple brin et que des topoisomérases (dont la fonction est équivalente de celle de l'ADN gyrase chez les procaryotes). Ces enzymes et protéines doivent dérouler l'ADN et le stabiliser de la même façon que leurs équivalents bactériens.

Les ADN polymérases des eucaryotes Les cellules eucaryotiques contiennent plusieurs ADN polymérases actives dans la réplication, la recombinaison et la réparation de l'ADN (**Tableau 9.4**). Leur nombre et leur spécialisation constituent une différence significative entre les processus réplicatifs des eucaryotes et des bactéries. L'**ADN polymérase α**, qui a aussi une activité primase, initie la synthèse de l'ADN nucléaire en synthétisant une amorce d'ARN, suivie d'une courte séquence de nucléotides d'ADN. Après que l'ADN polymérase α ait polymérisé de 30 à 40 nucléotides, l'**ADN polymérase δ** complète la réplication du brin tardif. Similaire par la structure et la fonction à l'ADN polymérase δ, l'**ADN polymérase ε** synthétise le brin précoce. L'**ADN polymérase β** ne participe pas à la réplication, mais bien à la réparation et à la recombinaison de l'ADN nucléaire. L'**ADN polymérase γ** réplique l'ADN mitochondrial ; une ADN polymérase de type γ réplique l'ADN des chloroplastes. D'autres ADN polymérases (voir le Tableau 9.4) jouent un rôle dans la réparation de l'ADN, et parmi elles, les ADN polymérases de « franchissement de lésions » à fidélité réduite dont nous avons parlé en début de chapitre.

Concepts clés

Les cellules eucaryotiques possèdent un grand nombre d'ADN polymérases différentes. Les ADN polymérases α, δ, et ε synthétisent les brins précoce et tardif. D'autres ADN polymérases effectuent la réparation de l'ADN.

La réplication aux extrémités des chromosomes

Une différence fondamentale entre les processus de réplication chez les eucaryotes et chez les bactéries est que les chromosomes eucaryotiques sont linéaires et ont des extrémités. Le groupe 3′-OH nécessaire à l'allongement de chaîne par les

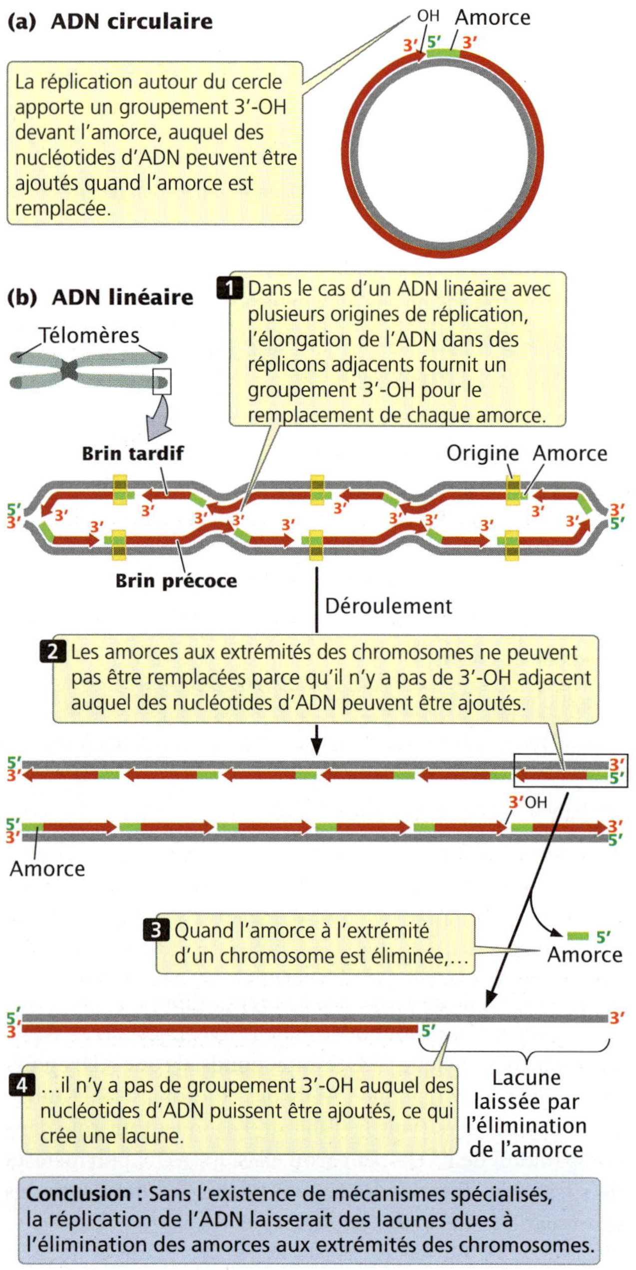

9.14 La réplication s'achève différemment selon qu'un chromosome est circulaire (a) ou linéaire (b).

ADN polymérases est fourni à l'initiation par des amorces d'ARN synthétisées par une primase. Cette solution est temporaire puisque les amorces doivent être remplacées par des nucléotides d'ADN. Pour une molécule circulaire, l'élongation de l'ADN produit systématiquement un groupe 3′-OH du côté 5′ d'une amorce (**Figure 9.14a**). Quand l'amorce est éliminée, des nucléotides d'ADN peuvent être ajoutés à cette extrémité 3′-OH.

Le problème des extrémités chromosomiques Dans le cas de chromosomes linéaires dotés de plusieurs origines de réplication, l'élongation de l'ADN dans des réplicons contigus fournit également un groupe 3′-OH précédant chaque amorce (**Figure 9.14b**), sauf aux extrémités où il n'y a pas d'ADN répliqué pour fournir un 3′-OH. Quand l'amorce a été éliminée, elle ne peut être remplacée par de l'ADN, laissant une lacune à l'extrémité du chromosome, ce qui devrait entraîner un raccourcissement du chromosome à chaque cycle de réplication. Au fil des générations, ce raccourcissement du chromosome devrait entraîner l'élimination de tout le télomère, ce qui entraînerait la déstabilisation du chromosome et la mort de la cellule. Mais on n'observe ni raccourcissement ni déstabilisation des chromosomes avec les générations ; alors, comment les extrémités des chromosomes sont-elles répliquées ?

Les télomères et la télomérase Les extrémités des chromosomes – les télomères – se distinguent par plusieurs caractéristiques, parmi lesquelles, la présence de nombreuses répétitions d'une courte séquence. Chez le protozoaire *Tetrahymena*, le motif répété est CCCCAA, et le brin riche en G s'étend de façon caractéristique au-delà du brin complémentaire riche en C (**Figure 9.15a**) :

bout du chromosome	←	5′-CCCCAA 3′-GGGGTTGGGGTT	→	vers le centromère

L'extension simple brin en saillie du télomère peut être prolongée par la **télomérase**, une enzyme comprenant un composant protéique et un composant ARN (une ribonucléoprotéine). Le composant ARN contient de 15 à 22 ribonucléotides complémentaires de la séquence du brin riche en G qui fait saillie et qui s'apparie avec elle (**Figure 9.15b**) pour servir de matrice à la synthèse de copies supplémentaires du motif d'ADN répété. Des nucléotides d'ADN sont ajoutés un par un à l'extrémité 3′ du brin (**Figure 9.15c**), puis la matrice d'ARN glisse le long de l'ADN et d'autres nucléotides sont ajoutés au bout 3′ (**Figure 9.15d**). De 14 à 16 nucléotides sont ainsi ajoutés au bout 3′ du brin riche en G.

La télomérase peut donc allonger l'extrémité 3′ d'un chromosome en apportant sa propre matrice (**Figure 9.15e**). La façon dont le brin riche en C complémentaire est synthétisé sur l'extension (**Figure 9.15f**) n'est pas encore éclaircie. Il pourrait être synthétisé par la réplication normale, avec synthèse d'une amorce par l'ADN polymérase α. L'élimination de cette amorce laisserait à nouveau une lacune à l'extrémité 5′ du chromosome, mais cela n'aurait pas de conséquence grave, puisque la télomérase prolonge le chromosome à chaque cycle de réplication et que celui-ci ne raccourcit donc pas.

La télomérase est présente chez les organismes unicellulaires, dans les cellules germinales, les cellules embryonnaires des stades précoces, et dans certaines cellules somatiques prolifératives (telles les cellules de la moelle osseuse et les cellules de l'épithélium intestinal), en fait dans toutes les cellules en perpétuelle division. La plupart des cellules somatiques ne contiennent que peu ou pas d'activité télomérase, et les chromosomes de ces cellules se raccourcissent progressivement

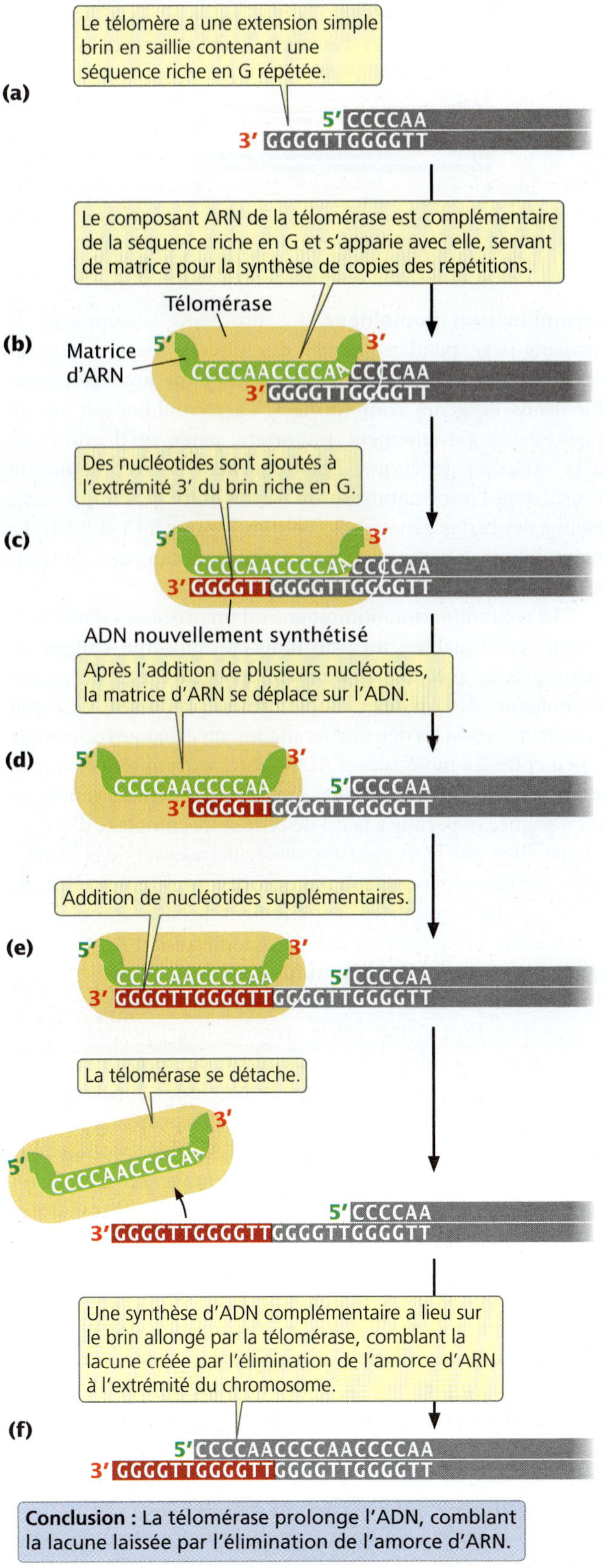

9.15 L'enzyme télomérase est responsable de la réplication des extrémités des chromosomes.

à chaque division cellulaire. Ces cellules ne peuvent se diviser qu'un nombre de fois limité ; quand le raccourcissement des télomères dépasse un point critique, les chromosomes affectés deviennent instables, subissent des réarrangements et finissent par être dégradés, ce qui entraîne la mort de la cellule.

Concepts clés

Les extrémités des chromosomes eucaryotiques sont répliquées par une enzyme appelée télomérase, qui contient une molécule d'ARN. Cette enzyme ajoute des nucléotides au brin riche en G du télomère.

✔ Test de compréhension 7

Quelles seraient les conséquences d'une mutation rendant la télomérase non fonctionnelle ?

a. Il n'y aurait plus de réplication de l'ADN.
b. L'enzyme ADN polymérase serait bloqué au niveau du télomère.
c. Les chromosomes raccourciraient à chaque génération.
d. Les amorces d'ARN ne pourraient pas être éliminées.

La télomérase, le vieillissement et la maladie Le raccourcissement des télomères peut contribuer au phénomène du vieillissement. Les télomères de souris dont le gène de télomérase a été inactivé par manipulation génétique – et qui, par conséquent, n'expriment la télomérase ni dans les cellules somatiques ni dans les cellules germinales – raccourcissent au cours des générations. Après plusieurs générations, ces souris présentent des symptômes de vieillissement prématuré : grisonnement, perte de poils, et cicatrisation ralentie. Par génie génétique, il est aussi possible de créer des cellules somatiques qui expriment la télomérase. Les télomères de ces cellules ne raccourcissent pas, le vieillissement cellulaire est arrêté et la division cellulaire se poursuit indéfiniment. Bien que ces observations suggèrent que la longueur du télomère ait un effet sur le vieillissement, le rôle exact des télomères dans le vieillissement humain reste peu clair et sujet à controverse.

Certaines maladies sont associées des anomalies de réplication des télomères. Les personnes atteintes du syndrome de Werner, une maladie autosomique récessive, présentent des signes de vieillissement précoce qui peuvent se manifester dès l'adolescence ou le début de l'âge adulte, dont l'apparition de rides, le grisonnement des cheveux, la calvitie, la cataracte, et l'atrophie musculaire. Elles développent souvent des cancers, l'ostéoporose, des maladies cardiovasculaires, et d'autres affections typiquement associées avec le vieillissement. Le gène responsable, *WRN*, se trouve sur le chromosome 8 et, à l'état normal, il code l'hélicase RecQ. Cette enzyme est nécessaire pour la réplication correcte des télomères. Chez les personnes atteintes du syndrome de Werner, cette hélicase est déficiente et, par conséquent, les télomères raccourcissent prématurément.

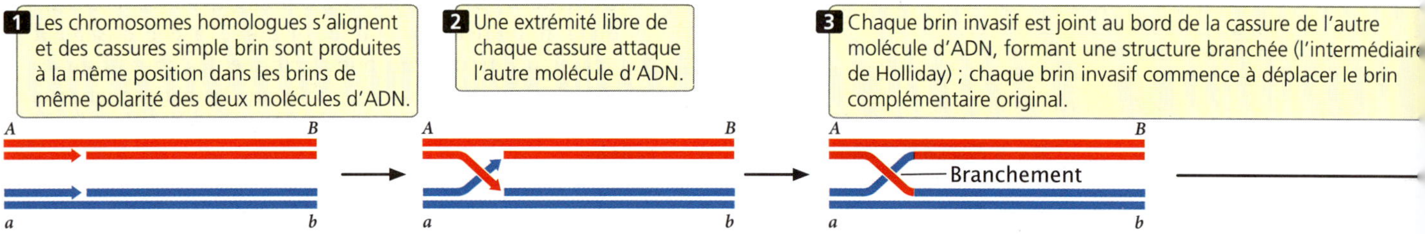

La télomérase semble aussi jouer un rôle dans le cancer. Les cellules des tumeurs cancéreuses ont la capacité de se diviser indéfiniment, et l'enzyme télomérase est exprimée dans 90 % des cancers. Nous verrons dans le Chapitre 15 que le développement d'un cancer est un processus complexe, qui comporte plusieurs étapes comme, par exemple, l'apparition de mutations dans plusieurs gènes. Des résultats récents suggèrent que la télomérase puisse stimuler la prolifération cellulaire indépendamment de son effet sur la longueur des télomères, ce qui fait que le mécanisme par lequel la télomérase contribuerait au cancer n'est pas clair. Dans la plupart des cellules, l'activation de la télomérase ne suffit pas, seule, à provoquer une croissance cancéreuse, mais elle semble être nécessaire, en plus d'autres mutations, pour qu'un cancer se développe.

La réplication chez les Archées

La réplication chez les archées (anciennement appelées archébactéries) a plusieurs caractéristiques communes avec la réplication chez les eucaryotes ; beaucoup des enzymes et protéines impliquées ressemblent davantage à celles des cellules eucaryotiques qu'à celles des eubactéries. Comme les eubactéries, plusieurs archées ont une seule origine de réplication, mais l'archée *Sulfolobus solfataricus* en a deux, ce qui rappelle les origines multiples des génomes eucaryotiques. Les origines des archées ne contiennent pas les motifs de séquence reconnus par les protéines d'initiation bactériennes ; au contraire, leurs séquences ressemblent à celles des origines de réplication eucaryotiques. Les protéines d'initiation des archées ressemblent aussi davantage à celles des eucaryotes qu'à celles des bactéries. Ces similitudes entre systèmes réplicatifs archéens et eucaryotiques supporte l'idée que les archées sont plus proches des cellules eucaryotiques que des eubactéries.

9.4 La recombinaison homologue se produit par alignement, coupure et réparation des brins d'ADN

La recombinaison est l'échange de matériel et donc d'information génétique entre molécules d'ADN. Quand l'échange se produit entre molécules d'ADN homologues, on parle de **recombinaison homologue**. Ce processus accompagne le crossing-over pendant lequel des régions sont échangées entre chromosomes (voir la Figure 5.6) et de nouvelles combinaisons de gènes sont formées. La recombinaison est un phénomène extrêmement important parce qu'il contribue à la variation génétique. Les fréquences de recombinaison fournissent l'information sur la liaison entre gènes, qui sert à établir des cartes génétiques (voir les Figures 5.13 et 5.14). La recombinaison participe aussi à certains mécanismes de réparation de l'ADN (Chapitre 13).

La recombinaison homologue est un processus d'une précision remarquable : un brin d'un chromosome s'aligne de façon précise avec le brin de même polarité du chromosome homologue, des cassures simple brin se produisent de façon symétrique dans les deux brins alignés, un échange réciproque a lieu entre les molécules d'ADN, et les extrémités échangées sont ligaturées correctement. Aucune information génétique n'est gagnée ni perdue à la fin de cette suite complexe d'événements. Bien que le mécanisme moléculaire exact de la recombinaison homologue ne soit pas encore complètement élucidé, l'échange doit comporter l'appariement de bases complémentaires entre brins simples des deux molécules d'ADN impliquées, créant de l'**ADN hétéroduplex**.

Pendant la méiose, la recombinaison homologue (dont la manifestation visible est le crossing-over) pourrait théoriquement se produire avant, pendant, ou après la synthèse d'ADN. Un faisceau de preuves cytologiques, biochimiques et génétiques montre qu'elle a lieu à la prophase I de la méiose, tandis que la réplication de l'ADN se produit plus tôt, pendant l'interphase. Par conséquent, la recombinaison (le crossing-over) doit impliquer la cassure de chromatides suivie de ligature au stade quatre chromatides de la méiose (voir la Figure 5.6).

La recombinaison homologue peut s'effectuer suivant différents mécanismes. Un de ces mécanismes, décrit dans le modèle symétrique dit de Holliday, est initié par la formation de cassures simple brin dans chacune des molécules d'ADN double brin alignées pour l'échange et comporte la formation d'une structure intermédiaire appelée **structure de Holliday** (**Figure 9.16**). Chaque extrémité 3′ libre générée par la cassure envahit l'autre molécule d'ADN où elle est jointe à l'extrémité 5′ libre de l'autre bord de la cassure, créant un branchement entre les deux molécules. La poursuite de l'invasion réciproque d'une molécule par l'autre déplace le branchement. Cette migration du point de branchement crée des régions d'ADN

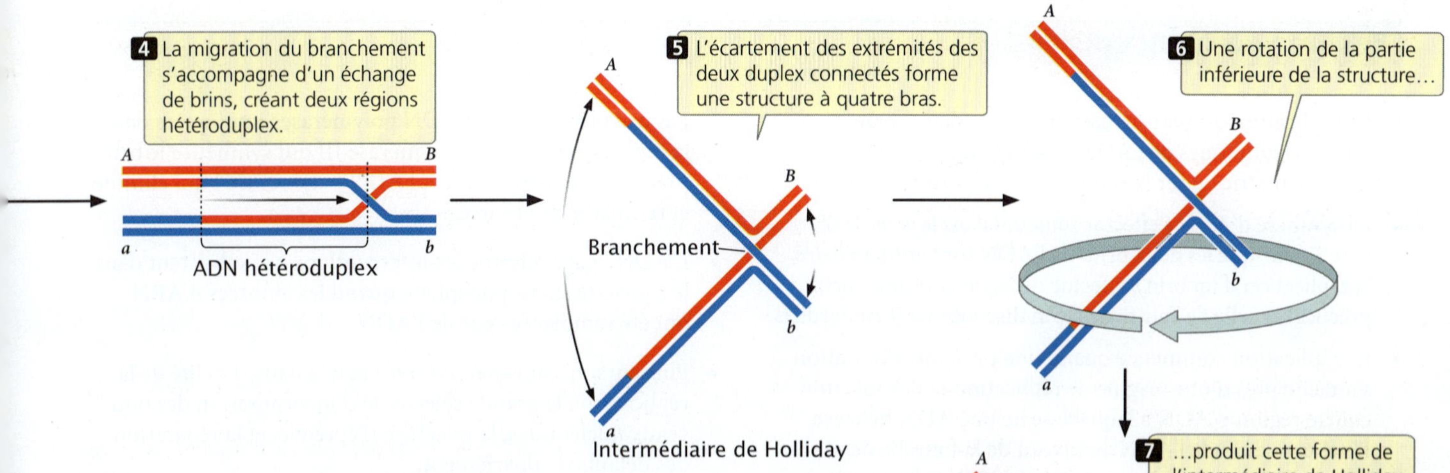

hétéroduplex (voir la Figure 9.16). L'échange de brins et la migration du branchement produisent la structure intermédiaire de Holliday, dont la résolution par clivage enzymatique suivi de ligature peut s'effectuer de deux façons. Le clivage des brins qui ont déjà participé à l'échange donne des produits dits « sans crossing-over » parce que les marqueurs flanquant la région où s'est produit l'échange sont les mêmes que dans les molécules originales (l'allèle *A* avec l'allèle *B* et l'allèle *a* avec l'allèle *b*). Le clivage suivi de jonction des brins qui n'ont pas participé à l'échange produit des recombinants avec crossing-over, dans lesquels les marqueurs des extrémités des molécules sont effectivement échangés (l'allèle *A* avec l'allèle *b* et l'allèle *a* avec l'allèle *B*).

Concepts clés

La recombinaison homologue forme des régions d'ADN hétéroduplex contenant un brin d'ADN de chacun des chromosomes homologues alignés. Dans le modèle de Holliday, la recombinaison s'effectue par la création de cassures symétriques dans l'ADN, invasion réciproque de brins suivie de ligature, et migration du branchement formé.

✔ Test de compréhension 8

Pourquoi la recombinaison est-elle importante ?

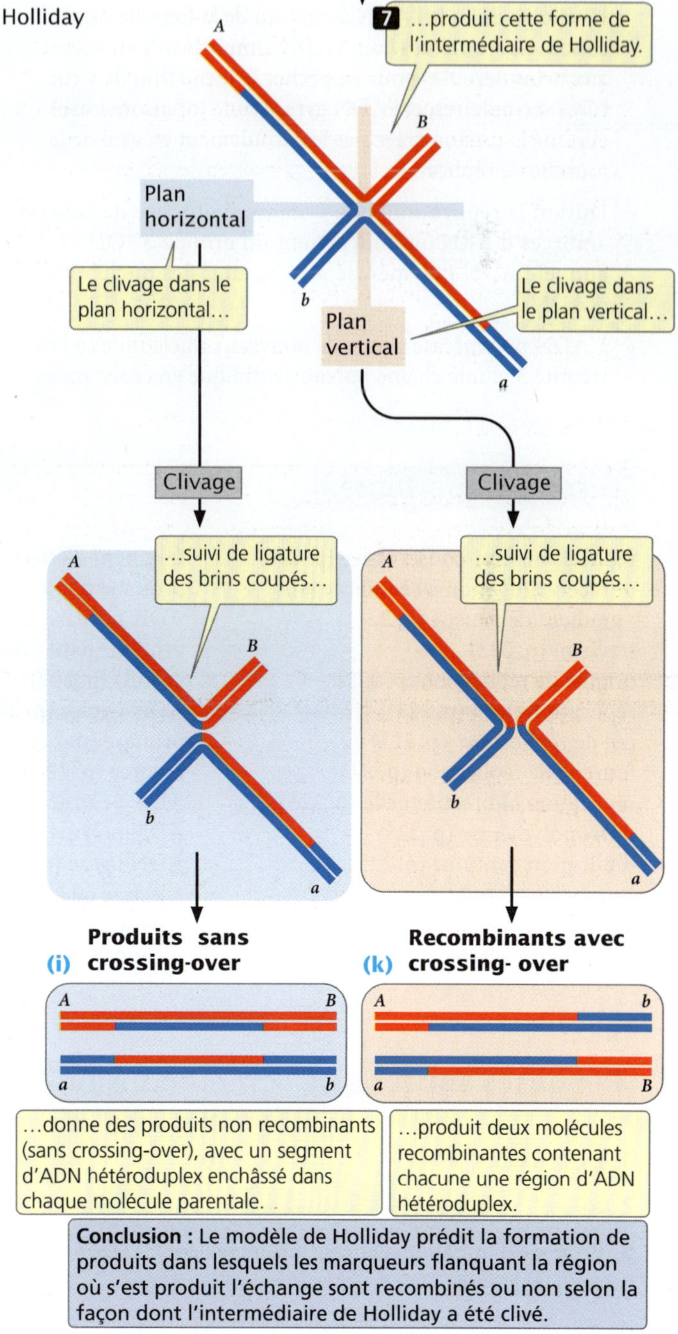

9.16 Modèle de Holliday pour la recombinaison homologue. Dans ce modèle, la recombinaison a lieu par création d'une cassure simple brin dans chaque duplex d'ADN, suivie d'invasion réciproque et déplacement de brin par les extrémités créées, de migration de branchement créant des régions hétéroduplex, et de résolution d'une structure intermédiaire dite de Holliday.

Résumé des concepts clés

- La réplication est semi-conservative : les deux chaînes polynucléotidiques de l'ADN se séparent et servent chacune de matrice pour la synthèse d'une nouvelle chaîne.
- La synthèse d'ADN s'effectue toujours dans le sens de 5′ vers 3′. Puisque les deux brins de l'ADN sont antiparallèles, la réplication d'un brin s'effectue de façon continue (brin précoce) et celle de l'autre de façon discontinue (brin tardif).
- La réplication commence quand une protéine d'initiation s'attache près d'une origine de réplication et déroule une courte région d'ADN à laquelle se lie une ADN hélicase. L'hélicase déroule l'ADN au niveau de la fourche de réplication, des protéines liant l'ADN simple brin s'attachent aux brins déroulés pour empêcher la formation de structures secondaires, et l'ADN gyrase (une topoisomérase) élimine la torsion créée par le déroulement en aval de la fourche de réplication.
- Durant la réplication, une primase synthétise de courtes amorces d'ARN qui fournissent un groupe 3′-OH auquel l'ADN polymérase peut ajouter des nucléotides d'ADN.
- L'ADN polymérase ajoute de nouveaux nucléotides à l'extrémité 3′ d'une chaîne polynucléotidique en croissance. Les bactéries ont deux ADN polymérases impliquées dans la réplication : l'ADN polymérase III qui synthétise le brin précoce et le brin tardif, et l'ADN polymérase I qui élimine et remplace les amorces.
- L'ADN ligase referme les interruptions qui subsistent dans le squelette sucre-phosphate quand les amorces d'ARN ont été remplacées par de l'ADN.
- Plusieurs mécanismes assurent la très haute fidélité de la réplication : la grande sélectivité d'incorporation des nouveaux nucléotides, la relecture d'épreuve, et la réparation des défauts d'appariement.
- La coordination de l'initiation de la réplication à plusieurs origines est assurée par un facteur donnant licence de répliquer qui doit s'attacher à une origine pour que la réplication puisse y être initiée.
- Les extrémités des chromosomes linéaires des eucaryotes sont répliquées par l'enzyme télomérase.
- La recombinaison homologue s'effectue par l'alignement de segments homologues d'ADN, la cassure de brins, et la ligature croisée des extrémités libres formées.

Termes importants

réplication semi-conservative (p. 220)
ultracentrifugation à l'équilibre en gradient de densité (p. 221)
réplicon (p. 223)
origine de réplication (p. 223)
réplication thêta (p. 223)
œil de réplication (p. 223)
fourche de réplication (p. 223)
réplication bidirectionnelle (p. 223)
ADN polymérase (p. 225)
réplication continue (p. 225)
brin précoce (p. 225)
réplication discontinue (p. 226)
brin tardif (p. 226)
fragment d'Okazaki (p. 226)
protéine d'initiation (p. 226)
ADN hélicase (p. 227)
protéine liant l'ADN simple brin (SSB) (p. 227)
ADN gyrase (p. 227)
primase (p. 228)
amorce (p. 228)
ADN polymérase III (p. 229)
ADN polymérase I (p. 229)
ADN ligase (p. 230)
relecture ou correction d'épreuve (p. 231)
réparation des défauts d'appariement (p. 232)
facteur donnant licence de réplication (p. 232)
ADN polymérase α (p. 233)
ADN polymérase δ (p. 233)
ADN polymérase ε (p. 233)
ADN polymérase β (p. 233)
ADN polymérase γ (p. 233)
télomérase (p. 234)
recombinaison homologue (p. 236)
ADN hétéroduplex (p. 236)
structure intermédiaire de Holliday (p. 236)

Réponses aux tests de compréhension

1. Deux bandes

2. c

3. Protéine d'initiation, hélicase, protéine liant l'ADN simple brin, ADN gyrase

4. c

5. b

6. La taille des génomes eucaryotiques, la structure linéaire des chromosomes, et l'association de l'ADN avec des histones

7. c

8. La recombinaison génère de la variation génétique.

Problèmes résolus

1. Le schéma ci-dessous représente les brins matrices dans un œil de réplication d'une molécule d'ADN. Dessinez les brins nouvellement synthétisés et indiquez les brins continu et discontinu.

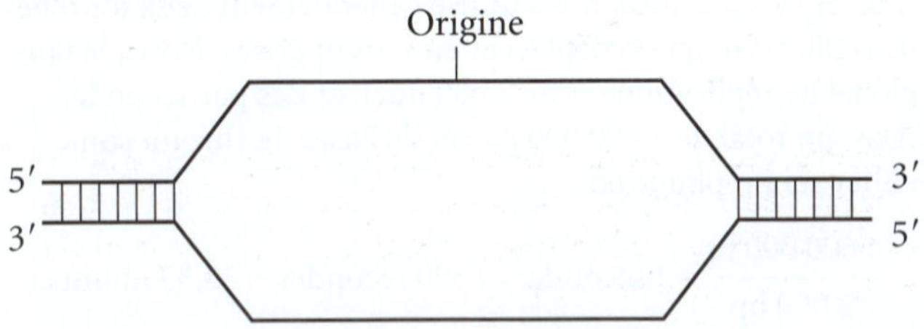

- **Solution**

Pour identifier le brin précoce et le brin tardif, commencez par repérer les extrémités 5′ et 3′ de chaque brin matrice. Au crayon, dessinez les brins synthétisés sur ces matrices et indiquez leurs extrémités 5′ et 3′, en vous rappelant que les nouveaux brins sont antiparallèles aux brins matrices.

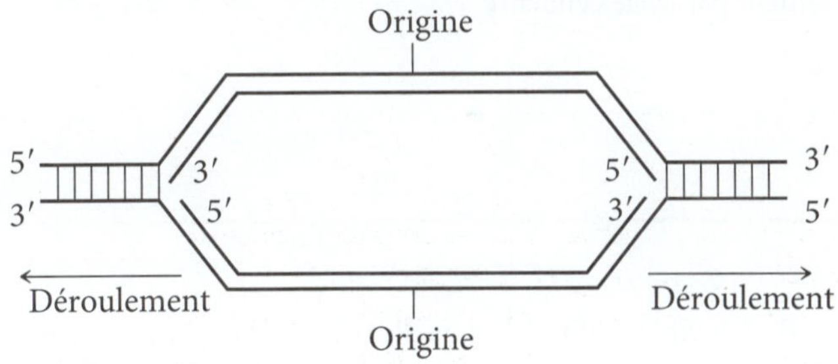

Ensuite, indiquez le sens de réplication de chaque nouveau brin, qui doit être de 5′ vers 3′, en dessinant des flèches sur les nouveaux brins. Après cela, examinez les fourches et déterminez si le sens de réplication d'un brin est ou non le même que le sens de déroulement. Le brin dont la synthèse va dans le sens du déroulement est le brin précoce. Le brin dont la synthèse va dans le sens opposé du sens de déroulement est le brin tardif. Assurez-vous que vous avez bien indiqué un brin précoce et un brin tardif à chaque fourche.

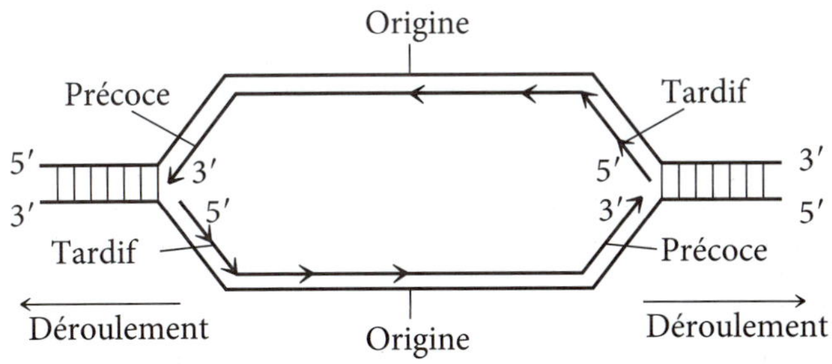

2. Dans leur expérience devenue célèbre, Meselson et Stahl ont cultivé *E. coli* dans des milieux contenant du ^{14}N et du ^{15}N, et utilisé l'ultracentrifugation à l'équilibre en gradient de densité. Dessinez les bandes d'ADN bactérien présentes dans le tube contenant le gradient de densité avant le transfert dans le milieu contenant du ^{14}N, et après un, deux, et trois cycles de réplication suivant le transfert. Faites des séries de dessins montrant les bandes qui apparaîtraient si la réplication était (a) semi-conservative ; (b) conservative ; (c) dispersive.

- **Solution**

L'ADN marqué au ^{15}N est plus dense que l'ADN contenant du ^{14}N et se retrouvera donc plus bas dans le gradient de densité formé dans le tube. Avant le transfert dans le milieu contenant l'isotope naturellement prédominant ^{14}N, tout l'ADN des bactéries contiendra du ^{15}N et formera donc une seule bande dans le bas du tube.

a. Dans une réplication semi-conservative, les deux brins se séparent et servent de matrice pour la synthèse d'un nouveau brin. Après un cycle de réplication, le brin matrice original de chaque molécule contiendra du ^{15}N et le nouveau brin du ^{14}N, et une seule bande sera présente dans le gradient de densité, à une position intermédiaire entre celles attendues d'un ADN contenant du ^{15}N et d'un ADN contenant du ^{14}N. Au cycle de réplication suivant, les deux brins se séparent à nouveau pour servir de matrices. Chaque nouveau brin ne contiendra que du ^{14}N, donc une moitié des molécules d'ADN aura un des brins originaux ^{15}N et un nouveau brin ^{14}N, et l'autre moitié aura deux brins ^{14}N. Il y aura deux bandes, l'une à la position intermédiaire et l'autre plus haut dans le tube. Les cycles de réplication ultérieurs produiront des quantités croissantes d'ADN ne contenant que du ^{14}N, donc la bande supérieure deviendra plus importante (plus sombre dans le schéma).

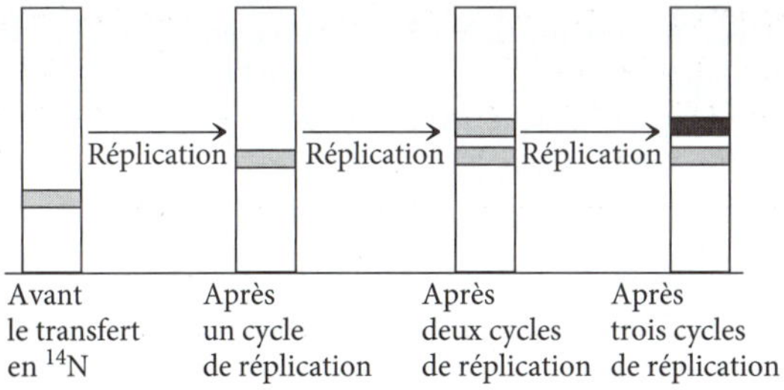

b. Dans une réplication conservative, la molécule entière sert de matrice. Après un cycle de réplication, certaines molécules ne contiendront que du ^{15}N et d'autres ne contiendront que du ^{14}N, et il y aura deux bandes dans le tube. Les cycles de réplication suivants augmenteront la fraction d'ADN contenant uniquement du ^{14}N, et la bande supérieure deviendra plus importante. Toutefois, l'ADN ^{15}N original sera toujours présent et il y aura deux bandes.

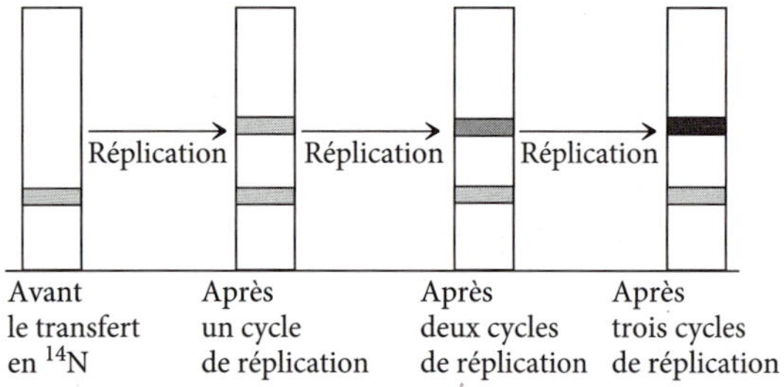

c. Dans une réplication dispersive, les deux brins d'ADN sont fragmentés pour servir de matrice pour la synthèse de nouvel ADN. Les fragments reforment ensuite des molécules d'ADN. Après un cycle de réplication, tout l'ADN devrait contenir environ une moitié de ^{15}N et une moitié de ^{14}N, produisant une bande à une position intermédiaire entre celles attendues d'un ADN contenant du ^{15}N et d'un ADN contenant du ^{14}N. Après d'autres cycles de réplication, la proportion de ^{14}N dans chaque molécule augmente, donc on continuera d'observer une seule bande hybride dont la position dans le gradient de densité se déplacera progressivement vers le haut du tube, et dont l'importance augmentera avec la quantité d'ADN.

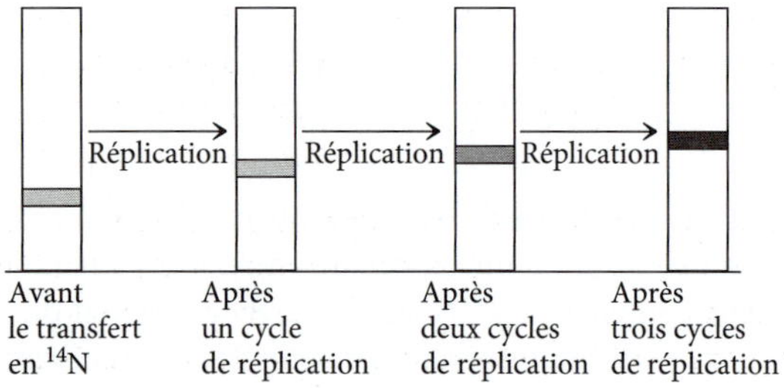

3. Le chromosome d'*E. coli* contient 4,6 millions de paires de bases d'ADN. Si la synthèse à chaque fourche de réplication procède à la vitesse de 1 000 nucléotides par seconde, combien de temps faudra-t-il pour répliquer tout le chromosome avec une réplication de type thêta ?

• Solution

Les chromosomes bactériens ont une seule origine de réplication, et la réplication thêta utilise généralement deux fourches de réplication qui se déplacent en sens opposés. Donc, le taux global de réplication est de 2 000 nucléotides par seconde. Avec un total de 4 600 000 paires de bases, le chromosome entier sera répliqué en :

$$\frac{4\,600\,000 \text{ bp}}{2\,000 \text{ bp}} \times 1 \text{ seconde} = 2\,300 \text{ secondes} = 38{,}33 \text{ minutes}$$

Au début du chapitre, nous avons dit qu'*E. coli* pouvait se diviser toutes les 20 minutes. Comment un tel taux de doublement est-il compatible avec une réplication du génome qui dure presque deux fois autant ? La réponse est qu'un deuxième cycle de réplication est initié avant que le premier soit terminé. Donc, quand une cellule d'*E. coli* se divise, les chromosomes qui sont transmis aux cellules filles sont déjà en partie répliqués. Ceci contraste avec la situation chez les eucaryotes, où une cellule réplique son génome une fois seulement par cycle cellulaire.

Questions de compréhension

Section 9.2

1. Qu'est-ce que la réplication semi-conservative ?

***2.** Comment Meselson et Stahl ont-ils démontré que la réplication chez *E. coli* procède de façon semi-conservative ?

***3.** Dessinez une molécule d'ADN en cours de réplication. Indiquez (1) l'origine, (2) la polarité (les extrémités 5′ et 3′) de tous les brins, (3) les brins précoce et tardif, (4) les fragments d'Okazaki, et (5) la position des amorces.

4. Dessinez une molécule d'ADN linéaire d'eucaryote en cours de réplication. Indiquez (1) l'origine, (2) la polarité (les extrémités 5′ et 3′) de tous les brins, (3) les brins précoce et tardif, (4) les fragments d'Okazaki, et (5) la position des amorces.

5. Quels sont les trois éléments principaux nécessaires à la réplication ?

***6.** Quels sont les substrats de la réaction de synthèse d'ADN ?

Section 9.3

7. Dressez la liste des différentes protéines et enzymes qui interviennent dans la réplication de l'ADN bactérien et donnez leur fonction dans le processus.

8. Quelles similitudes et quelles différences y a-t-il entre les activités enzymatiques des ADN polymérases I, II, et III ? Quelle est la fonction de chaque type de polymérase dans la cellule bactérienne ?

***9.** Pourquoi une primase est-elle nécessaire pour la réplication ?

10. Quels sont les trois mécanismes qui assurent la fidélité de la réplication chez les bactéries ?

11. Comment la licence (autorisation) de répliquer assure-t-elle que l'ADN soit répliqué une seule fois par cycle cellulaire, et à partir de chaque origine?

***12.** En quoi la réplication eucaryotique est-elle similaire à la réplication bactérienne et en quoi est-elle différente ?

13. Quel est le problème posé par la réplication des extrémités des chromosomes ? Pourquoi, en l'absence de télomérase, les extrémités des chromosomes se raccourcissent-elles à chaque fois que l'ADN est répliqué ?

14. Décrivez en vous aidant d'un croquis la façon dont les extrémités des chromosomes eucaryotiques sont répliquées.

Questions et problèmes d'application

Section 9.2

***15.** Supposez que, dans le futur, un savant explore une planète éloignée et découvre une nouvelle forme d'ADN double brin. Quand cet acide nucléique est mis en présence d'ADN polymérases d'*E. coli*, la réplication a lieu de façon continue sur les deux brins. Quelle conclusion en tirez-vous concernant la structure de cet acide nucléique d'un type nouveau ?

16. Une lignée de cellules de souris est cultivée pendant plusieurs générations dans un milieu contenant du ^{15}N. Les cellules en G_1 sont transférées dans un milieu contenant du ^{14}N. Dessinez une paire de chromosomes homologues aux stades du cycle cellulaire dont la liste suit, en représentant les deux brins des molécules d'ADN contenues dans les chromosomes. Utilisez des couleurs différentes pour représenter les brins ^{15}N et ^{14}N.

- **a.** Cellules en G_1 avant le transfert en milieu ^{14}N.
- **b.** Cellules en G_2 après transfert en milieu ^{14}N
- **c.** Cellules à l'anaphase de la mitose, après transfert en milieu ^{14}N
- **d.** Cellules à la métaphase I de la méiose, après transfert en milieu ^{14}N
- **e.** Cellules à l'anaphase II de la méiose, après transfert en milieu ^{14}N

17. Une bactérie synthétise l'ADN à une vitesse de 1 000 nucléotides par seconde à chaque fourche de réplication. Si cette bactérie réplique la totalité de son chromosome par réplication thêta en 30 minutes, combien de paires de bases d'ADN son chromosome contient-il ?

Section 9.3

***18.** Le croquis ci-dessous représente une molécule d'ADN en cours de réplication. Dessinez les brins d'ADN nouvellement synthétisés en indiquant les éléments suivants :

- **a.** La polarité des brins nouvellement synthétisés
- **b.** Les brins précoce et tardif
- **c.** Les fragments d'Okazaki
- **d.** Les amorces d'ARN

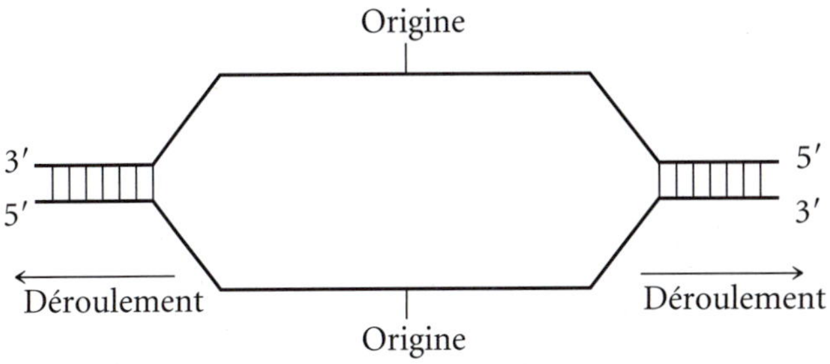

***19.** Quel serait l'effet sur la réplication de l'ADN de mutations abolissant les activités enzymatiques suivantes de l'ADN polymérase I ?

- **a.** L'activité exonucléase de 3′ vers 5′
- **b.** L'activité exonucléase de 5′ vers 3′
- **c.** L'activité polymérase de 5′ vers 3′

20. Quel serait l'effet d'une absence de télomérase sur la réplication ?

21. Les ADN polymérases sont incapables d'amorcer la réplication, ce qui n'est pas le cas de la primase et d'autres ARN polymérases. Des généticiens pensent que l'incapacité des ADN polymérases d'amorcer la réplication est due à leur fonction de relecture d'épreuve. Cette hypothèse tire argument de ce que la relecture d'épreuve est essentielle à la transmission fidèle de l'information génétique et que, comme les ADN polymérases ont développé cette capacité, elles ne peuvent amorcer la synthèse d'ADN. Expliquez pourquoi les fonctions de relecture d'épreuve et d'amorçage de synthèse ne pourraient pas coexister dans une même enzyme.

22. De nombreux scientifiques qui étudient les moyens de traiter les cancers s'intéressent à la télomérase. Pourquoi ? Comment des thérapies médicamenteuses ciblant la télomérase pourraient-elles fonctionner ?

23. L'enzyme télomérase est en partie protéine et en partie ARN. Quel serait l'effet le plus probable d'une grande délétion dans le gène qui code le composant ARN de la télomérase ? Comment la fonction de la télomérase s'en trouverait-elle affectée ?

24. ANALYSE DE DONNÉES La dyskératose congénitale (DKC) est une maladie héréditaire rare qui se caractérise par une pigmentation anormale des ongles et de la peau, la formation de taches blanches sur la langue et les joues, et par une dégénérescence progressive de la moelle osseuse. Une forme autosomique dominante de DKC résulte de mutations dans le gène codant le composant ARN de la télomérase. Tom Vulliamy et ses collègues ont examiné 15 familles atteintes de DKC autosomique dominante (T. Vulliamy et al. 2004. *Nature Genetics* 36 : 447-449). Ils ont observé que l'âge moyen d'apparition des symptômes chez les parents était de 37 ans, tandis que l'âge moyen d'apparition chez les enfants de parents affectés était de 14,5 ans. Dans ces familles, la DKC se manifeste à des âges plus précoces de génération en génération, un phénomène appelé anticipation. Ces chercheurs ont mesuré la longueur des télomères chez les membres de ces familles ; les résultats sont donnés dans le tableau à la page 242. Les télomères raccourcissent normalement avec l'âge, par conséquent, la longueur des télomères a été ajustée pour tenir compte du raccourcissement normal. Remarquez que la longueur des télomères normalisée pour l'âge est négative chez tous les membres de ces familles, ce qui indique que leurs télomères sont plus courts que la normale. Un télomère est d'autant plus court que sa longueur normalisée est négative.

Longueur des télomères normalisée pour l'âge chez les parents et leurs enfants dans des familles atteintes de DKC

Longueur des télomères chez les parents	Longueur des télomères chez les enfants
−4,7	−6,1
	−6,6
	−6,0
−3,9	−0,6
−1,4	−2,2
−5,2	−5,4
−2,2	−3,6
−4,4	−2,0
−4,3	−6,8
−5,0	−3,8
−5,3	−6,4
−0,6	−2,5
−1,3	−5,1
	−3,9
−4,2	−5,9

a. Qu'est-ce qui ressort de la comparaison des télomères chez les parents et chez leurs enfants ?

b. Expliquez pourquoi les télomères des personnes atteintes de DKC sont plus courts que la normale et pourquoi la DKC se manifeste à un âge plus précoce de génération en génération.

Questions tests

Section 9.3

25. Une mutation conditionnelle exprime le phénotype mutant correspondant uniquement dans certaines conditions (les conditions restrictives) et exprime un phénotype normal dans d'autres conditions (les conditions permissives). Certaines mutations conditionnelles sont sensibles à la température (mutations thermosensibles) : elles n'expriment le phénotype mutant qu'à certaines températures.

On a isolé des souches d'*E. coli* porteuses de mutations thermosensibles dans les gènes codant différents composants de la machinerie réplicative. Dans chacune de ces souches, la protéine produite par le gène muté n'est pas fonctionnelle dans des conditions restrictives. Ces mutants sont cultivés dans des conditions permissives, puis placés rapidement en conditions restrictives. Après un cycle de réplication en conditions restrictives, l'ADN de chaque souche est isolé et analysé. Quelles caractéristiques aurait l'ADN isolé de souches porteuses d'une mutation thermosensible dans le gène codant un des composants suivants ?

a. L'ADN ligase
b. L'ADN polymérase I
c. L'ADN polymérase III
d. La primase
e. La protéine d'initiation

26. ANALYSE DE DONNÉES Les ADN topoisomérases jouent un rôle important dans la réplication et le contrôle du surenroulement de l'ADN (voir le Chapitre 8). Ces enzymes sont les cibles de certains médicaments anti-cancer. Eric Nelson et ses collègues ont étudié l'effet de la m-AMSA (amsacrine), un agent thérapeutique anti-cancer qui agit sur les topoisomérases (E.M. Nelson et al. 1984. *Proceedings of the National Academy of Sciences* 81 : 1361-1365). Ils ont découvert que la m-AMSA stabilise un stade intermédiaire de l'action de la topoisomérase. Cet intermédiaire est formé de la topoisomérase liée aux deux extrémités de la coupure pratiquée dans l'ADN. Les coupures dans l'ADN produites par des agents anticancéreux comme la m-AMSA inhibent la réplication de l'ADN cellulaire, arrêtant ainsi la prolifération des cellules cancéreuses. Proposez un mécanisme par lequel la m-AMSA et d'autres agents anti-cancer qui ciblent les topoisomérases participant à la réplication peuvent produire des coupures dans l'ADN et des réarrangements chromosomiques.

10 De l'ADN aux protéines : la transcription et la maturation des ARN

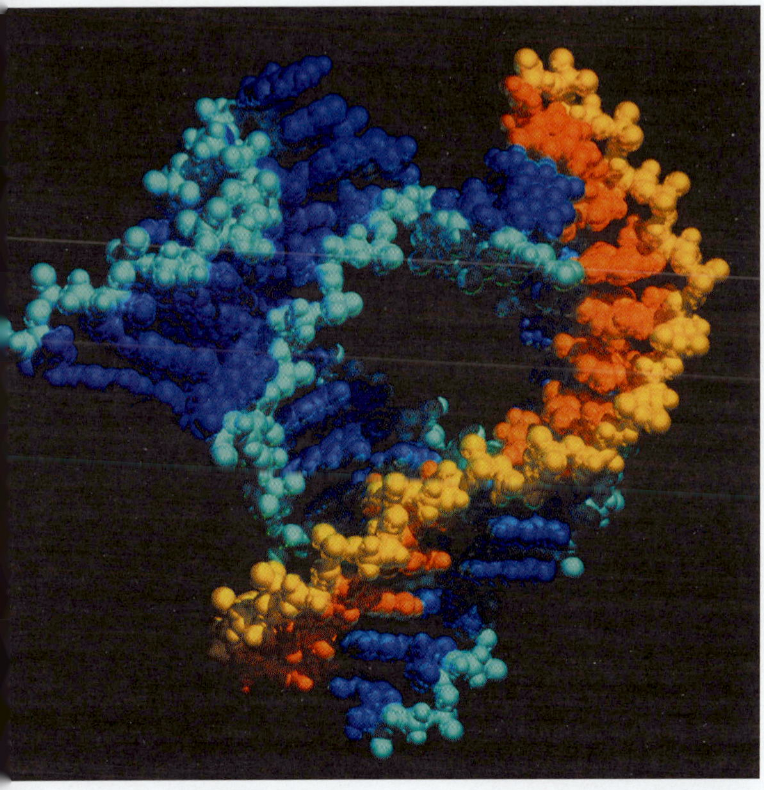

Image moléculaire du ribozyme en « tête de marteau » (en bleu) lié à un ARN (en jaune orangé). Les ribozymes sont des molécules d'ARN catalytiques qui peuvent aussi avoir été les premiers supports de l'information génétique. *[Kenneth Edwards/Photo Researchers.]*

L'ARN dans le monde des origines

Deux fonctions sont indispensables à la vie. D'abord, les êtres vivants doivent être capables d'emmagasiner de l'information génétique et de la transmettre quand ils se reproduisent. Ensuite, ils doivent posséder la capacité de catalyser des transformations chimiques – de lancer les réactions qui supportent les processus vitaux. On a longtemps pensé que les fonctions de stockage d'information et de transformation chimique étaient exercées par deux types de molécules totalement différents. L'information génétique est stockée dans les acides nucléiques. La catalyse des transformations chimiques était considérée comme du ressort exclusif de certaines protéines fonctionnant comme des catalyseurs biologiques – les enzymes – qui accélèrent les taux de réaction dans la cellule. Cette dichotomie biochimique – les acides nucléiques pour l'information, les protéines pour la catalyse – reflétait le dilemme du type « l'œuf ou la poule ? » qui caractérisait notre perception des premiers stades de l'évolution de la vie. Qu'est-ce qui est apparu en premier : les protéines ou les acides nucléiques ? Si les acides nucléiques contiennent les instructions pour la formation des protéines, comment des protéines auraient-elles pu apparaître sans eux ? D'autre part, puisque les acides nucléiques seuls sont incapables de se copier, comment auraient-ils pu être générés sans l'intervention de protéines ? Si l'ADN et les protéines sont mutuellement dépendants, comment la vie a-t-elle pu commencer ?

Ce paradoxe apparent a trouvé un début de solution en 1981, quand Thomas Cech et ses collaborateurs ont découvert que l'ARN peut servir de catalyseur biologique. Ils ont observé qu'un ARN du protozoaire *Tetrahymena thermophila* peut auto-exciser 400 de ses nucléotides en l'absence de toute protéine. Depuis, d'autres exemples d'ARN catalytiques ont été découverts dans différents types de cellules. Appelées **ribozymes**, ces molécules d'ARN catalytiques peuvent exciser des parties de leurs propres séquences, relier certaines molécules d'ARN, en répliquer d'autres, et même catalyser la formation de liaisons peptidiques entre acides aminés. La découverte des ribozymes s'ajoute à d'autres éléments indiquant que le premier matériel génétique était l'ARN.

Des ribozymes capables de s'auto-répliquer sont probablement apparus il y a trois et demi à quatre milliards d'années et ont probablement joué un rôle dans l'origine et l'évolution initiale de la vie sur notre terre. Le monde des origines de la vie était un monde d'ARN, avec des molécules d'ARN qui étaient à la fois les détentrices de l'information génétique et les catalyseurs des réactions chimiques nécessaires au fonctionnement et à la perpétuation de la vie. Ces ARN catalytiques ont pu acquérir la capacité de synthétiser des enzymes de nature protéique, qui sont des catalyseurs plus efficaces. Tandis que les enzymes prenaient en charge toujours davantage de fonctions catalytiques, le rôle de l'ARN s'est progressivement limité au stockage et au transfert d'information. L'ADN, avec sa plus grande stabilité chimique et sa fidélité de réplication, a fini par supplanter l'ARN comme porteur principal de l'information génétique. Dans les cellules contemporaines, l'ARN joue toujours un rôle vital dans la réplication de l'ADN et la synthèse des protéines.

Le dogme central, tel que présenté initialement par Francis Crick (voir le Chapitre 8), fournit une explication moléculaire de la façon dont le génotype code le phénotype, c.-à-d. dont l'information contenue dans l'ADN (le génotype) est d'abord transcrite en ARN, puis traduite en protéine (le phénotype). Ce chapitre est consacré aux premières étapes de ce transfert d'information : la synthèse d'une molécule d'ARN par le processus de transcription et la maturation de cet ARN. Nous commencerons par examiner la structure de l'ARN et par passer brièvement en revue les différentes classes d'ARN. Nous analyserons ensuite le processus de transcription lui-même, avant d'examiner les différentes fonctions de l'ARN et sa maturation.

10.1 L'ARN est formé d'une seule chaîne de ribonucléotides. Il participe à une multitude de fonctions cellulaires

La structure de l'ARN

L'ARN, comme l'ADN, est un polymère de nucléotides joints par des liaisons phosphodiester (voir le Chapitre 8 pour une discussion de la structure de l'ADN). Il y a toutefois des différences de structure importantes entre l'ADN et l'ARN. Au lieu du désoxyribose présent dans les nucléotides de l'ADN, les nucléotides de l'ARN contiennent un sucre ribose (**Figure 10.1a**). À cause du groupe hydroxyle libre sur l'atome de carbone 2′ du ribose, l'ARN est rapidement dégradé dans des conditions alcalines. L'absence de ce groupe dans le désoxyribose rend L'ADN beaucoup plus stable. Une autre différence importante est que la thymine, une des deux pyrimidines présentes dans l'ADN, est remplacée par l'uracile dans l'ARN.

Enfin, l'ARN existe habituellement sous la forme d'une molécule simple brin (**Figure 10.1b**), tandis que l'ADN comporte généralement deux brins associés par des liaisons hydrogène entre bases complémentaires. Une conséquence de la nature monocaténaire de l'ARN est que de courtes régions complémentaires internes peuvent s'apparier et former des structures secondaires (voir la Figure 10.1b). Des exceptions à la règle que l'ARN est généralement simple brin se rencontrent

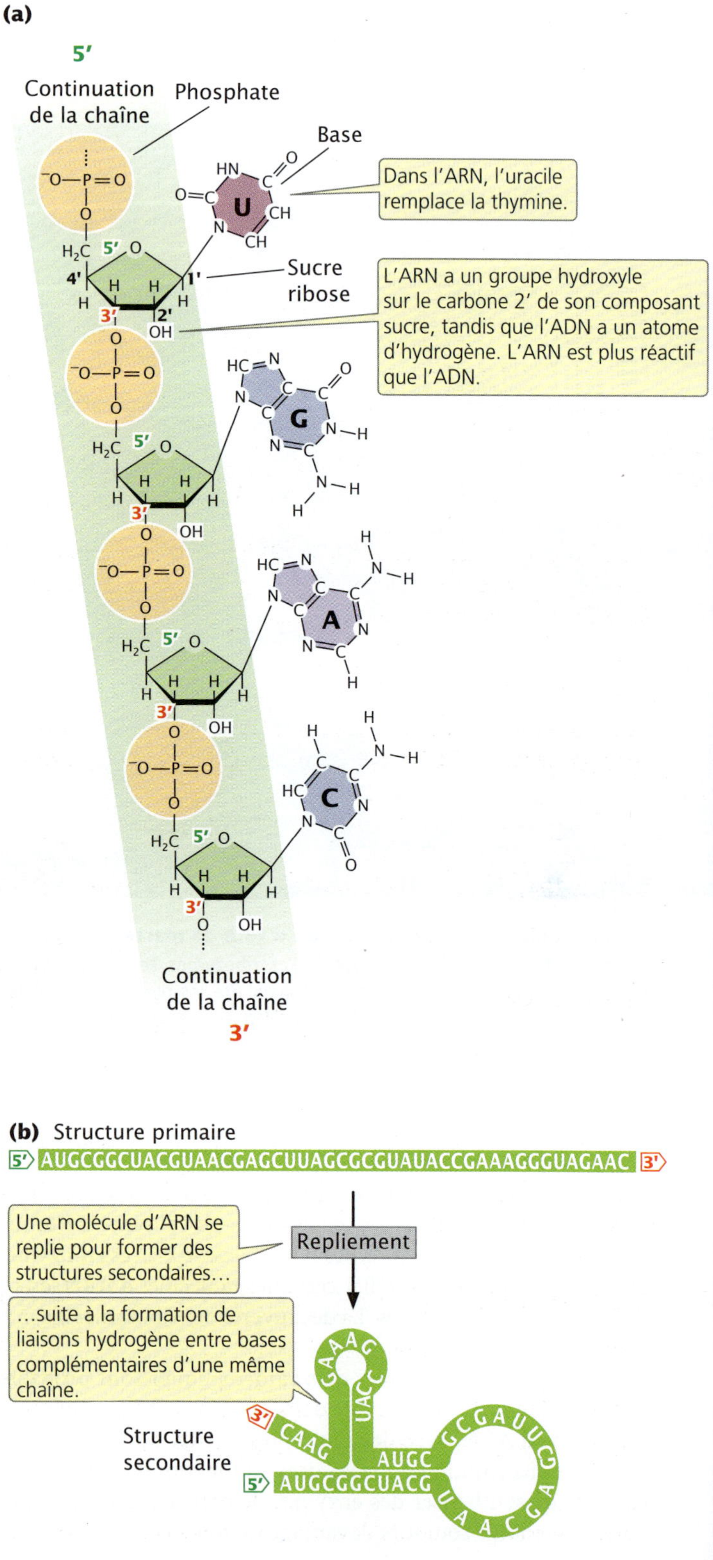

10.1 L'ARN a une structure primaire et une structure secondaire.

Tableau 10.1 Comparaison des structures de l'ADN et de l'ARN

Caractéristique	ADN	ARN
Composé de nucléotides	Oui	Oui
Type de sucre	Désoxyribose	Ribose
Présence de groupement 2'-OH	Non	Oui
Bases	A, G, C, T	A, G, C, U
Nucléotides reliés par des liaisons phosphodiester	Oui	Oui
Double ou simple brin	Habituellement double	Habituellement simple
Structure secondaire	Double hélice	Nombreux types
Stabilité	Stable	Facilement dégradé

chez un petit nombre de virus à ARN qui ont des génomes d'ARN double brin. Le **Tableau 10.1** résume les similitudes et les différences de structure entre l'ADN et l'ARN.

Les classes d'ARN

Les molécules d'ARN accomplissent une variété de tâches dans la cellule. L'**ARN ribosomial** (ARNr) associé à des protéines constitue les sous-unités du ribosome, le siège de l'assemblage des protéines. Nous examinerons le ribosome plus en détail plus loin dans ce chapitre. L'**ARN messager** (ARNm) transporte de l'ADN au ribosome les instructions codées pour la synthèse des chaînes polypeptidiques. Après son attachement à un ribosome, une molécule d'ARNm spécifie la séquence des acides aminés dans une chaîne polypeptidique et fournit la matrice pour leur jonction. Dans les cellules eucaryotiques, des molécules précurseurs plus grandes, appelées **pré-messagers** (pré-ARNm), sont les transcrits primaires qui doivent être modifiés parfois de façon importante avant de devenir des ARNm et de sortir du noyau pour être traduits en protéines. Les cellules bactériennes ne synthétisent pas de pré-ARNm ; dans ces cellules, la traduction est couplée à la transcription.

L'**ARN de transfert** (ARNt) fait le lien entre la séquence nucléotidique codante de l'ARNm et la séquence d'acides aminés d'une chaîne polypeptidique.

D'autres classes de molécules d'ARN sont présentes dans le noyau des cellules d'eucaryotes. Les **petits ARN nucléaires** (ARNpn) se combinent avec de petites sous-unités protéiques pour former de **petites ribonucléoprotéines nucléaires** (RNPpn). Certains ARNpn participent à la maturation des pré-ARNm en ARNm. Les **petits ARN nucléolaires** (ARNpno) participent à la maturation des ARNr. Des molécules d'ARN très petites et très abondantes dans les cellules eucaryotiques, les **micro-ARN** (ARNmi) et les **petits ARN interférents** (ARNpi), sont responsables de l'interférence d'ARN, un processus par lequel elles aident à déclencher la dégradation de l'ARNm ou inhibent sa traduction en protéine. Ces différentes classes de molécules d'ARN sont reprises dans le **Tableau 10.2**.

Tableau 10.2 Localisation et fonction des différentes classes de molécules d'ARN

Classe d'ARN	Type de cellule	Localisation dans les cellules eucaryotiques*	Fonction
ARN ribosomiaux (ARNr)	Bactérienne et eucaryotique	Cytoplasme	Composants structurels et fonctionnels des ribosomes
ARN messager (ARNm)	Bactérienne et eucaryotique	Noyau et cytoplasme	Porteur du message codé pour la synthèse de protéines
ARN de transfert (ARNt)	Bactérienne et eucaryotique	Cytoplasme	Aide l'incorporation des acides aminés dans une chaîne polypeptidique
Petits ARN nucléaires (ARNpn)	Eucaryotique	Noyau	Maturation des pré-ARNm
Petits ARN nucléolaires (ARNpno)	Eucaryotique	Noyau	Maturation et assemblage des ARNr
Micro-ARN (ARNmi)	Eucaryotique	Cytoplasme	Inhibent la traduction des ARNm
Petits ARN interférents (ARNpi)	Eucaryotique	Cytoplasme	Déclenchent la dégradation d'autres molécules d'ARN

*Tous les ARN eucaryotiques (à l'exception des ARN des organites) sont synthétisés dans le noyau.

Concepts clés

L'ARN diffère de l'ADN par la présence d'un groupe hydroxyle sur l'atome de carbone 2′ de son sucre, par la présence d'uracile au lieu de thymine, et par sa structure normalement simple brin. Il existe plusieurs classes d'ARN dans les cellules bactériennes et eucaryotiques.

✔ Test de compréhension 1

Quelle est l'association correcte entre classe d'ARN et fonction dans la liste suivante ?

a. Petit ARN nucléaire (ARNpn) : maturation de l'ARNr

b. ARN de transfert (ARNt) : s'attache à un acide aminé

c. Micro ARN (ARNmi) : porte l'information spécifiant la séquence d'acides aminés d'une protéine

d. ARN ribosomial (ARNr) : responsable de l'interférence d'ARN

10.2 La transcription est la synthèse d'une molécule d'ARN sur une matrice d'ADN

Tous les ARN cellulaires sont synthétisés sur des matrices d'ADN (**Figure 10.2**). La transcription présente de nombreuses similitudes avec la réplication, mais une des différences importantes est la longueur de la matrice utilisée. Dans la réplication, tous les nucléotides de l'ADN matrice sont copiés, tandis que dans la transcription, seuls des segments de la molécule d'ADN – correspondant chacun généralement à un seul gène ou, tout au plus, à quelques gènes – sont transcrits en ARN. Étant donné que les produits de tous les gènes ne sont pas nécessaires au même moment ou dans une même cellule, la transcription ininterrompue de tous les gènes d'une cellule serait un phénomène extrêmement peu économique. De plus, une grande partie de l'ADN d'une cellule est non codant, et la transcription de telles séquences serait futile. La transcription est, au contraire, un processus hautement sélectif : les gènes individuels sont transcrits seulement quand leurs produits sont nécessaires. Mais cette sélectivité pose un problème fondamental à la cellule – celui de la reconnaissance des gènes individuels et de leur transcription au moment et à l'endroit approprié.

Comme la réplication, la transcription nécessite trois composants essentiels :

1. une matrice d'ADN ;
2. les matériaux de base (les substrats) pour produire une nouvelle molécule d'ARN ; et
3. le système de transcription, comprenant les protéines nécessaires pour catalyser la synthèse d'ARN.

La matrice de transcription

En 1970, Oscar Miller Jr., Barbara Hamkalo, et Charles Thomas ont démontré que l'ARN est transcrit sur une matrice d'ADN en examinant le contenu de cellules au microscope électronique. Ils ont observé des structures ressemblant à des arbres de Noël : de minces fibres centrales (les troncs) auxquelles étaient attachés des filaments (les branches) porteurs de granules (**Figure 10.3**). L'addition de désoxyribonucléase (une enzyme qui dégrade l'ADN) provoquait la disparition des fibres centrales, montrant que les « troncs d'arbres » étaient des molécules d'ADN. La ribonucléase (une enzyme qui dégrade l'ARN) éliminait les filaments granuleux, montrant que les « branches » étaient de l'ARN. Ils conclurent que chaque « arbre de Noël » était un gène en train d'être transcrit. La transcription de chaque gène commence au sommet de l'arbre où, comme peu d'ADN a été transcrit, les branches d'ARN sont courtes. Au fur et à mesure du déplacement de la machinerie de transcription le long de l'arbre,

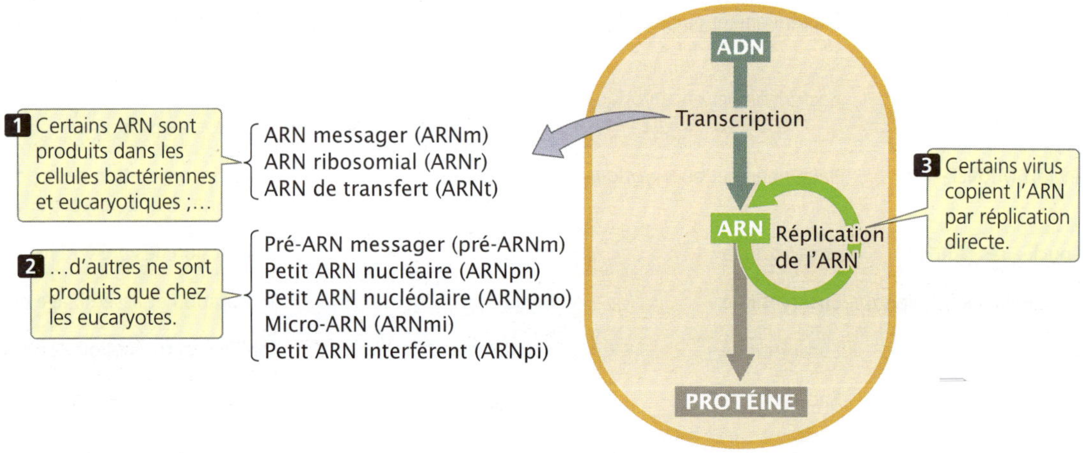

10.2 Tous les types d'ARN cellulaires sont transcrits à partir d'ADN.

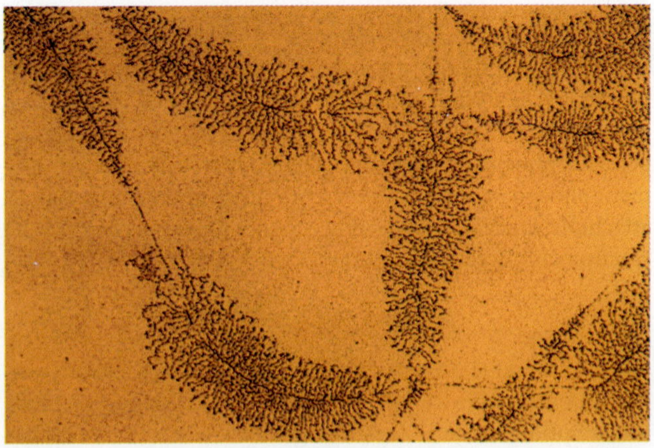

10.3 Vues au microscope électronique, les molécules d'ADN en cours de transcription se présentent comme des structures en « arbre de Noël ». Chaque « arbre de Noël » est une unité de transcription avec un « tronc » qui est une molécule d'ADN, et des « branches » (les filaments granuleux attachés à l'ADN) qui sont des molécules d'ARN en cours de synthèse. La longueur des molécules d'ARN croît au fur et à mesure que le système de transcription progresse sur l'ADN. *[Dr. Thomas Broker/Phototake.]*

les molécules d'ARN s'allongent, pour produire les longues branches du bas.

Le brin transcrit La matrice pour la synthèse d'ARN est un des brins de la double hélice d'ADN, comme pour la synthèse d'ADN. Toutefois, contrairement à la réplication, la transcription d'un gène n'utilise qu'un des deux brins de l'ADN (**Figure 10.4**). Le brin utilisé pour la transcription est appelé **brin matrice**. L'autre brin n'est normalement pas transcrit. Donc, un seul des brins d'ADN d'un gène est transcrit en ARN (il existe quelques exceptions à cette règle). Toutefois, différents gènes peuvent être transcrits sur des brins différents, comme montré dans la **Figure 10.5**.

La transcription produit une molécule d'ARN qui est complémentaire du brin matrice et de polarité opposée (voir la Figure 10.4). Le transcrit d'ARN a donc la même polarité et la même séquence de bases que le brin qui n'a pas servi de matrice, si ce n'est que l'ARN contient U à la place de T.

Concepts clés

Habituellement, seul un des brins d'ADN d'un gène, le brin matrice, est transcrit en ARN.

✔ Test de compréhension 2

Quelle est la différence entre le brin matrice et l'autre brin ?

L'unité de transcription Une unité de transcription est un segment d'ADN qui code une molécule d'ARN et qui comprend les séquences nécessaires à sa transcription. Comment le complexe d'enzymes et de protéines qui effectue la transcription – le système de transcription – reconnaît-il une unité de transcription ? Comment ce système identifie-t-il le brin d'ADN qui doit être lu et comment sait-il où commencer et où s'arrêter ? Cette information est codée dans la séquence de l'ADN.

Une **unité de transcription** comprend trois régions importantes : un promoteur, une séquence codante, et un terminateur (**Figure 10.6**). Le **promoteur** est une séquence d'ADN que le système de transcription reconnaît et à laquelle il se lie. Il indique le brin d'ADN qui doit être transcrit et le sens de transcription. Le promoteur détermine aussi le site d'initiation de la transcription, le premier nucléotide qui sera transcrit en ARN. Dans la plupart des unités de transcription, le promoteur est localisé à côté du site d'initiation de transcription, mais n'est pas, lui-même, transcrit.

La deuxième région importante est la **région codant l'ARN**, la séquence d'ADN qui est effectivement transcrite en molécule d'ARN. Le troisième composant important est le **terminateur**, une séquence nucléotidique qui signale l'endroit où doit s'arrêter la transcription. Les terminateurs font généralement partie de la séquence codante ; la transcription ne s'arrête qu'après que le terminateur ait été transcrit.

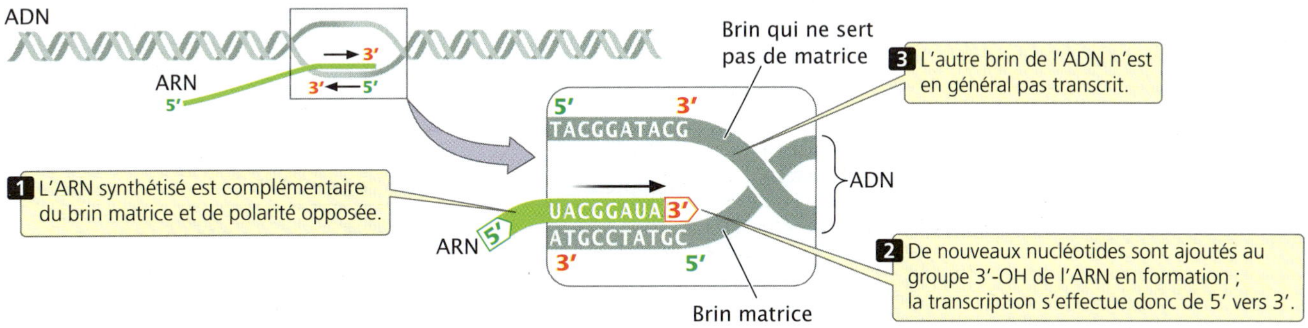

10.4 Les molécules d'ARN sont complémentaires d'un des brins de l'ADN, le brin matrice. Leur polarité est l'opposée de celle du brin matrice.

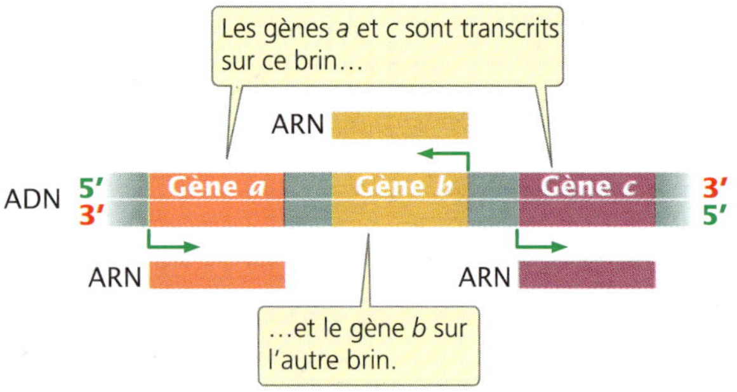

10.5 Un seul des brins d'ADN d'un gène est transcrit en ARN. Chez une majorité d'organismes, chaque gène est transcrit sur un seul brin d'ADN, mais ce brin peut être différent selon les gènes.

Les biologistes moléculaires utilisent souvent les termes *amont* et *aval* pour faire référence au sens de la transcription et à la localisation des séquences entourant la région codant l'ARN. On dit que le système de transcription se déplace vers l'aval pendant la transcription : il se lie au promoteur (qui est habituellement en amont du site d'initiation de transcription) et il se dirige vers le terminateur (qui est naturellement en aval du site d'initiation).

Quand on écrit des séquences nucléotidiques, on ne donne généralement que la séquence du brin d'ADN qui n'a pas servi de matrice, parce qu'elle sera la même que la séquence du transcrit d'ARN. (N.d.T. : Pour cette raison, ce brin est souvent appelé « brin sens ».) Conventionnellement, la séquence est écrite de la gauche vers la droite, en commençant par l'extrémité 5′. Le premier nucléotide transcrit (le site d'initiation ou de départ de la transcription) est indiqué par + 1 ; les nucléotides en aval du site d'initiation sont numérotés positivement, et les nucléotides en amont du site d'initiation reçoivent des numéros négatifs. Par exemple, le nucléotide + 34 serait 34 nucléotides en aval du point de départ, tandis que le nucléotide – 75 se trouverait 75 nucléotides en amont. Il n'y a pas de nucléotide 0.

> ## Concepts clés
> Une unité de transcription est un segment d'ADN qui code une molécule d'ARN, ainsi que les séquences nécessaires à la transcription. Chaque unité de transcription comporte un promoteur, une région codant l'ARN, et un terminateur.

Les substrats de la transcription

L'ARN est synthétisé à partir de **ribonucléosides triphosphates** (rNTP ; **Figure 10.7**). Les nucléotides sont ajoutés un à un à l'extrémité 3′-OH de la chaîne en formation. Deux groupements phosphate sont clivés du rNTP entrant, et le groupement phosphate restant forme une liaison phosphodiester qui attache le nucléotide à la molécule d'ARN en croissance. La réaction chimique d'addition est :

$$\text{ARN}_n + \text{rNTP} \rightarrow \text{ARN}_{n+1} + \text{PP}_\text{i}$$

où PP_i représente un pyrophosphate. Les nucléotides sont toujours ajoutés à l'extrémité 3′ de la molécule, donc le sens de transcription est de 5′ vers 3′(**Figure 10.8**). Contrairement à la synthèse d'ADN dans la réplication, la synthèse d'ARN n'a pas besoin d'amorce.

> ## Concepts clés
> L'ARN est synthétisé à partir de ribonucléosides triphosphates. La transcription s'effectue dans le sens de 5′ vers 3′ : chaque nouveau nucléotide est attaché au groupe 3′-OH du nucléotide précédent dans la molécule d'ARN en croissance.

Le système de transcription

Souvenons-nous que la réplication de l'ADN nécessite tout un arsenal d'enzymes et autres protéines. À première vue, on pourrait penser que la situation est différente pour la transcription, parce qu'une seule enzyme – l'**ARN polymérase** – effectue toutes les étapes de la transcription, mais un examen plus approfondi montre que les deux processus présentent de nombreuses similitudes. L'action de l'ARN polymérase est assistée par plusieurs protéines auxiliaires qui s'associent de façon transitoire à la polymérase à différentes étapes du processus. Chaque protéine auxiliaire fournit ou régule une fonction particulière. Donc, comme la réplication, la transcription nécessite la participation d'une batterie de protéines.

L'ARN polymérase des bactéries Les cellules bactériennes ne possèdent qu'un type d'ARN polymérase qui catalyse la synthèse de toutes les classes d'ARN bactériens : ARNm, ARNt, et ARNr. L'ARN polymérase des bactéries est une enzyme multimérique de grande taille (multimérique signifie

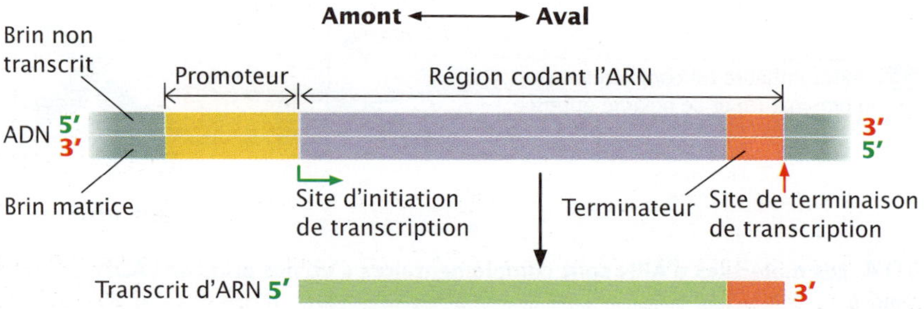

10.6 Une unité de transcription comprend un promoteur, une région codant l'ARN, et un terminateur.

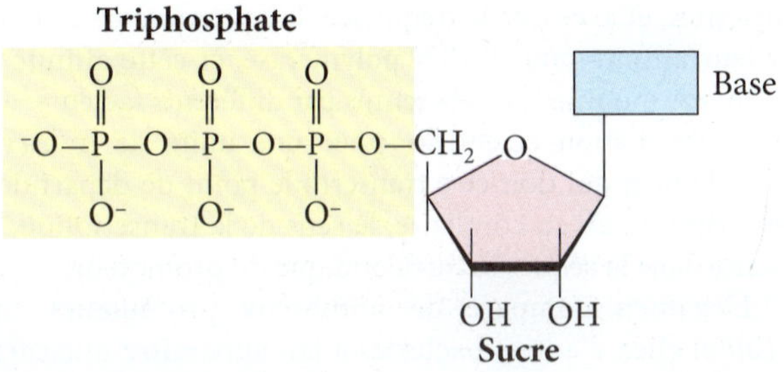

10.7 Les substrats de la synthèse d'ARN sont des ribonucléosides triphosphates.

Tableau 10.3	**ARN polymérases eucaryotiques**
Type	**ARN transcrits**
ARN polymérase I	Grands ARN
ARN polymérase II	Pré-ARNm, certains ARNpn, ARNpno, certains ARNmi
ARN polymérase III	ARNt, petits ARNr, certains ARNpn, certains ARNmi
ARN polymérase IV	Certains ARNsi chez les plantes

qu'elle est constituée de plusieurs chaînes polypeptidiques). Cinq sous-unités (cinq chaînes polypeptidiques individuelles) forment le **cœur de l'enzyme**. Ce cœur enzymatique catalyse l'allongement de la molécule d'ARN par l'addition de ribonucléotides. D'autres sous-unités fonctionnelles s'attachent transitoirement au cœur de l'enzyme à différents stades du processus. Ainsi, le **facteur sigma (σ)** contrôle la liaison de l'ARN polymérase au promoteur. En l'absence de sigma, la polymérase initierait la transcription à peu près n'importe où sur l'ADN. Une fois que sigma s'est associé au cœur enzymatique (formant une **holoenzyme**), l'ARN polymérase ne se lie plus de façon productive qu'au promoteur et elle initie la transcription au site correct. Sigma n'est nécessaire que pour la liaison au promoteur et l'initiation ; une fois que quelques ribonucléotides ont été ajoutés, sigma se détache du cœur de l'enzyme. Beaucoup de bactéries ont des facteurs sigma de plusieurs types, chaque type de facteur spécifiant la liaison de la polymérase à un groupe particulier de promoteurs.

Les ADN polymérases eucaryotiques La plupart des cellules eucaryotiques possèdent trois types d'ARN polymérases, responsables chacune de la transcription d'une classe particulière d'ARN : l'**ARN polymérase I** transcrit les ARNr ; l'**ARN polymérase II** transcrit les pré-ARNm, les ARNpno, certains ARNmi, et certains ARNpn ; l'**ARN polymérase III** transcrit de petites molécules d'ARN – spécifiquement, les ARNt, les petits ARNr, certains ARNmi, et certains ARNpn (**Tableau 10.3**). Une quatrième ARN polymérase, l'**ARN polymérase IV**, a été découverte chez les plantes. Elle se trouve dans le noyau et elle transcrit des ARNsi qui jouent un rôle dans la méthylation de l'ADN et dans la structure de la chromatine.

Toutes les ARN polymérases eucaryotiques sont des enzymes multimériques de grande taille qui contiennent plus d'une douzaine de sous-unités. Certaines sous-unités sont communes à toutes les ARN polymérases, mais d'autres sont spécifiques d'un type d'enzyme. Comme chez les bactéries, une série de protéines auxiliaires se lient aux cœurs enzymatiques et en spécifient la fonction.

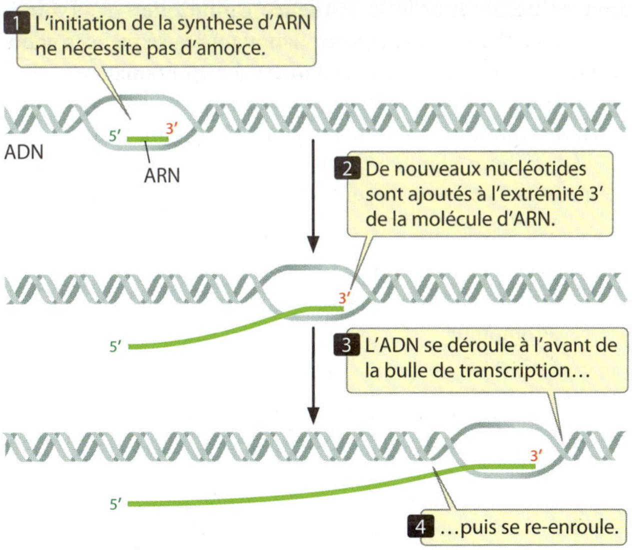

10.8 Dans la transcription, les nucléotides sont toujours ajoutés à l'extrémité 3′ de la molécule d'ARN.

Concepts clés

Les cellules bactériennes possèdent un seul type d'ARN polymérase, formé d'un cœur enzymatique et d'autres sous-unités qui participent aux différentes étapes de la transcription. Les cellules eucaryotiques possèdent trois types distincts d'ARN polymérase : l'ARN polymérase I transcrit les ARNr ; l'ARN polymérase II transcrit les pré-ARNm, les ARNpno, certains ARNmi, et certains ARNpn ; l'ARN polymérase III transcrit les ARNt, les petits ARNr, certains ARNmi, et certains ARNpn.

✔ Test de compréhension 3

Quelle est la fonction du facteur sigma ?

Le mécanisme de la transcription chez les bactéries

On peut distinguer trois étapes dans la transcription :

1. l'initiation, pendant laquelle le système de transcription se lie au promoteur et commence la synthèse d'ARN ;

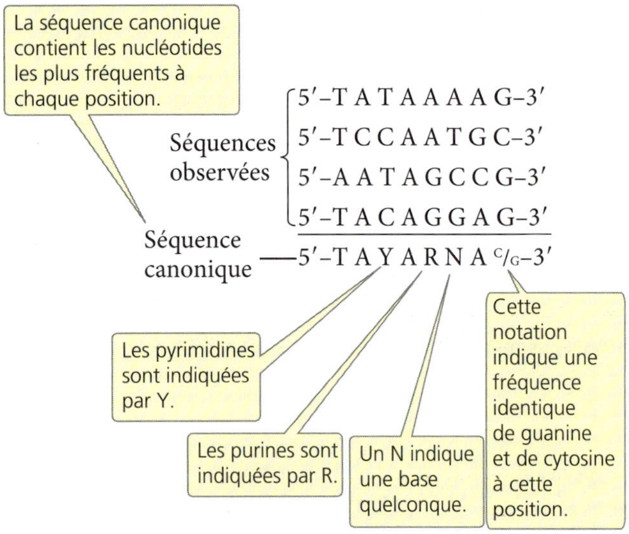

10.9 Une séquence canonique est composée des nucléotides les plus communément trouvés à chaque position d'un groupe de séquences de fonction identique.

2. l'allongement ou élongation, pendant laquelle l'ARN polymérase se déplace sur la matrice d'ADN, déroulant l'ADN au cours de sa progression, et ajoutant des nucléotides à l'extrémité 3′ de la chaîne d'ARN en croissance ;

3. la terminaison, quand l'ARN polymérase reconnaît la fin de l'unité de transcription, et que la molécule d'ARN se sépare de la matrice d'ADN et de la polymérase.

Nous allons examiner le déroulement de ces étapes chez les bactéries, où le processus est le mieux compris.

L'initiation L'initiation comporte une série d'événements, dont (1) la reconnaissance du promoteur, (2) la formation d'un œil de transcription, (3) la formation des premières liaisons phosphodiester entre rNTP, et (4) le départ du système de transcription du promoteur.

Le système de transcription doit reconnaître le promoteur et s'y fixer. C'est cette étape qui détermine la sélectivité de la transcription : les parties de la matrice qui doivent être transcrites, et avec quelle fréquence. Les promoteurs diffèrent par leur affinité pour l'ARN polymérase, et cette affinité est elle-même modulée dans le temps par différents facteurs.

L'information essentielle pour une unité de transcription – le brin qui doit être transcrit, le point de départ de la transcription, et, en corollaire, le sens de la transcription, est inscrite dans la séquence nucléotidique du promoteur.

L'examen comparé de nombreux promoteurs chez *E. coli* et chez d'autres bactéries a fait apparaître une caractéristique générale : bien que la séquence des nucléotides varie entre promoteurs, de courts segments de séquence sont conservés. De plus, l'espacement et la position de ces segments conservés par rapport au site de départ de la transcription sont similaires dans la plupart des promoteurs. De tels motifs de séquence conservés sont appelés **séquences canoniques** ou **séquences consensus** (**Figure 10.9**). La présence d'une séquence canonique dans une région d'ADN signifie généralement son implication dans une fonction importante.

La séquence canonique rencontrée presque systématiquement dans tous les promoteurs bactériens est positionnée environ 10 pb en amont du site d'initiation de la transcription. La composition de cette **séquence canonique – 10**, aussi appelée parfois « boîte de Pribnow », est la suivante :

5′ – TATAAT – 3′
3′ – ATATTA – 5′

souvent écrite simplement TATAAT (**Figure 10.10**). Rappelons-nous qu'il s'agit d'une séquence *canonique* représentant les nucléotides rencontrés le plus fréquemment à chacune de ces positions, et que dans beaucoup de promoteurs bactériens, la séquence n'est pas exactement TATAAT.

Une autre séquence canonique présente dans la plupart des promoteurs bactériens est TTGACA, qui se trouve approximativement 35 pb en amont du départ de transcription, et qu'on appelle la **séquence canonique – 35** (voir la Figure 10.10). Les nucléotides flanquant les séquences canoniques – 10 et – 35 et ceux de l'intervalle qui les sépare varient très fort entre promoteurs, ce qui suggère qu'ils ne soient pas très importants pour la reconnaissance du promoteur.

Le facteur sigma s'associe avec le cœur de l'enzyme (**Figure 10.11a**) pour former une holoenzyme qui se lie aux

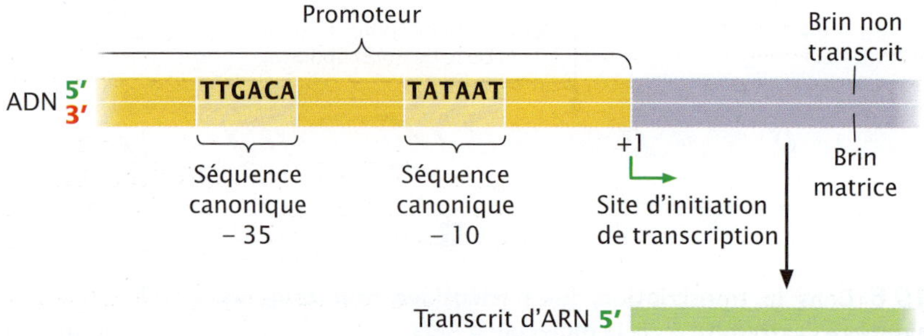

10.10 Dans les promoteurs bactériens, des séquences canoniques se trouvent autour des positions – 10 et – 35 en amont du site d'initiation.

séquences canoniques – 35 et – 10 de l'ADN du promoteur (**Figure 10.11b**). Bien qu'elle ne s'attache qu'aux séquences canoniques, l'holoenzyme liée au promoteur couvre une région allant de – 50 à + 20. Initialement, l'holoenzyme ne se lie que faiblement au promoteur, mais elle subit un changement de configuration (de forme) qui lui permet de se lier plus étroitement et de dérouler l'ADN double brin (**Figure 10.11c**). La région déroulée s'étend de la séquence canonique – 10 à une position 14 nucléotides en aval (de – 12 à + 2), et inclut donc le site d'initiation de transcription.

Concepts clés

Un promoteur est une région d'ADN adjacente à un gène et indispensable à sa transcription. Les promoteurs contiennent de courtes séquences canoniques qui jouent un rôle important dans l'initiation de la transcription.

Une fois que l'holoenzyme s'est attachée au promoteur, elle est positionnée sur le site d'initiation de transcription (+ 1) et elle a déroulé l'ADN pour exposer un brin matrice.

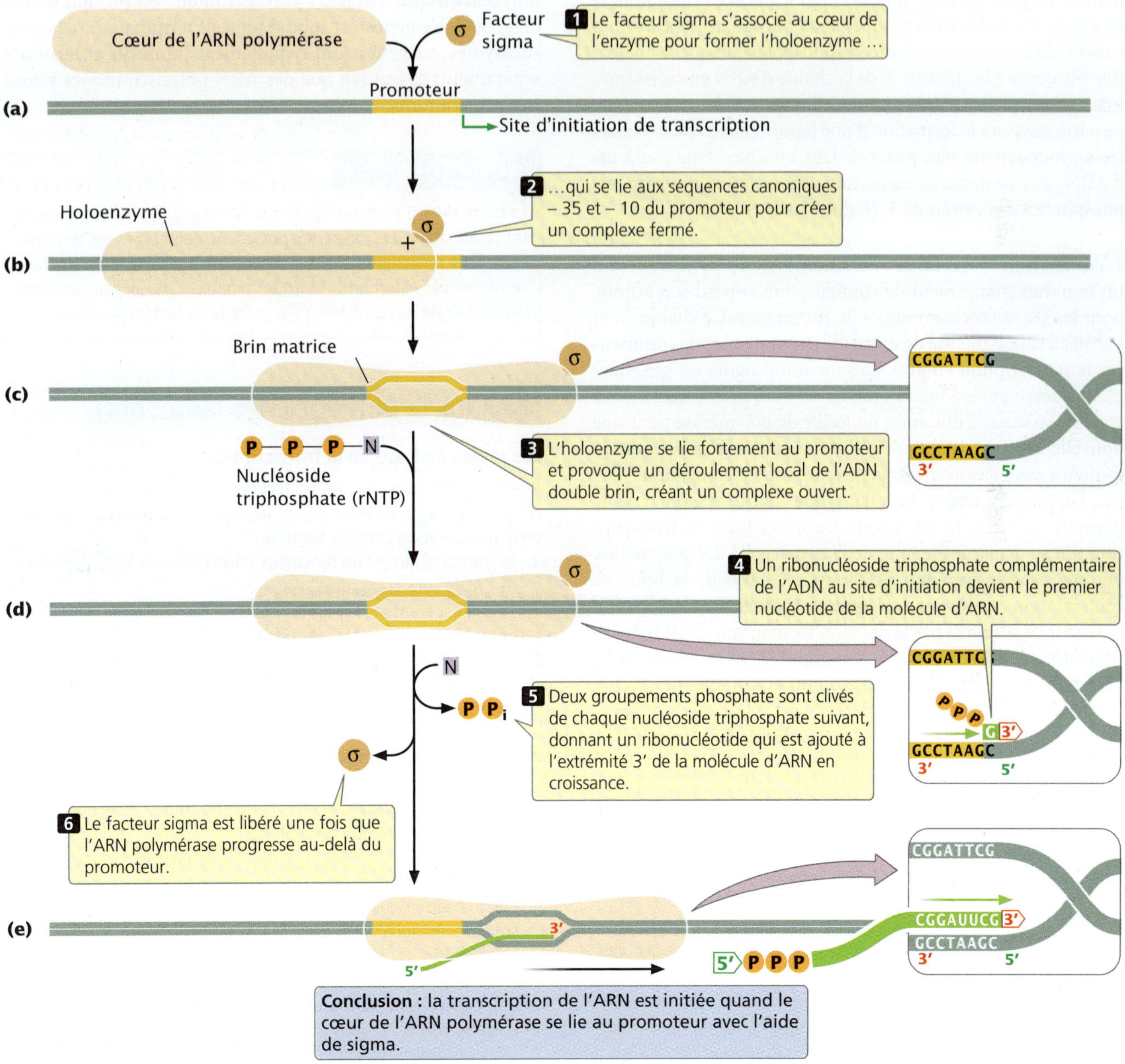

Conclusion : la transcription de l'ARN est initiée quand le cœur de l'ARN polymérase se lie au promoteur avec l'aide de sigma.

10.11 Chez les bactéries, la transcription est catalysée par l'ARN polymérase qui doit être associée au facteur sigma pour l'initiation.

L'orientation et l'espacement des séquences canoniques déterminent le brin qui servira de matrice et, par conséquent, la direction de la transcription.

La position du point de départ n'est pas déterminée par une séquence particulière, mais par la localisation des séquences canoniques qui positionnent l'ARN polymérase de telle sorte que son site actif soit correctement aligné pour l'initiation de la transcription à + 1. Si les séquences canoniques sont déplacées plus en amont ou plus en aval par manipulation génétique, la position du point de départ de transcription est déplacée de façon correspondante.

Pour initier la synthèse d'une molécule d'ARN, l'ARN polymérase apparie la base d'un ribonucléoside triphosphate avec la base complémentaire du site d'initiation sur le brin d'ADN matrice (**Figure 10.11d**). Il ne faut pas d'amorce pour initier la synthèse. Deux des trois groupements phosphate sont normalement clivés du ribonucléoside triphosphate lorsque le nucléotide est ajouté à l'extrémité 3′ de la chaîne d'ARN en croissance, mais, comme le côté 5′ du premier ribonucléoside triphosphate ne participe pas à la formation d'une liaison phosphodiester, ses trois groupements phosphate restent attachés. Une molécule d'ARN possède donc, au moins initialement, trois groupements phosphate à son extrémité 5′ (**Figure 10.11e**).

L'élongation À la fin de l'initiation, l'ARN polymérase subit un nouveau changement de configuration et perd son affinité pour les séquences canoniques du promoteur. Ce changement permet à la polymérase de quitter le promoteur et de commencer la transcription en aval. La sous-unité sigma est généralement libérée après l'incorporation de huit à neuf nucléotides et peut s'associer à une autre molécule de polymérase pour une nouvelle réaction d'initiation. Certaines polymérases restent toutefois associées avec sigma pendant toute l'élongation.

La transcription a lieu dans une courte région d'ADN déroulée (environ 18 nucléotides), appelée bulle de transcription. En se déplaçant le long de la matrice, l'ARN polymérase déroule progressivement l'ADN du côté aval de la bulle de transcription et joint des nucléotides à la molécule d'ARN selon la séquence spécifiée par la matrice, formant un court hybride transitoire ARN-ADN. La torsion imposée par le déroulement favorise la réassociation des brins au fur et à mesure que l'ARN synthétisé se détache de la matrice. (N.d.T. : La vitesse de transcription est de 30 à 50 nucléotides incorporés par seconde.)

Concepts clés

La transcription est initiée à un site qui, chez les bactéries, est déterminé par la liaison de l'ARN polymérase aux séquences canoniques du promoteur. Aucune amorce n'est nécessaire. La transcription a lieu à l'intérieur d'une bulle de transcription. L'ADN est déroulé par la polymérase à l'extrémité aval de la bulle et se réenroule après son passage.

La terminaison L'ARN polymérase ajoute des nucléotides à l'extrémité 3′ de la molécule d'ARN en formation jusqu'à ce qu'elle transcrive un terminateur. La plupart des terminateurs se trouvent en amont du site où la terminaison se produit. Plusieurs événements doivent se produire quasi simultanément au niveau du terminateur pour que la transcription s'arrête : l'ARN polymérase doit cesser la synthèse d'ARN, la molécule d'ARN nouvellement synthétisée doit se détacher complètement de l'ADN et se libérer de l'ARN polymérase qui doit, elle-même, se détacher de la matrice d'ADN.

Les bactéries ont deux types de terminateurs. Les **terminateurs rho-dépendants** ne peuvent déclencher la terminaison de la transcription qu'en présence d'un facteur protéique auxiliaire appelé **facteur rho**. Les **terminateurs rho-indépendants** provoquent la fin de la transcription en l'absence de rho.

Chez les bactéries, il est fréquent qu'un groupe de gènes soit transcrit en une seule molécule d'ARN, appelée **ARN polycistronique**. Un ARN polycistronique est produit quand un groupe de gènes est suivi d'un seul terminateur. Chez les eucaryotes, les gènes sont typiquement transcrits et terminés séparément, ce qui fait que des ARN polycistroniques y sont très peu courants.

Concepts clés

La transcription s'achève après que l'ARN polymérase ait transcrit un terminateur. Les bactéries possèdent deux types de terminateurs : les terminateurs rho-indépendants que l'ARN polymérase reconnaît par elle-même, et les terminateurs rho-dépendants que la polymérase ne reconnaît qu'avec l'aide du facteur protéique rho.

Faisons le lien entre les concepts

Les règles de base de la transcription

Avant de voir comment les molécules d'ARN sont modifiées après la transcription, prenons le temps de résumer les principes généraux de la transcription chez les bactéries.

1. La transcription est un processus sélectif : seules certaines parties de l'ADN sont transcrites.
2. L'ADN est transcrit sur un brin d'ADN. Dans un gène, seul un des brins – le brin matrice – est copié en ARN.
3. Les ribonucléosides triphosphates sont les substrats de la synthèse d'ARN. Deux groupements phosphate d'un ribonucléoside triphosphate sont clivés et le nucléotide résultant est joint à l'extrémité de la chaîne d'ARN en formation.
4. Les molécules d'ARN sont complémentaires du brin d'ADN matrice. La transcription procède toujours dans le sens de 5′ vers 3′, donc la molécule d'ARN s'allonge du côté 3′ et sa polarité est l'opposée de celle du brin matrice.
5. La transcription est effectuée par l'ARN polymérase, une enzyme multimérique complexe. L'ARN polymérase comprend un complexe enzymatique cœur, capable de synthétiser l'ARN, et d'autres sous-unités qui s'y associent transitoirement pour des fonctions particulières. Un facteur sigma permet au complexe enzymatique cœur de se lier à un promoteur et d'initier la transcription.
6. Les promoteurs contiennent des séquences essentielles pour l'attachement de l'ARN polymérase à l'ADN.
7. L'ARN polymérase se lie au promoteur, commence de transcrire le gène au site d'initiation, et arrête la transcription après avoir transcrit un terminateur.

10.3 De nombreux gènes ont une structure complexe

Qu'est-ce qu'un gène ? Comme nous l'avons fait remarquer dans le Chapitre 3, la définition du gène change selon l'aspect de l'hérédité qui est exploré. Nous avions alors défini le gène comme un facteur transmissible qui détermine un caractère. Cette définition pouvait sembler vague, parce qu'elle disait seulement ce que fait un gène sans définir ce qu'il est. Cependant, cette définition était appropriée au contexte, qui envisageait la façon dont sont transmis les traits déterminés par les gènes. Il n'était pas nécessaire de prendre en considération la nature physique du gène pour étudier les règles de l'hérédité.

À présent que nous connaissons la structure chimique de l'ADN et que nous disposons d'information sur le processus de transcription, nous comprenons mieux ce qu'est un gène. Le Chapitre 8 a décrit comment l'information génétique est encodée dans la séquence des bases de l'ADN : un gène est fait d'une succession de nucléotides d'ADN. Mais combien de nucléotides un gène contient-il et comment l'information codée par ces nucléotides est-elle organisée ? En 1902, Archibald Garrod a suggéré – correctement – que les gènes codent les protéines. Les protéines sont composées d'acides aminés. Nous pourrions donc définir un gène comme une séquence de nucléotides qui spécifie la séquence des acides aminés dans une protéine, ce qui a été, de fait, pendant des années la définition fonctionnelle du gène. Toutefois, quand les généticiens en ont appris davantage sur la structure du gène, il est devenu évident que cette définition était trop simple.

L'organisation du gène

Les premières études sur la structure du gène se basaient essentiellement sur l'examen de mutations chez les bactéries et leurs virus. Cette recherche permit à Francis Crick de proposer en 1958 que les gènes et les protéines soient **colinéaires**, c.-à-d. qu'il y ait une correspondance directe entre la séquence des nucléotides dans l'ADN et celle des acides aminés dans une protéine (**Figure 10.12**). (N.d.T. : La **démonstration** de la colinéarité fut apportée en 1963 par les expériences de Yanofsky sur des mutants de la tryptophane synthétase d'*E. coli*, montrant la correspondance entre la position de mutations dans le gène et celle des changements d'acides aminés dans la protéine.) Le concept de colinéarité implique l'existence d'une proportionnalité entre le nombre de nucléotides dans un gène et le nombre d'acides aminés dans la protéine qu'il code. Cette proportionnalité s'observe effectivement chez les bactéries et leurs virus, bien que les gènes soient un peu plus longs que ce à quoi on s'attendrait : les ARNm bactériens comportent à leurs extrémités des séquences qui ne spécifient pas des acides aminés.

Dans un premier temps, on a supposé que les gènes et les protéines eucaryotiques étaient également colinéaires, bien qu'il y eût des indications de possibles différences fondamentales d'avec les gènes bactériens. Les cellules d'eucaryotes contiennent bien plus d'ADN qu'il ne faut pour coder leurs protéines. De plus, nombre de grandes molécules d'ARN observées dans le noyau ne se retrouvent pas dans le cytoplasme, ce

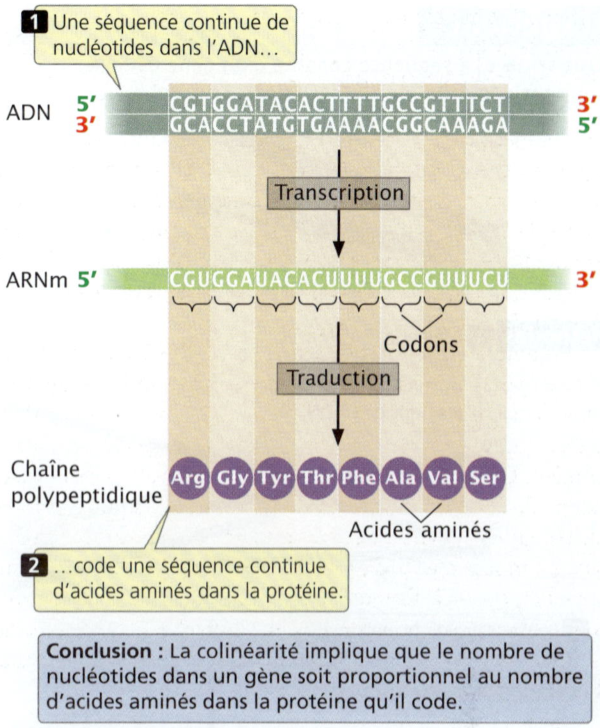

10.12 Le concept de colinéarité suppose qu'une séquence continue de nucléotides dans l'ADN code une séquence continue d'acides aminés dans une protéine. Dans cette illustration, chaque acide aminé est spécifié par un codon.

qui suggère que les ARN nucléaires subissent certains changements avant d'être exportés dans le cytoplasme.

La plupart des généticiens furent néanmoins surpris par l'annonce, en 1977, que quatre séquences codantes d'un gène d'un virus d'eucaryote étaient interrompues par des nucléotides qui ne spécifiaient pas des acides aminés. Quand l'ADN viral fut hybridé avec l'ARNm correspondant, et que les molécules hybrides furent examinées au microscope électronique, il apparut que l'ADN était beaucoup plus long que l'ARNm parce que des régions d'ADN formaient des boucles non appariées dans la structure hybride (**Figure 10.13**). Ces boucles contiennent des nucléotides non codants qui ne se retrouvent pas dans l'ARNm. De nombreux autres exemples de gènes interrompus furent découverts par la suite et il devint évident que la plupart des gènes d'eucaryotes contiennent une alternance de régions codantes et non codantes. (N.d.T. : Pierre Chambon, à l'Université de Strasbourg, fut un des découvreurs du morcellement des gènes eucaryotiques, grâce à ses travaux sur le gène de l'ovalbumine. Il créa le terme de « gènes en mosaïque » pour décrire la structure de ces gènes.)

Concepts clés

Quand une séquence continue de nucléotides dans l'ADN code une séquence continue d'acides aminés dans une protéine, les deux séquences sont dites colinéaires. Chez les eucaryotes, tous les gènes ne sont pas colinéaires avec les protéines qu'ils codent.

Expérience

Question : La séquence codante d'un gène est-elle toujours continue ?

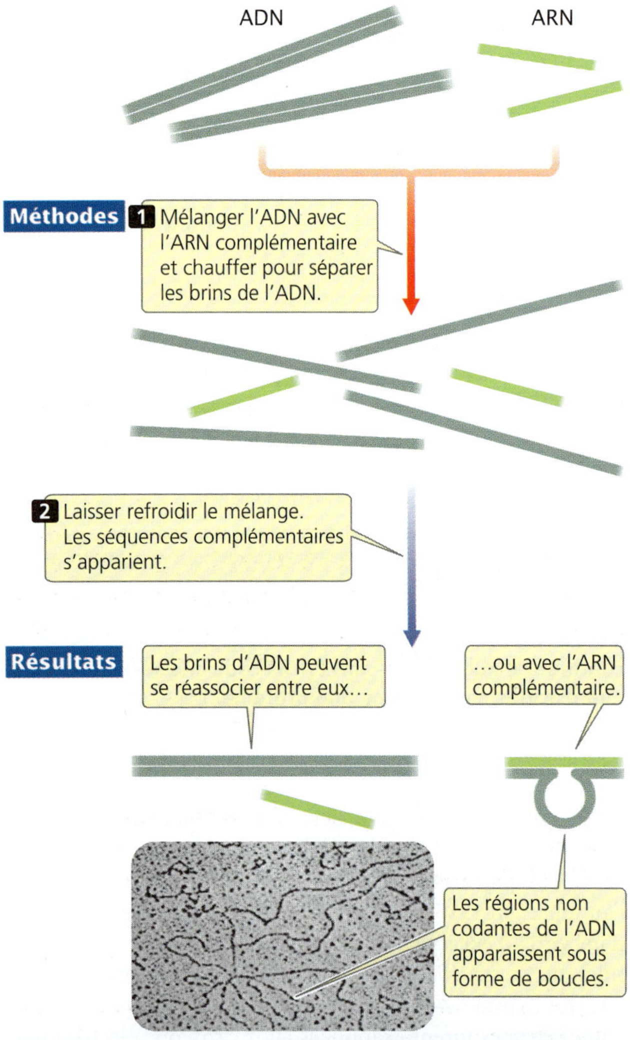

Conclusion : Les séquences codantes d'un gène peuvent être interrompues par des séquences non codantes.

10.13 L'absence de colinéarité des gènes et des protéines d'eucaryotes fut découverte en hybridant l'ADN et l'ARNm. *[Micrographie électronique par O.L. Miller, B.R. Beatty, D.W. Fawcett/ Visuals Unlimited.]*

✔ Test de compréhension 4

Comment a-t-on découvert que les gènes eucaryotiques ne sont pas colinéaires avec leurs protéines ?

Les introns

De nombreux gènes eucaryotiques contiennent des régions codantes appelées **exons** séparées par des régions non codantes appelées **introns**. Par exemple, le gène de l'ovalbumine a huit exons et sept introns ; le gène du cytochrome *b* a cinq exons et quatre introns (**Figure 10.14**). Un gène humain typique contient de 8 à 9 introns. Exons et introns sont transcrits en ARN (transcrit primaire), mais après la transcription, les introns sont éliminés par excision suivie d'épissage et les exons sont jointifs dans l'ARN mature.

Toutes les classes de gènes eucaryotiques, qu'ils codent des ARNr, des ARNt ou des protéines, peuvent contenir des introns. Par contre, les introns sont extrêmement rares dans les gènes bactériens. Le nombre et la taille des introns sont variables : certains gènes eucaryotiques n'en ont pas, tandis que d'autres peuvent en avoir jusqu'à 60 ; la longueur des introns varie de moins de 200 nucléotides à plus de 50 000. Les introns sont généralement plus long que les exons, et de nombreux gènes eucaryotiques contiennent davantage de nucléotides non codants que de nucléotides codants. La grande majorité des introns ne sont pas codants, bien que les généticiens découvrent un nombre croissant d'exceptions.

Concepts clés

De nombreux gènes eucaryotiques contiennent des exons et des introns transcrits en ARN, mais les introns sont ensuite éliminés par le processus de maturation de l'ARN. Le nombre et la taille des introns varient d'un gène à un autre. Les introns sont courants dans les gènes eucaryotiques, mais extrêmement rares dans les gènes bactériens.

La notion de gène doit être actualisée

L'existence d'introns impose une révision de la notion de gène. Un gène ne peut plus être défini comme la séquence continue de nucléotides qui code les acides aminés d'une protéine, parce qu'une telle définition exclut les introns qui ne spécifient pas des acides aminés. Cette définition exclut aussi les extrémités 5′ et 3′ d'une molécule d'ARNm, qui sont nécessaires pour la traduction en protéine mais ne codent pas d'acides aminés. Enfin, cette définition ne prend pas en compte les séquences qui codent des ARN qui ne sont pas traduits en protéines (ARNr, ARNt et petits ARN divers). À ce stade de notre compréhension de la structure et de la fonction de l'ADN, il nous faut revoir la définition du gène.

Une définition élargie du gène consiste à inclure toutes les séquences dans l'ADN qui sont transcrites en une seule molécule d'ARN, ce qui prend en compte les exons, les introns, et les séquences aux extrémités des ARNm qui ne sont pas traduites en protéine. Une telle définition inclut aussi les séquences d'ADN codant les ARNr, les ARNt, et les autres types d'ARN autres que les ARN messagers. Certains généticiens ont élargi davantage encore la notion de gène en y incluant l'unité de transcription tout entière – le promoteur, la région transcrite en ARN, et le terminateur.

Concepts clés

La découverte des introns a imposé une réévaluation de la définition d'un gène. À l'heure actuelle, un gène est souvent défini comme une séquence d'ADN transcrite en une molécule d'ARN, ou même comme la séquence entière d'ADN nécessaire à la transcription et au codage d'une molécule d'ARN.

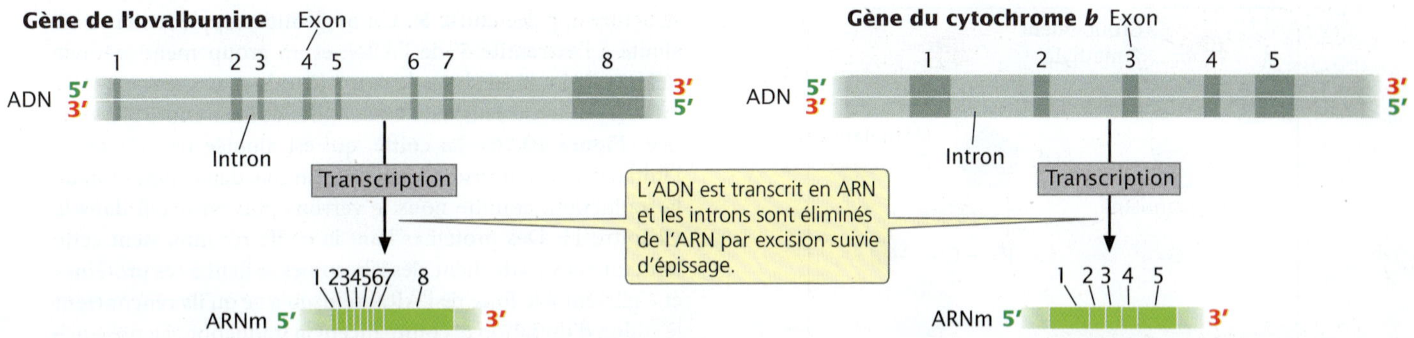

10.14 La séquence codante de nombreux gènes eucaryotiques est interrompue par des introns non codants.

10.4 Chez les eucaryotes, de nombreuses molécules d'ARN sont modifiées après la transcription

Dans cette section, nous examinerons les modifications subies par les différents types d'ARN après leur transcription.

La maturation de l'ARN messager

L'ARN messager sert de support pour la synthèse des protéines ; il apporte l'information génétique de l'ADN à un ribosome et aide à l'assemblage bien ordonné des acides aminés. Chez les bactéries, l'ARNm est le produit direct de la transcription, mais, chez les eucaryotes, le transcrit primaire est un pré-ARNm qui est ensuite modifié pour produire un ARNm mature. Nous utiliserons le terme d'ARNm pour désigner les molécules d'ARN qui ont subi la maturation et qui sont prêtes à être traduites.

La structure de l'ARNm Dans l'ARNm, des groupes de trois nucléotides, appelés **codons**, spécifient chaque acide aminé d'une protéine. Les ARNm procaryotiques et eucaryotiques contiennent trois régions importantes (**Figure 10.15**). La **région 5′ non traduite** ou **séquence de tête** (parfois appelée séquence « leader ») n'est pas codante. Dans les ARNm bactériens, cette région contient une séquence canonique appelée séquence de **Shine-Dalgarno**, qui sert de site de liaison des ribosomes pendant la traduction, et qui se trouve sept nucléotides en amont du premier codon traduit (codon d'initiation). Chez les eucaryotes, les ribosomes se lient à une extrémité 5′ modifiée de l'ARNm, comme nous le verrons plus loin dans ce chapitre.

Le segment suivant de l'ARNm est la **région codant les protéines**. Cette région commence par un codon initiateur et se termine par un codon stop. La dernière région est la **région 3′ non traduite** (parfois appelée séquence « traîne »). Cette région est importante pour la stabilité de l'ARNm, et donc pour la traduction en protéine de la région codante.

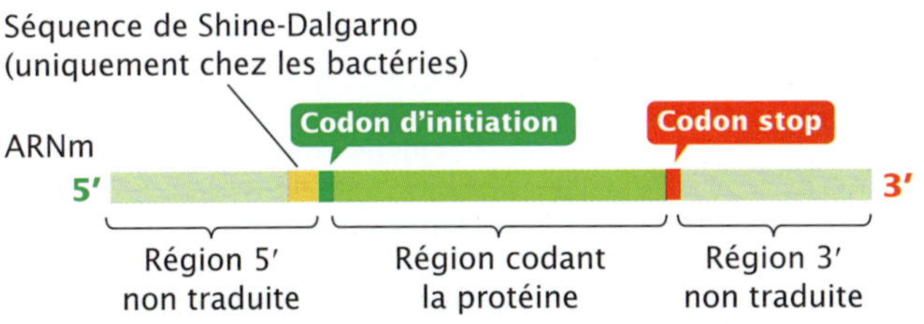

10.15 Les trois régions principales d'un ARNm mature sont la région 5′ non traduite, la région codant la protéine, et la région 3′ non traduite.

> **Concepts clés**
>
> Les molécules d'ARN messager contiennent trois régions importantes : une région 5′ non traduite ou séquence de tête, une région codant les protéines, et une région 3′ non traduite.
>
> **✔ Test de compréhension 5**
>
> Quelle région de l'ARNm contient-elle la séquence de Shine-Dalgarno ?
>
> a. La région 5′ non traduite
> b. La région codant les protéines
> c. la région 3′ non traduite
> d. Les trois régions mentionnées ci-dessus

Dans les cellules bactériennes, la transcription et la traduction ont lieu simultanément ; tandis que la partie 3′ d'un ARNm finit d'être transcrite, des ribosomes s'attachent déjà à la séquence de Shine-Dalgarno près de l'extrémité 5′ et commencent la traduction. Ce couplage de la transcription et de la traduction rend inutile une modification de l'ARNm bactérien préalablement à la synthèse de protéines. Par contre, dans les cellules eucaryotiques, la transcription et la traduction sont séparées dans le temps et dans l'espace. La transcription s'effectue dans le noyau, tandis que l'essentiel de la traduction a lieu dans le cytoplasme ; cette séparation permet à l'ARNm eucaryotique de subir des modifications importantes avant d'être traduit. Des modifications sont apportées aux

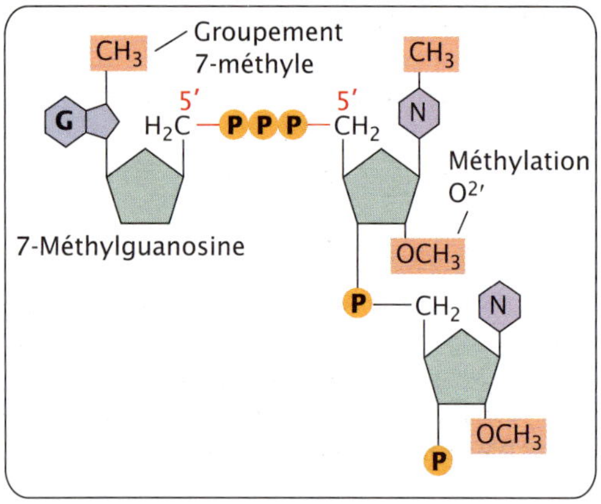

10.16 La plupart des ARNm eucaryotiques ont une coiffe 5′. La coiffe consiste en un nucléotide 7-méthylguanosine attaché au pré-ARNm par une liaison 5′ – 5′ d'un type spécial, et en groupements méthyle ajoutés au 2′-OH des sucres des deuxième et troisième nucléotides. Parfois, un groupement méthyle est ajouté à la base (N) du nucléotide initial.

extrémités 5′ et 3′ ainsi qu'à la section codant les protéines de la molécule d'ARN. Des résultats récents et controversés suggèrent l'existence d'une certaine activité de traduction dans le noyau des eucaryotes. S'ils s'avéraient exacts, ils signifieraient qu'un couplage entre transcription et traduction est possible chez les eucaryotes. La relation entre un tel couplage et la maturation de l'ARN demeure peu claire.

L'addition d'une coiffe 5′ Une des modifications du pré-ARNm eucaryotique est l'addition à son extrémité 5′ d'une structure appelée **coiffe 5′**. Un nucléotide supplémentaire est ajouté à l'extrémité 5′ de l'ARN, et un groupement méthyle (CH_3) est ajouté à la base de ce nucléotide et au groupe 2′-OH du sucre d'un ou plusieurs nucléotides de l'extrémité 5′ modifiée (**Figure 10.16**). La coiffe, qui est ajoutée très tôt après l'initiation de la transcription, joue un rôle dans l'initiation de la traduction, comme nous le verrons plus en détail dans le Chapitre 11. Des protéines liant la coiffe reconnaissent cette structure et s'y attachent ; les ribosomes se lient à ces protéines et « glissent » le long de l'ARNm jusqu'à ce qu'ils rencontrent le codon d'initiation et commencent la traduction. La présence d'une coiffe 5′ augmente la stabilité de l'ARNm et influence l'élimination des introns.

L'addition d'une queue poly(A) Une deuxième modification de l'ARNm eucaryotique est l'addition de 50 à 250 nucléotides adénine à son extrémité 3′, formant une **queue poly(A)**. Ces nucléotides ne sont pas codés par l'ADN, mais sont ajouté après la transcription par un mécanisme de polyadénylation (**Figure 10.17**). La plupart des gènes eucaryotiques sont transcrits bien au-delà de la fin de la séquence codante ; l'ARN excédentaire en 3′ est ensuite éliminé par clivage et une queue poly(A) est ajoutée. Plus de 1 000 nucléotides peuvent être enlevés à l'extrémité 3′ de certains pré-ARNm.

La maturation de l'extrémité 3′ du pré-ARNm nécessite la participation de séquences en amont et en aval du site de clivage. La séquence canonique AAUAAA est située 11 à 30 nucléotides en amont du site de clivage et détermine sa position (voir la Figure 10.17). Une séquence riche en nucléotides uracile (ou en nucléotides guanine et uracile) est située à une trentaine de nucléotides en aval du site de clivage. Un grand nombre de protéines organisées en complexe reconnaissent

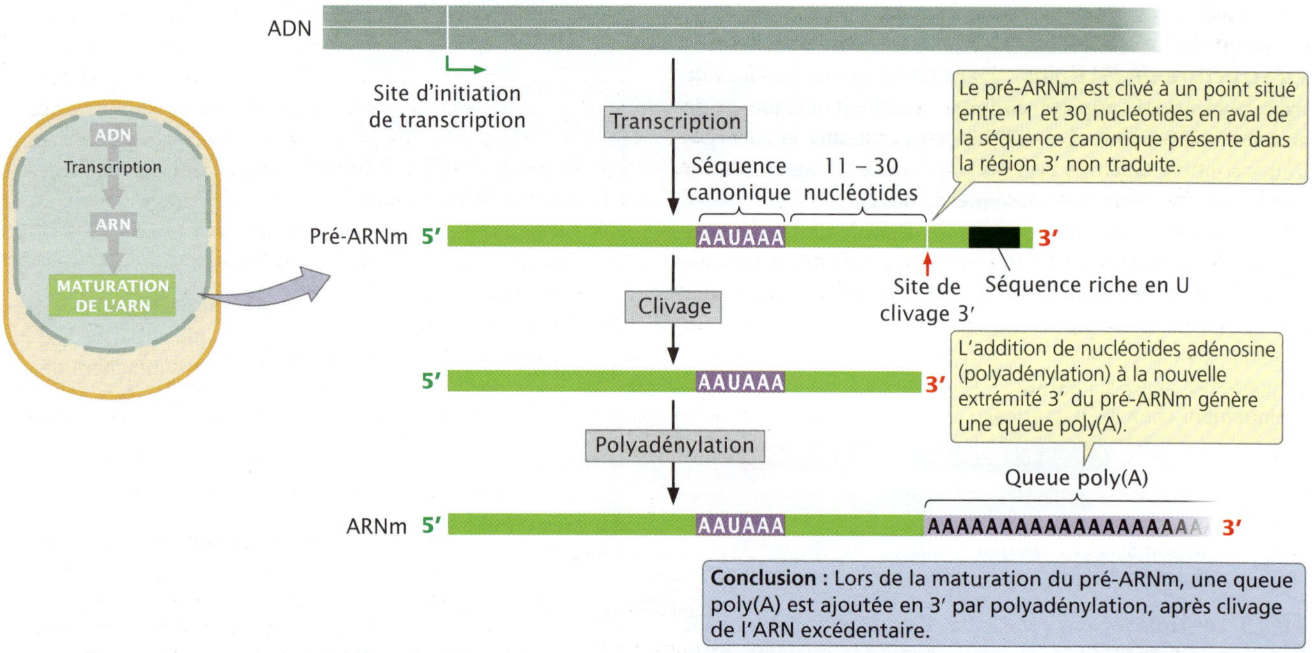

10.17 La plupart des ARNm eucaryotiques ont une queue poly(A) en 3′.

le site de clivage et éliminent le bout 3′. Après clivage, des nucléotides adénine sont ajoutés à la nouvelle extrémité 3′, formant la queue poly(A).

La queue poly(A) stabilise de nombreux ARNm en augmentant leur durée de vie, et donc leur disponibilité pour la traduction. L'attachement de protéines à la queue poly(A) protège l'ARNm de la dégradation par des enzymes présentes dans le cytoplasme. La queue poly(A) a aussi un rôle facilitateur de l'attachement des ribosomes à l'ARNm.

Concepts clés

Les pré-ARNm eucaryotiques sont modifiés à leurs extrémités 5′ et 3′. Une coiffe formée d'un nucléotide modifié et de plusieurs groupements méthyle est ajoutée à l'extrémité 5′. La coiffe facilite la mobilisation des ribosomes, augmente la stabilité de l'ARNm, et peut avoir un effet sur l'élimination des introns. La maturation de l'extrémité 3′ comporte un clivage en aval d'une séquence canonique AAUAAA et l'addition d'une queue poly(A).

L'excision-épissage de l'ARN Une autre modification très importante du pré-ARNm eucaryotique est l'élimination des introns par **excision** suivie **d'épissage des exons**, c'est-à-dire la réunion bout à bout des exons. Cette modification a lieu dans le noyau, avant que l'ARN soit exporté vers le cytoplasme. Ce processus implique trois séquences présentes dans l'intron. Deux d'entre elles se trouvent respectivement aux extrémités 5′ et 3′ de l'intron – les **sites d'excision-épissage 5′** et **3′** (**Figure 10.18**) ; ces sites contiennent de courtes séquences canoniques. La plupart des introns des pré-ARNm commencent par GU et se terminent par AG, ce qui indique que ces motifs de séquence jouent un rôle crucial dans l'excision-épissage. En effet, le changement d'un seul de ces nucléotides suffit à bloquer le processus.

La troisième position importante pour l'excision-épissage est le **point de formation de branche**, qui est un nucléotide adénine situé entre 18 et 40 nucléotides en amont du site 3′ (voir la Figure 10.18). La séquence entourant ce point n'est pas très conservée. Par contre, une délétion ou une mutation affectant le nucléotide adénine du point de formation de branche empêche l'excision-épissage d'avoir lieu.

L'excision-épissage se déroule à l'intérieur d'une vaste structure, le **splicéosome** (N.d.T. : Un anglicisme malheureusement incontournable ; en anglais, «to splice » signifie épisser.), qui est un des plus grands complexes moléculaires de la cellule. Le splicéosome contient cinq molécules d'ARN et près de 300 protéines. Les composants ARN sont des petits ARN nucléaires ; ces ARNpn s'associent à des protéines pour former de petites particules ribonucléoprotéiques (RNPpn). Chaque RNPpn contient une seule molécule d'ARNpn et plusieurs protéines. Le splicéosome est formé de cinq RNPpn, nommées d'après l'ARNpn qu'elles contiennent (U1, U2, U4, U5, et U6), ainsi que de protéines non associées à un ARNpn.

Concepts clés

Les introns des gènes nucléaires contiennent trois motifs canoniques essentiels pour l'excision-épissage : un site d'excision-épissage 5′, un site 3′, et un point de formation de branche. L'excision-épissage d'un pré-ARNm a lieu dans un vaste complexe appelé le splicéosome, qui est formé d'ARNpn et de protéines.

✔ Test de compréhension 6

Si un site d'épissage était muté de sorte que la maturation n'ait pas lieu, quel en serait l'effet sur la protéine codée par l'ARNm ?

a. Elle serait plus courte que la protéine normale.

b. Elle serait plus longue que la protéine normale.

c. Elle aurait la longueur normale mais contiendrait des acides aminé différents.

La **Figure 10.19** montre l'élimination en deux étapes d'un intron situé entre un exon amont (exon 1) et un exon aval (exon 2). Le pré-ARNm est d'abord coupé au site d'excision-épissage 5′. Cette coupure sépare l'exon 1 de l'intron dont l'extrémité 5′ s'attache au point de formation de branche. L'intron se replie sur lui-même, formant une structure en **lasso**. Cette réaction est une transestérification qui lie le nucléotide guanine du motif canonique 5′ au nucléotide adénine conservé du point de formation de branche. Le groupe 5′-phosphate du nucléotide guanine est attaché au groupe 2′-OH du nucléotide adénine (voir la Figure 10.19).

Dans la deuxième étape, une coupure est pratiquée au site d'excision-épissage 3′. L'extrémité 3′ de l'exon 1 est attachée de façon covalente à l'extrémité 5′ de l'exon 2 (la réaction d'épissage), et simultanément, l'intron est libéré sous sa forme de lasso. L'intron est linéarisé quand la liaison phosphodiester 2′, 5′ est rompue et il est dégradé rapidement par des ribonucléases. L'ARNm mature formé par l'épissage des exons est exporté vers le cytoplasme, où il est traduit. Les réactions d'excision-épissage ont lieu dans le splicéosome.

De nombreux pré-ARNm eucaryotiques peuvent subir des **maturations alternatives** : un seul pré-ARNm est maturé de différentes façons pour produire des ARNm matures différents. Dans ce cas, différentes protéines sont produites à partir de la même séquence d'ADN. Le principal type de maturation

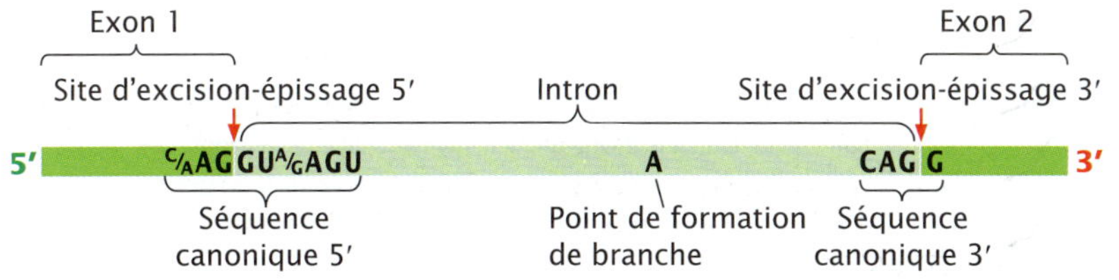

10.18 L'excision-épissage du pré-ARNm nécessite la présence de séquences canoniques. Des séquences canoniques essentielles sont présentes aux sites d'excision-épissage 5′ et 3′. Une séquence moins conservée (non montrée) existe au point de formation de branche.

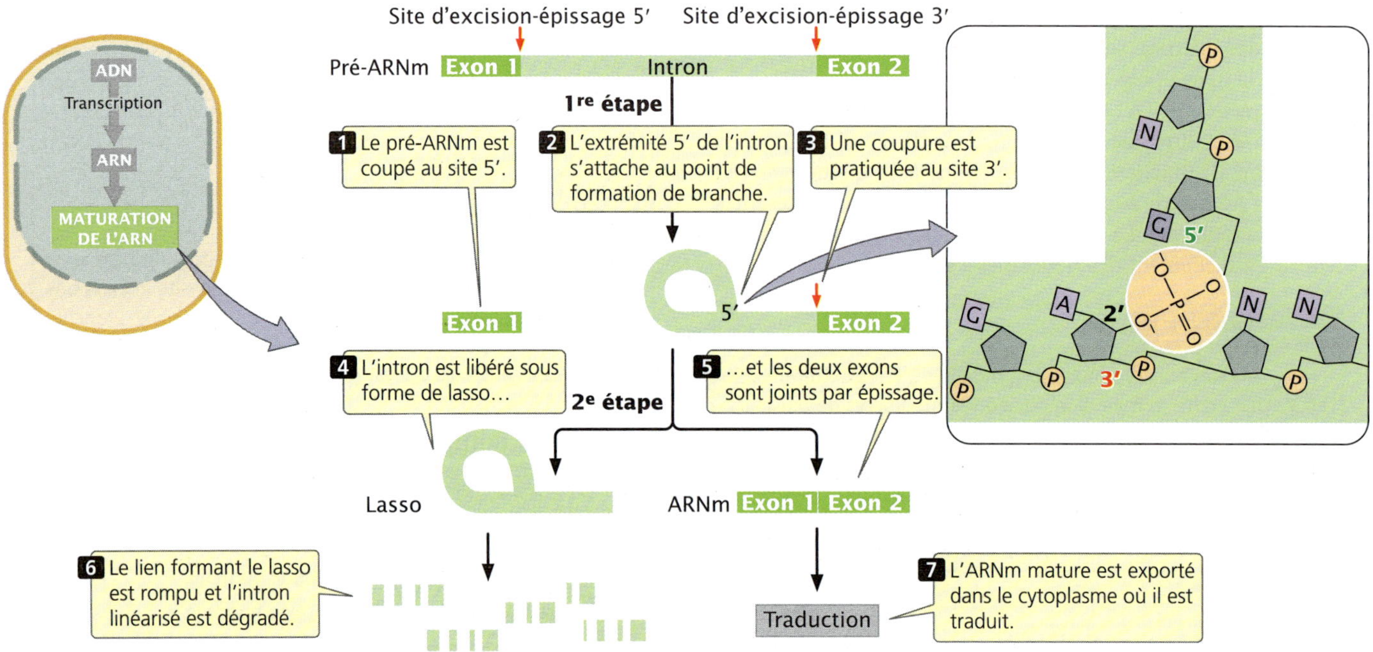

10.19 **L'excision-épissage des introns dans le noyau est un processus en deux étapes.**

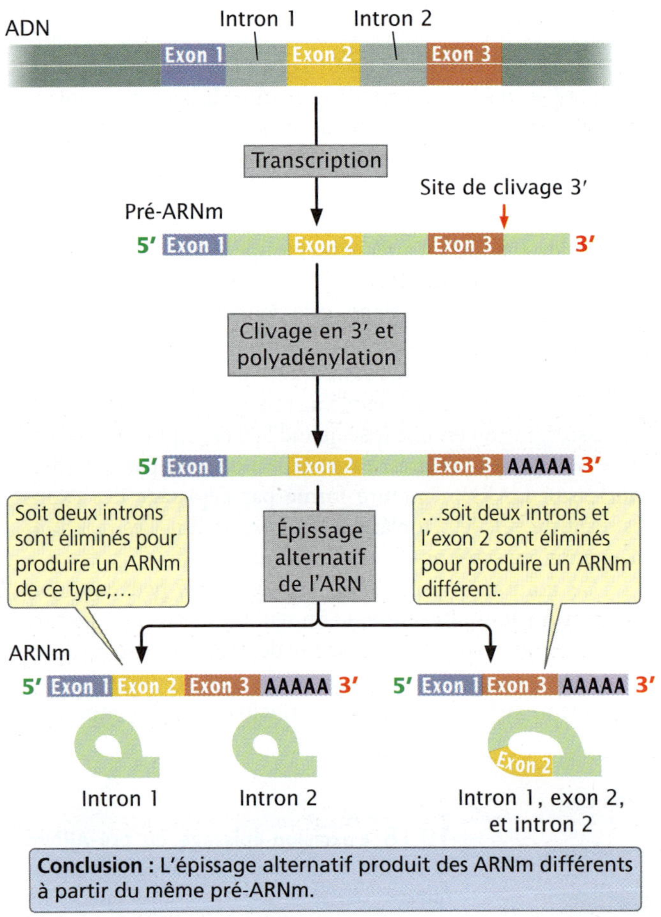

10.20 **Les cellules eucaryotiques ont des voies alternatives pour l'excision-épissage des pré-ARNm.**

alternative est l'**épissage alternatif**, qui joint différentes combinaisons d'exons (**Figure 10.20**). La maturation alternative est une source importante de diversité des protéines chez les vertébrés ; on estime que 60 % des gènes humains font l'objet d'une maturation alternative.

Concepts clés

L'excision-épissage des introns des pré-ARNm s'effectue en deux étapes : (1) une coupure détache l'extrémité 5′ de l'intron, qui s'attache au point de formation de branche pour former un lasso, et (2) une coupure détache l'extrémité 3′ de l'intron tandis que les exons flanquants sont épissés l'un à l'autre. Ces réactions ont lieu dans le splicéosome. L'épissage alternatif permet l'épissage de différentes combinaisons d'exons pour produire des ARNm codant des protéines différentes.

Faisons le lien entre les concepts

Structure des gènes eucaryotiques et maturation des pré-ARNm

Nous venons d'introduire une série de concepts nouveaux concernant les gènes et les molécules d'ARN : les promoteurs, les régions 5′ non traduites, les introns, les régions 3′ non traduites, les queues poly(A), et les coiffes. Voyons comment ces éléments se combinent dans un gène eucaryotique type et comment un ARNm mature est produit à partir d'un tel gène.

Le promoteur, qui comprend généralement une centaine de nucléotides en amont du site d'initiation de la transcription, est nécessaire à la transcription, mais il ne fait habituellement pas partie du transcrit produit par l'ARN polymérase II à partir d'un gène codant une protéine (**Figure 10.21a**). Plus en amont ou en aval du promoteur, il peut y avoir des sites d'activation qui régulent aussi la transcription.

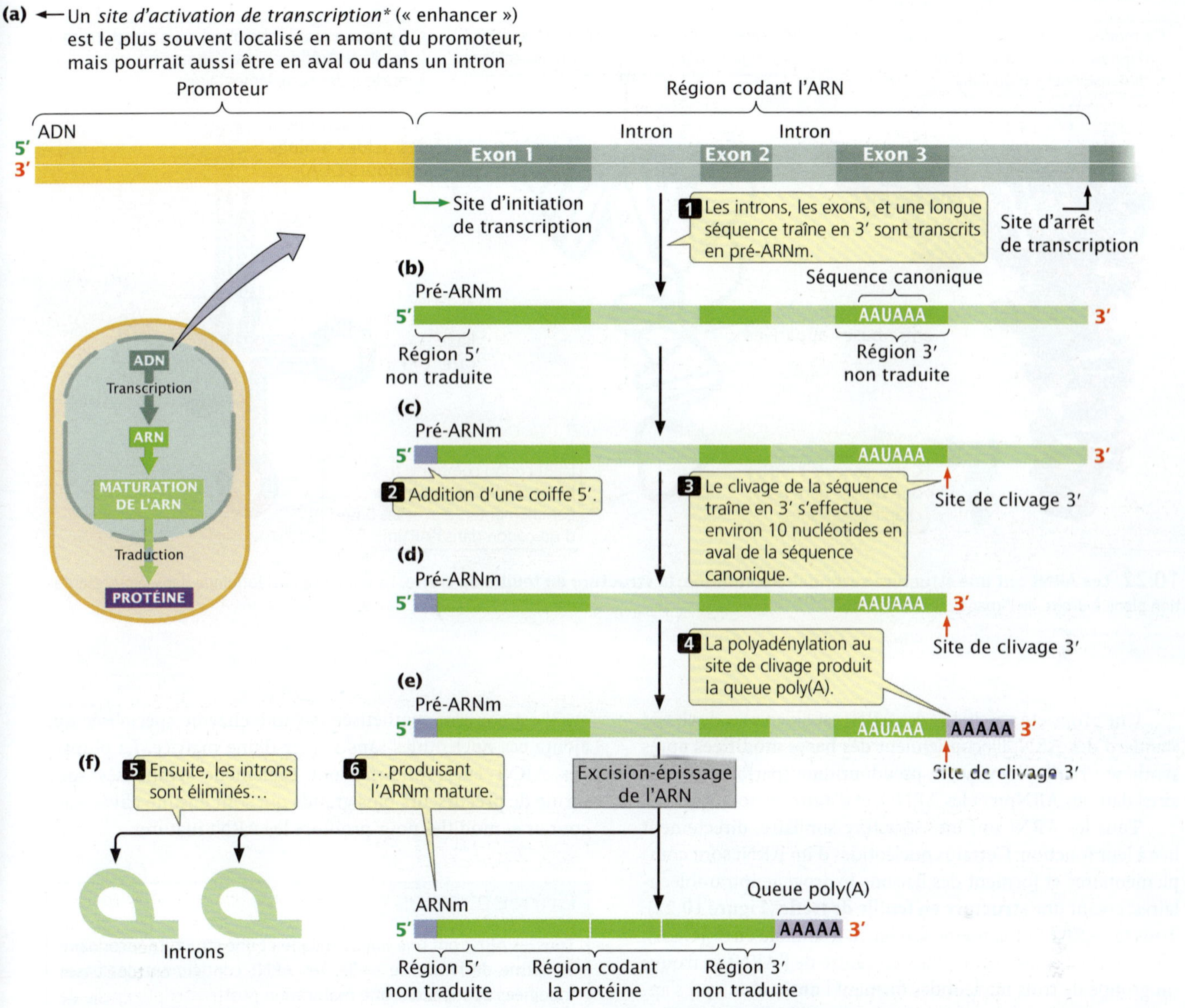

10.21 Chez un eucaryote, la maturation du pré-ARNm se produit pendant et après la transcription. *(N.d.T. : La transcription est sous le contrôle de facteurs activateurs ou inhibiteurs qui se lient à des sites localisés parfois très loin du gène. L'appellation générique d'un site où se lie un facteur activateur de transcription est « site d'activation de transcription » ou « enhancer » en anglais.)

Tous les nucléotides compris entre le site d'initiation de la transcription et le site d'arrêt de transcription sont transcrits en un pré-ARNm, y compris les exons, les introns, et une longue séquence traîne en 3' qui sera ensuite détachée du transcrit (**Figure 10.21b**). Observez que l'extrémité 5' du premier exon contient la séquence codant la région 5' non traduite et que l'extrémité 3' du dernier exon contient la séquence codant la région 3' non traduite.

Le pré-ARNm subit ensuite des remaniements qui vont produire l'ARNm mature. La première étape de maturation est l'addition d'une coiffe à l'extrémité 5' du pré-ARNm (**Figure 10.21c**). Ensuite, l'extrémité 3' est coupée à un site en aval de la séquence canonique AAUAAA présente dans le dernier exon (**Figure 10.21d**). Immédiatement après ce clivage, une queue poly(A) est attachée à la nouvelle extrémité 3' (**Figure 10.21e**). Enfin, les introns sont excisés pour produire l'ARNm mature (**Figure 10.21f**). L'ARNm contient alors la région codant la protéine, flanquée des régions 5' et 3' qui ne sont pas traduites en acides aminés.

La structure et la maturation des ARN de transfert

L'ARN de transfert sert de lien entre les nucléotides codants d'un ARNm et les acides aminés qui forment une protéine. Chaque ARNt lie un acide aminé spécifique et l'apporte au ribosome où il l'ajoute à la chaîne polypeptidique en formation, à la position spécifiée par les instructions génétiques contenues dans l'ARNm.

La structure de l'ARN de transfert Chaque ARNt lie spécifiquement un type d'acide aminé. Le complexe formé par l'ARNt et l'acide aminé est décrit de façon abrégée en ajoutant au terme ARNt trois lettres en exposant représentant l'acide aminé. Par exemple, l'ARNt qui lie l'acide aminé alanine s'écrit $ARNt^{Ala}$.

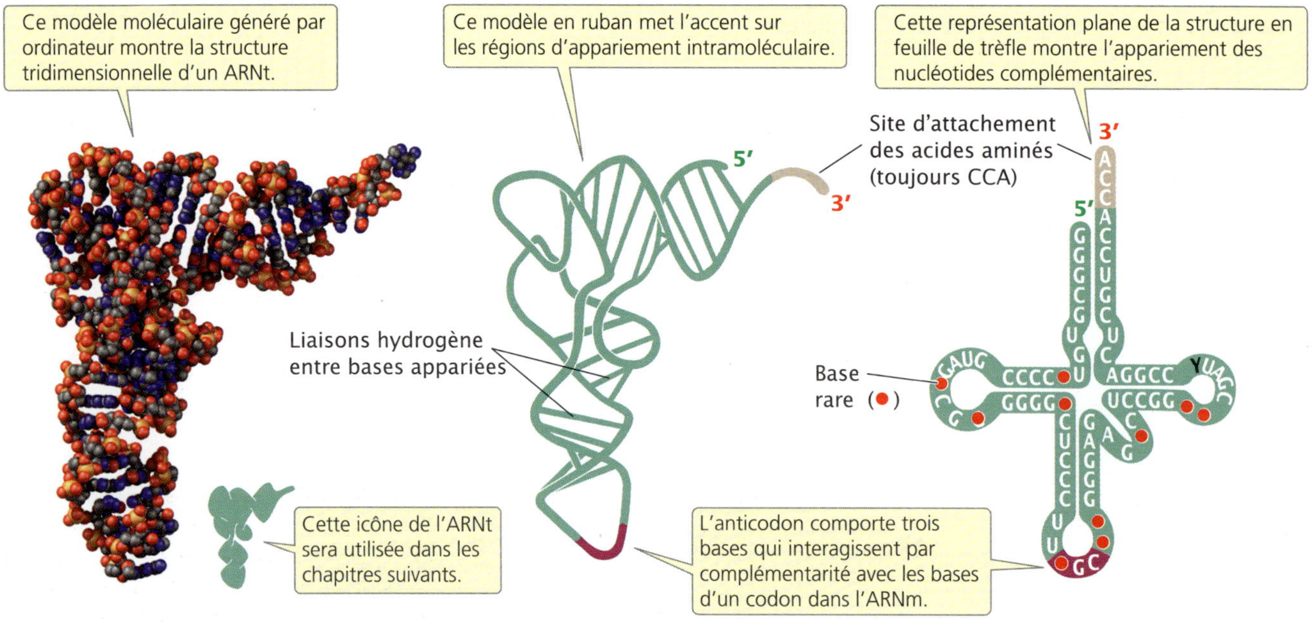

10.22 Les ARNt ont une structure secondaire commune, la structure en feuille de trèfle. La séquence nucléotidique dans la représentation plane à droite de l'image est celle de l'ARNt^{Ala}.

Une propriété spécifique des ARNt est qu'en plus des bases standard des ARN, ils contiennent des **bases modifiées** après synthèse : la ribothymine, la pseudouridine (parfois présente aussi dans les ARNpn et les ARNr), et d'autres bases rares.

Tous les ARNt ont une structure similaire, directement liée à leur fonction. Certains nucléotides d'un ARNt sont complémentaires et forment des liaisons hydrogène intramoléculaires, créant une **structure en feuille de trèfle** (**Figure 10.22**). Tous les ARNt ont la même séquence terminale en 3′ (CCA), où s'attache l'acide aminé. Plus au centre de l'ARNt se trouve un groupe de trois nucléotides formant l'**anticodon**, qui s'apparie avec un codon complémentaire dans l'ARNm pendant la synthèse de la protéine, ce qui assure que les acides aminés se lient dans le bon ordre.

Bien que chaque molécule d'ARNt ait une structure secondaire en feuille de trèfle suite à l'appariement interne de bases, une autre structure tri-dimensionnelle (structure tertiaire) se forme dans la cellule. Les études par cristallographie aux rayons X ont montré que la feuille de trèfle se replie sur elle-même pour former une structure en forme de L, représentée en modèles compact et en ruban dans la Figure 10.22.

La maturation des ARNt Les ARNt bactériens et eucaryotiques subissent des modifications importantes après leur transcription. Chez *E. coli*, plusieurs ARNt sont généralement transcrits ensemble sous la forme d'un ARN précurseur qui est ensuite découpé en fragments correspondant chacun à un ARNt. Des nucléotides excédentaires aux extrémités 5′ et 3′ peuvent alors être ôtés un à un par des ribonucléases. Des enzymes modificatrices de bases peuvent alors changer certaines bases standard en bases modifiées. La séquence CCA en 3′ est souvent synthétisée par une enzyme spécialisée qui ajoute ces nucléotides sans s'aider d'une matrice. La plupart des ARNt eucaryotiques sont également synthétisés sous forme de précurseurs plus grands qui sont ensuite clivés, raccourcis et modifiés pour produire les ARNt matures.

Concepts clés

Tous les ARNt ont une taille similaire et une structure secondaire en forme de feuille de trèfle. Les ARNt contiennent des bases modifiées et subissent une maturation posttranscriptionnelle de grande ampleur tant dans les cellules bactériennes que dans les cellules eucaryotiques.

La structure et la maturation des ARN ribosomiaux

C'est dans les ribosomes que les instructions génétiques contenues dans un ARNm sont traduites en séquence d'acides aminés d'un polypeptide. Les ribosomes sont des organites complexes, formés chacun de plus de 50 protéines et molécules d'ARN différentes (**Tableau 10.4**). Un ribosome fonctionnel contient une **grande** et une **petite sous-unité**. Les tailles des sous-unités ribosomiales et des ARN qu'elles contiennent sont données en Svedberg (S), des unités rendant compte de la vitesse de sédimentation d'un objet soumis à une ultracentrifugation. Les ARNr des bactéries et des eucaryotes subissent une maturation. Une molécule d'ARN précurseur est clivée et des nucléotides excédentaires sont éliminés pour produire les ARNr matures présents dans les

Tableau 10.4 Composition des ribosomes des cellules bactériennes et eucaryotiques

Type de cellule	Taille du ribosome	Sous-unité	Composants ARNr	Protéines
Bactérienne	70S	Grande (50S)	23S (2 900 nucléotides), 5S (120 nucléotides)	31
		Petite (30S)	16S (1 500 nucléotides)	21
Eucaryotique	80S	Grande (60S)	28S (4 700 nucléotides), 5,8S (160 nucléotides), 5S (120 nucléotides)	49
		Petite (40S)	18S (1 900 nucléotides)	33

Note : « S » désigne les unités Svedberg.

ribosomes. Chez les eucaryotes, de petits ARN nucléolaires (ARNpno) assistent le clivage et la modification de l'ARNr ainsi que l'auto-assemblage des sous unités ribosomiales autour des ARNr matures.

Concepts clés

Un ribosome est un organite complexe contenant plusieurs molécules d'ARNr et de nombreuses protéines. Chaque ribosome fonctionnel est formé d'une grande et d'une petite sous-unité. Les ARNr des bactéries et des eucaryotes sont modifiés après leur transcription.

Les petits ARN interférents et les micro-ARN

En 1998, Andrew Fire, Craig Mello et leurs collaborateurs observèrent un phénomène inattendu. Ils inhibaient l'expression de gènes chez le nématode *Caenorhabditis elegans* en injectant dans les animaux des molécules d'ARN simple brin complémentaires de l'ADN de ces gènes. Ces molécules, appelées ARN anti-sens, inhibent l'expression des gènes en s'hybridant aux ARNm, empêchant ainsi leur traduction. Fire, Mello, et leurs collaborateurs découvrirent qu'un silençage de gènes encore plus efficace s'obtenait en injectant de l'ARN double brin dans les animaux. Cette observation était surprenante parce qu'on ne connaissait pas de mécanisme par lequel de l'ARN double brin aurait pu inhiber la traduction. On s'aperçut alors que plusieurs autres cas de silençage de gènes décrits auparavant étaient aussi provoqués par de l'ARN double brin. Ces études aboutirent à la découverte d'une classe abondante de très petits ARN, appelés petits ARN interférents (ARNpi) ou micro-ARN (ARNmi) selon leur origine et leur mode de fonctionnement. Nous savons à présent qu'on trouve des ARNpi et des ARNmi chez de nombreux eucaryotes où ils régulent l'expression génique par un processus appelé interférence d'ARN ; les micro-ARN sont aussi impliqués dans une série d'autres phénomènes. En 2006, Fire et Mello ont reçu le Prix Nobel de physiologie ou médecine pour récompenser leur découverte.

L'**interférence d'ARN** est un mécanisme puissant et précis utilisé par les cellules eucaryotiques pour contrer l'invasion par des gènes étrangers (de virus et de transposons) et pour réguler l'expression de leurs propres gènes. L'interférence d'ARN est déclenchée par des molécules d'ARN double brin qui peuvent être produites de différentes façons (**Figure 10.23**) : par la transcription de répétitions inversées en une molécule d'ARN qui se replie sur elle-même par appariement interne de bases, ou par la transcription simultanée de deux molécules d'ARN différentes mais complémentaires, et qui s'apparient, ou encore, suite à l'infection par un virus qui produit de l'ARN double brin. Ces différentes molécules d'ARN double brin sont coupées en petits fragments par une ribonucléase appelée « Dicer » (ce qui signifie « éminceuse » en anglais). Les petites molécules d'ARN sont ensuite désenroulées pour produire les ARNpi et les ARNmi (voir la Figure 10.23).

L'interférence d'ARN est responsable de la régulation d'une série de processus génétiques et développementaux importants, dont les changements de structure de la chromatine, la traduction, le destin et la prolifération cellulaires, et la mort cellulaire. Les généticiens utilisent aussi le système d'interférence d'ARN comme outil pour bloquer l'expression de gènes spécifiques (voir le Chapitre 14).

Les types de petits ARN Les petits ARN interférents et les micro-ARN sont les deux classes les plus abondantes de molécules d'ARN impliquées dans l'interférence d'ARN. Bien que ces deux types d'ARN aient une origine différente (**Tableau 10.5** ; voir la Figure 10.23), ils partagent plusieurs caractéristiques et leurs fonctions se recouvrent largement.

Les molécules d'ARNpi et d'ARNmi se combinent avec des protéines pour former un **complexe de silençage induit par ARN** ou **complexe RISC** (acronyme de « RNA-induced silencing complex » en anglais). Le complexe RISC s'attache par appariement à une molécule d'ARNm qui possède une séquence complémentaire de celle de l'ARNpi ou de l'ARNmi contenu dans le RISC, pour couper cet ARNm, ce qui conduit à sa dégradation, ou pour en réprimer la traduction. Certains ARNpi servent aussi à guider la méthylation de séquences d'ADN complémentaires, tandis que d'autres altèrent la structure de la chromatine, deux processus qui ont un effet sur la transcription.

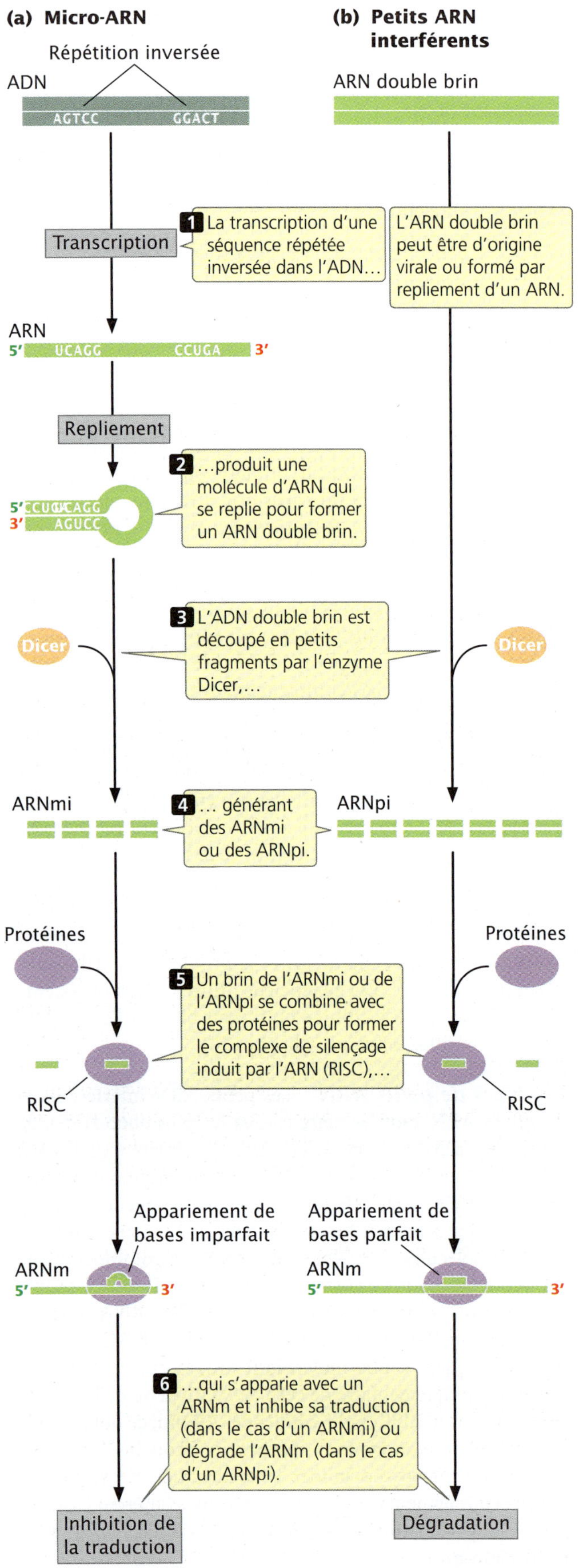

10.23 Les petits ARN interférents et les micro-ARN sont produits à partir d'ARN double brin.

La maturation et la fonction des micro-ARN On a trouvé des micro-ARN dans tous les organismes eucaryotiques qui ont été examinés pour leur présence, ainsi que chez les virus. Les ARNmi contrôlent l'expression de gènes qui participent à de nombreux processus biologiques, dont la croissance, le développement et le métabolisme.

Les gènes codant les ARNmi sont transcrits sous forme de précurseurs, appelés ARNmi primaires (pri-ARNmi), longs de plusieurs centaines à plusieurs milliers de nucléotides (**Figure 10.24**). Les pri-ARNmi sont ensuite clivés en une ou plusieurs molécules d'ARN plus petites contenant une structure secondaire en **épingle à cheveux**, qui se forme quand des séquences d'un même brin sont complémentaires et s'apparient. La ribonucléase Dicer se lie à cette structure en épingle à cheveux et élimine la boucle terminale. Un des brins d'ARNmi est incorporé dans un RISC ; l'autre brin est libéré et dégradé.

Concepts clés

Les petits ARN interférents et les micro-ARN sont de très petits ARN produits par le clivage de molécules d'ARN double brin plus longues par l'enzyme Dicer. Les ARNpi et les ARNmi participent à divers processus, dont la dégradation de l'ARNm, l'inhibition de la traduction, la méthylation de l'ADN, et le remodelage de la chromatine.

Tableau 10.5 Les différences entre ARNpi et ARNmi

Caractéristique	ARNpi	ARNmi
Origine	ARNm, transposon, ou virus	ARN transcrit d'un gène spécifique
Produit par clivage de	ARN double brin ou ARN simple brin replié en longues épingles à cheveux	ARN simple brin qui forme de courtes épingles à cheveux
Action	Certains provoquent la dégradation de l'ARNm, d'autres inhibent la transcription	Certains provoquent la dégradation de l'ARNm, d'autres inhibent la traduction
Cible	Les gènes à partir desquels ils ont été transcrits	Des gènes autres que ceux à partir desquels ils ont été transcrits

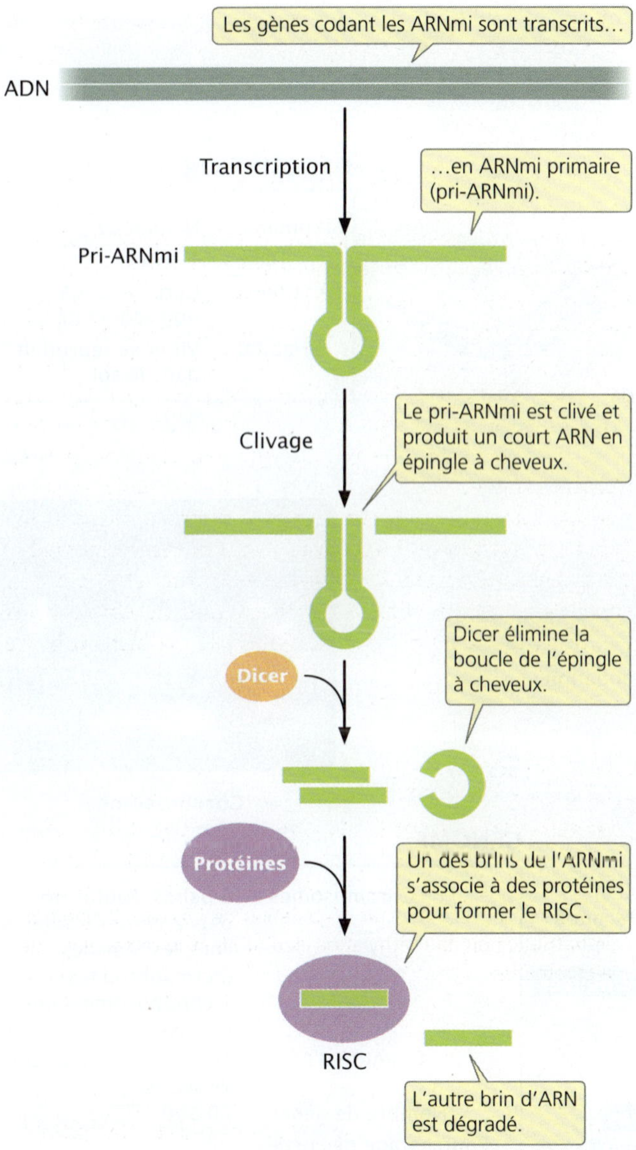

10.24 Les micro-ARN sont produits par le clivage d'ARN primaires plus grands (pri-ARNmi).

Un organisme modèle en génétique

Le ver nématode *Caenorhabditis elegans*

Nous avons vu que l'interférence d'ARN avait été mise en évidence chez le nématode *Caenorhabditis elegans*, quand des généticiens ont découvert qu'ils pouvaient éteindre l'expression de gènes spécifiques en injectant de l'ARN double brin complémentaire aux gènes en question. Ces généticiens étudiaient l'expression des gènes chez *C. elegans* parce que cet organisme est un excellent modèle génétique, en particulier pour l'étude des gènes contrôlant le développement. Pour des raisons qui ne sont pas encore tout à fait comprises, l'interférence d'ARN est particulièrement performante chez cette espèce.

Vous pourriez vous demander ce qu'est un nématode et pourquoi il est devenu un organisme modèle en génétique ? Bien qu'on les voie rarement, les nématodes sont parmi les organismes les plus répandus sur notre planète Terre, habitant les sols du monde entier. La plupart vivent de façon autonome et sont inoffensifs, mais quelques uns sont des parasites importants des plantes et des animaux, y compris l'homme. Bien que *C. elegans* ne présente aucun intérêt économique, son utilisation dans les études génétiques s'est répandue à cause de son plan corporel simple, de sa facilité de culture, et de sa forte capacité reproductive (**Figure 10.25**). Introduit comme système génétique modèle par Sidney Brenner qui, dès 1962, projetait de l'utiliser pour l'analyse génétique du comportement, *C. elegans* a contribué de façon importante à l'étude du développement, de l'apoptose, du vieillissement, et du comportement.

Les atouts de Caenorhabditis elegans comme organisme modèle en génétique *C. elegans* est de petite taille, facile à cultiver, et extrêmement prolifique. Le ver adulte mesure environ 1 mm. La plupart des chercheurs cultivent *C. elegans* sur des boîtes d'agar couvertes d'un tapis de bactéries dont les nématodes se nourrissent. Des milliers de vers peuvent être cultivés facilement dans un espace limité. En comparaison avec d'autres animaux pluricellulaires, les nématodes ont un temps de génération très court : trois jours environ à température ambiante. Une seule femelle produit de 250 à 1 000 œufs fécondés en 3 à 4 jours.

Un autre avantage de *C. elegans*, particulièrement utile dans l'étude du développement, est sa transparence qui permet d'observer facilement tous les stades du développement interne. Le ver a une structure corporelle simple, avec un petit nombre invariant de cellules somatiques : 959 cellules chez une femelle hermaphrodite mature et 1 031 cellules chez un mâle mature.

Le cycle vital La plupart des adultes matures sont hermaphrodites, capables de produire à la fois des œufs et du sperme et de s'auto-féconder. Quelques uns sont des mâles qui ne produisent que du sperme et s'accouplent avec les hermaphrodites. Les hermaphrodites ont deux chromosomes sexuels (XX) ; les mâles n'ont qu'un chromosome sexuel (XO). Par conséquent, les hermaphrodites qui s'auto-fécondent ne produisent que des femelles hermaphrodites (à l'exception de quelques mâles résultant de la non-disjonction des chromosomes X). Quand les hermaphrodites s'accouplent avec des mâles, une moitié de la descendance est hermaphrodite XX et l'autre moitié est mâle XO.

Les œufs sont fécondés à l'intérieur de l'animal, soit par du sperme produit par l'hermaphrodite, soit par du sperme fourni par un mâle (voir la Figure 10.25). Les œufs sont ensuite pondus, et le développement se poursuit de façon externe. Les œufs éclosent 14 heures environ après la fécondation, libérant une larve qui passe par quatre stades larvaires – désignés L1, L2, L3, et L4 – qui sont ponctués par des mues. La larve L4 subit une mue finale qui produit le ver adulte. Dans des conditions de laboratoire normales, les vers vivent de 2 à 3 semaines.

Les techniques génétiques Le projet de séquençage du génome de *C. elegans* a débuté en 1989. La séquence complète du génome fut obtenue en 1998. En comparaison avec

Ver nématode
Caenorhabditis elegans

AVANTAGES

- Petite taille
- Temps de génération court de 3 jours à température ambiante
- Chaque femelle pond de 200 à 1 000 oeufs
- Facile à cultiver en laboratoire
- Plan corporel simple
- Transparent
- Existence de nombreux mutants
- Peut s'autoféconder ou se croiser

DESCRIPTION

Taxonomie :	Nématode
Taille :	1 mm
Anatomie :	Corps allongé non segmenté
Habitat :	Vit et se reproduit dans le sol

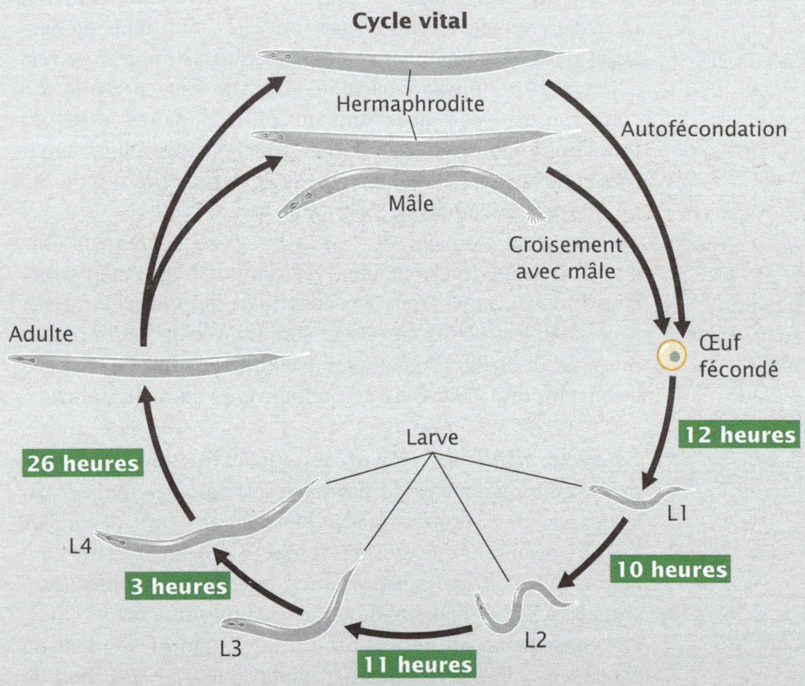

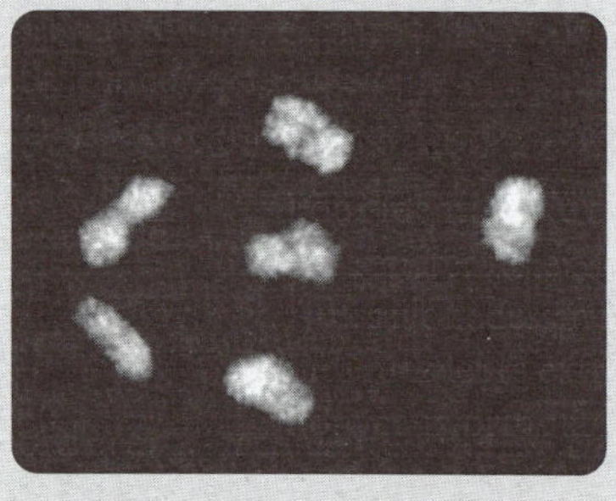

Chromosomes

GÉNOME

Chromosomes :	5 paires d'autosomes plus 2 chromosomes X chez les femelles (hermaphrodites) ou 1 chromosome X chez les mâles
Quantité d'ADN :	103 millions de paires de bases
Nombre de gènes :	20 500
Pourcentage des gènes communs avec l'homme :	25 %
Taille moyenne des gènes :	5 000 paires de bases
Génome séquencé en :	1998

CONTRIBUTION À LA GÉNÉTIQUE

- Génétique du développement
- Apoptose (mort cellulaire programmée)
- Contrôle génétique du comportement
- Vieillissement

10.25 Le ver *Caenorhabditis elegans* est un organisme modèle en génétique. *[Microphotographie aimablement fournie par William Goodyer et Monique Zetka.]*

les génomes de la plupart des animaux pluricellulaires, le génome de *C. elegans* est petit, avec ses 103 millions de paires de bases d'ADN, ce qui en facilite l'analyse. La disponibilité de la séquence génomique complète fournit une somme d'information considérable sur la structure, la fonction, et l'organisation des gènes chez cette espèce.

Des mutagènes chimiques sont utilisés en routine pour générer des mutations, qui sont faciles à identifier et à isoler. La capacité d'auto-fécondation des hermaphrodites rend possible l'obtention d'une descendance homozygote pour des mutations récessives en une seule génération ; l'existence de mâles signifie qu'il est possible d'effectuer des croisements génétiques.

L'étude du développement est facilitée par la transparence du corps des vers. Comme nous l'avons mentionné précédemment, *C. elegans* contient un nombre limité et précis de cellules somatiques. Les chercheurs ont pu établir le lignage

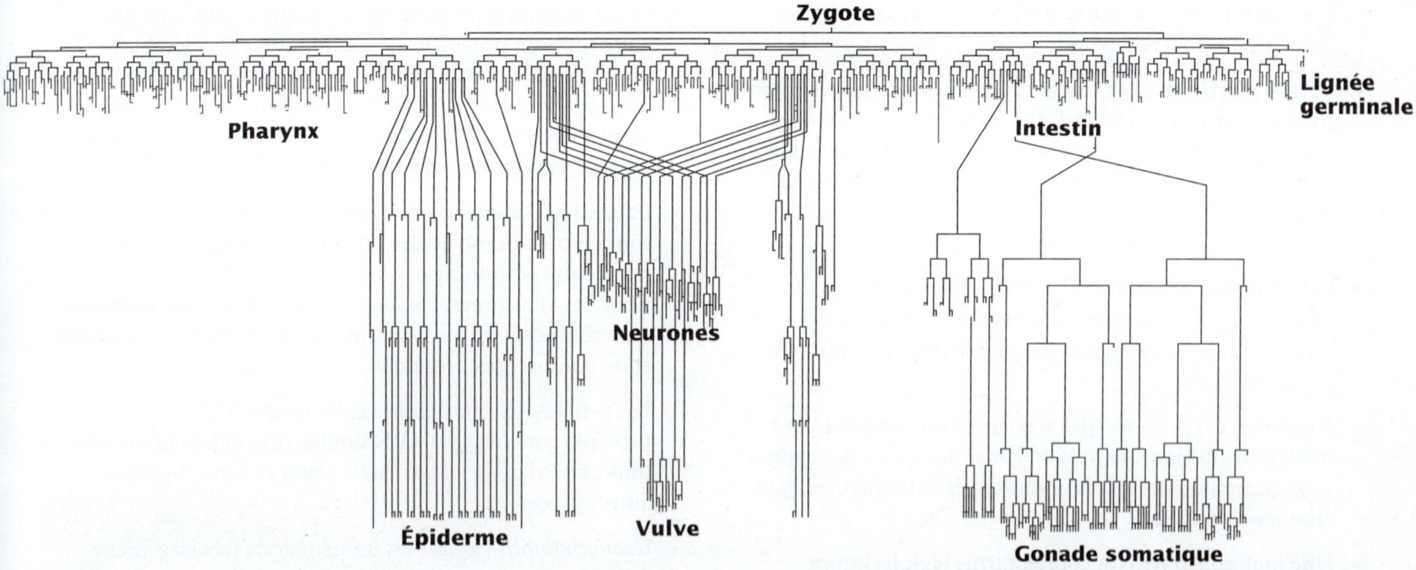

10.26 Étude du développement : la lignée de chaque cellule du corps d'un ver *C. elegans* adulte a été déterminée. Le diagramme montre toutes les divisions qui ont produit les cellules adultes.

cellulaire de l'espèce dans son entièreté, et la lignée de chaque cellule du corps de l'adulte a pu être retracée jusqu'aux cellules initiales de la première division embryonnaire (**Figure 10.26**). Les biologistes du développement utilisent souvent des lasers pour détruire des cellules spécifiques à différents stades du développement d'un ver et étudier ensuite les effets de ces ablations cellulaires sur la physiologie, le développement, et le comportement.

L'interférence d'ARN est un outil très efficace pour le silençage de gènes chez *C. elegans*. Les généticiens injectent des molécules d'ARN double brin complémentaires de gènes spécifiques qui sont alors éteints. Les vers peuvent même être nourris avec des bactéries manipulées génétiquement pour exprimer l'ARN double brin, ce qui rend la micro-injection superflue.

Des vers transgéniques peuvent être produits par injection d'ADN dans l'ovaire, où il est incorporé dans les ovocytes. Des généticiens ont créé un gène rapporteur qui produit la protéine verte fluorescente d'une méduse (GFP, acronyme de « Green Fluorescent Protein »). Quand ce gène rapporteur est injecté dans l'ovaire et qu'il s'intègre dans le génome du ver, son expression produit de la GFP, qui émet un rayonnement vert en fluorescence, ce qui permet d'observer et de suivre l'expression du gène dans le nématode (**Figure 10.27**).

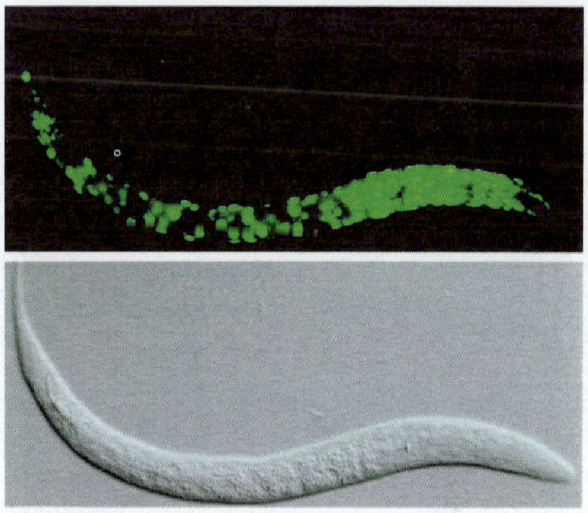

10.27 La séquence codant la protéine verte fluorescente (GFP) a été utilisée pour visualiser l'expression de gènes dans *C. elegans*. Le gène *hif-1* de *C. elegans* a été fusionné in vitro avec la séquence codant la GFP, puis la fusion a été injectée dans l'ovaire d'un ver et s'est incorporée dans le génome. L'expression du transgène dans certaines conditions produit la GFP qui est détectée par son émission fluorescente verte (image du haut). *[Huaqi Jiang, Rong Guo, et Jo Anne Powell-Coffman, The* Caenorhabditis elegans hif-1 *gene encodes a bHLH-PAS protein that is required for adaptation to hypoxia.* PNAS *98:7916-7921, 2001. ©2001 National Academy of Sciences, U.S.A.]*

Résumé des concepts clés

- L'ARN est un polymère de nucléotides joints par des liaisons phosphodiester. Chaque nucléotide d'ARN contient un sucre ribose, un phosphate, et une base. L'ARN contient la base uracile et il est habituellement simple brin.
- Les cellules contiennent différentes classes d'ARN. L'ARN ribosomial est un composant des ribosomes, l'ARN messager est l'intermédiaire qui transporte dans le cytoplasme les instructions codant les protéines, et l'ARN de transfert participe à l'incorporation des acides aminés dans une chaîne polypeptidique.
- La matrice pour la synthèse d'ARN est un des brins de l'ADN. Dans la transcription, l'ARN synthétisé est complémentaire du brin d'ADN matrice et lui est antiparallèle. Une unité de transcription contient un promoteur, une région codant l'ARN, et un terminateur.

- Les substrats de la synthèse d'ARN sont des ribonucléosides triphosphates.
- L'ARN polymérase des cellules bactériennes comprend un cœur enzymatique qui catalyse l'addition de nucléotides à une molécule d'ARN, et d'autres sous-unités. Le facteur sigma contrôle la liaison du cœur de l'enzyme au promoteur. Les cellules eucaryotiques contiennent quatre ARN polymérases différentes.
- La transcription commence au site d'initiation qui est déterminé par la position de séquences canoniques. La synthèse d'ARN s'arrête quand une séquence terminateur a été transcrite.
- La présence d'introns – des séquences non codantes qui interrompent les séquences codantes des gènes (les exons) – est courante chez les eucaryotes mais extrêmement rare chez les bactéries.
- Une molécule d'ARNm contient trois régions importantes : une région 5′ non traduite, une région codant la protéine, et une région 3′ non traduite.
- Le pré-ARNm d'un gène eucaryotique codant une protéine subit un processus de maturation considérable : (1) un nucléotide modifié et des groupements méthyle, appelés collectivement une coiffe, sont ajoutés à l'extrémité 5′ du pré-ARNm ; (2) l'extrémité 3′ est clivée et une queue poly(A) est ajoutée ; et (3) les introns sont excisés.
- Les ARN de transfert, qui s'attachent aux acides aminés, sont de courtes molécules qui adoptent une structure secondaire commune et qui contiennent des bases modifiées. Les ribosomes, les sièges de la synthèse des protéines, sont composés de plusieurs molécules d'ARN ribosomiaux et de nombreuses protéines.
- Les petits ARN interférents et les micro-ARN sont produits par clivage d'ARN double brin et jouent un rôle important dans le silençage de gènes et dans plusieurs autres processus.
- *Caenorhabditis elegans* est un nématode très largement utilisé comme organisme modèle en génétique.

Termes importants

ribozyme (p. 243)
ARN ribosomial (ARNr) (p. 245)
ARN messager (ARNm) (p. 245)
pré-ARN messager (pré-ARNm) (p. 245)
ARN de transfert (ARNt) (p. 245)
petit ARN nucléaire (ARNpn) (p. 245)
petite ribonucléoprotéine nucléaire (RNPpn) (p. 245)
petit ARN nucléolaire (ARNpno) (p. 245)
micro-ARN (ARNmi) (p. 245)
petit ARN interférent (ARNpi) (p. 245)
brin matrice (p. 247)
unité de transcription (p. 247)
promoteur (p. 247)
région codant l'ARN (p. 247)
terminateur (p. 247)
ribonucléoside triphosphate (p. 248)
ARN polymérase (p. 248)
coeur de l'enzyme (p. 249)
facteur sigma (σ) (p. 249)
holoenzyme (p. 249)
ARN polymérase I (p. 249)
ARN polymerase II (p. 249)
ARN polymerase III (p. 249)
ARN polymerase IV (p. 249)
sequence canonique (p. 250)
séquence canonique – 10 (boîte de Pribnow) (p. 250)
séquence canonique – 35 (p. 250)
terminateur rho-dépendant (p. 252)
facteur rho (ρ) (p. 252)
terminateur rho-indépendant (p. 252)
ARN polycistronique (p. 252)
colinéarité (p. 253)
exon (p. 254)
intron (p. 254)
codon (p. 255)
région 5′ non traduite (p. 255)
séquence de Shine-Dalgarno (p. 255)
région codant une protéine (p. 255)
région 3′ non traduite (p. 255)
coiffe 5′ (p. 256)
queue poly(A) (p. 256)
excision-épissage de l'ARN (p. 257)
site d'excision-épissage 5′ (p. 257)
site d'excision-épissage 3′ (p. 257)
point de formation de branche (p. 257)
splicéosome (p. 257)
lasso (p. 257)
maturation alternative (p. 257)
bases modifiées (p. 260)
structure en feuille de trèfle (p. 260)
anticodon (p. 260)
grande sous-unité du ribosome (p. 260)
petite sous-unité du ribosome (p. 260)
interférence d'ARN (p. 261)
complexe de silençage induit par ARN (RISC) (p. 261)
épingle à cheveux (p. 262)

Réponses aux tests de compréhension

1. b

2. Le brin matrice est le brin d'ADN qui est transcrit en ARN ; l'autre brin n'est pas transcrit.

3. Le facteur sigma reconnaît le promoteur et contrôle la liaison de l'ARN polymérase au promoteur.

4. Quand on a hybridé l'ADN avec l'ARNm correspondant, des régions d'ADN qui n'avaient pas d'équivalent dans le transcrit ont formé des boucles sortant de la molécule hybride.

5. a

6. b

Problèmes résolus

1. L'ADN d'un gène eucaryotique a été isolé, dénaturé, et hybridé avec l'ARN messager transcrit à partir de ce gène. La structure de l'hybride observée au microscope électronique est montrée ci-dessous.

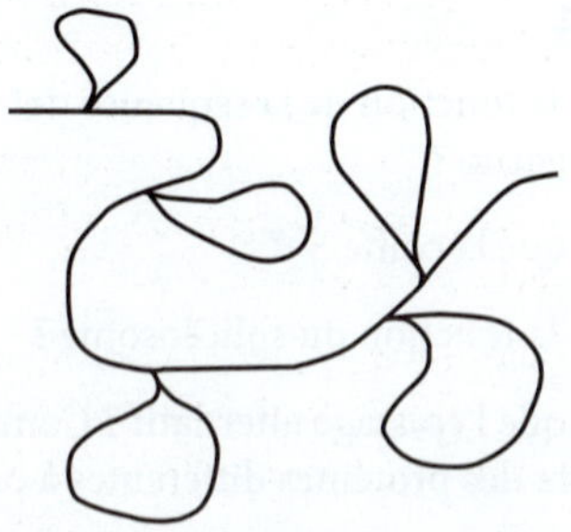

a. Combien d'introns et d'exons y a-t-il dans ce gène ? Expliquez votre réponse.

b. Identifiez les exons et les introns dans la structure de l'hybride.

• Solution

a. Chaque boucle correspond à une région D'ADN pour laquelle il n'y a pas de séquence équivalente dans l'ARN : ces régions sont des introns. La structure hybride contient cinq boucles ; il y a donc cinq introns et six exons dans le gène.

b.

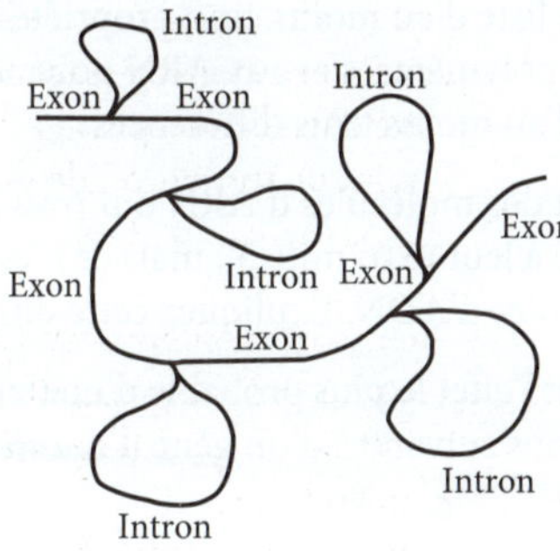

2. Dessinez un ARNm bactérien type et le gène à partir duquel il a été transcrit. Indiquez les extrémités 5′ et 3′ des molécules d'ARN et d'ADN, ainsi que les régions et les sites suivants :

- **a.** Promoteur
- **b.** Région 5′ non traduite
- **c.** Région 3′ non traduite
- **d.** Région codant la protéine
- **e.** Site d'initiation de transcription
- **f.** Terminateur
- **g.** Séquence de Shine-Dalgarno
- **h.** Codons d'initiation et d'arrêt (stop) de traduction

• Solution

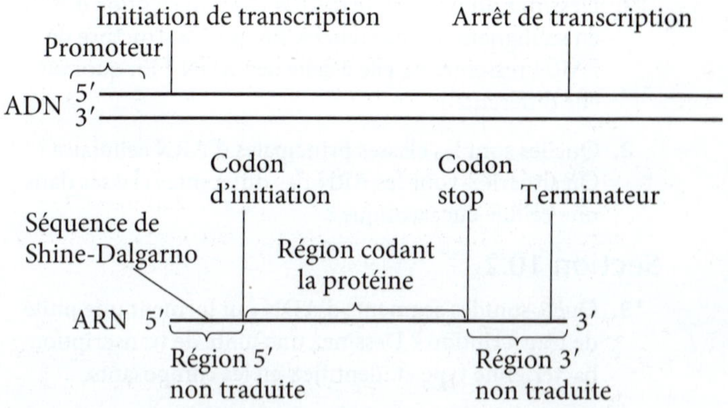

3. Un système d'excision-épissage in vitro contient tous les composants nécessaires à l'excision-épissage D'ARN nucléaires (ARNpn, protéines, facteurs d'épissage). Quand une molécule d'ARN contenant un intron et deux exons est ajoutée au système, l'intron est éliminé sous forme de lasso et les exons sont joints par épissage. Si on ajoute au système une molécule contenant les mutations suivantes, quels produits intermédiaires du processus d'excision-épissage s'accumuleront-ils ? Expliquez votre réponse.

a. Une délétion du motif GT du site d'excision-épissage 5′.

b. Une délétion du A du point de formation de branche.

c. Une délétion du motif AG du site d'excision-épissage 3′.

• Solution

a. Le motif de séquence GT du site d'excision-épissage 5′ est nécessaire à l'attachement du splicéosome et à la première réaction de clivage. Si cette séquence est mutée, il n'y aura pas de clivage. Donc, le pré-ARNm original contenant l'intron sera accumulé.

b. Après le clivage au site d'excision 5′, l'extrémité 5′ de l'intron s'attache par transestérification au A du point de formation de branche. Si le A est manquant, il n'y aura pas de formation de structure en lasso. Les intermédiaires accumulés seront le premier exon séparé et l'intron attaché au second exon.

c. Le motif de séquence AG du site d'excision-épissage 3′ est nécessaire pour la réaction de clivage à ce site. Si cette séquence est manquante, les produits intermédiaires accumulés seront : (1) le premier exon séparé et (2) l'intron attaché au second exon , avec l'extrémité 5′ de l'intron attachée au A du point de branchement pour former une structure en lasso.

Questions de compréhension

Section 10.1

***1.** Dessinez un nucléotide d'ARN et un nucléotide d'ADN en soulignant les différences. En quoi la structure de l'ARN ressemble-t-elle à celle de l'ADN ? En quoi est-elle différente ?

2. Quelles sont les classes principales d'ARN cellulaire ? Où situeriez-vous les ARN des différentes classes dans une cellule eucaryotique ?

Section 10.2

***3.** Quels sont les segments d'ADN qui forment une unité de transcription ? Dessinez une unité de transcription bactérienne type et identifiez-en les composants.

4. Quel sont les substrats de la synthèse d'ARN ? Comment ces substrats sont-ils modifiés et joints pour produire une molécule d'ARN ?

5. Quelles sont les trois étapes de base de la transcription ? Décrivez ce qui se produit à chaque étape.

***6.** Comparez la transcription et la réplication en expliquant les similitudes et les différences entre les deux processus.

Section 10.3

***7.** Quels sont les trois éléments de séquence principaux des ARNm bactériens ?

Section 10.4

8. Quelle est la fonction de la séquence de Shine-Dalgarno ?

***9.** Qu'est-ce que la coiffe 5′ ?

***10.** Quelle est la fonction du splicéosome ?

11. Qu'est-ce que l'épissage alternatif ? Comment permet-il de produire des protéines différentes à partir du même gène ?

***12.** Faites un résumé des différents événements de maturation que peut subir un pré-ARNm.

13. Décrivez brièvement la structure des ARNt.

14. Quelle est l'origine des petits ARN interférents et des micro-ARN ? Quelle est la fonction de ces molécules dans la cellule ?

Questions et problèmes d'application

Section 10.1

15. Une molécule d'ARN contient les proportions de bases suivantes :

A = 23 %, U = 42 %, C = 21 %, et G = 14 %.

a. S'agit-il d'ARN simple ou double brin ? Comment pouvez-vous le savoir ?

b. Quels seraient les pourcentages des bases dans le brin d'ADN qui sert de matrice à cet ARN ?

Section 10.2

16. La séquence nucléotidique suivante se trouve dans une matrice d'ADN simple brin :

ATTGCCAGATCATCCCAATAGAT

Supposez que l'ARN polymérase suive cette matrice de la gauche vers la droite.

a. Indiquez les extrémités 5′ et 3′ de la matrice d'ADN.

b. Donnez la séquence et indiquez les extrémités 5′ et 3′ de l'ARN copié sur cette matrice.

17. Écrivez la séquence canonique correspondant à la série de séquences nucléotidiques suivantes.

A	G	G	A	G	T	T
A	G	C	T	A	T	T
T	G	C	A	A	T	A
A	C	G	A	A	A	A
T	C	C	T	A	A	T
T	G	C	A	A	T	T

***18.** Faites une liste d'au moins cinq propriétés communes aux ADN polymérases et aux ARN polymérases. Faites une liste d'au moins trois différences.

19. La plupart des molécules d'ARN ont *trois* groupements phosphate à leur extrémité 5′, mais ce n'est pas le cas des molécules d'ADN. Expliquez cette différence.

***20.** Quel serait l'effet le plus probable d'une mutation à une des positions suivantes d'un gène d'*E. coli* ?

a. – 8 **c.** – 20

b. – 35 **d.** Site d'initiation

21. Une souche bactérienne contient une mutation thermosensible dans le gène codant le facteur sigma. À température élevée, la bactérie mutante produit un facteur sigma qui est incapable de se lier à l'ARN polymérase. Quel sera l'effet de cette mutation sur le processus de transcription si la bactérie est cultivée à température élevée ?

***22.** Le croquis suivant représente une unité de transcription dans une molécule d'ADN.

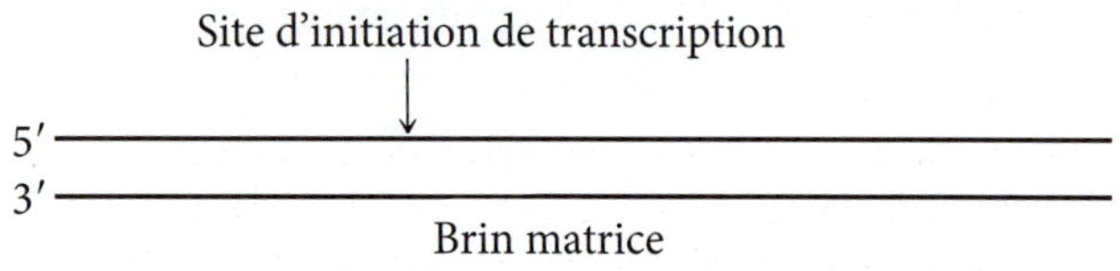

Supposez que cette molécule d'ADN soit d'origine bactérienne. Indiquez les positions approximatives du promoteur et du terminateur de cette unité de transcription.

23. Le croquis suivant représente la structure en arbre de Noël d'une unité de transcription active, telle qu'observée par Miller, Hamkalo, et Thomas (voir la Figure 10.3).

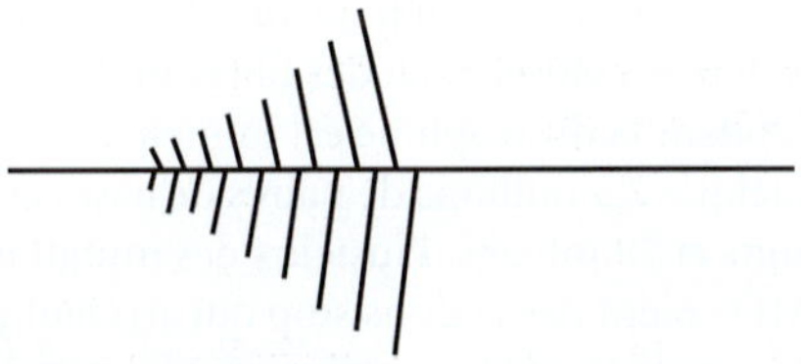

Sur le croquis, identifiez et indiquez les éléments suivants :

a. La molécule d'ADN
b. Les extrémités 5′ et 3′ du brin d'ADN matrice
c. Au moins une molécule d'ARN avec ses extrémités 5′ et 3′
d. Le sens de déplacement du système de transcription sur la molécule d'ADN
e. L'emplacement approximatif du promoteur
f. L'emplacement possible d'un terminateur
g. Les directions amont et aval
h. Des molécules d'ARN polymérase (représentez-les par des points)

Section 10.3

***24.** La dystrophie musculaire de Duchenne est provoquée par une mutation dans un gène qui s'étend sur plus de 2 millions de nucléotides et qui code une protéine appelée dystrophine. Cependant, moins de 1 % du gène spécifie la séquence des acides aminés dans la protéine. Sur la base de ce que vous savez maintenant de la structure des gènes et de la maturation des ARN dans les cellules eucaryotiques, fournissez une explication possible de la grande taille du gène de la dystrophine.

***25.** Dessinez un gène eucaryotique type ainsi que le pré-ARNm et l'ARNm qui en sont dérivés. Faites l'hypothèse que le gène contient trois exons. Identifiez les éléments suivants, en décrivant brièvement leur fonction :

a. La région 5′ non traduite
b. Le promoteur
c. La séquence canonique AAUAAA
d. Le site d'initiation de transcription
e. La région 3′ non traduite
f. Les introns
g. Les exons
h. La queue poly(A)
i. La coiffe 5′

26. Quel effet aurait la délétion de la séquence de Shine-Dalgarno sur un ARNm bactérien ?

27. Supposez qu'une mutation se produise dans un intron d'un gène codant une protéine. Quel serait l'effet le plus probable de la mutation sur la séquence des acides aminés de cette protéine ? Justifiez votre réponse.

28. Un généticien isole un gène qui contient cinq exons. Puis, il isole l'ARNm mature dérivé de ce gène. Il dénature l'ADN et le mélange à l'ARN. Quelques molécules d'ADN simple brin forment des hybrides avec l'ARNm complémentaire. Dessinez la structure de ces hybrides ADN-ARN telle que vue au microscope électronique.

29. Un généticien découvre que deux protéines différentes sont codées par le même gène. L'une contient 56 acides aminés, et l'autre en contient 82. Donnez une explication plausible de la façon dont le gène peut coder ces deux protéines.

Section 10.4

30. Au début des années 1990, Carolyn Napoli et ses collègues qui travaillaient sur le pétunia tentèrent de créer par génie génétique une variété aux pétales violet foncé en introduisant de nombreuses copies d'un gène codant des pétales violets (C. Napoli, C. Lemieux, et R. Jorgensen. 1990. *Plant cell* 2 :279-289). Leur raisonnement était que la présence de davantage d'exemplaires du gène aurait pour résultat l'augmentation de la production de pigment violet, ce qui donnerait des pétunias aux pétales d'un violet plus sombre. Cependant, à leur grande surprise, nombre de plantes contenant des exemplaires supplémentaires du gène violet avaient des fleurs aux pétales d'un blanc uni ou ne présentant que quelques taches de couleur. L'analyse moléculaire montra que le niveau d'ARNm produit par le gène violet était 50 fois plus bas dans les plantes manipulées que dans les plantes de type sauvage. Donc, l'introduction de copies supplémentaires du gène violet éteignait l'expression des exemplaires introduits et celle du gène violet résident. Expliquez pourquoi l'introduction de multiples copies du gène violet a réduit au silence tous les exemplaires du gène violet.

Questions tests

Section 10.2

31. De nombreux gènes de bactéries ou d'eucaryotes contiennent plusieurs séquences potentiellement capables de provoquer des arrêts temporaires de la transcription ou sa terminaison prématurée. Malgré cela, la transcription de ces gènes dans une cellule produit de nombreuses molécules d'ARN longues de milliers de nucléotides sans arrêt ni terminaison prématurées. Toutefois, quand un seul cycle de transcription a lieu sur de telles matrices dans un tube à essai, la synthèse d'ARN est fréquemment interrompue ou terminée prématurément, ce qui réduit le taux de transcription et raccourcit souvent la longueur des molécules d'ARN produites. La plupart des pauses de transcription ou des terminaisons prématurées se produisent quand l'ARN polymérase revient en arrière sur l'ADN matrice, sur une distance d'un ou deux nucléotides. Des résultats expérimentaux ont démontré que la plupart des pauses et terminaisons prématurées disparaissent quand plusieurs ARN polymérases transcrivent la molécule d'ADN simultanément. Proposez une explication de cette transcription plus rapide et de la synthèse d'ARN messagers plus longs quand la matrice d'ADN est transcrite par plusieurs ARN polymérases à la fois.

Section 10.3

32. L'épissage alternatif se produit dans quelque 60 % des gènes humains codant des protéines. Des chercheurs ont découvert que la façon dont un pré-ARNm est épissé est influencée par la séquence du promoteur du pré-ARNm (D. Aubœuf et coll. 2002. *Science* 298 :416-419). De plus, des facteurs qui affectent la vitesse de transcription par l'ARN polymérase ont une influence sur le mode d'épissage. Ces observations suggèrent que le processus de transcription lui-même influence l'épissage. Proposez un ou plusieurs mécanismes pouvant expliquer cet effet de la transcription sur l'épissage alternatif.

33. La dystrophie musculaire de Duchenne (DMD) est une maladie héréditaire récessive liée à l'X, provoquée par des mutations dans le gène codant la dystrophine, une grande protéine qui joue un rôle important dans le développement normal des fibres musculaires. Le gène codant la dystrophine est immense : il s'étend sur quelque 2,5 millions de paires de bases et contient 79 exons et 78 introns. Plusieurs des mutations causant la DMD créent des codons stop qui arrêtent prématurément la synthèse de la protéine, produisant des formes raccourcies et non fonctionnelles de la dystrophine. Des généticiens ont proposé de traiter les patients DMD par l'introduction de petites molécules d'ARN qui permettent au splicéosome de « sauter » l'exon contenant le codon stop. L'introduction de ces petits ARN devrait produire une protéine un peu plus courte (il lui manquerait un exon et donc quelques acides aminés), mais qui pourrait être partiellement fonctionnelle (A. Goyenvalle et coll. 2004. *Science* 306 :1796-1799). Les petits ARN utilisés pour le saut d'introns sont complémentaires de bases dans le pré-ARNm. Si vous construisiez de petits ARN pour sauter un exon pour le traitement de la DMD, quelles séquences devraient-ils contenir ?

11 De l'ADN aux protéines : la traduction

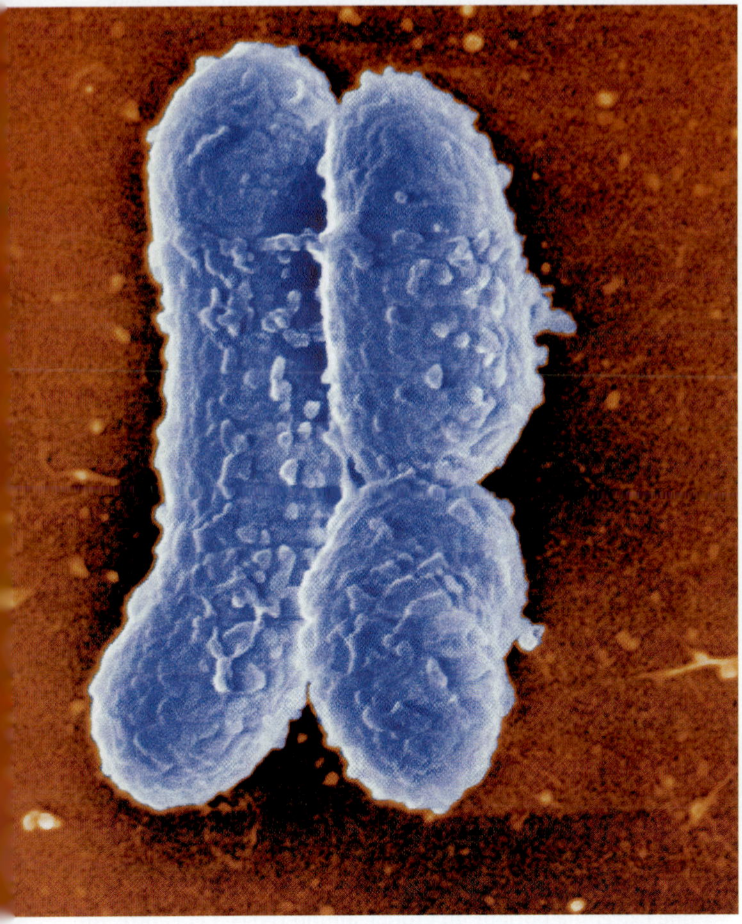

La bactérie *Corynebacterium diphteriae* est l'agent de la diphtérie. La toxine diphtérique qui provoque la maladie est en fait codée par un gène d'un bactériophage qui infecte certaines souches de *C. diphteriae*. *[Garry Gaugler/Visuals Unlimited.]*

La diphtérie et sa toxine mortelle

La diphtérie fut décrite pour la première fois par Hippocrate au cinquième siècle av. J.-C. Les premiers symptômes ressemblent à ceux d'une angine commune, avec maux de gorge, perte d'appétit, et fièvre modérée. L'infection locale des amygdales, du pharynx ou du larynx par le bacille produit la toxine diphtérique qui s'accumule et se propage par le système circulatoire sanguin. Après 6 à 10 jours, des organes importants sont affectés, ce qui provoque un état de faiblesse sévère, une élévation du rythme cardiaque, et peut entraîner des paralysies locales, une perte de conscience, et – dans certains cas – la mort.

Jusqu'à récemment, la diphtérie était une des causes principales de mortalité infantile dans les régions tempérées. Au dix-septième siècle, des épidémies sévères ont ravagé l'Europe ; en Espagne, la diphtérie – en fait, le croup – fut surnommée « El garrotillo », l'étrangleur, à cause de la dyspnée laryngée qu'il peut provoquer. La diphtérie s'est propagée aux colonies des Amériques au dix-huitième siècle, emportant des familles entières. Au début du vingtième siècle, la diphtérie était encore responsable d'une mortalité infantile importante ; dans les années 1920, rien qu'aux États-Unis, entre 100 000 et 200 000 cas étaient encore déclarés chaque année, provoquant la mort de 13 000 à 15 000 des personnes atteintes – principalement des enfants. Ces épidémies, qui survenaient surtout en hiver et au début du printemps, provoquaient une véritable panique chez les parents de jeunes enfants.

Aujourd'hui, la diphtérie est largement sous contrôle grâce à une vaccination systématique et aux traitements par antibiotiques. Elle n'est plus considérée comme un risque majeur pour la santé publique, en tout cas en Europe occidentale et aux États-Unis, avec une incidence inférieure à 1 pour 10^6, mais une recrudescence importante a été observée en Russie et dans les Nouveaux États Indépendants (ancienne URSS) depuis les années 1990.

La pathogénèse de la diphtérie est particulière, en ce sens que si sa cause première est l'infection par la bactérie *Corynebacterium diphtheriae*, ce n'est pas la bactérie elle-même qui produit la redoutable toxine diphtérique, mais un gène d'un bactériophage hôte de la bactérie. La toxine, codée dans l'ADN du phage, est transportée par le sang dans les différents organes de la personne infectée, où elle cause les symptômes de la maladie.

Pourquoi la toxine diphtérique peut-elle être mortelle ? La réponse est à trouver dans son mode d'action particulier : la cible de la toxine diphtérique est une protéine – le facteur d'élongation 2 (EF-2) – qu'elle inhibe. EF-2 est un composant essentiel du système de synthèse des protéines dans les cellules d'eucaryotes. Pendant la traduction, un ARN de transfert porteur d'un acide aminé spécifié par un codon dans l'ARNm entre dans le ribosome et donne son acide aminé à la chaîne polypeptidique en cours de synthèse. Pour lire le codon suivant, le ribosome doit se déplacer sur l'ARNm, un mécanisme qui nécessite l'intervention de EF-2. En l'absence d'un EF-2 fonctionnel, le ribosome ne peut se mouvoir sur l'ARNm et plus aucun polypeptide n'est formé. La synthèse protéique cesse, la maladie se déclare et – si le patient n'est pas traité – la mort peut s'ensuivre.

L'exemple de la diphtérie et de l'effet inhibiteur de sa toxine sur EF-2 illustre l'effet potentiellement dramatique de l'interruption de la synthèse des protéines sur le fonctionnement des cellules. Paradoxalement, nous combattons souvent la diphtérie et d'autres maladies infectieuses en utilisant la même stratégie que la toxine diphtérique – à savoir en inhibant le système de synthèse des protéines de l'agent infectieux, mais cette fois au moyen d'antibiotiques.

Dans ce chapitre, nous nous intéresserons à la traduction, le processus par lequel la séquence nucléotidique contenue dans l'ARNm est traduite en séquence d'acides aminés dans une protéine. Nous commencerons par examiner le code génétique, la façon dont sont écrites les instructions qui spécifient une séquence d'acides aminés, puis nous examinerons le mécanisme de la synthèse des protéines. L'accent sera mis principalement sur la synthèse des protéines dans les cellules bactériennes, mais nous examinerons plusieurs des caractéristiques distinctives de la traduction dans les cellules d'eucaryotes. Enfin, nous aborderons brièvement quelques autres aspects de la synthèse des protéines.

11.1 Le code génétique est la façon dont les instructions spécifiant la séquence des acides aminés d'une protéine sont écrites dans une séquence de nucléotides

Le premier chercheur à suggérer l'existence d'une relation entre génotype et protéines fut le médecin Archibald Garrod. En 1908, Garrod proposa que les gènes codent des enzymes, mais sa proposition – bien que correcte – n'eut que peu d'écho chez ses contemporains. Au début des années 1940, George Beadle et Edward Tatum analysèrent génétiquement les étapes d'une voie de synthèse chez *Neurospora* et formulèrent l'**hypothèse un gène – une enzyme**, qui proposait que la fonction des gènes fût de coder des enzymes et que chaque gène code une enzyme particulière. Par la suite, on découvrit que certaines enzymes étaient formées de plus d'une chaîne polypeptidique et que chacune de ces chaînes polypeptidiques était codée par un gène distinct, et l'hypothèse fut reformulée en **un gène – une chaîne polypeptidique**.

Concepts clés

De nombreux gènes spécifient des traits en codant des protéines. L'hypothèse un gène – une enzyme proposa que chaque gène code une enzyme distincte. Cette hypothèse fut par la suite modifiée et devint l'hypothèse un gène – une chaîne polypeptidique.

La structure et la fonction des protéines

Les protéines sont au centre de tous les processus du vivant (**Figure 11.1**). De nombreuses protéines sont des enzymes, les catalyseurs biologiques qui font avancer les réactions chimiques des cellules. D'autres sont des composants structuraux des cellules, servant d'armature et de support aux membranes, aux fibres, aux os et aux cheveux. Certaines protéines aident à transporter des substances, et d'autres encore ont des fonctions de régulation, de communication ou de défense.

Toutes les protéines sont composées d'**acides aminés** joints bout à bout. Vingt acides aminés sont trouvés couramment dans les protéines. Ces 20 acides aminés ont une structure similaire, à l'exception de la proline ; chacun contient un atome de carbone central lié à un groupe amine primaire, à un atome d'hydrogène, à un groupe carboxyle, et à un groupe R (radical) qui est différent dans les 20 acides aminés (**Figure 11.2a**). Dans une protéine, les acides aminés sont joints par des **liaisons peptidiques** (**Figure 11.2b**) pour former une **chaîne polypeptidique** ou **polypeptide**, et une protéine est une molécule constituée d'une ou plusieurs chaînes polypeptidiques. Comme les acides nucléiques, les polypeptides sont polarisés, une extrémité portant un groupe amino (NH_3^+) et l'autre, un groupe carboxyle (COO^-), tous deux ionisés. Certaines protéines ne contiennent que quelques acides aminés tandis que d'autres peuvent en contenir des centaines.

Comme celle des acides nucléiques, la structure moléculaire des protéines a plusieurs niveaux d'organisation. La structure primaire d'une protéine est sa séquence d'acides aminés (**Figure 11.3a**, p. 274). Des interactions entre acides aminés voisins sont responsables du repliement et de la torsion des chaînes polypeptidiques en structures secondaires (**Figure 11.3b**) ; les deux structures secondaires les plus courantes sont le feuillet plissé beta (β) et l'hélice alpha (α). Les structures secondaires interagissent et créent des plis supplémentaires pour former une structure tertiaire (**Figure 11.3c**), qui est la forme tridimensionnelle globale d'une protéine. Les structures secondaires et tertiaires d'une protéine sont, en fait, déterminées par sa structure primaire – la séquence

(a) (b) (c)

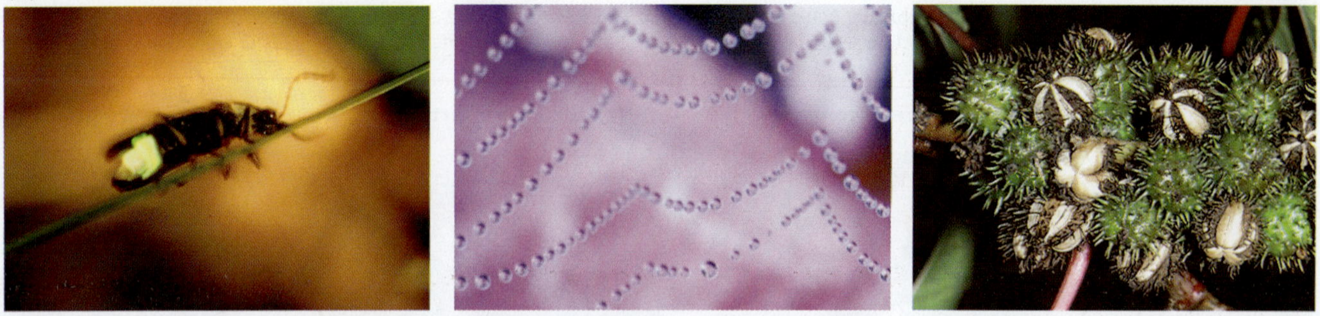

11.1 Les protéines remplissent un nombre considérable de fonctions biologiques. (a) La lumière émise par les lucioles résulte d'une réaction entre la luciférine et l'ATP, catalysée par l'enzyme luciférase. (b) La protéine fibroïne est le composant structural principal des toiles d'araignée. (c) Les graines de ricin contiennent une protéine très toxique appelée ricine. *[Partie a : Gregory K. Scott/Photo Researchers. Partie b : Rosemary Calvert/Imagestate. Partie c: Gerald & Buff Corsi/Visuals Unlimited.]*

de ses acides aminés. Enfin, certaines protéines contiennent plusieurs chaînes polypeptidiques qui s'associent pour former une structure quaternaire (**Figure 11.3d**).

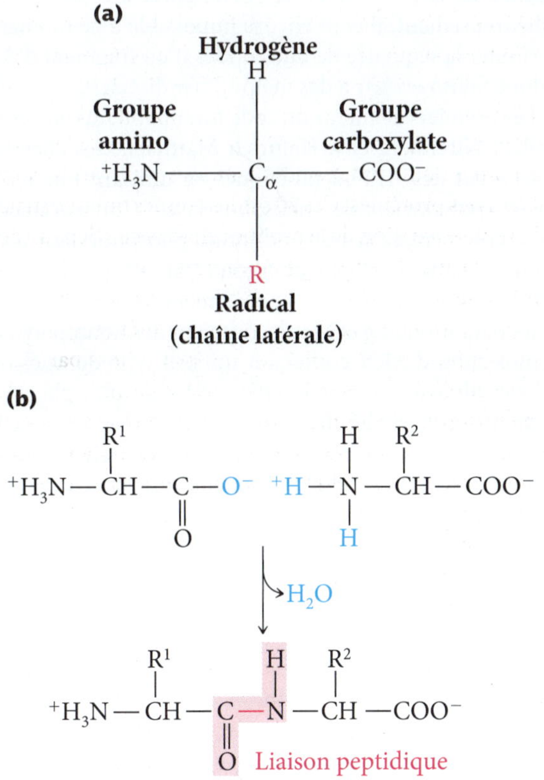

11.2 Les acides aminés courants ont des structures similaires. (a) Chaque acide aminé est constitué d'un atome de carbone central (α) attaché à : (1) un groupe amino (NH_3^+), (2) un groupe carboxylate (COO^-), (3) un atome d'hydrogène (H), et un radical désigné par R. (b) Les acides aminés sont joints par des liaisons peptidiques. Dans une liaison peptidique (en rouge), le groupe carboxylate d'un acide aminé est attaché de façon covalente au groupe amino d'un autre acide aminé.

Concepts clés

Les produits de nombreux gènes sont des protéines dont l'action produit les traits codés par ces gènes. Les protéines sont des polymères d'acides aminés joints par des liaisons peptidiques. La séquence des acides aminés d'une protéine est sa structure primaire. Cette structure se replie pour former les structures secondaire et tertiaire ; deux ou plusieurs chaînes polypeptidiques peuvent s'associer pour former une structure quaternaire.

✔ Test de compréhension 1

Qu'est-ce qui détermine les structures secondaire et tertiaire d'une protéine ?

Le déchiffrement du code génétique

En 1953, quand James Watson et Francis Crick ont résolu la structure de l'ADN, ils ont proposé que la séquence des bases azotées contienne l'information génétique. Toutefois, la façon dont l'information spécifiant la séquence des acides aminés dans les protéines est écrite dans la séquence des bases de l'ADN (le code génétique) n'était pas évidente, et elle est restée une énigme pendant près de 10 ans.

Une des premières questions qui se posait à propos du code génétique était la suivante : *Combien de nucléotides faut-il pour spécifier un acide aminé ?* Cette unité de base du code génétique fut appelée un **codon** (voir p. 255 dans le Chapitre 10). Il était clair pour la plupart des chercheurs que les codons devaient contenir un minimum de trois nucléotides. Chaque position de nucléotide dans l'ARNm ne peut être occupée que par une des quatre bases A, G, C, ou U. Si un codon ne contenait qu'un nucléotide, il n'y aurait que quatre codons différents, une capacité codante insuffisante pour les 20 acides aminés trouvés couramment dans les protéines. Si les codons étaient constitués de deux nucléotides (p. ex. GU, AC, etc.), il y aurait $4^2 = 16$ combinaisons possibles – toujours trop peu pour coder 20 acides aminés. Avec trois nucléotides par codon, il y a $4^3 = 64$ codons différents possibles, ce qui est

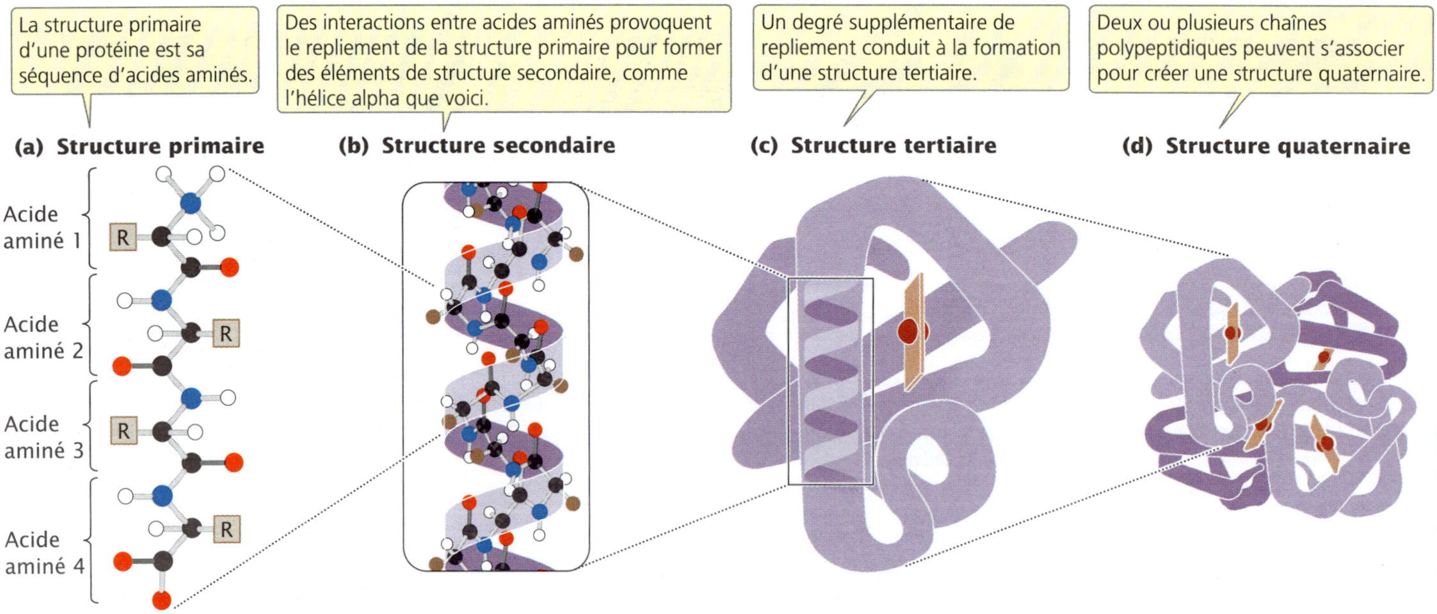

11.3 Les protéines ont plusieurs niveaux d'organisation structurale. Les atomes sont colorés comme suit : bleu, azote ; blanc, hydrogène ; noir, carbone ; rouge, oxygène.

plus que suffisant pour coder 20 acides aminés différents. Un *code à triplet* serait donc la façon la plus logique de coder les 20 acides aminés.

En utilisant des mutations dans un gène du bactériophage T4, Francis Crick, Sidney Brenner et leurs collaborateurs confirmèrent en 1961 que le code génétique est bien un code à triplets. (N.d.T. : Ils démontrèrent en même temps que les triplets ne sont pas chevauchants, c.-à-d. qu'une séquence de codons déterminée (un gène) ne code généralement qu'une seule protéine. Voir plus loin pp. 276-277.)

Concepts clés

Le code génétique est un code à triplets : trois nucléotides codent chaque acide aminé d'une protéine.

✔ Test de compréhension 2

Un codon est

a. un des trois nucléotides qui codent un acide aminé.
b. les trois nucléotides qui codent un acide aminé.
c. les trois acides aminés qui codent un nucléotide.
d. une des quatre bases de l'ADN.

Une fois qu'il fut établi que le code génétique est un code à triplets, l'étape suivante était de déterminer la correspondance entre les combinaisons de trois nucléotides et les acides aminés, c.-à-d. de déchiffrer le code. Logiquement, la manière la plus aisée eut été de déterminer la séquence des bases dans un fragment d'ARN, d'ajouter cet ARN à un tube à essai contenant tous les ingrédients nécessaires à la traduction pour qu'il dirige la synthèse d'une protéine, puis de déterminer la séquence de la protéine et de la comparer à celle de l'ARN. Malheureusement, il était encore impossible à ce moment de déterminer la séquence de nucléotides d'un fragment d'ARN ; il a donc fallu recourir à des méthodes indirectes.

Les premiers éléments du code furent obtenus en 1961 par Marshall Nirenberg et J. Heinrich Matthaei. Ces chercheurs fabriquèrent des ARN synthétiques en utilisant une enzyme appelée polynucléotide phosphorylase. Contrairement à l'ARN polymérase, la polynucléotide phosphorylase n'a pas besoin de matrice ; elle lie de façon aléatoire tous les ribonucléotides mis en sa présence. Les premiers ARNm synthétiques utilisés par Nirenberg et Matthaei étaient des homopolymères, des molécules d'ARN contenant un seul type de nucléotide. Par exemple, en ajoutant la polynucléotide phosphorylase à une solution de molécules d'uridine-5'-diphosphate (UDP), ils obtinrent des molécules d'ARN ne contenant que des nucléotides uracile et, par conséquent, que des codons UUU (**Figure 11.4**). Ces ARN poly(U) furent alors ajouté à 20 tubes contenant chacun un système acellulaire de traduction complet et les 20 acides aminés. Dans chaque tube, un acide aminé différent était radioactif. Une protéine radioactive n'apparut que dans un des tubes, celui contenant de la phénylalanine radioactive (voir la Figure 11.4). Donc le codon UUU spécifie l'acide aminé phénylalanine. Des expériences analogues utilisant des ARN poly(C) et poly(A) montrèrent que CCC code la proline et AAA code la lysine. À cause de problèmes techniques, les résultats de l'expérience utilisant le poly(G) n'étaient pas interprétables.

D'autres expériences, notamment celles réalisées par H. Gobind Khorana avec des copolymères répétitifs, permirent le déchiffrement complet du code (achevé en 1968). Selon Francis Crick, l'importance du code génétique pour la biologie moderne est comparable à celle du tableau périodique des éléments pour la chimie.

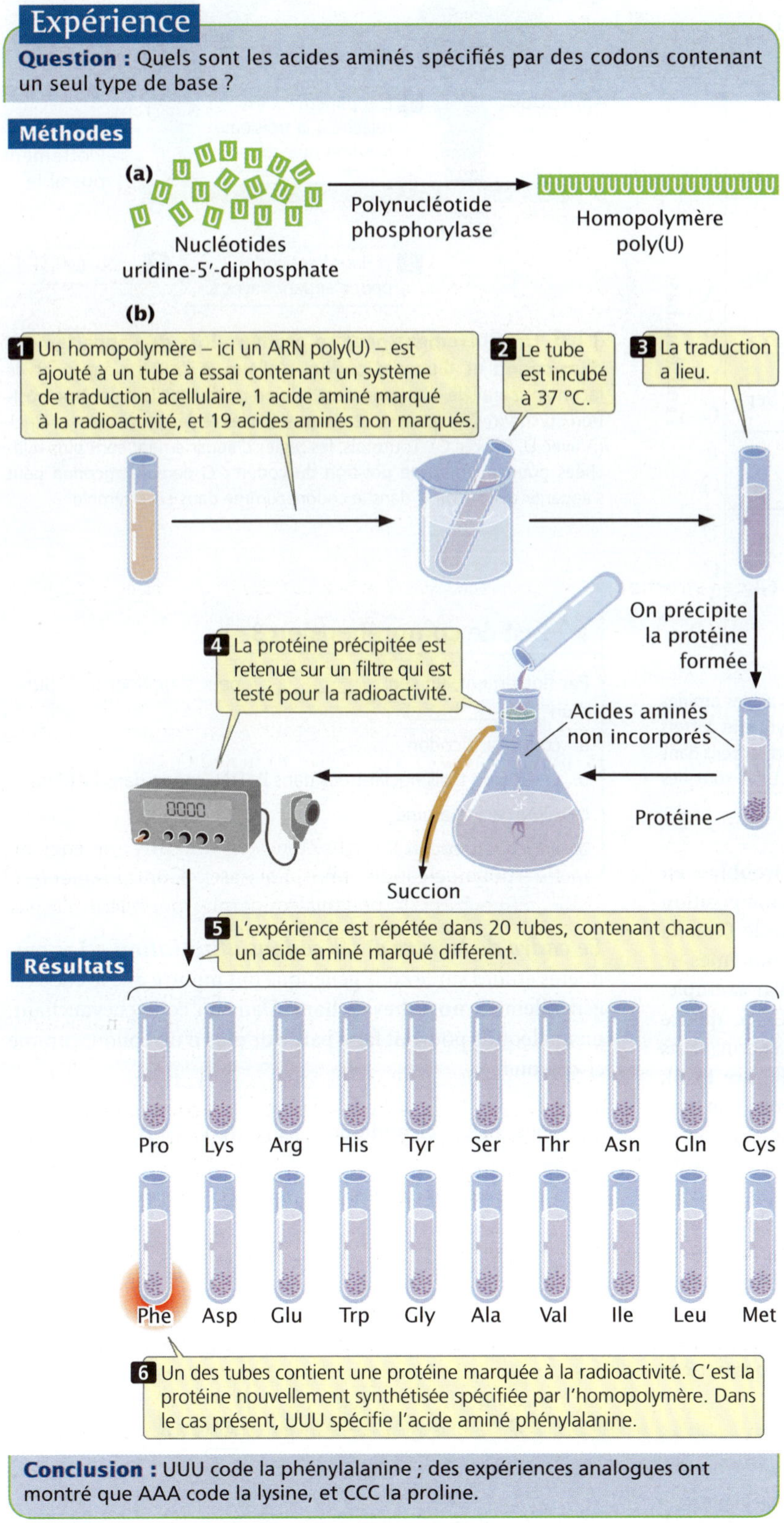

11.4 Nirenberg et Matthaei ont mis au point une méthode pour identifier l'acide aminé spécifié par un ARN homopolymérique.

Les caractéristiques du code génétique

La dégénérescence du code Chaque acide aminé est codé par trois nucléotides consécutifs dans l'ARNm, pouvant chacun porter une des quatre bases nucléiques A, G, C, ou U ; donc, il y a $4^3 = 64$ codons (**Figure 11.5**). Trois de ces codons sont des codons stop, qui signalent la fin de la traduction. Les 61 codons restants, appelés **codons sens**, codent les 20 acides aminés trouvés dans les protéines. Le code contient donc plus d'information qu'il n'en faut pour spécifier ces 20 acides aminés, et on dit qu'il s'agit d'un **code dégénéré**. Le terme *dégénéré* n'a, dans ce contexte, aucune implication médicale ou morale ; F. Crick l'a emprunté à la physique quantique, où il décrit l'existence d'états physiques multiples de signification équivalente. Appliqué au code génétique, ce terme indique que chacun des 64 codons a une signification et que des acides aminés peuvent être spécifiés par plus d'un codon. Seuls le tryptophane et la méthionine ne sont spécifiés que par un seul codon (voir la Figure 11.5). D'autres acides aminés sont spécifiés par deux codons, et certains, comme l'arginine et la leucine, sont spécifiés par six codons différents. Des codons qui spécifient le même acide aminé sont dits **synonymes**.

Nous avons appris dans le Chapitre 10 que les ARNt servent d'adaptateurs, se liant à des acides aminés spécifiques et les introduisant dans un ribosome où ils sont ajoutés à une chaîne polypeptidique. Chaque type d'ARNt se lie à un seul type d'acide aminé. Les cellules de la plupart des organismes contiennent de 30 à 50 ARNt différents. Comme il n'y a que 20 acides aminés, cela signifie que certains acides aminés sont liés par plus d'un ARNt. Des ARNt qui acceptent le même acide aminé mais qui ont des anticodons différents sont appelés **ARNt isoaccepteurs**. Certains codons synonymes peuvent donc être reconnus par des ARNt isoaccepteurs différents.

Malgré l'existence d'ARNt isoaccepteurs pour certains acides aminés, il y a toujours plus de codons sens que d'anticodons. Or tous les codons sens doivent spécifier l'incorporation d'un acide aminé, faute de quoi la synthèse de protéines de taille et de fonction normales serait impossible. Francis Crick a proposé que différents codons puissent s'apparier avec le même

Première base	U	C	A	G	Troisième base
	Deuxième base				
U	UUU Phe UUC Phe UUA Leu UUG Leu	UCU Ser UCC Ser UCA Ser UCG Ser	UAU Tyr UAC Tyr UAA Stop UAG Stop	UGU Cys UGC Cys UGA Stop UGG Trp	U C A G
C	CUU Leu CUC Leu CUA Leu CUG Leu	CCU Pro CCC Pro CCA Pro CCG Pro	CAU His CAC His CAA Gln CAG Gln	CGU Arg CGC Arg CGA Arg CGG Arg	U C A G
A	AUU Ile AUC Ile AUA Ile AUG Met	ACU Thr ACC Thr ACA Thr ACG Thr	AAU Asn AAC Asn AAA Lys AAG Lys	AGU Ser AGC Ser AGA Arg AGG Arg	U C A G
G	GUU Val GUC Val GUA Val GUG Val	GCU Ala GCC Ala GCA Ala GCG Ala	GAU Asp GAC Asp GAA Glu GAG Glu	GGU Gly GGC Gly GGA Gly GGG Gly	U C A G

11.5 Le code génétique comporte 64 codons. Les acides aminés spécifiés par chaque codon sont représentés par leur symbole à trois lettres. Les codons sont écrits de 5′ vers 3′, comme ils se présentent dans l'ARNm. AUG est un codon d'initiation ; UAA, UAG, et UGA sont des codons de terminaison (codons stop).

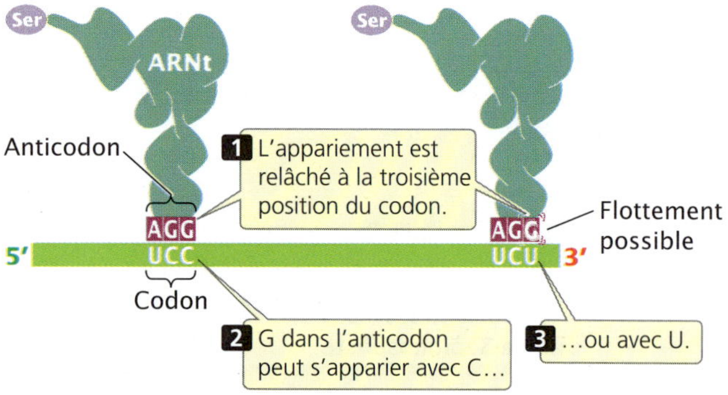

11.6 Un flottement peut se produire lors de l'appariement d'un codon et d'un anticodon. L'ARNm et l'ARNt s'apparient de façon antiparallèle. L'appariement à la première et à la deuxième position du codon s'effectue strictement selon les règles de Watson et Crick (A avec U, G avec C). Toutefois, les règles d'appariement sont plus relâchées pour la troisième position du codon : G dans l'anticodon peut s'apparier avec C ou U dans le codon, comme dans cet exemple.

anticodon, en raison d'un certain **flottement** (« **wobble** » en anglais) dans l'appariement des bases à la troisième position du codon. Un examen attentif de la grille du code (voir la Figure 11.5) montre que de nombreux codons synonymes ne diffèrent que par la base en troisième position. Par exemple, l'alanine est codée par GCU, GCC, GCA, et GCG, quatre codons qui commencent par GC. Quand le codon dans l'ARNm s'apparie avec l'anticodon de l'ARNt (**Figure 11.6**), la première base (5′) du codon s'apparie avec la troisième base (3′) de l'anticodon, strictement selon les règle de Watson et Crick : A avec U, C avec G. Ensuite, les bases du milieu du codon et de l'anticodon s'apparient aussi strictement selon les règles. Après que ces paires de bases aient formé des liaisons hydrogène, les troisièmes bases ne s'alignent pas parfaitement, ce qui provoque le flottement. (N.d.T. : Les contraintes structurales ne permettent que des ajustements conformationnels limités. Ainsi C ou A en troisième position (5′) de l'anticodon exigent un appariement strict. Par contre, U ou G permettent l'appariement avec deux codons différents.)

Concepts clés

Le code génétique comprend 61 codons sens qui spécifient les 20 acides aminés courants ; le code est dégénéré, ce qui signifie que certains acides aminés sont spécifiés par plus d'un codon. Les ARNt isoaccepteurs sont des ARNt avec des anticodons différents mais qui lient le même acide aminé. Il y a flottement quand un anticodon peut s'apparier avec plus d'un codon.

✔ Test de compréhension 3

Par flottement, un seul ____________ peut s'apparier avec plus d'un ____________ .

a. codon, anticodon
b. groupe de trois nucléotides dans l'ADN, codon dans l'ARNm
c. ARNt, acide aminé
d. anticodon, codon

Le cadre de lecture et les codons d'initiation Les premières études sur le code génétique ont montré que le code est généralement **non chevauchant**. Dans un code chevauchant, un nucléotide pourrait faire partie de plus d'un codon, comme ci-dessous :

Séquence nucléotidique A U A C G A G U C

Code non chevauchant A U A | C G A | G U C
Ile Arg Val

Code chevauchant A U A C G A G U C
A U A : Ile
U A C : Tyr
A C G : Thr

Toutefois, chaque nucléotide ne participe normalement qu'à un seul codon. Quelques gènes chevauchants se rencontrent chez les virus, mais les codons au sein d'un gène ne se chevauchent pas.

Chaque séquence de nucléotides contient trois jeux de codons potentiels : elle peut être lue de trois façons différentes, selon le **cadre de lecture** qui est appliqué. Les trois cadres de lecture ont des jeux de codons complètement différents qui vont spécifier des protéines avec des séquences d'acides aminés totalement différentes. Il est donc indispensable que le système de traduction utilise le cadre de lecture correct. Ce cadre de lecture est déterminé par le **codon d'initiation**, le premier codon dans l'ARNm qui spécifie un acide aminé. Après le codon d'initiation, les autres codons sont lus sans interruption jusqu'à la fin du message, signalée par un codon stop.

Le codon d'initiation est généralement AUG, bien que GUG et UUG soient parfois utilisés. Le codon d'initiation n'est pas simplement un signal de début de traduction, mais il spécifie un acide aminé. Chez les bactéries, le codon AUG initial spécifie un type modifié de méthionine, la *N*-formylméthionine. Toutes les protéines bactériennes commencent par cet acide aminé, mais le groupement formyle (ou, dans certains cas l'acide aminé tout entier) est éliminé après la synthèse de la protéine. Quand le codon AUG se trouve à l'intérieur d'un gène, il code une méthionine non formylée. Dans les cellules d'archées et d'eucaryotes, AUG spécifie une méthionine non formylée même quand il se trouve en position d'initiation.

Les codons de terminaison Trois codons – UAA, UAG, et UGA – ne spécifient pas d'acide aminé. Ces codons signalent la fin d'une protéine chez les bactéries et chez les eucaryotes. On les appelle **codons stop**, **codons de terminaison**, ou **codons non-sens**. Il n'existe pas d'ARNt dont l'anticodon s'apparie avec un codon de terminaison.

L'universalité du code Très longtemps, le code fut considéré comme **universel**, ce qui veut dire que chaque codon spécifie le même acide aminé chez tous les organismes. Nous savons à présent que le code génétique n'est pas tout à fait universel et qu'il existe quelques exceptions. La plupart de ces exceptions concernent des codons de terminaison, mais il existe quelques cas de substitution de codons sens, surtout dans les gènes mitochondriaux. Quelques codons non universels ont aussi été découverts dans les gènes nucléaires de protozoaires et chez certaines bactéries.

Concepts clés

Toute séquence nucléotidique contient trois cadres de lecture potentiels. Le cadre de lecture correct est déterminé par le codon d'initiation. La fin d'une séquence codant une protéine est signalée par un codon de terminaison. À de rares exceptions près, tous les organismes utilisent le même code génétique.

Faisons le lien entre les concepts

Les caractéristiques du code génétique

Passons en revue ce que nous savons du code génétique.

1. L'information génétique est encodée dans des séquences de nucléotides dans l'ADN ou dans l'ARN. Il y a quatre lettres dans le code, correspondant aux quatre bases nucléiques A, G, C, et U (T dans l'ADN).
2. Le code génétique est un code à triplets. Chaque acide aminé est spécifié par une séquence de trois nucléotides consécutifs (trois lettres), appelée codon.
3. Le code génétique est dégénéré. Sur 64 codons, 61 spécifient les 20 acides aminés courants des protéines, et 3 sont des codons de terminaison. Certains codons sont synonymes, spécifiant le même acide aminé.
4. Les ARNt isoaccepteurs sont des ARNt avec des anticodons différents, mais qui acceptent le même acide aminé. Le phénomène de flottement permet à l'anticodon de certains ARNt de s'apparier avec plus d'un type de codon dans l'ARNm.
5. Le code est généralement non chevauchant ; chaque nucléotide d'un ARNm n'appartient qu'à un seul codon d'un cadre de lecture.
6. Le cadre de lecture est déterminé par un codon d'initiation qui est en général AUG.
7. Une fois que le cadre de lecture est établi, les codons sont lus sans interruption jusqu'à la fin du message.
8. Un des trois codons de terminaison (UAA, UAG, et UGA) signale la fin d'une protéine. Les codons de terminaison ne spécifient pas d'acide aminé.
9. Le code est presqu'universel.

11.2 Les acides aminés sont assemblés en protéines par le processus de traduction

Maintenant que nous nous sommes familiarisés avec le code génétique, voyons comment les acides aminés sont assemblés pour former des protéines. Beaucoup de ce que nous savons de la traduction vient d'études chez les bactéries. Par conséquent, la traduction chez les bactéries sera notre fil conducteur. Par beaucoup d'aspects, la traduction chez les eucaryotes suit un processus analogue, mais avec quelques différences marquantes que nous soulignerons au fur et à mesure de notre analyse.

La traduction a lieu dans les ribosomes, qui peuvent être considérés comme des engins mobiles de synthèse de protéines. Un large éventail d'approches expérimentales nous a fourni une image détaillée de la structure du ribosome, qui nous permet de mieux comprendre le processus de traduction. Un ribosome s'attache près de l'extrémité 5′ d'un ARNm et se déplace vers son extrémité 3′, en traduisant les codons (**Figure 11.7**). La synthèse débute à l'extrémité amino de la protéine et procède par addition d'acides aminés à son extrémité carboxyle.

On peut, pour faciliter l'analyse, distinguer quatre étapes dans la synthèse des protéines : (1) le chargement des acides

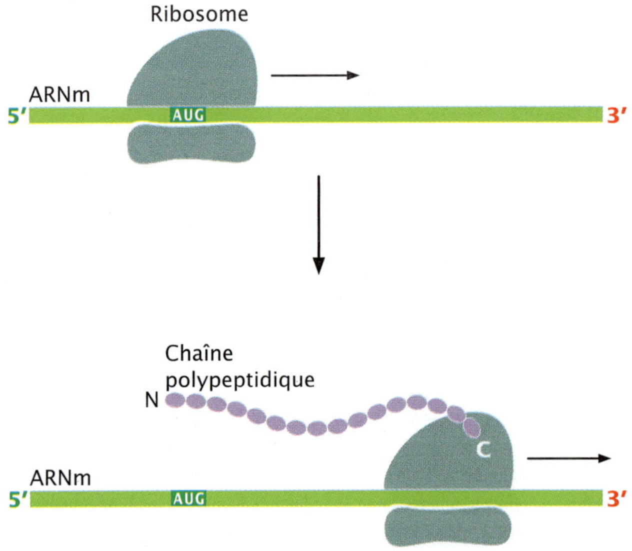

11.7 La traduction d'une molécule d'ARNm a lieu dans le ribosome. La lettre N représente l'extrémité amino de la protéine ; la lettre C représente l'extrémité carboxylate.

aminés sur les ARNt ; (2) l'initiation, pendant laquelle les composants nécessaires à la traduction s'assemblent au niveau du ribosome ; (3) l'élongation, pendant laquelle les acides aminés sont joints un par un à la chaîne polypeptidique en formation ; et (4) la terminaison, quand la synthèse de la protéine s'arrête au codon de terminaison et les composants du système de traduction sont détachés du ribosome.

La liaison des acides aminés aux ARN de transfert

La première étape de la traduction est la liaison des acides aminés aux ARNt appropriés. Chaque ARNt est spécifique d'un acide aminé, et la clé de cette spécificité est une famille d'enzymes appelées **aminoacyl-ARNt synthétases**. Une cellule a 20 aminoacyl-ARNt synthétases différentes, une pour chaque acide aminé. Chaque synthétase reconnaît un acide aminé spécifique ainsi que les ARNt qui acceptent cet acide aminé.

La liaison d'un acide aminé à l'ARNt approprié – le **chargement de l'ARNt** – nécessite de l'énergie qui est fournie par l'hydrolyse d'une molécule d'adénosine triphosphate (ATP). Le bilan global de la réaction est :

$$\text{Acide aminé} + \text{ARNt} + \text{ATP} \rightarrow \text{aminoacyl-ARNt} + \text{AMP} + \text{PP}_i$$

Le groupement carboxylate (COO^-) de l'acide aminé est attaché au nucléotide adénine à l'extrémité 3′ de l'ARNt (**Figure 11.8**). Pour désigner l'aminoacyl-ARNt, on écrit l'abréviation en trois lettres de l'acide aminé devant l'ARNt ; par exemple, l'acide aminé alanine (Ala) s'attache à son ARNt (ARNt^{Ala}) pour donner l'alanyl-ARNt ($\text{Ala-ARNt}^{\text{Ala}}$).

Concepts clés

Les acides aminés sont attachés à leurs ARNt spécifiques par des aminoacyl-ARNt synthétases lors d'une réaction qui nécessite une molécule d'ATP.

✔ Test de compréhension 4

À quelle partie d'un ARNt les acides aminés se lient-ils ?

a. l'anticodon
b. le codon
c. l'extrémité 3′
d. l'extrémité 5′

L'initiation de la traduction

La deuxième étape du processus de synthèse des protéines est l'initiation. C'est à ce stade que s'assemblent tous les composants nécessaires à la synthèse : (1) l'ARNm ; (2) la petite et la grande sous-unité du ribosome ; (3) un groupe de trois protéines appelées facteurs d'initiation ; (4) l'ARNt initiateur

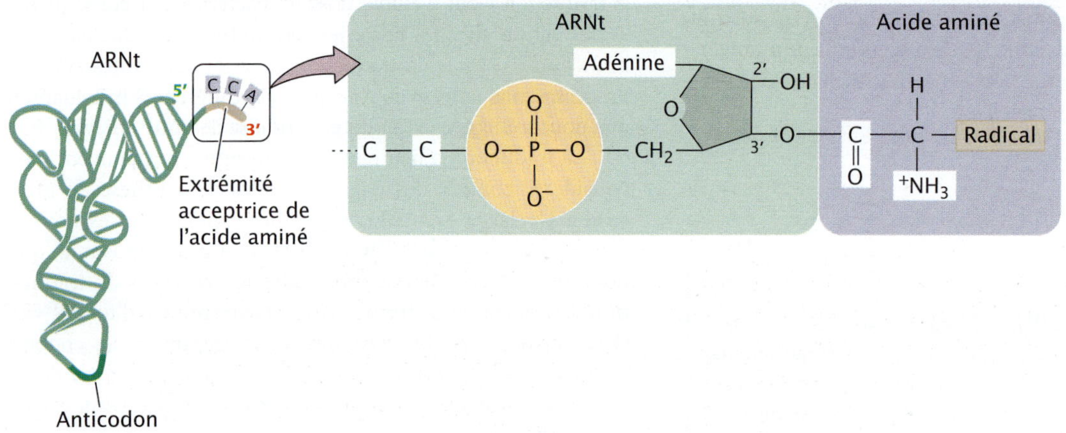

11.8 Attachement d'un acide aminé à l'extrémite 3′ d'un ARNt. Le groupe carboxylate (COO^-) de l'acide aminé s'attache à l'oxygène du carbone 2′ ou 3′ du nucléotide terminal (3′) de l'ARNt, qui contient toujours la base adénine.

chargé d'une formylméthionine (fMet-ARNt^{fMet}) ; et (5) une molécule de guanosine triphosphate (GTP). L'initiation comporte trois stades principaux. D'abord, l'ARNm s'attache à la petite sous-unité du ribosome. Ensuite, l'ARNt initiateur se lie à l'ARNm au niveau du codon d'initiation. Enfin, la grande sous-unité du ribosome s'unit au complexe d'initiation. Examinons ces différents stades plus en détail.

Un ribosome fonctionnel comporte deux sous-unités, une petite sous-unité et une grande sous-unité (30S et 50S respectivement, dans les cellules bactériennes). Quand le ribosome n'est pas engagé activement dans la traduction, les deux sous-unités sont généralement associées (**Figure 11.9a**), mais l'ARNm ne s'attache d'abord qu'à la petite sous-unité, ce qui nécessite que les deux sous-unités soient dissociées. En se liant à la petite sous-unité, le **facteur d'initiation 3** (IF-3) empêche l'association de la grande sous-unité à ce stade de l'initiation (**Figure 11.9b**).

Ensuite, l'ARNt initiateur, le fMet-ARNt^{fMet}, s'attache au codon d'initiation (**Figure 11.9c**) Ce stade nécessite l'intervention du **facteur d'initiation 2** (IF-2), qui forme un complexe avec le GTP. À ce stade, le complexe d'initiation contient (1) la petite sous-unité du ribosome ; (2) l'ARNm ; (3) l'ARNt initiateur chargé ; (4) une molécule de GTP ; et (5) trois facteurs d'initiation. Ces composants forment le **complexe d'initiation 30S** (voir la Figure 11.9c). Lors du dernier stade de l'initiation, les facteurs d'initiation se dissocient de la petite sous-unité, permettant à la grande sous-unité de s'unir au complexe pour former le **complexe d'initiation 70S** (**Figure 11.9d**).

Des événements similaires ont lieu lors de l'initiation de la traduction dans les cellules eucaryotiques, mais il y a quelques différences importantes. Dans les cellules bactériennes, des séquences dans l'ARNr 16S de la petite sous-unité du ribosome se lient par appariement de bases avec la séquence de Shine-Dalgarno dans l'ARNm. Il n'existe pas de séquence canonique équivalente dans l'ARNm eucaryotique. C'est la coiffe à l'extrémité 5′ de l'ARNm eucaryotique qui joue un rôle essentiel dans l'initiation de la traduction. La petite sous-unité du ribosome eucaryotique, assistée par des facteurs d'initiation, reconnaît la coiffe 5′ et s'y lie ; la petite sous-unité balaie alors l'ARNm à la manière d'un scanner, jusqu'à ce qu'elle repère le premier codon AUG. L'identification du codon AUG initial est facilitée par la présence d'une séquence assez conservée qui l'entoure, appelée séquence de Kozak :

Séquence de Kozak

5′–ACCAUGG–3′

Codon d'initiation

La queue poly(A) à l'extrémité 3′ de l'ARNm eucaryotique joue aussi un rôle dans l'initiation de la traduction. Des protéines qui s'attachent à la queue poly(A) interagissent avec des protéines liant la coiffe 5′, renforçant la liaison de la petite sous-unité du ribosome à l'extrémité 5′ de l'ARNm. Cette interaction entre la coiffe 5′ et la queue 3′ suggère que l'ARNm se courbe et forme une structure circulaire transitoire lors de l'initiation de la traduction (**Figure 11.10**).

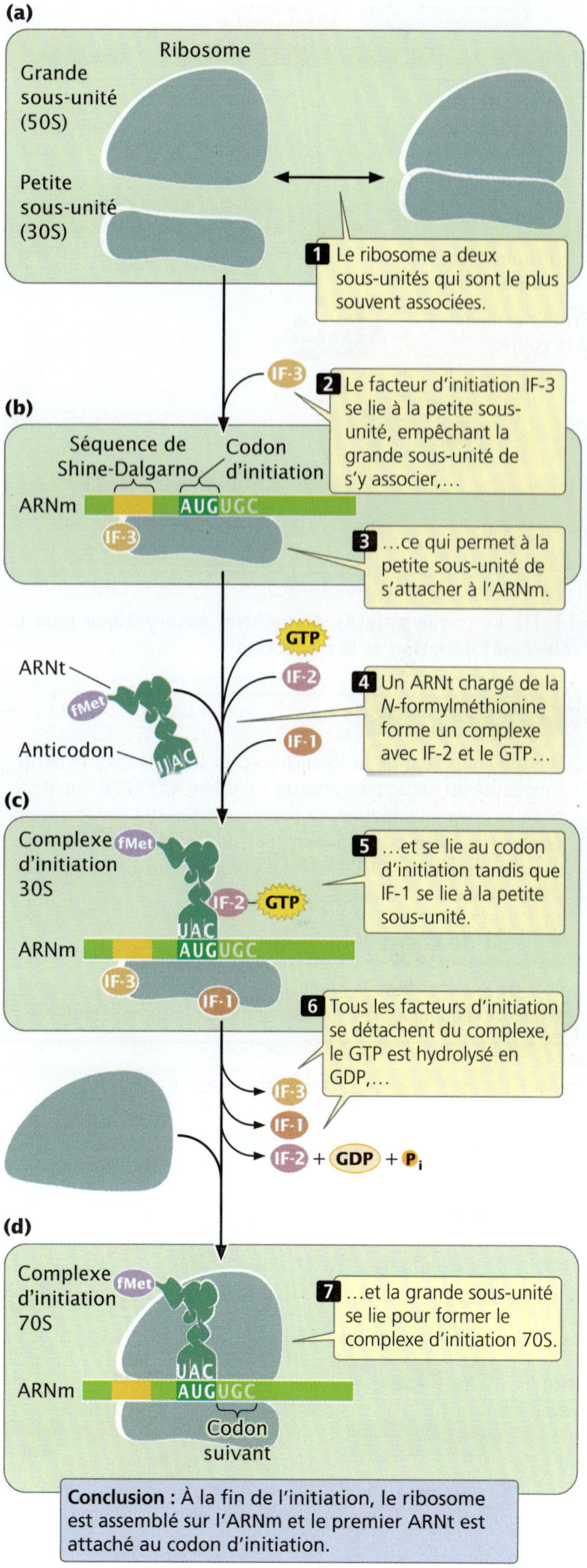

11.9 L'initiation de la traduction fait intervenir plusieurs facteurs d'initiation et consomme du GTP.

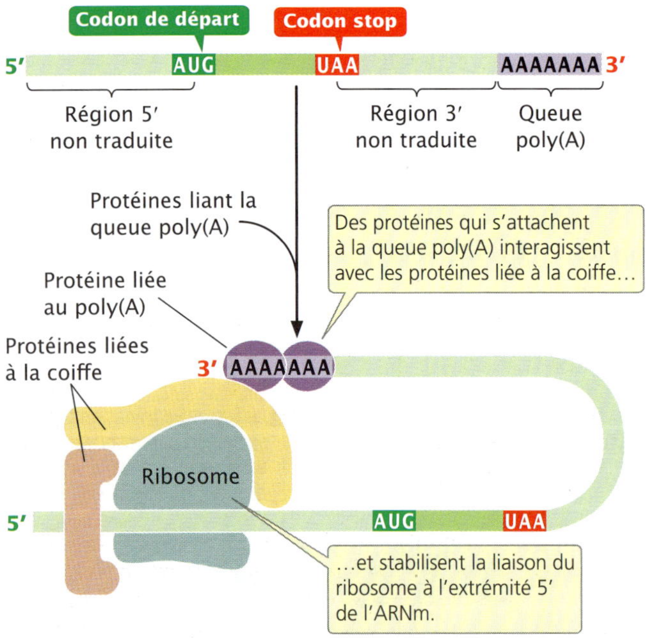

11.10 La queue poly(A) d'un ARNm eucaryotique joue un rôle dans l'initiation de la traduction.

Concepts clés

Lors de l'initiation de la traduction chez les bactéries, la petite sous-unité du ribosome s'attache à l'ARNm, et l'ARNt initiateur se lie au codon d'initiation. Ce processus nécessite l'intervention de plusieurs facteurs d'initiation (IF-1, IF-2, et IF-3) et l'hydrolyse d'une molécule de GTP. Ensuite, la grande sous-unité du ribosome s'associe au complexe d'initiation.

✔ Test de compréhension 5

Lors de l'initiation de la traduction chez les bactéries, à quelle séquence canonique la petite sous-unité du ribosome se lie-t-elle ?

L'élongation

Lors de l'élongation, les acides aminés sont liés bout à bout pour former une chaîne polypeptidique. L'élongation nécessite (1) le complexe 70S que nous venons de décrire ; (2) les ARNt chargés de leurs acides aminés respectifs ; (3) plusieurs facteurs d'élongation ; et (4) du GTP.

Un ribosome a trois sites qui peuvent être occupés par des ARNt : le **site aminoacyle** (A), le **site peptidyle** (P), et un **site de sortie** (E). L'ARNt initiateur occupe immédiatement le site P – le seul site auquel le fMet-ARNt^{fMet} puisse se lier (**Figure 11.11a**) – mais tous les autres ARNt commencent par occuper le site A. Immédiatement après l'initiation, le ribosome est attaché à l'ARNm, le fMet-ARNt^{fMet} est positionné sur le codon AUG d'initiation dans le site P, et le site A adjacent est inoccupé (voir la Figure 11.11a).

L'élongation procède selon un mécanisme cyclique en trois étapes. Dans la première étape, un ARNt chargé, associé en complexe avec le facteur d'élongation Tu (EF-Tu) et une molécule de GTP, entre dans le site A du ribosome où l'anticodon de l'ARNt s'apparie avec le codon suivant dans l'ARNm. Une fois que l'ARNt chargé se trouve dans le site A, le GTP est hydrolysé en GDP et le complexe EF-Tu – GDP est libéré (**Figure 11.11c**). Le **facteur d'élongation Ts** (EF-Ts) régénère EF-Tu – GTP. Dans les cellules eucaryotiques, une série de réactions analogue introduit l'ARNt chargé dans le site A.

La deuxième étape est la formation d'une liaison peptidique entre les acides aminés attachés aux ARNt occupant les sites P et A (**Figure 11.11d**). La formation de ce lien peptidique libère l'acide aminé de son ARNt au site P. Pendant de nombreuses années, on a pensé que la formation du lien peptidique était catalysée par une des protéines de la grande sous-unité du ribosome. Il existe à présent des indications que c'est l'ARN ribosomial de la grande sous-unité qui catalyse la réaction ; cet ARNr agit donc comme un ribozyme (voir p. 243 dans le Chapitre 10).

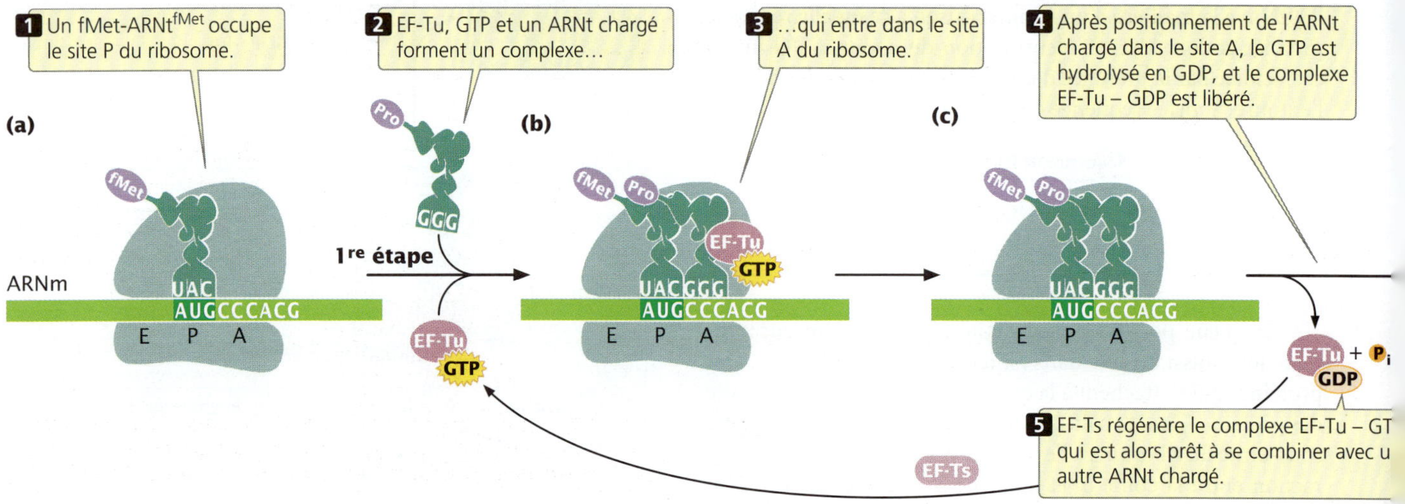

11.11 L'élongation suit un mécanisme cyclique en trois étapes.

La troisième étape du mécanisme est la translocation (**Figure 11.11e**), le déplacement du ribosome le long de l'ARNm dans le sens de 5′ vers 3′. Cette étape, qui déplace le ribosome d'un codon, nécessite le facteur d'élongation G (EF-G) et l'hydrolyse de GTP en GDP. Étant donné que les ARNt dans les sites P et A sont toujours attachés à l'ARNm par appariement codon-anticodon, ils ne suivent pas le mouvement du ribosome. Par conséquent, l'ARNt qui occupait le site P se trouve à présent dans le site E, qu'il quitte pour le cytoplasme où il peut être rechargé. La translocation provoque aussi le déplacement de l'ARNt qui occupait le site A (et qui est attaché à la chaîne polypeptidique en croissance) vers le site P, ce qui laisse ouvert le site A. La progression de chaque ARNt à l'intérieur du ribosome peut être résumée comme suit : cytoplasme → site A → site P → site E → cytoplasme. Rappelons l'exception de l'ARNt initiateur : il occupe directement le site P sans passer par le site A.

Après translocation, le site A est vide et prêt à recevoir l'ARNt spécifié par le codon suivant. Le cycle se répète (voir la Figure 11.11, de b à e) : un ARNt et son acide aminé occupent le site A, un lien peptidique est formé entre les acides aminés présents aux sites A et P, et le ribosome passe au codon suivant. Pendant toute l'élongation, la chaîne polypeptidique reste attachée à l'ARNt qui occupe le site P. L'élongation chez les eucaryotes se déroule de façon similaire.

Concepts clés

L'élongation comporte trois étapes : (1) un ARNt chargé pénètre dans le site A, (2) un lien peptidique est formé entre les acides aminés présents aux sites A et P, et (3) le ribosome se déplace (translocation) vers le codon suivant. L'élongation nécessite l'intervention de plusieurs facteurs d'élongation et l'hydrolyse de GTP.

✔ Test de compréhension 6

Pendant l'élongation, la formation des liaisons peptidiques entre les acides aminés est catalysée par

a. un ARNr.
b. une protéine de la petite sous-unité.
c. une protéine de la grande sous-unité.
d. un ARNt.

La terminaison

La synthèse d'une chaîne polypeptidique prend fin quand le ribosome atteint un codon de terminaison. Comme il n'y a pas d'ARNt avec des anticodons complémentaires aux codons de terminaison, aucun ARNt n'entre dans le site A (**Figure 11.12a**). Des protéines appelées **facteurs de relargage** (RF) se lient au ribosome (**Figure 11.12b**). *E. coli* possède trois facteurs de relargage – RF-1, RF-2, et RF-3. RF-1 se lie aux codons de terminaison UAA et UAG, et RF-2 se lie à UGA et UAA. RF-3 forme un complexe avec une molécule de GTP et se lie au ribosome. Les facteurs de relargage détachent la chaîne polypeptidique du dernier ARNt occupant le site P, une réaction accompagnée de l'hydrolyse du GTP. L'ARNt est libéré du site P, le ribosome se détache de l'ARNm et se dissocie (**Figure 11.12c**). (N.d.T. : La dissociation du ribosome en sous-unités est transitoire. C'est à ce stade que le facteur d'initiation IF-3 s'insère entre les sous-unités et se lie à la petite sous-unité, empêchant la réassociation immédiate du ribosome et permettant à la petite sous-unité de s'attacher à un ARNm – un autre ou le même – au niveau du codon d'initiation, comme montré dans la Figure 11.9b.)

Concepts clés

La terminaison se produit quand le ribosome atteint un codon de terminaison. Des facteurs de relargage se lient au codon de terminaison, détachant successivement le polypeptide du dernier ARNt, le dernier ARNt du ribosome, et le ribosome de l'ARNm.

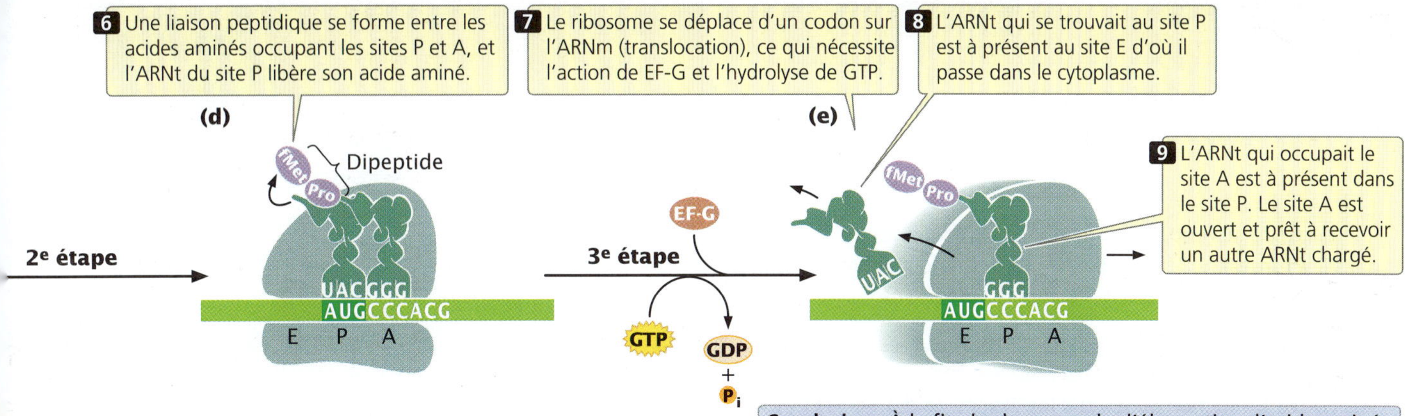

Conclusion : À la fin de chaque cycle d'élongation, l'acide aminé qui se trouvait dans le site A est ajouté à la chaîne polypeptidique et le site A est libre et prêt à accepter un autre ARNt chargé.

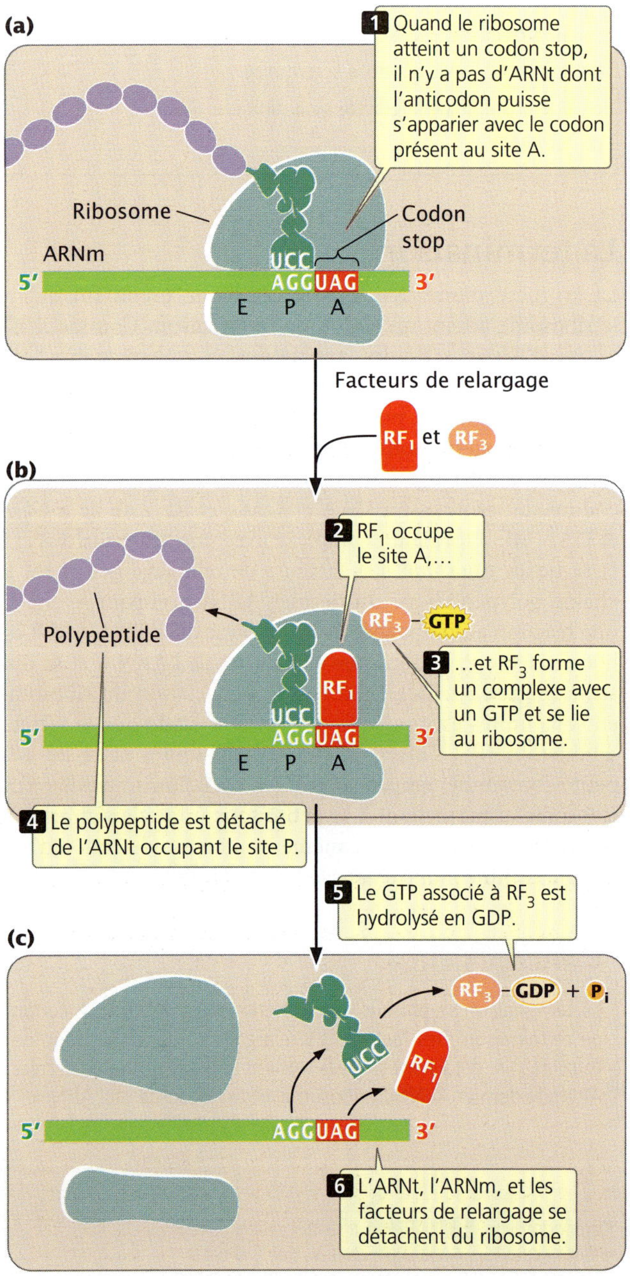

11.12 La traduction s'arrête quand le système rencontre un codon stop.

Le processus entier de la synthèse des protéines est résumé dans la **Figure 11.13**. Le **Tableau 11.1** reprend les composants impliqués dans les différentes étapes du processus.

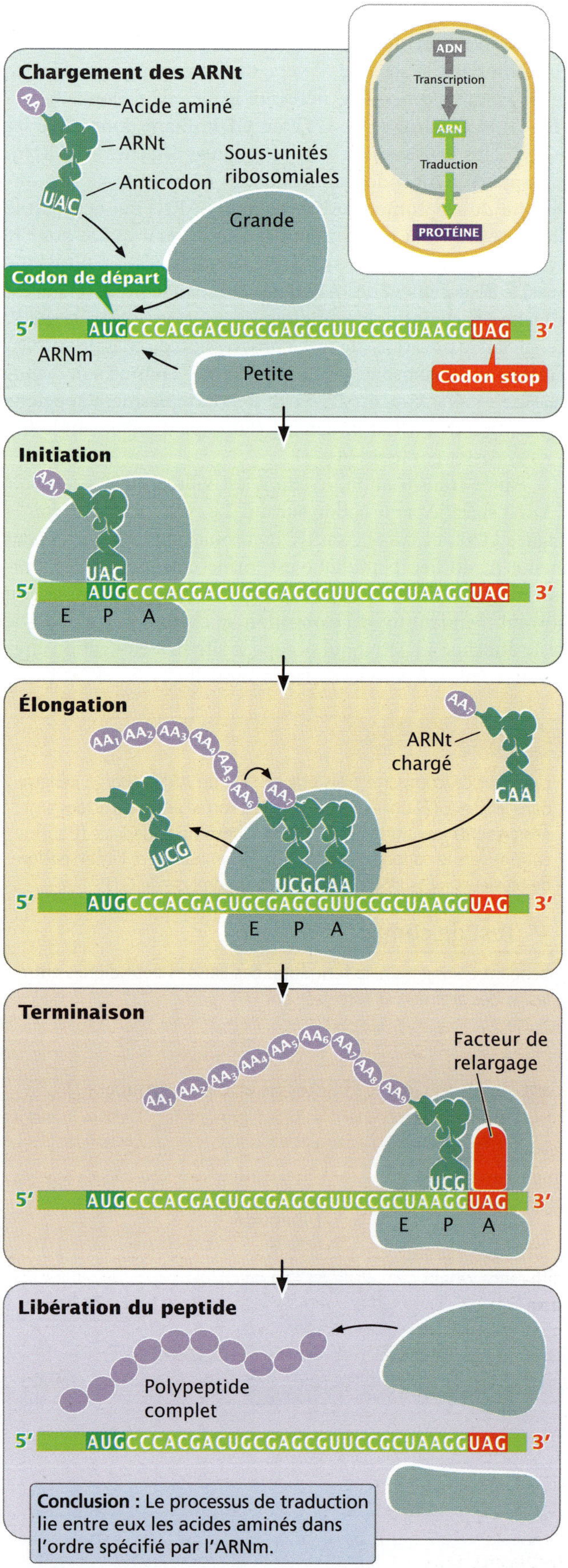

11.13 La traduction comprend les étapes de chargement des ARNt, d'initiation, d'élongation et de terminaison. Dans ce processus, les acides aminés sont liés entre eux dans l'ordre spécifié par un ARNm pour former une chaîne polypeptidique. Une série de facteurs d'initiation, d'élongation, et de relargage participent au processus, et l'énergie est fournie par l'ATP et le GTP.

Tableau 11.1 Composants du système de synthèse des protéines chez les bactéries

Étape	Composant	Fonction
Attachement de l'acide aminé à l'ARNt	Acides aminés	Éléments de base des protéines
	ARNt	Transportent les acides aminés dans les ribosomes
	Aminoacyl-ARNt synthétases	Attachent les acides aminés aux ARNt
	ATP	Fournit l'énergie pour l'attachement de l'acide aminé à l'ARNt
Initiation	ARNm	Contient les instructions codées
	fMet-ARNt^{fMet}	Fournit le premier acide aminé du polypeptide
	Sous-unité 30S du ribosome	S'attache à l'ARNm
	Sous-unité 50S du ribosome	Stabilise les ARNt et les acides aminés dans le ribosome
	Facteur d'initiation 1	Stabilise l'état dissocié du ribosome
	Facteur d'initiation 2	Lie le GTP ; positionne le fMet-ARNt^{fMet} sur le codon d'initiation
	Facteur d'initiation 3	Se lie à la sous-unité 30S et empêche son association avec la sous-unité 50S
Élongation	Complexe d'initiation 70S	Ribosome fonctionnel avec ses sites A, P, et E et une activité peptidyl transférase qui catalyse la formation du lien peptidique
	ARNt chargés	Apportent les acides aminés au ribosome et aident à leur assemblage dans l'ordre spécifié par l'ARNm
	Facteur d'élongation Tu	Lie le GTP et l'ARNt chargé ; dépose l'ARNt chargé au site A
	Facteur d'élongation Ts	Régénère le facteur d'élongation Tu
	Facteur d'élongation G	Stimule la translocation du ribosome vers le codon suivant
	GTP	Fournit de l'énergie
	Sous-unité 50S du ribosome	Forme le lien peptidique entre les acides aminés présents aux sites A et P
Terminaison	Facteurs de relargage 1, 2, et 3	Se lient au ribosome quand un codon de terminaison est atteint et terminent la traduction.

Faisons le lien entre les concepts

La traduction chez les bactéries et chez les eucaryotes – une comparaison

Prenons le temps de replacer dans le contexte cellulaire les plus importantes similitudes et différences des processus de synthèse des protéines chez les bactéries et chez les eucaryotes.

En premier lieu, il convient d'insister sur la quasi-identité du code génétique dans les cellules bactériennes et eucaryotiques. Une différence réside dans l'acide aminé spécifié par le codon d'initiation. Dans les cellules bactériennes, cet AUG code une méthionine modifiée, la *N*-formylméthionine, tandis que dans les cellules eucaryotiques, AUG code une méthionine non formylée. (N.d.T. : Les très rares autres différences concernent essentiellement des codons du génome mitochondrial de certains organismes où, par exemple, un codon terminateur standard (UGA) signifie un acide aminé – en général le tryptophane.) Une conséquence de ce code commun aux bactéries et aux eucaryotes est que des gènes eucaryotiques peuvent être traduits dans des systèmes bactériens, et vice versa, ce qui a rendu possible le développement du génie génétique (voir le Chapitre 14).

Une différence notable est que la transcription et la traduction ont lieu simultanément dans les cellules bactériennes, tandis que l'enveloppe nucléaire sépare ces processus dans les cellules eucaryotiques. La séparation physique de la transcription et de la traduction a des implications importantes pour le contrôle de l'expression des gènes, que nous examinerons dans le Chapitre 12, et elle permet que s'opère une importante maturation des ARNm eucaryotiques, comme décrit dans le Chapitre 10.

Une autre différence est que l'ARNm des cellules bactériennes a une durée de vie courte, typiquement quelques minutes, alors que la durée de vie des ARNm eucaryotiques est hautement variable, mais s'exprime en heures ou en jours.

Dans les cellules bactériennes et eucaryotiques, des aminoacyl-ARNt synthétases attachent les acides aminés aux ARNt appropriés par des réactions chimiques identiques. Il y a par contre des différences significatives de taille et de composition des sous-unités ribosomiales bactériennes et eucaryotiques. Par exemple, la grande sous-unité du ribosome eucaryotique contient trois ARNr alors que celle du ribosome bactérien n'en contient que deux. Ces différences permettent à des antibiotiques et à d'autres substances d'inhiber spécifiquement la traduction bactérienne sans avoir d'effet sur la traduction des gènes nucléaires eucaryotiques, comme nous allons le voir en fin de chapitre.

D'autres différences fondamentales concernent le processus d'initiation. Dans les cellules bactériennes, la petite sous-unité du ribosome s'attache directement à la région entourant le codon d'initiation par la formation de liaisons hydrogène entre la séquence canonique de Shine-Dalgarno dans la région 5′ non traduite de l'ARNm et une séquence proche de l'extrémité 3′ de l'ARN 16S. Par contre, la petite sous-unité du ribosome eucaryotique se lie d'abord à des protéines attachées à la coiffe 5′ de l'ARNm avant de se déplacer sur l'ARNm en balayant la séquence jusqu'à ce qu'elle rencontre le premier codon AUG. De plus, les facteurs d'initiation sont plus nombreux chez les eucaryotes que chez les bactéries.

L'élongation et la terminaison sont similaires dans les cellules bactériennes et eucaryotiques, bien que les facteurs d'élongation et de terminaison soient différents. Chez les deux types d'organismes, les ARNm sont traduits plusieurs fois et par plusieurs ribosomes à la fois, formant les polyribosomes dont nous parlons dans la section suivante.

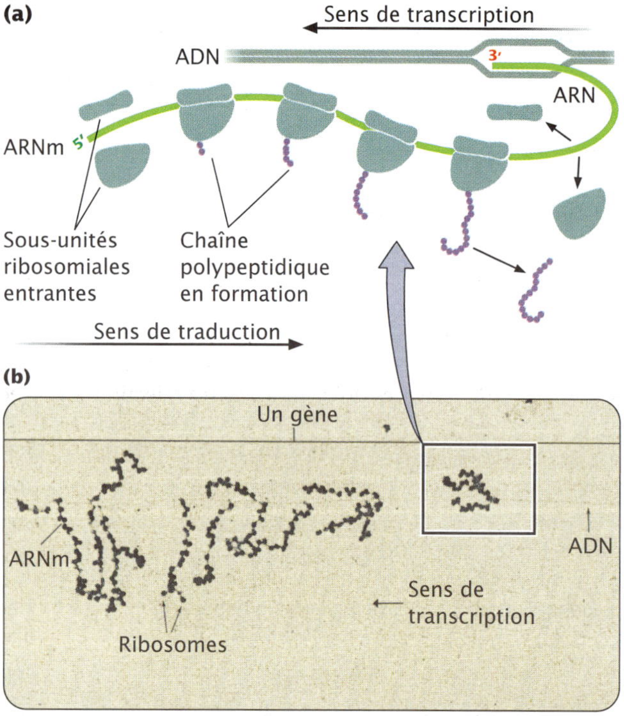

11.14 Une molécule d'ARNm peut être traduite par plusieurs ribosomes à la fois. (a) Quatre ribosomes en train de traduire une molécule d'ARNm ; ils se déplacent de l'extrémité 5′ vers l'extrémité 3′ de l'ARNm. (b) Dans cette microphotographie électronique d'un polyribosome, les petites billes sombres sont les ribosomes, et les minces filaments qui les relient sont des ARNm. *[Partie b : O.L. Miller Jr. Et Barbara A. Hamkalo.]*

11.3 Quelques autres propriétés importantes de la traduction et des protéines

Les polyribosomes

Dans les cellules bactériennes et eucaryotiques, les molécules d'ARNm sont traduites par plusieurs ribosomes à la fois (**Figure 11.14**). La structure formée par l'ARNm et les multiples ribosomes qui le traduisent est appelée un **polyribosome**. Les ribosomes s'attachent l'un après l'autre au site de liaison des ribosomes à l'extrémité 5′ de l'ARNm et se déplacent vers l'extrémité 3′ ; le polypeptide associé à chaque ribosome s'allonge au fur et à mesure de la progression sur l'ARNm.

Dans les cellules procaryotiques, la transcription et la traduction sont simultanées, de sorte que plusieurs ribosomes s'attachent à l'extrémité 5′ de l'ARNm alors que la transcription de l'extrémité 3′ n'est pas encore terminée, comme le montre la Figure 11.14. Jusqu'il y a peu, on pensait que la transcription et la traduction ne pouvaient être simultanées chez les eucaryotes, parce que s'effectuant dans des compartiments cellulaires séparés. Toutefois, comme mentionné dans le Chapitre 10, des travaux récents suggèrent que la traduction des ARNm de certains gènes ait lieu dans le noyau eucaryotique. S'il se confirme qu'une certaine activité de traduction existe bien dans le noyau, le concept de simultanéité de transcription et de traduction devra s'étendre aux eucaryotes.

Concepts clés

Dans les cellules procaryotiques et eucaryotiques, plusieurs ribosomes peuvent être attachés à un seul ARNm, formant une structure appelée polyribosome.

✔ Test de compréhension 7

Dans un polyribosome, les polypeptides associés aux ribosomes seront les plus longs pour quels ribosomes ?

a. Ceux à l'extrémité 5′ de l'ARNm
b. Ceux à l'extrémité 3′ de l'ARNm
c. Ceux au milieu de l'ARNm
d. Tous les polypeptides seront de longueur identique.

La modification post-traductionnelle des protéines

Nombre de protéines des cellules procaryotiques et eucaryotiques peuvent subir des modifications post-traductionnelles. Différents types de modifications sont possibles. Certaines protéines sont synthétisées sous la forme de molécules précurseurs plus grandes qui doivent être clivées et adaptées par des enzymes pour acquérir leur fonction. Pour d'autres, une glycosylation – l'ajout de chaînes glucidiques – peut être nécessaire à leur activation. La fonction de nombreuses protéines dépend de façon critique de leur repliement correct. Certaines se replient spontanément pour acquérir leur forme correcte, mais le repliement de certaines autres doit être assisté initialement par d'autres molécules appelées des **chaperons moléculaires**.

Concepts clés

De nombreuses protéines subissent des modifications post-traductionnelles pour acquérir leur fonction.

La traduction est une des cibles des antibiotiques

Les antibiotiques sont des médicaments qui tuent les microorganismes. Un poison quelconque ne fait pas l'affaire. Il faut une substance qui tue le microbe en épargnant le patient. Les substances antibiotiques doivent donc être sélectionnées avec soin pour leurs propriétés spécifiquement bactéricides.

La traduction est une cible fréquente des antibiotiques parce qu'elle est indispensable à tous les organismes vivants, mais que plusieurs différences significatives existent entre les processus bactériens et eucaryotiques.

Par exemple, les ribosomes bactériens et eucaryotiques diffèrent par la taille et la composition. Plusieurs antibiotiques se lient sélectivement aux ribosomes bactériens et inhibent différentes étapes de la traduction, mais n'affectent pas les ribosomes eucaryotiques. Les tétracyclines, par exemple, sont une classe d'antibiotiques qui se lient au site A des ribosomes bactériens et bloquent l'entrée des ARNt chargés, mais qui n'ont pas d'effet sur les ribosomes eucaryotiques. Le chloramphénicol se lie à la grande sous-unité du ribosome et bloque la formation du lien peptidique. La streptomycine se lie à la petite sous-unité du ribosome et inhibe l'initiation, tandis que l'érythromycine bloque la translocation. Bien que le chloramphénicol et la streptomycine soient des inhibiteurs puissants de la traduction chez les bactéries, ils n'inhibent pas la traduction chez les archées.

Du fait de leur mode d'action très ciblé sur des étapes particulières de la traduction, les antibiotiques sont fréquemment utilisés dans la recherche sur le processus de synthèse des protéines.

Résumé des concepts clés

- Les acides aminés des protéines sont joints bout à bout par des liaisons peptidiques. Leurs chaînes latérales se replient et s'associent pour former les structures secondaire, tertiaire, et quaternaire des protéines.
- Le code génétique est un code à triplets : trois nucléotides spécifient un acide aminé. Il est aussi dégénéré (ce qui veut dire que certains acides aminés sont spécifiés par plus d'un codon), non chevauchant, et universel (presque).
- Le cadre de lecture est fixé par le codon d'initiation. La fin de la région de l'ARNm codant une protéine est signalée par un des trois codons de terminaison.
- La synthèse des protéines comporte quatre étapes : (1) la liaison des acides aminés aux ARNt appropriés, (2) l'initiation, (3) l'élongation, et (4) la terminaison.
- La liaison d'un acide aminé à un ARNt nécessite l'intervention d'une aminoacyl-ARNt synthétase et l'hydrolyse d'ATP.
- Lors de l'initiation de la traduction chez les bactéries, la petite sous-unité du ribosome s'attache à l'ARNm et se positionne sur le codon d'initiation. Elle y est rejointe par le premier ARNt chargé de son acide aminé (la *N*-formylméthionine dans les cellules bactériennes), et ensuite par la grande sous-unité du ribosome. L'initiation nécessite la présence de plusieurs facteurs d'initiation et l'hydrolyse de GTP.
- Pendant l'élongation, un ARNt chargé pénètre dans le site A d'un ribosome, une liaison peptidique est formée entre les acides aminés présents aux sites A et P, et le ribosome se déplace sur l'ARNm jusqu'au codon suivant (translocation). L'élongation nécessite l'intervention de plusieurs facteurs d'élongation et l'hydrolyse de GTP.
- La traduction se termine quand le ribosome rencontre un des trois codons de terminaison. Des facteurs de relargage et l'hydrolyse de GTP sont nécessaires à la terminaison.
- Chaque ARNm peut être traduit par plusieurs ribosomes à la fois, formant une structure appelée polyribosome.
- De nombreuses protéines sont modifiées après la traduction.

Termes importants

hypothèse un gène – une enzyme (p. 272)
hypothèse un gène – une chaîne polypeptidique (p. 272)
acide aminé (p. 272)
liaison/lien peptidique (p. 272)
polypeptide (p. 272)
codon sens (p. 275)
codons synonymes (p. 275)
ARNt isoaccepteurs (p. 275)
flottement (« wobble ») (p. 276)
code génétique non chevauchant (p. 276)
cadre de lecture (p. 277)
codon d'initiation (p. 277)
codon stop (de terminaison ou non-sens) (p. 277)
code génétique universel (p. 277)
aminoacyl-ARNt synthétase (p. 278)
chargement de l'ARNt (p. 278)
facteur d'initiation (IF-1, IF-2, IF-3) (p. 279)
complexe d'initiation 30S (p. 279)
complexe d'initiation 70S (p. 279)
site aminoacyle (site A) (p. 280)
site peptidyle (site P) (p. 280)
site de sortie (site E) (p. 280)
facteur d'élongation Tu (EF-Tu) (p. 280)
facteur d'élongation Ts (EF-Ts) (p. 280)
translocation (p. 281)
facteur d'élongation G (EF-G) (p. 281)
facteur de relargage (p. 281)
polyribosome (p. 284)
chaperon moléculaire (p. 284)

Réponses aux tests de compréhension

1. La séquence des acides aminés (séquence primaire) de la protéine.

2. b

3. d

4. c

5. La séquence de Shine-Dalgarno

6. a

7. b

Problèmes résolus

1. S'il y avait cinq sortes de bases différentes au lieu de quatre dans l'ARNm, quelle serait la taille minimum des codons (le nombre de nucléotides) nécessaire pour spécifier les nombres suivants d'acides aminés différents : (a) 4, (b) 20, (c) 30 ?

• **Solution**

Pour répondre à cette question, nous devons déterminer le nombre de combinaisons possibles (codons) en fonction du nombre de bases différentes et de la taille des codons. De façon générale, le nombre de possibilités de codons différents est donné par :

$$b^n = \text{nombre de codons}$$

où b est le nombre de différentes sortes de bases et n est le nombre de nucléotides dans chaque codon. S'il y a cinq sortes de bases,

$$5^1 = 5 \text{ codons possibles}$$
$$5^2 = 25 \text{ codons possibles}$$
$$5^3 = 125 \text{ codons possibles}$$

Le nombre de codons possibles doit être égal ou supérieur au nombre d'acides aminés spécifiés. Donc, un codon d'un nucléotide pourrait spécifier quatre acides aminés différents, un codon de deux nucléotides suffirait à spécifier 20 acides aminés différents, et un codon de trois nucléotides suffirait à spécifier 30 acides aminés différents : (a) un, (b) deux, et (c) trois.

2. Le brin matrice d'un ADN bactérien contient la séquence de bases suivante :

5′ – AGGTTTAACGTGCAT – 3′

Quels sont les acides aminés codés par cette séquence ?

• **Solution**

Pour répondre à cette question, nous devons d'abord déterminer la séquence d'ARNm transcrite à partir de cette séquence d'ADN. L'ARNm doit être antiparallèle à cette séquence et lui être complémentaire :

Brin matrice d'ADN : 5′ – AGGTTTAACGTGCAT – 3′
Transcrit d'ARNm : 3′ – UCCAAAUUGCACGUA – 5′

Un ARNm est traduit dans le sens de 5′ vers 3′, donc il est utile de réécrire la molécule d'ARNm avec l'extrémité 5′ à gauche :

Transcrit d'ARNm : 5′ – AUGCACGUUAAACCU – 3′

Les codons sont des groupes de trois nucléotides lus successivement après le premier codon AUG. En utilisant la grille de la Figure 11.5, nous pouvons déterminer la séquence d'acides aminés :

5′—AUG—CAC—GUU—AAA—CCU—3′
↓ ↓ ↓ ↓ ↓
fMet—His—Val—Lys—Pro

Questions de compréhension

Section 11.1

1. Qu'est-ce que l'hypothèse un gène – une enzyme ?

2. Que sont des ARNt isoaccepteurs ?

***3.** Que signifie le fait que de nombreux codons synonymes ne diffèrent que par le nucléotide en troisième position ?

***4.** Expliquez le rapport des termes suivants au code génétique :

a. Cadre de lecture
b. Code chevauchant
c. Code non chevauchant
d. Codon d'initiation
e. Codon de terminaison
f. Codon sens
g. Codon non-sens
h. Code universel
i. Codons non universels

5. Comment le cadre de lecture d'une séquence nucléotidique est-il déterminé ?

Section 11.2

***6.** De quelle façon les ARNt sont-ils liés aux acides aminés correspondants ?

7. Quel est le rôle des facteurs d'initiation dans la synthèse des protéines ?

8. Quelle série d'événements provoque-t-elle la terminaison de la traduction ?

9. Comparez le processus de synthèse des protéines dans les cellules bactériennes et eucaryotiques en soulignant les similitudes et les différences du processus de traduction dans ces deux types de cellules.

Section 11.3

10. Quels sont les types principaux de modifications post-traductionnelles des protéines ?

***11.** Expliquez le mode d'action de certains antibiotiques qui prennent pour cible la synthèse des protéines.

Questions et problèmes d'application

Section 11.1

***12.** Il y a quatre types de bases différents dans l'ARN. Quel serait la taille minimum des codons (nombre de nucléotides) nécessaire si le nombre d'acides aminés différents était : (a) 2, (b) 8, (c) 17, (d) 45, (e) 75 ?

13. Combien de codons pourrait-il y avoir dans un code à triplets si trois bases seulement (A, C, et U) étaient utilisées ?

***14.** En utilisant la grille du code génétique de la Figure 11.5, donnez les acides aminés spécifiés par les séquences d'ARNm bactérien suivantes, et indiquez les extrémités amino et carboxyle des polypeptides synthétisés.

a. 5′ – AUGUUUAAAUUUAAAUUUUGA – 3′
b. 5′ – AUGUAUAUAUAUAUAUGA – 3′
c. 5′ – AUGGAUGAAAGAUUUCUCGCUUGA – 3′
d. 5′ – AUGGGUUAGGGGACAUCAUUUUGA – 3′

15. Le brin non matrice d'un ADN bactérien contient la séquence de bases ci-dessous. Quelle sera la séquence d'acides aminés codée par cette séquence ?

5′ – ATGATACTAAGGCCC – 3′

***16.** Un peptide a la séquence d'acides aminés suivante : Met – Trp – His. Donnez toutes les séquences de nucléotides pouvant coder ce tripeptide dans l'ARNm, le brin matrice et le brin non matrice (sens) de l'ADN.

17. Combien y a-t-il de séquences d'ARNm différentes pouvant coder le tripeptide Met – Leu – Arg ? (N'oubliez pas le codon stop.)

18. Lesquels des changements d'acides aminés suivants pourraient-ils résulter d'une mutation qui change une seule base ? Pour chaque changement, indiquez quelle position doit être mutée dans le codon d'ARNm (premier, deuxième ou troisième nucléotide) pour produire le changement.

a. Leu → Gln
b. Phe → Ser
c. Phe → Ile
d. Pro → Ala
e. Asn → Lys
f. Ile → Asn

Section 11.2

19. Rangez les composants suivants du système de traduction dans l'ordre approximatif de leur intervention dans la synthèse des protéines :

complexe d'initiation 70S
facteur de relargage RF-1
peptidyl transférase
facteur d'élongation EF-G
complexe d'initiation 30S
facteur d'élongation EF-Tu
facteur d'initiation IF-3
fMet-ARNt^{fMet}

20. Le diagramme suivant illustre une étape du processus de traduction.

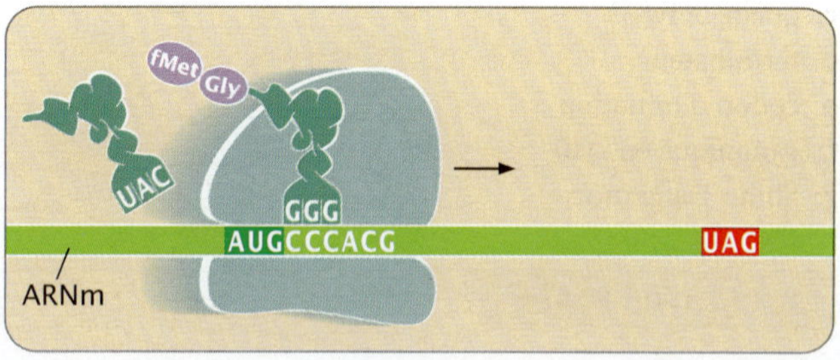

Recopiez le diagramme et indiquez-y les éléments suivants.

a. Les extrémités 5′ et 3′ de l'ARNm
b. Les sites A, P, et E
c. Le codon d'initiation
d. Le codon de terminaison (codon stop)
e. Les extrémités amino et carboxyle de la chaîne polypeptidique nouvellement synthétisée
f. La position approximative du prochain lien peptidique qui sera formé
g. Indiquez sur le ribosome l'endroit où va se lier le facteur de relargage RF-1

21. Référez vous au diagramme du Problème 20 pour répondre aux questions suivantes.

a. Quel sera l'anticodon du prochain ARNt introduit au site A du ribosome ?
b. Quel sera le prochain acide aminé ajouté à la chaîne polypeptidique en formation ?

***22.** Un ARNm synthétique ajouté à un système acellulaire de synthèse protéique produit un peptide de séquence Met – Pro – Ile – Ser – Ala. Quel serait l'effet sur la traduction de l'absence des composants suivants du système de synthèse acellulaire ? Si une protéine était produite, quelle serait sa séquence d'acides aminés ? Expliquez votre raisonnement.

a. Facteur d'initiation IF-1
b. Facteur d'initiation IF-2
c. Facteur d'élongation EF-Tu
d. Facteur d'élongation EF-G
e. Facteurs de relargage RF_1, RF_2, et RF_3
f. ATP
g. GTP

23. Pour chacune des séquences figurant dans le tableau à la page 288, indiquez le processus qui serait *le plus immédiatement* affecté par une délétion de la séquence en question en cochant l'espace correspondant. (Ne cochez qu'un seul espace par séquence.)

Séquence supprimée	Processus le plus directement affecté par la délétion			
	Réplication	Transcription	Maturation de l'ARN	Traduction
a. site *ori*	______	______	______	______
b. site d'excision-épissage 3′	______	______	______	______
c. queue poly(A)	______	______	______	______
d. terminateur	______	______	______	______
e. codon d'initiation	______	______	______	______
f. canonique en – 10	______	______	______	______
g. Shine-Dalgarno	______	______	______	______

Questions tests

Section 11.1

24. La dégénérescence du code génétique signifie que certains acides aminés sont spécifiés par plus d'un codon. Par exemple, six codons différents spécifient la leucine. Dans un génome, les codons synonymes ne sont pas utilisés avec la même fréquence ; certains codons synonymes sont plus utilisés que d'autres, et la préférence d'utilisation des codons varie selon les espèces. Par exemple, le codon UUA pourrait être utilisé fréquemment pour spécifier la leucine chez une espèce, alors que le codon CUU pourrait être utilisé de préférence dans une autre espèce.

Réfléchissez à la raison possible de cette préférence dans l'usage des codons et proposez une explication au fait que les codons préférés ne sont pas les mêmes chez tous les organismes.

Section 11.2

***25.** Plusieurs expériences ont été menées pour comprendre comment le ribosome eucaryotique reconnaît le codon AUG d'initiation. Dans une d'entre elles, le gène codant l'ARNt méthionine initiateur ($ARNt_i^{Met}$) a été isolé et l'anticodon 5′ – CAU – 3′ a été changé en 5′ – CCA – 3′. Quand ce gène muté a été introduit dans une cellule eucaryotique, une synthèse de protéines était observée, mais les protéines étaient anormales. Certaines protéines contenaient des acides aminés supplémentaires, et d'autres en contenaient moins que la normale.

a. Qu'indiquent ces résultats sur la façon dont le ribosome reconnaît le point d'initiation de la traduction dans les cellules eucaryotiques ? Expliquez votre raisonnement.

b. Si une expérience analogue avait été faite sur des cellules bactériennes, à quel résultat vous seriez-vous attendu ?

12 La régulation de l'expression des gènes

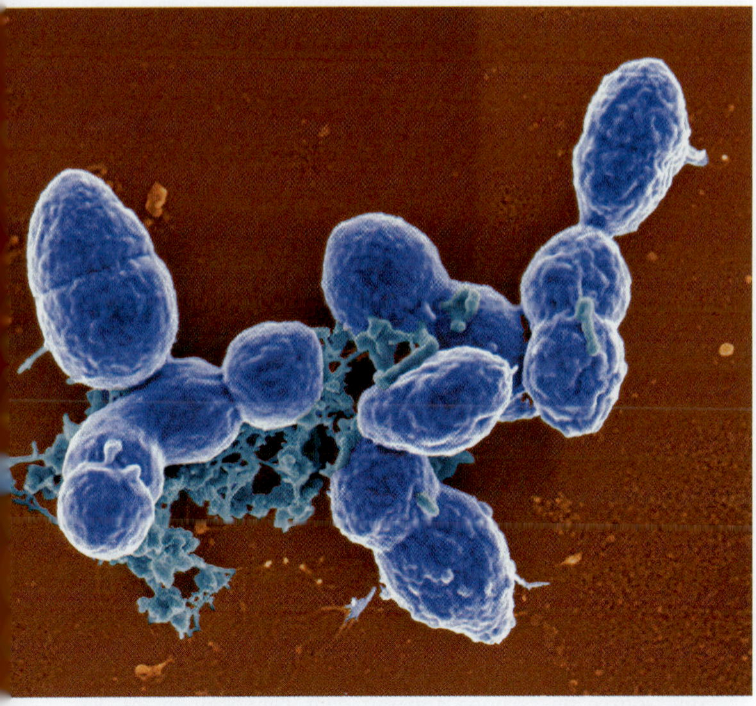

La bactérie *Streptococcus pneumoniae* est responsable chaque année de millions de cas de pneumonie, d'otite, de sinusite et de méningite. Une régulation génétique contrôle la transformation, un processus par lequel de nombreuses souches de *S. pneumoniae* sont devenues résistantes aux antibiotiques. *[Dr. Gary Gaugler/Photo Researchers.]*

Le stress, les échanges génétiques, et la régulation de l'expression des gènes chez les bactéries

Chaque année, *Streptococcus pneumoniae*, appelée plus familièrement pneumocoque, est responsable de millions de cas de pneumonie, d'infection de l'oreille interne et/ou des sinus, et de méningite. Avant l'utilisation généralisée d'antibiotiques, la pneumonie due à l'infection par *S. pneumoniae* était une cause de décès très importante, particulièrement chez les enfants et les personnes âgées. La pénicilline et d'autres antibiotiques développés à partir des années 1940 ont fourni une arme efficace contre les infections par *Streptococcus*, et le nombre de décès dus à la pneumonie et à d'autres maladies graves causées par des infections bactériennes a diminué de façon spectaculaire. Cependant, les dernières décennies ont vu l'apparition de plusieurs souches de *S. pneumoniae* et d'autres bactéries pathogènes devenues résistantes aux antibiotiques courants. Certaines souches bactériennes ont développé rapidement une résistance à plusieurs antibiotiques, rendant difficile le traitement contre *S. pneumoniae* et d'autres pathogènes. Comment la résistance aux antibiotiques a-t-elle pu se propager si rapidement chez les bactéries ?

Bien que les bactéries soient des organismes relativement simples, elles se sont dotées d'une série de mécanismes ingénieux et complexes pour échanger de l'information génétique et s'adapter rapidement à des changements de leur environnement. Un de ces mécanismes est la transformation bactérienne, découverte par Fred Griffith en 1928, qui permet à des bactéries de capturer de l'ADN libéré par des cellules mortes et de l'intégrer dans leur génome, acquérant ainsi des propriétés nouvelles (voir pp. 196-197 dans le Chapitre 8). La transformation est un des modes d'échanges génétiques entre cellules bactériennes individuelles. Avec la conjugaison, un autre mode d'échange qui est parfois considéré comme une forme de sexualité, c'est un des mécanismes responsables de la propagation de la résistance aux antibiotiques.

Chez *S. pneumoniae*, la capacité d'utiliser la transformation – appelée *compétence* – met en jeu quelque 105 à 124 gènes, désignés collectivement comme le régulon *com* (*com* pour compétence). Les gènes du régulon *com* facilitent le passage de l'ADN à travers la paroi et la membrane cellulaires et sa recombinaison avec des gènes homologues du chromosome bactérien. Pour que la compétence se développe, il faut que les gènes du régulon *com* soient allumés et éteints selon une séquence réglée de façon très précise.

Le régulon *com* est activé en réponse à une protéine appelée peptide stimulateur de la compétence (CSP, pour « competence-stimulating peptide »), qui est produite par les bactéries et exportée dans le milieu environnant. Quand le CSP a atteint une concentration suffisante, il s'attache à un récepteur sur la membrane cellulaire bactérienne, ce qui active une protéine régulatrice qui stimule la transcription de gènes du régulon *com* et met en branle une cascade complexe de réactions qui aboutit au développement de la compétence. Les premières étapes du développement de la compétence sont encore mal connues. La plupart des chercheurs ont longtemps supposé que le CSP était produit de façon continue et qu'il s'accumulait dans le milieu jusqu'à atteindre un seuil de concentration critique au-delà duquel la transformation était automatiquement induite. Toutefois, des résultats récents ont contredit l'idée d'une induction passive de la transformation. Ces travaux ont démontré que la production de CSP est elle-même soumise à une régulation. Quand *S. pneumoniae* est soumise à un stress, elle augmente sa production de CSP, ce qui induit la transformation et permet aux bactéries de s'adapter génétiquement au stress en acquérant du matériel génétique nouveau capté dans le milieu environnant. La présence d'antibiotiques constitue un stress qui stimule la production de CSP et induit la transformation. Cette réactivité au stress est probablement une des explications principales du développement rapide de la résistance aux antibiotiques chez des bactéries comme *S. pneumoniae*.

Ce chapitre est consacré à la **régulation génétique**, l'ensemble des mécanismes et des systèmes qui contrôlent l'expression des gènes. Nous commencerons par considérer les niveaux auxquels l'expression des gènes est contrôlée et nous apprendrons à faire la différence entre les gènes et les éléments régulateurs. Nous examinerons ensuite la régulation génétique chez les bactéries, avec une attention particulière portée à la structure et au fonctionnement des opérons – des groupes de gènes dont l'expression est régulée de façon coordonnée chez les bactéries. Enfin, nous considérerons la régulation génétique chez les eucaryotes en examinant les similitudes, mais aussi les différences fondamentales, avec la régulation chez les bactéries.

12.1 La régulation d'expression des gènes est d'une importance cruciale pour tous les organismes

Le dogme central de la génétique moléculaire veut que le flux de l'information génétique aille de l'ADN vers les protéines en passant par l'ARN, fournissant ainsi une base moléculaire à la relation entre génotype et phénotype (voir la Figure 8.14). Ce dogme n'aborde toutefois pas la question cruciale de la régulation de ce flux d'information.

Prenons le cas d'*Escherichia coli*, une bactérie qui réside dans notre gros intestin. Nos habitudes alimentaires déterminent entièrement les nutriments dont dispose cette bactérie : elle ne peut pas changer d'habitat quand certains nutriments deviennent limitants pour sa croissance, ni quand les conditions environnementales lui sont défavorables. *Escherichia coli* compense son incapacité à modifier son environnement par une grande flexibilité interne. Par exemple, si du glucose est disponible, *E. coli* l'utilise pour générer de l'ATP ; s'il n'y a pas de glucose, *E. coli* utilise le lactose, l'arabinose, le maltose, le xylose, ou toute une série d'autres sucres. Quand des acides aminés sont disponibles, *E. coli* les utilise pour synthétiser des protéines ; si un acide aminé particulier fait défaut, *E. coli* produit les enzymes nécessaires à la synthèse de cet acide aminé. *E. coli* répond donc aux changements environnementaux en modifiant rapidement sa biochimie. Mais cette flexibilité biochimique a un prix. Produire continuellement toutes les enzymes nécessaires pour répondre à toutes les conditions environnementales aurait un coût énergétique énorme. Comment *E. coli* assure-t-elle cette flexibilité biochimique tout en optimisant son efficacité énergétique ?

La solution est la régulation génétique. Les bactéries possèdent l'information génétique pour la synthèse de très nombreuses protéines, mais seule une partie de cette information génétique est exprimée à un moment particulier. Quand l'environnement change, de nouveaux gènes sont exprimés et les protéines permettant l'adaptation aux nouvelles conditions environnementales sont synthétisées. Par exemple, si une source de carbone apparaît dans l'environnement, les gènes codant les enzymes qui prélèvent et métabolisent cette source de carbone sont très rapidement transcrits et traduits. Quand cette source de carbone disparaît, les gènes codant ces enzymes sont éteints.

Les organismes pluricellulaires sont confrontés à un problème supplémentaire. Les cellules individuelles d'un organisme pluricellulaire sont spécialisées pour effectuer certaines tâches. Les protéines produites par une cellule nerveuse, par exemple, sont très différentes de celles produites par un globule blanc du sang. Le problème d'une cellule eucaryotique est celui de sa spécialisation. Bien que différentes par la taille et la fonction, une cellule nerveuse et une cellule sanguine contiennent les mêmes instructions génétiques. Le défi à relever pour un organisme pluricellulaire est de mener à bien la spécialisation de cellules qui ont une information génétique commune, c.-à-d. de réaliser tout le processus du développement. La réponse à ce défi est ici aussi la régulation génétique : seule une partie des gènes est exprimée dans chaque type cellulaire. Les gènes nécessaires à d'autres types de cellules ne sont pas exprimés. La régulation génétique est donc la clé de l'adaptabilité des unicellulaires et de la spécialisation chez les pluricellulaires : elle est cruciale pour la réussite de tous les organismes vivants.

Concepts clés

Chez les bactéries, la régulation génétique assure une flexibilité métabolique interne, allumant et éteignant les gènes en réponse aux changements environnementaux. Chez les eucaryotes pluricellulaires, la régulation génétique sert également à mener à bien la différenciation cellulaire.

12.2 Plusieurs aspects de la régulation génétique sont similaires chez les bactéries et les eucaryotes

Les mécanismes de la régulation génétique ont d'abord été étudiés chez les bactéries, où la disponibilité de mutants et la relative facilité des manipulations expérimentales ont permis d'en élucider les détails. Quand l'étude des mécanismes équivalents dans les cellules eucaryotiques a commencé, ce sont surtout les différences par rapport aux mécanismes de régulation bactériens qui sont apparues. Toutefois, une somme croissante de données sur la régulation génétique tant bactérienne qu'eucaryotique révèle l'existence de schémas régulatoires analogues, et il est désormais évident que plusieurs aspects de la régulation génétique dans les cellules bactériennes et eucaryotiques sont semblables. Considérons brièvement quelques éléments et schémas communs à tous les organismes.

Les gènes et les éléments régulateurs

En analysant la régulation génétique chez les bactéries et chez les eucaryotes, il est important de distinguer les séquences d'ADN qui sont transcrites d'avec celles qui régulent l'expression d'autres séquences. Dans le Chapitre 10, nous avons défini au sens large un *gène* comme une séquence transcrite en molécule d'ARN. Les gènes sont donc les séquences d'ADN qui codent des protéines, ainsi que celles qui codent les ARNr, les ARNt, les ARNpn, et d'autres types d'ARN. Les **gènes de structure** codent des protéines qui fonctionnent dans le métabolisme ou les biosynthèses, ou qui participent à la structure de la cellule. Les **gènes régulateurs** sont des gènes dont les produits – ARN ou protéines – interagissent avec d'autres séquences dont elles affectent la transcription ou la traduction. De nombreux gènes régulateurs codent des protéines qui lient l'ADN. Les bactéries et les eucaryotes utilisent les gènes régulateurs pour contrôler l'expression de plusieurs de leurs protéines à fonction métabolique ou structurale. Toutefois, certains gènes – particulièrement ceux qui codent des fonctions cellulaires essentielles – sont exprimés de façon continue et sont dits **constitutifs**.

Nous rencontrerons aussi des séquences d'ADN qui ne sont pas transcrites mais qui jouent un rôle dans la régulation de l'expression d'autres séquences. Ces **éléments régulateurs** influencent l'expression de séquences auxquelles ils sont liés physiquement. Les éléments régulateurs sont présents en très grand nombre dans les génomes bactériens et eucaryotiques, et une part importante de la régulation chez ces deux types d'organismes s'opère par l'action de protéines produites par des gènes régulateurs, qui reconnaissent et lient des éléments régulateurs.

La régulation d'expression des gènes peut mettre en jeu des mécanismes qui stimulent l'expression des gènes, auquel cas on parle de *contrôle positif*, ou qui, au contraire, inhibent l'expression des gènes, et on parle alors de *contrôle négatif*. Les bactéries et les eucaryotes utilisent les deux types de mécanismes de contrôle – positif et négatif – pour réguler l'expression de leurs gènes.

Concepts clés

Les gènes sont des séquences d'ADN transcrites en ARN. Les éléments régulateurs sont des séquences d'ADN qui ne sont pas transcrites mais qui influencent l'expression des gènes. On parle de contrôle positif à propos des mécanismes qui stimulent l'expression des gènes, tandis que le contrôle négatif désigne les mécanismes qui inhibent leur expression.

✔ Test de compréhension 1

Qu'est-ce qu'un gène constitutif ?

La régulation s'exerce à différents stades de l'expression des gènes

Les gènes peuvent être régulés à différents points de la voie par laquelle l'information génétique est transmise du génotype au phénotype (**Figure 12.1**). Tout au début de cette voie, une régulation peut opérer en modifiant la structure du gène ; ce type de régulation se rencontre principalement chez les eucaryotes. Des modifications de l'ADN ou de son degré de condensation peuvent déterminer les séquences qui sont accessibles à la transcription ou moduler la fréquence à laquelle elles sont transcrites. La méthylation de l'ADN et les changements de structure de la chromatine sont deux des processus qui jouent un rôle important dans la régulation des gènes.

Un deuxième stade d'expression auquel un gène peut être régulé est celui de la transcription. Il est important en termes d'économie cellulaire de limiter la synthèse d'une protéine aussi tôt que possible dans son schéma de production. La transcription est une cible importante de la régulation génétique dans les cellules bactériennes et eucaryotiques. Un troisième point de régulation potentiel est celui de la maturation des ARNm. Un ARNm eucaryotique fait l'objet de modifications importantes avant d'être traduit : l'addition d'une coiffe 5′, le clivage de l'extrémité 3′ suivi de l'addition d'une queue poly(A), ainsi que l'élimination des introns (voir le Chapitre 10). Ces modifications déterminent (1) la stabilité de l'ARNm, (2) s'il peut être traduit, (3) le taux de traduction, et (4) la séquence d'acides aminés de la protéine qui est produite. Un nombre croissant de résultats expérimentaux montrent que plusieurs mécanismes de régulation dans les cellules eucaryotiques opèrent au niveau de la maturation des ARNm.

La stabilité de l'ARN est un quatrième point auquel une régulation peut s'exercer. En effet, la quantité de protéine qui est produite ne dépend pas seulement de la quantité d'ARNm synthétisée, mais aussi du taux auquel l'ARNm est dégradé. Un cinquième point de contrôle de l'expression génique se situe au

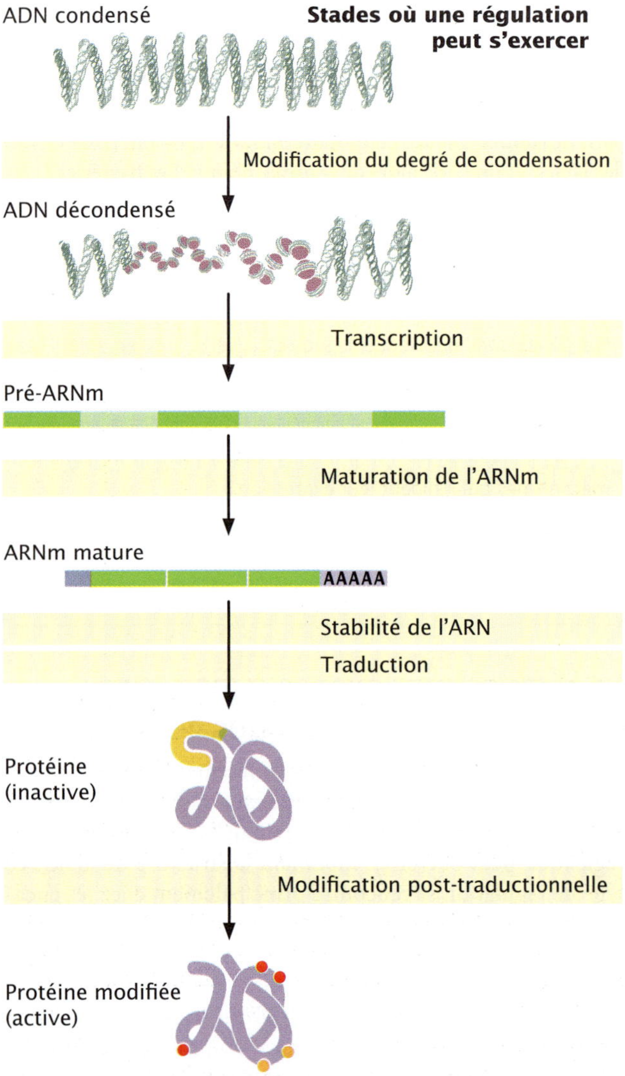

12.1 L'expression des gènes peut être contrôlée à de multiples stades.

stade de la traduction, un processus complexe nécessitant un grand nombre d'enzymes, de facteurs protéiques, et de molécules d'ARN (voir le Chapitre 11). Tous ces facteurs, ainsi que la disponibilité des acides aminés, influencent le taux de production des protéines et constituent donc autant de cibles potentielles pour la régulation de l'expression des gènes. La traduction peut aussi être modulée par des séquences contenues dans l'ARNm.

Enfin, de nombreuses protéines font l'objet de modifications post-traductionnelles qui affectent leur activité (voir le Chapitre 11). C'est donc un stade ultime où l'expression d'un gène peut être régulée.

L'expression d'un gène peut être régulée à l'un ou l'autre de ces stades ou à plusieurs d'entre eux.

Concepts clés

L'expression des gènes peut être contrôlée à plusieurs points de la voie menant de l'ADN à la protéine : la structure du gène, la transcription, la maturation de l'ARNm, la stabilité de l'ARN, la traduction, et la modification post-traductionnelle.

✓ Test de compréhension 2

Pourquoi la transcription est-elle une cible importante de la régulation génétique tant chez les bactéries que chez les eucaryotes ?

12.3 La régulation génétique chez les bactéries

Une différence significative entre les régulations génétiques bactérienne et eucaryotique concerne l'organisation de gènes fonctionnellement solidaires. Les gènes bactériens dont les produits participent à une même voie métabolique sont souvent groupés et transcrits à partir d'un seul promoteur, donc en une seule molécule d'ARNm. Un groupe de gènes de structure bactériens transcrits ensemble (plus leur promoteur et les séquences qui contrôlent leur transcription) constitue un **opéron.** L'expression des opérons est régulée au niveau de la transcription, la cible principale de la régulation génétique chez les bactéries. (N.d.T. : Il est important de mentionner ici que les concepts d'opéron, de promoteur, de gènes de structure et gènes régulateurs, et de répression ont été introduits au début des années 1960 par François Jacob, Jacques Monod et leurs collaborateurs à l'Institut Pasteur à Paris ; F. Jacob, J. Monod et André Lwoff ont obtenu en 1965 le Prix Nobel de Physiologie ou Médecine pour leurs travaux fondateurs sur la régulation génétique ; certaines de leurs expériences sont présentées plus loin, pp. 296-301.)

La structure d'un opéron

L'organisation type d'un opéron est montrée dans la **Figure 12.2**. L'opéron comporte trois gènes de structure, les gènes *a*, *b*, et *c*. Ces gènes sont transcrits en un seul ARNm qui est traduit pour produire les enzymes A, B, et C. Ces enzymes catalysent une série de réactions biochimiques qui convertissent la molécule précurseur X en produit Y. Les gènes *a*, *b*, et *c* sont transcrits à partir d'un promoteur où se lie l'ARN polymérase pour transcrire les gènes de structure en aval.

Un **gène régulateur** contrôle l'expression des gènes de l'opéron. Bien qu'il affecte le fonctionnement de l'opéron, le gène régulateur n'en fait pas partie. Le gène régulateur a son propre promoteur et il est transcrit en une molécule d'ARNm qui est traduit en **protéine régulatrice**. Cette protéine régulatrice peut se lier à une séquence d'ADN appelée **opérateur** (en fait un élément régulateur) et contrôler la transcription de l'opéron. L'opérateur peut chevaucher partiellement le promoteur (ici son extrémité 3′) et parfois l'extrémité 5′ du premier gène de structure (voir la Figure 12.2).

Concepts clés

Chez les bactéries, des gènes fonctionnellement solidaires sont souvent groupés au sein d'une unité de transcription et de régulation appelée opéron. Un opéron type comprend plusieurs gènes de structure, un promoteur, et un site opérateur où se lie le produit d'un gène régulateur.

✓ Test de compréhension 3

Quelle est la différence entre un gène de structure et un gène régulateur ?

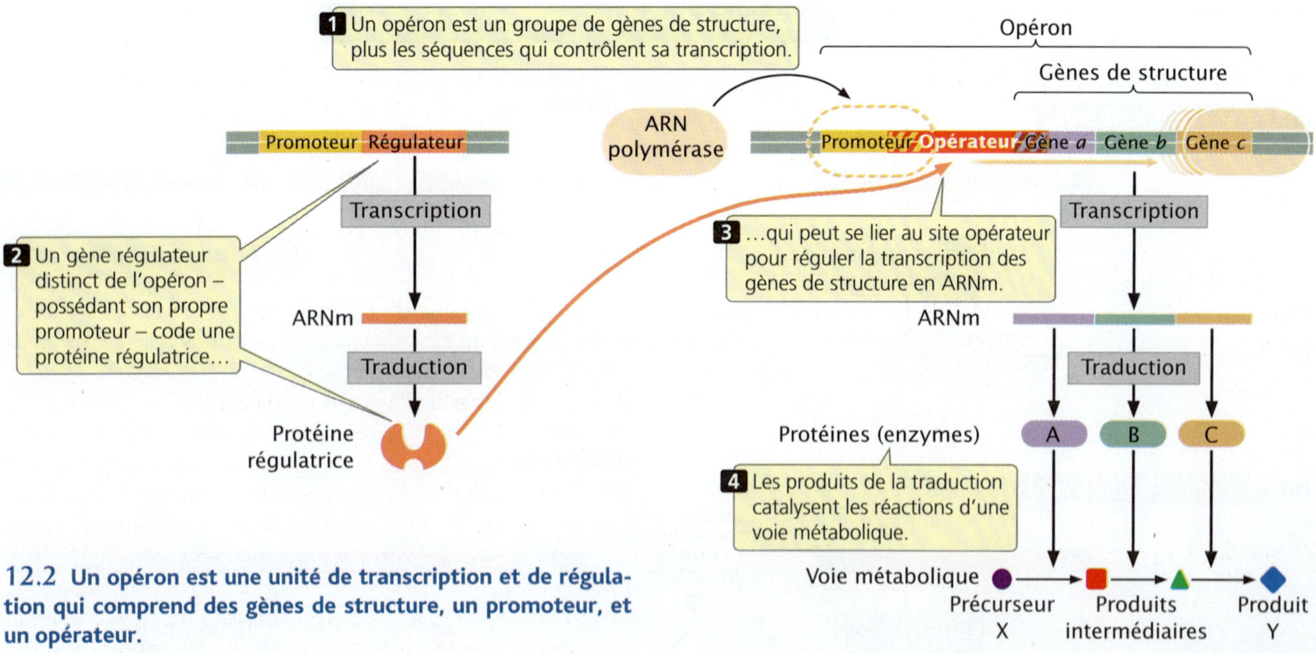

12.2 Un opéron est une unité de transcription et de régulation qui comprend des gènes de structure, un promoteur, et un opérateur.

a. Les gènes de structure sont transcrits en ARNm, mais les gènes régulateurs ne le sont pas.
b. Les gènes de structure ont une structure complexe ; les gènes régulateurs ont une structure simple.
c. Les gènes de structure codent des protéines qui ont une fonction structurale dans la cellule ; les produits des gènes régulateurs catalysent des réactions métaboliques.
d. Les gènes de structure codent des protéines ; les produits des gènes régulateurs contrôlent la transcription des gènes de structure.

Contrôles positif et négatif. Opérons inductibles et répressibles

Le contrôle de la transcription peut être de deux types : un **contrôle négatif**, dans lequel une protéine régulatrice agit comme un répresseur qui se lie à l'ADN (à un site opérateur) pour inhiber la transcription, et un **contrôle positif**, dans lequel une protéine régulatrice agit comme un activateur qui stimule la transcription. Les opérons peuvent être inductibles ou répressibles. Les **opérons inductibles** sont ceux dont la transcription est normalement éteinte ; un événement doit se produire pour induire la transcription (pour l'allumer). Les **opérons répressibles** sont ceux dont la transcription est normalement allumée ; un événement doit se produire pour réprimer la transcription (pour l'éteindre). Dans les sections suivantes, nous allons examiner plusieurs schémas de régulation basés sur ces mécanismes de contrôle fondamentaux.

Les opérons inductibles contrôlés négativement Dans un opéron contrôlé négativement à un site opérateur, la protéine régulatrice est un répresseur : la liaison du répresseur à l'opérateur inhibe la transcription. La transcription et la traduction du gène régulateur produisent un *répresseur* actif qui a une forte affinité pour l'opérateur (**Figure 12.3a**). Souvent, le site opérateur chevauche en partie le site promoteur, et la liaison du répresseur bloque physiquement l'attachement de l'ARN polymérase au promoteur, empêchant ainsi la transcription. (N.d.T. : Dans certains cas, il n'y a pas de chevauchement des deux sites, et le répresseur lié à l'opérateur empêche l'ARN polymérase de former le « complexe ouvert » nécessaire à l'initiation ; voir la Figure 10.11c.) Pour que la transcription puisse avoir lieu, un événement doit empêcher la liaison du répresseur à l'opérateur. Un tel système est dit *inductible* parce que la transcription est normalement éteinte (inhibée) et doit être allumée (induite).

La transcription est induite quand une petite molécule, un **inducteur**, se lie au répresseur (**Figure 12.3b**). Les protéines régulatrices contiennent souvent deux sites de liaison : un site qui lie l'ADN et un autre qui lie une petite molécule effectrice, par exemple un inducteur. La liaison de l'inducteur (le précurseur V dans la Figure 12.3b) modifie la forme du répresseur, ce qui lui fait perdre son affinité pour l'ADN. Des protéines comme le répresseur, qui changent de forme quand elles se lient à une autre molécule, de façon telle que leur fonction s'en trouve affectée, sont des **protéines allostériques**.

En l'absence d'inducteur, le répresseur se lie à l'opérateur, les gènes de structure ne sont pas transcrits, et les enzymes D, E, et F (qui métabolisent le précurseur V) ne sont pas synthétisées (voir la Figure 12.3a). Il s'agit d'un mécanisme adaptatif : en l'absence de précurseur V, la synthèse des enzymes constituerait une dépense inutile pour la cellule puisqu'ils n'ont pas de substrat à métaboliser. Dès que du précurseur V est présent, une partie se lie au répresseur, le rendant inactif, c.-à-d. incapable de se lier au site opérateur. L'ARN polymérase peut alors se lier au promoteur et transcrire les gènes de structure. L'ARNm est ensuite traduit en enzymes D, E, et F, qui catalysent la conversion du substrat V en produit W (voir la Figure 12.3b). Donc, la synthèse des enzymes codées par un opéron inductible soumis à un contrôle négatif est régulée de façon économique : les enzymes ne sont synthétisées que quand leur substrat est disponible.

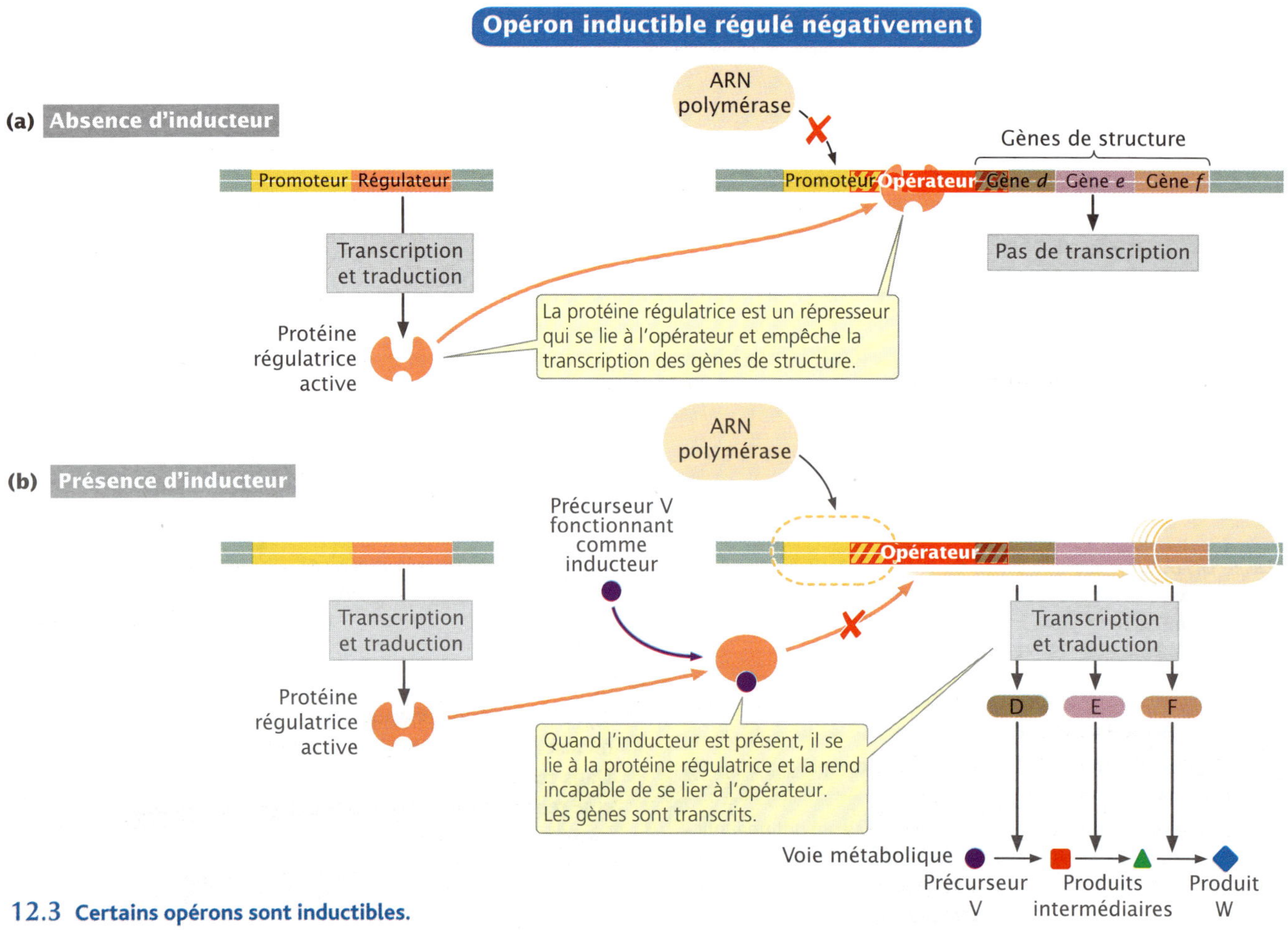

12.3 Certains opérons sont inductibles.

Les opérons inductibles codent généralement des protéines qui catalysent des processus cataboliques – des protéines qui dégradent des molécules. Pour ce type de protéines, un contrôle de type induction a un sens parce que leurs activités enzymatiques ne sont nécessaires que si le substrat (la molécule qui doit être dégradée) est présent.

Les opérons répressibles contrôlés négativement Certains opérons contrôlés négativement sont *répressibles*, ce qui signifie que leur transcription, qui est *normalement* en activité, doit être éteinte (réprimée). La protéine régulatrice de ce type d'opéron est aussi un répresseur, mais il est synthétisé sous une forme *inactive* qui n'a que peu ou pas d'affinité pour l'opérateur. Comme il n'y a pas de répresseur lié à l'opérateur, l'ARN polymérase se lie au promoteur et transcrit les gènes de structure (**Figure 12.4a**).

Pour arrêter la transcription, le répresseur doit être activé. Une petite molécule, un **corépresseur**, se lie au répresseur et augmente considérablement son affinité pour l'opérateur. Dans l'exemple montré dans la Figure 12.4, le produit U de la voie métabolique est le corépresseur. Tant que la concentration de U est élevée, U est disponible pour se lier au répresseur et l'activer, ce qui inhibe la transcription (**Figure 12.4b**). Quand l'opéron est réprimé, les enzymes G, H, et I ne sont pas synthétisées, et U n'est plus produit à partir du précurseur T. Cependant, une fois que tout U a été consommé, le répresseur n'est plus activé par U et ne peut plus se lier à l'opérateur. L'inactivation du répresseur permet aux gènes de structure d'être transcrits et aux enzymes G, H, et I d'être synthétisées, avec comme résultat la conversion du substrat T en produit U. Tout comme pour les opérons inductibles, la régulation des opérons répressibles est logique économiquement : les enzymes ne sont synthétisées que quand elles sont nécessaires.

Les opérons répressibles codent généralement des protéines qui catalysent la biosynthèse de molécules, comme les acides aminés indispensables pour la cellule. Pour ces types d'opérons, un contrôle par répression a un sens parce que la cellule a toujours besoin du produit final des réactions catalysées par les enzymes. Donc, ces opérons sont normalement exprimés et ils sont réprimés quand le produit est présent en quantité suffisante.

Rappelons que les systèmes inductibles et répressibles que nous venons de décrire sont soumis à un contrôle de type négatif, dans lequel la protéine régulatrice est un répresseur. Nous allons à présent examiner le contrôle positif, dans lequel une protéine régulatrice stimule la transcription.

Le contrôle positif Dans le contrôle positif, la molécule régulatrice est un activateur : elle se lie à l'ADN (le plus souvent à des sites autres que l'opérateur) et stimule la transcription. Un contrôle de type positif peut opérer dans des systèmes inductibles ou répressibles.

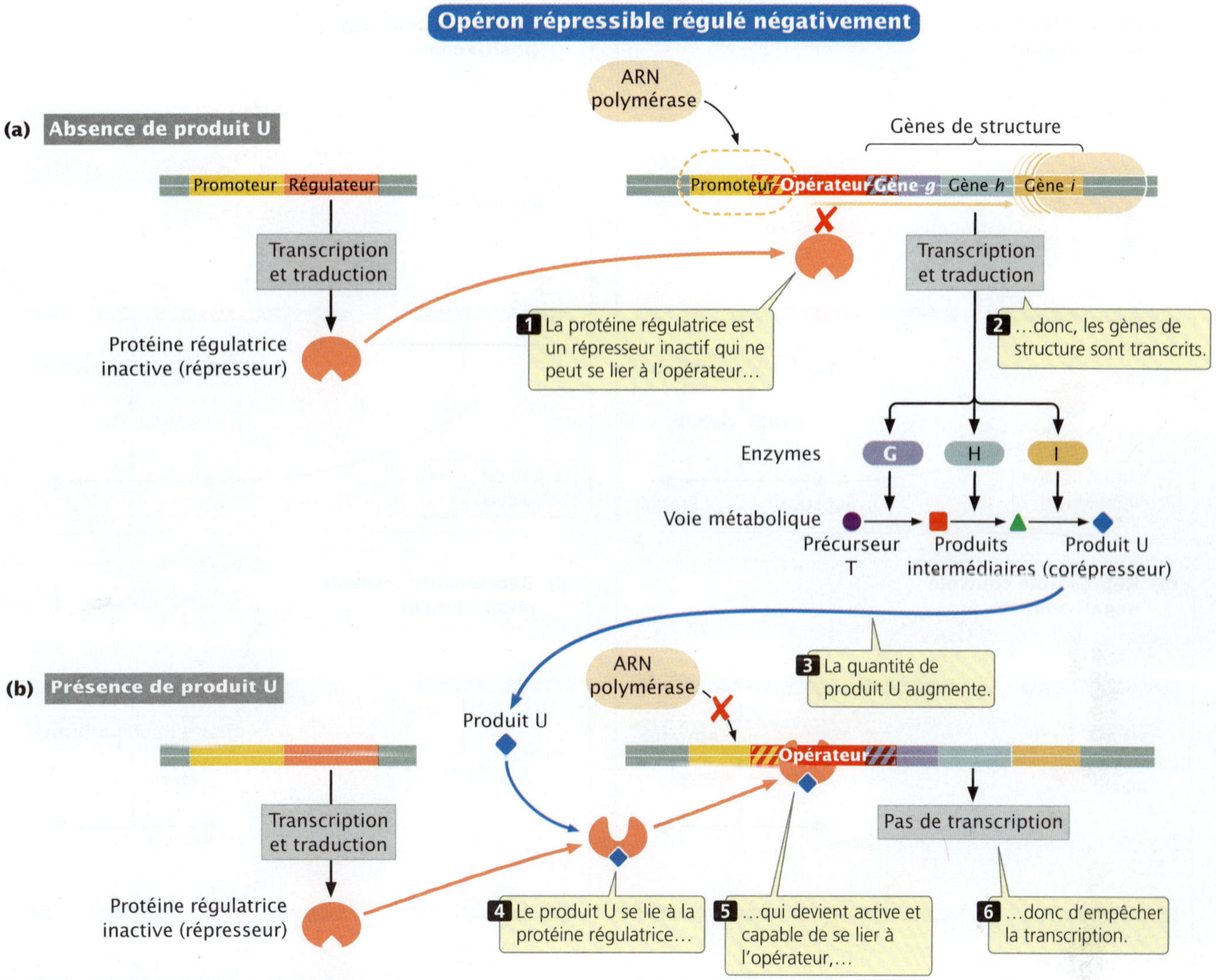

12.4 Certains opérons sont répressibles.

La transcription d'un opéron inductible contrôlé positivement est normalement éteinte parce que la protéine régulatrice (un activateur) est produite sous une forme inactive. La transcription a lieu quand un inducteur s'attache à la protéine régulatrice et l'active. Souvent, l'inducteur est le substrat de la réaction globale catalysée par les enzymes codées par l'opéron, et ces enzymes ne sont donc synthétisées que quand le substrat de cette réaction est présent.

Un opéron contrôlé positivement peut aussi être répressible ; dans ce cas, la transcription est normalement allumée et doit être réprimée. La protéine régulatrice est produite sous sa forme active qui se lie à l'ADN et stimule la transcription. La transcription est inhibée quand une molécule s'attache à l'activateur et lui fait perdre son affinité pour l'ADN. En bonne logique d'économie cellulaire, c'est souvent le produit P de la réaction globale catalysée par les protéines de l'opéron qui provoque la répression, inhibant la transcription de gènes qui permettent de synthétiser P une fois que P est disponible.

Les schémas de régulation d'opérons inductibles et répressibles contrôlés positivement et négativement sont résumés dans la **Figure 12.5**.

Concepts clés

Il y a deux types de contrôle de la transcription : négatif et positif. Dans un contrôle de type négatif, la transcription est inhibée quand une protéine régulatrice (un répresseur) se lie à l'ADN. Dans un contrôle de type positif, la transcription est stimulée quand une protéine régulatrice (un activateur) se lie à l'ADN. Certains opérons sont inductibles : leur transcription est normalement inhibée et doit être induite. D'autres opérons sont répressibles : leur transcription est normalement active et doit être inhibée.

✔ Test de compréhension 4

Dans un opéron répressible contrôlé négativement, la protéine régulatrice est synthétisée sous la forme de

a. un activateur actif.
b. un activateur inactif.
c. un répresseur actif.
d. un répresseur inactif.

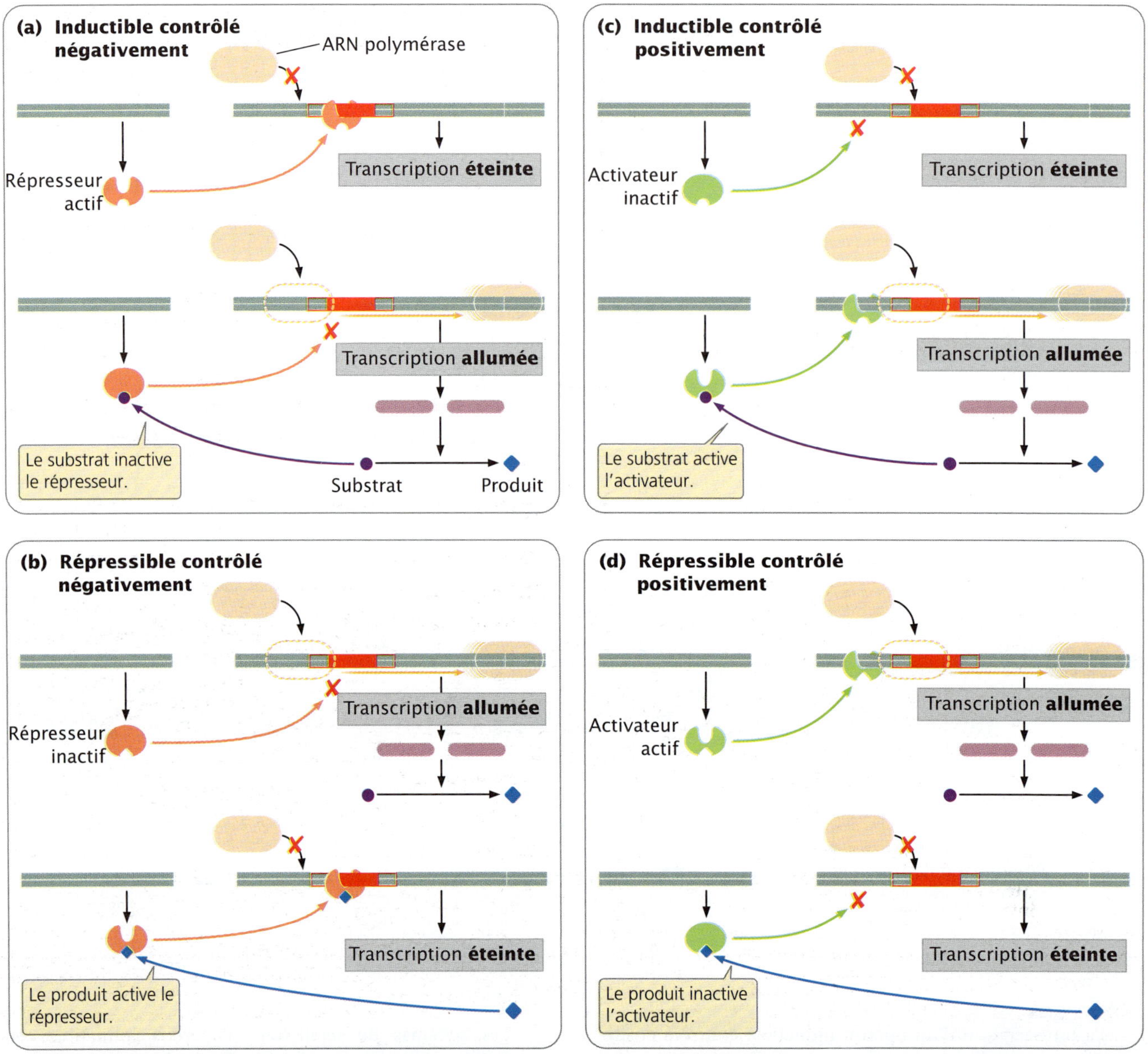

12.5 Caractéristiques comparées des contrôles positif et négatif d'opérons inductibles et répressibles – un résumé.

L'opéron lactose (*lac*) d'*Escherichia coli*

En 1961, François Jacob et Jaques Monod ont présenté le « modèle de l'opéron » qui décrivait la régulation génétique du métabolisme du lactose chez *E. coli*. Ce modèle et la recherche qui a suivi sur la régulation génétique du métabolisme du lactose ont établi l'opéron comme une unité d'expression génétique régulée au niveau de la transcription chez les bactéries. Il n'y avait pas encore, à cette époque, de méthodes pour déterminer les séquences nucléotidiques. Jacob et Monod ont donc caractérisé la structure de l'opéron *génétiquement*, en analysant les interactions entre des mutations qui perturbaient la régulation du métabolisme du lactose. Nous examinerons les effets de certaines de ces mutations après avoir vu comment la régulation de l'opéron *lac* contrôle le métabolisme du lactose.

Le lactose est un des principaux glucides présent dans le lait. Il peut être métabolisé par les bactéries *E. coli* qui résident dans le gros intestin des mammifères. Le lactose ne diffuse librement que très peu à travers la membrane plasmique des cellules d'*E. coli* et il doit être transporté activement dans la cellule par la protéine perméase (**Figure 12.6**). Pour utiliser le lactose comme source de carbone et d'énergie, *E. coli* doit d'abord l'hydrolyser en galactose et en glucose, une réaction catalysée par l'enzyme β-galactosidase. Cette enzyme peut aussi convertir le lactose en allolactose, un isomère du lactose qui joue un rôle important dans la régulation du métabolisme du lactose. Une troisième enzyme, la thiogalactoside transacétylase, est aussi produite par l'opéron *lac* ; son rôle dans le métabolisme du lactose n'est pas bien connu. (N.d.T. : La thiogalactoside transacétylase acétyle les galactosides non métabolisés par la

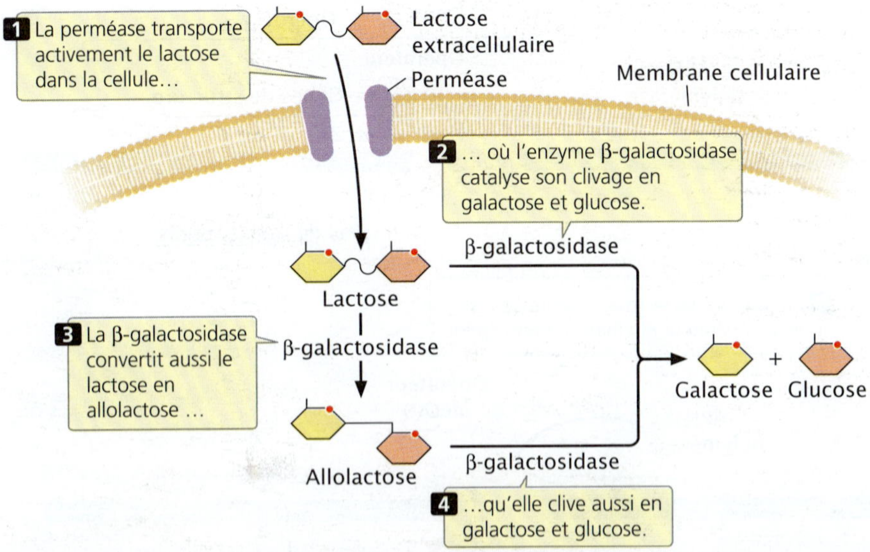

12.6 Le lactose, un glucide important du lait, est formé de deux sucres à six carbones attachés par une liaison β – (1-4) – osidique.

β-galactosidase, ce qui permet leur diffusion à travers la membrane plasmique et leur élimination de la cellule.)

L'opéron *lac* est un exemple d'opéron inductible régulé négativement. Les protéines β-galactosidase, perméase, et transacétylase sont codées par des gènes de structure adjacents qui ont un promoteur commun, *lacP* (**Figure 12.7a**). La β-galactosidase est codée par le gène *lacZ*, la perméase par *lacY*, et la transacétylase par *lacA*. S'il n'y a pas de lactose dans le milieu dans lequel croît *E. coli*, seules quelques molécules de chaque enzyme sont produites. En présence de lactose, et pour autant qu'il n'y ait pas de glucose, le taux de synthèse des trois enzymes augmente d'environ 1 000 fois en l'espace de 2 à 3 minutes. Cette augmentation spectaculaire est le résultat de l'induction de la transcription des trois gènes *lacZ, lacY*, et *lacA* en un ARNm polycistronique (**Figure 12.7b**), stimulée par une molécule spécifique, l'inducteur. Cette **induction coordonnée** de la synthèse des trois enzymes reflète l'organisation en opéron des trois gènes qui les codent.

Bien que le lactose apparaisse comme responsable de l'induction, c'est en réalité l'allolactose qui est l'inducteur. En amont de *lacP* se trouve un gène régulateur, *lacI*, doté de son propre promoteur (P_I). Le gène *lacI* est transcrit en un ARNm monocistronique, qui est traduit en protéine répresseur. La molécule de répresseur est un tétramère de polypeptides LacI. Le répresseur contient deux types de sites de liaison : un site qui lie l'allolactose, et un site qui lie l'ADN. En l'absence de lactose (et donc d'allolactose), le répresseur se lie au site opérateur *lacO* (voir la Figure 12.7a). La localisation du site opérateur par rapport au promoteur et à *lacZ* est montrée dans la **Figure 12.8**. (N.d.T. : En fait, il existe 2 autres séquences opérateur, dont une (O_3) chevauche le site CAP (voir la Figure 12.11) et l'autre (O_2) se trouve à l'intérieur du gène *lacZ*. Le répresseur tétramérique contient deux sites de liaison à l'ADN, et c'est sa liaison simultanée à O_1 (comme montré dans la Figure 12.8) et à un des deux autres sites opérateurs qui assure une inhibition maximum de la transcription. Cette double liaison provoque la formation d'une boucle dans l'ADN.)

La liaison du répresseur aux opérateurs empêche l'attachement de l'ARN polymérase et donc la transcription. Quand du lactose est présent, une partie est convertie en allolactose qui se lie au répresseur et provoque son détachement de l'ADN ; l'ARN polymérase peut se lier et transcrire les gènes de l'opéron *lac*, et les protéines Lac sont produites.

Vous aurez sans doute remarqué le paradoxe apparent concernant l'induction des enzymes de métabolisation du lactose. La perméase est nécessaire pour transporter le lactose dans les cellules. Si l'opéron *lac* est réprimé et que la perméase n'est pas produite, comment le lactose, quand il est présent, peut il pénétrer dans la cellule pour inactiver le répresseur et induire la transcription ? De plus, le vrai inducteur est l'allolactose, obtenu par conversion du lactose par la β-galactosidase. Si la production de β-galactosidase est réprimée, comment l'induction du métabolisme du lactose peut-elle être induite ?

La réponse est que la répression n'inhibe jamais complètement la transcription de l'opéron *lac*. Même quand le répresseur actif est lié à l'opérateur, il existe un faible taux de transcription et quelques molécules de β-galactosidase, de perméase, et de transacétylase sont synthétisées. Quand du lactose apparaît dans le milieu, la perméase existante suffit à en transporter une petite quantité dans la cellule, où les quelques molécules de β-galactosidase présentes suffisent à convertir une partie du lactose en allolactose, ce qui induit la transcription de l'opéron.

Concepts clés

L'opéron *lac* d'*E. coli* contient trois gènes de métabolisation du lactose groupés dans une seule unité de transcription et de régulation : *lacZ* code la β-galactosidase, *lacY* code la lactose perméase, et *lacA* code la thiogalactoside transacétylase. L'opéron *lac* est un opéron inductible régulé négativement : un gène régulateur produit un répresseur qui se lie à un site opérateur et inhibe la transcription des gènes de structure. La présence d'allolactose inactive le répresseur et induit la transcription de l'opéron *lac*.

✔ Test de compréhension 5

En présence d'allolactose, le répresseur *lac*

a. se lie à l'opérateur.
b. se lie au promoteur.
c. ne peut pas se lier à l'opérateur.
d. se lie au gène régulateur.

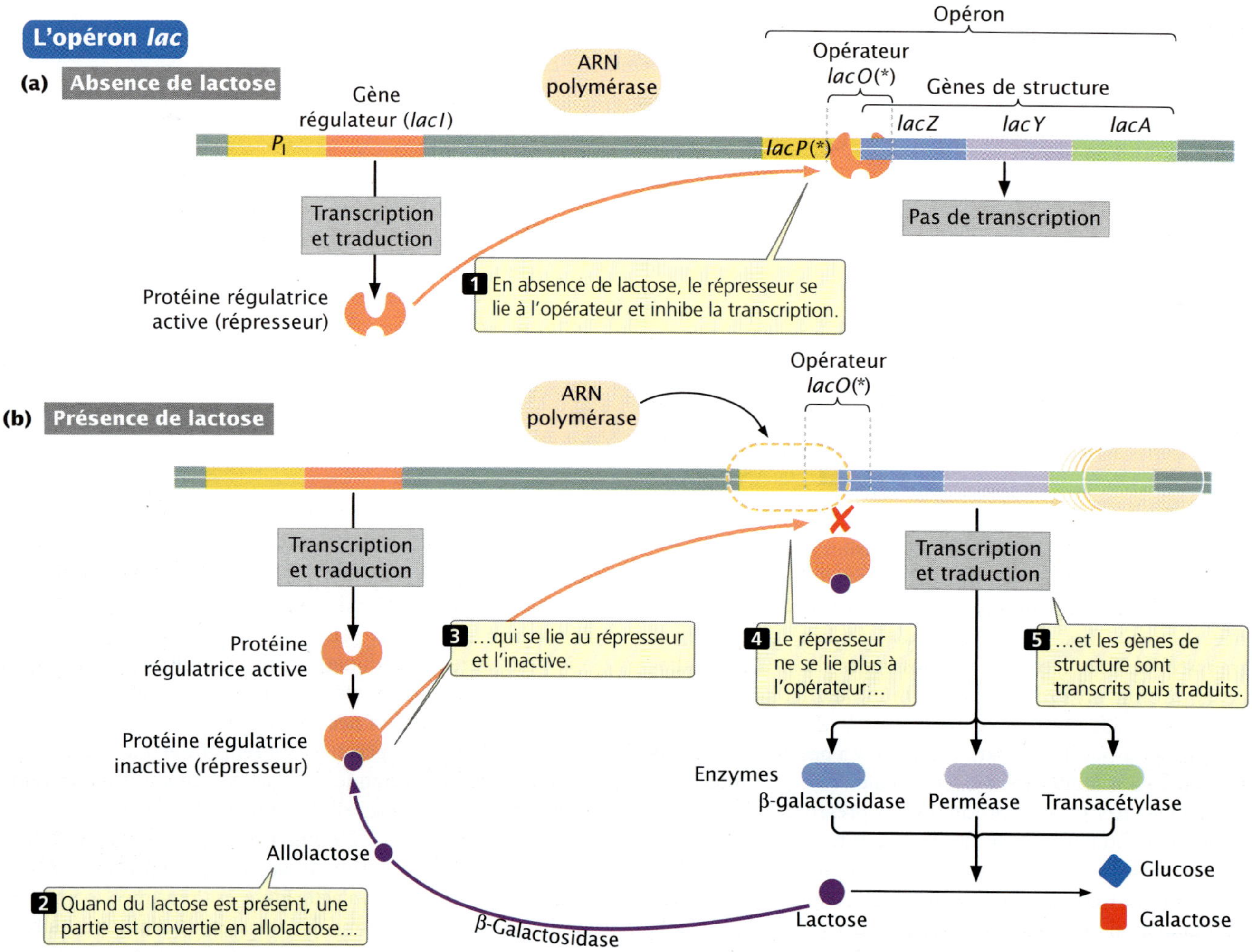

12.7 La régulation de l'opéron *lac* contrôle le métabolisme du lactose. (*) L'opérateur et le promoteur sont souvent désignés par O_{lac} et P_{lac} pour les distinguer des gènes de structure.

Analyse de mutants du système lactose

François Jacob et Jacques Monod ont élucidé la structure et le fonctionnement de l'opéron *lac* en analysant des mutations qui affectent le métabolisme du lactose. Pour déterminer le rôle des différents composants du système, ils ont utilisé des souches d'*E. coli* **mérodiploïdes** (partiellement diploïdes) pour les gènes *lac*. Les cellules de ces souches contenaient deux molécules d'ADN : le chromosome bactérien entier et un plasmide porteur des gènes *lac*. Jacob et Monod ont construit ces souches par conjugaison bactérienne (voir le Chapitre 6). Dans la conjugaison, une petite molécule circulaire d'ADN (le plasmide F, voir le Chapitre 6) est transférée d'une bactérie dans une autre. Le plasmide F utilisé par Jacob et Monod

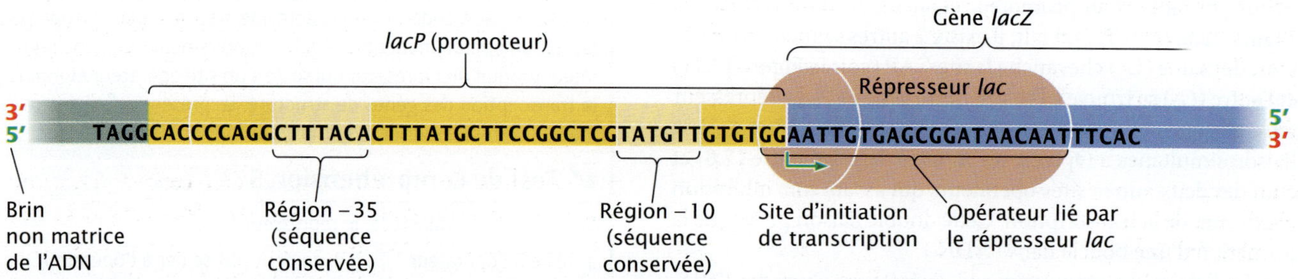

12.8 Dans l'opéron *lac*, l'opérateur chevauche le promoteur et l'extrémité 5′ du premier gène de structure.

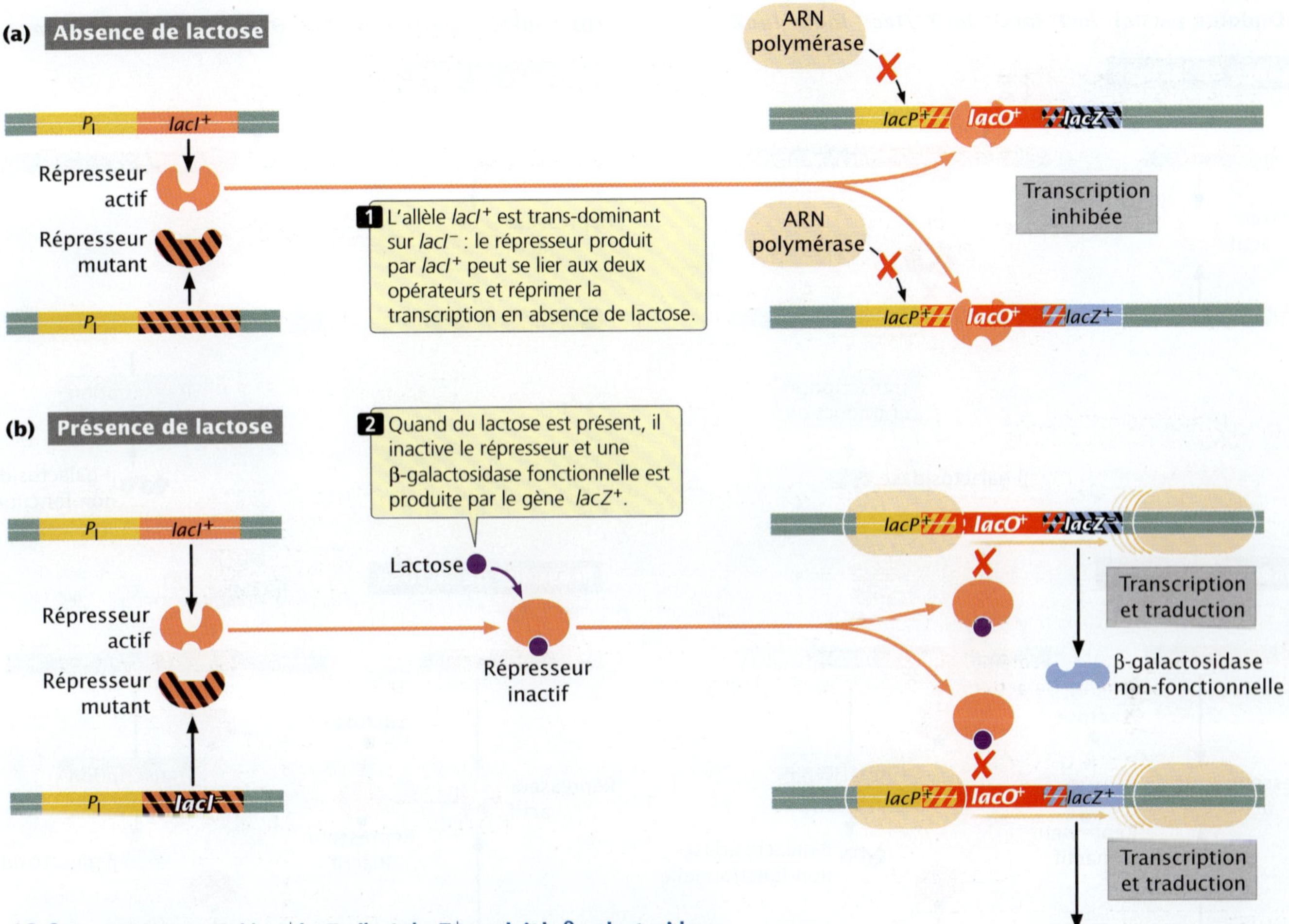

12.9 Le diploïde partiel *lacI*$^+$ *lacZ*$^-$/*lacI*$^-$ *lacZ*$^+$ produit la β-galactosidase uniquement en présence de lactose parce que *lacI*$^+$ est trans-dominant.

portait l'opéron *lac* et le gène régulateur *lacI*, de sorte que la bactérie réceptrice était devenue partiellement diploïde et contenait deux exemplaires de ces gènes. En utilisant différentes combinaisons de mutations sur le chromosome et sur le plasmide, Jacob et Monod ont déterminé que certains composants du système lactose agissent en cis (ils ont la capacité de contrôler l'expression de gènes qui leur sont adjacents ou présents sur la même molécule d'ADN), tandis que d'autres agissent en trans (ils ont la capacité de contrôler l'expression de gènes sur d'autres molécules d'ADN).

Mutations dans les gènes de structure Jacob et Monod ont d'abord isolé des souches mutantes incapables de synthétiser la β-galactosidase ou la perméase. (Ils n'ont pas fait d'étude détaillée de mutations du gène de la transacétylase, qui ne sera donc pas traité ici.) Les mutations dans les gènes de structure *lacZ* ou *lacY* affectaient clairement la *fonction* de leurs produits respectifs, la β-galactosidase et la perméase, et non la régulation de leur synthèse.

Des diploïdes partiels, portant *lacZ*$^+$ *lacY*$^-$ sur le chromosome et *lacZ*$^-$ *lacY*$^+$ sur le plasmide, fonctionnaient normalement, produisant la β-galactosidase et la perméase en présence de lactose. (Le génotype d'un diploïde partiel s'écrit en séparant par une barre les gènes présents sur chacune des molécules d'ADN : *lacZ*$^+$ *lacY*$^-$/ *lacZ*$^-$ *lacY*$^+$.) Dans un tel diploïde, la présence d'un seul gène de β-galactosidase fonctionnel (*lacZ*$^+$) suffit à assurer la production de β-galactosidase, que ce gène soit ou non couplé à un gène de perméase fonctionnel (*lacY*$^+$). C'est vrai également pour le gène *lacY*$^+$. Les mutations dans ces deux gènes sont donc indépendantes et n'affectent normalement que le produit du gène concerné.

Mutations du gène régulateur Jacob et Monod ont aussi isolé des mutations qui affectent la *régulation* du système lactose. Des mutations dans le gène *lacI* (*lacI*$^-$) affectaient la production de la β-galactosidase et de la perméase parce que les gènes codant ces protéines font partie du même opéron et sont régulés de façon coordonnée.

Certaines de ces mutations étaient **constitutives**, provoquant une production constante des deux enzymes, indépendamment de la présence de lactose. L'étude de diploïdes partiels *lacI*$^+$/*lacI*$^-$ a démontré que *lacI*$^+$ est dominant sur *lacI*$^-$: la présence de *lacI*$^+$ suffit à rétablir la régulation normale

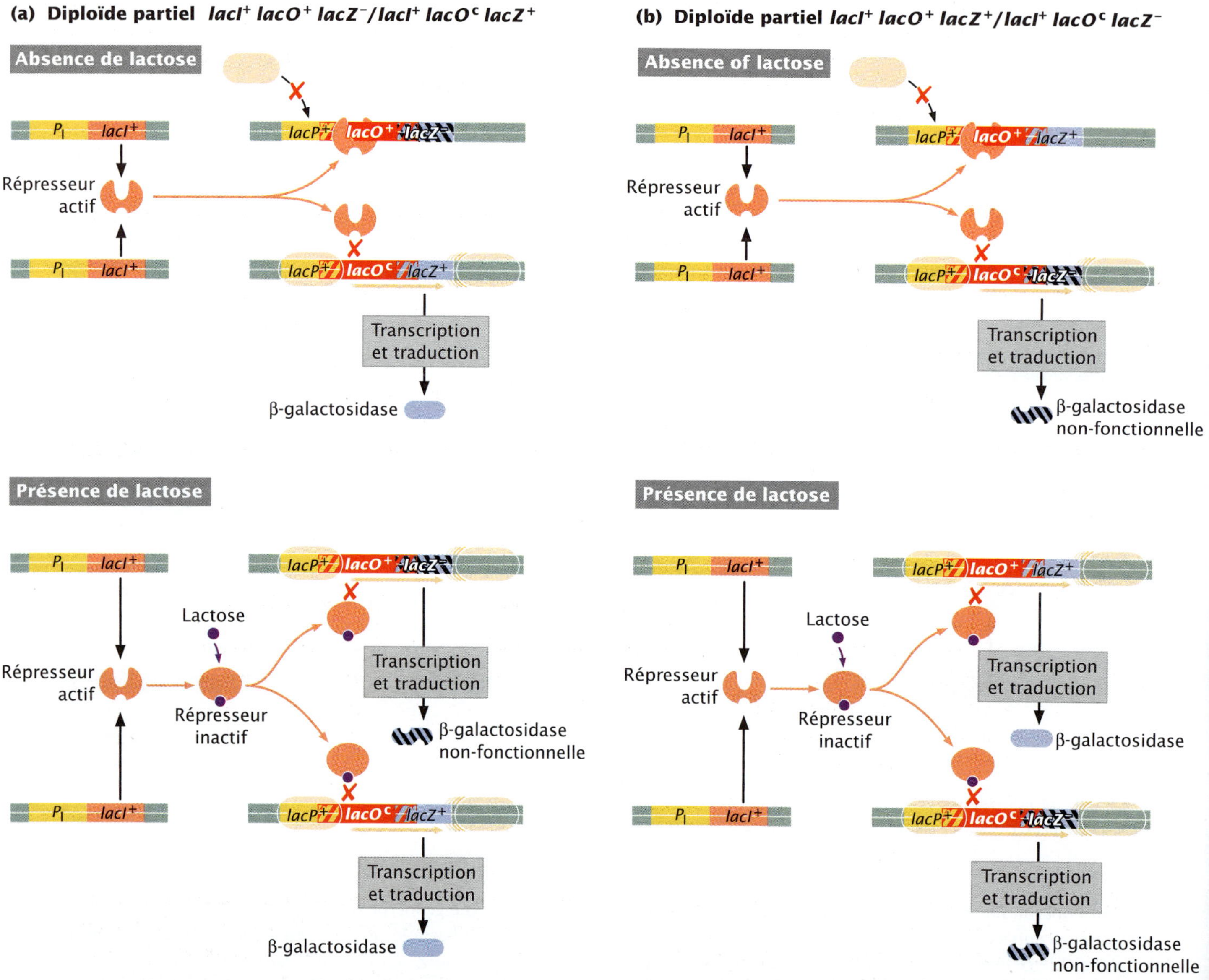

12.10 Des mutations dans *lacO* sont constitutives et cis-dominantes. (a) Le diploïde partiel *lacI*$^+$ *lacO*$^+$ *lacZ*$^-$/ *lacI*$^+$ *lacO*^{c} *lacZ*$^+$ est constitutif, produisant la β-galactosidase en absence et en présence de lactose. (b) Le diploïde partiel *lacI*$^+$ *lacO*$^+$ *lacZ*$^+$/ *lacI*$^+$ *lacO*^{c} *lacZ*$^-$ est inductible (ne produit la β-galactosidase qu'en présence de lactose), ce qui montre que la mutation *lacO*^{c} est cis-dominante.

de l'opéron. De plus, *lacI*$^+$ peut rétablir la régulation normale d'un opéron *lac* situé sur une autre molécule d'ADN, ce qui démontre sa capacité d'agir en trans. En effet, un diploïde partiel *lacI*$^+$ *lacZ*$^-$/ *lacI*$^-$ *lacZ*$^+$ était régulé normalement, ne synthétisant la β-galactosidase que quand du lactose était présent, et ce malgré que *lacI*$^+$ et *lacZ*$^+$ ne fussent pas sur la même molécule d'ADN (**Figure 12.9**). (N.d.T. : On dit que les mutations *lacI*$^-$ sont *trans-récessives*.)

Mutations de l'opérateur Jacob et Monod localisèrent un autre groupe de mutations constitutives à un site adjacent à *lacZ*. Ces mutations, désignées *lacO*^{c} (*O* pour opérateur, et « c » pour constitutif), permettaient d'identifier et de caractériser le site opérateur. Les mutations *lacO*^{c} modifient la séquence de l'opérateur, de telle sorte que le répresseur ne s'y lie plus. Dans un diploïde partiel *lacI*$^+$ *lacO*$^+$ *lacZ*$^-$/*lacI*$^+$ *lacO*^{c} *lacZ*$^+$, la synthèse de β-galactosidase est constitutive (**Figure 12.10a**), mais dans un diploïde partiel *lacI*$^+$ *lacO*$^+$ *lacZ*$^+$/ *lacI*$^+$ *lacO*^{c} *lacZ*$^-$, la β-galactosidase n'est produite qu'en présence de lactose (**Figure 12.10b**). Dans le premier cas, la mutation *lacO*^{c} et le gène *lacZ*$^+$ fonctionnel sont sur la même molécule d'ADN (voir la Figure 10.12a), mais dans le second cas, la mutation *lacO*^{c} et le gène *lacZ*$^+$ fonctionnel sont sur des molécules d'ADN différentes (voir la Figure 10.12b). La mutation *lacO*^{c} n'affecte que les gènes auxquels elle est liée physiquement, ce qui est le propre de toutes les mutations opérateur. Elles empêchent la liaison d'une protéine répresseur à l'opérateur et permettent à l'ARN polymérase de transcrire les gènes de l'opéron sur la même molécule d'ADN. Par contre, elles ne peuvent empêcher un répresseur de se lier à des opérateurs non mutés sur d'autres molécules d'ADN. (N.d.T. : On dit que les mutations O^c sont *cis-dominantes.*)

Mutations du promoteur Des mutations ont aussi permis d'identifier et de localiser le site promoteur en amont des gènes de structure. Ces mutations, désignées $lacP^-$, affectent la liaison de l'ARN polymérase au promoteur. Comme cette liaison est nécessaire à l'expression des gènes de structure, les mutants $lacP^-$ d'*E. coli* ne produisent aucune protéine Lac, que du lactose soit ou non présent. (N.d.T. : C'est pourquoi ces mutations ont d'abord été désignées O^0 par Jacob et Monod.) Comme les mutations opérateur, les mutations $lacP^-$ agissent en cis et n'affectent donc que les gènes adjacents sur l'ADN. Un diploïde partiel $lacI^+\ lacP^+\ lacZ^+\ /\ lacI^+\ lacP^-\ lacZ^+$ synthétise normalement la β-galactosidase, tandis que $lacI^+\ lacP^-\ lacZ^+\ /\ lacI^+\ lacP^+\ lacZ^-$ ne produit pas de β-galactosidase, même en présence de lactose ; la mutation $lacP^-$ est cis-dominante.

Problème résolu

Pour les souches d'*E. coli* avec les génotypes *lac* suivants, utilisez un signe (+) pour indiquer la synthèse de β-galactosidase et de perméase, et un signe (–) pour indiquer l'absence de synthèse, en absence et en présence de lactose.

Génotype de la souche

a. $lacI^+\ lacP^+\ lacO^+\ lacZ^+\ lacY^+$
b. $lacI^+\ lacP^+\ lacO^c\ lacZ^-\ lacY^+$
c. $lacI^+\ lacP^+\ lacO^+\ lacZ^+\ lacY^-$
d. $lacI^+\ lacP^+\ lacO^+\ lacZ^-\ lacY^-/lacI^-\ lacP^+\ lacO^+\ lacZ^+\ lacY^+$

• Solution

	Absence de lactose		Présence de lactose	
Génotype de la souche	**β-galactosidase**	**Perméase**	**β-galactosidase**	**Perméase**
a. $lacI^+\ lacP^+\ lacO^+\ lacZ^+\ lacY^+$	–	–	+	+
b. $lacI^+\ lacP^+\ lacO^c\ lacZ^-\ lacY^+$	–	+	–	+
c. $lacI^+\ lacP^-\ lacO^+\ lacZ^+\ lacY^-$	–	–	–	–
d. $lacI^+\ lacP^+\ lacO^+\ lacZ^-\ lacY^-/$ $lacI^-\ lacP^+\ lacO^+\ lacZ^+\ lacY^+$	–	–	+	+

a. Tous les gènes et sites régulateurs sont de type sauvage (non mutant) et l'opéron *lac* fonctionne et est régulé normalement : en absence de lactose, le répresseur se lie à l'opérateur et inhibe la transcription des gènes de structure, donc ni la β-galactosidase ni la perméase ne sont produites. En présence de lactose, quelques molécules de lactose converties en allolactose se lient au répresseur et l'inactivent. Le répresseur ne se lie plus à l'opérateur, les gènes de structure sont transcrits, et il y a production de β-galactosidase et de perméase.

b. Le gène *lacZ* est muté, donc il n'y aura pas d'activité β-galactosidase, quelles que soient les conditions. La souche contient une mutation constitutive de l'opérateur (O^c), ce qui signifie que le répresseur ne peut s'y lier, et que la transcription a lieu quelles que soient les conditions. Donc, la perméase sera produite en présence et en absence de lactose.

c. Dans cette souche, le promoteur est muté, donc l'ARN polymérase ne peut s'y lier, et l'opéron *lac* n'est pas transcrit. Ni la β-galactosidase ni la perméase ne sont produites, quelles que soient les conditions.

d. Cette souche est partiellement diploïde, avec deux exemplaires des gènes du système lactose – un sur le chromosome et l'autre sur un plasmide. L'opéron *lac* décrit dans la partie supérieure du génotype contient des mutations dans les gènes *lacZ* et *lacY* et ne peut produire de β-galactosidase ni de perméase, quelles que soient les conditions. Dans l'autre partie du génotype, le gène régulateur *lacI* est muté et ne produit pas de répresseur actif. Par contre, l'autre exemplaire du gène régulateur est normal et produit un répresseur diffusible (capable d'agir en trans), qui se lie aux deux opérateurs en absence de lactose, et inhibe la transcription. Donc, en absence de lactose, ni la β-galactosidase ni la perméase ne seront produites. En présence de lactose, le répresseur ne peut se lier aux opérateurs, et les opérons sont transcrits. L'opéron avec les allèles de type sauvage (non mutés) des gènes *lacZ* et *lacY* produit la β-galactosidase et la perméase.

? Essayez à présent de prédire le résultat de différentes mutations *lac* en résolvant le Problème 20 à la fin du chapitre.

Le contrôle positif et la répression catabolique

E. coli et de nombreuses autres bactéries métabolisent le glucose de préférence au lactose et à d'autres sucres présents dans le milieu. Le glucose entre dans la voie de la glycolyse sans devoir être modifié au préalable, et sa métabolisation consomme donc moins d'énergie que celle d'autres sucres. Quand du glucose est disponible, les gènes qui participent au métabolisme d'autres sucres sont réprimés, un phénomène appelé **répression catabolique**. Par exemple, la transcription de l'opéron *lac* n'atteint un taux maximum qu'en présence de lactose et absence de glucose. Comment le glucose influence-t-il l'expression de l'opéron *lac* ? Comment opère la répression catabolique ?

La répression catabolique est une réponse à la présence de glucose. Il s'agit, en fait, de l'empêchement d'une activation de la transcription. Cette activation par un mécanisme de contrôle positif se superpose au contrôle négatif spécifique du système lactose (la liaison du répresseur à l'opérateur de l'opéron *lac*). Le contrôle positif s'exerce par la liaison d'une protéine dimérique – la **protéine activatrice du catabolisme** (CAP pour « catabolite activator protein ») – à un site qui comporte 22 nucléotides et qui se trouve juste en amont du promoteur de l'opéron *lac* (**Figure 12.11**). L'ARN polymérase se lie peu efficacement à certains promoteurs, sauf quand CAP s'est préalablement liée à l'ADN. Pour se lier à l'ADN, CAP doit former un complexe avec un nucléotide modifié, l'**adénosine – 5′, 3′ – cyclique monophosphate** (AMP cyclique ou AMPc), qui est une molécule importante de la signalisation cellulaire dans les cellules bactériennes et eucaryotiques. Chez *E. coli*, la concentration d'AMPc est régulée de telle sorte que sa concentration soit inversement proportionnelle à celle du glucose. Quand la concentration cellulaire de glucose est élevée, celle de l'AMPc est basse, et il n'y a que peu de complexe CAP-AMPc pour se lier à l'ADN. L'ARN polymérase se lie peu efficacement au promoteur *lac*, et le taux de transcription est faible. (N.d.T. : Dans le promoteur *lac*, la séquence « canonique » autour de -35 fait défaut, et l'interaction directe

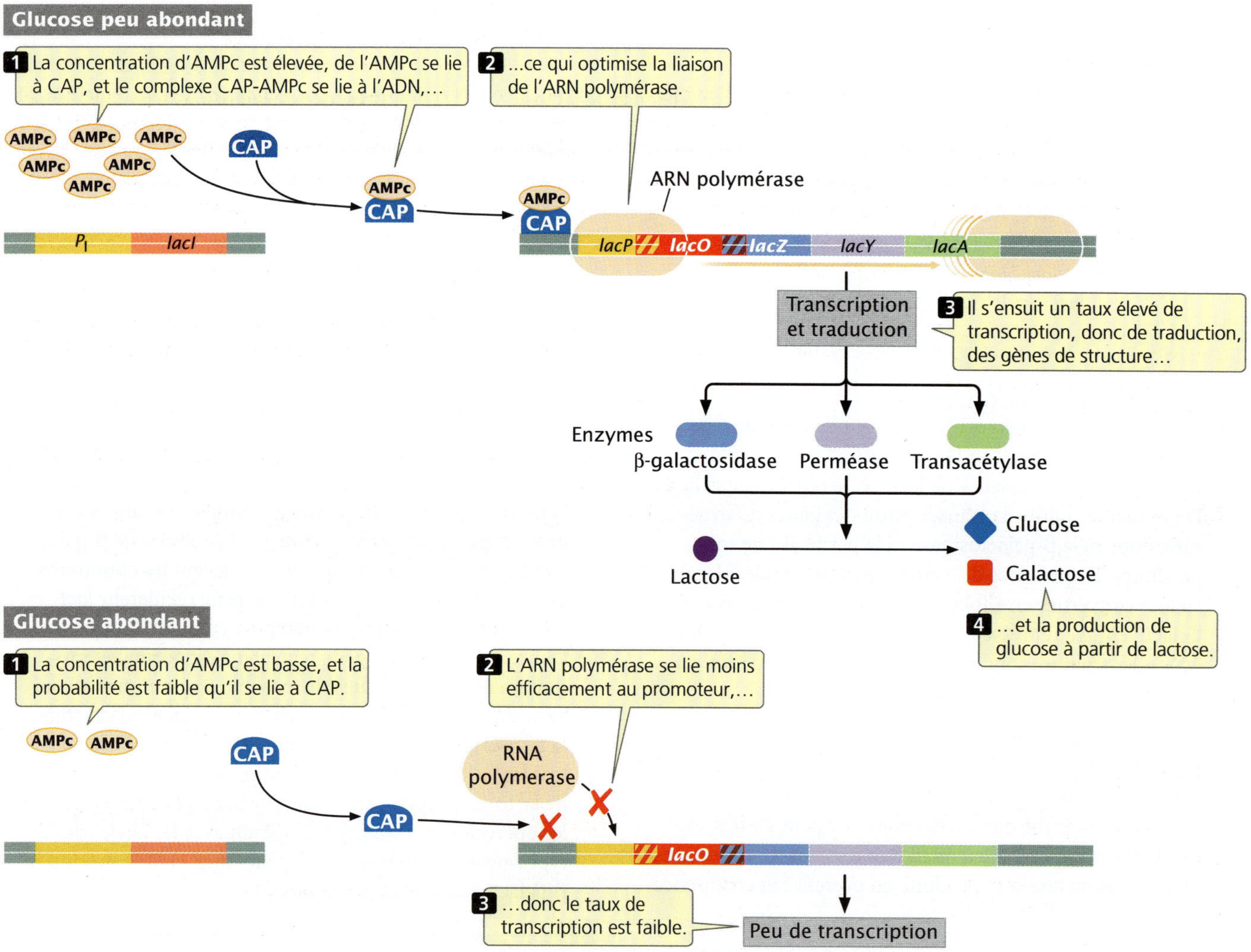

12.11 La protéine activatrice du catabolisme (CAP) se lie près du promoteur de l'opéron *lac* et stimule la transcription. CAP doit former un complexe avec l'adénosine - 5′, 3′ – cyclique monophosphate (AMPc) avant de se lier à côté du promoteur de l'opéron *lac*. La liaison de CAP-AMPc active la transcription en stabilisant la liaison de l'ARN polymérase. La concentration cellulaire d'AMPc est en relation inverse de celle du glucose : haute quand il y a peu de glucose, basse quand le glucose est abondant.

de l'ARN polymérase avec le complexe CAP-AMPc lié en amont du promoteur compense l'absence d'interaction avec la séquence -35.) À basse concentration de glucose, la production d'AMPc est stimulée, et la quantité de complexe CAP-AMPc lié à l'ADN augmente, ce qui optimise la liaison de l'ARN polymérase au promoteur et augmente de 50 fois la transcription des gènes *lac*.

> **Concepts clés**
>
> La répression catabolique empêche une régulation positive d'exercer son effet sur l'opéron *lac* et sur d'autres opérons de métabolisation des sucres. La protéine activatrice du catabolisme (CAP) forme un complexe avec l'AMP cyclique ; ce complexe se lie à un site proche du promoteur et facilite la liaison de l'ARN polymérase. La concentration cellulaire d'AMPc est contrôlée par le glucose. Quand la concentration de glucose est faible, la concentration d'AMPc est élevée, ce qui stimule la transcription de l'opéron *lac* ou d'opérons de métabolisation d'autres sucres.

L'opéron tryptophane (*trp*) d'*Escherichia coli*

L'opéron *lac* est un opéron inductible : il n'est normalement pas transcrit, et son expression nécessite la levée d'une répression. D'autres opérons sont répressibles : ils sont normalement transcrits, et leur expression est régulée par l'imposition d'une répression. L'opéron tryptophane (*trp*) d'*E. coli*, qui code les enzymes de la voie de biosynthèse de l'acide aminé tryptophane, est un exemple d'opéron répressible contrôlé négativement.

L'opéron *trp* contient cinq gènes de structure (*trpE*, *trpD*, *trpC*, *trpB*, et *trpA*) qui codent les polypeptides formant trois enzymes (deux des enzymes contiennent deux chaînes polypeptidiques différentes). Ces enzymes catalysent la synthèse du tryptophane à partir de chorismate (**Figure 12.12**). Le promoteur trp se trouve en amont des gènes de structure. Quand la concentration cellulaire de tryptophane est faible, l'ARN polymérase se lie au promoteur et transcrit les gènes de structure en un ARNm polycistronique qui est ensuite traduit en enzymes.

À une courte distance de l'opéron se trouve un gène régulateur, *trpR*, qui code un répresseur qui est normalement inactif et ne peut lier l'ADN (voir la Figure 12.12). Comme le répresseur lactose, le répresseur tryptophane a deux sites de liaison, un site qui peut se lier à l'ADN au site opérateur, et un autre où se lie le tryptophane (le corépresseur). La liaison du tryptophane provoque un changement de conformation du répresseur qui le rend capable de se lier au site site opérateur qui chevauche partiellement le promoteur. L'occupation de l'opérateur par le répresseur tryptophane inhibe stériquement la liaison de l'ARN polymérase au promoteur, et les gènes de structure ne sont plus transcrits. Donc, quand la concentration cellulaire de tryptophane est faible, l'opéron *trp* est transcrit et du tryptophane est synthétisé ; quand la concentration cellulaire de tryptophane est élevée, la transcription est réprimée et la synthèse de tryptophane s'arrête.

(N.d.T. : Au début des années 1970, Charles Yanofsky et ses collaborateurs ont découvert un second mode de régulation de l'opéron *trp*, qu'ils ont appelé « atténuation ». L'atténuation est une terminaison prématurée de la transcription provoquée par la formation d'un terminateur facultatif – atténuateur – situé au début de l'opéron (dans la région désignée par UTR dans la Figure 12.12). L'atténuation repose le fait que la transcription et la traduction sont simultanées chez les bactéries. L'abondance relative de tryptophane va moduler le couplage entre la transcription et la traduction, permettant ou non la formation du terminateur. Certains systèmes comme l'opéron histidine d'*E. coli*

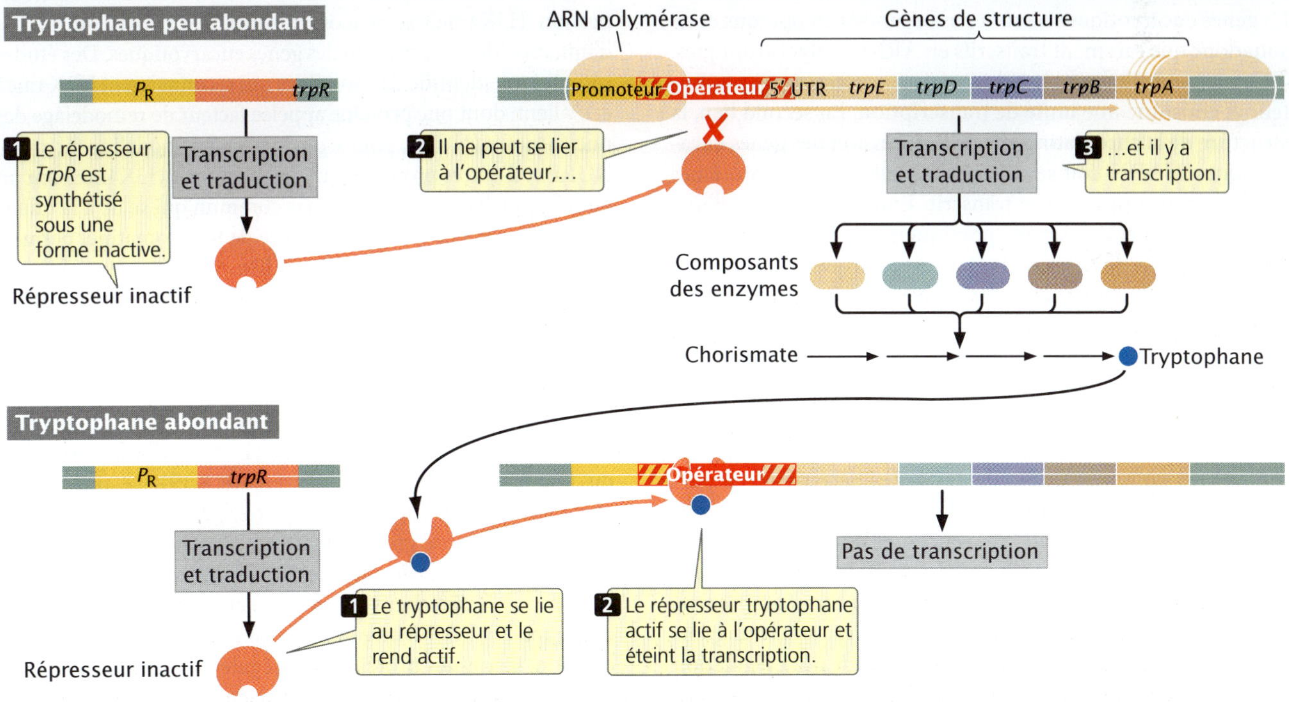

12.12 La régulation de l'opéron tryptophane (*trp*) contrôle la biosynthèse de l'acide aminé tryptophane chez *E. coli*.

sont régulés uniquement par atténuation. Ce mode de régulation ne sera pas examiné en détail ici.)

Concepts clés

L'opéron *trp* est un opéron répressible contrôlé négativement qui contient les gènes de la biosynthèse du tryptophane. Dans un opéron répressible, la transcription est normalement allumée et doit être réprimée. Le répresseur TrpR est normalement inactif et c'est la liaison du tryptophane qui le rend actif. Le répresseur actif se lie à l'opérateur et empêche l'ARN polymérase de transcrire les gènes de structure.

✔ Test de compréhension 5

Dans le système tryptophane, que fait le répresseur en absence de tryptophane ?

a. Il se lie à l'opérateur et réprime la transcription.

b. Il ne peut se lier à l'opérateur et la transcription a lieu.

c. Il se lie au gène régulateur et réprime la transcription.

d. Il ne peut se lier au gène régulateur et la transcription a lieu.

12.4 La régulation génétique chez les eucaryotes s'exerce à plusieurs stades de l'expression des gènes

Plusieurs schémas de régulation génétique sont communs aux cellules bactériennes et eucaryotiques. Par exemple, dans les deux types de cellules, des protéines qui lient l'ADN contrôlent la capacité de l'ARN polymérase d'initier la transcription. Toutefois, il existe des différences notables. En premier lieu, les gènes eucaryotiques ne sont pas organisés en opérons et ne sont donc que rarement transcrits en ARNm polycistroniques. Typiquement, chaque gène de structure a son propre promoteur et constitue une unité de transcription. En second lieu, la structure de la chromatine affecte l'expression des gènes eucaryotiques. L'ADN doit se dégager partiellement des protéines histones pour pouvoir être transcrit. Enfin, la présence d'une membrane nucléaire sépare physiquement et dans le temps la transcription de la traduction. C'est pourquoi la régulation d'expression des gènes chez les eucaryotes se caractérise par une plus grande diversité de mécanismes que celle rencontrée chez les bactéries, simplement parce qu'il y a davantage de points de contrôle potentiels sur la voie qui conduit l'information génétique de l'ADN aux protéines.

La régulation des gènes eucaryotiques a longtemps été moins bien comprise que celle des gènes bactériens, en partie à cause de la plus grande taille des génomes, de la plus grande complexité de leurs séquences, et de la difficulté plus grande d'isoler et de manipuler des mutants de régulation. Néanmoins, des progrès spectaculaires de notre compréhension de la régulation des gènes eucaryotiques ont été engrangés au cours des dernières décennies, et l'étude de la régulation chez les eucaryotes continue d'être un domaine de pointe de la recherche en génétique.

Les changements de structure de la chromatine

Un mode de contrôle de l'expression génique propre aux cellules eucaryotiques est la modification de la structure des gènes. Dans le noyau, les histones s'associent en octamères autour desquels l'hélice d'ADN s'enroule pour former la chromatine (voir la Figure 8.19). Globalement, la structure compacte de la chromatine réprime l'expression des gènes. Pour qu'un gène soit transcrit, il faut que des facteurs de transcription, des activateurs, et l'ARN polymérase puissent se lier à l'ADN. C'est pourquoi la structure de la chromatine change avant la transcription, et l'ADN devient plus accessible à la machinerie de transcription.

La modification des histones Les histones du cœur octamérique du nucléosome ont deux domaines : (1) un domaine globulaire qui forme les contacts avec les autres histones et avec l'ADN, et (2) un domaine en forme de queue, chargé positivement et qui interagit avec les charges négatives des phosphates du squelette de l'ADN. Les queues des histones peuvent être modifiées par l'addition réversible de groupements phosphate, méthyle, ou acétyle. Ces modifications covalentes, dont au moins 150 ont été répertoriées, peuvent se combiner de différentes façons, formant ce qu'on appelle un **code des histones** parce qu'il contient une information qui affecte l'expression des gènes.

Un des types de modification des histones est l'addition de groupements méthyle aux acides aminés de la queue. Ces modifications peuvent activer ou réprimer la transcription, selon les acides aminés particuliers qui sont méthylés. Une modification assez courante est l'addition de trois groupements méthyle à la lysine 4 de la queue de l'histone H3, désignée en abrégé H3K4me3 (K est l'abréviation à une lettre de la lysine). La modification H3K4me3 se rencontre souvent à proximité du site d'initiation de transcription des gènes eucaryotiques. Des études récentes ont identifié des protéines qui reconnaissent H3K4me3 et s'y lient, dont une protéine appelée facteur de remodelage des nucléosomes (NURF, pour « nucleosome-remodeling factor »). NURF et d'autres protéines qui reconnaissent H3K4me3 ont un domaine de liaison aux protéines commun qui se lie à la queue de l'histone H3 et altère la structure de la chromatine, permettant ainsi à la transcription d'avoir lieu.

Un autre type de modification des histones est l'acétylation, l'addition de groupements acétyle (CH_3CO) aux queues des histones (**Figure 12.13**). En général, l'acétylation des histones déstabilise la structure de la chromatine et stimule la transcription. Par exemple, l'addition d'un groupement acétyle à la lysine 16 de l'histone H4 empêche la formation du filament de 30nm (voir la Figure 8.19), ce qui met la chromatine en configuration ouverte, propice à la transcription. L'addition de groupements acétyle est catalysée par des enzymes acétyltransférases ; d'autres enzymes, appelées des désacétylases, détachent les groupements acétyle des histones, ce qui rétablit la structure de la chromatine et réprime la transcription. Certaines protéines qui régulent la transcription ont elles-mêmes une activité acétyltransférase ou bien attirent des acétyltransférases sur l'ADN.

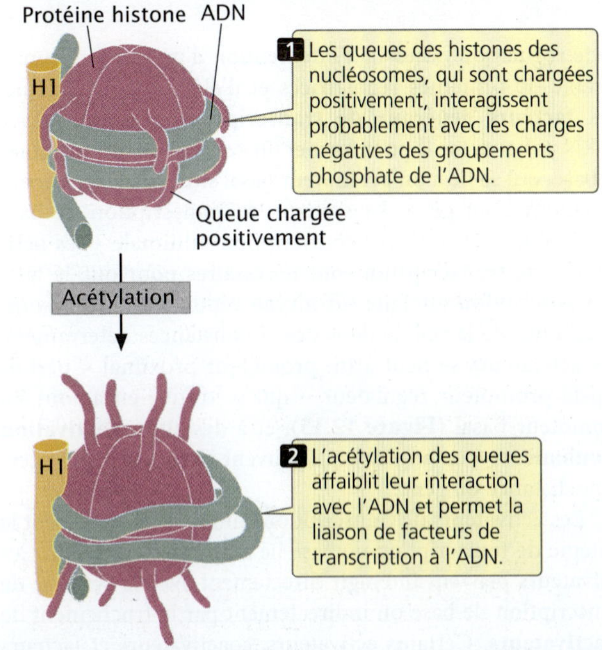

12.13 L'acétylation des histones modifie la structure de la chromatine et permet à des facteurs de transcription de se lier à l'ADN.

L'importance du rôle joué par l'acétylation des histones dans la régulation des gènes est illustrée par le contrôle de la floraison chez *Arabidopsis*, une plante qui est devenue un système modèle en génétique (voir en fin de chapitre la section consacrée à l'organisme modèle *Arabidopsis thaliana*). Le moment de la floraison est crucial pour la vie d'une plante. Si la floraison est initiée à un mauvais moment de l'année, les pollinisateurs peuvent ne pas être au rendez-vous pour féconder les fleurs, ou les conditions climatiques peuvent être défavorables à la survie et à la germination des graines. Chez la plupart des plantes, le moment de la floraison est donc régulé en réponse à une série de signaux internes et externes, tels que la taille de la plante, la photopériode, et la température.

Parmi les nombreux gènes qui contrôlent la floraison chez *Arabidopsis*, il y a le *locus de floraison C* (*FLC*) qui joue un rôle central dans la répression de la floraison jusqu'à la fin d'une période de froid nécessaire pour faire passer la plante du stade *végétatif* au stade *reproductif* (un processus appelé vernalisation). Le gène *FLC* code un facteur régulateur de transcription qui réprime l'expression de gènes favorisant la floraison en se liant à leur promoteur (**Figure 12.14**). L'activité de *FLC* est

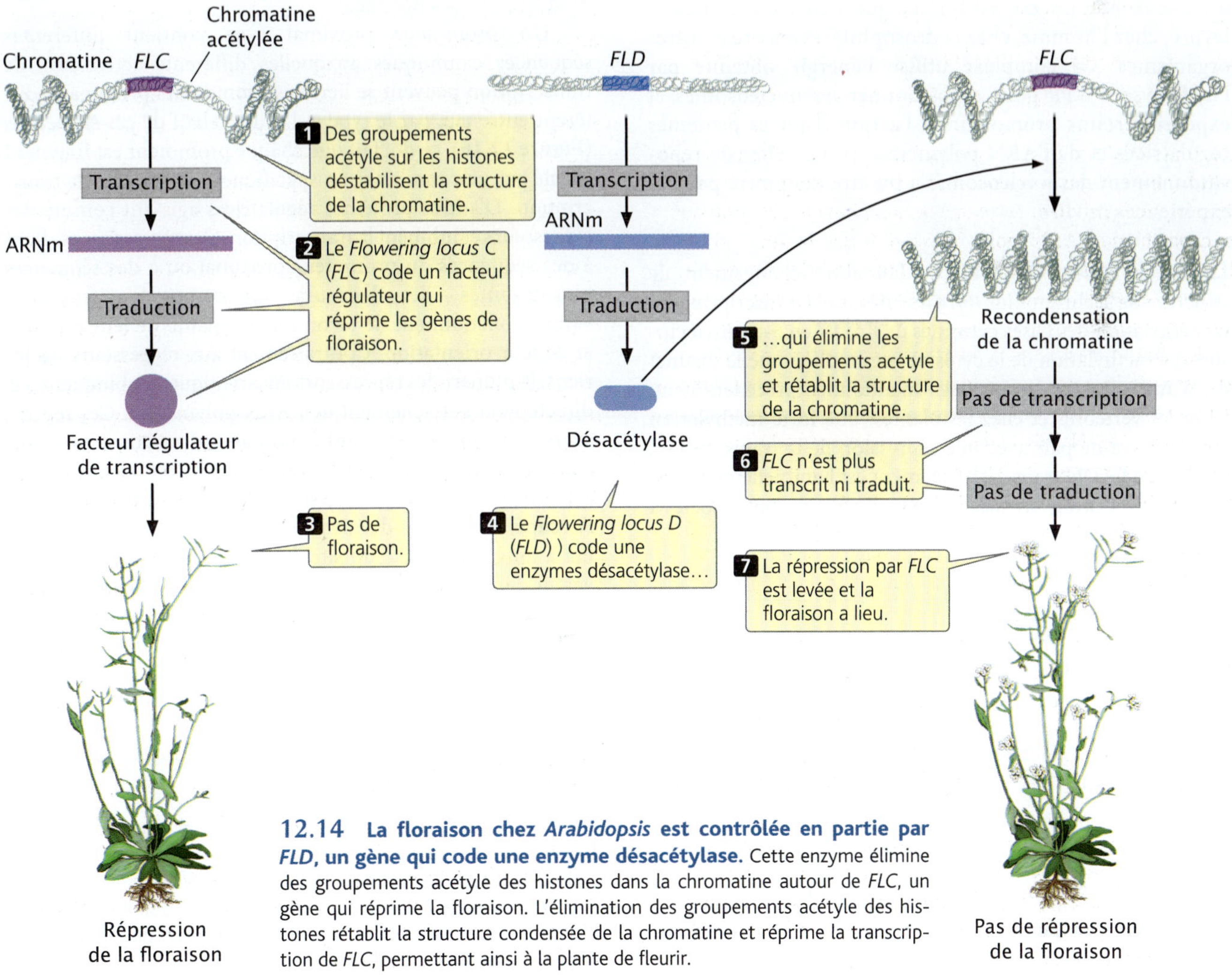

12.14 La floraison chez *Arabidopsis* est contrôlée en partie par *FLD*, un gène qui code une enzyme désacétylase. Cette enzyme élimine des groupements acétyle des histones dans la chromatine autour de *FLC*, un gène qui réprime la floraison. L'élimination des groupements acétyle des histones rétablit la structure condensée de la chromatine et réprime la transcription de *FLC*, permettant ainsi à la plante de fleurir.

contrôlée par un autre locus, le *locus de floraison D* (*FLD*), qui stimule la floraison en réprimant l'action de *FLC*. Comment *FLD* réprime-t-il *FLC* ?

FLD code une enzyme désacétylase qui élimine les groupements acétyle des histones dans la chromatine qui entoure *FLC* (voir la Figure 12.14). La désacétylation des histones rétablit la structure condensée de la chromatine, ce qui inhibe la transcription de *FLC* et supprime la répression qu'il exerce sur la floraison. Il s'agit donc d'une cascade régulatrice dans laquelle *FLD* stimule la floraison chez *Arabidopsis* en désacétylant la chromatine entourant *FLC*, supprimant de la sorte son effet inhibiteur sur la floraison.

Le remodelage de la chromatine Certains facteurs de transcription, associés à d'autres protéines régulatrices, modifient la structure de la chromatine directement, sans passer par une modification chimique des histones. Ces protéines forment des **complexes de remodelage de la chromatine**. Ces complexes se lient directement à des sites sur l'ADN et repositionnent les nucléosomes, ce qui permet aux facteurs de transcription de se lier aux promoteurs et d'initier la transcription.

Un des complexes de remodelage de la chromatine les mieux étudiés est SWI-SNF, que l'on trouve chez la levure, chez l'homme, chez la drosophile, et encore d'autres organismes. Ce complexe utilise l'énergie obtenue par l'hydrolyse d'ATP pour repositionner les nucléosomes et exposer certains promoteurs à l'action d'autres protéines régulatrices et de l'ARN polymérase II. Cet effet de repositionnement des nucléosomes a pu être démontré par des expériences *in vitro*.

La méthylation de l'ADN Un autre changement de structure de la chromatine qui a un effet sur la transcription est la méthylation des bases cytosines de l'ADN en 5-méthylcytosine. La méthylation de la cytosine est un phénomène distinct de la méthylation des histones mentionnée précédemment. Chez les vertébrés et chez les plantes, une forte méthylation de l'ADN va de pair avec une répression de la transcription, tandis que l'ADN transcrit activement est habituellement non méthylé. Des profils de méthylation anormaux sont associés à certains cancers.

Concepts clés

La structure de la chromatine peut être modifiée par des modifications chimiques des histones, par l'action des complexes de remodelage de la chromatine qui repositionnent les nucléosomes, et par la méthylation de l'ADN.

Facteurs de transcription et protéines activatrices de transcription

La transcription est un niveau d'expression des gènes sur lequel s'exerce une régulation importante chez les eucaryotes. Cette régulation nécessite l'intervention d'un nombre considérable de protéines régulatrices et d'éléments régulateurs. Des **facteurs généraux de transcription** s'associent avec l'ARN polymérase II pour former un système de transcription de base, qui se lie à un promoteur basal situé immédiatement en amont d'un gène. Le système de transcription de base est capable d'assurer une transcription minimale ; des **activateurs de transcription** sont nécessaires pour que le taux de transcription atteigne un niveau répondant aux besoins spécifiques de la cellule dans des circonstances déterminées. Ces activateurs se lient à un promoteur proximal – parfois appelé promoteur régulateur – qui se trouve en amont du promoteur basal (**Figure 12.15**), et à des **sites d'activation** (« **enhancers** » en anglais) qui peuvent se trouver à une certaine distance du gène.

Les activateurs de transcription stimulent et stabilisent le système de transcription de base lié au promoteur basal. Ces activateurs peuvent interagir directement avec le système de transcription de base ou indirectement par le truchement de **coactivateurs**. Certains activateurs, coactivateurs et facteurs généraux de transcription ont aussi une activité acétyltransférase et sont capables de stimuler davantage la transcription en modifiant la structure de la chromatine (voir la section sur la modification des histones).

Un promoteur proximal type contient différentes séquences canoniques auxquelles différents activateurs de transcription peuvent se lier. Les promoteurs proximaux diffèrent entre eux par le type et l'ordre relatif de ces séquences (**Figure 12.16**), ce qui fait que chaque promoteur est finement régulé par une combinaison spécifique d'activateurs de transcription. D'autres protéines régulatrices agissent comme des répresseurs et inhibent la transcription. Ces répresseurs se lient à des séquences du promoteur proximal ou à des séquences plus distantes – des **silenceurs** – qui, comme les sites d'activation, fonctionnent de façon indépendante de leur position et de leur orientation. Contrairement aux répresseurs bactériens, la plupart des répresseurs eucaryotiques ne bloquent pas directement l'attachement de l'ARN polymérase. Ces répresseurs peuvent agir en compétition avec des activateurs pour des sites de liaison à l'ADN : quand un site est occupé par un activateur, la transcription est activée, mais si un répresseur l'occupe, il n'y a pas d'activation. Un répresseur peut aussi se lier à un site proche d'un site d'activation et empêcher l'activateur d'interagir avec le système de transcription de base. Un autre mode d'action possible d'un répresseur est d'interférer avec l'assemblage du système de transcription de base, ce qui bloque l'initiation de la transcription.

Concepts clés

Les protéines régulatrices de la transcription dans les cellules eucaryotiques peuvent influencer l'initiation de la transcription en agissant sur la stabilité ou l'assemblage du système de transcription de base. Certaines protéines régulatrices sont des activateurs qui stimulent la transcription, d'autres sont des répresseurs qui inhibent la transcription.

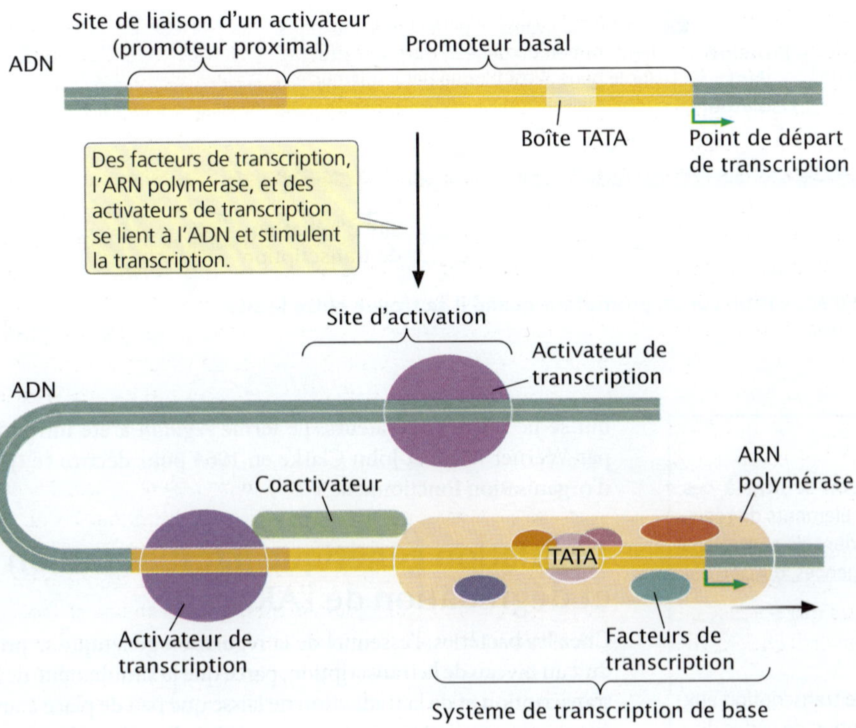

12.15 Des protéines activatrices de transcription (activateurs) se lient à des sites d'activation (« enhancers ») dans l'ADN et stimulent la transcription. La plupart agissent en stimulant ou en stabilisant l'assemblage du système de transcription de base.

✔ Test de compréhension 7

La plupart des protéines activatrices de transcription exercent leur effet en interagissant avec

a. les introns.
b. le système de transcription de base.
c. l'ADN polymérase.
d. les nucléosomes.

Les sites d'activation et les isolateurs Les sites d'activation peuvent avoir un effet à longue distance sur la transcription. Par exemple, un site d'activation qui régule le gène codant la chaîne alpha du récepteur des lymphocytes T se trouve 69 000 pb en aval du promoteur du gène. De plus, la position exacte et l'orientation du site d'activation par rapport au promoteur peuvent varier. Comment un site d'activation peut-il avoir un effet sur l'initiation de la transcription à un promoteur distant de dizaines de milliers de paires de bases ? Dans la plupart des cas, des activateurs se lient au site d'activation et, en interagissant avec d'autres activateurs liés au promoteur proximal, ils créent une boucle dans l'ADN qui rapproche le site d'activation du promoteur. Cette interaction entre activateurs de transcription leur permet d'interagir directement avec le système de transcription lié au promoteur basal (voir la Figure 12.15).

La plupart des sites d'activation peuvent stimuler tous les promoteurs voisins. Toutefois, leur zone d'influence est limitée par des **isolateurs** (appelés aussi éléments de délimitation), des séquences d'ADN qui bloquent l'effet des sites d'activation d'une façon dépendante de leur position. Si un isolateur se trouve dans la région comprise entre un site d'activation et un promoteur, il bloque l'effet du site d'activation ; par contre, s'il se trouve à l'extérieur de cette région, il n'a pas d'effet (**Figure 12.17**). Comme pour les sites d'activation, des protéines se lient spécifiquement aux isolateurs et jouent un rôle dans leur effet bloquant. Certains isolateurs limitent aussi l'étendue des changements de structure de la chromatine qui affectent la transcription.

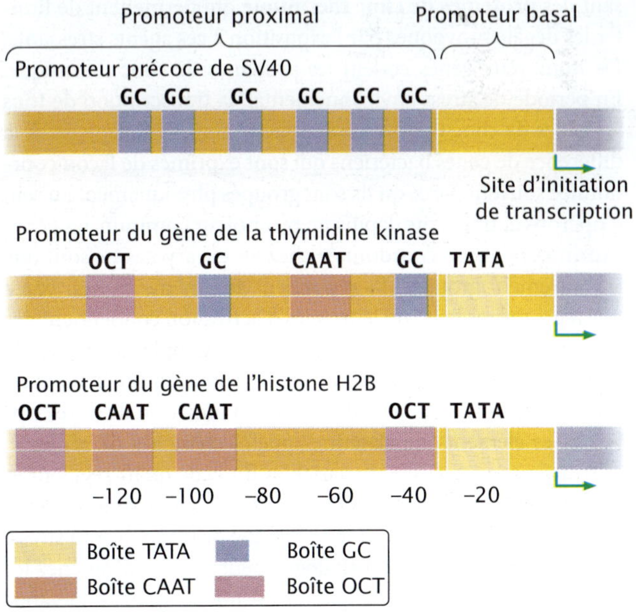

12.16 Les promoteurs de gènes eucaryotiques contiennent différentes combinaisons de séquences canoniques. Un activateur de transcription différent se lie à chaque séquence canonique, de sorte que chaque promoteur répond à une combinaison particulière d'activateurs.

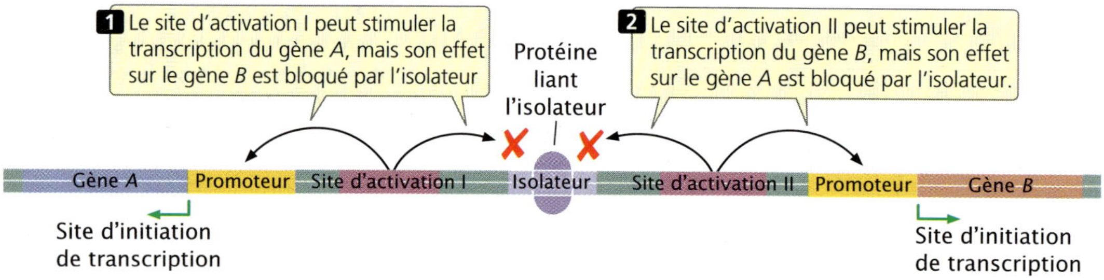

12.17 Un isolateur bloque l'effet d'un site d'activation sur un promoteur quand il se trouve entre le site d'activation et le promoteur.

Concepts clés

Certaines protéines activatrices de transcription se lient à des sites d'activation (« enhancers ») qui sont des éléments de régulation situés à une distance variable du gène dont ils contrôlent la transcription. Les isolateurs sont des séquences d'ADN qui bloquent l'effet des sites d'activation.

✔ Test de compréhension 8

Comment la liaison de protéines activatrices de transcription aux sites d'activation peut-elle stimuler la transcription de gènes distants de plusieurs milliers de paires de bases ?

Régulation coordonnée de gènes Bien que les cellules eucaryotiques ne possèdent pas d'opérons, plusieurs gènes eucaryotiques peuvent être activés en réponse à un même stimulus. Par exemple, de nombreuses cellules eucaryotiques réagissent à des températures élevées et à d'autres types de stress en produisant des **protéines de choc thermique** qui permettent de limiter les dégâts provoqués par l'exposition à ces agents stressants. De nombreux gènes codent les protéines de choc thermique. En période de stress environnemental, la transcription de tous les gènes de choc thermique augmente considérablement. À la différence de gènes bactériens qui sont exprimés de façon coordonnée souvent parce qu'ils sont groupés physiquement au sein d'opérons et transcrits depuis un promoteur commun, les gènes exprimés de façon coordonnée chez les eucaryotes ne sont que très rarement groupés. Ils répondent aux même stimuli parce que leurs promoteurs ou leurs sites d'activation contiennent des séquences régulatrices communes. Par exemple, les gènes de choc thermique des eucaryotes ont en commun un élément de régulation, situé en amont de leur site d'initiation de transcription. Ces éléments régulateurs, appelés **éléments de réponse**, se trouvent à des distances variables du gène qu'ils régulent et contiennent de courtes séquences canoniques auxquelles se lie un activateur de transcription spécifique de la réponse au stress. (N.d.T. : Une organisation analogue peut se rencontrer chez les bactéries : des gènes participant à un même système métabolique peuvent être dispersés sur le chromosome et régulés de façon coordonnée. Dans ce cas, c'est l'opérateur qui est l'élément de réponse. Par exemple, les gènes de la biosynthèse de l'arginine chez *E. coli* sont répartis sur six sites du chromosome bactérien mais régulés de façon coordonnée par un répresseur qui se lie à leurs opérateurs. Le terme *régulon* a été introduit par Werner Maas et John Clarke en 1964 pour décrire ce type d'organisation fonctionnelle.)

Régulation génétique par maturation et dégradation de l'ARN

Chez les bactéries, l'essentiel de la régulation génétique se produit au niveau de la transcription, parce que la simultanéité de la transcription et de la traduction ne laisse que peu de place à une éventuelle régulation post-transcriptionnelle. Chez les eucaryotes, la transcription a lieu dans le noyau et les pré-ARNm sont ensuite maturés avant d'être exportés dans le cytoplasme pour y être traduits ; il y a donc davantage d'étapes au niveau desquelles une régulation peut opérer après la transcription. La maturation de l'ARN et sa dégradation sont des processus qui font souvent l'objet d'un contrôle de l'expression génique.

Régulation génétique de l'excision-épissage L'épissage alternatif permet qu'un pré-ARNm soit maturé de plusieurs manières, produisant ainsi des protéines différentes selon les tissus ou les stades du développement (voir le Chapitre 10). De nombreux gènes d'eucaryotes font l'objet d'un épissage alternatif, et la régulation du processus d'excision-épissage est un mode de contrôle important de l'expression génique dans les cellules eucaryotiques.

Un exemple de régulation de l'expression génique par épissage alternatif de l'ARNm est le contrôle de la différenciation sexuelle chez la drosophile. La différenciation génétique chez *Drosophila* est le résultat d'une régulation en cascade. Quand le rapport du nombre de chromosomes X au nombre de jeux haploïdes d'autosomes (le rapport X : A ; voir le Chapitre 4) est 1, un promoteur spécifique du sexe femelle est activé à un stade précoce du développement et dirige la transcription du gène *sex-lethal* (gène *Sxl*, **Figure 12.18**). La protéine codée par *Sxl* régule l'excision suivie d'épissage du pré-ARNm d'un gène appelé *transformer* (*tra*). L'excision-épissage du pré-ARNm *tra* produit une protéine Tra qui, avec une autre protéine, Tra-2, stimule un épissage, spécifique du sexe femelle, du pré-ARNm d'un gène appelé *doublesex* (*dsx*). Cet épissage produit une protéine Dsx de type femelle, qui provoque le développement de caractéristiques femelles chez l'embryon.

Dans l'embryon mâle, qui a un rapport X : A de 0,5 (voir la Figure 12.18), le promoteur d'où est transcrit le gène *Slx* chez

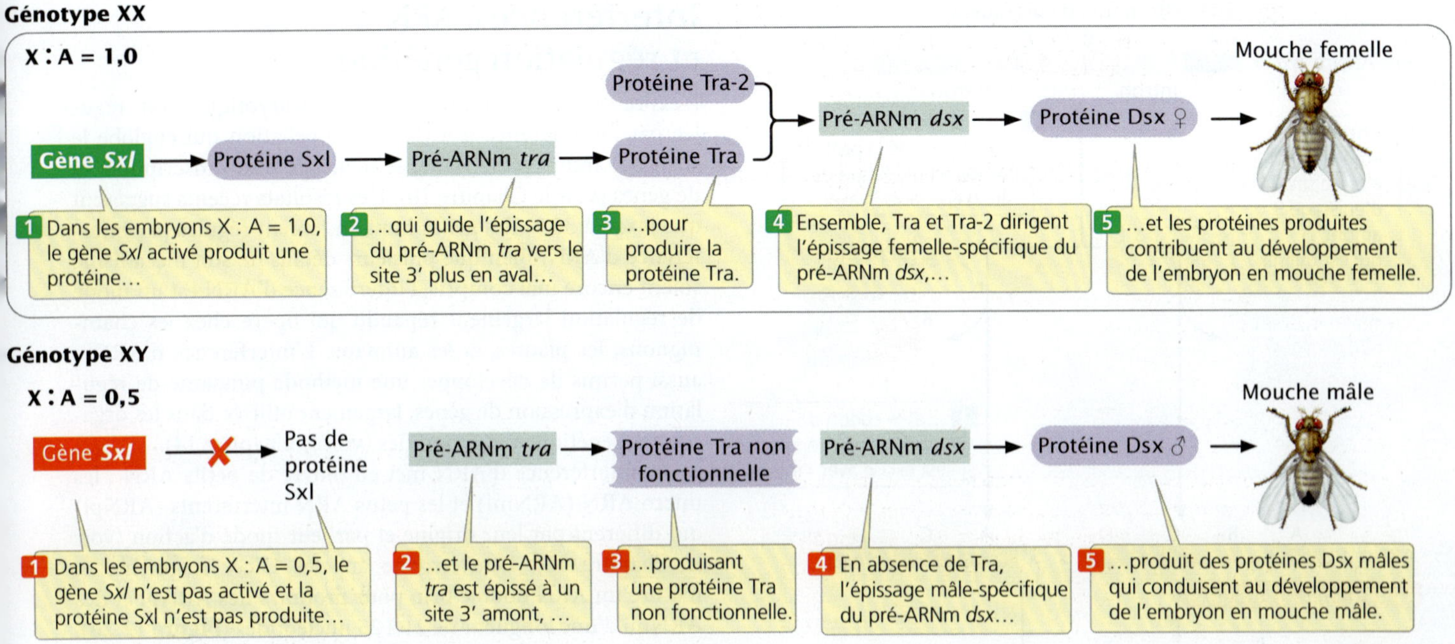

12.18 L'épissage alternatif contrôle la détermination du sexe chez *Drosophila*.

les femelles est inactif et la protéine Slx n'est pas produite. En absence de protéine Slx, l'intron du pré-ARNm *tra* est excisé à un site 3′ différent, ce qui conduit à la production d'une forme non-fonctionnelle de la protéine Tra (**Figure 12.19**). L'absence de protéine Tra fonctionnelle chez l'embryon mâle résulte en une excision-épissage du pré-ARNm *dsx* différente de chez l'embryon femelle, et une protéine Dsx spécifique du sexe mâle est produite (voir la Figure 12.18), ce qui conduit au développement de caractéristiques mâles.

En résumé, les protéines Tra, Tra-2, et Sxl régulent l'épissage alternatif qui produit les phénotypes mâle et femelle chez *Drosophila*. Il semble que la protéine Sxl (produite uniquement dans l'embryon femelle) bloque le site d'épissage 3′ amont sur le pré-ARNm *tra*. Ce blocage forcerait l'utilisation du site d'épissage 3′ aval par le splicéosome, ce qui résulte en la production de protéine Tra et conduit au développement de traits femelles (voir la Figure 12.19).

Concepts clés

Les gènes eucaryotiques peuvent être régulés par le contrôle de la maturation de l'ARNm. La sélection de sites d'épissage alternatifs conduit à la production de protéines différentes.

La dégradation de l'ARN La quantité d'une protéine qui est synthétisée dépend de la quantité d'ARNm correspondant disponible pour la traduction. La quantité d'ARNm disponible dépend elle-même de son taux de synthèse et de son taux de dégradation. Les ARNm eucaryotiques sont généralement plus stables que les ARNm bactériens qui, typiquement, ont une durée de vie de quelques minutes seulement. La stabilité des ARNm eucaryotiques est néanmoins extrêmement variable, allant de quelques minutes pour certains à plusieurs heures, jours, et même mois pour d'autres. Cette variabilité peut être à l'origine de grandes différences entre les quantités de protéines qui sont synthétisées.

Plusieurs facteurs, dont la présence de la coiffe 5′ et de la queue poly(A), affectent la stabilité des ARNm eucaryotiques. Des protéines (PLPA) se lient normalement à la queue poly(A) et contribuent à son effet stabilisateur. La présence de ces protéines à l'extrémité 3′ de l'ARNm protège la coiffe 5′. Le raccourcissement de la queue poly(A) en dessous d'une taille critique entraîne l'élimination de la coiffe 5′ et la dégradation de l'ARNm par élimination de nucléotides depuis l'extrémité 5′. Ces observations suggèrent qu'une interaction physique entre les PLPA liées à la queue poly(A) et la coiffe 5′ (voir le Chapitre 11), très probablement par recourbement de la queue poly(A), est responsable de l'effet stabilisateur.

Une part importante de la dégradation de l'ARN a lieu dans des complexes spécialisés appelés corpuscules P. Les corpuscules P aident à réguler l'expression des gènes en distinguant les ARN qui sont marqués pour la dégradation de ceux qui sont séquestrés en vue d'une utilisation ultérieure. La dégradation de l'ARN facilitée par les petits ARN interférents (ARNpi) a probablement lieu dans les corpuscules P (voir la section suivante).

D'autres segments des ARNm eucaryotiques affectent leur stabilité, dont des séquences présentes dans la région 5′ non traduite, la région codante, et la région 3′ non codante. Certains ARNm à durée de vie courte ont un ou plusieurs exemplaires d'une séquence canonique 5′ – AUUUAUAA – 3′, appelée

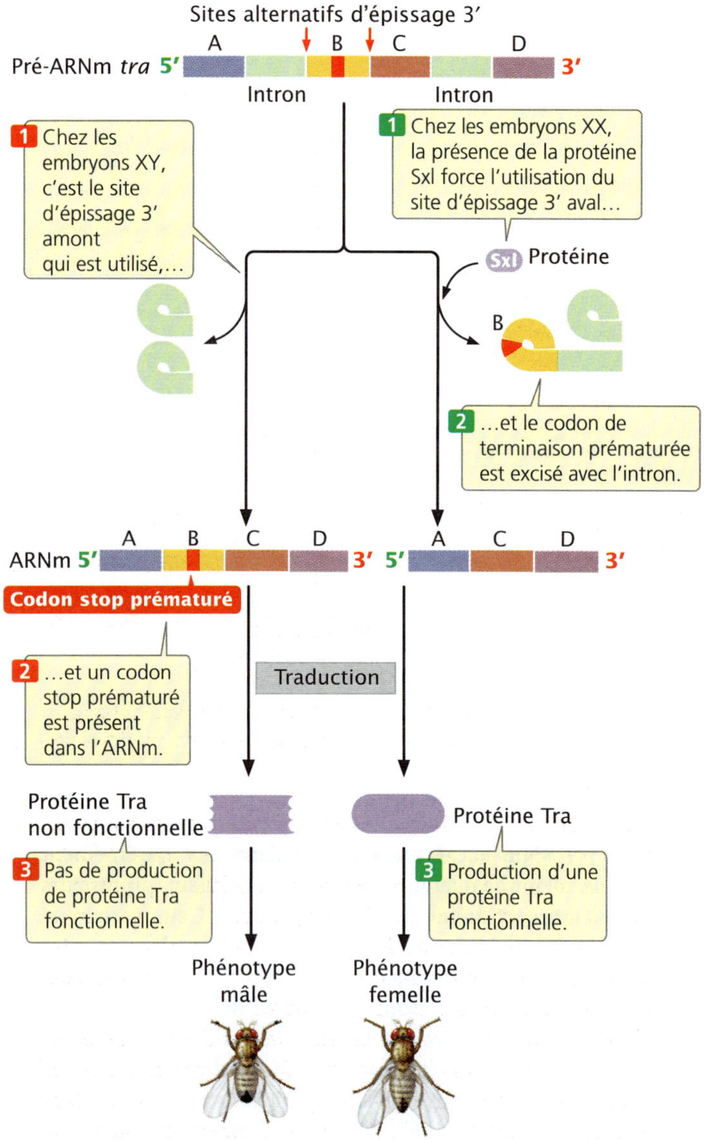

12.19 Épissage alternatif du pré-ARNm *tra*. Il existe deux sites 3′ possibles pour l'épissage.

élément riche en AU, dans leur région 3′ non traduite. Les ARNm contenant ces éléments sont dégradés par un mécanisme auquel participent les microARN (voir la section suivante).

Concepts clés

La stabilité de l'ARN messager influence l'expression génique en affectant la quantité d'ARNm disponible pour la traduction. La stabilité de l'ARNm est influencée par la coiffe 5′, la queue poly(A), la région 5′ non traduite, la région codante, et par des séquences dans la région 3′ non traduite.

✔ Test de compréhension 9

De quelle manière la queue poly(A) affecte-t-elle la stabilité de l'ARNm ?

Interférence d'ARN et régulation génétique

L'expression de nombreux gènes eucaryotiques est régulée par l'interférence d'ARN, une appellation qui englobe le silençage induit par ARN et le silençage posttranscriptionnel de gènes (voir le Chapitre 10). Des résultats récents suggèrent que jusqu'à 30 % des gènes humains soient régulés par interférence d'ARN. Bien que plusieurs détails de son mécanisme soient encore mal compris, l'interférence d'ARN est un mode de régulation largement répandu qui opère chez les champignons, les plantes, et les animaux. L'interférence d'ARN a aussi permis de développer une méthode puissante de régulation d'expression de gènes, largement utilisée dans les organismes génétiquement modifiés (voir le Chapitre 14).

L'interférence d'ARN met en œuvre de petits ARN : les micro ARN (ARNmi) et les petits ARN interférents (ARNpi) qui diffèrent par leur origine et par leur mode d'action (voir le Chapitre 10). Une enzyme appelée Dicer fragmente et mature un ARN double brin pour produire des ARNpi et des ARNmi d'une longueur de 21 à 25 nucléotides (**Figure 12.20**). Ces ARN s'associent avec des protéines pour former un complexe de silençage induit par l'ARN (RISC). Le composant ARN du RISC s'apparie avec des séquences complémentaires d'ARNm spécifiques, présentes le plus souvent dans la région 3′ non traduite. Les ARNpi et les ARNmi régulent l'expression génique par au moins trois mécanismes distincts : (1) le clivage d'ARNm, (2) l'inhibition de la traduction, ou (3) le silençage transcriptionnel.

Le clivage d'ARNm Les complexes RISC qui contiennent un ARNpi (et certains RISC qui contiennent un ARNmi) s'apparient avec des molécules d'ARNm et les clivent près du milieu de la séquence liée par l'ARNpi (voir la Figure 12.20a). Cette réaction est parfois appelée activité de « tranchage » ou, plus fréquemment, activité « slicer ». Après le clivage, la dégradation de l'ARNm se poursuit. Donc, l'action des ARNpi et ARNmi augmente le taux de dégradation des ARNm et diminue la production des protéines correspondantes.

L'inhibition de la traduction Certains ARNmi régulent des gènes en inhibant la traduction de leur ARNm par appariement avec des séquences complémentaires (voir la Figure 12.20b). Par exemple, l'expression d'un gène important du développement floral chez *Arabidopsis thaliana* – *APETALA2* – est régulée par un ARNmi qui s'apparie avec des nucléotides de la région codante de l'ARNm *APETALA2* et en inhibe la traduction.

Le silençage transcriptionnel D'autres ARNpi agissent en modifiant la structure de la chromatine. Ces ARNpi s'associent avec des protéines pour former un complexe appelé RITS (acronyme de « RNA-Induced Transcriptional Silencing »), qui est analogue au complexe RISC (voir la Figure 12.20c). Le composant ARNpi d'un RITS se lie à une séquence complémentaire dans l'ADN ou dans une molécule d'ARN en cours de transcription et réprime la transcription en attirant des enzymes qui méthylent les queues des histones. L'addition de

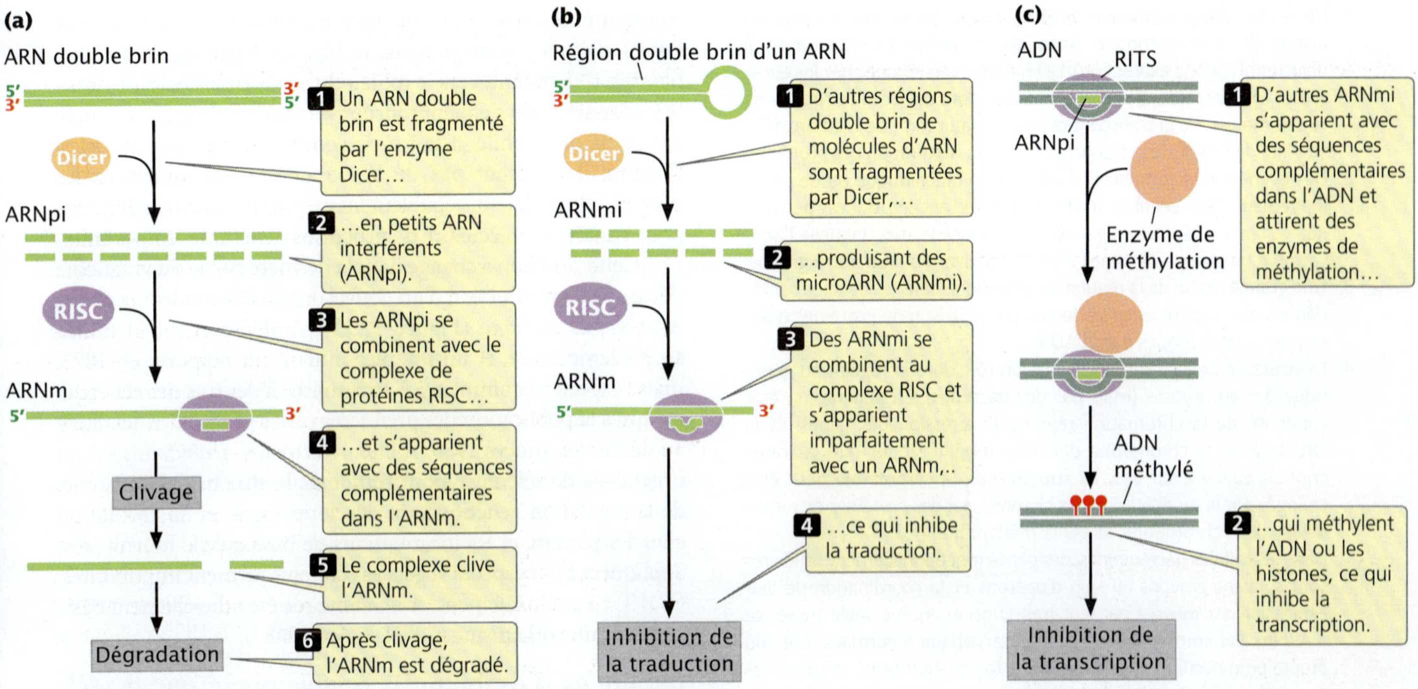

12.20 Le silençage d'ARN entraîne la dégradation de l'ARNm ou l'inhibition de la traduction ou de la transcription. (a) De petits ARN interférents (ARNpi) dégradent l'ARNm par clivage. (b) Les microARN (ARNmi) provoquent l'inhibition de la traduction. (c) Certains ARNpi provoquent la méthylation des histones ou de l'ADN, ce qui inhibe la transcription.

groupements méthyle à certains acides aminés des histones renforce leur interaction avec l'ADN et limite l'accès à l'ADN des protéines et des enzymes du système de transcription (voir la section sur la modification des histones).

Concepts clés

Le silençage induit par ARN débute par le clivage et la maturation de molécules d'ARN double brin, ce qui produit les ARNpi et les ARNmi. Ces petits ARN se combinent avec des protéines au sein de complexes qui se lient à des séquences complémentaires dans dans des ARNm ou dans l'ADN. Les ARNpi et ARNmi agissent sur l'expression des gènes en clivant l'ARNm, en inhibant la traduction, ou en modifiant la structure de la chromatine.

✔ Test de compréhension 10

Dans le silençage induit par ARN, à quelle région de l'ARNm qu'ils contrôlent les ARNpi et ARNmi se lient-ils habituellement ?

a. Région 5′ non traduite
b. Coiffe 5′
c. Queue poly(A)
d. Région 3′ non traduite

La régulation des gènes pendant et après la traduction

Les ribosomes, les aminoacyl-ARNt, les facteurs d'initiation et, les facteurs d'élongation sont tous nécessaires à la traduction de l'ARNm. La disponibilité de ces composants affecte le taux global de traduction et influence par conséquent, *de façon générale*, l'expression des gènes.

Il existe aussi des mécanismes qui régulent *de façon spécifique* la traduction de certains ARNm. L'initiation de la traduction de certains ARNm est régulée par des protéines qui se lient à la région 5′ non traduite et inhibent l'attachement des ribosomes, un mode de régulation qui rappelle celui de répresseurs se liant à des opérateurs et empêchant la transcription de gènes de structure. La traduction de certains ARNm peut aussi être affectée par la liaison de protéines à des séquences dans la région 3′ non traduite.

De nombreuses protéines eucaryotiques sont modifiées après la traduction par le clivage sélectif et l'élimination d'acides aminés à leurs extrémités, par acétylation, ou par l'addition de groupements phosphate, carboxyle, ou méthyle, ou par l'addition de sucres à la protéine. Ces modifications ont un effet sur le transport, la fonction, et l'activité des protéines et elles ont donc la capacité d'affecter l'expression génique au niveau du phénotype.

Concepts clés

L'initiation de la traduction peut être inhibée par des protéines qui se lient à des séquences spécifiques proches de l'extrémité 5′ de certains ARNm. La disponibilité générale des ribosomes, des ARNt, des facteurs d'initiation et d'élongation, et d'autres composants de l'appareil de traduction peuvent influencer de façon globale le taux de traduction.

Faisons le lien entre les concepts

La régulation génétique chez les bactéries et chez les eucaryotes : une comparaison

Nous avons examiné les types principaux de régulation de l'expression des gènes chez les bactéries et chez les eucaryotes. Voyons à présent quelles en sont les similitudes et les différences.

1. L'essentiel de la régulation génétique chez les bactéries opère au niveau de la transcription (bien qu'elle puisse s'exercer aussi à d'autres niveaux d'expression). La régulation génétique chez les eucaryotes a souvent lieu à plusieurs niveaux, dont ceux de la structure de la chromatine, de la transcription, de la maturation de l'ARNm, de la stabilité de l'ARN, de la traduction, et de la maturation des protéines.
2. Des événements complexes d'adaptation biochimique ou de développement des cellules bactériennes et eucaryotiques peuvent nécessiter une régulation génétique en cascade, dans laquelle l'activation d'un groupe de gènes stimule l'activation d'un autre groupe.
3. Une grande partie de la régulation génétique dans les cellules bactériennes et eucaryotiques s'effectue par la liaison de protéines à des séquences spécifiques dans l'ADN.
4. La structure de la chromatine joue un rôle dans la régulation génétique des eucaryotes (mais pas des bactéries). En général, un état condensé de la chromatine réprime l'expression des gènes, et la structure de la chromatine doit être modifiée pour que la transcription puisse avoir lieu. La structure de la chromatine peut être changée par la modification des histones, par des protéines de remodelage de la chromatine, et par la méthylation de l'ADN.
5. Dans les cellules bactériennes, des gènes fonctionnellement solidaires sont souvent groupés au sein d'opérons et la coordination de leur expression est assurée par leur transcription en une seule molécule d'ARNm. Par contre, chaque gène eucaryotique a normalement son propre promoteur et il est transcrit de façon autonome. La coordination de la régulation dans les cellules eucaryotiques est assurée par la présence d'éléments de réponse communs dans les promoteurs et les sites d'activation des gènes. Des gènes qui ont un élément de réponse en commun sont influencés par la même protéine régulatrice.
6. Les protéines régulatrices qui contrôlent la transcription participent à deux types de contrôle : des ***répresseurs*** inhibent la transcription (contrôle négatif), et des ***activateurs*** stimulent la transcription (contrôle positif). Ces deux types de contrôle se rencontrent dans les cellules bactériennes et eucaryotiques.
7. L'initiation de la transcription est un processus relativement simple chez les bactéries, et les protéines régulatrices agissent essentiellement en bloquant ou en stimulant la liaison de l'ARN polymérase au promoteur. Par contre, la transcription chez les eucaryotes nécessite l'assemblage d'un système plus complexe qui comprend l'ARN polymérase, des facteurs généraux de transcription, et des activateurs de transcription, ce qui permet à l'initiation d'être modulée finement par l'intervention de multiples facteurs.
8. Certaines protéines activatrices de la transcription chez les eucaryotes agissent à distance en se liant à des sites d'activation (enhancers) et, par interaction avec des activateurs liés au promoteur, forment une boucle dans l'ADN qui rapproche le site d'activation du promoteur. Des séquences ayant des effets à distance, analogues aux sites d'activation eucaryotiques, ont aussi été décrites chez les bactéries, mais elles sont beaucoup moins courantes.
9. La séparation dans l'espace et le temps de la transcription et de la traduction dans les cellules eucaryotiques permet à la stabilité et à la maturation de l'ARNm d'y jouer un rôle régulateur plus important que dans les cellules bactériennes.
10. La régulation par les ARNpi et les ARNmi, qui est importante chez les eucaryotes, n'existe pas chez les bactéries.

Un organisme modèle en génétique

La plante *Arabidopsis thaliana*

Beaucoup des premiers travaux en génétique ont utilisé des plantes. Pensons aux découvertes fondamentales faites par Mendel grâce à ses expériences sur les pois, ainsi qu'à des aspects importants de l'étude de l'hérédité comme la théorie chromosomique, la cartographie de gènes, l'allélisme multiple, et les interactions entre gènes, qui ont fait l'objet d'études chez le maïs, le blé, les haricots, et d'autres plantes. Cependant, vers le milieu du vingtième siècle, de nombreux généticiens s'étaient tournés vers les bactéries, les virus, la levure, la drosophile et la souris comme organismes modèles. Comme il n'existait pas de bon modèle génétique chez les plantes, elles étaient relativement négligées, particulièrement pour l'analyse moléculaire de processus génétiques importants.

Cette situation a changé dans la dernière partie du vingtième siècle avec l'introduction d'un nouvel organisme modèle, la plante *Arabidopsis thaliana* (**Figure 12.21**). *Arabidopsis* fut identifiée au XVIème siècle, et un premier mutant fut rapporté en 1873, mais l'espèce ne commença à être utilisée à des fins de recherche qu'après la publication des premières cartes génétiques détaillées au début des années 1980. À l'heure actuelle, *Arabidopsis* est un organisme de référence pour l'étude de la structure du génome, de la régulation génétique, du développement, et de l'évolution chez les plantes, et les informations de base qu'elle fournit sont appliquées à des espèces végétales économiquement importantes. (N.d.T. : Paradoxalement, *A. thaliana* n'a été officiellement désignée comme organisme modèle qu'en 1998 !)

Les atouts d'Arabidopsis comme organisme modèle en génétique *Arabidopsis thaliana* est de la famille des *Brassicaceae* et pousse comme une mauvaise herbe en Europe, en Asie et dans le nord-ouest de l'Afrique. Hormis son rôle de modèle génétique, *Arabidopsis* n'a pas d'importance économique particulière. Cependant, c'est une angiosperme, qui a donc beaucoup de traits en commun avec les autres plantes à fleurs dont certaines jouent un rôle majeur dans l'écosystème ou sont des sources importantes de produits alimentaires ou pharmaceutiques, de fibres, et de matériaux de construction. Ses principaux atouts sont sa petite taille (une hauteur maximum de 10 à 20 cm), une multiplication prolifique, et un petit génome (voir la Figure 12.21).

Arabidopsis thaliana a un cycle de développement court – environ six semaines de la germination à la production de graines. Sa petite taille, sa résistance, et sa capacité à croître dans un éclairage ambiant faible font d'elle une plante idéale pour la culture en laboratoire. Chaque plante peut produire de 10 000 à 40 000 graines qui ont un taux de germination élevé ; une descendance abondante peut donc être obtenue à partir de croisements génétiques individuels.

Son petit génome – 125 millions de paires de nucléotides répartis entre cinq paires de chromosomes – constitue un atout pour l'analyse moléculaire, si on le compare aux 2,5 milliards de paires de nucléotides du génome du maïs et aux 16 milliards de paires de nucléotides du génome du blé. La séquence complète du génome d'*A. thaliana* a été obtenue en 2 000, fournissant une information détaillée sur la structure et l'organisation des gènes chez cette espèce. Plusieurs variétés d'*A. thaliana* – des écotypes – qui présentent des différences morphologiques, physiologiques, et de séquence d'ADN, sont disponibles pour l'étude.

Le cycle vital d'Arabidopsis Le cycle vital d'*Arabidopsis* est typique de la plupart des plantes à fleurs (voir les Figures 2.17 et 12.21). La partie végétative de la plante est diploïde ; des gamètes haploïdes sont produits dans le pollen

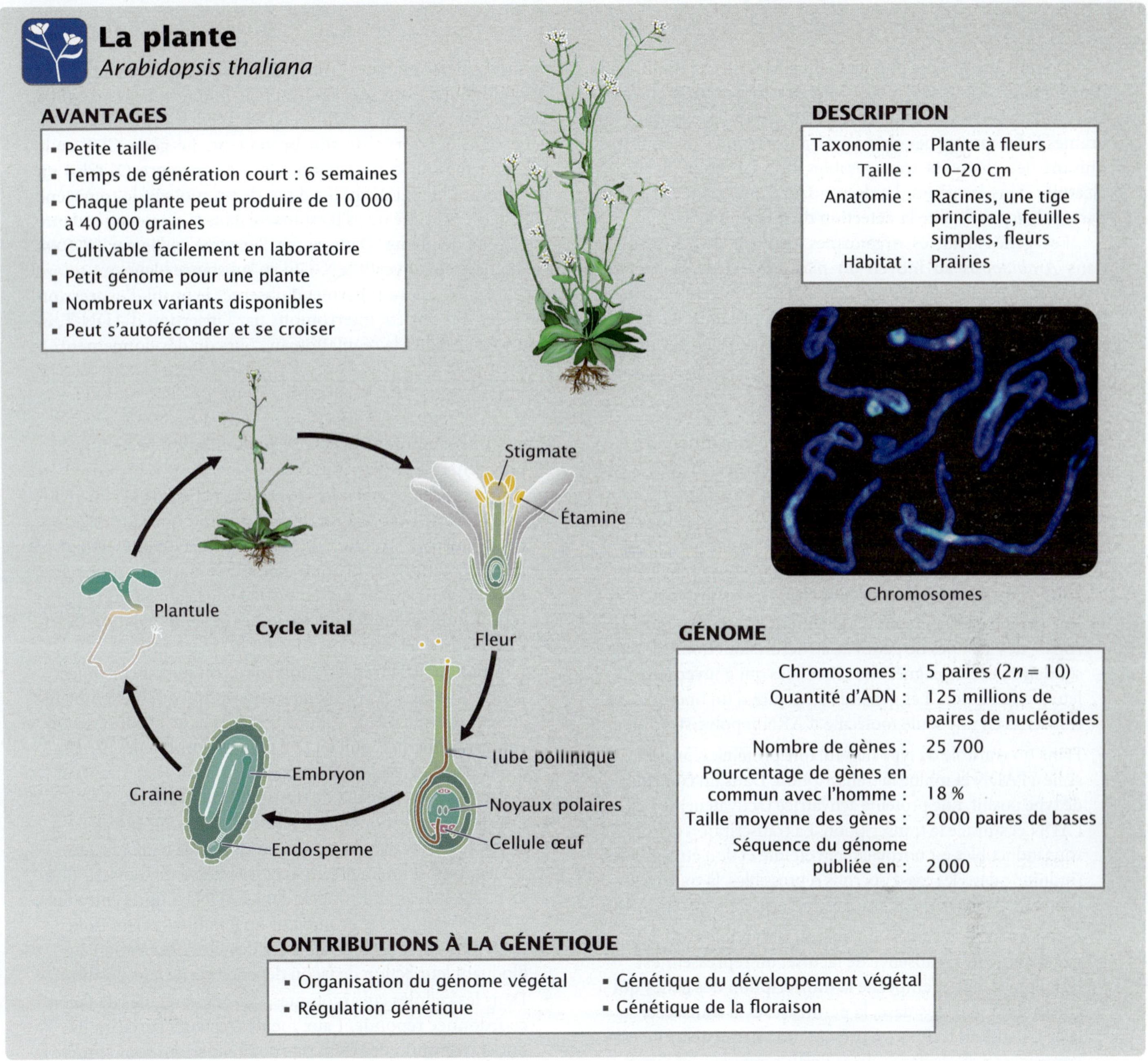

12.21 ***Arabidopsis thaliana*** **sert de modèle génétique pour la recherche sur les processus génétiques chez les plantes.** *[Photo aimablement fournie par le Dr. Paul Franz.]*

et les ovaires. Quand un grain de pollen atterrit sur le stigmate d'une fleur, un tube pollinique se développe dans le pistil et l'ovaire. Deux cellules de sperme haploïdes contenues dans chaque grain de pollen migrent dans le tube pollinique et pénètrent dans le sac embryonnaire. Là, une des cellules de sperme haploïdes féconde une cellule œuf haploïde pour produire un zygote diploïde. L'autre cellule de sperme haploïde fusionne avec deux noyaux polaires haploïdes pour former l'endosperme $3n$ qui nourrira la croissance de la plante embryonnaire. Les zygotes se développent dans les graines, qui sont produites dans une capsule allongée.

Dans les conditions appropriées, l'embryon germe et se développe en jeune plante, en développant une tige et des racines. Une rosette compacte de feuilles est formée au ras du sol et la tige devient un pédoncule floral portant une inflorescence. À sa maturité, *A. thaliana* est une plante basse, avec une tige principale et des rameaux qui portent des feuilles matures et de petites fleurs blanches à leur extrémité.

Les techniques génétiques Plusieurs techniques traditionnelles et de génétique moléculaire sont utilisées en routine avec *Arabidopsis*. *Arabidopsis* s'autoféconde, ce qui signifie que toute mutation récessive apparaissant dans la lignée germinale peut être récupérée dans la descendance immédiate. La fertilisation croisée peut aussi être pratiquée en prélevant l'anthère d'une plante et en déposant le pollen sur le stigmate d'une autre plante – c'est la technique utilisée par Mendel avec les plantes de pois (voir la Figure 3.3).

Comme mentionné plus haut, plusieurs variétés naturelles d'*Arabidopsis* sont disponibles pour des études comparatives. Des mutations nouvelles peuvent être créées en exposant les graines à des mutagènes chimiques, à des rayons, ou en introduisant des éléments transposables qui s'insèrent de façon aléatoire dans les gènes. La descendance abondante produite par *Arabidopsis* facilite la détection de mutations rares.

Les gènes d'autres organismes peuvent être introduits dans *Arabidopsis* au moyen du plasmide Ti de la bactérie *Agrobacterium tumefaciens*. *A. tumefaciens* infecte naturellement les plantes et transfère une partie du plasmide Ti, l'ADN T, dans leurs cellules. Une fois transféré, l'ADN T s'intègre de façon aléatoire dans l'ADN de la plante infectée et y crée des mutations – un processus appelé *mutagénèse d'insertion*. Des généticiens ont modifié l'ADN T en y introduisant un gène *GUS* dépourvu de son promoteur. Le gène *GUS* code une enzyme qui convertit un composé incolore (X-Glu) en un colorant bleu. Puisqu'il n'a pas de promoteur, le transgène *GLU* n'est exprimé que s'il est inséré dans la séquence codante d'un gène de plante. Dans ce cas, l'enzyme codée par *GUS* est synthétisée et convertit le X-Glu en substance bleue qui colore la cellule. Ce colorant permet d'observer le profil d'expression de gènes qui ont été interrompus par l'insertion d'ADN T, et donc d'en étudier la régulation au cours du développement.

Résumé des concepts clés

- L'expression d'un gène peut être contrôlée à différents niveaux, dont la modification de la structure du gène (la structure de la chromatine), la transcription, la maturation de l'ARNm, la stabilité de l'ARN, la traduction, et la modification post-traductionnelle. Une part importante de la régulation s'effectue par la liaison de protéines régulatrices à des séquences d'ADN spécifiques.
- Les gènes bactériens sont typiquement groupés en opérons – des groupes de gènes de structure fonctionnellement solidaires, accompagnés des séquences qui gouvernent leur transcription. Les gènes de structure d'un opéron sont transcrits en une seule molécule d'ARNm polycistronique.
- Dans un contrôle de type négatif, une protéine répresseur se lie à l'ADN et inhibe la transcription. Dans un contrôle de type positif, une protéine activatrice (activateur) se lie à l'ADN et stimule la transcription. La transcription des opérons inductibles est normalement éteinte et doit être allumée (induite) ; dans les cas d'opérons répressibles, la transcription est normalement allumée et doit être éteinte (réprimée).
- L'opéron *lac* d'*E. coli* est un opéron inductible contrôlé négativement. En absence de lactose, un répresseur est lié à l'opérateur et empêche la transcription des gènes qui codent la β-galactosidase, la perméase, et la transacétylase. Quand du lactose est présent, une petite quantité est convertie en allolactose, qui se lie au répresseur et l'inactive, permettant aux gènes de structure d'être transcrits.
- Le contrôle positif de l'opéron *lac* et d'autres opérons correspond à la levée de la répression catabolique. Quand elle forme un complexe avec l'AMP cyclique, la protéine activatrice du catabolisme (CAP) se lie à un site proche du promoteur ou qui lui est adjacent et stimule la transcription des gènes de structure. La concentration d'AMPc est inversement proportionnelle à celle du glucose, de sorte que des concentrations de glucose faibles stimulent la transcription et des concentrations de glucose élevées ne la stimulent pas.
- L'opéron *trp* d'*E. coli* est un opéron répressible contrôlé négativement qui contient les gènes de la biosynthèse du tryptophane.
- Les cellules eucaryotiques diffèrent des bactéries par plusieurs aspects de la régulation génétique, dont, chez les eucaryotes, l'absence d'opérons, la présence de chromatine et d'une membrane nucléaire, et l'utilisation beaucoup plus généralisée d'activateurs.
- Dans les cellules eucaryotiques, la structure de la chromatine réprime l'expression des gènes. Pour que la transcription ait lieu, la structure de la chromatine est altérée par la modification des histones par acétylation, phosphorylation, et méthylation. Le remodelage de la chromatine par repositionnement des nucléosomes et la méthylation de l'ADN ont également un effet sur la transcription.
- L'initiation de la transcription eucaryotique est contrôlée par des facteurs généraux de transcription qui s'assemblent au sein du système de transcription de base, et par des activateurs protéiques qui, en se liant aux promoteurs proximaux et aux sites d'activation (« enhancers »), permettent d'atteindre des niveaux de transcription adéquats.
- Les sites d'activation ont un effet à distance sur la transcription. Des activateurs de transcription se lient aux sites d'activation et interagissent avec le système de transcription de base en créant une boucle dans l'ADN compris entre un site d'activation et le promoteur qu'il influence. Des isolateurs limitent la zone d'influence des sites d'activation en bloquant leur action de façon dépendante de leur position.
- Dans les cellules eucaryotiques, des gènes régulés de façon coordonnée répondent aux mêmes facteurs parce qu'ils ont en commun des éléments de réponse qui sont stimulés par un même activateur de transcription.
- L'expression des gènes eucaryotiques peut être régulée au niveau de la maturation et de la stabilité des ARNm. La coiffe 5′, la région codante, la région 3′ non traduite, et la queue poly(A) sont des éléments importants du contrôle de la stabilité des ARNm eucaryotiques.
- Le silençage d'ARN joue un rôle important dans la régulation des gènes eucaryotiques. De petites molécules d'ARN (ARNpi et ARNmi) forment des complexes avec des protéines et se lient à des séquences dans l'ARNm ou dans l'ADN. Ces complexes clivent l'ARN, inhibent la traduction, influencent la dégradation de l'ARN, et répriment la transcription par effet de silençage.
- La modification post-traductionnelle des protéines est un stade ultime de l'expression des gènes où un contrôle peut s'exercer.
- Plusieurs caractéristiques d'*Arabidopsis thaliana* en font un excellent modèle génétique.

Termes importants

régulation génétique (p. 290)
gène de structure (p. 291)
gène régulateur (p. 291)
gène constitutif (p. 291)
élément de régulation (p. 291)
opéron (p. 292)
protéine régulatrice (p. 292)
opérateur (p. 292)
contrôle négatif (p. 293)
contrôle positif (p. 293)
opéron inductible (p. 293)
opéron répressible (p. 293)
inducteur (p. 293)
protéine allostérique (p. 293)
corépresseur (p. 294)
induction coordonnée (p. 297)
diploïde partiel (p. 298)
mutation constitutive (p. 299)
répression catabolique (p. 302)
protéine activatrice du catabolisme (CAP) (p. 302)
adénosine - 5′, 3′ - cyclique monophosphate (AMPc) (p. 302)
code des histones (p. 304)
complexe de remodelage de la chromatine (p. 306)
facteur général de transcription (p. 306)
protéine activatrice de transcription (p. 306)
site d'activation (p. 306)
co-activateur (p. 306)
silenceur (p. 306)
isolateur (p. 307)
protéine de choc thermique (p. 308)
élément de réponse (p. 308)

Réponses aux tests de compréhension

1. Un gène constitutif n'est pas régulé de façon spécifique et est exprimé en continu.
2. Parce qu'il s'agit de la première étape du processus de transfert d'information de l'ADN à la protéine. Pour des raisons d'économie cellulaire, l'expression des gènes est souvent régulée très tôt dans le processus qui conduit à la production des protéines.
3. d
4. d
5. c
6. b
7. b
8. Un activateur de transcription lié à un site d'activation (enhancer) peut interagir directement avec le système de transcription lié au promoteur ; l'interaction provoque la formation d'une boucle d'ADN entre les deux sites.
9. La queue poly(A) stabilise la coiffe 5′ qui doit être éliminée pour que l'ADN puisse être dégradé depuis l'extrémité 5′.
10. d

Problèmes résolus

1. Un gène régulateur code le répresseur d'un opéron inductible. Un généticien isole plusieurs mutations rendant l'expression de cet opéron constitutive. Où ces mutations constitutives se sont-elles produites ? Expliquez pourquoi elles rendent l'opéron constitutif.

• Solution

Un opéron inductible n'est normalement pas transcrit. Le répresseur est normalement actif et se lie à l'opérateur, ce qui inhibe la transcription. La transcription a lieu quand l'inducteur se lie au répresseur et le détache de l'opérateur. Des mutations constitutives font que la transcription a lieu tout le temps, indépendamment de la présence de l'inducteur. Des mutations constitutives peuvent se produire dans le gène régulateur, modifiant le répresseur de telle sorte qu'il ne soit jamais capable des se lier à l'opérateur. Des mutations constitutives peuvent aussi se produire dans l'opérateur et modifier le site de liaison du répresseur, de telle sorte que ce dernier soit incapable de se lier quelles que soient les conditions.

2. L'opéron *fox*, qui comprend les séquences *A, B, C,* et *D* (qui peuvent être des gènes de structure ou des séquences régulatrices), code les enzymes 1 et 2. Des mutations dans les séquences *A, B, C,* et *D* ont les effets suivants, où un signe (+) signifie que l'enzyme est synthétisée et un signe (–) indique que l'enzyme n'est pas synthétisée.

	Fox absent		Fox présent	
Mutation dans la séquence	**Enzyme 1**	**Enzyme 2**	**Enzyme 1**	**Enzyme 2**
Pas de mutation	–	–	+	+
A	–	–	–	+
B	–	–	–	–
C	–	–	+	–
D	+	+	+	+

a. L'opéron *fox* est-il inductible ou répressible ?

b. Indiquez la fonction des séquences (*A, B, C,* et *D*) dans l'opéron :

Gène régulateur ____________

Promoteur ____________

Gène de structure codant l'enzyme 1 ____________

Gène de structure codant l'enzyme 2 ____________

• Solution

Étant donné que les gènes de structure d'un opéron sont exprimés de façon coordonnée, les mutations qui n'affectent qu'une enzyme doivent se trouver dans un des gènes de structure ; les mutations qui affectent les deux enzymes doivent se trouver dans le promoteur ou dans le gène régulateur.

a. Quand il n'y a pas de mutation, les enzymes 1 et 2 sont produites en présence de Fox, mais pas en son absence, ce qui montre que l'opéron est inductible et que Fox est l'inducteur.

b. La mutation dans *A* permet la production de l'enzyme 2 en présence de Fox, mais l'enzyme 1 n'est produite ni en présence ni en absence de Fox, donc *A* doit être le gène de structure codant l'enzyme 1. Suite à la mutation dans *B,* aucune des enzymes n'est produite, quelles que soient les conditions, donc cette mutation touche très probablement le promoteur et empêche l'ARN polymérase de s'y lier. La mutation dans *C* n'affecte que la production de l'enzyme 2, qui n'est produite ni en présence ni en absence de Fox ; l'enzyme 1 est produite normalement (en présence de Fox), donc *C* doit être le gène de structure codant l'enzyme 2. La mutation en *D* est constitutive, permettant la production des enzymes 1 et 2, que Fox soit ou non présent. Cette mutation se trouve donc très probablement dans le gène régulateur, résultant dans la production d'un répresseur déficient, incapable de se lier à l'opérateur quelles que soient les conditions.

Gène régulateur	*D*
Promoteur	*B*
Gène de structure codant l'enzyme 1	*A*
Gène de structure codant l'enzyme 2	*C*

3. Quel serait l'effet d'une mutation rendant non fonctionnelles les protéines liant la queue poly(A) ?

• Solution

La dégradation de l'ARNm depuis l'extrémité 5′ nécessite l'élimination préalable de la coiffe 5′, et elle est normalement précédée d'un raccourcissement de la queue poly(A). Les protéines liant la queue poly(A) empêchent son raccourcissement. Donc, la présence de ces protéines sur la queue poly(A) protège la coiffe 5′, ce qui empêche la dégradation de l'ARNm. Si une mutation du gène codant les protéines liant le poly(A) entraînait la production de protéines liant le poly(A) non fonctionnelles, ces protéines ne se lieraient plus à la queue poly(A). La queue serait raccourcie prématurément, la coiffe 5′ éliminée, et l'ARNm dégradé plus rapidement. Le résultat net serait moins d'ARNm et donc moins de protéines synthétisées.

Questions de compréhension

Section 12.1

1. Pourquoi la régulation génétique est-elle importante pour les cellules bactériennes ?

Section 12.2

***2.** Citez six niveaux auxquels l'expression des gènes peut être contrôlée.

Section 12.3

***3.** Dessinez la structure générale d'un opéron en identifiant ses différentes parties.

4. Quelle est la différence entre un contrôle positif et un contrôle négatif ? Entre un opéron inductible et un opéron répressible ?

***5.** Décrivez brièvement l'opéron *lac* et la façon dont est contrôlé le métabolisme du lactose.

6. Qu'est-ce que la répression catabolique ? Comment permet-elle à une cellule bactérienne d'utiliser le glucose de préférence à d'autres sucres ?

Section 12.4

***7.** Quels types de changements se produisent-ils dans la structure de la chromatine et quel rôle jouent-ils dans la régulation des gènes eucaryotiques ?

8. Qu'est-ce que le code des histones ?

9. Expliquez brièvement la manière dont les activateurs de transcription et les répresseurs influencent le niveau de transcription des gènes eucaryotiques.

***10.** Qu'est-ce qu'un site d'activation (« enhancer ») ? Comment exerce-t-il un effet sur la transcription de gènes distants ?

***11.** Quel est le rôle de la stabilité de l'ARN dans la régulation génétique ? Qu'est-ce qui contrôle la stabilité de l'ARN dans les cellules eucaryotiques ?

***12.** Dressez une courte liste des différentes manières dont les ARNpi et les ARNmi régulent l'expression des gènes.

***13.** Quelles sont les grandes différences et ressemblances entre les régulations génétiques bactérienne et eucaryotique ?

Questions et problèmes d'application

Section 12.3

***14.** Pour chacun des types de contrôle de la transcription suivants, indiquez si la protéine produite par le gène régulateur est synthétisée sous la forme d'un répresseur actif, d'un répresseur inactif, d'un activateur actif, ou d'un activateur inactif.

a. Contrôle négatif d'un opéron répressible

b. Contrôle positif d'un opéron répressible

c. Contrôle négatif d'un opéron inductible

d. Contrôle positif d'un opéron inductible

***15.** Une mutation dans le site opérateur empêche la liaison de la protéine régulatrice. Quel effet cette mutation aura-t-elle sur les types d'opérons suivants ?

a. La protéine régulatrice est le répresseur d'un opéron répressible.

b. La protéine régulatrice est le répresseur d'un opéron inductible.

16. L'opéron *blob* produit des enzymes qui catalysent la conversion du composé A en composé B. L'opéron est contrôlé par un gène régulateur *S* .Normalement, les enzymes ne sont synthétisées qu'en absence de composé B. Si le gène *S* est muté, les enzymes sont synthétisées en présence *et* en absence de B. *S* code-t-il un répresseur ou un activateur ? L'opéron *blob* est-il inductible ou répressible ?

***17.** Une mutation empêche la protéine activatrice du catabolisme (CAP) de se lier à côté du promoteur de l'opéron *lac*. Quel sera l'effet de cette mutation sur la transcription de l'opéron *lac* ?

18. Dans laquelle des conditions suivantes l'opéron *lac* produirait-il le plus de β-galactosidase ? Le moins ? Expliquez votre raisonnement.

	Présence de lactose	Présence de glucose
Condition 1	Oui	Non
Condition 2	Non	Oui
Condition 3	Oui	Oui
Condition 4	Non	Non

19. Une souche mutante d'*E. coli* synthétise la β-galactosidase en présence *et* en absence de lactose. Où, dans l'opéron *lac*, cette mutation pourrait-elle être localisée ?

***20.** Pour les souches d'*E. coli* ayant les génotypes décrits ci-dessous, indiquez d'un signe (+) la synthèse de β-galactosidase et de perméase, et d'un signe (−) l'absence de synthèse de ces enzymes.

	Absence de lactose		Présence de lactose	
Génotype de la souche	**β-galactosidase**	**Perméase**	**β-galactosidase**	**Perméase**
$lacI^+\ lacP^+\ lacO^+\ lacZ^+\ lacY^+$				
$lacI^-\ lacP^+\ lacO^+\ lacZ^+\ lacY^+$				
$lacI^+\ lacP^+\ lacO^c\ lacZ^+\ lacY^+$				
$lacI^-\ lacP^+\ lacO^+\ lacZ^+\ lacY^-$				
$lacI^-\ lacP^-\ lacO^+\ lacZ^+\ lacY^+$				
$lacI^+\ lacP^+\ lacO^+\ lacZ^-\ lacY^+/$ $lacI^-\ lacP^+\ lacO^+\ lacZ^+\ lacY^-$				
$lacI^-\ lacP^+\ lacO^c\ lacZ^+\ lacY^+/$ $lacI^+\ lacP^+\ lacO^+\ lacZ^-\ lacY^-$				
$lacI^-\ lacP^+\ lacO^+\ lacZ^+\ lacY^-/$ $lacI^+\ lacP^-\ lacO^+\ lacZ^-\ lacY^+$				
$lacI^+\ lacP^-\ lacO^c\ lacZ^-\ lacY^+/$ $lacI^-\ lacP^+\ lacO^+\ lacZ^+\ lacY^-$				
$lacI^+\ lacP^+\ lacO^+\ lacZ^+\ lacY^+/$ $lacI^+\ lacP^+\ lacO^+\ lacZ^+\ lacY^+$				

21. Donnez tous les génotypes possibles pour un opéron *lac* qui produit la β-galactosidase et la perméase dans les conditions suivantes. Ne donnez pas de génotypes partiellement diploïdes.

	Absence de lactose		Présence de lactose	
	β-galactosidase	**Perméase**	**β-galactosidase**	**Perméase**
a.	−	−	+	+
b.	−	−	−	+
c.	−	−	+	−
d.	+	+	+	+
e.	−	−	−	−
f.	+	−	+	−
g.	−	+	−	+

***22.** Expliquez pourquoi les effets de mutations dans *lacI* se manifestent en trans, mais ceux de mutations dans l'opérateur (O_{lac}) ne se manifestent qu'en cis.

***23.** L'opéron *mmm*, qui comprend les séquences *A*, *B*, *C*, et *D* (qui peuvent être des gènes de structure ou des séquences régulatrices), code les enzymes 1 et 2. Des mutations dans les séquences *A*, *B*, *C*, et *D* ont les effets suivants, où un signe (+) signifie que l'enzyme est synthétisée et un signe (−) indique que l'enzyme n'est pas synthétisée.

	Mmm absent		Mmm présent	
Mutation dans la séquence	**Enzyme 1**	**Enzyme 2**	**Enzyme 1**	**Enzyme 2**
Pas de mutation	+	+	−	−
A	−	+	−	−
B	+	+	+	+
C	+	−	−	−
D	−	−	−	−

a. L'opéron *mmm* est-il inductible ou répressible ?

b. Indiquez la fonction des séquences (*A, B, C,* et *D*) dans l'opéron :

Gène régulateur ________

Promoteur ________

Gène de structure codant l'enzyme 1 ________

Gène de structure codant l'enzyme 2 ________

24. ANALYSE DE DONNÉES Ellis Engelsberg et ses collaborateurs ont examiné la régulation des gènes du métabolisme du sucre arabinose (E. Engelsberg et al. 1965. *Journal of Bacteriology* 90 :946–957). Quatre gènes de structure (*araA, B, D,* et *E*) codent les enzymes qui catalysent la métabolisation de l'arabinose. Un autre gène *araC* est lié aux gènes *A, B,* et *D*. L'ordre de ces gènes est *D – A – B – C*. Le gène *E* est à une certaine distance des autres. Engelsberg et ses collaborateurs ont isolé des muations dans le gène *C* qui affectent l'expression des gènes de structure *A, B, D,* et *E*. Dans une série d'expériences, ils ont combiné différentes mutations dans les gènes *C* et *A* et déterminé si l'arabinose isomérase (l'enzyme codée par le gène *A*) était produite en présence ou en absence d'arabinose (le substrat de l'arabinose isomérase). Les résultats de cette analyse sont présentés dans le tableau ci-dessous ou le signe (+) indique la synthèse d'arabinose isomérase, et le signe (–) l'absence de synthèse.

Génotype	Absence d'arabinose	Présence d'arabinose
1. C^+ A^+	–	+
2. C^- A^+	–	–
3. C^- A^+ / C^+ A^-	–	+
4. C^c A^- / C^- A^+	+	+

a. Sur la base de ces résultats, *C* est il un opérateur ou un gène régulateur ?

b. L'opéron arabinose est-il contrôlé négativement ou positivement ? Expliquez votre raisonnement.

c. De quel type est la mutation C^C ?

25. ANALYSE DE DONNÉES Chez *E. coli*, trois gènes de structure (*A, D,* et *E*) et un opérateur *O* sont groupés sur le chromosome dans l'ordre *O – A – D – E*. Les gènes de structure codent les enzymes A, D, et E qui catalysent la biosynthèse de la valine. Des mutations ont été isolées dans *A, D, E,* et *O* pour étudier la production des enzymes A, D, et E quand la concentration cellulaire de valine est basse (T. Ramakrishnan et E.A. Adelberg. 1965. *Journal of Bacteriology* 89 :654–660). Les niveaux d'enzymes (les activités spécifiques) produits dans des *E. coli* diploïdes partiels contenant différentes combinaisons de mutations sont donnés dans le tableau suivant.

	Quantité d'enzyme produite		
Génotype	E	D	A
1. E^+ D^+ A^+ O^+/ E^+ D^+ A^+ O^+	2,40	2,00	3,50
2. E^+ D^+ A^+ O^-/ E^+ D^+ A^+ O^+	35,80	38,60	46,80
3. E^+ D^- A^+ O^-/ E^+ D^+ A^- O^+	1,80	1,00	47,00
4. E^+ D^+ A^- O^-/ E^+ D^- A^+ O^+	35,30	38,00	1,70
5. E^- D^+ A^+ O^-/ E^+ D^- A^+ O^+	2,38	38,00	46,70

a. La protéine régulatrice qui se lie à l'opérateur de cet opéron est-elle un répresseur (contrôle négatif) ou un activateur (contrôle positif) ? Expliquez votre raisonnement.

b. Les gènes *A, D,* et *E* sont-ils tous sous le contrôle de l'opérateur O ? Expliquez votre raisonnement.

c. Proposez une explication pour le très bas niveau d'enzyme E produit par le génotype 3.

Section 12.4

26. Un généticien essaie de déterminer combien de gènes sont compris dans une région d'ADN de 300 000 pb. L'analyse montre la présence de quatre modifications H3K4me3 dans cette région d'ADN. Que suggère leur présence à propos du nombre de gènes situés dans cette région ?

27. Dans une lignée de cellules humaines en culture, un généticien isole une mutation thermosensible dans un locus codant une enzyme acétyltransférase ; aux températures supérieures à 38 °C, les cellules mutantes produisent une forme non fonctionnelle de l'enzyme. Quel serait l'effet le plus probable de cette mutation si les cellules étaient incubées à 40 °C ?

28. Le X31b est un composé qui est capturé par les cellules en division rapide. Des recherches ont montré que le X31b stimule la méthylation de l'ADN. Des chercheurs travaillant dans le domaine du cancer voudraient tester le X31b comme médicament pour le traitement du cancer de la prostate. Expliquez pourquoi le X31b pourrait être un médicament anti-cancer efficace.

29. Un site d'activation est flanqué de quatre gènes (*A, B, C,* et *D*), comme montré dans le schéma ci-dessous. Un élément isolateur se trouve entre les gènes *C* et *D*. Sur la base de la position des gènes, du site d'activation, et de l'isolateur, quels sont les gènes dont la transcription pourrait être stimulée par un activateur lié au site d'activation ? Expliquez votre raisonnement.

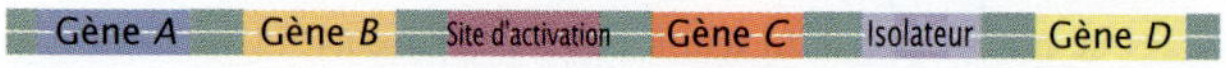

30. Certains ARNm eucaryotiques ont un élément riche en AU dans la région 3′ non traduite. Quel serait l'effet sur l'expression du gène si cet élément était muté ou éliminé par délétion ?

31. Une souche d'*Arabidopsis thaliana* porte une mutation dans le gène *APETALA2*, qui élimine par délétion une grande partie de la région 3′ non traduite de l'ARNm correspondant. Quel est l'effet le plus probable de cette mutation sur l'expression du gène *APETALA2* ?

Questions tests

Section 12.4

32. ANALYSE DE DONNÉES Un gène de levure appelé *SER3* et impliqué dans la biosynthèse de la sérine est réprimé pendant la croissance sur un milieu riche en nutriments ; dans ces conditions, la transcription est réduite et il n'y a que peu d'enzyme SER3 produite. Une étude du mécanisme de la répression de *SER3* a montré qu'une région d'ADN en amont de *SER3* est transcrite abondamment quand le gène *SER3* est réprimé (J.A. Martens, L. Laprade, et F. Winston. 2004. *Nature* 429 :571–574). Dans cette région en amont se trouve un promoteur qui dirige la transcription d'un gène appelé *SRG1* (pour « *SER3* regulatory gene »). Le transcrit d'ARN *SRG1* ne contient aucune des séquences nécessaires à la traduction. Des mutations du promoteur de *SRG1* suppriment la production d'ARN *SRG1* et lèvent la répression de *SER3*. Quand l'ARN polymérase se lie au promoteur de *SRG1*, elle transcrit *SRG1* en ARN, puis elle continue et transcrit le promoteur de *SER3*. C'est cette activité de transcription qui entraîne la répression de *SER3*. Proposez un mécanisme par lequel la transcription de *SRG1* pourrait réprimer la transcription de *SER3*. (Pour vous mettre sur la voie : Rappelez-vous que l'ARN *SRG1* ne code pas de protéine.)

33. Une caractéristique commune à de nombreux ARNm eucaryotiques est la présence d'une assez longue région 3′ non traduite qui contient souvent des motifs de séquence canoniques. La créatine kinase B (CK-B) est une enzyme importante du métabolisme cellulaire. Un type de cellules – les cellules U937D – contiennent beaucoup d'ARNm CK-B, mais pas d'enzyme CK-B. Dans ces cellules, l'extrémité 5′ de l'ARNm CK-B est liée par les ribosomes, mais l'ARNm n'est pas traduit. La traduction de l'ARNm CK-B est inhibée dans ces cellules.

Des chercheurs ont introduit dans les cellules U937D de nombreux courts segments d'ARN ne contenant que des séquences de régions 3′ non traduites. Les cellules U937D se sont mises à synthétiser l'enzyme CK-B, sans que la quantité totale d'ARNm CK-B augmente. L'introduction de courts segments d'autres séquences d'ARN ne stimulait pas la synthèse de CK-B ; seules les séquences 3′ non traduites induisaient la traduction de l'ARNm en enzyme.

Sur la base de ces résultats, proposez un mécanisme qui pourrait être responsable de l'inhibition de la traduction de l'ARNm CK-B dans les cellules U937D. Expliquez comment l'introduction de courts segments d'ARN contenant les séquences 3′ non traduites pourrait lever l'inhibition.

13 Les mutations géniques, les éléments transposables, et la réparation de l'ADN

De nombreuses personnes qui ont une mutation dans le gène *tinman*, ainsi nommé d'après l'Homme d'étain dans *Le magicien d'Oz*, ont des maladies cardiaques congénitales. *[Mary Evans Picture Library/ Alamy.]*

Une mouche sans cœur

Le cœur de la mouche des fruits est un organe simple, un tube ouvert aux extrémités, qui se contracte de façon rythmique comme une pompe et qui fait circuler le sang – assez peu efficacement – dans le corps de la mouche. Bien que peu sophistiqué, il n'en est pas moins un organe essentiel. Fait remarquable, quelques rares mouches mutantes ne développent pas de cœur et meurent à un stade embryonnaire précoce. Le généticien Rolf Bodmer a étudié ces mutants au début des années 1980 et a fait une découverte importante : un gène qui spécifie le développement du cœur. Il a appelé ce gène *tinman,* faisant référence au personnage de l'homme d'étain dans *Le magicien d'Oz*, à qui il manquait un cœur. Les travaux de Bodmer ont montré que *tinman* code un facteur de transcription qui se lie à l'ADN et stimule l'expression de gènes essentiels au développement normal d'un cœur. Les mouches mutantes étudiées par Bodmer ne possédaient pas ce gène, ne produisaient donc pas le facteur de transcription, et ne développaient pas de cœur. Des recherches ultérieures ont révélé l'existence d'un gène humain, appelé *Nkx2.5*, de séquence similaire à celle de *tinman*, mais dont la fonction était alors inconnue.

Dans les années 1990, les médecins Jonathan et Christine Seidman commencèrent d'étudier des patients souffrant de cardiopathies congénitales telles que la présence d'un orifice dans les cloisons séparant les cavités gauches et droites du cœur. De telles malformations ont comme conséquence une circulation sanguine cardiaque anormale avec un mélange des sangs oxygéné et non oxygéné, forçant le cœur à travailler plus que la normale. Les malformations cardiaques congénitales ne sont pas rares, elles affectent 1 nouveau né sur 125. Certaines déficiences guérissent spontanément, mais d'autres nécessitent une intervention chirurgicale. Bien que la chirurgie réussisse généralement à guérir les cardiopathies congénitales, certains patients développent des arythmies cardiaques vers l'âge de vingt ou trente ans. Les Seidman et leurs collègues identifièrent plusieurs familles dans lesquelles les malformations cardiaques congénitales et l'arythmie cardiaque étaient transmises ensemble comme un caractère autosomique dominant. Une analyse moléculaire détaillée pratiquée sur une de ces familles a révélé que le gène responsable des problèmes cardiaques se trouvait sur le chromosome 5, au locus où le gène *tinman* humain (*Nkx2.5*) avait été localisé auparavant. Tous les membres de cette famille qui avaient hérité des problèmes cardiaques avaient aussi hérité d'une mutation dans le gène *tinman*. Des études ultérieures pratiquées sur davantage de patients ont montré que nombre de personnes présentant des malformations cardiaques congénitales ont une mutation dans le gène *tinman*. La version humaine de ce gène, comme son équivalent chez la drosophile, code un facteur de transcription qui contrôle le développement cardiaque. Malgré des différences considérables de taille, d'anatomie, et de physiologie, les hommes et les mouches utilisent le même gène pour développer un cœur.

L'histoire du gène *tinman* illustre l'importance de l'étude des mutations. L'analyse de mutants fournit des clés pour la compréhension de processus biologiques complexes. Ce chapitre est consacré aux mutations géniques. Nous commencerons par passer brièvement en revue les différents types de mutations, puis nous examinerons leurs effets phénotypiques, la façon dont elles peuvent être supprimées, et leur taux d'apparition. Ensuite, nous examinerons la façon dont elles se produisent, spontanément ou suite à l'action d'agents chimiques ou de rayonnements. Nous nous intéresserons aux éléments génétiques transposables, qui sont souvent à l'origine de mutations. Enfin, nous examinerons les mécanismes de réparation de l'ADN.

13.1 Les mutations sont des changements héréditaires non programmés de la séquence de l'ADN

L'ADN est une molécule très stable qui se réplique avec une fidélité extraordinaire (voir les Chapitres 8 et 9), mais des changements de structure de l'ADN et des erreurs de réplication se produisent. Ces changements peuvent altérer l'information génétique contenue dans l'ADN. Une **mutation** est définie comme un changement héréditaire de l'information génétique.

L'importance des mutations

Les mutations sont un facteur d'évolution : elles sont à l'origine de la variation génétique, la matière première de l'évolution. D'autre part, de nombreuses mutations ont des effets nuisibles, provoquant chez l'homme et l'animal diverses anomalies et maladies héréditaires.

Une partie importante de la génétique est l'étude de l'hérédité : savoir comment les variants produits par mutation sont transmis à la descendance. Si Gregor Mendel a réussi à établir les principes de base de l'hérédité, c'est dû en grande partie à l'utilisation de variants de pois soigneusement sélectionnés ; de façon analogue, Thomas Hunt Morgan et ses étudiants ont découvert plusieurs principes génétiques fondamentaux en analysant des mutants de drosophile.

Les mutations sont aussi extrêmement utiles pour l'analyse fine de processus biologiques. Isoler ou créer des mutations qui affectent différents composants d'un système biologique pour en étudier les effets, puis pratiquer des tests d'épistasie, ou découvrir des interactions entre gènes par l'isolement de mutations suppresseurs, permet souvent de comprendre le fonctionnement du système. Cette approche par inactivation systématique de fonction, appelée dissection génétique, est extrêmement puissante et les généticiens s'en servent pour élucider les détails moléculaires du développement en analysant des mutations de type *tinman* qui en bloquent la progression à différents stades embryonnaires. Elle peut paraître brutale et faire penser à la destruction des pièces d'un moteur de voiture pour comprendre comment il fonctionne, mais elle est utilisée avec succès en biochimie, en biologie du développement, en physiologie et en science du comportement (mais elle n'est pas recommandée pour apprendre comment fonctionne votre voiture).

Concepts clés

Les mutations sont des changements héréditaires qui surviennent dans l'ADN. Elle sont essentielles pour l'étude de l'hérédité (génétique de la transmission) et sont extrêmement utiles dans d'autres domaines de la biologie.

✔ Test de compréhension 1

Comment utilise-t-on les mutations pour comprendre les processus biologiques fondamentaux ?

Les catégories de mutations

Chez les organismes pluricellulaires, on peut distinguer deux catégories générales de mutations : les mutations somatiques et les mutations germinales. Les **mutations somatiques** se produisent dans les tissus somatiques qui, par définition, ne produisent pas de gamètes (**Figure 13.1**). Quand une cellule somatique contenant une mutation se divise par mitose, la mutation est transmise aux cellules filles, et il se forme une population de cellules mutantes génétiquement identiques – un clone. Plus une mutation somatique apparaît tôt dans le développement, plus important sera le clone de cellules mutantes dans l'organisme individuel concerné.

Étant donné le nombre considérable de cellules présentes dans un organisme eucaryotique type, les mutations somatiques y sont nombreuses. Par exemple, le corps humain contient environ 10^{14} cellules. Typiquement, une mutation apparaît une fois par million de divisions cellulaires, donc quelques centaines de millions de mutations somatiques doivent être présentes dans chaque individu. De nombreuses mutations somatiques n'ont pas d'effet sur le phénotype de l'organisme, parce que la perte de fonction de la cellule mutante (voire de la cellule elle-même, si la mutation est létale) est compensée par les autres cellules du tissu. Toutefois, des cellules contenant une mutation somatique qui stimule la division cellulaire peuvent entrer dans un cycle de multiplication non contrôlée ; ce type de mutation peut donner un avantage sélectif aux cellules mutantes et se trouve à l'origine des cancers (voir le Chapitre 15).

Les **mutations germinales** apparaissent dans des cellules qui se différencieront en gamètes. Une mutation germinale peut être transmise aux générations ultérieures, produisant des individus porteurs de la mutation dans toutes leurs cellules somatiques et germinales (voir la Figure 13.1). Quand nous parlons de mutations dans des organismes pluricellulaires, nous parlons en général de mutations germinales.

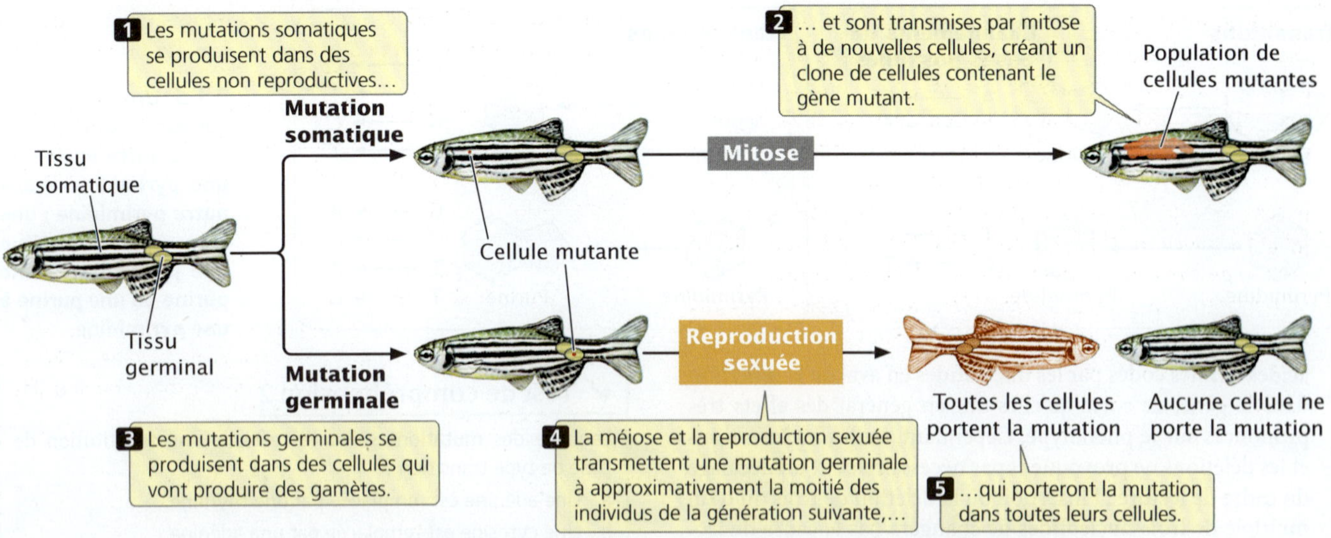

13.1 Il y a deux catégories générales de mutations : les mutations somatiques et les mutations germinales.

Traditionnellement, on distinguait les mutations qui affectent un seul gène, appelées *mutations géniques*, de celles qui affectent le nombre ou la structure des chromosomes, appelées *mutations chromosomiques.* Cette distinction provenait du fait que les mutations chromosomiques pouvaient être observées directement avec un microscope, tandis que les mutations géniques ne pouvaient être détectées que par leurs effets phénotypiques. Désormais, avec le développement du séquençage d'ADN, la distinction est devenue quelque peu arbitraire et dépend de la taille de la lésion dans l'ADN. Néanmoins, il est toujours utile d'utiliser le terme *mutation chromosomique* pour désigner de grandes altérations du matériel génétique qui affectent la structure ou le nombre de chromosomes et le terme **mutation génique** pour une relativement petite lésion dans l'ADN qui n'affecte qu'un seul gène. Le présent chapitre est consacré aux mutations géniques ; les mutations chromosomiques ont été examinées dans le chapitre 7.

Les différents types de mutations géniques

La classification des mutations géniques peut se baser sur la nature de leurs effets phénotypiques, sur l'agent qui a provoqué la mutation, ou encore sur la nature moléculaire de la lésion. Nous classerons les mutations en premier lieu sur la base de leur nature moléculaire, mais nous introduirons aussi certains termes liés à leur cause et à leur effet phénotypique.

Les substitutions de bases Le type le plus simple de mutation génique est une **substitution de base**, le changement d'un seul nucléotide dans l'ADN (**Figure 13.2a**). Les substitutions de bases sont de deux types. Une **transition** est le remplacement d'une purine par une autre purine, ou d'une pyrimidine par une autre pyrimidine (**Figure 13.3**). Dans une **transversion**, une purine est remplacée par une pyrimidine, ou vice-versa. Le nombre de transversions possibles est deux fois plus élevé que celui de transitions possibles (voir la Figure 13.3), mais les transitions sont plus fréquentes.

Les insertions et les délétions Les **insertions** et les **délétions** – respectivement l'addition ou la perte d'une ou plusieurs paires de nucléotides – forment la deuxième grande classe de mutations géniques (**Figure 13.2b** et **c**). Contrairement à l'idée répandue que les substitutions de bases soient le type de mutation le plus courant, l'analyse moléculaire a montré que les insertions et les délétions sont plus fréquentes. Des insertions et des délétions dans une séquence codant une protéine peuvent altérer le cadre de lecture du gène (voir les pp. 276-277 dans le Chapitre 11). On parle alors de **mutations de décalage du cadre de lecture** (« frameshift mutations » en anglais). Les mutations de décalage du cadre changent en général tous les

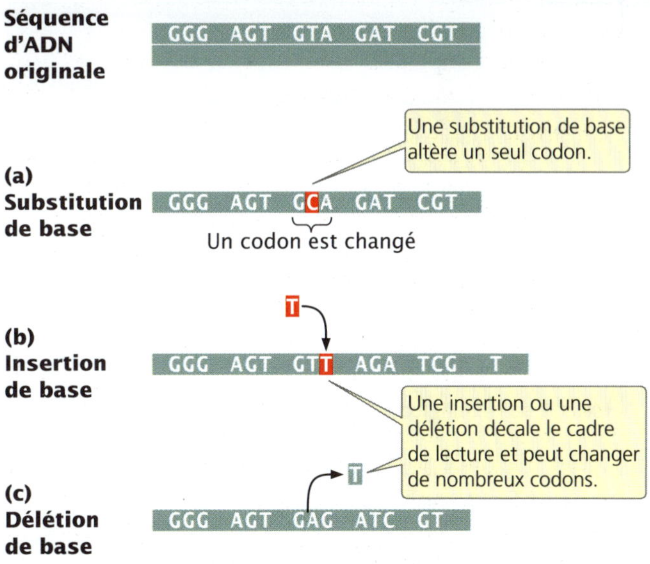

13.2 Les trois types principaux de mutations géniques sont les substitutions de bases, les insertions, et les délétions.

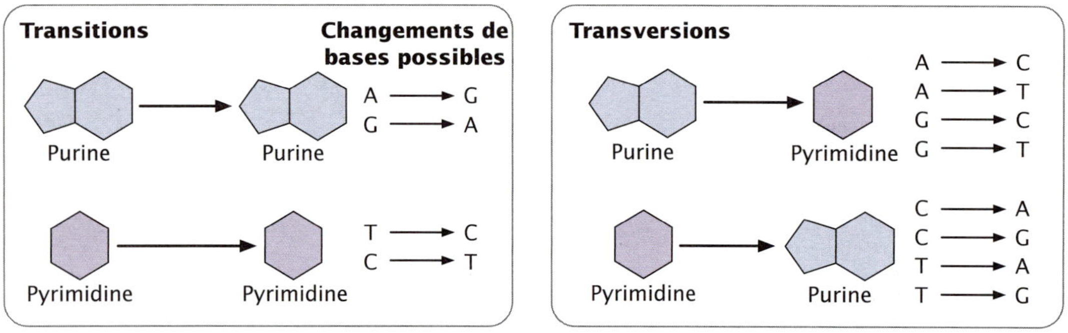

13.3 Une transition substitue une purine à une autre purine ou une pyrimidine à une autre pyrimidine ; une transversion substitue une pyrimidine à une purine ou une purine à une pyrimidine.

acides aminés codés par les nucléotides en aval de la mutation dans le gène, de sorte qu'elles ont en général des effets très prononcés sur le phénotype. Cependant, toutes les insertions et les délétions ne provoquent pas nécessairement un décalage du cadre de lecture ; l'insertion ou la délétion de trois ou d'un multiple de trois nucléotides ne changera pas le cadre de lecture, bien que l'addition ou l'omission d'un ou plusieurs acides aminés puisse toujours affecter le phénotype. Ces mutations sont appelées des **insertions** ou des **délétions en phase**.

Concepts clés

Les mutations géniques sont des changements qui affectent un seul gène et peuvent être des substitutions de bases (une seule paire de nucléotides est changée) ou des insertions ou des délétions (des paires de nucléotides sont ajoutées ou ôtées). Une substitution de base peut être une transition (une substitution par une base de même type) ou une transversion (une substitution par une base de type différent). Les insertions et les délétions provoquent souvent un changement du cadre de lecture d'un gène.

✔ Test de compréhension 2

Laquelle des mutations suivantes est-elle une substitution de base de type transition ?

a. Une adénine est remplacée par une thymine.
b. Une cytosine est remplacée par une adénine.
c. Une guanine est remplacée par une adénine.
d. Trois paires de nucléotides sont insérées dans l'ADN.

L'amplification de répétitions de trinucléotides Certaines mutations consistent en l'augmentation du nombre d'exemplaires d'un motif répété de trois nucléotides ; elles sont appelées des **amplifications de répétitions de trinucléotides**. Ce type de mutation a été observé pour la première fois en 1991 dans un gène humain appelé *FMR-1*, où l'amplification du triplet CGG est à l'origine du syndrome de l'X fragile, une des formes les plus courantes d'arriération mentale. Le syndrome se manifeste cytologiquement par la présence d'une constriction proche de l'extrémité de chaque bras long du chromosome X, où se produit une cassure in vitro (**Figure 13.4**). L'allèle

Tableau 13.1 Quelques unes des maladies génétiques provoquées par l'amplification de répétitions de trinucléotides

Maladie	Séquence répétée	Nombre de copies du triplet répété : Nombre normal	Nombre de copies du triplet répété : Nombre associé à la pathologie
Atrophie musculaire et spino-bulbaire	CAG	11-33	40-62
Syndrome de l'X fragile	CGG	6-54	50-1 500
Syndrome de Jacobsen	CGG	11	100-1 000
Ataxie cérébrospinale (plusieurs types)	CAG	4-44	21-130
Ataxie cérébrale autosomique dominante	CAG	7-19	37-220
Dystrophie myotonique	CTG	5-37	44-3 000
Maladie de Huntington	CAG	9-37	37-121
Ataxie de Friedrich	GAA	6-29	200-900
Atrophie dentato-rubro-pallidoluysienne	CAG	7-25	49-75
Épilepsie myoclonique de type Unverricht-Lundborg*	CCCCGCCCCGCG	2-3	12-13

*N'est pas à proprement parler due à un trinucléotide répété, mais implique un motif dont l'expansion et la contraction ont lieu de la même manière que celle des répétitions de triplets.

13.4 Le syndrome de l'X fragile est associé à une constriction caractéristique (le site fragile) du bras long du chromosome X. *[Visuals Unlimited]*

FMR-1 normal contient moins de 60 copies du triplet CGG mais, chez les personnes atteintes du syndrome de l'X fragile, l'allèle mutant peut contenir de 200 à 1300 copies.

L'amplification de répétitions de trinucléotides a été associée à d'autres maladies génétiques humaines (**Tableau 13.1**). Il y a souvent une corrélation entre le nombre d'exemplaires du triplet répété et la sévérité de la maladie ou l'âge auquel elle se déclare. Les répétitions de trinucléotides ne sont pas stables, et on a montré que la probabilité d'amplification augmente avec le nombre de répétitions.

La relation entre l'augmentation du nombre de trinucléotides et l'apparition des symptômes d'une maladie n'est pas encore bien comprise. Dans plusieurs maladies, comme par exemple la maladie de Huntington, l'amplification du triplet (CAG) se produit dans la région codante du gène, ce qui conduit à la synthèse d'une protéine toxique contenant des résidus glutamine supplémentaires (CAG code la glutamine). Dans d'autres maladies, comme le syndrome de l'X fragile et la dystrophie myotonique, la répétition est à l'extérieur de la région codante et elle doit donc exercer son effet d'une autre manière.

Le mécanisme qui conduit à l'amplification des trinucléotides répétés n'est pas non plus tout à fait compris. Une cause possible serait la formation de structures en épingle à cheveux ou d'autres structures particulières dans l'ADN, qui peuvent faire que certaines séquences du brin matrice soient répliquées deux fois ou plus, augmentant ainsi le nombre de répétitions dans le brin nouvellement synthétisé (**Figure 13.5**).

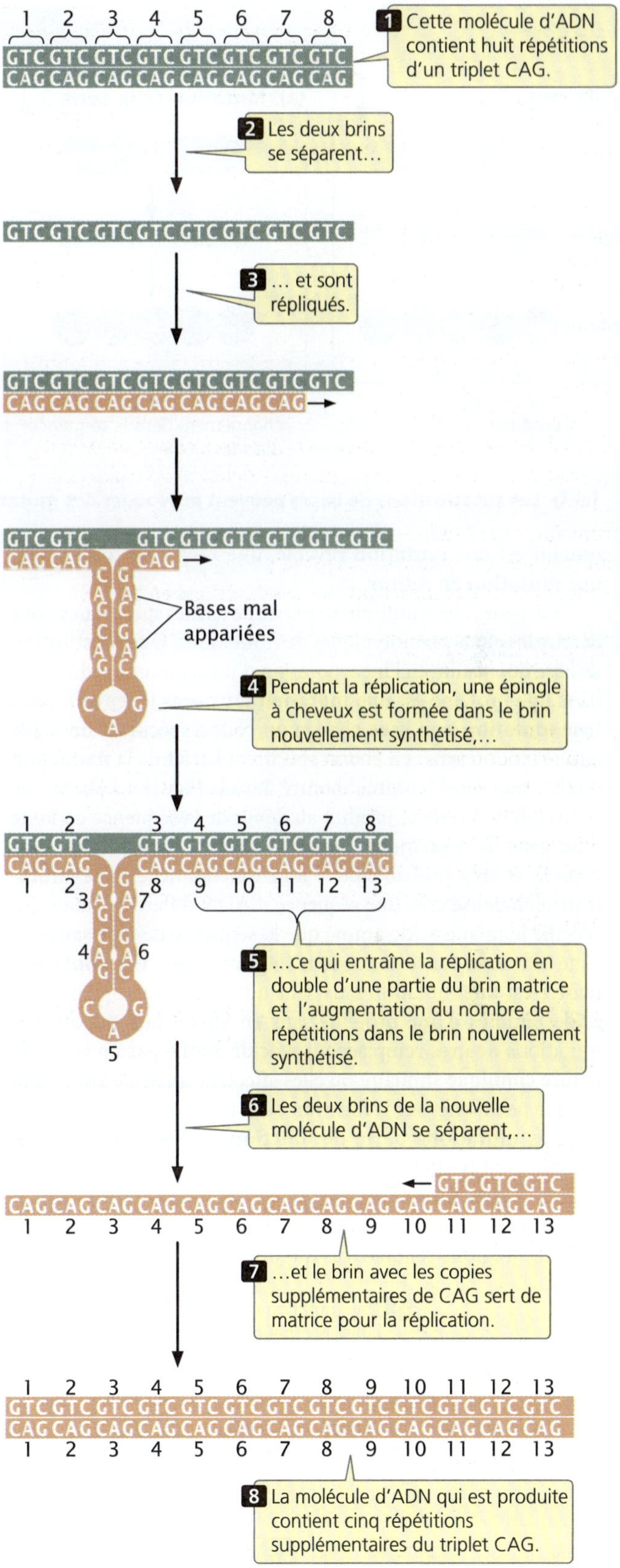

13.5 Le nombre de copies d'un trinucléotide peut augmenter suite à la formation d'une structure en épingle à cheveux à la réplication.

Concepts clés

Des régions d'ADN contiennent des répétitions en tandem de trinucléotides. L'amplification de ces répétitions de triplets est associée à plusieurs maladies génétiques graves.

Les effets phénotypiques des mutations

L'effet phénotypique d'une mutation se définit par comparaison avec le phénotype sauvage. Une mutation qui change un allèle de type sauvage est une **mutation directe** ; une mutation qui restaure l'allèle de type sauvage au départ d'un allèle

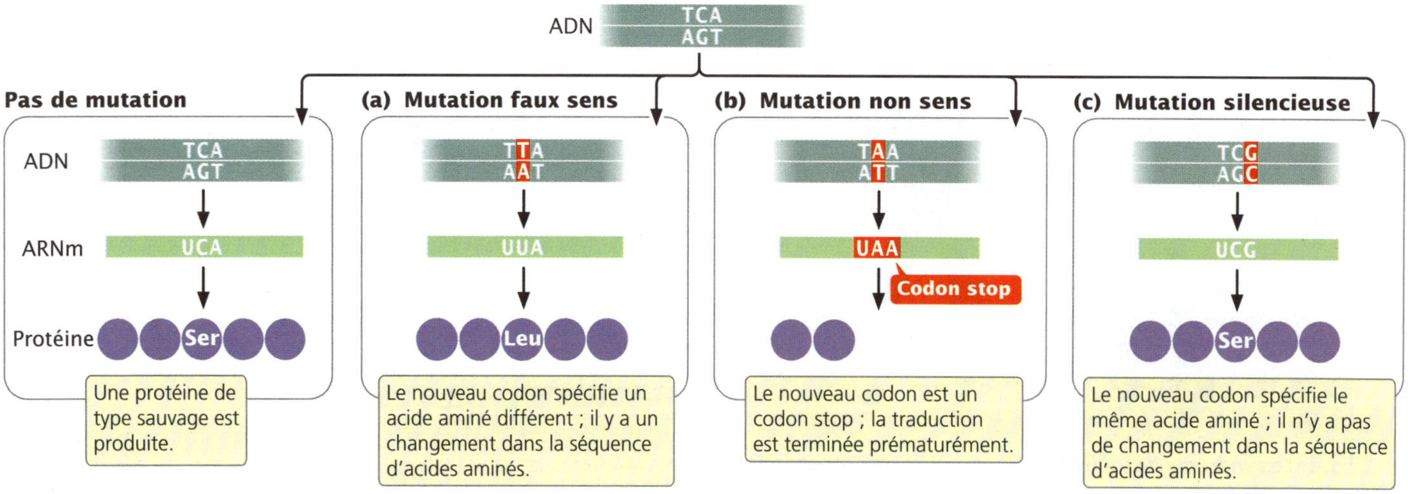

13.6 Les substitutions de bases peuvent provoquer des mutations (a) faux sens, (b) non sens, et (c) silencieuses.

mutant est une **mutation réverse**, une **réversion**, ou encore, une **mutation en retour**.

Les généticiens utilisent une série de termes spécifiques pour décrire les effets phénotypiques des mutations. Une substitution de base qui résulte en l'incorporation d'un acide aminé différent dans une protéine est une **mutation faux sens** (**Figure 13.6a**). Une **mutation non sens** change un codon spécifiant un acide aminé (codon sens) en codon spécifiant l'arrêt de la traduction (codon non sens), comme montré dans la **Figure 13.6b**. Si une mutation non sens se produit au début de la séquence codante d'un gène, la protéine correspondante sera sérieusement raccourcie et très probablement non fonctionnelle. Une **mutation silencieuse** crée une séquence d'ADN différente, mais qui spécifie le même acide aminé que la séquence de type sauvage, suite à la redondance des codons (**Figure 13.6c**). Une **mutation neutre** est une mutation faux sens qui change la séquence des acides aminés d'une protéine sans en altérer la fonction. Les mutations neutres remplacent un acide aminé par un autre de nature chimique similaire ou elles affectent un acide aminé qui n'a que peu d'effet sur la fonction de la protéine.

Les **mutations perte de fonction** provoquent l'absence complète ou partielle d'une fonction. Ces mutations peuvent altérer la structure d'une protéine et la rendre partiellement ou complètement inactive, mais elles peuvent aussi survenir dans des régions régulatrices qui affectent la transcription, la traduction ou la maturation d'une protéine. Les mutations perte de fonction sont souvent récessives, et un organisme diploïde doit être homozygote pour une mutation perte de fonction avant que ses effets se manifestent au phénotype. Les **mutations gain de fonction**, par contre, provoquent l'apparition d'un nouveau caractère, ou provoquent l'apparition d'un caractère dans un tissu inapproprié ou à un moment inopportun du développement. Par exemple, une mutation pourrait se produire dans le gène d'un récepteur d'un facteur de croissance et générer un récepteur qui stimule la croissance continuellement, même en l'absence du facteur de croissance. Les mutations gain de fonction sont très souvent dominantes dans leur expression. Leur effet peut affecter la viabilité de l'organisme mutant. D'autres types de mutations sont les **mutations conditionnelles**, qui ne sont exprimées que dans certaines conditions, et les **mutations létales**, qui provoquent la mort prématurée de l'organisme affecté.

Les mutations suppresseur

Une **mutation suppresseur** est une mutation qui masque ou supprime l'effet d'une autre mutation. Ce type de mutation est distinct d'une mutation réverse qui rétablit la séquence de type sauvage originale (**Figure 13.7**). Une mutation suppresseur se produit à un site distinct de celui de la mutation

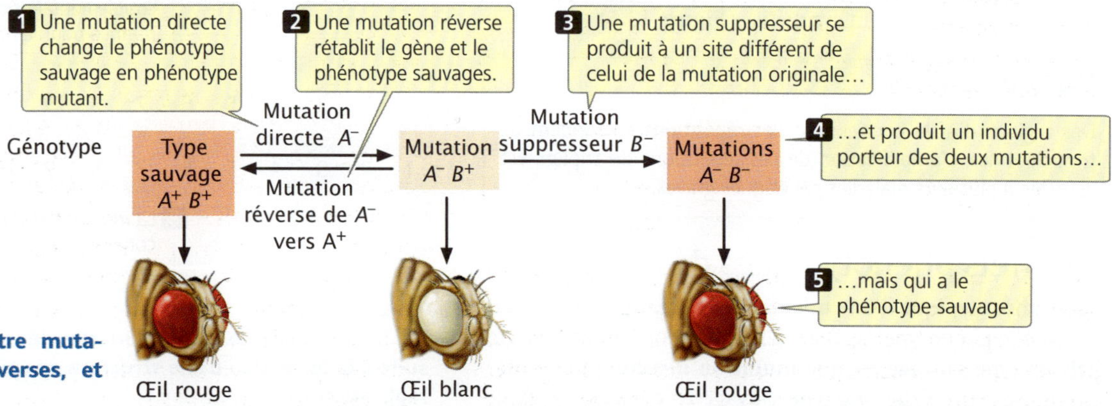

13.7 Relation entre mutations directes, réverses, et suppresseur.

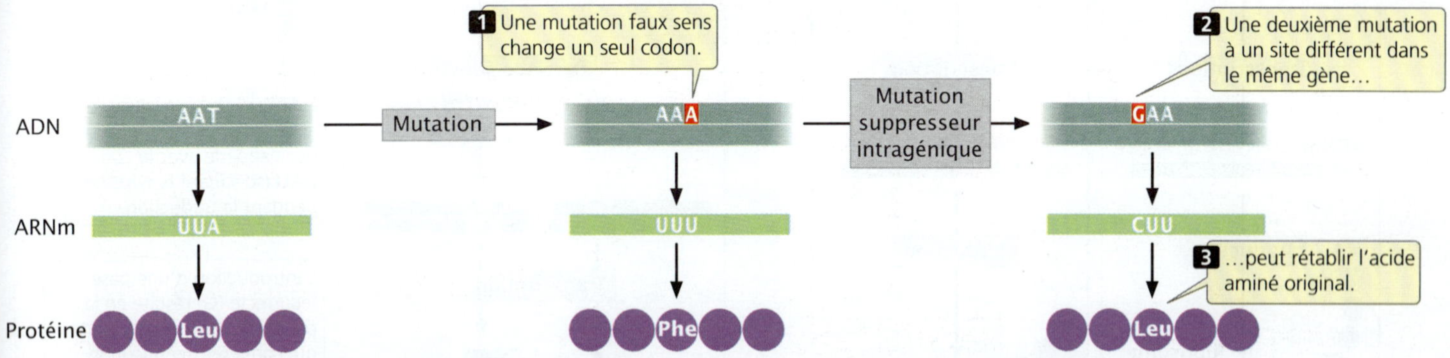

13.8 Une mutation suppresseur intragénique se produit dans le gène contenant la mutation qui est supprimée.

originale. Un organisme porteur d'une mutation suppresseur est donc un double mutant, mais qui présente le phénotype d'un organisme de type sauvage. Comme les autres mutations, les mutations suppresseur se produisent de manière aléatoire.

Il existe deux classes de mutations suppresseur : intragéniques et extrangéniques. Une **mutation suppresseur intragénique** se produit dans le même gène que la mutation originale, et son effet suppresseur peut s'exercer de différentes façons. Le suppresseur peut changer un deuxième nucléotide dans le codon affecté par la première mutation, produisant un codon spécifiant le même acide aminé que le codon original non muté (**Figure 13.8**). Les suppresseurs intragéniques peuvent aussi supprimer des mutations de décalage du cadre de lecture. Si la mutation originale est une délétion d'un nucléotide, l'addition d'un autre nucléotide dans le gène va rétablir le cadre de lecture correct. Considérons la séquence de nucléotides suivante et les acides aminés qu'elle code :

ADN	AAA	TCA	CTT	GGC	GTA	CAA
Acides aminés	Phe	Ser	Glu	Pro	His	Val

Supposons qu'une délétion élimine le premier nucléotide du deuxième codon. Cette délétion décale le cadre de lecture d'un nucléotide et change tous les acides aminés lus en aval de la mutation.

Délétion d'un nucléotide

AAA	~~T~~CAC	TTG	GCC	TAC	AA
Phe	Val	Asn	Arg	Met	

L'addition d'un nucléotide dans le troisième codon (la mutation suppresseur) rétablit le cadre de lecture, bien que deux des acides aminés soient différents de ceux spécifiés par la séquence originale.

Insertion d'un nucléotide

AAA	CAC	TTT	GGC	GTA	CAA
Phe	Val	Lys	Pro	His	Val

De façon analogue, une mutation due à une insertion peut être supprimée par une délétion dans le même gène.

Une troisième façon dont peut s'exercer l'effet d'un suppresseur intragénique est par l'introduction d'un changement compensatoire dans une protéine. Une première mutation faux sens peut affecter le repliement d'une chaîne polypeptidique en perturbant les interactions entre les acides aminés qu'elle contient. Une deuxième mutation faux sens à un site différent (le suppresseur) peut rétablir le schéma de repliement original en recréant des interactions entre les acides aminés.

Une **mutation suppresseur extragénique** se produit dans un gène distinct de celui qui contient la mutation originale. Ces suppresseurs peuvent, parfois, agir sur la traduction d'un ARNm. Par exemple, supposons qu'une mutation dans une séquence (AAC), transcrite en UUG dans l'ARNm et qui spécifie la leucine (**Figure 13.9a**), change la séquence en ATC, donc en codon terminateur UAG dans l'ARNm (**Figure 13.9b**). La mutation non sens ATC (UAG) peut être supprimée par une mutation dans un gène codant un ARNt qui rendrait celui-ci capable de s'apparier avec le codon UAG dans l'ARNm (**Figure 13.9c**). Par exemple, l'anticodon AUA de l'ARNt de la tyrosine pourrait, suite à une mutation dans le gène de l'ARNt^{Tyr}, être changé en AUC, qui s'apparierait avec le codon stop UAG. Plutôt qu'une protéine tronquée, une protéine de longueur normale serait produite, mais avec une tyrosine à la place de la leucine originale. L'effet de cette substitution dépendra du rôle de l'acide aminé substitué dans la structure globale de la protéine, mais il sera souvent moins nuisible pour la cellule que celui de la terminaison prématurée causée par la mutation non sens.

Comme les cellules de nombreux organismes ont plusieurs exemplaires des gènes d'ARNt, il y aurait encore suffisamment d'ARNt^{Tyr} non mutés capables de reconnaître les codons tyrosine dans les transcrits du double mutant. On pourrait toutefois supposer que les ARNt suppresseurs de non sens suppriment aussi les codons de terminaison normaux à la fin des séquences codantes, ce qui provoquerait la production de protéines plus longues que la normale, mais cette éventualité, si elle se produit, ne semble pas avoir d'effet significatif.

(N.d.T. : Tous les suppresseurs extragéniques ne sont pas des suppresseurs de non sens. L'isolement et l'analyse de suppresseurs extragéniques dans ce qu'on appelle des « pseudo-révertants » est une démarche encore toujours utilisée dans la dissection génétique de processus biologiques (voir la section sur l'importance des mutations), permettant d'identifier des gènes dont les produits interagissent, d'obtenir des indications sur la nature de l'interaction, et de découvrir parfois des voies métaboliques de contournement (« bypasses » en anglais) ou des régulations jusque là insoupçonnées.)

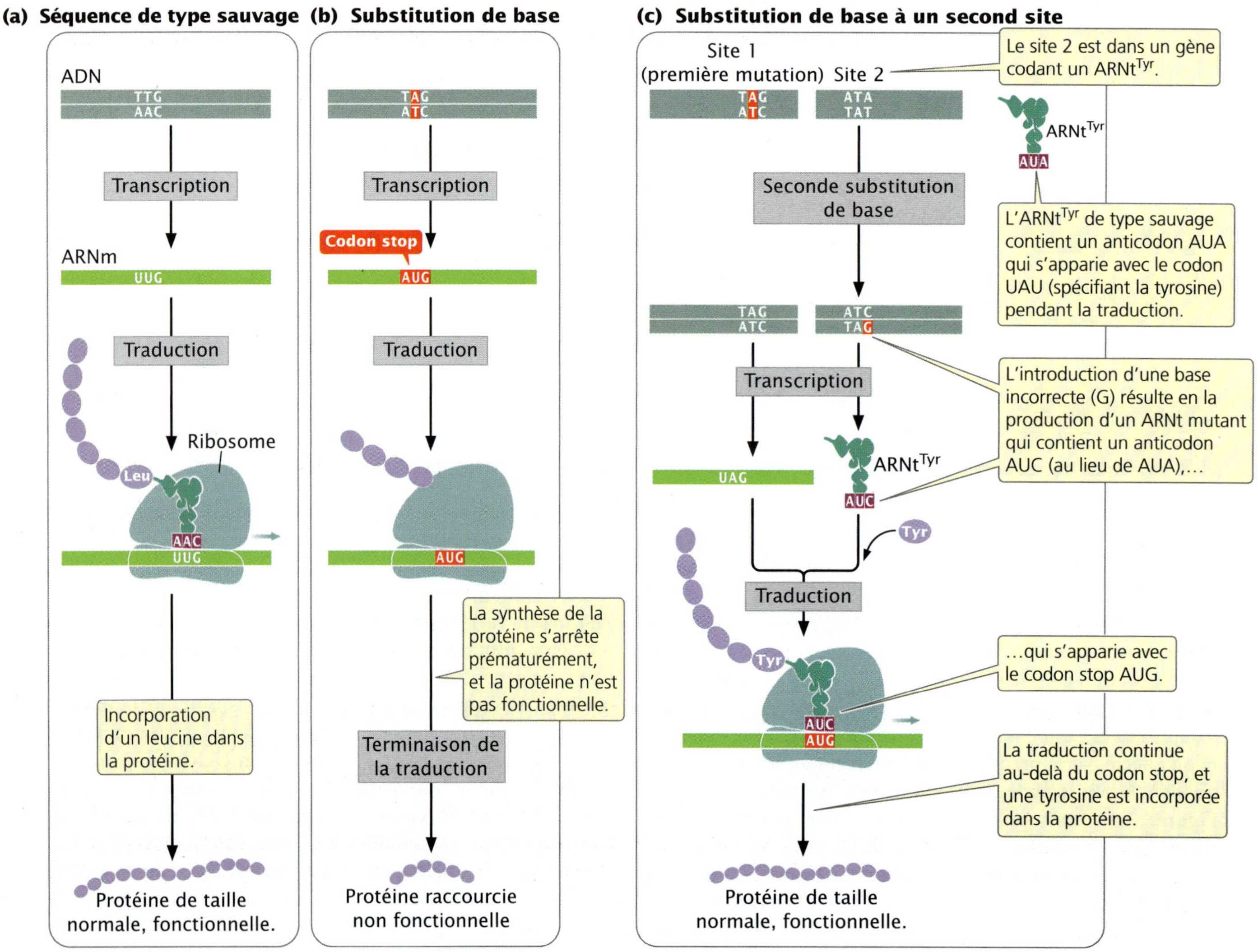

13.9 Une mutation suppresseur extragénique se produit dans un gène différent de celui qui contient la mutation originale. (a) La séquence de type sauvage produit une protéine fonctionnelle. (b) Une substitution de base crée un codon stop prématuré, et la protéine raccourcie qui est produite est non fonctionnelle. (c) Une substitution de base dans un autre gène qui, dans le cas présent, code un ARNt^{Tyr}, modifie l'anticodon de telle sorte que cet ARNt^{Tyr} s'apparie avec le codon stop créé par la mutation originale. Une tyrosine est incorporée dans la protéine, ce qui permet à la traduction de continuer.

Les caractéristiques de différents types de mutations sont résumées dans le **Tableau 13.2**.

Concepts clés

Une mutation suppresseur abolit en tout ou en partie l'effet d'une mutation présente à un autre site. Une mutation suppresseur intragénique se produit dans le gène qui contient la mutation originale. Une mutation suppresseur extragénique se produit dans un gène différent.

✔ Test de compréhension 3

Quelle est la différence entre une mutation suppresseur et une mutation réverse ?

Les taux de mutation

La fréquence avec laquelle un allèle mutant remplace l'allèle de type sauvage d'un locus déterminé est appelée le **taux de mutation**, et il est généralement exprimé en nombre de mutations par unité de temps. Au lieu d'unités de temps classiques, on utilise des unités biologiques caractéristiques de la cellule ou de l'organisme étudiés. Ce peut donc être le nombre de mutations par division cellulaire, par gamète, ou par cycle de réplication. Par exemple, l'achondroplasie est un type de nanisme héréditaire chez l'homme, qui résulte d'une mutation dominante ; on recense en moyenne quatre mutations causant l'achondroplasie par 100 000 gamètes, donc le taux de mutation est 4/100 000 ou 0,00004 par gamète.

Le taux de mutation varie selon les gènes et selon les espèces (**Tableau 13.3**, p. 330), mais nous pouvons formuler quelques conclusions générales. En premier lieu, les taux de mutation spontanée sont bas chez tous les organismes étudiés. Les taux de mutation typiques des gènes bactériens sont de 1 à 100 pour 10 milliards de cellules (de 1×10^{-8} à 1×10^{-10}). Les taux de mutation de la plupart des gènes eucaryotiques sont un peu plus élevés, de 1 à 10 mutations par million de gamètes (de 1×10^{-5} à 1×10^{-8}). Ces taux plus élevés chez les eucaryotes peuvent être dus au fait que les taux sont calculés *par gamète*, et que plusieurs divisions cellulaires sont nécessaires pour produire un gamète, alors que les taux chez les bactéries sont calculés *par division cellulaire*. (N.d.T. : Les puristes distinguent le *taux* de mutation, c.-à-d. la tendance intrinsèque d'un gène à muter comme expliqué ci-dessus pour les gènes bactériens, de la *fréquence* de mutation, qui est la fréquence

Tableau 13.2 Caractéristiques des différents types de mutations géniques

Type de mutation	Définition
Substitution de base	Change la base d'un seul nucléotide d'ADN
Transition	Substitution de base dans laquelle une purine remplace une purine ou une pyrimidine remplace une pyrimidine
Transversion	Substitution de base dans laquelle une purine remplace une pyrimidine ou une pyrimidine remplace une purine
Insertion	Addition d'un ou plusieurs nucléotides
Délétion	Délétion d'un ou plusieurs nucléotides
Mutation de décalage de cadre de lecture	Insertion ou délétion qui altère le cadre de lecture d'un gène
Délétion ou insertion en phase	Délétion ou insertion d'un multiple de trois nucléotides qui n'altère pas le cadre de lecture
Amplification de répétitions de trinucléotides	Séquence répétée de triplets de nucléotides (trinucléotides) dans laquelle le nombre de copies du trinucléotide augmente
Mutation directe	Change le phénotype sauvage en phénotype mutant
Mutation réverse	Rétablit le phénotype sauvage à partir d'un phénotype mutant
Mutation faux sens	Change un codon sens en un autre codon sens, provoquant l'incorporation d'un acide aminé différent dans une protéine
Mutation non sens	Change un codon sens en codon non sens, provoquant la terminaison prématurée de la traduction
Mutation silencieuse	Change un codon sens en codon synonyme, sans changer la séquence d'acides aminés de la protéine
Mutation neutre	Change la séquence d'acides aminés d'une protéine sans en altérer la fonction
Mutation perte de fonction	Provoque la perte partielle ou totale d'une fonction
Mutation gain de fonction	Provoque l'apparition d'un caractère nouveau ou l'apparition d'un caractère dans un tissu inapproprié ou à un moment inapproprié du développement
Mutation létale	Provoque la mort prématurée
Mutation suppresseur	Supprime l'effet d'une mutation à un autre site
Mutation suppresseur intragénique	Supprime l'effet d'une autre mutation dans le même gène
Mutation suppresseur extragénique	Supprime l'effet d'une mutation dans un autre gène

avec laquelle on retrouve un type spécifique de mutations ou de mutants dans une population de cellules – par exemple, des gamètes ou des spores – ou d'individus.)

Les différences de taux de mutation entre espèces peuvent être dues à des différences de capacité de réparation des mutations, à des expositions plus ou moins grandes aux agents mutagènes présents dans l'environnement, ou à des différences intrinsèques de taux d'apparition des mutations spontanées, bien qu'il soit difficile d'isoler complètement ce dernier facteur de la capacité de réparation. Au sein même d'une espèce, le taux de mutation spontanée varie selon les gènes. La raison de cette variabilité n'est pas entièrement comprise, mais on a montré que certaines régions de l'ADN sont plus enclines à muter que d'autres. (N.d.T. : En 1961, Seymour Benzer a montré l'existence de « points chauds » de mutation dans un gène du bactériophage T4. Au milieu des années 1960, George Streisinger et ses collaborateurs montrèrent, toujours dans le phage T4, que des mutations de décalage de cadre de lecture apparaissaient souvent au niveau de séquences répétées et ils proposèrent qu'elles soient le résultat de glissements de brins d'ADN pendant la réplication (voir plus loin, les figures 13.13 et 13.14). Au début des années 1970, quand les techniques de détermination de séquences nucléotidiques devinrent disponibles, Jeffrey Miller et ses collaborateurs examinèrent la nature moléculaire de mutations dans le gène *lacI*, identifiant plusieurs points chauds de mutation et validant l'hypothèse de Streisinger sur l'origine des mutations de décalage de cadre.)

Concepts clés

Le taux de mutation est la fréquence avec laquelle une mutation particulière se produit. Les taux de mutation sont généralement faibles et ils sont influencés par des facteurs environnementaux et génétiques.

13.2 Les mutations peuvent être provoquées par différents facteurs intrinsèques et extrinsèques

Les mutations résultent de facteurs intrinsèques et extrinsèques. Les mutations dues à des changements naturels – normaux – de la structure de l'ADN sont appelées **mutations spontanées**, tandis que celles dues à des changements provoqués par la présence d'agents chimiques ou physiques dans l'environnement sont des **mutations induites**.

Tableau 13.3 Taux de mutation dans différents gènes de différents organismes

Organisme	Mutation	Taux	Unité
Bactériophage T2	Inhibition de la lyse	1×10^{-8}	Par cycle de réplication
	Spécificité d'hôte	3×10^{-9}	
Escherichia coli	Fermentation du lactose	2×10^{-7}	Par division cellulaire
	Auxotrophie pour l'histidine	2×10^{-8}	
Neurospora crassa	Auxotrophie pour l'inositol	8×10^{-8}	Par spore asexuée
	Auxotrophie pour l'adénine	4×10^{-8}	
Maïs	Couleur du grain	$2{,}2 \times 10^{-6}$	Par gamète
Drosophile	Couleur de l'œil	4×10^{-5}	Par gamète
	Allozymes	$5{,}14 \times 10^{-6}$	
Souris	Pelage albinos	$4{,}5 \times 10^{-5}$	Par gamète
	Dilution de la couleur du pelage	3×10^{-5}	
Homme	Maladie de Huntington	1×10^{-6}	Par gamète
	Achondroplasie	1×10^{-5}	
	Neurofibromatose (dans le Michigan)	1×10^{-4}	
	Hémophilie A (en Finlande)	$3{,}2 \times 10^{-5}$	
	Dystrophie musculaire de Duchenne (dans le Wisconsin)	$9{,}2 \times 10^{-5}$	

Les erreurs de réplication spontanées

La réplication est d'une fidélité remarquable : moins d'une erreur par milliard de nucléotides d'ADN synthétisé (voir le Chapitre 9). Cependant, il arrive que des erreurs de réplication se produisent.

Les commutations tautomériques des bases de l'ADN ont longtemps été considérées comme la source principale d'erreurs de réplication spontanées. Les bases puriques et pyrimidiques peuvent exister sous deux formes en équilibre dynamique, appelées tautomères, qui diffèrent par la distribution des protons (**Figure 13.10a**). L'appariement des bases dans la structure de l'ADN de Watson et Crick – adénine avec thymine, et cytosine avec guanine – met en jeu les formes les plus courantes des bases, mais si les bases se trouvent dans leur forme tautomérique plus rare, d'autres appariements sont possibles (**Figure 13.10b**).

En 1953, dans les corollaires de la présentation de leur modèle, Watson et Crick proposèrent que des commutations tautomériques puissent produire des mutations, et leur postulat fut longtemps le modèle accepté pour la génération d'erreurs de réplication spontanées. Cependant, il n'y a jamais eu de preuves convaincantes que les formes tautomériques rares soient la cause de mutations spontanées. De plus, les recherches récentes sur la structure de l'ADN n'apportent que peu d'indications de la présence de tautomères dans l'ADN.

En fait, des appariements incorrects peuvent aussi se produire par flottement (« wobble », voir le Chapitre 11), qui permet à des formes de bases, normales, protonées, ou autres, de s'apparier grâce à la flexibilité de la structure en hélice de l'ADN (**Figure 13.11**). De telles structures ont été observées dans l'ADN et on pense à présent qu'elles seraient responsables d'une grande partie des mauvais appariements pendant la réplication. Quand une base mal appariée est incorporée dans une chaîne polynucléotidique nouvellement synthétisée, on parle d'une **erreur d'incorporation**. Supposons qu'en cours de réplication, une thymine (qui s'apparie normalement avec une adénine) fasse un mauvais appariement, par flottement, avec une guanine (**Figure 13.12** à la page 332). Au cycle de réplication suivant, les bases mal appariées se séparent et chacune va diriger l'incorporation d'une base dans un brin d'ADN nouvellement synthétisé. Cette fois, la thymine va s'apparier avec une adénine, produisant une copie de la séquence d'ADN originale. Dans l'autre brin, toutefois, la guanine incorporée par erreur va s'apparier avec une cytosine, produisant une nouvelle molécule d'ADN qui contient une paire G-C au lieu de la paire T-A originale. L'erreur d'incorporation conduit donc à une mutation (une substitution de base T-A → G-C).

Des petites insertions et délétions peuvent aussi se produire à la réplication et à la recombinaison. Un **glissement de brin** peut se produire quand un des brins forme une petite boucle interne (**Figure 13.13** à la page 332). Si la boucle se forme dans le brin en cours de synthèse, un partie du brin matrice est répliquée une deuxième fois, donnant lieu à une insertion. Au cycle de réplication suivant, l'insertion sera répliquée et deviendra une mutation permanente. Si la boucle se forme dans le brin matrice, c'est une délétion qui se forme dans le brin en cours de synthèse, qui sera perpétuée dans les cycles de réplication suivants.

Le crossing-over inégal est un autre processus qui produit des insertions et des délétions. Dans un crossing-over normal, les séquences homologues de deux molécules d'ADN s'alignent, et l'échange n'affecte pas le nombre de nucléotides dans les deux molécules impliquées. Par contre, un alignement imparfait peut donner lieu à un **crossing-over inégal**, et une molécule d'ADN contiendra une insertion et l'autre, une délétion (**Figure 13.14**). Certaines séquences d'ADN présentent

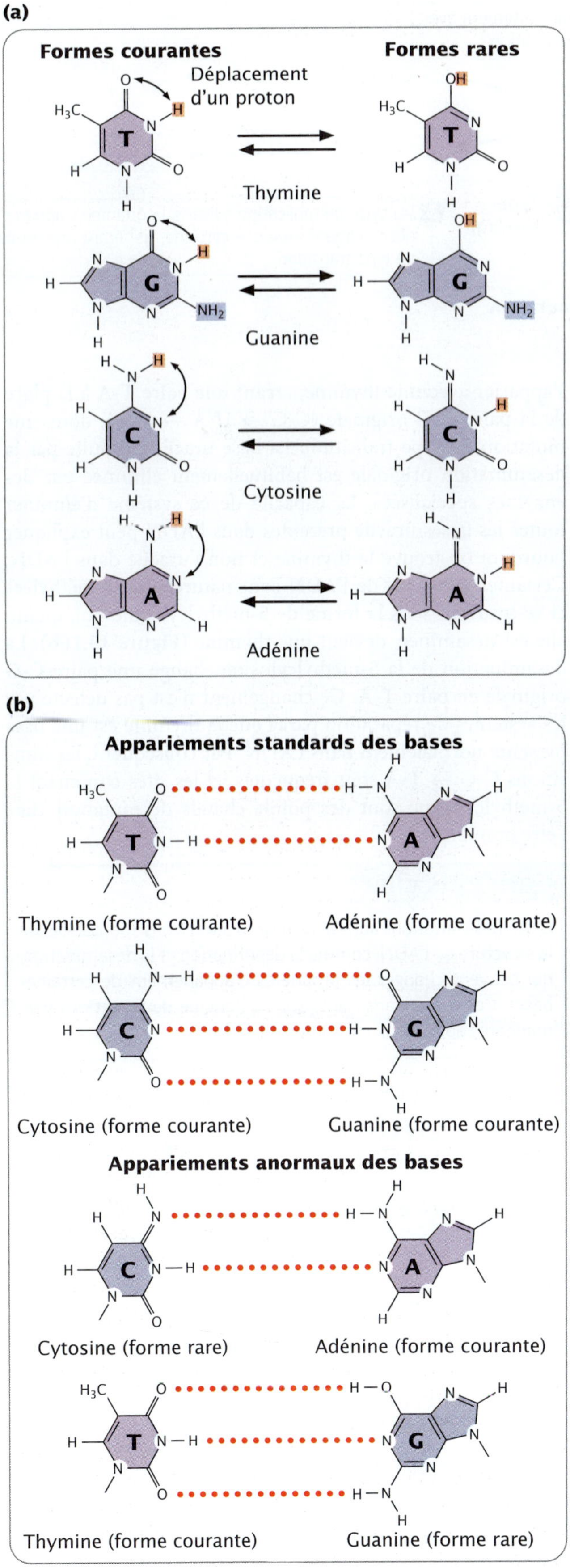

13.10 Les bases puriques et pyrimidiques existent sous différentes formes appelées tautomères. (a) Un glissement tautomérique se produit quand un proton se déplace et stabilise la forme tautomérique plus rare. (b) Les appariements standards, et les appariements « anormaux » qui se produisent avec le tautomère rare des bases. Les mésappariements dus à des glissements tautomériques ont longtemps été considérés comme la cause principale d'erreurs de réplication, mais de telles structures n'ont pas été observées dans l'ADN, et la plupart des observations indiquent que d'autres causes de mésappariements (voir aussi la Figure 13.11) seraient responsables des erreurs spontanées de réplication.

une tendance accrue au glissement de brin et au crossing-over inégal. Des suites de séquences répétées, telles les répétitions de trinucléotides ou les répétitions homopolymériques (plus de cinq répétitions successives de la même base), favorisent le glissement de brin. Des séquences dupliquées ou répétitives peuvent s'aligner imparfaitement à l'appariement, donnant lieu à des crossing-over inégaux. Le glissement de brin et le crossing-over inégal génèrent des copies dupliquées de courtes séquences qui, à leur tour, favorisent d'autres glissements de brin et des crossing-over inégaux.

Concepts clés

Des erreurs de réplication spontanées résultent d'altérations de la structure des bases et de flottements à l'appariement. De courtes insertions et délétions peuvent se produire suite au glissement de brin à la réplication ou à des crossing-over inégaux.

✔ Test de compréhension 4

Expliquez comment une erreur d'incorporation devient une mutation permanente.

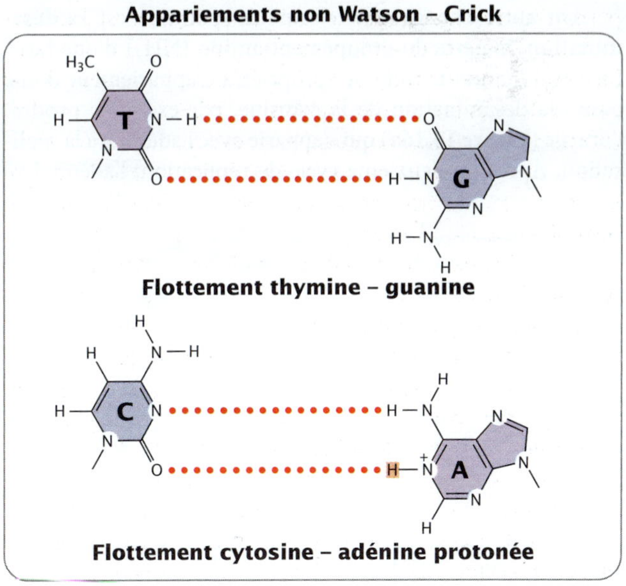

13.11 Des appariements de bases non standards peuvent résulter de la flexibilité relative de la structure de l'ADN. Les formes courantes de la thymine et de la guanine peuvent s'apparier par flottement. La cytosine et l'adénine peuvent s'apparier par flottement quand l'adénine est protonée (possède un atome d'hydrogène supplémentaire).

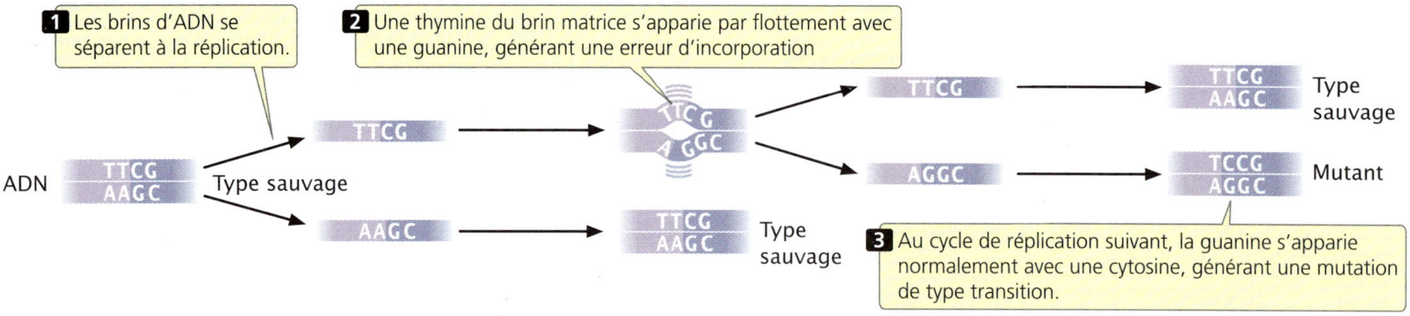

13.12 **L'appariement par flottement conduit à l'apparition d'une mutation.**

Modifications spontanées de bases

En plus des erreurs de réplication spontanées, des mutations peuvent apparaître suite à des changements chimiques spontanés dans l'ADN. Un de ces changements est la **dépurination**, la perte d'une base purique par un nucléotide, quand le lien glycosidique entre la purine et l'atome de carbone 1′ du désoxyribose est rompu (**Figure 13.15a**). Cette rupture produit un site apurinique, qui ne peut spécifier l'incorporation d'une base complémentaire à la réplication. En l'absence de contraintes d'appariement, un nucléotide avec une base quelconque (le plus souvent une adénine) est incorporé en regard du site apurinique dans le brin nouvellement synthétisé (**Figure 13.15b**), ce qui mène fréquemment à une erreur d'incorporation, qui peut être fixée en mutation au cycle de réplication suivant. La dépurination est une cause importante de mutations spontanées ; une cellule de mammifère en culture perd environ 10 000 purines par génération (c.-à-d. en 20 heures).

Un autre changement chimique spontané est la **désamination**, la perte du groupement amino (NH_2) d'une base. La désamination modifie les propriétés d'appariement d'une base : la désamination de la cytosine, par exemple, produit l'uracile (**Figure 13.16a**) qui s'apparie avec l'adénine à la réplication. Après un deuxième cycle de réplication, l'adénine va s'apparier avec une thymine, créant une paire T-A à la place de la paire C-G originale (C-G → U-A → T-A), donc une mutation du type transition. La base uracile produite par la désamination originale est habituellement éliminée par des enzymes spécialisées. La capacité de ce système d'éliminer toutes les bases uracile présentes dans l'ADN peut expliquer pourquoi on trouve la thymine et non l'uracile dans l'ADN. Certaines cytosines de l'ADN sont naturellement méthylées et se trouvent sous la forme de 5-méthylcytosine qui, quand elle est désaminée, devient une thymine (**Figure 13.16b**). La désamination de la 5-méthylcytosine change une paire C-G originale en paire T-A. Ce changement n'est pas détecté par les systèmes de réparation parce que la thymine est une base présente normalement dans l'ADN. Par conséquent, les transitions C-G → T-A sont fréquentes, et les sites contenant la 5-méthylcytosine sont des points chauds de mutation chez l'être humain.

Concepts clés

Certaines mutations sont le résultat d'altérations spontanées de la structure de l'ADN, comme la dépurination et la désamination, qui peuvent changer les propriétés d'appariement de certaines bases. Ces mésappariements sont à l'origine de mutations permanentes après deux cycles de réplication.

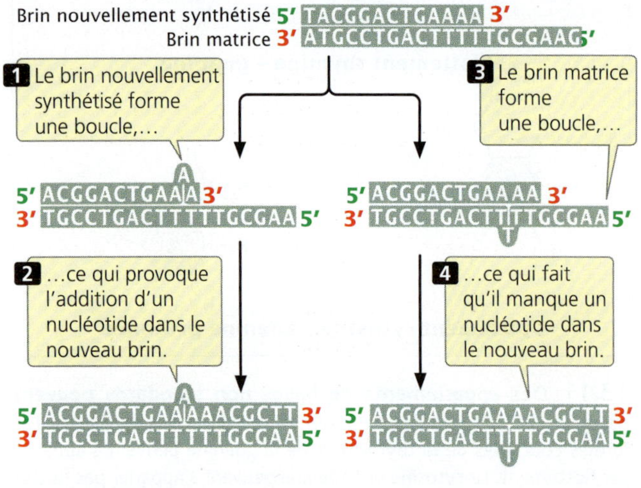

13.13 **Des insertions et des délétions peuvent être générées par des glissements de brin.**

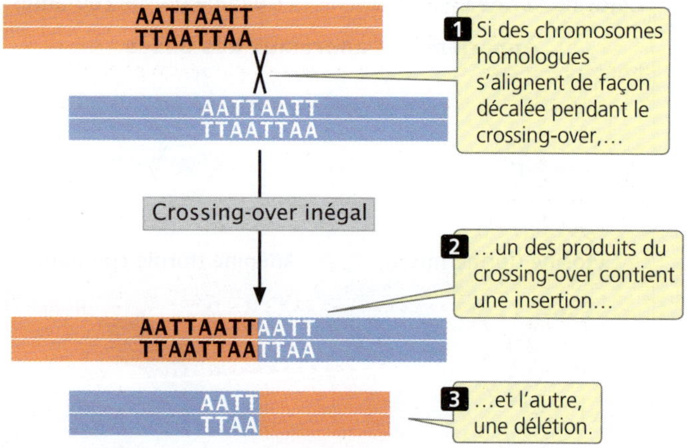

13.14 **Le crossing-over inégal produit des insertions et des délétions.**

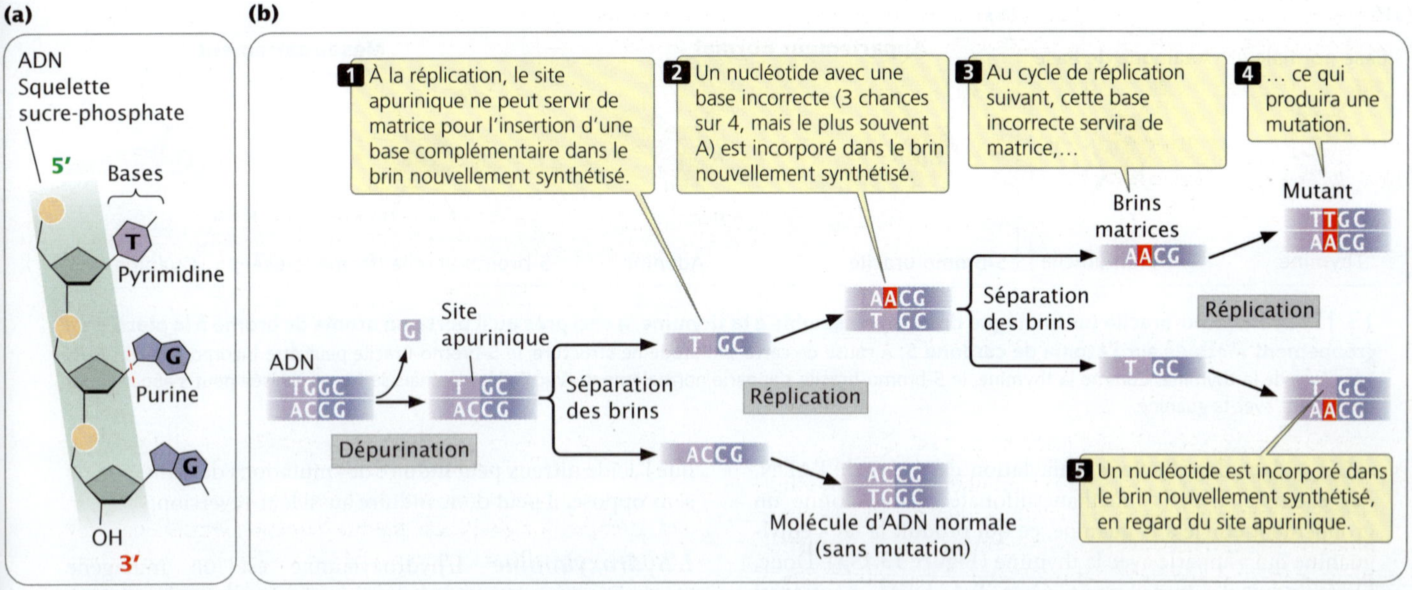

13.15 La dépurination (la perte d'une base purique par un nucléotide) produit un site apurinique.

Les mutations induites par des agents chimiques

Un certain nombre d'agents présents dans l'environnement provoquent des lésions dans l'ADN. Il peut s'agir d'agents chimiques ou physiques (radiations). Tout agent présent dans l'environnement et qui augmente significativement le taux de mutation par rapport au taux de mutation spontanée est un **mutagène**.

Les analogues de bases Les **analogues de bases** sont des mutagènes chimiques dont la structure est suffisamment voisine de celle des bases standard de l'ADN pour qu'ils puissent être incorporés dans l'ADN par l'ADN polymérase. Par exemple, le 5-bromo-uracile (5BU) est un analogue de la thymine, dans lequel un atome de brome (Br) remplace le groupement méthyle sur l'atome de carbone 5 (**Figure 13.17a**). Normalement, le 5-bromo-uracile s'apparie avec l'adénine, comme le fait la thymine, mais la présence du brome modifie la distribution des électrons et favorise la formation spontanée d'une forme ionisée qui s'apparie avec la guanine (**Figure 13.17b**), provoquant l'apparition d'une transition (T-A → 5BU-A → 5BU-G → C-G), comme montré dans la **Figure 13.18**. Toujours par mauvais appariement, le 5-bromo-uracile peut aussi être incorporé en regard d'une guanine dans une chaîne en cours de synthèse. Au cycle de réplication suivant, le 5-bromo-uracile s'apparie avec l'adénine, ce qui induit une autre transition (G-C → G-5BU → A-5BU → A-T).

La 2-aminopurine (2AP), un analogue de l'adénine, est un autre mutagène chimique qui provoque des transitions. La 2-aminopurine s'apparie normalement avec la thymine, mais sous forme protonée, elle peut aussi s'apparier avec la cytosine (T-A → T-2AP → C-2AP → C-G). Toujours par mauvais appariement, la 2-aminopurine peut aussi être incorporée en regard d'une cytosine et, par la suite, s'apparier avec une thymine, induisant une transition C-G → C-2AP → T-2AP → T-A.

En laboratoire, les mutations provoquées par un analogue de base peuvent faire l'objet d'une réversion induite par traitement avec le même analogue ou avec un analogue différent.

Les agents alkylants Les agents alkylants sont des composés chimiques qui servent de donneurs de groupement alkyle, comme les groupements méthyle (CH_3) ou éthyle (CH_3

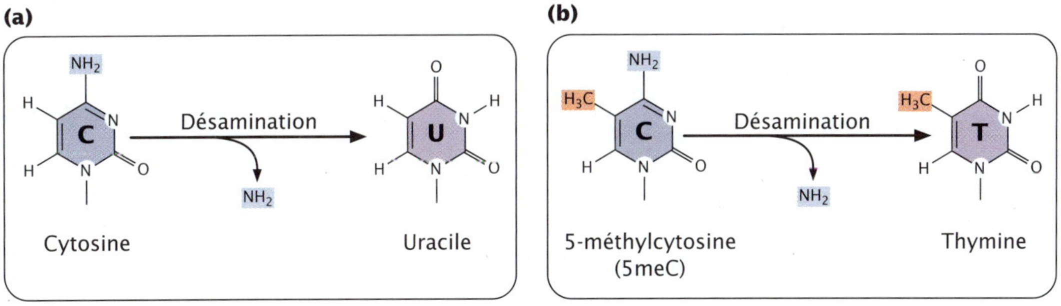

13.16 La désamination change la nature des bases nucléiques.

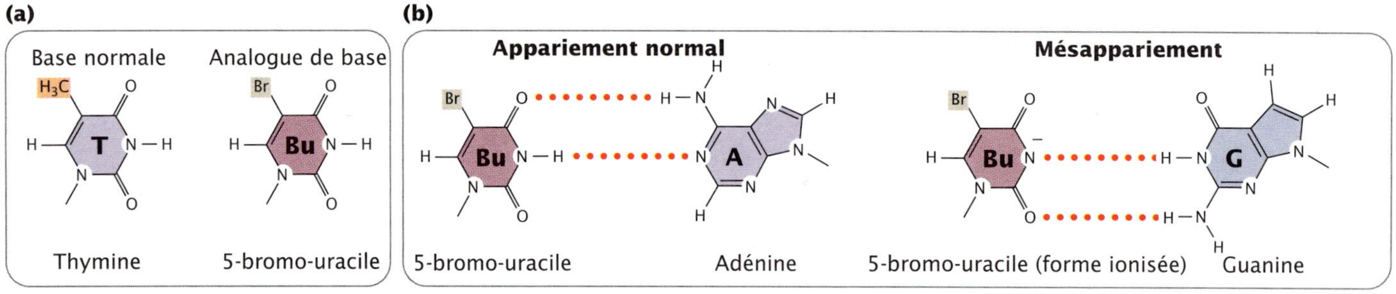

13.17 Le 5-bromo-uracile (un analogue de base) ressemble à la thymine, à ceci près qu'il porte un atome de brome à la place d'un groupement méthyle sur l'atome de carbone 5. À cause de cette similitude de structure, le 5-bromo-uracile peut être incorporé dans l'ADN à la place de la thymine. Comme la thymine, le 5-bromo-uracile s'apparie normalement avec l'adénine, mais sa forme ionisée peut s'apparier par flottement avec la guanine.

– CH_2), dans des réactions d'alkylation des bases de l'ADN. Par exemple, l'éthyl - méthanesulfonate (EMS) donne un groupement éthyle à la guanine, ce qui produit la O^6 - éthylguanine qui s'apparie avec la thymine (**Figure 13.19a**). Donc, l'EMS induit des transitions C-G → T-A. L'EMS peut aussi fournir un groupement éthyle à la thymine, produisant la 4-éthylthymine qui s'apparie avec la guanine, générant une transition T-A → C-G. Puisque l'EMS induit des transitions C-G → T-A et T-A → C-G, les mutations induites par l'EMS peuvent faire l'objet d'une réversion par un second traitement par l'EMS. Le gaz moutarde est aussi un agent alkylant.

La désamination induite En plus de son occurrence spontanée (voir la Figure 13.16), la désamination peut aussi être induite chimiquement. Par exemple, l'acide nitreux désamine la cytosine par oxydation, générant de l'uracile qui s'apparie avec l'adénine au cycle de réplication suivant (**Figure 13.19b**), et produit une transition C-G → T-A. L'acide nitreux désamine aussi la guanine pour donner la xanthine qui a une faible spécificité d'appariement, puisqu'elle peut s'apparier aussi bien avec la cytosine qu'avec la thymine, et dans ce dernier cas, induire une transition C-G → T-A. Étant donné que l'acide nitreux peut induire des mutations de transition de sens opposé, il peut donc induire aussi leur réversion.

L'hydroxylamine L'hydroxylamine est un mutagène extrêmement puissant, qui change spécifiquement la cytosine en *N*(4)-hydroxycytosine, laquelle s'apparie avec l'adénine et induit des transitions C-G → T-A (**Figure 13.19c**). Comme l'hydroxylamine n'agit que sur la cytosine, elle ne peut induire la réversion des mutations qu'elle produit.

Les agents intercalants La proflavine, l'acridine orange, le bromure d'éthidium, et les dioxines sont des **agents intercalants** (**Figure 13.20a**), qui produisent des mutations en s'insérant entre les bases empilées de l'ADN. La structure tridimensionnelle de la double hélice est déformée et cette distorsion provoque des insertions et des délétions d'un nucléotide à la réplication (**Figure 13.20b**). Ces insertions et délétions décalent fréquemment le cadre de lecture, et l'effet mutagène des agents intercalants est donc sévère. Comme ces agents génèrent à la fois des additions et des délétions, ils peuvent supprimer les effets de leurs propres mutations en rétablissant le cadre de lecture.

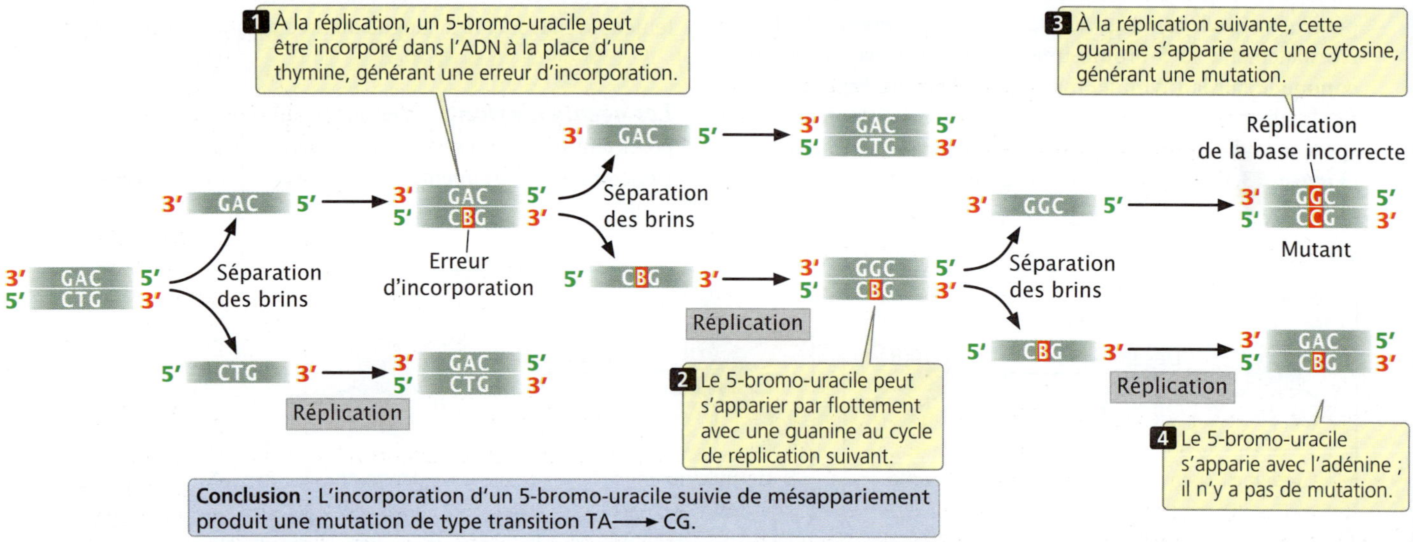

13.18 Des agents chimiques peuvent modifier les bases de l'ADN.

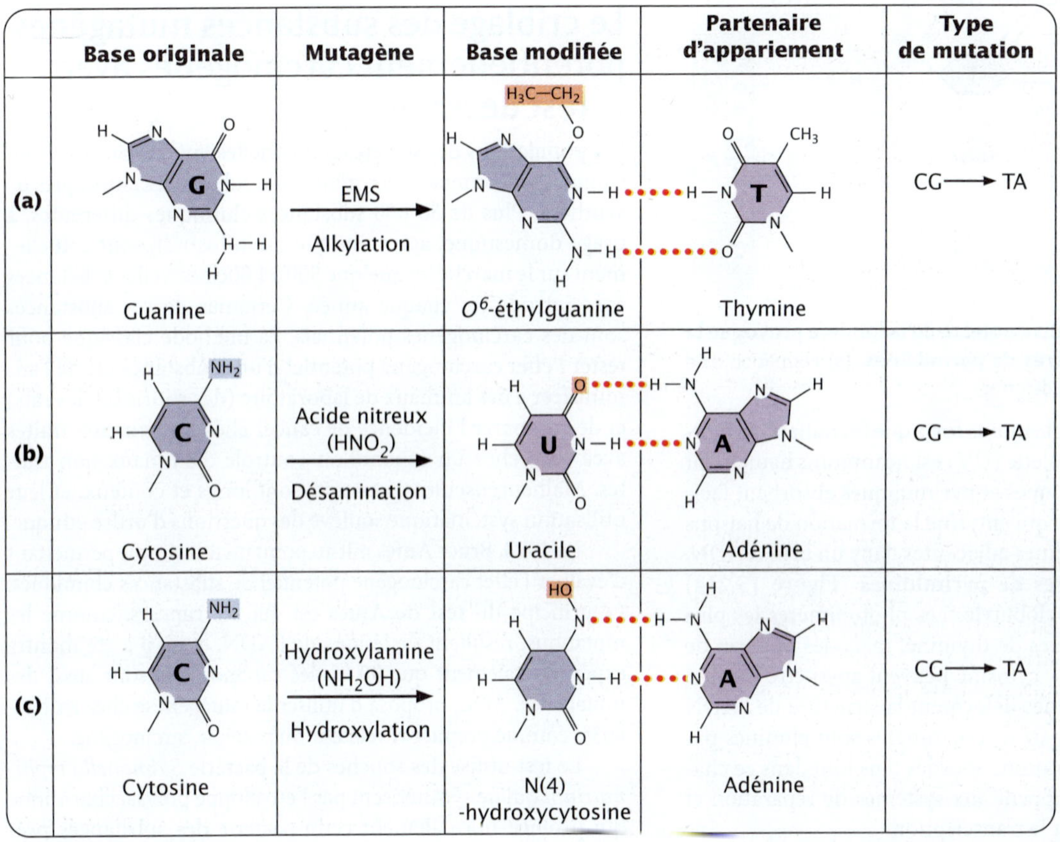

13.19 Des agents chimiques peuvent modifier les bases de l'ADN.

Concepts clés

Les agents chimiques provoquent des mutations par une variété de mécanismes. Les analogues de bases sont incorporés dans l'ADN et donnent lieu fréquemment à des appariements incorrects. Les agents alkylants, les composés désaminants, l'hydroxylamine, et d'autres agents chimiques changent la structure des bases nucléiques, modifiant ainsi leurs propriétés d'appariement. Les agents intercalants se glissent entre les bases et provoquent des insertions et des délétions d'un nucléotide à la réplication.

✔ Test de compréhension 5

À quelle caractéristique les analogues de bases doivent-ils leur effet mutagène ?

a. Ils induisent des changements dans l'ADN polymérase qui l'empêchent de fonctionner correctement.
b. Ils déforment la structure de l'ADN.
c. Ils ont une structure semblable à celle des bases normales.
d. Ils modifient chimiquement les bases normales.

Les radiations

En 1927, Hermann Muller démontra que les rayons X pouvaient induire des mutations chez la mouche des fruits *Drosophila*. Des études ultérieures ont montré que les rayons X ont un effet mutagène chez tous les organismes. La haute énergie des rayons X, des rayons gamma, et des rayons cosmiques leur permet de traverser les tissus et de provoquer des lésions dans l'ADN. Ces radiations, appelées radiations ionisantes, délogent les électrons des atomes qu'elles rencontrent et changent des molécules stables en radicaux libres et en ions réactifs, qui à leur tour altèrent la structure des bases et rompent les liaisons phosphodiester dans l'ADN. Les radiations ionisantes provoquent fréquemment des cassures double brin dans l'ADN. La réparation de ces cassures peut être à l'origine de mutations chromosomiques (voir le Chapitre 7).

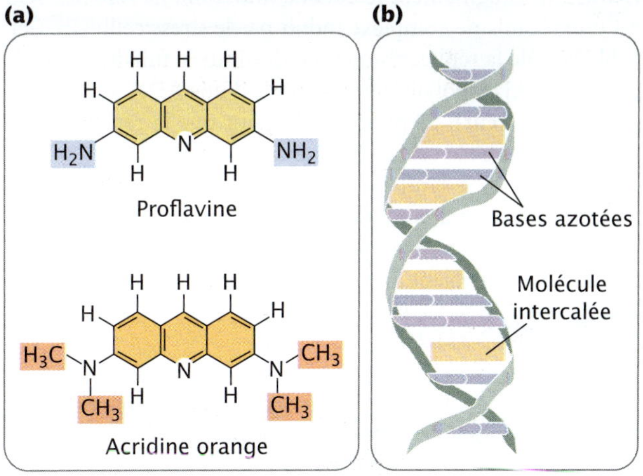

13.20 Des agents intercalants tels que la proflavine et l'acridine orange s'insèrent entre des bases adjacentes de l'ADN, déformant la structure tridimensionnelle de la double hélice et générant des insertions et des délétions d'un nucléotide à la réplication.

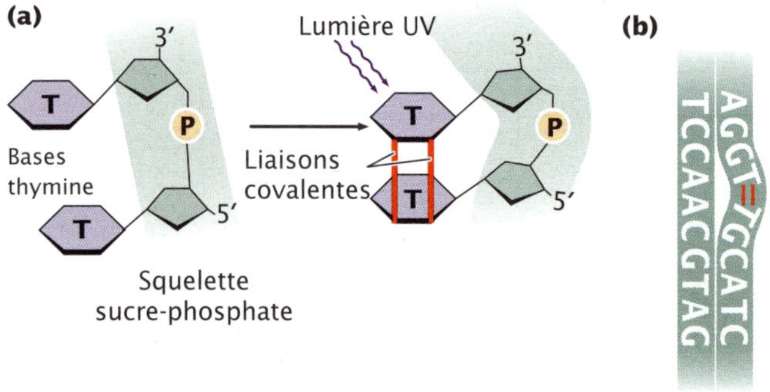

13.21 La composante ultraviolette de la lumière provoque la formation de photodimères de pyrimidines. (a) Formation d'un dimère de thymine. (b) ADN déformé.

Bien que d'une énergie moins forte que les radiations ionisantes, la lumière ultraviolette (UV) est néanmoins hautement mutagène. Les bases puriques et pyrimidiques absorbent facilement la lumière UV, ce qui entraîne la formation de liaisons chimiques entre pyrimidines adjacentes dans un brin d'ADN, et la création de **dimères de pyrimidines** (**Figure 13.21a**) contenant un anneau cyclobutyle. Les photodimères les plus fréquents sont des dimères de thymine, mais des dimères de cytosine ou de thymine – cytosine peuvent aussi être formés. Les dimères de pyrimidines déforment la structure de l'ADN (**Figure 13.21b**). La plupart de ces dimères sont éliminés par des mécanismes de réparations abordés plus loin dans ce chapitre, mais certains échappent aux systèmes de réparation et bloquent la réplication et la transcription.

Le blocage de la réplication par les dimères de pyrimidines inhibe la division cellulaire et entraîne généralement la mort de la cellule concernée ; pour cette raison, la lumière UV tue les bactéries et elle est un agent stérilisant efficace. Son effet mutagène se manifeste quand l'obstacle à la réplication est franchi. Les bactéries peuvent contourner l'obstacle créé par les dimères de pyrimidine et d'autres types de lésions grâce au **système SOS**. Ce système permet à la réplication de surmonter les obstacles, mais au prix de nombreux sauts d'appariement qui augmentent le taux de mutation. La réponse SOS est un mécanisme complexe induit par le stress cellulaire (ici, le blocage de la réplication) et qui diminue la fidélité de réplication de l'ADN polymérase (on parle d'une ADN polymérase encline à l'erreur). Le prix à payer pour que la réplication se poursuive et que la cellule survive est donc de sacrifier la fidélité normale de la synthèse d'ADN. (N.d.T. : Le système SOS a été découvert et abondamment étudié chez les bactéries, en particulier chez l'organisme modèle *E.coli*, mais il existe un mécanisme équivalent dans les cellules eucaryotiques.)

Concepts clés

Les radiations ionisantes telles que les rayons X et les rayons gamma endommagent l'ADN en délogeant des électrons des atomes ; ces électrons changent des molécules normalement stables en molécules hautement réactives qui rompent les liaisons phosphodiester et altèrent la structure des bases. La lumière ultraviolette provoque des mutations principalement par la formation de dimères de pyrimidines qui perturbent la réplication et la transcription. Le système SOS permet aux bactéries de surmonter les obstacles à la réplication, mais en introduisant des erreurs de réplication.

Le criblage des substances mutagènes potentiellement carcinogènes avec le test de Ames

Les populations des sociétés industrielles vivent dans un environnement contenant des milliers de substances chimiques de synthèse. Plus de 50 000 substances chimiques différentes, à usage domestique, agronomique ou industriel, sont actuellement sur le marché, et quelque 500 à 1 000 nouvelles substances sont introduites chaque année. Certaines de ces substances sont des carcinogènes potentiels. La méthode classique pour tester l'effet carcinogène potentiel d'une substance est de l'administrer à des animaux de laboratoire (des souris ou des rats) et de comparer l'incidence de cancer chez les animaux traités avec celle chez un échantillon contrôle d'animaux non traités. Malheureusement, ces tests sont longs et coûteux, et leur utilisation systématique soulève des questions d'ordre éthique.

En 1974, Bruce Ames mit au point un test simple permettant d'évaluer l'effet carcinogène potentiel de substances chimiques. Le principe du **test de Ames** est que les cancers, comme les mutations, résultent de lésions de l'ADN, et qu'il a été montré expérimentalement que 90 % des carcinogènes sont aussi des mutagènes. Ames proposa d'utiliser la mutagénèse chez les bactéries comme premier révélateur du pouvoir carcinogène.

Le test utilise des souches de la bactérie *Salmonella typhimurium* qui ne synthétisent pas l'enveloppe polysaccharidique qui protège normalement cette bactérie des substances présentes dans l'environnement, et dont les systèmes de réparation de l'ADN ont été inactivés ; ces déficiences rendent les souches beaucoup plus sensibles aux mutagènes.

Le test utilise quatre souches auxotrophes pour l'acide aminé histidine (his^-). Une des souches détecte les substitutions de paires de bases ; les trois autres détectent différents types de mutations de décalage du cadre de lecture. Seules les souches qui ont subi une mutation réverse vers la prototrophie ($his^- \rightarrow his^+$) sont capables de synthétiser l'histidine et de croître sur un milieu ne contenant pas d'histidine (**Figure 13.22**). Une série de dilutions d'une substance à tester est ajoutée à des boîtes inoculées avec les bactéries, et le nombre de colonies de bactéries révertantes sur chaque boîte est comparé à celui de colonies apparues sur des boîtes de contrôle sans substance ajoutée (c.-à-d., produites par réversion spontanée). Toute substance qui augmente significativement le nombre de colonies sur les boîtes traitées est mutagène et potentiellement carcinogène.

Certaines substances ne sont pas intrinsèquement carcinogènes, mais les produits de leur métabolisation par l'organisme peuvent l'être. Pour que le test de Ames puisse détecter ces carcinogènes potentiels, la substance à tester est préalablement incubée avec un extrait de foie de mammifère qui contient la plupart des enzymes du métabolisme cellulaire.

Le test de Ames a été appliqué à des milliers de substances. Une première démonstration de son utilité fut la découverte, en 1975, que de nombreux colorants capillaires commercialisés aux États-Unis contenaient des substances mutagènes pour les bactéries. Ces substances furent alors retirées de la composition des colorants capillaires.

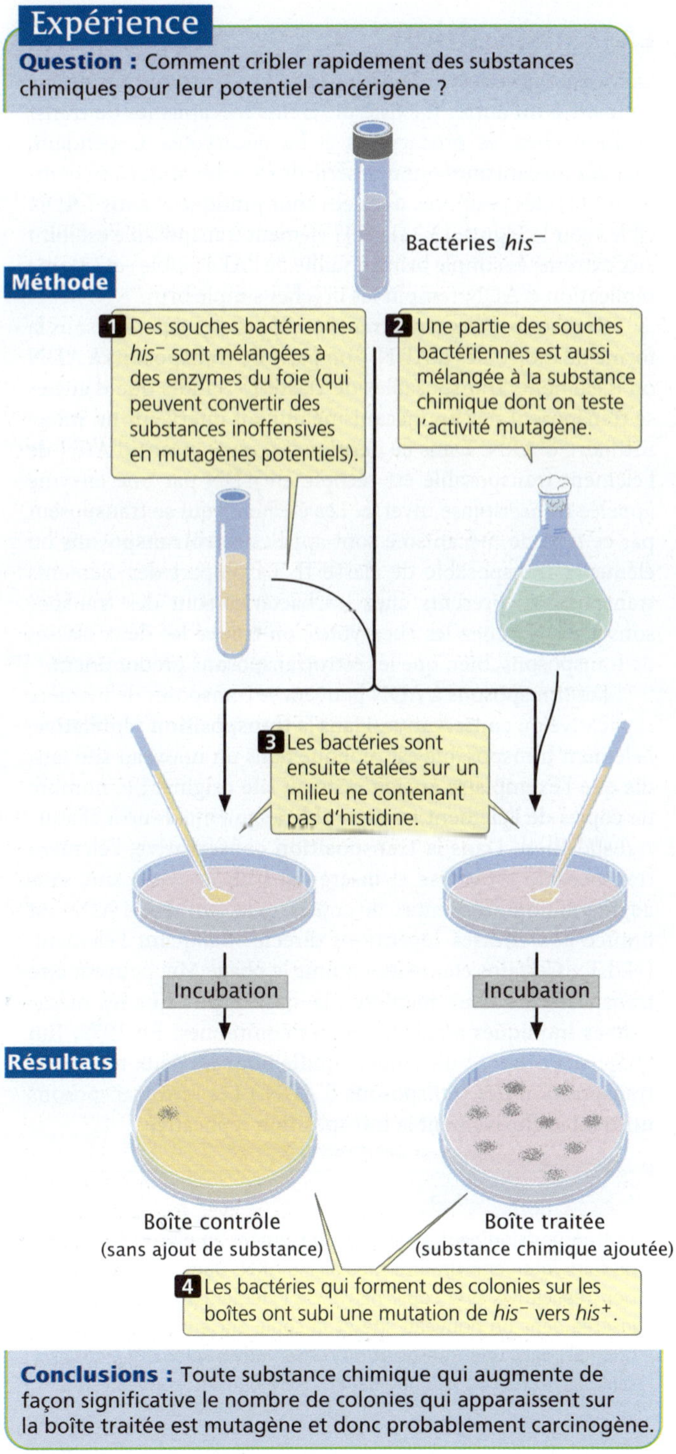

13.22 Le test de Ames est utilisé pour détecter des substances chimiques mutagènes.

Concepts clés

Le test de Ames utilise la réversion de mutations auxotrophes *his*⁻ pour tester le pouvoir mutagène de substances chimiques de synthèse. Étant donné qu'il existe une corrélation forte entre pouvoir mutagène et effet carcinogène, le test est largement utilisé comme premier criblage de substances chimiques nouvelles pour leur effet carcinogène potentiel.

13.3 Les éléments transposables sont des séquences d'ADN mobiles qui peuvent provoquer des mutations

Les éléments transposables sont des séquences d'ADN capables de se déplacer dans le génome, que l'on trouve chez tous les organismes. Ils sont très abondants dans certains génomes : par exemple, ils constituent environ 45 % du génome humain. La plupart des éléments transposables peuvent s'insérer à de nombreux sites différents, par des mécanismes distincts de ceux de la recombinaison homologue. Ils provoquent des mutations, soit en s'insérant dans un gène dont ils interrompent la séquence, soit en favorisant des réarrangements de l'ADN tels que des délétions, des duplications, et des inversions (voir le Chapitre 7).

Caractéristiques générales des éléments transposables

Il existe différents types d'éléments transposables : certains ont une structure simple, ne contenant que les séquences nécessaires à leur transposition (leur mouvement), tandis que d'autres ont une structure complexe et codent un certain nombre de fonctions qui n'ont pas de rapport direct avec la transposition. Nonobstant cette variété, nombre d'éléments transposables ont certaines caractéristiques en commun.

De courtes **répétitions directes** de 3 à 12 pb sont présentes de part et d'autre de la plupart des éléments transposables. Elles ne font pas partie des éléments transposables et ne se déplacent pas avec eux. En fait, elles sont générées au point d'insertion par le processus de transposition. Leur séquence varie, mais leur longueur est constante pour chaque type d'élément transposable. Ces répétitions directes encadrant l'élément indiquent que des coupures décalées sont pratiquées dans l'ADN cible lors de l'insertion de l'élément transposable (**Figure 13.23**). Ces coupures décalées laissent de courts segments d'ADN à l'état de simple brin de part et d'autre de l'élément inséré, et la réplication de cet ADN simple brin par l'ADN polymérase crée ces petites répétitions directes.

Aux extrémités de la plupart des éléments transposables, il y a des **séquences répétées inverses** de 9 à 40 pb. Voici un exemple de telles séquences :

5′ – ACAGTTCAG ...CTGAACTGT – 3′
3′ – TGTCAAGTC ...GACTTGACA – 5′

Les séquences répétées inverses terminales sont reconnues par les enzymes qui catalysent la transposition ; elles sont donc indispensables à la transposition. La **Figure 13.24** résume les caractéristiques générales des éléments transposables.

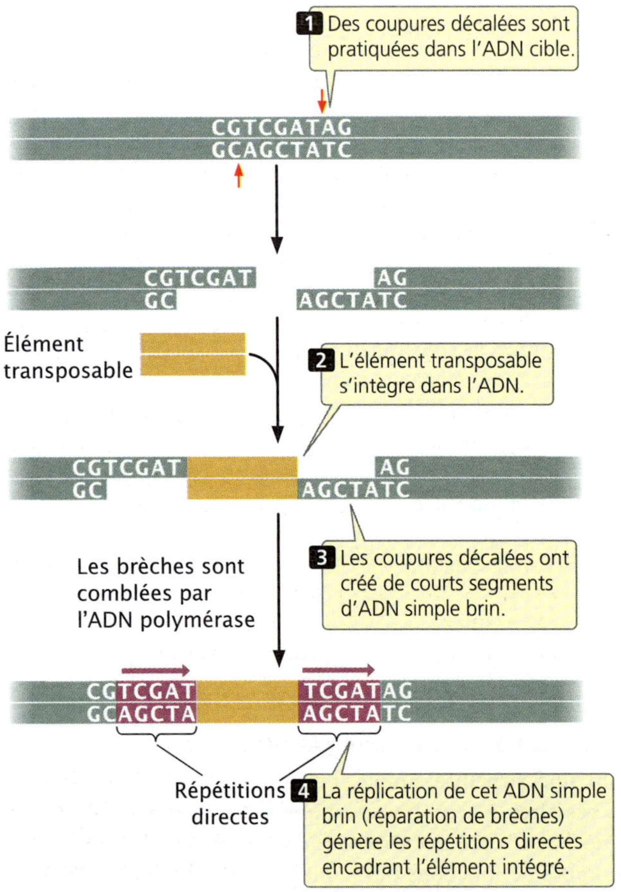

13.23 Des répétitions directes sont générées de part et d'autre d'un élément transposable qui s'insère dans l'ADN.

La transposition

La **transposition** est le déplacement d'un élément transposable d'un site à un autre. Il existe différents mécanismes de transposition chez les procaryotes et les eucaryotes. Cependant, tous ces mécanismes ont une série de caractéristiques en commun : (1) des coupures décalées sont pratiquées dans l'ADN cible (voir la Figure 13.23) ; (2) l'élément transposable est joint aux extrémités simple brin en saillie de l'ADN cible ; et (3) une réplication d'ADN remplit les brèches simple brin.

Beaucoup d'éléments transposables se transposent sous la forme de molécules d'ADN – on parle de **transposons à ADN** ou d'éléments transposables de classe I – tandis que d'autres se transposent par un mécanisme qui fait intervenir un intermédiaire d'ARN. Dans ce dernier cas, un transcrit d'ARN de l'élément transposable est recopié en ADN par une enzyme appelée transcriptase inverse. Les éléments qui se transposent par ce type de mécanisme sont appelés **rétrotransposons** ou éléments transposable de classe II. La plupart des éléments transposables présents chez les bactéries sont des transposons à ADN. Chez les eucaryotes, on trouve les deux classes de transposons, bien que les rétrotransposons prédominent.

Les transposons à ADN peuvent se transposer de manière réplicative ou conservative. Dans la **transposition réplicative**, l'élément transposable est répliqué dans un nouveau site tandis que l'exemplaire ancien reste au site original ; le nombre de copies de l'élément transposable augmente donc à chaque transposition. Dans la **transposition conservative**, l'élément transposable est excisé et inséré dans un nouveau site, sans augmentation du nombre de copies, et la synthèse d'ADN est limitée aux courtes répétitions directes flanquant l'élément. (N.d.T. : Certains éléments, comme le phage Mu, peuvent être transposés des deux manières, ce qui suggère que les mécanismes impliqués aient des étapes communes. En 1979, Jim Shapiro a proposé un modèle unifié pour les deux modes de transposition des transposons d'ADN.) Les rétrotransposons utilisent exclusivement la transposition réplicative.

Concepts clés

Les éléments transposables sont des séquences d'ADN mobiles qui sont souvent la cause de mutations. Il y a de nombreux types différents d'éléments transposables ; la plupart génèrent de courtes répétitions directes de la séquence du site d'insertion, qui flanquent l'élément transposé. De nombreux éléments transposables contiennent de courtes séquences répétées inverses à leurs extrémités.

✔ Test de compréhension 6

Expliquez la création de répétitions directes flanquant un élément transposé.

Concepts clés

La transposition peut avoir lieu simplement au niveau de l'ADN ou faire intervenir un intermédiaire d'ARN. Dans une transposition réplicative, une copie neuve de l'élément transposable est insérée dans un nouveau site et la copie ancienne reste au site original ; dans une transposition conservative, l'élément transposable est excisé du site original et inséré dans un nouveau site.

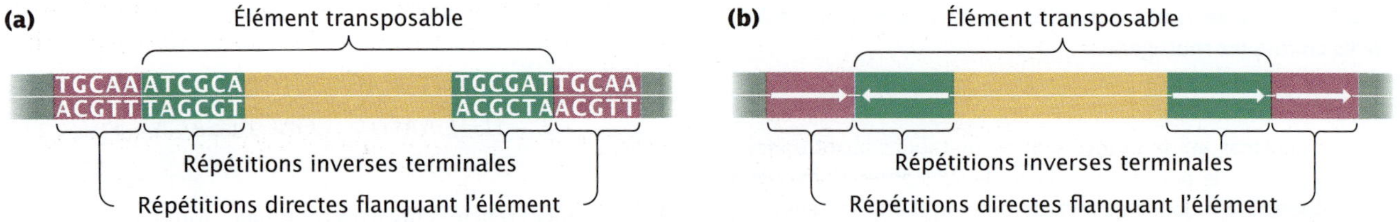

13.24 De nombreux éléments transposables ont des caractéristiques communes. (a) La plupart des éléments transposables génèrent des répétitions directes de part et d'autre de leur point d'insertion dans l'ADN. De nombreux éléments transposables contiennent aussi des répétitions inverses terminales. (b) Représentation graphique des répétitions directes et inverses.

Les effets mutagènes de la transposition

Une très vaste majorité des éléments transposables s'insère de façon aléatoire dans le génome et donc dans des gènes dont la fonction est le plus souvent perdue. La transposition est donc généralement mutagène. Plus de la moitié des mutations spontanées chez *Drosophila* résultent de l'insertion d'un élément transposable dans un gène fonctionnel ou dans sa proximité immédiate.

Plusieurs cas de maladies génétiques humaines sont dus à l'insertion d'un élément transposable dans un gène important. Bien que la plupart des mutations dues à une transposition aient un effet néfaste, la transposition peut parfois activer un gène ou conférer un avantage sélectif à une cellule ou à un organisme. Par exemple, certains éléments transposables bactériens portent des gènes codant la résistance à des antibiotiques, et plusieurs éléments transposables chez les insectes ont créé des mutations qui confèrent la résistance aux insecticides.

Un exemple remarquable de l'effet mutagène des éléments transposables est la couleur du raisin. Il existe des variétés de raisin à baies bleu-noires, rubis, et blanches (**Figure 13.25**). Les couleurs noire et rubis sont dues à la production de pigments anthocyanes dans la pellicule du grain. Une mutation a supprimé la production de pigments anthocyanes chez le raisin noir, donnant lieu à des baies de couleur blanche. Cette mutation est due à l'insertion d'un rétrotransposon de 10 422 pb appelé *Gret1* près du gène d'un facteur de transcription qui stimule la production d'anthocyane : le facteur de transcription n'est plus synthétisé, et les anthocyanes ne sont pas produits. Un événement génétique spécifique aux transposons a eu lieu chez le raisin blanc (voir la Figure 13.25), éliminant la majeure partie du rétrotransposon. La synthèse de pigment est rétablie, mais en quantité réduite, ce qui donne lieu à des baies de couleur rubis. La transposition donne souvent lieu à des remaniements génétiques, liés intrinsèquement au phénomène de transposition, tels que des délétions, des inversions, et des fusions de réplicons, ou dus à des événements de recombinaison homologue entre copies de transposons, qui peuvent aussi provoquer des duplications, des délétions, et des inversions, comme montré dans la **Figure 13.26**. La mutation *Bar* chez la drosophile (voir les Figures 7.6 et 7.7) est une duplication en tandem qui résulte très probablement d'une recombinaison entre deux copies d'un élément transposable présentes sur le chromosome X.

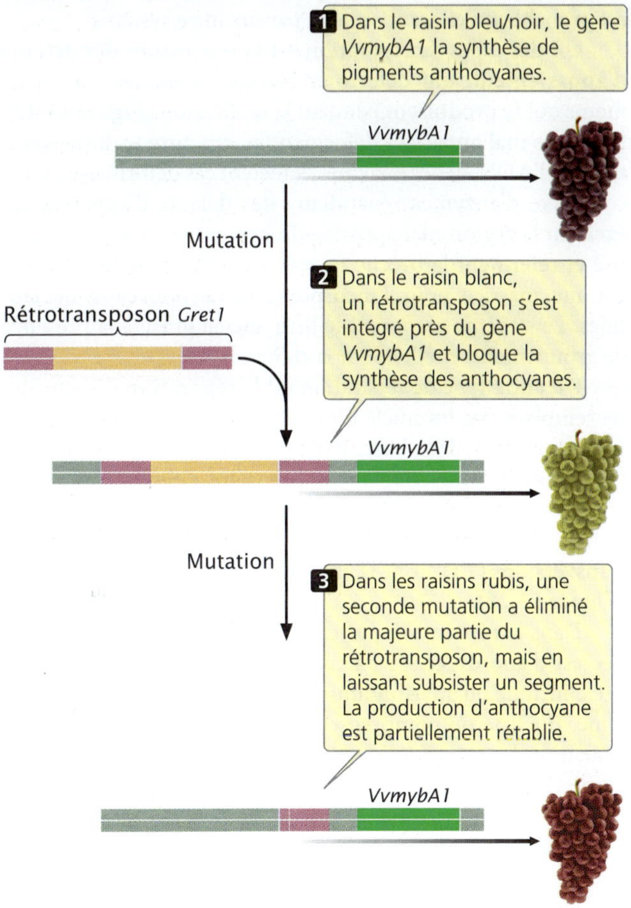

13.25 La couleur rouge rubis ou blanche du raisin résulte de l'insertion et de la délétion d'un rétrotransposon.

Les éléments transposables chez l'homme Le génome humain contient près de 45 % d'éléments transposables ou de séquences qui en sont dérivées et qui sont désormais incapables de se transposer. Une comparaison des génomes de l'homme et du chimpanzé suggère que quelque 11 000 événements de transposition ont eu lieu depuis que les deux espèces ont divergé il y a environ six millions d'années.

Un des éléments transposables les plus répandus dans le génome humain est *Alu*. Chaque cellule humaine contient plus d'un million de copies d'*Alu*, complètes ou partielles, dans ses chromosomes. La séquence *Alu* complète est longue d'environ 200 pb et ressemble très fort à celle du gène de l'ARN 7SL, un ARN cytoplasmique qui participe au transfert des protéines nouvellement synthétisées vers la lumière du réticulum endoplasmique. Les séquences *Alu* créent de courtes répétitions directes en s'insérant dans l'ADN, et elles ont des caractéristiques qui suggèrent que leur transposition implique un intermédiaire d'ARN.

Le rôle des éléments transposables dans l'évolution

Les éléments transposables ont clairement joué un rôle important dans l'évolution des génomes vers leur forme actuelle. La grande taille de nombreux génomes d'eucaryotes est due principalement à l'abondance d'éléments transposables et particulièrement de rétrotransposons. Chez *Drosophila*, 50 % environ des mutations spontanées sont dues à des transpositions. La recombinaison homologue entre copies d'éléments transposables a produit de nombreuses duplications et d'autres réarrangements chromosomiques. De plus, certains éléments transposables emportent des séquences d'ADN avec eux quand ils se transposent ; ils fournissent ainsi la capacité de déplacer des séquences régulatrices vers de nouveaux sites, où elles peuvent influencer l'expression d'autres gènes, donc changer le profil général d'expression génique d'une cellule.

Concepts clés

Des augmentations du nombre de copies des éléments transposables ont contribué à la grande taille de nombreux génomes eucaryotiques.

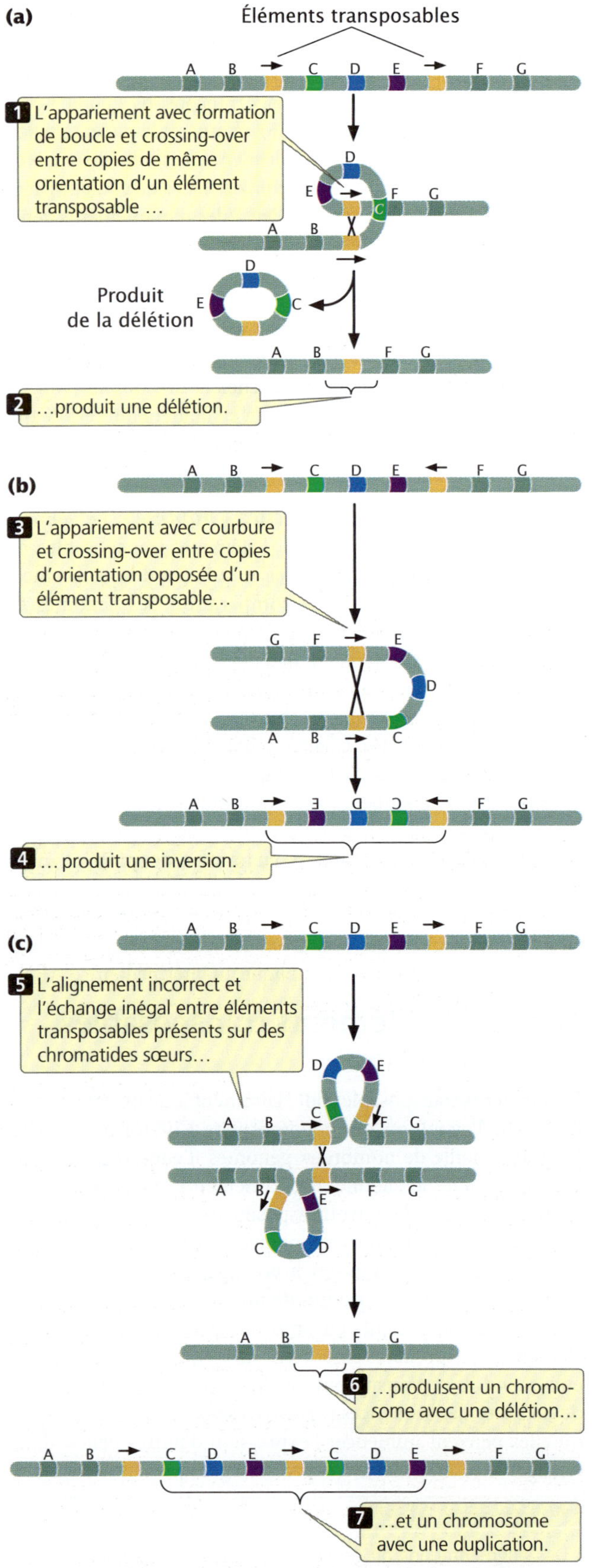

13.26 La transposition peut être à l'origine de réarrangements chromosomiques.

13.4 Il existe de nombreux systèmes de réparation de l'ADN

L'ADN est constamment exposé à des radiations, des mutagènes chimiques, et des changements spontanés qui menacent son intégrité. En dépit de cet assaut d'agents délétères, le taux de mutation reste extrêmement bas grâce à l'efficacité des systèmes de réparation. On estime que moins d'une lésion sur mille donnera lieu à une mutation ; toutes les autres sont réparées.

Il existe plusieurs systèmes assez complexes de réparation de l'ADN, mais il est important de dégager certains principes généraux. En premier lieu, la majorité des mécanismes mettent en jeu les deux brins de l'ADN parce qu'ils remplacent des nucléotides entiers (et pas seulement des bases), et que la présence d'un brin matrice est indispensable pour spécifier une séquence nucléotidique complémentaire.

Une seconde caractéristique générale est la redondance. De nombreux types de lésions peuvent être corrigés par plus d'un système de réparation. Cette redondance témoigne de l'importance extrême de la réparation de l'ADN pour la survie d'une cellule : elle assure que presque toutes lésions soient réparées et que les erreurs de réplication soient corrigées. Si une faute ou une lésion échappe à un système de réparation, il est probable qu'elle soit réparée par un autre système.

Un des types de réparation est la **réparation des défauts d'appariement**, qui détecte et corrige les mauvais appariements qui se produisent pendant la réplication (**Figure 13.27**). Les bases mal appariées déforment la structure tridimensionnelle de l'ADN, et des enzymes détectent ces déformations. Un complexe d'enzymes réparateurs des défauts d'appariement excisent la région mal appariée du brin nouvellement synthétisé et referment la brèche formée en utilisant le brin ancien comme matrice pour l'incorporation de nouveaux nucléotides. Le système reconnaît le brin ancien grâce à la présence de groupements méthyle sur certaines bases.

Un autre type de réparation est la **réparation directe**, qui ne remplace pas les nucléotides altérés, mais rétablit la structure correcte de leur base. Par exemple, une enzyme appelée O^6-méthylguanine-ADN méthyltransférase élimine le groupement méthyle de la O^6-méthylguanine, un produit d'alkylation de la guanine qui s'apparie avec l'adénine et provoque des transversions G-C → A-T, et rétablit ainsi la guanine originale (**Figure 13.28**).

Dans la **réparation par excision de base**, une base modifiée est d'abord excisée par une ADN glycosylase, créant un site apurique ou apyrimidique qui est réparé par un autre système. Il existe de nombreuses ADN glycosylases, spécifiques chacune d'un type de base modifiée. Par exemple, l'uracile glycosylase reconnaît et élimine l'uracile produite par la désamination de la cytosine. D'autres glycosylases reconnaissent l'hypoxanthine, la 3-méthyladénine, la 7-méthylguanine, ou encore d'autres bases modifiées.

Un dernier système de réparation auquel nous nous intéresserons, mais notre liste est loin d'être exhaustive, est la **réparation par excision de nucléotides**, aussi appelée

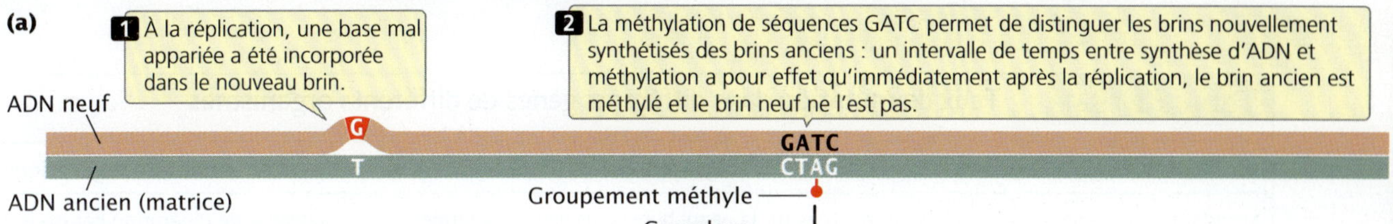

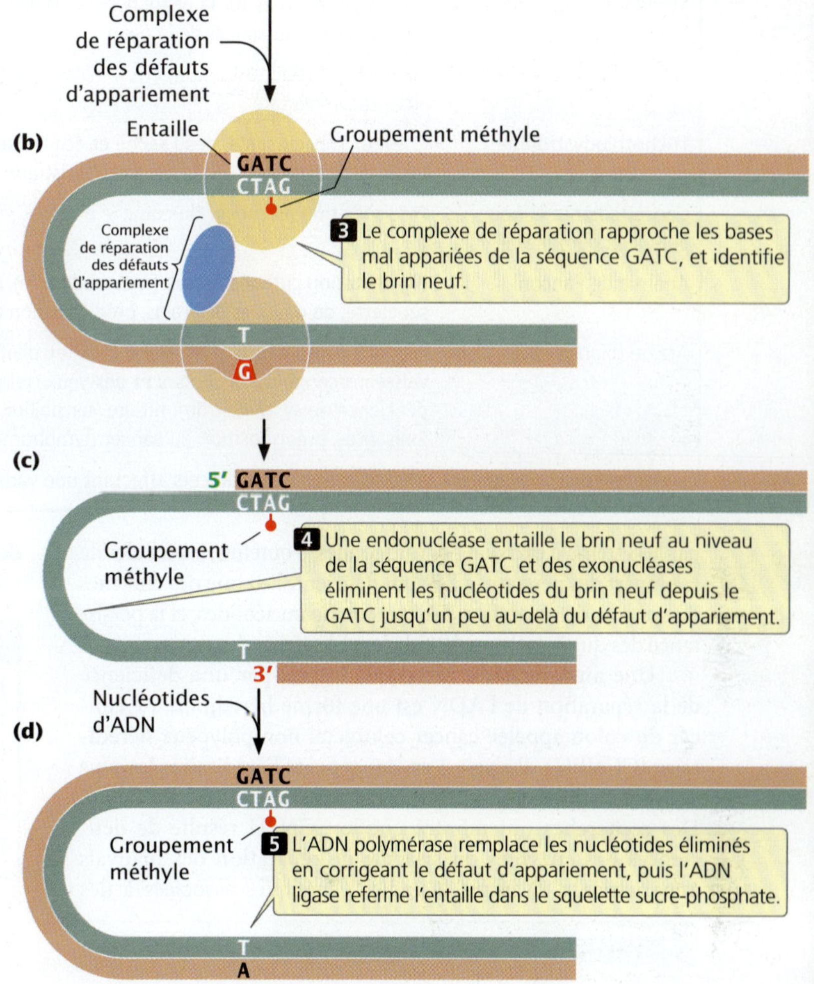

13.27 Beaucoup de nucléotides incorporés de façon incorrecte et qui échappent à l'activité correctrice d'épreuve de l'ADN polymérase sont éliminés par le système de réparation des mauvais appariements.

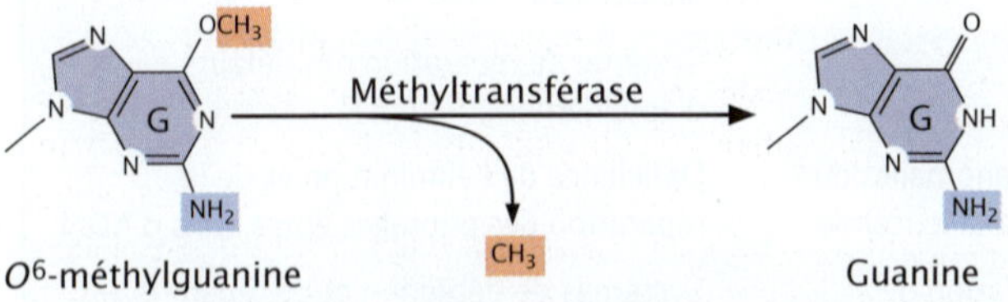

13.28 La réparation directe rétablit la structure originale des bases des nucléotides.

excision généralisée, qui élimine les lésions volumineuses (comme les dimères de pyrimidines) qui déforment la double hélice. L'excision de nucléotides peut réparer des lésions de types très divers. Ce système existe chez tous les organismes, des bactéries à l'homme, et c'est un des systèmes de réparation les plus importants.

> **Concepts clés**
>
> Il existe un véritable arsenal de systèmes de réparation de l'ADN. La plupart d'entre eux ont besoin des deux brins de l'ADN pour fonctionner parce qu'ils resynthétisent le segment d'ADN qui contenait la lésion en utilisant le brin intact comme matrice.

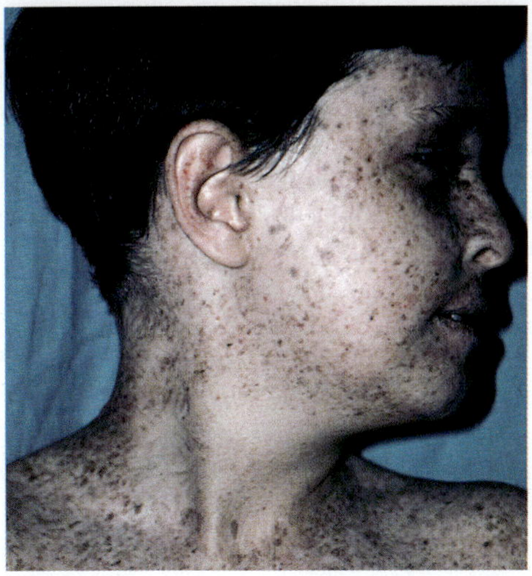

13.29 Le xeroderma pigmentosum est dû à des déficiences des systèmes de réparation de l'ADN. La maladie est caractérisée par l'apparition de taches pigmentées sur la peau (comme montré ici) et une prédisposition au cancer de la peau. *[Ken Greer/Visuals Unlimited.]*

Déficiences des systèmes de réparation de l'ADN et maladies génétiques

Plusieurs maladies génétiques humaines sont liées à des déficiences des systèmes de réparation de l'ADN. Ces déficiences conduisent souvent à une incidence accrue de types spécifiques de cancers, à cause de l'augmentation des taux de mutation. Cet aspect est abordé en détail dans le Chapitre 15.

Une des maladies humaines liées à une réparation déficiente parmi les mieux étudiées est xeroderma pigmentosum (XP, **Figure 13.29**), une maladie autosomique récessive rare qui se manifeste par une pigmentation anormale de la peau et une extrême sensibilité aux radiations ultraviolettes (UV) de la lumière solaire. Les personnes atteintes présentent aussi une prédisposition forte aux cancers de la peau, avec une incidence de 1 000 à 2 000 fois supérieure à celle observée chez les personnes non affectées.

La forte composante UV de la lumière solaire provoque l'apparition de dimères de pyrimidines dans l'ADN des cellules cutanées. Chez l'homme, la plupart de ces dimères sont éliminés

Tableau 13.4 Taux de mutation dans différents gènes de différents organismes

Maladie	Symptômes	Déficience génétique
Xeroderma pigmentosum	Taches pigmentées sur la peau, hypersensibilité à la lumière, prédisposition au cancer de la peau	Système de réparation par excision de nucléotides
Syndrome de Cockayne	Nanisme, sensibilité à la lumière, vieillissement précoce, surdité, arriération mentale	Système de réparation par excision de nucléotides
Trichothiodystrophie	Cheveux très cassants, peau sèche et écailleuse (ichtyose), petite taille, déficit intellectuel, faciès caractéristique	Système de réparation par excision de nucléotides
Cancer colorectal non polypeux héréditaire	Prédisposition au cancer du côlon	Système de réparation des défauts d'appariement
Anémie de Fanconi	Pigmentation cutanée accrue (mélanodermie), anomalies du squelette, du cœur, et des reins, prédisposition à la leucémie	Déficience de l'élimination et de la réparation des pontages entre brins d'ADN
Ataxie télangiectasie	Perte de coordination musculaire (ataxie), dilatation des vaisseaux sanguins de la peau et des yeux (télangiectasie), déficience du système immunitaire, sensibilité aux radiations ionisantes, prédisposition au cancer (lymphomes)	Systèmes de détection et de réparation des lésions dans l'ADN (caractérisation encore incomplète)
Syndrome de Li – Fraumeni	Prédisposition à des cancers affectant une variété de tissus	Systèmes de réponse aux lésions dans l'ADN

par le système d'excision des nucléotides. Toutefois, les cellules de la plupart des personnes XP sont déficientes en une des enzymes du système de réparation par excision de nucléotides, et la persistance des dimères de nucléotides est à l'origine des cancers.

Une autre maladie génétique causée par une déficience de la réparation de l'ADN est une forme héréditaire de cancer du côlon appelée cancer colorectal non polypeux héréditaire (CCNPH). Il s'agit d'un des cancers héréditaires les plus courants, représentant 15 % environ des cancers du côlon. Des recherches ont montré que le CCNPH résulte de déficiences des enzymes du système de réparation des mauvais appariements. D'autres maladies génétiques associées à des déficiences des systèmes de réparation de l'ADN sont présentées dans le **Tableau 13.4**.

Concepts clés

Des déficiences de la réparation de l'ADN sont à l'origine de plusieurs maladies génétiques. Plusieurs de ces maladies sont caractérisées par une prédisposition à certains cancers.

✔ Test de compréhension 7

Pourquoi des déficiences de la réparation de l'ADN sont-elles souvent associées à une incidence accrue de cancers ?

Résumé des concepts clés

- Les mutations sont des changements héréditaires de l'information génétique. Les mutations somatiques se produisent dans les cellules somatiques ; les mutations germinales se produisent dans les cellules destinées à devenir des gamètes.
- Le type le plus simple de mutation est la substitution de base, qui change une seule base dans l'ADN. Les transitions sont des substitutions de base dans lesquelles des purines sont remplacées par des purines ou des pyrimidines sont remplacées par des pyrimidines. Les transversions sont des substitutions de bases dans lesquelles une purine remplace une pyrimidine ou vice versa.
- Les insertions sont des additions de nucléotides, et les délétions, des pertes de nucléotides ; souvent, ces mutations changent le cadre de lecture d'un gène.
- Les amplifications de répétitions de trinucléotides sont des mutations dans lesquelles le nombre d'exemplaires d'un motif trinucléotidique augmente avec le temps ; elles sont responsables de plusieurs maladies génétiques humaines.
- Une mutation faux sens change la séquence nucléotidique d'une façon telle qu'un acide aminé se substitue à un autre. Une mutation non sens change un codon spécifiant un acide aminé en codon de terminaison. Une mutation silencieuse produit un codon spécifiant le même acide aminé que le codon original, tandis qu'une mutation neutre change un des acides aminés d'une protéine sans en altérer la fonction. Une mutation suppresseur supprime l'effet d'une mutation à un site différent et peut être intragénique (dans le même gène) ou extragénique (dans un autre gène).
- Le taux de mutation est la fréquence avec laquelle une mutation particulière survient dans une population. Les taux de mutation sont influencés par des facteurs génétiques et environnementaux.
- Certaines mutations se produisent spontanément. Ces mutations comprennent des mésappariements de bases à la réplication et des dépurinations et désaminations.
- Des insertions et des délétions peuvent résulter de glissements de brins à la réplication ou de crossing-over inégaux.
- Des analogues de bases peuvent être incorporés dans l'ADN à la réplication et s'apparier fautivement dans les cycles de réplication suivants. Des agents alkylants

et l'hydroxylamine modifient la structure chimique des bases et provoquent des mutations. Des agents intercalants s'insèrent entre les bases de l'ADN et provoquent des additions et des délétions d'un nucléotide.

- Les radiations ionisantes sont mutagènes : elles changent la structure des bases et rompent les liaisons phosphodiester. La lumière UV provoque la formation de dimères de pyrimidines qui bloquent la réplication.
- Le test de Ames utilise des bactéries pour détecter le caractère mutagène potentiel de substances chimiques.
- Les éléments transposables sont des séquences d'ADN mobiles qui s'insèrent en de nombreux sites d'un génome et qui provoquent souvent des mutations ou des réarrangements d'ADN.
- La plupart des éléments transposables ont deux propriétés en commun : ils contiennent des répétitions inversées à leurs extrémités, et ils génèrent de courtes répétitions directes de la séquence dans laquelle ils s'insèrent.
- La transposition peut être une transposition d'ADN ou faire intervenir un transcrit d'ARN qui est ensuite rétrotranscrit en ADN. La transposition peut être réplicative, quand l'élément est répliqué dans un nouveau site, ou conservative, quand l'élément est excisé du site original et inséré dans un nouveau site.
- Les transposons sont mutagènes et ils ont joué un rôle important dans l'évolution des génomes.
- Les lésions dans l'ADN sont souvent réparées par des systèmes de réparation. La plupart de ces systèmes nécessitent les deux brins de l'ADN et présentent un degré de redondance au niveau des lésions qu'ils réparent.
- Des déficiences de la réparation de l'ADN sont à l'origine de plusieurs maladies génétiques.

Termes importants

mutation (p. 322)
mutation somatique (p. 322)
mutation germinale (p. 322)
mutation génique (p. 323)
substitution de base (p. 323)
transition (p. 323)
transversion (p. 323)
insertion (p. 323)
délétion (p. 323)
mutation de décalage du cadre de lecture (p. 323)
insertion en phase (p. 324)
délétion en phase (p. 324)
amplification de répétitions de trinucléotides (p. 324)
mutation directe (p. 325)
mutation réverse (mutation en retour) (p. 325)
mutation faux sens (p. 326)
mutation non sens (p. 326)
mutation silencieuse (p. 326)
mutation neutre (p. 326)
mutation perte de fonction (p. 326)
mutation gain de fonction (p. 326)
mutation conditionnelle (p. 326)
mutation létale (p. 326)
mutation suppresseur (p. 326)
mutation suppresseur intragénique (p. 327)
mutation suppresseur extragénique (p. 327)
taux de mutation (p. 328)
mutation spontanée (p. 329)
mutation induite (p. 329)
erreur d'incorporation (p. 330)
glissement de brin (p. 330)
crossing-over inégal (p. 331)
dépurination (p. 332)
désamination (p. 332)
mutagène (p. 333)
analogue de base (p. 333)
agent intercalant (p. 334)
dimère de pyrimidines (p. 336)
système SOS (p. 336)
test de Ames (p. 336)
répétitions directes encadrant un élément transposable (p. 337)
séquences répétées inversées (p. 337)
transposition (p. 338)
transposon d'ADN (p. 338)
rétrotransposon (p. 338)
transposition réplicative (p. 338)
transposition conservative (p. 338)
réparation des défauts d'appariement (p. 340)
réparation directe (p. 340)
réparation par excision de base (p. 340)
réparation par excision de nucléotides (p. 340)

Réponses aux tests de compréhension

1. L'étude de mutations qui perturbent un processus biologique permet d'identifier les gènes qui jouent un rôle dans le processus et aide à comprendre les détails moléculaires du processus.

2. c

3. Une mutation réverse rétablit le phénotype original en restaurant la séquence d'ADN de type sauvage. Une mutation suppresseur rétablit le phénotype original par l'introduction d'un second changement dans l'ADN à un site différent de celui de la mutation originale.

4. Une erreur d'incorporation à la réplication introduit un changement dans l'ADN. Ce changement peut être corrigé par un des systèmes de réparation de l'ADN. Cependant, si l'erreur est répliquée au cycle suivant, elle devient un changement permanent qui n'est plus détectable par les systèmes de réparation.

5. c

6. Dans la transposition, des coupures décalées sont pratiquées dans l'ADN et l'élément transposable s'insère dans la brèche. Il est flanqué de deux courts segments d'ADN simple brin dont la réplication crée de courtes répétitions directes encadrant l'élément transposable intégré.

7. De nombreuses lésions ou mutations de l'ADN ne sont pas réparées chez les personnes dont certains systèmes de réparation sont déficients. Par conséquent, le nombre de mutations augmente dans tous les gènes, y compris ceux dont l'inactivation prédispose au cancer. Cette corrélation avec l'incidence de cancers indique que le cancer résulte de mutations dans l'ADN.

Problème résolu

1. Un codon spécifiant l'acide aminé Asp subit une substitution d'une base qui le transforme en codon spécifiant Ala. En vous servant de la grille du code génétique de la Figure 11.5, donnez toutes les séquences possibles pour le codon original et le codon muté. La mutation est-elle une transition ou une transversion ?

• Solution

Il y a deux codons d'ARN pour Asp : GAU et GAC. Les séquences correspondantes dans le brin d'ADN matrice sont complémentaires des codons d'ARN : CTA et CTG. Il y a quatre codons d'ARN possibles pour Ala : GCU, GCC, GCA, et GCG, avec les séquences d'ADN complémentaires CGA, CGG, CGT, et CGC. Si ces séquences sont mises en regard dans un petit tableau, les mutations possibles sont facilement identifiables :

Codons originaux possibles pour Asp	Codons mutés possibles pour Ala
CTA	CGA
CTG	CGG
	CGT
	CGC

Si la mutation est une simple substitution de base, les seuls changements possibles sont la mutation de CTA vers CGA, et de CTG vers CGG. Dans les deux cas, il s'agit d'une transversion T → G affectant le nucléotide central du codon.

Questions de compréhension

Section 13.1

*1. Quelle est la différence entre une transition et une transversion ? Quel est le plus courant de ces deux types de substitution de base ?

*2. Expliquez brièvement ce qu'est l'amplification de répétitions de trinucléotides.

3. Quelle est la différence entre une mutation faux sens et une mutation non sens ? Entre une mutation silencieuse et une mutation neutre ?

4. Décrivez succinctement deux manières dont des suppresseurs intragéniques peuvent supprimer les effets de mutations.

Section 13.2

*5. Quelles sont les causes d'erreurs de réplication de l'ADN ?

6. Comment les insertions et les délétions se produisent-elles ?

*7. Comment les analogues de bases provoquent-ils des mutations ?

8. Quels sont les types de mutations produites par les radiations ionisantes et UV ?

9. Quel est le but du test de Ames ? Comment les bactéries *his*⁻ sont-elles utilisées dans ce test ?

Section 13.3

*10. Quelles sont les caractéristiques générales de la plupart des éléments transposables ? Expliquez la différence entre transposition réplicative et conservative.

*11. Qu'est-ce qu'un rétrotransposon et comment se déplace-t-il ?

Section 13.4

*12. Faites une liste d'au moins trois systèmes de réparation de l'ADN et expliquez leurs mécanismes.

Questions et problèmes d'application

Section 13.1

*13. Un codon spécifiant l'acide aminé Gly est muté en codon non sens par la substitution d'une base. D'après la grille du code génétique de la Figure 11.5, cette mutation est-elle une transition ou une transversion ? À quelle position du codon la mutation se produit-elle ?

*14. a. Si une transition se produit dans un codon qui spécifie Phe, quels acides aminés peuvent-ils être spécifiés par les codons mutants ?

b. Si une transversion se produit dans un codon qui spécifie Phe, quels acides aminés peuvent-ils être spécifiés par les codons mutants ?

c. Si une transition se produit dans un codon qui spécifie Leu, quels acides aminés peuvent-ils être spécifiés par les codons mutants ?

d. Si une transversion se produit dans un codon qui spécifie Leu, quels acides aminés peuvent-ils être spécifiés par les codons mutants ?

15. L'hémoglobine est une protéine tétramérique. Chez l'adulte, l'hémoglobine est composée de deux chaînes alpha et de deux chaînes bêta, qui sont codées par deux loci différents. L'anémie à cellules falciformes résulte d'une mutation dans la chaîne bêta de l'hémoglobine adulte : l'acide glutamique en position 6 est remplacé par une valine. En vous aidant de la grille du code génétique de la Figure 11.5, indiquez le type et la position dans le codon de la mutation responsable.

*16. La séquence suivante se trouve dans le brin matrice d'un ADN. Commencez par déterminer les acides aminés de la protéine codée par cette séquence en utilisant la grille du code donnée dans la Figure 11.5. Ensuite, donnez la séquence d'acides aminés de la protéine codée par les différentes séquences mutées suivantes :

Séquence du brin matrice
→ 3'–TAC TGG CCG TTA GTT GAT ATA ACT–5'
→ 1 24
Numérotation des nucléotides

a. Une transition au nucléotide 11
b. Une transition au nucléotide 13
c. Une délétion du nucléotide 7
d. Une transversion T → A en position 15
e. L'addition d'un triplet TGG après le nucléotide 6
f. Une transition au nucléotide 9

17. Un polypeptide a la séquence suivante :

Met – Ser – Pro – Arg – Leu – Glu – Gly

La séquence d'une série de mutants de ce polypeptide a été déterminée (**a** à **e**, ci-dessous). Pour chaque mutant, indiquez le type de mutation dans l'ADN (substitution d'une base, insertion, délétion) et l'effet de la mutation (mutation non sens, faux sens, décalage du cadre de lecture, etc…).

a. Met – Ser – Ser – Arg – Leu – Glu – Gly
b. Met – Ser – Pro
c. Met – Ser – Pro – Asp – Trp– Arg – Asp – Lys
d. Met – Ser – Pro –Glu – Gly
e. Met – Ser – Pro – Arg – Leu – Leu – Glu – Gly

***18.** Un gène code une protéine de séquence :

Met – Trp – His – Arg – Ala – Ser – Phe

Suite à une mutation, la séquence de la protéine devient :

Met – Trp – His – Ser – Ala – Ser – Phe

Un suppresseur intragénique rétablit la séquence originale de la protéine :

Met – Trp – His – Arg – Ala – Ser – Phe

Donnez au moins un exemple des changements de base qui auraient pu produire la mutation et le suppresseur intragénique. (Aidez-vous de la grille du code génétique de la Figure 11.5.)

19. Le syndrome XG est une maladie génétique rare due à un allèle autosomique dominant. Le recensement de la population d'un petit pays européen nous apprend que, sur 77 536 nouveau-nés en 2004, 3 présentaient le syndrome XG. En 2004, la population de ce pays s'élevait à 5 964 321 personnes, dont 35 vivaient avec le syndrome. Quel est le taux de mutation pour le syndrome XG dans ce pays ?

Section 13.2

***20.** Une région d'ADN contient la séquence nucléotidique suivante :

5′ – ATGT – 3′
3′ – TACA – 5′

Après un traitement à l'hydroxylamine, quelle séquence trouverait-on après un cycle de réplication ?

21. Une région d'ADN contient le motif de séquence nucléotidique suivant :

5′ – AG – 3′
3′ – TC – 5′

a. Donnez toutes les séquences mutantes qui pourraient résulter d'une dépurination spontanée de ce motif.

b. Donnez toutes les séquences mutantes qui pourraient résulter d'une désamination spontanée de ce motif.

22. ANALYSE DE DONNÉES Mary Alexander a étudié l'effet des radiations sur les taux de mutation dans le sperme de *Drosophila melanogaster*. Elle a irradié des larves avec une exposition de 3 000 roentgens (R) ou de 3 975 R, puis a croisé les mâles développés à partir de larves irradiées avec des femelles non irradiées. Elle a compté le nombre de mouches F_1 mutantes produites par chaque mâle. Toutes les mouches mutantes apparues ont été croisées pour déterminer si leur phénotype mutant était d'origine génétique, donc transmissible à la descendance. Mary Alexander a obtenu les résultats suivants (M.L. Alexander. 1954. *Genetics* 39:409 – 428) :

Groupe	Nombre de descendants	Descendants porteurs d'une mutation
Contrôle (0 R)	45 504	0
Irradié (3 000 R)	49 512	71
Irradié (3 975 R)	50 159	70

a. Calculez les taux de mutation du groupe contrôle et des deux groupes de mouches irradiées.

b. Sur la base de ces données, pensez-vous que la radiation a un effet mutagène ? Expliquez votre réponse.

Section 13.3

***23.** Un élément transposable génère des répétitions directes de 4 pb de part et d'autre de son point d'insertion. Donnez la séquence qui sera trouvée de part et d'autre de l'élément s'il s'insère à la position indiquée dans chacune des séquences suivantes.

a. Élément transposable

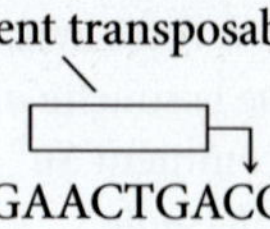

5′–ATTCGAACTGACCGATCA–3′

b. Élément transposable

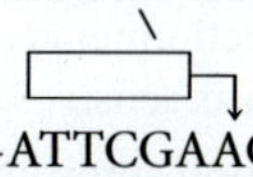

5′–ATTCGAACTGACCGATCA–3′

***24.** Selon vous, quel est le facteur qui détermine la longueur des répétitions directes produites par la transposition ?

25. La zidovudine (AZT) est un médicament utilisé pour traiter les personnes atteintes du SIDA. L'AZT agit en bloquant la transcriptase inverse du virus de l'immunodéficience humaine (VIH), l'agent responsable du SIDA. Pensez-vous que l'AZT puisse avoir un effet sur les éléments transposables ? Si c'est le cas, quel type d'élément transposable serait-il affecté et quel serait l'effet le plus probable ?

26. Un élément transposable code une transcriptase inverse. Sur la base de cette information, que prédiriez-vous quant au mécanisme de transposition de cet élément ?

Section 13.4

***27.** Pour isoler des mutants chez la tomate, un cultivateur désire utiliser des plantes de tomate déficientes dans la réparation de l'ADN. Toutefois, ce cultivateur ne dispose ni de l'expertise ni de l'équipement nécessaires pour mesurer les enzymes des systèmes de réparation. Comment ce cultivateur peut-il identifier des plantes de tomate déficientes pour la réparation de l'ADN ? Quels sont les traits qu'il doit rechercher ?

Questions tests

Section 13.1

28. Robert Bost et Richard Cribbs ont étudié une souche d'*E. coli* (*araB-14*) qui contient une mutation non sens dans le gène codant la L-ribulokinase, une enzyme de métabolisation du sucre arabinose (R. Boost and R. Cribbs. 1969. *Genetics* 62 :1 – 8). Au départ du mutant *araB-14*, ils ont isolé des révertants vers le type sauvage. L'analyse génétique de ces révertants a montré qu'ils possédaient deux mutations suppresseur de type différent. Une des mutations (*R1*) était liée à la mutation originale dans le gène codant la L-ribulokinase et s'était probablement produite au même site. Par elle-même, *R1* permettait la production d'une L-ribulokinase, mais moins efficace dans la métabolisation de l'arabinose que l'enzyme codée par l'allèle de type sauvage. La seconde mutation suppresseur (Su^B) n'était pas liée à la mutation originale. En conjonction avec la mutation *R1*, Su^B permettait la production d'une L-ribulokinase aussi active que l'enzyme de type sauvage, mais par elle-même, Su^Bn'était pas capable de supprimer la mutation originale.

a. Sur la base de cette information, les mutations *R1* et Su^B sont-elles des suppresseurs intragéniques ou extragéniques ? Expliquez votre raisonnement.

b. Expliquez comment, à votre avis, *R1* et Su^B rétablissent la capacité de la souche *araB-14* à métaboliser l'arabinose, et comment Su^B peut augmenter la capacité rétablie par *R1*seule.
(N.d.T. : Pour vous mettre sur la voie, sachez que des ARNt mutés peuvent fonctionner comme des suppresseurs de mutations faux sens.)

29. L'achondroplasie est une condition autosomique dominante caractérisée par un nanisme disproportionné, avec une tête grosse, un tronc normal et des membres courts. La maladie est due à une substitution de base dans le gène *FGFR3* codant le récepteur 3 du facteur de croissance des fibroblastes, et localisé sur le bras court du chromosome 4.

Une famille de trois personnes atteintes d'achondroplasie. *[Gail Burton/AP]*

Bien que l'achondroplasie soit clairement transmise comme un caractère autosomique dominant, plus de 80 % des personnes atteintes sont nées de parents de stature normale. Ce pourcentage élevé indique que les plupart des cas résultent de mutations nouvellement apparues ; ces cas (non hérités d'un parent affecté) sont dits sporadiques. Des études moléculaires ont démontré que les cas sporadiques d'achondroplasie étaient presque toujours provoqués par des mutations paternelles. De plus, l'incidence de l'achondroplasie est plus élevée chez les pères plus âgés ; en effet, 50 % environ des enfants atteints sont nés de pères de plus de 35 ans. Il n'y a pas de corrélation avec l'âge maternel. Le taux de mutation (environ 4×10^{-5} mutations par gamète) est élevé en comparaison de celui d'autres désordres génétiques.

Expliquez pourquoi la plupart des mutations spontanées provoquant l'achondroplasie sont d'origine paternelle et pourquoi le taux de mutation augmente avec l'âge.

30. Les mutations *ambre* et *ocre* sont deux types de mutations non sens. Avant que le code génétique soit déchiffré, Sydney Brenner, Anthony O. Stretton, et Samuel Kaplan ont exposé des bactériophages à différents mutagènes afin de déterminer les bases présentes dans les codons responsables des ces mutations. Ils savaient que les mutations *ambre* et *ocre* étaient supprimées par des mutations suppresseur différentes, ce qui indiquait qu'elles correspondaient à des codons de terminaison différents. Ils ont obtenu les résultats suivants :

1. Une substitution d'une seule base peut convertir une mutation *ocre* en mutation *ambre*.
2. L'hydroxylamine induit des mutations *ambre* et *ocre* dans les phages de type sauvage.
3. La 2-aminopurine induit la conversion d'*ocre* vers *ambre*.
4. L'hydroxylamine n'induit pas la conversion d'*ocre* vers *ambre*.

Ces données ne permettent pas de reconstituer la séquence complète des codons *ambre* et *ocre*, mais elles renseignent sur les bases présentes dans les mutations non sens.

a. Quelles conclusions quant aux bases présentes dans les mutations *ambre* et *ocre* peut-on tirer de ces observations ?

b. Des trois codons non sens (UAA, UAG, UGA), lequel représente-t-il la mutation *ocre* ?

Section 13.2

31. Pour déterminer si les radiations associées aux bombardements atomiques de Hiroshima et Nagasaki produisaient des mutations germinales récessives, des scientifiques ont examiné le rapport des sexes chez les enfants des survivants des explosions. Pourriez-vous expliquer pourquoi on pourrait s'attendre à ce qu'une augmentation des mutations germinales modifie le rapport des sexes ?

14 L'analyse génétique moléculaire, la biotechnologie, et la génomique

Des plantes vivrières dont le riz sont adaptées par génie génétique à la croissance dans des environnements normalement peu favorables à l'agriculture. *[Friedrich Stark/Peter Arnold.]*

Nourrir les populations futures

En 2011, la population mondiale a atteint les sept milliards d'individus. Depuis longtemps déjà, la croissance de la population est exponentielle. Il a fallu plus de 100 000 ans pour que le nombre d'êtres humains atteigne 1 milliard (en 1830) ; il a suffi de cent années de plus pour que cette population double (2 milliards en 1930), et il n'a fallu que 45 ans pour qu'elle double à nouveau (4 milliards en 1975). Des projections des Nations Unies estiment que la population mondiale atteindra un nombre d'individus compris entre 7,5 et 10,7 milliards en 2050, puis, comme la tendance est d'avoir des familles plus petites, elle se stabilisera ou même diminuera un peu dans la dernière partie du XXIe siècle.

Comment allons-nous nourrir les milliards de personnes supplémentaires qui peupleront la planète Terre d'ici 40 ans ? Jusqu'à maintenant, nous avons pu faire face à la croissance énorme du nombre d'êtres humains grâce aux progrès de l'agriculture qui ont augmenté considérablement la production alimentaire mondiale. Une grande partie de cette augmentation a eu lieu entre 1950 et 1980, grâce à ce qu'on a appelé la Révolution verte qui a permis, en utilisant des techniques traditionnelles de culture et d'amélioration génétique des plantes, de développer de nouvelles variétés de maïs, de blé, et de riz. Par exemple, la production mondiale de céréales a augmenté de 260 % entre 1950 et 1990, passant de 275 kg par personne dans les années 1950 à 370 kg par personne à la fin des années 1980. Bien que la population mondiale ait plus que doublé au cours des 60 années écoulées, les agriculteurs produisent aujourd'hui plus d'aliments de base par personne qu'en 1950.

Mais qu'en sera-t-il dans les 40 années à venir, avec entre 1 et 4 milliards de personnes en plus à nourrir ? La quasi-totalité des terres cultivables est déjà utilisée et il ne faut plus guère s'attendre à des gains de productivité supplémentaires par les méthodes traditionnelles. De nombreux experts considèrent que les populations futures ne pourront être nourries que par une « seconde Révolution verte » basée sur une utilisation croissante du génie génétique. Le génie génétique a déjà permis de produire des espèces résistantes aux parasites, aux maladies, et aux herbicides. Les espèces développées par génie génétique (souvent appelées « organismes génétiquement modifiés » ou OGM) sont aujourd'hui cultivées sur plus de 125 millions d'hectares de par le monde. En 2008, 80 % du maïs, 92 % du soja, et 86 % du coton cultivés aux États-Unis étaient génétiquement modifiés.

La capacité du génie génétique d'aider à nourrir les populations futures doit être mise en balance avec les craintes suscitées par l'utilisation généralisée d'espèces génétiquement modifiées. Bien que les rapports scientifiques récents ne contiennent pas d'indications sérieuses que la consommation d'OGM puisse présenter un risque pour la santé, de nombreux consommateurs restent méfiants à leur égard. Des études récentes au Royaume-Uni montrent que les betteraves et le colza génétiquement modifiés ont un effet négatif sur la biodiversité des plantes et des insectes indigènes, et des préoccupations se font jour que des plantes génétiquement modifiées puissent s'hybrider avec des plantes indigènes et provoquer un bouleversement écologique.

Ce chapitre présente quelques unes des techniques utilisées pour créer des espèces cultivables et d'autres organismes génétiquement modifiés. Nous commencerons par la technologie de la génétique moléculaire et quelques unes des méthodes utilisées pour isoler, analyser, modifier, et recombiner des séquences d'ADN, et pour les réintroduire dans les cellules. Nous passerons ensuite en revue quelques applications de l'analyse génétique moléculaire. La dernière partie du chapitre est consacrée à la génomique, l'étude de génomes entiers. Nous examinerons les cartes génétiques et physiques, les méthodes de séquençage de génomes entiers, et l'analyse génomique fonctionnelle – la façon dont les gènes sont identifiés dans les séquences génomiques et dont leur fonction est établie. Enfin, nous comparerons les génomes de différents organismes et nous examinerons les méthodes permettant d'étudier l'ensemble des protéines d'une cellule (la protéomique).

14.1 Des techniques moléculaires sont utilisées pour isoler, modifier, recombiner, et amplifier des gènes

La **technologie de l'ADN recombinant** est un ensemble de techniques moléculaires permettant la localisation, l'isolement, la modification, et l'étude de segments d'ADN. Le terme *recombinant* signifie que, souvent, le but est de combiner dans une même molécule des ADN d'origine différente, ou de juxtaposer de façon différente des segments d'ADN de même origine. Par exemple, il peut s'agir de joindre des gènes provenant de deux bactéries différentes ou d'insérer un gène humain dans le chromosome d'un virus. Le terme **génie génétique** est couramment utilisé pour désigner la technologie de l'ADN recombinant et l'ensemble des techniques moléculaires qui permettent d'analyser, de modifier, et d'exprimer des gènes de pratiquement n'importe quelle origine.

La révolution de la génétique moléculaire

Un vaste arsenal de techniques moléculaires – dont celles de l'ADN recombinant – est à présent accessible aux généticiens. Ces techniques moléculaires ont changé complètement la façon d'étudier les gènes. Auparavant, l'information sur la structure et l'organisation des gènes s'obtenait en examinant leur expression phénotypique ; à présent, l'analyse moléculaire s'effectue en lisant la séquence des gènes. Cette approche a permis jeter un éclairage neuf sur plusieurs concepts fondamentaux de la génétique. Notre compréhension fine de processus génétiques tels que la réplication, la transcription, la traduction, la maturation d'ARN, et la régulation génétique a été acquise en utilisant des techniques moléculaires. Ces techniques sont aussi utilisées dans d'autres domaines, dont la biochimie, la microbiologie, la biologie du développement, la neurobiologie, l'évolution, et l'écologie.

Le génie génétique est aussi utilisé pour la création de produits commerciaux, parmi lesquels des médicaments, des hormones, des enzymes, et pour l'amélioration de légumes et de céréales (**Figure 14.1**). Une nouvelle industrie – la **biotechnologie** – s'est développée autour de la création par génie génétique de produits nouveaux. En médecine, la génétique moléculaire est utilisée pour étudier la nature du cancer, pour diagnostiquer des maladies génétiques ou infectieuses, pour produire des médicaments, et pour corriger certaines maladies génétiques.

Concepts clés

La génétique moléculaire et la technologie de l'ADN recombinant sont utilisées pour localiser, analyser, modifier, et recombiner des séquences d'ADN. Ces techniques sont utilisées dans l'analyse structurelle et fonctionnelle des gènes, dans l'étude de processus biologiques, dans la création de produits commerciaux, et pour le diagnostic et le traitement de maladies.

La pratique moléculaire

La manipulation des gènes nécessite la mise en œuvre de stratégies plus complexes qu'il n'y paraît de prime abord. Le nœud du problème est que les gènes sont très petits et que chaque cellule en contient des milliers. On ne peut pas voir des nucléotides individuels pas plus qu'on ne peut distinguer les extrémités d'un gène.

Mettons-nous dans la peau d'un généticien moléculaire. Supposons que nous voulions utiliser des bactéries pour produire de grandes quantités d'une protéine humaine. Le premier problème majeur est de trouver le gène qui code la protéine qui nous intéresse. Le génome humain haploïde contient 3,2 milliards de paires de nucléotides. Supposons que le gène que nous voulons isoler soit long de 3 000 paires de nucléotides. Notre gène cible ne représente qu'un millionième du génome ; la recherche de ce gène dans l'immense étendue du génome serait plus ardue que celle de la fameuse aiguille dans la botte de foin. Mais à supposer que nous trouvions le gène, il faudrait encore le séparer du reste de l'ADN.

14.1 La technologie de l'ADN recombinant a été utilisée pour modifier génétiquement plusieurs espèces vivrières. Ce maïs génétiquement modifié produit une toxine qui tue les insectes nuisibles. Il constitue actuellement plus de 57 % du maïs cultivé aux États-Unis. *[Chris Knapton/Photo Researchers.]*

Si nous réussissons à localiser et à isoler le gène qui nous intéresse, nous devrons ensuite l'introduire dans une cellule bactérienne. Les fragments d'ADN linéaires sont rapidement dégradés par les bactéries ; le gène doit donc être introduit sous une forme stable. Il faut aussi qu'il puisse être répliqué efficacement sinon il ne sera pas transmis aux cellules filles quand la cellule se divise. Si nous réussissons à transférer notre gène sous forme stable dans la bactérie, nous devrons ensuite nous assurer qu'il soit bien transcrit et traduit.

En résumé, les méthodes pour isoler et transférer des gènes sont peu efficaces et il se pourrait qu'une seule cellule parmi les millions auxquelles nous appliquons ces procédés puisse accepter et exprimer le gène humain. Nous devrons donc cribler un nombre considérable de cellules bactériennes pour trouver celle qui contient l'ADN recombinant. Nous revoilà confrontés au problème de l'aiguille dans la botte de foin.

Bien que ces problèmes puissent paraître insurmontables, des techniques moléculaires ont été développées pour les résoudre, et des gènes humains sont transférés en routine dans des cellules bactériennes pour y être exprimés.

Concepts clés

L'analyse génétique moléculaire nécessite des méthodes particulières parce que les gènes individuels ne constituent qu'une fraction minuscule de l'ADN d'une cellule.

✔ Test de compréhension 1

Faites une liste des étapes nécessaires pour créer, par génie génétique, des bactéries qui produisent une protéine codée par un gène humain.

Couper et coller des fragments d'ADN

Une première étape de l'analyse moléculaire d'un segment d'ADN ou d'un gène consiste à l'isoler du reste de l'ADN. Une découverte essentielle pour le développement de la technologie de l'ADN recombinant fut celle des **endonucléases de restriction** (aussi appelées **enzymes de restriction**) vers la fin des années 1960. Ces enzymes reconnaissent des motifs de séquence spécifiques dans l'ADN et elles y pratiquent des coupures double brin. Ces enzymes sont produites naturellement par les bactéries chez lesquelles elles constituent un système de défense contre les virus et autres ADN envahissants. Une bactérie protège son ADN contre ses propres endonucléases de restriction en modifiant leur séquence de reconnaissance, généralement par la méthylation de certaines bases.

Plus de 800 enzymes de restriction qui reconnaissent et coupent l'ADN au niveau de plus de 100 motifs de séquence différents ont été isolées à partir de bactéries. Nombre de ces enzymes sont disponibles dans le commerce spécialisé ; quelques exemples d'enzymes de restriction couramment utilisées sont rassemblés dans le **Tableau 14.1**. Le nom de chaque enzyme est une abréviation désignant la bactérie dont elle provient.

Les enzymes de restriction reconnaissent des motifs de séquence longs de 4 à 8 pb ; la plupart reconnaissent des motifs de 4 à 6 pb. La plupart des séquences de reconnaissance sont palindromiques.

Certaines enzymes pratiquent des coupures décalées dans l'ADN. Par exemple, *Hin*dIII reconnaît la séquence suivante :

5′ – A↓AGCTT – 3′
3′ – TTCGA↑A – 5′

*Hin*dIII coupe le squelette sucre-phosphate de chaque brin au point indiqué par la flèche, générant des fragments avec de courtes extrémités simple brin saillantes :

5′ – A   AGCTT – 3′
3′ – TTCGA   A – 5′

Ces extrémités sont appelées **extrémités cohésives** ou bouts collants, parce qu'elles sont complémentaires et peuvent s'associer spontanément pour connecter les fragments. Ainsi, des fragments d'ADN peuvent être « collés » les uns aux autres : tous les fragments générés par la même enzyme ont des extrémités complémentaires et peuvent s'associer (voir la **Figure 14.2**). Une fois que leurs extrémités cohésives se sont associées, deux fragments peuvent être joints de façon permanente par l'ADN ligase qui referme les entailles dans le squelette sucre-phosphate.

Toutes les enzymes de restriction ne pratiquent pas des coupures décalées formant des bouts collants. *Pvu*II coupe au milieu du site de reconnaissance et produit des fragments à bouts droits :

5′ – CAG↓CTG – 3′
3′ – GTC↑GAC – 5′

ce qui donne :

5′ – CAG   CTG – 3′
3′ – GTC   GAC – 5′

Les fragments à bouts droits doivent être joints d'une autre manière. Une option est d'utiliser l'ADN ligase du

Tableau 14.1 Caractéristiques de quelques enzymes d'usage courant dans la technologie de l'ADN recombinant

Enzyme	Micro-organisme d'origine	Séquence de reconnaissance	Type d'extrémités produites
*Bam*HI	*Bacillus amyloliquefaciens*	↓ 5′-GGATCC-3′ 3′-CCTAGG-3′ ↑	Cohésives
*Cof*I	*Clostridium formicoaceticum*	↓ 5′-GCGC-3′ 3′-CGCG-5′ ↑	Cohésives
*Eco*RI	*Escherichia coli*	↓ 5′-GAATTC-3′ 3′-CTTAAG-5′ ↑	Cohésives
*Eco*RII	*Escherichia coli*	↓ 5′-CCAGG-3′ 3′-GGTCC-5′ ↑	Cohésives
*Hae*III	*Haemophilus aegyptius*	↓ 5′-GGCC-3′ 3′-CCGG-5′ ↑	Droites
*Hind*III	*Haemophilus influenzae*	↓ 5′-AAGCTT-3′ 3′-TTCGAA-5′ ↑	Cohésives
*Pvu*II	*Proteus vulgaris*	↓ 5′-CAGCTG-3′ 3′-GTCGAC-5′ ↑	Droites

Note : Les trois premières lettres désignant chaque enzyme de restriction font référence à la bactérie dont elle provient (p.ex., *Eco* fait référence à *E. coli*). Une quatrième lettre peut indiquer la souche particulière à partir de laquelle l'enzyme est isolée (le « R » de *Eco*RI indique que l'enzyme a été isolée de la souche RY13 d'*E. coli*). Les chiffres romains qui suivent permettent de distinguer entre différentes enzymes isolées à partir d'une même souche.

bactériophage T4 qui peut joindre de façon covalente n'importe quels fragments à bouts droits. Cette ligature est toutefois moins spécifique que celle de bouts collants complémentaires et peut créer plusieurs produits non désirés.

Les séquences reconnues par les enzymes de restriction se présentent de façon aléatoire dans le génome. Il y a une relation inverse entre la longueur d'une séquence de reconnaissance et le nombre de fois qu'elle apparaît dans le génome, simplement parce que la probabilité d'occurrence d'une séquence particulière de six bases, par exemple, est plus faible que celle d'une séquence particulière de quatre bases. Par conséquent, les enzymes de restriction qui reconnaissent les séquences les plus longues couperont un ADN particulier en fragments moins nombreux et en moyenne plus longs que les enzymes qui reconnaissent des séquences plus courtes.

Les enzymes de restriction sont utilisées chaque fois qu'un ADN doit être coupé en fragments destinés à être joints. Dans une réaction de restriction type, une solution concentrée d'ADN purifié est incubée avec une petite quantité d'enzyme(s) de restriction en présence d'une solution tampon appropriée. Après quelques heures, l'enzyme a coupé tous les sites de restriction présents dans l'ADN, produisant un mélange de fragments.

Concepts clés

Les enzymes de restriction coupent l'ADN au niveau de séquences de bases palindromiques spécifiques. Certaines enzymes pratiquent des coupures décalées, produisant des fragments avec des extrémités cohésives ; d'autres coupent droit et produisent des fragments à bouts droits. La longueur des séquences reconnues dans l'ADN varie, les séquences plus longues étant moins nombreuses que les séquences courtes dans un ADN donné.

✔ Test de compréhension 2

D'où proviennent les enzymes de restriction ?

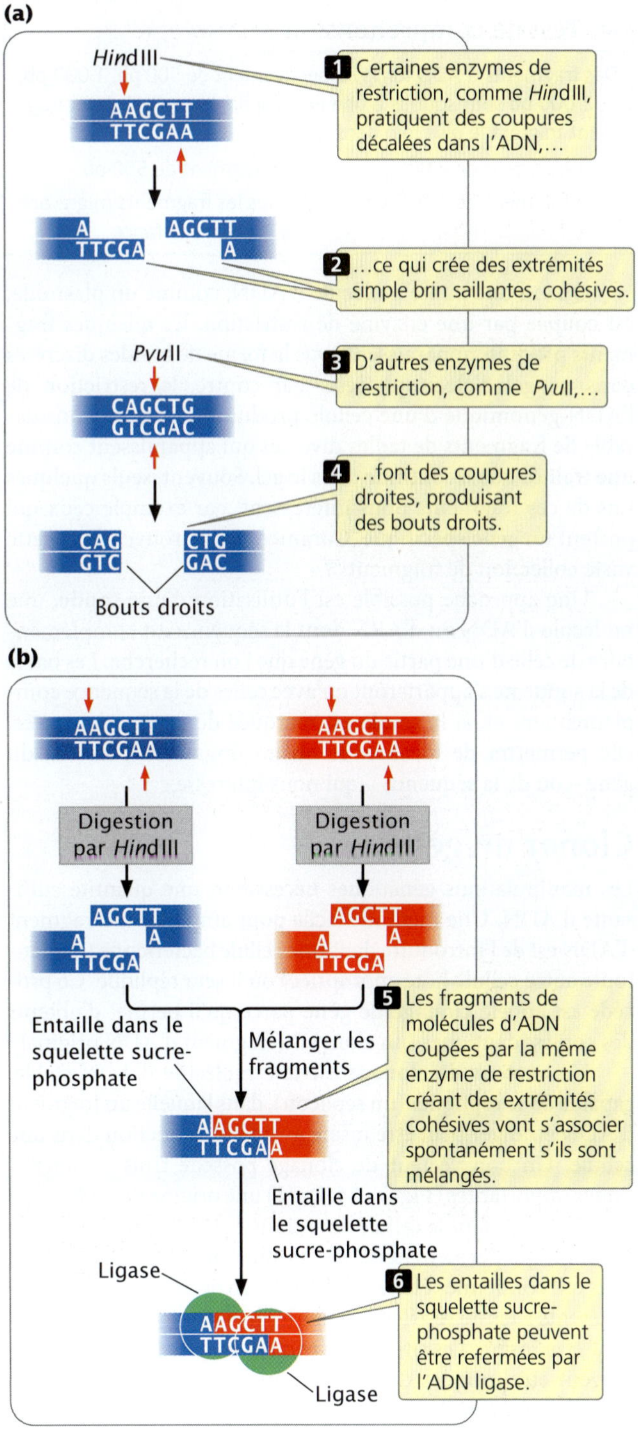

14.2 Les enzymes de restriction font des coupures double brin dans l'ADN, générant des extrémités droites ou cohésives.

Visualiser et identifier des fragments d'ADN

Plusieurs questions se posent après une réaction de restriction (N.d.T. : On utilise souvent le terme digestion pour décrire cette hydrolyse du squelette sucre-phosphate.). L'enzyme de restriction a-t-elle bien coupé l'ADN, complètement, et en combien de fragments ? Quelle est la taille des fragments ? L'électrophorèse en gel permet de répondre à ces questions.

L'électrophorèse est une technique biochimique standard pour séparer des molécules sur la base de leur taille et de leur charge électrique. Il existe plusieurs méthodes d'électrophorèse ; pour séparer des molécules d'ADN, on utilise **l'électrophorèse en gel**. Pour fabriquer un gel poreux, on utilise souvent l'agarose (un polysaccharide isolé à partir d'une algue marine), qu'on fond dans une solution tampon puis qu'on verse dans un moule en plastique. En refroidissant, l'agarose se solidifie et forme un gel rigide. En insérant un peigne à large dents pendant la solidification, on pratique de petits puits dans le gel, permettant de déposer des échantillons de fragments d'ADN en solution (**Figure 14.3a**). On applique une tension de façon à faire passer un courant électrique dans le gel. Étant donné que chaque groupement phosphate dans l'ADN porte une charge négative, les fragments migrent vers l'extrémité du gel proche de l'électrode positive (**Figure 14.3b**). Pendant la migration, le gel fait office de tamis et sépare les fragments en fonction de leur taille, les petits fragments migrant plus rapidement que les grands. Habituellement, on dépose dans un des puits un échantillon de fragments de taille connue (des fragments marqueurs). En comparant la distance de migration des fragments « inconnus » avec celle des fragments marqueurs, il est possible de déterminer par interpolation la taille approximative des fragments inconnus (**Figure 14.3c**).

Les fragments d'ADN sont en quantité trop faible pour être observables directement. Il existe plusieurs façons de les visualiser. La manière la plus simple consiste à imprégner le gel d'un colorant spécifique des acides nucléiques, tel que le bromure d'éthidium. Le bromure d'éthidium s'intercale entre les bases et il est fluorescent dans la lumière UV, révélant des bandes d'un orange brillant dans le gel (**Figure 14.3d**).

Une autre méthode consiste à marquer à la radioactivité ou chimiquement l'ADN avant de le déposer dans le gel. Des nucléotides contenant un groupement phosphate marqué (^{32}P) peuvent être utilisés comme substrats pour la synthèse d'ADN et ils seront incorporés dans l'ADN nouvellement synthétisé. L'ADN marqué à la radioactivité peut être détecté par **autoradiographie**, en plaçant un film sensible (film à rayons X) sur le gel. Le rayonnement émis par l'ADN marqué noircit le film qui, une fois développé, donne une image des fragments d'ADN dans le gel, qui apparaissent comme des bandes sombres. Des marqueurs chimiques peuvent être détectés par l'addition d'anticorps ou d'autres substances porteuses d'un colorant, qui s'attachent à l'ADN marqué et permettent de le visualiser directement.

Concepts clés

L'électrophorèse en gel permet de séparer des fragments d'ADN et de déterminer leur taille. Les fragments peuvent être visualisés en utilisant un colorant spécifique des acides nucléiques ou en marquant les fragments à la radioactivité ou chimiquement.

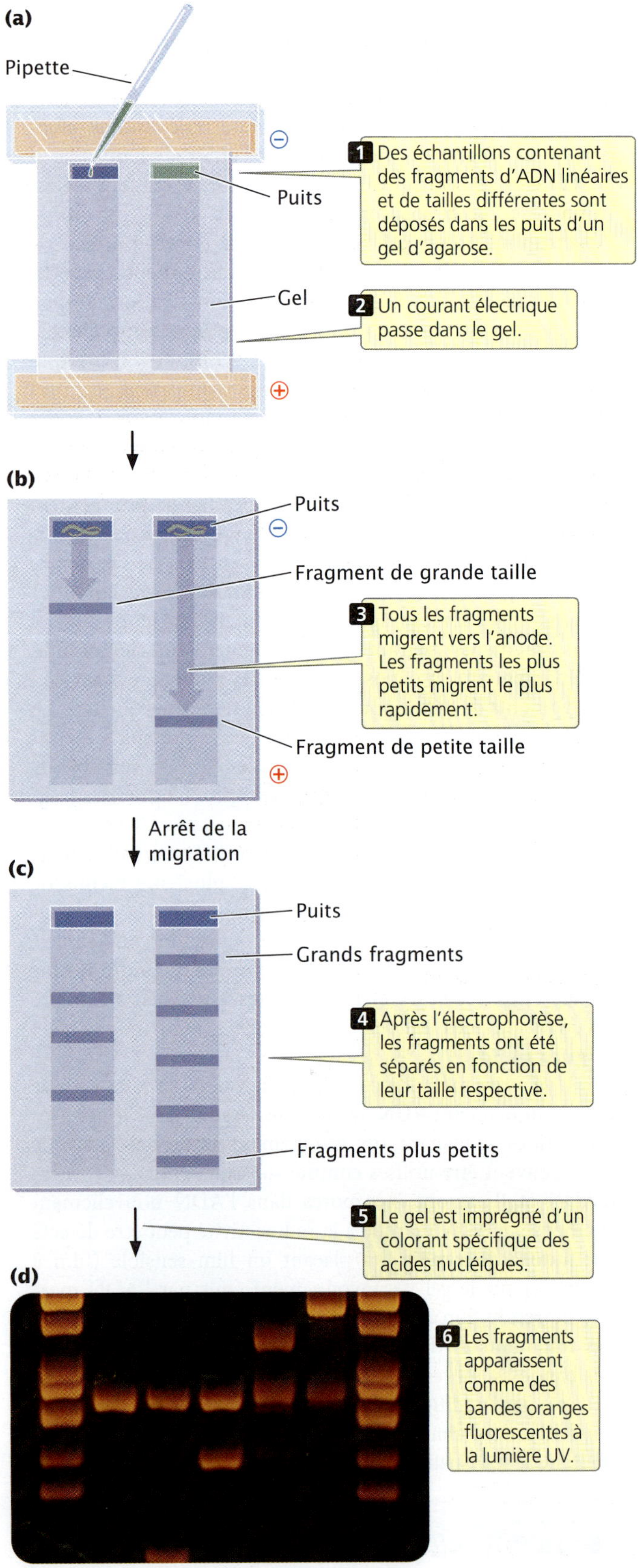

14.3 L'électrophorèse en gel permet de séparer des molécules d'ADN en fonction de leur charge, de leur taille, et de leur forme. Dans le cas de fragments linéaires d'ADN, la séparation se fait en fonction de la taille. *[Photo aimablement communiquée par Carol Eng.]*

✔ Test de compréhension 3

Des fragments d'ADN longs respectivement de 500 pb, 1 000 pb, et 2 000 pb sont soumis à une électrophorèse en gel. Quel fragment migrera le plus loin dans le gel ?

a. Le fragment de 2 000 pb
b. Le fragment de 1 000 pb
c. Le fragment de 500 pb
d. Tous les fragments migreront à la même distance

Quand une petite molécule d'ADN, comme un plasmide, est coupée par une enzyme de restriction, les quelques fragments produits apparaissent sous la forme de bandes discrètes dans un gel d'électrophorèse. Par contre, la restriction de l'ADN génomique d'une cellule produit un nombre considérable de fragments de tailles diverses qui apparaissent comme une traînée quasi continue dans le gel. Souvent, seuls quelques uns de ces fragments nous intéressent, par exemple ceux qui portent un gène spécifique. Comment les retrouver dans cette vaste collection de fragments ?

Une approche possible est l'utilisation d'une **sonde**, une molécule d'ADN ou d'ARN dont la séquence est complémentaire de celle d'une partie du gène que l'on recherche. Les bases de la sonde ne s'apparieront qu'avec celles de la séquence complémentaire et, si la sonde est marquée de façon appropriée, elle permettra de localiser le ou les fragments porteurs du gène – ou de la séquence – qui nous intéresse.

Cloner un gène

Les manipulations génétiques nécessitent une quantité suffisante d'ADN. Une méthode facile pour amplifier un fragment d'ADN est de l'introduire dans une cellule bactérienne (ou dans toute autre cellule hôte appropriée) où il sera répliqué. Ce procédé est appelé **clonage de gène** parce qu'il permet d'obtenir des copies identiques (un clone) du fragment d'ADN original.

Un **vecteur de clonage** est une molécule d'ADN stable, capable de se répliquer (un réplicon), dans laquelle un fragment d'ADN étranger peut être inséré avant l'introduction dans une cellule. Un bon vecteur de clonage possède trois caractéristiques importantes (**Figure 14.4**) : (1) une origine de réplication fonctionnelle dans la cellule hôte choisie ; (2) des marqueurs de sélection qui permettent de sélectionner ou d'identifier les cellules qui contiennent le vecteur ; et (3) un exemplaire unique de différents sites de restriction dans lesquels un fragment d'ADN peut être inséré. Les sites de restriction utilisés pour le clonage doivent être uniques dans le vecteur parce que, si le vecteur était coupé à plusieurs endroits par une enzyme de restriction, plusieurs fragments seraient générés, avec une probabilité faible qu'ils se réassocient dans le bon ordre.

Les vecteurs plasmidiques Les plasmides, des molécules d'ADN circulaires présentes naturellement chez les bactéries et chez d'autres organismes (voir le Chapitre 6), sont utilisés couramment comme vecteurs pour cloner des fragments d'ADN dans des bactéries. Ils contiennent des origines de réplication qui leur permettent de se répliquer de façon autonome. Les plasmides utilisés pour le clonage sont dérivés de plasmides bactériens naturels plus grands, et modifiés génétiquement

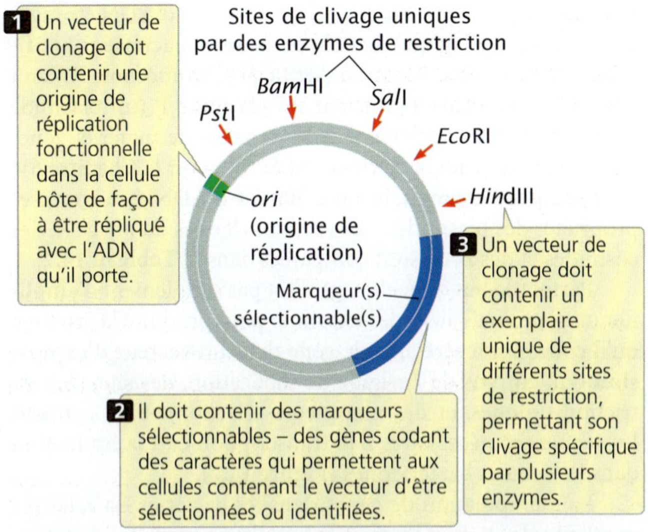

14.4 Un vecteur de clonage standard possède une origine de réplication, un ou plusieurs marqueurs sélectionnables, et un ou plusieurs sites de restriction uniques dans le vecteur.

de façon à posséder les trois caractéristiques importantes que nous venons de décrire.

La méthode la plus simple pour insérer un gène dans un vecteur plasmidique consiste à couper l'ADN étranger (contenant le gène) et le plasmide avec la même enzyme de restriction (**Figure 14.5**). Si l'enzyme utilisée pratique des coupures décalées, des extrémités cohésives complémentaires seront produites dans l'ADN étranger et dans le plasmide, et des fragments d'ADN vont s'associer avec le plasmide. L'ADN ligase est ensuite utilisée pour refermer les entailles dans le squelette sucre-phosphate, créant un plasmide recombinant qui contient un ou plusieurs fragments d'ADN étranger.

La transformation Une fois qu'un gène porté par un fragment d'ADN a été inséré dans un plasmide, le plasmide recombinant doit être introduit dans une cellule bactérienne. Cette étape s'effectue généralement par *transformation*, ce processus par lequel des cellules bactériennes capturent de l'ADN présent dans le milieu environnant (voir le Chapitre 6). Certaines bactéries ont une capacité naturelle d'être transformées ; d'autres doivent faire l'objet d'un traitement chimique ou physique préalable. Une fois dans la cellule, les plasmides se répliquent et se multiplient.

L'utilisation de marqueurs de sélection Les cellules contenant des plasmides recombinants peuvent être détectées en utilisant des marqueurs sélectionnables présents sur le plasmide. Un type de marqueur couramment utilisé est une copie du gène *lacZ* contenant une série de sites de restriction uniques dans lesquels le fragment d'ADN à cloner peut être inséré (**Figure 14.6**). En l'absence de fragment inséré, le gène *lacZ* est actif et produit la β-galactosidase. Quand un fragment est inséré dans un des sites de restriction, il interrompt le gène *lacZ* et la β-galactosidase n'est plus produite. Le plasmide vecteur contient généralement un deuxième marqueur de sélection, qui peut être un gène codant la résistance à un antibiotique tel que l'ampicilline.

Des bactéries *lacZ*$^-$ sont transformées par les plasmides et étalées sur un milieu contenant de l'ampicilline. Seules les cellules qui ont été transformées et qui contiennent un plasmide porteur du gène de résistance à l'ampicilline survivront et se multiplieront. Certaines de ces cellules contiendront un plasmide sans insert, tandis que d'autres contiendront un plasmide recombinant. Le milieu contient aussi du X-gal, un substrat incolore de la β-galactosidase qui produit une substance bleue quand il est clivé. Les bactéries contenant un vecteur sans insert ont un gène *lacZ* fonctionnel qui synthétise la β-galactosidase ; celle-ci clive le X-gal qui colore les bactéries en bleu. Les cellules contenant un plasmide recombinant ont un gène *lacZ* interrompu par l'insert d'ADN ; elles ne produisent pas de β-galactosidase et elles restent blanches. (Dans ces expériences, le gène *lacZ* de la bactérie a été inactivé, et seules les bactéries contenant un plasmide sans insert se colorent en bleu.) La couleur des colonies permet donc par simple inspection visuelle de déterminer la présence d'un plasmide recombinant dans les cellules.

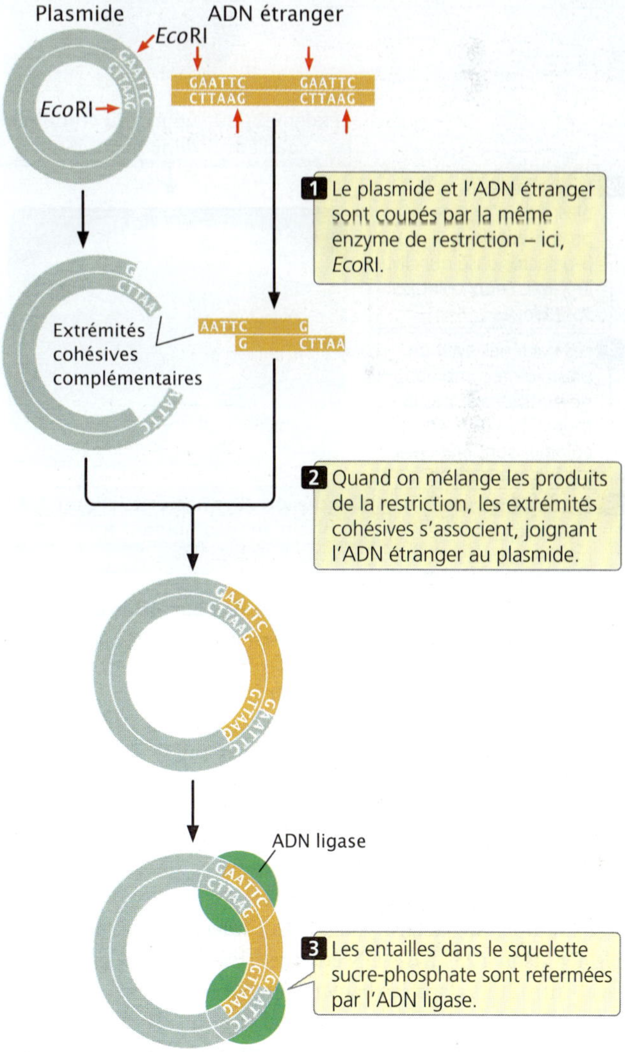

14.5 Un fragment d'ADN étranger peut être inséré dans un plasmide en utilisant des enzymes de restriction et l'ADN ligase.

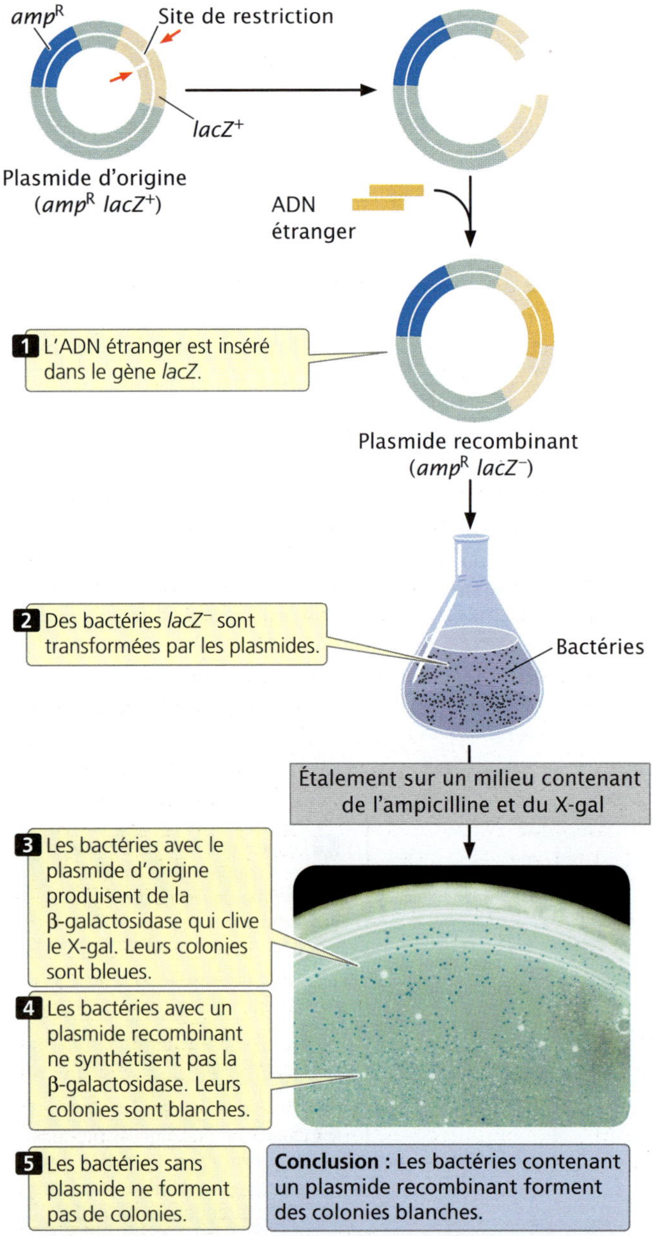

14.6 Le gène *lacZ* permet de cribler des bactéries contenant des plasmides recombinants. Un plasmide construit spécialement contient un exemplaire du gène *lacZ* et un gène de résistance à l'ampicilline. *[Photo : Cytographics/Visuals Unlimited.]*

Les plasmides sont d'excellents vecteurs de clonage, mais ils ne peuvent contenir plus de 15 kb d'ADN étranger. Des inserts plus grands déstabilisent le plasmide.

Les vecteurs phagiques D'autres types de vecteurs ont été développés pour le clonage de fragments d'ADN plus grands. Par exemple, le bactériophage λ qui infecte *E. coli* permet de cloner jusqu'à 23 kb d'ADN étranger ; les phages recombinants sont introduits dans les bactéries par infection, un processus plus efficace que la transformation. Les **cosmides** sont des vecteurs hybrides de phage λ et de plasmide. L'ADN d'un cosmide recombinant est encapsidé in vitro dans des particules de phage qui sont ensuite introduites dans les bactéries par infection. Ils peuvent contenir deux fois plus d'ADN étranger qu'un vecteur phagique. Les **chromosomes bactériens artificiels** (**BAC**, pour « Bacterial Artificial Chromosome ») sont des vecteurs construits à partir du plasmide F (un plasmide qui contrôle l'accouplement et le transfert de matériel génétique chez certaines bactéries dont *E. coli* (voir le Chapitre 6) ; un BAC peut contenir jusqu'à 300 kb d'ADN étranger. Les propriétés des plasmides, des vecteurs dérivés du phage λ, des cosmides et des BAC sont comparées dans le **Tableau 14.2**.

Parfois, le but d'un clonage n'est pas simplement d'amplifier un gène, mais aussi de l'exprimer pour produire la protéine qu'il code. On insère alors le gène dans un **vecteur d'expression** qui, en plus de l'origine de réplication, des sites de restriction uniques, et des marqueurs sélectionnables, contient les séquences nécessaires à la transcription et à la traduction dans les cellules bactériennes (**Figure 14.7**).

La manipulation de gènes dans les bactéries est relativement simple et efficace, mais le but ultime peut être de transférer un gène dans des cellules eucaryotiques. Par exemple, il pourrait être intéressant d'introduire un gène de résistance aux herbicides dans une céréale, ou un gène codant un facteur de coagulation chez une personne souffrant d'hémophilie. De nombreuses protéines eucaryotiques subissent une modification post traductionnelle (par exemple, une glycosylation). Ces modifications sont essentielles pour le bon fonctionnement de ces protéines, mais les bactéries n'ont pas la capacité de les effectuer ; dans de tels cas, une protéine fonctionnelle ne peut être produite que dans une cellule eucaryotique. On a développé plusieurs vecteurs de clonage qui permettent d'introduire des gènes dans des cellules eucaryotiques. (N.d.T. : Et même des vecteurs navette permettant de passer des cellules bactériennes aux cellules eucaryotiques.) Par exemple, le plasmide Ti, un grand plasmide de la bactérie du sol *Agrobacterium tumefaciens*, a été manipulé génétiquement pour transférer des gènes dans des plantes, dont des gènes conférant une valeur économique ajoutée telle que la résistance à certains herbicides, aux virus de plantes, et à des insectes nuisibles.

Concepts clés

Des fragments d'ADN peuvent être insérés dans des vecteurs de clonage, des molécules d'ADN stables, capables de se répliquer de façon autonome dans une cellule. Un vecteur de clonage doit contenir une origine de réplication, un ou plusieurs sites de restriction présents en un seul exemplaire, et des marqueurs sélectionnables. Un vecteur d'expression contient en plus des séquences qui permettent la transcription et la traduction d'un gène cloné. Des vecteurs de clonage ont aussi été développés pour introduire des gènes dans des cellules eucaryotiques.

✔ Test de compréhension 4

Comment insère-t-on un gène dans un vecteur plasmidique ?

L'amplification de gènes par la réaction de polymérisation en chaîne

La manipulation de gènes nécessite de disposer de nombreuses copies de l'ADN utilisé. Comme chaque gène ne représente

Tableau 14.2 Comparaison des plasmides, des vecteurs dérivés du phage λ, des cosmides, et des chromosomes bactériens artificiels

Vecteur de clonage	Taille de l'ADN clonable	Méthode de propagation	Introduction dans les bactéries
Plasmide	Jusqu'à 15 kb	Réplication du plasmide	Transformation
Phage λ	Jusqu'à 23 kb	Multiplication du phage	Infection par le phage
Cosmide	Jusqu'à 44 kb	Réplication comme un plasmide	Infection comme par un phage
Chromosome bactérien artificiel	Jusqu'à 300 kb	Réplication comme un plasmide	Électroporation

Note : 1 kb = 1 000 pb. L'électroporation consiste à soumettre les cellules à des décharges électriques qui augmentent transitoirement la perméabilité de la membrane.

qu'une minuscule fraction de l'ADN cellulaire, il doit être isolé et amplifié avant d'être étudié ou manipulé. Nous avons vu qu'une manière d'amplifier un gène ou un fragment d'ADN est de le cloner dans une bactérie. Pendant de nombreuses années, en effet, le clonage a été la première étape obligée de pratiquement toutes les méthodes d'analyse moléculaire. Le clonage demande beaucoup de travail et de temps, ne serait-ce que le temps nécessaire à la croissance des bactéries. Aujourd'hui, la réaction de polymérisation en chaîne permet d'amplifier de courts fragments d'ADN sans clonage, bien que le clonage reste toujours nécessaire pour l'amplification de grands fragments et pour d'autres manipulations de séquences d'ADN.

La **réaction de polymérisation en chaîne** (**PCR**, acronyme de « Polymerase Chain Reaction ») a été développée en 1983 ; elle permet d'amplifier des fragments d'ADN jusqu'à un milliard de fois en l'espace de quelques heures. De très petites quantités d'ADN, parfois même une seule molécule, suffisent comme substrat initial. La PCR a révolutionné l'analyse génétique moléculaire et elle est à présent une des techniques moléculaires les plus utilisées, notamment dans le diagnostic basé sur l'ADN. Le principe de la PCR est la réplication d'un ADN cible par l'ADN polymérase. Deux éléments sont requis : (1) une matrice d'ADN simple brin sur laquelle un brin complémentaire peut être synthétisé et (2) une amorce avec un groupement 3′-OH auquel de nouveaux nucléotides peuvent être ajoutés. Étant donné que les deux brins de l'ADN cible sont répliqués, la quantité d'ADN double à chaque cycle de réplication, donnant lieu à une augmentation géométrique. Les amorces utilisées sont de courts fragments d'ADN, le plus souvent synthétiques, longs de 17 à 25 nucléotides et complémentaires d'une séquence connue dans la matrice.

Pour effectuer une PCR, on commence par préparer un mélange réactionnel contenant l'ADN cible, l'ADN polymérase, les quatre désoxyribonucléoside 5′ – triphosphates (les substrats de l'ADN polymérase), les amorces, et des ions magnésium et autres sels nécessaires au fonctionnement de l'enzyme. Un cycle de réaction comporte trois étapes (**Figure 14.8**). La solution est d'abord chauffée à haute température (typiquement entre 90 ° et 100 °C), ce qui dénature l'ADN et produit des matrices simple brin. Dans la deuxième étape, la solution est refroidie rapidement entre 30 ° et 65 °C, ce qui permet aux amorces de s'hybrider avec les brins d'ADN. Dans la troisième étape, la solution est chauffée entre 65 ° et 75 °C, la température à laquelle l'ADN polymérase synthétise de nouveaux brins d'ADN. À la fin du cycle, deux molécules d'ADN double brin ont été produites à partir de chaque molécule originale d'ADN cible. Le cycle est ensuite répété. Après 12 cycles, une molécule d'ADN a donné naissance à plus de 1 000 molécules, après 22 cycles, à plus d'un million de molécules et après 32 cycles, à plus d'un milliard de molécules. Chaque cycle ne dure que quelques minutes, ce qui signifie qu'une amplification considérable de l'ADN cible est obtenue en quelques heures.

L'utilisation d'une ADN polymérase stable à haute température a permis d'automatiser le processus. L'ADN polymérase d'*E. coli*, utilisée dans la méthode originale, se dénature à 90 °C, et de l'enzyme fraîche devait être ajoutée au mélange réactionnel *à chaque cycle*. L'isolement de l'ADN polymérase de *Thermus*

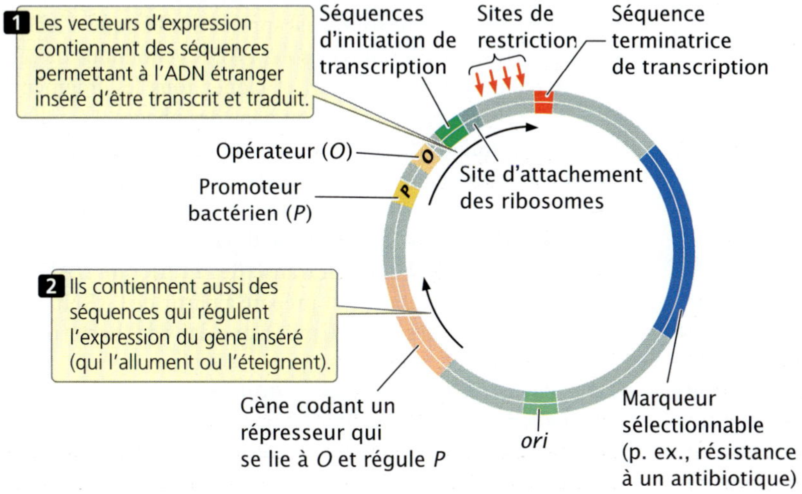

14.7 Un vecteur d'expression contient des sites qui assurent la transcription et la traduction d'un gène étranger dans la cellule hôte – ici, dans *E. coli*.

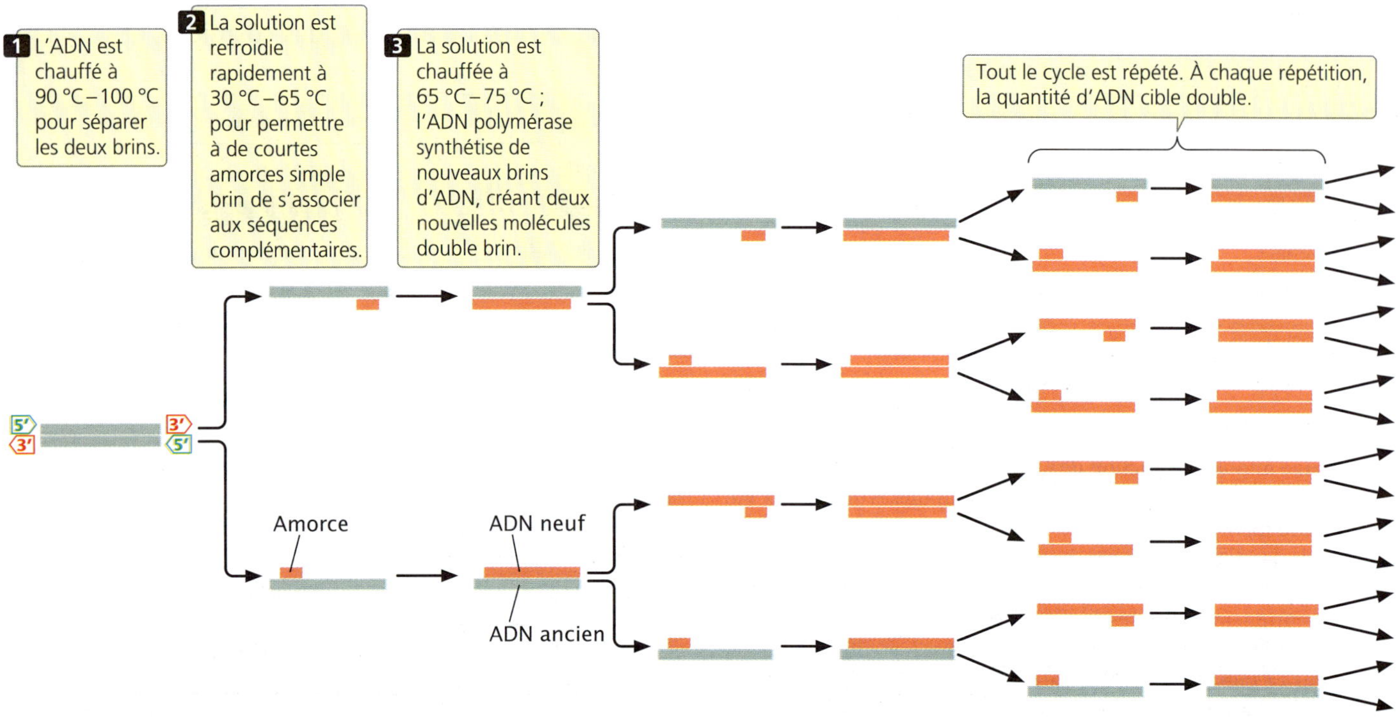

14.8 La réaction de polymérisation en chaîne permet d'amplifier de très petits échantillons d'ADN.

aquaticus, une bactérie qui vit dans les sources chaudes du parc national du Yellowstone et d'ailleurs, a permis de remédier à cet inconvénient. L'enzyme, appelée **polymérase Taq**, est remarquablement thermostable et elle n'est pas dénaturée dans l'étape de séparation des brins ; elle peut donc être ajoutée au mélange réactionnel une seule fois au début de la PCR et elle continuera de fonctionner pendant de nombreux cycles.

Concepts clés

La réaction de polymérisation en chaîne (PCR) est une méthode enzymatique qui permet d'amplifier rapidement l'ADN in vitro. Dans cette méthode, l'ADN est chauffé pour en séparer les deux brins, de courtes amorces s'apparient avec l'ADN cible, et l'ADN polymérase synthétise de nouveaux brins en prolongeant les amorces. Chaque cycle de PCR double la quantité d'ADN.

14.2 Des techniques moléculaires permettent de trouver les gènes d'intérêt

Pour analyser un gène ou le transférer dans un autre organisme, il faut d'abord le localiser et l'isoler. Par exemple, si nous voulons introduire le gène de l'hormone de croissance humaine dans une bactérie, nous devons d'abord le trouver et l'extraire des quelque 3,2 milliards de paires de bases du génome humain. Dans notre présentation du clonage de gènes, nous sommes passés assez rapidement sur ce problème de localisation et d'isolement du gène ou de la séquence d'ADN à cloner. En fait, si nous ne nous intéressons que maintenant à la solution de ce problème, c'est parce que, paradoxalement, il faut souvent cloner un gène avant de le trouver. Cette approche est appelée clonage à l'aveugle (en anglais, « shotgun cloning », par analogie avec la dispersion des petits plombs de la cartouche d'un fusil de chasse). Dans le clonage à l'aveugle, on commence par cloner un très grand nombre de fragments d'ADN, en sachant qu'un ou plusieurs d'entre eux doivent contenir le gène d'intérêt, puis on crible les clones pour le trouver.

Les banques d'ADN

Une collection de clones contenant tous les fragments d'ADN provenant d'une même source est appelée une **banque d'ADN**. Nous pourrions, par exemple, isoler l'ADN génomique de cellules humaines, le fragmenter, et cloner tous les fragments dans des cellules bactériennes ou dans des phages. La collection de plasmides, de cosmides, de cultures bactériennes ou de phages contenant ces fragments est une **banque génomique** ; elle couvre en principe tout le génome humain. Un autre type de banque, une **banque d'ADNc**, ne contient que les séquences d'ADN qui sont transcrites en ARNm. L'ADNc, ou ADN complémentaire, est préparé à partir de l'ARNm qui est d'abord converti en ADN, puis cloné dans des bactéries.

La création d'une banque génomique Pour créer une banque génomique, des cellules sont récoltées et brisées, ce qui libère en solution l'ADN et d'autres constituants cellulaires. L'ADN est extrait de la solution. Après qu'il ait été isolé et purifié, il est soumis à un traitement ménagé par une enzyme de restriction (une digestion partielle) de sorte qu'une partie seulement des sites de restriction de chaque molécule d'ADN soit coupée. Comme la distribution des sites coupés est aléatoire, différentes molécules d'ADN seront coupées à des sites différents, ce qui produira un jeu de fragments chevauchants (**Figure 14.9**). Les fragments sont alors joints à des vecteurs pour être introduits dans des bactéries. Quelques clones contiendront le gène recherché, d'autres une partie du gène, mais la majorité contiendra d'autres séquences.

Une banque génomique doit comporter un grand nombre de clones pour que toutes les séquences d'ADN du génome y soient représentées. Une banque génomique humaine constituée de cosmides contenant des fragments d'ADN de 35 000 à 44 000 pb devrait contenir quelque 350 000 clones pour que la probabilité d'y trouver chaque séquence soit de 99 %.

Concepts clés

Une des méthodes pour trouver un gène est de créer, puis de cribler une banque d'ADN. Une banque génomique est construite en coupant l'ADN génomique en fragments chevauchants et en clonant chaque fragment dans une cellule bactérienne individuelle. Une banque d'ADNc est créée au départ d'ARNm qui est converti en ADNc et cloné dans des bactéries.

Le criblage de banques d'ADN La préparation d'une banque génomique ou d'ADNc est relativement facile en comparaison de la recherche des clones qui contiennent le gène auquel on s'intéresse. La méthode de criblage utilisée dépend de ce que l'on sait du gène recherché.

La première étape du criblage consiste à étaler les clones de la banque sur des boîtes de Pétri. Si le vecteur est un plasmide ou un cosmide les cellules sont diluées puis étalées, de façon telle que chaque bactérie forme une colonie isolée. Si le vecteur est un phage, le lysat est utilisé pour infecter des bactéries étalées en tapis sur des boîtes de Pétri. Chaque plage de lyse ou chaque colonie contient un fragment d'ADN cloné susceptible de contenir le gène recherché.

Une méthode très courante pour cribler des banques est d'utiliser des sondes. Avant l'utilisation d'une sonde, il faut préparer des répliques des colonies ou des plages de lyse étalées. La **Figure 14.10** décrit l'application de cette méthode à une banque de cosmides.

Comment obtenir une sonde pour un gène qui n'a pas encore été isolé ? Une option consiste à utiliser comme sonde un gène homologue provenant d'un autre organisme. Par exemple, pour cribler une banque génomique humaine à la recherche du gène de l'hormone de croissance, et si le gène a déjà été isolé chez le rat, on utilisera un fragment purifié du gène de rat comme sonde pour identifier les clones porteurs du gène humain. L'hybridation ne nécessite pas une complémentarité parfaite entre la sonde et la séquence cible, donc une séquence apparentée peut servir de sonde. (N.d.T. : La séquence d'un gène homologue peut aussi servir à préparer des amorces pour un criblage par PCR. On recherche alors les clones qui donnent lieu à une amplification d'ADN.)

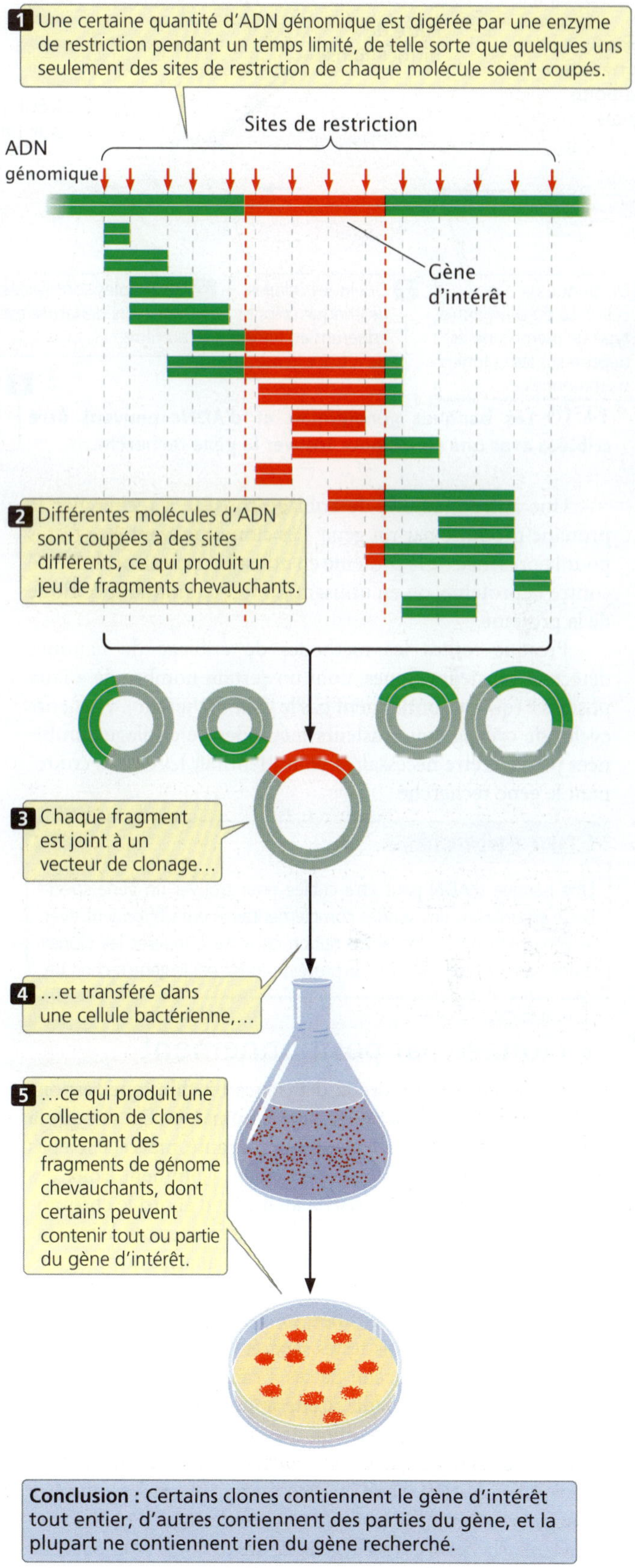

14.9 Une banque génomique contient toutes les séquences contenues dans le génome d'un organisme.

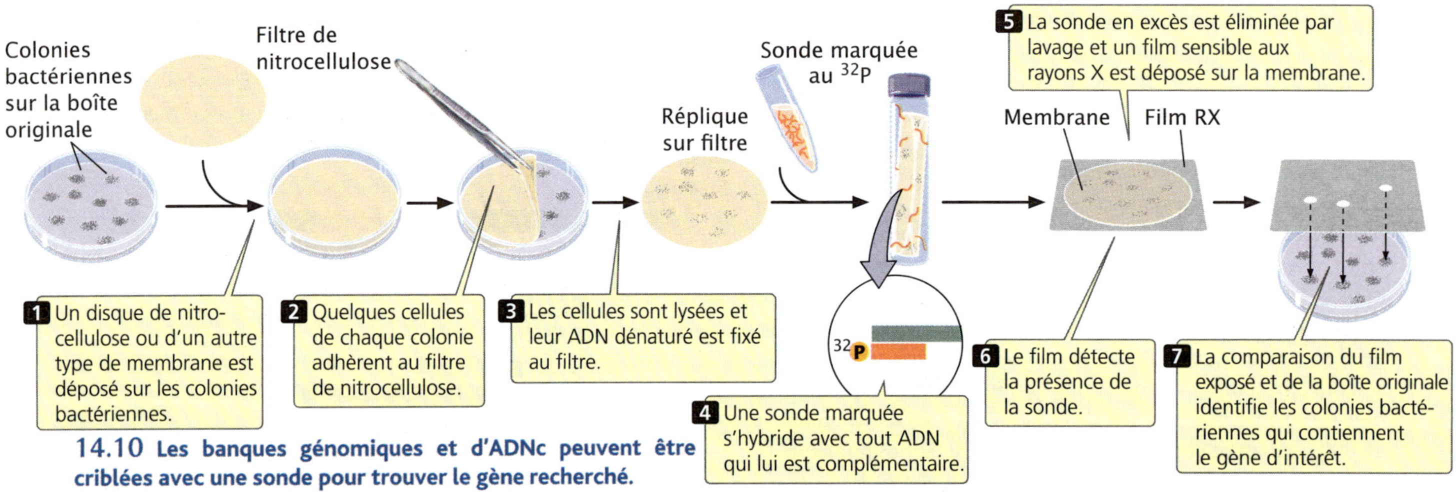

14.10 Les banques génomiques et d'ADNc peuvent être criblées avec une sonde pour trouver le gène recherché.

Une autre méthode de criblage consiste à rechercher la protéine produite par un gène. Les clones peuvent être testés pour la présence de la protéine en utilisant un anticorps dressé contre la protéine, ou en utilisant un test chimique spécifique de la protéine.

Presque toutes les méthodes de criblage de banques détectent plusieurs clones, dont un certain nombre de « faux positifs » (qui ne contiennent pas le gène recherché). Plusieurs cycles de criblage ou plusieurs méthodes de criblage combinées peuvent être nécessaires pour identifier les clones contenant le gène recherché.

Concepts clés

Une banque d'ADN peut être criblée pour trouver un gène spécifique en utilisant des sondes complémentaires qui s'hybrident avec le gène recherché. Une autre option consiste à repérer les clones d'une banque qui produisent la protéine codée par le gène recherché.

Le clonage par positionnement

On ne connaît pas encore la déficience biochimique responsable de certaines maladies génétiques humaines. On sait que la fonction de la protéine affectée est importante, mais elle n'a pas encore été associée à un gène particulier. Comment isoler ces gènes ? Une approche consiste à identifier d'abord le chromosome qui porte le gène en se basant sur les fréquences de recombinaison obtenues par croisement ou par l'analyse de pedigrees (voir le Chapitre 5). Une fois que la région du chromosome où se trouve le gène a été identifiée, tous les gènes de cette région peuvent être clonés, puis testés séparément par d'autres techniques pour identifier celui de ces « candidats » dont la déficience provoque la maladie. Cette approche – l'isolement de gènes sur la base de leur position dans une carte génétique – est appelée **clonage par positionnement**. On part fréquemment d'un autre gène déjà cloné ou d'un marqueur connu pour être lié au gène recherché pour avancer, par sélection de clones chevauchants successifs, vers le gène désiré. (N.d.T. : On parle de « marche sur le chromosome ».) Les déficiences responsables de plusieurs maladies génétiques humaines importantes ont été identifiées grâce au clonage par positionnement.

La découverte de gènes in silico

Les séquences génomiques complètes d'un nombre croissant d'organismes sont publiées chaque année (voir la section suivante), et des séquences partielles d'autres génomes sont ajoutées quotidiennement aux bases de données. Cette masse d'information sur les séquences est de plus en plus souvent exploitée pour la recherche de gènes au moyen de logiciels informatiques spécialement conçus qui analysent les grandes bases de données. Cette approche tend à remplacer le clonage de gènes et le criblage de banques d'ADN, surtout quand le but ultime n'est pas la manipulation du gène recherché. Ces méthodes de localisation et de caractérisation de gènes « in silico » se basent sur l'identification de motifs de séquences typiquement associés aux gènes et sur la recherche de gènes homologues connus dans les bases de données. Ces méthodes seront discutées plus en détail plus loin dans le chapitre.

14.3 La détermination et l'analyse de séquences d'ADN

Plusieurs des méthodes que nous avons examinées dans les sections précédentes dépendent en tout ou en partie de la connaissance de la séquence nucléotidique de gènes ou de régions entières de chromosomes.

Le polymorphisme de longueur des fragments de restriction

Une des contributions importantes de la génétique moléculaire a été de fournir de nombreux marqueurs génétiques qui peuvent être utilisés pour cartographier des gènes. Parmi ceux-ci, il y a le **polymorphisme de longueur des fragments de restriction** (RFLP, acronyme de « Restriction Fragment Length Polymorphism »), qui sont des différences entre profils de fragments de restriction (le polymorphisme) générés par la coupure de molécules d'ADN par une enzyme de restriction particulière (**Figure 14.11**). Ces différences, qui reflètent des

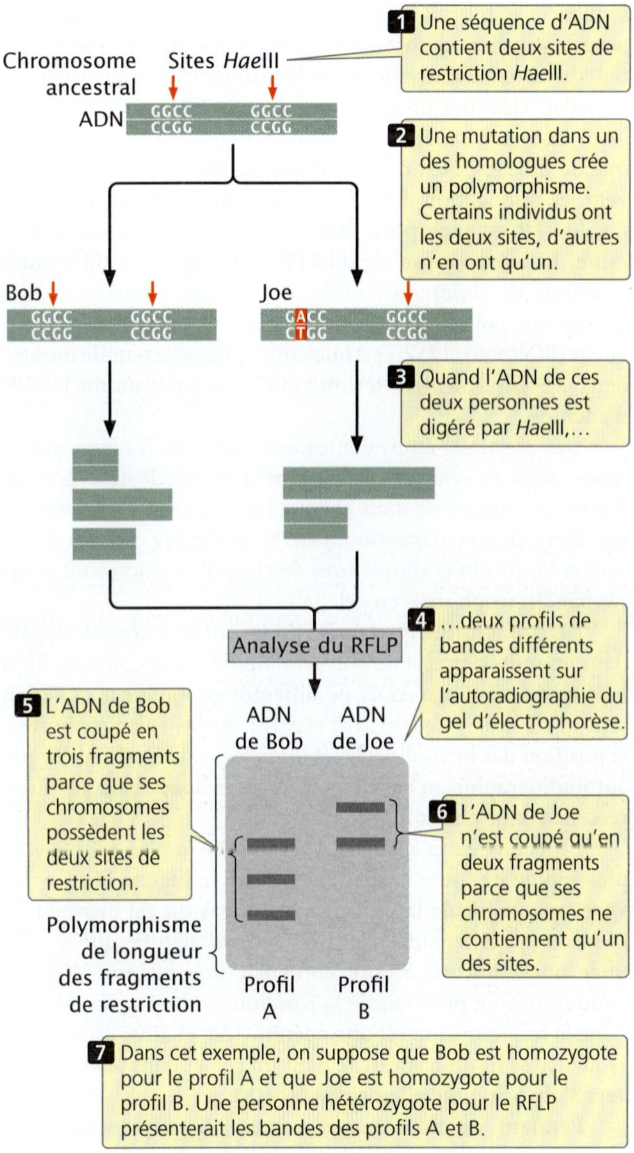

14.11 Un polymorphisme de longueur de fragments de restriction peut être utilisé comme marqueur en cartographie.

variations parfois silencieuses dans la séquence d'ADN, sont héréditaires et peuvent être utilisées en cartographie.

Pour illustrer la cartographie au moyen de RFLP, prenons l'exemple de la chorée de Huntington, une maladie génétique autosomique dominante. Dans la famille présentée dans la **Figure 14.12**, le père est hétérozygote pour la maladie de Huntington (*Hh*) et pour un profil de restriction (*AC*). Chaque enfant hérite du père d'un allèle dominant causant la maladie (*H*) ou d'un allèle normal (*h*). Chaque enfant hérite aussi d'un des deux allèles RFLP du père, *A* ou *C*, et donc du profil de restriction correspondant. Dans la Figure 14.12, nous voyons que chaque enfant qui hérite du profil *C* du père hérite aussi de la maladie de Huntington (l'allèle *H*). Donc, un polymorphisme est étroitement lié au locus du gène responsable de la maladie. L'étude de la liaison de l'allèle *h* à un changement de site de restriction revient donc à effectuer sur l'ADN le même genre d'analyse que l'on pratique sur le phénotype d'organismes entiers, et qui consiste à utiliser la liaison à un caractère identifiable d'un allèle que l'on veut dépister ou caractériser plus avant.

Concepts clés

Le polymorphisme de longueur de fragments de restriction (RFLP) est une variation du profil de fragments produits par des enzymes de restriction, qui révèle des variations de la séquence d'ADN. On l'utilise souvent en cartographie génétique.

Le séquençage d'ADN

Le séquençage d'ADN permet de lire l'information génétique à l'échelle des nucléotides individuels et fournit une quantité d'information énorme sur la structure et la fonction des gènes. Au milieu des années 1970, Fred Sanger et ses collaborateurs ont inventé une méthode enzymatique de séquençage, la méthode dite des terminateurs didésoxy, qui est rapidement devenue la méthode standard de séquençage de fragments d'ADN purifiés.

Le fragment à séquencer sert de matrice pour la synthèse d'une série de molécules d'ADN nouveau. La réplication est parfois, mais pas toujours, terminée quand le système de réplication rencontre une base spécifique, ce qui produit une collection de brins d'ADN de longueur différente mais ayant une extrémité commune. La méthode utilise des substrats particuliers pour la synthèse d'ADN. Normalement, l'ADN est synthétisé à partir de désoxyribonucléosides triphosphate (dNTP), qui ont un groupement OH sur le carbone 3′ (**Figure 14.13a**). Dans la méthode de Sanger, des nucléosides particuliers, des **didésoxyribonucléosides triphosphate** (ddNTP ; **Figure 14.13b**) sont utilisés comme substrats en plus des quatre dNTP habituels. Les ddNTP sont identiques aux dNTP, à ceci près qu'ils n'ont pas de groupe 3′ – OH. Pendant la synthèse d'ADN, les ddNTP sont incorporés dans le brin

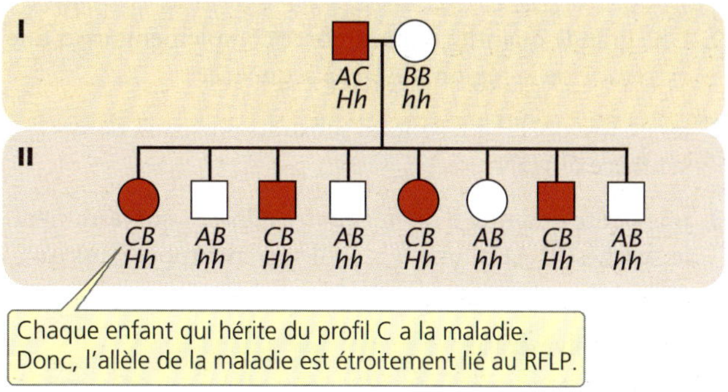

14.12 La liaison à un polymorphisme de longueur de fragments de restriction peut être utilisée pour déceler la présence probable d'un allèle particulier. Il y a une correspondance étroite entre la transmission d'un marqueur RFLP et la présence de l'allèle provoquant la maladie de Huntington. Le RFLP et le gène de la maladie de Huntington sont étroitement liés.

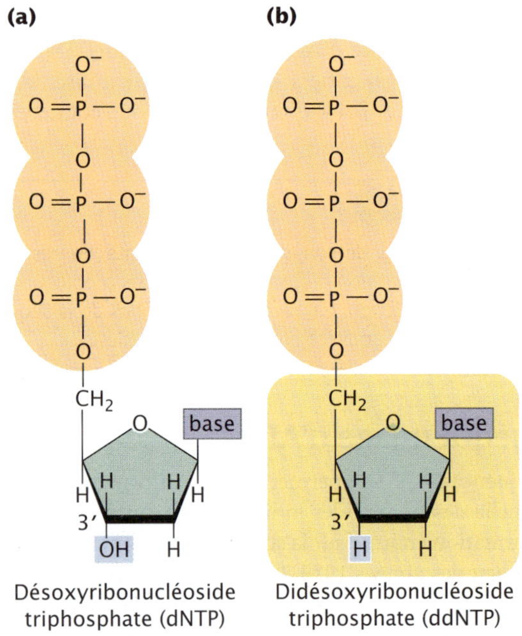

14.13 La méthode de séquençage enzymatique utilise un substrat didésoxy qui termine la synthèse d'ADN. (a) Structure d'un désoxyribonucléoside triphosphate, le substrat normal de la synthèse d'ADN. (b) Structure d'un didésoxyribonucléoside triphosphate, qui n'a pas de groupe 3′ – OH.

d'ADN en cours de croissance, mais l'élongation s'arrête parce qu'ils n'y a pas de groupe 3′ – OH auquel attacher un nouveau nucléotide. Les ddNTP sont donc des terminateurs de la synthèse d'ADN.

Bien que le séquençage d'une unique molécule d'ADN soit techniquement possible, la plupart des méthodes de séquençage courantes nécessitent une assez grande quantité d'ADN, et tout fragment à séquencer doit d'abord être amplifié par PCR ou par clonage dans une bactérie.

L'ADN purifié est réparti dans quatre tubes (**Figure 14.14**), dans lesquels on ajoute :

1. Une grande quantité d'une amorce complémentaire d'une extrémité de la région d'ADN à séquencer ;
2. les quatre dNTP qui sont les substrats normaux de la synthèse d'ADN ;
3. une petite quantité *d'un des quatre* ddNTP, qui terminera la synthèse d'ADN une fois qu'il sera incorporé dans une chaîne en croissance ; et
4. l'ADN polymérase.

L'amorce ou l'un des quatre dNTP est radioactif ou marqué chimiquement, pour permettre de détecter l'ADN nouvellement synthétisé dans un gel.

Considérons la réaction dans un des tubes, celui dans lequel on a ajouté le ddATP. L'amorce s'apparie à la séquence complémentaire à une extrémité d'un des brins de l'ADN à séquencer et fournit un groupe 3′ – OH à l'ADN polymérase pour la synthèse d'un nouveau brin. Chaque fois que l'ADN polymérase rencontre un T sur le brin matrice, elle incorpore de façon aléatoire un dATP ou un ddATP dans le nouveau brin. Comme le mélange réactionnel contient plus de dATP que de ddATP, c'est du dATP qui est incorporé le plus souvent, et l'élongation du brin se poursuit. Parfois, cependant, un ddATP est incorporé dans le brin et l'élongation se termine. L'incorporation de ddATP est aléatoire, à différentes positions de différentes molécules d'ADN matrice, ce qui génère une collection de chaînes polynucléotidiques de longueur différente (12, 7, et 2 nucléotides dans l'exemple montré dans la Figure 14.14, se terminant chacune par un nucléotide d'adénine.

Des réactions équivalentes ont lieu dans les trois autres tubes, mais la synthèse se termine à un nucléotide porteur d'une base différente dans chaque tube. Une fois achevées les réactions de polymérisation, l'ADN de chaque tube est dénaturé et les produits simple brin de chaque réaction sont séparés par électrophorèse en gel.

Les produits des quatre réactions sont déposés côte-à-côte dans les puits d'un gel de polyacrylamide d'une concentration telle que des brins d'ADN ne différant en longueur que d'un seul nucléotide puissent être séparés. Après l'électrophorèse, la position des brins d'ADN, et donc leur taille, est révélée par autoradiographie en cas de marquage radioactif, ou par fluorescence (voir plus loin).

La lecture de la séquence est la partie la plus simple et la plus rapide de toute l'expérience. Dans la Figure 14.14, vous voyez que la bande la plus proche du bas du gel provient de la réaction contenant du ddGTP, ce qui signifie que le premier nucléotide incorporé contenait une guanine (G). La bande suivante provient de la réaction contenant du ddATP, donc la base suivante est une adénine (A), et ainsi de suite. La séquence se lit du bas vers le haut du gel, et dans le sens de 5′ vers 3′ du brin nouvellement synthétisé.

Pendant de nombreuses années, le séquençage s'est fait manuellement ; il s'agissait d'une opération laborieuse et assez coûteuse. De nos jours, on emploie souvent des machines automatisées qui utilisent un marquage fluorescent et des scanners à laser ; elles permettent de séquencer des milliers de paires de bases en quelques heures (**Figure 14.15**, p. 362). Comme chaque type de didésoxynucléotide est marqué avec un colorant fluorescent différent, les quatre réactions peuvent avoir lieu dans un même tube, puis être placées dans le même puits pour l'électrophorèse. Le gel d'électrophorèse est contenu dans un capillaire. Les fragments de différentes tailles produits par la réaction de séquençage se séparent dans le capillaire et passent dans un rayon laser qui active leur colorant fluorescent ; leur fluorescence caractéristique est détectée par un scanner optique. Cette information est enregistrée et interprétée par un ordinateur qui fournit les résultats sous la forme de pics sur un graphique (voir la Figure 14.15). Les séquenceurs automatisés peuvent contenir 96 tubes à gel capillaires ou davantage, et peuvent lire de 50 000 à 60 000 pb de séquence en quelques heures.

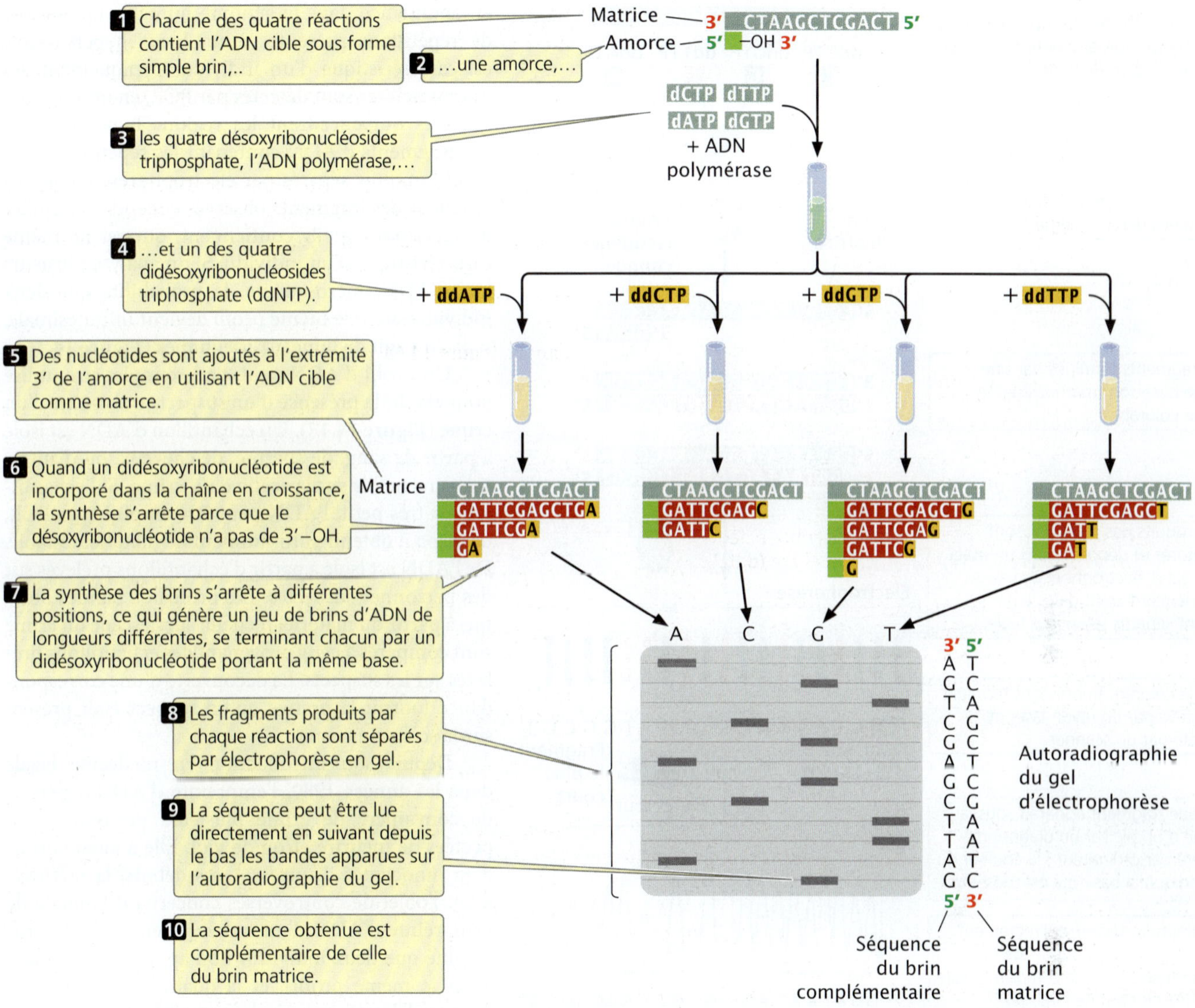

14.14 **La méthode de séquençage d'ADN dite des didésoxy est basée sur la terminaison de la synthèse d'ADN.**

Concepts clés

L'ADN peut être séquencé rapidement par la méthode des didésoxy, dans laquelle des ddNTP terminent la synthèse d'ADN au niveau de bases spécifiques. Le séquençage automatisé permet de lire des milliers de paires de bases de séquence en quelques heures.

✔ Test de compréhension 5

Dans une réaction de séquençage par la méthode des didésoxy, qu'est-ce qui termine la synthèse d'ADN au niveau d'une base spécifique ?

a. L'absence de base sur un ddNTP arrête l'ADN polymérase.

b. Le ddNTP provoque une cassure du squelette sucre-carbone.

c. L'ADN polymérase n'incorpore pas de ddNTP dans la chaîne d'ADN en croissance.

d. L'absence de groupe hydroxyle en 3' empêche l'addition d'un autre nucléotide.

L'empreinte d'ADN

La réalisation d'une **empreinte d'ADN** (ou profil d'ADN) peut servir à identifier des individus. Étant donné l'hypervariabilité de certaines parties du génome, la séquence d'ADN

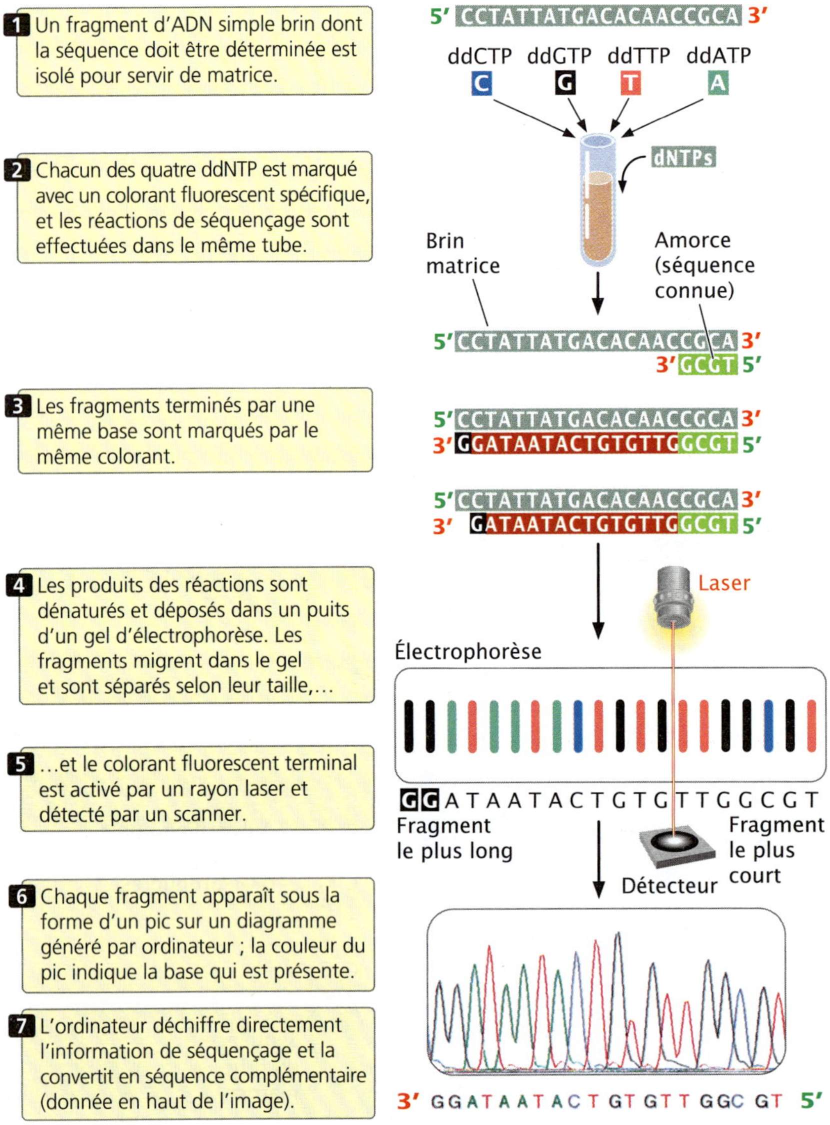

14.15 Le séquençage par la méthode des didésoxy peut être automatisé.

en abondance dans le génome humain. Le nombre de répétitions présentes à un locus hypervariable est caractéristique d'un individu. Typiquement, les microsatellites sont détectés par PCR, en utilisant des amorces qui encadrent les régions hypervariables. Les fragments d'ADN contenant les répétitions sont amplifiés, puis séparés par électrophorèse en gel. La longueur des fragments observés dépend du nombre de répétitions qu'ils contiennent, qui est lui-même caractéristique d'un individu. Si on analyse plusieurs loci d'ADN microsatellite, la probabilité que deux individus aient le même profil devient infinitésimale, sauf s'il s'agit de jumeaux identiques (**Figure 14.16**).

Un profil d'ADN peut, par exemple, être utilisé pour établir la présence d'un suspect sur la scène d'un crime (**Figure 14.17**). Un échantillon d'ADN est isolé à partir de sang, de sperme, de cheveux, ou d'autres tissus recueillis sur la scène d'un crime. Si l'échantillon est très petit, l'ADN peut être amplifié par PCR, de façon à obtenir suffisamment de matériel testable. De l'ADN est isolé à partir d'échantillons prélevés sur des personnes suspectes. Les profils de bandes obtenus à partir du matériel recueilli sur la scène du crime sont comparés à ceux provenant des échantillons prélevés sur les suspects. La découverte d'une correspondance fournit la preuve qu'un suspect était présent sur la scène du crime.

Depuis son introduction en médecine légale dans les années 1980, l'empreinte d'ADN a permis de convaincre de crime plusieurs personnes suspectées de meurtre et/ou de viol. Elle a aussi permis d'en innocenter d'autres. À ses débuts, la méthode a fait l'objet de controverses concernant l'unicité de l'empreinte d'ADN d'un individu (en cause, la probabilité que deux individus non apparentés puissent avoir le même profil), et la qualité des opérations dans les laboratoires où s'effectuait la détermination des empreintes (la possibilité d'une contamination accidentelle des échantillons, et la reproductibilité d'un individu est unique et, comme les empreintes digitales traditionnelles, elle peut servir à l'identifier (d'où l'appellation de « DNA fingerprinting » en anglais).

La réalisation d'empreintes d'ADN utilise le plus souvent des loci d'**ADN microsatellite** ou des loci à **nombre variable de courtes répétitions en tandem** (VNTR, acronyme de « Variable Number Tandem Repeats »). Ces très courtes séquences d'ADN répétées en tandem sont présentes

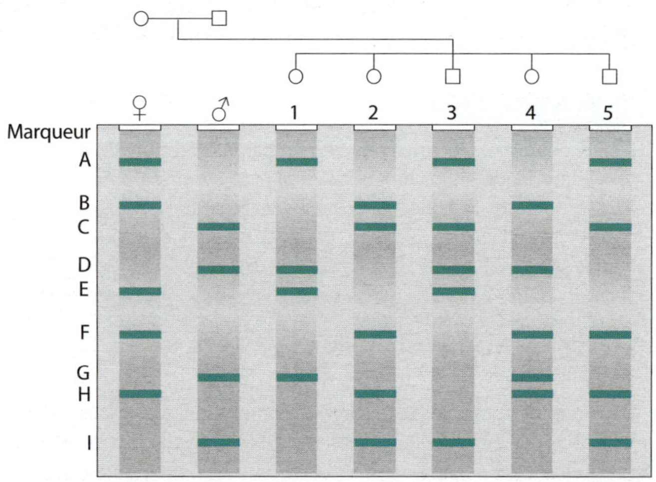

14.16 La variation des profils de bandes révèle l'hérédité différente de séquences microsatellites. Variation des microsatellites au sein d'une famille. Toutes les bandes trouvées chez les enfants sont présentes chez les parents. *[Tiré de A. Griffiths, S. Wessler, R. Lewontin, W. Gelbart, D. Suzuki, and J. Miller,* Introduction to Genetic Analysis, *8th ed. © 2005 by W.H. Freeman and Company]*

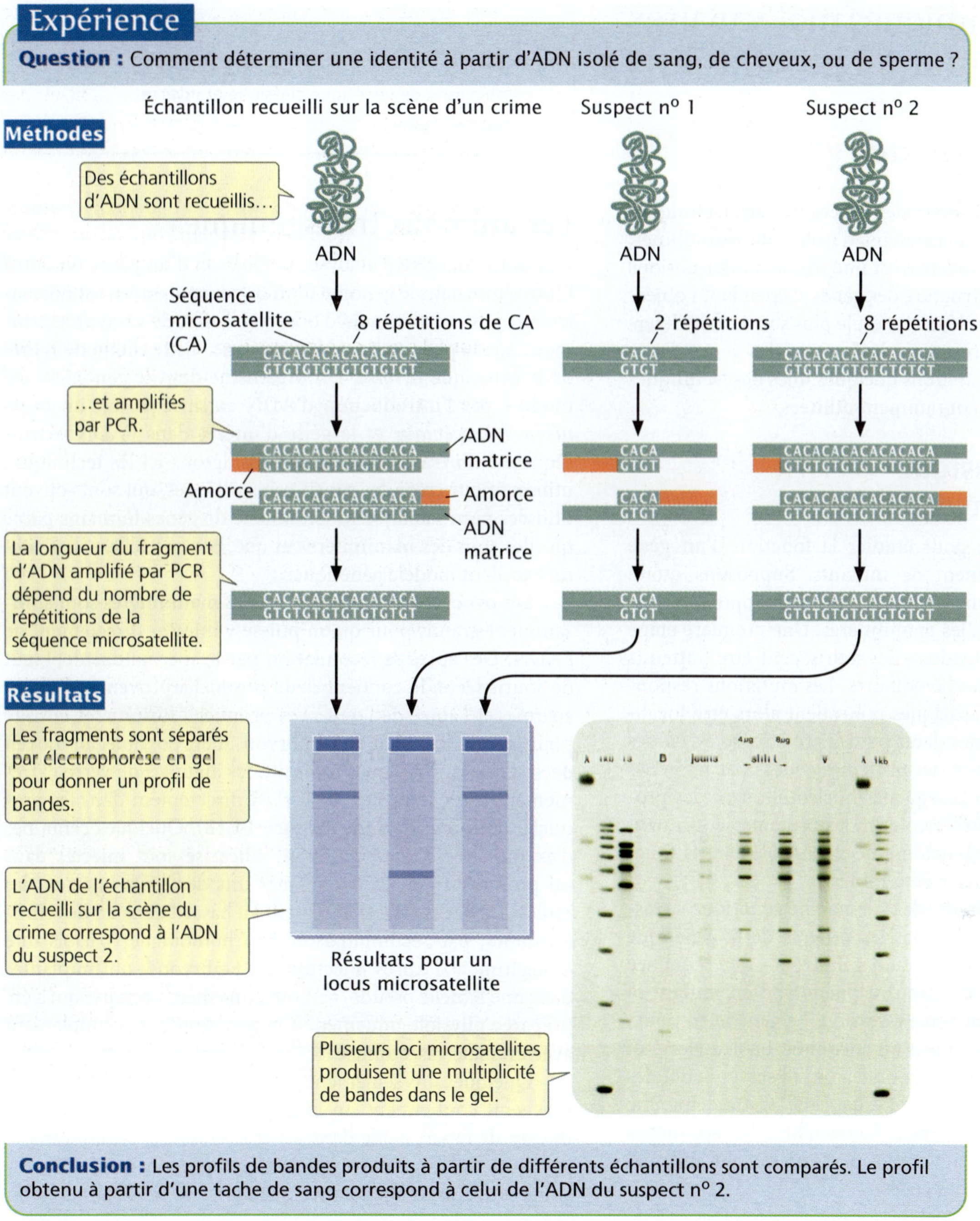

14.17 L'empreinte d'ADN peut server à identifier une personne. *[Gel aimablement communiqué par Orchard Cellmark, Germantown, Maryland.]*

des résultats). Ces critiques ont été rencontrées et aujourd'hui, l'empreinte d'ADN est un outil important en médecine légale. En plus de son utilisation dans les affaires criminelles, l'empreinte génétique est utilisée dans les tests de paternité, dans l'étude des relations entre organismes individuels au sein de populations naturelles, en paléogénétique, et pour l'identification de souches spécifiques de bactéries pathogènes. Par exemple, l'empreinte d'ADN a été utilisée pour montrer que les échantillons d'anthrax envoyés par courrier postal à différentes personnes en 2001 aux États-Unis avaient tous la même origine.

Concepts clés

L'empreinte d'ADN permet de détecter les différences génétiques entre individus par l'analyse des régions hypervariables des chromosomes.

14.4 Des techniques moléculaires sont couramment utilisées pour analyser la fonction des gènes

Nous avons vu que des méthodes basées sur des techniques moléculaires puissantes permettent d'isoler, de recombiner, et d'analyser des gènes, fournissant une masse d'informations sur l'organisation et la structure des gènes. Cependant l'objectif ultime de l'analyse moléculaire est le plus souvent de déterminer et de comprendre mieux *la fonction* des gènes. Dans cette section, nous examinerons quelques unes des techniques d'analyse fonctionnelle couramment utilisées.

Génétique classique et génétique inverse

La démarche classique pour étudier la fonction d'un gène commence par l'isolement de mutants. Supposons qu'un généticien s'intéresse aux gènes qui ont un rapport avec la fonction cardiaque chez les mammifères. Une première étape serait de trouver des individus – des souris, peut-être – atteints de déficiences cardiaques héréditaires. Les mutations responsables des problèmes cardiaques pourraient alors être localisées, et les gènes correspondants pourraient être isolés, clonés et séquencés. La séquence des protéines codées par les gènes pourrait être déduite de la séquence nucléotidique, et les protéines pourraient être isolées. Enfin, les protéines pourraient faire l'objet d'une étude biochimique et leur rôle dans la fonction cardiaque pourrait être déterminé.

Une approche différente de la démarche **génétique « classique »**, et rendue possible par les progrès de la génétique moléculaire, consiste à partir d'un génotype – une séquence d'ADN – et de remonter jusqu'au phénotype en mutant la séquence ou en inhibant son expression. Le généticien pourrait partir d'un gène de fonction inconnue qu'il a cloné et séquencé, y introduire des mutations, puis observer l'effet des mutations sur le phénotype de l'organisme. Cette démarche est appelée **génétique inverse**. Aujourd'hui, les approches génétiques classique et inverse sont couramment utilisées pour étudier la fonction des gènes.

Concepts clés

La génétique « classique » part du phénotype et détecte et analyse le génotype qui en est responsable. La génétique inverse part de la séquence d'un gène et, par analyse, découvre le phénotype qu'il code, et ainsi sa fonction.

✔ Test de compréhension 6

Un généticien intéressé par la fonction immunitaire induit des mutations au hasard dans plusieurs gènes de souris, puis examine les souris mutantes pour identifier celles qui présentent une déficience des fonctions immunitaires. Ceci est un exemple de

a. génétique classique.
b. génétique inverse.
c. combinaison de génétique classique et inverse.
d. ni l'une ni l'autre.

Les animaux transgéniques

Une autre manière d'analyser la fonction d'un gène consiste à l'introduire dans le génome d'un organisme où il n'est normalement pas présent, puis d'observer l'effet de ce gène extrinsèque sur le phénotype de l'organisme. Cette méthode relève de la génétique inverse. Un organisme dont le génome a été modifié par l'introduction d'ADN extrinsèque est un *organisme transgénique* et le gène d'intérêt dans l'ADN extrinsèque est un **transgène**. Nous considérons ici les techniques utilisées pour créer des souris transgéniques, qui sont souvent utilisées pour l'analyse fonctionnelle de gènes humains parce qu'elles sont des mammifères et que, comme telles, elles sont un excellent modèle génétique.

Les ovocytes de souris et d'autres mammifères sont suffisamment grands pour qu'on puisse y injecter directement de l'ADN. Dès après sa fécondation par le spermatozoïde, l'œuf de souris fécondé contient deux pronucléi provenant l'un du sperme, et l'autre de l'œuf ; ces pronucléi fusionnent ensuite pour former le noyau de l'embryon. Il est possible, au moyen de systèmes mécaniques utilisant des aiguilles de verre extrêmement fines, d'injecter de l'ADN directement dans les pronucléi d'un œuf fécondé (**Figure 14.18**). Quelques centaines d'exemplaires d'un ADN cloné linéarisé sont injectés dans un pronucleus, et, dans quelques uns des œufs injectés, des molécules de cet ADN s'intègrent au hasard dans un des chromosomes, par recombinaison non homologue (parfois dite « illégitime »). Après injection, les embryons sont implantés dans une femelle pseudo-gestante, une mère porteuse qui a été préparée physiologiquement à la gestation par accouplement avec un mâle vasectomisé.

Quelques uns seulement parmi les 10 à 30 % des œufs qui survivent contiennent un exemplaire de l'ADN extrinsèque intégré de façon stable dans un chromosome. Néanmoins, si plusieurs centaines d'embryons sont injectés et implantés, il y a une probabilité significative que naissent des souris dont les chromosomes contiennent l'ADN étranger. De plus, comme l'ADN a été injecté au stade une cellule de l'embryon, ces souris portent le transgène dans toutes leurs cellules, y compris les cellules germinales, et elles le transmettront à leur descendance. En croisant ces souris entre elles, on crée une lignée homozygote pour le transgène.

Les souris transgéniques sont extrêmement utiles pour l'analyse fonctionnelle de gènes. Par exemple, la preuve que le gène *SRY* est le gène déterminant le sexe mâle chez la souris (voir le Chapitre 4) a été obtenue en injectant ce gène dans des embryons XX et en observant que les embryons se développaient en souris mâles. De plus, plusieurs lignées de souris transgéniques servent de modèle expérimental pour l'étude de maladies génétiques humaines.

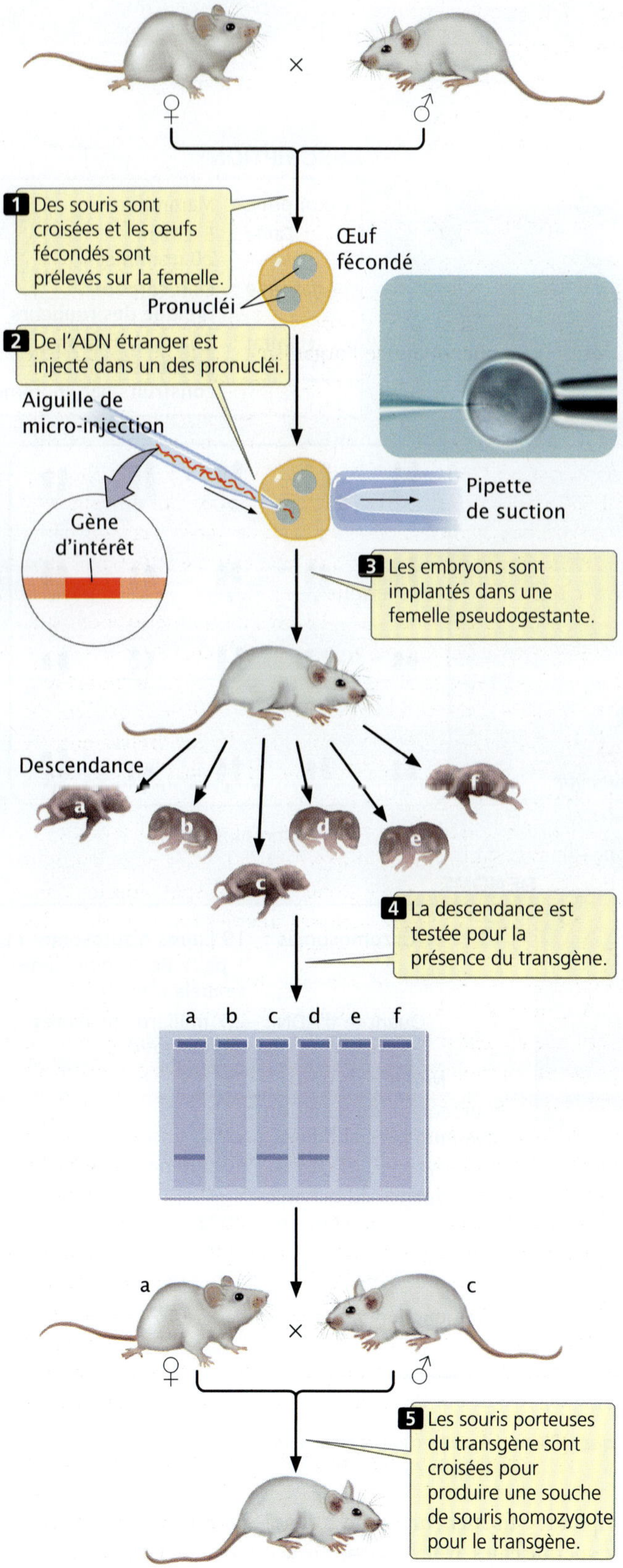

14.18 Le génome des animaux transgéniques a été modifié de façon permanente par la technologie de l'ADN recombinant. La photo montre la micro-injection d'ADN dans un embryon de souris. *[Photo : Chad Davis/PhotoDisc.]*

L'inactivation de gènes – les souris « knockout »

Une application très intéressante de l'approche transgénique est la production de souris dans lesquelles un gène n'a pas simplement été muté, mais complètement inactivé. Ces animaux, appelés **souris « knockout »**, sont particulièrement utiles pour déterminer la fonction d'un gène : le phénotype d'une souris knockout donne souvent une indication claire de la fonction du gène inactivé. (N.d.T. : L'extinction ciblée d'un gène, ou knockout, nécessite un événement de recombinaison homologue avec le gène cible. Des vecteurs plasmidiques spécialisés contenant une région d'homologie avec la cible sont linéarisés et insérés en entier, par recombinaison, dans le locus endogène, ce qui interrompt le gène ciblé.)

Une variante de cette technique permet de remplacer un gène endogène par un gène modifié. (N.d.T. : On parle alors de remplacement ou de transplacement de gène.) Par exemple, il est possible d'insérer la séquence d'un allèle responsable d'une maladie génétique humaine dans le locus correspondant chez la souris ; on crée ainsi un modèle murin très précis de la maladie humaine. Des souris porteuses de transgènes intégrés à des sites spécifiques sont appelées **souris « knock-in »**.

Concepts clés

Une souris transgénique est produite par l'injection d'ADN cloné dans le pronucleus d'un œuf fécondé, suivie de l'implantation de l'œuf dans l'utérus d'une souris pseudogestante. Dans les souris knockout, l'ADN injecté contient une mutation qui inactive un gène.

Un organisme modèle en génétique

La souris *Mus musculus*

La possibilité de créer des souris transgéniques, knockout, et knock-in a fait progresser considérablement l'étude de la génétique humaine, ce qui illustre la puissance de la souris comme modèle génétique. La souris domestique commune, *Mus musculus*, est un objet et outil d'analyse génétique parmi les plus anciens et les plus utiles (**Figure 14.19**).

Avantages de la souris comme organisme modèle en génétique Le principal avantage de *Mus musculus* comme organisme modèle est sa proximité évolutive avec l'être humain. La souris est un mammifère, donc plus proche de l'homme génétiquement, physiologiquement, et par le comportement que d'autres organismes utilisés en génétique, ce qui en fait le modèle de choix pour de nombreuses études de génétique humaine et médicale. D'autres avantages comprennent un temps de génération court comparé à celui de la plupart des autres mammifères, et une grande facilité d'élevage en laboratoire. *Mus musculus* peut être élevée dans des cages de taille assez réduite, ce qui permet d'élever plusieurs milliers de souris dans une petite salle de laboratoire. Les souris ont des portées de 8 à 10 souriceaux et sont d'un naturel docile, se laissant manipuler facilement. Un autre avantage est le nombre considérable de mutations qui ont été isolées et

La souris
Mus musculus

AVANTAGES

- Proche de l'être humain
- Petite taille
- Reproduction rapide
- Facile à élever en laboratoire
- Tolère les croisements consanguins (entre membres d'une portée)

DESCRIPTION

Taxonomie :	Mammifère
Taille :	5-10 cm 20 grammes
Anatomie :	Plan corporel typique des rongeurs
Habitat :	Champs, maisons et autres édifices construits par l'homme

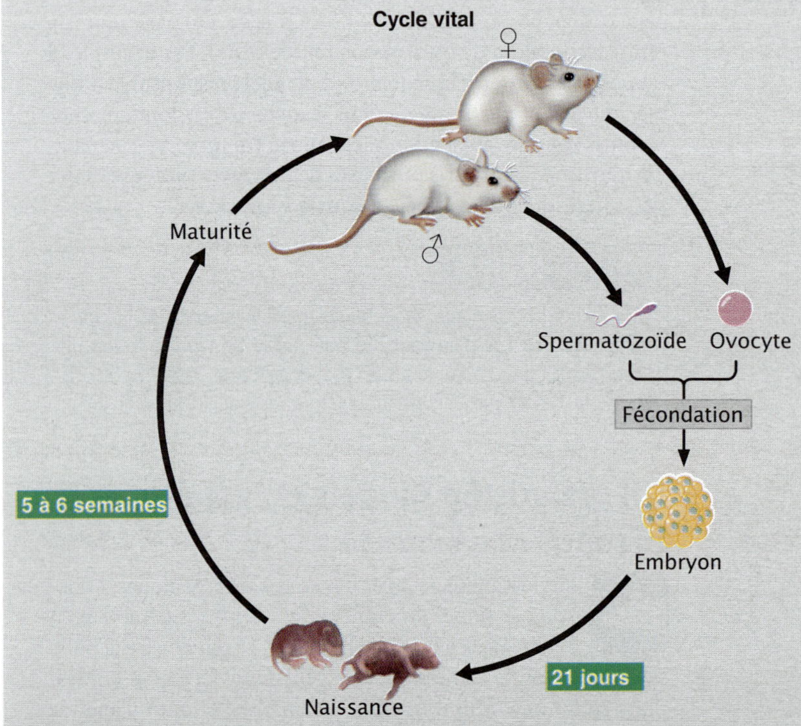

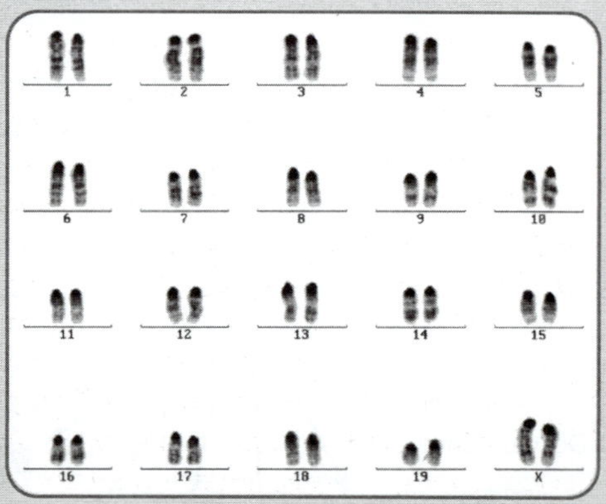

Chromosomes

GÉNOME

Chromosomes :	19 paires d'autosomes et 1 paire de chromosomes sexuels ($2n = 40$)
Quantité d'ADN :	2,7 milliards de paires de nucléotides
Nombre de gènes :	26 762
Pourcentage de gènes en commun avec l'homme :	99 %
Taille moyenne des gènes :	40 000 paires de bases
Séquence du génome publiée en :	2002

CONTRIBUTION À LA GÉNÉTIQUE

- Modèle pour les maladies humaines
- Génétique du cancer
- Immunogénétique

14.19 La souris *Mus musculus* est un organisme modèle en génétique. *[Photo des chromosomes aimablement communiquée par Ellen C. Akeson et Muriel T. Davisson, The Jackson Laboratory, Bar Harbor, Maine.]*

étudiées chez des souris élevées en laboratoire, ce qui fournit une source de variation importante pour l'analyse génétique.

Le cycle vital de la souris La production des gamètes et la reproduction chez la souris sont très semblables à celles de l'homme (voir la Figure 14.19). Des cellules germinales diploïdes subissent une méiose dans les gonades pour produire le sperme et les ovocytes, comme décrit dans le Chapitre 2. Les souris mâles produisent du sperme depuis la puberté jusqu'à la fin de leur vie. À partir de la puberté, les souris femelles ont un cycle œstral tous les quatre jours environ. Si un accouplement a lieu pendant l'œstrus, des spermatozoïdes sont déposés dans le vagin et nagent jusqu'à l'oviducte, où l'un d'eux franchit la couche externe de l'œuf ; les noyaux du spermatozoïde et de l'œuf fusionnent. Après la fécondation, l'embryon diploïde s'implante dans l'utérus. Typiquement, la gestation dure environ 21 jours. Les souris atteignent la puberté à l'âge de 5 à 6 semaines et vivent environ 2 ans. Une génération complète s'accomplit en 8 semaines environ.

Les techniques génétiques utilisant la souris Le génome de la souris contient 2,7 milliards de paires de nucléotides, une taille proche de celle du génome humain. La plupart des gènes humains ont un homologue murin. Une des manières d'obtenir une indication de la fonction d'un gène humain inconnu consiste à rechercher un gène homologue dont la fonction aurait déjà été déterminée chez la souris. De plus, le profil de liaison génétique de nombreux gènes murins est le même que chez l'homme, et il fournit souvent des indications importantes pour la cartographie et la recherche de gènes humains. Le génome murin comporte 19 paires d'autosomes et une paire de chromosomes sexuels (voir la Figure 14.19).

Nous avons déjà examiné trois techniques puissantes qui ont été développées pour être utilisées chez la souris : (1) la création de souris transgéniques par l'injection d'ADN dans un embryon, (2) la capacité d'interrompre des gènes spécifiques conduisant à la création de souris knockout, et (3) la capacité d'insérer des séquences spécifiques dans des loci spécifiques. Ces techniques sont rendues possibles grâce à la capacité de manipuler le cycle reproductif de la souris, par exemple, par induction hormonale de l'ovulation, par prélèvement d'ovocytes non fécondés dans l'utérus, et par réimplantation d'embryons dans l'utérus d'une mère porteuse.

Un grand nombre de modèles murins de maladies humaines spécifiques ont été créés – dans certains cas, en isolant puis croisant entre elles des souris porteuses de mutations spontanées, dans d'autres cas, en appliquant les techniques de knockout et de remplacement de gènes pour inactiver et modifier des gènes spécifiques. Les souris tolèrent bien la consanguinité et des lignées homozygotes sont facilement établies par croisements au sein d'une fratrie.

Le silençage de gènes par interférence d'ARN

Une autre méthode d'analyse fonctionnelle est d'éteindre temporairement un gène pour observer l'effet de l'absence temporaire de son produit sur le phénotype. Jusqu'il y a peu, il n'existait pas de méthode permettant d'affecter sélectivement l'expression d'un gène, mais la découverte récente des ARNpi (petits ARN interférents) et des ARNmi (microARN ; voir les Chapitres 10 et 12) a fourni de nouveaux outils pour contrôler l'expression de gènes individuels.

Rappelez-vous que les ARNpi et les ARNmi sont de petites molécules d'ARN qui se combinent avec des protéines pour former le complexe de silençage induit par l'ARN (RISC). Le RISC s'apparie avec des séquences complémentaires dans l'ARNm pour cliver l'ARNm ou pour empêcher sa traduction. Les généticiens moléculaires exploitent ce système naturel pour éteindre l'expression de gènes spécifiques. L'effet du silençage d'un gène donne très souvent une information sur sa fonction.

14.5 La biotechnologie exploite la puissance de la génétique moléculaire

En plus de fournir une information sur la nature et la fonction des gènes, les techniques de génétique moléculaire ont de nombreuses applications pratiques. Parmi celles-ci, retenons la production de médicaments, la création de bactéries hautement spécialisées, et, dans le domaine de l'agriculture, le développement de plantes et d'animaux domestiques génétiquement modifiés. Cette technologie est aussi largement utilisée dans les tests médicaux et, dans certains cas, pour corriger des déficiences génétiques chez l'homme. Des centaines de firmes se sont spécialisées dans le développement de produits par génie génétique, et plusieurs grandes sociétés multinationales ont investi des sommes colossales dans la recherche en génétique moléculaire. Enfin, nous avons vu dans la section sur l'empreinte d'ADN comment cette technologie est utilisée pour l'analyse d'ADN dans le cas d'enquêtes criminelles ou de l'identification de restes humains.

Les produits pharmaceutiques

Les premiers produits commerciaux développés par génie génétique étaient des médicaments utilisés dans le traitement d'affections dont certaines ont une origine génétique. En 1979, la société Eli Lilly a commencé la commercialisation d'insuline humaine produite en utilisant la technologie de l'ADN recombinant. Le gène de l'insuline humaine a été inséré dans un plasmide et transféré dans des bactéries qui se sont mises à produire l'insuline. D'autres médicaments sont produits en utilisant cette technologie : l'hormone de croissance humaine (administrée à des enfants présentant un retard de croissance), des facteurs de coagulation (traitement de l'hémophilie), et l'activateur du plasminogène tissulaire (utilisé pour dissoudre les caillots sanguins chez les patients qui ont eu un accident cardio-vasculaire).

Les bactéries spécialisées

Des bactéries jouent un rôle important dans de nombreux procédés industriels, dont la production d'éthanol à partir de plantes (bioéthanol), la récupération de métal à partir de minerai à faible teneur (lixification de minerais), et le traitement des eaux usées et des effluents industriels. Les bactéries utilisées traditionnellement dans ces procédés sont modifiées par génie génétique pour accroître leur efficacité. De nouvelles souches de bactéries utiles sont développées pour la détoxification des polluants environnementaux par biodégradation et minéralisation, pour l'amélioration de la récupération du pétrole dans les déchets d'exploitation, pour l'augmentation de la capture de l'azote par les plantes, et pour l'inhibition de la croissance de bactéries et de moisissures pathogènes.

Les produits agricoles

La technologie de l'ADN recombinant a eu un impact important en agriculture, plus particulièrement dans l'amélioration de plantes et d'animaux domestiques. Depuis de nombreuses années, les phytopathologistes avaient observé que des plantes infectées par des souches de virus atténuées étaient résistantes à l'infection par des souches virulentes. En se basant sur cette observation, les généticiens ont créé des espèces résistantes en introduisant des gènes codant des protéines virales dans les cellules de plantes. Une courge génétiquement modifiée, appelée Freedom II, contient des gènes du virus 2 de la mosaïque de la pastèque et du virus de la mosaïque jaune de la courgette, qui protègent la plante contre les infections virales. (N.d.T. : il s'agit d'une variété de « squash », une cucurbitacée dont les fruits assez insipides sont utilisés en cuisine en Amérique du Nord et en Afrique australe.)

Un autre objectif a été de rendre des plantes résistantes aux parasites pour réduire l'utilisation de pesticides chimiques. Un gène de la bactérie *Bacillus thuringiensis* qui code une toxine insecticide a été introduit dans le maïs, la tomate, la pomme de terre, et le coton. Ces plantes BT sont à présent cultivées dans le monde entier. D'autres gènes, conférant la résistance aux virus et aux herbicides, ont été introduits dans des plantes comme le soja ou le maïs ; en 2008, la culture à l'échelle mondiale de soja et de maïs génétiquement modifiés occupait respectivement 65,8 et 37,3 millions d'hectares.

Cependant, l'utilisation de plantes génétiquement modifiées suscite la controverse. Un des motifs d'inquiétude est l'effet potentiel sur l'environnement, et notamment sur la biodiversité, d'une utilisation massive d'espèces génétiquement modifiées. Il y a aussi la crainte que les plantes transgéniques s'hybrident avec les plantes indigènes et leur transmettent les caractères transgéniques. D'autres préoccupations concernent les risques pour la santé qu'entraînerait la présence de produits génétiquement modifiés dans les aliments ; certains critiques ont recommandé que la présence d'ADN et de protéines transgéniques soit signalée dans l'étiquetage des denrées alimentaires. Ce type d'étiquetage est obligatoire dans les pays de l'Union Européenne, mais pas aux États-Unis.

Toutefois, l'utilisation de plantes et d'animaux domestiques génétiquement modifiés présente des avantages certains. Les cultures résistantes aux parasites devraient permettre une diminution de l'utilisation de pesticides chimiques nuisibles pour l'environnement, et c'est ce qui a été observé aux États-Unis depuis l'adoption des plantes transgéniques. Des plantes transgéniques à rendement plus élevé produisent davantage de nourriture à l'hectare que les espèces traditionnelles, ce qui devrait ralentir le défrichement de terres pour l'agriculture. Comme cela a été dit dans l'introduction, l'obtention de rendements agricoles plus élevés grâce au génie génétique peut devenir une nécessité pour nourrir les générations futures.

Concepts clés

La technologie de l'ADN recombinant est utilisée pour créer une vaste gamme de produits commerciaux, dont des médicaments, des bactéries spécialisées, des plantes génétiquement modifiées, et des animaux domestiques transgéniques.

Le diagnostic génétique

L'identification et le clonage de nombreux gènes humains dont la déficience est associée à des maladies ont permis de développer des sondes pour la détection des mutations responsables. Le diagnostic prénatal de plusieurs centaines de maladies génétiques est désormais possible. De plus, des tests pré-symptomatiques destinés aux adultes et aux enfants à risque sont disponibles pour un nombre croissant d'affections.

La thérapie génique

L'application ultime de la technologie de l'ADN recombinant est sans doute la **thérapie génique** qui consiste à transférer directement des gènes aux patients pour traiter leur maladie. La thérapie génique est devenue une réalité en 1990, quand W. French Anderson et ses collègues du National Institutes of Health (NIH) ont transféré un gène d'adénosine désaminase fonctionnel à une petite fille souffrant d'immunodéficience combinée héréditaire grave, une maladie autosomique récessive caractérisée par une perte quasi-totale de la fonction immunitaire. À ce jour, des milliers de patients ont été traités par thérapie génique, et de nombreux essais cliniques sont en cours. La thérapie génique est utilisée pour traiter des maladies héréditaires, des cancers, des maladies cardiaques, et même certaines maladies infectieuses comme le SIDA.

En dépit du nombre croissant d'essais cliniques pour différentes thérapies géniques, des problèmes non négligeables subsistent concernant le transfert de gènes étrangers dans les cellules humaines, dont celui de leur expression à un taux suffisant et celui d'une réponse immunitaire non souhaitée aux produits de ces gènes et aux vecteurs utilisés pour le transfert. En 1999, un patient participant à un essai clinique de thérapie génique a eu une réaction immunitaire fatale après l'injection d'un vecteur viral porteur d'un gène destiné à le guérir d'une insuffisance métabolique grave. Et en 2002, deux enfants qui avaient été traités par thérapie génique pour l'immunodéficience combinée héréditaire grave ont développé une leucémie résultant apparemment de l'insertion des vecteurs rétroviraux utilisés dans des gènes dont l'inactivation provoque le cancer. Malgré ces revers, la recherche en thérapie génique continue, et les résultats de la thérapie génique dans le traitement d'une forme d'immunodéficience combinée héréditaire grave et de cancers de la tête et du cou sont largement positifs.

La thérapie génique telle qu'on l'a pratiquée jusqu'ici ne s'applique qu'à des cellules somatiques. La correction d'un défaut génétique dans ces cellules, appelée *thérapie génique somatique* peut guérir ou atténuer le phénotype pathologique d'un patient, mais n'affecte pas les gènes de sa descendance. Une thérapie génique modifiant les cellules reproductives (appelée thérapie génique germinale) est possible techniquement et a déjà été réalisée sur des ovules fécondés de souris, mais son application à l'homme soulève plusieurs questions éthiques importantes, parce qu'elle porte en elle la capacité de modifier le pool de gènes des générations futures.

> **Concepts clés**
>
> La thérapie génique est le transfert direct de gènes à l'être humain pour traiter une maladie. La thérapie génique a été appliquée avec succès en 1990, et elle est à présent utilisée pour guérir différentes maladies génétiques, le cancer, et des maladies infectieuses.

14.6 La génomique détermine et analyse les séquences d'ADN de génomes entiers

La **génomique** est le domaine de la génétique qui étudie le contenu, l'organisation, la fonction, et l'évolution de l'information génétique contenue dans des génomes entiers. La génomique est un domaine de pointe de la biologie contemporaine ; la recherche dans ce domaine a contribué de façon significative à des améliorations dans les domaines de la santé et de l'agriculture, et à des avancées dans plusieurs autres sphères de l'activité humaine. Elle a fourni les séquences de gènes nécessaires à la production, par la technologie de l'ADN recombinant, de protéines intéressant la médecine. Enfin, la comparaison des séquences génomiques de différentes espèces permet de mieux comprendre l'évolution et l'histoire de la vie.

La **génomique structurelle** étudie l'organisation de l'information génétique contenue dans un génome. Une des premières étapes de la caractérisation d'un génome est souvent d'établir les cartes génétiques et physiques de ses chromosomes. Ces cartes donnent une information sur la position relative de gènes, de marqueurs moléculaires, ou de segments de chromosomes, qui est souvent essentielle à l'assemblage de blocs de séquence d'ADN en séquence génomique entière.

Les cartes génétiques

Nous avons tous utilisé une carte une fois ou l'autre, que ce soit pour trouver la maison d'une nouvelle connaissance, la meilleure route vers une ville qui nous est peu familière, ou encore, la position géographique d'un pays. Chacune de ces démarches nécessite une carte d'une échelle différente. De façon analogue, la navigation à l'intérieur d'un génome nécessite des cartes de types et d'échelles différents.

Les **cartes génétiques** (aussi appelées cartes de liaison) fournissent la localisation approximative de gènes relativement à d'autres (**Figure 14.20**). Ces cartes sont basées sur la recombinaison génétique. Les principes de base de la construction de cartes génétiques sont présentés en détail dans le Chapitre 5. En bref, il s'agit de croiser des organismes individuels de génotype connu et d'analyser la descendance pour déterminer la fréquence de recombinaison entre loci. Dans le cas de gènes liés, la fréquence de recombinaison est proportionnelle à la distance physique entre les loci. Les distances sur les cartes génétiques sont mesurées en pourcentages de recombinaison (centimorgans, cM) ou en unités cartographiques.

Les cartes physiques

Les **cartes physiques** sont basées sur une analyse directe de l'ADN. Elles positionnent les gènes sur la base de distances

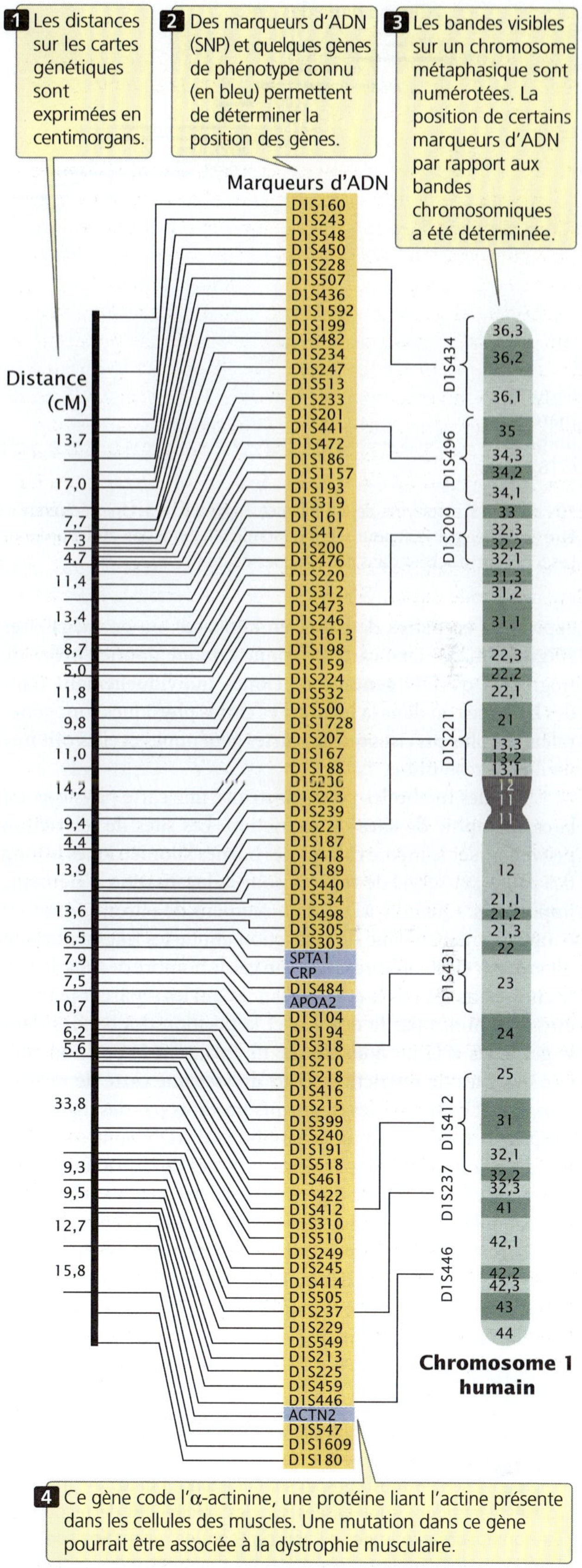

14.20 Les cartes génétiques sont basées sur des fréquences de recombinaison. Carte génétique du chromosome 1 humain.

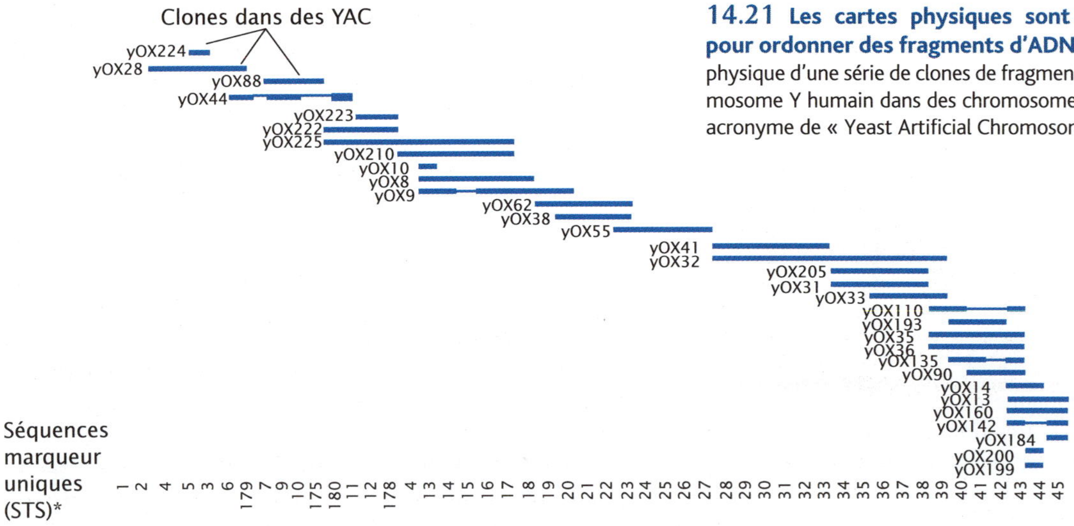

14.21 Les cartes physiques sont utilisées couramment pour ordonner des fragments d'ADN clonés. Partie d'une carte physique d'une série de clones de fragments d'une extrémité du chromosome Y humain dans des chromosomes artificiels de levure (YAC, acronyme de « Yeast Artificial Chromosome »).

*(N.d.T. : STS, acronyme de « Sequence Tagged Site ». Une séquence marqueur STS est une séquence unique provenant d'un locus connu, et qui peut être amplifiée par PCR pour servir de sonde d'hybridation afin d'ordonner des clones en recherchant ceux qui possèdent au moins une STS en commun. Les STS sont stockées dans des banques de données.)

exprimées en paires de bases, en kilobases, ou en mégabases (**Figure 14.21**). Une carte physique typique donne l'ordre de fragments d'ADN génomique clonés individuellement dans des bactéries ou dans la levure. Les cartes physiques sont généralement plus précises que les cartes génétiques et elles ont une meilleure résolution.

Une des méthodes pour construire une carte physique est la cartographie de sites de restriction. Les sites de restriction peuvent jouer le même rôle que les bornes kilométriques le long des routes, et servir de repères pour la localisation d'éléments importants. Quand l'ADN d'un segment de chromosome est coupé par une enzyme de restriction et que les fragments sont séparés par électrophorèse dans un gel, le nombre de sites de restriction dans cet ADN et les distances qui les séparent peuvent être déterminés par le nombre et la position des bandes dans le gel, mais cela ne nous donne ni l'ordre ni la position précise des sites de restriction. Pour dresser une carte de restriction, il faut comparer les fragments produits par des digestions simples et doubles. Deux échantillons d'ADN sont soumis à des digestions séparées par deux enzymes de restriction, et un troisième échantillon est digéré par les deux enzymes ensemble (une double digestion). La taille des fragments obtenus dans les trois digestions est comparée après une électrophorèse en gel : l'identité ou l'additivité des tailles de fragments permettent de déterminer la position de la plupart des sites de restriction dans la molécule d'ADN originale.

Concepts clés

Les cartes génétiques et physiques donnent une information sur la position relative de gènes, de marqueurs moléculaires, et de segments de chromosomes, et sur la distance qui les sépare. Les cartes génétiques sont basées sur des fréquences de recombinaison et sont exprimées en pourcentages de recombinaison, ou centimorgans. Les cartes physiques sont basées sur des distances physiques et sont exprimées en paires de bases.

Le séquençage d'un génome entier

Un des buts de la génomique structurelle est de disposer de la séquence complète et organisée de génomes. Nous avons vu plus tôt dans ce chapitre comment la méthode des didésoxy permet de séquencer des fragments d'ADN contenant plusieurs centaines de paires de bases. L'obstacle principal au séquençage de génomes entiers est la taille immense de beaucoup de génomes. Les génomes bactériens contiennent quelques millions de paires de bases ; de nombreux génomes d'eucaryotes en contiennent des milliards, répartis entre plusieurs chromosomes. De plus, pour des raisons techniques, il n'est pas possible de séquencer en une fois un chromosome d'un bout à l'autre ; seuls des fragments d'ADN de taille « moyenne », c.-à-d. de 500 à 700 pb peuvent être séquencés d'un seul tenant. Le séquençage d'un génome entier exige donc que l'ADN soit fragmenté en milliers ou en millions de fragments séquençables. La difficulté est de rassembler ces séquences dans le bon ordre. Pour ce faire, deux approches différentes sont utilisées : le séquençage ordonné, basé sur des cartes, et le séquençage en vrac du génome (« whole-genome shotgun sequencing »). Nous allons examiner ces deux approches dans le contexte du séquençage du génome humain.

Le Projet Génome Humain

En 1980, les méthodes de cartographie et de séquençage de fragments d'ADN ont été jugées suffisamment développées pour que les généticiens envisagent de séquencer entièrement le génome humain. Une collaboration internationale a été mise sur pied pour entreprendre le Projet Génome Humain (**Figure 14.22**). D'après les estimations initiales, 15 ans et l'équivalent de 3 milliards de dollars US seraient nécessaires pour mener le projet à bonne fin. Après des études de faisabilité, le projet a démarré en 1990. Les efforts se sont d'abord concentrés sur le développement de nouvelles méthodes

14.22 Un premier jet de la séquence complète du génome humain a été obtenu en 2000. Craig Venter (à gauche), Président de Celera Genomics, et Francis Collins (à droite), Directeur du National Human Genome Research Institute, NIH, annoncèrent la complétion de ce projet capital lors d'une conférence de presse tenue à Washington DC le 26 juin 2000. *[Alex Wong/Newsmakers/Getty Images.]*

automatisées de clonage et de séquençage (le séquençage à haut débit), et sur l'établissement de cartes génétiques et physiques détaillées du génome. Les méthodes de cartographie, de séquençage, et d'assemblage de fragments d'ADN décrites plus tôt dans ce chapitre ont joué un rôle crucial dans ces premières phases du projet. En 1993, des cartes physiques complètes à grande échelle avaient été obtenues pour les 23 paires de chromosomes humains, et des techniques de séquençage à haut débit automatisées avaient été développées, qui rendaient possibles le séquençage à grande échelle (**Figure 14.23**).

14.23 Des séquenceurs automatisés et des ordinateurs puissants ont permis de compléter le séquençage humain en 13 ans. *[Sam Ogden/Photo Researchers.]*

Le projet initial était financé par des fonds publics. Il était basé sur la collaboration internationale de 20 groupes de recherche, et donc de centaines de chercheurs, regroupés au sein d'un consortium – le Consortium International pour le Séquençage du Génome Humain. Ce consortium utilisait une stratégie de séquençage ordonnée, basée sur des cartes.

Le séquençage ordonné (basé sur des cartes) Cette approche commence par l'établissement de cartes génétiques et physiques du génome, qui localisent une série de marqueurs génétiques (sites de restrictions, gènes, ou séquences d'ADN particulières) espacés assez régulièrement sur chaque chromosome. Ces marqueurs seront utilisés pour l'assemblage correct des fragments séquencés.

Une fois les cartes établies, les chromosomes – ou de grands fragments de chromosomes – sont séparés par électrophorèse en champs alternés (PFGE, acronyme de « Pulsed Field Gel Electrophoresis ») ou par cytométrie de flux, qui trie les chromosomes optiquement en fonction de la taille. Chaque chromosome (ou parfois le génome entier) est ensuite fragmenté par digestion partielle avec des enzymes de restriction (**Figure 14.24**). Dans une digestion partielle, les enzymes n'agissent que pendant un temps limité, afin que tous les sites de restriction d'une molécule d'ADN ne soient pas coupés. Cela permet de générer des jeux de grands fragments chevauchants qui sont ensuite clonés dans des cosmides, des chromosomes artificiels de levure (YAC), ou de bactérie (BAC).

Ensuite, les clones contenant de grands inserts sont assemblés en ordre correct sur le chromosome (voir la Figure 14.24). Cette opération peut s'effectuer de différentes façons. Une des méthodes s'appuie sur l'existence d'une carte de marqueurs génétiques à haute densité. Une sonde d'ADN complémentaire est synthétisée pour chaque marqueur génétique, et une banque de clones à large insert est criblée avec chaque sonde, qui s'hybridera avec toutes les colonies contenant le marqueur génétique qui lui correspond. Comme les clones sont beaucoup plus grands que les marqueurs utilisés comme sondes, certains clones contiendront plus d'un marqueur. Par exemple, le clone A pourrait contenir les marqueurs M1 et M2, le clone B les marqueurs M2, M3, et M4, et le clone C les marqueurs M4 et M5. Ces clones sont donc chevauchants comme montré ici :

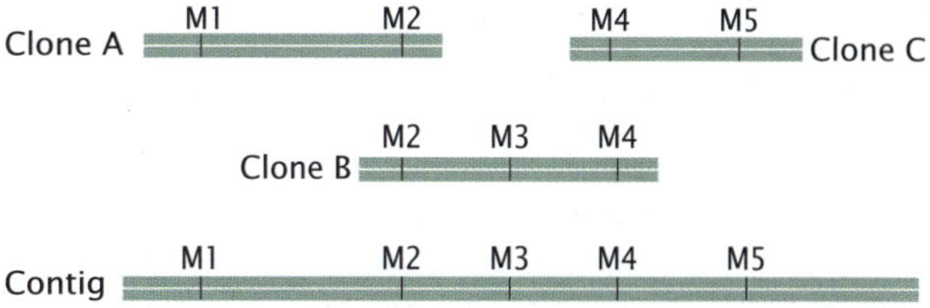

Un jeu de deux ou plusieurs fragments d'ADN qui forment une région d'ADN continue est appelée un **contig**. Cette approche à été utilisée en 1993 pour créer un contig de 196 clones YAC chevauchants du chromosome Y humain (voir la Figure 14.21).

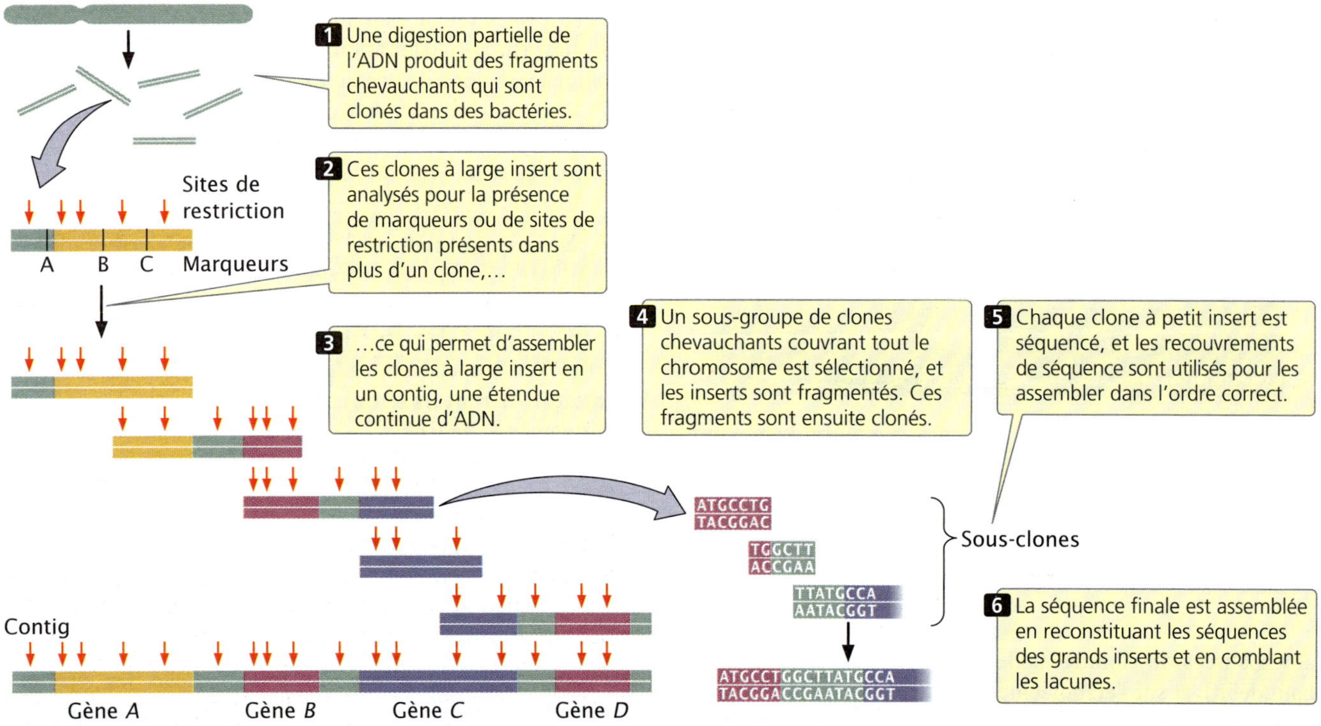

14.24 Le séquençage ordonné (basé sur des cartes) d'un génome entier dépend de cartes génétiques et physiques détaillées pour assembler les fragments de séquence.

L'ordre des clones peut aussi être déterminé sans cartographie préalable. Par exemple, en coupant chaque clone avec une série d'enzymes de restriction et en séparant les fragments obtenus par électrophorèse en gel, ce qui donne un profil caractéristique pour chaque clone. Les profils de bandes sont enregistrés dans une banque de données, puis analysés par un programme informatique qui découvre les bandes qui leur sont communes. Ces régions chevauchantes servent alors à ordonner les clones, comme montré ici :

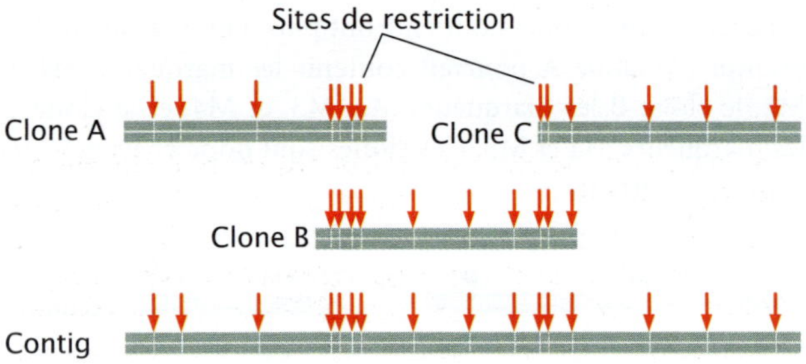

D'autres marqueurs génétiques peuvent être utilisés pour positionner les contigs sur le chromosome.

Quand les contigs ont été assemblés correctement, une série de clones chevauchants qui couvrent l'étendue du chromosome de façon appropriée est choisie pour le séquençage. Chacun de ces clones à inserts de grande taille est fragmenté en fragments chevauchants plus petits qui sont eux-mêmes clonés (voir la Figure 14.24). Ces clones à inserts plus petits sont alors séquencés et les séquences sont analysées pour détecter les recouvrements qui permettent de les assembler pour obtenir la séquence des grands inserts. Un nombre suffisant de clones à petits inserts chevauchants est séquencé pour s'assurer que la séquence totale du génome ait été déterminée plusieurs fois. Enfin, le génome tout entier est reconstitué en assemblant les séquences de tous les contigs chevauchants (voir la Figure 14.24). Il arrive souvent que des vides subsistent qui doivent être comblés par d'autres méthodes. Le Consortium International pour le Séquençage du Génome Humain a utilisé une approche ordonnée ; plusieurs exemplaires du génome humain furent coupés en fragments de 150 000 pb environ, qui furent insérés dans des chromosomes bactériens artificiels. Des profils de restriction furent utilisés pour assembler les clones BAC en contigs, qui furent mis en place sur les chromosomes en utilisant des marqueurs génétiques et des sondes. Les clones BAC individuels furent cassés en fragments chevauchants plus petits et séquencés, et la séquence du génome entier fut reconstituée par l'assemblage des séquences des clones BAC.

En 1998, Craig Venter annonça la création d'une compagnie privée appelée Celera Genomics Inc., dont l'objectif était de séquencer le génome humain en trois ans, soit bien avant que le projet public soit réalisé (et avec la perspective de retombées commerciales). Il décida d'utiliser une approche de séquençage en vrac, qu'il considérait plus rapide que l'approche basée sur des cartes suivie par le Consortium.

Le séquençage en vrac d'un génome Dans le **séquençage en vrac de génomes entiers**, des clones à petits inserts sont préparés directement à partir de l'ADN génomique, puis séquencés

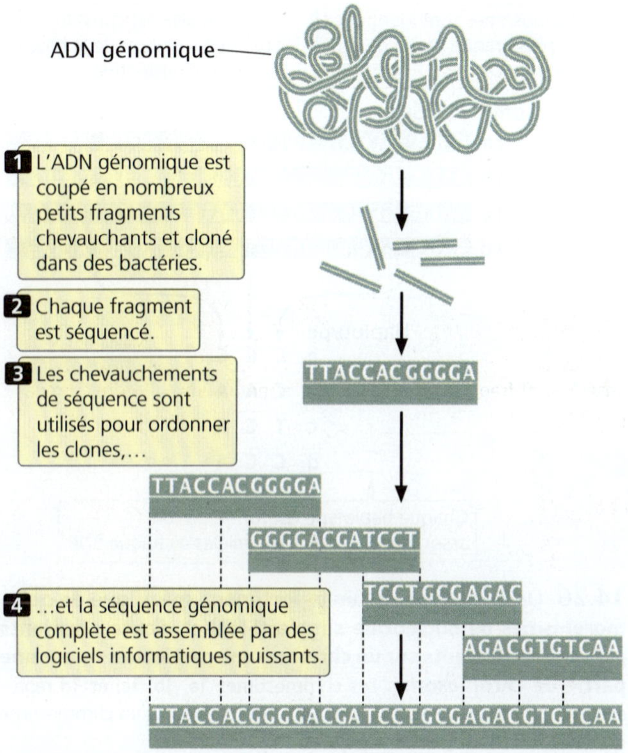

14.25 Le séquençage en vrac de génomes entiers utilise des chevauchements de séquence pour assembler les fragments séquencés.

(**Figure 14.25**). Des programmes informatiques puissants assemblent ensuite le génome entier en recherchant les chevauchements entre les clones. L'avantage du séquençage en vrac est que les petits fragments peuvent être clonés dans des plasmides qui sont des vecteurs faciles à manipuler. La nécessité d'avoir des chevauchements nombreux a pour conséquence que la plus grande partie du génome sera séquencée de multiples fois (parfois, de 10 à 15 fois). Le séquençage en vrac peut s'effectuer de façon hautement automatisée, avec une prise de décision par les chercheurs relativement limitée, parce que la version finale de la séquence est assemblée par des ordinateurs.

Concepts clés

Le séquençage d'un génome nécessite qu'il soit découpé en petits fragments chevauchants dont les séquences individuelles peuvent être déterminées en une réaction de séquençage. Dans le séquençage ordonné, les fragments séquencés sont assemblés en séquence génomique complète en utilisant des cartes génétiques et physiques. Dans le séquençage en vrac d'un génome, la séquence complète est assemblée par la recherche des chevauchements entre les séquences de petits fragments.

✔ Test de compréhension 7

Un contig est

a. un jeu de marqueurs moléculaires utilisé en cartographie génétique.

b. un jeu de fragments chevauchants qui constituent une étendue d'ADN continue.

c. un jeu de fragments générés par une enzyme de restriction.

d. un petit fragment d'ADN utilisé pour le séquençage.

Le séquençage en vrac était initialement utilisé pour obtenir la séquence de petits génomes tels que ceux de bactéries. Quand Venter proposa d'utiliser cette approche pour séquencer le génome humain, il n'était pas évident qu'elle pourrait être appliquée avec succès à un génome contenant plusieurs milliards de paires de bases.

Pendant plusieurs années, le projet du Consortium, utilisant le séquençage ordonné, et le projet Celera Genomics, utilisant le séquençage en vrac, furent en compétition pour publier en premier la séquence du génome humain. À l'été 2000, les deux groupes annoncèrent qu'ils avaient une version brute quasi complète de la séquence du génome humain, avec quelque 5 ans d'avance sur le programme prévu. Une première analyse de cette séquence fut publiée 6 mois plus tard. La séquence du génome humain fut déclarée complète en 2003. Il subsiste cependant certaines lacunes. Pour la plupart des chromosomes, la version finale de la séquence est exacte à 99,999 %, ce qui signifie qu'il y a moins d'une paire de bases erronée sur 100 000. Ce degré d'exactitude est 10 fois supérieur à l'objectif initial.

La séquence complète du génome humain est accessible à tous sur Internet. Sa connaissance a des retombées extrêmement positives dans plusieurs domaines. La séquence facilite l'identification et l'isolement de gènes impliqués dans de nombreuses maladies génétiques, et elle permet la création de sondes pour le diagnostic génétique, ainsi que le développement de médicaments plus performants (la pharmacogénétique). La séquence fournit aussi des informations très importantes sur plusieurs processus cellulaires essentiels. La comparaison du génome humain avec les génomes d'autres organismes contribuent à notre compréhension de l'évolution et de l'histoire de la vie.

Concepts clés

Le Projet Génome Humain visait à séquencer l'entièreté du génome humain. Le projet débuta en 1990. Deux groupes concurrents, un consortium international de chercheurs financé par le secteur public, et une compagnie privée, publièrent séparément une première version brute de la séquence du génome en 2000. Une version complète et définitive de la séquence fut publiée en 2003.

✔ Test de compréhension 8

Quelle approche de séquençage le Consortium International pour le Séquençage du Génome Humain a-t-il utilisée ?

a. Le séquençage en vrac du génome entier

b. Le séquençage ordonné, basé sur des cartes

c. Une combinaison des deux approches précédentes

Les polymorphismes de nucléotide simple

Après que le génome humain eut été complètement séquencé, les chercheurs se sont intéressés aux différences de séquence entre individus.

Imaginez que vous vous trouviez dans une cabine d'ascenseur avec une personne complètement étrangère. Quel pourcentage de votre génome avez-vous en commun avec cette personne ? Les études sur la variation du génome humain indiquent que la séquence d'ADN de cette personne et la vôtre sont identiques à 99,9 %. Il s'agit là d'une très petite différence *en termes relatifs*, mais comme le génome humain est très grand (3,2 milliards de paires de bases), vous différez en réalité par quelque 3 millions de paires de bases. Ces différences font de chacun de nous un être unique, et elles affectent nos caractéristiques physiques, notre santé, et peut-être même notre intelligence et notre personnalité.

Un site du génome où les individus d'une espèce diffèrent par les bases d'une seule paire de nucléotides est appelé un **polymorphisme de nucléotide simple** (SNP, prononcé « snip », acronyme de Single Nucleotide Polymorphism). Les SNP apparaissent par mutation et ils sont hérités comme des variants alléliques, exactement comme les allèles qui produisent des différences phénotypiques (les allèles des groupes sanguins, par exemple). Toutefois, les SNP ne produisent généralement pas de différence phénotypique. Les polymorphismes de nucléotide simple sont nombreux et parsèment tout le génome. La comparaison d'un même chromosome chez deux personnes différentes révèle la présence d'un SNP toutes les 1 000 pb environ.

La plupart des SNP présents dans une population proviennent d'une mutation ancestrale qui s'est propagée aux cours des générations. Donc, chaque SNP était à l'origine associé à d'autres SNP (ainsi qu'à d'autres types de variants génétiques ou d'allèles) présents sur le chromosome dans lequel la mutation est apparue. La collection spécifique de SNP et d'autres variants génétiques présente sur un chromosome ou une partie de chromosome est appelée **haplotype** (**Figure 14.26**). Les SNP d'un haplotype sont liés physiquement et tendent par conséquent à être hérités ensemble, mais de nouveaux haplotypes peuvent apparaître par mutation ou par crossing-over.

La variété, l'abondance et la distribution des SNP dans tout le génome en font des marqueurs précieux pour les études de liaison. Un SNP proche physiquement d'un locus responsable d'une maladie aura tendance à être transmis avec l'allèle morbide. Les personnes atteintes auront souvent des SNP différents de ceux des personnes saines. Une comparaison des haplotypes SNP de personnes atteintes d'une maladie génétique avec ceux de personnes saines peut indiquer la présence de gènes impliqués dans la maladie ; de plus, la liaison étroite entre des SNP spécifiques et l'allèle morbide permet de localiser le gène responsable. Cette approche est analogue de celle utilisée en cartographie au moyen de RFLP, mais il y a beaucoup plus de SNP que de RFLP, ce qui fournit une collection très dense de marqueurs variables couvrant toute l'étendue du génome et qui rend la cartographie d'autant plus efficace.

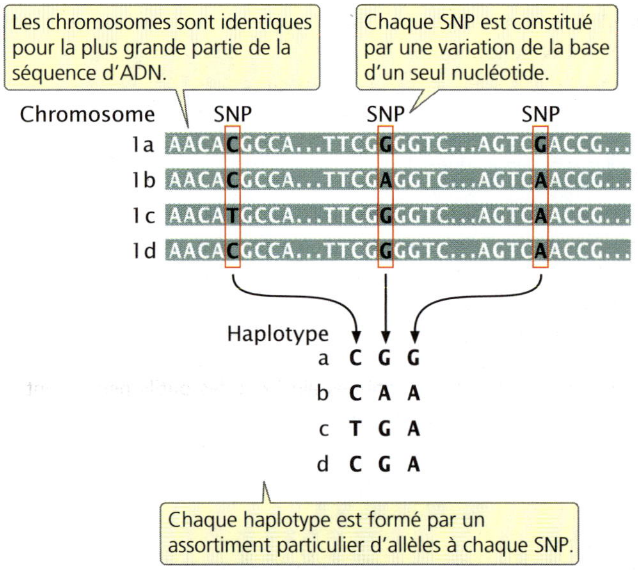

14.26 Un haplotype est un assortiment spécifique de polymorphismes de nucléotide simple (SNP) et d'autres variants génétiques présents sur un chromosome particulier ou sur une partie de chromosome. Les chromosomes 1a, 1b, 1c, et 1d représentent différentes versions – différents haplotypes – d'un chromosome qui peuvent exister dans une population.

La disponibilité des SNP a grandement facilité la recherche des gènes responsables de maladies humaines. Un exemple remarquable de l'utilisation des SNP pour détecter les gènes responsables de pathologies nous vient du Royaume-Uni. En 2007, un groupe de 50 chercheurs a déterminé le génotype de 17 000 personnes pour 500 000 SNP. Ces chercheurs ont détecté des associations fortes entre 24 gènes et segments de chromosomes et l'incidence de sept maladies courantes, dont les maladies coronariennes, la maladie de Crohn, la polyarthrite rhumatoïde, les troubles bipolaires, l'hypertension, et deux types de diabète. L'importance de cette étude réside dans la démonstration que l'utilisation des SNP dans des études d'association à l'échelle génomique permet de localiser des gènes impliqués dans des maladies polyfactorielles complexes.

La bioinformatique

Les séquences génomiques complètes de plus de 1 000 organismes ont été déterminées, et d'autres projets sont en cours de réalisation. Ces travaux génèrent une quantité énorme de données de séquences. L'archivage, l'annotation et l'analyse de cette masse de données sont parmi les grands défis de la génétique moderne. La **bioinformatique** est un domaine de recherche pluridisciplinaire émergent, intégrant la biologie moléculaire et l'informatique, et dont le but est le développement et la gestion de banques de données, et le développement d'outils d'analyse de séquences d'ADN, d'ARN ou de protéines : des logiciels de prédiction de gènes, de modélisation de structures, et de construction d'arbres phylogénétiques par la comparaison de gènes. La bioinformatique développe et applique ces outils à la « fouille de données », l'extraction d'informations utiles des bases de données de séquences. Ces bases de données et les logiciels pour les exploiter sont directement accessibles en ligne et constituent un outil formidable pour les chercheurs et les étudiants du monde entier.

Concepts clés

Le séquençage de génomes permet d'identifier les nucléotides qui varient entre individus d'une même espèce (polymorphismes de nucléotide simple) et de les rassembler dans des banques de données. La bioinformatique est un domaine de recherche pluridisciplinaire qui intègre la biologie moléculaire et l'informatique. Elle développe et gère des banques de données de séquences d'ADN, d'ARN, et de protéines ainsi que les outils permettant l'analyse fouillée de ces séquences.

14.7 La génomique fonctionnelle définit la fonction des gènes en utilisant différentes approches basées sur la connaissance du génome

Connaître la séquence d'un génome serait d'une utilité bien limitée si on ne savait comment l'interpréter. Ce serait comme lire une à une les notes d'une partition musicale sans reconnaître la mélodie. La **génomique fonctionnelle** englobe toutes les recherches dont le but est de définir la fonction de tous les gènes d'un génome. Ce vaste programme comprend l'identification de tous les transcrits d'ARN à l'échelle d'un génome, avec leur niveau relatif d'expression selon les types cellulaires et les conditions particulières dans lesquelles se trouve un organisme – ce qu'on appelle le **transcriptome** de cet organisme –, et l'identification de toutes les protéines codées par le génome, ce qu'on appelle le **protéome**. Pour cette recherche de la fonction des séquences d'ADN, la génomique fonctionnelle utilise à la fois la bioinformatique et l'approche expérimentale en laboratoire.

Prédire la fonction à partir de la séquence

La séquence d'un gène peut être utilisée pour prédire la séquence des acides aminés de la protéine qu'il code. La protéine peut alors être synthétisée ou isolée, et l'étude de ses propriétés permet de déterminer sa fonction. Cette approche biochimique classique pour comprendre la fonction d'un gène coûte toutefois beaucoup de temps et d'argent. Un des buts de la génomique fonctionnelle a été de développer des méthodes assistées par ordinateur qui permettent de déterminer la fonction de gènes sur la base de la seule séquence d'ADN, en court-circuitant le processus laborieux de l'isolement et de la caractérisation de protéines individuelles.

Une méthode bioinformatique pour déterminer la fonction d'un gène (souvent la première qui est utilisée) consiste en la *recherche de similitude*, qui procède par comparaison (ou alignement) intra- et intergénomique de séquences d'ADN et de protéines. Des gènes entre lesquels existe une relation évolutive sont dits **homologues**. Des banques de données contenant des gènes et des protéines d'un nombre considérable d'espèces sont disponibles pour les recherches de similitude. Des algorithmes puissants, tels que BLAST, ont été développés pour le criblage ces banques à la recherche du plus grand nombre possible de gènes ayant la même fonction moléculaire présumée (une famille de gènes). Supposons qu'un généticien repère dans la séquence d'un génome un gène codant une protéine de fonction inconnue. Une recherche de similitude dans les banques de données de séquences d'ADN ou de protéines d'autres organismes peut identifier une ou plusieurs séquences homologues. Si la fonction de la protéine codée par une de ces séquences homologues est connue, elle constitue une indication de la fonction probable de la protéine inconnue.

Concepts clés

La fonction d'un gène inconnu peut parfois être déterminée en trouvant des gènes de séquence similaire dont la fonction est connue.

L'expression des gènes et les micro-alignements

Savoir où et quand des gènes sont exprimés constitue une indication importante de leur fonction. La méthode des micro-alignements permet de suivre de façon simultanée l'expression de milliers de gènes.

La méthode des **micro-alignements** est basée sur l'hybridation des acides nucléiques. Un fragment d'ADN connu est utilisé comme sonde pour capter des séquences complémentaires (**Figure 14.27**). Des séries de fragments d'ADN (les sondes) correspondant en général à des gènes connus sont déposées de façon ordonnée sur un support solide, le plus souvent sous la forme de taches, puis fixés. Des milliers de sondes peuvent être imprimées sur une lame de microscope ou sur membrane de nitrocellulose ou de nylon de quelques centimètres carrés.

Après la fabrication d'un micro-alignement, l'ARNm, l'ADN, ou l'ADNc à mesurer, qui ont fait l'objet d'un marquage fluorescent, sont isolés à partir de cellules en culture et hybridés avec le micro-alignement. Toute molécule complémentaire d'une sonde va s'hybrider et émettre une fluorescence détectable par un scanner automatisé.

L'utilisation de micro-alignements avec de l'ADNc renseigne sur l'expression de milliers de gènes, ce qui permet aux scientifiques de déterminer les gènes qui sont actifs dans des tissus spécifiques. Les micro-alignements peuvent aussi être utilisés pour suivre l'évolution de l'expression des gènes durant des processus biologiques tels que le développement d'un organisme ou l'évolution d'une maladie. Dans une étude, des chercheurs ont utilisé des micro-alignements pour examiner

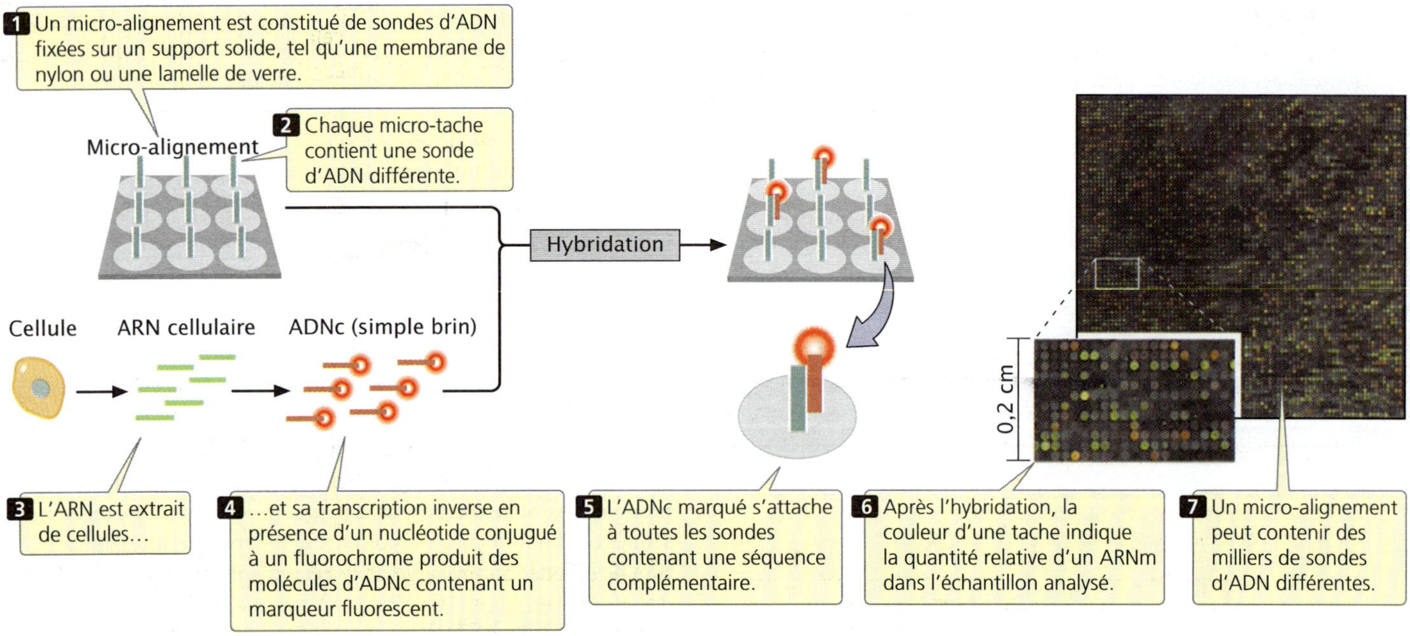

14.27 Les micro-alignements sont utilisés pour l'analyse en parallèle de l'expression de nombreux gènes. *[D'après D. Lockhart et E. Winzeler,* Nature *405 : 827, 2000.]*

les profils d'expression de 25 000 gènes de tumeurs primaires chez 78 femmes jeunes ayant un cancer du sein (**Figure 14.28**). L'ARN messager de cellules cancéreuses et non cancéreuses a été converti en ADNc et marqué avec des nucléotides fluorescents rouges ou verts. Les ADNc marqués ont été mélangés et hybridés avec une puce portant les sondes d'ADN des différents gènes. L'hybridation d'ADNc rouge (cancéreux) et vert (non cancéreux) est proportionnelle aux quantités relatives des ARNm dans les échantillons. La fluorescence de chaque point est déterminée par scanning microscopique et elle est monochrome. Le rouge indique la surexpression d'un gène dans les cellules cancéreuses par rapport à son expression dans les cellules non cancéreuses (davantage d'ADNc rouge est hybridé). Le vert indique la sous-expression d'un gène dans les cellules cancéreuses par rapport aux cellules non cancéreuses (davantage d'ADNc vert est hybridé). Le jaune indique une expression équivalente dans les deux types de cellules (hybridation égale d'ADNc rouge et d'ADNc vert), et l'absence de couleur indique l'absence d'expression dans les deux types de cellules.

Chez 34 des 78 patientes, le cancer a fait des métastases ; les 44 autres patientes n'ont pas présenté de récidive pendant les 5 années qui ont suivi le diagnostic initial. Les chercheurs ont identifié un sous-groupe de 70 gènes dont le profil d'expression dans les tumeurs primaires permettait de prédire avec un degré de confiance élevé la propagation ultérieure du cancer (voir la Figure 14.28). La corrélation était bien plus élevée qu'avec les méthodes de prévision traditionnelles basées sur la taille et l'analyse histologique de la tumeur. Ces résultats, bien que préliminaires et basés sur un échantillon limité de patients cancéreux, suggère que les données d'expression de gènes obtenues avec des micro-alignements peuvent constituer un outil puissant pour la prise de décision thérapeutique dans le traitement des cancers.

Concepts clés

Les micro-alignements de sondes d'ADN sur des supports solides sont utilisés pour déterminer la présence de séquences d'ARN ou d'ADN spécifiques dans un mélange d'acides nucléiques. Ils permettent d'examiner les changements dans l'expression des gènes à l'échelle cellulaire.

14.8 La génomique comparative étudie l'évolution des génomes

Les projets de séquençage génomique fournissent une information détaillée sur la quantité et l'organisation des gènes chez différentes espèces, et même chez différents membres d'une espèce, ainsi que sur la fonction des gènes et l'évolution des génomes. La **génomique comparative** est le domaine de la génomique qui compare la quantité, la fonction, et l'organisation des gènes dans les génomes de différentes espèces. Elle renseigne sur les relations évolutives entre espèces et sur les facteurs qui influencent la vitesse et le sens de l'évolution.

Les génomes de procaryotes

Des centaines de génomes bactériens et archéens ont été séquencés. La plupart consistent en un unique chromosome circulaire, mais il y a des exceptions. *Vibrio cholerae*, la bactérie responsable du choléra, a deux chromosomes circulaires, et *Borrelia burgdorferii*, responsable de la maladie de Lyme (fièvres récurrentes), a un grand chromosome linéaire et 21 chromosomes plus petits.

Expérience

Question : La variation de l'expression génique telle que mesurée par des micro-alignements peut-elle être utilisée pour prédire la récidive d'un cancer du sein ?

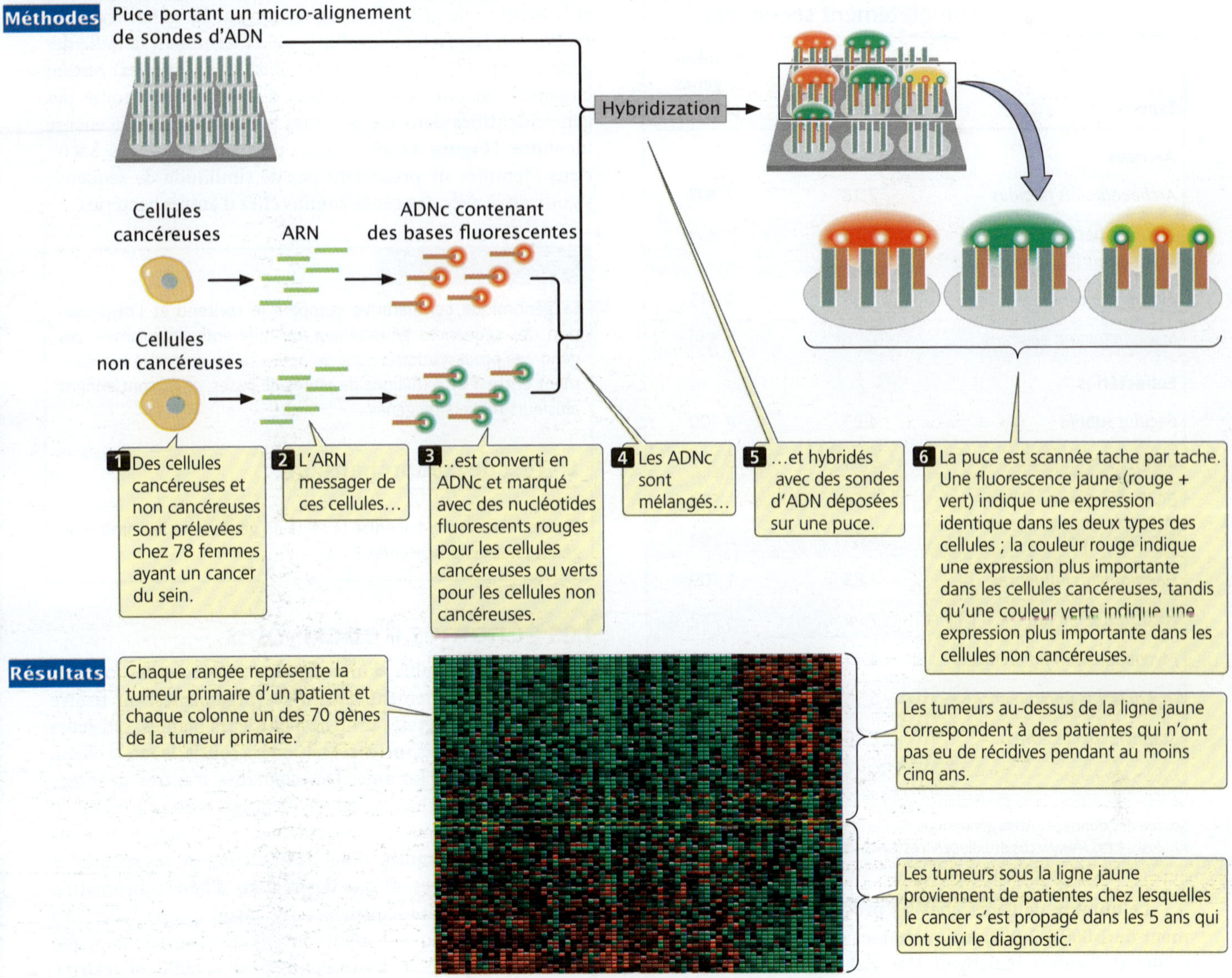

Conclusion : On a identifié 70 gènes dont le profil d'expression a permis de prédire avec exactitude la récidive d'un cancer du sein dans les cinq ans suivant un premier traitement.

14.28 Les micro-alignements peuvent être utilisés pour l'analyse de l'expression de gènes associée à l'évolution d'une maladie. *[D'après L.J. van't Veer,* Nature *404 : 532, 2002.]*

Taille du génome et nombre de gènes La taille des génomes procaryotiques va de 490 885 pb chez *Nanoarchaeum equitans*, une archée symbionte obligée d'une autre archée, à 9 105 828 pb chez *Bradyrhizobium japonicum*, une bactérie du sol (**Tableau 14.3**). Quoiqu'étendue, cette gamme de tailles génomiques est bien moins large que celle observée chez les eucaryotes, où les génomes vont de quelques millions à des centaines de milliards de paires de bases. *Escherichia coli*, la bactérie la plus utilisée dans les études génétiques, a un génome de taille assez représentative avec ses 4,6 millions de paires de bases. Les archées et les bactéries ont des tailles de génomes assez semblables. De façon surprenante, on a observé des variations de taille génomique importantes au sein de certaines espèces ; par exemple, les génomes de différentes souches d'*E. coli* peuvent varier en taille de plus d'un million de paires de bases.

Tableau 14.3 Caractéristiques de génomes procaryotiques représentatifs complètement séquencés

Espèce	Taille (millions de paires de bases)	Nombre de gènes prédits
Archées		
Archaeoglobus fulgidus	2,18	2 407
Methanobacterium thermoautotrophicum	1,75	1 869
Methanococcus jannaschii	1,66	1 715
Nanoarchaeum equitans	0,490	536
Eubactéries		
Bacillus subtilis	4,21	4 100
Bradyrhizobium japonicum	9,11	8 317
Buchnera species	0,64	564
Escherichia coli	4,64	4 289
Haemophilus influenzae	1,83	1 709
Mesorhizobium loti	7,04	6 752
Mycobacterium tuberculosis	4,41	3 918
Mycoplasma genitalium	0,58	480
Staphylococcus aureus	2,88	2 697
Vibrio cholerae	4,03	3 828

Source des données : Atlas génomique du Center for Biological Sequence Analysis, http://www.cbs.dtu.dk/services/GenomeAtlas/

Le nombre de gènes chez les procaryotes varie typiquement de 1 000 à 2 000, mais certaines espèces en ont jusqu'à 6 700, et d'autres seulement 480. Par contre, la densité de gènes est assez constante parmi les espèces, avec en moyenne 1 gène par 1 000 pb. Donc, les procaryotes dont le génome est plus grand ont plus de gènes que les autres, ce qui constitue une différence d'avec les eucaryotes chez lesquels il n'y a pas (ou peu) de proportionnalité entre la taille du génome et le nombre de gènes (voir la section sur les génomes eucaryotiques). Les facteurs évolutifs qui déterminent la taille des génomes chez les procaryotes (et chez les eucaryotes) restent largement inconnus. La fonction d'environ une moitié des gènes identifiés dans les génomes procaryotiques est encore inconnue (**Figure 14.29**). Presqu'un quart des gènes bactériens identifiés ne présentent pas de similitude de séquence significative avec des gènes connus chez d'autres bactéries.

Concepts clés

La génomique comparative compare le contenu et l'organisation des séquences génomiques de différents organismes. Les génomes procaryotiques sont de petite taille, comprise typiquement entre 1 et 4 millions de paires de bases, et ils contiennent plusieurs milliers de gènes.

✓ Test de compréhension 9

Quelle relation y a-t-il entre la taille du génome et le nombre de gènes chez les procaryotes ?

Les génomes d'eucaryotes

Les génomes de plus d'une centaine d'eucaryotes ont été séquencés complètement. Parmi ces organismes, on trouve des champignons et des protistes, plusieurs plantes, plusieurs insectes, et plusieurs vertébrés tels que la souris, le rat, le chien, le chimpanzé, et l'homme. Des centaines d'autres génomes eucaryotiques sont en cours de séquençage. Il est important de signaler que bien que ces génomes aient été « séquencés complètement », l'assemblage final de beaucoup de ces séquences contient des lacunes, et que des régions d'hétérochromatine n'ont pas du tout été séquencées. Il s'ensuit que les tailles des génomes eucaryotiques restent souvent des estimations, et que le nombre de paires de bases donné pour la taille du génome d'une espèce particulière pourrait être revu à la hausse. La

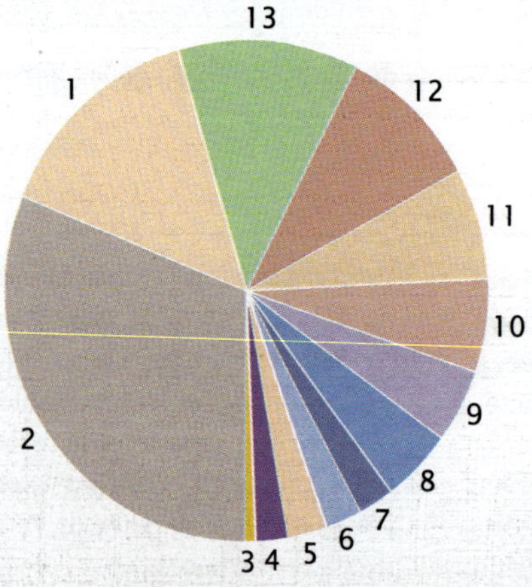

1. Métabolisme
2. Fonction inconnue
3. Homéostasie ionique
4. Synthèse des protéines
5. Génération d'énergie
6. Transport actif
7. Biogénèse cellulaire
8. Trafic intracellulaire
9. Adressage des protéines
10. Communication cellulaire et transduction de signal
11. Réponse aux stress, défense, mort cellulaire programmée, et vieillissement
12. Croissance cellulaire, division cellulaire, et synthèse d'ADN
13. Transcription

14.29 La fonction de nombreux gènes des procaryotes reste à déterminer. Pourcentages de gènes de fonction générale connue ou inconnue chez *E. coli*.

Tableau 14.4 Caractéristiques de quelques génomes d'eucaryotes complètement séquencés

Espèce	Taille du génome (millions de paires de bases)	Nombre de gènes prédits
Saccharomyces cerevisiae (levure)	12	6 144
Arabidopsis thaliana (plante)	125	25 706
Caenorhabditis elegans (ver nématode)	103	20 598
Drosophila melanogaster (mouche des fruits)	170	13 525
Anopheles gambiae (moustique)	278	14 707
Danio rerio (poisson zèbre)	1 465	22 409
Takifugu rubripes (poisson coffre japonais)	329	22 089
Mus musculus (souris)	2 627	26 762
Ratus novegicus (rat)	2 571	23 761
Pan troglodytes (chimpanzé)	2 733	22 524
Homo sapiens (homme)	3 223	~ 24 000

Source : Site web Ensembl : http//www.ensembl.org

prédiction du nombre de gènes présents dans un génome est également difficile et peut varier selon les critères choisis et le logiciel de recherche de gènes qui est utilisé.

Taille du génome et nombre de gènes Les génomes des eucaryotes sont plus grands que ceux des procaryotes (**Tableau 14.4**), et, de façon générale, les eucaryotes pluricellulaires ont plus d'ADN que les eucaryotes unicellulaires plus simples comme la levure (voir la p. 212 dans le chapitre 8). Toutefois, il n'y a pas de relation directe entre la taille du génome et la complexité de l'organisme chez les eucaryotes pluricellulaires. Par exemple, le ver nématode *Caenorhabditis elegans* a une structure plus complexe que la plante *Arabidopsis thaliana*, mais il contient beaucoup moins d'ADN.

En règle générale, les génomes eucaryotiques contiennent plus de gènes que les génomes procaryotiques (mais quelques grandes bactéries ont plus de gènes que des eucaryotes unicellulaires comme les levures), et les génomes des eucaryotes pluricellulaires contiennent davantage de gènes que ceux des eucaryotes unicellulaires. Contrairement aux bactéries, il n'existe pas de corrélation entre la taille du génome et le nombre de gènes chez les eucaryotes. Le *nombre* de gènes chez les eucaryotes pluricellulaires n'est pas lié non plus à la complexité phénotypique : l'homme possède plus de gènes que les invertébrés mais seulement deux fois plus que la mouche des fruits et à peine plus que la plante *A. thaliana*. Le nématode *C. elegans* a plus de gènes que *D. melanogaster*, mais il est moins complexe. De plus, le poisson-coffre japonais n'a qu'un dixième de la quantité d'ADN présent chez l'homme et la souris, mais il a presqu'autant de gènes. Les génomes eucaryotiques contiennent de nombreux gènes en plusieurs exemplaires, ce qui indique que la duplication de gènes a été un processus important dans l'évolution du génome.

Les déserts géniques La densité des gènes varie dans les génomes eucaryotiques, certains chromosomes présentant une forte densité de gènes, d'autres étant pauvres en gènes. Certaines régions du génome, longues parfois de centaines de milliers à quelques millions de paires de bases sont totalement dépourvues de gènes ou d'autres séquences fonctionnelles ; ces régions sont des **déserts géniques**. Les déserts géniques sont fréquents chez les eucaryotes. Le génome humain contient quelque 500 déserts géniques, ce qui représente 25 % environ de toute l'euchromatine. Ils sont très présents sur les chromosomes humains 4, 5, et 13 (près de 40 % de ces chromosomes). Pourquoi ces déserts géniques continuent-ils d'exister ? Une réponse possible est qu'ils aient une fonction régulatrice de gènes ou de maintien de l'architecture globale du chromosome, sans que ces fonctions aient été identifiées jusqu'ici.

Les éléments transposables Une partie importante du génome de la plupart des organismes pluricellulaires est constituée d'ADN moyennement et hautement répétitif (voir le Chapitre 8), et le pourcentage de séquences répétées est généralement plus élevé chez les espèces qui ont les génomes les plus grands (**Tableau 14.5**). La plupart de ces répétitions de séquence semblent avoir été produites par transposition. Cela est particulièrement évident dans le génome humain, constitué à 45 % d'éléments transposables dont de nombreux sont déficients et incapables d'encore se transposer. Une partie importante de l'ADN des eucaryotes pluricellulaires est non codante, et de nombreux gènes contiennent des introns. Le

Tableau 14.5 Pourcentage du génome constitué de répétitions dispersées dérivées d'éléments transposables

Organisme	Pourcentage du génome
Plante (*Arabidopsis thaliana*)	10,5
Ver nématode (*Caenorhabditis elegans*)	6,5
Mouche (*Drosophila melanogaster*)	3,1
Poisson coffre japonais (*Takifugu rubripes*)	2,7
Homme (*Homo sapiens*)	44,4

nombre et la longueur des introns sont plus grands chez les eucaryotes les plus complexes.

La diversité des protéines En dépit du fait que leur nombre de gènes ne soit qu'un peu plus élevé que celui des invertébrés, les vertébrés présentent une diversité de protéines beaucoup plus importante. Une façon de mesurer la diversité des protéines est de compter le nombre de domaines protéiques, les composants caractéristiques des protéines souvent associés à une fonction. Les génomes de vertébrés ne codent pas plus de domaines protéiques que ceux des invertébrés ; par exemple, il y a 1 262 domaines chez l'homme contre 1 035 chez la drosophile. Par contre, les domaines présents chez l'homme forment un nombre plus important de combinaisons, générant une diversité de protéines beaucoup plus importante. Le génome humain contient presque le double de combinaisons de domaines protéiques que celui des vers ou des mouches, et six fois plus que celui de la levure.

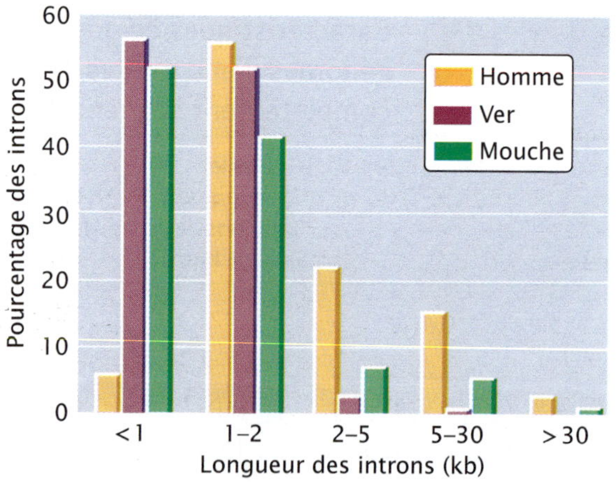

14.30 Les introns des gènes humains sont généralement plus longs que les introns des gènes de ver et de mouche.

Concepts clés

La taille du génome varie considérablement chez les eucaryotes. Chez les eucaryotes pluricellulaires, il n'y a pas de relation évidente entre la complexité d'un organisme et la quantité d'ADN ou le nombre de gènes présents dans le génome. Une partie importante du génome des eucaryotes est constituée d'ADN répétitif provenant essentiellement d'éléments transposables. De vastes régions de l'ADN des eucaryotes ne contiennent ni gènes ni séquences fonctionnelles d'autre type.

Le génome humain

Le génome humain est assez représentatif des génomes de mammifères. Il contient 3,2 milliards de paires de bases, mais 25 % seulement de son ADN est transcrit en ARN, et moins de 2 % code des protéines. Les gènes fonctionnels sont souvent séparés par de longues régions d'ADN non codant, constituées en grande partie de séquences répétées dérivées d'éléments transposables.

En moyenne, un gène contient 27 000 pb et 9 exons. (Il y a un gène exceptionnel qui contient 234 exons !) Les introns des gènes humains sont plus longs et plus nombreux que ceux d'autres espèces animales (**Figure 14.30**). Le génome humain ne code pas un nombre significativement plus élevé de domaines protéiques que celui d'invertébrés, par exemple, mais ces domaines se combinent de davantage de façons pour générer un protéome assez diversifié. Les catégories de fonctions géniques codées par le génome humain sont présentées dans la **Figure 14.31**. Comme pour les bactéries, la fonction de nombreux gènes du génome humain est encore inconnue. Souvent, un seul gène code plusieurs protéines par épissage alternatif ; en moyenne, chaque gène code deux ou trois ARNm différents, ce qui signifie qu'avec environ 24 000 gènes, le génome pourrait coder 72 000 ARNm ou davantage.

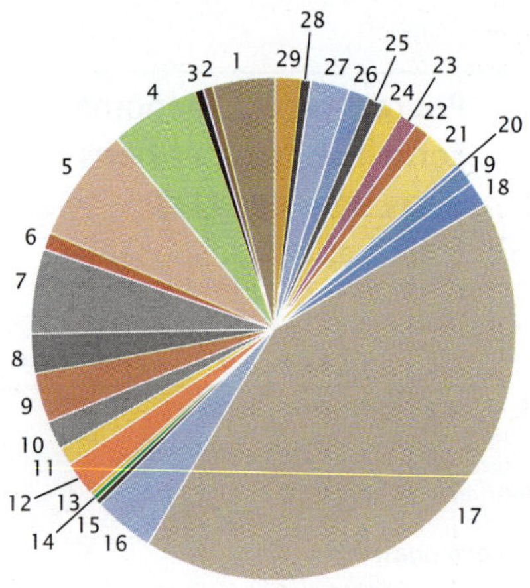

1. Fonctions diverses
2. Protéine virale
3. Protéine de transfert ou protéine porteuse
4. Facteur de transcription
5. Enzyme dont l'activité concerne les acides nucléiques
6. Molécule de signalisation
7. Récepteur
8. Kinase
9. Molécule régulatrice
10. Transférase
11. Synthase et synthétase
12. Oxydoréductase
13. Lyase
14. Ligase
15. Isomérase
16. Hydrolase
17. Fonction moléculaire inconnue
18. Transporteur
19. Transporteur intracellulaire
20. Protéine liant le calcium
21. Proto-oncogène
22. Protéine de structure des muscles
23. Protéine moteur
24. Canal ionique
25. Immunoglobuline
26. Matrice extracellulaire
27. Protéine de structure du cytosquelette
28. Protéine chaperon
29. Adhérence cellulaire

14.31 La fonction de nombreux gènes humains reste à déterminer. Pourcentage de gènes de fonction connue ou inconnue. (Les produits des gènes sont classés par type de fonction.)

La protéomique

Les données de séquence d'ADN ouvrent des voies nouvelles à l'investigation biologique, mais d'autres approches existent. Depuis quelques années, les biologistes moléculaires s'intéressent à l'analyse du contenu en protéines des cellules. Le but ultime est de déterminer le protéome, l'ensemble des protéines exprimées dans une cellule. La **protéomique** est un ensemble des méthodes visant à détecter l'expression des protéines et les interactions qu'elles peuvent former entre elles.

La méthode traditionnelle pour identifier une protéine consiste à l'hydrolyser acide aminé par acide aminé et à identifier chaque fois l'acide aminé détaché. Cette méthode éprouvée est cependant trop lente et trop laborieuse pour analyser les milliers de protéines présentes dans une cellule. C'est pourquoi les chercheurs utilisent à présent la **spectrométrie de masse** qui permet de déterminer avec précision la masse moléculaire d'une molécule. Une molécule est ionisée et sa vitesse de migration dans un champ électrique (son « temps de vol ») est déterminée. La vitesse de migration est proportionnelle au rapport de la masse sur la charge (*m/z*) des molécules, les molécules les plus petites migrant le plus rapidement.

Pour analyser les protéines par spectrométrie de masse, on sépare des fragments peptidiques générés par hydrolyse tryptique de protéines entières sur la base de leur rapport *m/z* (**Figure 14.32**). Chaque pic *m/z* correspond à un peptide de 5 à 20 acides aminés dont la masse dépend de sa séquence en acides aminés. L'identification des pics est automatisée : un logiciel cherche, dans une base de données des spectres présomptifs que donnerait le protéome de l'organisme étudié, une correspondance entre le profil de pics généré et le profil attendu d'une protéine connue. En utilisant la bioinformatique, l'ordinateur génère des produits de digestion tryptique « virtuels » et prédit les profils de toutes les protéines attendues pour un génome donné, sur la base des séquences d'ADN des gènes censés coder des protéines (N.d.T. : Ou sur la base des produits de traduction prévisibles d'une banque d'ADNc.).

Les interactions entre protéines peuvent être analysées au moyen de **micro-alignements de protéines**, semblables aux micro-alignements utilisés pour examiner l'expression des gènes. Dans cette méthode, un grand nombre de protéines sont déposées sous forme de taches sur une lame de verre prétraitée, chaque tache contenant une protéine différente. Ces micro-alignements peuvent servir à tester toutes sortes d'interactions. Dans une application particulière, chaque tache contient un anticorps spécifique d'une protéine différente, auquel est attaché un marqueur qui émet un signal fluorescent quand l'anticorps est lié. Un extrait tissulaire est incubé avec le micro-alignement d'anticorps. Une tache fluorescente apparaît quand une protéine de l'extrait se lie à un anticorps, ce qui indique la présence de cette protéine particulière dans le tissu.

Concepts clés

Le protéome est le jeu complet des protéines qui se trouvent dans une cellule. Des techniques de séparation des protéines et la spectrométrie de masse sont utilisées pour identifier les protéines présentes dans une cellule. Des micro-alignements sont utilisés pour déterminer les protéines qui interagissent. La protéomique structurale tente de prédire la structure tridimensionnelle de toutes les protéines.

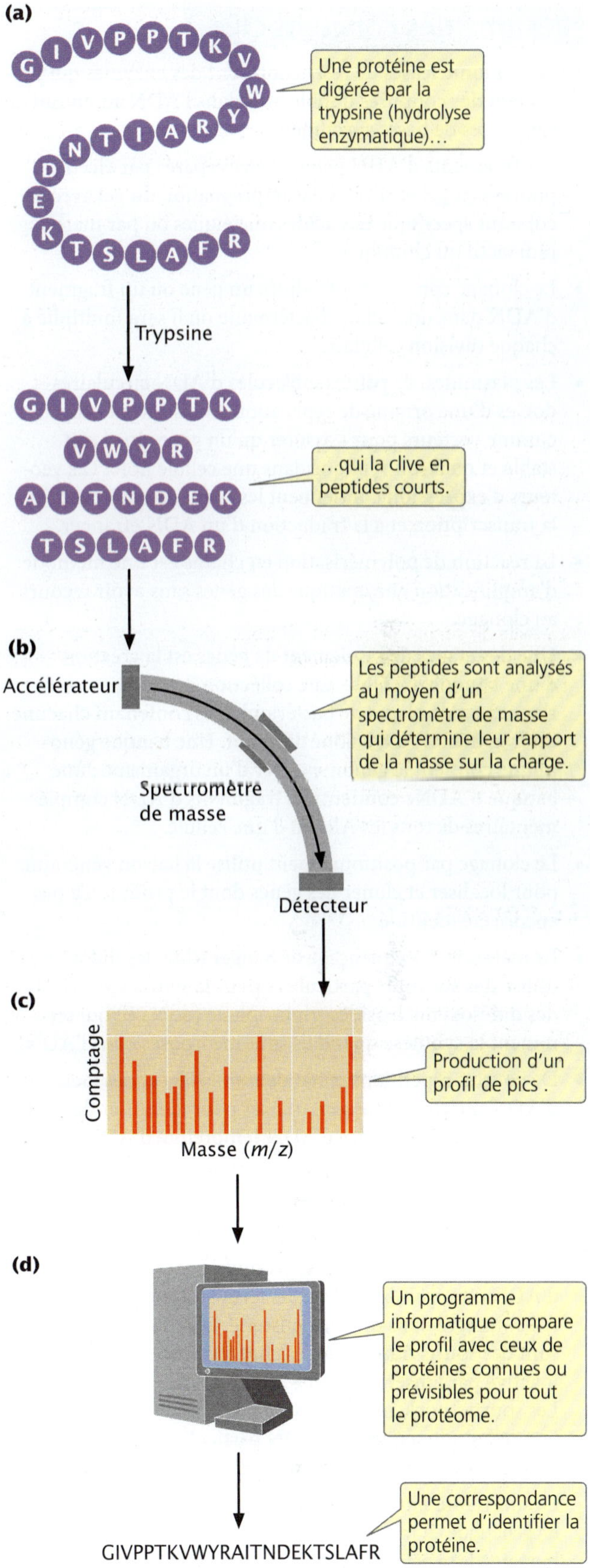

14.32 La spectrométrie de masse est utilisée pour identifier les protéines.

Résumé des concepts clés

- Les endonucléases de restriction sont des enzymes qui pratiquent des coupures double brin dans l'ADN au niveau de séquences de bases spécifiques.
- Les fragments d'ADN peuvent être séparés par électrophorèse en gel et révélés par imprégnation du gel avec un colorant spécifique des acides nucléiques ou par marquage radioactif ou chimique.
- Le clonage consiste à introduire un gène ou un fragment d'ADN dans une cellule bactérienne où il sera multiplié à chaque division cellulaire.
- Les plasmides, de petites molécules d'ADN circulaires dotées d'une origine de réplication sont souvent utilisés comme vecteurs pour s'assurer qu'un gène cloné soit stable et qu'il soit répliqué dans une cellule hôte. Les vecteurs d'expression contiennent les séquences nécessaires à la transcription et à la traduction d'un ADN étranger.
- La réaction de polymérisation en chaîne est une méthode d'amplification enzymatique des gènes sans avoir recours au clonage.
- Une des étapes de l'isolement de gènes est la création d'une banque d'ADN – une collection de colonies bactériennes ou de plages de bactériophages contenant chacune un fragment d'ADN cloné différent. Une banque génomique contient le génome entier d'un organisme ; une banque d'ADNc contient des fragments d'ADN complémentaires de tous les ARNm d'une cellule.
- Le clonage par positionnement utilise la liaison génétique pour localiser et cloner des gènes dont le produit n'a pas encore été identifié.
- La méthode de séquençage de Sanger (dite des didésoxy) utilise des substrats particuliers pour la synthèse d'ADN, des didésoxynucléosides triphosphate (ddNTP) qui terminent la synthèse quand ils sont incorporés dans l'ADN.
- De courtes répétitions en tandem (VNTR) et des loci d'ADN microsatellite sont utilisés pour identifier des individus par leur séquence d'ADN (empreinte d'ADN).
- L'analyse génétique classique part d'un phénotype pour localiser le gène qui le détermine. La génétique inverse part d'une séquence d'ADN et remonte jusqu'au phénotype.
- Les animaux transgéniques, produits par l'injection d'ADN étranger dans des œufs fertilisés, contiennent cet ADN intégré dans un chromosome. Les souris knockout sont des souris transgéniques chez lesquelles un gène a été inactivé par l'insertion d'une séquence qui l'interrompt. Les souris knock-in sont des souris transgéniques chez lesquelles une séquence d'ADN particulière (p. ex. un gène modifié) est intégrée à un site spécifique.
- La souris *Mus musculus* est un excellent organisme modèle en génétique en raison de sa proximité évolutive avec l'être humain, de sa petite taille, et de son temps de génération court.
- L'interférence d'ARN est utilisée pour éteindre transitoirement l'expression de gènes spécifiques.
- Les techniques de génétique moléculaires sont utilisées pour créer des produits commercialisables, pour développer des tests aidant au diagnostic, et pour traiter certaines pathologies.
- La génomique est le domaine de la génétique qui étudie le contenu, l'organisation, et la fonction de l'information génétique contenue dans des génomes entiers.
- Les cartes génétiques localisent des gènes par rapport à d'autres gènes en se basant sur des fréquences de recombinaison ; les distances sont exprimées en pourcentages de recombinaison. Les cartes physiques sont basées sur les distances physiques entre gènes, qui sont exprimées en paires de bases.
- Le Projet Génome Humain a mené à bien la détermination de la séquence complète du génome humain.
- Le séquençage d'un génome entier nécessite qu'il soit découpé en petits fragments chevauchants dont les séquences peuvent être déterminées en une réaction de séquençage. Dans le séquençage ordonné, les fragments de séquence sont assemblés en utilisant des cartes génétiques et physiques préalablement établies. Dans le séquençage en vrac, le chevauchement entre les séquences permet de les assembler en séquence génomique complète.
- Les polymorphismes de nucléotide simple sont des différences d'une paire de base entre organismes individuels ; ce sont des marqueurs extrêmement précieux dans les études de liaison.
- La bioinformatique est une synthèse de biologie moléculaire et d'informatique. Elle développe des outils pour stocker, extraire, et analyser des données de séquences d'ADN, d'ADNc, et de protéines.
- Des gènes homologues ont une parenté évolutive. La fonction d'un gène peut être déterminée par la recherche de gènes homologues de fonction connue.
- Un micro-alignement contient des fragments d'ADN déposés de façon ordonnée puis fixés sur un support solide, tel qu'une membrane de nylon ou une lame de verre. Les micro-alignements permettent de mesurer simultanément l'expression de milliers de gènes.
- La plupart des espèces procaryotiques ont entre 1 et 4 millions de paires de bases d'ADN, et entre 1 000 et 2 000 gènes. En comparaison avec les génomes d'eucaryotes, la densité des gènes est relativement uniforme dans les génomes procaryotiques, avec environ un gène par 1 000 pb.
- Les génomes eucaryotiques sont plus grands et varient plus en taille que les génomes procaryotiques. Chez les eucaryotes pluricellulaires, il n'y a pas de relation directe entre la complexité de l'organisme et la quantité d'ADN ou le nombre de gènes présents dans le génome.
- La protéomique vise à déterminer le contenu en protéines d'une cellule et la fonction de ces protéines. Les protéines d'une cellule peuvent être séparées, puis identifiées par spectrométrie de masse.

Termes importants

technologie de l'ADN recombinant (p. 348)
génie génétique (p. 348)
biotechnologie (p. 348)
enzyme de restriction (p. 349)
endonucléase de restriction (p. 349)
extrémité cohésive (p. 349)
électrophorèse en gel (p. 351)
autoradiographie (p. 351)
sonde (p. 352)
clonage de gène (p. 352)
vecteur de clonage (p. 352)
cosmide (p. 354)
chromosome bactérien artificiel (BAC) (p. 354)
vecteur d'expression (p. 354)
réaction de polymérisation en chaîne (PCR) (p. 355)
polymérase *Taq* (p. 356)
banque d'ADN (p. 356)
banque génomique (p. 356)
banque d'ADNc (p. 356)
clonage par positionnement (p. 358)
polymorphisme de longueur de fragment de restriction (RFLP) (p. 358)
séquençage d'ADN (p. 359)
didésoxynucléoside triphosphate (ddNTP) (p. 359)
empreinte d'ADN (p. 361)
ADN microsatellite (p. 362)
courtes répétitions en tandem en nombre variable (VNTR) (p. 362)
génétique classique (approche) (p. 364)
génétique inverse (p. 364)
transgène (p. 364)
souris knockout (p. 365)
souris knock-in (p. 365)
thérapie génique (p. 368)
génomique (p. 369)
génomique structurelle (p. 369)
carte génétique (p. 369)
carte physique (p. 369)
séquençage ordonné (basé sur des cartes) (p. 371)
contig (p. 371)
séquençage en vrac de génome entier (p. 373)
polymorphisme de nucléotide simple (SNP) (p. 374)
haplotype (p. 374)
bioinformatique (p. 374)
génomique fonctionnelle (p. 375)
transcriptome (p. 375)
protéome (p. 375)
gènes homologues (p. 375)
micro-alignement (p. 375)
génomique comparative (p. 376)
désert génique (p. 379)
protéomique (p. 381)
spectrométrie de masse (p. 381)
micro-alignement de protéines (p. 381)

Réponses aux tests de compréhension

1. Le gène doit d'abord être localisé et isolé du reste de l'ADN génomique. Puis, le gène doit être introduit sous une forme stable dans une bactérie où il sera répliqué. Le gène doit aussi être accompagné de séquences lui permettant d'être transcrit et traduit dans la bactérie. Enfin, les bactéries qui contiennent une forme active du gène doivent être séparées des autres bactéries.

2. Les enzymes de restriction sont des produits naturels des bactéries qui les utilisent pour détruire les ADN étrangers invasifs (surtout viraux).

3. c

4. L'ADN contenant le gène et le plasmide sont coupés avec la même enzyme de restriction et mélangés. L'ADN ligase est utilisée pour refermer les entailles dans le squelette sucre-phosphate.

5. d

6. b

7. b

8. b

9. Chez les procaryotes, les espèces avec les plus grands génomes ont généralement davantage de gènes que les espèces avec des génomes plus petits, de sorte que la densité des gènes est relativement constante.

Problèmes résolus

1. Une molécule d'ADN double brin longue de 5 millions de paires de bases a une composition en bases de 62 % de G + C. Combien des sites de restriction suivants y aura-t-il en moyenne dans cette molécule d'ADN ?

a. *Bam*HI (séquence de reconnaissance GGATCC)

b. *Hin*dIII (séquence de reconnaissance AAGCTT)

c. *Hpa*II (séquence de reconnaissance CCGG)

• Solution

Les pourcentages de G et de C sont égaux dans l'ADN double brin, donc si G + C = 62 %, le % de G = le % de C = 62 %/2 = 31 %. Le pourcentage de A + T = (100 % – % G + C) = 38 %, et le % de A = le % de T = 38 %/2 = 19 %. Pour calculer la probabilité de trouver une séquence de bases particulière, nous utilisons la règle du produit en multipliant les probabilités de trouver chaque base à un site particulier.

a. La probabilité de trouver la séquence GGATCC = 0,31 × 0,31 × 0,19 × 0,19 × 0,31 × 0,31 = 0,00033. Pour déterminer le nombre moyen de séquences de reconnaissance dans une molécule de 5 000 000 de paires de bases, nous multiplions 5 000 000 par 0,00033 = 1 666,5 séquences de reconnaissance.

b. Le nombre de séquences de reconnaissance AAGCTT est 0,19 × 0,19 × 0,31 × 0,31 × 0,19 × 0,19 × 5 000 000 = 626.

c. Le nombre de séquences de reconnaissance CCGG est 0,31 × 0,31 × 0,31 × 0,31 × 5 000 000 = 46 176.

2. On vous donne le fragment suivant à séquencer : 5′ - GCTTAGCATC - 3′. Vous commencez par cloner le fragment dans une cellule bactérienne pour l'amplifier de façon à avoir assez d'ADN pour le séquençage. Vous isolez l'ADN à partir des cellules bactériennes et vous appliquez la méthode des didésoxy. Vous séparez ensuite les produits des réactions de polymérisation par électrophorèse en gel. Dessinez les bandes provenant des quatre réactions de séquençage qui devraient apparaître dans le gel.

• Solution

Dans le séquençage par les didésoxy, le fragment à séquencer est utilisé comme matrice pour la synthèse d'un brin complémentaire. C'est la séquence de ce brin nouvellement synthétisé qui est déterminée. On lira donc la séquence de ce brin complémentaire et antiparallèle telle qu'elle apparaît dans le gel ci-dessous, avec les bandes correspondant aux nucléotides proches de l'extrémité 5′ en bas du gel. La séquence lue est : 5′ - GATGCTAAGC - 3′.

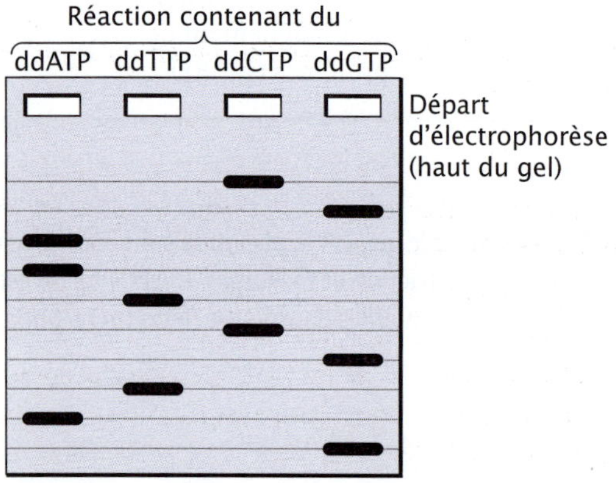

3. Un fragment d'ADN linéaire de 30 kb est coupé par *Bam*HI, par *Hpa*II, et par les deux enzymes à la fois. Ces digestions produisent les fragments suivants :

*Bam*HI : fragments de 20 kb, 6 kb, et 4 kb

*Hpa*II : fragments de 21 kb et 9 kb

*Bam*HI et *Hpa*II : fragments de 20 kb, 5 kb, 4 kb, et 1 kb

Dessinez la carte de restriction du fragment d'ADN de 30 kb en indiquant la position des sites de restriction *Bam*HI et *Hpa*II.

• Solution

Il y a plusieurs façons de résoudre ce problème. En voici une.

Quand l'ADN est coupé par *Bam*HI seule, trois fragments sont produits ; il y a donc deux sites de restriction *Bam*HI. Quand l'ADN est coupé par *Hpa*II seule, deux fragments sont générés, donc il n'y a qu'un seul site *Hpa*II.

Commençons par examiner les fragments *Hpa*II. Observez que le fragment de 21 kb généré par *Hpa*II seule est absent dans les produits de la digestion par *Hpa* II et *Bam*HI ensemble (la double digestion) ; ceci indique que le fragment *Hpa*II de 21 kb contient au moins un site *Bam*HI Si nous examinons les fragments produits par la double digestion, nous voyons que la somme des fragments de 20 kb et 1 kb donne 21 kb ; un site *Bam*HI doit donc se trouver à 1 kb d'une des extrémités du fragment de 21 kb et à 20 kb de l'autre.

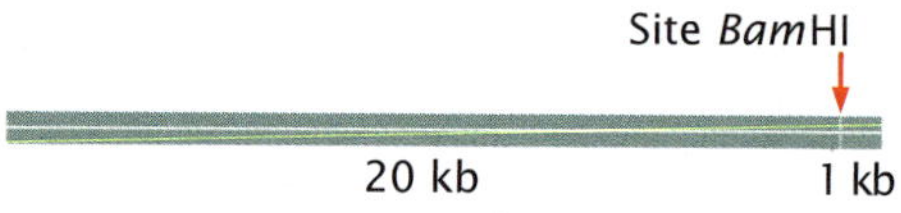

De façon analogue, nous voyons que le fragment *Hpa*II de 9 kb n'apparaît pas dans les produits de la double digestion, mais que la somme des fragments de 4 kb et de 5 kb y correspond ; donc, un autre site *Bam*HI doit se trouver à 5 kb d'une extrémité de ce fragment et à 4 kb de l'autre.

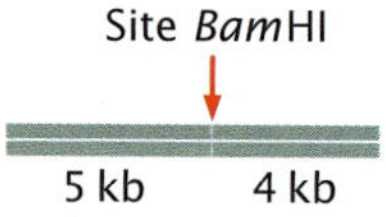

Examinons à présent les fragments produits par *Bam*HI seule. Les fragments de 20 kb et 4 kb se retrouvent dans les produits de la double digestion, donc aucun de ces fragments ne contient de site *Hpa*II. Le fragment de 6 kb, par contre, est absent, et la somme des fragments de 5 kb et 1 kb dans la double digestion donne 6 kb ; donc, le fragment de 6 kb contient un site *Hpa*II à 5 kb d'une des extrémités et à 1 kb de l'autre.

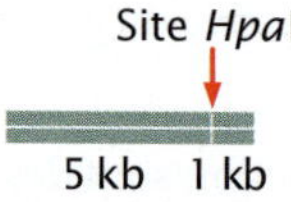

Nous avons rendu compte de tous les sites de restriction, mais nous devons encore déterminer leur ordre à l'intérieur du fragment original de 30 kb. Observez que le fragment de 5 kb doit être adjacent aux fragments de 1 kb et de 4 kb ; donc, il doit se situer entre ces deux fragments.

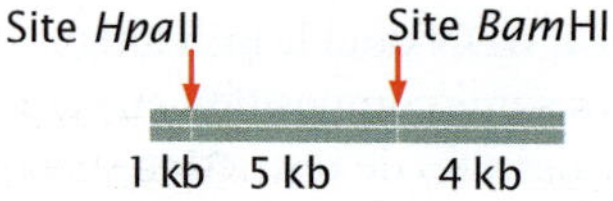

Nous avons aussi établi que les fragments de 1 kb et 20 kb sont adjacents ; étant donné que le fragment de 5 kb se trouve d'un côté, le fragment de 20 kb se trouve de l'autre côté, ce qui complète la carte de restriction :

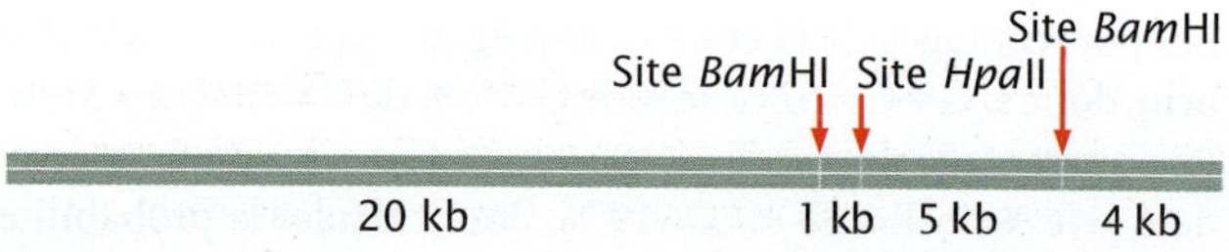

Questions de compréhension

Section 14.1

1. Quel est le rôle joué par les endonucléases de restriction chez les bactéries ? Comment les bactéries protègent-elles leur ADN de leurs propres endonucléases ?

*2. Expliquez le principe de la séparation de fragments d'ADN de tailles différentes par l'électrophorèse en gel.

*3. Donnez trois propriétés importantes des vecteurs de clonage.

*4. Expliquez brièvement comment un gène de résistance à un antibiotique et le gène *lacZ* servent d'indicateurs pour identifier les cellules qui contiennent un plasmide particulier.

*5. Expliquez brièvement le principe de l'amplification d'une séquence d'ADN spécifique par la réaction de polymérisation en chaîne.

Section 14.2

*6. Quelle est la différence entre une banque génomique et une banque d'ADNc ? Comment crée-t-on une banque génomique ?

7. Expliquez brièvement comment un gène peut être isolé par clonage par positionnement.

Section 14.3

8. À quoi servent les didésoxynucléosides triphosphate dans les réactions de séquençage ?

*9. Qu'est-ce que l'empreinte d'ADN ? Quels types de séquences examine-t-on pour déterminer l'empreinte d'ADN ?

Section 14.4

10. En quoi l'approche de la génétique inverse diffère-t-elle de l'approche génétique classique ?

*11. Que sont les souris knockout et dans quelles applications sont-elles utilisées ?

12. Comment l'interférence d'ARN est-elle utilisée dans l'analyse fonctionnelle des gènes ?

Section 14.5

13. Qu'est-ce que la thérapie génique ?

Section 14.6

*14. Quelle est la différence entre une carte génétique et une carte physique ? Laquelle a-t-elle généralement le degré de résolution le plus élevé et la plus grande exactitude ?

*15. Quelle est la différence d'approche entre le séquençage ordonné et le séquençage en vrac de génomes entiers ?

16. Qu'est-ce qu'un polymorphisme de nucléotide simple (SNP) ? Comment utilise-t-on les SNP en génomique ?

17. Qu'est-ce qu'un haplotype ?

Section 14.7

18. Qu'est-ce qu'un micro-alignement ? Comment peut-on l'utiliser pour obtenir une information sur la *fonction* des gènes ?

Section 14.8

19. Quelle relation y a-t-il entre la taille du génome et le nombre de gènes chez les procaryotes ?

20. Le contenu en ADN varie considérablement entre eucaryotes multicellulaires. Cette variation est-elle liée significativement au nombre de gènes et à la complexité des organismes ? Si ce n'est pas le cas, qu'est-ce qui explique la différence ?

21. Qu'est-ce qu'un désert génique ?

22. Qu'est ce qui distingue la protéomique de la génomique ?

23. Comment utilise-t-on la spectrométrie de masse pour identifier les protéines d'un cellule ?

Questions et problèmes d'application

Section 14.1

24. Combien de fois en moyenne une endonucléase de restriction coupe-t-elle une molécule d'ADN de 2 millions de pb si la séquence reconnue par l'enzyme comporte 5 pb ? (Faites l'hypothèse que les quatre types de bases sont présents en quantités identiques dans l'ADN et que la présence de chaque base dans une séquence de reconnaissance est indépendante de celle des autres bases.) Combien de fois couperait-elle si la séquence de reconnaissance comportait 8 pb ?

*25. Un microbiologiste découvre une nouvelle endonucléase de restriction. Quand de l'ADN est digéré par cette enzyme, les fragments produits ont une longueur moyenne de 1 048 500 pb. Quel est le nombre probable de pb dans la séquence de reconnaissance de cette enzyme ?

*26. La carte de restriction d'un fragment d'ADN linéaire révèle la présence des sites *Eco*RI suivants.

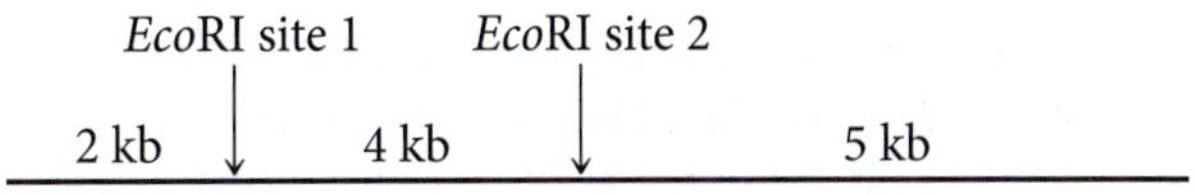

a. Cet ADN est digéré par *Eco*RI, les fragments sont séparés par électrophorèse en gel et révélés au bromure d'éthidium. Faites un croquis du profil de bandes tel qu'il apparaît dans le gel.

b. Si une mutation faisait disparaître le site *Eco*RI n°1, quel serait le profil de bandes modifié ?

c. Si des mutations faisaient disparaître les deux sites *Eco*RI, quel serait le profil de bandes modifié ?

d. Si 1 000 pb d'ADN étaient insérées entre les deux sites de restriction, quel serait le nouveau profil de bandes ?

e. Si une délétion de 500 pb se produisait entre les deux sites, quel serait le nouveau profil de bandes ?
(Les différents profils de bandes doivent figurer côte à côte sur votre croquis.)

***27.** Quel vecteur (plasmide, phage λ, cosmide, chromosome bactérien artificiel) recommanderiez-vous d'utiliser pour cloner un fragment continu d'ADN de la longueur suivante ?

a. 4 kb **c.** 35 kb
b. 20 kb **d.** 100 kb

28. Un généticien utilise un vecteur plasmidique contenant le gène *lacZ* et un gène de résistance à l'ampicilline pour cloner un fragment d'ADN, qu'il insère dans un site de restriction situé dans le gène *lacZ*. Il transforme des bactéries avec le plasmide. Expliquez comment ce généticien peut identifier les bactéries qui contiennent un exemplaire du plasmide contenant l'ADN étranger.

Section 14.2

***29.** Vous venez d'obtenir votre mastère et vous débutez dans une firme de biotechnologie. Votre premier job est de cloner le gène de porc codant l'hormone prolactine. Supposons que ce gène n'ait pas encore été isolé, séquencé ni cartographié ; toutefois, le gène de prolactine de souris a été cloné et sa séquence d'acides aminés est connue. Développez brièvement deux stratégies pour trouver et cloner le gène de prolactine de porc.

Section 14.3

30. Vous désirez séquencer le fragment d'ADN suivant :

5′ – TCCCGGGAAA-site amorce – 3′

Vous commencez par cloner le fragment dans des bactéries pour obtenir suffisamment d'ADN pour le séquençage. Vous isolez l'ADN à partir des bactéries et vous utilisez la méthode des didésoxy. Vous séparez les produits des réactions de polymérisation par électrophorèse en gel. Dessinez les bandes qui devraient apparaître dans le gel pour les quatre réactions.

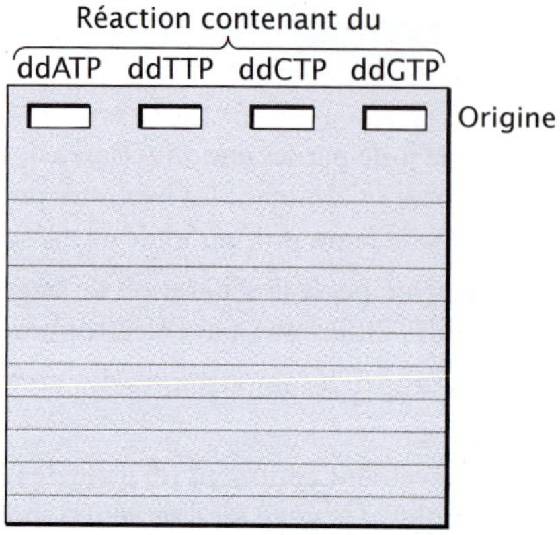

***31.** Supposez qu'on vous donne un court fragment d'ADN à séquencer. Vous clonez le fragment, vous isolez l'ADN cloné, et vous effectuez les quatre réactions de séquençage avec les didésoxy. Vous séparez les produits de réaction par électrophorèse en gel et vous obtenez le profil de bandes suivant :

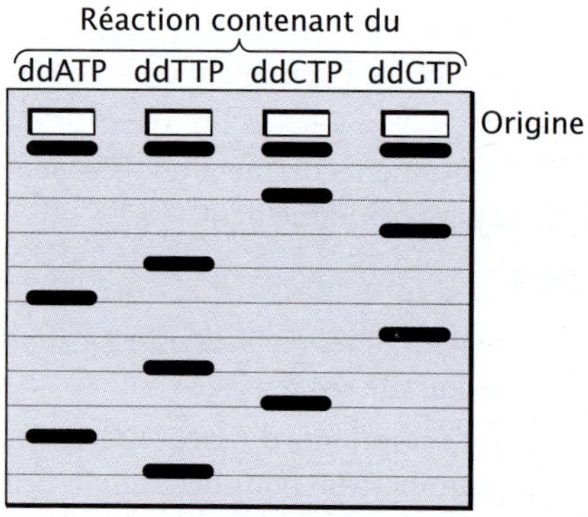

Écrivez la séquence de bases du fragment qu'on vous a donné.

Séquence originale : 5′ – ________________ – 3′

32. ANALYSE DE DONNÉES L'autoradiographie ci-jointe provient de l'étude qui a fourni la première séquence du gène de la mucoviscidose (J.R. Riordan et al. 1989. *Science* 245 : 1066-1073). Lisez sur l'autoradiographie la séquence de l'allèle normal du gène et celle de l'allèle mutant morbide. Indiquez la position de la mutation responsable de la mucoviscidose (CF).

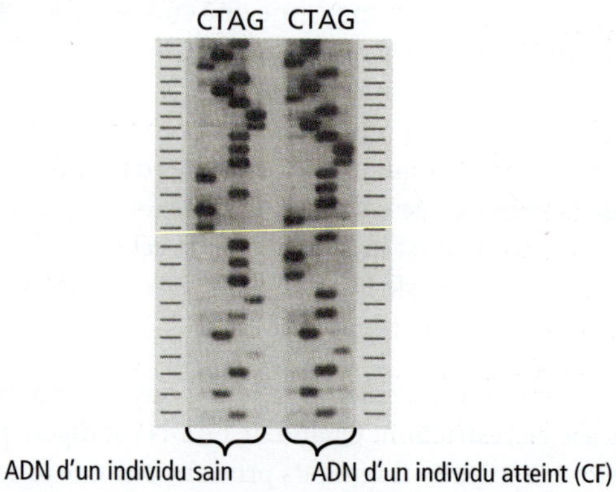

Section 14.4

***33.** Vous avez découvert un gène de souris homologue d'un gène de levure. Comment détermineriez-vous si ce gène est essentiel au développement de la souris ?

Section 14.6

***34.** Un fragment d'ADN de 14 kb est coupé séparément par *Eco*RI et par *Sma*I, puis par *Eco*RI et *Sma*I ensemble. Les sous-fragments suivants sont obtenus :

Digestion par *Eco*RI	Digestion par *Sma*I	Digestion par *Eco*RI et *Sma*I
fragment de 3 kb	fragment de 7 kb	fragment de 2 kb
fragment de 5 kb	fragment de 7 kb	fragment de 3 kb
fragment de 6 kb		fragment de 4 kb
		fragment de 5 kb

Dessinez la carte de restriction du fragment de 14 kb en indiquant les positions relatives des sites *Eco*RI et *Sma*I et les distances qui les séparent.

Section 14.7

35. Les micro-alignements peuvent être utilisés pour déterminer les niveaux d'expression des gènes. Dans un certain type d'expérience utilisant des micro-alignements, l'hybridation d'ADNc rouges (cellules testées) et verts (cellules contrôles) est proportionnelle aux quantités relatives d'ARNm dans les échantillons. Une couleur rouge indique la surexpression d'un gène dans les cellules testées par rapport au contrôle, et une couleur verte indique la sous-expression d'un gène par rapport au contrôle. Une couleur jaune indique une expression égale dans les cellules testées et dans les cellules du contrôle. L'absence de couleur indique l'absence d'expression dans les cellules des deux types.

Dans une expérience, l'ARNm de cellules d'une souche résistante à un antibiotique (cellules à tester) est converti en ADNc marqué avec des nucléotides fluorescents rouges, et l'ARNm d'une souche non résistante de la même bactérie (cellules contrôles) est converti en ADNc contenant des nucléotides fluorescents verts. Les ADNc des deux types de cellules sont mélangés et hybridés avec une puce portant des micro-dépôts d'ADN provenant de gènes numérotés de 1 à 25. Les résultats sont montrés dans l'image ci-contre. Quelles conclusions en tirez-vous concernant les gènes qui pourraient être impliqués dans la résistance à l'antibiotique ? Comment cette information pourrait-elle être utilisée pour produire de nouveaux antibiotiques moins sensibles à cette résistance ?

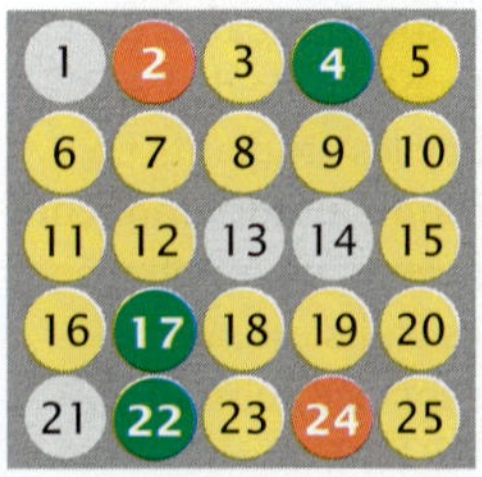

Section 14.8

36. *Dictyostelium discoideum* est une amibe sociale vivant dans le sol. La plupart du temps, l'organisme existe sous forme de cellules isolées, mais en cas de carence nutritionnelle, des amibes individuelles forment des agrégats qui présentent plusieurs caractéristiques d'organismes pluricellulaires. Les biologistes se sont longtemps demandés si *D. discoideum* était un organisme uni- ou pluricellulaire. Le génome de *D. discoideum* a été complètement séquencé en 2005. Le tableau en bas de page présente quelques caractéristiques du génome de *D. discoideum* et d'autres eucaryotes (L. Eichinger et al. 2005. *Nature* 435 : 43-57).

a. En se basant sur les caractéristiques génomiques des organismes autres que *D. discoideum* repris dans le tableau, quelles différences apparaissent-elles entre les organismes unicellulaires et pluricellulaires ?

b. Sur la base de ces données, pensez-vous que le génome de *D. discoideum* se rapproche davantage de celui des autres eucaryotes unicellulaires ou de celui des eucaryotes pluricellulaires ? Expliquez votre réponse.

37. Expliquez les différences importantes d'organisation de l'information génétique existant entre les génomes des procaryotes et ceux des eucaryotes.

Tableau du problème 36

Caractéristique	*Dictyostelium discoideum*	*Plasmodium falciparium*	*Saccharhomyces cerevisiae*	*Arabidopsis thaliana*	*Drosophila melanogaster*	*Caenorhabditis elegans*	*Homo sapiens*
Organisme	amibe	parasite de la malaria	levure	plante	mouche des fruits	ver	homme
Organisation cellulaire	?	uni	uni	pluri	pluri	pluri	pluri
Taille du génome (millions de pb)	34	23	13	125	180	103	2 851
Nombre de gènes	12 500	5 268	5 538	25 498	13 676	19 893	22 287
Longueur moyenne d'un gène (pb)	1 756	2 534	1 428	2 036	1 997	2 991	27 000
Gènes avec introns (%)	69	54	5	79	38	5	85
Nombre moyen d'introns	1,9	2,6	1,0	5,4	4,8	5,0	8,1
Taille moyenne d'un intron (pb)	146	179	nd*	170	nd*	270	3 365

*nd = non déterminé

Questions tests

Section 14.4

38. Supposez que vous soyez engagé par une firme de biotechnologie pour produire une souche géante de mouche des fruits en utilisant la technologie de l'ADN recombinant. Le but est d'éviter que les étudiants en génétique se fatiguent la vue en examinant des mouches minuscules. En consultant la littérature, vous apprenez que la croissance de la mouche des fruits est normalement inhibée par une hormone appelée substance P responsable de la petite taille (SPRPT). Vous décidez qu'il est possible d'obtenir des mouches géantes en bloquant d'une manière ou d'une autre la production de SPRPT. La SPRPT est produite en une étape à partir d'un précurseur appelé SPX, par une réaction catalysée par l'enzyme petitase :

$$\text{SPX} \xrightarrow[\text{Petitase}]{} \text{SPRPT}$$

Un chercheur a déjà isolé et séquencé l'ADNc correspondant à la petitase, mais la localisation du gène de la petitase dans le génome de *Drosophila* n'est pas connue.

En tentant de développer une stratégie pour éteindre la production de SPRPT par les méthodes standard d'ADN recombinant, vous découvrez que la délétion ou l'inactivation par mutation de cette séquence dans l'ADN de *Drosophila* est extrêmement difficile. Par conséquent, vous devrez utiliser l'augmentation de gène (l'ajout de nouveaux gènes aux cellules). Décrivez les méthodes d'ADN recombinant que vous utiliserez pour éteindre la production de SPRPT et produire des mouches géantes.

Section 14.5

39. Une grande partie de la controverse à propos des aliments produits par génie génétique concerne l'obligation d'un étiquetage spécial de tous les aliments produits à partir d'espèces génétiquement modifiées. Certaines personnes recommandent un étiquetage qui indique si un aliment a été produit à partir de plantes génétiquement modifiées. D'autres voudraient que l'étiquetage indique uniquement les ingrédients et non la façon dont ils ont été produits. Prenez attitude dans ce débat et justifiez votre prise de position.

Section 14.8

***40.** Des chercheurs ont proposé de créer un organisme entièrement nouveau, capable de vie autonome et doté d'un génome minimum – le plus petit ensemble de gènes nécessaires et suffisants pour assurer la réplication de l'organisme dans un environnement particulier. Ce génome pourrait servir de base à la création d'organismes capables d'effectuer des tâches spécifiques telles que la dégradation de substances toxiques dans l'environnement.

- **a.** Comment pourrait-on déterminer le génome minimum nécessaire à une vie autonome ?
- **b.** Quelles préoccupations d'ordre éthique ou sociétal pourraient-elles être suscitées par la construction d'un organisme entièrement nouveau avec un génome minimum ?

15 La génétique du cancer

Une villa dont les plans ont été dessinés par l'architecte de la Renaissance italienne Andrea Palladio, dont le nom est à l'origine de l'appellation « palladine ». La palladine est un composant essentiel du cytosquelette cellulaire. Des mutations du gène codant la palladine contribuent à la propagation rapide du cancer du pancréas. *[© « La Rotunda a Vicenza » par Giovanni Giaconi.]*

La palladine et la propagation du cancer

Le cancer du pancréas est un des cancers les plus redoutables. Avec une incidence moyenne de 9,7 personnes atteintes sur 100 000 pour les pays de l'Union Européenne, ce n'est pas le type de cancer le plus fréquent, mais bien un de ceux pour lesquels le pronostic est le plus défavorable. La plupart des patients survivent moins de 6 mois après le diagnostic, et 5 % seulement survivent plus de 5 ans. La raison principale de la létalité du cancer du pancréas est sa propagation rapide aux ganglions lymphatiques et à d'autres organes. La plupart des symptômes n'apparaissent qu'alors que la maladie est à un stade avancé et que le cancer a atteint d'autres organes. Quelle est la cause de cette forte tendance à la propagation ?

En 2006, des chercheurs ont identifié un gène clé du développement du cancer du pancréas, ce qui a permis de mieux comprendre son caractère agressif. Des généticiens de l'Université du Washington à Seattle ont découvert une famille dans laquelle neuf personnes, réparties sur trois générations, avaient eu un cancer du pancréas (**Figure 15.1**). Neuf autres membres de cette famille présentaient des croissances précancéreuses susceptibles d'évoluer en cancer du pancréas. Dans cette famille, le cancer du pancréas était transmis comme un caractère autosomique dominant.

Par cartographie génétique, on a localisé le gène responsable de ce cancer pancréatique familial dans une région de 16 millions de paires de bases du bras long du chromosome 4. Cette région contient 250 gènes.

Pour déterminer lequel de ces 250 gènes pouvait être responsable du cancer, les chercheurs ont fabriqué « sur mesure » un micro-alignement (voir le Chapitre 14) contenant des séquences représentatives de la région. Ils ont utilisé ce micro-alignement pour analyser de façon comparative l'expression génique dans les tumeurs pancréatiques et les croissances précancéreuses des membres de la famille, ainsi que dans des tumeurs pancréatiques sporadiques et dans le tissu pancréatique normal de personnes extérieures à la famille. Le raisonnement des chercheurs était que le gène du cancer puisse être surexprimé ou sous-exprimé dans les tumeurs par rapport au tissu normal. Les résultats ont révélé que le gène le plus surexprimé dans les tumeurs et les croissances précancéreuses était le gène codant la *palladine*, un composant important du cytosquelette. Le séquençage a montré que tous les membres de la famille atteints de cancer du pancréas portaient une mutation dans l'exon 2 du gène de la palladine. (N.d.T. : L'allèle porteur de la mutation dans l'exon 2 du gène de la palladine semble spécifique de cette famille. Cet allèle particulier n'a pas été associé au cancer du pancréas chez d'autres patients aux États-Unis et en Europe.)

L'appellation « palladine » fait référence à l'architecte italien de la Renaissance, Andrea Palladio, et indique le rôle central de cette protéine dans l'architecture cellulaire. La palladine joue un rôle important dans l'organisation du cytosquelette en liant des protéines nécessaires au maintien de la forme des cellules, à leur motilité, et à leur différenciation. La capacité des cellules cancéreuses à se propager est directement liée à une déficience d'organisation du cytosquelette, qui leur permet de se détacher facilement de la masse d'une tumeur primaire et de migrer dans d'autres tissus. Pour déterminer si des mutations du gène de la palladine ont un effet sur la motilité cellulaire, des chercheurs ont construit par génie génétique des cellules porteuses d'une mutation du gène de la palladine et ils ont testé la capacité migratoire de ces cellules. Les cellules mutantes ont une capacité migratoire de 33 % supérieure à celle des cellules avec le gène normal de la palladine, ce qui démontre la contribution de l'allèle mutant à la capacité de propagation des cellules cancéreuses.

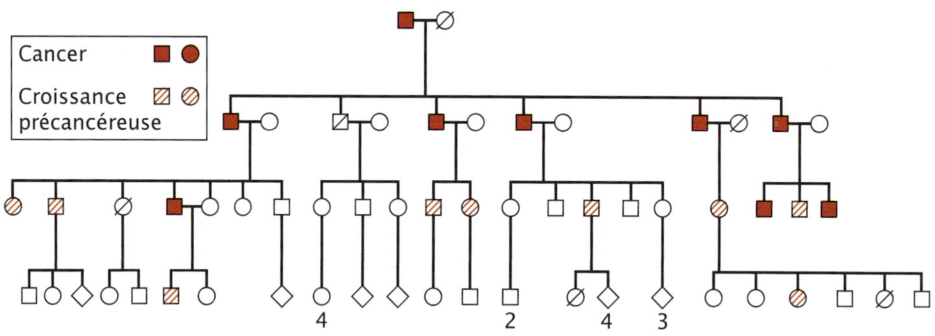

15.1 Transmission du cancer pancréatique comme un trait autosomique dominant dans une famille possédant un gène de palladine mutant. *[D'après K.L. Pogue et al.,* Plos Medicine *3 : 2216-2228, 2006.]*

La découverte du lien entre la palladine et la propagation du cancer illustre bien la puissance de l'analyse génétique moléculaire contemporaine dans l'élucidation de mécanismes biologiques importants, en particulier dans le cas de la biologie du cancer. Dans le présent chapitre, nous abordons la génétique du cancer, une maladie qui résulte de mutations sans être nécessairement héréditaire. Nous commencerons par examiner ce qu'est le cancer et nous verrons que plusieurs altérations génétiques sont souvent nécessaires à la transformation d'une cellule normale en cellule cancéreuse. Nous nous intéresserons ensuite aux types de gènes associés au cancer, parmi lesquels les oncogènes et les gènes suppresseurs de tumeurs, les gènes qui contrôlent le cycle cellulaire, les gènes codant les systèmes de réparation de l'ADN et la télomérase, et les gènes qui, comme celui codant la palladine, contribuent à la propagation du cancer. Nous examinerons ensuite l'association entre mutations chromosomique, instabilité génomique et cancer. Après, nous verrons le rôle joué par les virus dans certains cancers, Enfin, nous examinerons en détail la contribution de gènes spécifiques à la progression du cancer colorectal.

15.1 Le terme cancer désigne un groupe de maladies caractérisées par une prolifération cellulaire anormale

Chaque année, le cancer est responsable d'un décès sur cinq aux États-Unis, et les dépenses médicales liées au traitement du cancer s'élèvent à des milliards de dollars. Le cancer n'est pas une maladie spécifique ; il s'agit plutôt d'un groupe disparate de maladies caractérisées par la présence de cellules qui ne répondent plus au contrôle normal de la division cellulaire. Les cellules cancéreuses se divisent rapidement et de façon continue, créant des tumeurs dont la croissance repousse les cellules normales et finit par priver de nutriments les tissus sains (**Figure 15.2**). Des cellules d'une tumeur avancée peuvent se séparer de la tumeur et migrer dans l'organisme vers des sites éloignés, où elles créent de nouvelles tumeurs. Les cancers les plus communs aux États-Unis sont les cancers

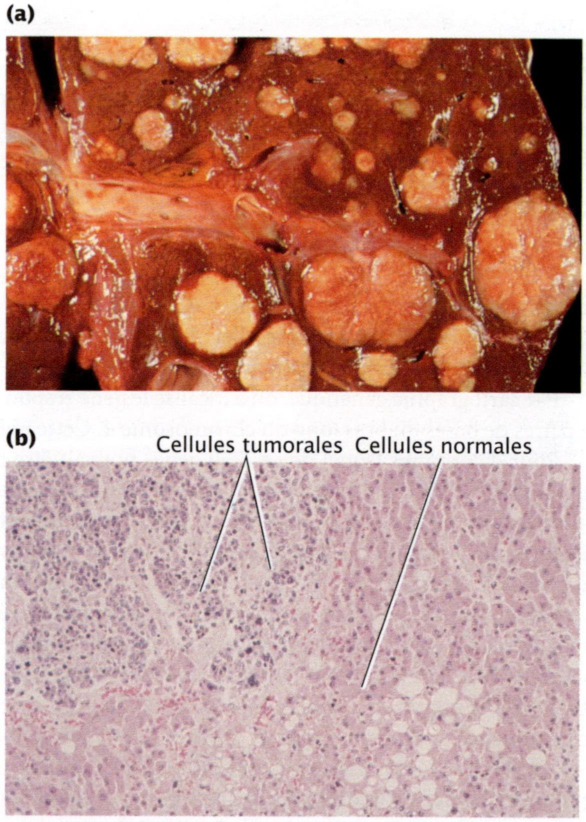

15.2 La prolifération anormale des cellules cancéreuses produit une tumeur qui repousse les cellules normales. (a) Métastases de cellules de tumeur pulmonaire (amas cellulaires blanchâtres) se développant sur un foie humain. (b) Micrographie optique d'une section du foie montré en (a), montrant des zones de petites cellules tumorales plus sombres envahissant une région à cellules hépatiques normales plus claires. *[Aimablement communiqué par J. Braun.]*

Tableau 15.1 Incidence de différents cancers et mortalité associée, chiffres pour les États-Unis en 2009

Type de cancer	Nouveaux cas (en 2009)	Décès (en 2009)
Poumon et bronches	219 440	159 390
Sein	194 280	40 610
Prostate	192 280	27 360
Côlon et rectum	146 970	49 920
Lymphomes	74 490	20 790
Vessie	70 980	14 330
Mélanome	68 720	8 650
Leucémies	44 790	21 870
Pancréas	42 470	35 240
Utérus	42 160	7 780
Cavité buccale et pharynx	35 720	7 600
Foie	22 620	18 160
Cerveau et système nerveux	22 070	12 920
Ovaire	21 550	14 600
Estomac	21 130	10 620
Col de l'utérus	11 270	4 070
Cancers des tissus mous, y compris le cœur	10 660	3 820
Total des cancers	1 479 350	562 340

Source : American Cancer Society, *Cancer Facts and Figures, 2009* (Atlanta: American Cancer Society, 2009), p. 4.

du poumon, du sein, de la prostate, et le cancer colorectal (**Tableau 15.1**). En Europe, les plus communs sont les cancers du sein, du côlon et du rectum, du poumon, et de la prostate.

La formation des tumeurs

Les cellules normales croissent, se divisent, arrivent à maturité, et meurent en réponse à un jeu complexe de signaux internes et externes. Une cellule normale reçoit des signaux inhibiteurs et stimulateurs, et sa croissance et sa division sont régulées par un équilibre délicat entre ces influences opposées. Dans une cellule cancéreuse, un ou plusieurs de ces signaux ont été perturbés, ce qui entraîne un taux de prolifération anormalement élevé. Au fur et à mesure qu'elles perdent leur réponse aux contrôles normaux, les cellules cancéreuses perdent leur forme et leur délimitation habituelles pour finir par former une masse distincte de cellules anormales – une tumeur. Si la tumeur reste bien délimitée, elle est dite bénigne. Si les cellules envahissent d'autres tissus, il s'agit d'une **tumeur maligne**. Des cellules tumorales circulantes peuvent établir des tumeurs secondaires d'autres sites de l'organisme ; elles forment des **métastases**.

Les causes du cancer sont surtout génétiques

Le cancer résulte de déficiences graves de la régulation de la division cellulaire. Au cours des années, un grand nombre de théories ont été avancées pour expliquer le cancer, mais il existe à présent un consensus pour reconnaître que la plupart des cancers, sinon tous, sont dus à des altérations de l'ADN.

Très tôt, des observations ont suggéré que le cancer puisse résulter de dégâts génétiques. En premier lieu, le fait que de nombreux agents mutagènes, tels que les radiations ionisantes et des agents chimiques, provoquent aussi des cancers (ils sont aussi carcinogènes). Deuxièmement, certains cancers sont systématiquement associés à des anomalies chromosomiques. Par exemple, 90 % environ des personnes atteintes de leucémie myéloïde chronique (cancer de la moelle et du sang) portent une translocation réciproque entre les chromosomes 9 et 22. Troisièmement, certains types de cancers présentent une tendance familiale. Le rétinoblastome, un cancer rare de la rétine qui apparaît chez l'enfant, est fréquent dans certaines familles où il est transmis comme un caractère autosomique dominant, ce qui suggère qu'un seul gène soit responsable de ces cas familiaux.

Bien que ces observations suggèrent que des gènes soient impliqués dans le cancer, l'idée que le cancer soit une maladie héréditaire est difficilement tenable. En effet, si le cancer était héréditaire, chaque cellule du corps devrait hériter du gène qui le cause et devenir une cellule cancéreuse. Or, dans les cancers à tendance familiale, les tumeurs n'apparaissent typiquement que dans des tissus spécifiques, et souvent quand la personne concernée atteint un certain âge. Enfin, de nombreux cancers ne sont pas du tout familiaux, et même pour les cancers qui peuvent présenter une tendance familiale, des cas sporadiques apparaissent chez des personnes sans histoire familiale de la maladie.

Knudson propose un modèle multi-étapes du cancer En 1971, Alfred Knudson proposa un modèle pour expliquer la base génétique du cancer. Knudson étudiait le rétinoblastome, un cancer qui affecte généralement un seul œil, mais qui atteint parfois les deux. Knudson observa que quand le rétinoblastome atteint les deux yeux, il se manifeste à un âge précoce et que beaucoup des enfants affectés avaient des parents proches également affectés.

Knudson proposa que le rétinoblastome résulte de deux altérations génétiques distinctes, toutes deux nécessaires pour que le cancer se développe (**Figure 15.3**). Il suggéra que dans les cas où la maladie n'affecte qu'un œil, une seule cellule d'un des yeux ait subi deux mutations successives. Étant donné la faible probabilité que deux mutations se produisent dans la même cellule, le rétinoblastome est rare et affecte généralement un

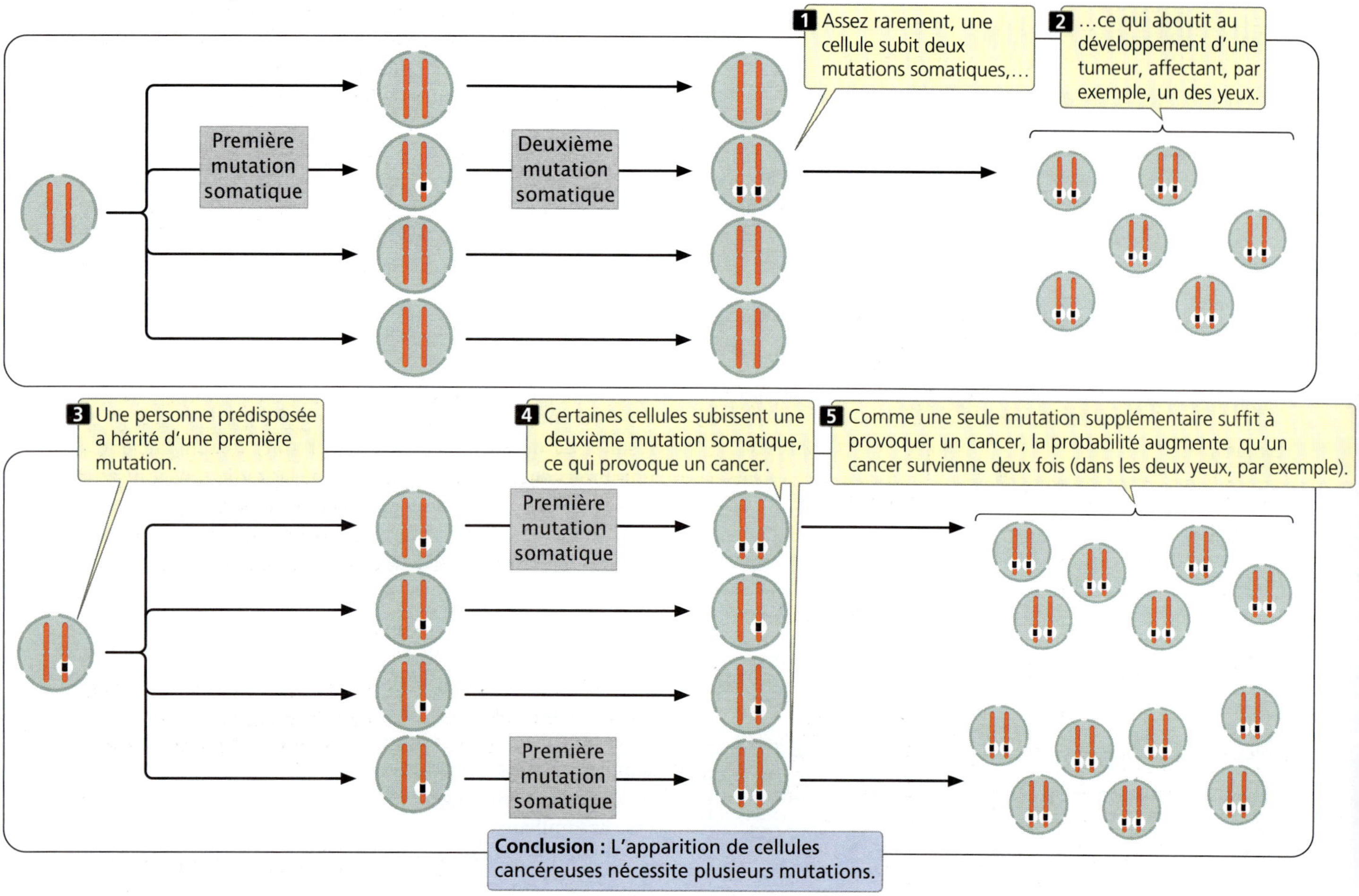

15.3 Alfred Knudson a proposé que le rétinoblastome résulte de deux altérations génétiques distinctes, toutes deux nécessaires au développement du cancer.

seul œil. Pour les cas où les deux yeux sont affectés, Knudson proposa que l'enfant affecté ait hérité d'une des deux mutations nécessaires au développement du cancer, et donc que toutes ses cellules contiennent cette mutation initiale. Il suffit alors qu'une seule cellule de l'œil subisse la seconde mutation. Comme l'œil est constitué de millions de cellules, la probabilité qu'une seconde mutation se produise dans au moins une cellule de chaque œil est élevée, ce qui provoque l'apparition de tumeurs dans les deux yeux à un âge précoce.

Le modèle de Knudson implique que le cancer soit le résultat d'un processus multi-étapes qui nécessite plusieurs mutations. Si une ou plus des mutations est héritée, il faut moins de mutations supplémentaires pour provoquer un cancer, et il y aura une tendance familiale au cancer. L'idée que le cancer résulte d'une multiplicité de mutations s'avère correcte pour la majorité des cancers.

La théorie génétique du cancer a été confirmée par l'identification de gènes dont la mutation provoque le cancer. Il est donc généralement admis que le cancer est une maladie d'origine génétique, mais que peu de cancers sont héréditaires. La plupart des tumeurs résultent de mutations somatiques, spontanées ou provoquées par des mutagènes environnementaux, qui s'accumulent durant l'existence d'un individu.

L'évolution clonale des tumeurs Un cancer commence quand une cellule subit une mutation qui fait qu'elle se divise à un taux anormalement élevé. La cellule prolifère, donnant naissance à un clone de cellules porteuses de la même mutation. Étant donné qu'elles se divisent plus rapidement, les cellules du clone prennent le dessus sur les cellules normales. L'apparition d'une mutation supplémentaire dans les cellules du clone peut augmenter encore leur capacité proliférative, et les cellules contenant les deux mutations deviennent prépondérantes dans le clone. D'autres mutations augmentant la prolifération peuvent éventuellement survenir et conférer aux cellules qui les subissent une prépondérance encore plus marquée. Ce processus, appelé **évolution clonale**, rend les cellules tumorales de plus en plus agressives et prolifératives (**Figure 15.4**).

Le taux d'évolution clonale dépend de la fréquence d'apparition de nouvelles mutations. Toute altération génétique qui facilite l'apparition de mutations accélère la progression

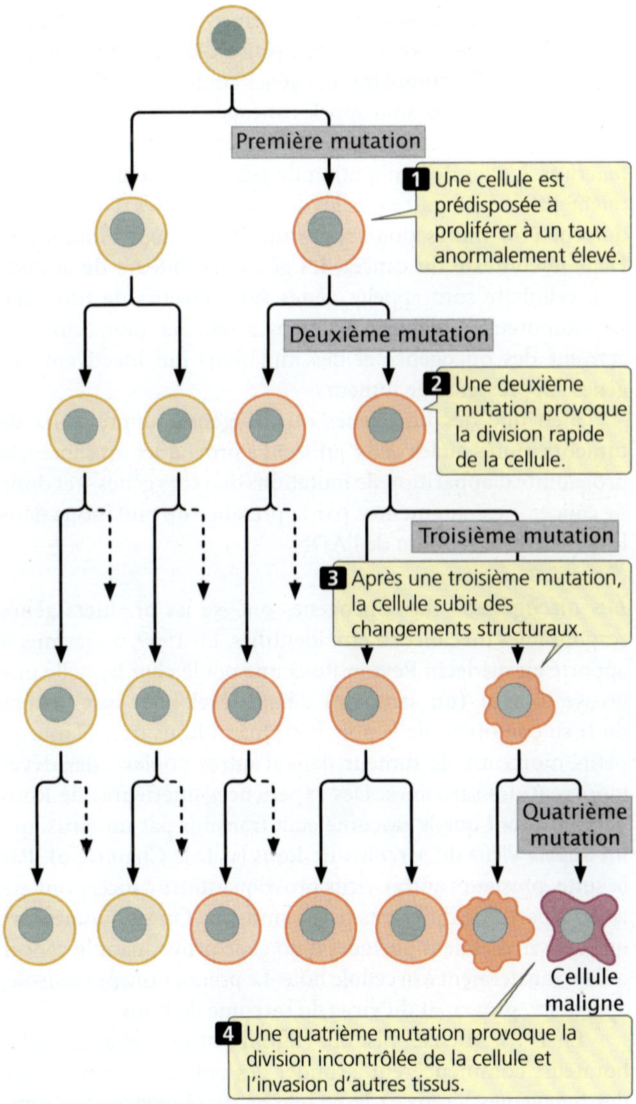

15.4 Par évolution clonale, les cellules tumorales acquièrent de multiples mutations qui les rendent de plus en plus agressives et prolifératives. Pour économiser l'espace, les cellules filles de même type sont représentées par des flèches en traits discontinus.

du cancer. Les gènes des systèmes de réparation de l'ADN sont souvent mutés dans les cellules des cancers avancés, et les déficiences héréditaires des systèmes de réparation s'accompagnent presque systématiquement d'une incidence de cancer accrue. Étant donné que les mécanismes de réparation de l'ADN éliminent normalement la plupart des mutations qui surviennent, les cellules dont les systèmes de réparation sont déficients ont tendance à accumuler des mutations, notamment dans les gènes impliquées dans la division cellulaire. Xeroderma pigmentosum est un exemple de maladie rare provoquée par une déficience de la réparation de l'ADN (voir l'introduction du Chapitre 9 et les pp. 341–342 du Chapitre 13). Les personnes atteintes de cette maladie ont un taux élevé de cancer de la peau si elles s'exposent au soleil (les UV de la lumière solaire sont mutagènes).

Des mutations des gènes impliqués dans la ségrégation des chromosomes contribuent aussi à l'évolution clonale des tumeurs. De nombreuses cellules cancéreuses sont aneuploïdes, et il est clair que les mutations chromosomiques contribuent à la progression des cancers en perturbant l'équilibre génique (duplication des gènes portés par les chromosomes surnuméraires ou élimination des gènes localisés sur les chromosomes manquants). Les déficiences génétiques qui perturbent la ségrégation des chromosomes augmentent l'aneuploïdie et peuvent ainsi accélérer la progression du cancer.

Concepts clés

Le cancer est une maladie à base génétique. Des mutations dans plusieurs gènes sont généralement nécessaires pour qu'un cancer se développe. Si une de ces mutations est transmise à la descendance, un nombre moins élevé de mutations somatiques suffit à déclencher un cancer, et l'individu porteur de la mutation peut présenter une prédisposition au cancer. L'évolution clonale est l'accumulation de mutations dans un clone de cellules.

✔ Test de compréhension 1

Comment le modèle multi-étapes du cancer explique-t-il l'observation que les cas sporadiques de rétinoblastome affectent généralement un seul œil alors que les formes héréditaires du cancer affectent les deux yeux.

Le rôle des facteurs environnementaux dans le cancer

Bien que le cancer soit une maladie à base génétique, la plupart des cancers ne sont pas héréditaires, et il n'y a aucun doute que des facteurs environnementaux influencent leur apparition. Le rôle des facteurs environnementaux se manifeste dans les différences d'incidence de cancers spécifiques observées entre différentes régions du monde (**Tableau 15.2**). Des études montrent que des populations migrantes finissent par acquérir l'incidence de cancer caractéristique de leur pays hôte. Par exemple, l'incidence générale de cancer est considérablement plus faible au Japon qu'à Hawaï. Cependant, en l'espace d'une génération suivant leur migration à Hawaï, les Japonais développent des cancers à un taux semblable à celui des Hawaïens de souche.

L'usage du tabac est un bon exemple de facteur environnemental fortement associé au cancer. Certains types de produits chimiques font aussi partie des facteurs environnementaux qui provoquent le cancer : le benzène (un solvant industriel), le benzo[a]pyrène (présent dans la fumée de cigarette), et les biphényles polychlorés (PCB, utilisés dans les transformateurs industriels et les condensateurs). La lumière ultraviolette, les radiations ionisantes, et les virus sont des agents carcinogènes connus qui influencent l'incidence de nombreux types de cancers. La plupart des facteurs environnementaux associés au cancer provoquent des mutations somatiques qui dérèglent la division cellulaire ou qui affectent d'une façon ou d'une autre la progression du cancer.

Tableau 15.2 Exemples de variation géographique dans l'incidence du cancer

Type de cancer	Lieu géographique	Taux d'incidence*
Lèvre	Canada (Terre-Neuve)	15,1
	Brésil (Fortaleza)	1,2
Nasopharynx	Hong-Kong	30,0
	États-Unis (Utah)	0,5
Côlon	États-Unis (Iowa)	30,1
	Inde (Bombay)	3,4
Poumon	États-Unis (Nouvelle Orléans, Afro-americains)	110,0
	Costa Rica	17,8
Prostate	États-Unis (Utah)	70,2
	Chine (Shangaï)	1,8
Vessie	États-Unis (Connecticut, Blancs)	25,2
	Philippines (Rizal)	2,8
Tous cancers	Suisse (Bâle)	383,3
	Koweit	76,3

Source : C. Muir et al., *Cancer Incidence in Five Continents*, vol. 5 (Lyon : Agence Internatonale de Recherche sur le Cancer, 1987) Tableau 12-2.
*Le taux d'incidence est le taux standardisé selon l'âge pour les mâles et par 100 000 individus.

15.2 Des mutations dans différents types de gènes contribuent au cancer

Les altérations de l'ADN qui provoquent le cancer sont de différents types. Dans les sections qui suivent, nous allons examiner quelques types de gènes qui sont fréquemment associés au cancer.

Les oncogènes et les gènes suppresseurs de tumeurs

Les signaux qui régulent la division cellulaire sont de deux types : ceux qui stimulent la division cellulaire et ceux qui l'inhibent. Dans une cellule normale, les deux types de signaux s'équilibrent, ce qui permet à la division cellulaire de s'effectuer au rythme approprié.

Le cancer peut résulter de mutations affectant l'un ou l'autre type de signal, et il s'ensuit que les voies qui mènent au cancer peuvent être fondamentalement différentes (**Figure 15.5**). Un gène stimulateur de la division cellulaire peut être activé ou être rendu hyperactif à un moment inapproprié. Les mutations dans les gènes stimulateurs sont généralement dominantes, parce qu'une mutation d'un seul exemplaire d'un tel gène suffit à produire un effet stimulant. Les gènes stimulateurs dominants qui causent le cancer sont appelés **oncogènes**. La division cellulaire peut aussi être stimulée quand des gènes inhibiteurs sont *inactivés*. L'effet de la mutation de gènes inhibiteurs est généralement récessif, parce que les deux exemplaires d'un tel gène doivent être mutés pour supprimer totalement l'inhibition. Dans le contexte du cancer, les gènes inhibiteurs de la division cellulaire sont appelés **gènes suppresseurs de tumeurs**. De nombreuses cellules cancéreuses ont des mutations qui activent des oncogènes *et* des mutations qui inactivent des gènes suppresseurs de tumeurs.

Bien que des oncogènes ou des gènes suppresseurs de tumeurs mutés ou les deux suffisent à provoquer un cancer, la probabilité d'apparition de mutations dans ces gènes – et donc de cancer – est augmentée par la présence de mutations dans les gènes de réparation de l'ADN.

Les oncogènes Les oncogènes ont été les premiers gènes responsables du cancer à être identifiés. En 1909, un fermier a apporté au médecin Peyton Rous une poule chez laquelle une grosse tumeur (un sarcome) s'était développée aux dépens du tissu conjonctif de la poitrine. Quand Rous transplanta de petits morceaux de tumeur dans d'autres poules, elles développèrent des sarcomes. Des expériences ultérieures de Rous démontrèrent que le sarcome était transmis par un virus, qui fut appelé virus du sarcome de Rous (voir le Chapitre 6). Par la suite, plusieurs autres virus provoquant des cancers ont été isolés à partir de différents tissus animaux. On supposait alors que ces virus étaient porteurs d'un gène provoquant le cancer qu'ils transféraient à la cellule hôte. Le premier oncogène isolé, appelé *src*, provenait du virus du sarcome de Rous.

En 1975, Michael Bishop, Harold Varmus, et leurs collaborateurs commencèrent à sonder des cellules normales avec des oncogènes viraux, à la recherche de séquences apparentées. Ils découvrirent que les génomes de cellules normales contiennent tous des séquences d'ADN étroitement apparentées aux oncogènes viraux. Ces gènes cellulaires sont appelés **proto-oncogènes**. Ils sont responsables de fonctions cellulaires de base dans les cellules normales, mais quand ils sont mutés, ils deviennent des oncogènes qui contribuent au développement du cancer. Quand un virus infecte une cellule, un proto-oncogène peut être incorporé dans le génome viral par recombinaison. Dans le génome viral, le proto-oncogène peut muter en oncogène qui, une fois réintroduit dans une cellule, induit une division cellulaire rapide et un cancer. Étant donné que les proto-oncogènes ont une probabilité plus élevée de muter ou de recombiner quand ils se trouvent dans un virus, le déclenchement d'un cancer est souvent associé à une infection virale.

Dans les virus, les proto-oncogènes peuvent être convertis en oncogènes de différentes manières. La séquence du proto-oncogène peut être modifiée ou tronquée quand il est incorporé dans le génome viral. Cette copie mutée du gène peut alors produire une protéine modifiée qui provoque une prolifération cellulaire incontrôlée. Un autre scénario possible est

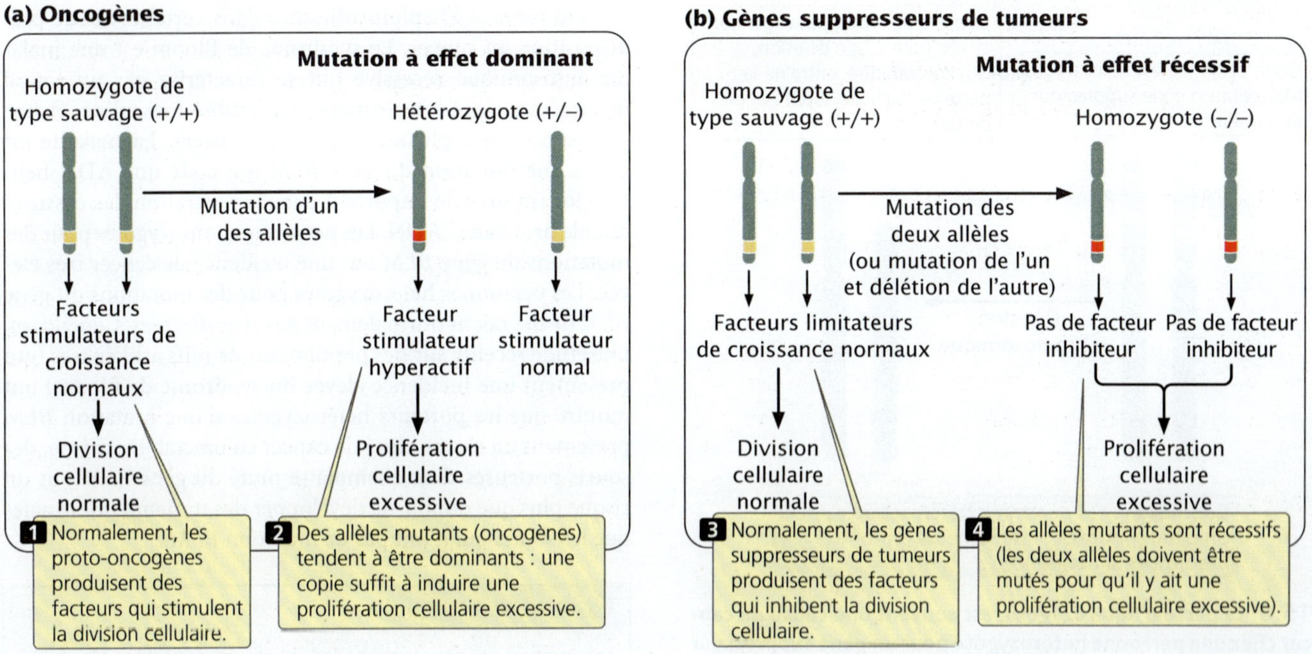

15.5 Les oncogènes (a) et les gènes suppresseurs de tumeurs (b) contribuent au cancer mais diffèrent par leur mode d'action et l'effet dominant ou récessif des mutations qui les affectent.

que, par recombinaison, un proto-oncogène se trouve placé à côté d'un promoteur viral ou d'une séquence d'activation et qu'il soit surexprimé. Enfin, la fonction normale d'un proto-oncogène cellulaire peut être perturbée par l'insertion d'un ADN viral. De nombreux oncogènes ont été identifiés par des expériences dans lesquelles des fragments d'ADN sélectionnés sont ajoutés à des cultures de cellules. Quelques cellules capturent l'ADN et si ces cellules deviennent cancéreuses, c'est que le fragment d'ADN contient un oncogène. Les fragments peuvent alors être séquencés et l'oncogène identifié. Un grand nombre d'oncogènes ont été découverts de cette façon (**Tableau 15.3**).

Tableau 15.3 Quelques oncogènes et les fonctions des proto-oncogènes correspondants

Oncogène	Localisation cellulaire du produit	Fonction du proto-oncogène
sis	Sécrété	Facteur de croissance
erbB	Membrane cellulaire	Fait partie du récepteur du facteur de croissance
erbA	Cytoplasme	Récepteur d'hormone thyroïdienne
src	Membrane cellulaire	Tyrosine kinase
ras	Membrane cellulaire	Liaison du GTP et GTPase
myc	Noyau	Facteur de transcription
fos	Noyau	Facteur de transcription
jun	Noyau	Facteur de transcription
bcl-1	Noyau	Cycle cellulaire

Les gènes suppresseurs de tumeurs Les gènes suppresseurs de tumeurs sont plus difficiles à identifier que les oncogènes parce qu'ils *inhibent* le cancer et que les allèles mutés sont récessifs ; les deux allèles doivent être mutés avant que l'effet inhibiteur sur la division cellulaire soit levé. Étant donné que c'est *la disparition de leur fonction* qui favorise la prolifération cellulaire, les gènes suppresseurs de tumeurs ne peuvent être identifiés en les ajoutant à des cellules pour voir si celles-ci deviennent cancéreuses. Une inactivation des deux exemplaires d'un gène suppresseur de tumeurs est généralement nécessaire pour provoquer un cancer ; un organisme peut hériter d'un allèle inactif (donc être hétérozygote pour la mutation qui provoque le cancer) et ne pas avoir de cancer parce que l'allèle normal continue de produire la molécule suppresseur de tumeurs. Cependant, ces hétérozygotes ont une prédisposition au cancer, parce que la mutation ou la perte de l'allèle normal est suffisante pour éliminer complètement l'activité suppressive ; on parle alors de **perte d'hétérozygotie**. Un mécanisme courant de perte d'hétérozygotie est une délétion affectant le chromosome portant l'allèle normal du gène suppresseur de tumeurs (**Figure 15.6**).

Un des premiers gènes suppresseurs de tumeurs à être identifié fut celui du rétinoblastome. En 1985, Raymond

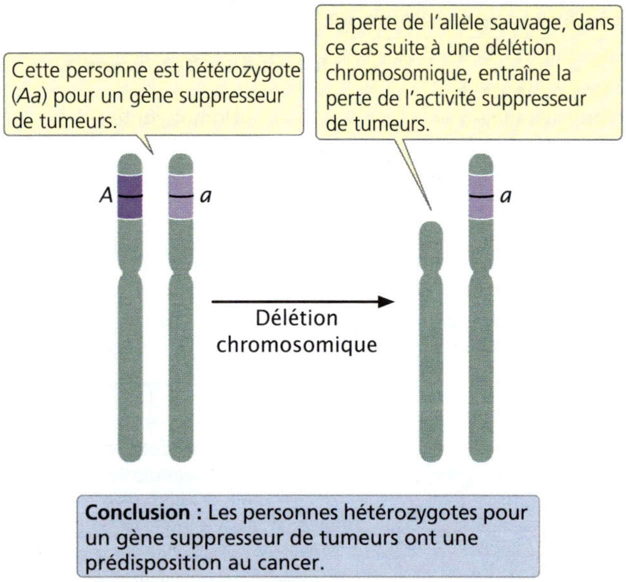

15.6 La perte d'hétérozygotie est souvent une cause de cancer chez une personne hétérozygote pour un gène suppresseur de tumeurs.

White et Webster Cavenne observèrent l'absence de grandes régions du chromosome 13 dans les cellules tumorales du rétinoblastome, et le gène suppresseur de tumeurs fut isolé à partir des régions correspondantes du chromosome 13 normal. Plusieurs gènes suppresseurs de tumeurs sont à présent identifiés (**Tableau 15.4**).

Parfois, la mutation ou la perte d'un seul allèle d'un gène suppresseur de tumeurs suffit à provoquer un cancer. Cet effet – l'apparition du caractère dans une cellule ou un organisme hétérozygote pour un caractère qui est normalement récessif – est appelé **haploinsuffisance**. Ce phénomène est très probablement lié à un effet de dose génique : l'hétérozygote ne produit que la moitié de la quantité normale du produit suppresseur de tumeurs, et cette quantité est parfois insuffisante pour empêcher la formation de tumeurs, surtout si d'autres facteurs favorisant le cancer se combinent à cette réduction de dose.

Tableau 15.4 Quelques gènes suppresseurs de tumeurs et leurs fonctions

Gène	Localisation cellulaire du produit	Fonction
NF1	Cytoplasme	Activateur de GTPase
p53	Noyau	Facteur de transcription, régule l'apoptose
RB	Noyau	Facteur de transcription
WT-1	Noyau	Facteur de transcription

Source : J. Marx, Learning how to suppress cancer, *Science* 261: 1385, 1993.

On observe l'haploinsuffisance dans certains cas de prédisposition au cancer. Le syndrome de Bloom est une maladie autosomique récessive qui se caractérise par un retard de croissance pré- et postnatal, l'infertilité masculine, et une prédisposition à plusieurs types de cancers. La maladie est due à une mutation du gène *BLM* qui code une ADN hélicase jouant un rôle important dans la réparation des cassures double brin dans l'ADN. Les personnes homozygotes pour des mutations du gène *BLM* ont une incidence de cancer très élevée. Les personnes hétérozygotes pour des mutations du gène *BLM* ne devraient normalement pas être affectées. Cependant, une étude récente sur des populations de Juifs ashkénases (qui présentent une incidence élevée du syndrome de Bloom) ont montré que les porteurs hétérozygotes d'une mutation *BLM* présentent un risque élevé de cancer colorectal. De même, des souris porteuses d'un exemplaire muté du gène *BLM* ont un risque plus que double de développer des tumeurs intestinales que les souris qui n'ont pas de mutation *BLM*.

Concepts clés

Les proto-oncogènes sont des gènes responsables de fonctions cellulaires normales. Par mutation, les proto-oncogènes deviennent des oncogènes qui stimulent la prolifération cellulaire. L'effet de ces mutations est généralement dominant. Les gènes suppresseurs de tumeurs inhibent normalement la prolifération cellulaire. Leur inactivation par mutation permet aux cellules de proliférer. Les mutations des gènes suppresseurs de tumeurs sont généralement récessives. Les individus hétérozygotes pour les gènes suppresseurs de tumeurs ont une prédisposition au cancer.

✔ Test de compréhension 2

Pourquoi l'effet des oncogènes est-il généralement dominant, alors que celui des mutations des gènes suppresseurs de tumeurs est récessif ?

Les gènes qui contrôlent le cycle cellulaire

Le cycle cellulaire est le processus normal suivi par les cellules pour croître et se diviser. La progression dans le cycle cellulaire est strictement régulée, de sorte que les cellules ne se divisent que si des cellules supplémentaires sont nécessaires, que tous les composants nécessaires à la division sont présents, et que l'ADN a été répliqué complètement et sans dégâts. Il arrive toutefois que des erreurs de régulation se produisent. Ces erreurs ont souvent comme effet que les cellules se divisent à des moments ou à des taux inappropriés, ce qui conduit au cancer. En effet, de nombreux proto-oncogènes et gènes suppresseurs de tumeurs participent normalement au contrôle du cycle cellulaire. Avant d'examiner comment des erreurs de ce système complexe peuvent contribuer au cancer, nous devons d'abord comprendre comment fonctionne la régulation normale du cycle cellulaire.

Le contrôle du cycle cellulaire Le cycle cellulaire est la période qui sépare deux divisions cellulaires (voir le

Chapitre 2). Les cellules en état de division active passent par les phases G_1, S, et G_2 de l'interphase avant d'entrer dans la phase M où se produit la division. Les cellules qui ne se divisent pas passent de la phase G_1 à un stade G_0, dans lequel elles sont fonctionnelles mais ne croissent ni se divisent plus activement. La progression d'un stade du cycle cellulaire vers un autre est influencée par plusieurs signaux internes et externes, et elle est régulée à des points clés du cycle appelés points de contrôle.

L'analyse génétique moléculaire a permis d'élucider de façon détaillée de nombreux aspects du cycle cellulaire. Les événements clés du cycle sont contrôlés par des **kinases cycline-dépendantes** (CDK). Les kinases sont des enzymes qui ajoutent des groupes phosphate à d'autre protéines. Selon les cas, cette phosphorylation active ou inactive l'autre protéine. Comme leur nom l'indique, les CDK ne fonctionnent qu'associées avec d'autres protéines appelées **cyclines**. La quantité de cycline fluctue au cours du cycle cellulaire ; en se liant à une CDK, une cycline détermine les protéines que la CDK va phosphoryler. Chaque cycline apparaît à un moment précis du cycle cellulaire, généralement parce que sa synthèse et sa destruction sont régulées par une autre cycline. La nomenclature des cyclines et des CDK varie selon les organismes ; dans ce chapitre, nous utiliserons la nomenclature désignant ces molécules chez les mammifères.

Examinons la transition de G_1 vers S. Comme nous l'avons dit plus haut, la progression du cycle cellulaire est régulée à différents points de contrôle où la présence et la fonctionnalité de tous les composants cellulaires est vérifiée avant que la cellule puisse entrer dans la phase suivante. Le point de contrôle G_1/S se situe en fin de G_1, juste avant que la cellule entre en phase S et réplique son ADN. Le franchissement du point de contrôle G_1/S est empêché par la protéine du rétinoblastome (RB), qui se lie à un facteur E2F et l'inactive (**Figure 15.7**). Durant la phase G_1, les cyclines D et E, dont la concentration augmente de façon continue, s'associent à leurs CDK respectives, et les complexes cycline D – CDK et cycline E – CDK phosphorylent les molécules RB. En fin de G_1, la phosphorylation de RB est complète, RB est inactivée et se détache de E2F qui devient actif. E2F est un facteur de transcription qui stimule la transcription des gènes codant les enzymes nécessaires à la réplication de l'ADN. La cellule entre dans la phase S du cycle cellulaire. D'autres points de contrôle permettent la régulation de la transition de G_2 à M, l'assemblage du fuseau mitotique, et la sortie de la mitose.

Les mutations qui affectent le contrôle du cycle cellulaire causent des cancers De nombreux cancers sont provoqués par des déficiences de la régulation du cycle cellulaire. Par exemple, des mutations du gène qui code la protéine RB – dont la fonction est de maintenir la cellule en G_1 jusqu'à ce que l'ADN soit prêt à être répliqué – sont associées à de nombreux cancers, dont le rétinoblastome (d'où la protéine RB tire son nom). Quand le gène *RB* est muté, les cellules franchissent le point de contrôle G_1/S sans qu'opèrent les contrôles qui empêchent normalement la prolifération. La surexpression du gène codant la cycline D – qui va stimuler le franchissement du point de contrôle G_1/S – est observée dans 50 % des cancers du sein, ainsi que dans certains cancers de l'œsophage et de la peau. De même, des mutations du gène *p53* – la protéine p53 régule l'expression d'un inhibiteur puissant des complexes cycline – CDK – sont observées dans 75 % des cancers du côlon.

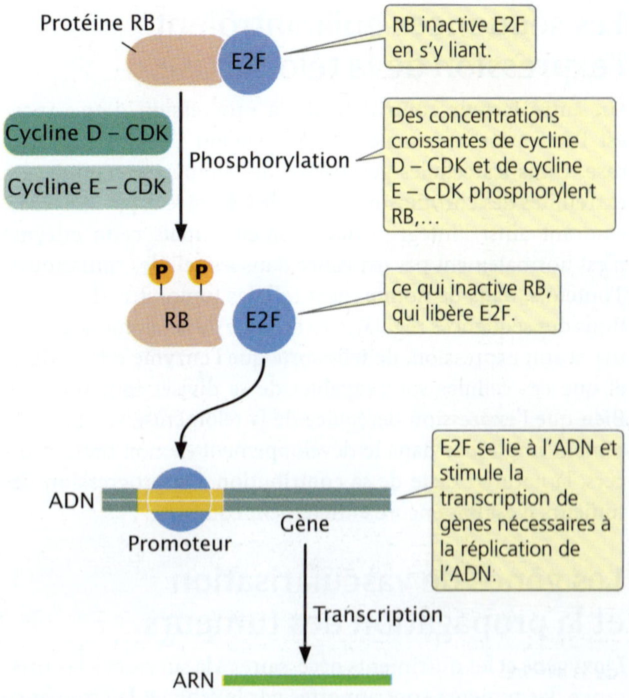

15.7 La protéine RB participe au contrôle du passage du point de contrôle G_1/S en se liant au facteur E2F.

Concepts clés

La progression du cycle cellulaire est régulée à différents points de contrôle par des interactions entre cyclines et protéine kinases cycline-dépendantes. Les gènes qui contrôlent le cycle cellulaire sont fréquemment mutés dans les cellules cancéreuses.

Les gènes de réparation de l'ADN

Le cancer résulte de l'accumulation de mutations dans une cellule. Le taux net de mutation dépend non seulement du taux d'apparition des mutations, mais aussi de l'efficacité de leur élimination par les systèmes de réparation de l'ADN (voir le Chapitre 13, pp. 339-341). Des déficiences de gènes codant des composants de ces systèmes ont été fréquemment associées à plusieurs types de cancers. Les personnes atteintes de xeroderma pigmentosum, par exemple, ont une déficience du système de réparation par excision de nucléotides, un système de réparation très important qui, normalement, corrige les dégâts à l'ADN causés par plusieurs mutagènes, dont le rayonnement ultraviolet. De même, les cellules de quelque 13 % des cancers du rectum et du côlon, de l'endomètre, et de l'estomac ont une déficience du système de réparation des défauts d'appariement, un autre système de réparation important de la cellule.

Les séquences qui contrôlent l'expression de la télomérase

Un autre facteur contributif de la progression d'un cancer est l'activation anormale du gène codant l'enzyme télomérase. Dans les cellules germinales, la télomérase réplique les extrémités des chromosomes (voir le Chapitre 9, pp. 234-235), assurant ainsi l'intégrité des télomères, mais cette enzyme n'est normalement pas exprimée dans les cellules somatiques. Toutefois, dans de nombreuses cellules tumorales, des mutations des séquences régulatrices du gène de la télomérase réactivent son expression, de telle sorte que l'enzyme est produite et que ces cellules sont capables de se diviser indéfiniment. Bien que l'expression dérégulée de la télomérase semble clairement impliquée dans le développement de nombreux cancers, la nature exacte de sa contribution à la progression des tumeurs n'est pas encore entièrement comprise.

Les gènes de vascularisation et la propagation des tumeurs

L'oxygène et les nutriments nécessaires à la survie et à la croissance des tumeurs sont apportés par le sang, et la croissance de nouveaux vaisseaux sanguins (l'angiogénèse) est importante pour la progression des tumeurs. L'angiogénèse est stimulée par des facteurs de croissance et d'autres protéines, codés par des gènes dont l'expression est strictement régulée dans les cellules normales. Dans les cellules tumorales, les gènes codant ces protéines sont souvent surexprimés, et les inhibiteurs des facteurs promoteurs de l'angiogénèse peuvent être inactivés ou sous-exprimés. Un cancer héréditaire au moins – la maladie de von Hippel-Lindau, dans laquelle les personnes affectées développent plusieurs types de tumeurs – est provoqué par la mutation d'un gène qui affecte l'angiogénèse.

Dans le développement de nombreux cancers, une tumeur primaire produit des cellules qui migrent vers des sites distants où elles génèrent des tumeurs secondaires. Ce phénomène, appelé métastase, est responsable du décès dans 90 % des cancers humains ; il est influencé par des changements cellulaires causés par des mutations somatiques. Nous avons vu en début de chapitre que des mutations du gène de la palladine contribuent à la métastase des tumeurs pancréatiques. En utilisant des micro-alignements pour mesurer les niveaux d'expression génique, les chercheurs ont identifiés plusieurs gènes dont l'expression dans les cellules métastatiques diffère significativement de l'expression dans les cellules non métastatiques. Par exemple, une étude a détecté un groupe de 95 gènes qui sont surexprimés ou sous-exprimés dans une population de cellules de cancer du sein formant de nombreuses métastases pulmonaires, par rapport à d'autres cellules faiblement métastatiques. Les gènes qui contribuent à la métastase cancéreuse sont souvent des gènes codant des composants de la matrice extracellulaire et du cytosquelette, ou des gènes codant des protéines d'adhérence cellulaire. La perte pathologique d'adhérence entre cellules favorise leur dissémination.

Concepts clés

Le cancer est fréquemment associé à la mutation de gènes codant des composants des systèmes de réparation de l'ADN ; ces mutations entraînent une augmentation du taux net de mutation, ce qui favorise l'apparition de mutation dans des proto-oncogènes, dans des gènes suppresseurs de tumeurs, et dans d'autre gènes impliqués dans la prolifération cellulaire. Des mutations qui permettent l'expression de la télomérase dans les cellules somatiques, ou qui affectent la vascularisation et la métastase peuvent aussi contribuer à la progression des cancers.

✔ Test de compréhension 3

Quel type de mutations affectant la télomérase est-il associé à la cancérogénèse ?

a. Des mutations qui inactivent la télomérase
b. Des mutations qui diminuent l'expression de la télomérase
c. Des mutations qui augmentent l'expression de la télomérase.
d. Tous les types précédents

15.3 Des changements du nombre et de la structure des chromosomes sont souvent associés au cancer

La plupart des cellules tumorales contiennent des mutations chromosomiques. Pendant des années, la question fut de savoir si ces mutations chromosomiques étaient une cause ou un résultat du cancer. Certains types de tumeurs sont systématiquement associés à des mutations chromosomiques *spécifiques* ; par exemple, la plupart des cas de leucémie myéloïde chronique sont associés à une translocation réciproque entre les chromosomes 9 et 22. Ces associations suggèrent que les mutations chromosomiques contribuent au déclenchement du cancer. Cependant, nombre de cancers ne sont pas associés à des anomalies chromosomiques spécifiques, et nous avons vu que des mutations *géniques* contribuent aussi au développement de plusieurs types de cancers. En fait, l'instabilité chromosomique est une caractéristique générale des cellules cancéreuses ; elle provoque l'accumulation de mutations chromosomiques qui, à leur tour, affectent des gènes particuliers dont l'altération ou la disparition peut conduire au cancer. Il semble donc que les mutations chromosomiques puissent être à la fois une *cause* et un *résultat* du cancer.

Trois sortes au moins de remaniements chromosomiques – des délétions, des inversions, et des translocations – sont associées à certains types de cancers. Les délétions peuvent causer la perte de gènes suppresseurs de tumeurs. Les inversions et les translocations contribuent au cancer de différentes manières. En premier lieu, les points de rupture chromosomique inhérents à ces mutations peuvent se trouver dans des gènes suppresseurs de tumeurs, provoquant la perte de leur fonction et, à terme, la prolifération cellulaire.

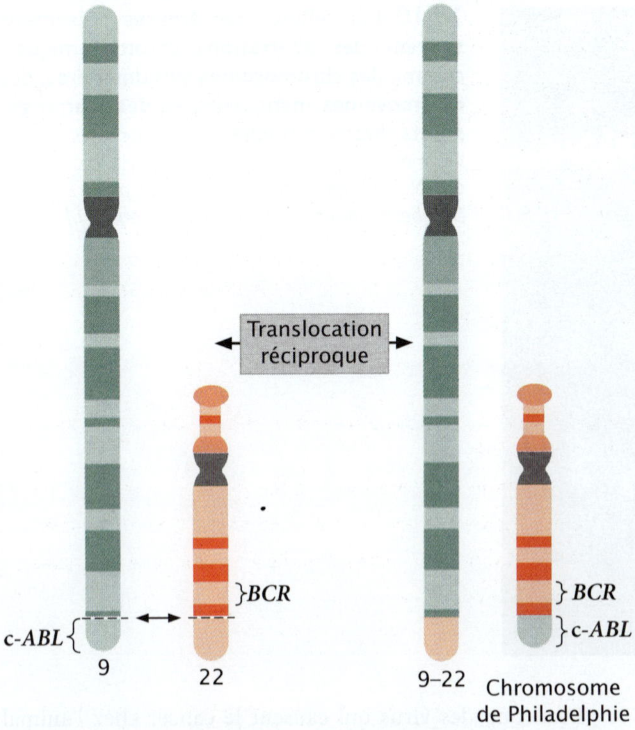

15.8 Une translocation réciproque entre les chromosomes 9 et 22 est responsable de la leucémie myéloïde chronique.

Deuxièmement, les translocations et les inversions peuvent juxtaposer des séquences de gènes différents, générant ainsi des protéines de fusion capables de stimuler certaines étapes du processus de cancérogénèse.

Des protéines de fusion sont observées dans la plupart des cas de leucémie myéloïde chronique, une forme de leucémie qui affecte les cellules de la moelle osseuse. Comme mentionné précédemment, la plupart des patients atteints de leucémie myéloïde chronique portent une translocation réciproque entre le bras long du chromosome 22 et l'extrémité du bras long du chromosome 9 (**Figure 15.8**). Cette translocation produit un chromosome 22 raccourci, appelé chromosome de Philadelphie (là où il fut observé pour la première fois). À l'extrémité du chromosome 9 normal se trouve un proto-oncogène appelé c-*ABL*. Suite à la translocation, une partie du gène c-*ABL* se trouve fusionnée avec le gène *BCR* du chromosome 22. La protéine produite par cette fusion *BCR* – c-*ABL* est beaucoup plus active que la protéine produite par le gène c-*ABL* normal ; la protéine de fusion est un stimulateur puissant de la division cellulaire, et cette division dérégulée est à l'origine de la leucémie.

Un troisième mécanisme par lequel des remaniements chromosomiques peuvent provoquer le cancer est le déplacement d'un gène potentiellement cancérogène dans un nouveau site, sous le contrôle de séquences régulatrices qui l'activent. Le lymphome de Burkitt est un cancer des cellules B, les lymphocytes producteurs d'anticorps. Beaucoup de personnes atteintes de lymphome de Burkitt portent une translocation réciproque entre le chromosome 8 et un des chromosomes 2, 14, ou 22 (**Figure 15.9**). Cette translocation relocalise le gène c-*MYC* de l'extrémité du chromosome 8 dans un site du chromosome 2, 14, ou 22, qui jouxte un gène d'immunoglobuline. Dans chacun de ces nouveaux sites, c-*MYC* qui est un proto-oncogène, passe sous le contrôle de séquences régulatrices dont la fonction normale est d'activer la production d'immunoglobulines ; par conséquent, c-*MYC* est exprimé dans les cellules B. L'expression de c-*MYC* stimule la division des cellules B, ce qui conduit au développement du lymphome de Burkitt.

Concepts clés

De nombreuses tumeurs sont associées à des mutations chromosomiques : délétions, inversions, et translocations. Certaines tumeurs sont associées à des mutations chromosomiques spécifiques. Les délétions peuvent éliminer ou inactiver des gènes de régulation du cycle cellulaire ; les inversions et les translocations peuvent interrompre des gènes suppresseurs de tumeurs, fusionner des gènes pour produire des protéines oncogéniques, ou relocaliser des gènes en les plaçant sous le contrôle de séquences régulatrices différentes.

✔ Test de compréhension 4

À quel type de remaniement chromosomique la leucémie myéloïde chronique est-elle généralement associée ?

a. Duplication c. Inversion

b. Délétion d. Translocation

La plupart des tumeurs avancées contiennent des cellules présentant une grande variété d'anomalies chromosomiques : des chromosomes surnuméraires, des chromosomes manquants,

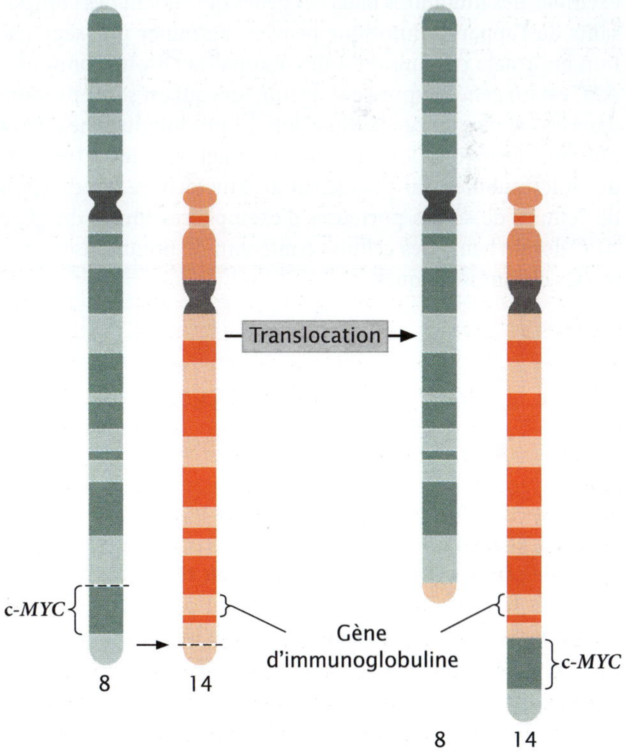

15.9 Une translocation réciproque entre les chromosomes 8 et 14 est responsable du lymphome de Burkitt.

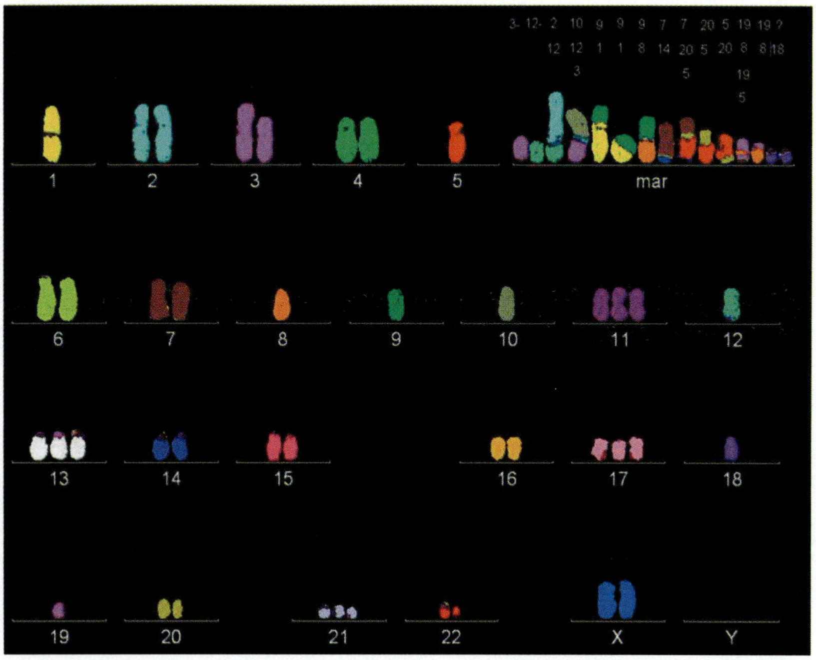

15.10 Les cellules cancéreuses présentent souvent des aberrations chromosomiques, comme des chromosomes surnuméraires, des chromosomes manquants, et des réarrangements chromosomiques. Les nombreuses anomalies montrées ici proviennent d'une cellule de cancer du côlon. *[Aimablement communiqué par le Dr. Peter Duesberg, University of California at Berkeley.]*

et des remaniements chromosomiques (**Figure 15.10**). Plusieurs chercheurs sont d'avis que le cancer est initié par des changements génétiques qui déstabilisent le génome, générant de nombreuses anomalies chromosomiques qui, ensuite, altèrent l'expression d'oncogènes et de gènes suppresseurs de tumeurs.

Plusieurs gènes dont la mutation contribue à l'instabilité du génome et provoque l'aneuploïdie ont été identifiés. Par exemple, des mutations dans des gènes qui codent des composants de l'appareil mitotique peuvent entraîner une ségrégation anormale conduisant à des anomalies chromosomiques. *APC* est un gène suppresseur de tumeurs qui est souvent muté dans les cellules du cancer du côlon. Le produit du gène *APC* a plusieurs fonctions dont une est d'interagir avec les extrémités des microtubules qui s'associent au kinétochore. La division de cellules de souris porteuses d'exemplaires mutés du gène *APC* donne lieu à des cellules contenant de nombreuses anomalies chromosomiques.

15.4 Des virus sont associés à certains cancers

Des virus sont responsables de plusieurs types de cancer chez l'animal, et il est clair que certains virus contribuent à l'apparition de cancers chez l'homme (**Tableau 15.5**). Par exemple, 95 % des femmes atteintes du cancer du col de l'utérus sont infectées par un des **virus du papillome humain** (VPH, une famille qui compte près de cents virus). De même, l'infection par le virus responsable de l'hépatite B augmente le risque de cancer du foie chez certaines personnes. Le virus d'Epstein-Barr, qui est responsable de la mononucléose, a été associé à plusieurs types de cancers prévalents dans certaines parties de l'Afrique, dont le lymphome de Burkitt.

Beaucoup des virus qui causent le cancer chez l'animal sont des rétrovirus ; nous avons vu précédemment comment l'étude du rétrovirus du sarcome de Rous chez le poulet à débouché sur l'identification d'oncogènes chez l'homme. Les rétrovirus peuvent provoquer le cancer en mutant et en réarrangeant des gènes de l'hôte, convertissant des proto-oncogènes en oncogènes (**Figure 15.11a**). Des virus peuvent aussi contribuer au déclenchement de cancers en modifiant l'expression de gènes de l'hôte (**Figure 15.11b**). Les rétrovirus contiennent des promoteurs forts qui assurent la transcription de leur propre matériel génétique par la machinerie de

Tableau 15.5 Quelques cancers humains associés à des virus

Virus	Cancer
Virus du papillome humain (HPV)	Cancers du col de l'utérus, du pénis, et de la vulve
Virus de l'hépatite B	Cancer du foie
Virus T-lymphotrope humain de type 1 (HTLV-1)	Leucémie à lymphocytes T de l'adulte
Virus T-lymphotrope humain de type 2 (HTLV-2)	Leucémie à tricholeucocytes
Virus d'Epstein-Barr	Lymphome de Burkitt, cancer du nasopharynx, lymphome de Hodgkins
Virus d'herpès humain	Sarcome de Kaposi

Note : Certaines de ces associations entre cancers et virus sont spécifiques de certaines populations et de zones géographiques particulières.

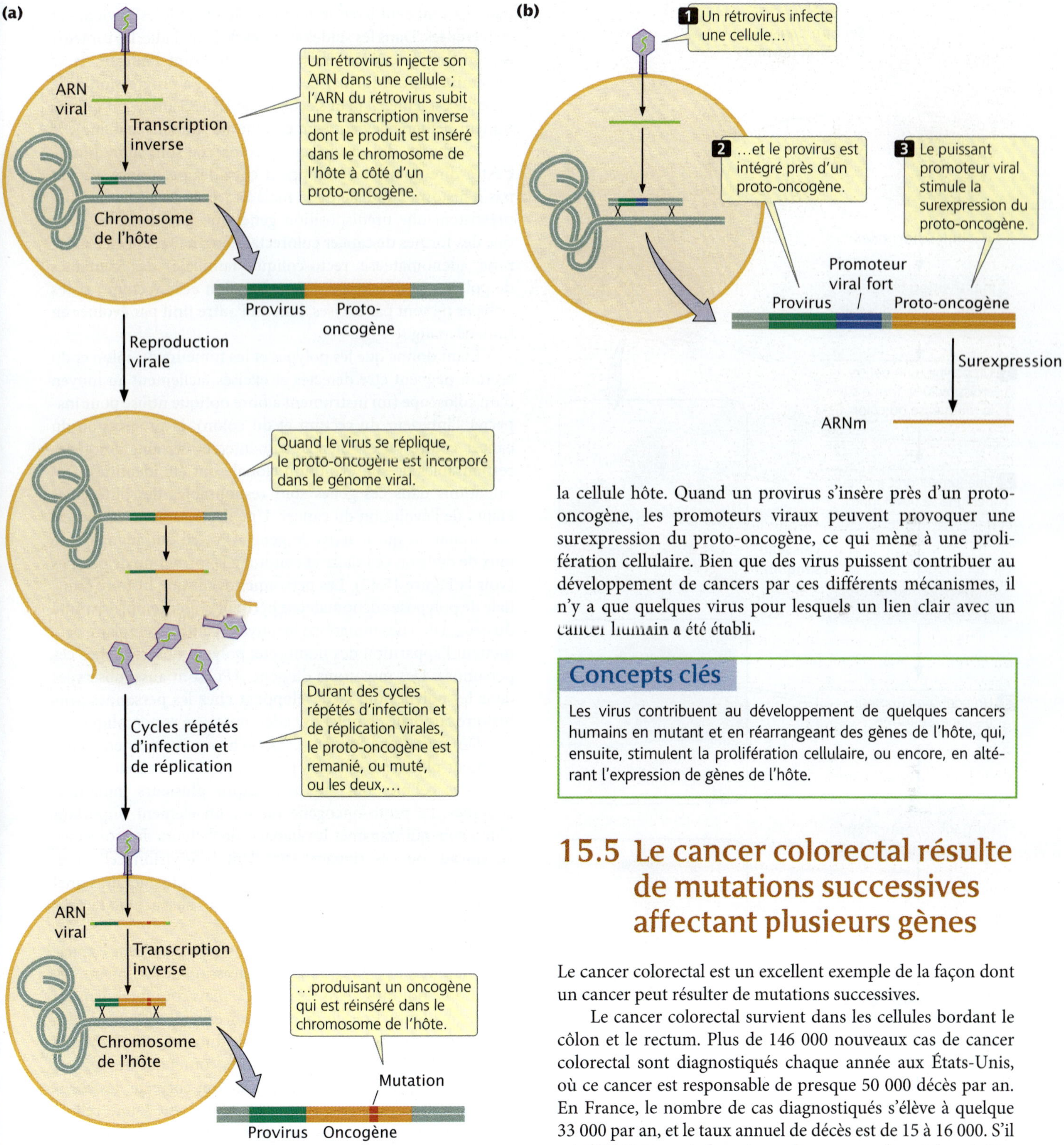

15.11 Les rétrovirus provoquent des cancers (a) en mutant et en réarrangeant des proto-oncogènes et (b) en insérant des promoteurs puissants près de proto-oncogènes.

la cellule hôte. Quand un provirus s'insère près d'un proto-oncogène, les promoteurs viraux peuvent provoquer une surexpression du proto-oncogène, ce qui mène à une prolifération cellulaire. Bien que des virus puissent contribuer au développement de cancers par ces différents mécanismes, il n'y a que quelques virus pour lesquels un lien clair avec un cancer humain a été établi.

Concepts clés

Les virus contribuent au développement de quelques cancers humains en mutant et en réarrangeant des gènes de l'hôte, qui, ensuite, stimulent la prolifération cellulaire, ou encore, en altérant l'expression de gènes de l'hôte.

15.5 Le cancer colorectal résulte de mutations successives affectant plusieurs gènes

Le cancer colorectal est un excellent exemple de la façon dont un cancer peut résulter de mutations successives.

Le cancer colorectal survient dans les cellules bordant le côlon et le rectum. Plus de 146 000 nouveaux cas de cancer colorectal sont diagnostiqués chaque année aux États-Unis, où ce cancer est responsable de presque 50 000 décès par an. En France, le nombre de cas diagnostiqués s'élève à quelque 33 000 par an, et le taux annuel de décès est de 15 à 16 000. S'il est détecté à un stade précoce, le cancer colorectal peut être traité avec succès ; par conséquent, de nombreux efforts ont été consacrés à l'identification des événements moléculaires responsables des stades initiaux de ce cancer.

Le cancer colorectal commence par la formation de tumeurs bénignes appelées polypes adénomateux (**Figure 15.12**). Initialement, ces polypes sont microscopiques,

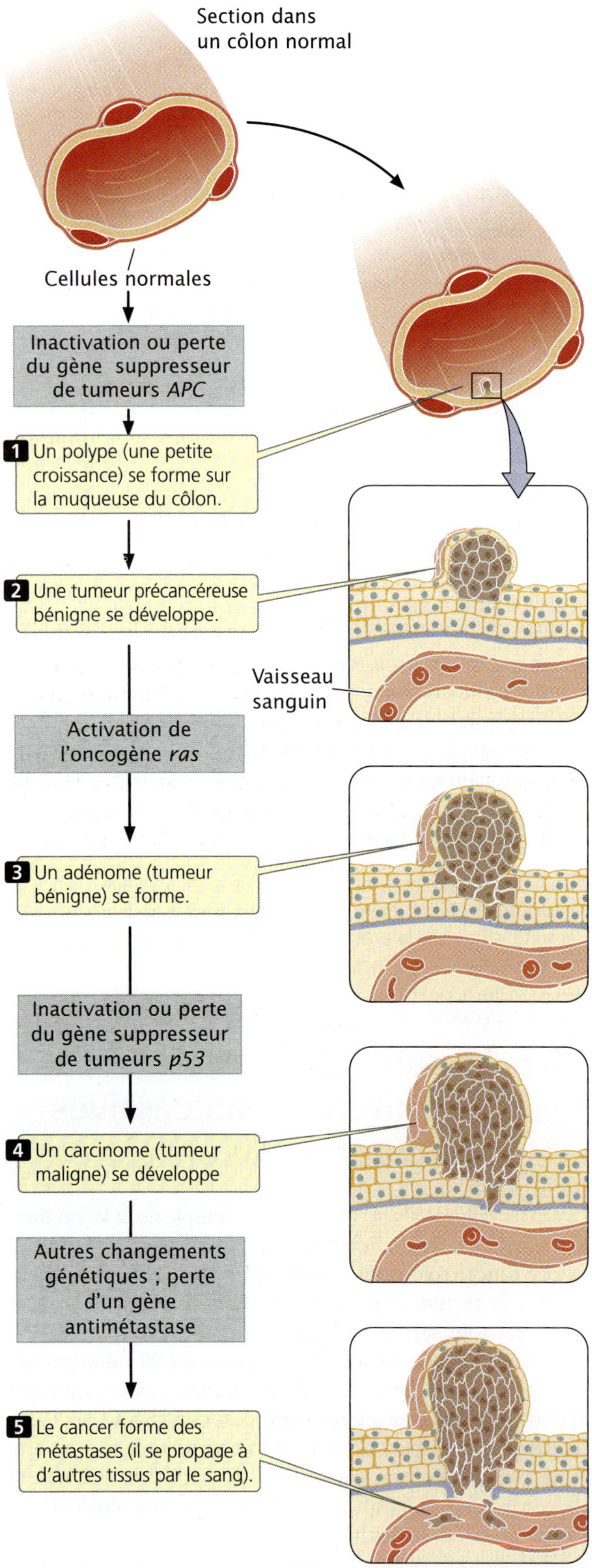

15.12 Des mutations successives de plusieurs gènes font progresser le cancer colorectal.

mais ils croissent avec le temps et leurs cellules deviennent cancéreuses. Dans les stades avancés de la maladie, les tumeurs envahissent la couche musculaire entourant l'intestin et se disséminent pour former des métastases. La progression de la maladie est lente ; il peut s'écouler de 10 à 35 ans avant qu'une tumeur bénigne devienne un carcinome (tumeur maligne).

La plupart des cas de cancer colorectal sont sporadiques, c'est-à-dire qu'ils se développent chez des personnes n'ayant pas d'histoire familiale de la maladie, mais certaines familles présentent une prédisposition génétique à la maladie. Dans une des formes de cancer colorectal héréditaire, appelée polypose adénomateuse recto-colique familiale, des centaines de polypes se développent dans le côlon et le rectum ; si ces polypes ne sont pas excisés, l'un ou l'autre finit par évoluer en tumeur maligne.

Étant donné que les polypes et les tumeurs du côlon et du rectum peuvent être détectés et excisés facilement au moyen d'un coloscope (un instrument à fibre optique utilisé pour inspecter l'intérieur du rectum et du côlon), la progression du cancer colorectal est bien documentée et certains des gènes responsables de son évolution clonale ont été identifiés. Des mutations dans ces gènes sont responsables des différentes étapes de l'évolution du cancer. Une des premières étapes est une mutation qui inactive le gène *APC*, ce qui augmente le taux de division cellulaire et conduit à la formation de polypes (voir la Figure 15.12). Les personnes ayant une histoire familiale de polypose adénomateuse héritent d'un exemplaire muté du gène *APC* ; des mutations inactivant l'autre exemplaire permettent l'apparition des nombreux polypes observés chez ces personnes. Des mutations du gène *APC* sont aussi observées dans les polypes qui se développent chez les personnes sans histoire familiale de polypose adénomateuse recto-colique.

Des mutations activant l'oncogène *ras* surviennent généralement plus tard, dans les polypes plus volumineux contenant des cellules qui ont déjà acquis plusieurs mutations géniques. Le proto-oncogène *ras* est un élément important d'une voie qui transmet les signaux de facteurs de croissance au noyau, où ces signaux stimulent la division cellulaire. Quand *ras* est muté, la protéine qu'il code transmet un signal de division cellulaire continu, même en l'absence de facteur de croissance.

Des mutations dans *p53* et dans d'autres gènes apparaissent plus tard encore dans la progression de la tumeur ; ces mutations sont rares dans les polypes, mais courantes dans les cellules malignes. Près de 75 % des cancers colorectaux ont des mutations dans le gène suppresseur de tumeurs *p53*. Parce que *p53* empêche la réplication de cellules contenant des lésions génétiques et qu'il contrôle la ségrégation correcte des chromosomes, des mutations dans *p53* permettent à une cellule d'acquérir rapidement des mutations géniques et chromosomiques supplémentaires, qui contribuent à une prolifération accrue et à l'invasion des tissus environnants.

La séquence d'étapes qui vient d'être décrite n'est pas la seule route possible vers le cancer colorectal, et les mutations ne se produisent pas nécessairement dans l'ordre présenté ici, mais cette séquence est une voie courante par laquelle des cellules du côlon et du rectum deviennent cancéreuses.

Résumé des concepts clés

- Le cancer a une origine essentiellement génétique ; il résulte de mutations somatiques dans plusieurs gènes qui affectent la division cellulaire et la prolifération. Si une mutation (ou plus) est héritée, moins de mutations supplémentaires sont nécessaires pour qu'un cancer se développe.
- Une mutation qui permet à une cellule de se diviser plus rapidement confère à cette cellule un avantage de croissance ; cette cellule donne naissance à un clone de cellules porteuses de la même mutation. Au sein de ce clone, d'autres mutations peuvent survenir qui avantagent encore plus la croissance, et les cellules porteuses de ces mutations supplémentaires deviennent prédominantes dans le clone. C'est le mécanisme de l'évolution clonale.
- Des facteurs environnementaux jouent un rôle important dans le développement de nombreux cancers en augmentant le taux d'apparition de mutations somatiques.
- Les oncogènes sont des exemplaires mutés dominants de gènes (des proto-oncogènes) dont les produits normaux stimulent la division cellulaire. Les gènes suppresseurs de tumeurs codent normalement des inhibiteurs de la division cellulaire ; des mutations récessives dans ces gènes peuvent favoriser le développement de cancers. Parfois, la mutation d'un seul allèle d'un gène suppresseur de tumeurs suffit à causer un cancer – un phénomène appelé haploinsuffisance.
- Le cycle cellulaire est contrôlé par des cyclines et des kinases cycline-dépendantes. Des mutations des gènes qui contrôlent le cycle cellulaire sont souvent la cause de cancers.
- Des déficiences des gènes des systèmes de réparation de l'ADN augmentent le taux global de mutation d'autres gènes, dont les proto-oncogènes et les gènes suppresseurs de tumeurs, ce qui peut contribuer à la progression des cancers.
- Des mutations des séquences qui contrôlent l'expression de la télomérase permettent aux cellules de se diviser indéfiniment, ce qui contribue à la progression des cancers. La progression des tumeurs est aussi influencée par la mutation de gènes favorisant la vascularisation ou la dissémination des tumeurs.
- Certains cancers sont associés à des mutations chromosomiques spécifiques, dont des délétions, des inversions, et des translocations. Des mutations de certains gènes provoquent ou autorisent une ségrégation anormale des chromosomes, menant à des aneuploïdies qui peuvent contribuer au développement de cancers.
- Certains cancers sont associés à des virus ; les virus peuvent contribuer à la prolifération cellulaire en mutant et en réarrangeant des gènes de l'hôte ou en altérant leur expression.
- Le cancer colorectal est un système modèle pour comprendre la progression des tumeurs chez l'homme. Des mutations initiales stimulent une division cellulaire anormale, ce qui mène à la formation d'un petit polype bénin. Des mutations additionnelles permettent au polype de grandir, d'envahir la couche musculaire entourant l'intestin, et de métastaser d'autres sites. Des mutations de gènes particuliers affectent différentes étapes de cette progression.

Termes importants

tumeur maligne (p. 391)
métastase (p. 391)
évolution clonale (p. 392)
oncogène (p. 394)
gène suppresseur de tumeurs (p. 394)
proto-oncogène (p. 394)
perte d'hétérozygotie (p. 395)
haploinsuffisance (p. 396)
kinase cycline-dépendante (p. 397)
cycline (p. 397)
virus du papillome humain (p. 400)

Réponses aux tests de compréhension

1. Le rétinoblastome résulte d'au moins deux événements génétiques distincts, dont la présence simultanée est nécessaire au développement du cancer. Dans les cas sporadiques, deux mutations successives doivent se produire dans une même cellule, ce qui a une probabilité faible de se produire et qui explique que ce cancer n'affecte généralement qu'un œil. Chez les personnes qui ont hérité d'une de ces mutations, toutes les cellules contiennent cette mutation, de sorte qu'il suffit d'une seule mutation additionnelle pour que le cancer se développe. Étant donné que l'œil contient des millions de cellules, il y a une forte probabilité qu'une seconde mutation se produise dans au moins une cellule de chaque œil, menant au développement des tumeurs des deux yeux, caractéristique des rétinoblastomes familiaux.

2. Les oncogènes stimulent la prolifération cellulaire. Les allèles oncogènes sont généralement dominants (par rapport aux proto-oncogènes qui sont les allèles normaux) parce qu'un seul exemplaire de l'oncogène suffit à produire l'effet stimulateur. Les gènes suppresseurs de tumeurs inhibent la prolifération cellulaire. Les mutations des gènes suppresseurs de tumeurs sont généralement récessives, parce que les deux allèles doivent être mutés pour lever l'inhibition.

3. c

4. d

Problème résolu

1. Dans certaines cellules cancéreuses, un gène particulier a été dupliqué de nombreuses fois. Ce gène serait-il un oncogène ou un gène suppresseur de tumeurs. Expliquez votre raisonnement.

• **Solution**

Le gène est très vraisemblablement un oncogène. Les oncogènes stimulent la prolifération cellulaire et leur effet est dominant. Par conséquent, des exemplaires supplémentaires d'un oncogène vont provoquer un accroissement important de la prolifération cellulaire et le cancer. Les gènes suppresseurs de tumeurs, par contre, suppriment la prolifération cellulaire, et un seul exemplaire d'un gène suppresseur de tumeurs suffit en général à empêcher la prolifération cellulaire. Par conséquent, la présence d'exemplaires supplémentaires d'un gène suppresseur de tumeurs ne va pas provoquer de cancer.

Questions de compréhension

Section 15.1

***1.** De quels types de preuves dispose-t-on pour affirmer que le cancer résulte de changements génétiques ?

2. Pourquoi peut-on dire que de nombreux types de cancers sont d'origine génétique sans être héréditaires ?

Section 15.2

***3.** Expliquez la théorie de Knudson de la formation multi-étapes du cancer. Expliquez comment elle permet d'expliquer les cas unilatéraux et bilatéraux de rétinoblastome.

4. Expliquez brièvement comment le cancer se développe par évolution clonale.

***5.** Quelle est la différence entre un oncogène et un gène suppresseur de tumeurs ? Donnez quelques exemples des fonctions de proto-oncogènes et de suppresseurs de tumeurs dans des cellules normales.

***6.** Quelle est la différence entre les cyclines et les CDK ? Comment interagissent-elles dans le contrôle du cycle cellulaire ?

7. Décrivez brièvement les événements qui contrôlent le franchissement par les cellules du point de contrôle G_1/S du cycle cellulaire.

8. Pourquoi des mutations des gènes codant des enzymes de réparation de l'ADN prédisposent-elles au cancer ?

***9.** Quel rôle les télomères et la télomérase jouent-ils dans la progression du cancer ?

Section 15.3

***10.** Comment les délétions, les inversions et les translocations chromosomiques peuvent-elles causer le cancer ?

11. Expliquez brièvement comment le chromosome de Philadelphie provoque la leucémie myéloïde chronique.

12. Qu'est-ce que l'instabilité génomique ? Donnez quelques façons possibles dont elle peut survenir.

Section 15.4

***13.** Comment les virus contribuent-ils au cancer ?

Section 15.5

14. Décrivez brièvement certains des changements génétiques couramment associés à la progression du cancer colorectal.

Questions et problèmes d'application

Section 15.1

***15.** Le gène codant la palladine joue un rôle dans certains cas de cancer pancréatique (voir l'introduction du chapitre), et il est considéré comme un oncogène. Laquelle de ses caractéristiques suggère-t-elle qu'il soit un oncogène plutôt qu'un gène suppresseur de tumeurs ?

16. Si le cancer est une maladie d'origine génétique, comment un facteur environnemental comme le fait de fumer peut-il provoquer le cancer ?

17. Des facteurs génétiques et environnementaux contribuent au cancer. Le Tableau 15.2 montre que le cancer de la prostate est 39 fois plus fréquent chez les individus caucasiens (de race blanche) de l'Utah que chez les chinois de Shangaï. Expliquez brièvement comment vous vous y prendriez pour déterminer si ces différences d'incidence du cancer de la prostate sont dues à des différences génétiques entre les deux populations ou à des différences environnementales.

Section 15.2

***18.** Un couple a un enfant atteint de rétinoblastome bilatéral. La mère n'a pas de cancer, mais le père a un rétinoblastome unilatéral et il a un frère atteint de rétinoblastome bilatéral.

a. Si le couple a un autre enfant, quelle est la probabilité que cet enfant ait un rétinoblastome ?

b. Si l'enfant suivant est atteint de rétinoblastome, celui-ci sera-t-il uni- ou bilatéral ?

c. Expliquez pourquoi le rétinoblastome du père est unilatéral tandis que les rétinoblastomes de son fils et de son frère sont bilatéraux.

19. Des mutations dans le gène *RB* sont souvent associées au cancer. Expliquez comment une mutation qui rend la protéine RB non fonctionnelle contribue au cancer.

20. Les cellules d'une tumeur contiennent des allèles mutés d'un gène, qui stimulent la croissance tumorale. Une thérapie génique consiste à introduire un exemplaire normal du gène dans les cellules tumorales. Vous attendez-vous à ce que cette thérapie soit efficace si le gène muté est un oncogène ? Un gène suppresseur de tumeur ? Expliquez votre raisonnement.

21. L'exposition aux radiations est une cause de cancer connue. Cependant, la radiothérapie est souvent utilisée dans le traitement de certains cancers. Comment la radiation peut-elle être à la fois une cause et un traitement du cancer ?

Section 15.3

22. Certains cancers sont systématiquement associés avec la délétion d'une partie spécifique d'un chromosome. La région manquante contient-elle un oncogène ou un gène suppresseur de tumeurs ?

Questions tests

Section 15.2

23. De nombreuses cellules cancéreuses sont immortelles (elles se divisent indéfiniment) parce qu'elles ont des mutations qui permettent à la télomérase de continuer à être produite. Comment cette information peut-elle être utilisée pour créer des médicaments anticancéreux ?

24. Le syndrome de Bloom est une maladie autosomique récessive présentant le phénomène d'haploinsuffisance. Une enquête récente a montré que les personnes hétérozygotes pour des mutations du gène *BLM* présentent un risque élevé de cancer colorectal (voir p. 396). Supposez que vous soyez un conseiller génétique. Vous recevez en consultation une jeune femme dont la mère a le syndrome de Bloom ; le père de la jeune femme n'a pas d'histoire familiale du syndrome de Bloom. La jeune femme vous demande si elle risque d'avoir l'un ou l'autre problème de santé associé à son histoire familiale de syndrome de Bloom. Quels conseils lui donneriez-vous ?

25. Imaginez que vous découvriez une famille très étendue dans laquelle le cancer de la vessie est hérité comme un trait autosomique dominant. Décrivez dans les grandes lignes une série d'études que vous pourriez réaliser pour identifier le gène responsable du cancer de la vessie dans cette famille.

16 La génétique quantitative

Les méthodes de la génétique quantitative sont utilisées pour identifier et isoler des gènes qui déterminent la masse musculaire chez le porc. *[USDA]*

Des porcs plus charnus grâce à la génétique quantitative

Qu'est-ce qui rend un porc plus gros et plus savoureux ? C'est la question à plusieurs milliards d'euros (ou de dollars) pour l'industrie porcine. Le poids d'un porc est constitué de masse musculaire et de graisse et il est influencé par une combinaison de facteurs génétiques et environnementaux. Les consommateurs actuels exigent une viande porcine moins grasse, et les producteurs ont répondu à cette demande : le porc d'aujourd'hui est deux fois moins gras que celui des années 1950. L'identification des gènes qui favorisent la masse musculaire et la croissance est essentielle pour la production de porcs plus grands et plus maigres et ce fut un des objectifs à long terme de la recherche génétique en agronomie.

La masse musculaire chez le porc n'est pas un caractère génétique simple comme la forme de la graine chez le pois. De nombreux gènes, et des facteurs environnementaux tels que l'alimentation, les pratiques d'élevage, et l'état de santé contribuent à déterminer la masse musculaire d'un porc. L'hérédité de la masse musculaire chez le porc est plus complexe que celle de tous les caractères que nous avons étudiés jusqu'ici. L'étude de l'hérédité d'un caractère aussi complexe est-elle possible ? Peut-on prédire la masse musculaire d'un porc sur la base de son pedigree ? La réponse est oui – du moins en partie – mais elle nécessite l'application d'autres méthodes que celles utilisées dans le cas de caractères génétiques simples. Il faut utiliser des méthodes statistiques qui ont été développées pour analyser des caractères complexes et qui font partie de ce qu'on appelle la **génétique quantitative**.

Bien que les méthodes mathématiques d'analyse de caractères complexes puissent, de prime abord, paraître assez rébarbatives, nous sommes capables de comprendre de façon intuitive la logique inhérente à la génétique quantitative. Nous reconnaissons tous l'existence de ressemblances familiales : nous disons avoir hérité de la taille de notre père ou de l'intelligence de notre mère, ou des deux. Les ressemblances familiales sont au centre des méthodes statistiques utilisées en génétique quantitative. Si des gènes influencent la variation d'un trait, la ressemblance sera plus grande entre individus apparentés qu'entre individus qui ne le sont pas. Des individus très proches (par exemple, les membres d'une fratrie) devraient se ressembler davantage que des parents plus éloignés (tels que des cousins). La comparaison d'individus ayant des liens de parenté différents renseigne sur le degré auquel des gènes influencent un caractère.

En 2003, des généticiens ont utilisé une approche combinant la génétique quantitative et des techniques moléculaires pour identifier et isoler les régions chromosomiques qui jouent un rôle important dans l'augmentation de la masse musculaire chez le porc. Les régions de chromosomes qui contiennent des gènes influençant un trait quantitatif sont appelées **loci de caractères quantitatifs** (QTL, acronyme de « quantitative trait locus »). Pour localiser les QTL influençant la masse musculaire, les généticiens commencèrent par croiser des sangliers européens et des porcs domestiques de race Large White. Des allèles de certains de ces porcs domestiques augmentaient significativement la masse musculaire et la couche de lard dorsal dans la descendance, ce qui indiquait que ces porcs domestiques possédaient des gènes stimulant la croissance musculaire.

Les généticiens utilisèrent alors des marqueurs moléculaires pour localiser les QTL qui influencent la masse musculaire. Ils purent localiser un QTL important dans une région de 250 000 pb du chromosome 2 de porc. Cette région contient plusieurs gènes déjà identifiés, dont le gène codant le facteur de croissance de type 2 semblable à l'insuline (IGF-2, acronyme de « insulin-like growth factor 2 »). Comme IGF-2 est connu pour influencer la masse musculaire chez les mammifères, ce gène a immédiatement attiré leur attention. En séquençant le gène *IGF2* des porcs les plus musclés et en comparant les séquences avec celles des porcs les moins musclés, les généticiens ont pu montrer qu'une seule substitution d'un nucléotide G par un A augmentait de 3 à 5 % la quantité de viande chez un porc. Chose remarquable, la substitution de nucléotide ne se trouve pas dans une région codante du gène, mais dans un intron. La recherche ultérieure a montré que cette substitution augmente de trois fois l'expression d'*IGF2* dans les cellules de muscle. Les niveaux plus élevés d'ARNm *IGF2* ont pour effet d'augmenter la quantité de facteur de croissance IGF-2, ce qui stimule la croissance musculaire et produit des porcs plus charnus et globalement moins gras. Cette étude montre la puissance de la combinaison de la génétique quantitative et des techniques de génétique moléculaire pour l'identification et l'exploitation de variations génétiques qui influencent des caractéristiques à forte importance économique, comme la masse musculaire chez le porc.

Ce chapitre est consacré à l'analyse génétique de caractéristiques complexes, telles que la masse musculaire. Nous commencerons par voir ce qui différencie les caractères quantitatifs des caractères qualitatifs, et pourquoi l'expression de certains caractères varie de façon continue. Nous verrons que les traits quantitatifs sont souvent influencés par plusieurs gènes dont chacun n'a qu'un petit effet sur le phénotype. Ensuite, nous examinerons les méthodes statistiques qui permettent de décrire et d'analyser les caractères quantitatifs. Nous aborderons la question des parts respectives des effets génétiques et environnementaux dans la variation phénotypique, et nous conclurons en considérant les effets de la sélection sur les traits quantitatifs. Il est important dans ce qui va suivre de bien réaliser que les méthodes de la génétique quantitative ne sont pas destinées à identifier des gènes et des génotypes individuels. Il s'agit au contraire de faire des prédictions statistiques basées sur des groupes d'individus.

16.1 Les traits quantitatifs varient de façon continue et nombre d'entre eux sont contrôlés par plusieurs loci

Les caractères qualitatifs, ou discontinus, ne présentent que quelques phénotypes distincts (**Figure 16.1a**) ; ces caractères sont du type de ceux étudiés par Mendel, et c'est à eux que nous nous sommes intéressés jusqu'ici. Cependant, de nombreux caractères varient en présentant une gamme continue de phénotypes sur une échelle de mesure plutôt qu'une série de classes phénotypiques distinctes (**Figure 16.1b**). Ces caractères sont dits *continus,* mais aussi *quantitatifs* parce que le phénotype d'un individu quelconque d'une population doit être décrit par une mesure quantitative. Des caractères quantitatifs sont, par exemple, la taille, le poids, et la pression sanguine chez l'homme, le taux de croissance chez la souris, le poids des graines chez les plantes, ou la production de lait chez les bovins.

Les caractères quantitatifs sont déterminés par deux phénomènes. Premièrement, beaucoup sont polygéniques : ils sont influencés par des gènes de plusieurs loci. Si des allèles à plusieurs loci contribuent à déterminer un trait, plusieurs génotypes sont possibles, produisant chacun un phénotype légèrement différent. Deuxièmement, les caractères quantitatifs intègrent souvent les effets de facteurs environnementaux sur le phénotype : des différences d'environnement font qu'un génotype particulier exprime une gamme de phénotypes. La plupart des caractères présentant une variation continue sont à la fois polygéniques et influencés par des facteurs environnementaux : ce sont des caractères multifactoriels.

La relation entre génotype et phénotype

Pour de nombreux caractères discontinus, la relation entre le génotype et le phénotype est relativement simple. Chaque génotype produit un seul phénotype, et la plupart des phénotypes sont codés par un seul génotype. La dominance et l'épistasie peuvent avoir comme conséquence que deux ou

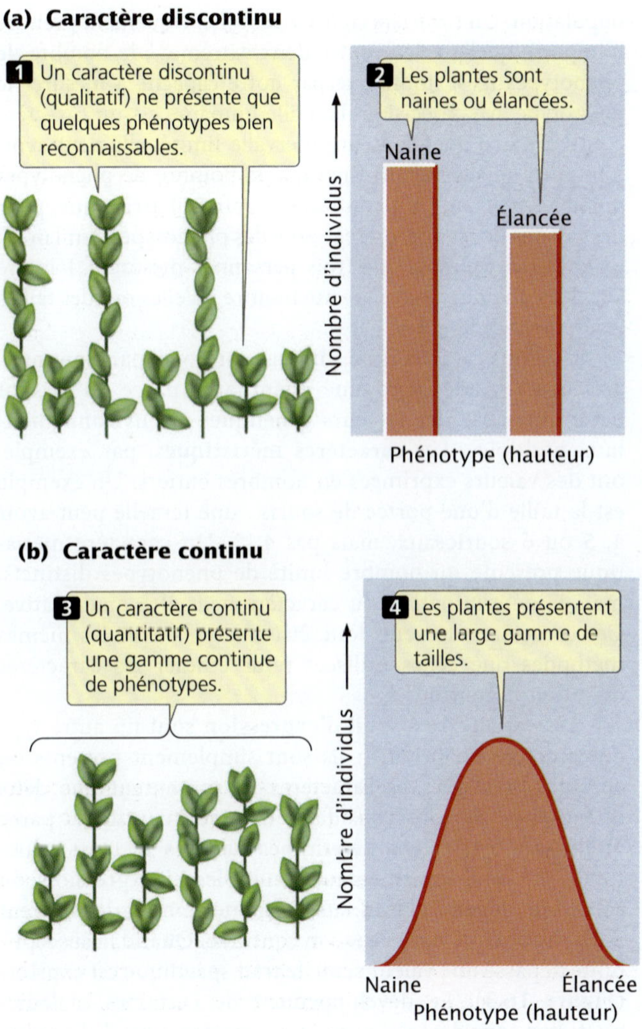

16.1 Les caractères discontinus et continus diffèrent par le nombre de phénotypes qu'ils présentent.

trois génotypes produisent un phénotype identique, mais la relation reste simple. Cette relation simple entre génotype et phénotype a permis à Mendel d'élucider les règles de base de l'hérédité avec ses croisements de plantes de pois ; elle nous permet aussi de prédire le résultat de croisements génétiques et d'attribuer des génotypes à des individus.

Dans le cas de caractères quantitatifs, la relation entre génotype et phénotype est souvent plus complexe. Si le caractère est polygénique, beaucoup de génotypes différents sont possibles, dont plusieurs peuvent produire le même phénotype. Par exemple, prenons une plante dont la hauteur de tige est déterminée par trois loci (*A*, *B*, et *C*) à chacun desquels il existe deux allèles. Supposez qu'un des allèles à chaque locus (A^+, B^+, et C^+) code une hormone végétale qui fait pousser la plante de 1 cm par rapport à une hauteur de base de 10 cm. L'autre allèle à chaque locus (A^-, B^-, et C^-) ne code pas d'hormone et ne contribue donc pas à une augmentation de la hauteur de tige. Rien qu'en considérant les deux allèles à un locus, trois génotypes sont possibles (A^+A^+, A^+A^-, et A^-A^-). Si l'on prend en compte les trois loci, on arrive à $3^3 = 27$ génotypes possibles ($A^+A^+\ B^+B^+\ C^+C^+$, $A^+A^-\ B^+B^+\ C^+C^+$, etc.). Bien qu'il y ait 27 génotypes, ils ne produisent que sept phénotypes différents. Des génotypes comme $A^+A^-\ B^-B^-\ C^-C^-$, $A^-A^-\ B^+B^-\ C^-C^-$, et $A^-A^-\ B^-B^-\ C^+C^-$ produisent le même phénotype (**Tableau 16.1**) parce

Tableau 16.1 Exemple hypothétique de la détermination de la hauteur d'une plante par des paires d'allèles à trois loci

Génotype	Doses d'hormone	Hauteur (cm)
$A^-A^-\ B^-B^-\ C^-C^-$	0	10
$A^+A^-\ B^-B^-\ C^-C^-$	1	11
$A^-A^-\ B^+B^-\ C^-C^-$		
$A^-A^-\ B^-B^-\ C^+C^-$		
$A^+A^+\ B^-B^-\ C^-C^-$	2	12
$A^-A^-\ B^+B^+\ C^-C^-$		
$A^-A^-\ B^-B^-\ C^+C^+$		
$A^+A^-\ B^+B^-\ C^-C^-$		
$A^+A^-\ B^-B^-\ C^+C^-$		
$A^-A^-\ B^+B^-\ C^+C^-$		
$A^+A^+\ B^+B^-\ C^-C^-$	3	13
$A^+A^+\ B^-B^-\ C^+C^-$		
$A^+A^-\ B^+B^+\ C^-C^-$		
$A^-A^-\ B^+B^+\ C^+C^-$		
$A^+A^-\ B^-B^-\ C^+C^+$		
$A^-A^-\ B^+B^-\ C^+C^+$		
$A^+A^-\ B^+B^-\ C^+C^-$		
$A^+A^+\ B^+B^+\ C^-C^-$	4	14
$A^+A^+\ B^+B^-\ C^+C^-$		
$A^+A^-\ B^+B^+\ C^+C^-$		
$A^-A^-\ B^+B^+\ C^+C^+$		
$A^+A^+\ B^-B^-\ C^+C^+$		
$A^+A^-\ B^+B^-\ C^+C^+$		
$A^+A^+\ B^+B^+\ C^+C^-$	5	15
$A^+A^-\ B^+B^+\ C^+C^+$		
$A^+A^+\ B^+B^-\ C^+C^+$		
$A^+A^+\ B^+B^+\ C^+C^+$	6	16

Note : Chaque allèle + ajoute 1 cm à une hauteur de tige initiale de 10 cm.

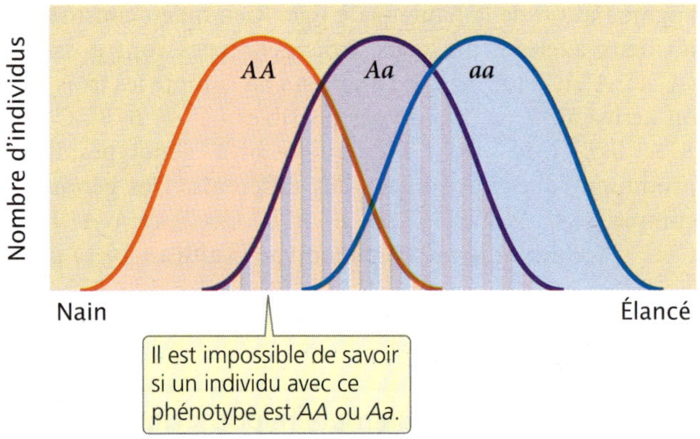

16.2 Dans le cas d'un trait quantitatif, chaque génotype peut produire une gamme de phénotypes. Dans ce cas hypothétique, les phénotypes produits par les génotypes *AA*, *Aa* et *aa* se chevauchent.

qu'ils n'ont qu'un allèle codant une hormone végétale ; ils ne produisent qu'une dose d'hormone et donc une plante haute de 11 cm. Dans cet exemple simple de trois loci avec deux allèles chacun, la relation entre génotype et phénotype est déjà complexe. Plus il y a de loci contrôlant un caractère, plus grande est la complexité.

L'influence de l'environnement sur un caractère peut aussi compliquer la relation entre génotype et phénotype. En réaction à des effets environnementaux, le même génotype peut produire une gamme de phénotypes potentiels (la norme de réaction, voir p. 96, Chapitre 4). Les profils phénotypiques de différents génotypes peuvent se chevaucher ; il devient alors difficile de savoir si des différences phénotypiques entre individus reflètent des différences génétiques ou environnementales (**Figure 16.2**).

En résumé, la relation simple entre génotype et phénotype qui prévaut pour de nombreux caractères qualitatifs (discontinus), n'existe plus dans le cas de caractères quantitatifs, et il est impossible d'attribuer un génotype à un individu sur la seule base de son phénotype. Les méthodes utilisées pour l'analyse de caractères qualitatifs (l'examen des rapports phénotypiques dans la descendance d'un croisement) ne fonctionnent plus dans le cas de caractères quantitatifs. Notre objectif reste cependant le même : pouvoir prédire les phénotypes des descendants d'un croisement. Nous pouvons aussi désirer savoir ce qui, dans la variation d'un caractère, résulte de différences génétiques et ce qui résulte de différences environnementales. Pour répondre à ces questions, nous devons utiliser des méthodes statistiques qui nous permettent de faire des prédictions sur les phénotypes en l'absence d'information sur les génotypes.

Les différents types de caractères quantitatifs

Nous n'avons jusqu'à présent pris en considération que les caractères quantitatifs qui varient de façon continue dans une population. Un *caractère continu* peut théoriquement prendre n'importe quelle valeur entre deux extrêmes ; le nombre de phénotypes n'est limité que par notre capacité à mesurer le phénotype avec précision. La taille humaine est un caractère continu parce que, dans un intervalle limité, elle peut avoir n'importe quelle valeur. Bien que le nombre de phénotypes possibles pour un trait continu soit infini, il arrive que, pour des raisons de facilité, on regroupe des phénotypes similaires ; on dira par exemple que trois personnes mesurent 1 mètre 80, alors qu'une mesure précise montre qu'elles ont des tailles légèrement différentes.

Certains caractères ne sont pas continus mais sont malgré tout considérés comme quantitatifs parce qu'ils sont déterminés par des facteurs génétiques et environnementaux multiples. Les **caractères méristiques**, par exemple, ont des valeurs exprimées en nombres entiers. Un exemple est la taille d'une portée de souris : une femelle peut avoir 4, 5 ou 6 souriceaux, mais pas 4,13. Un caractère méristique présente un nombre limité de phénotypes distincts, mais la détermination du caractère peut être quantitative. Ces caractères doivent donc être analysés avec les mêmes méthodes que celles utilisées pour étudier les caractères quantitatifs continus.

Les **caractères à seuil d'expression** sont un autre type de caractère quantitatif : ils sont simplement présents ou absents. Bien que ces caractères ne présentent que deux phénotypes, ils sont considérés comme quantitatifs parce qu'ils sont également déterminés par des facteurs génétiques et environnementaux multiples. L'expression du caractère dépend d'une susceptibilité (on parle souvent d'un risque) qui varie de façon continue. Quand la susceptibilité dépasse une valeur seuil, le trait spécifique est exprimé (**Figure 16.3**). Le développement de certaines maladies peut être considérée comme un caractère à seuil d'expression parce que de nombreux facteurs, génétiques et environnementaux, contribuent à la susceptibilité à la maladie. La maladie se développe dès que la susceptibilité atteint un seuil critique, sinon elle n'apparaît pas. Les principes de la génétique des caractères continus étudiés dans ce chapitre

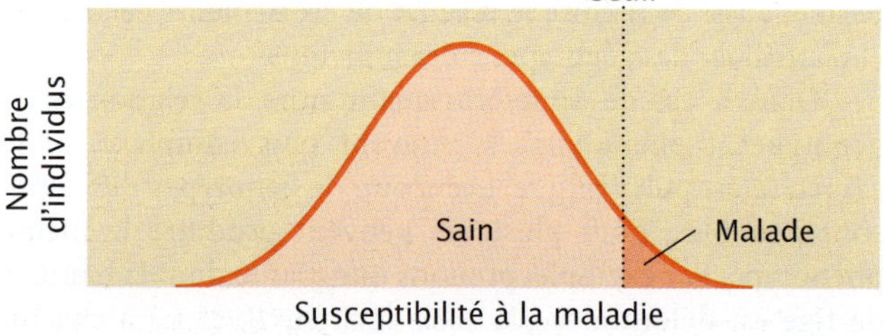

16.3 Les caractères à seuil d'expression ne présentent que deux phénotypes – le trait est présent ou absent – mais ils sont quantitatifs parce que la susceptibilité sous-jacente varie de façon continue. Quand la susceptibilité dépasse une valeur seuil, le caractère est exprimé.

sont donc également applicables à de nombreux caractères à seuil d'expression.

Concepts clés

Des caractères dont le phénotype varie de façon continue sont appelés caractères quantitatifs ou traits quantitatifs. Pour la plupart des caractères quantitatifs, la relation entre le génotype et le phénotype est complexe. Certains caractères dont les phénotypes ne varient pas de façon continue sont aussi considérés comme quantitatifs parce qu'ils sont déterminés par une multiplicité de gènes et de facteurs environnementaux.

L'hérédité polygénique

Après la redécouverte des travaux de Mendel en 1900, des questions se posèrent concernant l'hérédité de caractères variant de façon continue. Ces caractères avaient déjà fait l'objet d'études par un groupe de biologistes et de statisticiens dirigé par Francis Galton, qui utilisa des méthodes statistiques pour examiner l'hérédité de caractères quantitatifs tels que la taille et l'intelligence humaines. Les résultats de ces études montrèrent que les caractères quantitatifs sont hérités, bien que le mécanisme de cette hérédité ne fût pas encore connu. Certains biométriciens soutenaient que l'hérédité de caractères quantitatifs ne pouvait être expliquée par les principes de Mendel, tandis que d'autres étaient d'avis que l'application des principes de Mendel à un groupe de gènes (des polygènes) pouvait expliquer de façon adéquate l'hérédité de caractères quantitatifs.

Cette controverse trouva un début de résolution grâce aux travaux indépendants des généticiens Wilhelm Johannsen et Herman Nilsson-Ehle sur la variation continue chez les plantes, et du statisticien George Udny Yule. La controverse fut close en 1918, quand Ronald Fisher démontra que l'hérédité de caractères quantitatifs pouvait en effet être expliquée par l'effet cumulatif de nombreux gènes transmis chacun selon les lois de Mendel.

La couleur du grain chez le blé

Pour illustrer la façon dont l'effet de plusieurs gènes sur un caractère produit une gamme continue de phénotypes, examinons une des premières démonstrations d'hérédité polygénique. Nilsson-Ehle étudia l'hérédité de la couleur du grain chez le blé et il découvrit que l'intensité de la pigmentation rouge est déterminée par des gènes à trois loci non liés, dont chacun a deux allèles.

Nilsson-Ehle obtint plusieurs variétés homozygotes de blé de couleurs différentes. Comme Mendel, il croisa ces variétés homozygotes et étudia les rapports phénotypiques dans la descendance. Dans une de ses expériences, il croisa une variété de blé à grains blancs avec une variété à grains pourpres (rouge très sombre), et il obtint les résultats suivants :

P — Plante à grains blancs × Plante à grains pourpres

↓

F_1 — Plantes à grains rouges

↓

F_2 —
1/16 plantes à grains pourpres
4/16 plantes à grains rouge foncé
6/16 plantes à grains rouges
4/16 plantes à grains rouge clair
1/16 plantes à grains blancs

Nilsson-Ehle interpréta ce rapport phénotypique comme le résultat de la ségrégation des allèles à deux loci. (Bien qu'il ait trouvé des allèles déterminant la couleur du grain à trois loci, les deux variétés utilisées dans ce croisement ne différaient qu'à deux des loci.) Il proposa qu'il y ait deux allèles à chaque locus : un allèle produisant un pigment rouge et un autre ne produisant pas de pigment. Nous désignerons les allèles codant un pigment par A^+ et B^+, et ceux ne codant pas de pigment par A^- et B^-. Nilsson-Ehle comprit que les effets des gènes étaient additifs. Chaque gène semblait contribuer de façon égale à la couleur, de telle sorte que le phénotype global pouvait être déterminé en additionnant les effets de tous les gènes, comme montré dans le tableau ci-dessous.

Génotype	Doses de pigment	Phénotype
$A^+A^+B^+B^+$	4	pourpre
$A^+A^+B^+B^-$ $A^+A^-B^+B^+$	3	rouge sombre
$A^+A^+B^-B^-$ $A^-A^-B^+B^+$ $A^+A^-B^+B^-$	2	rouge
$A^+A^-B^-B^-$ $A^-A^-B^+B^-$	1	rouge clair
$A^-A^-B^-B^-$	0	blanc (pas de couleur)

Observez que les phénotypes pourpre et blanc sont codés chacun par un seul génotype, mais que les autres phénotypes peuvent résulter de plusieurs génotypes différents.

Ces résultats montrent qu'il y a cinq phénotypes possibles quand des allèles à deux loci influencent le phénotype et que les effets des gènes sont additifs. Quand des allèles à plus de deux loci contribuent au phénotype, il peut y avoir davantage de phénotypes, et la couleur peut sembler varier de façon continue entre le blanc et le pourpre. Si des facteurs environnementaux avaient influencé le caractère, des individus de même génotype auraient aussi pu présenter une certaine variation de couleur, rendant la distinction de classes phénotypiques discrètes quasiment impossible. L'environnement n'intervenait pratiquement pas dans la détermination de la couleur du grain dans les croisements effectués par Nilsson-Ehle, et seul un petit nombre de loci étaient impliqués, ce qui lui a permis de distinguer les différentes classes phénotypiques et de conclure à la nature mendélienne du caractère.

Voyons comment les principes de Mendel expliquent le rapport obtenu à la F_2 par Nilsson-Ehle. Rappelons qu'il a croisé une variété pourpre homozygote ($A^+A^+ B^+B^+$) avec une variété blanche homozygote ($A^-A^- B^-B^-$), produisant une F_1 hétérozygote aux deux loci ($A^+A^- B^+B^-$). Il s'agit d'un croisement dihybride comme ceux que nous avons résolus au Chapitre 3, sauf qu'ici, les deux loci influencent le même trait. Toutes les plantes F_1 avaient deux allèles producteurs de pigment, et les deux doses de pigment donnaient une couleur rouge aux grains. Les types et les proportions de descendants attendus à la F_2 peuvent être trouvés en appliquant les principes de Mendel de ségrégation égale et d'assortiment indépendant.

Examinons chaque locus séparément. Au premier locus, deux plantes F_1 hétérozygotes sont croisées ($A^+A^- \times A^+A^-$). Comme nous l'avons appris au Chapitre 3, quand deux hétérozygotes sont croisés, nous nous attendons à une descendance dans des proportions 1/4 A^+A^+, 1/2 A^+A^-, et 1/4 A^-A^-. Deux plantes hétérozygotes sont aussi croisées au deuxième locus, et les proportions de la descendance seront à nouveau 1/4 B^+B^+, 1/2 B^+B^-, et 1/4 B^-B^-.

Pour obtenir la probabilité des différentes combinaisons d'allèles aux deux loci, nous devons appliquer la règle de multiplication (voir le Chapitre 3), qui correspond au principe d'assortiment indépendant. La proportion attendue de descendants F_2 de génotype $A^+A^+ B^+B^+$ est le produit de la probabilité d'obtenir le génotype A^+A^+ (1/4) et de la probabilité d'obtenir le génotype B^+B^+ (1/4), soit $1/4 \times 1/4 = 1/16$ (**Figure 16.4**) La probabilité de chaque phénotype peut alors être obtenue en additionnant les probabilités de tous les génotypes qui produisent le phénotype en question. Par exemple, le phénotype rouge est produit par trois génotypes :

Génotype	Probabilité
$A^+A^+B^-B^-$	1/16
$A^-A^-B^+B^+$	1/16
$A^+A^-B^+B^-$	1/4

Donc, la probabilité d'obtenir des grains rouges dans la descendance F_2 est $1/16 + 1/16 + 1/4 = 6/16$. La Figure 16.4 montre que le rapport phénotypique F_2 attendu est 1/16 pourpre, 4/16 rouge sombre, 6/16 rouge, 4/16 rouge clair, et 1/16 blanc. Ce rapport phénotypique est exactement celui observé par Nilsson-Ehle dans sa descendance F_2, ce qui démontre que l'hérédité d'un caractère variant de façon continue comme la couleur du grain obéit en effet aux principes de base de Mendel.

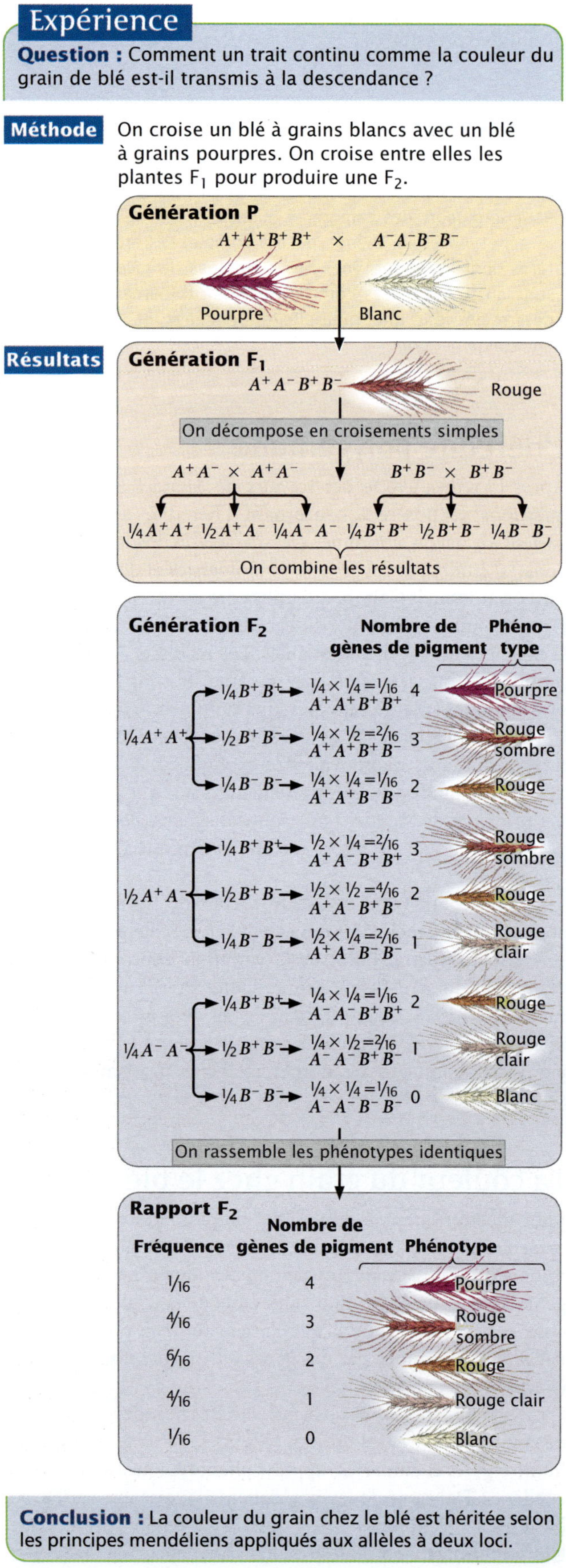

16.4 Nilsson-Ehle a démontré que la couleur du grain de blé est héritée selon les principes mendéliens. Il a croisé deux variétés de blé différant par les paires d'allèles présentes à deux loci qui affectent la couleur du grain. Une souche pourpre ($A^+A^+ B^+B^+$) a été croisée avec une souche blanche ($a^-a^- b^-b^-$), et la F_1 fut autofécondée pour produire une descendance F_2. Le rapport des phénotypes de la F_2 peut être déterminé en décomposant le croisement dihybride en deux croisements simples à un seul locus et en combinant les résultats par la règle de multiplication.

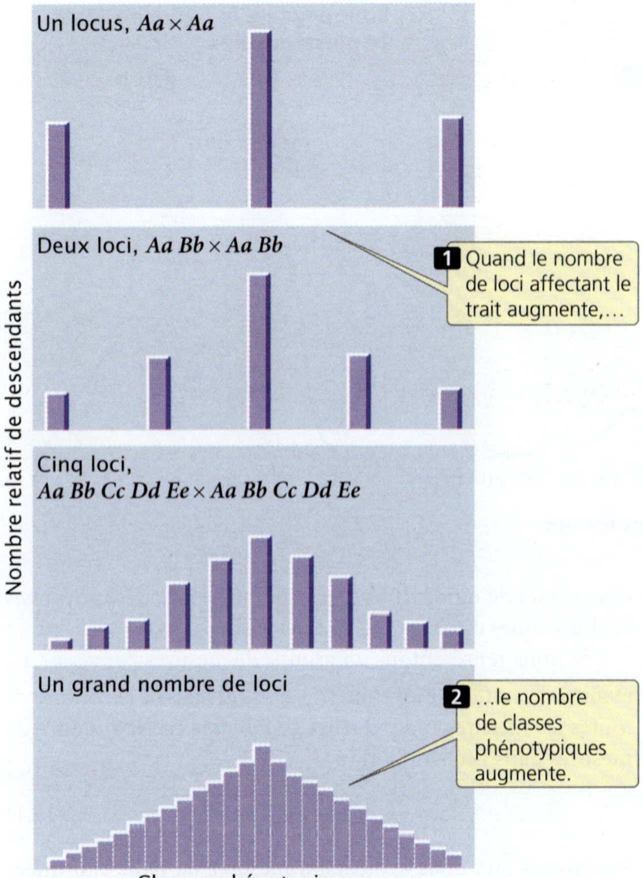

16.5 Résultats de croisements d'individus hétérozygotes à plusieurs loci affectant un caractère.

Les croisements de Nilsson-Ehle ont démontré que la différence entre l'hérédité de gènes déterminant des caractères quantitatifs et celle de gènes déterminant des caractères qualitatifs réside dans le *nombre* de loci impliqués. Quand un caractère est déterminé par des gènes de plusieurs loci, le nombre de génotypes possibles est plus élevé, et la relation entre génotype et phénotype est moins évidente. Par exemple, dans la descendance d'un croisement entre individus F_1 hétérozygotes pour les allèles à un seul locus, et avec des effets additifs, trois phénotypes apparaissent (**Figure 16.5**). Si les parents du croisement sont hétérozygotes à deux loci, il y a cinq phénotypes dans la descendance, et si les parents sont hétérozygotes à cinq loci, il y a onze phénotypes dans la descendance. L'augmentation du nombre de loci contenant des gènes affectant un caractère entraîne une augmentation du nombre de classes phénotypiques dans la descendance F_2.

Plusieurs paramètres des croisements effectués par Nilsson-Ehle simplifiaient considérablement l'hérédité polygénique de la couleur du grain et l'ont aidé à reconnaître le schéma mendélien de transmission du caractère. D'abord, les gènes affectant la couleur ne ségrégeaient qu'à deux ou trois loci. Si des gènes à davantage de loci avaient été impliqués, il lui eut été plus difficile de distinguer les classes phénotypiques. Ensuite, les gènes affectant la couleur du grain avaient des effets strictement additifs, résultant en une relation simple entre le génotype et le phénotype. De plus, l'environnement ne jouait pratiquement aucun rôle dans la formation du phénotype ; si des facteurs environnementaux avaient modifié les phénotypes, il eut été difficile d'identifier les cinq classes phénotypiques. Enfin, les loci étudiés n'étaient pas liés, de sorte que les gènes s'assortissaient de façon indépendante. Nilsson-Ehle a eu de la chance : pour de nombreux traits polygéniques, ces éléments simplificateurs sont absents et l'hérédité mendélienne est moins évidente.

Concepts clés

Les principes qui gouvernent l'hérédité de caractères quantitatifs sont les mêmes que ceux qui gouvernent l'hérédité de caractères qualitatifs (discontinus), mais davantage de gènes contribuent à la détermination des caractères quantitatifs.

16.2 L'analyse de caractères quantitatifs

Étant donné que les caractères quantitatifs sont décrits par une mesure et qu'ils sont influencés par de multiples facteurs, leur hérédité doit être analysée par des méthodes statistiques.

Distributions

Pour comprendre la base génétique d'un caractère, on commence par décrire les types et les proportions des phénotypes présents dans un groupe d'individus. La variation phénotypique au sein d'un groupe tel que la descendance d'un croisement peut être représentée de façon commode par un **histogramme de fréquences**, une représentation graphique des fréquences (nombres ou proportions) des différents phénotypes (**Figure 16.6**). Dans un histogramme de fréquences typique, les classes phénotypiques sont portées sur l'axe

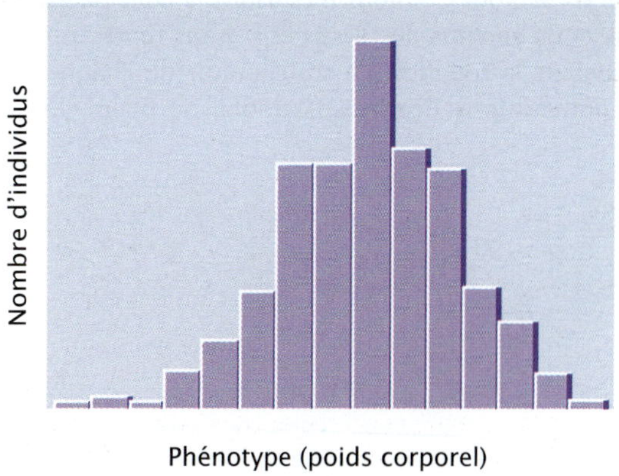

16.6 Une distribution de fréquences de phénotypes est un graphique qui représente le nombre ou la proportion de différents phénotypes. Les valeurs (ou les classes) phénotypiques sont portées sur l'axe horizontal, et les nombres (ou les proportions) d'individus de chaque classe sont portés sur l'axe vertical.

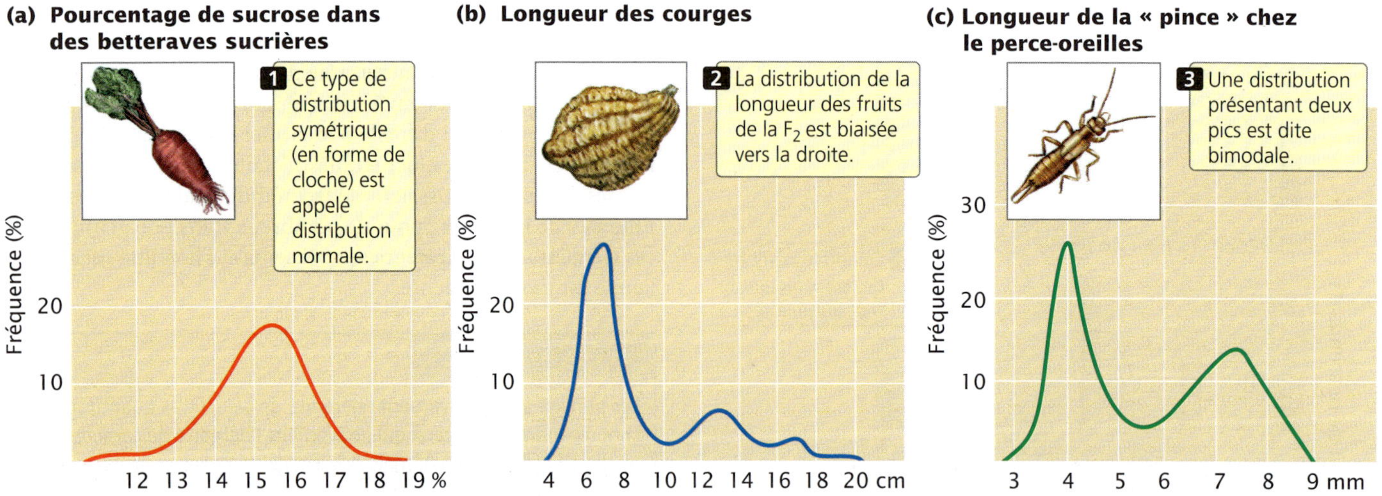

16.7 Les distributions de phénotypes peuvent présenter différentes formes.

horizontal (x) ou abscisse, et les nombres (ou les proportions) d'individus de chaque classe sont portés sur l'axe vertical (y) ou ordonnée. Un histogramme de fréquences est un résumé graphique concis de tous les phénotypes d'un trait quantitatif. Si on poursuit le processus en affinant la mesure tout en augmentant proportionnellement le nombre d'individus mesurés, l'histogramme tendra vers une forme continue représentant la **fonction de distribution** des phénotypes. De nombreux caractères quantitatifs présentent une fonction de distribution symétrique appelée **distribution normale** ou **unimodale** (**Figure 16.7a**) : la courbe a la forme d'une cloche dans laquelle la fréquence la plus élevée (le **mode**) se situe près du milieu de la distribution, les fréquences diminuant de part et d'autre. Deux autres types courants de distribution (distributions biaisée ou asymétrique et bimodale) sont également illustrés (**Figure 16.7b** et **c**).

La moyenne

La **moyenne** fournit une information sur le centre d'une distribution (le mode). Si nous mesurions la taille de garçons de 10 ans et de garçons de 18 ans et si nous représentions graphiquement la fonction de distribution de chaque groupe, nous obtiendrions deux distributions normales, mais avec des valeurs de mode différentes, indiquées par des moyennes arithmétiques différentes (**Figure 16.8**).

Si nous représentons un groupe de mesures par x_1, x_2, x_3, et ainsi de suite, la moyenne ($\bar{x}$) est simplement la somme de toutes les mesures individuelles (x_i) divisée par le nombre de mesures dans l'échantillon (n) :

$$\bar{x} = \frac{x_1 + x_2 + x_3 + \ldots + x_n}{n} \tag{16.1}$$

Supposons que nous ayons cinq mesures de taille exprimées en centimètres : $x_1 = 160$, $x_2 = 161$, $x_3 = 167$, et ainsi de suite. La taille moyenne ($\bar{x}$) est égale à :

$$\bar{x} = \frac{160 + 161 + 167 + 164 + 165}{5} = \frac{817}{5} = 163{,}4$$

La formule (16.1) peut s'écrire plus simplement

$$\bar{x} = \frac{\sum x_i}{n} \tag{16.2}$$

ou encore

$$\bar{x} = \frac{1}{n}\sum x_i \tag{16.3}$$

où le symbole Σ signifie « la somme de » et x_i les valeurs de x individuelles.

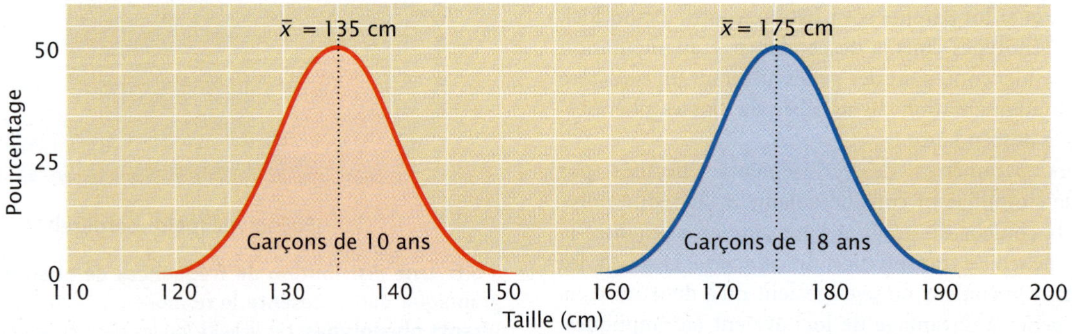

16.8 La moyenne donne une information sur le centre d'une distribution. Les distributions des tailles de garçons de 10 ans et de garçons de 18 ans sont toutes deux normales, mais elles se situent différemment dans la gamme continue des tailles, et leurs moyennes respectives sont différentes.

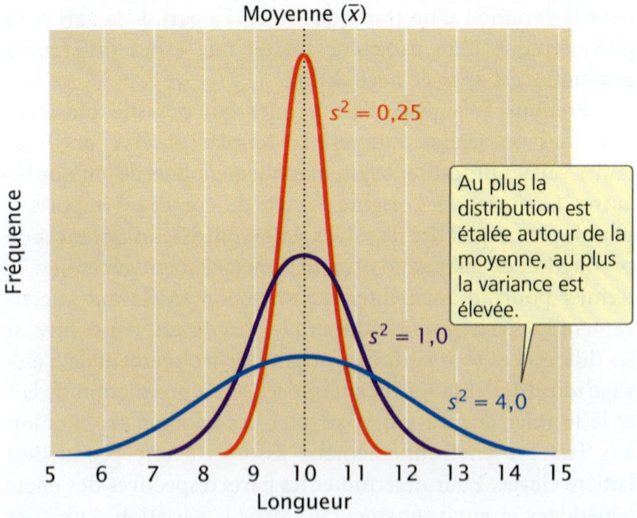

16.9 La variance donne une information sur la variabilité d'un groupe de phénotypes. Voici trois distributions avec une moyenne identique mais des variances différentes.

La variance

Une autre propriété importante d'une distribution est son degré de dispersion autour de la classe centrale. Deux distributions de même moyenne peuvent différer notablement par la façon dont les mesures sont groupées autour de la moyenne (**Figure 16.9**). La mesure la plus répandue de la variabilité au sein d'une distribution est la **variance** (s^2) qui est la moyenne des carrés des écarts individuels par rapport à la moyenne :

$$s^2 = \frac{\sum (x_i - x)^2}{n-1} \quad (16.4)$$

Pour calculer la variance, (1) nous soustrayons la moyenne de chaque mesure individuelle et nous élevons au carré la valeur obtenue, (2) nous additionnons tous les carrés des écarts, et (3) nous divisons cette somme par le nombre de mesures individuelles moins 1. (N.d.T. : Pour des raisons mathématiques que nous ne discuterons pas ici, la variance s'obtient en divisant par $n-1$ et non par n.) Reprenons l'exemple des cinq tailles d'individus mentionnées plus haut pour calculer la variance. La moyenne de ces tailles est 163,4 cm. La variance est :

$$s^2 = \frac{(160-163,4)^2 + (161-163,4)^2 + (167-163,4)^2 + (164-163,4)^2 + (165-163,4)^2}{5-1}$$

$$= \frac{(-3,4)^2 + (-2,4)^2 + (3,6)^2 + (0,6)^2 + (1,6)^2}{4}$$

$$= \frac{11,56 + 5,76 + 12,96 + 0,36 + 2,56}{4}$$

$$= 8,3$$

(N.d.T. : On utilise aussi très souvent l'écart standard ou déviation standard (s), qui est simplement la racine carrée de la variance, et qui s'exprime donc dans les mêmes unités que les mesures originales. Dans notre exemple, $s = \sqrt{8,3} = 2,88$)

Concepts clés

La moyenne et la variance décrivent la distribution d'une série de mesures. La moyenne donne la localisation du centre de la distribution, et la variance exprime la dispersion ou variabilité de la distribution.

L'application de la statistique à l'étude d'un caractère polygénique

Edward East est l'auteur d'une des premières études statistiques d'hérédité polygénique, publiée en 1916. Le caractère étudié était la longueur des fleurs de tabac (*Nicotiana longiflora*). Il utilisa deux variétés de tabac différant par la longueur de la fleur : une variété avait une longueur de fleur moyenne de 40,5 mm et l'autre une longueur de fleur moyenne de 93,3 mm (**Figure 16.10**). Ces deux variétés avaient fait l'objet de nombreuses autofécondations et elles étaient homozygotes à tous les loci affectant la longueur des fleurs. Il n'y avait donc aucune variation génétique dans les souches parentales d'origine (génération P) ; les petites différences de longueur de fleur dans ces souches étaient dues à des effets environnementaux.

Quand East croisa les deux souches, il observa que la longueur de la fleur chez les plantes F_1 était à peu près intermédiaire entre celles des deux parents (voir la Figure 16.10), ce qui montrait l'additivité des effets des gènes déterminant la longueur de la fleur. La variance de la longueur de la fleur chez la F_1 était similaire à celle observée chez les parents, parce que toutes les plantes F_1 avaient le même génotype, comme les souches parentales (les F_1 étaient toutes hétérozygotes pour les gènes différant entre les deux variétés parentales).

East croisa entre elles les F_1 pour produire une descendance F_2. La longueur moyenne de la fleur chez les plantes F_2 était semblable à celle des plantes F_1, mais la variance de la F_2 était beaucoup plus grande (voir la Figure 16.10). Cette variabilité plus importante indiquait que toutes les F_2 n'avaient pas le même génotype.

East sélectionna quelques plantes F_2 pour les croiser entre elles et obtenir une descendance F_3. Il observa que la longueur de la fleur chez les F_3 dépendait de la longueur de la fleur chez les plantes F_2 sélectionnées comme parents. Cette observation démontrait que les différences de longueur de fleur chez les F_2 étaient en partie génétiques et étaient donc transmises à la génération suivante.

16.3 L'héritabilité sert à estimer la part génétique de la variation d'un trait

En plus de leur nature polygénique, les caractères quantitatifs sont fréquemment influencés par des facteurs environnementaux. Il est souvent utile de connaître les parts respectives des différences génétiques et des différences d'environnement

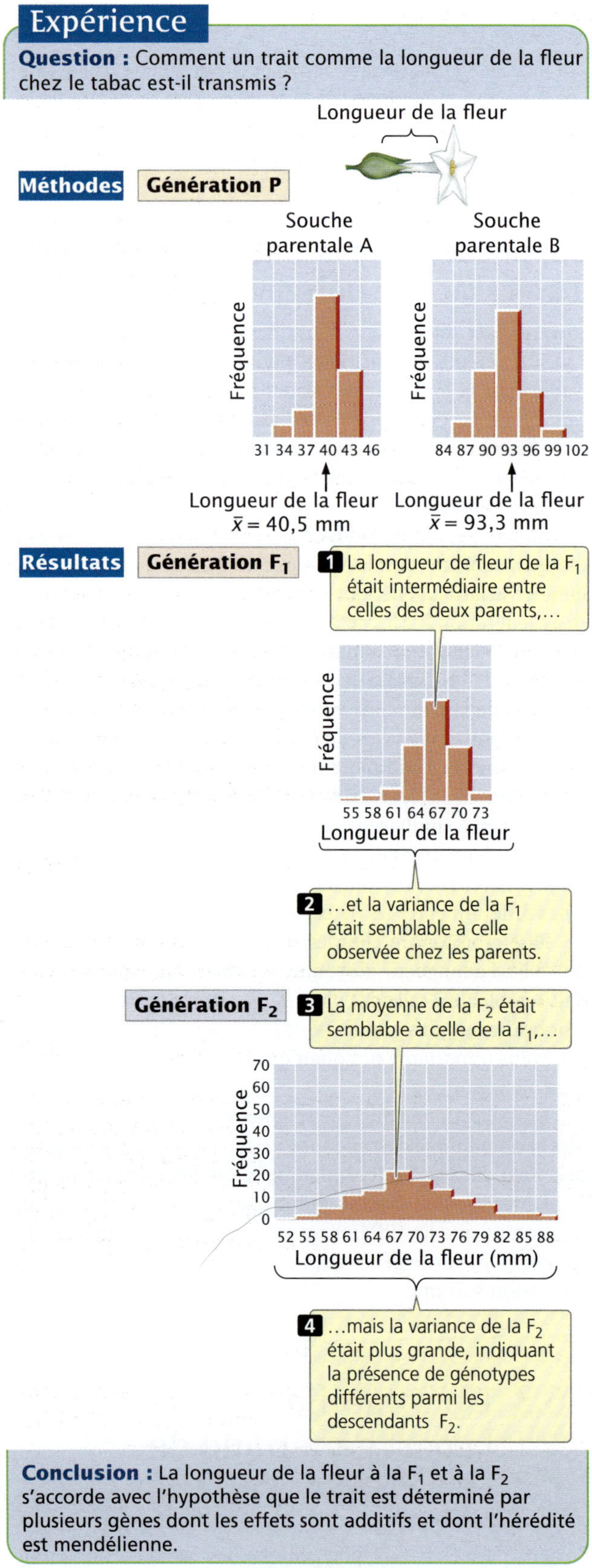

16.10 Edward East réalisa une des premières études statistiques d'hérédité polygénique en étudiant la longueur de la fleur de tabac.

dans la variation d'un trait quantitatif. La part de la variation phénotypique d'un caractère qui est due à des différences génétiques est appelée **héritabilité**.

Prenons l'exemple d'un fermier qui possède plusieurs centaines de vaches laitières. Le fermier observe que certaines vaches produisent systématiquement plus de lait que les autres. Comprendre l'origine de cette différence est important pour le profit qu'il tire de son exploitation. Si les différences de production de lait sont d'origine principalement génétique, le fermier pourrait augmenter la production en élevant sélectivement les vaches qui produisent le plus de lait. Par contre, si les différences sont surtout d'origine environnementale, l'élevage sélectif n'aura que peu d'impact sur la production de lait et le fermier devrait plutôt adapter son mode d'exploitation aux facteurs environnementaux associés à une production laitière élevée. Pour déterminer les parts respectives des effets génétiques et environnementaux dans la variation d'un trait quantitatif, la variation phénotypique doit être subdivisée en composantes attribuables à différents facteurs.

La variance phénotypique

Pour déterminer les parts respectives de facteurs génétiques et environnementaux dans les différences phénotypiques au sein d'une population, il faut d'abord disposer d'une mesure quantitative du phénotype considéré. Prenons l'exemple d'une population de plantes sauvages qui diffèrent par leur taille. Nous pourrions récolter un échantillon représentatif de ces plantes, peser chaque plante de l'échantillon, et calculer la moyenne et la variance du caractère poids de la plante. Cette **variance phénotypique** est représentée par V_P.

Les composantes de la variance phénotypique Une partie de la variance phénotypique peut être due à des différences de génotype entre les membres individuels de la population. Ces différences constituent la **variance génétique**, qui est représentée par V_G.

Une autre partie des différences phénotypiques peut être due à des différences dans l'environnement des plantes. Ces différences constituent la **variance environnementale**, V_E.

Une troisième composante, la **variance liée à des interactions entre gènes et environnement** (V_{GE}), intervient quand l'effet d'un gène dépend de l'environnement spécifique dans lequel il se trouve. Un exemple est montré dans la **Figure 16.11**. Dans un environnement sec, le génotype *AA* produit une plante d'un poids moyen de 12 g, et le génotype *aa* produit une plante plus petite, d'un poids moyen de 10 g. Dans un environnement humide, c'est le génotype *aa* qui produit une plante plus grande, d'un poids moyen de 24 g, tandis que le génotype *AA* produit une plante d'un poids moyen de 20 g. Dans cet exemple, il y a des différences marquées entre les deux environnements : les deux génotypes produisent des plantes plus lourdes dans l'environnement humide. Il y a aussi des différences de poids entre les deux génotypes, mais les performances relatives des deux génotypes diffèrent selon que les plantes poussent dans un environnement humide ou sec. Dans ce cas, les influences sur le phénotype ne peuvent

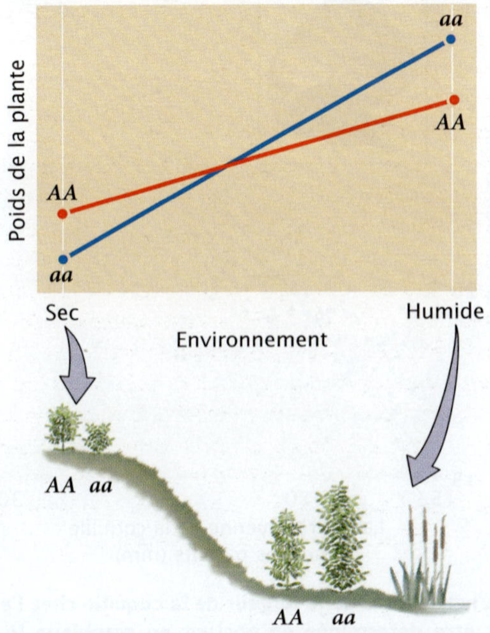

16.11 Une variance liée à des interactions entre gènes et environnement apparaît quand l'effet d'un gène dépend de l'environnement particulier dans lequel il se trouve. Dans cet exemple, le génotype affecte le poids d'une plante, mais les conditions d'environnement déterminent quel génotype produit la plante la plus lourde.

être attribuées simplement aux seules composantes génétique et environnementale, parce que l'expression du génotype dépend de l'environnement dans lequel pousse la plante. La variance phénotypique doit donc inclure une composante qui rend compte de l'interaction entre facteurs génétiques et environnementaux.

En résumé, trois composantes contribuent à la variance phénotypique totale :

$$V_p = V_G + V_E + V_{GE} \qquad (16.5)$$

Les composantes de la variance génétique La variance génétique elle-même peut être subdivisée en composantes représentant différents types d'effets génétiques. La **variance génétique additive** (V_A) comprend les effets additifs des gènes sur le phénotype. Supposons par exemple que, dans une plante, l'allèle A^1 contribue au poids pour 2 g, et l'allèle A^2 pour 4 g. Si la contribution des allèles est strictement additive, les différents génotypes auraient les poids suivants :

$$A^1A^1 = 2 + 2 = 4 \text{ g}$$
$$A^1A^2 = 2 + 4 = 6 \text{ g}$$
$$A^2A^2 = 4 + 4 = 8 \text{ g}$$

Les gènes déterminant la couleur du grain de blé étudiés par Nilsson-Ehle présentent ce type d'additivité. La variance génétique additive est essentiellement celle qui détermine la ressemblance entre parents et descendants. Par exemple, si toute la variance phénotypique est due à la variance génétique additive, les phénotypes de la descendance seront exactement intermédiaires entre ceux des parents, mais si certains allèles sont dominants, la descendance sera phénotypiquement plus proche de l'un des parents (dominance partielle), voire différente (par exemple, quand $Aa \times Aa$ donne une descendance aa).

L'existence de relations de dominance nécessite l'introduction d'une composante de **variance due à la dominance** (V_D) dans la variance génétique : les allèles à un locus ne sont plus additifs, et l'effet d'un allèle dépend de l'identité de l'autre allèle présent à ce locus. Par exemple, avec un allèle dominant (T), les génotypes TT et Tt ont le même phénotype. Nous ne pouvons plus additionner simplement les effets des deux allèles parce que l'effet de l'allèle t est masqué par la présence de l'allèle T. La composante V_D de la variance génétique rend compte de la façon dont les allèles d'un gène interagissent.

Les gènes à différents loci peuvent aussi interagir de façon analogue aux allèles présents à un même locus. Si une telle interaction entre gènes existe, les effets des gènes ne sont plus additifs. Par exemple, nous avons vu dans le Chapitre 4 que la détermination de la couleur du pelage des Labrador retrievers présente ce type d'interaction entre gènes : les génotypes *BB ee* et *bb ee* produisent le même pelage doré parce que l'effet des allèles au locus *B* est masqué par la présence des allèles *ee* au locus *E*. Il faut donc inclure une troisième composante dans la variance génétique, la **variance due aux interactions entre gènes** (V_I), et :

$$V_G = V_A + V_D + V_I \qquad (16.6)$$

Équation globale de la variance Nous pouvons à présent intégrer toutes ces composantes dans une équation globale de la variance phénotypique :

$$V_P = V_A + V_D + V_I + V_E + V_{GE} \qquad (16.7)$$

L'équation 16.7 fournit un modèle qui décrit les causes potentielles des différences observées entre des phénotypes individuels au sein d'une population. Il faut souligner que ce modèle ne concerne que les *différences observables* entre phénotypes au sein d'une population (la variance), et ne décrit ni la valeur intrinsèque du caractère étudié ni les génotypes responsables des différences.

Les types d'héritabilité

Si un caractère montre un certain degré d'héritabilité dans une population, il est possible de quantifier son degré d'héritabilité. L'**héritabilité au sens large** (H^2) représente la part de la variance phénotypique qui est due à la variance génétique, et s'obtient en divisant la variance génétique par la variance phénotypique :

$$\text{héritabilité au sens large} = H^2 = \frac{V_G}{V_p} \qquad (16.8)$$

La puissance 2 s'explique par le fait que l'héritabilité est une fraction de la variance, qui est exprimée en unités à la puissance 2 (s^2).

La valeur de l'héritabilité au sens large est comprise entre 0 et 1. Une valeur de 0 indique que rien de la variance phénotypique n'est dû à des différences de génotype et que toutes les différences de phénotype résultent de variations environnementales. Une valeur de 1 indique que toute la variance phénotypique résulte de différences de génotype. Une valeur entre 0 et 1 indique que des facteurs génétiques et environnementaux contribuent à la variance phénotypique.

Souvent, l'intérêt se porte davantage sur la part de la variance phénotypique qui résulte de la variance génétique additive, parce que c'est la composante de la variance génétique qui représente en première instance la ressemblance entre parents et descendants. L'**héritabilité restreinte** (h^2) est donnée par :

$$\text{héritabilité restreinte} = h^2 = \frac{V_A}{V_P} \qquad (16.9)$$

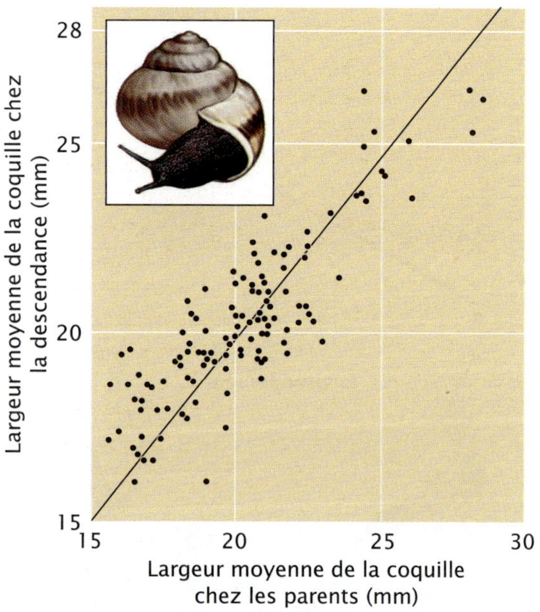

16.12 L'héritabilité de la largeur de la coquille chez l'escargot peut être déterminée en portant en graphique le phénotype moyen de la descendance par rapport au phénotype moyen des parents. *[Tiré de L.M. Cook,* Evolution *19 : 86-94, 1965.]*

Méthodes d'estimation de l'héritabilité

Comment estimer les différentes composantes de la variance phénotypique et calculer l'héritabilité ? Il existe plusieurs façons de mesurer l'héritabilité d'un caractère. La théorie mathématique sur laquelle repose le calcul de l'héritabilité est complexe et sort du cadre de cet ouvrage. Néanmoins, il est possible de comprendre dans les grandes lignes comment on obtient une estimation de l'héritabilité.

La plupart des méthodes de calcul de l'héritabilité comparent le degré de ressemblance entre des individus apparentés et non apparentés, ou entre des individus ayant différents degrés de parenté. Par exemple, une méthode compare les phénotypes de parents et de leur progéniture avec ceux d'individus non apparentés. Une autre méthode compare la ressemblance entre jumeaux identiques (qui ont 100 % de gènes en commun) avec la ressemblance entre jumeaux non identiques (qui ont 50 % de gènes en commun). L'idée générale est que si les différences entre individus sont en partie d'origine génétique, les individus présentant le degré de parenté le plus étroit seront les plus ressemblants au niveau du phénotype. Un exemple de calcul d'héritabilité est présenté dans la **Figure 16.12**. Le graphique compare le phénotype moyen de descendants au phénotype moyen de leurs parents. Chaque point sur le graphique représente une famille. La droite est la meilleure approximation des points du graphique (elle a été calculée de façon à minimiser les écarts des points par rapport à la droite). Une démonstration mathématique complexe (que nous ne présenterons pas ici) montre que la pente de la droite est égale à l'héritabilité restreinte du caractère étudié.

Toutes les estimations d'héritabilité dépendent de manière critique de l'hypothèse que les facteurs environnementaux sont les mêmes pour tous les degrés de relation entre individus qui sont analysés. Cette condition est difficilement rencontrée dans les études concernant l'être humain, parce que des parents plus proches vivent en général dans des environnements plus similaires que des parents plus éloignés. Les estimations d'héritabilité chez l'homme doivent donc toujours être considérées avec prudence.

Concepts clés

L'héritabilité au sens large est la part de la variance phénotypique qui est due à la variance génétique. L'héritabilité restreinte est la partie de la variance phénotypique qui est due à la variance génétique additive. L'héritabilité peut être mesurée en comparant le degré de ressemblance entre individus apparentés et non apparentés ou entre individus ayant différents degrés de parenté.

✔ Test de compréhension 1

Si la variance environnementale (V_E) augmente mais que toutes les autres composantes de la variance restent inchangées, quel sera l'effet observé ?

a. L'héritabilité au sens large va diminuer.
b. L'héritabilité au sens large va augmenter.
c. L'héritabilité restreinte va augmenter.
d. L'héritabilité au sens large va augmenter, mais l'héritabilité restreinte va diminuer.

Les limites de l'héritabilité

La connaissance de l'héritabilité est d'une grande importance pratique parce qu'elle permet de prédire statistiquement les phénotypes d'une descendance sur la base du phénotype des parents. Elle fournit aussi une information utile sur la manière dont un caractère va répondre à une sélection (voir la section 16.4). Cependant, sans nier son importance, il faut constater que l'héritabilité est souvent mal comprise et que son utilisation débouche parfois sur des interprétations erronées. L'héritabilité ne fournit pas d'information sur les gènes d'un individu ni sur les facteurs environnementaux qui contribuent à façonner un trait, et elle ne dit rien sur la nature des différences entre groupes. Cette section décrit les limites de l'héritabilité au sens large et de l'héritabilité restreinte, ainsi que certaines des interprétations erronées qui peuvent en être faites.

L'héritabilité n'indique pas à quel point un caractère est déterminé génétiquement L'héritabilité est la part de la variance phénotypique qui est due à la variance génétique ; elle ne dit rien du degré auquel des gènes déterminent un caractère. L'héritabilité indique seulement le degré auquel des gènes déterminent *la variation* d'un caractère. La détermination d'un caractère et la détermination de la variation d'un caractère sont deux choses très différentes.

Considérons la polydactylie (la présence d'un doigt supplémentaire) chez le lapin, qui peut être causée par des facteurs environnementaux ou par un gène dominant. Supposons que nous ayons une population de lapins tous homozygotes pour un gène qui détermine un nombre normal de doigts. Aucun des lapins de ce groupe ne porte de gène codant la polydactylie, mais quelques individus sont polydactyles à cause de facteurs environnementaux. L'héritabilité au sens large de la polydactylie dans ce groupe est zéro parce qu'il n'y a pas de variation génétique concernant la polydactylie ; toute la variation est due à des facteurs environnementaux. Ce serait toutefois une généralisation abusive d'en conclure que les gènes ne jouent aucun rôle dans la détermination du nombre de doigts chez les lapins. En effet, nous savons qu'il existe des gènes spécifiques qui peuvent coder la présence de doigts surnuméraires. L'héritabilité ne nous dit pas si des gènes contrôlent ou non le façonnement d'un caractère ; elle nous informe seulement sur les causes de la variation d'un caractère au sein d'une population particulière.

Un individu n'a pas d'héritabilité L'héritabilité au sens large et l'héritabilité restreinte sont des valeurs statistiques basées sur les variances génétique et phénotypique observées pour *un groupe* d'individus. Il n'est pas possible de calculer une héritabilité pour un seul individu, et elle n'aurait d'ailleurs aucune signification. Supposons que nous calculions l'héritabilité restreinte du poids corporel pour les étudiants d'une classe de biologie et que nous obtenions une valeur de 0,6. Nous pourrions conclure que 60 % de la variation du poids corporel parmi les étudiants de cette classe est déterminée par la variation génétique additive. Par contre, nous ne pourrions pas conclure que 60 % du poids corporel d'un étudiant parmi d'autres résulte de l'effet additif de gènes.

Il n'existe pas d'héritabilité universelle d'un caractère La valeur de l'héritabilité d'un caractère se rapporte à une population spécifique dans un environnement spécifique. L'héritabilité au sens large s'obtient en divisant la variance génétique par la variance phénotypique. La variance génétique dépend des gènes présents, qui diffèrent souvent entre populations. Dans l'exemple de la polydactylie chez le lapin, il n'y avait pas de gène codant la polydactylie dans le groupe considéré, donc l'héritabilité de ce caractère était zéro. Un autre groupe de lapins pourrait contenir plusieurs gènes déterminant la polydactylie, et l'héritabilité du caractère serait alors élevée.

Des différences environnementales peuvent affecter l'héritabilité parce que V_P comprend aussi la variance environnementale (équations 16.5 et 16.7). Quand les différences environnementales qui affectent un caractère ne sont pas les mêmes pour deux groupes, l'héritabilité du caractère considéré sera souvent différente dans les deux groupes. Étant donné que l'héritabilité est spécifique d'une population donnée dans un environnement particulier, on ne peut pas l'extrapoler à une autre population.

Même quand un caractère a une héritabilité élevée, il peut être influencé par des facteurs environnementaux Une héritabilité élevée ne signifie pas que des facteurs environnementaux ne puissent pas influencer l'expression d'un caractère. Une héritabilité élevée indique simplement que la variation environnementale à laquelle la population est exposée *au moment de la mesure* n'est que peu ou pas responsable de la variation du caractère. Prenons l'exemple de la taille humaine. Dans la plupart des pays développés, l'héritabilité de la taille humaine est élevée, ce qui indique que des différences génétiques sont responsables de l'essentiel de la variation de la taille. Il serait cependant faux de conclure que la taille humaine ne peut pas être affectée par des changements d'environnement. En effet, dans plusieurs villes européennes durant la Seconde Guerre Mondiale, la taille humaine a diminué à cause de la malnutrition et de la maladie ; de plus, la taille peut augmenter de façon spectaculaire suite à l'administration d'hormone de croissance aux enfants. L'absence de variance environnementale pour un caractère ne signifie pas que ce caractère ne répondra pas à des changements d'environnement.

L'héritabilité n'explique pas pourquoi des populations diffèrent pour un caractère particulier L'héritabilité est spécifique d'une population donnée dans un environnement donné, et ne peut donc être utilisée pour expliquer des différences entre populations pour un caractère particulier.

Supposons que nous mesurions l'héritabilité de la taille humaine chez deux groupes d'individus. Un des groupes vit dans une petite ville d'un pays développé, où tout le monde a une alimentation riche en protéines. Comme les facteurs environnementaux qui affectent la taille varient peu, mais qu'il y a une variation génétique, l'héritabilité de la taille dans ce groupe est élevée. Le second groupe comprend les habitants d'un village dans un pays en voie de développement. La consommation de protéines par les individus de ce groupe n'est que 25 % de celle des individus de l'autre groupe, de sorte que leur taille adulte moyenne est inférieure de plusieurs centimètres à celle des individus du pays développé. À nouveau, les facteurs environnementaux qui affectent la taille dans ce groupe varient peu parce que tous les habitants de ce village ont une alimentation semblable et sont exposés aux mêmes maladies. Comme il y a peu de variation environnementale, mais qu'il y a une variation génétique, l'héritabilité de la taille dans ce groupe est également élevée.

L'héritabilité de la taille est élevée pour les deux groupes, et la taille moyenne diffère considérablement entre les deux groupes. Nous pourrions être tentés de conclure que la différence de taille observée est d'origine génétique. Cette conclusion est cependant fausse, parce que la différence de taille entre les deux groupes est due principalement à une alimentation différente, donc à un facteur environnemental.

Ces limites de la signification de l'héritabilité ont souvent été ignorées, particulièrement dans des arguments concernant les implications sociales et cognitives des différences génétiques entre individus. Par exemple, les résultats de plusieurs études récentes indiquent que l'intelligence humaine, telle que mesurée par des tests de QI (quotient intellectuel) et d'autres tests d'intelligence, a une héritabilité plutôt élevée (généralement de 0,4 à 0,8). Sur la base de cette observation, certains sociologues et psychologues de l'éducation ont conclu que l'intelligence est un caractère inné et que l'accès à une meilleure éducation ne pouvait guère favoriser le développement de l'intelligence. Cette argumentation est basée sur l'assimilation erronée d'une héritabilité élevée à l'absence de possibilités de changement. De plus, comme les héritabilités de l'intelligence qui ont été mesurées se situent entre 0,4 et 0,8, cela laisse une marge non négligeable pour l'effet de différences environnementales.

Une autre interprétation erronée de l'héritabilité consiste à affirmer que les différences d'intelligence qui peuvent être observées entre groupes ethniques sont d'origine génétique. Comme certaines études génétiques montrent que le QI a une héritabilité plutôt élevée et que d'autres études ont trouvé des différences de QI moyen entre groupes ethniques, d'aucuns ont suggéré que les différences de QI entre groupes ethniques aient une base génétique. Comme dans l'exemple des effets du régime alimentaire sur la taille humaine, l'héritabilité ne fournit pas d'indication sur la cause des différences entre groupes, mais uniquement le degré auquel la variance phénotypique *au sein d'un groupe* est due à la variation génétique. L'héritabilité élevée d'un caractère ne signifie aucunement qu'il est déterminé uniquement par des facteurs génétiques et qu'il est immuable. Il est également important de rappeler que faire la part des effets génétiques et des effets environnementaux chez l'être humain est extrêmement difficile, et que les estimations de l'héritabilité de caractères peuvent elles-mêmes être peu fiables.

Concepts clés

L'héritabilité ne renseigne que sur le degré auquel *la variation* d'un caractère est déterminée génétiquement. Il n'y a pas d'héritabilité universelle d'un caractère ; l'héritabilité est spécifique d'une population donnée dans un environnement donné. Des facteurs environnementaux peuvent fort bien affecter des caractères à haute héritabilité, et l'héritabilité ne dit rien sur la nature (génétique ou environnementale ou les deux) des différences entre populations concernant un caractère particulier.

✔ Test de compréhension 2

Vous apprenez que l'héritabilité restreinte de la tension artérielle mesurée chez un groupe d'Afro-américains vivant à Détroit, Michigan, est de 0,40. Que nous dit cette héritabilité sur les contributions respectives de facteurs génétiques et environnementaux à la tension artérielle ?

La localisation des gènes qui affectent les caractères quantitatifs

Les méthodes statistiques utilisées pour l'analyse de caractères quantitatifs peuvent servir à prédire le phénotype moyen d'une descendance et à estimer la contribution globale de gènes à la variation d'un caractère. Ces méthodes ne permettent toutefois pas d'identifier et de déterminer l'influence de gènes individuels sur des traits quantitatifs. Comme nous l'avons vu dans l'introduction à ce chapitre, les régions chromosomiques contenant des gènes qui contrôlent des caractères polygéniques sont appelées loci de traits quantitatifs (QTL). Bien que la génétique quantitative ait livré des contributions importantes à la biologie et à l'élevage de plantes et d'animaux, la difficulté d'identifier les QTL et de mesurer leurs effets individuels a longtemps constitué une limite à l'application des méthodes de génétique quantitative.

Cartographie des QTL En quelques années, de nombreux marqueurs génétiques ont été identifiés et cartographiés par analyse moléculaire. L'identification et la localisation de QTL par analyse de liaison sont devenues possibles. L'idée de base est simple : si l'hérédité d'un marqueur génétique est associée de façon significative à celle d'un caractère quantitatif

16.13 La disponibilité de marqueurs moléculaires a rendu possible la localisation cartographique de QTL chez de nombreux organismes. La localisation des QTL permet d'identifier les gènes qui affectent le rendement chez le maïs et chez d'autres plantes d'intérêt agricole.

(une taille plus élevée, par exemple), ce marqueur doit être lié à un QTL qui affecte la taille. La clé est de disposer de suffisamment de marqueurs génétiques pour identifier des QTL dans toute l'étendue du génome. Avec l'introduction des polymorphismes de fragments de restriction, des microsatellites, et des polymorphismes de nucléotide simple (voir le Chapitre 14), on dispose à présent de marqueurs pour cartographier des QTL chez de nombreux organismes (**Figure 16.13** ; voir aussi le récit de la localisation de l'IGF-2 en début de chapitre). Une procédure courante pour cartographier les QTL est de croiser deux souches homozygotes porteuses d'allèles différents à de nombreux loci. Les descendants F_1 sont alors croisés entre eux ou croisés en retour pour permettre aux gènes de se recombiner par assortiment indépendant et par crossing-over. Les gènes présents sur des chromosomes différents et les gènes qui sont très éloignés sur un même chromosome vont se recombiner librement ; les gènes qui sont étroitement liés vont être hérités ensemble. On mesure un ou plusieurs traits quantitatifs chez les descendants, en même temps qu'on établit leur génotype pour de nombreux marqueurs moléculaires qui couvrent l'entièreté du génome. Toute corrélation entre l'hérédité d'un allèle marqueur particulier et un phénotype quantitatif indique qu'un QTL est lié à ce marqueur. L'utilisation d'un nombre suffisant de marqueurs devrait théoriquement permettre d'identifier tous les QTL affectant un trait particulier. Rappelons qu'un QTL n'est pas un gène ; un QTL est l'emplacement sur une carte génétique d'une région de chromosome associée à un trait quantitatif. Après qu'un QTL ait été identifié, il peut être analysé pour la présence de gènes qui influencent le trait quantitatif étudié. Cette approche a permis d'identifier les gènes qui affectent différents traits chez différentes espèces végétales et animales (**Tableau 16.2**).

Quelques applications de la cartographie des QTL Le nombre de gènes qui affectent un caractère quantitatif s'obtient en additionnant tous les QTL qui ont été identifiés pour le caractère en question. Cette façon de procéder donnera toujours une sous-estimation du nombre de gènes, parce que des QTL très proches sur un même chromosome seront comptés ensemble et que ceux dont les effets sont faibles ne seront pas détectés.

L'identification des QTL donne aussi une information sur l'importance relative des effets qu'ont les gènes sur un caractère quantitatif. Le modèle polygénique classique suppose que de nombreux gènes influencent un trait quantitatif, que l'effet de chaque gène est petit, et que les effets des différents gènes sont égaux et additifs. Les résultats d'études des QTL chez plusieurs organismes montrent à présent que ces hypothèses ne sont pas toujours vérifiées. Les polygènes semblent varier fortement dans leurs effets. Pour beaucoup des caractères quantitatifs étudiés, un petit nombre de QTL rendent comptent d'une grande partie de la variation phénotypique. Dans quelques cas, on a identifié des QTL individuels qui interviennent pour plus de 20 % dans la variance d'un caractère.

Concepts clés

La disponibilité de nombreux marqueurs génétiques identifiables par des méthodes moléculaires rend possible la localisation des segments de chromosomes contenant des gènes qui contribuent à la détermination de traits polygéniques.

Tableau 16.2 Traits quantitatifs pour lesquels des QTL ont été identifiés

Organisme	Trait quantitatif	Nombre de QTL identifiés
Tomate	Solides solubles	7
	Masse du fruit	13
	pH du fruit	9
	Croissance	5
	Forme de la foliole	9
	Hauteur de tige	9
Maïs	Hauteur de tige	11
	Longueur de feuille	7
	Nombre de rejets	1
	Dureté de la glume	5
	Rendement en grains	18
	Nombre d'épis	9
	Thermo-tolérance	6
Haricot commun	Nombre de nodules	4
Haricot mungo	Poids de la graine	4
Niébé (« cow pea »)	Poids de la graine	2
Blé	Germination sur épi	4
Porc	Croissance	2
	Longueur du petit intestin	1
	Couche moyenne de lard dorsal	1
	Lard ventral	1
Souris	Épilepsie	2
Rat	Hypertension	2

Source : Tiré de S.D. Tanksley, Mapping polygenes, *Annual Review of Genetics* 27: 218, 1993.

16.4 Des traits génétiquement variables changent en réponse à la sélection

L'évolution est le changement génétique qui se produit parmi les membres d'une population. Plusieurs forces peuvent agir comme moteurs de l'évolution ; nous examinerons ces forces et le processus de l'évolution de façon plus approfondie dans le Chapitre 17. Nous considérons ici comment une de ces forces – la sélection naturelle – peut provoquer un changement génétique dans un caractère quantitatif.

Charles Darwin proposa le concept de sélection naturelle dans son livre *On the Origin of Species* (De l'origine des espèces) en 1859. La **sélection naturelle** résulte de la reproduction différentielle d'individus ayant des génotypes différents, qui permet aux individus porteurs de certains génotypes de produire plus de descendants que d'autres. La sélection naturelle est un des moteurs les plus importants des changements évolutifs, et elle peut être décrite succinctement comme suit :

> **Première observation** Une partie seulement des individus produits à chaque génération est capable de survivre assez longtemps pour se reproduire.
>
> **Deuxième observation** Il y a beaucoup de variation phénotypique au sein des populations naturelles.
>
> **Troisième observation** Une partie de la variation phénotypique est transmissible. Dans la terminologie de la génétique quantitative, on dira qu'une partie de la variation phénotypique de ces caractères est due à la variation génétique, et que ces caractères ont une héritabilité.
>
> **Conséquence logique** Les individus possédant certains traits (appelés traits adaptatifs) survivent et se reproduisent mieux que d'autres. Parce que les traits adaptatifs sont transmissibles, les descendants auront tendance à ressembler à leurs parents pour ces traits, et il y aura davantage d'individus porteurs de ces traits adaptatifs dans la génération suivante. Par conséquent, les traits adaptatifs seront, avec le temps, de mieux en mieux représentés dans la population.

De cette façon, les organismes deviennent génétiquement adaptés à leurs environnements ; quand les environnements changent, des groupes d'organismes changent selon des processus qui les rendent plus aptes à survivre et à se reproduire.

Depuis des milliers d'années, l'homme a pratiqué une forme de sélection en favorisant la reproduction d'organismes dotés de traits perçus comme désirables. Cette forme de sélection – la **sélection artificielle** – a produit les plantes et les animaux domestiques qui rendent possible l'agriculture moderne.

Prédiction de la réponse à la sélection

Quand un caractère quantitatif est soumis à une sélection naturelle ou artificielle, il va changer de nombreuses fois au cours du temps, à condition qu'il existe une variation génétique pour ce caractère dans la population. Supposons qu'un producteur laitier ne fasse se reproduire que les meilleures vaches laitières de son troupeau. S'il existe une variation génétique de la production de lait, la production moyenne de lait de la descendance des vaches sélectionnées devrait être plus élevée que la production moyenne de lait du troupeau original. Cette augmentation de la production provient de ce que les vaches sélectionnées possèdent plus de gènes favorisant une production de lait élevée qu'une vache moyenne, et que ces gènes sont transmis à leur descendance, qui possédera une plus grande proportion de gènes de haut rendement laitier et qui produira donc plus de lait que la vache moyenne du troupeau original.

Le degré auquel un caractère soumis à une sélection change en une génération est la **réponse à la sélection**. Revenons à nos vaches laitières. Supposons que la vache moyenne d'un troupeau laitier produise 80 litres de lait par semaine. Le fermier sélectionne une production de lait accrue en faisant se reproduire les meilleures productrices de lait, et la descendance de ces vaches sélectionnées produit en moyenne 100 litres de lait par semaine. La réponse à la sélection se calcule en soustrayant le phénotype moyen de la population originale (80 litres) du phénotype moyen de la descendance (100 litres), ce qui donne une réponse à la sélection de 20 litres par semaine.

La réponse à la sélection est déterminée par deux facteurs importants. En premier lieu, elle dépend de l'héritabilité restreinte qui mesure le degré de ressemblance entre parents et descendants. Quand l'héritabilité restreinte est élevée, les descendants tendront à ressembler fortement à leurs parents ; inversement, quand elle est faible, il n'y aura que peu de ressemblance.

Le deuxième facteur qui détermine la réponse à la sélection est le **différentiel de sélection** qui est l'écart entre les parents sélectionnés et la moyenne générale (N.d.T. : On utilise parfois le terme d'écart de sélection.). Si le fermier est très exigeant dans son choix de parents et qu'il ne sélectionne que les deux laitières les plus performantes pour la reproduction, toute la descendance héritera de gènes de haut rendement laitier. S'il est moins sélectif et fait se reproduire les 20 meilleures laitières, la descendance portera moins de gènes de haut rendement laitier et produira, en moyenne, moins de lait que la progéniture des deux vaches hautement performantes. Si la production du troupeau original est de 80 litres par vache et par semaine, et que le fermier choisit des vaches produisant 120 litres par semaine pour la reproduction, le différentiel de sélection est de 40 litres.

La réponse à la sélection (R) est le produit de l'héritabilité restreinte du caractère (h^2) et du différentiel de sélection (S) :

$$R = h^2 \times S \tag{16.10}$$

Cette équation peut être utilisée pour prédire le changement d'un caractère quantitatif quand un différentiel de sélection est appliqué. G.A. Clayton et ses collaborateurs ont estimé la réponse à la sélection du nombre de soies abdominales chez *Drosophila melanogaster*. Par différentes méthodes, ils ont d'abord estimé à 0,52 l'héritabilité restreinte du nombre de soies abdominales dans une population de mouches à fruits. Le nombre moyen de soies dans la population originale était de 35,3. Ils ont sélectionné, puis croisé entre elles des mouches individuelles ayant un nombre moyen de soies de 40,6. Le différentiel de sélection était 40,6 – 35,3 = 5,3. Ils ont prédit une réponse à la sélection de

$$R = 0{,}52 \times 5{,}3 = 2{,}8$$

Cette valeur de la réponse à la sélection est l'augmentation attendue du caractère dans la descendance par rapport à la moyenne dans la population originale. Ils s'attendaient donc à un nombre moyen de soies abdominales de 35,3 + 2,8 = 38,1 dans la descendance des mouches sélectionnées. Et en effet, ces mouches avaient un nombre moyen de soies de 37,9.

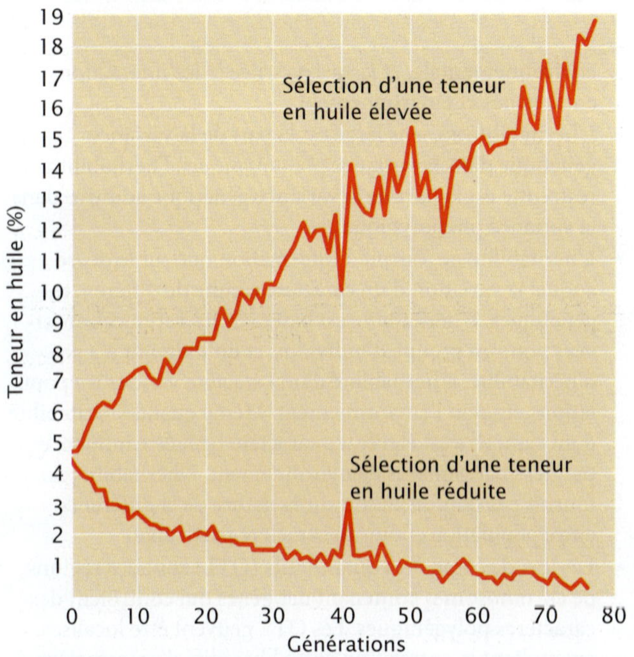

16.14 Dans une expérience de réponse à la sélection à long terme, la sélection d'une augmentation du contenu en huile du maïs a augmenté la teneur en huile jusqu'à atteindre 20 %, tandis qu'une sélection d'une diminution de la teneur en huile a conduit à sa quasi-élimination.

En réarrangeant l'équation 16.10, nous obtenons une autre façon de calculer l'héritabilité restreinte, qui est de sélectionner pendant une génération, puis de comparer la réponse avec l'écart de sélection :

$$h^2 = \frac{R}{S} \tag{16.11}$$

Le plus souvent, cela se fait pendant plusieurs générations, et on détermine la réponse moyenne. L'héritabilité déterminée par expérience de réponse à la sélection est habituellement appelée **héritabilité réalisée**. Normalement, l'héritabilité réalisée est identique à l'héritabilité restreinte calculée statistiquement, pour autant que certaines hypothèses de calcul soient vérifiées.

Une des plus longues expériences de sélection réalisées est une étude de la teneur en huile (et en protéine) de semences de maïs (**Figure 16.14**). Cette expérience débuta en 1896 à l'Université de l'Illinois à Urbana, avec 163 épis de maïs ayant une teneur moyenne en huile comprise entre 4 et 6 %. Les plantes de maïs ayant la teneur en huile la plus élevée furent sélectionnées, puis croisées entre elle. On procéda de mêmes avec les plantes ayant la teneur en huile la plus basse. La réponse à la sélection d'une teneur en huile plus élevée (la ligne supérieure dans la Figure 16.14) fut une augmentation jusqu'à 20 % après 70 générations, tandis que la réponse à la sélection d'une teneur plus faible atteignit une valeur proche de 0 %. L'analyse génétique des souches à haute et basse teneur en huile montra que des gènes d'au moins 20 loci contribuaient à déterminer la teneur en huile.

Concepts clés

La réponse à la sélection est influencée par l'héritabilité restreinte et par le différentiel de sélection.

✔ Test de compréhension 3

L'héritabilité restreinte d'un trait est de 0,4 et le différentiel de sélection est de 0,5. Quelle valeur de réponse à la sélection peut-on prédire ?

Les limites de la réponse à la sélection

Lorsqu'un caractère a subi une sélection pendant de nombreuses générations, la réponse finit par atteindre une limite, et le caractère ne répond plus à la sélection (**Figure 16.15**). Une raison peut être que le potentiel de variation génétique de la population soit épuisé ; à un certain moment, tous les individus de la population sont devenus homozygotes pour les allèles codant le trait sélectionné. S'il n'y a plus de variance génétique additive, l'héritabilité est égale à zéro et il ne peut plus y avoir de réponse à la sélection.

La réponse à la sélection peut se stabiliser même s'il subsiste un certain potentiel de variation génétique dans la population, parce que la sélection naturelle s'oppose à un changement plus poussé du caractère soumis à la sélection. Par exemple, la réponse à la sélection de souris de petite taille atteint une limite parce que les animaux les plus petits sont stériles et ne peuvent pas transmettre les gènes déterminant une petite taille corporelle. Dans ce cas, la sélection naturelle de la fertilité s'oppose à la sélection artificielle d'une petite taille corporelle, et la population cesse de répondre à la sélection artificielle.

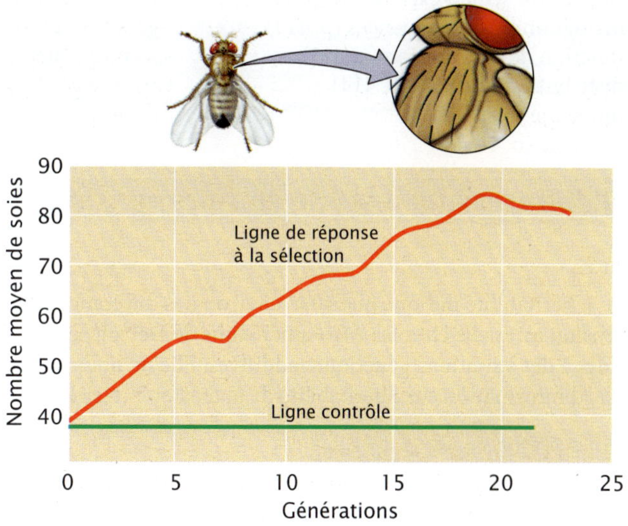

16.15 La réponse à la sélection d'une population tend à atteindre une limite après un certain temps. Dans une expérience de réponse à la sélection portant sur l'augmentation du nombre de soies abdominales chez des mouches des fruits femelles, le nombre de soies abdominales a augmenté régulièrement pendant 20 générations avant d'atteindre un plafond.

Résumé des concepts clés

- La génétique quantitative se consacre à l'hérédité de caractères complexes dont les phénotypes présentent une variation continue. Pour nombre de ces caractères quantitatifs, la relation entre le génotype et le phénotype est complexe parce que plusieurs gènes et facteurs environnementaux exercent leur effet sur le caractère.
- Les gènes individuels qui participent à la détermination d'un caractère polygénique suivent les mêmes règles mendéliennes que ceux qui gouvernent l'hérédité de caractères discontinus, mais l'implication de nombreux gènes masque les rapports phénotypiques attendus.
- Un histogramme de fréquences ou une fonction de distribution, dans lesquels les phénotypes sont portés sur un axe et le nombre d'individus présentant chaque phénotype est porté sur l'autre axe, sont des façons commodes de résumer l'ensemble des phénotypes observés dans un groupe d'individus.
- La moyenne et la variance fournissent une information essentielle sur une distribution : la moyenne indique le centre de la distribution, et la variance fournit une information sur le degré auquel le phénotype varie au sein d'un groupe.
- La variance phénotypique d'un caractère comporte plusieurs composantes : la variance génétique additive, la variance génétique due à la dominance, la variance due aux interactions entre gènes, la variance environnementale, et la variance liée à des interactions entre gènes et environnement.
- L'héritabilité au sens large est la part de la variance génétique dans la variance phénotypique ; l'héritabilité restreinte est la part de la variance génétique additive dans la variance phénotypique.
- L'héritabilité ne fournit d'information que sur le degré auquel la variation d'un caractère résulte de différences génétiques. L'héritabilité est basée sur les variances observées pour un groupe d'individus, et un individu n'a pas d'héritabilité. L'héritabilité d'un caractère varie entre populations et selon l'environnement. Même quand l'héritabilité d'un caractère est élevée, ce caractère peut être influencé par des changements d'environnement. L'héritabilité ne fournit pas d'information sur la nature de la différence entre populations pour un caractère particulier.
- Les loci de caractères quantitatifs (QTL) sont des régions de chromosomes contenant des gènes qui contrôlent des caractères polygéniques. Les QTL peuvent être localisés en étudiant la corrélation entre l'hérédité d'un caractère quantitatif et celle de marqueurs génétiques.
- La réponse à la sélection (le degré auquel un caractère quantitatif change en une génération quand il est soumis à une sélection) est directement liée au différentiel de sélection et à l'héritabilité restreinte.

Termes importants

génétique quantitative (p. 407)
locus de caractère quantitatif (QTL) (p. 407)
caractère méristique (p. 410)
caractère à seuil d'expression (p. 410)
histogramme de fréquences (p. 413)
fonction de distribution (p. 413)
distribution normale (p. 414)
moyenne (p. 414)
variance (p. 415)
héritabilité (p. 415)
variance phénotypique (p. 416)
variance génétique (p. 416)
variance environnementale (p. 416)
variance liée à des interactions entre gènes et environnement (p. 416)
variance génétique additive (p. 417)
variance génétique liée à la dominance (p. 417)
variance liée aux interactions entre gènes (p. 417)
héritabilité au sens large (p. 417)
héritabilité restreinte (p. 418)
sélection naturelle (p. 421)
sélection artificielle (p. 422)
réponse à la sélection (p. 422)
différentiel de sélection (p. 422)
héritabilité réalisée (p. 423)

Réponses aux tests de compréhension

1. a

2. L'héritabilité indique que 40 % environ des différences de tension artérielle chez les Afro-américains de Détroit sont dues à des variations génétiques additives. Elle ne nous donne pas d'information sur l'héritabilité de la tension artérielle chez d'autres groupes de population et n'indique rien non plus sur la nature des différences de tension artérielle qui peuvent exister entre Afro-américains de Détroit et d'autres groupes d'individus.

3. 0,2

Problèmes résolus

1. Le poids de la graine d'une certaine espèce de plante est déterminé par une paire d'allèles à deux loci (a^+, a^- et b^+, b^-) dont les effets sont égaux et additifs. Les plantes de génotype $a^-a^-\ b^-b^-$ ont des graines d'un poids moyen de 1 g, tandis que les plantes de génotype $a^+a^+\ b^+b^+$ ont des graines d'un poids moyen de 3,4 g. Une plante de génotype $a^-a^-\ b^-b^-$ est croisée avec une plante de génotype $a^+a^+\ b^+b^+$.

a. Quel est le poids prédit pour les graines de la génération F_1 de ce croisement ?

b. Si des plantes F_1 sont croisées entre elles, à quels poids s'attend-on pour les graines des plantes de la F_2, et dans quelles proportions ?

P $a^-a^-b^-b^- \times a^+a^+b^+b^+$

1 g ↓ 3,4 g

$a^+a^-b^+b^-$

F_1 2,2 g

↓

	Génotype	Probabilité		Nombre de gènes contributeurs	Poids moyen de la graine
	$a^-a^-b^-b^-$	1/4 × 1/4 = 1/16		0	1 g + (0 × 0,6 g) = 1 g
	$a^+a^-b^-b^-$	1/2 × 1/4 = 1/8	2/8 = 4/16	1	1 g + (1 × 0,6 g) = 1,6 g
	$a^-a^-b^+b^-$	1/4 × 1/2 = 1/8			
F_1	$a^+a^+b^-b^-$	1/4 × 1/4 = 1/16			
	$a^-a^-b^+b^+$	1/4 × 1/4 = 1/16	2/16 + 1/4 = 6/16	2	1 g + (2 × 0,6 g) = 2,2 g
	$a^+a^-b^+b^-$	1/2 × 1/2 = 1/4			
	$a^+a^+b^+b^-$	1/4 × 1/2 = 1/8	2/8 = 4/16	3	1 g + (3 × 0,6 g) = 2,8 g
	$a^+a^-b^+b^+$	1/2 × 1/4 = 1/8			
	$a^+a^+b^+b^+$	1/4 × 1/4 = 1/16		4	1 g + (4 × 0,6 g) = 3,4 g

• Solution

La différence entre les poids moyens des graines des deux génotypes parentaux est de 3,4 g – 1,0 g = 2,4 g. Ces génotypes diffèrent par quatre allèles ; donc, si les effets de ces allèles sont égaux et additifs, chaque changement d'allèle ajoutera 2,4 g/4 = 0,6 g au poids de 1,0 g d'une plante ($a^-a^-\ b^-b^-$). Les deux croisements successifs produisent les descendants F_1 et F_2 montrés dans le tableau en haut de la page.

a. Les plantes F_1 sont hétérozygotes aux deux loci (a^+a^- et b^+b^-) et possèdent deux allèles qui ajoutent chacun 0,6 g au poids initial de 1,0 g des graines de la plante de départ. Les graines des plantes F_1 devraient donc peser en moyenne 1,0 g + 2(0,6 g) = 2,2 g.

b. les F_2 auront les proportions et phénotypes suivants :
1/16 1,0 g ; 4/16 1,6 g ; 6/16 2,2 g ; 4/16 2,8 g ; et 1/16 3,4 g.

2. En analysant la variation phénotypique de la production de lait d'un troupeau de vaches laitières, on obtient les composantes de la variance suivantes :

Variance génétique additive (V_A)	= 0,4
Variance liée à la dominance (V_D)	= 0,1
Variance liée aux interactions entre gènes (V_I)	= 0,2
Variance environnementale (V_E)	= 0,5
Variance liée à des interactions entre gènes et environnement (V_{GE})	= 0,0

a. Quelle est l'héritabilité restreinte de la production de lait ?

b. Quelle est l'héritabilité au sens large de la production de lait ?

• Solution

Pour déterminer les héritabilités, il faut d'abord calculer Vp et V_G :

$$V_P = V_A + V_D + V_I + V_E + V_{GE} = 1,2$$

$$V_G = V_A + V_D + V_I = 0,7$$

a. L'héritabilité restreinte est donnée par :

$$h^2 = \frac{V_A}{V_P} = \frac{0,4}{1,2} = 0,33$$

b. L'héritabilité au sens large est donnée par :

$$H^2 = \frac{V_G}{V_P} = \frac{0,7}{1,2} = 0,58$$

3. Un fermier élève des lapins. Le poids corporel moyen de sa population de lapins est de 3 kg. Le fermier sélectionne les 10 lapins les plus gros de son élevage, dont le poids moyen est de 4 kg, et les croise. Si l'héritabilité restreinte du poids corporel chez ses lapins est de 0,7, quelle est le poids moyen attendu de la descendance des lapins sélectionnés ?

• Solution

Le fermier a effectué une sélection artificielle. La réponse à la sélection attendue sera égale au produit du différentiel de sélection par l'héritabilité restreinte. Le différentiel de sélection S est égal à la différence entre le poids moyen des lapins sélectionnés et celui de la population entière : 4 kg – 3 kg = 1 kg. L'héritabilité restreinte donnée est de 0,7. La réponse à la sélection est $R = h^2 \times S = 0,7 \times 1$ kg = 0,7 kg. Cette valeur est l'augmentation de poids des descendants des parents sélectionnés par rapport au poids moyen de la population ; donc, le poids moyen des descendants devrait être 3 kg + 0,7 kg = 3,7 kg.

Questions de compréhension

Section 16.1

*1. En quoi un caractère quantitatif diffère-t-il d'un caractère discontinu ?

2. Expliquez brièvement pourquoi la relation entre génotype et phénotype est souvent complexe dans le cas d'un caractère quantitatif.

*3. Pourquoi les caractères polygéniques ont-ils de nombreux phénotypes ?

Section 16.2

4. Quelles informations la moyenne et la variance donnent-elles sur une distribution ?

Section 16.3

*5. Donnez la liste et la définition de toutes les composantes de la variance phénotypique.

*6. Quelle est la différence entre l'héritabilité au sens large et l'héritabilité restreinte ?

7. Décrivez brièvement les malentendus les plus courants concernant le concept d'héritabilité ou son utilisation.

8. Expliquez brièvement comment on identifie les gènes qui contribuent à déterminer un caractère polygénique en localisant les QTL.

Section 16.4

*9. Quelle est la relation entre la réponse à la sélection, l'héritabilité restreinte et le différentiel de sélection ? Quelle information la réponse à la sélection fournit-elle ?

10. Pourquoi la réponse à la sélection atteint-elle souvent un plateau après plusieurs générations de sélection ?

Questions et problèmes d'application

Section 16.1

*11. Pour chacun des caractères suivants, indiquez s'il doit être considéré comme un caractère discontinu ou comme un caractère quantitatif. Justifiez brièvement votre réponse.

   a. La couleur du grain d'une variété de blé dans laquelle deux allèles codominants qui ségrègent à un seul locus déterminent la couleur. Il y a trois phénotypes dans cette variété : blanc, rouge clair, et rouge.

   b. Le poids corporel dans une famille de Labrador retrievers. Un allèle autosomique récessif provoquant le nanisme est présent dans cette famille. Deux phénotypes sont observés : nain (moins de 13 kg), et normal (plus de 13 kg).

   c. La présence ou l'absence de lèpre. La susceptibilité à la lèpre est déterminée par plusieurs gènes et par de nombreux facteurs environnementaux.

   d. Le nombre de doigts chez le cochon d'Inde, qui est déterminé par des gènes à de nombreux loci.

   e. Le nombre de doigts chez l'homme. La présence de doigts surnuméraires (plus de cinq) résulte de la présence d'un allèle autosomique dominant.

*12. Supposons que le poids d'une plante soit déterminé par les allèles (*A* et *a*, *B* et *b*) présents à deux loci s'assortissant indépendamment et dont les effets sont additifs. Supposons en outre que chaque allèle représenté par une majuscule contribue pour 4 g au poids de la plante et que chaque allèle désigné par une minuscule contribue au poids pour 1 g.

   a. Si une plante de génotype *AA BB* est croisée avec une plante de génotype *aa bb*, quels sont les poids attendus dans la descendance F_1 ?

   b. À quelle distribution de poids s'attend-on dans la descendance F_2 ?

*13. Supposons que les allèles à trois loci, (*A* et *a*, *B* et *b*, *C* et *c*), déterminent la différence de hauteur de tige entre deux souches de plante homozygotes. Les effets de ces gènes sur la taille de la plante sont égaux et additifs. Une souche (*aa bb cc*) a une tige de 10 cm. L'autre souche (*AA BB CC*) a une tige de 22 cm. Les deux souches sont croisées et les F_1 produites sont croisées entre elles pour produire une descendance F_2. Donnez les phénotypes et les proportions des différentes classes attendues dans la F_2.

14. La taille de la graine chez une plante est un caractère polygénique. Une productrice croise deux variétés de la plante qui sont des lignées pures et mesure la taille de la graine chez les descendants F_1. Elle croise alors en retour les plantes F_1 avec une des variétés parentales et mesure la taille de la graine dans la descendance de ce croisement. La productrice observe que la taille de la graine dans la descendance du croisement en retour a une variance plus élevée que dans la F_1. Expliquez cette augmentation de variance.

Section 16.3

*15. La variance phénotypique de la longueur de la queue chez la souris comporte les composantes suivantes :

Variance génétique additive (V_A)	= 0,5
Variance liée à la dominance (V_D)	= 0,3
Variance liée aux interactions entre gènes (V_I)	= 0,1
Variance environnementale (V_E)	= 0,4
Variance liées à des interactions entre gènes et environnement (V_{GE})	= 0,0

a. Quelle est l'héritabilité restreinte de la longueur de la queue ?

b. Quelle est l'héritabilité au sens large de la longueur de la queue ?

16. L'héritabilité restreinte de la longueur de l'oreille chez les lapins Reno est de 0,4. La variance phénotypique (V_P) est de 0,8, et la variance environnementale (V_E) est de 0,2. Quelle est la variance génétique additive (V_A) de la longueur de l'oreille chez ces lapins ?

17. Un caractère a une héritabilité restreinte de 0,6.

a. Si la variance liée à la dominance (V_D) augmente et que toutes les autres composantes de la variance sont inchangées, quel sera l'effet sur l'héritabilité restreinte ? Va-t-elle augmenter, diminuer, ou être inchangée ? Expliquez.

b. Qu'arrivera-t-il à l'héritabilité au sens large ? Expliquez.

c. Si la variance environnementale (V_E) augmente et si toutes les autres composantes de la variance ne changent pas, qu'arrivera-t-il à l'héritabilité restreinte ? Expliquez.

18. Un généticien détermine que l'héritabilité au sens large de la taille des étudiants bacheliers de l'Université Libre de Bruxelles est de 0,90. Lesquelles des conclusions suivantes sont-elles raisonnables ? Expliquez votre réponse.

a. Puisque Suzanne est une bachelière de l'Université Libre de Bruxelles, 10 % de sa taille sont déterminée par des facteurs autres que génétiques.

b. La variation de la taille des bacheliers en Belgique est due pour 90 % à des différences génétiques.

c. La taille des bacheliers de l'Université Libre de Bruxelles est déterminée à 90 % par des gènes.

d. Dix pourcents de la variation de taille parmi les bacheliers de l'Université Libre de Bruxelles sont dus à la variation de facteurs autres que génétiques.

e. Étant donné l'héritabilité très élevée de la taille des bacheliers de l'Université Libre de Bruxelles, des changements de leur environnement n'auront qu'un effet minime sur leur taille.

19. *Drosophila buzzati* est une mouche des fruits australienne qui se nourrit de fruits de cactus pourris. Timothy Prout et Stuart Barker ont calculé l'héritabilité de la longueur du thorax pour une population naturelle de *D. buzzati* (vivant à l'état sauvage) et pour une population capturée dans la nature mais élevée en laboratoire (T. Prout and J.F.S. Barker. 1989. *Genetics* 123 : 803-813). Voici les héritabilités calculées :

Population	Héritabilité de la longueur du thorax (± écart type)
Population sauvage	0 ,0595 ± 0,0123
Population élevée en laboratoire	0,3770 ± 0,0203

Pourquoi, d'après vous, l'héritabilité mesurée pour la population élevée en laboratoire est-elle plus élevée que celle mesurée pour la population vivant à l'état sauvage ?

***20.** Mr. Jones est un éleveur de porcs. Depuis de nombreuses années, il a nourri ses porcs avec les restes de la cafétéria de l'université locale, dont la nourriture est réputée pour être pauvre en protéines, déficiente en vitamines, et peu appétissante. Toutefois, cette nourriture ne coûte rien et ses cochons ne se plaignent pas. Un jour, Mr. Jones reçoit la visite d'un représentant d'une firme d'aliments pour bétail. Le représentant explique que sa compagnie vend un nouvel aliment, riche en protéines et enrichi en vitamines. Bien que cet aliment soit cher, le représentant prétend que le gain de poids des porcs fera plus que compenser le prix de la formule alimentaire, ce qui augmentera le profit de Mr. Jones. Mr. Jones répond qu'il a suivi un cours de génétique quand il était à l'université, et qu'il a fait quelques expériences génétiques sur ses porcs ; en particulier, il a calculé l'héritabilité restreinte du gain de poids de ses cochons et il a obtenu une valeur de 0,98. Mr. Jones dit que cette valeur d'héritabilité indique que 98 % de la variance du gain de poids chez ses porcs est d'origine génétique, et que le nouvel aliment pour porcs ne peut avoir que peu d'effets sur la croissance de ses animaux. Il en conclut que s'il achetait le nouvel aliment, il gaspillerait son argent. Le représentant ne conteste pas l'estimation de l'héritabilité faite par Mr. Jones, mais il persiste à prétendre que le nouvel aliment peut augmenter significativement le gain de poids des porcs de Mr. Jones. Qui des deux a raison et pourquoi ?

Section 16.4

21. Joe élève des cafards dans sa chambre de la cité universitaire. La longueur d'aile moyenne dans sa population de cafards est de 4 cm. Il choisit pour les croiser les six cafards qui ont les ailes les plus longues ; la longueur d'aile moyenne de ce groupe est de 10 cm. Joe a déterminé précédemment que l'héritabilité restreinte de la longueur de l'aile dans sa population de cafards est de 0,6.

a. Calculez le différentiel de sélection et la réponse à la sélection attendue pour la longueur de l'aile chez ces cafards.

b. Quelle devrait être la longueur d'aile moyenne dans la descendance de ces six cafards ?

22. On mesure trois caractères chez des bœufs d'élevage – la masse musculaire, la teneur en graisse, la tendreté de la viande – et on obtient les estimations suivantes pour les différentes composantes de la variance :

	Masse musculaire	Teneur en graisse	Tendreté
V_A	22	45	12
V_D	10	25	5
V_I	3	8	2
V_E	42	64	8
V_{GE}	0	0	1

Dans cette population, quel caractère répondrait-il le mieux à la sélection ? Expliquez votre raisonnement.

***23.** L'exploitante d'un élevage de moutons détermine que la quantité annuelle moyenne de laine produite par mouton est de 22 kg. Pour augmenter la production de laine de son troupeau, elle choisit cinq mâles et cinq femelles parmi les meilleurs producteurs de laine ; la quantité annuelle moyenne produite par ces moutons est de 30 kg. Elle croise ces moutons et elle observe que la production moyenne de laine de leurs descendants est de 28 kg. Quelle est l'héritabilité restreinte de la production de laine chez les moutons de cet élevage ?

24. Un producteur de fraises calcule que le poids moyen des fruits produits par ses fraisiers est de 2 g. Il sélectionne les 10 plantes qui produisent les plus grosses fraises ; le poids moyen de ces fraises est de 6 g. Il croise entre eux ces fraisiers, et les plantes issues de ce croisement produisent des fraises qui pèsent 5 g. Si le fermier sélectionnait et croisait entre elles des plantes produisant des fraises d'un poids moyen de 4 g, quel serait le poids prédit des fraises produites par les plantes issues de ce croisement ?

25. Les porcs proviennent de la domestication des sangliers. Vous attendriez-vous à trouver une héritabilité du poids plus élevée chez les porcs domestiques ou chez les sangliers ? Expliquez votre réponse.

Questions tests

Section 16.1

26. La maladie bipolaire est une psychose qui a une forte base héréditaire, mais son mode de transmission exact est mal connu. La recherche a montré que les parents proches (frères et sœurs) de patients atteints de troubles bipolaires ont une probabilité plus élevée de développer la maladie que les parents proches de personnes non affectées. Les résultats d'une étude récente ont montré que le rapport de frères bipolaires à sœurs bipolaires est plus élevé quand le patient est de sexe masculin que quand le patient est de sexe féminin. En d'autres termes, relativement plus de frères de patients bipolaires ont aussi la maladie si le patient est un homme que s'il est une femme. Que suggère cette observation sur l'hérédité de la maladie bipolaire ?

Section 16.3

27. Nous avons abordé la difficulté qu'il y a de séparer les composantes génétique et environnementale des traits comportementaux humains. En tenant compte de cette difficulté et avec ce que vous savez du calcul de l'héritabilité, proposez un schéma expérimental pour mesurer de façon précise l'héritabilité de l'aptitude musicale.

28. Un étudiant qui sort d'un cours de génétique quantitative déclare « Les estimations de l'héritabilité ne servent à rien ! Elles ne vous disent rien sur les gènes qui contribuent à déterminer un caractère. Elles ne vous donnent aucune information sur les types de descendants attendus d'un croisement. Les estimations d'héritabilité obtenues pour une population ne peuvent être utilisées pour d'autres populations, donc elles ne vous donnent même pas une information générale sur la part d'un caractère qui est déterminée génétiquement. Je crois que les héritabilités ne servent à rien d'autre que de nous faire suer pendant les examens.» Que répondriez-vous à ces critiques ? Cet étudiant a-t-il raison ? À quoi servent les héritabilités et pourquoi les généticiens se donnent-ils la peine de les calculer ?

29. ANALYSE DE DONNÉES Eugène Eisen a sélectionné une augmentation du poids à 12 jours de la portée (poids total de la portée 12 jours après la naissance) dans une population de souris (E.J. Eisen. 1972. *Genetics* 72 : 129-142). Le poids à 12 jours de la portée a augmenté régulièrement dans la population, puis il a plafonné après environ 17 générations. Eisen prit alors une famille de souris de la 17e génération de la population sélectionnée et il inversa la sélection : dans ce groupe, il sélectionna la diminution du poids à 12 jours. Ce groupe réagit immédiatement à la sélection : le poids à 12 jours de la portée diminua de 4,8 g en une génération, et de 7,3 g après 5 générations. Au vu des résultats de la sélection inverse, quelle est l'explication la plus vraisemblable du plafonnement du poids à 12 jours de la portée dans la population originale ?

17 Génétique des populations et génétique évolutive

Mouflon des Rocheuses (*Ovis canadensis*). Une population de mouflons établie dans le National Bison Range a subi une perte de variation génétique due à la dérive génétique ; l'introduction de mouflons provenant de l'extérieur a augmenté de façon spectaculaire la variation génétique et de la capacité reproductive et de survie de la population. *[Tom J. Ulrich/Visuals Unlimited.]*

Le sauvetage génétique du mouflon des Rocheuses

Les mouflons des Montagnes Rocheuses (*Ovis canadensis*) sont parmi les animaux les plus spectaculaires d'Amérique du Nord. Les cornes du mâle se recourbent majestueusement au-dessus des oreilles pour encadrer la face. Il y a deux cents ans, les mouflons étaient nombreux dans l'Ouest nord américain, du Mexique au sud de l'Alberta, et du Colorado à la Californie. Meriwether Lewis et William Clark ont fait état de nombreuses observations de ces animaux magnifiques lors de leur expédition de 1804 à 1806 à travers l'Ouest des États-Unis. Avant 1900, il y avait quelque 2 millions de mouflons en Amérique du Nord.

La colonisation de l'Ouest par les pionniers venus d'Europe a été une catastrophe pour les mouflons. À partir de la fin des années 1800, la chasse, la perte de leur habitat, la compétition avec le bétail, et les maladies véhiculées par les moutons domestiques les ont décimés. Aujourd'hui, il reste moins de 70 000 mouflons, éparpillés en populations isolées dans l'Ouest nord américain.

En 1922, des biologistes spécialisés dans l'étude des espèces sauvages introduisirent une population de mouflons dans le National Bison Range, un parc national de 7 500 hectares situé dans les montagnes de l'ouest du Montana. Cette année-là, 12 mouflons (4 béliers et 8 brebis) furent capturés dans le Parc National de Banff au Canada et transportés dans le National Bison Range. Cette population ne reçut aucun apport d'animaux venus de l'extérieur pendant les 60 années qui suivirent.

Au début, la population prospéra, protégée qu'elle était de la chasse et du bétail, et en 8 ans, elle avait atteint un effectif de 90 individus. Puis, elle commença à décliner, avec quelques fluctuations, et en 1985, il n'y avait plus qu'une cinquantaine de mouflons, et l'état général de la population implantée était inquiétant. La variation génétique était faible comparée à celle des populations de mouflons indigènes. Le taux de reproduction avait chuté et la taille ainsi que la capacité de survie des mouflons adultes étaient inférieures à celles de populations plus saines. La population du National Bison Range subissait les effets d'une dérive génétique, un phénomène évolutif qui se produit dans des petites populations isolées et qui correspond à des changements aléatoires du « pool » de gènes et à une perte de variation génétique.

En 1985, pour remédier aux effets négatifs de la dérive génétique, les biologistes ont introduit 5 nouveaux béliers provenant de troupeaux du Montana et du Wyoming, imitant ainsi les effets de la migration naturelle des troupeaux. Dix autres animaux furent introduits entre 1990 et 1994. Cet apport de gènes nouveaux eut un effet spectaculaire sur la santé génétique de la population. La variation génétique entre individus augmenta de façon significative. Les béliers nouvellement importés (donc porteurs de gènes nouveaux) étaient plus dominants, plus enclins à l'accouplement, et donc plus susceptibles de produire une descendance. Les nouvelles brebis menaient deux fois plus de grossesses à bon terme que les brebis endogames. La capacité de survie des adultes augmenta après l'introduction de gènes « frais », et, lentement, la population se remit à croître pour atteindre 69 individus en 2003.

L'histoire des mouflons du National Bison Range illustre un principe génétique important : de petites populations perdent de leur variation génétique au fil du temps à cause de la dérive génétique, avec souvent des conséquences catastrophiques pour leur survie et leur reproduction. L'apport de variation génétique à une population à fort degré de consanguinité (« inbred » en anglais), appelé **sauvetage génétique**, augmente souvent spectaculairement la santé de la population et a un effet bénéfique sur sa survie à long terme. Ces effets trouvent une application immédiate dans la gestion des espèces sauvages, mais ils s'appliquent aussi à l'évolution naturelle des organismes à l'échelle mondiale.

Ce chapitre est une introduction à la *génétique des populations*, la branche de la génétique qui étudie le patrimoine génétique (le « **pool** » **de gènes**) de groupes d'individus et la façon dont ce patrimoine génétique évolue dans temps. Les généticiens des populations s'intéressent généralement à des **populations mendéliennes**, c.-à-d. des groupes d'individus dotés de reproduction sexuée qui se croisent de façon aléatoire (ils pratiquent la *panmixie*) et qui ont un patrimoine génétique commun. Une population évolue suite aux changements qui surviennent dans son patrimoine génétique ; par conséquent, la génétique des populations est aussi une *étude de l'évolution*. Les généticiens des populations étudient la variation des allèles au sein de groupes et entre groupes, et les forces qui façonnent les schémas de variation génétique observés dans la nature. Dans ce chapitre, nous apprendrons comment on caractérise le pool de gènes d'une population et comment on identifie les facteurs qui le déterminent. À la fin du chapitre, nous nous intéresserons aux mécanismes évolutifs responsables de l'apparition de nouvelles espèces et à leur déroulement au niveau moléculaire.

(a)

(b)

17.1 Tous les organismes présentent une diversité reflétant la variation génétique. (a) Une forte diversité existe chez l'être humain. (b) Variation du profil des taches chez la coccinelle asiatique. *[Partie a : Paul Warner/AP.]*

17.1 Les fréquences génotypiques et alléliques permettent de décrire le patrimoine génétique d'une population

Une des caractéristiques les plus immédiatement apparentes de la vie est la diversité. Dans une classe, les étudiants diffèrent par la couleur des yeux, des cheveux, par la pigmentation de la peau, par la taille et le poids, par les traits du visage, par le groupe sanguin, et par la susceptibilité à une série de maladies. Il ne se trouve pas deux étudiants qui soient semblables pour toutes ces caractéristiques.

Les hommes ne sont pas les seuls à présenter une telle diversité (**Figure 17.1a**) ; tous les organismes présentent une variation phénotypique. Par exemple, les coccinelles ont des motifs de taches très variés (**Figure 17.1b**), les souris ont des tailles différentes, les coquilles des escargots varient par leur nombre de stries, et les plantes varient par leur vulnérabilité aux parasites. Cette variation phénotypique est en grande partie héréditaire. C'est quand il a réalisé l'existence d'une variation phénotypique importante que Charles Darwin a eu l'idée d'une évolution basée sur la sélection naturelle. La variation génétique constitue la base de toute évolution, et le degré de variation génétique au sein d'une population influence fortement son potentiel d'adaptation aux changements environnementaux.

En fait, il y a davantage de variation génétique au sein des populations que ce qui apparaît au phénotype. Il existe une variation considérable au niveau moléculaire, ne serait-ce qu'à cause de la dégénérescence du code génétique qui permet à des codons différents de spécifier le même acide aminé, et, par extension, à deux membres d'une population de produire deux protéines identiques même si leurs séquences d'ADN sont différentes. Les séquences d'ADN entre les gènes et dans les introns ne codent pas de protéines ; il est probable que la majeure partie de la variation de ces séquences n'affecte guère le phénotype.

Un outil important en génétique des populations est le modèle mathématique. Prenons le temps de comprendre ce qu'est un modèle et comment il peut être utilisé. Un modèle mathématique représente en général un processus sous la forme d'une équation. Les facteurs susceptibles d'influencer le processus sont représentés par des variables dans l'équation ; l'équation définit la manière dont les variables influencent le processus. La plupart des modèles sont des représentations simplifiées d'un processus parce que la prise en compte simultanée de tous les facteurs d'influence est impossible ; certains facteurs doivent être ignorés pour pouvoir examiner les effets d'autres facteurs. Toutefois, une fois qu'un modèle a intégré les effets de quelques facteurs, il peut être amélioré par l'incorporation de facteurs supplémentaires. Il faut savoir qu'un modèle, même simple, peut permettre de mieux comprendre l'effet de facteurs clés sur un processus.

Avant que nous puissions examiner les processus évolutifs qui façonnent la variation génétique, il faut que nous puissions décrire la structure génétique d'une population. La façon habituelle de procéder est de déterminer les types et les fréquences des génotypes et des allèles dans une population.

Le calcul des fréquences génotypiques

Dans le cas qui nous intéresse, une fréquence est une proportion ou un pourcentage exprimé sous forme de fraction décimale. Par exemple, si dans une population, 20 % des allèles à un locus particulier sont *A*, nous dirons que la fréquence de l'allèle *A* dans la population est 0,20. Dans le cas de grandes populations où il n'est pas possible de déterminer les allèles portés par tous les individus, on calcule les fréquences génotypiques et alléliques d'un échantillon représentatif.

Pour calculer une **fréquence génotypique**, nous additionnons simplement le nombre d'individus qui possèdent ce génotype et nous divisons par le nombre total d'individus dans l'échantillon (N). Pour un locus où il y a trois génotypes, *AA*, *Aa*, et *aa*, la fréquence (f) de chaque génotype est :

$$f(AA) = \frac{\text{nombre d'individus } AA}{N}$$
$$f(Aa) = \frac{\text{nombre d'individus } Aa}{N} \qquad (17.1)$$
$$f(aa) = \frac{\text{nombre d'individus } aa}{N}$$

La somme de toutes les fréquences génotypiques est toujours égale à 1.

Le calcul des fréquences alléliques

Le patrimoine génétique d'une population peut aussi être décrit en termes de fréquences alléliques. Il y a toujours moins d'allèles que de génotypes ; par conséquent, moins de termes sont nécessaires à la description du patrimoine génétique quand on utilise les fréquences alléliques. Dans une population qui se reproduit de façon sexuée, les génotypes ne sont que des assemblages temporaires d'allèles : les génotypes se défont à chaque génération quand les allèles individuels sont transmis à la génération suivante par l'intermédiaire des gamètes. Ce sont donc les types et les nombres d'allèles, plutôt que les génotypes, qui présentent une vraie continuité à travers les générations et qui constituent le patrimoine génétique d'une population.

Les fréquences alléliques peuvent être calculées à partir du nombre de génotypes ou des fréquences de génotypes. Pour calculer la **fréquence allélique** à partir du nombre de génotypes, on compte le nombre d'exemplaires d'un allèle particulier présents dans un échantillon et on le divise par le nombre total d'allèles dans l'échantillon :

$$\text{fréquence d'un allèle} = \frac{\text{nombre d'exemplaires de l'allèle}}{\text{nombre d'exemplaires de tous les allèles à ce locus}} \qquad (17.2)$$

Pour un locus où il n'y a que deux allèles (*A* et *a*), les fréquences alléliques sont habituellement représentées par p et q, et peuvent être calculées comme suit :

$$p = f(A) = \frac{(2n_{AA} + n_{Aa})}{2N} \qquad (17.3)$$
$$q = f(a) = \frac{(2n_{aa} + n_{Aa})}{2N}$$

où n_{AA}, n_{Aa}, et n_{aa} représentent les nombres d'individus *AA*, *Aa*, et *aa*, et N, le nombre total d'individus dans l'échantillon. On divise par $2N$ parce que chaque individu diploïde a deux allèles à chaque locus. Par définition, la somme des fréquences alléliques est égale à 1 : ($p + q = 1$), ce qui fait qu'après avoir calculé p, q peut s'obtenir par soustraction : $q = 1 - p$.

On peut aussi calculer les fréquences alléliques à partir des fréquences génotypiques. Pour ce faire, on additionne la fréquence de l'homozygote pour chaque allèle à la moitié de la fréquence de l'hétérozygote (puisqu'il contient une moitié d'allèles de chaque type) :

$$p = f(A) = f(AA) + \frac{1}{2} f(Aa) \quad (17.4)$$

$$q = f(a) = f(aa) + \frac{1}{2} f(Aa)$$

Les deux methodes de calcul (équations 17.3 et équations 17.4) donnent les mêmes valeurs de p et q. Un exemple de calcul de fréquences alléliques est donné dans le Problème résolu présenté à la fin de cette section.

Cas de loci avec plus de deux allèles Nous pouvons appliquer les mêmes principes à la détermination de fréquences alléliques à des loci où l'on trouve plus de deux allèles. Le calcul à partir du nombre de génotypes consiste à ajouter deux fois le nombre d'homozygotes au nombre d'hétérozygotes qui possèdent l'allèle (on obtient ainsi le nombre d'exemplaires de l'allèle), et à diviser cette somme par deux fois le nombre d'individus dans l'échantillon. Pour un locus à trois allèles (A^1, A^2, et A^3), et six génotypes (A^1A^1, A^1A^2, A^2A^2, A^1A^3, A^2A^3, et A^3A^3), les fréquences p, q, *et* r des allèles sont

$$p = f(A^1) = \frac{2n_{A^1A^1} + n_{A^1A^2} + n_{A^1A^3}}{2N}$$

$$q = f(A^2) = \frac{2n_{A^2A^2} + n_{A^1A^2} + n_{A^2A^3}}{2N} \quad (17.5)$$

$$r = f(A^3) = \frac{2n_{A^3A^3} + n_{A^1A^3} + n_{A^2A^3}}{2N}$$

On peut aussi calculer les fréquences alléliques à partir des fréquences génotypiques en étendant l'équation 17.4. À nouveau, nous ajoutons la fréquence de l'homozygote à la moitié de la fréquence de chaque génotype hétérozygote contenant l'allèle considéré :

$$p = f(A^1A^1) + {}^1\!/_2 f(A^1A^2) + {}^1\!/_2 f(A^1A^3)$$
$$q = f(A^2A^2) + {}^1\!/_2 f(A^1A^2) + {}^1\!/_2 f(A^2A^3) \quad (17.6)$$
$$r = f(A^3A^3) + {}^1\!/_2 f(A^1A^3) + {}^1\!/_2 f(A^2A^3)$$

Concepts clés

La génétique des populations étudie le patrimoine génétique (la composition en gènes) d'une population et la façon dont elle change avec le temps. Le patrimoine génétique d'une population peut être décrit par les fréquences des génotypes et des allèles dans la population.

Problème résolu

Les antigènes des types sanguins humains MN sont déterminés par deux allèles codominants L^M et L^N (voir le Chapitre 4, p. 83). Les types sanguins MN de 398 habitants du Karjala (Carélie finlandaise) sont donnés dans le tableau suivant :

Phénotype	Génotype	Nombre
MM	L^ML^M	182
MN	L^ML^N	172
NN	L^NL^N	44

Source : W.C. Boyd, *Genetics and the Races of Man* (Boston : Little, Brown, 1950.)

Calculez les fréquences génotypiques et alléliques au locus *MN* pour la population du Karjala.

• Solution

Les fréquences génotypiques de la population sont calculées en appliquant la formule :

$$\text{fréquence génotypique} = \frac{\text{nombre d'individus ayant le génotype}}{\text{nombre total d'individus dans l'échantillon } (N)}$$

$$f(L^ML^M) = \frac{\text{nombre d'individus } L^ML^M}{N} = \frac{182}{398} = 0{,}457$$

$$f(L^ML^N) = \frac{\text{nombre d'individus } L^ML^N}{N} = \frac{172}{398} = 0{,}432$$

$$f(L^NL^N) = \frac{\text{nombre d'individus } L^NL^N}{N} = \frac{182}{398} = 0{,}111$$

Les fréquences alléliques peuvent être calculées à partir du nombre ou des fréquences des génotypes. Pour calculer les fréquences alléliques à partir du nombre de génotypes, nous divisons le nombre d'exemplaires de l'allèle par le nombre d'exemplaires de tous les allèles à ce locus.

$$\text{fréquence d'un allèle} = \frac{\text{nombre d'exemplaires de l'allèle}}{\text{nombre d'exemplaires de tous les allèles à ce locus}}$$

$$p = f(L^M) = \frac{(2n_{L^ML^M}) + (n_{L^ML^N})}{2N} = \frac{2(182) + 172}{2(398)} = \frac{536}{796} = 0{,}673$$

$$q = f(L^N) = \frac{(2n_{L^NL^N}) + (n_{L^ML^N})}{2N} = \frac{2(44) + 172}{2(398)} = \frac{260}{796} = 0{,}327$$

Pour calculer les fréquences alléliques à partir des fréquences génotypiques, on additionne la fréquence de l'homozygote pour chaque allèle à la moitié de la fréquence de chaque hétérozygote pour l'allèle en question.

$$p = f(L^M) = f(L^ML^M) + {}^1\!/_2 f(L^ML^N) = 0{,}457 + {}^1\!/_2\,(0{,}432) = 0{,}673$$

$$q = f(L^N) = f(L^NL^N) + {}^1\!/_2 f(L^ML^N) = 0{,}111 + {}^1\!/_2\,(0{,}432) = 0{,}327$$

? Essayez-vous maintenant à calculer des fréquences génotypiques et alléliques en résolvant le problème 24 à la fin du chapitre.

17.2 La loi de Hardy-Weinberg décrit l'effet de la reproduction sexuée sur les fréquences génotypiques et alléliques

Le but premier de la génétique des populations est de comprendre les processus qui façonnent le patrimoine génétique d'une population. D'abord, nous devons nous demander quels sont les effets de la reproduction et des principes de Mendel sur les fréquences génotypiques et alléliques : de quelle façon la ségrégation égale des allèles à la formation des gamètes et leur combinaison à la fécondation influencent-elles le patrimoine génétique ? La réponse à cette question est donnée par la **loi de distribution génotypique de Hardy-Weinberg**, une des lois les plus importantes de la génétique des populations.

La loi de Hardy-Weinberg fut formulée de façon indépendante par Godfrey H. Hardy et Wilhelm Weinberg en 1908. (Plusieurs autres généticiens arrivèrent à des conclusions similaires à la même époque.) La loi est en fait un modèle mathématique qui évalue l'effet de la reproduction sur les fréquences génotypiques et alléliques d'une population. Le modèle pose plusieurs hypothèses simplificatrices concernant la population et fournit deux prédictions importantes pour autant que la population remplisse ces conditions préalables. Pour un locus autosomique à deux allèles, la loi de Hardy-Weinberg peut être exprimée comme suit :

Hypothèses Si une population compte un nombre élevé d'individus, que l'accouplement y est aléatoire (panmixie), et qu'elle n'est affectée ni par la mutation, ni par la migration, ni par la sélection naturelle, on peut s'attendre à ce que :

Prédiction 1 les fréquences alléliques de la population ne changent pas, et

Prédiction 2 après une génération, les fréquences génotypiques se stabilisent (ne changent plus) dans les proportions p^2 (la fréquence de *AA*), $2pq$ (la fréquence de *Aa*), et q^2 (la fréquence de *aa*), où p est la fréquence de l'allèle *A* et q est la fréquence de l'allèle *a*.

La loi de Hardy-Weinberg indique que, si les hypothèses posées sont valides, la reproduction seule ne modifie pas les fréquences génotypiques et alléliques, et que les fréquences alléliques déterminent les fréquences des génotypes.

La prédiction de la stabilisation des fréquences génotypiques *après une génération* implique qu'elles puissent changer à la première génération, parce que cette génération de croisements aléatoires est nécessaire pour produire les rapports génotypiques Hardy-Weinberg initiaux. Après, les fréquences génotypiques, comme les fréquences alléliques, ne changent pas tant que la population continue à satisfaire aux critères de la loi de Hardy-Weinberg. Quand les génotypes sont dans les proportions attendues de p^2, $2pq$, et q^2, la population est dite en **équilibre de Hardy-Weinberg**.

Concepts clés

La loi de Hardy-Weinberg décrit la façon dont la reproduction et la ségrégation mendélienne des allèles affectent les fréquences génotypiques et alléliques d'une population.

✔ Test de compréhension 1

Parmi les affirmations suivantes, laquelle n'est pas une condition préalable de la loi de Hardy-Weinberg ?

a. Les fréquences alléliques (p et q) sont égales.
b. La population se croise de façon aléatoire.
c. La population compte beaucoup d'individus.
d. La sélection naturelle n'exerce pas d'effet.

Les fréquences génotypiques à l'équilibre de Hardy-Weinberg

Comment les conditions de la loi de Hardy-Weinberg mènent-elles aux proportions génotypiques p^2, $2pq$, et q^2 ? Le principe de ségrégation égale de Mendel dit que tout individu possède deux allèles à chaque locus, et que chacun d'eux a une probabilité égale de se trouver dans un gamète. Donc, la fréquence des allèles dans les gamètes sera la même que la fréquence des allèles chez les parents. Supposons que nous ayons une population mendélienne dans laquelle les fréquences des allèles *A* et *a* sont respectivement p et q. Ces fréquences seront aussi celles trouvées dans les gamètes. Si les croisements sont aléatoires (une des hypothèses de la loi de Hardy-Weinberg), la fusion des gamètes produira différentes combinaisons d'allèles qui peuvent être représentées dans une grille de Punnett (**Figure 17.2**).

Sperme

Œufs	(A) p	(a) q
(A) p	*AA* $p \times p = p^2$	*Aa* $q \times p = pq$
(a) q	*Aa* $p \times q = pq$	*aa* $q \times q = q^2$

$f(A) = p$
$f(a) = q$

$f(AA) = p^2$
$f(Aa) = 2pq$
$f(aa) = q^2$

Conclusion : La reproduction aléatoire produit les génotypes de la génération suivante avec les fréquences $p^2(AA)$, $2pq(Aa)$, et $q^2(aa)$.

17.2 L'accouplement aléatoire produit une distribution de génotypes dans les proportions : p^2, $2pq$, et q^2.

On utilise la règle de multiplication pour déterminer la probabilité des différentes combinaisons de gamètes. Par exemple, si p est la probabilité qu'un spermatozoïde contienne l'allèle A et si la probabilité qu'un ovule contienne l'allèle A est également p, la probabilité que ces deux gamètes se combinent pour produire un homozygote AA est $p \times p = p^2$. De même, la probabilité qu'un spermatozoïde contenant l'allèle a se combine avec un ovule contenant l'allèle a pour produire un homozygote est $q \times q = q^2$. Un hétérozygote Aa peut être produit de deux façons : (1) un spermatozoïde contenant l'allèle A peut se combiner avec un ovule contenant l'allèle a ($p \times q$) ou (2) un ovule contenant l'allèle A peut se combiner avec un spermatozoïde contenant l'allèle a ($p \times q$). Par conséquent, la probabilité que les allèles A et a se combinent pour produire un hétérozygote Aa est $2pq$. En résumé, chaque fois que les fréquences des allèles dans une population sont p et q, les fréquences des génotypes à la génération suivante seront p^2, $2pq$, et q^2.

Un examen plus approfondi des hypothèses sur lesquelles se fonde la loi de Hardy-Weinberg

Examinons les trois hypothèses préalables que pose la loi de Hardy-Weinberg à propos d'une population. En premier lieu, elle suppose que la population comporte un grand nombre d'individus. Qu'est-ce qu'un « grand nombre » ? Intuitivement, on comprend qu'il s'agit d'un nombre suffisant pour réaliser la deuxième condition, qui est celle de croisements aléatoires. En pratique, de nombreuses populations réelles satisfont à ce critère et des écarts significatifs par rapport à l'équilibre de Hardy-Weinberg ne se manifestent que pour de très petites populations. Nous verrons plus loin les effets de la petite taille d'une population sur les fréquences alléliques.

La deuxième hypothèse de la loi de Hardy-Weinberg est celle de la panmixie (c.-à-d. que les membres de la population se croisent de façon aléatoire), ce qui signifie que chaque génotype s'apparie proportionnellement à sa fréquence. Par exemple, supposons que les trois génotypes déjà considérés soient présents dans les proportions suivantes : $f(AA) = 0{,}6$, $f(Aa) = 0{,}3$, et $f(aa) = 0{,}1$. Dans le cas de croisements aléatoires, la fréquence d'accouplement d'homozygotes AA sera égale au produit de leurs fréquences : $0{,}6 \times 0{,}6 = 0{,}36$, tandis que la fréquence d'accouplements d'homozygotes aa ne sera que de $0{,}1 \times 0{,}1 = 0{,}01$.

La troisième hypothèse de la loi de Hardy-Weinberg est que les fréquences alléliques de la population ne soient affectées ni par la mutation, ni par la migration, ni par la sélection naturelle. Bien que la mutation se produise dans toute population, son taux est si faible qu'elle n'a que peu d'effet *à court terme* sur les prédictions de la loi de Hardy-Weinberg (bien qu'elle puisse, dans le long terme, affecter les fréquences alléliques si d'autres forces n'exercent pas leur effet). Bien que la sélection naturelle et la migration soient des facteurs importants pour les populations réelles, nous devons nous rappeler que le but de la loi de Hardy-Weinberg est d'examiner l'effet de la reproduction sexuée sur le patrimoine génétique. Une fois cet effet connu, les effets d'autres facteurs tels que la migration et la sélection naturelle peuvent être examinés.

Un dernier point est que les hypothèses de la loi de Hardy-Weinberg s'appliquent à un seul locus. Aucune population réelle ne s'apparie de façon aléatoire pour tous les traits, pas plus qu'elle n'échappe à la sélection naturelle pour tous les traits. La loi de Hardy-Weinberg ne pose les conditions d'accouplement aléatoire, d'absence de sélection, de migration et de mutation que pour le locus qui est à l'étude. Une population peut être en équilibre de Hardy-Weinberg pour un locus mais pas pour d'autres.

Ce que nous dit la loi de Hardy-Weinberg

Un paradoxe apparent de la loi de Hardy-Weinberg est qu'une population qui satisfait aux conditions posées ne devrait pas évoluer, puisque l'évolution consiste en un changement des fréquences alléliques d'une population. En fait, la loi de Hardy-Weinberg nous dit que la reproduction sexuée ne suffit pas, seule, à assurer l'évolution. D'autres processus, comme la sélection naturelle, la mutation, ou la migration sont nécessaires pour qu'une population évolue. (N.d.T. : L'équilibre de Hardy-Weinberg signifie que la reproduction sexuée n'entraîne pas de diminution constante de la variation génétique à chaque génération, ce qui pourrait avoir pour conséquence qu'une population tende vers l'homozygotie et soit ainsi limitée dans son évolution ultérieure. Au contraire, le taux de variation demeure constant au cours des générations, en l'absence d'autres forces de changement.)

Une affirmation importante de la loi de Hardy-Weinberg concernant la structure génétique d'une population est que, dans une population en équilibre de Hardy-Weinberg, les fréquences génotypiques sont déterminées par les fréquences alléliques. La fréquence des hétérozygotes pour un trait ne dépasse jamais 0,5 quand une population est à l'équilibre. De plus, si la fréquence d'un allèle est faible, les homozygotes pour cet allèle seront rares, et la plupart des exemplaires de l'allèle rare se trouveront chez des hétérozygotes.

Une implication de la loi de Hardy-Weinberg est qu'une seule génération de croisements aléatoires suffit à produire la distribution à l'équilibre des fréquences p^2, $2pq$, et q^2. Le fait que des génotypes soient en équilibre de Hardy-Weinberg ne prouve nullement que la population concernée ne soit soumise ni à la mutation, ni à la migration, ni à la sélection naturelle, mais indique simplement que ces forces n'ont pas agi depuis la dernière fois qu'un croisement aléatoire a eu lieu.

Comment déterminer si la distribution des génotypes d'une population correspond à un équilibre de Hardy-Weinberg ?

Pour déterminer si les génotypes d'une population sont en équilibre de Hardy-Weinberg, il faut comparer les rapports génotypiques attendus selon la loi de Hardy-Weinberg avec les fréquences génotypiques observées. Pour ce faire, on calcule d'abord les fréquences alléliques, puis on obtient les fréquences génotypiques attendues en utilisant le carré des fréquences alléliques, et enfin, on compare les fréquences génotypiques observées et attendues en utilisant un test de chi-carré.

Problème résolu

Jeffrey Mitton et ses collègues ont observé trois génotypes (R^2R^2, R^2R^3, et R^3R^3) à un locus codant l'enzyme péroxydase chez des pins ponderosa poussant à Glacier Lake, au Colorado. Les effectifs observés pour ces génotypes étaient :

Génotypes	Nombre observé
R^2R^2	135
R^2R^3	44
R^3R^3	11

Les pins ponderosa de Glacier Lake sont-ils en équilibre de Hardy-Weinberg au locus de la péroxydase ?

• Solution

Si p désigne la fréquence de l'allèle R^2 et q la fréquence de l'allèle R^3, la fréquence de l'allèle R^2 est

$$p = f(R^2) = \frac{(2n_{R^2R^2}) + (n_{R^2R^3})}{2N} = \frac{2(135) + 44}{2(190)} = 0{,}826$$

La fréquence de l'allèle R^3 est obtenue par soustraction :

$$q = f(R^3) = 1 - p = 0{,}174$$

Les fréquences génotypiques attendues en cas d'équilibre de Hardy-Weinberg – p^2, $2pq$, et q^2 – sont alors calculées :

$$R^2R^2 = p^2 = (0{,}826)2 = 0{,}683$$
$$R^2R^3 = 2pq = 2(0{,}826)(0{,}174) = 0{,}287$$
$$R^3R^3 = q^2 = (0{,}174)2 = 0{,}03$$

En multipliant chacune de ces fréquences génotypiques attendues par le nombre de génotypes présents dans l'échantillon (190), on obtient les nombres attendus pour chaque génotype :

$$R^2R^2 = 0{,}683 \times 190 = 129{,}8$$
$$R^2R^3 = 0{,}287 \times 190 = 54{,}5$$
$$R^3R^3 = 0{,}03 \times 190 = 5{,}7$$

La comparaison des nombres attendus et des nombres observés pour chaque génotype montre qu'il y a plus d'homozygotes R^2R^2 et moins d'hétérozygotes R^2R^3 et d'homozygotes R^3R^3 dans la population que ce qui serait attendu à l'équilibre.

On utilise un test de concordance de chi-carré pour déterminer si la différence entre les nombres observés et attendus pour chaque génotype est due au hasard :

$$\chi^2 = \Sigma \frac{(\text{observé} - \text{attendu})^2}{\text{attendu}}$$
$$= \frac{(135-129{,}8)^2}{129{,}8} + \frac{(44-54{,}5)^2}{54{,}5} + \frac{(11-5{,}7)^2}{5{,}7}$$
$$= 0{,}21 + 2{,}02 + 4{,}93 = 7{,}16$$

La valeur de chi-carré calculée est 7,16 ; pour obtenir la probabilité associée à cette valeur de chi-carré, nous devons déterminer les degrés de liberté appropriés.

Dans le Chapitre 3, quand nous utilisions un test de chi-carré pour évaluer les rapports de descendants d'un croisement, il y avait $n - 1$ degrés de liberté, où n était le nombre attendu de génotypes. Pour cette évaluation d'un équilibre de Hardy-Weinberg, nous devons soustraire un degré de liberté supplémentaire parce que les nombres attendus sont basés sur les fréquences alléliques observées et que les nombres observés ne sont donc pas complètement libres de varier. En général, les degrés de liberté pour un test de chi-carré appliqué à un équilibre de Hardy-Weinberg sont égaux au nombre de classes génotypiques attendues moins le nombre d'allèles qui y sont associés. Dans notre test d'un équilibre de Hardy-Weinberg, le nombre de degrés de liberté est 1 (3 – 2 = 1).

La probabilité associée à notre valeur de chi-carré peut être cherchée dans un tableau des valeurs critiques de la distribution de chi-carré (voir le Tableau 3.4). Avec un seul degré de liberté, la probabilité d'une valeur de chi-carré de 7,16 est comprise entre 0,01 et 0,001. Les proportions de génotypes de péroxydase observées à Glacier Lake ne correspondent donc probablement pas à un équilibre de Hardy-Weinberg.

? Pour vous familiariser avec ce type d'évaluation, déterminez si les fréquences génotypiques données dans le Problème 26 en fin de chapitre sont en équilibre de Hardy-Weinberg.

Concepts clés

Les nombres de génotypes observés dans une population peuvent être comparés aux proportions attendues d'un équilibre de Hardy-Weinberg en utilisant un test de concordance de chi-carré.

L'estimation de fréquences alléliques avec la loi de Hardy-Weinberg

Une utilisation pratique de la loi de Hardy-Weinberg est le calcul de fréquences alléliques dans des situations de dominance. Prenons l'exemple de la mucoviscidose, une maladie autosomique récessive caractérisée par une susceptibilité aux infections des voies respiratoires, une digestion déficiente, et une transpiration anormale (voir les pp. 83-84 dans le Chapitre 4). Chez les Nord-américains de race blanche, l'incidence de la maladie est d'une personne environ sur 2 000. La formule de calcul des fréquences alléliques (Équation 17.3) nécessite de connaître le nombre d'homozygotes et d'hétérozygotes, mais la mucoviscidose est une maladie récessive et il n'est donc pas facile de distinguer entre des individus homozygotes sains et des porteurs hétérozygotes. Bien qu'il existe des tests moléculaires pour identifier les porteurs hétérozygotes du gène de la mucoviscidose, la faible incidence de la maladie rend difficile la pratique d'un dépistage systématique. Dans une situation de ce type, la loi de Hardy-Weinberg peut être utilisée pour estimer les fréquences alléliques. Si nous supposons qu'une population est en équilibre de Hardy-Weinberg pour ce locus, la fréquence du génotype récessif aa sera q^2, et la fréquence allélique sera donnée par la racine carrée de la fréquence génotypique.

$$q = 2\sqrt{f(aa)} \qquad (17.7)$$

Si la fréquence de la mucoviscidose chez les Blancs nord-américains est d'approximativement 1 pour 2 000, soit 0,0005, $q = \sqrt{0{,}0005} = 0{,}02$. Donc, environ 2 % des allèles de la population de race blanche codent la mucoviscidose. La fréquence de l'allèle normal est obtenue par soustraction : $p = 1 - q = 0{,}98$. On peut à présent utiliser la loi de Hardy-Weinberg pour déterminer les fréquences d'homozygotes sains et d'hétérozygotes porteurs de l'allèle de la mucoviscidose :

$$f(AA) = p^2 = (0{,}98)^2 = 0{,}960$$
$$f(Aa) = 2pq = 2(0{,}02)(0{,}98) = 0{,}0392$$

Donc, 4 % environ (1/25) des Nord-américains de race blanche sont des porteurs hétérozygotes de l'allèle responsable de la mucoviscidose.

Concepts clés

Bien que les fréquences alléliques ne puissent pas être calculées directement pour les traits présentant une dominance, la loi de Hardy-Weinberg peut être utilisée pour estimer les fréquences alléliques si la population est en équilibre de Hardy-Weinberg pour le locus étudié. La fréquence de l'allèle récessif sera égale à la racine carrée de la fréquence du génotype récessif.

✔ Test de compréhension 2

Chez les chats, la robe blanc uni est dominante sur la robe noir et blanc. Dans une population de 100 chats, 19 ont une robe blanc uni. En supposant que la population soit en équilibre de Hardy-Weinberg, quelle est la fréquence de l'allèle blanc uni dans cette population ?

Les croisements non aléatoires

Une des hypothèses sur lesquelles se fonde la loi de Hardy-Weinberg est que les unions se font au hasard par rapport au locus considéré. Des modes de croisement qui s'écartent de ce schéma, appelé panmixie, vont nécessairement affecter la formation des génotypes et modifier les fréquences génotypiques d'une population.

Une forme de croisement non aléatoire est la **consanguinité**, qui correspond, dans une population, à une union entre individus apparentés plus fréquente que sur une base purement fortuite. Les croisements consanguins provoquent une augmentation de l'homozygotie (et une diminution concomitante de l'hétérozygotie) dans une population par rapport aux fréquences p^2, $2pq$, et q^2 caractéristiques de l'équilibre de Hardy-Weinberg.

Concepts clés

Les croisements non aléatoires altèrent les fréquences des génotypes mais pas celles des allèles. La consanguinité est l'union préférentielle entre individus apparentés. Avec la consanguinité, la fréquence des homozygotes dans une population augmente, tandis que celle des hétérozygotes diminue.

17.3 Plusieurs forces évolutives peuvent changer les fréquences alléliques

La loi de Hardy-Weinberg indique que, dans un contexte d'unions au hasard par rapport à un locus (panmixie), la reproduction ne change pas les fréquences alléliques. La possibilité d'une évolution continue dépend dès lors d'autres processus qui changent les fréquences alléliques : la mutation, la migration, la dérive génétique (des effets fortuits dus à la petite taille d'une population), et la sélection naturelle.

La mutation

Le processus évolutif dépend de l'existence d'une variation génétique. Certes, de *nouvelles combinaisons* de gènes existants peuvent être générées par la recombinaison à la méiose, mais la source première de toute variation est la mutation.

L'effet de la mutation sur les fréquences alléliques La mutation peut influencer le taux auquel un variant génétique augmente aux dépens d'un autre. Prenons l'exemple d'un locus dans une population de 25 individus diploïdes. Il y a 50 exemplaires d'allèles pour ce locus dans la population. Supposons qu'il existe deux allèles différents, G^1 et G^2, dont les fréquences sont respectivement p et q. S'il y a 45 copies de G^1 et 5 copies de G^2 dans la population, $p = 0{,}90$ et $q = 0{,}10$. Imaginons à présent qu'une mutation change un allèle G^1 en allèle G^2 ; il y a alors 44 exemplaires de G^1 et 6 exemplaires de G^2, et la fréquence de G^2 est passée de 0,10 à 0,12. La mutation a changé la fréquence allélique.

Si des exemplaires de G^1 continuent de muter vers G^2, la fréquence de G^2 va augmenter et celle de G^1 va diminuer (**Figure 17.3**). Quantitativement, le changement de G^1 vers G^2 causé par la mutation dépendra (1) du taux de mutation de G^1 vers G^2, et (2) de p, la fréquence de G^1 dans la population. Si p est grand, de nombreux exemplaires de G^1 sont disponibles pour la mutation et le changement sera relativement important. Toutefois, au fur et à mesure des mutations, p et le réservoir de G^1 disponibles pour muter vers G^2 vont diminuer.

Jusqu'ici, nous n'avons envisagé que les effets de mutations de G^1 vers G^2. Cependant, des mutations inverses de G^2 vers G^1 se produisent aussi, mais à un taux qui sera probablement différent de celui des mutations en sens direct. Chaque fois qu'une mutation inverse se produit, la fréquence de G^2 diminue et celle de G^1 augmente (voir la Figure 17.3).

Les fréquences alléliques atteignent un équilibre Pour un locus avec une fréquence initiale de G^1 élevée et une fréquence peu élevée de G^2 (voir la Figure 17.3a), l'augmentation de G^2 due à la mutation en sens direct sera d'abord assez forte, mais au fur et à mesure que le réservoir de G^1 disponibles pour la mutation vers G^2 diminue, le réservoir de G^2 disponibles pour la mutation inverse vers G^1 augmente (voir la Figure 17.3b). À un certain moment, le nombre de gènes subissant une mutation en sens direct sera contrebalancé par le nombre de gènes subissant une mutation inverse (voir la

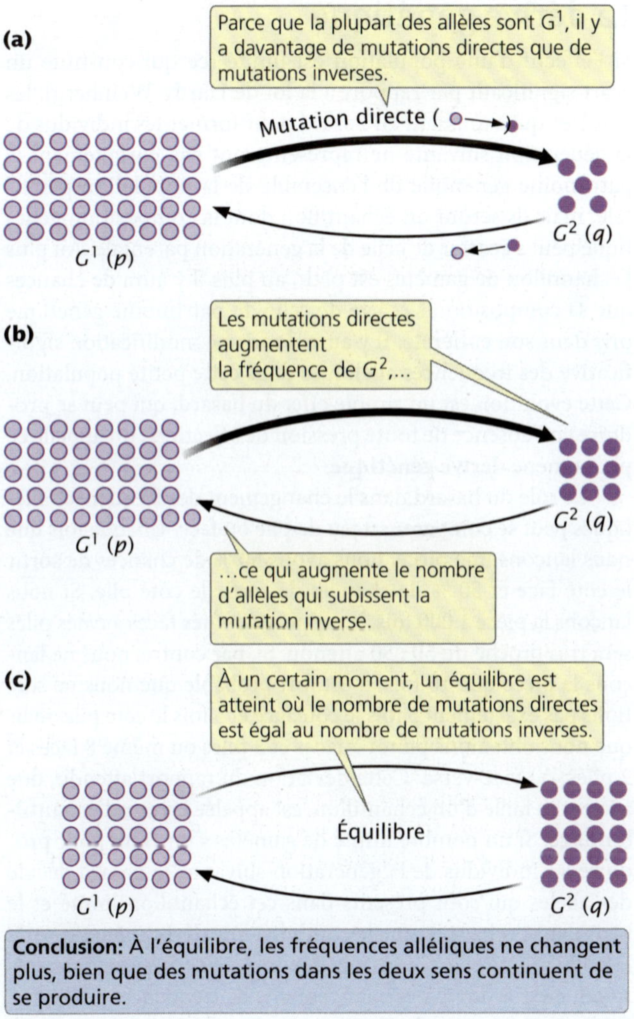

17.3 Des mutations récurrentes changent les fréquences alléliques. Des mutations directes et inverses finissent par créer un équilibre stable.

Figure 17.3c). À ce point, l'augmentation de q due à la mutation directe sera égale à la diminution de q due à la mutation réverse, et il n'y aura plus de changement net de la fréquence allélique, bien que des mutations directes et inverses continuent de se produire. Le point auquel la fréquence allélique à un locus d'une population ne change plus est appelé **point d'équilibre** pour ce locus (voir la Figure 17.3c). À l'équilibre la fréquence de G^2 est déterminée uniquement par les taux de mutation directe et inverse.

Synthèse des effets Lorsque la seule force évolutive agissant sur une population est la mutation, les fréquences alléliques changent au cours du temps parce que certains allèles mutent vers d'autres formes. Les fréquences alléliques finissent par atteindre un équilibre et ne sont plus déterminées que par les taux de mutation directe et inverse.

Le taux de mutation de la plupart des gènes est bas ; par conséquent, les changements de fréquences alléliques sur une génération sont très petits et de longues périodes de temps sont nécessaires pour qu'une population atteigne un équilibre mutationnel, un stade où, si la mutation est la seule force agissant sur la population, les taux de mutation déterminent les fréquences alléliques.

Concepts clés

La mutation provoque un changement des fréquences alléliques. À l'équilibre, les fréquences alléliques sont déterminées par le rapport des taux de mutation en sens direct et inverse. Comme les taux de mutation sont peu élevés, l'effet de la mutation sur une génération est très faible.

La migration

L'apport de gènes d'autres populations, appelé **migration** ou **flux génique**, est un autre processus responsable de changement des fréquences alléliques. De nombreuses populations naturelles ont été ou sont exposées à la migration d'autres populations ; l'effet global de la migration est double : (1) elle empêche les populations de devenir génétiquement différentes les unes des autres, et (2) elle augmente la variation génétique au sein des populations.

L'effet de la migration sur les fréquences alléliques Examinons les effets de la migration en prenant l'exemple simple d'une migration unidirectionnelle entre deux populations qui diffèrent par la fréquence d'un allèle a (**Figure 17.4**). À chaque génération, un échantillon représentatif d'individus de la population I migre vers la population II et se reproduit, ajoutant ses gènes au patrimoine génétique de la population II.

La migration a lieu uniquement de la population I vers la population II. Après migration, la population II contient deux types d'individus : (1) des migrants porteurs des gènes de la population I, et (2) les résidents originaux de la population II avec leur propres gènes. Les fréquences alléliques dans la population II après migration dépendent des contributions des allèles des migrants et de la population originale. Le degré de changement de la fréquence de l'allèle a dans la population II est directement lié à la proportion de migrants ; si la migration augmente, le changement de fréquence allélique augmente. L'ampleur du changement dépend aussi de la différence entre les fréquences alléliques des deux populations ; si la différence est grande, le changement de la fréquence allélique sera grand lui aussi.

À chaque génération d'immigration, les fréquences alléliques des deux populations se rapprochent, jusqu'à devenir égales. Une fois que les fréquences alléliques sont identiques, il n'y aura plus de changement de la fréquence allélique de la population II, en dépit du fait que la migration continue. Si la migration entre deux populations se déroule pendant plusieurs générations et qu'aucune autre force évolutive ne s'exerce, un équilibre est atteint où la fréquence allélique de la population d'origine est égale à celle de la population immigrante. Ce modèle simple de migration unidirectionnelle entre deux populations peut être étendu pour rendre compte d'une migration multidirectionnelle entre plusieurs populations.

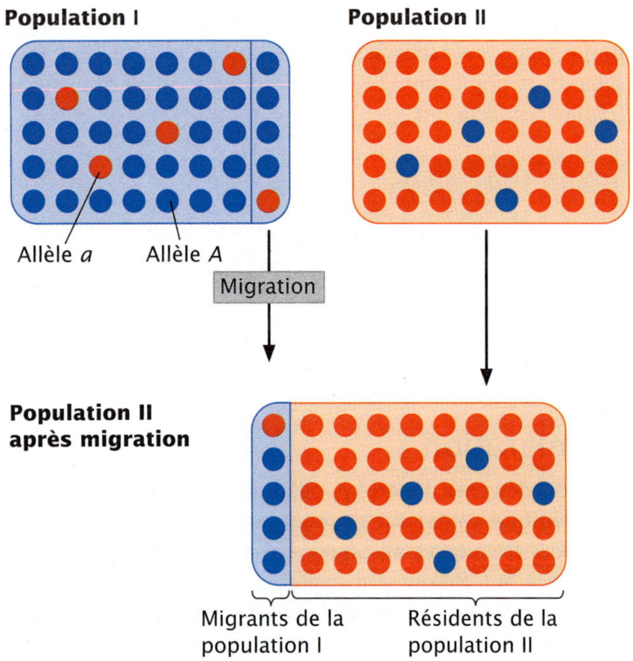

17.4 L'ampleur du changement de fréquences alléliques dû à la migration entre populations dépend de la différence entre les fréquences alléliques d'origine et de l'importance de la migration. Modélisation de l'effet d'une migration unidirectionnelle sur les fréquences alléliques.

L'effet global de la migration La migration a deux effets principaux. Le premier est de faire converger les patrimoines génétiques de populations. Nous verrons plus loin comment la dérive génétique et la sélection naturelle tendent à accentuer les différences génétiques entre populations ; la migration contrecarre cette tendance et tend à homogénéiser les fréquences alléliques des populations concernées. En second lieu, la migration est une source de variation génétique. De nouveaux allèles peuvent apparaître dans différentes populations suite à de rares événements de mutation, et ces allèles peuvent être introduits dans d'autres populations par migration, augmentant ainsi la variation génétique des populations réceptrices.

Concepts clés

La migration provoque des changements de fréquence allélique dans une population en introduisant des allèles d'autres populations. L'ampleur du changement dû à la migration dépend à la fois de la proportion de migrants et de la différence entre les fréquences alléliques initiales de la population migrante et de la population réceptrice. La migration diminue les différences génétiques entre populations et augmente la variation génétique au sein des populations.

✔ Test de compréhension 3

À chaque génération, 10 individus migrent de la population A vers la population B. Comment la fréquence allélique q évoluera-t-elle suite à la migration si q est la même dans les populations A et B ?

a. q diminuera dans A.
b. q augmentera dans B.
c. q ne changera ni dans A ni dans B.
d. q dans B deviendra q^2.

La dérive génétique

Si l'effectif d'une population est limité (ce qui constitue un écart significatif par rapport à la loi de Hardy-Weinberg), les gamètes qui s'unissent au hasard pour former les individus de la génération suivante ne représenteront pas parfaitement le patrimoine génétique de l'ensemble de la population parentale, mais ils seront un échantillon dont la composition génétique peut s'écarter de celle de la génération parentale. Au plus l'échantillon de gamètes est petit, au plus il y aura de chances que sa composition s'écarte de celle du patrimoine génétique pris dans son entièreté. Il y aura donc une modification significative des fréquences alléliques dans cette petite population. Cette évolution est un simple effet du hasard, qui peut se produire en l'absence de toute pression de sélection ; on appelle ce phénomène **dérive génétique**.

Le rôle du hasard dans le changement des fréquences alléliques peut se comparer au jeu de pile ou face. Chaque fois que nous lançons une pièce, nous avons 50 % de chances de sortir le côté face et 50 % de chances de sortir le côté pile. Si nous lançons la pièce 1 000 fois, le rapport de côtés faces à côtés piles sera très proche du 50 : 50 attendu. Si, par contre, nous ne lançons la pièce que 10 fois, il est fort probable que nous ne sortions pas exactement 5 fois le côté face et 5 fois le côté pile, mais que nous obtenions plutôt 7 faces et 3 piles ou même 8 faces et 2 piles, ou vice-versa. Cette déviation du rapport attendu, due à la petite taille d'un échantillon, est appelée **erreur d'échantillonnage**. Si un nombre limité de gamètes s'unissent pour produire les individus de la génération suivante, le hasard décide des allèles qui sont présents dans cet échantillon limité et le biais dans l'échantillonnage conduit à une **dérive génétique** de la population (N.d.T. : parfois dénommée *dérive génétique fortuite*), c'est-à-dire à des changements de fréquences alléliques. Étant donné que les déviations sont aléatoires, le sens du changement des fréquences alléliques (par exemple, 6 *A* et 4 *a* plutôt que 4 *A* et 6 *a*) est imprévisible. Il est toutefois possible de prédire l'ampleur des changements.

L'ampleur de la dérive génétique L'ampleur de la dérive génétique est déterminée en grande partie pas la taille de la population (N) : la dérive génétique sera d'autant plus grande que la population est petite. Dans les études écologiques et démographiques, la taille d'une population est habituellement définie comme le nombre d'individus dans un groupe. Cependant, l'évolution d'un patrimoine génétique dépend uniquement des individus qui apportent des gènes à la génération suivante. Les généticiens des populations définissent habituellement la taille d'une population comme l'équivalent du nombre d'adultes reproducteurs. On parle alors de **taille effective d'une population** (N_e).

Concepts clés

La dérive génétique est un changement de fréquence allélique dû à des facteurs d'ordre aléatoire. Il y a une relation inverse entre l'ampleur de la dérive génétique et la taille effective de la population (le nombre d'adultes qui se reproduisent dans une population).

✔ Test de compréhension 4

Laquelle des situations suivantes est-elle un exemple de dérive génétique ?

a. La fréquence de l'allèle *g* codant la production de graisse augmente dans une petite population parce que les oiseaux au corps plus gras survivent mieux à des hivers rigoureux.

b. Par mutation aléatoire, la fréquence de l'allèle *A* augmente dans une population, mais pas dans une autre.

c. L'allèle *R* atteint une fréquence de 1.0 parce que les individus de génotype *rr* sont stériles.

d. L'allèle *m* est perdu lorsqu'un virus tue presque toute une population et que, purement par hasard, aucun des survivants ne possède l'allèle *m*.

Les causes de dérive génétique Toute dérive génétique résulte d'une erreur d'échantillonnage, mais cette dernière peut avoir des origines diverses. Tout d'abord, une population peut voir sa taille se réduire pendant plusieurs générations à cause d'un manque d'espace, de nourriture, ou de toute autre ressource importante. La dérive génétique qui s'ensuit peut modifier de façon significative le patrimoine génétique de la population.

Une autre forme de dérive génétique se produit lorsqu'un petit groupe se sépare d'une population plus grande pour fonder une colonie. Cette dérive génétique « prononcée » est appelée **effet de fondation** ou **effet fondateur**. La population de mouflons du National Bison Range, dont il fut question dans l'introduction à ce chapitre, a subi un effet de fondation. Bien qu'une population puisse augmenter et devenir assez importante, les allèles de tous ses membres sont hérités des quelques allèles présents à l'origine chez les fondateurs (en supposant qu'il n'y ait ni migration ni mutation). L'échantillonnage qui a déterminé la présence d'allèles particuliers dans la génération fondatrice va laisser sa marque dans le patrimoine génétique de toute la population.

Une dérive génétique prononcée peut résulter de la formation d'un **goulot d'étranglement génétique** (« genetic bottleneck » en anglais). Un goulot d'étranglement génétique se forme quand une population subit une réduction de taille très brutale. C'est ce qui est arrivé aux éléphants de mer (*Mirounga angustirostrus*) de l'hémisphère Nord. Avant 1800, il y avait des milliers d'éléphants de mer le long de la côte californienne, mais la population a été dévastée par la chasse entre 1820 et 1880. En 1884, il ne restait qu'une vingtaine de survivants sur une plage perdue de l'île de Guadalupe, à l'ouest de la Basse Californie. Des restrictions imposées à la chasse au Mexique et aux États-Unis ont permis à la population des éléphants de mer de récupérer et d'atteindre un effectif estimé à 100 000 animaux. Tous les éléphants de mer de la population actuelle sont génétiquement semblables parce qu'ils ont hérité des gènes portés par les quelques survivants du goulot d'étranglement génétique. (N.d.T. : Un effet fondateur peut être la conséquence d'un goulot d'étranglement génétique.)

Les effets de la dérive génétique La dérive génétique a plusieurs effets importants sur le patrimoine génétique

17.5 La population des éléphants de mer de l'hémisphère nord a subi l'effet d'un goulot d'étranglement génétique sévère entre 1820 et 1880. Aujourd'hui, la variation génétique chez ces éléphants de mer est extrêmement limitée. *[PhotoDisc.]*

d'une population. Premièrement, étant donné le caractère aléatoire de la dérive, une fréquence allélique peut tout aussi bien augmenter que diminuer, en présentant des oscillations irrégulières (d'où l'appellation de *dérive*). La **Figure 17.6** est une simulation par ordinateur de la dérive génétique de cinq populations pendant 30 générations, avec une fréquence *q* initiale de 0,5 et une taille de population constante de 10 mâles et 10 femelles. Les fréquences alléliques changent de façon aléatoire de génération en génération.

Un deuxième effet de la dérive génétique est la réduction de la variation génétique au sein des populations. Suite à des changements aléatoires, la fréquence d'un allèle peut atteindre une valeur de 1 ou de 0, ce qui signifie que tous les individus

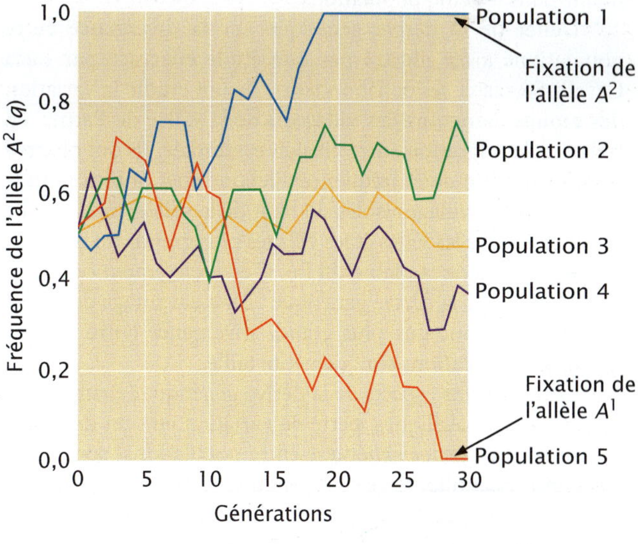

17.6 La dérive génétique modifie les fréquences alléliques au sein des populations, ce qui provoque une réduction de la variation génétique par fixation d'allèles et une divergence génétique entre populations. Simulation par ordinateur du changement de fréquence de l'allèle A^2 (q) dans cinq populations sous l'effet d'une dérive génétique aléatoire. Chaque population comporte 10 mâles et 10 femelles et commence avec $q = 0{,}5$.

d'une population sont homozygotes pour un allèle. Lorsque la fréquence d'un allèle atteint une valeur de 1, on dit qu'il y a **fixation** de cet allèle dans la population. Une valeur de fréquence égale à 0 signifie que l'allèle est perdu et qu'il ne pourra réapparaître dans la population que par migration ou par mutation. La fixation représente une perte de variation génétique au sein d'une population. Cette perte est observée chez les éléphants de mer dont nous avons parlé précédemment. Aujourd'hui, ces animaux ont un niveau très bas de variation génétique ; une étude de 24 gènes codant des protéines n'a révélé aucune différence individuelle ou entre sous-populations dans ces gènes. Une autre étude, portant sur les variations de séquence dans l'ADN mitochondrial, a montré également un degré de variation génétique très faible. Les éléphants de mer de l'hémisphère austral, par contre, présentaient une variation génétique beaucoup plus élevée de leur ADN mitochondrial. Ces éléphants de mer ont aussi été chassés, mais la taille de leur population n'est jamais passée sous la barre des 1 000 individus ; par conséquent, contrairement aux éléphants de mer septentrionaux, ils n'ont pas subi d'effet de goulot génétique.

Après un certain temps, toutes les petites populations finissent par être fixées pour l'un ou l'autre allèle. La fixation d'un allèle particulier est un processus qui relève du hasard, mais la probabilité qu'il soit fixé est influencée par sa fréquence initiale. Un allèle originellement fort représenté a plus de chances d'être fixé qu'un allèle rare.

Un troisième effet de la dérive génétique est la divergence entre populations au cours du temps. Dans la Figure 17.6, les cinq populations commencent avec la même fréquence allélique (q = 0,5), mais comme la dérive est aléatoire, les fréquences ne changent pas de la même façon dans les différentes populations qui finissent par présenter des différences génétiques. Avec le temps, un allèle sera fixé, mais ce ne sera pas le même dans les cinq populations.

L'effet de la dérive génétique sur la divergence entre populations a été illustré par une étude effectuée par Luca Cavalli-Sforza et ses collaborateurs. Ils ont étudié la variation des groupes sanguins des villageois de la vallée de Parme, en Italie, où la migration entre villages est limitée. Ils ont observé que la variation de la fréquence allélique était la plus grande entre les petits villages isolés du haut de la vallée, mais qu'elle diminuait entre les villes et les villages plus grands du bas de la vallée, proches de la plaine du Pô. C'est exactement ce à quoi on s'attend avec la dérive génétique : il y a davantage de dérive génétique et donc une plus grande divergence entre villages quand les populations sont de petite taille.

Ces différents aspects de la dérive génétique (changement des fréquences alléliques, perte de variation au sein de populations, et divergence génétique entre populations) sont dus à l'erreur d'échantillonnage et se produisent simultanément. Les deux premiers phénomènes se produisent *au sein de populations* tandis que le troisième se produit *entre populations.*

Concepts clés

La dérive génétique résulte de la persistance de la petite taille d'une population, d'un effet fondateur (l'établissement d'une population par un petit nombre d'individus fondateurs), et/ou d'un effet de goulot génétique (une réduction brutale et aveugle d'une population). La dérive génétique se manifeste par un changement des fréquences alléliques au sein d'une population, elle provoque une perte de variation génétique par la fixation d'allèles au sein d'une population et elle est une source de divergence génétique entre populations. (N.d.T. : L'erreur d'échantillonnage qui est à l'origine du phénomène de dérive génétique se renouvelle en fait à chaque génération, sans direction précise. Pour qui désire approfondir les thèmes développés dans ce chapitre, je recommande le livre « Comprendre l'évolution 150 ans après Darwin », un ouvrage collectif d'une association de professeurs de Biologie, rédigé sous la direction de Gérard Cobut, De Boeck, collection « Action ! », 2009.)

La sélection naturelle

La *sélection naturelle* est un autre processus qui provoque des changements de fréquences alléliques. Il s'agit de la reproduction différentielle de génotypes (voir le Chapitre 16 aux pp. 421-422). La sélection naturelle a lieu quand des individus possédant des traits adaptatifs produisent davantage de descendants que d'autres membres de la population. Les traits adaptatifs qui ont une base génétique seront hérités par la descendance et apparaîtront avec une fréquence plus élevée à la génération suivante. Un trait qui confère un avantage reproductif et de survie verra donc sa fréquence augmenter au cours du temps, permettant à des populations d'être mieux adaptées à leur environnement. La sélection naturelle est la seule force évolutive qui favorise l'adaptation (**Figure 17.7**).

La valeur adaptative et le coefficient de sélection L'effet de la sélection naturelle sur le patrimoine génétique d'une population dépend des valeurs adaptatives des génotypes de la population. La **valeur adaptative** (« **fitness** ») est définie comme le succès reproductif relatif d'un génotype. (N.d.T. : On parle parfois de « valeur adaptative reproductrice » ou de

17.7 La sélection naturelle produit des adaptations telles que celles observées chez les ours polaires qui habitent l'environnement extrême de l'Arctique. Ces ours se fondent dans le décor neigeux, ce qui les aide dans la chasse aux phoques. Les poils de leur fourrure restent dressés quand ils sont mouillés, et d'épaisses couches de graisse fournissent l'isolation nécessaire à les protéger contre des températures très négatives. Leur système digestif est adapté à une alimentation basée essentiellement sur la chair de phoques. *[Digital Vision]*

« valeur adaptative darwinienne ».) Le terme *relatif* a ici toute son importance : la valeur adaptative est le succès reproductif d'un génotype comparé aux succès reproductifs d'autres génotypes présents dans la population.

La valeur adaptative (W) est comprise entre 0 et 1. Supposons que le nombre moyen de descendants viables produits par trois génotypes soit

Génotypes :	A^1A^1	A^1A^2	A^2A^2
Nombre moyen de descendants viables :	10	5	2

Pour calculer la valeur adaptative de chaque génotype, nous prenons le nombre moyen de descendants produits par un génotype et nous le divisons par le nombre moyen de descendants produits par le génotype le plus prolifique :

Valeur adaptative (W) :

$$\mathbf{A^1A^1} \quad W_{11} = \frac{10}{10} = 1{,}0 \qquad \mathbf{A^1A^2} \quad W_{12} = \frac{5}{10} = 0{,}5$$

$$\mathbf{A^2A^2} \quad W_{22} = \frac{2}{10} = 0{,}2 \tag{17.8}$$

La valeur adaptative du génotype A^1A^1 est désignée par W_{11}, et ainsi de suite. Une variable associée à la valeur adaptative est le **coefficient de sélection** (s), qui est une mesure de l'intensité de la sélection exercée *contre* un génotype. Nous parlons en général de la sélection d'un génotype particulier, mais il ne faut pas oublier que quand la sélection favorise un génotype, elle en défavorise automatiquement au moins un autre. Le coefficient de sélection (s) est égal à $1 - W$; les coefficients de sélection des trois génotypes qui précèdent sont

	$\mathbf{A^1A^1}$	$\mathbf{A^1A^2}$	$\mathbf{A^2A^2}$
Coefficient de sélection ($1 - W$) :	$s_{11} = 0$	$s_{12} = 0{,}5$	$s_{22} = 0{,}8$

Concepts clés

La sélection naturelle est la reproduction différentielle de génotypes. Le succès reproductif d'un génotype relativement à d'autres génotypes dans une population est sa valeur adaptative.

✔ Test de compréhension 5

Les nombres moyens de descendants produits par trois génotypes sont : $GG = 6$; $Gg = 3$; $gg = 2$. Quelle est la valeur adaptative de Gg ?

a. 3
b. 0,5
c. 0,3
d. 0,27

Les résultats de la sélection Les résultats de la sélection dépendent des aptitudes relatives des génotypes en présence. Si nous avons trois génotypes (A^1A^1, A^1A^2, et A^2A^2) avec des valeurs adaptatives W_{11}, W_{12}, et W_{22}, nous pouvons avoir six types différents de sélection naturelle (**Tableau 17.1**). Dans la sélection de type 1, un allèle dominant A^1 confère un avantage adaptatif ; dans ce cas, les valeurs adaptatives des génotypes A^1A^1 et A^1A^2 sont égales et plus élevées que la valeur adaptative de A^2A^2 ($W_{11} = W_{12} > W_{22}$). Étant donné que l'hétérozygote et l'homozygote A^1A^1 contiennent l'allèle A^1 et produisent plus de descendants que l'homozygote A^2A^2, la fréquence de l'allèle A^1 va augmenter au cours du temps et celle de l'allèle A^2 va diminuer. Cette forme de sélection, dans laquelle un allèle ou un trait est favorisé par rapport à un autre, est appelée **sélection directionnelle.**

La sélection de type 2 (voir le Tableau 17.1) est une sélection directionnelle contre un allèle dominant A^1 ($W_{11} = W_{12} < W_{22}$). Les sélections des types 3 et 4 sont aussi des sélections directionnelles, mais dans les deux cas, il y a dominance incomplète et l'hétérozygote a une valeur adaptative qui est intermédiaire entre celles des deux homozygotes ($W_{11} > W_{12} > W_{22}$ pour le type 3 ; $W_{11} < W_{12} < W_{22}$ pour le type 4). À terme, la sélection directionnelle va aboutir à la fixation de l'allèle favorisé et à l'élimination de l'autre allèle, pour autant que d'autres forces évolutives n'agissent pas sur la population.

Les sélections des types 5 et 6 sont des cas spéciaux qui mènent à un état d'équilibre où il n'y a plus de changement de fréquence allélique. La sélection de type 5 correspond à une situation de **surdominance** ou d'avantage à l'hétérozygote, qui a une valeur adaptative plus élevée que les deux homozygotes ($W_{11} < W_{12} > W_{22}$). Les deux allèles sont favorisés dans l'hétérozygote, et aucun d'eux n'est éliminé de la population. Avec

Tableau 17.1 Types de sélection naturelle

Type	Relation entre valeurs adaptatives	Type de sélection	Résultat
1	$W_{11} = W_{12} > W_{22}$	Sélection directionnelle contre l'allèle récessif A^2	A^1 augmente, A^2 diminue
2	$W_{11} = W_{12} < W_{22}$	Sélection directionnelle contre l'allèle dominant A^1	A^2 augmente, A^1 diminue
3	$W_{11} > W_{12} > W_{22}$	Sélection directionnelle contre l'allèle incomplètement dominant A^2	A^1 augmente, A^2 diminue
4	$W_{11} < W_{12} < W_{22}$	Sélection directionnelle contre l'allèle incomplètement dominant A^1	A^2 augmente, A^1 diminue
5	$W_{11} < W_{12} > W_{22}$	Surdominance	Équilibre stable, les deux allèles se maintiennent
6	$W_{11} > W_{12} < W_{22}$	Sous-dominance	Équilibre instable

Note : W_{11}, W_{12}, et W_{22} représentent les valeurs adaptatives respectives des génotypes A^1A^1, A^1A^2, et A^2A^2.

la sélection surdominante, les fréquences alléliques changent jusqu'à atteindre un équilibre stable ; à partir de ce point, les fréquences ne changent plus. (N.d.T. : On parle dans ce cas de *polymorphisme équilibré*.) La fréquence allélique à l'équilibre ($\hat{q}$) dépend des valeurs adaptatives relatives des deux homozygotes (habituellement exprimées comme des coefficients de sélection) :

$$\hat{q} = f(A^2) = \frac{s_{11}}{s_{11} + s_{22}}$$

où s_{11} représente le coefficient de sélection de l'homozygote A^1A^1 et s_{22} le coefficient de sélection de l'homozygote A^2A^2.

Le dernier type de sélection (type 6) est un exemple de **sous-dominance.** L'hétérozygote a une valeur adaptative inférieure à celle des deux homozygotes ($W_{11} > W_{12} < W_{22}$). La sous-dominance conduit à un équilibre instable ; les fréquences alléliques ne changeront pas tant que la population sera à ce point d'équilibre, mais elles s'en écarteront à la moindre perturbation par quelque autre force évolutive, jusqu'à ce qu'un des allèles soit fixé.

Concepts clés

La sélection naturelle change les fréquences alléliques ; la direction et l'ampleur du changement dépendent de l'intensité de la sélection, des relations de dominance entre allèles, et des fréquences alléliques. La sélection directionnelle favorise un allèle aux dépens d'un autre et, avec le temps, elle aboutit à la fixation de l'allèle favorisé. La surdominance conduit à un équilibre stable qui maintient les deux allèles dans la population. La sous-dominance produit un équilibre instable parce que la valeur adaptative de l'hétérozygote est inférieure à celles des deux homozygotes.

Faisons le lien entre les concepts

Les effets globaux des forces qui changent les fréquences alléliques

Vous savez à présent que quatre processus provoquent le changement des fréquences alléliques d'une population : la mutation, la migration, la dérive génétique, et la sélection naturelle. Leurs effets à court et à long terme sur les fréquences alléliques sont résumés dans le **Tableau 17.2**. Dans certains cas, ces changements s'opèrent jusqu'à ce qu'un allèle soit éliminé et que l'autre soit fixé dans la population. La dérive génétique et la sélection directionnelle aboutissent en général à la fixation d'un allèle, à condition que ces forces soient les seules à agir sur une population. Les autres forces évolutives modifient les fréquences alléliques jusqu'à ce qu'un point d'équilibre soit atteint où il n'y a plus de changement de fréquence allélique. La mutation, la migration, et certaines formes de sélection naturelle peuvent conduire à des équilibres stables – ou instables dans le cas d'une sous-dominance. (Voir le Tableau 17.2).

Ces différentes forces évolutives affectent à la fois la variation génétique au sein des populations et la divergence génétique entre populations. Les forces évolutives qui maintiennent ou augmentent la variation génétique au sein des populations sont indiquées dans le quart supérieur gauche de la **Figure 17.8**. Ces forces comprennent certains types de sélection naturelle, comme la surdominance, dans lesquelles les deux allèles sont favorisés de façon égale. La mutation et la migration augmentent aussi la variation génétique au sein des populations parce qu'elles introduisent de nouveaux allèles. Les forces évolutives qui diminuent la variation génétique au sein des populations sont indiquées dans le quart inférieur gauche de la Figure 17.8. Ces forces sont la dérive génétique, qui diminue la variation par la fixation d'allèles, et certaines formes de sélection naturelle comme la sélection directionnelle.

Les différentes forces évolutives affectent aussi le degré de divergence génétique entre populations. La sélection naturelle accroît la divergence entre populations si elle donne un avantage sélectif à des allèles différents dans différentes populations, mais elle peut aussi réduire la divergence entre populations en favorisant le même allèle dans les différentes populations. La mutation augmente presque toujours la différence entre populations parce que des mutations différentes surviennent dans chaque population. La dérive génétique augmente elle aussi la divergence entre populations parce que les changements de fréquences alléliques dus à la dérive sont purement aléatoires et iront donc dans des sens divers dans différentes populations. La migration, par contre, diminue la

Tableau 17.2 Effets de différentes forces évolutives sur les fréquences alléliques au sein des populations

Force	Effet à court terme	Effet à long terme
Mutation	Changement de fréquence allélique	Équilibre atteint entre mutations directe et inverse
Migration	Changement de fréquence allélique	Équilibre atteint quand les fréquences alléliques de la population migrante et de la population réceptrice sont égales
Dérive génétique	Changement de fréquence allélique	Fixation d'un allèle
Sélection naturelle	Changement de fréquence allélique	Sélection directionnelle : fixation d'un allèle Sélection surdominante : équilibre atteint

	Au sein de populations	Entre populations
Augmentent la variation génétique	**Mutation Migration Certains types de sélection naturelle**	**Mutation Dérive génétique Certains types de sélection naturelle**
Diminuent la variation génétique	**Dérive génétique Certains types de sélection naturelle**	**Migration Certains types de sélection naturelle**

17.8 La mutation, la migration, la dérive génétique, et la sélection naturelle ont des effets différents sur la variation génétique au sein de populations et sur la divergence génétique entre populations.

divergence entre populations parce qu'elle tend à rendre les populations plus ressemblantes génétiquement.

La migration et la dérive génétique agissent en sens opposés : la migration augmente la variation génétique au sein des populations et réduit la divergence entre populations, tandis que la dérive génétique réduit la variation génétique au sein des populations et accroît la divergence entre populations. La mutation augmente à la fois la variation au sein des populations et la divergence entre populations. La sélection naturelle peut augmenter ou diminuer la variation au sein des populations tout comme elle peut augmenter ou diminuer la divergence entre populations.

Il est important de bien garder à l'esprit que les populations réelles sont soumises simultanément à plusieurs forces évolutives. Nous avons examiné séparément, par souci de clarté, les effets de la mutation, de la migration, de la dérive génétique, et de la sélection naturelle, mais la réalité est beaucoup plus complexe et les populations évoluent sous les effets combinés de ces différents processus.

17.4 Les organismes évoluent sous l'effet du changement génétique qui se produit au sein des populations

L'évolution est un des principes fondateurs de la biologie. Ainsi, Theodosius Dobzhansky, un des grands pionniers de la génétique évolutive, a dit que « Rien n'a de sens en biologie si ce n'est à la lumière de l'évolution ». En effet, l'évolution est une théorie dont le champ d'application s'étend à l'essentiel du vivant, depuis les séquences d'ADN présentes dans nos cellules jusqu'aux types de plantes et d'animaux qui nous entourent. Il est impossible aujourd'hui de nier l'existence de l'évolution. Les manifestations concrètes de l'évolution sont nombreuses ; par exemple, des centaines d'insectes ont développé une résistance aux pesticides qui ont été utilisés abondamment après la seconde guerre mondiale. L'évolution est démontrée par l'étude des fossiles (« fossil record »), par l'anatomie comparée, l'embryologie la distribution des plantes et des animaux (la biogéographie), et par la génétique moléculaire.

En dépit de sa pertinence évidente dans tous les domaines de la biologie, l'évolution est souvent mal comprise et mal interprétée. Dans notre société contemporaine, le terme *évolution* fait souvent référence à tout type de changement. Il convient cependant de toujours bien préciser le contexte dans lequel le terme est utilisé. L'**évolution** biologique fait référence à un type de changement spécifique : le changement génétique qui s'opère dans un groupe d'organismes. Deux aspects de cette définition doivent être soulignés. D'abord, l'évolution ne comprend que le seul changement génétique. De nombreux changements se produisent chez les organismes vivants, tels que le développement d'un individu complexe et intelligent à partir d'un zygote monocellulaire. Quoique remarquable, ce changement n'est pas l'évolution parce qu'il ne comporte pas de changement des gènes. Le deuxième point sur lequel il faut insister est que l'évolution se produit dans des *groupes* d'organismes. Un individu n'évolue pas ; ce qui évolue, c'est le *patrimoine génétique* d'un groupe d'individus. (N.d.T. : Un des courants actuels les plus dynamiques en biologie de l'évolution est la génétique évolutive du développement, souvent appelée « *évo-dévo* », une discipline qui a pour objectif de comprendre l'origine de la complexité morphologique des organismes à travers l'étude comparée des gènes qui régulent leur développement. La mutation de ces gènes entraîne des changements morphologiques importants des organismes vivants. L'existence de gènes du développement permet de comprendre à la fois l'ontogénèse, c.-à-d. la différenciation à l'échelle de l'individu, et la phylogénèse, c.-à-d. les transformations observées à l'échelle des populations.)

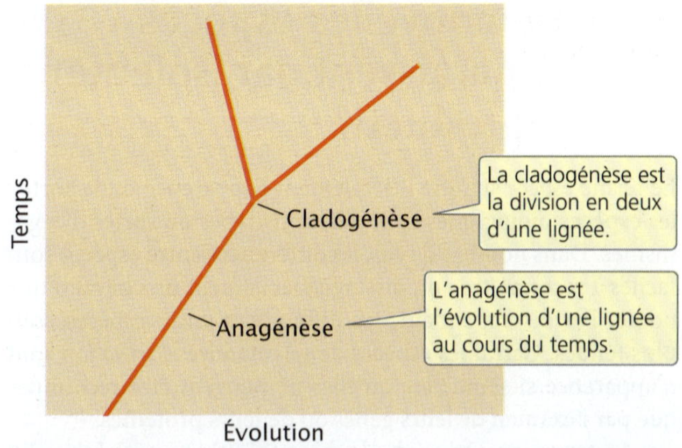

17.9 L'anagénèse et la cladogénèse sont deux modes de changement évolutif différents. L'anagénèse est l'évolution d'une lignée dans le temps, la cladogénèse est la division d'une lignée en deux branches (spéciation).

L'évolution peut être vue comme un processus en deux étapes. Il se produit d'abord une variation génétique. La variation génétique a pour origine la mutation, qui produit de nouveaux allèles, et la recombinaison, qui redistribue les allèles pour former de nouvelles combinaisons. Ces deux processus sont aléatoires et produisent continuellement de la variation génétique, indépendamment d'une quelconque nécessité évolutive. La deuxième étape du processus évolutif est l'augmentation et la diminution des fréquences des variants génétiques. Différentes forces évolutives discutées plus tôt dans ce chapitre provoquent l'augmentation de la fréquence de certains allèles au sein du patrimoine génétique, et la diminution de la fréquence de certains autres. Ce changement de composition du patrimoine génétique commun à un groupe d'organismes constitue le changement évolutif.

Nous pouvons distinguer deux modes d'évolution au sein d'un groupe d'organismes liés par la reproduction (**Figure 17.9**). L'**anagénèse** désigne l'évolution dans le temps d'un groupe unique d'organismes (une lignée). Un autre type d'évolution est la **cladogénèse**, la division d'une lignée en deux branches. Quand une lignée se divise, les deux branches n'ont plus le même patrimoine génétique, et elles évoluent de manière indépendante. Les espèces nouvelles apparaissent par cladogénèse.

Concepts clés

L'évolution biologique est le changement génétique qui opère au sein d'un groupe d'organismes. L'anagénèse est l'évolution d'une lignée unique ; la cladogénèse est la séparation d'une lignée en deux branches.

17.5 De nouvelles espèces apparaissent par isolement reproductif

Le terme *espèce* signifie littéralement l'apparence ou la sorte ; les **espèces** biologiques sont différents types ou sortes d'organismes. Dans nombre de cas, les différences entre espèces sont faciles à reconnaître : on distingue facilement un cheval d'une poule. Parfois cependant, les différences entre espèces sont plus ténues. Certaines espèces de salamandres *Plethodon* sont d'apparence si semblable qu'elles ne peuvent être reconnues que par l'examen de leurs gènes ou de leurs protéines.

Le terme espèce a une double utilisation en biologie. En premier lieu, l'espèce est le nom donné à un type particulier d'organisme. Pour communiquer efficacement, les biologistes doivent utiliser une nomenclature standard pour désigner les organismes qu'ils étudient, et les noms d'espèce servent précisément à cela. Quand un généticien parle de croisements effectués chez *Drosophila melanogaster*, les autres biologistes savent immédiatement de quel organisme il s'agit. La deuxième utilisation du terme espèce s'inscrit dans un contexte évolutif : une espèce est considérée comme un groupe d'organismes indépendant d'un point de vue évolutif.

Le concept biologique de l'espèce

Quels types de différences sont-ils nécessaires pour décider que deux organismes appartiennent à des espèces différentes ? Une définition de l'espèce largement utilisée est celle du **concept biologique de l'espèce** qui a été énoncé par le biologiste de l'évolution Ernst Mayr en 1942. Mayr s'intéressait principalement aux caractéristiques biologiques qui sont responsables de la séparation des organismes en unités évoluant de manière indépendante. Il définit l'espèce comme un groupe d'organismes capables de se croiser, mais isolés reproductivement d'autres groupes. En d'autres termes, les membres d'une espèce sont biologiquement capables d'échanger des gènes, tandis que des membres d'espèces différentes ne le peuvent pas. Comme des espèces différentes n'échangent pas de gènes, chaque espèce évolue de façon indépendante.

Tous les biologistes ne se satisfont pas du concept biologique de l'espèce, et, par certains aspects, cette définition n'est pas universellement applicable. Pensons, par exemple, aux très nombreux organismes qui ne se reproduisent pas de façon sexuée, comme les procaryotes. En pratique, la plupart des espèces sont distinguées sur la base de différences phénotypiques (généralement morphologiques). Les biologistes considèrent souvent que les différences phénotypiques reflètent des différences génétiques ; si les phénotypes de deux organismes sont très différents, ils ne peuvent probablement pas se croiser de façon productive dans la nature, et ils ne le font effectivement pas.

Les mécanismes d'isolement reproductif

La clé des différences interspécifiques dans le concept biologique d'espèce est l'isolement reproductif – l'ensemble des caractéristiques biologiques qui empêchent l'échange de gènes entre des espèces différentes. Tout facteur biologique ou mécanisme qui empêche cet échange de gènes est un **mécanisme d'isolement reproductif** (ou d'isolement génétique).

Certaines espèces sont séparées par des **mécanismes d'isolement reproductif prézygotiques** qui empêchent les gamètes d'espèces différentes de fusionner pour former un zygote hybride. Ce type d'isolement reproductif peut avoir des causes diverses (**Tableau 17.3**). D'autres espèces sont séparées par des **mécanismes d'isolement reproductif postzygotiques**, dans lesquels les gamètes de deux espèces forment un zygote, mais sans qu'il y ait d'échange de gènes effectif entre les deux espèces, soit que les hybrides ne soient pas viables ou qu'ils soient stériles, soit qu'il y ait déchéance des hybrides dans les générations suivantes (voir le Tableau 17.3).

Tableau 17.3 Mécanismes d'isolement reproductif

Type	Caractéristiques
Prézygotiques	**Agissent avant la formation d'un zygote**
Écologique	Habitats différents ; les individus ne se rencontrent pas
Temporel	La reproduction a lieu à des moments différents
Mécanique	Des différences anatomiques empêchent la copulation
Comportemental	Des rituels d'accouplement différents empêchent le croisement
Gamétique	Les gamètes sont incompatibles ou ne sont pas attirés l'un vers l'autre
Postzygotiques	**Agissent après la formation d'un zygote**
Non viabilité de l'hybride	Le zygote hybride ne survit pas
Stérilité de l'hybride	L'hybride est stérile
Déchéance de l'hybride	Les hybrides F_1 sont viables, mais la F_2 est non viable ou stérile

Concepts clés

Le concept biologique d'espèce définit l'espèce comme un groupe d'organismes naturellement ou potentiellement interféconds qui sont isolés d'un point de vue reproductif des membres d'autres groupes similaires. Ce concept s'appuie entièrement sur l'isolement reproductif qui peut intervenir avant la formation de zygotes (mécanismes d'isolement reproductif prézygotiques) ou après leur formation (mécanismes d'isolement reproductif postzygotiques).

✔ Test de compréhension 6

Laquelle de ces situations correspond-elle à un isolement reproductif postzygotique ?

a. Le sperme de l'espèce A meurt dans l'oviducte de l'espèce B avant la fécondation.

b. Les zygotes hybrides entre les espèces A et B avortent spontanément en début de développement.
c. Les saisons d'accouplement des espèces A et B ne coïncident pas.
d. Les mâles de l'espèce A ne sont pas attirés par les phéromones des femelles de l'espèce B.

Les modes de spéciation

La **spéciation** est le processus par lequel de nouvelles espèces apparaissent. Dans le contexte du concept biologique d'espèce, il s'agit de l'évolution d'une population interféconde – une espèce – en deux populations non interfécondes par un mécanisme d'isolement reproductif.

On distingue deux modes principaux de spéciation. La **spéciation allopatrique** résulte de la séparation d'une population en deux groupes par une barrière géographique qui les empêche d'échanger des gènes. L'interruption du flux génique mène à une différenciation génétique des deux groupes qui résulte à terme en un isolement reproductif. La **spéciation sympatrique** a lieu sans qu'il y ait de barrière géographique qui empêche l'échange de gènes ; des mécanismes d'isolement reproductif apparaissent au sein d'une population. Examinons plus en détail ces deux modes de spéciation.

La spéciation allopatrique La spéciation allopatrique débute quand une barrière géographique divise une population en deux ou plusieurs groupes et empêche l'échange de gènes entre les groupes qu'elle a isolés (**Figure 17.10a**). Les barrières géographiques peuvent prendre différentes formes. Le fort soulèvement d'une chaîne montagneuse peut séparer une population de plantes croissant en plaine en groupes situés de part et d'autre de la chaîne. Les océans constituent une barrière très efficace pour de nombreux organismes terrestres, séparant les groupes vivant sur des îles différentes ou séparant les populations insulaires de celles vivant sur le continent. Les différents bassins de drainage des rivières séparent souvent les populations de poissons. L'érosion des montagnes peut isoler des populations de plantes alpines sur différents pics montagneux.

Une fois séparées par une barrière géographique, deux populations vont évoluer de façon indépendante (**Figure 17.10b**). Les populations isolées vont chacune accumuler des changements génétiques par sélection naturelle, par mutation, et si les populations sont petites, par dérive génétique. Cette divergence génétique va, à terme, mener à l'isolement reproductif prézygotique et postzygotique. Notons bien que l'isolement prézygotique et l'isolement postzygotique résultent simplement de la divergence génétique.

Si les populations reviennent en contact (contact secondaire, **Figure 17.10c**), plusieurs cas de figure se présentent. Si la différenciation génétique apparue pendant la période de séparation des populations est limitée, l'isolement reproductif peut être incomplet ou même ne pas avoir eu lieu. Dans ce cas, les populations continuent à former une même espèce. Une deuxième possibilité est que la différenciation génétique pendant la séparation des populations ait créé un isolement reproductif prézygotique. Dans ce cas, les deux populations

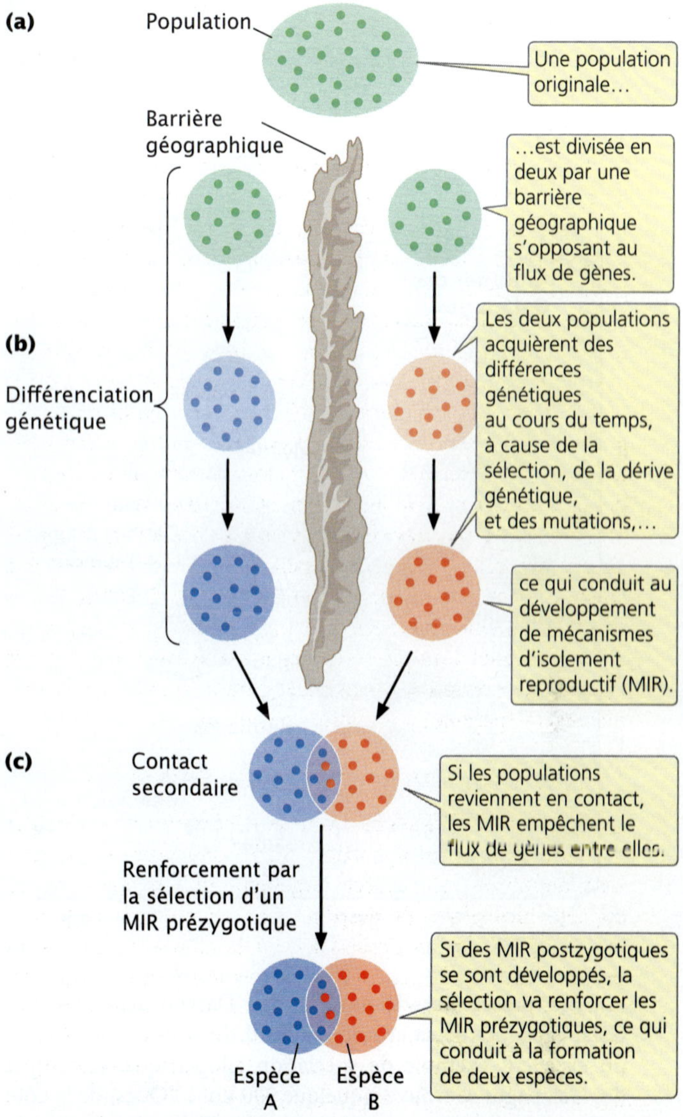

17.10 La spéciation allopatrique est initiée par l'apparition d'une barrière géographique qui fait obstacle au flux de gènes entre deux populations.

sont devenues des espèces distinctes. Une troisième possibilité est que, pendant la séparation, la différenciation génétique entre les populations ait conduit à un isolement postzygotique. Si des mécanismes d'isolement reproductif postzygotiques se sont mis en place, tout croisement entre individus des deux populations produira une descendance hybride non viable ou stérile. Les individus qui pratiquent l'endogamie auront une aptitude plus élevée que ceux qui s'apparient avec des membres de l'autre population, de sorte que la sélection naturelle va augmenter la fréquence des traits qui empêchent la fécondation croisée entre individus des deux populations. Avec le temps, des mécanismes d'isolement reproductif prézygotiques vont se développer. Donc, s'il existe une forme d'isolement reproductif postzygotique, la sélection naturelle va favoriser l'apparition de mécanismes d'isolement reproductif prézygotiques, qui tendront à limiter les reproductions infructueuses.

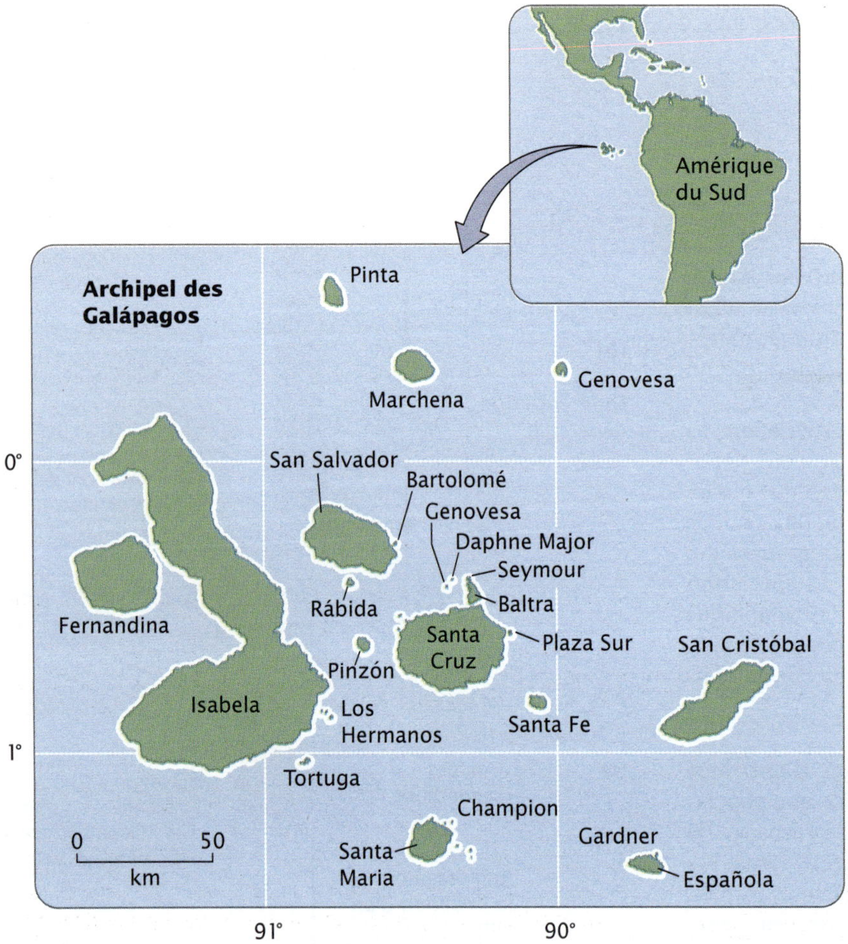

17.11 Les îles Galápagos sont relativement jeunes d'un point de vue géologique et sont d'origine volcanique. Les îles les plus anciennes se trouvent à l'Est. *[D'après les* Philosophical Transactions at the Royal Society of London, Series B *351: 756-772, 1996.]*

Les passereaux découverts par Darwin dans les îles Galápagos lors de sa croisière à bord du *Beagle* fournissent un excellent exemple de spéciation allopatrique. L'archipel des Galapagos se trouve à quelque 900 km à l'Ouest de la côte sud-américaine (**Figure 17.11**). Constitué d'une douzaine de grandes îles et de nombreuses îles plus petites, les Galápagos ont été formées par une succession d'éruptions volcaniques qui ont eu lieu à un « point chaud » géologique qui est resté stationnaire tandis que la plaque tectonique qui le recouvre s'est déplacée vers l'est durant les 3 derniers millions d'années. Par conséquent, les îles de l'est (San Cristóbal et Española) sont plus anciennes que celles de l'ouest (Isabela et Fernandina). Au cours du temps, le nombre d'îles de l'archipel a augmenté par la naissance de nouveaux volcans.

Darwin a recensé 14 espèces de pinsons vivant sur différentes îles de l'archipel. Les oiseaux varient par la forme et la taille de leurs becs qui se sont adaptés à leur type d'alimentation (**Figure 17.12**). Des études génétiques ont montré que tous les oiseaux sont étroitement apparentés et qu'ils ont évolué à partir d'une seule espèce ancestrale qui a migré vers les îles depuis le continent sud-américain il y a quelque 2 à 3 millions d'années. La relation évolutive entre les 14 espèces, basée sur l'analyse d'ADN microsatellite, est montrée dans l'arbre phylogénétique de la Figure 17.12. La plupart des espèces sont séparées par un mécanisme d'isolement de type comportemental (en particulier, le chant), mais certaines d'entre elles peuvent s'hybrider et le font occasionnellement.

Les premiers pinsons qui arrivèrent dans les Galápagos ont probablement colonisé une des plus grandes îles orientales. Une population s'y est établie et a crû avec le temps. À un certain moment, quelques oiseaux se sont dispersés sur d'autres îles où ils ont été isolés de la population d'origine, et ont formé une nouvelle population. Cette population a subi une différenciation génétique due à la dérive génétique et à l'adaptation aux conditions locales, pour se retrouver en situation d'isolement reproductif vis-à-vis de la population d'origine. Des oiseaux individuels de la nouvelle population se sont à leur tour dispersés sur d'autres îles et ont donné naissance à d'autres espèces. Ce processus s'est répété de nombreuses fois. Occasionnellement, des oiseaux nouvellement apparus sont arrivés sur une île déjà occupée par une autre espèce, donnant lieu à un contact secondaire entre espèces. Aujourd'hui, plusieurs îles ont plus d'une espèce résidente de pinsons.

L'âge des 14 espèces a été estimé en analysant l'ADN mitochondrial. La **Figure 17.13** montre la très forte corrélation qui existe entre le nombre d'espèces présentes à différentes périodes et le nombre d'îles existant alors dans l'archipel. Cette corrélation constitue un argument des plus irréfutables en faveur de la théorie de la formation des différentes espèces de pinsons par spéciation allopatrique.

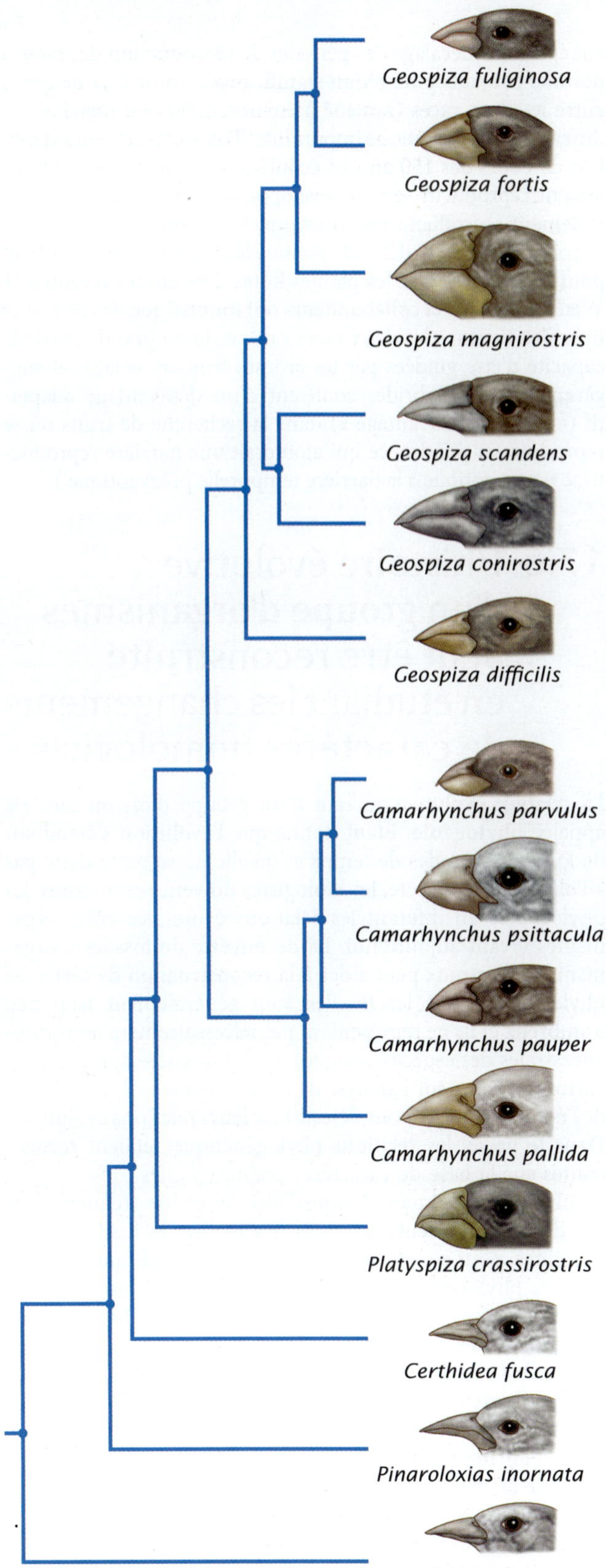

17.12 Les pinsons de Darwin sont un ensemble de 14 espèces qui ont évolué à partir d'une seule espèce ancestrale qui a migré vers les îles Galápagos et subi des spéciations allopatriques répétées. *[D'après B.R. Grant and P.R. Grant.* Bioscience *53 : 965-975, 2003.]*

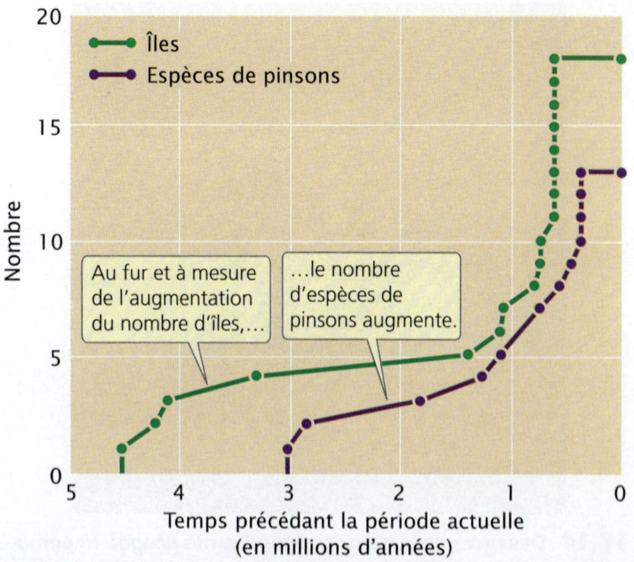

17.13 Corrélation entre le nombre d'espèces de pinsons de Darwin présentes à différentes périodes du passé et le nombre d'îles dans l'archipel des Galápagos. *[Données tirées de P.R. Grant, B.R. Grant, and J.C. Deutsch.Speciation and hybridization in island birds.* Philosophical Transactions of the Royal Society of London Series B *351: 765-772, 1996.]*

Concepts clés

La spéciation allopatrique est initiée par la présence d'une barrière géographique qui bloque le flux de gènes entre populations. Une population d'origine peut être divisée en deux populations ou plus par une barrière géographique. Avec le temps, les populations acquièrent des différences génétiques qui conduisent à l'isolement reproductif. Après que des mécanismes d'isolement reproductif postzygotiques soient apparus, la sélection naturelle favorise le développement de mécanismes prézygotiques d'isolement reproductif.

✔ Test de compréhension 7

Quel est le rôle joué par la dérive génétique dans la spéciation allopatrique ?

La spéciation sympatrique La spéciation sympatrique se produit en l'absence d'une quelconque barrière géographique s'opposant au flux de gènes ; des mécanismes d'isolement reproductif se développent au sein d'une population dont les individus se croisent normalement. La spéciation sympatrique a longtemps fait l'objet d'une controverse entre biologistes de l'évolution. Ernst Mayr ne croyait pas à l'existence d'une spéciation sympatrique et il a démontré que plusieurs cas supposés de spéciation sympatrique pouvaient être expliqués par la spéciation allopatrique. La difficulté de démontrer qu'une spéciation est sympatrique vient de ce que les mécanismes d'isolement sont une *conséquence* de la différenciation génétique, laquelle ne se produit que si le flux de gènes entre groupes est interrompu. Mais sans isolement reproductif (ou barrière externe) comment le flux de gènes peut-il être interrompu ? Comment une différenciation génétique peut-elle se produire au sein d'un groupe unique à l'intérieur duquel les gènes s'échangent

17.14 Des races de la mouche des pommes *Rhagoletis pomonella*, à spécificité d'hôte différente, ont développé une forme d'isolement reproductif sans qu'une barrière géographique s'oppose au flux de gènes. *[Tom Murray.]*

librement ? La plupart des modèles de spéciation sympatrique font l'hypothèse que la différenciation génétique est initiée par une sélection à effet fortement perturbateur qui se produit au sein d'une population. Un exemple de la manière dont une spéciation sympatrique peut s'opérer est donné par une étude sur la mouche des pommes *Rhagoletis pomonella* (**Figure 17.14**), réalisée par Guy Bush. Les mouches de cette espèce se nourrissent des fruits d'un arbre hôte spécifique. Les croisements ont lieu à proximité des fruits, et les mouches pondent leurs œufs sur les fruits mûrs, dans lesquels les larves croissent et se développent. Originellement, *Rhagoletis pomonella* ne se développait que sur les fruits de l'aubépine, un arbre indigène de l'Amérique du Nord ; c'est il y a 150 ans environ que *R. pomonella* a été observée pour la première fois sur des pommes, dans des vergers canadiens. Le pommier est apparenté à l'aubépine, mais c'est une espèce différente. L'infestation des pommes par ce nouveau type de *R. pomonella* s'est propagée rapidement, et aujourd'hui, de nombreux pommiers sont infestés par ces mouches dans toute l'Amérique du Nord.

La race de *Rhagoletis pomonella* utilisant le pommier comme hôte est probablement apparue quand quelques mouches ont acquis une mutation qui leur permettait de se nourrir de pommes plutôt que de fruits d'aubépine. Comme les croisements s'effectuent sur les fruits ou à proximité de ceux-ci, la probabilité que les mouches qui utilisent les pommes s'accouplent avec d'autres mouches utilisant la pomme est élevée, ce qui conduit à un isolement génétique de fait entre les mouches utilisant les fruits d'aubépine et celles utilisant les pommes. Et en effet, Bush a observé qu'un certain degré de différenciation génétique s'était déjà produit entre les deux races. Les mouches pondent leurs œufs sur des fruits mûrs et une forte sélection s'est exercée pour que les mouches synchronisent leur période de reproduction avec la période où les fruits de leur hôte arrivent à maturité. Les pommes mûrissent quelques semaines plus tôt que les fruits d'aubépine. En conséquence, le pic de la période de reproduction de la race à hôte pommier se situe 3 semaines plus tôt que le pic de reproduction de la race à hôte aubépine. Ce décalage des périodes de reproduction des races à pomme et à aubépine réduit significativement le flux de gènes entre les deux races (ramené à environ 2 %) et a mené à une différenciation génétique importante. Toute cette évolution a eu lieu au cours des 150 années écoulées. Bien qu'un degré d'isolement reproductif se soit développé entre les deux races, cet isolement reproductif reste incomplet et la spéciation n'est pas encore achevée. (N.d.T. : *R. pomonella* utilise l'odeur du fruit pour distinguer entre les plantes hôtes. Des études récentes de Wendell Roelofs et collaborateurs ont montré que des mouches hybrides F_1 entre les deux races ont perdu en grande partie la capacité d'être guidées par les aromes fruitiers volatils et suggèrent que les hybrides souffrent d'un désavantage adaptatif (« fitness disadvantage ») dans la recherche de fruits où se reproduire et pondre, ce qui ajouterait une barrière reproductrice postzygotique à la barrière temporelle prézygotique.)

17.6 L'histoire évolutive d'un groupe d'organismes peut être reconstruite en étudiant les changements de caractères homologues

La relation évolutive au sein d'un groupe d'organismes est appelée **phylogénie**. Étant donné que l'évolution s'étend sur de longues périodes de temps et qu'elle ne se prête donc pas à l'observation directe, les biologistes doivent reconstruire les phylogénies en inférant les relations évolutives entre organismes vivant aujourd'hui. La découverte de fossiles d'organismes ancestraux peut aider à la reconstruction de certaines phylogénies, mais les fossiles sont généralement trop peu nombreux et ils ne représentent pas nécessairement les formes ancestrales des espèces actuelles. Les biologistes doivent donc surtout se baser sur l'analyse de caractéristiques d'organismes de l'époque actuelle pour déterminer leurs relations évolutives. Dans le passé, les relations phylogénétiques étaient reconstruites sur la base de caractères phénotypiques – essentiellement morphologiques. Aujourd'hui, on utilise fréquemment des données moléculaires, dont des séquences d'ADN ou de protéines, pour construire des arbres phylogénétiques.

Les phylogénies sont reconstruites en inférant les changements qui se sont produits dans des caractères homologues. De tels caractères ont évolué à partir du caractère présent chez un ancêtre commun. Par exemple, la patte avant d'une souris et l'aile d'une chauve-souris sont des structures homologues parce qu'elles ont toutes deux évolué à partir du membre antérieur d'un mammifère primitif qui était l'ancêtre de la souris et de la chauve-souris. Bien que ces deux caractéristiques anatomiques aient des aspects et des fonctions différents, un examen attentif de leur structure et de leur développement respectifs révèle qu'elles sont en effet homologues. Et parce que la souris et la chauve-souris ont ces caractères homologues et d'autres encore en commun, nous savons qu'elles sont toutes deux des mammifères. De même, des séquences d'ADN sont homologues si les séquences actuelles ont évolué à partir d'une séquence ancestrale commune. Par exemple,

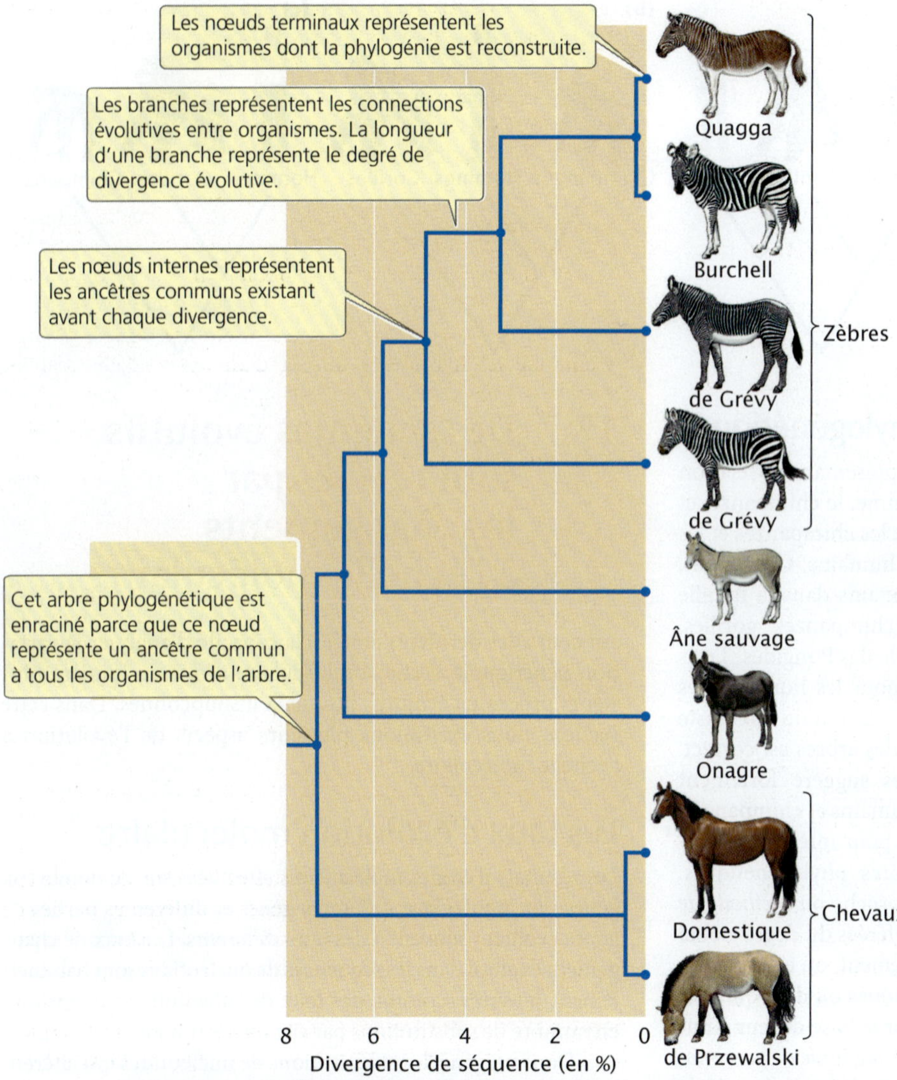

17.15 Un arbre phylogénétique est une représentation graphique des relations évolutives au sein d'un groupe d'organismes.

tous les eucaryotes ont un gène codant le cytochrome *c*, une enzyme qui participe à la phosphorylation oxydative. Ce gène est apparu il y a très longtemps chez un organisme aujourd'hui disparu et a ensuite été transmis aux descendants de cet ancêtre lointain. Tous les gènes de cytochrome *c* actuels sont homologues parce qu'ils ont tous évolué à partir du gène original porté par l'ancêtre lointain de tous les organismes à cytochrome *c*.

La représentation graphique d'une phylogénie est un **arbre phylogénétique**. L'arbre phylogénétique montré dans la **Figure 17.15** représente la relation évolutive entre plusieurs organismes, de la même façon qu'un pedigree représente la relation généalogique entre membres d'une famille. (N.d.T. : Notons bien qu'une phylogénie n'est pas une généalogie. Dans une généalogie, l'identité de l'ancêtre est connue ; dans une phylogénie, l'identité de l'ancêtre est inconnue et on cherche à déterminer qui est le plus proche parent de qui.) Un arbre phylogénétique contient des **nœuds** (« **nodes** » en anglais) qui représentent les différents organismes dont la relation évolutive est analysée ; il peut s'agir d'individus, de populations ou d'espèces. Les nœuds terminaux (à l'extrémité des branches les plus externes de l'arbre) représentent des organismes pour lesquels des données ont été obtenues, généralement des organismes vivant actuellement. Les nœuds internes représentent des ancêtres communs, qui ont existé avant qu'une divergence se produise. Dans la plupart des cas, les nœuds internes représentent des ancêtres éteints dont l'existence est inférée par l'analyse. Les nœuds sont reliés par des **branches** ou des segments de branches qui représentent les connexions évolutives entre organismes. Dans de nombreux arbres phylogénétiques, la longueur des branches représente la quantité de divergence évolutive qui a eu lieu entre les organismes reliés. Lorsqu'un nœud interne représente un ancêtre commun à tous les autres nœuds de l'arbre, on dit que l'arbre est **enraciné**. On enracine souvent les arbres en incluant dans l'analyse un organisme ou un groupe que l'on sait être relié de façon éloignée à l'ensemble des organismes ou groupes analysés ; cet organisme ou groupe extérieur est appelé *extragroupe* (« outgroup »).

Concepts clés

Une phylogénie représente la relation évolutive au sein d'un groupe d'organismes ; elle est souvent présentée graphiquement sous la forme d'un arbre phylogénétique, avec des nœuds représentant les organismes et des branches représentant les connexions évolutives.

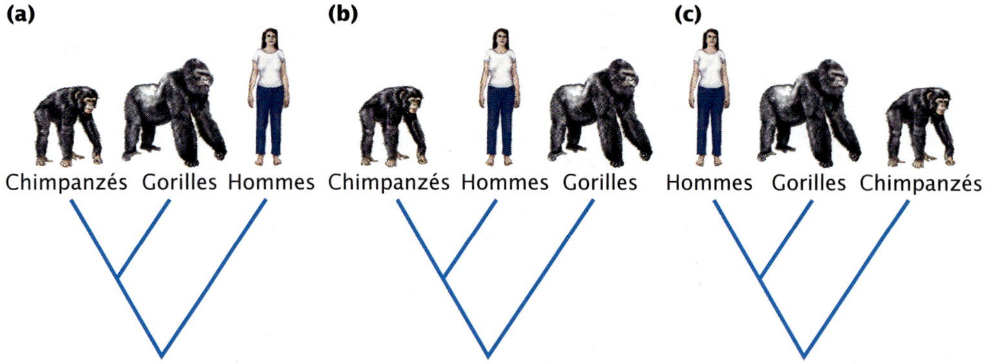

17.16 Il y a trois arbres phylogénétiques potentiels pour un groupe de trois organismes.

La construction d'arbres phylogénétiques

Considérons une phylogénie simple représentant la relation évolutive entre trois organismes – l'homme, le chimpanzé, et le gorille. Charles Darwin a proposé que les chimpanzés et les gorilles soient des parents proches des humains. Cependant, des études ultérieures ont placé les humains dans la famille des Hominidés et les grands singes (chimpanzés, gorilles, orangs-outans, et gibbons) dans la famille des Pongidés. Trois arbres phylogénétiques sont possibles pour les humains, les chimpanzés et les gorilles (**Figure 17.16**). Le but du biologiste de l'évolution est de déterminer lequel des arbres est correct. L'utilisation de méthodes moléculaires suggère fortement l'existence d'une relation étroite entre humains et chimpanzés.

Il existe deux approches différentes pour inférer des relations évolutives et construire des arbres phylogénétiques. Dans la première approche, appelée approche ou *méthode de distances*, les relations évolutives sont inférées du degré global de similitude entre organismes. Typiquement, on examine un certain nombre de caractères phénotypiques ou de séquences de gènes et on groupe les organismes sur la base de leur similitude globale. La seconde approche, dite *méthode de parcimonie*, retient parmi tous les arbres possibles celui qui nécessite le plus petit nombre de changements évolutifs depuis le dernier ancêtre commun aux différents organismes (N.d.T. : C'est le principe d'économie d'hypothèses.). Pour l'approche par distances comme pour l'approche de parcimonie, plusieurs méthodes numériques permettent de construire des arbres phylogénétiques. Ces méthodes, qui sortent du cadre de cet ouvrage, comportent toutes une série d'hypothèses qui aident à limiter le nombre d'arbres différents qui doivent être pris en considération. La plupart utilisent des programmes informatiques qui comparent les caractéristiques phénotypiques ou les données de séquence pour grouper les organismes de façon séquentielle dans la construction de l'arbre.

Concepts clés

Des données moléculaires peuvent être utilisées pour inférer les phylogénies (les histoires évolutives) de groupes d'organismes vivants. Deux approches peuvent être suivies pour reconstruire une phylogénie : l'approche par distances se base sur le degré global de similitude entre les organismes, et l'approche dite de parcimonie se base sur le plus petit nombre de changements évolutifs nécessaire pour relier entre eux les organismes.

17.7 Des schémas évolutifs sont révélés par les changements à l'échelle moléculaire

Au cours des dernières années, la capacité d'analyser la variation génétique à l'échelle moléculaire a mis en lumière plusieurs processus évolutifs jusque là insoupçonnés. Dans cette section, nous examinons plusieurs aspects de l'évolution à l'échelle moléculaire.

Les taux d'évolution moléculaire

Les résultats d'études moléculaires effectuées sur de nombreux gènes ont montré que différents gènes et différentes parties de gènes évoluent souvent à des taux différents. Les taux de changement évolutif dans les séquences de nucléotides sont habituellement mesurés comme des taux de substitution et exprimés en nombre de substitutions par site nucléotidique et par année.

Dans un gène, les substitutions de nucléotides qui altèrent la séquence d'acides aminés de la protéine correspondante sont appelées des substitutions non synonymes. Les substitutions de nucléotides, particulièrement celles à la troisième position d'un codon, qui n'altèrent pas la séquence d'acides aminés sont appelées substitutions synonymes. Le taux de substitution non synonyme varie très fort entre gènes de mammifères. Le taux pour l' actine alpha n'est que de $0{,}01 \times 10^{-9}$ substitutions par site et par année, tandis que le taux pour l'interféron gamma est de $2{,}79 \times 10^{-9}$, soit 1 000 fois plus élevé. Le taux de substitution synonyme varie aussi entre gènes, mais dans une moindre mesure. Pour la plupart des gènes codant des protéines, le taux de substitution synonyme est considérablement plus élevé que le taux non synonyme parce que les mutations synonymes sont tolérées par la sélection naturelle (**Tableau 17.4**). Les mutations non synonymes, au contraire, altèrent la séquence des acides aminés de la protéine, souvent au détriment de l'aptitude (fitness) de l'organisme et la plupart seront éliminées par la sélection naturelle.

Les différentes parties d'un gène évoluent aussi à des taux différents ; les taux de substitution les plus élevés s'observent dans les régions du gène qui affectent le moins la fonction, telles que les troisièmes positions des codons et les introns (**Figure 17.17**).

Les régions flanquantes en 5′ et 3′ des gènes ne sont pas transcrites en ARN ; par conséquent, des substitutions dans ces régions ne modifient pas la séquence des acides aminés des protéines, bien qu'elles puissent affecter l'expression génique (voir le Chapitre 12). Les taux de substitution dans les introns sont presque aussi élevés. Bien que ces séquences ne codent pas d'acides aminés, les introns doivent être excisés du pré-ARNm pour qu'une protéine fonctionnelle soit produite, et des séquences spécifiques sont nécessaires aux sites d'excision 5′ et 3′, et au point de branchement pour que l'excision suivie d'épissage se déroule correctement (voir le Chapitre 10).

Les taux de substitution sont quelque peu plus faibles dans les régions non traduites en 5′ et 3′ du gène. Nous avons vu dans les chapitres 10 et 11 que ces régions exoniques sont transcrites en ARN mais ne codent pas d'acides aminés. La région non traduite en 5′ contient le site de liaison des ribosomes, qui est essentiel pour la traduction, et la région non traduite en 3′ contient des séquences qui peuvent intervenir dans la régulation de la stabilité et de la traduction de l'ARNm ; par conséquent, des substitutions dans ces régions peuvent avoir des effets néfastes sur l'aptitude de l'organisme et ne pas être tolérées.

Tableau 17.4 **Taux de substitutions non synonymes et synonymes dans les gènes de mammifères, basés sur des comparaisons homme - rongeur**

Gène	Non synonymes (taux par site et par 10^9 ans)	Synonymes (taux par site et par 10^9 ans)
α–Actine	0,01	3,68
β–Actine	0,03	3,13
Albumine	0,91	6,63
Aldolase A	0,07	3,59
Apoprotéine E	0,98	4,04
Créatine kinase	0,15	3,08
Érithropoïétine	0,72	4,34
α–Globine	0,55	5,14
β–Globine	0,80	3,05
Hormone de croissance	1,23	4,95
Histone 3	0,00	6,38
Chaîne lourde d'immunoglobuline (région variable)	1,07	5,66
Insuline	0,13	4,02
Interféron α 1	1,41	3,53
Interféron γ	2,79	8,59
Hormone lutéinisante	1,02	3,29
Somatostatine–28	0,00	3,97

Source : D'après W. Li et D. Graur, *Fundamentals of Molecular Evolution* (Sunderland, Mass.: Sinauer, 1991), p. 69.

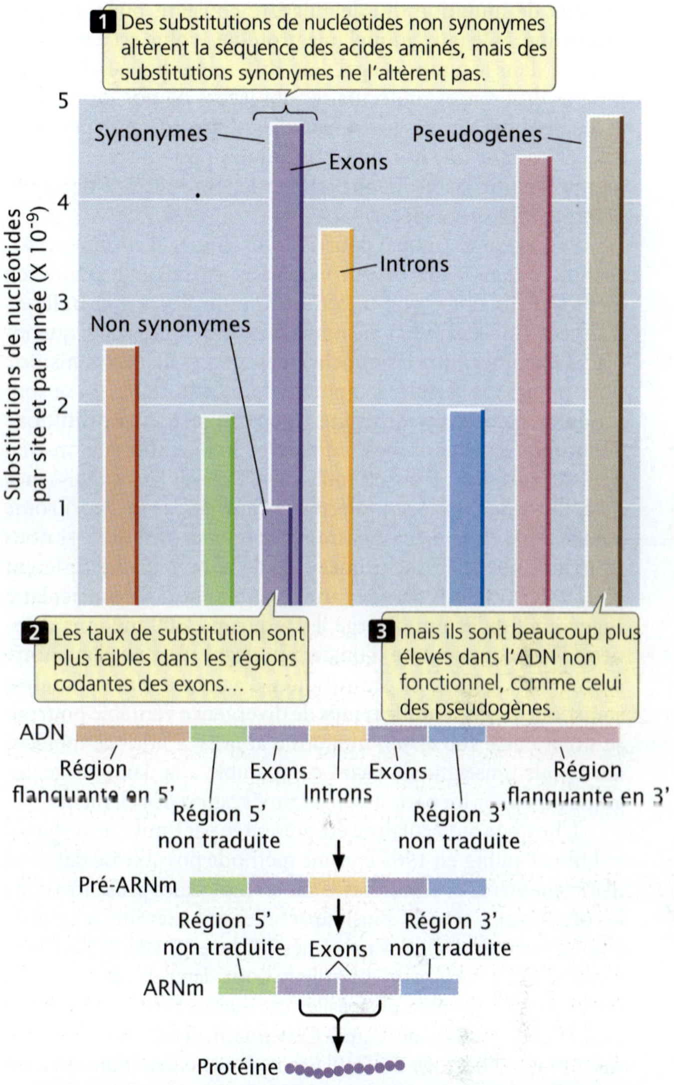

17.17 Les différentes parties des gènes évoluent à des taux différents. Les taux de substitution de nucléotides les plus élevés s'observent dans les séquences qui ont le moins d'impact sur la fonction des protéines.

Les taux de substitution les plus bas s'observent pour les changements non synonymes dans la région codante, parce que ces substitutions altèrent toujours la séquence des acides aminés de la protéine et qu'elles sont souvent néfastes. Les taux de substitution les plus élevés s'observent dans les pseudogènes, qui sont des exemplaires dupliqués non fonctionnels de gènes qui ont accumulé des mutations. Les pseudogènes ne codent plus de produits fonctionnels et leur mutation n'a pas d'effet sur l'aptitude de l'organisme.

En résumé, il y a une relation entre la fonction d'une séquence et son taux d'évolution. Les taux les plus élevés s'observent là où ils affectent le moins la fonction.

L'horloge moléculaire

L'hypothèse dite de mutation neutre correspond à l'idée que le changement évolutif s'opère principalement par la fixation de mutations neutres (des mutations qui n'ont que peu ou pas d'effet sur l'aptitude), par dérive génétique. Le taux auquel une mutation neutre en remplace une autre ne dépend que du taux de mutation qui devrait être constant pour un gène déterminé. Si le taux auquel une protéine évolue est à peu près régulier dans le temps et égal dans différentes lignées, la quantité des différences moléculaires observées de nos jours entre protéines homologues provenant d'espèces distinctes peut être utilisée comme une **horloge moléculaire** pour dater les événements évolutifs, c.-à-d. pour estimer le temps écoulé depuis la divergence de ces espèces.

Par exemple, nous pourrions examiner l'enzyme cytochrome *c* dans deux organismes dont on sait par l'étude de fossiles qu'ils ont eu un ancêtre commun il y a 400 millions d'années. En déterminant le nombre de différences de séquence d'acides aminés entre les cytochromes *c* de ces deux organismes, nous pourrions calculer le nombre de substitutions qui se sont produites par site d'acide aminé. L'apparition de 20 substitutions depuis que les organismes ont divergé indique un taux moyen de 5 substitutions par 100 millions d'années. La connaissance du rythme de l'horloge moléculaire fournie par le cytochrome *c* nous permet de dater d'autres événements évolutifs : si nous trouvions que les cytochromes *c* de deux organismes diffèrent par 15 substitutions d'acides aminés, notre horloge moléculaire suggérerait qu'ils ont divergé il y a quelque 300 millions d'années. En tenant compte d'un certain degré d'erreur dans notre estimation du taux de substitution d'acides aminés, l'analyse statistique montre que le temps de divergence véritable pourrait se situer entre 160 et 440 millions d'années. L'horloge moléculaire nous renseigne de façon comparable à la datation géologique basée sur les périodes de désintégration des éléments.

L'horloge moléculaire a été présentée par Emil Zuckerkandl et Linus Pauling en 1965 comme méthode possible de datation des événements évolutifs basée sur les molécules présentes dans les organismes actuels. Plusieurs études ont examiné le taux de changement évolutif des protéines (**Figure 17.18**), et l'horloge moléculaire a été largement utilisée pour dater des événements évolutifs en l'absence de fossiles ou quand l'étude de fossiles donne des résultats ambigus. Cependant, d'autres études ont montré que l'horloge moléculaire ne tourne pas toujours à un rythme constant, particulièrement sur des périodes de temps assez courtes, et la méthode reste controversée.

Concepts clés

Des gènes différents ainsi que différentes parties d'un même gène évoluent à des taux différents. Les parties des gènes les moins impliquées dans la fonction tendent à avoir les taux d'évolution les plus élevés. L'hypothèse sur laquelle se fonde l'horloge moléculaire est que des protéines et des gènes individuels évoluent à un taux constant et que les différences de séquences entre les organismes actuels peuvent être utilisées pour dater des événements évolutifs passés.

✔ Test de compréhension 8

De façon générale, pour quels types de changements évolutifs s'attend-on à observer les taux les plus faibles (nombre de substitutions par site et par année) ?

a. Les substitutions synonymes dans des régions codantes des exons
b. Les substitutions non synonymes dans des régions codantes des exons
c. Les substitutions dans des introns
d. Les substitutions dans des pseudogènes

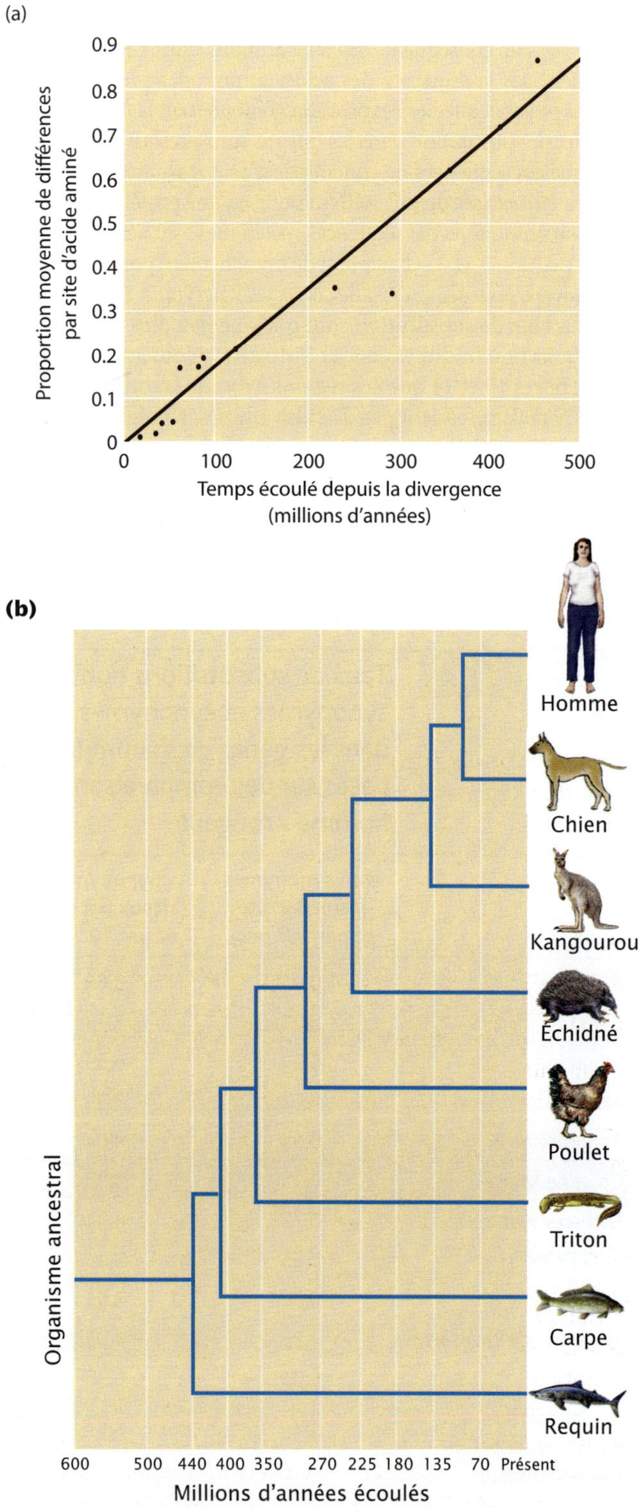

17.18 L'horloge moléculaire est basée sur l'hypothèse d'un taux constant de changement des séquences de protéines ou d'ADN. (a) Relation entre le taux de substitution d'acides aminés et le temps écoulé depuis la divergence, basée en partie sur les séquences d'acides aminés de l'hémoglobine α des huit espèces montrées dans la partie *b*. Un taux constant d'évolution des séquences de protéines et d'ADN a été utilisé comme horloge moléculaire pour dater des événements évolutifs passés. (b) Phylogénie de huit espèces et leur temps approximatifs de divergence, basé sur l'enregistrement fossile.

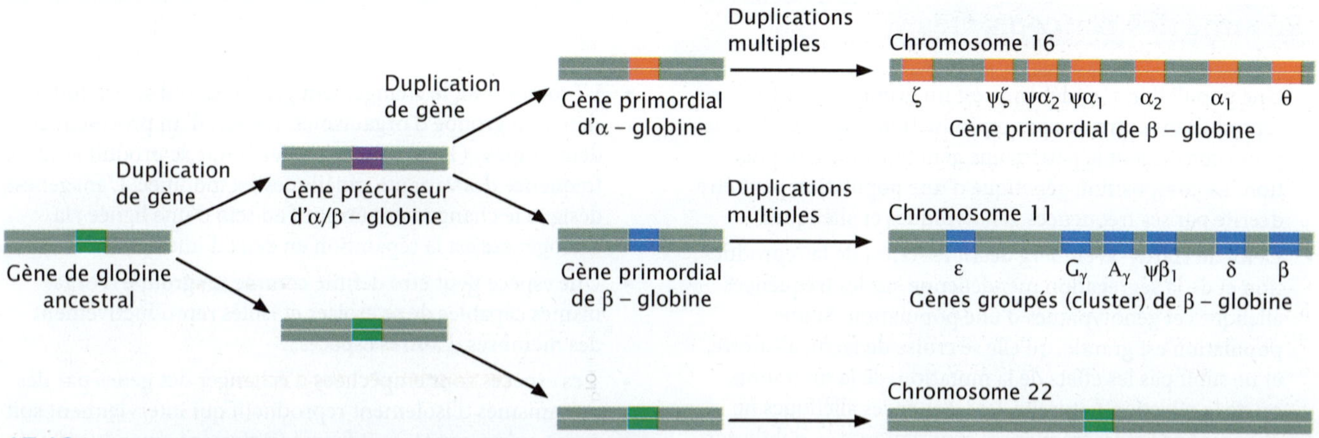

17.19 Les gènes de globine humains constituent une famille multigénique qui a évolué par duplications de gènes successives.

L'évolution des génomes

Les séquences accessibles en nombre sans cesse croissant dans les banques de données ADN ont été une source précieuse d'information sur les processus évolutifs. À présent, ce sont les séquences de génomes entiers qui jettent un éclairage nouveau sur l'évolution des génomes et sur les processus qui les façonnent.

La duplication de gènes De nouveaux gènes sont apparus par la duplication de gènes entiers suivie de divergence. Ce processus a créé des **familles de gènes** ou **familles multigéniques** - des séries de gènes de séquence similaire mais codant des produits différents. Par exemple, l'homme possède 13 gènes différents, situés sur les chromosomes 11 et 16, qui codent des protéines de type globine assurant le transport d'oxygène (**Figure 17.19**). Tous ces gènes ont une structure similaire avec trois exons séparés par deux introns, et on considère qu'ils ont évolué par duplications successives et divergence à partir d'un gène de globine ancestral unique. Ce gène ancestral aurait eu une forte similitude avec le gène de myoglobine actuel et aurait subi une première duplication produisant un précurseur des gènes d'α/β globine et le gène de myoglobine. Le gène d'α/β-globine a ensuite subi une autre duplication donnant naissance à un gène primordial d'α-globine et à un gène primordial de β-globine. Des duplications ultérieures ont conduit à l'apparition des multiples gènes d'α-globine et de β-globine. De même, les vertébrés contiennent quatre groupes de gènes *Hox* comprenant chacun 9 à 11 gènes. Les gènes *Hox* jouent un rôle important dans le développement.

Les gènes de certaines familles multigéniques forment des alignements en tandem sur un ou plusieurs chromosomes ; d'autres sont dispersés sur plusieurs chromosomes. La duplication de gènes est un phénomène commun dans les génomes d'eucaryotes ; par exemple, le génome humain comprend 5 % de segments dupliqués.

La duplication de gènes est un mécanisme par lequel des gènes nouveaux porteurs de fonctions nouvelles peuvent apparaître. Après qu'un gène ait été dupliqué, un des exemplaires est potentiellement libre de changer et d'acquérir une nouvelle fonction ; la nouvelle copie peut, par exemple, devenir active à un moment différent du développement ou être exprimée dans un tissu différent ou encore diverger complètement et coder une protéine différente. Cependant, un destin fréquent des gènes dupliqués est qu'un des exemplaires acquière une mutation qui le rend non fonctionnel et qu'il devienne un pseudogène. Les pseudogènes abondent dans les génomes des eucaryotes complexes ; le génome humain contient pas moins de 20 000 pseudogènes.

La duplication du génome entier En plus de la duplication de gènes individuels, il est clair que le génome complet de certains organismes a fait l'objet d'une duplication dans le passé. Une comparaison du génome de levure *Saccharomyces cerevisiae* avec les génomes d'autres *Fungi* montre que *S. cerevisiae* ou un de ses ancêtres immédiats a subi une duplication du génome entier, qui a généré deux copies de chaque gène. De nombreuses copies ont par la suite acquis de nouvelles fonctions ; d'autres ont acquis des mutations qui leur ont fait perdre leur fonction d'origine et ont ensuite dérivé en séquences d'ADN quelconques. La duplication de génome entier peut être une conséquence de la polyploïdie.

Le transfert horizontal de gènes L'immense majorité des organismes acquièrent leur génome par transfert vertical – la transmission par la reproduction de l'information génétique des parents à la progéniture. La plupart des arbres phylogénétiques supposent implicitement que l'information génétique soit transmise verticalement. Des études de séquences d'ADN (de gènes ou de génomes) révèlent que des séquences d'ADN sont parfois échangées entre espèces différentes, par ce qu'on appelle un transfert horizontal de gènes. Ce processus est particulièrement commun entre bactéries, mais certains cas de transfert de gènes de bactéries vers des eucaryotes (en général unicellulaires) ont été rapportés. L'existence d'un tel processus entre organismes eucaryotiques reste controversée. Le transfert horizontal de gènes peut brouiller les phylogénies et rendre plus difficile la construction d'arbres phylogénétiques.

Concepts clés

De nouveaux gènes peuvent apparaître par duplication de gènes et par duplication de génomes entiers. Des gènes peuvent être transmis entre des organismes qui ne sont que très lointainement apparentés par transfert horizontal de gènes.

Résumé des concepts clés

- Une population mendélienne est un groupe d'individus se reproduisant entre eux par reproduction sexuée et dont les gènes constituent le patrimoine génétique de la population. La composition génétique d'une population peut être décrite par ses fréquences génotypiques et alléliques.
- La loi de Hardy-Weinberg décrit les effets de la reproduction et de la ségrégation mendélienne sur les fréquences alléliques et génotypiques d'une population. Si une population est grande, qu'elle se croise de façon aléatoire, et ne subit pas les effets de la mutation, de la migration, ou de la sélection naturelle, les fréquences alléliques ne changent pas et les fréquences génotypiques se stabilisent après une génération, dans les proportions de l'équilibre de Hardy-Weinberg : p^2, $2pq$, et q^2, où p et q représentent les fréquences des allèles.
- Les croisements non aléatoires affectent les fréquences génotypiques mais pas les fréquences alléliques. La consanguinité (« inbreeding ») augmente la fréquence des homozygotes et diminue de façon concomitante la fréquence des hétérorozygotes.
- Des mutations récurrentes conduisent à un équilibre où les fréquences alléliques sont déterminées par les taux relatifs de mutation directe et de mutation inverse.
- La migration, c.-à-d. le flux de gènes entre populations, augmente la variation génétique au sein des populations et diminue le nombre de différences entre populations.
- La dérive génétique est un changement des fréquences alléliques dû à des facteurs aléatoires. La dérive génétique survient lorsqu'une population ne contient qu'un petit nombre d'individus, qu'elle est établie par un petit nombre de fondateurs, ou qu'elle subit une réduction de taille importante. La dérive génétique change les fréquences alléliques, réduit la variation génétique au sein des populations, et est une cause de divergence génétique entre populations.
- La sélection naturelle est la reproduction différentielle de génotypes ; elle se mesure par le succès reproductif (la valeur adaptative) de génotypes.
- L'évolution est le changement génétique qui se produit au sein d'un groupe d'organismes. Il s'agit d'un processus en deux étapes : (1) une variation génétique se produit et (2) la fréquence des variants génétiques est modifiée. L'anagénèse désigne le changement évolutif au sein d'une lignée ; la cladogénèse est la séparation en deux d'une lignée.
- Une espèce peut être définie comme un groupe d'organismes capables de se croiser et isolés reproductivement des membres d'autres espèces.
- Les espèces sont empêchées d'échanger des gènes par des mécanismes d'isolement reproductif qui interviennent soit avant qu'un zygote soit formé (isolement reproductif prézygotique), soit après qu'un zygote soit formé (isolement reproductif postzygotique).
- Une spéciation allopatrique survient quand une barrière géographique empêche le flux de gènes entre deux populations. Une spéciation sympatrique a lieu quand un isolement reproductif s'installe en l'absence de toute barrière géographique.
- Des relations évolutives (une phylogénie) peuvent être représentées par un arbre phylogénétique, formé de nœuds qui représentent les organismes et de branches qui représentent les connexions évolutives. Il y a deux grandes méthodes différentes de construction d'arbres phylogénétiques : la méthode de distances et la méthode de parcimonie.
- Différentes parties du génome présentent différents degrés de variation génétique. En général, les parties qui affectent le moins la fonction ont les taux d'évolution les plus élevés.
- L'hypothèse de l'horloge moléculaire propose que le taux de substitution de nucléotides soit constant, ce qui fournit un moyen de dater les événements évolutifs en examinant les différences de nucléotides entre gènes homologues d'organismes différents.
- L'évolution du génome se produit par duplication de gènes pour former des familles multigéniques, par duplication de génomes entiers, et par transfert horizontal de gènes entre organismes.

Termes importants

sauvetage génétique (p.430)
population mendélienne (p. 430)
patrimoine génétique (« gene pool ») (p. 430)
fréquence génotypique (p. 431)
fréquence allélique (p. 431)
loi de Hardy-Weinberg (p. 433)
équilibre de Hardy-Weinberg (p. 433)
consanguinité (p. 436)
équilibre (p. 437)
migration (flux génique) (p. 437)
erreur d'échantillonnage (p. 438)
dérive génétique (p. 438)
taille effective d'une population (p. 439)
effet fondateur (p. 439)
goulot génétique (p. 439)
fixation (p. 440)
valeur adaptative (« fitness ») (p. 440)
coefficient de sélection (p. 441)
sélection directionnelle (p. 441)
surdominance (p. 441)
sous-dominance (p. 442)
évolution (p. 443)
anagénèse (p. 443)
cladogénèse (p. 443)
espèce (p. 444)
concept biologique d'espèce (p. 444)
mécanisme d'isolement reproductif (p. 444)
mécanisme d'isolement reproductif prézygotique (p. 444)
mécanisme d'isolement reproductif postzygotique (p. 444)
spéciation (p. 445)
spéciation allopatrique (p. 445)
spéciation sympatrique (p. 445)
phylogénie (p. 448)
arbre phylogénétique (p. 448)
nœud (p. 449)
branche (p. 449)
arbre enraciné (p. 449)
horloge moléculaire (p. 451)
famille multigénique (p. 453)

Réponses aux tests de compréhension

1. a
2. 0,10
3. c
4. d
5. b
6. b
7. La dérive génétique peut modifier les fréquences alléliques des populations et créer des différences génétiques entre populations. La différenciation génétique provoque un isolement reproductif postzygotique et prézygotique des populations qui conduit à la spéciation.
8. b

Questions de compréhension

Section 17.1

1. Qu'est-ce qu'une population mendélienne ? Comment décrit-on habituellement le patrimoine génétique (pool de gènes) d'une population mendélienne ?

Section 17.2

2. Quelles sont les prédictions fournies par la loi de Hardy-Weinberg ?

***3.** Quelles hypothèses ou conditions préalables doivent-elles être remplies pour qu'une population soit en équilibre de Hardy-Weinberg ?

4. Définissez la consanguinité et décrivez brièvement ses effets sur une population.

Section 17.3

5. Qu'est-ce qui détermine les fréquences alléliques à l'équilibre mutationnel ?

***6.** Quels sont les facteurs qui affectent l'ampleur du changement de fréquences alléliques dû à la migration ?

7. Définissez la dérive génétique et donnez trois manières dont elle peut se produire. Quel est l'effet de la dérive génétique sur une population ?

***8.** Qu'est-ce que la taille effective d'une population ? Comment affecte-t-elle l'ampleur de la dérive génétique ?

9. Définissez la sélection naturelle et la valeur adaptative (fitness).

10. Décrivez brièvement les différences entre sélection directionnelle, surdominance et sous-dominance. Expliquez les effets de chaque type de sélection sur les fréquences alléliques d'une population.

***11.** Comparez et contrastez les effets de la mutation, de la migration, et de la sélection naturelle sur la variation génétique au sein de populations et sur la divergence génétique entre populations.

Section 17.4

***12.** Quelles sont les deux étapes du processus d'évolution ?

13. Quelle est la différence entre anagénèse et cladogénèse ?

Section 17.5

***14.** Qu'est-ce que le concept biologique d'espèce ?

15. Quelle est la différence entre mécanismes d'isolement reproductif prezygotiques et postzygotiques ?

16. Quelle différence fondamentale y a-t-il entre les modes de spéciation allopatrique et sympatrique ?

Section 17.6

***17.** Décrivez brièvement la différence entre l'approche dite de distances et l'approche dite de parcimonie pour la construction d'arbres phylogénétiques.

Section 17.7

18. Donnez un aperçu des différents taux d'évolution typiquement observés dans différentes parties d'un gène codant une protéine. Qu'est-ce qui pourrait expliquer ces différences ?

***19.** Qu'est-ce que l'horloge moléculaire ?

20. Qu'est-ce qu'une famille multigénique ?

21. Définissez le transfert horizontal de gènes. Quels problèmes pose-t-il aux biologistes de l'évolution ?

Questions et problèmes d'application

Section 17.1

22. Que répondriez-vous à quelqu'un qui dirait que les modèles sont inutiles dans l'étude de la génétique des populations parce qu'ils représentent une trop grande simplification des situations réelles ?

***23.** Des campagnols (*Microtus ochrogaster*) ont été capturés dans des champs du sud de l'état d'Indiana et génotypés pour un locus de la transferrine. Les nombres de génotypes suivants ont été relevés. T^E et T^F représentent des allèles différents.

T^ET^E	T^ET^F	T^FT^F
407	170	17

Calculez les fréquences génotypiques et alléliques de cette population.

24. Jean Manning, Charles Kerfoot, et Edward Berger ont étudié les fréquences alléliques au locus de la glucose phosphate isomérase (GPI) chez le cladocère *Bosmina longirostris* (un plancton). Ils ont déterminé par électrophorèse en gel les génotypes GPI de 176 animaux récoltés dans l'Union Bay de Seattle (Washington) (J. Manning, W.C. Kerfoot, and E.M. Berger. 1978. *Evolution* 32 : 365-374).

Génotype	Nombre
S^1S^1	4
S^1S^2	38
S^2S^2	134

Déterminez les fréquences génotypiques et alléliques de cette population.

Section 17.2

25. Le sang de 6 129 Nord-américains de race blanche a été typé pour le locus MN ; le type sanguin est déterminé par deux allèles codominants L^M et L^N. Les résultats suivants ont été obtenus :

Type sanguin	Nombre
M	1 787
MN	3 039
N	1 303

Faites un test de chi-carré pour déterminer si cette population est en équilibre de Hardy-Weinberg au locus MN.

26. La plupart des ours bruns (*Ursus americanus*) ont un pelage noir ou brun. Cependant, des ours au pelage blanc apparaissent parfois dans certaines populations de la côte de la Colombie britannique. Kermit Ritland et ses collaborateurs ont déterminé que la couleur blanche du pelage de ces ours résulte d'une mutation récessive (*G*) qui substitue une guanine à une adénine au locus du récepteur de la mélanocortine de type1(*mcr1*), le même locus que celui qui est responsable de la couleur rousse des cheveux chez l'homme (K. Ritland, C. Newton, and H.D. Marshall. 2001. *Current Biology* 11 : 1468-1472). L'allèle sauvage de ce locus (*A*) code une couleur noire ou brune. Ritland et ses collègues ont recueilli des échantillons provenant d'ours vivant sur trois îles et déterminé leur génotype au locus *mcr1*.

Génotype	Nombre
AA	42
AG	24
GG	21

a. Quelles sont les fréquences des allèles *A* et *G* chez ces ours ?

b. Donnez les fréquences génotypiques attendues si la population est en équilibre de Hardy-Weinberg.

c. Utilisez un test de chi-carré pour comparer les nombres de génotypes observés avec le nombre attendu en cas d'équilibre de Hardy-Weinberg. Cette population est-elle en équilibre de Hardy-Weinberg ? Expliquez votre raisonnement.

27. Les génotypes des grenouilles léopard (*Rana pipiens*) d'une population du Kansas ont été déterminés pour un locus (*M*) qui code l'enzyme malate déshydrogénase. Les génotypes suivants ont été observés :

Génotype	Nombre
M^1M^1	20
M^1M^2	45
M^2M^2	42
M^1M^3	4
M^2M^3	8
M^3M^3	6
Total	125

a. Calculez les fréquences génotypiques et alléliques de cette population.

b. Quel serait le nombre de génotypes attendus si la population était en équilibre de Hardy-Weinberg ?

28. La couleur soutenue (*D*) chez le chat domestique est dominante sur la couleur atténuée (*d*). *D* est le locus de dilution de la couleur. Sur 325 chats observés, 194 sont de couleur soutenue et 131 de couleur atténuée.

a. Si ces chats sont en équilibre de Hardy-Weinberg pour le locus de dilution, quelle est la fréquence de l'allèle dilué (*d*) ?

b. Combien de chats de couleur soutenue sont-ils probablement hétérozygotes à ce locus ?

29. La maladie de Tay-Sachs est une maladie autosomique récessive. Chez les Juifs ashkénazes, la fréquence de la maladie est de 1 sur 3 600. Si la population ashkénaze pratique la panmixie (s'accouple de façon aléatoire) pour le gène de Tay-Sachs, quelle est la proportion de porteurs hétérozygotes de l'allèle Tay-Sachs dans la population ?

***30.** Le type sanguin MN est déterminé par deux allèles codominants, L^M et L^N. La fréquence de L^M chez les Esquimaux d'une petite île de l'Arctique est de 0,80. Si le coefficient de consanguinité de cette population est de 0,05, quelles sont les fréquences attendues des types sanguins M, MN, et NN sur cette île ?
(N.d.T. : Ce problème fait intervenir une notion qui n'a pas été abordée dans ce chapitre : le coefficient de consanguinité (*F*), et la façon dont il affecte les génotypes. Le coefficient de consanguinité peut être calculé par l'analyse de pedigrees ou par la réduction de l'hétérozygotie d'une population. Une valeur de *F* égale à 0 signifie que l'accouplement est totalement aléatoire, une valeur égale à 1 signifie que tous les allèles sont identiques par descendance (dans le cas d'une autofécondation). Peu importe ici comment on calcule *F*, ce qui compte, c'est de voir son effet sur les fréquences génotypiques. Quand il y a consanguinité (voir la page 436), la proportion d'hétérozygotes diminue de $2Fpq$, et la moitié de cette valeur, soit Fpq, est ajoutée à la proportion de chaque homozygote à chaque

génération. Les fréquences des génotypes (voir les équations dans le problème résolu p. 432) deviennent alors :

$$f(AA) = p^2 + Fpq$$
$$f(Aa) = 2pq - 2Fpq$$
$$f(aa) = q^2 + Fpq$$

Ici, F = 0,05. Vous voici armés pour résoudre le problème.)

Section 17.3

31. Les pikas (des Ochotonidés, parfois appelés lièvres siffleurs) sont de petits mammifères qui vivent sur les pentes escarpées des montagnes. La plupart des populations habitant les sommets montagneux du Colorado et du Montana en Amérique du Nord vivent isolées parce que les pikas n'occupent pas les terres basses qui séparent les sommets et ne s'aventurent pas loin des talus d'altitude. Le flux de gènes entre populations est donc très limité. De plus, chaque population est petite et a été fondée par un petit nombre de pikas. Un groupe de généticiens des populations se propose d'étudier le degré de variation génétique dans une série de populations de pika et de comparer leurs fréquences alléliques. Sur base de la biologie et de la distribution géographique des pikas, prédisez ce que vont trouver les généticiens concernant la variation génétique au sein des populations et entre les populations.

32. Deux inversions chromosomiques sont communes dans les populations de *Drosophila pseudoobscura* : Standard (*ST*) et Arrowhead (*AR*). Après traitement à l'insecticide DDT, les génotypes de ces inversions présentent une surdominance, avec les valeurs adaptatives suivantes :

Génotype	Valeur adaptative
ST/ST	0,47
ST/AR	1
AR/AR	0,62

Quelles seront les fréquences de *ST* et *AR* après que l'équilibre ait été atteint ?

Section 17.4

33. Les illustrations suivantes représentent deux profils d'évolution différents. Commentez brièvement les différences entre ces deux profils, particulièrement par rapport au rôle de la cladogénèse dans le changement évolutif.

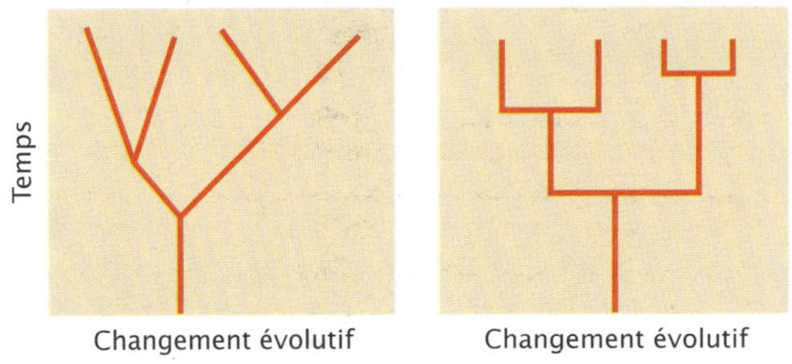

Section 17.6

34. Michael Bunce et des collègues en Grande-Bretagne, au Canada, et aux États-Unis ont extrait et séquencé l'ADN mitochondrial de fossiles de l'aigle de Haast, un aigle gigantesque qui fut poussé à l'extinction il y a quelque 700 ans, lors du premier peuplement humain de la Nouvelle-Zélande (M. Bunce et al. 2005. *Plos Biology* 3 : 44-46). En utilisant les séquences d'ADN mitochondrial d'aigles vivant aujourd'hui et celles des fossiles de l'aigle de Haast, ils ont construit l'arbre phylogénétique suivant. Sur cet arbre, identifiez (a) tous les nœuds terminaux ; (b) tous les nœuds internes ; (c) un exemple de branche ; et (d) le groupe extérieur (extragroupe).

ANALYSE DE DONNÉES

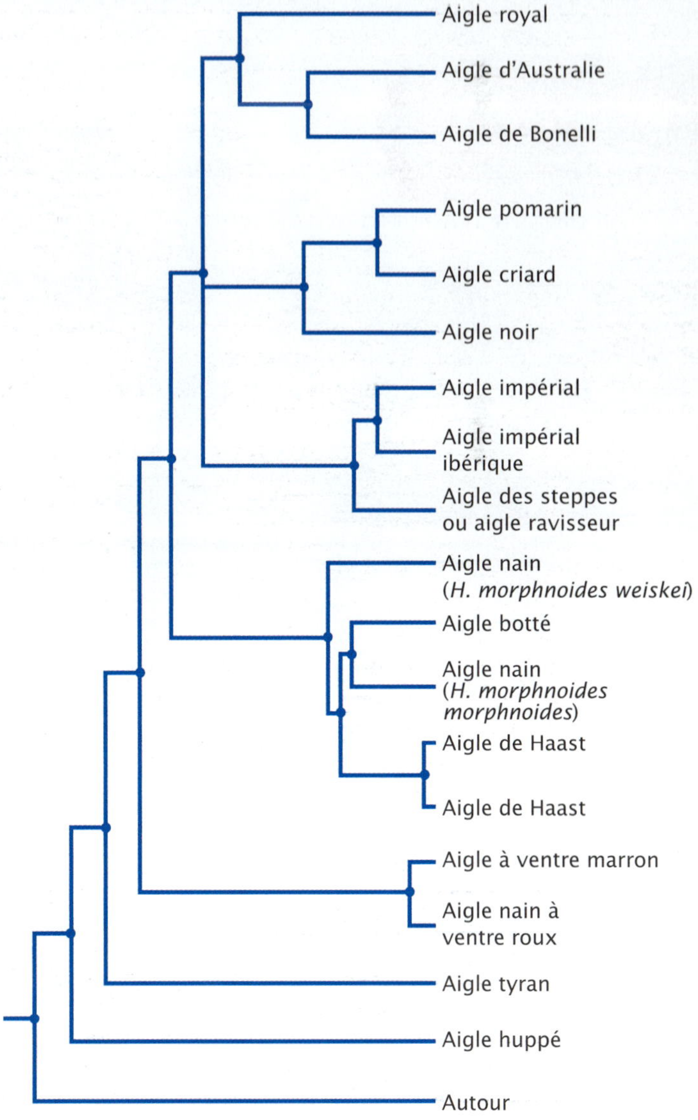

Questions tests

Section 17.3

35. La salamandre de Barton Springs est une espèce en danger qu'on ne trouve qu'à proximité d'une source dans la ville d'Austin au Texas. L'inquiétude s'est faite grandissante qu'un déversement accidentel de produits chimiques sur une autoroute voisine pollue la source et fasse disparaître l'espèce. Afin de garantir le repeuplement de la source si une telle catastrophe devait se produire, il a été proposé d'établir une population reproductrice de la salamandre dans un zoo local. On vous demande de proposer un plan pour l'établissement de cette population reproductrice, avec pour objectif de maintenir autant que possible la variation génétique dans la population captive. Quels facteurs pourraient-ils provoquer une perte de variation génétique dans la population captive ? Comment la perte de variation génétique pourrait-elle être évitée ? En sachant que seul un nombre limité de salamandres peuvent être maintenues en captivité, quelles procédures devraient-elles être instaurées pour assurer le maintien à long terme d'une variation aussi grande que possible ?

36. Expliquez comment la sélection naturelle peut favoriser le développement de mécanismes d'isolement reproductif prézygotiques si des mécanismes d'isolement reproductif postzygotiques sont déjà présents. Expliquez aussi pourquoi la sélection naturelle ne peut jamais provoquer le développement de mécanismes d'isolement reproductif postzygotiques.

Glossaire

Acide aminé Élément de base de la structure des protéines ; composé d'un atome de carbone central lié à un groupe amine primaire, à un atome d'hydrogène, à un groupe carboxyle, et à un groupe R (radical) variable.

Activateur *Voir* **protéine activatrice de transcription**.

Adénine (A) Base purique dans l'ADN et l'ARN.

Adénosine – 5′, 3′ cyclique – monophospate (AMPc) Nucléotide modifié qui sert de messager cellulaire dans la répression catabolique. Une carence en glucose stimule la synthèse d'AMPc ; l'AMPc s'attache à la protéine CAP qui se lie aux promoteurs de certains opérons (notamment des opérons du catabolisme de différents sucres) pour en stimuler la transcription.

ADN à séquence unique Consiste en séquences qui sont présentes en un seul exemplaire (ou tout au plus en très petit nombre) dans un génome.

ADN A Structure qu'assume la double hélice d'ADN quand son degré d'hydratation est faible.

ADN B Structure hélicale à enroulement dextrogyre de l'ADN, observée en conditions d'hydratation physiologiques. C'est la structure de l'ADN décrite par Watson et Crick, et probablement la plus commune dans les cellules.

ADN gyrase Enzyme de la famille des topoisomérases, caractéristique des eubactéries, capable d'introduire un surenroulement négatif dans l'ADN. La gyrase élimine la torsion créée par le déroulement de l'ADN en aval de la fourche de réplication.

ADN hautement répétitif ADN formé de séquences courtes répétées en tandem des centaines de milliers, voire des millions de fois ; concentré dans certaines régions des chromosomes. Aussi appelé ADN satellite.

ADN hélicase À la réplication, enzyme qui déroule l'ADN double brin en rompant les liaisons hydrogène entre bases.

ADN hétéroduplex ADN dont les deux brins proviennent de chromosomes différents.

ADN internucléosomique Segment d'ADN séparant les nucléosomes.

ADN ligase Enzyme qui catalyse la formation d'une liaison phosphodiester entre des groupes 3′– OH et 5′– phosphate adjacents dans une molécule d'ADN.

ADN mitochondrial (ADNmt) L'ADN des mitochondries a certaines caractéristiques en commun avec l'ADN des eubactéries – il consiste en une molécule circulaire unique qui n'est pas associée à des histones et qui code certains des ARNr, ARNt et protéines trouvées dans les mitochondries.

ADN moyennement répétitif ADN consistant typiquement en séquences de 150 à 300 pb qui sont répétées plusieurs milliers de fois.

ADN polymérase Enzyme qui synthétise l'ADN.

ADN polymérase I ADN polymérase bactérienne qui élimine et remplace les amorces d'ARN par des désoxyribonucléotides.

ADN polymérase III ADN polymérase bactérienne qui synthétise de nouveaux brins d'ADN par l'extension d'amorces.

ADN polymérase α Chez les eucaryotes, ADN polymérase qui initie la réplication.

ADN polymérase β Chez les eucaryotes, ADN polymérase qui participe à la réparation de l'ADN.

ADN polymérase γ Chez les eucaryotes, ADN polymérase qui réplique l'ADN mitochondrial. Une polymérase de type γ réplique l'ADN chloroplastique.

ADN polymérase δ Chez les eucaryotes, ADN polymérase qui, dans la réplication de l'ADN, synthétise le brin tardif.

ADN polymérase ε Chez les eucaryotes, ADN polymérase qui synthétise le brin précoce dans la réplication de l'ADN.

ADN répétitif Séquences qui existent en plusieurs exemplaires dans le génome.

ADN Z Structure secondaire de l'ADN caractérisée par une hélice lévogyre avec 12 paires de bases par tour d'hélice et un squelette sucre-phosphate en zig-zag.

Agent intercalant Substance chimique dont la molécule a à peu près la taille d'un nucléotide et peut être insérée en sandwich entre des bases adjacentes de l'ADN, ce qui déforme la structure tridimensionnelle de l'hélice et entraîne l'insertion ou la délétion d'un nucléotide lors de la réplication.

Allèle Un des multiples états possibles d'un gène.

Allèle létal Provoque la mort d'un individu, souvent à un stade précoce du développement, de sorte que l'individu n'apparaît pas dans la descendance d'un croisement . Un allèle létal récessif tue les individus homozygotes pour l'allèle ; un allèle létal dominant tue les hétérozygotes et les homozygotes pour l'allèle.

Allèle sensible à la température Allèle dont le produit n'est fonctionnel qu'à certaines températures.

Allélisme multiple Présence dans un groupe d'individus de plus de deux allèles à un locus ; s'observe à l'échelle d'un groupe, mais chaque individu n'a que deux des allèles possibles au locus concerné.

Allopolyploïdie Condition dans laquelle les jeux de chromosomes d'un individu polyploïde (qui possède plus de deux jeux haploïdes) sont dérivés de deux espèces ou plus.

Aminoacyl-ARNt synthétase Enzyme qui attache un acide aminé à un ARNt. Chaque aminoacyl-ARNt synthétase est spécifique d'un acide aminé particulier.

Amorce (de réplication) Court segment d'ARN synthétisé sur une matrice d'ADN ; fournit un groupe 3′ – OH pour l'attachement d'un nucléotide à l'initiation de la réplication.

Amphidiploïdie Type d'allopolyploïdie dans lequel deux génomes diploïdes différents sont combinés ; chaque chromosome n'a qu'un partenaire homologue et le génome est fonctionnellement diploïde.

Amplification de répétitions de trinucléotides Mutation caractérisée par l'augmentation du nombre de copies d'un trinucléotide (ou d'un multiple de trois nucléotides) au cours de générations successives. *Voir aussi* **syndrome du X fragile**.

Anagénèse Évolution dans le temps d'une lignée.

Analogue de base Substance chimique dont la structure moléculaire est voisine de celle d'une base nucléique et qui peut être incorporée dans l'ADN à la réplication.

Anaphase Stade de la mitose pendant lequel les chromatides se séparent et migrent vers les pôles du fuseau.

Anaphase I Stade de la méiose I. Les chromosomes homologues se séparent et migrent vers les pôles du fuseau.

Anaphase II Stade de la méiose II. Les chromatides se séparent et migrent vers les pôles du fuseau.

Aneuploïdie Changement du nombre de chromosomes par rapport au type sauvage ; le plus souvent, une augmentation ou diminution d'un ou deux chromosomes.

Anticodon Séquence de trois nucléotides dans l'ARNt qui s'apparie avec le codon correspondant dans l'ARNm pendant la traduction.

Antiparallèle Référence à une des caractéristiques de la double hélice d'ADN dans laquelle les deux brins polynucléotidiques sont de polarité opposée.

Apoptose Mort cellulaire programmée dans laquelle une cellule dégrade son propre ADN, le noyau et le cytoplasme s'atrophient, et la cellule est phagocytée par d'autres cellules sans larguer son contenu.

Arbre enraciné Arbre phylogénétique dans lequel un nœud interne représente l'ancêtre commun de tous les organismes (nœuds) figurant dans l'arbre. On enracine souvent un arbre en incluant dans l'analyse un organisme que l'on sait être relié de façon éloignée à l'ensemble des organismes analysés ; cet organisme ou groupe extérieur est appelé extragroupe.

Arbre phylogénétique Représentation graphique des connexions évolutives entre organismes ou entre gènes.

Archées Un des trois domaines du vivant. Les archées sont des unicellulaires procaryotes.

ARN de transfert (ARNt) Molécule d'ARN qui transporte un acide aminé dans le ribosome et le transfère à une chaîne polypeptidique en croissance.

ARN messager (ARNm) Molécule d'ARN qui porte l'information génétique déterminant la séquence des acides aminés d'une protéine.

ARN polymérase Enzyme qui synthétise l'ARN sur une matrice d'ADN durant la transcription.

ARN polymérase I ARN polymérase eucaryotique qui synthétise les grandes molécules d'ARN (ARNr 18S et ARNr 28S).

ARN polymérase II ARN polymérase eucaryotique qui synthétise les pré-ARNm, certains petits ARN nucléaires (ARNpn), et certains précurseurs de micro-ARN (ARNmi primaires).

ARN polymérase III ARN polymérase eucaryotique qui synthétise les ARN de transfert, les petits ARN ribosomiaux (ARNr 5S), certains petits ARN nucléaires, et certains micro-ARN.

ARN polymérase IV Synthétise les petits ARN interférents chez les plantes.

ARN ribosomial (ARNr) Molécule d'ARN qui est un composant structural du ribosome.

ARNm polycistronique Molécule d'ARNm bactérien qui code plus d'une chaîne polypeptidique. Il n'y a que de rares équivalents chez les eucaryotes.

ARNt isoaccepteurs ARNt qui acceptent le même acide aminé, mais qui ont des anticodons différents, complémentaires de codons synonymes.

Assortiment indépendant Séparation indépendante des chromosomes des différentes paires à l'anaphase I de la méiose ; contribue à la variation génétique.

Autopolyploïdie Condition dans laquelle tous les jeux de chromosomes d'un individu polyploïde proviennent du dédoublement spontané de son génome.

Autoradiographie Méthode de visualisation de molécules d'ADN ou d'ARN marquées avec des substances radioactives. L'impression d'un film sensible, déposé sur une coupe histologique, un gel, ou tout autre support contenant le matériel biologique marqué, révèle la trace et la localisation des molécules marquées.

Autosome Chromosome qui est identique chez les mâles et les femelles d'une espèce. Chromosome non sexuel.

Auxotrophe Bactérie ou ascomycète contenant une mutation nutritionnelle qui l'empêche de synthétiser une molécule biologique essentielle ; ne peut croître sur un milieu minimum standard, mais bien sur un milieu minimum additionné de la molécule qu'il ne peut synthétiser.

Bactériophage Virus qui infecte des cellules bactériennes.

Banque d'ADN Collection de clones d'ADN contenant des fragments provenant d'un seul organisme.

Banque d'ADNc (ADN complémentaire) Collection de clones dans des bactéries ou des phages, contenant des fragments d'ADN qui ont été produits par transcription inverse de l'ARNm cellulaire.

Banque génomique Collection de cosmides, de plasmides, de cultures bactériennes ou de phages contenant des fragments d'ADN couvrant tout le génome d'un organisme.

Base azotée Base contenant un ou plusieurs atomes d'azote, qui est une des trois parties d'un nucléotide.

Bases modifiées Bases rares rencontrées dans certaines molécules d'ARN (particulièrement dans les ARNt). Ces bases – comme la pseudouridine ou la ribothymine – sont des formes modifiées des bases standard.

Bioinformatique Discipline intégrant la biologie moléculaire et l'informatique, qui développe des bases de données et des logiciels pour stocker, extraire, et analyser des séquences d'ADN, d'ARN et de protéines et pour modéliser des processus biologiques complexes.

Biotechnologie Application des méthodes de la génétique moléculaire et de l'ADN recombinant à des processus biologiques naturels pour produire des molécules intéressantes d'un point de vue commercial.

Bivalent Paire de chromosomes homologues en synapsis.

Branche Dans un arbre phylogénétique, connexion évolutive entre organismes.

Brin matrice de transcription Brin d'ADN transcrit en ARN. Le transcrit d'ARN est complémentaire et de polarité opposée à celle du brin matrice.

Brin précoce Brin d'ADN répliqué de façon continue.

Brin tardif Brin d'ADN répliqué de façon discontinue.

Cadre de lecture Façon dont une séquence nucléotidique particulière est déchiffrée par groupes de trois nucléotides (codons) ; un cadre de lecture est défini par un codon d'initiation et un codon stop.

Caractère à seuil d'expression Caractère quantitatif dont l'expression dépend d'une susceptibilité sous-jacente qui varie de façon continue ; quand la susceptibilité dépasse une valeur seuil, le caractère est exprimé.

Caractère continu Présente un grand nombre de phénotypes possibles, limité seulement par notre capacité à mesurer le phénotype avec précision ; un exemple est la taille humaine.

Caractère discontinu Qui ne présente qu'un nombre limité de phénotypes facilement identifiables. Un exemple est la forme de la graine chez le pois, qui peut être ronde ou ridée.

Caractère influencé par le sexe Caractère codé par des gènes autosomiques qui s'expriment mieux chez un des sexes. Par exemple, un gène autosomique dominant peut avoir une pénétrance plus forte chez les mâles que chez les femelles, ou un gène autosomique peut être dominant chez les mâles et récessif chez les femelles.

Caractère lié à l'X Caractère déterminé par un gène (ou des gènes) portés par le chromosome X.

Caractère lié à l'Y Caractère déterminé par un ou des gènes portés par le chromosome Y.

Caractère lié au sexe Caractère déterminé par un ou des gènes portés par les chromosomes sexuels.

Caractère limité par le sexe Caractère codé par des gènes autosomiques qui ne s'expriment que chez un des sexes : le trait a une pénétrance zéro chez l'autre sexe.

Caractère méristique Caractère présentant un nombre limité de phénotypes distincts dont les valeurs s'expriment en nombres entiers. Par exemple, le nombre de vertèbres.

Caractère multifactoriel Caractère déterminé par plusieurs gènes et affecté par des facteurs environnementaux.

Caractère polygénique Caractère codé par des gènes de plusieurs loci.

Caractère quantitatif Caractéristique présentant une variation continue ; présente une gamme de phénotypes qui doivent être décrits par une mesure quantitative.

Carte de restriction Montre la position des sites coupés par différentes enzymes de restriction dans une région d'ADN.

Carte génétique Carte des distances relatives entre loci génétiques, entre marqueurs ou entre régions chromosomiques ; les distances, basées sur des fréquences de recombinaison, sont exprimées en pourcentages de recombinaison ou en unités cartographiques.

Carte physique Carte des distances physiques entre loci, marqueurs génétiques, ou régions de chromosomes ; les distances sont mesurées en paires de bases.

Caryotype Garniture chromosomique complète d'un individu ; image des chromosomes à la métaphase.

Cellule compétente Cellule capable de capturer de l'ADN présent dans son environnement (capable d'être transformée).

centiMorgan Autre nom donné à l'unité cartographique.

Centriole Organite cytoplasmique comprenant des microtubules ; présent à chaque pôle de l'appareil du fuseau dans les cellules animales.

Centromère Région du chromosome présentant un étranglement et où s'attachent les microtubules du fuseau lors de la division cellulaire.

Chaîne polynucléotidique Polymère de nucléotides liés par des liaisons phosphodiester.

Chaperon moléculaire Protéine aidant au repliement initial correct d'une autre protéine.

Chargement de l'ARNt Réaction avec hydrolyse d'ATP, dans laquelle une aminoacyl-ARNt synthétase attache un acide aminé à l'ARNt correspondant.

Chiasma Point d'attachement entre chromosomes homologues au niveau duquel se produit le crossing-over.

Chromatide acentrique N'a pas de centromère ; est produite quand un crossing-over a lieu dans une inversion paracentrique. Une chromatide acentrique ne s'attache pas à une fibre du fuseau et ne ségrège pas à la mitose ou à la méiose ; elle est habituellement perdue après un petit nombre de divisions cellulaires.

Chromatide dicentrique Chromatide contenant deux centromères, produite par un crossing-over à l'intérieur d'une inversion paracentrique. Les deux centromères sont tirés vers des pôles opposés à la mitose ou à la méiose, ce qui provoque une cassure dans la chromatide et génère des chromosomes incomplets.

Chromatides sœurs Deux copies d'un chromosome attachées par le centromère. Chaque chromatide contient une seule molécule d'ADN.

Chromatine Matériel composé d'ADN et de protéines qui se colore fortement dans le noyau des eucaryotes ; constitue les chromosomes.

Chromatosome Ensemble d'un nucléosome et de l'histone H1 qui lui est associée.

Chromosome acrocentrique Chromosome dont le centromère est très proche d'une extrémité ; il contient un bras long et un bouton, ou satellite, à l'autre extrémité.

Chromosome artificiel de levure (YAC) Vecteur de clonage consistant en une molécule d'ADN avec une origine de réplication de levure, une paire de télomères, et un centromère. Les YAC peuvent accueillir de très grands fragments d'ADN (jusqu'à plusieurs centaines de milliers de paires de bases) et ils se répliquent et ségrègent comme des chromosomes de levure.

Chromosome bactérien artificiel (BAC) Vecteur de clonage dans les bactéries, capable d'incorporer des fragments d'ADN d'une longueur allant jusqu'à 500 kpb.

Chromosome métacentrique Chromosome dont les deux bras ont approximativement la même longueur.

Chromosome submétacentrique Chromosome dont le centromère est assez proche d'une des extrémités, produisant un bras court et un bras long.

Chromosome télocentrique Chromosome dont le centromère est très proche d'une des extrémités.

Chromosomes homologues Paire de chromosomes de taille et de structure identiques et qui portent l'information génétique pour le même groupe de caractères héréditaires. Un chromosome d'une paire d'homologues est hérité du parent mâle et l'autre du parent femelle.

Chromosomes sexuels Chromosomes qui diffèrent par la forme ou le nombre chez le mâle et la femelle d'une espèce.

Cladogénèse Dans l'évolution, séparation en deux d'une lignée.

Clonage de gènes Introduction de fragments d'ADN dans des bactéries ou d'autres cellules hôtes appropriées, de telle sorte que les fragments soient stables et répliqués par l'hôte.

Clonage par positionnement Méthode d'isolement et d'identification d'un gène par examen de la co-ségrégation d'un phénotype avec des marqueurs génétiques cartographiés précédemment.

Coactivateur Protéine qui agit en concertation avec un activateur de transcription. Dans le contrôle de la transcription chez les eucaryotes, les coactivateurs interagissent souvent physiquement avec les activateurs de transcription et le système de transcription de base.

Code à triplets Signifie qu'une séquence de trois nucléotides code chaque acide aminé d'une protéine.

Code des histones Série de modifications covalentes des histones, telles que l'addition ou l'élimination de groupements phosphate, méthyle, ou acétyle, qui contient une information qui affecte l'expression des gènes.

Code génétique non chevauchant Signifie qu'en règle générale, un nucléotide ne fait partie que d'un seul codon, et qu'un cadre de lecture assure qu'un codon ne spécifie qu'un acide aminé dans une protéine.

Codominance Type d'interaction entre allèles dans lequel un hétérozygote exprime simultanément les traits de deux homozygotes.

Codon Séquence de trois nucléotides spécifiant un acide aminé dans une protéine.

Codon d'initiation Le codon dans l'ARNm qui spécifie le premier acide aminé d'une protéine (fMet chez les bactéries, Met chez les eucaryotes) ; dans la grande majorité des cas, AUG.

Codon de terminaison *Voir* **codon stop** ou **codon non sens**.

Codon non sens Codon dans l'ARNm qui signale la fin de la traduction ; appelé aussi codon stop ou codon de terminaison. Les trois codons non sens usuels sont UAA, UAG, et UGA.

Codon sens Codon qui spécifie un acide aminé dans une protéine.

Codon stop (de terminaison ou non sens) Codon dans l'ARNm qui signale la fin de la traduction. Les trois codons stop usuels sont UAA, UAG, et UGA.

Codons synonymes Codons différents spécifiant le même acide aminé.

Coefficient de coïncidence Rapport du nombre observé au nombre attendu de doubles crossing-over.

Coefficient de sélection Mesure de l'intensité relative de la sélection exercée contre un génotype ; est égal à 1 moins la valeur adaptative.

Cœur de l'ARN polymérase Partie de l'ARN polymérase bactérienne qui, pendant la transcription, catalyse l'allongement de la molécule d'ARN par l'addition de ribonucléotides. Le complexe cœur comprend cinq sous-unités : $(\alpha)_2\beta\beta'\omega$.

Coiffe 5′ Extrémité modifiée d'un ARNm eucaryotique, consistant en un nucléotide supplémentaire (méthylé) et en la méthylation de la position 2′ du ribose d'un ou plusieurs des nucléotides suivants. La coiffe joue un rôle dans la liaison de la petite sous-unité du ribosome à l'ARNm, et est importante pour la stabilité de l'ARNm et l'élimination des introns.

Colinéarité gène – protéine Correspondance directe entre la séquence nucléotidique d'un gène et la séquence des acides aminés de la protéine qu'il code.

Colonie bactérienne Amas de bactéries identiques génétiquement, dérivées d'une seule cellule bactérienne par divisions successives.

Compensation de la dose génique Égalisation de la quantité de protéine produite par des gènes liés à l'X. Chez les mammifères à placenta, la compensation de dose se réalise par l'inactivation d'un des chromosomes X chez la femelle.

Complémentarité des brins d'ADN Relation entre les séquences des deux brins de l'ADN dans laquelle chaque purine d'un brin s'apparie avec une pyrimidine du brin opposé (A s'apparie avec T, et G s'apparie avec C).

Complémentation Production d'un phénotype sauvage quand deux mutations sont combinées en situation hétérozygote, ce qui indique qu'elles sont à des loci différents.

Complexe d'initiation 30S Premier complexe formé lors de l'initiation de la traduction dans les cellules bactériennes ; comprend la petite sous-unité du ribosome, l'ARNm, l'ARNt initiateur chargé de la fMet, une molécule de GTP, et les facteurs d'initiation 1, 2, et 3.

Complexe d'initiation 70S Complexe formé pour l'initiation de la traduction dans les cellules bactériennes ; comprend les deux sous-unités du ribosome, l'ARNm, et un ARNt initiateur chargé d'une formylméthionine.

Complexe de remodelage de la chromatine Complexe de protéines qui modifie la structure de la chromatine sans acétyler les histones.

Complexe de silençage induit par ARN (RISC) Complexe formé par un petit ARN interférent (ARNpi) ou un micro-ARN (ARNmi) et des protéines capables de cliver l'ARNm. Le complexe RISC s'attache par appariement à un ARNm qui a une séquence complémentaire de celle de l'ARNpi ou de l'ARNmi, soit pour couper cet ARNm, ce qui conduit à sa dégradation, soit pour en réprimer la traduction.

Complexe synaptonémique Structure qui se développe en sandwich entre chromosomes homologues en synapsis.

Concept biologique d'espèce Définit l'espèce comme un groupe d'organismes capables de se croiser de façon productive, mais isolés d'un point de vue reproductif des membres d'autres espèces. Étant donné que des espèces différentes n'échangent pas de gènes, elles évoluent de façon indépendante. Ce concept ne fait pas l'unanimité chez les biologistes. *Voir aussi* **espèce**.

Configuration cis Arrangement de gènes dans lequel les allèles sauvages se trouvent sur un des chromosomes d'une paire d'homologues et les allèles mutants sur l'autre ; aussi appelée configuration de couplage.

Configuration de couplage *Voir* **configuration cis.**

Configuration trans Arrangement de gènes dans lequel chaque chromosome d'une paire d'homologues porte un allèle sauvage et un allèle mutant ; aussi appelée configuration de répulsion.

Conjugaison Mécanisme par lequel des cellules bactériennes peuvent échanger unidirectionnellement du matériel génétique. Pendant la conjugaison, les cellules se rapprochent et établissent entre elles un pont cytoplasmique par lequel un plasmide ou parfois une partie du chromosome passe d'une cellule à l'autre.

Consanguinité Dans une population, union entre individus apparentés plus fréquente qu'attendu sur une base purement fortuite.

Consanguinité Croisement entre individus apparentés (croisement consanguin).

Contig Série de fragments d'ADN chevauchants qui ont été assemblés dans l'ordre correct pour couvrir une région de chromosome.

Contrôle négatif Régulation génétique dans laquelle la transcription est inhibée par la liaison d'une protéine régulatrice à l'ADN (la protéine régulatrice est un répresseur).

Contrôle positif Régulation génétique dans laquelle la liaison d'une protéine régulatrice à l'ADN stimule la transcription (la protéine régulatrice est un activateur).

Corépresseur Molécule effectrice qui participe à l'inhibition de la transcription dans les systèmes répressibles. Il s'agit généralement d'une petite molécule qui se lie à une protéine répresseur et l'altère de telle sorte qu'elle puisse s'attacher à l'ADN et inhiber l'initiation de la transcription.

Corpuscule de Barr Masse d'hétérochromatine se colorant intensément, présente dans la plupart des cellules placentaires des mammifères et correspondant à un chromosome X inactivé par compensation de l'effet de dose.

Correction d'épreuves Capacité des ADN polymérases d'exciser et de remplacer les nucléotides appariés de façon incorrecte durant la réplication.

Corrélation Degré d'association entre deux ou plusieurs variables.

Cosmide Vecteur de clonage qui combine les propriétés des plasmides et des phages et qui est utilisé pour le clonage de très grands fragments d'ADN dans les bactéries. Les cosmides sont de petits plasmides contenant des sites λ*cos* qui leur permettent d'être encapsidés in vitro dans des particules de phage.

Cotransduction Transfert conjoint de deux ou plusieurs gènes d'une cellule bactérienne à une autre par un bactériophage. Seuls des gènes très proches sur le chromosome bactérien peuvent être cotransduits.

Cotransformation Processus par lequel deux ou plusieurs gènes sont capturés ensemble par une bactérie compétente lors de la transformation cellulaire.

Courtes répétitions en tandem (STR) Très courtes séquences répétées en tandem en longues séries, généralement groupées dans un petit nombre de sites sur les chromosomes ; abondantes dans le génome humain.

Courtes séquences répétées dispersées (SINE) Courtes séquences d'ADN répétées en nombre très élevé d'exemplaires dispersés dans tout un génome.

Croisement dihybride Croisement entre deux individus qui diffèrent par deux caractères.

Croisement en retour Croisement entre un individu F_1 et un individu porteur d'un des génotypes parentaux (P).

Croisement monohybride Croisement entre deux individus qui diffèrent par un seul trait – plus spécifiquement, entre deux individus homozygotes pour des allèles différents au même locus (*AA* X *aa*).

Croisement test à deux facteurs Croisement entre un individu hétérozygote à deux loci et un individu homozygote pour les allèles récessifs à ces loci.

Croisement test à trois facteurs (test trois points) Croisement d'un individu hétérozygote à trois loci avec un individu homozygote récessif aux trois loci ; permet de déterminer l'ordre relatif de trois gènes.

Croisement test Croisement entre un individu de génotype inconnu pour un caractère et un individu de génotype homozygote récessif pour le caractère en question ; sert à révéler le génotype du premier individu.

Croisement trihybride Croisement de deux individus qui diffèrent par trois caractères (par exemple, *AA BB CC* X *aa bb cc* ou *Aa Bb Cc* X *aa bb cc*).

Croisements réciproques Croisements dans lesquels les phénotypes des parents mâle et femelle sont inversés. Par exemple, dans un croisement, un mâle de haute taille est croisé avec une femelle de petite taille, et dans l'autre, un mâle de petite taille est croisé avec une femelle de grande taille.

Crossing-over Échange de matériel génétique entre chromatides non sœurs ou entre molécules homologues d'ADN bactérien, produit par cassure et réassociation croisées.

Crossing-over inégal Alignement incorrect de deux molécules d'ADN durant le crossing-over, produisant une molécule d'ADN contenant une duplication et une autre contenant une délétion.

Cycle cellulaire Séquence de stades par lesquels passe une cellule entre deux divisions.

Cycle lysogénique Mode de reproduction d'un bactériophage tempéré dans lequel l'ADN du phage s'intègre dans le chromosome bactérien avec lequel il est répliqué sous forme de prophage dormant.

Cycle lytique Mode de reproduction d'un bactériophage dans lequel les gènes du phage sont transcrits et traduits dans la cellule hôte, de nouvelles particules de phage sont produites, et la cellule-hôte est lysée, libérant les phages dans le milieu ambiant.

Cyclines Protéines clés dans le contrôle du cycle cellulaire ; les cyclines s'associent avec des kinases cycline-dépendantes (CDK) qu'elles activent et dont elles déterminent la spécificité. Les quantités des différentes cyclines fluctuent au cours du cycle cellulaire.

Cytodiérèse Processus de division du cytoplasme d'une cellule.

Cytosine (C) Base pyrimidique présente dans l'ADN et l'ARN.

Dégénérescence du code génétique Fait référence au fait que le code génétique contient plus d'information (de codons) qu'il ne faut pour spécifier les 20 acides aminés courants.

Délétion Mutation qui élimine un ou plusieurs nucléotides d'une séquence d'ADN.

Délétion chromosomique Mutation qui élimine un segment de chromosome.

Délétion en phase Délétion d'un multiple de trois nucléotides, qui n'altère pas le cadre de lecture du gène où elle survient.

Dépurination Perte d'une base purique suite à la rupture du lien covalent qui la lie à l'atome de carbone 1′ du désoxyribose. Le site apurinique qui en résulte ne peut pas spécifier de base complémentaire lors du cycle de réplication suivant, et un nucléotide quelconque peut être incorporé dans le brin nouvellement synthétisé en regard du site apurinique.

Dérive génétique Changement de fréquence allélique résultant d'un d'échantillonnage biaisé lié à la taille réduite d'une population.

Désamination Perte d'un groupement amino (NH_2) d'une base.

Descendance de type parental *Voir* **Descendance non recombinante (type parental)**.

Descendance non recombinante (type parental) Partie de la descendance qui possède les traits parentaux.

Descendance recombinante Descendance qui possède de nouvelles combinaisons de caractères, issue de la fusion de gamètes recombinants.

Désert génique Région du génome ou la densité en gènes est particulièrement faible ou nulle – une longue étendue d'ADN pouvant aller de centaines de milliers à quelques millions de paires de bases et totalement dépourvue de gènes ou d'autres séquences fonctionnelles identifiables.

Désoxyribonucléotide Unité répétée de l'ADN, contenant un désoxyribose, un phosphate, et une base azotée.

Désoxyribose Sucre à cinq atomes de carbone présent dans l'ADN ; n'a pas de groupe hydroxyle sur l'atome de carbone 2′.

Déterminisme génétique du sexe Détermination du sexe mâle ou femelle. Les mécanismes de détermination peuvent être chromosomiques, génotypiques, ou influencés en tout ou en partie par des facteurs environnementaux.

Déterminisme génotypique du sexe Type de déterminisme sexuel dans lequel le phénotype sexuel est déterminé par des gènes d'un ou de plusieurs loci, sans qu'il y ait de différences évidentes entre les jeux de chromosomes des mâles et des femelles.

Déterminisme sexuel par équilibre génique Type de déterminisme sexuel contrôlé par un équilibre entre gènes sur le chromosome X et gènes autosomiques.

Didésoxyribonucléotide triphosphate (ddNTP) Substrat spécial pour la synthèse d'ADN, utilisé dans la méthode de séquençage dite des terminateurs didésoxy. Les ddNTP sont des analogues des dNTP, les substrats normaux de la synthèse d'ADN, mais dépourvus de groupe 3′ – OH. L'incorporation d'un ddNTP dans l'ADN termine la synthèse d'ADN.

Différentiel de sélection Différence de phénotype entre des individus sélectionnés et la moyenne de la population.

Diffraction des rayons X Méthode d'analyse de la forme et de la structure de substances chimiques. Des cristaux d'une substance sont bombardés avec des rayons X, qui entrent en collision avec les atomes, sont réfléchis, et produisent un schéma de diffraction sur un détecteur. Le schéma des taches produit sur le détecteur donne une information sur la structure (en fait, sur la densité électronique) d'une molécule.

Dimère de pyrimidines Structure générée par la formation d'une liaison entre deux pyrimidines adjacentes dans un brin d'ADN ; perturbe la formation de liaisons d'hydrogène entre bases complémentaires et déforme la structure de l'ADN.

Diploïde partiel Cellule bactérienne qui contient deux exemplaires de certains gènes, dont un sur le chromosome et l'autre sur une molécule d'ADN extrachromosomique (par exemple, un plasmide) ; aussi appelé mérozygote.

Diploïde Qui possède deux jeux de chromosomes.

Distribution de fréquences Représentation graphique de valeurs. En génétique, les phénotypes rencontrés dans un groupe d'individus sont souvent représentés par une distribution de fréquences. Typiquement, les phénotypes sont indiqués sur l'axe des abscisses (x) et les nombres (ou proportions) d'individus présentant chaque phénotype sont portés sur l'axe des ordonnées (y).

Distribution normale Distribution symétrique de fréquences, dont la courbe a l'aspect d'une cloche ; souvent obtenue quand un grand nombre de facteurs indépendants contribuent à la valeur mesurée.

Dogme central Concept d'unidirectionnalité du flux de l'information génétique qui passe de l'ADN à l'ARN, puis aux protéines.

Dominance incomplète Situation dans laquelle l'hétérozygote a un phénotype intermédiaire entre celui des homozygotes.

Dominance/récessivité Relation entre allèles, découverte par Mendel, qui fait que lorsque deux allèles différents d'un gène sont présents dans un génotype, seul un des deux est exprimé au phénotype. L'allèle exprimé au phénotype est l'allèle dominant ; celui qui n'est pas exprimé est l'allèle récessif.

Dominant Se dit d'un allèle qui est exprimé à l'état homozygote (*AA*) *et* hétérozygote (*Aa*).

Duplication Mutation qui redouble un segment de chromosome.

Duplication déplacée Réarrangement chromosomique dans lequel le segment dupliqué se trouve à une certaine distance du segment original, sur le même chromosome ou sur un chromosome différent.

Duplication en tandem Duplication d'un segment d'ADN dans laquelle le segment dupliqué est immédiatement adjacent au segment original.

Duplication inverse Duplication d'un segment d'ADN dans laquelle le segment dupliqué est dans l'orientation inverse de la séquence d'origine.

Effet de position Dépendance de l'expression d'un gène de sa position dans le génome.

Effet fondateur Biais dans l'échantillonnage qui survient quand une population est établie par un petit nombre d'individus ; conduit à la dérive génétique.

Effet génétique maternel Détermine le phénotype de la descendance. Un descendant hérite les gènes de ses deux parents, mais son phénotype n'est pas déterminé par son propre génotype mais par celui de la mère. À ne pas confondre avec l'hérédité cytoplasmique.

Électrophorèse en gel Technique de séparation de molécules chargées (telles que des protéines ou des acides nucléiques) sur la base de leur taille et de leur charge électrique.

Élément de réponse Séquence régulatrice commune trouvée en amont de certains gènes eucaryotiques. Une protéine régulatrice se lie à un élément de réponse pour activer la transcription d'un gène. Organisation permettant de coordonner l'expression de gènes non groupés chez les eucaryotes.

Élément génétique transposable Séquence d'ADN capable de se déplacer d'un site à un autre dans un génome par un mécanisme différent de celui de la recombinaison homologue.

Élément régulateur Séquence d'ADN qui influence l'expression d'autres séquences auxquelles elle est liée physiquement. *Voir aussi* **élément de réponse**.

Empreinte d'ADN Technique d'identification des individus par l'examen de leur profil de séquence ADN. *Voir aussi* **répétitions en tandem en nombres variables (VNTR)**.

Empreinte parentale Expression différente d'un gène selon qu'il provient du parent mâle ou femelle. En anglais, « genomic imprinting ».

Endonucléase de restriction Aussi appelée enzyme de restriction, elle reconnaît une séquence de bases spécifique dans l'ADN et y pratique une coupure double brin ; peut aussi couper à une certaine distance de la séquence de reconnaissance.

Enveloppe nucléaire Membrane qui entoure le matériel génétique dans les cellules d'eucaryotes pour former un noyau, séparant l'ADN des autres constituants cellulaires.

Enzyme de restriction *Voir* **endonucléase de restriction**.

Épigénétique Influence de l'environnement cellulaire ou physiologique sur l'expression des gènes par des altérations qui ne modifient pas la séquence de l'ADN, mais qui sont souvent stables et héritables en ce sens qu'elles peuvent être transmises entre cellules.

Épingle à cheveux Structure secondaire formée par l'appariement de séquences de nucléotides complémentaires présentes dans le même brin d'ADN.

Épisome Plasmide capable de s'intégrer dans un chromosome bactérien.

Épissage alternatif Processus par lequel l'excision suivie d'épissage d'un pré-ARNm peut produire différents types d'ARNm matures.

Épistasie Interaction entre gènes dans laquelle un gène masque ou supprime les effets d'un autre gène.

Équilibre Situation stable ; en génétique des populations, désigne une population dans laquelle les fréquences alléliques ne changent pas.

Équilibre de Hardy-Weinberg Fréquences des génotypes dans une population qui satisfait aux conditions de la loi de Hardy-Weinberg.

Erreur d'échantillonnage Déviation d'un rapport attendu due au hasard quand la taille d'un échantillon est petite.

Erreur d'incorporation Incorporation d'une base mal appariée dans une molécule d'ADN.

Espèce Le terme d'espèce est utilisé de deux façons en biologie. En taxonomie, il correspond à une définition typologique de l'espèce et sert à désigner un organisme particulier dans une classification. L'autre utilisation du terme espèce s'inscrit dans un contexte phylogénétique : une espèce est considérée comme un groupe d'organismes indépendant d'un point de vue évolutif. Cette définition est moins contraignante que le concept biologique d'espèce qui considère exclusivement le critère d'interfécondité.

État relâché de l'ADN État d'énergie le plus bas d'une molécule d'ADN, atteint quand aucune contrainte structurale ne s'exerce sur elle.

Eubactéries Un des trois domaines du vivant. Les Eubactéries sont des organismes unicellulaires procaryotiques et comprennent toutes les bactéries communes.

Eucaryotes Organismes à structure cellulaire complexe comprenant une enveloppe nucléaire et des organites délimités par des membranes. Les eucaryotes, ou Eucarya (parfois appelés Eucaryota), sont un des trois domaines du vivant, et comprennent des organismes uni- et pluricellulaires.

Euchromatine Chromatine qui se condense et se décondense pendant le cycle cellulaire.

Évolution Changement génétique qui s'opère dans un groupe d'organismes.

Évolution clonale Processus par lequel des mutations qui augmentent la capacité de prolifération confèrent aux cellules qui les subissent une prépondérance qui aboutit à la formation d'un clone qui croît de plus en plus rapidement et devient de plus en plus agressif dans sa prolifération.

Excision-épissage de l'ARN Processus par lequel les introns sont excisés et les exons sont joints.

Exon Région codante d'un gène interrompu par des introns. Après maturation, les exons se retrouvent dans l'ARN messager.

Expressivité Degré auquel un gène est exprimé.

Extrémité cohésive Courte séquence simple brin en saillie à l'extrémité d'une molécule d'ADN, produite quand l'ADN est coupé par certaines enzymes de restriction. Les extrémités cohésives générées par une enzyme spécifique sont complémentaires et peuvent s'associer spontanément pour joindre des fragments d'ADN.

Facteur d'élongation G (EF-G) Protéine nécessaire au mouvement du ribosome sur l'ARNm pendant la traduction ; se combine au GTP qu'elle hydrolyse en avançant le ribosome d'un codon.

Facteur d'élongation Ts (EF-Ts) Protéine qui régénère le facteur d'élongation Tu durant la phase d'élongation de la synthèse protéique.

Facteur d'élongation Tu (EF-Tu) Protéine qui participe à la phase d'élongation de la synthèse protéique ; forme un complexe avec le GTP et un ARNt chargé, et délivre l'ARNt chargé au site A du ribosome.

Facteur d'initiation 1 (IF-1) Protéine nécessaire à l'initiation de la traduction chez les bactéries ; stabilise l'état dissocié du ribosome.

Facteur d'initiation 2 (IF-2) Protéine nécessaire à l'initiation de la traduction chez les bactéries ; forme un complexe avec le GTP et l'ARNt initiateur chargé, puis attache l'ARNt au codon d'initiation dans le complexe d'initiation 30s.

Facteur d'initiation 3 (IF-3) Protéine nécessaire à l'initiation de la traduction chez les bactéries ; se lie à la petite sous-unité du ribosome et empêche la grande sous-unité de s'y associer pendant l'initiation.

Facteur de relargage Protéine nécessaire à la terminaison de la transcription ; se lie à un ribosome qui a atteint un codon stop, et stimule le détachement de la chaîne polypeptidique, de l'ARNt, et de l'ARNm.

Facteur donnant licence de répliquer Facteur assurant que la réplication ne soit initiée qu'une seule fois par cycle à chaque origine de réplication ; obligatoirement présent à chaque origine pour l'initiation de la réplication, il s'en détache quand la fourche de réplication s'éloigne.

Facteur F (ou de fertilité) Épisome qui contrôle la conjugaison entre cellules chez *E. coli*. Le facteur F contient deux origines de réplication et des gènes qui donnent à la bactérie la capacité de transférer de l'ADN.

Facteur général de transcription Protéine qui se lie aux promoteurs eucaryotiques près du point d'initiation et qui fait partie du système de transcription de base qui initie la transcription.

Facteur rho Sous-unité auxiliaire de l'ARN polymérase qui facilite la terminaison de la transcription de certains gènes.

Facteur sigma Sous-unité de l'ARN polymérase bactérienne impliquée dans la reconnaissance des promoteurs et l'initiation de la transcription.

Famille de gènes *Voir* **famille multigénique**.

Famille multigénique Série de gènes de séquence similaire mais codant souvent des protéines différentes ; formée par des événements de duplication répétés suivis de divergence évolutive des séquences dupliquées.

Fécondation Fusion de gamètes pour former un zygote.

Fixation d'un allèle Point auquel la fréquence d'un allèle devient égale à 1. À ce point, tous les membres d'une population sont homozygotes pour cet allèle.

Flottement (« wobble ») à l'appariement Appariement entre codon et anticodon autorisant un certain écart par rapport à la complémentarité stricte à la troisième position (3′) du codon ; permet à plus d'un codon de s'apparier avec le même anticodon.

Flux de gènes Mouvement de gènes d'une population vers une autre ; aussi appelé migration.

Fonction cartographique Fonction mathématique reliant les fréquences de recombinaison aux distances physiques entre gènes.

Fourche de réplication Point auquel les deux brins d'une molécule d'ADN se séparent en brins simples qui servent de matrices pour la réplication.

Fragments d'Okazaki Courts segments d'ADN nouvellement synthétisé produits par la réplication discontinue du brin tardif ; ces fragments sont ensuite assemblés par ligature.

Fréquence de recombinaison Proportion de descendants recombinants issus d'un croisement.

Fréquence génotypique Proportion d'un génotype particulier dans une population.

Fuseau mitotique Système organisé de microtubules déployé à partir des pôles de la cellule ; déplace les chromosomes à la mitose et à la méiose.

Gamète Cellule sexuelle mâle ou femelle.

Gamète de type parental *Voir* **Gamète non recombinant (type parental)**.

Gamète non recombinant (type parental) Gamète qui contient les mêmes combinaisons de gènes que les parents.

Gamète recombinant Gamète qui possède de nouvelles combinaisons de gènes.

Gamètes déséquilibrés Gamètes issus de la ségrégation méiotique aléatoire des chromosomes chez un autopolyploïde ; certains chromosomes peuvent manquer et d'autres peuvent être présents en plus d'un exemplaire. Sont la cause d'un déséquilibre génomique souvent létal chez le zygote.

Gamétophyte Phase haploïde du cycle vital chez les plantes.

Gène Unité fonctionnelle et structurale de l'hérédité, qui détermine ou contribue à déterminer un caractère et se transmet d'une génération à l'autre; à l'échelle moléculaire, séquence d'ADN transcrite en molécule d'ARN, accompagnée d'une séquence rendant la transcription possible.

Gène constitutif Un gène qui n'est pas régulé et qui est exprimé de façon continue.

Gène de structure Séquence d'ADN codant une protéine qui a une fonction métabolique ou de biosynthèse ou qui participe à la structure de la cellule.

Gène déterminant le sexe mâle chez les mammifères (gène *SRY*) Gène sur le chromosome Y qui déclenche le développement des gonades non différenciées en testicules et le développement en mâle ; aussi appelé gène du facteur déterminant les testicules (gène *TDF*).

Gène épistatique Gène qui masque ou supprime l'effet d'un autre gène.

Gène haplo-insuffisant Gène dont deux copies doivent être présentes pour produire un phénotype normal. Si une copie du gène est mutée ou qu'elle manque, un phénotype mutant apparaît.

Gène hypostatique Gène dont l'expression est masquée ou supprimée par l'effet d'un gène à un locus différent.

Gène régulateur Chez les bactéries, gène associé à un opéron (ou à un régulon), qui code une protéine dont la fonction est de contrôler la transcription d'un ou plusieurs gènes de structure. Plus généralement, gène dont le produit, diffusible dans la cellule, exerce un contrôle sur la transcription ou la traduction d'autres gènes.

Gène suppresseur de tumeur Gène dont la fonction normale est d'inhiber la division cellulaire. Les mutations dans ces gènes sont récessives, mais l'hétérozygote a une prédisposition au cancer.

Génération F_1 (première génération filiale) Descendants des premiers parents (génération P) dans un croisement génétique.

Génération F_2 (deuxième génération filiale) Descendance de la génération F_1 dans un croisement génétique.

Génération P (parentale) Premiers parents d'un croisement génétique.

Gènes homologues Gènes dérivés évolutivement d'un gène ancestral commun.

Gènes liés Gènes appartenant au même groupe de liaison.

Génétique de la transmission Domaine de la génétique qui s'intéresse aux principes de base de la génétique et à la manière dont les caractères sont transmis d'une génération à la suivante.

Génétique des populations Branche de la génétique qui étudie le patrimoine génétique (le « pool » de gènes) de groupes d'individus d'une même espèce et la façon dont ce patrimoine génétique évolue dans le temps.

Génétique directe (ou classique) Approche traditionnelle de l'analyse fonctionnelle des gènes qui part d'un phénotype (un organisme mutant) pour arriver au gène codant le phénotype.

Génétique inverse Approche moléculaire qui, à la différence de l'approche « classique », part d'une séquence d'ADN (un génotype) pour aller vers le phénotype, en altérant la séquence ou en inhibant son expression.

Génétique moléculaire Domaine de la génétique qui étudie la nature chimique de l'information génétique et la façon dont elle est encodée, répliquée, et exprimée.

Génétique quantitative Analyse génétique de caractères complexes ou de caractères influencés par une multiplicité de facteurs.

Génie génétique Appellation courante de la technologie de l'ADN recombinant.

Génome Jeu complet des instructions génétiques d'un organisme.

Génomique Étude du contenu, de l'organisation et de la fonction de l'information génétique de génomes entiers.

Génomique comparative Étude comparée des génomes de différents organismes.

Génomique fonctionnelle Domaine de la génomique qui étudie la fonction de l'information génétique contenue dans les génomes.

Génomique structurelle Branche de la génomique consacrée à l'étude de l'organisation de l'information génétique contenue dans un génome. Comporte l'établissement de cartes génétiques et physiques des chromosomes, ainsi que leur séquençage.

Génotype Le jeu complet de gènes d'un organisme individuel.

Glissement de brin Glissement d'un brin par rapport à l'autre pendant la réplication, quand un des brins forme une petite boucle interne. Selon que le brin qui glisse est le brin en cours de synthèse ou le brin matrice, une insertion ou une délétion est produite dans le brin nouveau.

Goulot d'étranglement génétique Survient quand une population subit une réduction de taille très brutale ; provoque un biais dans l'échantillonnage qui conduit à la dérive génétique.

Grande sous-unité ribosomiale La plus grande des deux sous-unités d'un ribosome fonctionnel.

Grille de Punnett Méthode rapide pour prédire le résultat d'un croisement génétique. On aligne au-dessus d'une grille les gamètes produits par un parent, et du côté gauche de la grille, ceux produits par l'autre parent. Dans les cases de la grille, les allèles des gamètes sont combinés, donnant les génotypes de la descendance.

Groupe de liaison Gènes localisés sur un même chromosome.

Groupement phosphate Un atome de phosphore lié à quatre atomes d'oxygène ; un des trois composants des nucléotides.

Guanine (G) Base purique dans l'ADN et l'ARN.

Gyrase *Voir* **ADN gyrase**.

Haploïde Qui possède un seul jeu de chromosomes.

Haplo-insuffisance Apparition d'un phénotype mutant dans une cellule individuelle ou chez un organisme hétérozygote pour un allèle normalement récessif ; se produit dans le cas de gènes haplo-insuffisants.

Haplotype Groupe spécifique d'allèles présents sur un chromosome et donc habituellement transmis ensemble.

Hélicase *Voir* **ADN hélicase**.

Hémizygotie Possession d'un seul allèle à un locus. Les mâles d'organismes à déterminisme sexuel de type XX-XY sont hémizygotes pour les gènes liés à l'X, puisqu'ils ne possèdent qu'un seul chromosome X.

Hérédité cytoplasmique Hérédité de caractères codés par des gènes présents dans le génome d'organites cytoplasmiques. Comme le cytoplasme est habituellement la contribution d'un seul des parents, l'hérédité cytoplasmique est généralement monoparentale.

Hérédité des caractères acquis Notion ancienne de l'hérédité proposant que des caractères acquis soient transmis à la descendance.

Hérédité par mélange Conception ancienne et caduque de l'hérédité selon laquelle la progéniture possède un mélange des traits des deux parents.

Héritabilité Proportion de la variation phénotypique due à des différences génétiques. *Voir aussi* **héritabilité au sens large** et **héritabilité restreinte**.

Héritabilité au sens large Part de la variance phénotypique qui peut être attribuée à la variance génétique.

Héritabilité réalisée Héritabilité restreinte déterminée par une expérience de réponse à la sélection.

Héritabilité restreinte Part de la variance phénotypique résultant de la variance génétique additive.

Hermaphrodisme Condition d'un organisme qui possède à la fois des structures reproductives mâles et femelles. Les vrais hermaphrodites produisent des gamètes mâles et femelles.

Hétérochromatine Chromatine qui reste à l'état condensé pendant tout le cycle cellulaire ; présente aux centromères et aux télomères de la plupart des chromosomes.

Hétérozygote Organisme qui possède deux allèles différents à un locus.

Histone Protéine de faible poids moléculaire présente chez les eucaryotes où elle s'associe en complexe avec l'ADN pour former les nucléosomes.

Holoenzyme Complexe formé par une enzyme et d'autres facteurs protéiques nécessaires à sa fonction complète.

Homozygote Organisme qui possède deux allèles identiques à un locus.

Horloge moléculaire Utilisation des différences moléculaires pour dater les événements évolutifs, c.-à-d. pour estimer le moment auquel des espèces ont divergé ; suppose que le taux auquel une mutation neutre en remplace une autre est plus ou moins constant.

Hypothèse de Lyon Hypothèse, proposée par Mary Lyon en 1961, qu'un chromosome X de chaque cellule femelle soit inactivé (devienne un corpuscule de Barr) très tôt dans le développement, et suggérant que l'inactivation du X soit aléatoire, affectant tantôt l'un, tantôt l'autre des chromosomes X.

Hypothèse un gène – une chaîne polypeptidique Reformulation de l'hypothèse un gène – une enzyme, proposant qu'un gène code un polypeptide spécifique.

Hypothèse un gène – une enzyme Idée formulée par Beadle et Tatum que chaque gène code une enzyme spécifique.

Inducteur Substance qui stimule la transcription dans un système métabolique inductible. Il s'agit généralement d'une petite molécule qui inactive une protéine répresseur en s'y liant, de telle sorte que la protéine répresseur ne s'attache plus à l'ADN et ne puisse plus inhiber la transcription.

Induction coordonnée Synthèse simultanée de plusieurs enzymes en réponse à un facteur environnemental spécifique.

Insertion Mutation qui consiste en l'addition de nucléotides dans une séquence d'ADN.

Insertion en phase Insertion d'un multiple de trois nucléotides, qui n'altère pas le cadre de lecture du gène où elle survient.

Intégrase Enzyme qui insère un prophage ou un ADN proviral dans un chromosome.

Interaction de gènes Participation de gènes de différents loci à la détermination d'une seule caractéristique phénotypique.

Interférence d'ARN Mécanisme naturel utilisé par les cellules d'eucaryotes pour contrer l'invasion par des gènes étrangers et pour réguler l'expression de leurs propres gènes. L'interférence est effectuée par de petites molécules d'ARN interférent (ARNpi) produites par clivage et maturation d'un ARN double brin et qui, en s'appariant avec des ARNm contenant des séquences complémentaires, dirigent leur clivage et leur dégradation.

Interférence Degré auquel un crossing-over interfère avec la formation d'autres crossing-over dans la même région.

Interkinèse Période entre la méiose I et la méiose II.

Interphase Période du cycle cellulaire qui sépare deux divisions. Durant l'interphase, la cellule croît, se développe, et se prépare à la division.

Intron Séquence séparant les exons dans un gène interrompu ; éliminée de l'ARNm après la transcription.

Inversion Réarrangement chromosomique dans lequel un segment de chromosome a fait l'objet d'une rotation de 180 degrés.

Inversion paracentrique Inversion chromosomique qui n'inclut pas le centromère.

Inversion péricentrique Inversion chromosomique comprenant le centromère.

Isolateur Séquence d'ADN qui bloque l'effet d'un site activateur d'une façon dépendante de sa position – il doit se trouver entre le site activateur et un promoteur pour exercer son effet bloquant ; peut aussi limiter l'étendue des changements dans la structure de la chromatine qui affectent la transcription.

Isotopes Formes différentes d'un élément, qui ont le même nombre de protons et d'électrons, mais qui diffèrent par le nombre de neutrons.

Jumeaux dizygotiques ou fraternels Jumeaux non identiques provenant de la fécondation de deux œufs différents par deux spermatozoïdes différents.

Jumeaux identiques Jumeaux produits par la division en deux embryons d'un seul œuf fécondé par un seul spermatozoïde ; aussi appelés jumeaux monozygotiques.

Jumeaux monozygotiques Jumeaux identiques, produits quand un œuf fécondé se divise en deux embryons.

Jumeaux non identiques *Voir* **Jumeaux dizygotiques**.

Kinase cycline-dépendante Protéines clés dans le contrôle du cycle cellulaire ; elles sont activées par association avec des cyclines qui déterminent leur spécificité (c.-à-d. quelles protéines elles vont phosphoryler).

Kinétochore Complexe de protéines qui s'assemble sur le centromère, fournissant un point d'attachement aux microtubules du fuseau.

Lasso (structure) Structure transitoire en lasso créée lors de la maturation d'un pré-ARNm nucléaire par l'attachement, durant le processus d'excision-épissage, de l'extrémité 5′ d'un intron à un point de branchement dans le corps de l'intron.

Liaison complète Liaison entre gènes si proches sur un chromosome qu'ils ne peuvent être séparés par crossing-over.

Liaison incomplète Liaison entre gènes entre lesquels le crossing-over peut se produire ; intermédiaire dans ses effets entre l'assortiment indépendant et la liaison complète.

Liaison peptidique Liaison chimique qui joint les acides aminés dans une protéine.

Liaison phosphodiester Liaison phosphodiester (– O – P – O –) entre deux nucléotides dans une chaîne polynucléotidique.

LINE (« Long INterspersed Elements ») *Voir* **Longues répétitions dispersées.**

Locus de trait quantitatif (QTL) Un gène ou une région de chromosome qui contribue à déterminer un trait quantitatif.

Locus Emplacement d'un gène spécifique sur un chromosome.

Loi de Hardy-Weinberg Loi très importante de la génétique des populations qui dit que, dans une population de grande taille s'accouplant de façon aléatoire et ne subissant ni mutation, ni migration, ni sélection naturelle, les fréquences alléliques ne changent pas et les fréquences génotypiques se stabilisent après une génération dans les proportions p^2 (la fréquence de AA), $2pq$ (la fréquence de Aa), et q^2 (la fréquence de aa), où p est la fréquence de l'allèle A, et q, la fréquence de l'allèle a.

Longues répétitions dispersées (LINE) Séquences de plusieurs milliers de pb répétées en de nombreux exemplaires dispersés dans le génome.

Marqueur génétique Tout allèle à phénotype reconnaissable ou toute séquence d'ADN utilisés pour identifier un site sur une carte génétique ou physique.

Mécanisme d'isolement reproductif Tout mécanisme ou facteur biologique qui empêche l'échange de gènes.

Mécanisme d'isolement reproductif postzygotique Isolement reproductif qui survient après la formation d'un zygote, soit que les hybrides produits soient non viables ou stériles, soit que la reproduction soit déficiente dans les générations suivantes (déchéance des hybrides).

Mécanisme d'isolement reproductif prézygotique Isolement reproductif résultant de l'impossibilité pour des gamètes provenant de deux espèces différentes de fusionner pour former un zygote hybride.

Mégaspore Un des quatre produits de la méiose chez les plantes.

Mégasporocyte Dans l'ovaire d'une plante, cellule reproductrice diploïde qui effectue une méiose pour produire des mégaspores haploïdes.

Méiose I Première division de la méiose pendant laquelle le nombre de chromosomes est réduit de moitié.

Méiose II Seconde division de la méiose. Les stades de la méiose II sont, pour l'essentiel, identiques à ceux de la mitose.

Mérozygote Cellule bactérienne qui a deux exemplaires de certains gènes – un sur le chromosome et un second sur un plasmide F ; aussi appelé diploïde partiel.

Métaphase Stade de la mitose. À la métaphase, les chromosomes s'alignent dans le plan équatorial de la cellule.

Métaphase I Stade de la méiose I. À la métaphase I, les chromosomes homologues s'alignent par paires dans le plan équatorial.

Métaphase II Stade de la méiose II. À la métaphase II, les chromosomes s'alignent individuellement dans le plan équatorial.

Méthylation de l'ADN Modification de l'ADN par l'addition de groupements méthyle à certaines positions des bases.

Micro-alignement Alignement de fragments d'ADN fixés sur un support solide et utilisés comme sondes d'hybridation pour détecter la présence de séquences complémentaires ; souvent utilisé pour déterminer le profil d'expression de gènes dans différents tissus et dans des conditions différentes.

Micro-alignement de protéines Un grand nombre de protéines différentes déposées sous forme de taches sur une lame de verre prétraitée ; utilisé pour analyser les interactions entre protéines.

Micro-ARN (ARNmi) Petits ARN, longs typiquement de 21 à 22 pb, produits par le clivage de molécules d'ARN double brin plus longues provenant de petites épingles à cheveux formées dans un ARN primaire originellement simple brin. Les ARNmi s'associent en complexe avec des protéines pour se lier (par appariement de bases imparfait) à des molécules d'ARNm dont ils inhibent la traduction.

Microsatellite *Voir* **répétitions en tandem en nombre variables.**

Microspore Produit haploïde de la méiose chez les plantes.

Microsporocyte Cellule reproductrice diploïde dans l'étamine d'une plante ; effectue une méiose pour produire quatre microspores haploïdes.

Microtubule Long filament composé de tubuline (une protéine) ; joue un rôle important dans le mouvement des chromosomes à la mitose et à la méiose.

Migration Mouvement de gènes d'une population vers une autre. Aussi appelée flux de gènes.

Milieu complet Utilisé pour cultiver des bactéries et d'autres microorganismes ; ce type de milieu contient tous les nutriments nécessaires à la croissance, y compris ceux normalement synthétisés par l'organisme cultivé. Des mutants nutritionnels peuvent croître sur milieu complet.

Milieu minimum Milieu utilisé pour cultiver des bactéries ou d'autres microorganismes ; contient uniquement les nutriments nécessaires aux cellules prototrophes (de type sauvage) – typiquement, une source de carbone, des éléments essentiels comme de l'azote et du phosphore, certaines vitamines, et quelques ions et autres nutriments indispensables en faible quantité.

Mitose Processus de division du noyau d'une cellule eucaryotique.

Modification post-traductionnelle Modification d'une protéine après la traduction ; peut comprendre le clivage sélectif, l'élimination d'acides aminés aux extrémités, l'attachement de groupements, ou l'addition de sucres (glycosylation).

Monosomie Absence d'un des chromosomes d'une paire d'homologues.

Moyenne Valeur statistique qui donne une information sur le centre (le mode) d'une distribution de mesures ; calculée en divisant la somme de toutes les mesures par le nombre de mesures.

Mutagène Tout agent présent dans l'environnement qui augmente significativement la taux de mutation par rapport au taux de mutation spontanée.

Mutation Changement héréditaire de l'information génétique.

Mutation chromosomique Mutation qui change la structure ou le nombre de chromosomes et qui a souvent des effets phénotypiques importants.

Mutation conditionnelle Mutation qui ne s'exprime que dans certaines conditions.

Mutation de décalage du cadre de lecture (« frameshift ») Mutation qui altère le cadre de lecture d'un gène.

Mutation directe Processus qui produit un gène (ou un chromosome) qui diffère de son équivalent sauvage.

Mutation faux sens Substitution de base qui change un codon, entraînant l'incorporation d'un acide aminé différent dans une protéine.

Mutation gain de fonction Mutation qui produit un nouveau trait ou qui fait s'exprimer un trait dans des tissus inappropriés ou à un moment inopportun du développement.

Mutation génique Mutation qui affecte un seul gène.

Mutation germinale Mutation dans une cellule de la lignée germinale (une cellule qui va produire des gamètes).

Mutation induite Provoquée par un agent présent dans l'environnement, comme une substance chimique ou un rayonnement.

Mutation inverse (réversion) Mutation qui change un allèle mutant en allèle sauvage.

Mutation létale Provoque la mort prématurée.

Mutation neutre Mutation faux sens qui change la séquence des acides aminés d'une protéine sans en altérer la fonction.

Mutation non sens Mutation qui change un codon sens (qui spécifie un acide aminé) en codon non sens.

Mutation perte de fonction Provoque l'absence complète ou partielle d'une fonction.

Mutation silencieuse Mutation qui change la séquence de l'ADN sans changer la séquence d'acides aminés d'une protéine, suite à la redondance des codons.

Mutation somatique Mutation dans une cellule non germinale.

Mutation spontanée Se produit spontanément suite à des changements naturels de la structure de l'ADN ou à des erreurs de réplication.

Mutation suppresseur Mutation présente à un site distinct d'une mutation originale dont elle masque ou supprime l'effet.

Mutation suppresseur extragénique Se produit dans un gène (locus) différent de celui qui contient la mutation qu'elle supprime.

Mutation suppresseur intragénique Se produit dans le même gène (locus) que la mutation qu'elle supprime.

Nœud Point qui représente un organisme dans un arbre phylogénétique. Les nœuds terminaux (à l'extrémité des branches les plus externes de l'arbre) représentent des organismes pour lesquels des données ont été obtenues. Les nœuds internes représentent des ancêtres communs, qui ont existé avant qu'une divergence se produise. Dans la plupart des cas, les nœuds internes représentent des ancêtres éteints dont l'existence est inférée par l'analyse.

Non disjonction Défaut de séparation de chromosomes homologues ou de chromatides sœurs à la méiose ou à la mitose.

Norme de réaction Profil de phénotypes produits par un génotype donné dans des environnements différents.

Noyau Espace délimité par l'enveloppe nucléaire et qui contient les chromosomes dans les cellules d'eucaryotes.

Nucléoïde ADN bactérien formant une pelote qui occupe une partie du cytoplasme.

Nucléoside Ribose ou désoxyribose lié à une base azotée.

Nucléosome Unité de base de la chromatine, composée d'un cœur de huit protéines histones (deux exemplaires de chacune des histones H2A, H2B, H3, et H4) autour duquel un segment d'ADN de quelque 146 pb s'enroule presque deux fois.

Nucléotide Unité répétée de l'ADN et de l'ARN, composée d'un sucre, d'un phosphate, et d'une base.

Nullisomie Absence d'une paire de chromosomes homologues ($2n - 2$).

Œil de réplication Région d'une molécule d'ADN déroulée pendant que s'effectue sa réplication.

Œil de transcription Région d'une molécule d'ADN qui s'est déroulée pour exposer une matrice simple brin qui est transcrite en ARN.

Œuf Gamète femelle. Produit final de l'ovogénèse.

Oncogène Gène à effet dominant qui stimule la division cellulaire, provoquant la formation de tumeurs et contribuant au développement d'un cancer. Un oncogène est un exemplaire mutant d'un gène cellulaire normal (proto-oncogène).

Opérateur Séquence d'ADN dans un opéron bactérien. Une protéine régulatrice se lie à l'opérateur et affecte le taux de transcription des gènes de structure adjacents.

Opéron inductible Opéron dont la transcription est normalement éteinte ; un événement doit se produire pour l'induire (pour l'allumer).

Opéron répressible Opéron dont la transcription est normalement en activité et doit être éteinte par l'action d'un répresseur.

Opéron Unité de transcription et de régulation chez les bactéries. Un opéron comprend des gènes de structure, un promoteur commun, et d'autres séquences (telles qu'un opérateur) qui contrôlent la transcription des gènes de structure.

Organisme modèle en génétique Organisme largement utilisé dans des études génétiques parce que certaines de ses caractéristiques, telles qu'un temps de génération court et une progéniture abondante, le rendent particulièrement approprié à l'analyse génétique.

Origine de réplication Site où est initiée la synthèse d'ADN.

Ovocyte primaire Ovogonie entrée en prophase I.

Ovocyte secondaire Un des produits de la méiose I chez les animaux femelles ; contient la plus grande partie du cytoplasme.

Ovogénèse Production de l'œuf chez les animaux.

Ovogonie Cellule diploïde dans l'ovaire ; peut subir une méiose pour produire une cellule œuf.

Palindrome Séquence de nucléotides qui se lit de la même façon dans les deux sens par rapport à un point central, soit sur le même brin d'ADN soit sur des brins complémentaires ; répétitions inverses.

Pangénèse Concept ancien de l'hérédité qui voulait que de l'information génétique fût transportée de différentes parties du corps vers les organes reproducteurs.

Patrimoine génétique Ensemble des gènes d'une population ; parfois appelé pool de gènes.

Pedigree Représentation graphique de l'histoire d'une famille ; en fait, arbre généalogique décrivant la transmission d'un ou plusieurs traits particuliers ou de maladies héréditaires.

Pénétrance Pourcentage d'individus ayant un génotype particulier qui expriment le phénotype correspondant.

Pénétrance incomplète Se dit d'un génotype qui n'exprime pas toujours le phénotype attendu. Certains individus possédant le génotype d'un trait ne l'expriment pas toujours au phénotype.

Perte d'hétérozygotie Inactivation ou perte de l'allèle normal d'un locus hétérozygote.

Petit ARN interférent (ARNpi) Molécule d'ARN simple brin (d'une longueur de 21 à 25 nucléotides) produite par clivage et maturation d'ARN double brin ; en s'appariant avec des ARNm contenant des séquences complémentaires, dirige leur clivage par un complexe RISC et leur dégradation. Certains ARNpi se lient aussi à des séquences complémentaires dans l'ADN et guident leur méthylation.

Petit ARN nucléaire (ARNpn) Petite molécule d'ARN présente dans le noyau des cellules d'eucaryotes et qui participe à la maturation des pré-ARNm.

Petit ARN nucléolaire (ARNpno) Petite molécule d'ARN présente dans le noyau des cellules d'eucaryotes et qui participe à la maturation des ARNr et à l'assemblage des ribosomes.

Petite ribonucléoprotéine nucléaire (RNPpn) Structure présente dans le noyau des cellules d'eucaryotes, formée par la combinaison d'un petit ARN nucléaire (ARNpn) et de petites sous-unités protéiques ; participe à la maturation des pré-ARNm.

Phage tempéré Bactériophage qui peut suivre le cycle de reproduction lytique ou le cycle lysogénique ; dans ce dernier cas, il s'intègre dans le chromosome de la bactérie où il se maintient sous forme de prophage dormant répliqué avec le chromosome bactérien et transmis aux cellules filles lors de la division cellulaire.

Phage transducteur Particule de type phagique, contenant un fragment de chromosome bactérien empaqueté dans une capside de phage ; le fragment d'ADN bactérien est injecté comme un ADN de phage dans une bactérie infectée. *Voir aussi* **transduction généralisée**.

Phage virulent Bactériophage qui ne se reproduit que par le cycle lytique et qui tue la cellule hôte.

Phage *Voir* **bactériophage**.

Phase G_0 Période de quiescence dans le cycle cellulaire, sans croissance ni division.

Phase G_1 Stade de l'interphase du cycle cellulaire pendant lequel la cellule croît et se développe.

Phase G_2 Stade de l'interphase du cycle cellulaire qui suit la réplication de l'ADN. En G2, la cellule se prépare à la division.

Phase M (mitotique) Période de division active dans le cycle cellulaire ; comprend la mitose (division du noyau) et la cytodiérèse (division du cytoplasme).

Phase S (de synthèse) Stade de l'interphase du cycle cellulaire pendant lequel l'ADN est répliqué.

Phénocopie Phénotype produit par des effets environnementaux et qui est semblable à celui déterminé par un génotype.

Phénotype Manifestation externe ou autre expression d'un génotype spécifique.

Phosphodiester Molécule de structure R – O – P – O – R, où R est un groupe contenant du carbone, O un atome d'oxygène et P un atome de phosphore.

Phylogénie Relation évolutive au sein d'un groupe d'organismes, généralement représentée sous forme d'arbre généalogique ou de diagramme à branchements.

Pilus sexuel (pl., **pili**) Structure filamenteuse s'étendant depuis la surface d'une cellule bactérienne, permettant la conjugaison entre cellules. Quand le pilus d'une cellule s'arrime à un récepteur sur une autre cellule, il se contracte (dépolymérisation), attirant les cellules l'une vers l'autre.

Plage Zone claire de cellules lysées dans un tapis de bactéries étalées sur une surface d'agar dans une boîte de Petri.

Plan équatorial À la métaphase, plan équidistant des pôles du fuseau, dans lequel s'alignent les chromosomes.

Plasmide Petite molécule circulaire d'ADN présente dans certaines cellules bactériennes et capable de se répliquer indépendamment du chromosome de la bactérie.

Plasmide R (facteur R) Plasmide conjugatif portant des gènes de résistance à des antibiotiques et conférant cette résistance à toute cellule qui le contient.

Plasmide Ti Grand plasmide provenant de la bactérie *Agrobacterium tumefaciens* ; utilisé pour transférer des gènes dans des cellules de plantes.

Pléiotropie Influence d'un seul génotype sur plusieurs phénotypes.

Point de branchement Nucléotide adénine dans les introns d'un pré-ARNm nucléaire ; situé entre 18 et 40 nucléotides en amont du site d'épissage 3′, il sert de récepteur dans la formation du lasso lors de l'excision-épissage d'un intron.

Point de contrôle Point clé du cycle cellulaire où la transition vers le stade suivant du cycle est régulée.

Point de contrôle G_1/S Important point de contrôle du cycle cellulaire. Après avoir passé le contrôle G_1/S, l'ADN est répliqué (phase S) et la cellule est irréversiblement engagée dans la division.

Point de contrôle G_2/M Très important point de contrôle du cycle cellulaire, peu avant la fin de la phase G_2. Après avoir passé ce contrôle, la cellule entre en mitose (phase M).

Pôle du fuseau Point d'où partent les microtubules du fuseau.

Polymérase *Taq* ADN polymérase utilisée en routine dans les réactions de polymérisation en chaîne (PCR). Isolée de la bactérie thermophile *Thermus aquaticus*, l'enzyme est stable à haute température et n'est pas dénaturée pendant l'étape de séparation des brins du cycle de réaction.

Polymorphisme de longueur des fragments de restriction (RFLP) Différences entre profils de fragments d'ADN générés par une endonucléase de restriction particulière ; ces différences reflètent des variations héréditaires, parfois silencieuses, entre séquences d'ADN et peuvent être utilisées en cartographie génétique.

Polymorphisme de nucléotide simple (SNP) Site du génome où les individus diffèrent par les bases d'une seule paire de nucléotides.

Polypeptide Chaîne d'acides aminés liés par des liaisons peptidiques ; aussi appelé protéine.

Polyploïdie Présence de plus de deux jeux haploïdes de chromosomes.

Polyribosome Molécule d'ARNm à laquelle sont attachés plusieurs ribosomes.

Pont dicentrique Structure produite quand les deux centromères d'une chromatide dicentrique sont tirés vers les pôles opposés du fuseau, étirant la chromatide en travers du noyau. Le pont dicentrique finit par se rompre et les centromères se séparent.

Population mendélienne Groupe d'individus dotés de reproduction sexuée, qui se croisent de façon aléatoire.

Porteur de translocation Individu hétérozygote pour une translocation.

Pré-ARN messager (pré-ARNm) Chez les eucaryotes, transcrit primaire qui subit une modification post-transcriptionnelle pour devenir un ARNm mature.

Préformationnisme Théorie caduque de l'hérédité selon laquelle il existerait, dans le sperme ou dans l'œuf, un adulte en miniature, un homoncule, qui augmenterait de taille au cours du développement et qui hériterait de tous les traits du parent contribuant l'homoncule.

Premier corps polaire Un des produits de la méiose I dans l'ovogénèse ; contient la moitié des chromosomes, mais très peu du cytoplasme.

Primase Enzyme qui synthétise un court segment d'ARN sur une matrice d'ADN ; fournit une amorce avec un groupe 3′ – OH pour l'initiation de la réplication de l'ADN.

Principe de l'assortiment indépendant (deuxième loi de Mendel) Principe fondamental de l'hérédité découvert par Mendel et qui dit que les gènes spécifiant des caractères différents (des gènes présents à des loci différents) se séparent indépendamment les uns des autres ; s'applique à des gènes localisés sur des chromosomes différents ou fort éloignés sur un même chromosome.

Principe de ségrégation égale (première loi de Mendel) Principe fondamental de l'hérédité découvert par Mendel et qui dit que chaque organisme diploïde possède deux allèles pour chaque caractère et que ces allèles se séparent (ségrègent) lors de la formation des gamètes, de telle façon que la moitié des gamètes contiennent un des allèles, et la moitié restante, l'autre allèle.

Principe transformant Substance responsable de la transformation bactérienne. Le principe transformant est l'ADN.

Probabilité Chance qu'a un événement particulier de se produire ; de manière plus formelle, le nombre de fois qu'un événement se produit effectivement, divisé par le nombre d'occasions qu'il a de se produire. Les valeurs de probabilité sont comprises entre 0 et 1.

Procaryote Organisme unicellulaire de structure simple. Les procaryotes comprennent les eubactéries et les archées.

Prométaphase Stade de la mitose. À la prométaphase, la membrane nucléaire se désagrège et les microtubules du fuseau s'attachent aux chromosomes.

Promoteur régulateur ou proximal Séquence d'ADN située immédiatement en amont du promoteur basal et qui contient des séquences canoniques auxquelles se lient des protéines activatrices de transcription.

Promoteur Séquence d'ADN à laquelle s'attache le système de transcription ; détermine le brin d'ADN qui doit être transcrit, le sens de la transcription, et le site d'initiation de la transcription – le premier nucléotide qui sera transcrit en ARN.

Prophage Génome de phage qui est intégré dans un chromosome bactérien.

Prophase Stade de la mitose. À la prophase, les chromosomes se condensent et deviennent visibles, le cytosquelette se désagrège, et le fuseau mitotique commence à se former.

Prophase I Stade de la méiose I. À la prophase I, les chromosomes se condensent et s'apparient, le crossing-over a lieu, la membrane nucléaire se désagrège, et le fuseau se forme.

Prophase II Stade de la méiose qui suit l'interkinèse. À la prophase II, les chromosomes se condensent, la membrane nucléaire se désagrège, et le fuseau se forme. Les cellules de certaines espèces sautent cette étape.

Propositus Personne présentant un trait ou une maladie et pour laquelle un pedigree est établi.

Protéine activatrice de transcription Dans les cellules d'eucaryotes, protéine qui se lie à des séquences canoniques dans un promoteur proximal ou dans un site d'activation pour stimuler l'initiation de la transcription par le système de transcription de base lié au promoteur basal.

Protéine activatrice du catabolisme (CAP) Protéine associée à la répression catabolique. Quand elle est liée à l'AMPc, CAP s'attache aux promoteurs de certains opérons pour en activer la transcription.

Protéine allostérique Protéine qui, quand elle lie une petite molécule, subit un changement de conformation qui modifie l'activité de son site actif.

Protéine d'initiation Protéine (Dna A chez *E. coli*) qui se lie à l'origine de réplication et provoque le déroulement d'un court segment d'ADN, ce qui permet l'attachement d'une hélicase et d'autres protéines qui lient l'ADN simple brin.

Protéine liant la queue poly(A) (PABP) Se lie à la queue poly(A) d'un ARNm eucaryotique et le stabilise. Il existe différents types de PABP.

Protéine régulatrice Protéine codée par un gène régulateur et qui se lie à une séquence d'ADN pour contrôler la transcription d'un ou plusieurs gènes de structure.

Protéines chromosomiques non histones Groupe hétérogène de protéines autres que des histones faisant partie de la chromatine.

Protéines de choc thermique Produites par de nombreuses cellules en réponse à des chaleurs extrêmes et à d'autres stress ; permettent aux cellules de limiter les dégâts provoqués par les agents stressants.

Protéines de l'armature centrale Protéines qui jouent un rôle dans le repliement et l'emmagasinement du chromosome. Visibles quand la chromatine est traitée avec une solution saline très concentrée qui détache les histones et certaines autres protéines chromosomiques.

Protéines liant l'ADN simple brin (protéines SSB) Protéines s'attachant à l'ADN simple brin exposé pendant la réplication pour le stabiliser en empêchant sa réassociation ou la formation de structure secondaires entre courtes séquences complémentaires d'un même brin.

Protéome Le jeu complet des protéines codées par un génome.

Protéomique L'étude du protéome. Vise à déterminer le contenu en protéines d'une cellule et la fonction de ces protéines.

Proto-oncogène Gène cellulaire normal responsables de fonctions cellulaires de base, dont le contrôle de la division cellulaire. Quand il est muté, il peut devenir un oncogène et contribuer au développement d'un cancer.

Provirus ADN viral ou copie ADN d'un ARN viral qui est intégrée dans un chromosome de l'hôte et répliquée avec lui.

Pseudodominance Expression d'un allèle normalement récessif due à une délétion sur le chromosome homologue.

Purine Type de base azotée trouvé dans l'ADN et l'ARN. L'adénine et la guanine sont des purines.

Pyrimidine Type de base azotée trouvé dans l'ADN et l'ARN. La cytosine, la thymine, et l'uracile sont des pyrimidines.

Rapport X : A Rapport du nombre de chromosomes X au nombre de jeux haploïdes d'autosomes ; détermine le sexe chez la mouche des fruits.

Réaction de polymérisation en chaîne (PCR) Méthode d'amplification enzymatique de segments d'ADN.

Récessif Se rapporte à un allèle ou à un phénotype qui n'est exprimé qu'en situation homozygote.

Recombinaison Formation de nouvelles combinaisons d'allèles résultant de l'assortiment indépendant et du crossing-over.

Recombinaison homologue Échange de matériel génétique entre molécules d'ADN (chromosomes) homologues.

Recombinaison interchromosomique Recombinaison entre gènes présents sur des chromosomes différents.

Recombinaison intrachromosomique Recombinaison entre gènes situés sur le même chromosome.

Région 3′ non traduite Séquence de nucléotides à l'extrémité 3′ de l'ARNm ; région non codante, mais importante pour la stabilité de l'ARNm et donc pour sa traduction.

Région 5′ non traduite Séquence de nucléotides à l'extrémité 5′ d'un ARNm, qui ne code pas les acides aminés d'une protéine mais contient des éléments essentiels pour la traduction.

Région codant l'ARN Dans une unité de transcription, séquence d'ADN qui est effectivement transcrite en ARN.

Région codante La partie d'un ARNm contenant les nucléotides qui spécifient la séquence des acides aminés d'une protéine.

Région pseudoautosomique Petite région des chromosomes X et Y qui contiennent des séquences homologues et permettent leur appariement à la méiose.

Règle de la somme La probabilité que deux événements mutuellement exclusifs se produisent est égale à la somme de leurs probabilités individuelles.

Règle du produit La probabilité que deux ou plusieurs événements indépendants se produisent simultanément se calcule en multipliant les probabilités individuelles de chaque événement.

Règles de Chargaff Règles gouvernant les rapports des bases dans l'ADN, découvertes par Erwin Chargaff et ses collaborateurs.

Régulation génétique Ensemble des mécanismes et des systèmes qui contrôlent l'expression des gènes.

Remaniement chromosomique Écart de la structure ou du nombre de chromosomes par rapport au type sauvage.

Réparation des défauts d'appariement Système qui détecte et corrige les mauvais appariements qui se sont produits pendant la réplication. Des enzymes excisent les nucléotides mal appariés du brin nouvellement synthétisé et utilisent le brin ancien comme matrice pour les remplacer.

Réparation directe Système de réparation de l'ADN qui rétablit la structure originale des bases modifiées.

Réparation par excision de base Système de réparation de l'ADN qui excise les bases altérées ; le nucléotide entier est ensuite remplacé.

Réparation par excision de nucléotides Système très important de réparation de l'ADN, qui élimine les lésions volumineuses et divers autres types de lésions ; aussi appelé système d'excision généralisée.

Répétitions directes flanquantes Courtes séquences répétées produites de part et d'autre d'un élément transposable lors de son insertion dans l'ADN.

Répétitions en tandem en nombres variables (VNTR) Courtes séquences répétées en tandem dont le nombre varie très fort entre individus ; aussi appelées microsatellites. Du fait de la très grande variabilité de leur nombre, les VNTR sont utilisées en routine dans les tests de profil d'ADN. *Voir aussi* **empreinte d'ADN**.

Répétitions inverses terminales Séquences trouvées sous forme identique mais inversée aux deux extrémités d'un élément transposable ; jouent un rôle dans la transposition.

Réplication Processus de synthèse d'ADN sur une matrice polynucléotidique simple brin.

Réplication bidirectionnelle Réplication opérant simultanément aux deux extrémités d'un œil de réplication.

Réplication continue Réplication d'un brin d'ADN allant dans le même sens que le déroulement, ce qui permet l'addition continue de nucléotides à l'extrémité 3′ du brin nouveau, au fur et à mesure de l'exposition du brin matrice.

Réplication d'erreur Réplication d'une erreur d'incorporation conduisant, par appariement correct de la base erronée, à une mutation.

Réplication de l'ARN Processus chez certains virus par lequel un ARN est synthétisé sur une matrice d'ARN.

Réplication discontinue Réplication du brin tardif dans le sens opposé de celui du déroulement, ce qui a pour conséquence qu'il doit être synthétisé sous forme de courts fragments (fragments d'Okazaki).

Réplication semi-conservative Réplication dans laquelle les deux chaînes polynucléotidiques de l'ADN se séparent et servent chacune de matrice pour la synthèse d'un nouveau brin d'ADN.

Réplication thêta Réplication d'un ADN circulaire, initiée par le déroulement des deux brins qui crée un œil de réplication. Le déroulement continue à l'une des extrémités de l'œil ou aux deux à la fois, élargissant progressivement l'œil et donnant à l'ensemble la forme de la lettre grecque thêta (θ). La réplication de l'ADN sur les deux brins matrices accompagne le déroulement et s'arrête quand tout le cercle a été répliqué.

Réplicon Unité de réplication comprenant une origine de réplication et l'ADN compris entre cette origine et les points, de part et d'autre de l'origine, où la réplication se termine. Le chromosome bactérien est un réplicon.

Réponse à la sélection Degré auquel un caractère soumis à une sélection change en une génération ; elle est égale au produit de l'héritabilité restreinte et du différentiel de sélection.

Répresseur Protéine régulatrice qui se lie à une séquence d'ADN et inhibe la transcription.

Répression catabolique Système de contrôle général de certains opérons bactériens qui permet au glucose d'être utilisé préférentiellement en réprimant le métabolisme d'autres sucres en présence de glucose.

Répulsion *Voir* **configuration en trans.**

Rétrotransposon Type d'élément transposable dans les cellules d'eucaryotes qui possède certaines caractéristiques des rétrovirus et dont la transposition fait intervenir un intermédiaire d'ARN.

Rétrovirus Virus à ARN capable d'intégrer son matériel génétique dans le génome de son hôte. Possède une transcriptase inverse qui synthétise une copie d'ADN double brin de son génome d'ARN simple brin ; c'est cette copie qui est intégrée dans le génome sous la forme d'un provirus.

Ribonucléoside triphosphate (rNTP) Substrat de la synthèse d'ARN composé d'un sucre ribose, d'une base azotée, et de trois groupements phosphates attachés au carbone 5′ du ribose, dont deux sont clivés du rNTP entrant, et le troisième forme une liaison phosphodiester attachant le nucléotide à la molécule d'ARN en croissance.

Ribonucléotide Nucléotide contenant du ribose ; présent dans l'ARN.

Ribose Sucre à cinq atomes de carbone ; contient deux groupes hydroxyle, un en 2′ et un en 3′.

Ribozyme Molécule d'ARN dotée d'une activité catalytique.

Sauvetage génétique Apport de gènes nouveaux pour augmenter la variation génétique dans une population à fort taux de consanguinité ; destiné à améliorer la santé et le succès reproducteur de la population et ainsi ses chances de survie à long terme.

Second corps polaire Un des produits de la méiose II dans l'ovogénèse ; contient un jeu de chromosomes mais très peu de cytoplasme.

Sélection artificielle Sélection pratiquée par l'homme.

Sélection directionnelle Sélection dans laquelle la fréquence d'un allèle est changée dans une direction constante, menant soit à la fixation de cet allèle, soit à sa disparition.

Sélection naturelle Reproduction différentielle de génotypes.

Séquençage d'ADN Détermination de la séquence des bases dans une molécule d'ADN.

Séquençage en vrac de génomes entiers Approche du séquençage d'un génome dans laquelle les fragments sont assemblés dans l'ordre correct par la recherche de chevauchements entre séquences, effectuée par des ordinateurs.

Séquençage ordonné (basé sur des cartes) Méthode de séquençage d'un génome dans laquelle des fragments séquencés sont assemblés en contigs à l'aide de cartes génétiques ou physiques.

Séquence canonique Séquence comprenant les nucléotides les plus fréquemment rencontrés à un site particulier dans l'ADN ou l'ARN.

Séquence canonique – 10 (boîte de Pribnow) Séquence canonique (TATAAT) trouvée dans la plupart des promoteurs bactériens à 10 pb en amont du site d'initiation de transcription. Interagit avec l'ARN polymérase, tout comme la séquence canonique - 35.

Séquence canonique – 35 Séquence canonique (TTGACA) trouvée dans de nombreux promoteurs bactériens à 35 pb en amont du site d'initiation de transcription.

Séquence centromérique Motif de séquence d'ADN présent dans les centromères fonctionnels.

Séquence de Shine-Dalgarno Séquence canonique présente dans la région 5′ non traduite des ARNm bactériens, qui sert de site d'attachement des ribosomes pendant la traduction

Séquences répétées dispersées Séquences répétées éparpillées dans tout le génome.

Séquences répétées en tandem Séquences d'ADN répétées en tandem en longues séries généralement groupées dans un petit nombre de sites sur les chromosomes.

Séquences répétées inverses Séquences inversées et complémentaires présentes sur un même brin d'ADN.

Sexe hétérogamétique Sexe (mâle ou femelle) qui produit deux types de gamètes contenant des chromosomes sexuels différents. Par exemple, dans le système XX-XY de détermination du sexe, le mâle produit des gamètes contenant un chromosome X et des gamètes contenant un chromosome Y.

Sexe homogamétique Sexe (mâle ou femelle) qui produit des gamètes contenant tous le même chromosome sexuel. Par exemple, dans le système XX-XY de détermination du sexe, la femelle ne produit que des gamètes contenant un chromosome X.

Silençage d'ARN Ensemble naturel de mécanismes de régulation, conservé au cours de l'évolution, qui cible les ARN messagers soit pour empêcher leur traduction soit pour provoquer leur dégradation ; ils mettent en œuvre deux types de petits ARN, les petits ARN interférents (ARNpi) et les micro-ARN (ARNmi), qui s'apparient avec des séquences complémentaires dans les ARNm et guident l'action d'un complexe de silençage (RISC) dont ils font partie. Aussi appelé silençage post-transcriptionnel de gènes ou interférence d'ARN. Certains ARNpi et ARNmi se lient aussi à l'ADN et guident les enzymes qui méthylent l'ADN.

Silençage post-transcriptionnel de gènes *Voir* **Interférence d'ARN.**

Silenceur Chez les eucaryotes, séquence à laquelle se lie un répresseur pour inhiber à distance la transcription ; comme un site d'activation, fonctionne de façon indépendante de sa position et de son orientation.

SINE *Voir* **courtes séquences répétées dispersées.**

Site activateur de transcription (« enhancer ») Séquence qui stimule à distance la transcription de gènes situés sur la même molécule d'ADN (action en cis). Un enhancer contient de courtes séquences canoniques, n'a pas de position fixe par rapport au site d'initiation de transcription, et peut stimuler pratiquement tous les promoteurs qui se trouvent à proximité, tant en aval qu'en amont car sa fonction est indépendante de son orientation.

Site aminoacyle (A) Un des trois sites d'un ribosome occupé par un ARNt pendant la traduction. Tous les ARNt chargés (excepté l'ARNt initiateur) entrent d'abord dans le site A pendant la traduction.

Site d'excision-épissage 3' Extrémité 3′ d'un intron où ont lieu la coupure qui libère l'intron sous forme de lasso et la jonction de deux exons par épissage.

Site d'excision-épissage 5' Extrémité 5′ d'un intron où a lieu la première coupure du processus d'excision de l'intron.

Site d'initiation de transcription Position du premier nucléotide d'ADN transcrit en nucléotide d'ARN ; représenté par +1 dans les schémas descriptifs.

Site de sortie (site E) Un des trois sites qu'un ARNt occupe dans un ribosome. Pendant la phase d'élongation de la traduction, l'ARNt se déplace du site peptidyle (P) vers le site E d'où il quitte le ribosome.

Site fragile Constriction ou lacune qui apparaît à un endroit particulier d'un chromosome dans des cellules en culture. Un site fragile sur le chromosome X humain est associé à une arriération mentale (syndrome de l'X fragile) et est une conséquence de l'amplification d'une répétition de trinucléotides.

Site peptidyle (P) Un des trois sites occupés par un ARNt dans un ribosome pendant la traduction. Dans l'élongation de la chaîne polypeptidique, les ARNt passent du site aminoacyle (A) au site P.

Sonde Séquence connue d'ADN ou d'ARN qui est complémentaire d'une séquence d'intérêt et s'hybride avec elle ; utilisée pour retrouver un gène ou une séquence dans une banque de fragments clonés.

Souris knock-in Souris transgénique contenant une séquence étrangère insérée dans un locus spécifique.

Souris knockout Souris dans laquelle un gène spécifique a été inactivé (« mis KO »).

Souris transgénique Souris dont le génome a été modifié de façon permanente par l'introduction de gènes extrinsèques en utilisant la technologie de l'ADN recombinant.

Sous-dominance Type de sélection dans lequel l'hétérozygote a une valeur adaptative inférieure à celle des deux homozygotes.

Spéciation allopatrique S'installe quand une barrière géographique divise une population en deux groupes et les empêche d'échanger des gènes. À comparer avec la **spéciation sympatrique**.

Spéciation sympatrique Spéciation se produisant en l'absence de barrière géographique s'opposant à l'échange de gènes ; des mécanismes d'isolement reproductif se mettent en place au sein d'une population interféconde.

Spéciation Processus par lequel de nouvelles espèces apparaissent. *Voir aussi* **concept biologique d'espèce**, **spéciation allopatrique**, et **spéciation sympatrique**.

Spectrométrie de masse Méthode permettant de déterminer avec précision la masse moléculaire d'une molécule en mesurant sa vitesse de migration à l'état ionisé dans un champ électrique.

Spermatide Produit direct de la méiose II dans la spermatogénèse ; sa maturation produit un spermatozoïde.

Spermatocyte primaire Spermatogonie entrée en prophase I.

Spermatocyte secondaire Produit de la méiose I chez les animaux mâles.

Spermatogénèse Production de spermatozoïdes (sperme) chez les animaux.

Spermatogonie Cellule diploïde dans le testicule ; peut entrer en méiose pour produire des spermatozoïdes.

Spermatozoïde Gamète mâle.

Splicéosome Vaste structure à l'intérieur de laquelle se déroule l'excision-épissage des pré-ARNm. Chaque splicéosome est formé de cinq particules ribonucléoprotéiques (RNPpn), nommées d'après l'ARNpn qu'elles contiennent (U1, U2, U4, U5 et U6), et près de 300 protéines, associées ou non à un ARNpn.

Structure de Holliday Dans le modèle de recombinaison homologue de Holliday, structure intermédiaire formée par la création de cassures simple brin dans des molécules d'ADN alignées, suivie d'échange réciproque et de ligature des extrémités produites.

Structure en feuille de trèfle Structure secondaire commune aux ARN de transfert.

Structure primaire d'une protéine La séquence des acides aminés d'une protéine.

Structure quaternaire d'une protéine Niveau de structure correspondant à l'association de deux ou plusieurs polypeptides pour former une protéine fonctionnelle.

Structure secondaire d'une protéine Élément de structure d'une protéine formé par repliement régulier d'une séquence d'acides aminés. Les éléments de structure secondaire les plus courants sont l'hélice α et le feuillet plissé β.

Structure tertiaire d'une protéine Ordre supérieur de repliement d'une protéine dû à des interactions entre éléments de structure secondaire et entre acides aminés hors structures secondaires, qui donnent à la protéine sa forme tridimensionnelle globale. La chaîne polypeptidique ainsi repliée peut être fonctionnelle, mais dans plusieurs cas, la formation d'une structure quaternaire multimérique est nécessaire à l'établissement de la pleine fonctionnalité.

Substitution de base Mutation qui change une seule paire de bases dans l'ADN.

Surdominance Type de sélection dans laquelle l'hétérozygote a une valeur adaptative plus élevée que les deux homozygotes ; aussi appelé avantage à l'hétérozygote.

Surenroulement négatif *Voir* **Surenroulement**.

Surenroulement positif *Voir* **Surenroulement**.

Surenroulement Structure tertiaire de l'ADN produite quand l'hélice est soumise à une tension due à une augmentation ou à une diminution du nombre de tours. La présence de tours supplémentaires provoque un surenroulement positif ; un déficit de tours provoque un surenroulement négatif.

Synapsis Association latérale très étroite de chromosomes homologues.

Syndrome d'Edwards (trisomie 18) Caractérisé par une retard mental sévère et des malformations physiques nombreuses : implantation basse des oreilles, cou court, dysplasie des pieds, problèmes cardiaques ; résulte de la présence de trois copies du chromosome 18.

Syndrome de Down (trisomie 21) Caractérisé par des degrés variables d'arriération mentale, des traits faciaux caractéristiques, un certain retard de croissance et de développement, et une incidence accrue d'insuffisance cardiaque, de leucémie, et d'autres anomalies ; provoqué par la duplication totale ou partielle du chromosome 21.

Syndrome de Down familial Provoqué par une translocation robertsonienne dans laquelle le bras long du chromosome 21 est déplacé vers un autre chromosome, généralement le chromosome 14. Le porteur est phénotypiquement normal, mais peut produire des gamètes anormaux et la probabilité d'avoir des descendants trisomiques 21 est significative.

Syndrome de Down primaire Causé par la présence de trois exemplaires du chromosome 21.

Syndrome de Klinefelter Condition chez l'homme résultant de la présence d'un ou deux chromosomes Y et de plusieurs chromosomes X. Les personnes atteintes sont des mâles, le plus souvent XXY, mais il existe des individus XXXY, XXXXY, ou XXYY. Les caractéristiques physiques sont une atrophie des testicules, une pilosité faciale et pubienne réduite ; souvent stériles et de taille supérieure à la moyenne, les mâles Klinefelter ont pour la plupart une intelligence normale.

Syndrome de Patau (trisomie 13) Caractérisé par un retard mental sévère et des malformations physiques dont un crâne petit et malformé, un bec-de-lièvre et un palais perforé, et une dysplasie des mains et des pieds ; résulte de la présence de trois copies du chromosome 13.

Syndrome de Turner Chez l'homme, condition liée à la présence d'un seul chromosome X en l'absence de chromosome Y (XO). Les personnes atteintes sont d'apparence féminine, en majorité stériles, avec des caractères sexuels secondaires peu développés ; elles ont en général une intelligence normale.

Syndrome du triple X Chez l'homme, condition liée à la possession de trois chromosomes X. Une personne triple X a en général un phénotype femelle normal avec une tendance à être de haute taille et maigre ; la plupart de ces femmes sont normalement fertiles.

Système SOS Système de protéines et d'enzymes qui permet à une cellule de répliquer son ADN malgré la présence de lésions qui en déforment la structure. Permet à la réplication de franchir les obstacles au prix d'une fidélité réduite qui augmente le taux de mutation.

Taille effective d'une population L'équivalent du nombre d'adultes reproducteurs dans une population ; tient compte, entre autres facteurs, de la structure d'âge et de sexe de la population, et de la proportion de croisements aléatoires.

Taux de mutation Fréquence avec laquelle un allèle mutant remplace l'allèle de type sauvage d'un allèle déterminé ; généralement exprimé en nombre de mutations par unité de temps biologique, c.-à-d. par division cellulaire, par gamète, ou par cycle de réplication.

Technologie de l'ADN recombinant Ensemble de techniques moléculaires permettant la localisation, l'isolement, la modification, la combinaison, et l'étude de segments d'ADN.

Télomérase Enzyme comprenant un composant protéique et un composant ARN et qui réplique les extrémités (télomères) des chromosomes eucaryotiques. Le composant ARN de la télomérase contient une séquence complémentaire d'une courte séquence répétée dans le télomère et présente dans l'extrémité 3′ en saillie du chromosome ; il s'apparie avec elle pour servir de matrice mobile à la synthèse de copies supplémentaires de la séquence répétée. La télomérase apporte donc sa propre matrice pour prolonger les extrémités des chromosomes à chaque cycle de réplication. *Voir aussi* **télomère**.

Télomère Extrémité d'un chromosome. Contient de nombreuses répétitions d'une courte séquence, caractéristique d'une espèce, et présente une extrémité 3′ en saillie laissée par la dégradation de l'amorce de réplication terminale.

Télophase Stade de la mitose. À la télophase, les chromosomes arrivent aux pôles du fuseau, la membrane nucléaire se reforme, et les chromosomes se décondensent et s'allongent.

Télophase I Stade de la méiose I. À la télophase I, les chromosomes arrivent aux pôles du fuseau.

Télophase II Stade de la méiose II. À la télophase II, les chromosomes arrivent aux pôles du fuseau.

Terminateur rho-dépendant Séquence dans l'ADN bactérien qui nécessite la présence d'une sous-unité appelée rho dans l'ARN polymérase pour déclencher la terminaison de la transcription.

Terminateur rho-indépendant Séquence dans l'ADN bactérien qui déclenche la terminaison de la transcription sans intervention du facteur rho.

Terminateur Séquence d'ADN qui provoque la fin de la transcription.

Test de Ames Test utilisant un jeu de souches mutantes de la bactérie *Salmonella typhimurium* pour évaluer le pouvoir carcinogène potentiel de substances chimiques.

Test de complémentation (génique) Test servant à déterminer si deux mutations sont ou non alléliques (affectent ou non le même gène). Deux individus homozygotes pour des mutations obtenues indépendamment sont croisés pour produire une F_1 hétérozygote pour les mutations en question. Si les mutations affectent le même gène, la F_1 aura un phénotype mutant. Si les mutations affectent des gènes différents, la F_1 aura un phénotype sauvage.

Test du chi-carré Test statistique utilisé pour évaluer la concordance entre résultats observés et résultats attendus. La probabilité que donne une valeur calculée de chi-carré est celle que les différences entre les valeurs observées et attendues soient dues au seul hasard.

Tétrade Les quatre produits d'une méiose ; aussi, l'ensemble des quatre chromatides d'une paire d'homologues.

Tétrasomie Présence de deux chromosomes homologues supplémentaires ($2n + 2$).

Théorie cellulaire Théorie selon laquelle toute forme de vie est composée de cellules qui se forment exclusivement à partir d'autres cellules, et la cellule est l'unité structurale et fonctionnelle de base des organismes vivants.

Théorie chromosomique de l'hérédité Grande théorie unificatrice qui explique les schémas de transmission héréditaire sur la base de la localisation des gènes sur les chromosomes.

Théorie du plasma germinatif Théorie énoncée à la fin du XIXème siècle, selon laquelle les cellules des organes reproducteurs contiennent un jeu complet d'information génétique qui est transmis directement aux gamètes.

Thérapie génique Utilisation de la technologie de l'ADN recombinant pour traiter une maladie ou une déficience génétique en introduisant directement des gènes dans les cellules d'un patient.

Thymine (T) Base pyrimidique présente dans l'ADN mais pas dans l'ARN.

Topoisomérases Famille d'enzymes qui ajoutent ou suppriment des tours dans une hélice d'ADN en coupant transitoirement les brins polynucléotidiques, en effectuant une rotation des extrémités l'une autour de l'autre, puis en refermant la coupure ; contrôlent le degré de surenroulement.

Traduction Processus d'assemblage d'une protéine à partir de l'information contenue dans un ARN messager.

Transcriptase inverse Enzyme capable de synthétiser un ADN complémentaire sur une matrice d'ARN.

Transcription inverse Synthèse d'un ADN complémentaire d'une séquence d'ARN.

Transcription Processus de synthèse d'ARN sur une matrice d'ADN.

Transcriptome Ensemble de toutes les molécules d'ARN transcrites à partir du génome d'un organisme, avec leur niveau relatif d'expression selon les types cellulaires et les conditions particulières dans lesquelles se trouve l'organisme.

Transduction Échange génétique entre bactéries dans lequel un phage sert de vecteur. Après avoir été transféré, l'ADN peut se recombiner avec le chromosome de la bactérie réceptrice.

Transduction généralisée Transduction dans laquelle n'importe quel gène peut être transféré d'une cellule bactérienne à une autre par un bactériophage.

Transduction spécialisée Transduction dans laquelle seuls les gènes voisins du site d'insertion d'un prophage dans le chromosome bactérien peuvent être excisés avec lui et transférés dans une autre bactérie ; effectuée uniquement par des phages qui suivent le cycle lysogénique de reproduction.

Transduit Cellule bactérienne qui a reçu des gènes d'une autre bactérie par transduction.

Transfert horizontal de gènes Transfert de gènes d'un organisme vers un autre par un mécanisme différent de la reproduction.

Transformant Cellule qui a reçu du matériel génétique par transformation.

Transformation Mécanisme par lequel une cellule capture de l'ADN présent dans le milieu environnant. L'ADN introduit peut s'intégrer par recombinaison dans le génome de la cellule réceptrice.

Transgène Gène ou autre séquence d'ADN extrinsèque introduit dans le génome d'un organisme qu'il modifie de façon permanente. *Voir aussi* **souris transgénique**.

Transition (mutation) Substitution de base dans laquelle une purine est remplacée par une autre purine ou une pyrimidine par une autre pyrimidine.

Translocation Déplacement d'un segment de chromosome vers un chromosome non homologue ou vers une autre région du même chromosome. Aussi, pendant la traduction, déplacement du ribosome entre codons successifs sur l'ARNm.

Translocation non réciproque Déplacement d'un segment de chromosome entre chromosomes non homologues sans qu'il y ait d'échange réciproque.

Translocation réciproque Échange réciproque de segments entre chromosomes non homologues.

Translocation robertsonienne Translocation dans laquelle les bras longs de deux chromosomes acrocentriques se retrouvent joints à un centromère commun, créant un chromosome métacentrique avec deux bras longs et un autre chromosome avec deux bras courts qui, fréquemment, ségrège mal et finit par être perdu.

Transposition Mouvement d'un élément transposable. Une transposition réplicative augmente le nombre de copies de l'élément transposable ; une transposition conservative ne l'augmente pas.

Transposition non réplicative Mode de transposition dans lequel un élément transposable s'excise d'un site pour s'intégrer dans un autre site, sans qu'il y ait d'augmentation du nombre de copies de l'élément.

Transposition réplicative Mode de transposition dans lequel une copie d'un élément transposable se déplace vers un nouveau site tandis que l'élément original reste en place ; augmente le nombre de copies d'un élément transposable.

Transposon à ADN *Voir* **élément génétique transposable**.

Transversion Substitution de base dans laquelle une purine est remplacée par une pyrimidine ou vice-versa.

Triploïdie Présence de trois jeux haploïdes de chromosomes ($3n$).

Trisomie Présence d'une copie supplémentaire d'un chromosome ($2n+1$).

Trisomie 13 Présence de trois copies du chromosome 13 ; chez l'homme, est la cause du syndrome de Patau.

Trisomie 18 Présence de trois copies du chromosome 18 ; chez l'homme, est la cause de syndrome d'Edwards.

Trisomie 21 Présence de trois copies du chromosome 21 ; chez l'homme, provoque le syndrome de Down.

Trisomie 8 Présence de trois copies du chromosome 8 ; chez l'homme, se manifeste par un retard mental, une contraction des doigts et des orteils, une implantation basse et une malformation des oreilles, et un front proéminent.

Tumeur maligne Formée de cellules capables d'envahir d'autres tissus.

Type sauvage Trait ou allèle le plus couramment rencontré dans des populations naturelles (sauvages).

Ultracentrifugation à l'équilibre en gradient de densité Méthode utilisée pour séparer des molécules ou des organites de densité différente par ultracentrifugation.

Unité cartographique (U.C.) Unité de distance sur une carte génétique. Une unité cartographique est égale à 1 % de recombinaison.

Unité de transcription Séquence d'ADN qui code une molécule d'ARN et qui comprend les séquences nécessaires à sa transcription ; contient normalement un promoteur, une séquence codant l'ARN, et un terminateur.

Universalité du code génétique Fait référence au fait que les mêmes codons spécifient les mêmes acides aminés chez pratiquement tous les organismes.

Uracile (U) Base pyrimidique présente dans l'ARN mais normalement absente dans l'ADN.

Valeur adaptative (« fitness ») Succès reproductif relatif d'un génotype dans une population.

Valeur C Représente la taille haploïde d'un génome, exprimée en paires de bases ou en picogrammes.

Variance Valeur statistique qui décrit la variabilité d'un groupe de mesures.

Variance due à la dominance Composante de la variance génétique qui peut être attribuée à la dominance (interactions entre gènes à un même locus).

Variance due aux interactions entre gènes Composante de la variance génétique attribuable aux interactions entre gènes de différents loci.

Variance environnementale Composante de la variante phénotypique due à des différences dans l'environnement des membres individuels d'une population.

Variance génétique additive Composante de la variance génétique qui correspond aux effets additifs de différents génotypes sur le phénotype.

Variance génétique Composante de la variance phénotypique due aux différences génétiques entre membres individuels d'une population.

Variance liée à des interactions entre gènes et environnement Composante de la variance phénotypique qui résulte de l'interaction entre le génotype et l'environnement. Des génotypes sont exprimés différemment dans des environnements différents.

Variance phénotypique Mesure le degré de variation phénotypique au sein d'un groupe d'individus ; composée de la variance génétique, de la variance environnementale, et de la variance liée à des interactions entre gènes et environnement.

Vecteur d'expression Vecteur de clonage contenant des séquences telles qu'un promoteur, un site de liaison des ribosomes, et des sites d'initiation et de terminaison de transcription, qui permettent à des fragments d'ADN insérés dans le vecteur d'être transcrits et traduits.

Vecteur de clonage Molécule d'ADN stable parce que capable de réplication, à laquelle un fragment d'ADN peut être attaché pour être transféré dans une cellule hôte.

Virus du papillome humain (VPH) Virus associé au cancer du col de l'utérus.

Virus Structure réplicative non cellulaire constituée d'acide nucléique enveloppé d'un manteau protéique ; ne peut se répliquer que dans une cellule hôte.

Réponses à une sélection de questions et de problèmes

Chapitre 1

1. Dans la culture Hopi, les albinos avaient un statut spécial. Comme l'exposition prolongée au soleil pouvait avoir pour eux des conséquences graves, voire fatales, les Hopis albinos mâles étaient dispensés des travaux agricoles et restaient au village avec les femmes. L'albinisme étant considéré comme un trait positif plutôt que comme un handicap physique, les albinos bénéficiaient de davantage d'opportunités d'accouplement, augmentant ainsi la fréquence de l'allèle de l'albinisme. Enfin, la taille réduite de la population Hopi a pu biaiser l'échantillonnage et avoir ainsi contribué à l'augmentation de la probabilité de rencontrer l'allèle de l'albinisme.

2. La génétique joue un rôle important dans le diagnostic et le traitement de maladies héréditaires, dans l'augmentation de la productivité et de la résistance aux maladies des plantes cultivées et des animaux d'élevage, et dans la production de médicaments et d'autres additifs alimentaires commercialisables par des espèces issues du génie génétique.

4. La génétique de transmission : la transmission des gènes d'une génération à l'autre, la cartographie des gènes, la caractérisation des phénotypes résultant de mutations.
La génétique moléculaire : la structure, l'organisation, et le fonctionnement des gènes à l'échelle moléculaire.
La génétique des populations : le patrimoine génétique des populations et son évolution dans le temps.

7. La pangénèse propose que l'information nécessaire à la création de chaque partie du corps d'un descendant migre des différentes parties du corps des parents vers les organes reproducteurs d'où elle est transmise à l'embryon. La pangénèse a pour corollaire que des changements survenus au corps des parents soient transmis à la descendance (hérédité des caractères acquis). La théorie de la continuité du plasma germinatif, par contre, considère que les cellules reproductrices contiennent toute l'information génétique nécessaire au développement du corps de la descendance. Le reste du corps des parents ne transmet aucune information génétique à la génération suivante.

9. La préformation est l'idée qu'un descendant provient d'un adulte miniature (un homoncule) qui existerait à l'état préformé dans le sperme ou l'œuf. Tous les traits seraient alors hérités d'un seul des parents, le père ou la mère, selon que l'homoncule provient du sperme ou de l'œuf.

12. Gregor Mendel.

15. Les gènes contiennent des séquences nucléotidiques d'ADN et occupent des sites spécifiques des chromosomes.

17. **(a)** Génétique de la transmission ; **(b)** génétique des populations ; **(c)** génétique des populations ; **(d)** génétique moléculaire ; **(e)** génétique moléculaire ; **(f)** génétique de la transmission.

18. La génétique est ancienne en ce sens que l'homme a eu conscience de l'existence de principes héréditaires depuis des millénaires et qu'il les a appliqués dès les débuts de l'agriculture à l'amélioration des plantes et des animaux. Elle est très jeune en ce sens que les principes fondamentaux n'ont été découverts qu'à l'époque de Mendel et que la structure de l'ADN et les principes et méthodes de l'ADN recombinant sont des découvertes des 60 dernières années.

20. **(a)** La pangénèse postulait que des particules transportent de l'information génétique depuis toutes les parties du corps vers les organes reproducteurs, d'où elle était transmise à l'embryon où chaque unité dirigeait la formation de la partie correspondante du corps. Selon la théorie de la continuité du plasma germinatif, les cellules productrices de gamètes présentes dans les organes reproducteurs contiennent un jeu complet d'information génétique qui est passé aux gamètes. Les deux théories ont ceci de commun qu'elles proposent que l'information génétique soit contenue dans des unités discrètes qui sont transmises à la descendance. Elles diffèrent par le le lieu où réside cette information : dans différentes parties du corps d'où elle migre vers les organes reproducteurs selon la théorie de la pangénèse ; déjà entièrement présente dans les cellules reproductrices selon la théorie du plasma germinatif.
(b) La théorie de la préformation soutient que le sperme ou l'œuf contient un adulte miniature préformé appelé homoncule, qui se développe en adulte mature. Un seul des parents apporte ses traits génétiques à la descendance. L'hérédité par mélange voulait au contraire que les traits de la descendance soient un mélange de traits des deux parents. Une fois mélangé, le matériel génétique ne pouvait plus être séparé dans les générations suivantes.
(c) L'hérédité des caractères acquis postule que les traits acquis pendant la vie d'une personne modifient son matériel génétique et qu'ils peuvent être transmis à la descendance. Notre théorie moderne de l'hérédité dit que que la descendance hérite de gènes localisés sur les chromosomes transmis par les parents. Ces chromosomes ségrègent à la méiose, dans les cellules germinales des parents et passent dans les gamètes.

21. **(a)** Les deux types de cellules ont des membranes à bicouche lipidique, des génomes d'ADN, et la machinerie nécessaire à la réplication de l'ADN, à la transcription et à la traduction, des systèmes pour le métabolisme énergétique, la réponse aux stimuli, la croissance, et la reproduction. Les cellules eucaryotiques ont un noyau contenant les chromosomes et des organites délimités par des membranes.
(b) Un gène est une unité de base d'information héréditaire, codant généralement un ARN fonctionnel ou un polypeptide. Les allèles sont des formes variantes des gènes, produites pour la plupart par mutation.
(c) Le génotype est le jeu de gènes ou d'allèles qu'un organisme hérite de ses parents (de son parent en cas de reproduction non sexuée). L'expression des gènes d'un génotype particulier, parfois influencée par des facteurs environnementaux, produit le phénotype observable.
(d) Les deux molécules sont des acides nucléiques, des polymères de nucléotides. L'ARN contient un sucre ribose, l'ADN un

sucre désoxyribose. Une des quatre bases nucléiques de l'ARN est l'uracile, remplacée par la thymine dans l'ADN. Les trois autres bases sont communes à l'ADN et à l'ARN. Enfin, l'ADN contient normalement deux brins complémentaires, tandis que l'ARN est simple brin avec des régions d'appariement internes qui forment des structures secondaires complexes.
(e) Les chromosomes sont des structures contenant de l'ADN associé à des protéines. C'est l'ADN qui contient l'information génétique.

25. Tous les génomes doivent avoir la capacité de stocker une information complexe et de varier. Le plan d'assemblage complet d'un organisme doit être contenu dans le génome de chaque cellule reproductrice. L'information doit figurer sous forme d'un code contenant les instructions pour l'assemblage des cellules. Le matériel génétique d'un organisme doit être stable, se répliquer avec précision, et être transmis fidèlement à la descendance, mais il doit être capable de muter.

27. **(a)** Faire le test élimine tout doute concernant la possibilité d'avoir la maladie : la réponse est oui ou non. En cas de réponse positive, vous pouvez modifier votre mode de vie de façon à retarder l'apparition des symptômes ou à atténuer les effets de la maladie. Le type et la nature de tests médicaux ultérieurs seront mieux adaptés à la détection précoce des premiers symptômes. Vous connaîtrez aussi le risque de transmettre la maladie à une descendance éventuelle et pourrez ainsi faire des choix familiaux en connaissance de cause. Enfin, en sachant à quoi vous attendre, vous pourrez organiser votre vie de façon adéquate.

Les raisons de ne pas faire le test concernent typiquement les risques de discrimination à différents niveaux en cas de résultat positif. Par exemple, votre employeur (ou un futur employeur) peut considérer qu'à long terme, vous deviendrez une charge, ce qui peut limiter les options en termes d'emploi. Des compagnies d'assurance peuvent refuser de vous assurer contre les risques liés à la maladie et à ses conséquences. Un degré de stigmatisation sociale peut aussi se développer, et, psychologiquement, l'attente d'une manifestation de la maladie peut être une source d'anxiété considérable.
(b) La réponse n'est pas évidente, mais faire le test peut lever une incertitude, particulièrement si des membres de votre famille ont eu cette maladie héréditaire.

Chapitre 2

1.

Cellule procaryotique	Cellule eucaryotique
Absence de noyau	Présence d'un noyau
Pas de paires de chromosomes (haploïde)	Le plus souvent, des paires de chromosomes
Typiquement, un chromosome circulaire avec une seule origine de réplication	Typiquement, plusieurs chromosomes linéaires avec des centromères, des télomères, et plusieurs origines de réplication
Au fur et à mesure de la réplication, les copies du chromosome unique sont tirées vers les pôles opposés de la cellule	Les chromosomes sont répliqués, mais doivent attendre la mitose ou la méiose pour migrer vers l'emplacement approprié
Pas d'histones associées à l'ADN	Des histones sont associées en complexe avec l'ADN

3. Les événements sont (1) l'information génétique d'une cellule doit être répliquée, (2) les répliques de l'information génétique doivent être séparées l'une de l'autre, et (3) la cellule doit se diviser.

5.

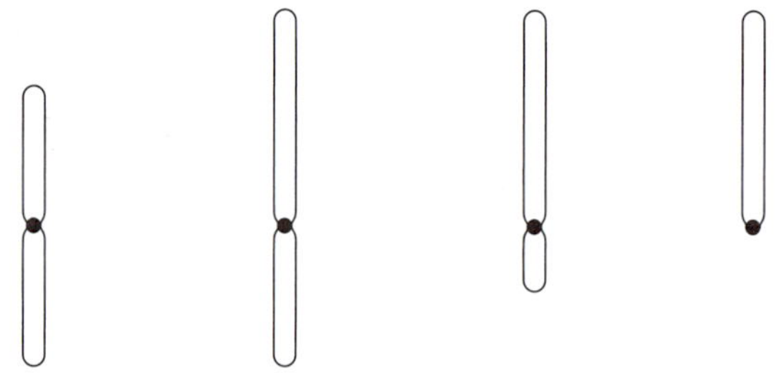

Métacentrique Submétacentrique Acrocentrique Télocentrique

7. Prophase : Les chromosomes se condensent et deviennent visibles, les centrosomes s'écartent tandis que des microtubules se forment.

Prométaphase : Les nucléoles disparaissent et l'enveloppe nucléaire commence à se désintégrer, permettant la jonction du nucléoplasme et du cytoplasme. Les chromatides sœurs de chaque chromosome sont attachées à des microtubules provenant de centrosomes opposés.

Métaphase : Les microtubules du fuseau sont clairement visibles et les chromosomes se rangent dans le plan équatorial de la cellule.

Anaphase : Les chromatides sœurs se séparent aux centromères suite à la dégradation de la protéine cohésine, et les chromatides sœurs, devenus chromosomes, migrent vers les pôles opposés de la cellule.

Télophase : Une enveloppe nucléaire se reforme autour de chaque jeu de chromosomes. Les nucléoles réapparaissent. Les microtubules du fuseau se dépolymérisent.

8. Par ce processus, une cellule produit deux cellules qui contiennent la même information génétique. Elles sont donc identiques à la cellule mère et entre elles.

11. La méiose comporte deux divisions cellulaires, produisant quatre nouvelles cellules (chez de nombreuses espèces). Le nombre de chromosomes d'une cellule haploïde produite par méiose est la moitié du nombre de chromosomes de la cellule diploïde originale. Enfin, les cellules issues de la méiose diffèrent génétiquement de la cellule originale et entre elles.

13.

Mitose	Méiose
Une seule division cellulaire produit deux cellules filles génétiquement identiques.	Deux divisions cellulaires produisent généralement quatre cellules filles qui ne sont pas génétiquement identiques.
Le nombre de chromosomes dans les cellules filles reste le même que dans la cellule originale.	Les cellules filles sont haploïdes, avec la moitié de la garniture chromosomique de la cellule diploïde originale suite à la séparation des homologues de chaque paire à l'anaphase I.
Les cellules filles et la cellule originale sont génétiquement identiques. Pas de séparation de chromosomes homologues. Pas de crossing-over.	Le crossing-over à la prophase I et la séparation des homologues à l'anaphase I produisent des cellules filles différentes génétiquement l'une de l'autre ainsi que de la cellule originale.

Les chromosomes homologues n'entrent pas en synapsis.	Il y a synapsis des chromosomes homologues à la prophase I.
À la métaphase, les chromosomes individuels se rangent dans le plan équatorial.	À la métaphase I, les paires de chromosomes homologues s'alignent dans le plan équatorial . Les chromosomes individuels s'alignent à la métaphase II.
À l'anaphase, les chromatides sœurs se séparent.	À l'anaphase I, les chromosomes homologues se séparent. La séparation des chromatides sœurs a lieu à l'anaphase II.

Une différence importante est que la mitose produit des cellules identiques à la cellule originale, avec un passage ordonné de l'information génétique d'une cellule à sa descendance. Par contre, la méiose produit une descendance qui n'a que la moitié du nombre de chromosomes de la cellule originale et elle génère de la variation génétique par le crossing-over et par l'assortiment aléatoire des homologues.

18. **(a)** 12 chromosomes et 24 molécules d'ADN ; **(b)** 12 chromosomes et 24 molécules d'ADN ; **(c)** 12 chromosomes et 24 molécules d'ADN ; **(d)** 12 chromosomes et 24 molécules d'ADN ; **(e)** 12 chromosomes et 12 molécules d'ADN ; **(f)** 6 chromosomes et 12 molécules d'ADN ; **(g)** 12 chromosomes et 12 molécules d'ADN ; **(h)** 6 chromosomes et 6 molécules d'ADN.

20. Le nombre diploïde de chromosomes est 6. Le dessin de gauche représente la méiose I ; celui du milieu, l'anaphase de la mitose ; celui de droite, l'anaphase II de la méiose.

22.

Événement	Mitose	Méiose I	Méiose II
Y a-t-il crossing-over ?	Non	Oui	Non
Qu'est-ce qui se sépare à l'anaphase ?	Chromatides sœurs	Chromosomes homologues	Chromatides sœurs
Qu'est-ce qui s'aligne dans le plan équatorial ?	Chromosomes individuels	Paires de chromosomes homologues	Chromosomes individuels
Y a-t-il division cellulaire ?	Oui	Oui	Oui
Y a-t-il appariement des homologues ?	Non	Oui	Non
Y a-t-il production de variation génétique ?	Non	Oui	Non

24. Il faut s'attendre à ce que la descendance d'un organisme dont les cellules contiennent davantage de paires de chromosomes homologues présente davantage de variation. Le nombre de combinaisons de chromosomes possibles dans les gamètes est 2^n, où n est le nombre de paires d'homologues. Pour la mouche des fruits qui a quatre paires de chromosomes, le nombre de combinaisons possibles est $2^4 = 16$. Pour la mouche domestique qui a six paires de chromosomes, le nombre de combinaisons possibles est $2^6 = 64$.

25. **(a)** Métaphase I

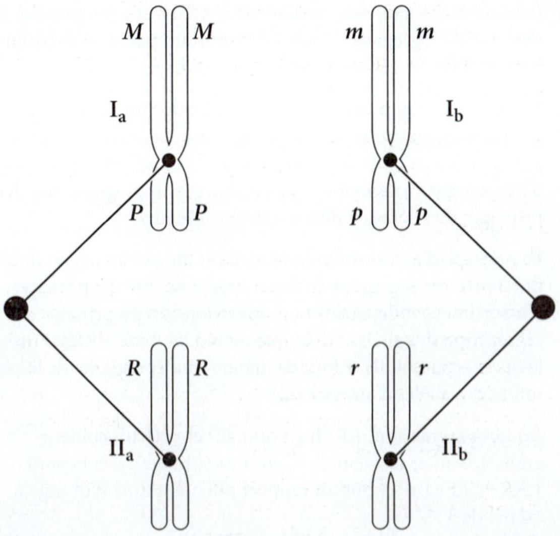

(b) Gamètes

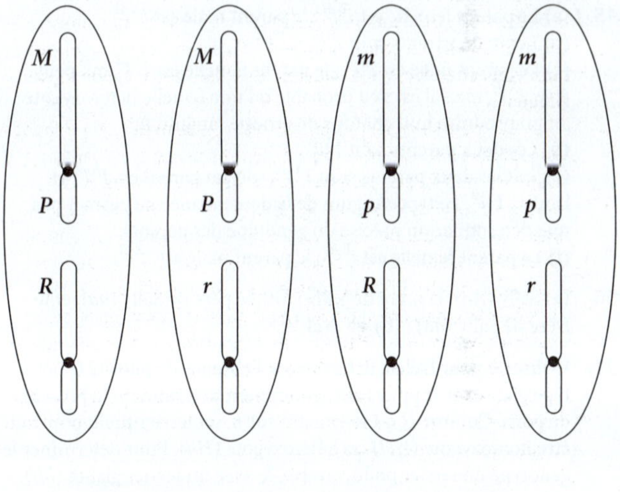

***29.** La plupart des animaux mâles produisent du sperme par méiose. Chez les abeilles mâles haploïdes, il ne peut y avoir de méiose, puisque la méiose ne se produit que pour des cellules diploïdes. Les abeilles mâles produisent du sperme par mitose. Les cellules haploïdes qui se divisent par mitose produisent des cellules filles haploïdes.

Chapitre 3

1. Il y a plusieurs raisons à la réussite de Mendel. Il a choisi de travailler avec une plante, *Pisum sativum*, facile à cultiver, à la croissance assez rapide, et dont la descendance abondante présente des phénotypes facilement identifiables, permettant ainsi à Mendel de déceler des rapports mathématiques entre ces phénotypes. Les sept caractères qu'il a choisi d'étudier ne présentaient que des phénotypes distincts, sans variation continue. En examinant chaque caractère séparément, Mendel a suivi une approche expérimentale réductionniste et il a appliqué une méthode véritablement scientifique en proposant pour expliquer ses observations des hypothèses qu'il pouvait tester expérimentalement.

3. Le principe de ségrégation égale dit qu'un organisme possède deux allèles pour chaque caractère. Ces allèles se séparent à la formation des gamètes, un allèle allant dans chaque gamète. Le principe de ségrégation égale est important parce qu'il explique la formation du génotype de la descendance.

8. La théorie chromosomique de l'hérédité de Sutton et Boveri dit que les gènes sont portés par les chromosomes. La ségrégation indépendante des chromosomes des différentes paires d'homologues à la méiose fournit une base biologique aux deux principes de l'hérédité découverts par Mendel.

9. Le principe d'assortiment indépendant dit que les allèles de différents loci ségrègent de façon indépendante. Le principe d'assortiment indépendant est une extension du principe de ségrégation des allèles ; il dit que quand les deux allèles d'un locus se séparent, ils le font de manière indépendante de la séparation des allèles d'autres loci.

14. **(a)** Les parents sont *RR* (fruit orange) et *rr* (fruit couleur crème). Toutes les plantes F_1 sont *Rr* (orange). Les F_2 sont 1 *RR* : 2 *Rr* : 1 *rr* et ont un rapport phénotypique d'orange à crème de 3 : 1.
(b) La moitié de la descendance est homozygote fruit orange (*RR*) et l'autre moitié est hétérozygote fruit orange (*Rr*).
(c) La moitié de la descendance est hétérozygote fruit orange (*Rr*) et l'autre moitié est homozygote fruit couleur crème (*rr*).

15. **(a)** Le parent femelle est i^Bi^B ; le parent mâle est I^Ai^B.
(b) Les deux parents sont i^Bi^B.
(c) Le parent mâle est i^Bi^B ; le parent femelle est I^AI^A ou, peut-être, I^Ai^B, mais il est peu probable qu'une femelle hétérozygote ait pu produire huit chatons de groupe sanguin A.
(d) Les deux parents sont I^Ai^B.
(e) Soit les deux parents sont I^AI^A, soit un parent est I^AI^A et l'autre, I^Ai^B. Le type sanguin de la descendance ne permet pas une détermination précise du génotype des parents.
(f) Le parent femelle est i^Bi^B ; le parent mâle est I^Ai^B.

16. **(a)** Sally (*Aa*), la mère de Sally (*Aa*), le père de Sally (*aa*), et le frère de Sally (*aa*) ; **(b)** ½ ; **(c)** ½.

17. Utilisez *h* pour l'allèle déterminant l'absence de pilosité (phénotype glabre) et *H* pour l'allèle dominant déterminant la présence de poils. Comme *H* est dominant sur *h*, un terrier poilu pourrait être homozygote (*HH*) ou hétérozygote (*Hh*). Pour déterminer le génotype du terrier poilu, croisez-le avec un terrier glabre (*hh*). Si le terrier poilu est homozygote (*HH*), il n'y aura pas de chien glabre dans la descendance du croisement test. Par contre, si le terrier poilu est hétérozygote (*Hh*), ½ de la descendance sera glabre.

20. **(a)** 1/18 ; **(b)** 1/36 ; **(c)** 11/36 ; **(d)** 1/6 ; **(e)** ¼ ; **(f)** ¾.

22. Parents :

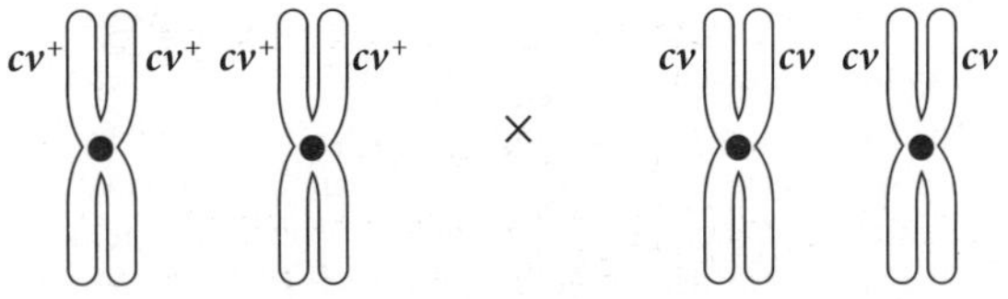

Génération F_1 :

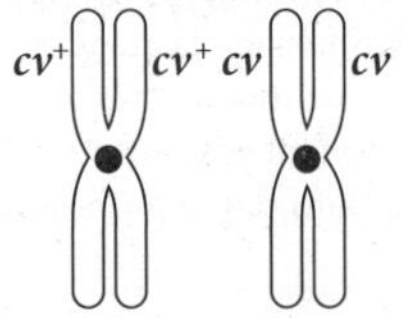

Génération F_2 :

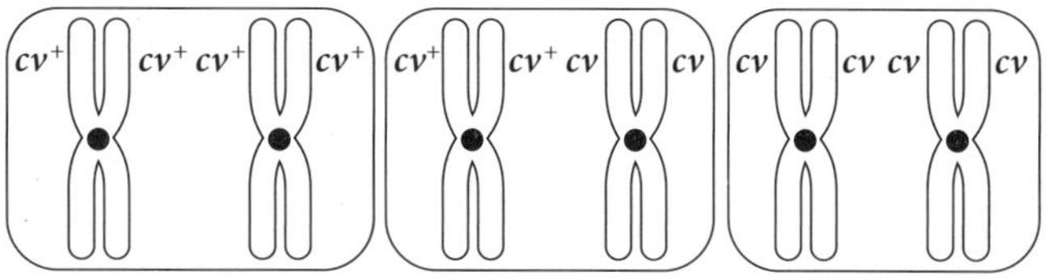

23. **(a)** Chez les cochons d'Inde de la F_1 (*Bb*), seul un chromosome porte l'allèle noir, donc le nombre de copies présentes à chaque stade est : G_1, un allèle noir ; G_2, deux allèles noirs ; métaphase de la mitose, deux allèles noirs ; métaphase I de la méiose, deux allèles noirs ; après la cytodiérèse de la méiose, un allèle noir, mais seulement dans la moitié des cellules produites par la méiose.
(b) Chez les cochons d'Inde bruns de la F_1 (*bb*), les deux homologues portent une copie de l'allèle brun, donc le nombre de copies présentes à chaque stade est : G_1, deux allèles bruns ; G_2, quatre allèles bruns ; métaphase de la mitose, quatre allèles bruns : métaphase I de la méiose, quatre allèles bruns ; métaphase II, deux allèles bruns ; après la cytodiérèse de la méiose, un allèle brun.

25. **(a)** ½ (*Aa*) × ½ (*Bb*) × ½ (*Cc*) × ½ (*Dd*) × ½ (*Ee*) = 1/32
(b) ½ (*Aa*) × ½ (*bb*) × ½ (*Cc*) × ½ (*dd*) × ¼ (*ee*) = 1/64
(c) ¼ (*aa*) × ½ (*bb*) × ¼ (*cc*) × ½ (*dd*) × ¼ (*ee*) = 1/256
(d) Il n'y a pas de descendants de ce génotype. Le parent *Aa Bb Cc dd Ee* ne peut pas fournir d'allèle *D*, et le parent *Aa bb Cc Dd Ee* ne peut pas fournir d'allèle *B*. Par conséquent, aucun descendant ne peut être homozygote *BB DD*.

27. **(a)** Gamètes de l'individu *Aa Bb* :

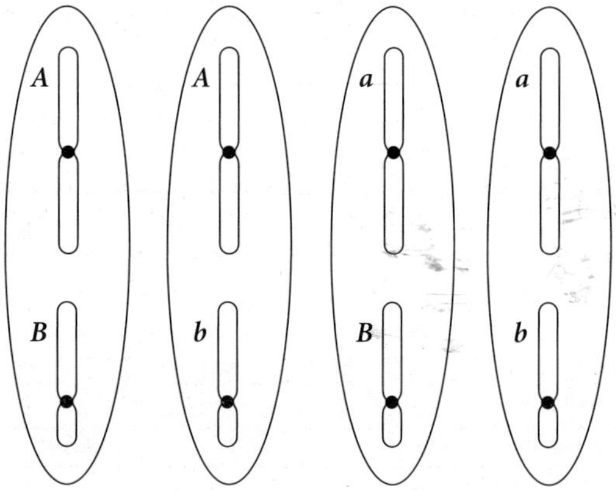

Gamètes de l'individu *aa bb* :

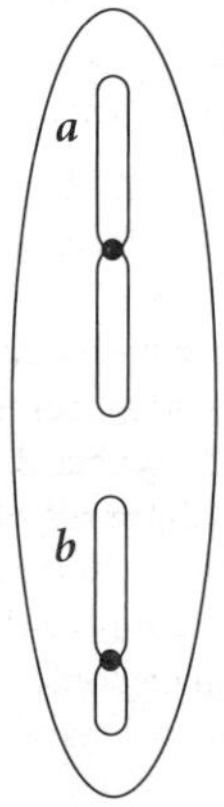

(b) Descendance G_1 :

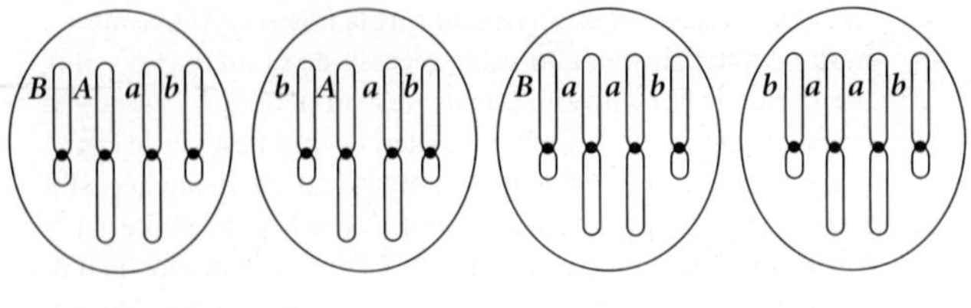

Descendance G_2 :

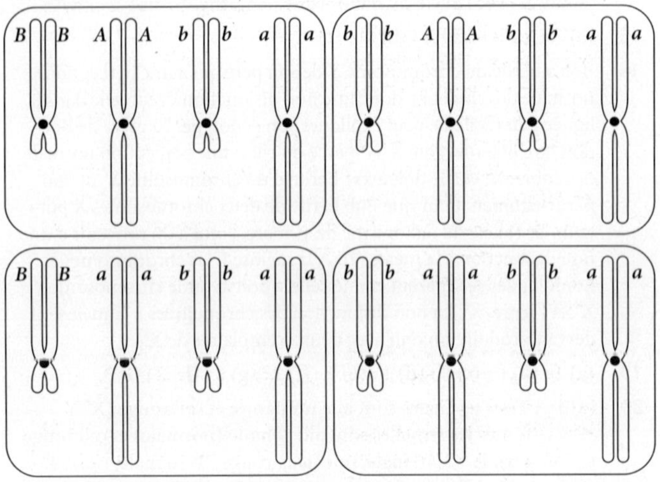

Descendance à la métaphase mitotique :

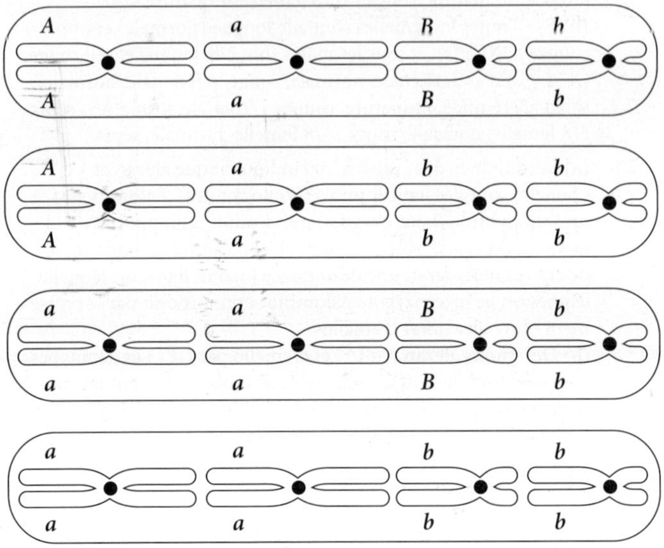

L'ordre des chromosomes dans le plan équatorial peut varier.

28. **(a)** Le croisement burnsi × burnsi a produit des descendants burnsi et pipiens, ce qui suggère que les parents étaient hétérozygotes avec chacun un allèle *burnsi* et un allèle *pipiens*. Le croisement suggère également que l'allèle *burnsi* soit dominant sur l'allèle *pipiens*. La descendance des croisements burnsi × pipiens suggère que les deux croisements étaient entre une grenouille homozygote récessive (pipiens) et une grenouille homozygote dominante (burnsi). Les résultats de ces croisements suggèrent la récessivité du phénotype pipiens par rapport au phénotype burnsi.
(b) Désignons l'allèle *burnsi* par P et l'allèle *pipiens* par p.

burnsi (Pp) × burnsi (Pp)
burnsi (Pp) × pipiens (pp)
burnsi (Pp) × pipiens (pp)

(c) Pour le croisement burnsi × burnsi ($Pp \times Pp$), nous nous attendons à un rapport phénotypique 3 : 1 dans la descendance. Un test de chi-carré évaluant la concordance des nombres de descendants observés avec un rapport 3 : 1 donne une valeur de chi-carré de 2,706 pour 1 degré de liberté. La probabilité associée à cette valeur de χ^2 est comprise entre 0,1 et 0,05, indiquant que la différence entre ce que nous attendions et ce que nous observons peut être due au hasard.

Pour le premier croisement burnsi × pipiens ($Pp \times pp$), nous nous attendons à un rapport phénotypique 1 : 1. Un test de chi-carré évaluant la concordance des valeurs attendues et observées donne $\chi^2 = 1{,}78$; dl = 1 ; $P > 0{,}05$. Pour le second croisement burnsi × pipiens ($Pp \times pp$), nous nous attendons à un rapport phénotypique 1 : 1. Un test de chi-carré évaluant la concordance des valeurs attendues et observées donne $\chi^2 = 0{,}46$; dl = 1 ; $P > 0{,}05$. Les trois croisements sont donc en accord avec la prédiction que burnsi est dominant par rapport à pipiens.

29. **(a)** Pour le croisement entre une plante F_1 hétérozygote (*Cc Ff*) et une plante homozygote récessive (*cc ff*), nous nous attendons à un rapport 1 : 1 : 1 : 1 entre classes phénotypiques. Un test de chi-carré évaluant la concordance entre les résultats observés et le rapport 1 : 1 : 1 : 1 attendu donne une valeur de chi-carré de 35, pour dl = 3, et $P < 0{,}005$.
(b) Cette valeur de chi-carré et la probabilité associée montrent qu'il est peu probable que le hasard soit responsable de la différence entre rapport attendu et observé, indiquant que les classes phénotypiques de la descendance ne sont pas dans un rapport 1 : 1 : 1 : 1.
(c) Le nombre de plantes de génotype *cc ff* est beaucoup plus petit qu'attendu. Le génotype *cc ff* pourrait être sous-létal. Autrement dit, les pavots de Californie avec le génotype homozygote récessif pourraient être moins viables que ceux porteurs des autres génotypes.

31. **(a)** Autosomique dominant. Le trait doit être autosomique parce que les mâles atteints transmettent le trait à leurs fils et à leurs filles. Le trait est dominant parce qu'il n'y a pas de saut de génération, tous les individus atteints ont un parent atteint, et qu'il est extrêmement improbable que les nombreux individus non apparentés entrant dans le pedigree soient tous porteurs d'un trait rare.
(b) Autosomique récessif. Des parents non atteints produisent des descendants atteints, donc le trait est récessif. La fille atteinte doit avoir hérité d'un allèle récessif de chacun des parents non atteints, donc le trait doit être autosomique. S'il était lié à l'X, son père devrait être atteint.

33. Le premier généticien a identifié un allèle de l'obésité qu'il croit être récessif. Désignons son allèle de l'obésité par o_1 et l'allèle normal par O_1. Sur la base des croisements réalisés par ce généticien, l'allèle o_1 semble être récessif.
Croisement 1 entre les génotypes possibles suivants :

Obèse (o_1o_1) × Normale (O_1O_1)
↓
F_1 Toutes normales (O_1o_1)

Croisement 2 entre les génotypes possibles suivants :

F_1 Normale (O_1o_1) × Normale (O_1o_1)
↓
F_2 8 normales (O_1O_1 et O_1o_1)
2 obèses (o_1o_1)

Croisement 3 entre les génotypes possibles suivants :

Obèse (o_1o_1) × Obèse (o_1o_1)
↓
F_1 Toutes obèses (o_1o_1)

Désignons l'allèle d'obésité du second généticien o_2 et l'allèle normal O_2. Le croisement entre souris obèses des deux laboratoires a produit uniquement des souris normales. Les allèles d'obésité des deux laboratoires sont récessifs. Ils se trouvent aussi à des loci différents. En résumé, les souris obèses des deux laboratoires ont des gènes d'obésité distincts et indépendants l'un de l'autre.

Les génotypes probables des souris obèses sont les suivants :

Souris obèse 1 ($o_1o_1\ O_2O_2$) × Souris obèse 2 ($O_1O_1\ o_2o_2$)

↓

F_1 Toutes normales ($O_1o_1\ O_2o_2$)

Chapitre 4

4. Les mâles présentent au phénotype tous les traits liés à l'X, que l'allèle lié à l'X soit récessif ou dominant. Les mâles héritent des traits liés à l'X de leur mère, les transmettent à toutes leurs filles, et, par l'intermédiaire de leurs filles, aux descendants de leurs filles ; ils ne les transmettent pas à leurs fils ni aux descendants de leurs fils.

6. Dans la dominance incomplète, le phénotype de l'hétérozygote est intermédiaire entre les phénotypes des deux homozygotes. Dans la codominance, les deux allèles sont exprimés simultanément au phénotype.

7. Dans la pénétrance incomplète, le phénotype attendu d'un génotype particulier n'est pas exprimé. Des facteurs d'environnement ainsi que les effets d'autres gènes peuvent influencer l'expression phénotypique d'un génotype particulier.

9. Un test de complémentation sert à déterminer si deux mutations récessives sont au même locus ou à des loci différents (on dit aussi test d'allélisme). Les deux mutations sont introduites dans le même organisme individuel par croisement entre deux mutants homozygotes pour les mutations récessives. Si la descendance a un phénotype mutant, les deux mutations sont allèles (sont au même locus). Si la descendance présente un phénotype sauvage (dominant), les mutations sont à des loci différents et se complémentent mutuellement parce que chaque parent mutant peut fournir une copie fonctionnelle (un allèle dominant) du gène muté chez l'autre parent.

10. Les traits transmis par hérédité cytoplasmique sont codés par des gènes présents dans des organites cytoplasmiques. Étant donné que le cytoplasme est normalement hérité d'un seul parent (en général du parent femelle), des croisements réciproques donnent des résultats différents. Les traits transmis par hérédité cytoplasmique présentent souvent une grande variabilité parce que différentes cellules œufs (gamètes femelles) peuvent contenir des quantités différentes d'allèles cytoplasmiques suite à la répartition aléatoire des organites (mitochondries ou chloroplastes) à la division cellulaire.

11. **(a)** Femelle ; **(b)** mâle ; **(c)** mâle, stérile ; **(d)** femelle ; **(e)** femelle ; **(f)** métafemelle ; **(g)** intersexué ; **(h)** métamâle, stérile ; **(i)** métamâle.

12. **(a)** Oui ; **(b)** oui ; **(c)** non ; **(d)** non.

13. **(a)** F_1 : ½ X^+Y (mâles gris), ½ X^+X^y (femelles grises) ; F_2 : ¼ X^+Y (mâles gris), ¼ X^yY (mâles jaunes), ¼ X^+X^y (femelles grises), ¼ X^+X^+ (femelles grises).
(b) F_1 : ½ X^yY (mâles jaunes), ½ X^+X^y (femelles grises) ; F_2 : ¼ X^+Y (mâles gris), ¼ X^yY (mâles jaunes), ¼ X^+X^y (femelles grises), ¼ X^yX^y (femelles jaunes).

14. Étant donné que le daltonisme est un trait récessif, la fille daltonienne doit être homozygote. Étant donné que le daltonisme est lié à l'X, John a raison d'avoir des soupçons. Normalement, leur fille aurait dû hériter du chromosome X de John. Puisque John n'est pas daltonien, il ne peut pas avoir transmis un chromosome X avec l'allèle du daltonisme à sa fille.
Une vague possibilité serait que la fille soit XO, ayant hérité d'un allèle de daltonisme récessif de sa mère et n'ayant pas hérité de chromosome sexuel de son père. Mais alors, elle devrait avoir le syndrome de Turner, ce qui n'est pas le cas. L'apparition d'une nouvelle mutation de daltonisme liée à l'X serait une autre explication possible, mais la probabilité est infime. La fille n'est pas de John. Si Cathy avait accouché d'un fils daltonien, John n'aurait eu aucune raison d'avoir des soupçons puisque l'enfant aurait hérité du Y de John et du chromosome X avec l'allèle du daltonisme de Cathy.

15. **(a)** Récessif lié à l'X ; **(b)** ¼ ; **(c)** ½.

16. Bob a hérité du chromosome Y de son père qui a une perception normale des couleurs, donc une non disjonction éventuelle dans la lignée paternelle ne peut expliquer son génotype. La mère de Bob doit être hétérozygote X^+X^c parce qu'elle a une perception normale des couleurs, et elle doit avoir hérité d'un chromosome X^c de son père daltonien. Pour que Bob hérite de deux chromosomes X porteurs de l'allèle du daltonisme de sa mère, l'œuf a dû provenir d'une non disjonction à la méiose II. À la méiose I, les chromosomes X homologues se séparent et une cellule doit avoir le chromosome X^+ et l'autre, X^c. La non disjonction des chromatides à la méiose II devrait produire un œuf avec deux exemplaires de X^c.

19. **(a)** 1 ; **(b)** 0 ; **(c)** 0 ; **(d)** 1 ; **(e)** 1 ; **(f)** 2 ; **(g)** 0 ; **(h)** 2 ; **(i)** 3.

20. **(a)** F_1 : Tous les mâles sont aile miniature et œil rouge ($X^mY\ s^+s$), et toutes les femelles sont aile longue (normale) et œil rouge ($X^+X^m\ s^+s$). F_2 : 3/16 mâle, normale, rouge ; 1/16 mâle, normale, sépia ; 3/16 mâle, miniature, rouge ; 1/16 mâle, miniature, sépia ; 3/16 femelle, normale, rouge ; 1/16 femelle, normale, sépia ; 3/16 femelle, miniature, rouge ; 1/16 femelle, miniature sépia.
(b) F_1 : Toutes les femelles sont aile longue (normale) et œil rouge ($X^+X^m\ s^+s$), et tous les mâles sont aile longue et œil rouge ($X^+Y\ s^+s$). F_2 : 3/16 mâle, normale, rouge ; 1/16 mâle, normale, sépia ; 3/16 mâle, miniature, rouge : 1/16 mâle, miniature, sépia ; 3/8 femelle, normale, rouge ; 1/8 femelle, normale, sépia.

21. **(a)** Les résultats des croisements indiquent que alezan et cremello sont des lignées pures (homozygotes). Palomino est un trait hybride (hétérozygote) qui produit un rapport 2 : 1 : 1 quand il est croisé avec lui-même. L'explication la plus simple de ces résultats serait une dominance incomplète dans laquelle le phénotype hétérozygote palomino serait produit par le croisement entre alezans et cremellos.
(b) Désignons alezan par C^B, et cremello par C^W. Les génotypes des parents et de la descendance de ce croisement sont les suivants : alezan = C^BC^B ; cremello = C^WC^W ; palomino = C^BC^W.

22. **(a)** ½ L^ML^M (type M), ½ L^ML^N (type MN) ; **(b)** tous L^NL^N (type N) ; **(c)** ½ L^ML^N (type MN), ¼ L^ML^M (type M), ¼ L^NL^N (type N) ; **(d)** ½ L^ML^N (type MN), ½ L^NL^N (type N) ; **(e)** tous L^ML^N (type MN).

23. **(a)** Le rapport 2 : 1 dans la descendance des deux hamsters tachetés suggère l'existence d'un effet létal, et le rapport 1 : 1 dans la descendance d'un hamster tacheté croisé avec un hamster sans taches indique que le phénotype tacheté est hétérozygote. Si *S* et *s* représentent les allèles au locus taches blanches, les hamsters tachetés sont *Ss* et les hamsters unis sont *ss*. Un quart des zygotes attendus d'un croisement de deux hamsters tachetés seraient SS, un génotype létal au stade embryonnaire, et ne seraient donc pas représentés dans la descendance, ce qui explique le rapport 2 tachetés pour 1 uni dans la descendance.
(b) Étant donné que tacheté est un phénotype hétérozygote, il n'est pas possible d'obtenir une lignée pure de hamsters tachetés.

26. **(a)** Tous en cerneau de noix (*Rr Pp*) ; **(b)** ¼ en cerneau de noix (*Rr Pp*), ¼ en rose (*Rr pp*), ¼ en pois (*rr Pp*), ¼ simple (*rr pp*) ; **(c)** 9/16 en cerneau de noix (*Rr Pp*), 3/16 en rose (*Rr pp*), 3/16 en pois (*rr P_*),

1/16 simple (*rr pp*) ; **(d)** ¾ en rose (*R_ pp*), ¼ simple (*rr pp*) ; **(e)** ¼ en cerneau de noix (*Rr Pp*), ¼ en rose (*Rr pp*), ¼ en pois (*rr Pp*), ¼ simple (*rr pp*) ; **(f)** ½ en rose (*Rr pp*), ½ simple (*rr pp*).

29. Désignons les deux gènes par *A* et *B*. Les hétérozygotes F_1 sont *Aa Bb*. Les F_2 sont : *A_ B_* en forme de disque, *A_ bb* sphériques, *aaB_* sphériques, *aa bb* allongés.

Chapitre 5

1. Le terme recombinaison signifie que la méiose génère des gamètes avec des combinaisons d'allèles différentes de celles héritées par l'organisme. La recombinaison peut être le résultat de l'assortiment indépendant des gènes localisés sur des chromosomes différents ou du crossing-over entre deux loci sur le même chromosome. Les deux phénomènes se produisent à la méiose et ne sont pas mutuellement exclusifs.

4. Deux gènes se trouvent en configuration de couplage quand les deux allèles sauvages se trouvent sur le même chromosome, et les deux allèles mutants sur le chromosome homologue. Ils sont en configuration de répulsion quand l'allèle sauvage d'un des gènes est sur le même chromosome que l'allèle mutant de l'autre gène, et vice versa sur le chromosome homologue. Ces deux dispositions de gènes ont des effets opposés sur les résultats d'un croisement. Quand des gènes sont en couplage, la majorité des descendants sera soit sauvage pour les deux gènes, soit mutante pour les deux gènes, et relativement peu seront sauvages pour un gène et mutants pour l'autre. Quand les gènes sont en répulsion, la majorité des descendants sera sauvage pour un gène et mutante pour l'autre, avec relativement peu de recombinants sauvages pour les deux gènes ou mutants pour les deux gènes.

7. Une interférence positive indique qu'un crossing-over inhibe ou défavorise la formation d'un second crossing-over dans la même région du chromosome. Une interférence négative suggère q'un crossing-over stimule la production d'autres crossing-over dans la même région du chromosome.

8. **(a)** ½ coquille rayée, jaune ; ½ coquille non rayée, brune. **(b)** ¼ rayée, jaune ; ¼ rayée brune ; ¼ non rayée, jaune ; ¼ non rayée, brune. **(c)** 40 % rayée jaune ; 40 % non rayée, brune ; 10 % rayée, brune ; 10 % non rayée, jaune.

9. Les gènes sont liés et ne se sont pas assortis indépendamment.

11. **(a)** Les deux plantes sont *Dd Pp*. **(b)** Oui. La distance entre les gènes = 3,8 U.C. **(c)** La disposition des gènes est différente dans les deux plantes. Dans la plante A, les allèles dominants sont en couplage ; un chromosome est *D P* et l'autre est *d p*. Dans la plante B, ils sont en répulsion ; les chromosomes sont *D p* et *d P*.

14.

Génotype	Couleur du corps	Yeux	Soies	Proportion
(a) $e^+\ ro^+\ f^+$	normale	normaux	normales	20 %
$e^+\ ro^+\ f$	normale	normaux	fourchues	20 %
$e\ ro\ f^+$	ébène	rugueux	normales	20 %
$e\ ro\ f$	ébène	rugueux	fourchues	20 %
$e^+\ ro\ f^+$	normale	rugueux	normales	5 %
$e^+\ ro\ f$	normale	rugueux	fourchues	5 %
$e\ ro^+\ f^+$	ébène	normaux	normales	5 %
$e\ ro^+\ f$	ébène	normaux	fourchues	5 %
(b) $e^+\ ro^+\ f^+$	normale	normaux	normales	5 %
$e^+\ ro^+\ f$	normale	normaux	fourchues	5 %
$e\ ro\ f^+$	ébène	rugueux	normales	5 %
$e\ ro\ f$	ébène	rugueux	fourchues	5 %
$e^+\ ro\ f^+$	normale	rugueux	normales	20 %
$e^+\ ro\ f$	normale	rugueux	fourchues	20 %
$e\ ro^+\ f^+$	ébène	normaux	normales	20 %
$e\ ro^+\ f$	ébène	normaux	fourchues	20 %

15.

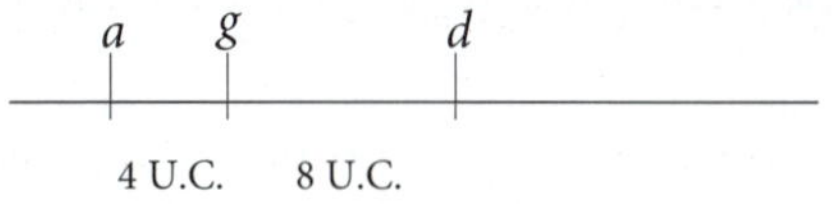

Le gène *f* n'est lié à aucun de ces deux groupes. Il est dans un troisième groupe de liaison.

18. **(a)** *V* est le gène du milieu. **(b)** La distance *Wx* – *V* = 7 U.C. et la distance *Sh* – *V* = 30 U.C. La distance *Wx* – *Sh* = la somme de ces deux distances, soit 37 U.C. **(c)** Coefficient de coïncidence = 0,80 ; interférence = 0,20.

20.

Génotype	Couleur du corps	Yeux	Ailes	Proportion
$b^+\ pr^+\ vg^+$	normale	normaux	normales	40,7 %
$b\ pr\ vg$	noire	pourpres	vestigiales	40,7 %
$b^+\ pr^+\ vg$	normale	normaux	vestigiales	6,3 %
$b\ pr\ vg^+$	noire	pourpres	normales	6,3 %
$b^+\ pr\ vg$	normale	pourpres	vestigiales	2,8 %
$b\ pr^+\ vg^+$	noire	normaux	normales	2,8 %
$b^+\ pr\ vg^+$	normale	pourpres	normales	0,2 %
$b\ pr^+\ vg$	noire	normaux	vestigiales	0,2 %

Chapitre 6

2.

Types de croisement	Résultat
$F^+ \times F^-$	Deux cellules F^+
$Hfr \times F^-$	Une cellule Hfr et une cellule F^-
$F' \times F^-$	Deux cellules F′

Le facteur F contient une série de gènes impliqués dans le processus de conjugaison, dont les gènes nécessaires à la synthèse des pili sexuels. Le facteur F a deux origines de réplication, dont une qui assure sa réplication pendant la conjugaison, et des gènes codant l'ouverture du plasmide et l'initiation du transfert.

3. Pour cartographier des gènes par conjugaison, on mélange des cultures d'une souche Hfr et d'une souche F^-. Les deux souches doivent avoir des génotypes différents pour les gènes à cartographier, et elles doivent rester en contact physique pour que le transfert de gènes puisse avoir lieu. Le processus de conjugaison est interrompu à intervalles réguliers, et le transfert de gènes est analysé par étalement d'échantillons sur des milieux sélectifs. Le transfert du chromosome d'une souche Hfr commence toujours par un fragment du facteur F intégré et se poursuit de façon linéaire. Le transfert du chromosome entier d'*E. coli* dure environ 100 minutes. Le temps nécessaire au transfert d'un gène particulier dépend de sa position par rapport à l'origine du transfert et de la direction du transfert spécifiée par l'orientation du facteur F intégré. Les distances entre gènes sont typiquement exprimées en minutes. Les gènes transférés par conjugaison doivent être incorporés dans le chromosome de la souche réceptrice par recombinaison pour être exprimés.

Dans la transformation, la fréquence relative avec laquelle des gènes sont cotransformés est une indication de la distance qui les sépare. Des paires de gènes proches sur un ADN sont cotransformées plus fréquemment. Comme dans la conjugaison, l'ADN capturé doit être incorporé dans le chromosome de la cellule réceptrice par recombinaison pour être exprimé de façon stable (en fait, il doit être physiquement attaché à une origine de réplication fonctionnelle dans la cellule réceptrice pour être exprimé, donc il peut se trouver sur un plasmide capable de réplication dans la réceptrice). Un contact physique entre donneur d'ADN et cellule réceptrice n'est pas nécessaire puisque la réceptrice prélève directement l'ADN dans le milieu environnant où il se trouve en général sous forme de fragments.

Le transfert d'ADN par transduction nécessite un vecteur viral (un bactériophage). Lors d'une infection par un phage, de l'ADN de la cellule donneuse est empaqueté dans une capside de phage. La particule phagique contenant l'ADN bactérien infecte une bactérie réceptrice. L'ADN bactérien transporté par le phage transducteur peut être incorporé par recombinaison dans le chromosome de la bactérie réceptrice. Seuls des gènes proches sur le chromosome de la souche donneuse peuvent être cotransduits. Le taux de cotransduction donne donc une indication de la distance physique qui sépare les gènes sur le chromosome.

Les trois processus mettent en jeu l'introduction d'un fragment d'ADN donneur dans la cellule réceptrice et son incorporation dans le chromosome par recombinaison. Les trois processus permettent, à des degrés divers, de calculer des distances cartographiques basées sur des fréquences d'apparition de recombinants. Les trois processus diffèrent par la manière dont l'ADN donneur est introduit dans les cellules réceptrices.

4. La reproduction des bactéries est rapide et asexuée, et elle produit une descendance abondante. Elles sont faciles à cultiver en laboratoire. Leurs génomes sont petits. Des techniques existent pour isoler et manipuler leurs gènes. Les phénotypes mutants, en particulier les phénotypes d'auxotrophie, sont faciles à identifier, d'autant plus que la nature haploïde du génome permet l'expression directe des mutations au phénotype.

10. En administrant de faibles doses d'antibiotiques sur une période de 5 ans, le fermier Smith a sélectionné des bactéries résistantes. Les doses utilisées ont tué les bactéries sensibles, mais pas celles qui étaient résistantes, qui, au fil du temps, sont devenues les seules populations restant chez ses porcs.

Dans le futur, Smith devrait continuer à administrer des vitamines, mais n'administrer d'antibiotiques qu'aux porcs malades qui en ont besoin. De cette manière, il cessera de sélectionner des bactéries résistantes aux antibiotiques, et les chances de succès du traitement de ses porcs malades devraient augmenter.

17. Nombre de plages produites par les différents types de phages : $c^+m^+ = 460$; $c^-m^- = 460$; $c^+m^- = 40$ (types recombinants) ; $c^-m^+ = 40$ (types recombinants).

18. **(a)**

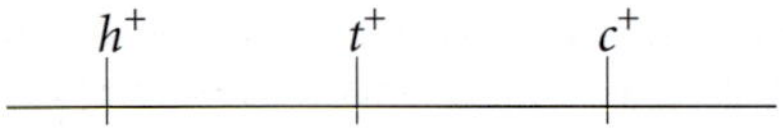

(b)

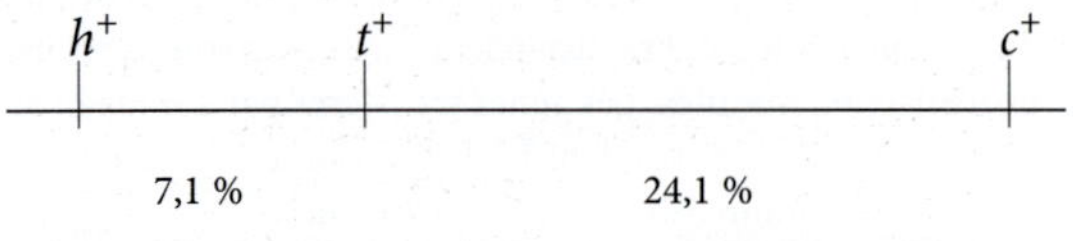

(c) Coefficient de coïncidence = (6 + 5) / (0,071 × 0,241 × 942) = 0,68. Interférence = 1 – 0,68 = 0,32.

Chapitre 7

1. Mutations chromosomiques :

Délétion : Perte d'une partie d'un chromosome.

Duplication : Addition d'une copie supplémentaire d'une partie d'un chromosome.

Inversion : Une partie d'un chromosome est orientée en sens inverse.

Translocation : Une partie d'un chromosome est attachée à un autre chromosome (non homologue).

Aneuploïdie : Perte ou gain d'un chromosome (ou de plus d'un chromosome), résultant un écart par rapport à la garniture chromosomique normale. Par exemple, un écart par rapport à $2n$ ou à toute autre garniture euploïde.

Polyploïdie : Gain de jeux complets de chromosomes, provoquant un changement de $2n$ vers $3n$ (triploïde), $4n$ (tétraploïde), et ainsi de suite.

2. L'expression de certains gènes est en équilibre avec celle d'autres gènes ; les rapports des doses de leurs produits, généralement des protéines, doivent être maintenus dans un intervalle assez restreint pour que la cellule fonctionne normalement. La présence de copies supplémentaires d'un de ces gènes fait qu'il est exprimé à un niveau proportionnellement plus élevé, perturbant l'équilibre entre les doses de produits.

4. Une inversion paracentrique n'implique pas le centromère ; une inversion péricentrique comprend le centromère.

7. Les translocations peuvent avoir des effets phénotypiques si le point de rupture de la translocation interrompt un gène ou si un gène près du point de rupture voit son expression affectée par son repositionnement dans un environnement chromosomique différent (effet de position).

9. Le syndrome de Down primaire est provoqué par une non disjonction spontanée et aléatoire du chromosome 21, qui crée une trisomie 21. Le syndrome de Down familial est provoqué le plus souvent par une translocation robertsonienne du chromosome 21 vers un autre chromosome, généralement le chromosome 14.

10. Dans l'autopolyploïdie, tous les jeux de chromosomes proviennent de la même espèce. Dans l'allopolyploïdie, les jeux de chromosomes proviennent de deux espèces différentes ou plus. L'autopolyploïdie peut apparaître suite à une non disjonction survenant à un stade précoce dans un embryon $2n$ ou suite à une non disjonction méiotique qui produit un gamète avec des jeux supplémentaires de chromosomes. L'allopolyploïdie est généralement précédée d'une hybridation entre deux espèces différentes, suivie de doublement des chromosomes.

12. **(a)** Duplications ; **(b)** polyploïdie ; **(c)** délétions ; **(d)** inversions ; **(e)** translocations.

13. **(a)** Duplication en tandem de AB ; **(b)** duplication déplacée de AB ; **(c)** inversion paracentrique de DEF ; **(d)** délétion de B ; **(e)** délétion de FG ; **(f)** inversion paracentrique de CDE ; **(g)** inversion péricentrique de ABC ; **(h)** duplication et inversion de DEF ; **(i)** duplication de CDEF, inversion de EF.

16. **(a)**

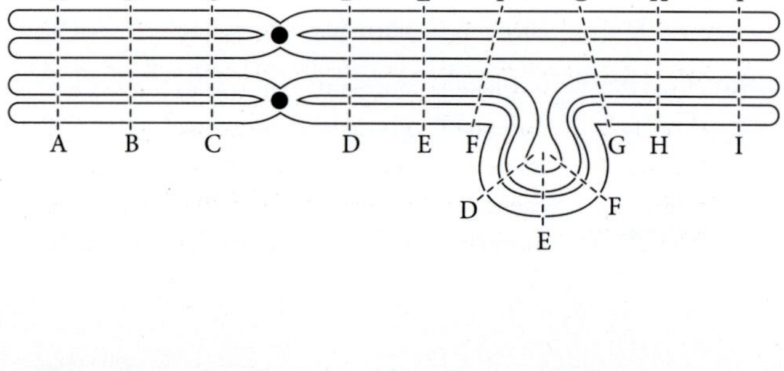

(b)

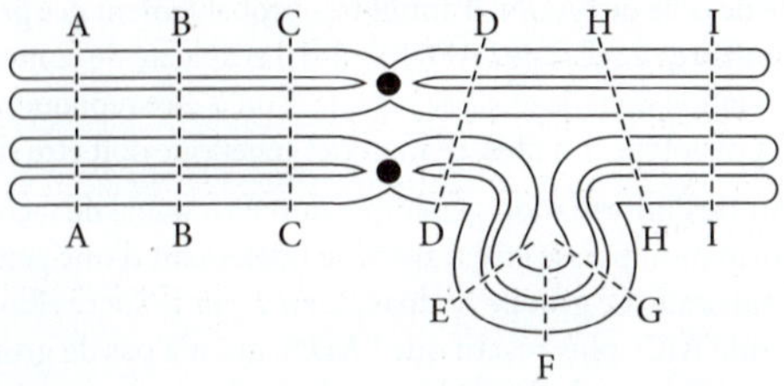

(c)

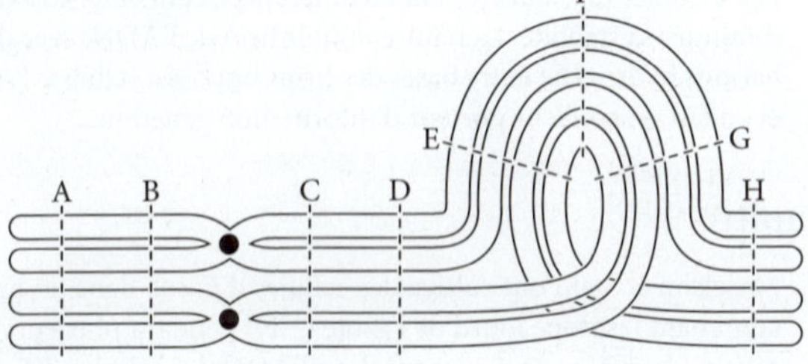

(d)

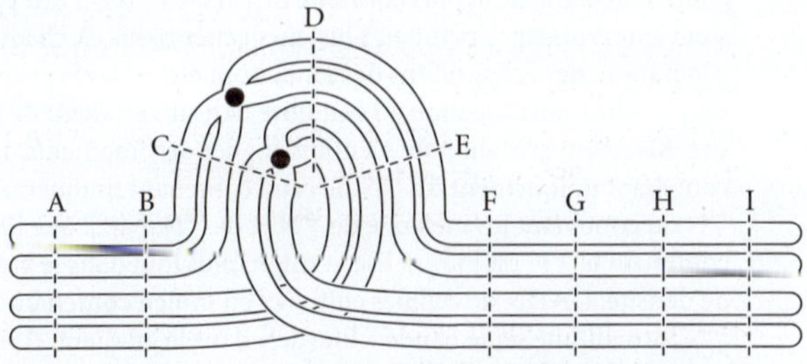

19. L'incidence élevée du syndrome de Down dans la famille de Bill et chez ses parents proches est révélatrice d'un syndrome de Down familial provoqué par une translocation robertsonienne du chromosome 21. Bill et sa sœur, qui ne sont pas affectés, sont des porteurs phénotypiquement normaux de la translocation, et ils ont 45 chromosomes. Leurs enfants et le frère de Bill, qui ont le syndrome de Down, ont 46 chromosomes. Sur la base de l'information qui est donnée, il n'y a aucune raison de suspecter que la femme de Bill, Betty, ait une quelconque aberration chromosomique. Par conséquent, l'énoncé (d) est très probablement exact.

20. Chez les mammifères, la fréquence élevée d'aneuploïdie des chromosomes sexuels comparée à celle des autosomes est due à l'inactivation des chromosomes X surnuméraires et à l'absence de gènes essentiels sur le chromosome Y. Si les poissons n'ont pas d'inactivation du chromosome X et si leurs deux chromosomes sexuels portent de nombreux gènes essentiels, il est normal que la fréquence d'aneuploïdie soit similaire pour les chromosomes sexuels et pour les autosomes.

21. **(a)** 15 ; **(b)** 24 ; **(c)** 32 ; **(d)** 17 ; **(e)** 14 ; **(f)** 14 ; **(g)** 40 ; **(h)** 18.

Chapitre 8

1. Le matériel génétique doit (i) pouvoir contenir une information complexe, (ii) pouvoir être répliqué fidèlement, et (iii) coder le phénotype.

3. Hershey et Chase ont utilisé des phages marquées au ^{32}P pour infecter des bactéries. La descendance des phages provenant de ces bactéries émettait la radioactivité caractéristique du ^{32}P. La présence de ^{32}P dans la descendance indiquait que les phages infectants avaient transmis leur ADN aux phages de la descendance.

4.

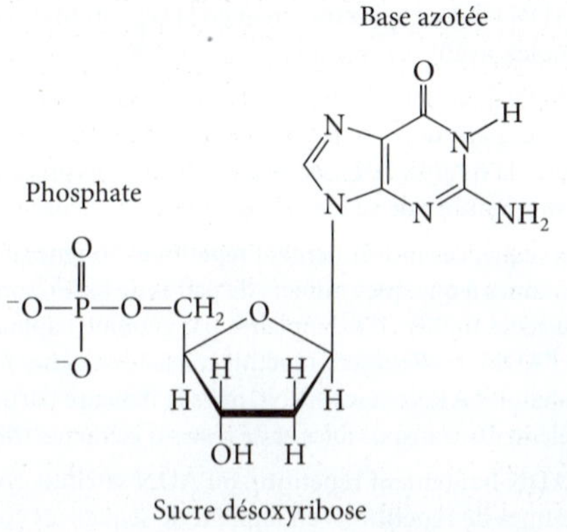

Désoxyguanine 5′-phosphate (dGMP)

6.

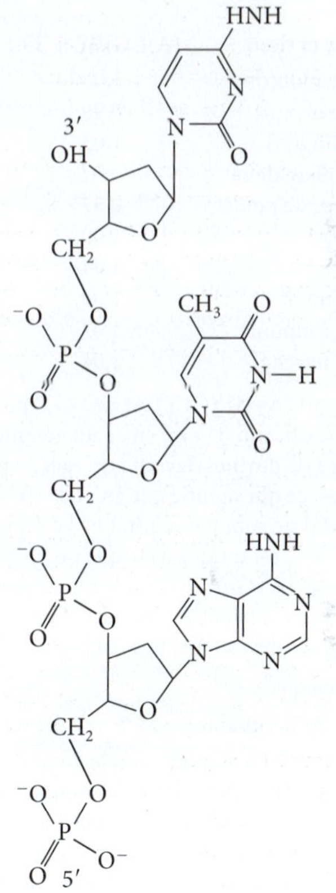

8. La réplication, la transcription, et la traduction – les éléments du dogme central de la biologie moléculaire.

9. Le surenroulement résulte de l'addition de tours (surenroulement positif) ou de l'élimination de tours (surenroulement négatif) de la double hélice d'ADN. Il se produit suite à l'absence d'extrémités libres, comme dans les molécules d'ADN circulaires, ou quand les extrémités de molécules d'ADN sont liées à des protéines qui empêchent leur rotation l'une autour de l'autre.

11. Le nucléosome consiste en un cœur protéique contenant deux molécules de chacune des histones H2A, H2B, H3, et H4, autour duquel s'enroulent de 145 à 147 pb d'ADN. Un chromatosome est un nucléosome auquel est associée une molécule de l'histone H1.

13. Les télomères sont les extrémités stables des chromosomes linéaires des eucaryotes. Ils les protègent de la dégradation par des exonucléases et ils empêchent les chromosomes de s'associer bout à bout de façon aberrante. Les télomères sont impliqués dans la réplication des extrémités des chromosomes. Les séquences d'ADN télomérique consistent en la répétition de courts motifs simples, ayant comme forme générale $5' - C_n(A \text{ ou } T)_m$.

15. L'ADN à séquence unique, présent en un seul exemplaire (ou en un très petit nombre d'exemplaires) par génome haploïde, comprend la majorité des séquences codant des protéines ainsi qu'un grand nombre de séquences de fonction encore inconnue.

Les séquences moyennement répétitives, longues de quelques centaines à quelques milliers de paires de bases, sont présentes en plusieurs milliers d'exemplaires par génome haploïde. Une partie de l'ADN modérément répétitif consiste en gènes fonctionnels qui codent les ARNr et les ARNt, mais la majeure partie est constituée d'éléments transposables et de restes d'éléments transposables.

L'ADN hautement répétititif, ou ADN satellite, consiste en groupes de répétitions en tandem de séquences courtes (parfois moins de 10 paires de bases) présentes en centaines de milliers ou en millions d'exemplaires par génome haploïde.

19. **(a)**

Organisme et tissu	**(A + G)/(C + T)**	**(A + T)/(C + G)**
Thymus de mouton	1,03	1,36
Foie de porc	0,99	1,44
Thymus humain	1,03	1,52
Moelle épinière de rat	1,02	1,36
Érythrocytes de poulet	0,97	1,38
Levure	1,00	1,80
E. coli	1,04	1,00
Sperme humain	1,00	1,67
Sperme de saumon	1,02	1,43
Sperme de hareng	1,04	1,29

(b) Le rapport (A+G)/(C+T) est de ~ 1,0 pour tous ces organismes. Chacun d'entre eux a un génome double brin. Le pourcentage de purines devrait être égal au pourcentage de pyrimidines, ce qui signifie que (A+G) = (C+T). Les rapports (A+T)/(C+G) ne sont pas constants. Le rapport des paires A–T aux paires G–C est unique à chaque organisme.
(c) Le rapport (A+G)/(C+T) est le même pour les échantillons de sperme, comme il fallait s'y attendre. Comme en (b), le pourcentage de purines devrait être égal au pourcentage de pyrimidines.

21. Les relations *c*, *e*, *g*, et *h*.

22. Adénine = 15 % ; guanine = 35 % ; cytosine = 35 %.

25. Non. Le flux d'information selon le dogme central va de l'ADN vers l'ARN et de l'ARN vers les protéines. Une exception est la transcription inverse, dans laquelle l'ARN code l'ADN. À ce jour, les biologistes n'ont connaissance d'aucun processus dans lequel l'information irait des protéines vers l'ADN, ce qui est nécessaire dans la théorie de l'hérédité des caractères acquis.

26. Les chromosomes des procaryotes sont typiquement circulaires, tandis que les chromosomes des eucaryotes sont linéaires. Les chromosomes procaryotiques contiennent généralement l'entièreté du génome, alors que chaque chromosome eucaryotique ne contient qu'une partie du génome. Les chromosomes procaryotiques sont généralement beaucoup plus petits que les chromosomes eucaryotiques, et ils n'ont qu'une seule origine de réplication, alors que les chromosomes eucaryotiques en ont plusieurs. Les chromosomes procaryotiques sont typiquement condensés au sein de nucléoïdes, avec des boucles d'ADN compactées pour former un corps dense. Les chromosomes eucaryotiques contiennent de l'ADN enroulé au sein de nucléosomes, qui sont eux-mêmes enroulés et empaquetés dans des structures d'ordre supérieur successives. Le degré de condensation des chromosomes d'eucaryotes varie au cours du cycle cellulaire.

27. **(a)** $3{,}2 \times 10^7$; **(b)** $2{,}9 \times 10^8$.

28. Bien que la composition chimique du matériel génétique puisse être différente de celle de l'ADN, il aurait très probablement des propriétés similaires à celles de l'ADN, c.-à-d. la capacité de contenir une information complexe, de se répliquer ou d'être répliqué, et de coder un phénotype. En plus, ce matériel génétique doit être stable.

30. Le porteur de l'information génétique doit être stable de façon à ce que l'information puisse être transmise fidèlement d'une génération à la suivante. Le groupe hydroxyle en 2' sur le sucre ribose de l'ARN rend l'ARN plus réactif que l'ADN, qui n'a pas de groupe hydroxyle 2' libre sur le sucre désoxyribose. Sa nature simple brin, qui rend l'ARN capable de former plusieurs structures secondaires et d'assumer plusieurs fonctions différentes, contribue aussi à diminuer sa stabilité. La nature double brin de l'ADN, avec des liaisons hydrogène entre bases des brins opposés, stabilise l'ADN et en fait un meilleur porteur d'information génétique.

Chapitre 9

2. Meselson et Stahl ont cultivé des cellules d'*E. coli* dans un milieu contenant l'isotope lourd de l'azote (^{15}N) pendant plusieurs générations. Le ^{15}N a été incorporé dans l'ADN des cellules d'*E. coli*. Les cellules d'*E. coli* ont ensuite été transférées dans un milieu contenant la forme la plus courante de l'azote (^{14}N) et ont poursuivi leur croissance pendant plusieurs générations. À chaque génération, des échantillons de cellules ont été prélevés et analysés par ultracentrifugation à l'équilibre dans un gradient de densité. Meselson et Stahl pouvaient distinguer des fragments d'ADN contenant uniquement du ^{15}N de ceux contenant uniquement du ^{14}N ou contenant un mélange de ^{15}N et de ^{14}N, parce que l'ADN contenant le ^{15}N est plus dense et migre plus loin dans le gradient de densité. L'ADN de cellules cultivées en milieu contenant le ^{15}N formait une seule bande « lourde » dans le gradient. Après un cycle de réplication en milieu ^{14}N, il n'y avait toujours qu'une seule bande après centrifugation, mais elle occupait une position intermédiaire entre celle d'une bande d'ADN ne contenant que du ^{15}N et celle d'une bande ne contenant que du ^{14}N. Après deux cycles de réplication, il y avait deux bandes d'ADN. Une bande à une position intermédiaire entre celles des bandes ^{15}N et ^{14}N, et l'autre à une position correspondant à celle d'ADN ne contenant que du ^{14}N. Ces résultats étaient en accord avec l'existence d'un mécanisme de réplication semi-conservatif, et incompatibles avec un mécanisme de réplication conservatif ou dispersif.

3.

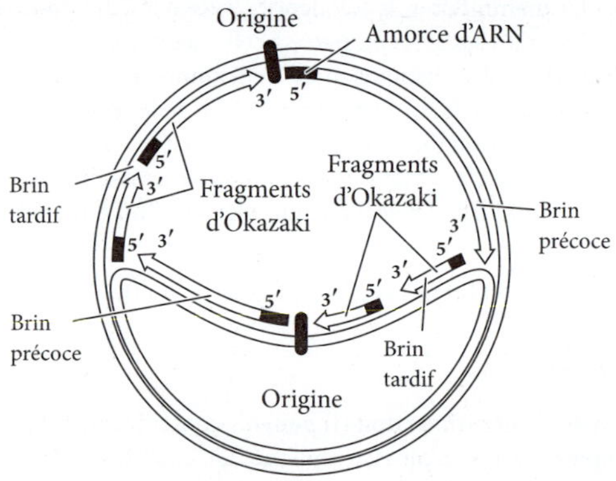

6. Désoxyadénosine triphosphate, désoxyguanosine triphosphate, désoxycytidine triphosphate, et désoxythymidine triphosphate.

9. La primase, une ARN polymérase spécialisée, synthétise de courtes amorces d'ARN qui fournissent un groupe 3'-OH auquel l'ADN polymérase peut attacher des désoxyribonucléotides lors de l'initiation de la réplication.

12. Similitudes entre la réplication de l'ADN chez les eucaryotes et la réplication chez les bactéries :

La réplication est semi-conservative.

Des origines de réplication servent de point de départ à la réplication.

De courts segments d'ARN appelés amorces fournissent un groupe 3′-OH aux ADN polymérases pour démarrer l'élongation des nouveaux brins.

La synthèse s'effectue dans le sens de 5′ vers 3′.

Le brin matrice est lu dans le sens de 3′ vers 5′.

Les substrats sont des désoxyribonucléotide triphosphates.

La réplication d'un brin matrice est continue (synthèse du brin précoce) et celle de l'autre brin matrice est discontinue (synthèse du brin tardif).

Différences entre la réplication chez les eucaryotes et chez les bactéries :

Il y a plusieurs origines de réplication par chromosome.

Il y a davantage d'ADN polymérases avec des fonctions spécialisées.

Des nucléosomes s'assemblent immédiatement après la réplication.

15. Les brins de l'acide nucléique double brin d'un type nouveau doivent être orientés dans le même sens, contrairement à ceux de l'ADN terrestre qui sont orientés en sens opposé (antiparallèles). La réplication par les ADN polymérases d'*E. coli* ne peut s'effectuer que dans le sens de 5′ vers 3′, ce qui signifie que la matrice doit être lue dans le sens de 3′ vers 5′. Pour que la réplication des deux brins s'effectue de manière continue, les deux brins de l'ADN extra-terrestre doivent avoir la même polarité.

18.

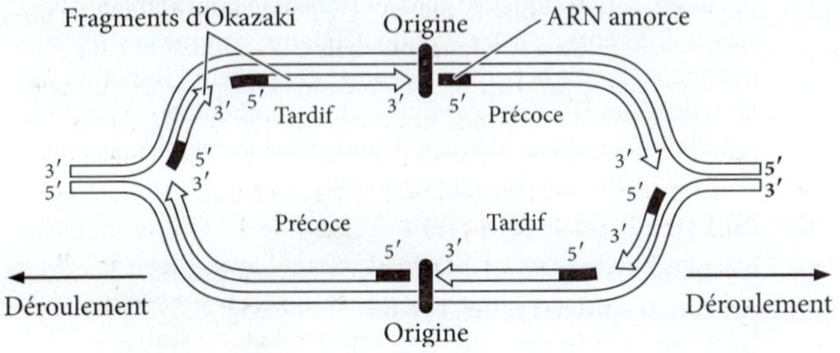

19. **(a)** Davantage d'erreurs de réplication ; **(b)** les amorces ne seraient pas éliminées ; **(c)** les amorces éliminées ne seraient pas remplacées.

Chapitre 10

1.

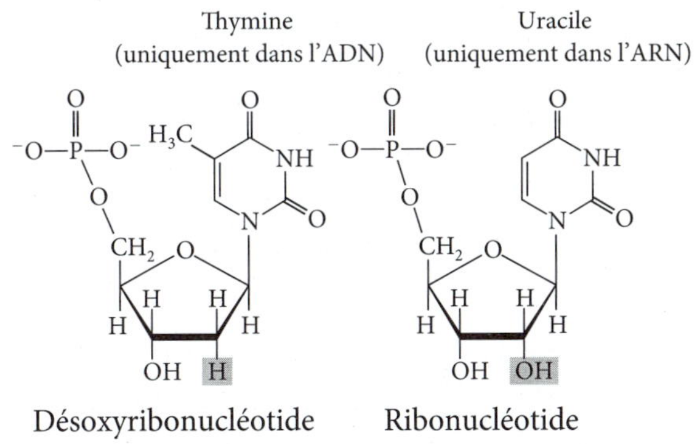

L'ARN et l'ADN sont des polymères de nucléotides reliés par des liaisons phosphodiester. Un nucléotide d'ARN contient un ribose, tandis qu'un nucléotide d'ADN contient un désoxyribose. L'ARN contient de l'uracile, mais pas de thymine. L'ADN contient de la thymine, mais pas d'uracile. L'ARN est typiquement simple brin, bien que des molécules d'ARN puissent s'apparier avec des séquences complémentaires. Les molécules d'ADN sont presque toujours double brin.

3.

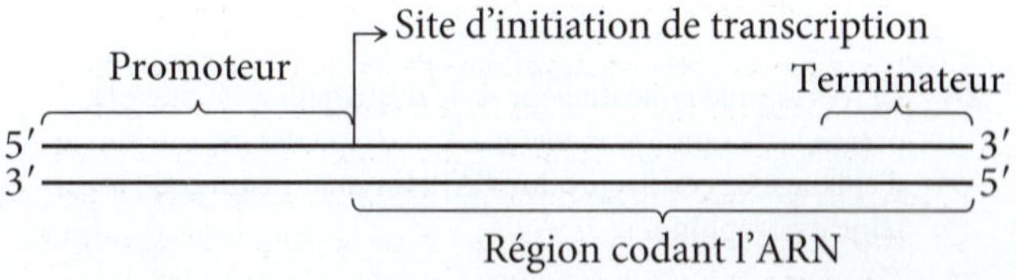

6. La transcription et la réplication sont similaires en ceci qu'elles utilisent toutes deux des matrices d'ADN, synthétisent des molécules dans le sens de 5′ vers 3′, synthétisent des molécules complémentaires et de polarité opposée à celle de leur matrice (antiparallèles), utilisent des nucléoside triphosphates comme substrats, et ont des réactions catalysées par des complexes de protéines et d'enzymes.

La transcription diffère de la réplication parce qu'un seul brin d'acide nucléique est synthétisé, parce que son initiation ne nécessite pas d'amorce, qu'elle est soumise à de nombreuses régulations, et que chaque gène (ou groupe de gènes) est transcrit séparément.

La réplication diffère de la transcription parce qu'elle comprend la synthèse bidirectionnelle de deux brins d'acide nucléique et qu'elle utilise des origines de réplication.

7. La région 5′ non traduite qui contient la séquence de Shine-Dalgarno, la région codant une (des) protéine(s), et la région 3′ non traduite.

9. L'extrémité 5′ d'un ARNm eucaryotique est modifiée par l'addition d'une coiffe 5′. La coiffe consiste en un nucléotide guanine (lié de 5′ à 5′ à la molécule d'ARNm) qui est méthylé en position 7 de la base, et en la présence de groupements méthyle sur le 2′-OH des sucres des bases adjacentes.

10. Le splicéosome contient 5 RNPsn. L'excision des introns du pré-ARNm nucléaire a lieu dans le splicéosome.

12. Les différentes opérations de maturation sont : l'addition de la coiffe 5′ à l'extrémité 5′ du pré-ARNm ; le clivage de la traîne 3′ en aval de la séquence canonique AAUAAA du dernier exon ; l'addition d'une queue poly(A) à l'extrémité 3′ immédiatement après le clivage de la traîne ; et l'élimination des introns (excision suivie d'épissage).

18. Similitudes : Les deux enzymes utilisent des matrices ADN ; la matrice ADN est lue dans le sens de 3′ vers 5′ ; le brin complémentaire est synthétisé dans la direction de 5′ vers 3′, donc avec une polarisation opposée à celle de la matrice ; toutes deux utilisent des nucléoside triphosphates comme substrats, et leur action est assistée par des protéines auxiliaires.

Différences : Les ARN polymérases utilisent des ribonucléoside triphosphates comme substrats, alors que les ADN polymérases utilisent des désoxyribonucléoside triphosphates ; Les ADN polymérases ont besoin d'une amorce avec un groupe 3′-OH pour initier la synthèse, tandis que les ARN polymérases n'ont pas besoin d'amorce ; les ARN polymérases ne copient qu'un brin de l'ADN, tandis que les ADN polymérases copient les deux brins.

20. **(a)** Cela toucherait la séquence canonique -10, avec pour conséquence probable une transcription réduite ; **(b)** cela affecterait la liaison du facteur sigma au promoteur et provoquerait une réduction ou une inhibition de la transcription ; **(c)** il est peu probable que cela affecte la transcription ; **(d)** n'aurait que peu d'effet sur la transcription.

22.

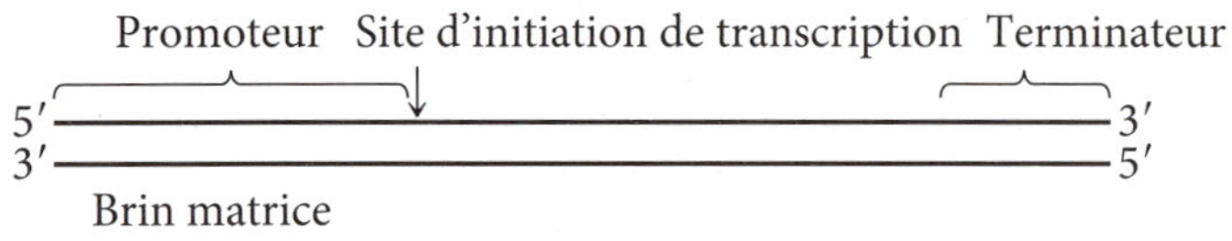

24. La très grande taille du gène de la dystrophine est due à la présence de nombreux introns. L'excision des introns suivie d'épissage des exons produit l'ARNm mature qui code la protéine dystrophine.

25.

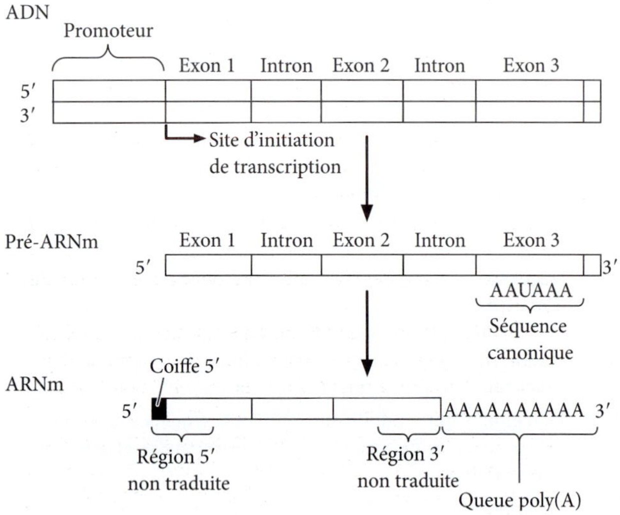

(a) La région 5′ non traduite est en amont du site d'initiation de traduction. Chez les bactéries, la séquence de Shine-Dalgarno se trouve dans la région 5′ non traduite. Les ARNm eucaryotiques n'ont pas de séquence équivalente, et les ribosomes eucaryotiques s'attachent à la coiffe 5′ de la molécule d'ARNm.
(b) Le promoteur est la séquence d'ADN reconnue et liée par l'appareil de transcription pour initier la transcription.
(c) La séquence canonique AAUAAA, en aval de la région codante du gène, détermine le site de clivage 3′ (clivage de la traîne) de la molécule de pré-ARNm.
(d) Le site d'initiation de transcription ouvre la région codante du gène et se trouve de 25 à 30 nucléotides en aval de la boîte TATA.
(e) La région 3' non traduite suit la région codante du gène. Elle influence la stabilité et la traduction de l'ARNm.
(f) Les introns sont des séquences non codantes qui séparent les régions codantes d'un gène.
(g) Les exons sont les régions codantes d'un gène.
(h) Une queue poly(A) est ajoutée à l'extrémité 3′ du pré-ARNm ; elle a un effet sur la stabilité et sur la traduction de l'ARNm.
(i) La coiffe 5′ joue un rôle dans l'initiation de la traduction et dans la stabilisation de l'ARNm.

Chapitre 11

3. Dans le cas de codons synonymes qui ne diffèrent que par la troisième position, le « flottement » et l'appariement non standard des bases avec l'anticodon permettent l'incorporation de l'acide aminé correct dans la protéine.

4. **(a)** Le cadre de lecture est la série de codons (triplets de nucléotides) consécutifs obtenue en déchiffrant une séquence de nucléotides à partir de l'un d'eux. Toute séquence de nucléotides contient trois cadres de lecture potentiels composés de jeux de codons complètement différents.
(b) Dans un code chevauchant, chaque nucléotide d'une séquence particulière fait partie de plus d'un codon. Dans ce cas, la séquence en question code plus d'un polypeptide.
(c) Dans un code non chevauchant, un nucléotide d'une séquence particulière ne fait partie que d'un seul codon, et la séquence ne code qu'un polypeptide.
(d) Un codon d'initiation détermine le cadre de lecture approprié et spécifie le premier acide aminé d'une chaîne polypeptidique. Habituellement, le codon d'initiation est AUG, mais GUG et UUG peuvent aussi servir de codons d'initiation.
(e) Le codon de terminaison signale la terminaison de la traduction et la fin d'une chaîne polypeptidique. Les trois types de codons de terminaison – UAA, UAG, et UGA – sont aussi appelés codons stop ou codons non sens. Ces codons ne spécifient pas d'acides aminés.
(f) Un codons sens est un groupe de trois nucléotides qui spécifie (qui code) un acide aminé. Soixante-et-un codons sens spécifient les 20 acides aminés trouvés couramment dans les protéines.
(g) Voir (e) ci-dessus.
(h) Un code est universel quand les codons spécifient les mêmes acides aminés chez tous les organismes. Le code génétique est presque universel. Les rares exceptions se trouvent dans des gènes mitochondriaux.
(i) Certains codons ont une signification différente chez certains organismes.

6. À chaque acide aminé trouvé communément dans les protéines correspond une aminoacyl-ARNt synthétase spécifique qui l'attache à l'ARNt correct.

11. Plusieurs antibiotiques se lient au ribosome pour inhiber des stades différents de la traduction. Certains, comme la streptomycine, se lient à la petite sous-unité et inhibent l'initiation de la traduction. D'autres, comme le chloramphénicol, se lient à la grande sous-unité et bloquent l'élongation du peptide en empêchant la formation du lien peptidique.

12. **(a)** 1 ; **(b)** 2 ; **(c)** 3 ; **(d)** 3 ; **(e)** 4.

14. **(a)** amino – fMet-Phe-Lys-Phe-Lys-Phe – carboxyle
(b) amino – fMet-Tyr-Ile-Tyr-Ile – carboxyle
(c) amino – fMet-Asp-Glu-Arg-Phe-Leu-Ala – carboxyle
(d) amino – fMet-Gly – carboxyle (le codon stop UAG suit le codon glycine.)

16. Il y a deux séquences possibles :

ARNm :	5′ – AUGUGGCAU – 3′
ADN matrice :	3′ – TACACCGTA – 3′
ADN non matrice :	5′ – ATGTGGCAT – 3′

ARNm :	5′ – AUGUGGCAC – 3′
ADN matrice :	3′ – TACACCGTG – 3′
ADN non matrice :	5′ – ATGTGGCAC – 3′

22. **(a)** L'absence d'IF-1 diminuerait la quantité de protéine synthétisée. IF-1 favorise l'état dissocié du ribosome. L'initiation de la traduction nécessite la présence d'une petite sous-unité ribosomiale libre. L'absence d'IF-1 réduirait le taux d'initiation parce que davantage de petites sous-unités resteraient associées à des grandes sous-unités ribosomiales.
(b) Il n'y aurait pas de traduction. IF-2 est nécessaire à l'initiation de la traduction. L'absence d'IF-2 empêcherait le fMet-$ARNt^{fMet}$ d'être délivré au codon d'initiation dans la petite sous unité, ce qui bloquerait la traduction.

(c) Bien que la traduction puisse être initiée par la livraison de méthionine au complexe d'initiation, aucun autre acide aminé ne serait délivré au ribosome. EF-Tu, qui lie le GTP et l'ARNt chargé, est nécessaire à l'élongation. Ce complexe à trois composants entre dans le site A du ribosome. En l'absence de EF-Tu, l'ARNt chargé ne quittera pas le site P, stoppant ainsi la traduction.
(d) EF-G est nécessaire à la translocation (le mouvement) du ribosome sur l'ARNm. Une fois qu'un lien peptidique s'est formé entre Met et Pro, l'absence d'EF-G empêcherait le mouvement du ribosome sur l'ARNm et la lecture des codons suivants. La formation du dipeptide Met-Pro ne nécessite pas la présence de EF-G.
(e) Les facteurs de relargage RF_1 et RF_2 reconnaissent les codons stop et se lient au site A du ribosome. Ils interagissent ensuite avec RF_3 pour favoriser le clivage du peptide de l'ARNt qui occupe le site P. L'absence des facteurs de relargage empêcherait la libération du peptide et la terminaison de la traduction.
(f) De l'ATP est nécessaire pour le chargement des ARNt par les aminoacyl-ARNt synthétases. En l'absence d'ATP, les ARNt ne seraient pas chargés, et il n'y aurait pas d'acides aminés utilisables pour la synthèse de protéines.
(g) Du GTP est nécessaire pour l'initiation, l'élongation, et la terminaison de la traduction. En absence de GTP, il n'y aurait tout simplement pas de synthèse de protéines.

25. (a) Les résultats suggèrent que, pour initier la traduction, le ribosome balaie l'ARNm comme un scanner à la recherche du point d'initiation approprié.
(b) L'initiation de la traduction chez les bactéries nécessite que l'ARNr 16S de la petite sous-unité interagisse avec la séquence de Shine-Dalgarno. Cette interaction positionne le ribosome sur le codon d'initiation. Si l'anticodon de l'$ARNt^{fMet}$ a été changé et que le codon d'initiation n'est plus reconnu, il n'y aura probablement pas de synthèse protéique.

Chapitre 12

2. La structure du gène (de la chromatine), la transcription, la maturation de l'ARNm, la stabilité de l'ARNm, la traduction, et la modification post-traductionnelle des protéines.

3.

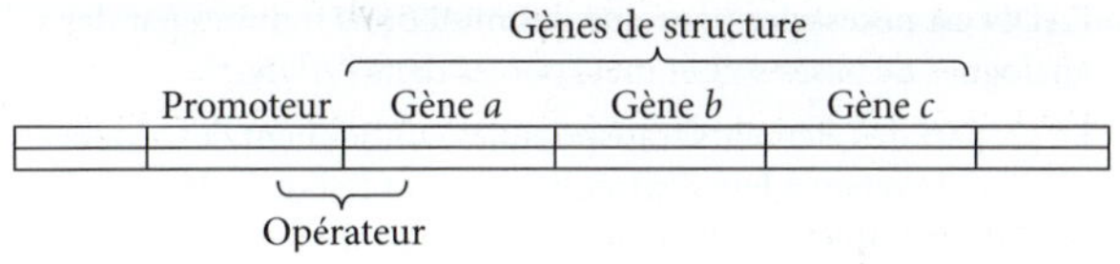

5. L'opéron lactose (*lac*) *d'Escherichia coli* contient trois gènes de structure – *lacZ*, *lacY*, et *lacA*. Le gène *lacZ* code la β-galactosidase, une enzyme qui hydrolyse le disaccharide lactose en glucose et en galactose, et qui convertit le lactose en allolactose. Le gène *lacY* code la lactose perméase, une enzyme nécessaire au transport du lactose à travers la membrane cellulaire. Le gène *lacA* code la thiogalactoside transacétylase, une enzyme qui acétyle les galactosides non métabolisés par la β-galactosidase, permettant leur élimination de la cellule par diffusion. Les trois gènes ont une région de contrôle commune, qui contient un promoteur et un opérateur chevauchants. Près du côté 5′ de l'opéron lactose se trouve le gène régulateur *lacI* qui code le répresseur Lac. La liaison du répresseur Lac à l'opérateur empêche l'ARN polymérase d'initier la transcription de l'opéron.

Quand du lactose est présent dans la cellule, la β-galactosidase en convertit une partie en allolactose qui se lie au répresseur et induit un changement de sa structure (une transition allostérique) qui réduit son affinité pour l'opérateur. Le répresseur lié par l'allolactose ne se lie plus à l'opérateur, ce qui permet à l'ARN polymérase d'initier la transcription des gènes de structure depuis le promoteur *lac*.

7. Des changements de structure de la chromatine peuvent réprimer ou stimuler l'expression des gènes. L'acétylation des histones stimule la transcription. La réaction inverse, la désacétylation, rétablit la répression. Des complexes de remodelage de la chromatine se lient directement à l'ADN, modifiant la structure de la chromatine sans acétylation des histones, et, en rendant les promoteurs accessibles aux facteurs généraux de transcription, ils permettent l'initiation de la transcription. La méthylation de séquences d'ADN réprime généralement la transcription. La déméthylation de séquences d'ADN a souvent pour effet d'augmenter la transcription.

10. Un site d'activation (enhancer) est une séquence d'ADN qui, en liant des protéines activatrices de transcription, peut influencer à distance la transcription de gènes. Cette activation implique la formation d'une boucle dans l'ADN, qui rapproche la protéine activatrice, liée au site d'activation, du système de transcription de base assemblé au promoteur.

11. La quantité totale de protéine synthétisée dépend de la quantité d'ARNm disponible pour la traduction. La quantité d'ARNm disponible dépend des taux de synthèse et de dégradation de l'ARNm.

Différents facteurs et éléments stabilisent une molécule d'ARNm et augmentent sa disponibilité pour la traduction : la coiffe 5′, la queue poly(A) en 3′, la région 5′ non traduite, la région 3′ non traduite, et même la région codante. Des protéines liant le poly(A) se lient à la queue poly(A) qu'elles stabilisent, et elles protègent la coiffe 5′ par interaction directe. Quand un nombre critique de nucléotides d'adénine ont été éliminés de la queue poly(A), cette protection est perdue et la coiffe 5′ est ôtée, ce qui permet à des nucléases de dégrader l'ARNm dans le sens de 5′ vers 3′.

12. Par l'activité de tranchage (slicer), qui coupe des séquences d'ANm appariées avec des ARNpi ; par l'appariement d'ARNmi avec des séquences complémentaires dans l'ARNm, ce qui inhibe la traduction ; et par silençage transcriptionnel, dans lequel des ARNpi jouent un rôle dans l'altération de la structure de la chromatine.

13. Dans les cellules d'eucaryotes, les régions codantes des pré-ARNm sont interrompues par des introns – des régions non codantes. L'élimination des introns du pré-ARNm par excision suivie d'épissage est une étape possible de régulation de l'expression des gènes. Chez la majorité des procaryotes, les régions codantes ne sont jamais interrompues par des introns. Chez les eucaryotes, la structure de la chromatine joue un rôle dans la régulation des gènes. Le processus d'initiation de la transcription est plus complexe dans les cellules d'eucaryotes que dans les cellules de procaryotes (bactériennes). Chez les eucaryotes, l'initiation fait intervenir l'ARN polymérase, des facteurs généraux de transcription, et des protéines activatrices de transcription. L'ARN polymérase des bactéries est soit bloquée soit stimulée par l'action de protéines régulatrices. Enfin, chez les eucaryotes, des protéines activatrices peuvent se lier à des sites d'activation fort éloignés du promoteur et du gène. Des sites d'activation à distance sont rares chez les bactéries.

La régulation d'expression des gènes bactériens et eucaryotiques met en jeu des protéines répresseurs et des protéines activatrices. Des cascades régulatrices dans lesquelles l'activation d'un groupe de gènes influence l'expression d'un autre groupe de gènes se rencontrent chez les bactéries comme chez les eucaryotes. La régulation de l'expression des gènes au niveau de la transcription est commune aux deux types de cellules.

14. (**a**) Répresseur inactif ; (**b**) activateur actif ; (**c**) répresseur actif ; (**d**) activateur inactif.

15. (**a**) L'opéron ne sera jamais éteint et la transcription sera continue.
(**b**) Le résultat sera une expression constitutive (transcription continue).

17. L'ARN polymérase se liera faiblement au promoteur *lac* et le niveau de transcription des gènes de l'opéron *lac* sera diminué de façon significative.

20.

	Absence de lactose		Présence de lactose	
Génotype de la souche	**β-galactosidase**	**Perméase**	**β-galactosidase**	**Perméase**
$lacI^+\ lacP^+\ lacO^+\ lacZ^+\ lacY^+$	–	–	+	+
$lacI^-\ lacP^+\ lacO^+\ lacZ^+\ lacY^+$	+	+	+	+
$lacI^+\ lacP^+\ lacO^c\ lacZ^+\ lacY^+$	+	+	+	+
$lacI^-\ lacP^+\ lacO^+\ lacZ^+\ lacY^-$	+	–	+	–
$lacI^-\ lacP^-\ lacO^+\ lacZ^+\ lacY^+$	–	–	–	–
$lacI^+\ lacP^+\ lacO^+\ lacZ^-\ lacY^+/$ $lacI^-\ lacP^+\ lacO^+\ lacZ^+\ lacY^-$	–	–	+	+
$lacI^-\ lacP^+\ lacO^c\ lacZ^+\ lacY^+/$ $lacI^+\ lacP^+\ lacO^+\ lacZ^-\ lacY^-$	+	+	+	+
$lacI^-\ lacP^+\ lacO^+\ lacZ^+\ lacY^-/$ $lacI^+\ lacP^-\ lacO^+\ lacZ^-\ lacY^+$	–	–	+	–
$lacI^+\ lacP^-\ lacO^c\ lacZ^-\ lacY^+/$ $lacI^-\ lacP^+\ lacO^+\ lacZ^+\ lacY^-$	–	–	+	–
$lacI^+\ lacP^+\ lacO^+\ lacZ^+\ lacY^+/$ $lacI^+\ lacP^+\ lacO^+\ lacZ^+\ lacY^+$	–	–	+	+
$lacI^s\ lacP^+\ lacO^+\ lacZ^+\ lacY^-/$ $lacI^+\ lacP^+\ lacO^+\ lacZ^-\ lacY^+$	–	–	–	–
$lacI^s\ lacP^-\ lacO^+\ lacZ^-\ lacY^+/$ $lacI^+\ lacP^+\ lacO^+\ lacZ^+\ lacY^+$	–	–	–	–

22. Le gène *lacI* code la protéine répresseur de l'opéron lactose, qui peut diffuser dans la cellule et se lier à tous les opérateurs *lac* présents dans la cellule. Il peut donc influencer l'expression de gènes *lac* présents sur la même molécule (en cis) ou sur d'autres molécules d'ADN (en trans). *lacO* est un site opérateur où s'attache le répresseur, mais il ne code pas de protéine. Il a un effet sur l'attachement de l'ARN polymérase au promoteur adjacent ou chevauchant et n'influence donc que l'expression de gènes sur la même molécule d'ADN (effet en cis).

23. (**a**) Répressible ; (**b**) *B* est le gène régulateur, *D* est le promoteur, *A* est le gène de structure codant l'enzyme 1, et *C* est le gène de structure codant l'enzyme 2.

Chapitre 13

1. Les transitions sont des substitutions de bases dans lesquelles une purine est substituée à une autre purine ou une pyrimidine à une autre pyrimidine. Les transversions résultent de la substitution d'une purine par une pyrimidine ou vice-versa. Les mutations spontanées produisent typiquement des transitions, ce qui explique que les transitions soient plus fréquentes que les transversions.

2. L'amplification de répétitions de trinucléotides peut résulter (i) d'erreurs de réplication qui créent des insertions qui augmentent le nombre de copies de triplets répétés ou (ii) de crossing-over inégaux à la recombinaison.

5. Deux types d'événements ont été proposés comme causes possibles d'erreurs de réplication : (i) de mauvais appariements dus à des commutations tautomériques des bases, et (ii) des appariements non standards résultant d'un flottement rendu possible par la flexibilité relative de la molécule d'ADN. On pense à présent que le flottement est la cause la plus vraisemblable de mésappariements à la réplication.

7. Les analogues de bases ont des structures similaires à celles des bases normales et peuvent être incorporées dans l'ADN à la réplication. De nombreux analogues tendent à se mésapparier, ce qui peut produire des mutations. Un cycle de réplication de l'ADN est nécessaire pour que des mutations induites par des analogues de bases soient incorporées dans l'ADN.

10. La plupart des éléments transposables contiennent des séquences répétées inverses à leurs extrémités et sont flanqués de courtes répétitions directes. Les éléments à transposition réplicative insèrent une copie dans un nouveau site, laissant en place l'original. Les éléments à transposition conservative s'excisent et se déplacent dans un nouveau site.

11. Un rétrotransposon est un élément mobile dont la transposition passe par un intermédiaire d'ARN. L'élément est d'abord transcrit en ARN, puis une transcriptase inverse codée par l'élément transcrit l'ARN en une copie ADN qui s'intègre dans un nouveau site du génome de l'hôte.

12. **Réparation des défauts d'appariement** Ce système répare les erreurs de réplication qui ont provoqué des mésappariements de bases. Les enzymes du système repèrent les déformations de la structure de l'ADN dues à la présence de bases mal appariées et identifient le brin nouvellement synthétisé à son absence de méthylation. Le segment contenant la mauvaise base est excisé, et l'ADN polymérase et l'ADN ligase referment la brèche en utilisant le brin ancien comme matrice.

Réparation directe Répare les lésions en rétablissant la structure correcte des bases des nucléotides endommagés.

Réparation par excision de base Excise les bases modifiées, après quoi les nucléotides tout entiers sont remplacés par un autre système.

Réparation par excision de nucléotide Répare des lésions très diverses qui déforment la structure de l'ADN. Des enzymes excisent une région endommagée en coupant les liaisons phosphodiester de part et d'autre de la lésion. La brèche produite par l'excision est refermée par l'ADN polymérase et l'ADN ligase.

13. Une transversion à la première position : GGA → UGA

14. **(a)** Leucine, sérine, ou phénylalanine ; **(b)** isoleucine, tyrosine, leucine, valine, ou cystéine ; **(c)** phénylalanine, proline, sérine, ou leucine ; **(d)** méthionine, phénylalanine, valine, arginine, tryptophane, leucine, isoleucine, tyrosine, histidine, ou glutamine, ou même un codon stop.

16. (a) amino – Met – Thr – Gly – **Ser** – Gln – Leu – Tyr – Stop – carboxyle
(b) amino – Met – Thr – Gly – Asn – **Stop** – carboxyle
(c) amino – Met – Thr – **Ala** – **Ile** – **Asn** – **Tyr** – **Ile** – carboxyle
(d) amino – Met – Thr – Gly – Asn – **His** – Leu – Tyr – Stop – carboxyle
(e) amino – Met – Thr – **Thr** – Gly – Asn – Gln – Leu – Tyr – Stop – carboxyle
(f) amino – Met – Thr – **Gly** – Asn – Gln – Leu – Tyr – Stop – carboxyle

18. Quatre des six codons Arg pourraient être mutés par une simple substitution de base pour produire un codon Ser. Toutefois, seuls deux des codons mutés vers Ser pourraient ensuite être mutés par substitution à une seconde position pour rétablir un codon Arg. Dans les deux cas, les mutations sont des transversions.

Codon Arg original	Codon Ser	Codon Arg restauré
CGU	AGU	AGG ou AGA
CGC	AGC	AGG ou AGA

20.

Séquence originale	Séquence mutée
5′ – ATGT – 3′	5′ – ATAT – 3′
3′ – TACA – 5′	3′ – TATA – 5′

23. La répétition flanquante est indiquée en caractères gras.
(a) 5′ – ATTCGAAC**TGAC**[élément transposable] **TGAC**CGATCA – 3′
(b) 5′ – ATT**CGAA**[élément transposable] **CGAA**CTGACCGATCA – 3′

24. Le nombre de paires de bases séparant les entailles simple brin décalées générées par la transposase au site cible.

27. En recherchant des plantes qui ont une augmentation des fréquences de mutations dans leur lignée germinale ou dans leur tissu somatique. Les plantes potentiellement déficientes peuvent être exposées à des mutagènes standards qui endommagent l'ADN. Si elles ont une réparation de l'ADN déficiente, elles devraient présenter une fréquence de mutation plus élevée. Par exemple, des tomates déficientes pour des systèmes de réparation de l'ADN devraient présenter une augmentation de la fréquence de mutation quand elles sont exposées à de fortes doses d'ultraviolets. Par la suite, elles devraient être cultivées dans un environnement peu ensoleillé.

Chapitre 14

2. L'électrophorèse en gel utilise un champ électrique pour faire migrer des molécules d'ADN chargées négativement à travers un gel qui sert de tamis moléculaire. Les molécules d'ADN les plus petites sont moins retardées par la matrice d'agarose ou de polyacrylamide que les molécules plus grandes, et elles migrent donc plus rapidement dans le gel.

3. Un vecteur de clonage doit contenir (i) une origine de réplication qui lui permette de se maintenir dans les cellules hôtes au cours des générations successives ; (ii) un gène marqueur sélectionnable, tel un gène de résistance à un antibiotique, permettant de sélectionner les cellules qui contiennent le vecteur ; et (iii) un site unique de restriction ou une série de sites uniques dans le(s)quel(s) un fragment d'ADN étranger puisse être inséré.

3. Des fragments d'ADN étranger sont insérés dans un des sites uniques présents dans le gène *lacZ* et les plasmides vecteurs, recombinants ou non, sont introduits par transformation dans des cellules d'*E. coli*. Les cellules transformées sont étalées sur un milieu contenant l'antibiotique approprié pour sélectionner les cellules contenant le plasmide, un inducteur de l'opéron *lac*, et du X-gal, un substrat chromogénique de la β-galactosidase qui libère un colorant bleu quand il est clivé. Les colonies qui contiennent un plasmide sans insert d'ADN étranger auront un gène *lacZ* intact, produisant la β-galactosidase qui clive le X-gal, et seront colorées en bleu. Les colonies qui contiennent un plasmide avec un insert d'ADN étranger ne produiront pas de β-galactosidase et resteront blanches.

4. L'ADN double brin matrice est d'abord dénaturé à haute température. Des amorces oligonucléotidiques de synthèse dont la séquence est complémentaire aux extrémités de la région à amplifier sont ensuite hybridées avec les matrices d'ADN simple brin. Ces amorces sont prolongées par une ADN polymérase thermostable, de telle sorte que la séquence d'ADN cible soit répliquée. Ces étapes sont répétées 30 fois ou davantage. Chaque cycle de dénaturation, hybrydation des amorces, et élongation double le nombre de copies de la séquence cible.

5. Une banque génomique est construite en insérant des fragments d'ADN chromosomique dans un vecteur de clonage. L'ADN chromosomique est fragmenté soit de façon aléatoire par rupture mécanique soit par digestion partielle par une enzyme de restriction. Une banque d'ADNc est construite à partir d'ARNm. Les ARNm cellulaires sont isolés puis répliqués par la transcriptase inverse pour générer des ADNc qui sont clonés dans des plasmides ou des phages vecteurs.

9. L'empreinte d'ADN détecte les différences entre individus en utilisant des sondes pour les régions hypervariables des chromosomes (généralement, des microsatellites ou de courtes répétitions en tandem). Typiquement, on utilise la PCR pour amplifier les microsatellites. Comme les individus diffèrent par le nombre de séquences répétées qu'ils possèdent, la technique est utilisée dans des enquêtes criminelles, dans des recherches de paternité, et pour l'identification de restes humains.

11. Une souris knockout contient une interruption ou une délétion d'un gène cible (le gène est « mis KO »). Le phénotype de la descendance renseigne sur la fonction du gène.

14. Une carte génétique positionne des gènes ou des marqueurs sur la base de fréquences de recombinaison. Une carte physique positionne des gènes ou des marqueurs sur la base de longueurs physiques d'ADN. Étant donné que la fréquence de recombinaison peut varier d'une région de chromosome à une autre, les cartes génétiques sont approximatives. De plus, la recombinaison entre marqueurs très proches est difficile à mesurer, ce qui diminue leur résolution. Les cartes physiques basées sur des données de restriction ou de séquençage d'ADN sont plus précises et ont une résolution beaucoup plus élevée, parfois à une paire de nucléotide près.

15. L'approche basée sur cartes du séquençage de génomes commence par assembler de grands clones en contigs sur la base de cartes génétiques et physiques avant de sélectionner les clones à séquencer. L'approche du séquençage en vrac de génomes entiers séquence de courts fragments de génome – typiquement de 600 à 700 pb – qui sont ensuite assemblés par ordinateur sur la base de chevauchements entre séquences.

25. 10

26.

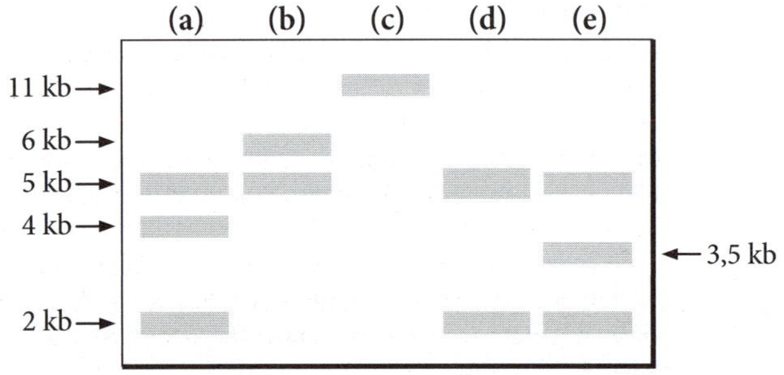

27. **(a)** Plasmide ; **(b)** phage λ ; **(c)** cosmide ; **(d)** chromosome bactérien artificiel.

29. Une stratégie serait d'utiliser le gène de prolactine de souris pour sonder une banque génomique ou d'ADNc de porc à la recherche du gène homologue. Une deuxième stratégie serait d'utiliser la séquence d'acides aminés de la prolactine de souris pour synthétiser des oligonucléotides dégénérés qui serviront de sondes pour cribler par hybridation une banque d'ADN de porc. Une troisième stratégie serait d'utiliser la séquence de prolactine de souris pour synthétiser des oligonucléotides dégénérés qui serviront d'amorces pour l'amplification par PCR du gène de prolactine de porc.

31. 5′ – NGCATCAGTA – 3′

33. Ce gène doit d'abord être cloné, par exemple en utilisant le gène de levure comme sonde pour cribler une banque d'ADN génomique de souris. Le gène cloné est ensuite manipulé par remplacement d'une grande partie de sa séquence codante par le gène *neo*. Cette construction est alors introduite dans des cellules souches d'embryons de souris qui sont ensuite implantés dans l'utérus d'une souris pseudogestante. La descendance est testée pour la présence de l'allèle knockout, et des souris porteuses de l'allèle knockout sont croisées pour obtenir une lignée pure pour l'allèle. Si le gène est essentiel au développement de l'embryon, aucune souris knockout homozygote ne sera obtenue. Les fœtus au développement arrêté ou avortés spontanément peuvent alors être examinés pour voir comment le développement a dysfonctionné chez les homozygotes pour l'allèle knockout.

34.

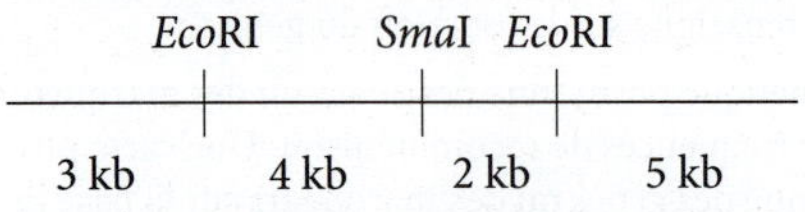

40. **(a)** Le génome minimum pourrait être déterminé en comparant des organismes unicellulaires contenant de petits génomes pour voir les gènes qu'ils ont en commun. Des mutations systématiques pourraient être effectuées pour identifier parmi les gènes communs ceux qui sont essentiels à la survie de ces organismes. Les gènes apparemment non essentiels pourraient être éliminés un à un jusqu'à ne laisser que les gènes essentiels (l'élimination d'un gène essentiel résulterait en la perte de la viabilité). Une autre approche serait d'assembler les gènes essentiels par génie génétique, et de créer ainsi un organisme entièrement nouveau. **(b)** Ce nouvel organisme apporterait la preuve que l'homme ait acquis la capacité de créer une espèce ou une forme de vie nouvelle. Les hommes pourraient alors diriger l'évolution comme ils ne l'avaient jamais pu auparavant. Cela soulèverait des problèmes d'ordre social et éthique concernant la capacité d'une société d'utiliser ce nouveau pouvoir avec sagesse et non à des fins de guerre biologique ou de terrorisme. Plus pratiquement, le problème se poserait de la vulnérabilité humaine ou animale à des organismes contre lesquels, faute d'exposition antérieure, aucune immunité n'aurait pu être développée, sans compter l'incertitude à propos du risque couru par les écosystèmes naturels en cas de dissémination accidentelle ou volontaire des nouveaux organismes.

Chapitre 15

1. De nombreux types de cancers sont associés à l'exposition aux rayonnements et à d'autres mutagènes présents dans l'environnement. Certains types de cancers présentent une tendance familiale et quelques cancers sont associés à des aberrations chromosomiques. C'est finalement la découverte des oncogènes et des mutations spécifiques qui transforment des proto-oncogènes en oncogènes ou qui inactivent des gènes suppresseurs de tumeurs qui a démontré que le cancer a une base génétique.

3. La théorie multi-étapes du cancer veut que plus d'une mutation soit nécessaire pour qu'un cancer se développe. La plupart des rétinoblastomes n'affectent qu'un oeil parce que la probabilité qu'une cellule acquière deux mutations rares est très faible. Les cas de rétinoblastome bilatéral se développent chez des individus nés porteurs d'une mutation prédisposant au cancer, de sorte qu'une seule mutation supplémentaire suffit au développement d'un rétinoblastome et que la probabilité est élevée que les deux yeux soient atteints. Puisque la mutation prédisposant au cancer est héritée, les personnes atteintes de rétinoblastome bilatéral ont des parents atteints de rétinoblastome.

5. Un oncogène stimule la croissance cellulaire tandis qu'un gène suppresseur de tumeur la freine. Les proto-oncogènes sont des gènes normaux dont la fonction concerne la croissance cellulaire et la régulation du cycle cellulaire. Citons comme exemples *erbA*, *erbB*, *myc*, *src*, et *ras*. Les gènes suppresseurs de tumeurs inhibent le déroulement du cycle cellulaire ; citons comme exemples *RB* et *p53*, qui codent des facteurs de transcription.

6. Les CDK, ou kinases cycline-dépendantes, ont une activité enzymatique. Leur fonction est de phosphoryler différentes molécules quand elles sont activées par la liaison de la cycline appropriée. Les cyclines n'ont pas d'activité enzymatique propre. Chaque molécule de cycline lie une molécule de CDK. Tandis que les niveaux des différentes CDK sont relativement stables, les niveaux des cyclines oscillent pendant le cycle cellulaire.

9. Les ADN polymérases sont incapables de répliquer les extrémités des molécules d'ADN linéaires. C'est pourquoi les extrémités des chromosomes d'eucaryotes se raccourcissent à chaque cycle de réplication sauf si la télomérase utilise son composant ARN pour resynthétiser des séquences télomériques, ce qu'elle fait dans les cellules reproductrices. Normalement, les cellules somatiques n'expriment pas la télomérase et leurs télomères raccourcissent à chaque division cellulaire, jusqu'à ce que des gènes vitaux soient perdus et que la cellule subisse l'apoptose. Des cellules cancéreuses induisent l'expression du gène de la télomérase, ce qui conduit à leur prolifération.

10. Des délétions peuvent entraîner la perte d'un ou plusieurs gènes suppresseurs de tumeur. Des inversions et des translocations peuvent inactiver des gènes suppresseurs de tumeurs si les cassures chromosomiques se produisent dans ces gènes. Une autre possibilité est qu'une translocation place un proto-oncogène dans un site où il est activé par des séquences régulatrices inhabituelles qui provoquent sa surexpression ou sa dérégulation. Enfin, des inversions ou des translocations peuvent juxtaposer des séquences de différents gènes, provoquant la synthèse d'une protéine nouvelle qui a une activité oncogène.

13. Les rétrovirus ont des promoteurs forts. Une fois intégré dans le génome d'un hôte, un promoteur de rétrovirus peut stimuler la surexpression d'un proto-oncogène cellulaire. L'intégration d'un rétrovirus peut aussi inactiver un gène suppresseur de tumeurs. Quelques rétrovirus portent des oncogènes qui sont des versions modifiées de proto-oncogènes cellulaires. D'autres virus, comme le virus du papillome humain, produisent des protéines qui affectent le cycle cellulaire.

15. Parce qu'ils activent la prolifération cellulaire, les oncogènes agissent de façon dominante. Par contre, les mutations dans des gènes suppresseurs de tumeurs provoquent une perte de fonction et leur effet est récessif. Quand il est introduit dans cellules, le gène *palladine* muté stimule la migration cellulaire. Un tel effet dominant suggère que *palladine* soit un oncogène.

18. **(a)** 50 %.
(b) bilatéral.
(c) Le père pourrait avoir un rétinoblastome unilatéral à cause d'une pénétrance incomplète de la mutation dans le gène *RB*. Des allèles d'autres loci peuvent avoir contribué à une certaine résistance au rétinoblastome chez le père, ce qui expliquerait qu'il n'ait qu'un œil atteint. Une autre possibilité serait que, par chance (par pur hasard), un de ses yeux ait échappé au deuxième événement mutationnel qui a conduit au rétinoblastome de l'autre œil.

Chapitre 16

1. Un caractère (trait) discontinu ne présente que quelques phénotypes distincts. Par contre, un trait continu ou quantitatif présente une variation continue du phénotype.

3. De nombreux génotypes sont possibles dans le cas de caractères polygéniques. Même dans les cas les plus simples de loci pour lesquels il y a deux allèles, le nombre de génotypes possibles est égal à 3^n, où n est le nombre de loci ou de gènes. Donc, dans le cas où il y a trois gènes pour un caractère, il y a 27 génotypes ; s'il y a quatre gènes, il y aura 81 génotypes possibles, et ainsi de suite. Si chaque génotype donne lieu à un seul phénotype, le nombre de phénotypes sera le même : 27 pour trois gènes, et 81 pour 4 gènes. Cependant, le phénotype d'un génotype donné peut aussi être influencé par des facteurs environnementaux, ce qui élargit encore le spectre des phénotypes.

5. V_G, composante de la variance phénotypique due à la variation génotypique ;
V_A, composante due à la variance génétique additive ;
V_D, composante liée à la dominance ;
V_I, composante liée aux interactions entre gènes ;
V_E, composante due à des différences environnementales ;
V_{GE}, composante de la variance due aux interactions entre gènes et environnement.

6. L'héritabilité au sens large est la partie de la variance phénotypique due à tous les types de variance génétique, c.-à-d., additive, liée à la dominance, et liée aux interactions entre gènes. L'héritabilité restreinte est la partie de la variance phénotypique due uniquement à la variance génétique additive.

9. La réponse à la sélection (R) = l'héritabilité restreinte (h^2) × le différentiel de sélection (S). La valeur de R prédit le changement du phénotype quantitatif moyen quand un différentiel de sélection est appliqué pendant une génération.

11. **(a)** Un caractère discontinu parce qu'il n'y a que peu de phénotypes distincts et que le caractère est déterminé par des allèles présents à un seul locus.
(b) Un caractère discontinu parce qu'il n'y a que deux phénotypes (nain et normal) et qu'un seul locus détermine le caractère.
(c) Un caractère quantitatif parce que la susceptibilité est un trait continu déterminé par une multiplicité de gènes et de facteurs environnementaux (c'est un exemple de phénotype quantitatif avec effet de seuil).
(d) Un caractère quantitatif parce qu'il est polygénique (un exemple de caractère méristique).
(e) Un caractère discontinu parce qu'un petit nombre de phénotypes sont déterminés par les allèles présents à un seul locus.

12. **(a)** Toutes pèsent 10 grammes ; **(b)** 1/16 pèsent 16 grammes, 4/16 pèsent 13 grammes, 6/16 pèsent 10 grammes, 4/16 pèsent 7 grammes, et 1/16 pèsent 4 grammes.

13. 1/64 22 cm ; 6/64 20 cm ; 15/64 18 cm ; 20/64 16 cm ; 15/64 14 cm ; 6/64 12 cm ; 1/64 10 cm.

15. **(a)** 0,38; **(b)** 0,69.

20. Le représentant de la firme d'aliments a raison parce que la détermination de l'héritabilité faite par Mr. Jones a été faite sur une population de porcs dans une seule condition d'environnement : une alimentation pauvre en protéines et en vitamines. Ses observations ne peuvent s'appliquer à aucune autre population ni même à la même population dans d'autres conditions d'environnement. Une héritabilité élevée pour un caractère ne signifie pas que des changements d'environnement n'auront que peu d'effet.

23. 0,75

Chapitre 17

3. Une population de grande taille, un accouplement aléatoire, pas d'effets de migration, de sélection, ou de mutation.

6. La proportion de migrants dans la population et la différence des fréquences alléliques entre la population migrante et la population résidente.

8. La taille effective d'une population est équivalente au nombre d'adultes reproducteurs dans la population. Au plus petite est la taille effective d'une population, au plus grande est la dérive génétique.

11. La mutation augmente la variation génétique au sein des populations et augmente la divergence entre populations parce qu'en général, des mutations différentes se produisent dans différentes populations.

La migration augmente la variation génétique d'une population en apportant de nouveaux allèles, mais elle tend à diminuer la divergence entre populations.

La dérive génétique diminue la variation génétique au sein des populations parce qu'elle favorise la fixation d'allèles, mais elle augmente la divergence entre populations parce que ses effets sont aléatoires et diffèrent entre populations.

La sélection naturelle augmente ou diminue la variation génétique, selon qu'elle est directionnelle ou surdominante (polymorphisme équilibré). Elle augmente ou diminue la divergence entre populations selon que ces populations sont soumises ou non aux mêmes pressions de sélection.

12. La mutation et la recombinaison.

14. Le concept biologique de l'espèce définit l'espèce comme un groupe d'organismes qui sont capables de se croiser de façon productive, mais qui sont isolés reproductivement d'autres groupes d'organismes.

17. L'approche dite de distances se base sur le degré global de similitude de caractéristiques phénotypiques ou de séquences de gènes ; les espèces les plus similaires sont groupées ensemble. L'approche dite de parcimonie tente de reconstruire une voie évolutive en se basant sur le plus petit nombre de changements évolutifs qui doivent avoir eu lieu depuis que les espèces ont eu un dernier ancêtre en commun.

19. L'horloge moléculaire date les événements évolutifs passés sur la base d'un taux de changemen des nucléotides dans une séquence d'ADN qui est posé comme constant.

23. $f(T^ET^E) = 0{,}685$; $f(T^ET^F) = 0{,}286$; $f(T^FT^F) = 0{,}029$; $f(T^E) = 0{,}828$; $f(T^F) = 0{,}172$.

30. $f(L^ML^M) = 0{,}648$; $f(L^ML^N) = 0{,}304$; $f(L^NL^N) = 0{,}048$.

Index